Einführung in die theoretische Physik

In drei Bänden

Von

Dr. Clemens Schaefer
o. ö. Professor der Physik an der Universität Breslau

DRITTER BAND
ZWEITER TEIL

Quantentheorie

Mit 88 Figuren im Text

Berlin und Leipzig 1937
WALTER DE GRUYTER & CO.
vormals G. J. Göschen'sche Verlagshandlung – J. Guttentag, Verlagsbuchhandlung – Georg Reimer – Karl J. Trübner – Veit & Comp.

---

vormals G. J. Göschen'sche Verlagshandlung — J. Guttentag, Verlagsbuchhandlung — Georg Reimer — Karl J. Trübner — Veit & Comp.
Berlin W 35, Woyrschstraße 13

Archiv-Nr. 52 44 37
Druck von Metzger & Wittig in Leipzig
Printed in Germany

Vorwort.

Hiermit lege ich den Fachgenossen den zweiten Teil des III. Bandes, den Schluß meiner „Einführung in die theoretische Physik", vor. Er enthält die Quantentheorie.

Das I. Kapitel behandelt die duale Natur der elektromagnetischen Strahlung, die Kapitel II bis V das korpuskulare Atommodell von Bohr; das VI. Kapitel führt in die Wellenmechanik ein und nimmt damit für die Materie den Faden wieder auf, der für die Strahlung im I. Kapitel angesponnen wurde. Die Kapitel VII bis IX sind der Ausgestaltung und Anwendung der Wellenmechanik gewidmet (Berechnung von Eigenwerten und Eigenfunktionen, statistische Deutung, Theorie der Strahlung). Das X. Kapitel berichtet über die heutige relativistische Form der Wellenmechanik, d. h. über die Diracsche Theorie des Elektrons und Positrons.

Rund die Hälfte des Buches ist demgemäß der Bohrschen Theorie gewidmet. Dies könnte vom heutigen Standpunkt vielleicht Verwunderung erregen. Dennoch geschah es nach reiflicher Überlegung. Einmal, um den einheitlichen Charakter des Gesamtwerkes zu wahren: nachdem erst in Bd. III_1 die Elektronentheorie behandelt worden war, mußte zunächst die Weiterentwicklung der korpuskularen Anschauung der Elektrizität und der Materie geschildert werden, bevor etwas Neues, die Wellenauffassung beider, eingeführt werden konnte. Dies diente auch einer pädagogischen Absicht: ich wollte dem Leser einerseits die große Leistung der Bohrschen Theorie schildern, die in der Entwerfung eines relativ einfachen und anschaulichen Bildes von den Atomvorgängen und der Entstehung der Spektren besteht, anderseits ihn durch Aufzeigen ihrer Schwächen und Mängel überzeugen, daß etwas wirklich Neues kommen mußte. Durch Schilderung dieser Entwicklung wollte ich ihm auch einen Eindruck von dem gewaltigen geistigen Ringen um den Fortschritt der Erkenntnis vermitteln. Schließlich hat das Bohrsche Modell wegen des ihm innewohnenden Wahrheitsgehaltes auch heute noch erheblichen

Wert und wird ihn nach meiner Überzeugung, z. B. für den Chemiker, noch lange behalten.

Einer Begründung bedarf es noch, daß die Kernphysik (abgesehen von einer kurzen Darstellung der Gamowschen Theorie des radioaktiven Zerfalls) nicht behandelt wurde. Es sind zwar bereits viele wichtige Tatsachen aus diesem neuesten Gebiete der Physik bekannt, die in ein Lehrbuch der Experimentalphysik hineingehören; aber das theoretische Verständnis derselben ist erst in den Anfängen, und die Auffassungen sind zur Zeit noch starken Schwankungen unterworfen. Deshalb habe ich nach eingehender Beratung mit Fachgenossen schließlich auf die Darstellung verzichtet. Auch die Neutrinotheorie des Lichtes ist nicht aufgenommen. Beide Theorien scheinen mir noch nicht lehrbuchreif zu sein.

Zahlreichen Freunden und Fachgenossen habe ich für ihre hingebende Unterstützung zu danken; es sind die gleichen, die schon vom ersten Bande an mir ihre nicht hoch genug zu schätzende Hilfe zuteil werden ließen. Daß dieser Schlußband sich namentlich ihren Beifall erwerben möchte, ist jetzt, da ich ihn der Öffentlichkeit übergebe, mein besonderer Wunsch.

Gassengut in Werfenweng, im September 1937.

Clemens Schaefer.

Inhalt.

Siebentes Buch.

Quantentheorie.

Einleitung.

Viertes Kapitel.

Theorie der optischen Spektren.

Fünftes Kapitel.

Periodisches System und Röntgenspektren.

Sechstes Kapitel.

Grundlagen der Wellenmechanik.

Siebentes Kapitel.

Einfache Anwendungen der Wellenmechanik: Eigenwerte und Eigenfunktionen.

Achtes Kapitel.

Statistische Deutung der Wellenmechanik.

Neuntes Kapitel.

Strahlung.

Zehntes Kapitel.

Relativistische Verallgemeinerung der Wellenmechanik: Einführung in die Diracsche Theorie.

Siebentes Buch.

Die Quantentheorie.

Einleitung.

1. Versagen der klassischen Physik bei der Theorie der Strahlung und der spezifischen Wärme.

Die vorhergehenden Bände dieses Werkes waren der Darlegung des klassischen Besitztums der theoretischen Physik gewidmet. Bereits zweimal sind wir dabei an die Grenze gekommen, an der diese klassische Physik den Tatsachen gegenüber versagt. Es waren dies die Erscheinungen der spezifischen Wärme der festen Körper und der Gase, die wir im XI. Kapitel des II. Bandes behandelt haben[1]), und die Gesetze der Strahlung, auf die wir im XIII. Kapitel des Bandes III_1 ausführlich eingegangen sind[2]). Wir stellen im folgenden das Wesentliche noch einmal zusammen.

Bei der Theorie der spezifischen Wärme handelt es sich darum, den Energiegehalt etwa eines Festkörpers zu bestimmen. Betrachtet man ein Mol desselben als aus N Massenpunkten bestehend, die um Gleichgewichtslagen schwingen, so besitzt der Festkörper $3N$ Freiheitsgrade oder Eigenschwingungen. Nun führt die klassische Theorie zu dem Ergebnis, daß auf jeden Freiheitsgrad die mittlere kinetische Energie $\frac{1}{2} kT = \frac{1}{2}\frac{RT}{N}$ (k Boltzmannsche Konstante, R absolute Gaskonstante, N Avogadrosche Zahl, T absolute Temperatur) entfällt. Da bei harmonischen Schwingungen die potentielle Energie im Mittel gleich der kinetischen ist, so entfällt auf den Freiheitsgrad eine mittlere Gesamtenergie kT. Daher beträgt der Energieinhalt U pro Mol Festkörper:

$$U = 3NkT = 3RT\,, \tag{1}$$

woraus sich durch Differentiation nach T (bei konstantem Volumen) die Wärmekapazität pro Mol ergibt:

$$C_v = 3R \approx 6\,\frac{\text{Cal}}{\text{Mol Grad}}\,. \tag{2}$$

Das ist das bekannte Dulong-Petitsche Gesetz, das aber nur im Grenzfalle hoher Temperaturen gilt. Bei Annäherung an den absoluten Null-

[1]) Bd. II, pag. 533ff. (Die Zitate beziehen sich auf die 2. Auflage des II. Bandes.)

[2]) Bd. III_1, pag. 753ff.

punkt sinkt C_v in Wirklichkeit auf Null ab. Diese Temperaturabhängigkeit ist auf keine Weise durch die klassische Physik erklärbar.

Genau ebenso verhält es sich mit der spezifischen Wärme der Gase. Betrachten wir etwa ein zweiatomiges Gas (H_2, O_2, N_2), so kommen, wenn das Molekül als starre „Hantel“ betrachtet wird, fünf Freiheitsgrade für dasselbe in Frage: drei entsprechen einer Translation, zwei den Rotationen um zueinander senkrechte Achsen, die selbst senkrecht zur Verbindungslinie der beiden Atome stehen. Da das Gasmolekül frei beweglich ist — nicht, wie beim Festkörper, Schwingungen um eine Gleichgewichtslage macht —, kommt hier nur die kinetische Energie in Frage; das liefert nach dem eben dargelegten Prinzip für die Energie des Mols:

$$U = \frac{5}{2} N k T = \frac{5}{2} R T , \tag{3}$$

woraus die Wärmekapazität bei konstantem Volumen pro Mol

$$C_v = \frac{5}{2} R \approx 5 \frac{\text{Cal}}{\text{Mol Grad}} \tag{4}$$

sich ergibt. Bei hohen Temperaturen stimmt das wirklich; bei tiefen Temperaturen zeigt sich ein Abfall, z. B. bei H_2 auf 3 Cal., was der spezifischen Wärme eines einatomigen Gases (drei Freiheitsgrade pro Molekül!) entsprechen würde. Wieder ist die Temperaturabhängigkeit klassisch nicht zu erklären.

Der Grund liegt in dem Gleichverteilungssatze (Äquipartitionstheorem), der alle Freiheitsgrade gleichmäßig mit Energie bedenkt.

Ganz analog liegt die Sache bei den Strahlungsgesetzen. Auch hier hat man die Zahl der Freiheitsgrade (Eigenfrequenzen) mit der mittleren Energie zu multiplizieren, um zum Strahlungsgesetz zu gelangen. Im besonderen betrachtet man die Zahl Z_ν von elektromagnetischen Eigenschwingungen eines Hohlraumes vom Volumen 1 in dem spektralen Bereich der Schwingungszahlen ν und $\nu + d\nu$; diese Zahl ist gleich[1])

$$Z_\nu = \frac{8\pi}{c^3} \nu^2 \, d\nu ; \tag{5}$$

nach dem Äquipartitionstheorem erhält wieder jeder Freiheitsgrad die mittlere Energie kT, da elektrische und magnetische Energie im Mittel gleich sind und auf jede $\frac{1}{2} kT$ entfällt. Das führt zu der spektralen Energiedichte

$$\mathfrak{u}(\nu) \, d\nu = \frac{8\pi}{c^3} \nu^2 k T \, d\nu ,$$

d. h. zum Strahlungsgesetz

$$\mathfrak{u}(\nu) = \frac{8\pi}{c^3} \nu^2 k T = \frac{8\pi k}{c^3} \nu^3 \left(\frac{T}{\nu}\right) , \tag{6}$$

das wiederum als Grenzgesetz für große Werte $\left(\frac{T}{\nu}\right)$ richtig ist, in allen anderen Fällen dagegen im krassesten Widerspruch mit der Erfahrung

1) Bd. III_1, pag. 792, Gl. (92a).

steht. Auch hier also führt das Äquipartitionstheorem zu falschen Ergebnissen.

Um darüber klar zu werden, wie das Äquipartitionstheorem zustande kommt, wollen wir unser System durch einen Punkt (p_k, q_k) im Phasenraume abbilden und eine Gesamtheit von $\mathfrak{N}$ Exemplaren betrachten; p_k und q_k sind die Impulse und Koordinaten des Systems. Dann ist die relative Anzahl $\frac{\mathfrak{N}_\lambda}{\mathfrak{N}}$ der Systeme, die in einem bestimmten Volumelement $\Delta\tau_\lambda$ des Phasenraumes liegen, gleich¹)

$$(7) \qquad \frac{\mathfrak{N}_\lambda}{\mathfrak{N}} = \frac{g_\lambda e^{-\frac{U_\lambda}{kT}}}{\sum\limits_\lambda g_\lambda e^{-\frac{U_\lambda}{kT}}},$$

wo U_λ die Energie dieser Systeme und g_λ ein „Gewichtsfaktor" ist, der den möglicherweise verschiedenen Apriori-Wahrscheinlichkeiten der einzelnen Phasenelemente $\Delta\tau_\lambda$ Rechnung trägt; in der klassischen Physik werden die g_λ als konstant (z. B. gleich Eins) angenommen, und dann reduziert sich (7) auf

$$(8) \qquad \frac{\mathfrak{N}_\lambda}{\mathfrak{N}} = \frac{e^{-\frac{U_\lambda}{kT}}}{\sum e^{-\frac{U_\lambda}{kT}}},$$

und das ist, wenn man noch zur Integraldarstellung übergeht²), die bekannte „kanonische Verteilung" von Gibbs:

$$(8a) \qquad \frac{\mathfrak{N}_\lambda}{\mathfrak{N}} = \frac{e^{-\frac{U}{kT}}\Delta\tau}{\int e^{-\frac{U}{kT}}\Delta\tau}.$$

Für den Mittelwert $\overline{U}$ der Systemenergie folgt daraus sofort:

$$(9) \qquad \overline{U} = \frac{\sum\limits_\lambda U_\lambda e^{-\frac{U_\lambda}{kT}}}{\sum e^{-\frac{U_\lambda}{kT}}} \quad \text{bzw.} \quad = \frac{\int U e^{-\frac{U}{kT}}\Delta\tau}{\int e^{-\frac{U}{kT}}\Delta\tau}.$$

Diese Formel führt direkt zum Äquipartitionstheorem³), wovon man sich durch Ausrechnen, z. B. für ein ideales Gas, leicht überzeugt.

Gleichzeitig eröffnet sich eine Möglichkeit, von diesem Gesetz loszukommen, indem man die „Gewichte" g_λ nicht als konstant betrachtet, sondern ihnen geeignete Werte beilegt.

¹) Bd. II, pag. 557ff.

²) Das heißt, man setzt $g_\lambda = \alpha_\lambda \Delta\tau_\lambda$ und nimmt die α_λ als konstant an.

³) Für den allgemeinen Beweis siehe Bd. II, Nr. 108; pag. 509ff.

Das ist auch wirklich 1900 durch Planck geschehen, als er, um ein brauchbares Strahlungsgesetz zu bekommen, die Hypothese wagte, daß die Energie eines harmonischen Oszillators von der mechanischen Schwingungszahl ν nicht alle beliebigen Energiewerte, sondern nur die diskreten Werte

$$U_n = n h \nu \tag{10}$$

annehmen könne, wo n eine beliebige ganze positive Zahl mit Einschluß der Null (sogenannte „Quantenzahl") und h eine Konstante — später die Plancksche Konstante genannt — von der Dimension einer Wirkung und vom Werte

$$h = (6{,}55 \pm 0{,}01) \cdot 10^{-27} \text{ erg sec} \tag{11}$$

ist. Damit erhält man für den Mittelwert der Systemenergie $\overline{U}$, unter Berücksichtigung des Umstandes, daß nunmehr für $\lambda = n$ in (7) U_λ gleich $n h \nu$; g_λ gleich 1, für alle anderen Werte von λ jedoch gleich 0 zu setzen sind:

$$\overline{U} = \frac{\sum_n n h \nu e^{-\frac{n h \nu}{k T}}}{\sum e^{-\frac{n h \nu}{k T}}}. \tag{12}$$

Das ist in der Tat eine von der klassischen abweichende Gewichtsverteilung. Die Ausrechnung von (12) ergibt nun auch nicht mehr das Äquipartitionstheorem, sondern

$$\overline{U} = \frac{h \nu}{e^{\frac{h \nu}{k T}} - 1}. \tag{13}$$

Wirklich bringt diese neue Formel (13) für die mittlere Energie die Lösung der Schwierigkeiten, denen die klassische Theorie machtlos gegenüberstand.

Wenn wir z. B. (13) auf die Theorie der spezifischen Wärme fester Körper anwenden, so erhält man statt (1) für die Energie eines Mols:

$$U = \frac{3 N h \nu}{e^{\frac{h \nu}{k T}} - 1}, \tag{14}$$

woraus für $C_v = \frac{dU}{dT}$ folgt:

$$C_v = 3 N h \nu \frac{d}{dT} \left(\frac{1}{e^{\frac{h \nu}{k T}} - 1} \right) = 3 R \frac{\left(\frac{h \nu}{k T} \right)^2 e^{\frac{h \nu}{k T}}}{\left(e^{\frac{h \nu}{k T}} - 1 \right)^2}. \tag{15}$$

Daraus ergibt sich sofort, daß C_v eine solche Funktion der absoluten Temperatur ist, die für kleine T gegen Null geht, für große T sich dagegen dem Äquipartitionswerte $3 R$ nähert, wie es sein muß. Man sieht, wie schon in dieser einfachsten Form der Theorie, die von Einstein herrührt, — wir haben sämtliche $3N$ Eigenfrequenzen des festen Körpers als untereinander gleich ($= \nu$) angenommen — die wesentliche Schwierigkeit, nämlich die Erklärung der Temperaturabhängigkeit der Atomwärme, überwunden ist. Prinzipiell ist es genau so bei Gasen, weshalb wir hier nicht näher darauf eingehen[1]).

Auch in der Strahlungstheorie löst (13) die Schwierigkeit. Denn man findet statt (6) jetzt das Gesetz

$$\mathfrak{u}(\nu) = \frac{8\pi h \nu^3}{c^3} \frac{1}{e^{\frac{h\nu}{kT}} - 1}, \tag{16}$$

das berühmte Plancksche Strahlungsgesetz, das die schärfsten experimentellen Prüfungen siegreich bestanden hat.

Es kann daher kein Zweifel sein, daß mit der Quantenhypothese Plancks der klassischen Physik ein ganz fundamentaler neuer Gesichtspunkt hinzugefügt worden ist. Nachdem man einmal darauf aufmerksam geworden war, daß es Erscheinungen gibt, die klassisch nicht zu erklären sind, hat sich die Zahl dieser Fälle stark vermehrt. Heute ist es über jeden Zweifel erhaben, daß die klassische Physik nur ein Grenzfall einer allgemeineren, der Quantenphysik, ist, die zwar noch keineswegs die wahrhaft klassische Vollendung und Geschlossenheit der alten Theorie erreicht, aber in den letzten 35 Jahren ihre Leistungsfähigkeit und Unentbehrlichkeit glänzend erwiesen hat.

---

[1]) Vgl. hierzu die ausführliche Darstellung in den Nrn. 121ff. von Bd. II.

Erstes Kapitel.

Semikorpuskulare Auffassung der Strahlung.

2. Der lichtelektrische Effekt; Röntgenspektrum; Stokessche Regel.

Zu den in der Einleitung erwähnten Erscheinungen, die der klassischen Physik unübersteigliche Schwierigkeiten bereiten, gehört der sogenannte lichtelektrische Effekt. H. Hertz entdeckte im Jahre 1888 bei seinen Versuchen über elektrische Wellen einen Einfluß des ultravioletten Lichtes auf eine Funkenentladung, der nach den Untersuchungen von Hallwachs im gleichen Jahre darauf beruht, daß die ultraviolette Strahlung aus einer Metallfläche negative Elektrizität herausholt; isoliert aufgestellte, negativ geladene Leiter verlieren ihre Ladung vollständig, ungeladene Platten laden sich bis zu einem positiven „Haltepotential" auf, positiv geladene Platten, deren Potential größer als das Haltepotential ist, behalten dagegen ihre Ladung. Nachdem Lenard diese Versuche ins Vakuum verlegt und dadurch den störenden Einfluß der Luft beseitigt hatte, stellte er fest, daß die aus dem Leiter ausgelösten negativen Ladungen aus Elektronen bestehen; darin ist die merkwürdige Unipolarität der Erscheinung begründet. Beschränkt man sich auf diese qualitativen Aussagen, so liegt vom Standpunkt der Theorie nichts besonders Merkwürdiges vor. Solange man keine quantitativen Daten hatte, konnte man etwa denken, daß die Strahlung die in den Metallatomen gebundenen Elektronen in so starke Resonanzschwingungen versetze, daß diese den Atomverband verlassen können. Eine solche Erklärung hat z. B. Helmholtz in seiner Dispersionstheorie angedeutet. Wenn wir diese Vorstellung aber genauer — im Anschluß an Lenard — analysieren, so muß man doch schließen, daß das Atom von der Strahlung allmählich immer mehr Energie aufnimmt, bis schließlich — und zwar in der letzten Halbschwingung des Elektrons im Atom — die vom Elektron aufgenommene kinetische Energie so groß geworden ist, daß es die anziehenden Kräfte des Atomrestes überwindet und mit einer bestimmten Geschwindigkeit herausfliegt. Dann wird man erwarten, daß die überschüssige kinetische Energie, d. h. die dadurch bedingte Austrittsgeschwindigkeit des Elektrons um so größer ist, je größer die Intensität des auffallenden Lichtes ist. Und ferner muß man erwarten, da eine gewisse Zeit vergeht, bis das Elektron von der Strahlung genug Energie aufgenommen hat, daß der Auslösungsprozeß um so später einsetzt, je schwächer die Strahlung ist.

Die Untersuchung Lenards[1]) ergab aber etwas vollkommen Anderes und Unerwartetes: Die Geschwindigkeit der Elektronen ist vollkommen unabhängig von der Intensität der auffallenden Strahlung; gesteigerte Intensität bewirkt lediglich den Austritt einer größeren Anzahl von Elektronen. Dagegen hängt die Geschwindigkeit der Elektronen nur von der Wellenlänge des auffallenden Lichtes ab: je kurzwelliger dieses ist, (je größer also ν), desto größer ist die Geschwindigkeit der Elektronen; bei einer bestimmten, nach kleinen Werten zu liegenden Grenzfrequenz ν_0 hört die Erscheinung vollkommen auf (langwellige Grenze des Effektes). Ferner ergab sich, daß auch bei schwacher Strahlung der Effekt (Auslösung von Elektronen) momentan auftrat: es vergehen weniger als 10^{-8} Sekunden.

Es folgt daraus, daß die klassische Auffassung der Erscheinung machtlos gegenübersteht. Man könnte freilich zunächst noch daran denken, dem Lichte nur eine auslösende Wirkung zuzuschreiben — diese Auffassung hat Lenard angedeutet —; dann müßten die Elektronen ihre Geschwindigkeit, statt sie der Strahlung zu entnehmen, schon im Innern des Metalles, also durch die Wärmebewegung, erhalten haben. Aber dann ist erstens kein gesetzmäßiger Zusammenhang mit der Wellenlänge des auffallenden Lichtes zu erwarten, und zweitens müßte man eine Änderung der Elektronengeschwindigkeit erwarten, wenn man das Metall hoch erhitzt[2]); dieser Effekt tritt aber nicht ein, so daß auch diese Möglichkeit ausscheidet. Da die Energie der Elektronen aber entweder aus der Strahlung oder aus dem Atom stammen muß und beide Möglichkeiten sich auf klassischem Standpunkt als undurchführbar erweisen, muß man jede Hoffnung auf ein Verständnis der Erscheinung durch die klassische Physik aufgeben.

Ein Beispiel möge zeigen, wie kraß die Unmöglichkeit einer klassischen Erklärung ist. Eine Hefnerkerze sendet in der Sekunde einer Fläche von 1 cm^2 im Abstand von 1 m eine Lichtstrahlung zu, die nach den Messungen von Ångström einer Energie von rund 8 erg/cm^2 sec entspricht. Bringen wir nun an diese Stelle ein lichtelektrisch besonders wirksames Metall, z. B. Natrium, so reflektiert dieses mehr als 90%, so daß etwa 0,8 erg/cm^2 sec in das Metall eindringt; diese Energie ist es, die lichtelektrisch wirksam sein kann. Die sogenannte „Eindringungstiefe", innerhalb der die Amplitude auf den e-ten, die Intensität auf den e^2-ten Teil herabsinkt, ist von der Größenordnung $2{,}4 \cdot 10^{-6}$ cm; also haben wir ein durchstrahltes Volumen von $2{,}4 \cdot 10^{-6}$ cm^3. Da Natrium das Atomgewicht 23 und nahezu die Dichte 1 hat, entfallen auf dieses Volumen rund $6 \cdot 10^{16}$ Atome, wenn die Avogadrosche Zahl $N = 60{,}6 \cdot 10^{22}$ angenommen wird. Von der absorbierten Lichtenergie ist aber nur die-

[1]) P. Lenard, Ann. d. Phys. 8, pag. 149ff.; 1902.

[2]) E. Ladenburg, Ber. d. D. Phys. Ges. 5, pag. 165ff.; 1907.

jenige wirksam, die unter 0,5 μ liegt; denn dies ist die langwellige Grenze für Natrium; das reduziert die Energie von 0,8 erg auf etwa $\frac{1}{3}\cdot 0{,}8$ erg. Es entfällt also auf jedes getroffene Atom eine sekundliche Energie von

$$\frac{\frac{1}{3}\cdot 0{,}8}{6\cdot 10^{16}} = 4{,}5\cdot 10^{-18}\,\text{erg}\,.$$

Anderseits beträgt die kinetische Energie eines Elektrons, das durch Licht der Wellenlänge 0,5 μ ausgelöst wird, etwa $4\cdot 10^{-12}$ erg, was einer Geschwindigkeit von rund 10^8 cm/sec entspricht. Zur Aufspeicherung dieser Energie aus der oben berechneten sekundlichen Zustrahlung braucht also jedes Elektron die Zeit $\frac{4{,}0\cdot 10^{-12}}{4{,}5\cdot 10^{-18}}$ sec, d. h. rund 10^6 sec gleich $11^1/_2$ Tagen! In Wirklichkeit aber tritt der Effekt in unmeßbar kleiner Zeit auf.

Diese Tatsache läßt sich nicht vereinbaren mit der Auffassung, daß die von einem leuchtenden Zentrum ausstrahlende Energie sich auf Kugelflächen verteilt, d. h. sich mit wachsender Entfernung stetig verdünnt. Wäre dies der Fall, so kämen so ungeheure Akkumulationszeiten für das Elektron in Frage wie die oben berechnete. Die Sachlage erweckt im Gegenteil den Eindruck, daß die Lichtenergie sich so fortpflanzt wie ein Korpuskel, d. h. daß bei ihrer Ausbreitung die Energie dauernd auf einen sehr kleinen Raum konzentriert bleibt. Aber anderseits ist die Wellentheorie des Lichtes so fest durch die Interferenz- und Beugungserscheinungen begründet, daß es einer besonderen wissenschaftlichen Kühnheit bedurfte, um die radikale Folgerung zu ziehen, die notwendig war. A. Einstein[1]) war es, der im Jahre 1905 eine Art Korpuskulartheorie der Strahlung vorschlug, indem er — unter Weiterentwicklung der Planckschen Energiestufenhypothese — annahm, das Licht bestehe aus diskreten Energiemengen, sogenannten „Lichtquanten" oder „Photonen" von der Größe $h\nu$, die sich mit Lichtgeschwindigkeit geradlinig ausbreiten. Es ist also einerseits eine Korpuskulartheorie, wie die Newtons es war, anderseits erinnert das Auftreten der Schwingungszahl ν, der die Photonenenergie proportional sein soll, an die reine Wellentheorie des Lichtes. Deshalb nennen wir diese Theorie im folgenden eine semikorpuskulare, eine Bezeichnungsweise, für die wir im folgenden noch mehr Gründe anführen werden. Eine Überbrückung des sich hier aufzeigenden Gegensatzes hat Einstein zunächst nicht versucht, sondern die Folgerungen aus der korpuskularen Seite der Theorie gezogen. Auch wir wollen vorläufig nur die Folgerungen aus der korpuskularen Natur des Lichtes nach Einsteins heuristischem Ansatz ziehen. Nach ihm teilt ein Photon seine Energie $h\nu$ einem Elektron mit, indem es sich in kinetische Energie des Elektrons umwandelt. Wenn daher keine Arbeit zu leisten wäre, um das Elektron aus dem Metalle frei zu machen, hätte man einfach Gleichheit zwischen $h\nu$ und $\frac{m}{2}v^2$; unter

[1]) A. Einstein, Ann. d. Phys. **17**, pag. 132ff.; 1905.

Berücksichtigung der eben angedeuteten Arbeitsleistung schreibt Einstein:

$$h\nu = \frac{m}{2} v^2 + A\,; \tag{17}$$

A bedeutet die sogenannte „Austrittsarbeit".

Ehe wir die Folgerungen aus dieser Gleichung aussprechen, wollen wir noch eine bequeme Bezeichnung einführen, die auf Lenard zurückgeht. Wir erwähnten oben schon, daß eine isolierte, ungeladene Platte bei Bestrahlung mit lichtelektrisch wirksamer Strahlung sich zu einem positiven „Haltepotential" auflädet. Dieses Potential Φ ist offenbar dasjenige, das, der Elektronengeschwindigkeit entgegenwirkend, die Elektronen wieder zur Metallplatte zurückbringt; es ist also nach dem Energieprinzip (e Ladung des Elektrons):

$$e\Phi = \frac{m}{2} v^2\,. \tag{18}$$

Man kann also, da e und m universelle Größen sind, die Geschwindigkeit v im übertragenen Sinne durch Φ, praktisch also in Volt, ausdrücken; man nennt das obiger Gleichung (18) entsprechende Potential daher auch die „Voltgeschwindigkeit" des Elektrons. Zwischen der Voltgeschwindigkeit und gewöhnlicher Geschwindigkeit besteht nach (18) die numerische Beziehung

$$v\,\frac{\text{cm}}{\text{sec}} = 5{,}95 \cdot 10^7 \sqrt{\text{Voltgeschwindigkeit}}\,; \tag{18a}$$

ein „4-Voltelektron", d. h. ein Elektron, das eine „Geschwindigkeit" von 4 Volt hat, hat demgemäß eine gewöhnliche Geschwindigkeit von rund 1200 km/sec. Mit dieser Bezeichnungsweise können wir die Einsteinsche Gleichung (17) auch schreiben:

$$h\nu = \frac{m}{2} v^2 + A = e\Phi + A\,. \tag{19}$$

Es besteht also nach Einsteins Hypothese eine lineare Beziehung zwischen der Voltgeschwindigkeit und der Schwingungszahl; wählt man also als Abszissen ν, als Ordinaten Φ, so muß man für alle Stoffe Geraden gleicher Neigung erhalten; die Tangente des Neigungswinkels ist gleich $\frac{h}{e}$, liefert also, da e gut bekannt ist, Werte für die Plancksche Konstante h. Dabei ist zu berücksichtigen, daß die ausgelösten Elektronen aus verschiedenen Tiefen des Metalls stammen können; infolgedessen variiert A und damit die Geschwindigkeit; nur die Maximalgeschwindigkeit der Elektronen kann daher (17) oder (19) gehorchen. Gerade diese schnellsten Elektronen aber sind es, deren Geschwindigkeit durch das Haltepotential gemessen wird.

In der Tat zeigten bereits die ersten quantitativen[1]), in spektral zerlegtem Lichte ausgeführten Messungen des lichtelektrischen Effektes

[1]) E. Ladenburg, Ber. d. D. Phys. Ges. **5**, pag. 504ff.; 1907.

von E. Ladenburg, die noch ohne Kenntnis der Einsteinschen Arbeit ausgeführt wurden, daß der lineare Zusammenhang zwischen ν und Φ wirklich besteht, worauf Joffé[1]) später aufmerksam machte; die Neigung der Geraden für Pt, Zn, Cu war allerdings bei Ladenburgs Messungen nicht streng identisch, lieferte aber immerhin schon Werte für h zwischen $2{,}2 \cdot 10^{-27}$ und $3{,}5 \cdot 10^{-27}$, d. h. in der richtigen Größenordnung. Spätere genaueste Untersuchungen von Millikan u. a.[2]) haben dann eine vollkommene Bestätigung der Einsteinschen Gleichung (17) bzw. (19) gebracht, so daß man eine sehr genaue Bestimmung von h ausführen konnte[3]). Daß die vor diesen Untersuchungen nur aus Strahlungsmessungen bestimmte Größe von h wirklich auch hier mit großer Genauigkeit herauskommt, ist natürlich eine sehr starke Stütze und geradezu die Voraus-

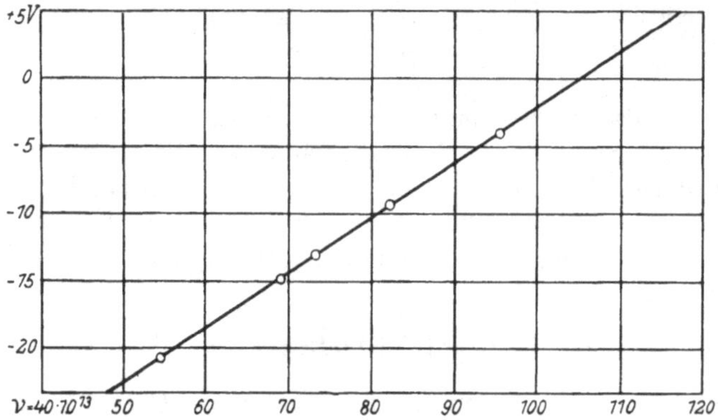

Fig. 1.

setzung für die Quantenauffassung überhaupt. Fig. 1 gibt eine Messung von Millikan an Natrium wieder; man sieht, daß die Punkte haarscharf auf einer Geraden liegen. Die Neigung der Geraden ergab sich aus dieser Messung an Natrium zu

$$\frac{h}{e} = 1{,}375 \cdot 10^{-17};$$

bei Lithium fand sich

$$\frac{h}{e} = 1{,}379 \cdot 10^{-17},$$

was mit dem Werte $e = 4{,}774 \cdot 10^{-10}$ im Mittel $h = 6{,}557 \cdot 10^{-27}$ erg sec liefert; der Wert dürfte auf nicht ganz $^1/_2\,^0/_0$ richtig sein.

Setzt man in der Einsteinschen Gleichung (17) oder (19) die Austrittsarbeit A formal gleich $h\nu_0$, so ist ν_0 offenbar die langwellige Grenze des Effektes.

[1]) Joffé, Ann. d. Phys. **24**, pag. 939; 1907.

[2]) Zusammenfassende Darstellung am bequemsten in Millikans Monographie „Electrons, Protons, Photons, Neutrons and Cosmic Rays", Chicago 1935; pag. 236ff. Originalarbeit: Phys. Rev. **7**, pag. 362; 1916; aus dieser ist Fig. 1 entnommen.

[3]) Hierzu: Zusammenfassender Artikel von R. Ladenburg, Hdbch. d. Phys. **23**, pag. 287ff.

Ein weiteres Anwendungsgebiet für die Einsteinsche Formel (17) oder (19) bildet die Erzeugung von Röntgenstrahlen. Erzeugen wir durch Kathodenstrahlen, die ein streng definiertes Potentialgefälle Φ durchlaufen haben, also eine kinetische Energie $e\Phi = \frac{m}{2} v^2$ besitzen, durch Aufprallenlassen auf ein Metall Röntgenstrahlen, so muß die maximale Schwingungszahl derselben der Gleichung gehorchen (hier kann $A = h\nu_0 = 0$ gesetzt werden, da für Röntgenstrahlen $\nu \gg \nu_0$ ist):

$$h\nu_{\max} = e\Phi . \tag{20}$$

Neben dieser maximalen Schwingungszahl können noch alle kleineren Werte ν auftreten und treten auch wirklich auf, da infolge des komplizierten Bremsvorganges der Kathodenstrahlen die erzeugten Röntgenstrahlen ein ganzes Spektrum, sogenanntes „weißes" Röntgenlicht, bilden, dessen kurzwellige Grenze aber scharf bestimmt ist. Diese schon lange bekannte Tatsache erfährt durch Gleichung (20) eine quantitative Ergänzung, indem gefordert wird, daß das durch Kathodenstrahlen von der Voltgeschwindigkeit Φ erzeugte Röntgenspektrum an der Stelle $\nu = \nu_{\max}$ abbricht. Führt man die Minimalwellenlänge $\lambda_{\min}$ ein, so kann man Gleichung (20) auch schreiben:

$$\lambda_{\min}\Phi = \frac{hc}{e} . \tag{21}$$

Diese Gleichung hat sich in der erstaunlichsten Weise in Versuchen von Duane, Palmer, Wagner u. a. bewährt, wobei die Voltgeschwindigkeit der Elektronen zwischen 4500 und 170000 variierte[1]). Die Versuche von Duane, Palmer u. a. lieferten einen h-Wert

$$h = (6{,}558 \pm 0{,}009)\cdot 10^{-27} ,$$

während die von Wagner nach einer anderen Methode gewonnenen Resultate zum Werte

$$h = (6{,}53 \pm 0{,}01)\cdot 10^{-27}$$

führten. Wie man sieht, vollkommene Bestätigung der Einsteinschen Formel und damit experimentelle Begründung dieser Art von Korpuskulartheorie des Lichtes.

Übrigens leistet die Einsteinsche Formel noch mehr. Zum Beispiel erklärt sie folgende merkwürdige Erscheinung: Kathodenstrahlen von der Voltgeschwindigkeit Φ erzeugen Röntgenstrahlen mit der durch (21)

---

1) Bei so hohen Voltgeschwindigkeiten kann man die gewöhnliche Geschwindigkeit nicht mehr nach der einfachen Formel (18) bzw. (18a) berechnen, sondern muß der relativistischen Massenzunahme Rechnung tragen. Die Formel lautet in diesem Falle

$$\frac{m_0 c^2}{\sqrt{1 - \frac{v^2}{c^2}}} - m_0 c^2 = e\Phi , \tag{18b}$$

wo m_0 die „Ruhemasse" ist; vgl. Bd. III_1, pag. 858, Gl. (109).

bestimmten Minimalwellenlänge $\lambda_{\min} = \frac{h c}{e \Phi}$; die Röntgenstrahlen ihrerseits können nun aus Metallen wiederum Photoelektronen, sog. „sekundäre" Kathodenstrahlen, von der ursprünglichen Voltgeschwindigkeit Φ erzeugen. Das ist aus denselben Gründen wie oben beim Photoeffekt auch hier mit einer Ausbreitung der Strahlung auf Kugelflächen vollkommen unvereinbar; denn eine sich stetig verdünnende Strahlung könnte natürlich keine Photoelektronen von der ursprünglichen Energie hervorbringen. Nach der Photonenvorstellung ergibt sich die Erklärung von selbst durch zweimalige Anwendung der Einsteinschen Gleichung (20) bzw. (19).

Endlich hat die Einsteinsche Gleichung noch ihre Bedeutung bei der Fluoreszenz. Dort gilt im allgemeinen die Stokessche Regel, die aussagt, daß die Frequenz ν_f der Fluoreszenzstrahlung kleiner oder höchstens gleich der Frequenz ν_e der erregenden Strahlung ist. Das ist klar, wenn die einfallende Energie aus Photonen $h \nu_e$ besteht: Jedes Photon erleidet Energieumwandlungen beim Prozeß der Fluoreszenz, und so muß nach dem Energieprinzip $h \nu_e \geqq h \nu_f$ sein; das Gleichheitszeichen kann nur bestehen, wenn gar kein Energieverlust bei dem Prozeß stattfindet. Dieser Grenzfall der „Resonanzfluoreszenz" trifft bei Gasen (z. B. Na-Dampf) zu: Na-Dampf strahlt bei geeignetem Dampfdruck bei Erregung mit den beiden D-Linien auch wirklich nur die D-Linien aus; hier ist $\nu_e = \nu_f$; im allgemeinen jedoch muß $\nu_f < \nu_e$ sein, d. h. die Stokessche Regel ist verständlich geworden. Gleich hier sei erwähnt, daß neben diesen Stokesschen Fällen, die die Regel bilden, unter bestimmten Umständen auch sogenannte „antistokessche" Fälle auftreten; auch diese finden eine einfache Erklärung, die wir später geben werden[1]).

3. Der Compton-Effekt.

Eine weitere Stärkung der semikorpuskularen Theorie der Strahlung bildet eine von A. H. Compton[2]) bei der Beugung oder Zerstreuung von Röntgenstrahlen an freien Elektronen entdeckte Erscheinung, der sogenannte „Compton-Effekt". Bei dieser Formulierung haben wir die Erscheinung schon im Sinne der gleich zu besprechenden Theorie idealisiert, indem beim Versuch nicht freie Elektronen, sondern lose (d. h. an Atome mit kleinem Atomgewicht) gebundene benutzt wurden; die Theorie betrachtet solche der Einfachheit halber als frei.

Der Versuch besteht darin, daß parallele Röntgenstrahlen auf einen kleinen Streukörper, z. B. auf Graphit, auffallen; gemessen wird die unter einem Winkel ϑ abgebeugte Strahlung; nach der klassischen Theorie der Beugung sollten die gebeugten Wellen in allen Richtungen die gleiche Wellenlänge wie die auffallende Strahlung haben. Hier dagegen zeigt sich eine vom Streuwinkel abhängige, vom Material des Streukörpers aber

---

[1]) Siehe Kap. IX, Nr. 68.

[2]) A. H. Compton, Phys. Rev. 21, pag. 483; 1923.

unabhängige[1]) Vergrößerung der Wellenlänge; diese Wellenlängenänderung wurde mit einem Röntgenspektrometer gemessen. Die Anordnung war im Prinzip die folgende (Fig. 2): Von einer Röntgenröhre *R* fällt ein schmales, paralleles Röntgenstrahlbündel auf den Streustrahler *S*; dann wird durch geeignete Blenden *BB* eine Richtung der gestreuten Strahlung festgelegt, die mit der ursprünglichen Richtung den Winkel ϑ bildet und die Wellenlänge dieser Strahlung als Funktion von ϑ gemessen. Der Streukörper wird klein gemacht, einmal, damit die Richtung ϑ hinreichend genau festgelegt werden kann, zum anderen auch deshalb, damit mehrfache Streuung an ihm möglichst ausgeschlossen ist. Unter verschiedenen Winkeln ($0 \leqq \vartheta \leqq 150^0$) beobachtete nun Compton eine

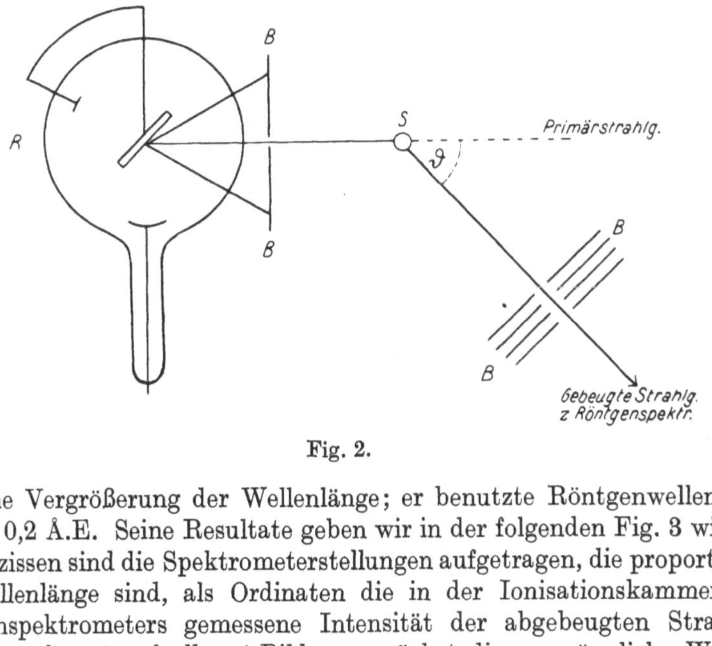

Fig. 2.

deutliche Vergrößerung der Wellenlänge; er benutzte Röntgenwellen von 0,7 und 0,2 Å.E. Seine Resultate geben wir in der folgenden Fig. 3 wieder. Als Abszissen sind die Spektrometerstellungen aufgetragen, die proportional der Wellenlänge sind, als Ordinaten die in der Ionisationskammer des Röntgenspektrometers gemessene Intensität der abgebeugten Strahlen.

Man erkennt auf allen 4 Bildern zunächst die ursprüngliche Wellenlänge λ_0, die für $\vartheta = 0$ allein erscheint. Je größer der Beugungswinkel wird, desto stärker hebt sich eine zweite Linie davon ab, die nach längeren Wellenlängen verschoben ist: das ist der in Rede stehende Effekt der Wellenlängenvergrößerung bei den gebeugten Strahlen. Von der unveränderten Wellenlänge, die auf allen 4 Bildern erscheint, sehen wir zunächst ab, da sie sekundären Umständen ihre Existenz verdankt, auf die wir später eingehen; das uns interessierende Problem ist die Erklärung der Wellenlängenänderung als Funktion von ϑ.

[1]) Bei freien Elektronen wäre die Unabhängigkeit vom Material selbstverständlich; der experimentelle Befund ist also eine Stütze der idealisierenden Annahme, daß bei den untersuchten Stoffen (C, Al, Li) die Elektronen praktisch als frei betrachtet werden können.

Die Deutung, die A. H. Compton[1]) und gleichzeitig P. Debye[2]) vorschlugen, knüpft direkt an die Vorstellung Einsteins von den Photonen an. Beide Autoren nahmen an, daß ein Photon mit der Energie $h\nu_0$ mit einem ruhenden freien Elektron „zusammenstößt" und behandeln den Vorgang genau wie den elastischen Stoß von Kugeln, indem lediglich die Energie- und Impulsbilanz vor und nach dem „Stoß" aufgestellt wird.

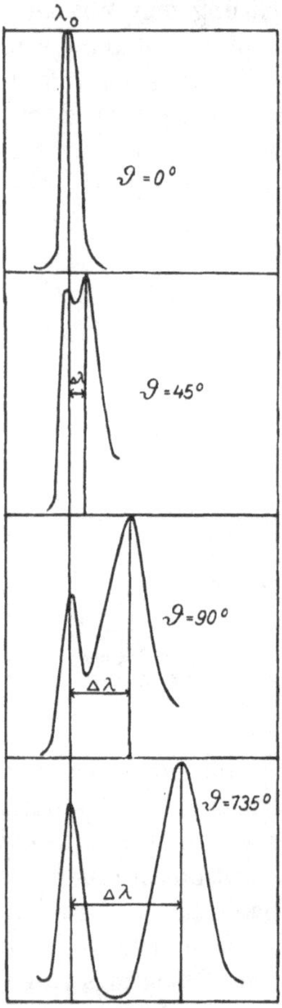

Fig. 3.

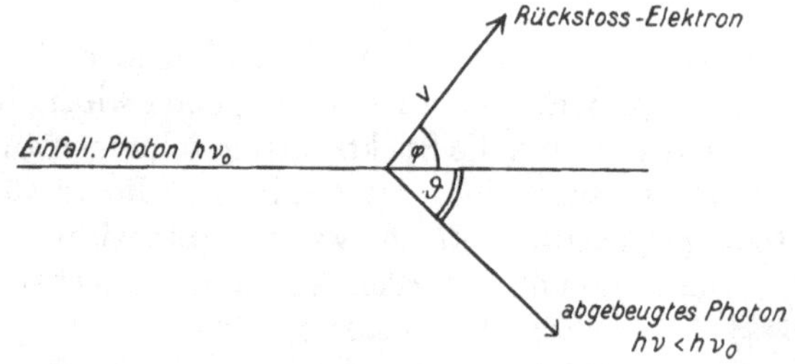

Fig. 4.

Um den Impuls eines Photons zu berechnen, stützen wir uns auf das Resultat der Relativitätstheorie, daß jede Energie U eine Masse $\mu = \frac{U}{c^2}$ hat; der Impuls der Strahlung ist also $\mu c = \frac{U}{c}$. Da hier $U = h\nu$ ist, so ist der Impuls eines Photons $\frac{h\nu}{c}$.

Wir betrachten den Vorgang des „Stoßes" an Hand der Fig. 4. Man hat sich vorzustellen, daß das Photon $h\nu_0$ einmal dem Elektron einen Stoß erteilt, demzufolge es mit der Geschwindigkeit v in einem Winkel φ zur Stoßrichtung fortgeschleudert wird; dazu wird Energie des Photons verbraucht; der Rest $h\nu$ tritt dann als gebeugtes Photon unter dem Winkel ϑ auf. Bei dem einzelnen Elementarprozeß sind sowohl ϑ als φ als v als ν vollkommen unbestimmt, da wir — schon aus technischen Gründen — nicht bestimmen können, wie das Photon das Elektron trifft, ob ein zentraler oder schiefer Stoß vorliegt usw. Festgelegt ist nur die Relation zwischen diesen Größen. Beim wirklichen Versuch beobachtet man das Resultat zahlloser Elementarprozesse, die alle ein wenig verschieden ausfallen: So kommt es, daß man Strahlung unter jedem Winkel ϑ gebeugt und Elektronen unter jedem Winkel φ abgeschleudert

[1]) A. H. Compton, l. c.
[2]) P. Debye, Phys. Zs. **24**, pag. 161; 1923.

findet. Den Zusammenhang zwischen den Größen ν, ν_0, v, ϑ, φ liefern Energie- und Impulssatz. Man hat dabei nur zu beachten, daß die Geschwindigkeit v der Elektronen so groß ist, daß man den relativistischen[1]) Ausdruck für die kinetische Energie zu verwenden hat. So erhält man mit der Abkürzung $\beta = \frac{v}{c}$ den Energiesatz:

$$h\nu_0 = m_0 c^2 \left[\frac{1}{(1-\beta^2)^{1/2}} - 1\right] + h\nu, \tag{22}$$

sowie die Impulssätze parallel und senkrecht zur Stoßrichtung:

$$\frac{h\nu_0}{c} = \frac{m_0 c \beta}{(1-\beta^2)^{1/2}} \cos\varphi + \frac{h\nu}{c}\cos\vartheta, \tag{23a}$$

$$0 = -\frac{m_0 c \beta}{(1-\beta^2)^{1/2}} \sin\varphi + \frac{h\nu}{c}\sin\vartheta. \tag{23b}$$

Diese drei Gleichungen verbinden die 5 Größen ν_0, ν, φ, ϑ und $\beta = \frac{v}{c}$. Da die Beobachtungsrichtung ϑ und die primäre Frequenz ν_0 bekannt sind, genügen sie, um ν, φ, β als Funktion von ϑ (und ν_0) auszudrücken. Indem man in (23a) und (23b) die Glieder mit ϑ auf die linke Seite bringt, kann man durch Quadrieren und Addieren φ eliminieren:

$$\frac{h^2\nu_0^2}{c^2} + \frac{h^2\nu^2}{c^2} - \frac{2h^2\nu_0\nu}{c^2}\cos\vartheta = \frac{m_0^2 c^2 \beta^2}{1-\beta^2}. \tag{24}$$

Anderseits kann man den rechts stehenden Ausdruck $\frac{m_0^2 c^2 \beta^2}{1-\beta^2}$ auch mit Hilfe von (22) bilden und erhält

$$\frac{m_0^2 c^2 \beta^2}{1-\beta^2} = m_0^2 c^2 \left\{\left[\frac{h}{m_0 c^2}(\nu_0 - \nu) + 1\right]^2 - 1\right\}, \tag{25}$$

und durch Vergleich von (24) und (25) folgt als Beziehung zwischen ν und ν_0 nach elementarer Rechnung:

$$\nu = \frac{\nu_0}{1 + \frac{2h\nu_0}{m_0 c^2}\sin^2\frac{\vartheta}{2}}, \tag{26}$$

was gleichbedeutend ist mit der folgenden Gleichung, in der $\lambda - \lambda_0 = \Delta\lambda$ gesetzt ist:

$$\Delta\lambda = \frac{2h}{m_0 c}\sin^2\frac{\vartheta}{2} = \frac{h}{m_0 c}(1 - \cos\vartheta). \tag{26a}$$

Diese beiden Gleichungen liefern die Frequenz- bzw. Wellenlängenänderung als Funktion von ϑ.

Nach Division mit $h\nu_0$ kann man die Gleichung (22) schreiben:

$$1 = \frac{\nu}{\nu_0} + \frac{T}{h\nu_0},$$

---

[1]) Bd. III_1, pag. 858, Gl. (109); m_0 ist die „Ruhemasse“ des Elektrons.

wenn man mit T die kinetische Energie des abgeschleuderten Elektrons bezeichnet. Also folgt für das Verhältnis dieser kinetischen Energie zur Energie des primären Photons unter Berücksichtigung von (26):

$$\frac{T}{h\nu_0} = 1 - \frac{\nu}{\nu_0} = \frac{\frac{2h\nu_0}{m_0c^2}\sin^2\frac{\vartheta}{2}}{1 + \frac{2h\nu_0}{m_0c^2}\sin^2\frac{\vartheta}{2}}. \tag{27}$$

Aus dieser Gleichung kann β bzw. v bestimmt werden zu:

$$\beta = \frac{v}{c} = \frac{2\alpha\sin\frac{\vartheta}{2}\sqrt{1 + (\alpha^2 + 2\alpha)\sin^2\frac{\vartheta}{2}}}{1 + 2(\alpha^2 + \alpha)\sin^2\frac{\vartheta}{2}}, \tag{27a}$$

wo zur Abkürzung

$$\alpha = \frac{h\nu_0}{m_0c^2}$$

gesetzt ist.

Endlich erhält man durch Division der Gleichung (23b) durch (23a) nach geeigneter Umstellung:

$$\operatorname{tang}\varphi = \frac{\frac{h\nu}{c}\sin\vartheta}{\frac{h\nu_0}{c} - \frac{h\nu}{c}\cos\vartheta} = \frac{\nu\sin\vartheta}{\nu_0 - \nu\cos\vartheta},$$

und das wird, wenn man ν nach (26) einsetzt,

$$\operatorname{tang}\varphi = \frac{\sin\vartheta}{1 - \cos\vartheta + \frac{2h\nu_0}{m_0c^2}\sin^2\frac{\vartheta}{2}},$$

oder wenn man durchgehend $\frac{\vartheta}{2}$ einführt:

$$\operatorname{tang}\varphi = \frac{1}{1 + \frac{h\nu_0}{m_0c^2}} \frac{1}{\operatorname{tang}\frac{\vartheta}{2}}. \tag{28}$$

Für den Zusammenhang von φ mit ϑ ergibt sich daraus, daß, wenn ϑ von 0 bis π, $\frac{\vartheta}{2}$ also von 0 bis $\frac{\pi}{2}$ läuft, umgekehrt φ von $\frac{\pi}{2}$ bis 0 geht. Das Elektron wird daher stets nach vorn geschleudert, d. h. es hat eine Geschwindigkeitskomponente in der ursprünglichen Strahlrichtung.

Die drei Gleichungen (26), (27), (28) enthalten alle Aussagen, die möglich sind.

Vergleichen wir zunächst (26) mit dem Experiment: Es ergibt sich, daß nach der Theorie immer $\nu \leqq \nu_0$ ist, wie es auch gefunden wird; der Wert $\nu = \nu_0$ findet sich nur in der ursprünglichen Richtung ($\vartheta = 0$); der kleinste Wert tritt bei $\vartheta = \pi$ ein. Auch das ist insofern in Übereinstimmung mit dem Versuch, als von $\vartheta = 0$ bis $\vartheta = 135^0$ der Wert von ν dauernd sinkt; bei größeren ϑ konnte aus technischen Gründen nicht gemessen werden. Merken wir noch den Wert für $\vartheta = 90^0$ an:

$$\nu_{\frac{\pi}{2}} = \frac{\nu_0}{1 + \frac{h\nu_0}{m_0c^2}},$$

der nach (26a) einer Wellenlängenänderung

(29) $$\Delta \lambda_{\frac{\pi}{2}} = \frac{h}{m_0 c}$$

entspricht. Mit den bekannten Werten für h und m_s ergibt das

(30) $$\Delta \lambda_{\frac{\pi}{2}} = 0{,}0242 \text{ Å.E.}$$

Der Vergleich mit der Beobachtung ergibt vollkommene numerische Übereinstimmung; in Fig. 3 sind die berechneten Werte von $\Delta \lambda$ durch begrenzte Strecken eingetragen, und man erkennt, daß der Abstand der unverschobenen und verschobenen Linien damit vollkommen identisch ist; insbesondere hat auch der Wert $\Delta \lambda_{\frac{\pi}{2}}$ die richtige Größe[1]). Sonach ist die hier dargelegte elementare Theorie imstande, die Verschiebung der gestreuten Wellenlängen nach längeren Wellen quantitativ zu erklären. Aber nach derselben muß bei dem Stoßprozeß auch ein Elektron („Rückstoßelektron") in bestimmter Richtung φ mit bestimmter Geschwindigkeit $\beta = \frac{v}{c}$ abgeschleudert werden. Solche Elektronen sind von Bothe und C. T. R. Wilson[2]) mit der Nebelkammermethode nachgewiesen worden; ihre Geschwindigkeit scheint in der richtigen Größenordnung und Richtung zu sein, so daß auch hier sich die Theorie durchaus bewährt.

Ein Punkt, der noch nicht ganz geklärt ist, ist das gleichzeitige Auftreten der ursprünglichen Wellenlänge, für die in der dargelegten Theorie kein Platz ist. Man hat sie dadurch zu erklären versucht, daß gleichzeitig mit dem Comptonschen Streuprozeß an dem „freien" Elektron ein anderer Streuprozeß am ganzen Atom stattfinde, so daß in (26a) für m_0 die mehrere tausend Mal größere Atommasse einzusetzen ist; dann kann in der Tat keine merkliche Verschiebung eintreten. Da es aber auch Beobachtungen mit γ-Strahlen gibt, bei denen die primäre Linie fehlt, so ist diese Frage noch nicht als ganz geklärt zu betrachten.

Die Wellenlängenänderung (26a) läßt, wie Compton gezeigt hat, eine interessante Deutung zu, indem man sie mit der Änderung vergleicht, die ein Doppler-Effekt ergeben würde. Wir wollen deshalb ein „bewegtes" Koordinatensystem einführen; seine zu bestimmende Geschwindigkeit parallel der Bewegungsrichtung des primären Photons sei $\bar{v}$; wir wollen untersuchen, ob $\bar{v}$ sich so bestimmen läßt, daß in diesem Koordinatensystem keine Wellenlängenänderung beim Streuprozeß auftritt. Nennen wir allgemein die nunmehr konstante Schwingungszahl in diesem System ν', so haben wir im ruhenden System die Frequenzen ν für das unter dem Winkel ϑ abgebeugte Röntgenlicht, ν_0 für die primäre Strahlung

[1]) Man bezeichnet zuweilen die universelle Größe $\Delta \lambda_{\frac{\pi}{2}} = 0{,}0242$ Å.E. als die dem Comptoneffekt eigentümliche Wellenlängenänderung.

[2]) Bothe, Zs. f. Phys. **16**, pag. 319ff.; 1923. — C. T. R. Wilson, Proc. Roy. Soc. **104**, pag. 1ff.; 1923.

($\vartheta = 0$). Nach der Relativitätstheorie besteht allgemein zwischen ν' und ν die Beziehung[1])

$$\nu = \nu' \frac{\sqrt{1 - \frac{\bar{v}^2}{c^2}}}{1 - \frac{\bar{v}}{c} \cos \vartheta} \tag{31a}$$

und in dem besonderen Fall, daß $\vartheta = 0$ (primäre Strahlung):

$$\nu_0 = \nu' \frac{\sqrt{1 - \frac{\bar{v}^2}{c^2}}}{1 - \frac{\bar{v}}{c}} . \tag{31b}$$

Division beider Gleichungen ergibt:

$$\nu = \nu_0 \frac{1 - \frac{\bar{v}}{c}}{1 - \frac{\bar{v}}{c} \cos \vartheta} ,$$

was wir mit (26) vergleichen wollen. Um dies besser zu können, führen wir rein formal eine Größe a durch die Festsetzung ein:

$$\bar{v} = \frac{a}{1 + a} c ; \tag{32}$$

damit wird die letzte Gleichung:

$$\nu = \frac{\nu_0}{1 + a - a \cos \vartheta} = \frac{\nu_0}{1 + 2 a \sin^2 \frac{\vartheta}{2}} , \tag{33}$$

womit wir die Gestalt von (26) erzielt haben. Man kann also tatsächlich die Frequenzänderung des Compton-Effektes als eine Doppler-Verschiebung deuten, wenn man die Geschwindigkeit des bewegten Systems gemäß (32) wählt.

Was bedeutet nun $\bar{v}$? Wir behaupten, es sei die Geschwindigkeit des Schwerpunktes des Photons $h \nu_0$ und des Elektrons mit der Masse m_0; die Masse des Photons ist bekanntlich $\frac{h \nu_0}{c^2}$ [2]). Da vor dem Stoß das Elektron ruht, ist die Geschwindigkeit v_s des Schwerpunktes demgemäß bestimmt durch die Gleichung:

$$\left(\frac{h \nu_0}{c^2} + m_0\right) v_s = \frac{h \nu_0}{c^2} c + m_0 \cdot 0 = \frac{h \nu_0}{c^2} c ,$$

woraus

$$v_s = \frac{\frac{h \nu_0}{c^2}}{\frac{h \nu_0}{c^2} + m_0} c = \frac{\frac{h \nu_0}{m_0 c^2}}{1 + \frac{h \nu_0}{m_0 c^2}} c . \tag{34}$$

---

[1]) Bd. III_1, pag. 841, Gl. (72). Diese Formel gilt auch hier, wie man leicht einsieht, weil nur die Begriffe „ruhend" und „bewegt" vertauscht sind, was gleichgültig ist. Für $\cos \vartheta$ ist in der dortigen Formel α geschrieben.

[2]) Nämlich gleich Energie dividiert durch das Quadrat der Lichtgeschwindigkeit, entsprechend dem schon vorhin benutzten Ergebnis der Relativitätstheorie.

Das ist aber Gleichung (32), wenn $a = \frac{h \nu_0}{m_0 c^2}$ genommen wird; denn dann wird ja (33) mit (26) auch inhaltlich identisch. Das heißt: wenn man sich als Strahlungszentrum der gebeugten Strahlung eine Quelle im gemeinsamen Schwerpunkt von Photon und Elektron denkt, so ergibt sich für den ruhenden Beobachter die Frequenzänderung des Compton-Effektes.

Diese Feststellung ist wichtig, weil man versuchen könnte, den Compton-Effekt folgendermaßen klassisch zu deuten: Die einfallende Welle übt auf das freie Elektron den Strahlungsdruck aus, der dem Elektron eine beschleunigte Bewegung verleiht; es handelt sich also jetzt um die Beugung an einem bewegten Streukörper. So verführerisch der Gedanke wäre, den merkwürdigen Effekt klassisch zu erklären, so wenig ist er durchführbar. Einmal müßte dann das Zentrum der Beugungswellen im Elektron liegen, während es nach dem Vorhergehenden im Schwerpunkt von Strahlung und Elektron angebracht werden muß. Ferner bedeutet „beschleunigte Bewegung", daß wir ein Kontinuum von Geschwindigkeiten haben, von Null angefangen; d. h. wir würden lediglich eine starke Verbreiterung der primären Strahlung nach längeren Wellen beobachten dürfen. Fig. 3 zeigt aber deutlich eine scharfe Trennung zwischen primärer und verschobener Linie.

Es bleibt also bei der Feststellung, daß die klassische Theorie nicht zulangt, um den Compton-Effekt zu erklären; daher ist er eine starke Stütze für die Lichtquantentheorie.

Nach (26a) ist die absolute Änderung der Wellenlänge unabhängig von dieser selbst; man sollte also erwarten, daß auch im Sichtbaren dieser Effekt zu beobachten wäre. Aber das ist nicht der Fall, und der Grund dafür ist auch klar: zu je längeren Wellen man übergeht, desto kleiner wird die Energie des Photons $h \nu_0$, um so mehr also muß es ins Gewicht fallen, daß die Elektronen im Versuch tatsächlich gebunden sind. Nur wenn die Bindungsenergie sehr klein gegen $h \nu_0$ ist, ist unsere einfache Theorie erlaubt. Demgemäß findet man denn auch schon beim Übergang zu größeren Röntgenwellen, z. B. 1,5 Å.E., keine verschobene Linie mehr; um so weniger ist in Übereinstimmung mit der Erfahrung ein Effekt im Sichtbaren zu erwarten.

4. Das Plancksche Strahlungsgesetz.

Die im Vorhergehenden entwickelte und an zwei Beispielen bewährte Vorstellung, daß die Strahlung aus Photonen von der Energie $h \nu$ bestehe, die nach Art einer Korpuskel, d. h. ohne Zerstreuung sich fortbewegen, führt zu der Auffassung, daß die Ausbreitung des Lichtes auf einer Kugelfläche lediglich das Resultat des Zusammenwirkens einer sehr großen Anzahl von Photonen ist: jedes Photon hat zwar eine bestimmte Richtung; da aber keine Richtung bevorzugt ist, muß die Ausbreitung einer ungeheuren Zahl von Photonen in der Tat den Eindruck machen, als sei eine das Strahlungszentrum umgebende Kugelfläche, die Wellenfläche, stetig mit Energie belegt. Nach der Einsteinschen Auffassung ist der Elementarakt der Emission stets ein gerichteter; nur das Zusammenwirken zahlreicher Photonen bewirkt im Mittel eine „ungerichtete" Strahlung (Kugelwelle). Mit einem kurzen Ausdruck hat man die gerichtete Strahlung auch als „Nadelstrahlung" bezeichnet.

Es gibt übrigens eine direkte experimentelle Stütze für die Auffassung, daß die Strahlung stets Nadelstrahlung ist. Joffé und Dobronrawov[1]) haben nämlich Röntgenstrahlen auf einer kleinen Antikathode erzeugt, vor der ein Wismutkügelchen von solcher Größe sich befand, daß es von der Austrittsstelle der Röntgenstrahlen unter einem räumlichen Winkel von etwa 10^{-5} bis 10^{-6} erschien. Die Röntgenstrahlen wurden in Intervallen von 10^{-3} sec periodisch erzeugt; es bedurfte aber 10^6 solcher Impulse, bis einer derselben das Wismutteilchen „traf"; die übrigen waren „schlecht gezielt". Der Röntgenimpuls, der das Teilchen „traf", schleuderte Photoelektronen heraus, was an der Ladungsänderung des Teilchens erkannt wurde. Das von Anfang an geladene Teilchen befand sich nämlich in einem Kondensator, dessen Potentialdifferenz so gewählt war, daß das elektrische Feld die Schwere kompensierte, das Teilchen also — und zwar ohne Bestrahlung stundenlang — frei schwebte. Verlust eines Elektrons bedeutet stärker positive Aufladung; daher setzt sich das Teilchen dann in Bewegung und kann erst durch Feldänderung wieder zur Ruhe gebracht werden. Da keine Richtung bevorzugt war, verteilen sich die 10^6 Röntgenimpulse auf den zur Verfügung stehenden Raumwinkel 2π; also kommt dem einzelnen ein räumlicher Winkel $2\pi 10^{-6}$ zu. Diese Messungen sind mit gleichem Erfolge von Breit u. a. wiederholt worden; sie zeigen in der Tat deutlich, daß der Elementarprozeß der Strahlung gerichtet ist.

Kann nun vermittels der Idee der gerichteten Strahlung das Plancksche Strahlungsgesetz abgeleitet werden? Man muß dies natürlich verlangen; denn die von uns im III. Bande gegebene Theorie ist darin unbefriedigend, daß sie zum Teil klassisch, zum Teil quantenhaft vorgeht, die Ableitung also einen inneren Widerspruch in sich enthält.

Wir wollen uns mit Einstein[2]) einen Hohlraum denken, in dem schwarze Strahlung sei, d. h. Strahlung im thermodynamischen Gleichgewicht. Die Materie des Hohlraumes können wir uns als aus einer großen Zahl von harmonischen Oszillatoren aller Frequenzen bestehend denken; denn wir können nach dem Kirchhoffschen Satze jedes Modell wählen, das in sich widerspruchsfrei ist. Die Wahl der Oszillatoren hat den Vorteil, daß wir schon wissen, daß sie nur diskreter Energiezustände fähig sind, die wir mit $U_1, U_2, \ldots U_n \ldots$ bezeichnen wollen. Die Zahl der Oszillatoren, die einen bestimmten Energiezustand hat, sagen wir U_n, muß im Durchschnitt unveränderlich sein, da statistisches Gleichgewicht

---

[1]) Joffé u. Dobronrawov, Zs. f. Phys. **34**, pag. 889; 1925.

[2]) A. Einstein, Phys. Zs. 18, pag. 121ff.; 1917.

herrscht; das heißt die Zahl der Resonatoren, die diesen Zustand verläßt, muß ebensogroß sein wie die Zahl derjenigen, die den Zustand annimmt. Nun ist nach den Erörterungen der Nr. 1, wenn insgesamt $\mathfrak{N}$ Oszillatoren vorhanden sind, die Zahl der Oszillatoren im Zustande U_n:

$$\mathfrak{N}_n = \mathfrak{N}\, C\,(T)\, g_n e^{-\frac{U_n}{kT}},$$

wo $C\,(T)$ eine Abkürzung für den Ausdruck $\dfrac{1}{\sum_n g_n e^{-\frac{U_n}{kT}}}$ und g_n der Gewichtsfaktor ist[1]). [Die konstanten Faktoren $\mathfrak{N}\, C\,(T)$ lassen wir im folgenden einfach fort, da sie sich im Endergebnis fortheben.] Dies können wir benutzen, um die Gleichgewichtsbedingungen aufzustellen. Wir gehen dabei von der Tatsache aus, daß ein isolierter Oszillator zwar spontan Energie abgeben, aber nicht spontan aufnehmen kann; er kann also aus einem Zustande höherer Energie $U_{n'}$ in einen Zustand U_n übergehen, wobei es naheliegt, anzunehmen, daß diese Energiedifferenz $(U_{n'} - U_n)$ als Strahlung emittiert wird[2]). Die Zahl derartiger Übergänge von $n' \to n$ wird der Zahl $\mathfrak{N}_{n'}$ der Oszillatoren im Zustande $U_{n'}$ proportional sein, also gleich:

$$A_{n'n}\, g_{n'}\, e^{-\frac{U_{n'}}{kT}}. \tag{35}$$

Dabei nennen wir $A_{n'n}$ die „Übergangswahrscheinlichkeit" für den spontanen Übergang $n' \to n$. Aber das sind nicht alle Übergänge von n' nach n: denn (35) gibt nur die Zahl der spontanen. Ist eine Strahlungsdichte $\mathfrak{u}\,(\nu)$ vorhanden, so kann diese solche Übergänge erzwingen mit einer Häufigkeit, die der Größe $\mathfrak{u}\,(\nu)$ selbst proportional ist; klassisch entspricht das einer erzwungenen Schwingung des Oszillators, bei der die Phasen so gewählt sind, daß der Oszillator Energie verliert. Auch hier wird die Zahl dieser Übergänge außerdem der Zahl $\mathfrak{N}_{n'}$ proportional sein:

$$B_{n'n}\, g_{n'}\, e^{-\frac{U_{n'}}{kT}}\, \mathfrak{u}\,(\nu), \tag{36}$$

so daß insgesamt von $n' \to n$

$$e^{-\frac{U_{n'}}{kT}}\, g_{n'}\, \{A_{n'n} + B_{n'n}\, \mathfrak{u}\,(\nu)\} \tag{37}$$

Übergänge stattfinden, die einer Emission entsprechen.

Die Zahl der inversen Prozesse $n \to n'$ ist — da sie spontan nicht vorkommen können — proportional der Zahl $\mathfrak{N}_n$ der Oszillatoren mit der Energie U_n und der Strahlungsdichte $\mathfrak{u}\,(\nu)$, also

$$B_{nn'}\, g_n\, e^{-\frac{U_n}{kT}}\, \mathfrak{u}\,(\nu). \tag{38}$$

[1]) Für harmonische Oszillatoren könnten wir nach Nr. 1 $g_n = 1$ setzen; doch wollen wir die allgemeinere Formulierung beibehalten.

[2]) Diese Annahme wurde explizite von N. Bohr 1913 in seiner Theorie der Linienspektren eingeführt; siehe Kap. II; hier brauchen wir nicht im Einzelnen darauf einzugehen.

Diese Übergänge sind das Analogon zu erzwungenen Schwingungen der Oszillatoren, wobei jetzt die Phasen so gewählt sind, daß die Oszillatoren Energie aufnehmen. Die Koeffizienten $B_{n'n}$ und $B_{nn'}$ heißen auch hier „Übergangswahrscheinlichkeiten" der betreffenden „induzierten" Übergänge. Im Gleichgewicht muß sein:

$$e^{-\frac{U_{n'}}{kT}} g_{n'} \{A_{n'n} + B_{n'n} \mathfrak{u}(\nu)\} = e^{-\frac{U_n}{kT}} B_{nn'} g_n \mathfrak{u}(\nu),$$

was für $\mathfrak{u}(\nu)$, die spektrale Energiedichte der schwarzen Strahlung, liefert:

$$\mathfrak{u}(\nu) = \frac{A_{n'n} g_{n'} e^{-\frac{U_{n'}}{kT}}}{B_{nn'} g_n e^{-\frac{U_n}{kT}} - B_{n'n} g_{n'} e^{-\frac{U_{n'}}{kT}}},$$

oder, nach leichter Umformung:

(39) $$\mathfrak{u}(\nu) = \frac{\frac{A_{n'n}}{B_{n'n}}}{\frac{g_n}{g_{n'}} \frac{B_{nn'}}{B_{n'n}} e^{\frac{U_{n'} - U_n}{kT}} - 1},$$

und das ist bereits die Form des Planckschen Strahlungsgesetzes (16). Man kann nun weitergehen, indem man den Grenzfall sehr hoher Temperaturen betrachtet; die Erfahrung zeigt, daß die Strahlung mit der absoluten Temperatur gleichzeitig unendlich wird. Für diesen Grenzfall erhält man aus (39):

$$\mathfrak{u}(\nu)_{\lim T = \infty} = \frac{\frac{A_{n'n}}{B_{n'n}}}{\frac{B_{n'n}}{B_{nn'}} \frac{g_n}{g_{n'}} - 1},$$

und das ist nur dann unendlich, wenn

(40) $$B_{n'n} g_n = B_{nn'} g_{n'}$$

ist. Damit wird (39):

(41) $$\mathfrak{u}(\nu) = \frac{\frac{A_{n'n}}{B_{n'n}}}{e^{\frac{U_{n'} - U_n}{kT}} - 1}.$$

Nun haben wir aber für große Werte von $\left(\frac{T}{\nu}\right)$ ein empirisch richtiges Gesetz, das Rayleighsche, Gleichung (6), gefunden; in dieses muß daher (41) übergehen für große Werte von T. Das gibt nach Entwicklung der Exponentialfunktion im Nenner bis zum 2. Gliede einschließlich:

$$\mathfrak{u}(\nu)_{\lim T = \infty} = \frac{\frac{A_{n'n}}{B_{n'n}} kT}{U_{n'} - U_n} = \frac{8\pi k \nu^2 T}{c^3};$$

d. h. es muß sein

(42) $$\frac{A_{n'n}}{B_{n'n}} = \frac{8\pi\nu^2}{c^3}(U_{n'} - U_n),$$

und damit wird (41):

$$\mathfrak{u}(\nu) = \frac{8\pi\nu^2}{c^3} \frac{U_{n'} - U}{e^{\frac{U_{n'} - U_n}{kT}} - 1}.$$

Das wird mit dem Planckschen Strahlungsgesetz identisch, wenn wir ganz allgemein für jeden Übergang $n' \to n$ die Energiedifferenz gleich $h\nu$ setzen, d. h. die ausgestrahlte Frequenz zu

$$\nu = \frac{U_{n'} - U_n}{h}$$

annehmen. Denn dann ist

$$\mathfrak{u}(\nu, T) = \frac{8\pi\nu^2}{c^3} \frac{h\nu}{e^{\frac{h\nu}{kT}} - 1}.$$

Gleichzeitig mit dem Planckschen Gesetz folgt aus (42) für das Verhältnis der Übergangswahrscheinlichkeiten die Beziehung

$$\frac{A_{n'n}}{B_{n'n}} = \frac{8\pi h\nu^3}{c^3}. \tag{43}$$

Diese Ableitung ist in sich konsequent quantenhaft: Sie benutzt die Hypothese der Nadelstrahlung, die schon durch Photo- und Compton-Effekt gestützt wird, ferner die Annahme, daß ein Oszillator — allgemeiner: jedes atomare System — nur in diskreten Energiezuständen zu existieren vermag[1]), und endlich die ursprünglich von Bohr formulierte Ausstrahlungsbedingung, wonach die Frequenz $\nu = \frac{\text{Energiedifferenz}}{h}$ sein soll. Genau diese Bedingung werden wir im nächsten Kapitel wiedertreffen; sie ermöglicht dort ein Verständnis für die Struktur der Spektren.

Man sieht übrigens auch an dieser Ableitung deutlich die semikorpuskulare Natur der ganzen Auffassung; denn es werden zwei Arten „induzierter" Übergänge betrachtet, solche, bei denen vom Oszillator Energie aus dem umgebenden Strahlungsfelde aufgenommen oder abgegeben wird. Das bedeutet, daß auch beim Photon — in Analogie zur Wellentheorie — etwas der Phase Analoges vorhanden sein muß.

5. Schwankungserscheinungen.

Die semikorpuskulare Theorie des Lichtes liefert also ein Verständnis des Photoeffektes, des Compton-Effektes und des Strahlungsgesetzes, d. h. von Erscheinungen, die klassisch nicht gedeutet werden können. Anderseits besteht für sie die Schwierigkeit, die Interferenz- und Beugungserscheinungen zu erklären. Wir gehen an dieser Stelle darauf nicht ein, da es uns zunächst nur darauf ankommt, bei dem Leser die Überzeugung zu erwecken, daß trotz dieser und anderer Schwierigkeiten in der Quantenvorstellung der Physik ein mächtiges Instrument geschenkt ist. Aber

[1]) Daß dies tatsächlich der Fall ist, zeigen die Versuche von Franck und Hertz, die wir im folgenden Kapitel besprechen werden.

angesichts der Schwierigkeiten dieser neuen Theorie ist es verständlich, daß man alles versucht hat, um Material zur weiteren Prüfung dieser, der klassischen Auffassung diametral zuwiderlaufenden Anschauung zu geben. Insbesondere hat Einstein[1]) folgende Überlegungen angegeben:

Ein Hohlraum von dem großen Volumen V_1 kommunizierе mit einem sehr kleinen Volumen V_2; in beiden herrsche schwarze Strahlung von der konstanten Temperatur T. Da diese dem Gleichgewichtszustand entspricht, hat die Gesamtentropie S ihren Maximalwert. Infolgedessen verhalten sich die Einzelenergien U_1 zu U_2 wie die Volumina V_1 zu V_2, d. h. die Energiedichte ist konstant. Wir haben es natürlich mit der Strahlung aller Frequenzen zu tun; im folgenden betrachten wir aber, was wegen der Unabhängigkeit der Strahlung verschiedener Frequenzen zulässig ist, nur $\mathfrak{u}(\nu)\,d\nu$, d. h. nur die Energiedichte eines kleinen spektralen Intervalles zwischen ν und $\nu + d\nu$. In dem kleineren Hohlraum bleibt nach der klassischen Thermodynamik die Energie $U_2 = V_2\,\mathfrak{u}(\nu)\,d\nu$ konstant (und die Entropie S_2 behält dauernd ihren Maximalwert). Wir wissen aber aus der kinetischen Theorie, daß diese Aussage der phänomenologischen Thermodynamik in Strenge gar nicht zutrifft, sondern daß eben wegen der atomistischen Struktur der Materie Schwankungen gerade um die Gleichgewichtslage stattfinden müssen. Diese Folgerung überträgt sich, namentlich wenn wir eine Art korpuskularer Struktur der Strahlung ins Auge fassen, auch auf den hier betrachteten Fall: Die Strahlungsdichte $\mathfrak{u}(\nu)\,d\nu$ in einem Punkte des Hohlraumes wird gewissen Schwankungen unterliegen, weil die Energien U_1 und U_2 nicht dauernd im Verhältnis V_1 zu V_2 stehen. Diese Schwankungen wollen wir berechnen und dann zu deuten versuchen.

Schon vom Standpunkte der Undulationstheorie ist übrigens das Auftreten von Schwankungserscheinungen zu erwarten. Denn die von den Wänden des Hohlraumes ausgehende, sich in einem bestimmten Punkte desselben durchkreuzende Strahlung erzeugt dort Interferenzen, freilich so schnell wechselnde, daß sie nicht beobachtet werden können. In der Sprache der Optik nennen wir daher die von verschiedenen Punkten der Hohlraumwandung kommende Strahlung „inkohärent“. Das bedeutet aber nicht, daß überhaupt keine Interferenzen auftreten, sondern nur, daß sie räumlich und zeitlich so schnell wechseln, daß sie unbeobachtbar sind. Das heißt aber nichts anderes, als daß die Intensität schwankt. Es fragt sich natürlich, wie diese Schwankungen der Wellentheorie bei unserer semikorpuskularen Auffassung der Strahlung modifiziert werden.

Betrachten wir einen Augenblick, in dem die Energie U des kleinen Hohlraumes von ihrem Normalwerte $\overline{U}$ um den Betrag ε abweicht (den Index 2 können wir jetzt als überflüssig weglassen):

$$U - \overline{U} = \varepsilon;$$

[1]) A. Einstein, Phys. Zs. 10, pag. 817ff., 1909; 18, pag. 124ff.; 1917. Die Theorie der Strahlung und der Quanten; Congress Solvay 1912; deutsche Ausgabe, pag. 330ff. (Halle 1914).

natürlich ist der Mittelwert der Schwankung $\bar{\varepsilon} = 0$; dagegen wird $\overline{\varepsilon^2}$, das sogenannte mittlere Schwankungsquadrat der Energie, ungleich Null sein. Dieses wollen wir berechnen. Quadrieren wir die letzte Gleichung und nehmen den Mittelwert, so folgt sofort $\overline{U^2} + (\overline{U})^2 - 2\overline{U}\,\overline{U} = \overline{\varepsilon^2}$, d. h.

$$\overline{\varepsilon^2} = \overline{U^2} - (\overline{U})^2 . \tag{44}$$

Zur Bildung der Mittelwerte von U und U^2 können wir etwa die kanonische Verteilung von Gibbs, sei es in der erweiterten Form (7), sei es in der einfachen Form (8) zugrunde legen; im Resultat kommt es auf dasselbe heraus; deshalb wählen wir die einfache Formel, setzen also

$$\overline{U} = \frac{\int U e^{-\frac{U}{kT}} d\tau}{\int e^{-\frac{U}{kT}} d\tau}, \tag{45}$$

$$\overline{U^2} = \frac{\int U^2 e^{-\frac{U}{kT}} d\tau}{\int e^{-\frac{U}{kT}} d\tau} . \tag{46}$$

Durch Differentiation von (45) nach T findet man:

$$\frac{d\overline{U}}{dT} = \frac{\int e^{-\frac{U}{kT}} d\tau \, \frac{1}{kT^2} \int U^2 e^{-\frac{U}{kT}} d\tau - \frac{1}{kT^2}\left[\int U e^{-\frac{U}{kT}} d\tau\right]^2}{\left[\int e^{-\frac{U}{kT}} d\tau\right]^2},$$

das ist mit Rücksicht auf (45) und (46):

$$\frac{d\overline{U}}{dT} = \frac{1}{kT^2}\left[\overline{U^2} - (\overline{U})^2\right],$$

oder schließlich nach (44):

$$\overline{\varepsilon^2} = k T^2 \frac{d\overline{U}}{dT} . \tag{47}$$

Wenn wir $\overline{U}$ kennen, so kann $\overline{\varepsilon^2}$ nach (47) berechnet werden. Nun kennen wir aber $\overline{U} = V\,\mathfrak{u}(\nu)\,d\nu$, wenn wir für $\mathfrak{u}(\nu)$ etwa die Plancksche Formel einsetzen. Vom systematischen Standpunkte aus ist ja diese Formel nicht streng abgeleitet, sondern uns gewissermaßen durch einen glücklichen Zufall in den Schoß gefallen; sie ist der sichere Standpunkt, von dem wir ausgehen können, um etwas mehr über die Natur der Photonen zu erfahren. Wir erhalten dann:

$$\overline{U} = V\,\mathfrak{u}(\nu)\,d\nu = \frac{V\,d\nu\,8\pi h \nu^3}{c^3\left(e^{\frac{h\nu}{kT}} - 1\right)} . \tag{48}$$

Für $\frac{d\,u(\nu)}{d\,T}$ ergibt sich zunächst:

$$(49)\qquad \frac{d\,u(\nu)}{d\,T}=\frac{1}{k\,T^2}\,\frac{8\,\pi\,h^2\,\nu^4}{c^3}\,\frac{e^{\frac{h\,\nu}{k\,T}}}{\left(e^{\frac{h\,\nu}{k\,T}}-1\right)^2},$$

oder indem man wieder unter Benutzung des Planckschen Gesetzes für den Exponentialfaktor $e^{\frac{h\nu}{kT}}$ seinen Wert $\left(1+\frac{8\,\pi\,h\,\nu^3}{u(\nu)\,c^3}\right)$ setzt:

$$(50)\qquad \frac{d\,u(\nu)}{d\,T}=\frac{1}{k\,T^2}\left[u(\nu)\,h\,\nu+\frac{c^3\,u(\nu)^2}{8\,\pi\,\nu^2}\right].$$

Führt man diesen Wert endlich in (47) unter Rücksicht auf (48) ein, so folgt das gesuchte Resultat:

$$(51)\qquad \frac{\overline{\varepsilon^2}}{[u(\nu)\,d\,\nu]^2}=V\left[\frac{h\,\nu}{u(\nu)\,d\,\nu}+\frac{c^3}{8\,\pi\,\nu^2\,d\,\nu}\right].$$

Das mittlere relative Schwankungsquadrat besteht also aus 2 Gliedern. Um sie zu verstehen, könnten wir nun dieselbe Rechnung mit dem klassischen Rayleighschen Gesetz (6) durchführen. Wir können uns dies aber sparen, da der klassische Grenzfall aus (51) mit $h=0$ erhalten wird:

$$(52)\qquad \frac{\overline{\varepsilon^2_{\mathrm{kl}}}}{[u(\nu)\,d\,\nu]^2}=V\,\frac{c^3}{8\,\pi\,\nu^2\,d\,\nu}\,.$$

Das 2. Glied in (51) entspricht also der klassischen Theorie, genauer: der klassischen Wellentheorie des Lichtes: es ist nach (5) gleich der reziproken Zahl $\frac{1}{Z_\nu}$ der Freiheitsgrade der Strahlung $u(\nu)\,d\,\nu$; es liegt also nahe, anzunehmen, daß das 1. Glied charakteristisch für die Korpuskularauffassung des Lichtes ist. In der Tat ist $\frac{h\nu}{u(\nu)\,d\nu}$ offenbar gleich der reziproken Anzahl $\frac{1}{Z'_\nu}$ der in der Strahlung $u(\nu)\,d\nu$ enthaltenen Photonen. Man würde also dieses erste Glied allein erhalten, wenn man die Voraussetzung macht, daß die Strahlung aus vollkommen unabhängigen Quanten von der Größe $h\,\nu$ besteht. Das Ergebnis der Gleichung (51) zeigt wieder, daß wir es mit einer semikorpuskularen Theorie zu tun haben: Die Strahlung hat gewissermaßen zwei Aspekte, einen rein korpuskularen und einen rein undulatorischen, wie wir schon im Vorhergehenden mehrfach betont haben. Keiner von ihnen allein kann die Gesamtheit der Erscheinungen darstellen, sondern es bedarf offenbar einer Verbindung beider Auffassungen.

In diesem Zusammenhang ist die Feststellung interessant, deren Begründung wir dem Leser überlassen, daß die Zugrundelegung des sogenannten Wienschen Strahlungsgesetzes

$$u(\nu)=\frac{8\,\pi\,h\,\nu^3}{c^3}\,e^{-\frac{h\,\nu}{k\,T}},$$

das auch als Grenzfall im Planckschen enthalten ist, nur das 1. Glied $\frac{h\nu}{u(\nu)\,d\nu}$ in (51) liefert: Wäre also die Strahlung rein korpuskular, so müßte dieses Strahlungsgesetz gelten, was bekanntlich nicht der Fall ist[1]).

Die zur Gleichung (51) führende Betrachtung läßt sich in mannigfachen Varianten durchführen. Wenn nämlich die Strahlungsdichte schwankt, so schwankt der Strahlungsdruck, und das bedeutet, daß z. B. eine Platte von der Fläche f, die sich im Hohlraum befindet, durch die Schwankung der Strahlungsdichte dauernd Impulse empfängt, die eine Art Brownscher Molekularbewegung erzeugen. Einstein hat gezeigt, daß, wenn Δ die Schwankung des in der Zeit τ auf die betrachtete Platte übertragenen Impulses ist, das mittlere Quadrat der Impulsschwankung $\overline{\Delta^2}$ gegeben ist durch:

$$\overline{\Delta^2} = \frac{1}{c}\left[\overline{\varepsilon^2}\right] f\,\tau\,,$$

wo $\overline{\varepsilon^2}$ aus (51) zu entnehmen ist; auch hier gelten also die gleichen Folgerungen bezüglich der Doppelnatur der Strahlung.

Wichtig ist also vor allem die Feststellung, daß eine reine Korpuskulartheorie nicht ausreicht — diese würde nur das erste Glied von $\overline{\varepsilon^2}$ liefern —, ebensowenig wie eine reine Undulationstheorie, die nur das zweite Glied liefert. Notwendig ist eine Kombination beider Gesichtspunkte. Wir kommen später eingehend darauf zurück.

6. Das Photonengas.

Die Ergebnisse der vorigen Nummer werden bekräftigt durch eine statistische Betrachtungsweise: Wenn die Strahlung aus Photonen besteht, ein Hohlraum mit schwarzer Strahlung also ein bestimmtes Volumen mit vielen Korpuskeln darstellt, so ist die Analogie zu einem in ein gegebenes Volumen eingeschlossenen Gase so groß, daß man versucht wird, das Strahlungsgesetz durch ähnliche Betrachtungen abzuleiten wie in der statistischen Mechanik etwa die Gasgesetze.

Wir schließen uns an Nr. 125 des II. Bandes[2]) an, in der wir zunächst in der gewöhnlichen Weise die Entropie eines idealen Gases durch Berechnung der Wahrscheinlichkeit bestimmt haben.

Wir stellen zwei Betrachtungen an: Einmal wollen wir annehmen, daß die Photonen voneinander völlig unabhängige Individuen sind, genau so, wie man die Moleküle eines idealen Gases anzusehen pflegt. Daß diese Auffassung nicht zutrifft, wissen wir zwar schon aus dem Vorher-

[1]) Damit stimmt folgendes zusammen: Bei der Ableitung des Planckschen Strahlungsgesetzes in der vorigen Nummer haben wir zwei Arten „induzierter" Übergänge betrachtet, deren Existenz darauf hindeutet, daß den Photonen so etwas wie eine „Phase" anhaftet. Betrachtet man nur solche induzierte Übergänge, die Energieaufnahme entsprechen, d. h. setzt man $B_{n'n} = 0$, so folgt wieder das Wiensche Gesetz statt des Planckschen. Durch Ignorierung der „Phasen", d. h. des undulatorischen Elementes in den Photonen, kommt man also zum falschen Strahlungsgesetz.

[2]) Bd. II, pag. 623ff.

gehenden; aber wir wollen noch auf eine andere Weise die Konsequenzen dieser Annahme prüfen. Wenn man diese Voraussetzung nämlich macht, kann man — wie bei Gasen — auch bei Photonen die sogenannte Boltzmannsche (klassische) Statistik anwenden; in Gleichung (200) der genannten Nummer[1]) fanden wir für die thermodynamische Wahrscheinlichkeit eines idealen Gases den Ausdruck:

$$W_{\text{therm}} = \prod_{\nu} \left(\frac{Z_\nu^{N_\nu}}{N_\nu!} \right). \tag{53}$$

Dabei ist $N = \sum N_\nu$ die Gesamtzahl der Atome, N_ν die Zahl derjenigen, deren Energie zwischen U_ν und $U_\nu + dU_\nu$ liegt; Z_ν ist die Zahl der Zellen im Phasenraume, die diesen N_ν Atomen zur Verfügung steht, auf die sie also verteilt werden müssen. Der Faktor $Z_\nu^{N_\nu}$ gibt direkt die Zahl der Verteilungsmöglichkeiten von N_ν Individuen auf Z_ν Zellen an. Denn ein Atom kann in Z_ν Zellen auf Z_ν Weisen untergebracht werden, nämlich entweder in der ersten oder in der zweiten, ... oder in der Z_ν^{ten} Zelle; nehmen wir jetzt ein zweites Atom hinzu, so gilt dafür das gleiche, gleichgültig, in welcher Zelle das erste Atom schon untergebracht ist. Es existieren also für jedes weitere Atom Z_ν Unterbringungsmöglichkeiten. N_ν Atome können also auf $Z_\nu^{N_\nu}$ Weisen in Z_ν Zellen untergebracht werden, wenn es für die Besetzung der Zellen mit einem Atom gleichgültig ist, ob und wieviele schon in der Zelle untergebracht sind. Darin, d. h. im Faktor $Z_\nu^{N_\nu}$, drückt sich also die vollkommene Unabhängigkeit der Atome aus, wie sie den Anschauungen der klassischen Physik entsprach und für die die Boltzmannsche Statistik zugeschnitten ist.

Betrachten wir eine Gesamtheit von Photonen als ebenso unabhängig von einander, so müssen wir für die thermodynamische Wahrscheinlichkeit des Zustandes eines mit Photonen gefüllten Volumens genau den Ausdruck (53) bekommen. N_ν bedeutet dabei jetzt die Zahl der Photonen mit einer Schwingungszahl zwischen ν und $\nu + d\nu$, also einer Energie zwischen $h\nu$ und $h(\nu + d\nu)$; Z_ν ist die Zahl der „Zellen", in denen sie untergebracht werden müssen, d. h. die Zahl der Eigenfrequenzen zwischen ν und $\nu + d\nu$, die durch Gleichung (5)[2]) gegeben ist zu

$$Z_\nu = V \frac{8\pi}{c^3} \nu^2 \, d\nu. \tag{54}$$

Wenn wir in (53) für die Fakultäten die Stirlingsche Näherungsformel anwenden, können wir schreiben:

$$W_{\text{therm}} = \prod_{\nu} \left(\frac{Z_\nu e}{N_\nu} \right)^{N_\nu}, \tag{55}$$

und für die Entropie $S = k \log W_{\text{therm}}$ finden wir den Ausdruck:

$$S = k \sum N_\nu \left\{ \log \frac{Z_\nu}{N_\nu} + 1 \right\}. \tag{56}$$

[1]) Bd. II, pag. 625.

[2]) Gl. (5) bezieht sich auf die Volumeinheit!

Dem stationären Zustande entspricht das Maximum der Entropie unter gewissen Nebenbedingungen, die beim Gase bekanntlich Konstanz der Energie und der Gesamtteilchenzahl $N = \sum N_\nu$ verlangen. Hier ist es ein wenig anders. Zwar ist die Gesamtenergie

(57) $$U = \sum N_\nu U_\nu = \sum N_\nu h\nu$$

auch hier konstant; nicht aber die Zahl der Photonen $N = \sum N_\nu$. Denn wir können ja bei konstanter Gesamtenergie z. B. durch einen adiabatischen Prozeß die Frequenz ν jedes Photons beliebig ändern, was nur möglich ist, wenn N variabel genommen wird. Wir haben also nur $U = \text{Const.}$ als Nebenbedingung und demgemäß die beiden simultanen Gleichungen

$$\delta S = k \sum \delta N_\nu \left\{\log \frac{Z_\nu}{N_\nu}\right\} = 0\,,$$
$$\delta U = \sum \delta N_\nu h\nu = 0\,.$$

Multiplizieren wir die letztere mit einem Lagrangeschen Faktor λ und subtrahieren von der ersteren, so folgt

$$\delta S - \lambda\,\delta U = \sum \delta N_\nu \left\{k \log \frac{Z_\nu}{N_\nu} - \lambda\, h\nu\right\} = 0\,,$$

und daraus folgt in bekannter Weise das Verschwinden der geschweiften Klammer. Demgemäß folgt für den stationären Zustand unseres „Photonengases“:

(58) $$N_\nu = Z_\nu e^{-\frac{\lambda}{k} h\nu}.$$

Setzt man diesen Wert in (56) ein, so gewinnt man unter Rücksicht auf den Wert der Energie (57) für die Entropie im stationären Zustande (Maximalwert!) die Gleichung

(59) $$S = \lambda U + k \sum_\nu Z_\nu e^{-\frac{\lambda}{k} h\nu}.$$

Darin haben wir noch den Faktor λ zu bestimmen; das kann durch Benutzung der bekannten, unmittelbar aus der thermodynamischen Definition der Entropie folgenden Gleichung geschehen, daß $\left(\frac{\partial S}{\partial U}\right)_V = \frac{1}{T}$ ist. Man findet aus (59), wobei zu beachten ist, daß im allgemeinen auch λ Funktion von U sein wird:

$$\left(\frac{\partial S}{\partial U}\right)_V = \lambda + U\left(\frac{\partial \lambda}{\partial U}\right)_V - \sum_\nu Z_\nu e^{-\frac{\lambda}{k} h\nu} \frac{h\nu}{k}\left(\frac{\partial \lambda}{\partial U}\right)_V$$
$$= \lambda + \left\{U - \sum h\nu\, Z_\nu e^{-\frac{\lambda}{k} h\nu}\right\}\left(\frac{\partial \lambda}{\partial U}\right)_V.$$

Darin verschwindet nach (58) die geschweifte Klammer und es folgt:

$$\left(\frac{\partial S}{\partial U}\right)_V = \frac{1}{T} = \lambda\,.$$

Damit gewinnen wir für Entropie und Energie die Ausdrücke:

$$(60)\qquad \begin{cases} S = \frac{1}{T} U + k \sum Z_\nu e^{-\frac{h\nu}{kT}}, \\ U = \sum h\nu Z_\nu e^{-\frac{h\nu}{kT}}. \end{cases}$$

Setzen wir schließlich für Z_ν den Wert (54) ein, so folgt für die Gesamtenergie:

$$U = V \sum \mathfrak{u}(\nu)\, d\nu = V \sum \frac{8\pi h}{c^3} \nu^3 e^{-\frac{h\nu}{kT}}$$

und für die spektrale Strahlungsdichte:

$$(61)\qquad \mathfrak{u}(\nu) = \frac{8\pi h \nu^3}{c^3} e^{-\frac{h\nu}{kT}},$$

d. h. das Wiensche Strahlungsgesetz.

Auch hier zeigt sich also wieder, daß es unzulässig ist, die Photonen als völlig unabhängige Individuen zu betrachten; das heißt, die rein korpuskulare Auffassung reicht nicht aus, was ja auch schon daraus folgt, daß damit Interferenzerscheinungen überhaupt nicht erklärt werden können.

Wir müssen also diese Annahme fallen lassen; die Photonen müssen noch dazu einen undulatorischen Zug haben, der prinzipiell wenigstens die Erklärung der Interferenzen zuläßt. Das heißt aber nichts anderes, als daß die Photonen eine gewisse Abhängigkeit voneinander haben müssen. In statistischer Betrachtungsweise bedeutet das, daß wir die Boltzmannsche Statistik, charakterisiert durch den Faktor $Z_\nu^{N_\nu}$, nicht mehr anwenden dürfen, vielmehr müssen wir in jedem Falle eine andere Statistik benutzen, sei es die Bose-Einsteinsche oder die Fermi-Diracsche, genau wie wir dies in der Gastheorie müssen, wenn wir zum Problem der Gasentartung vordringen wollen. Welche der genannten Statistiken (oder noch andere) man zugrunde legen muß, kann man natürlich von vornherein nicht sagen, da wir über die Abhängigkeit der Photonen voneinander nichts wissen. Diejenige Statistik, deren Anwendung zum Planckschen Strahlungsgesetze führt, ist die richtige, und sie enthält gleichzeitig implizite auch eine Aussage über die Abhängigkeit der Photonen voneinander. Die Erfahrung zeigt, daß die Bose-Einsteinsche Statistik es ist, die zum Ziel führt, wie wir gleich zeigen werden, und das bedeutet einen großen positiven Schritt vorwärts in der Erkenntnis der Natur der Photonen, den wir hier nur erwähnen und auf den wir später zurückkommen[1]).

Genau wie in Nr. 125 des II. Bandes finden wir — dortige Gleichung (203) — bei Zugrundelegung der Bose-Einsteinschen Statistik für die thermodynamische Wahrscheinlichkeit des Photonengases statt der bisher zugrunde gelegten Gleichung (53) die folgende:

$$(62)\qquad W_{\text{therm}} = \prod_\nu \frac{(N_\nu + Z_\nu - 1)!}{N_\nu!\,(Z_\nu - 1)!},$$

[1]) Siehe Kap. VIII, Nr. 61.

und man kann nun die Rechnung ganz analog führen. Man findet schließlich — wir überlassen die Ausrechnung dem Leser —:

$$N_\nu = \frac{Z_\nu - 1}{e^{\frac{h\nu}{kT}} - 1},$$

bzw., da $Z_\nu \gg 1$ ist:

$$(63) \quad \begin{cases} N_\nu = \dfrac{Z_\nu}{e^{\frac{h\nu}{kT}} - 1} = V \dfrac{\frac{8\pi}{c^3}\nu^2 d\nu}{e^{\frac{h\nu}{kT}} - 1}, \\ U = \sum N_\nu h\nu = V \sum \dfrac{8\pi h \nu^3}{c^3} \dfrac{d\nu}{e^{\frac{h\nu}{kT}} - 1}, \\ \mathfrak{u}(\nu) = \dfrac{8\pi h \nu^3}{c^3} \dfrac{1}{e^{\frac{h\nu}{kT}} - 1}. \end{cases}$$

Die letzte Gleichung ist aber das Planck sche Strahlungsgesetz.

Alle Betrachtungen zeigen also deutlich einen Dualismus der Natur des Lichtes: eine reine Korpuskulartheorie kommt ebensowenig in Frage wie eine reine Undulationstheorie; beide Elemente müssen in einer höheren Theorie vereinigt werden. Ein Schritt auf diese Theorie hin ist die Erkenntnis, daß die Bose-Einsteinsche Statistik es ist, mit deren Hilfe die Photonenvorstellung das richtige Strahlungsgesetz gibt. Wir kommen später von einem anderen Standpunkt auf dies Problem zurück.

Zweites Kapitel.

Das Bohrsche Atommodell.

7. Das Problem der Serien- und Bandenspektren.

Das Spektrum leuchtender Gase und Dämpfe zeigt eigenartige Gesetzmäßigkeiten in der Anordnung der Linien, die von allem abweichen, was man von elastischen (akustischen) Spektren von Saite oder Membran her gewöhnt ist. Das Spektrum einer Saite z. B. besitzt Schwingungszahlen, die ganzzahlige Multipla einer Grundfrequenz ν_0 sind: $\nu_0, 2\nu_0, 3\nu_0, \ldots n\nu_0$ $(n = 1, 2, \ldots \infty)$; diese Reihe von Schwingungszahlen wächst ins Unendliche. Dementsprechend nähert sich die zugehörige Wellenlänge immer mehr der Null; die Wellenlängen haben dort eine „Häufungsstelle". Analog ist es mit allen derartigen elastischen Spektren, die sich aus der gewöhnlichen Wellengleichung

$$\frac{1}{a^2}\frac{\partial^2 \psi}{\partial t^2} = \Delta\psi \tag{1}$$

herleiten: Bei allen wächst die Reihe der Frequenzen ins Unendliche.

Ganz anders dagegen verhalten sich die zu erklärenden optischen Spektren, wie wir am Beispiel des leuchtenden Wasserstoffs erläutern wollen. Bringt man Wasserstoff in einem Geißlerrohr durch elektrische Entladungen zum Leuchten, so beobachtet man normalerweise 4 Linien

$$H_\alpha = 6563{,}07\ \text{Å.E.};\quad H_\beta = 4860{,}9;\quad H_\gamma = 4341{,}0;\quad H_\delta = 4102{,}3;$$

in günstigen Fällen, z. B. in Sternspektren, hat man im ganzen 31 Linien gemessen. Die nebenstehende Tabelle gibt in der 3. Spalte das Verzeichnis der Wellenlängen an. Man erkennt daraus, namentlich aus Spalte 6, daß die Wellenlängen immer näher aneinanderrücken und an einer von Null verschiedenen Stelle sich häufen. Dementsprechend haben die Frequenzen gleichfalls eine Häufungsstelle im Endlichen — und rücken keineswegs ins Unendliche. Fig. 5 gibt ein Bild der Anordnung der Linien des Wasserstoffs; man nennt eine solche Anordnung eine „Serie" und die entsprechenden Spektren „Serienspektren". An das Ende der Serie, d. h. an die Häufungsstelle, schließt sich bei Wasserstoff und überhaupt im allgemeinen noch ein kontinuierlicher Grund an, der nicht in Linien auflösbar ist.

Gerade das Auftreten einer Häufungsstelle im Endlichen ist etwas, was klassisch nicht erklärt werden kann. Von vornherein wäre man ja geneigt, die Linien eines Spektrums in Parallele zu stellen mit den Eigen-

Tabelle 1.

Bezeichnung	n	λ beob. in Å.E.	λ berechnet	Differenz	Abstand benachbarter Linien in Å.E.
H_α	3	6563,07	6563,07	0,00	
H_β	4	4860,90	4861,57	− 0,67	1702
H_γ	5	4341,00	4340,63	+ 0,37	521
H_δ	6	4102,30	4101,90	+ 0,45	239
H_ε	7	3970,40	3970,22	+ 0,18	131
H_ζ	8	3889,21	3889,20	+ 0,01	81
H_η	9	3835,60	3835,53	+ 0,07	54
H_ϑ	10	3798,05	3798,04	+ 0,01	33
H_ι	11	3770,78	3770,77	+ 0,01	28
$H_\varkappa$	12	3750,25	3750,36	− 0,11	20
H_λ	13	3734,54	3734,51	+ 0,03	16
H_μ	14	3722,04	3722,08	− 0,04	12
H_ν	15	3712,14	3712,11	+ 0,03	10
H_ξ	16	3703,99	3704,00	− 0,01	8
H_o	17	3697,22	3697,29	− 0,07	7
H_π	18	3691,71	3691,70	+ 0,01	6
H_ϱ	19	3687,05	3686,97	+ 0,08	5
H_σ	20	3682,93	3682,95	− 0,02	4
H_τ	21	3679,48	3679,49	− 0,01	3,5
H_υ	22	3676,43	3676,50	− 0,07	3
H_φ	23	3673,84	3673,90	− 0,06	2,60
H_χ	24	3671,53	3671,48	+ 0,05	2,42
H_ψ	25	3669,52	3669,60	− 0,08	1,86
H_ω	26	3667,70	3667,82	− 0,12	1,78
—	27	3666,15	3666,24	− 0,09	1,58
—	28	3664,71	3664,82	− 0,11	1,42
—	29	3663,40	3663,54	− 0,14	1,28
—	30	3662,14	3662,40	− 0,26	1,14
—	31	3661,16	3661,35	− 0,19	1,15
	∞	—	3646,13	—	—

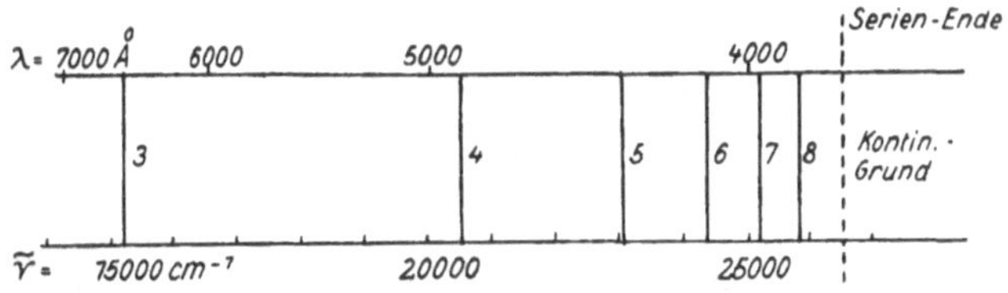

Fig. 5.

schwingungen eines elastischen Kontinuums, d. h. auch als Eigenschwingungsspektrum zu deuten. Poincaré hat aber (wenigstens für einen Spezialfall) direkt bewiesen, daß ein derartiges Verhalten mit der gewöhnlichen Wellengleichung (1) unvereinbar ist. Unter diesen Umständen muß die Deutung in ganz anderer Weise gesucht werden.

Dem Baseler Mittelschullehrer Balmer gelang es zuerst, für die damals allein bekannten vier Wasserstofflinien H_α bis H_δ eine Formel zu finden, von der sich nachher erwies, daß sie sämtliche Wasserstofflinien mit größter Genauigkeit darstellt. Um sie gleich in der Form anschreiben zu können, wie wir sie nachher brauchen, wollen wir die sogenannte

„Wellenzahl“ $\tilde{\nu} = \frac{1}{\lambda}$ (Anzahl der Wellenlängen auf den Zentimeter) einführen, d. h. statt mit Frequenzen $\nu = \frac{c}{\lambda}$ mit Wellenzahlen $\tilde{\nu} = \frac{1}{\lambda}$ rechnen. In dieser Ausdrucksweise fand Balmer[1]) folgende Darstellung für die Wasserstofflinien

$$(2) \qquad \left\{ \begin{aligned} &\frac{1}{\lambda} = \tilde{\nu} = R\left[\frac{1}{2^2} - \frac{1}{n^2}\right] \qquad (n = 3, 4, \ldots \infty) \\ &R = 109679{,}2 \text{ cm}^{-1}. \end{aligned} \right.$$

H_α erhält man, wenn man $n = 3$ setzt. Für die folgenden Linien hat man n der Reihe nach gleich 4, 5, ... zu setzen. Man erkennt, daß die Frequenzen um so mehr aneinanderrücken, je größer die „Laufzahl“ n wird; sie endigen an der Stelle $n = \infty$ mit dem Werte $\tilde{\nu}_\infty = \frac{1}{4} R$. In der vorhergehenden Tabelle sind in Spalte 4 die nach dieser Formel berechneten mit den beobachteten Wellenlängen verglichen; die Abweichungen betragen im allgemeinen nur wenige Hundertstel Å.E., liegen also innerhalb der Fehlergrenze.

Später sind außer der „Balmer-Serie“ noch mehrere andere Serien des Wasserstoffs bekannt geworden, eine im Ultravioletten liegende von Lyman entdeckt und seinen Namen tragend. Auch diese lassen sich durch eine modifizierte Balmer-Formel darstellen, z. B. die „Lyman-Serie“ durch:

$$(3) \qquad \tilde{\nu} = R\left[\frac{1}{1^2} - \frac{1}{n^2}\right] \qquad (n = 2, 3 \ldots \infty);$$

ferner eine im Ultraroten liegende sogenannte „Paschenserie“:

$$(4) \qquad \tilde{\nu} = R\left[\frac{1}{3^2} - \frac{1}{n^2}\right] \qquad (n = 4, 5 \ldots \infty).$$

Analog hat die „Brackettserie“ als konstantes Glied $\frac{1}{4^2}$ und $n = 5, 6, \ldots$, und Pfund hat noch eine Serie mit dem konstanten Gliede $\frac{1}{5^2}$ und $n = 6, 7, \ldots$ gefunden. Insgesamt kann man diese Serien in eine Formel, die wir als „allgemeine Balmer-Formel“ bezeichnen wollen, zusammenfassen:

$$(5) \qquad \tilde{\nu} = R\left[\frac{1}{n''^2} - \frac{1}{n'^2}\right] \qquad (n' > n''),$$

die tatsächlich alle Linien des Wasserstofflinienspektrums enthält. Man erkennt an dieser Gleichung besonders deutlich, wie sehr sie von einer klassischen Eigenschwingungsformel abweicht. Denn wenn man die

---

[1]) Balmer stellte nicht die Frequenzen oder Wellenzahlen, sondern die Wellenlängen durch die Formel dar:

$$\lambda = \text{Const.}\ \frac{4\,n^2}{n^2 - 4};$$

erkannt wurde die wahre Bedeutung der Formel erst durch die reziproke Schreibweise.

Wellengleichung (1) durch den üblichen Ansatz $\psi = e^{2\pi i \tilde{\nu} c t} u(x y z)$ integriert, so erhält man wegen der zweimaligen Differentiation nach der Zeit zwar eine Formel für $\tilde{\nu}^2$, d. h. für das Quadrat der Wellenzahl, nicht aber im allgemeinen für die Wellenzahl selbst.

Nach der allgemeinen Balmer-Formel (5) erhält man die Wellenzahl $\tilde{\nu}$ durch Subtraktion zweier sogenannter „Spektralterme"; im Falle des Wasserstoffs hat der Balmer-Term die äußerst einfache Gestalt

$$\text{(5a)} \qquad \text{Balmer-Term} = \frac{R}{n^2} \qquad (n = 1, 2, \ldots \infty).$$

In der neueren Spektroskopie ist der Term in den Vordergrund des Interesses getreten; die Wellenzahl hat freilich die Bedeutung, daß sie experimentell vom Spektroskopiker gefunden wird; das theoretisch Einfachere aber ist der Term.

Daß die Wellenzahl als Differenz zweier Terme dargestellt wird, erklärt nun auch leicht die Gültigkeit eines Prinzips, das von W. Ritz erkannt und als „Kombinationsprinzip" bezeichnet wurde. Nach demselben sollte eine geeignete lineare Kombination (z. B. Addition oder Subtraktion) der Frequenzen zweier Spektrallinien eine neue Spektrallinie liefern. Tatsächlich ist das Kombinationsprinzip für die Spektroskopie von außerordentlichem Werte gewesen und zahlreiche Linien und Linienbeziehungen sind auf diese Weise neu gefunden worden, obwohl keineswegs in allen Fällen eine solche Kombination auf eine beobachtbare Linie führt. Auf diese „Versager" des Kombinationsprinzips kommen wir ausführlich zurück. Hier möge nur gezeigt werden, wie das Kombinationsprinzip mit unserer Termstellung zusammenhängt. Es seien zwei Spektrallinien gegeben, die einen Term gemeinsam haben, z. B.

$$\tilde{\nu}_{ik} = R\left(\frac{1}{k^2} - \frac{1}{i^2}\right) \quad \text{und} \quad \tilde{\nu}_{kl} = R\left(\frac{1}{l^2} - \frac{1}{k^2}\right);$$

dann liefert Addition eine neue Spektrallinie:

$$\tilde{\nu}_{il} = R\left(\frac{1}{k^2} - \frac{1}{i^2} + \frac{1}{l^2} - \frac{1}{k^2}\right) = R\left(\frac{1}{l^2} - \frac{1}{i^2}\right),$$

so daß die Beziehung folgt

$$\tilde{\nu}_{il} = \tilde{\nu}_{ik} + \tilde{\nu}_{kl}.$$

Das Vorstehende mag genügen, um die Eigenart des Problems der Linienspektren klarzumachen. Denn die Serienanordnung ist keineswegs auf Wasserstoff beschränkt, sondern zeigt sich mehr oder minder deutlich bei allen Linienspektren. Z. B. haben die Alkalien, um das nächst einfache Beispiel zu nehmen, eine Reihe von Serien (Hauptserie, scharfe, diffuse, Bergmann-Serie), die ganz analog (5) sind; d. h. jede Wellenlänge ist als Termdifferenz dargestellt. Nur ist der Term komplizierter gebaut als der Balmer-Term (5a). Um die quantitativen Grundlagen haben sich besonders Kayser und Runge verdient gemacht, die in klassischen Abhandlungen genaueste Wellenlängenbestimmungen geliefert haben; um die Deutung der Verhältnisse aber hat das größte Verdienst Rydberg. Dieser hat vor allem gezeigt, daß in den Spektraltermen der anderen Elemente dieselbe Konstante R[1]) wie beim Wasserstoff auftritt, auf diese Weise die enge Verwandtschaft all dieser Probleme anzeigend und auf die gleiche Erklärungsgrundlage hindeutend. Ihm zu Ehren heißt daher R die „Rydberg-Konstante".

Soviel über Linienspektren, als deren Träger auf Grund der neueren spektroskopischen Erfahrung das Atom betrachtet werden muß, so daß der Name „Atomspektren" vielleicht sachlich gerechtfertigter wäre. Denn auch die Bandenspektren bestehen aus gesetzmäßig angeordneten Linien mit einer Art von Häufungsstellen im Endlichen, nur daß sie im allgemeinen viel zahlreichere Linien besitzen, die nur bei stärkster Auflösung als solche getrennt werden können; freilich gibt es auch ganz einfach gebaute Bandenspektren. In jedem Falle sind es Lebensäußerungen der Moleküle, so daß der Ausdruck „Molekülspektren" als synonym mit Bandenspektren anzusehen ist. Ihre Gesetzmäßigkeiten wurden namentlich von Deslandres erforscht und in einigen nach ihm benannten Regeln niedergelegt, bei deren Ableitung die Theorie gleichfalls ihre Leistungsfähigkeit unter Beweis zu stellen hat.

8. Experimentelle Grundlagen eines Atommodells: Lenard, Thomson, Rutherford.

Alle gaskinetischen Methoden führen für den „Radius" der Atome auf die Größenordnung von 10^{-8} cm; genauer gesagt, ist das die Entfernung, bis zu der zwei Atome sich einander nähern können. Früher hat man wohl auch ganz naiv gedacht, daß die Atome kugelförmige, kompakte Gebilde mit diesem Radius seien. Aber die Atome sind nicht *ἄτομοι* im eigentlichen Sinne des Wortes; vielmehr erkannten wir schon im III. Bande, daß in den Atomen elektrische Ladungen vorhanden sind: sonst wären z. B. die Dispersionserscheinungen nicht zu erklären. Das Atom hat also positiv und negativ geladene Bestandteile, und von den letzteren wissen wir, eben aus Dispersionstheorie, Zeeman-Phänomen usw., daß es negative Elektronen sind, Teilchen mit einer 1835mal kleineren Masse, als sie dem H-Atom zukommt. Der Hauptsitz der Masse muß also in den positiven Ladungen sein, weswegen man diese in ihrer Gesamtheit heute auch als „Kern" des Atoms bezeichnete, wobei wir es zunächst noch offen lassen wollen, ob alle positiven Ladungen an einer Stelle vereinigt sind. Schon danach ist es klar, daß das Atom nicht „kompakt" sein kann, sondern eine „löcherige" Struktur haben muß. Um im Atom den Grad der Raumerfüllung beurteilen zu können, muß man zunächst die des Elektrons und der positiven Ladungen kennen.

---

[1]) Diese Behauptung bedarf einer leichten Modifikation, auf die wir in Nr. 12 eingehen werden.

Den „Radius“ a des Elektrons kann man mit Hilfe eines allgemeinen Resultates der Relativitätstheorie abschätzen. Nehmen wir es als kugelförmig an, so erzeugt die Ladung e, die auf der Oberfläche dieser Kugel sitzt, eine potentielle Energie vom Betrage $\frac{e^2}{2a}$. Nach der Relativitätstheorie kommt aber jeder Energie Masse zu, die man erhält, indem man die Energie durch c^2 dividiert. Danach wäre also, wenn m die bekannte Elektronenmasse ist, $m = \frac{e^2}{2ac^2}$, was für den Radius ergibt:

$$a = \frac{e^2}{2mc^2}. \tag{6}$$

Dieser Radius ist insofern nicht exakt berechnet, als unzweifelhaft außer der elektrischen Energie $\frac{e^2}{2a}$ noch eine Art „Kohäsionsenergie“ unbekannten Betrages vorhanden sein muß, ohne die das Elektron infolge der Abstoßung der Ladungselemente zerplatzen würde. Aber man kann annehmen, daß die Größenordnung richtig ist[1]). Mit den Werten $e = 4{,}776 \cdot 10^{-10}$, $m = 9{,}035 \cdot 10^{-28}$ und $c = 3 \cdot 10^{10}$ liefert (6) die Größenordnung

$$a \approx 10^{-13}\ \text{cm}, \tag{7}$$

d. h. rund 10^5mal kleiner als der gaskinetische Atomradius.

Über den „Radius“ des Kerns geben zum Teil Versuche von Lenard, namentlich aber solche von Rutherford Aufschluß. Lenard, der den heutigen Begriff des Kerns freilich noch nicht haben konnte, benutzte zur allgemeinen Untersuchung des Atominnern Kathodenstrahlen, d. h. Elektronen verschiedener Geschwindigkeit und stellte fest, daß die Durchlässigkeit einer Schicht Materie für Elektronen viel größer ist, als sie bei kompakter Raumerfüllung sein könnte. Wenn eine Zahl N von Elektronen in „parallelem Strahle“ auf eine Schicht Materie von der Dicke dx fällt, so wird ein Teil der Elektronen aus dem ursprünglichen Strahlengang entfernt; die Abnahme auf das Stück dx sei $-dN$. Man denke sich nun in einem Kubikzentimeter Materie die Atome nach Wahrscheinlichkeitsgesetzen verteilt, wie sie es wirklich sind; wegen ihres endlichen Volumens sperren sie daher einen Teil des Querschnitts, und zwar betrage dieser gesperrte Teil pro Kubikzentimeter b; b ist einfach die Summe der „Querschnittsflächen“ der Atome; haben wir es nicht mit 1 cm³ zu tun, sondern mit einer dünnen Schicht von der Dicke dx und 1 cm² Fläche, so ist der gesperrte Bruchteil $b\,dx$. Nun verhält sich die Menge $-dN$ der nicht

---

[1]) Eine direkte Berechnung der elektrischen und magnetischen Energie des von einem bewegten Elektron erzeugten Feldes von J. J. Thomson liefert statt des obigen Wertes (6) den folgenden von gleicher Größenordnung:

$$a = \frac{2}{3}\frac{e^2}{mc^2}, \tag{6a}$$

der der Rechnung meistens zugrunde gelegt wird.

durchgelassenen Elektronen zu deren Gesamtbetrag N wie die Sperrfläche $b\,dx$ zum Gesamtquerschnitt 1; d. h.

$$-\frac{dN}{N} = b\,dx\,,$$

integriert:

$$N = N_0\,e^{-bx}\,. \tag{8}$$

Lenard bestimmte nun gemäß dieser Gleichung die Größen b durch Messung von N, N_0 und x, und verglich diese Werte mit denen, die nach der kinetischen Theorie bei einem Radius von rund 10^{-8} cm zu erwarten gewesen wären. Es zeigte sich dabei zunächst, daß b annähernd der Dichte proportional ist und von der Geschwindigkeit der Elektronen abhängt. Es kommt also für die Durchlässigkeit von Elektronen bestimmter Geschwindigkeit nur auf die Zahl und Masse der durchstrahlten Atome, d. h. auf die durchstrahlte Gesamtmasse an; der Quotient $\frac{b}{\varrho}$ ist daher nahezu unabhängig vom Material. Als Hauptergebnis zeigte sich weiter, daß das gefundene b viel kleiner, also, wie wir oben sagten, die Durchlässigkeit der Materie für Elektronen viel größer ist, als nach gaskinetischen Resultaten zu erwarten war. Um ein numerisches Beispiel zu geben, fand Lenard[1]) für eine Elektronengeschwindigkeit von 0,9 c den Wert von $\frac{b}{\varrho} = 6\ \mathrm{cm}^2/\mathrm{g}$; für Stickstoff unter Normalbedingungen würde sich also für b der Wert 0,0075 cm^2 ergeben; nimmt man jedoch für das Stickstoffatom den gaskinetischen Radius $1{,}9\cdot 10^{-8}$ cm, so sollte b gleich $3\cdot 10^4\ \mathrm{cm}^2$ sein, so daß der wirkliche Atomquerschnitt in diesem Falle nur den $2{,}5\cdot 10^{-7}$ten Teil seines gaskinetischen Wertes besitzt. Das Atom ist also leer, wie Lenard bereits mit voller Klarheit erkannte und aussprach; so leer, um ein Beispiel von Lenard anzuführen, daß man einen Kubikmeter Platin in einen Kubikmillimeter kondensieren könnte, wenn es möglich wäre, alle Lücken auszufüllen.

Noch in einer anderen Hinsicht sind Lenards Versuche wichtig: Das Resultat, daß b proportional der Dichte ist, ist deshalb überraschend, weil es nicht die Periodizität zeigt, die für die meisten Eigenschaften der chemischen Elemente charakteristisch ist und die ihren Ausdruck im periodischen System der Elemente gefunden hat. Das Atom zeigt also periodische und nichtperiodische Eigenschaften — und beiden Tatsachen muß ein Atommodell gerecht werden.

Kann man aus Lenards Untersuchungen schließen, daß kompakte Massen größerer Ausdehnung im Atom überhaupt nicht vorhanden sind, so hat Rutherford direkte Versuche unternommen, um den „Radius" des Kerns, in dem er alle positiven Atomanteile zusammengefaßt voraussetzt, zu bestimmen. Er beschoß zu diesem Zwecke Materie statt mit

[1]) Lenard, Quantitatives über Kathodenstrahlen aller Geschwindigkeiten, Tabelle III, pag. 262. Lenard nennt b den „praktischen" Absorptionskoeffizienten, weil die Art und Weise, wie die Elektronen aus dem Primärstrahl entfernt werden, im einzelnen nicht differenziert wird.

Elektronen mit α-Teilchen, d. h. Heliumatomen, die zwei Elektronen abgegeben haben (wie man heute sagt: mit Heliumkernen, da Helium nur 2 Elektronen besitzt). Ein solches Projektil dringt ins Atominnere, geht mehr oder minder nahe am Atomkern vorbei und erfährt durch dessen gleichfalls positive Ladung eine Abstoßung: Es beschreibt nach den Gesetzen der Gravitation eine Hyperbelbahn, in deren einem Brennpunkt der ablenkende Atomkern K sitzt. Wir brauchen hier die Theorie nicht ausführlich abzuleiten, da sie fast wörtlich aus der analogen Untersuchung des I. Bandes[1]) abzulesen ist. Die Ladung des Kerns sei $Z e$ ($Z =$ Kernladungszahl), die der α-Teilchen ist $2e$. Dann haben wir die Gleichungen von der Erhaltung der Energie U und des Drehimpulses A. In einem

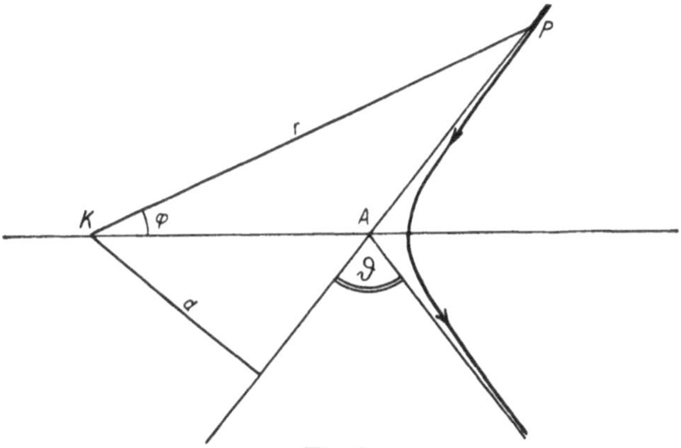

Fig. 6a.

Polarkoordinatensystem, dessen Anfangspunkt sich im Kern K befindet, lauten diese Gleichungen bekanntlich[2])

$$(9) \qquad \left\{ \begin{aligned} \frac{m}{2}\dot{r}^2 + \frac{m}{2} r^2 \dot{\varphi}^2 + \frac{2Z e^2}{r} &= U\,, \\ m r^2 \dot{\varphi} &= A\,. \end{aligned} \right.$$

Die elementare Ausrechnung ergibt

$$(10) \quad r = \frac{-\dfrac{A^2}{2 m Z e^2}}{1 - \dfrac{\sqrt{4 m^2 Z^2 e^4 + 2 m U A^2}}{2 m Z e^2} \cos(\varphi - \varphi_0)} = \frac{-\dfrac{A^2}{2 m Z e^2}}{1 - \varepsilon \cos(\varphi - \varphi_0)} \text{ }^{3)} .$$

Wir haben also die Verhältnisse der Fig. 6a vor uns; rechnen wir, wie hier angenommen, φ von der Geraden KA ab, so ist $\varphi_0 = 0$ zu nehmen.

---

[1]) Bd. I, pag. 309ff.

[2]) Der Kern ist hier, weil im allgemeinen viel schwerer als das α-Teilchen, als ruhend angenommen. Falls es notwendig ist, die Bewegung des Kerns zu berücksichtigen, so hat man in den obigen Formeln die Masse m des α-Teilchens durch die sogenannte reduzierte Masse $\mu = \dfrac{m M}{m + M}$ zu ersetzen, wo M die Masse des Kerns ist. Man vergleiche hierzu z. B. Bd. I, pag. 312, Gl. (158).

[3]) ε bedeutet die Exzentrizität, deren Wert aus (10) folgt.

Was uns interessiert, ist der Winkel ϑ zwischen den Asymptoten, d. h. die Ablenkung, die die ursprünglich geradlinige Bahn des α-Teilchens erleidet; im besonderen wollen wir wissen, wie ϑ von d, dem vom Kern auf die ursprüngliche Bewegungsrichtung gefällten Lote abhängt. Lassen wir den beliebigen Punkt P ins Unendliche rücken, so nimmt $\cos\varphi$ den speziellen Wert $\cos\bar{\varphi} = \frac{1}{\varepsilon}$ an, woraus sich

$$\operatorname{tang}\bar{\varphi} = \sqrt{\varepsilon^2 - 1} = \frac{\sqrt{2\,m U A^2}}{2\,m Z e^2}$$

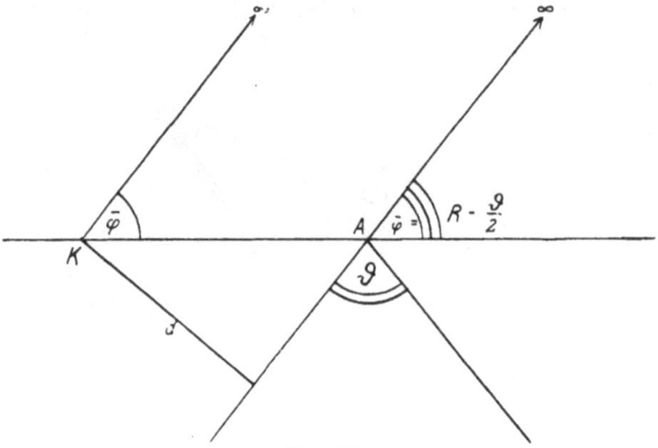

Fig. 6b.

ergibt. Nun ist aber nach Fig. 6b $\bar{\varphi} = R - \frac{\vartheta}{2}$, da die beiden von K und A nach dem Unendlichen zielenden Geraden parallel sind; folglich hat man:

$$\operatorname{tang}\bar{\varphi} = \operatorname{cotg}\left(\frac{\vartheta}{2}\right) = \frac{\sqrt{2\,m U A^2}}{2\,m Z e^2}\,.$$

Bezeichnet man nun die ursprüngliche Geschwindigkeit des α-Teilchens mit v_0, so ist $U = \frac{1}{2} m v_0^2$; ferner ist der ursprüngliche Wert des konstanten Drehimpulses $A = m v_0 d$. Setzt man diese Werte ein, so folgt schließlich

$$\operatorname{cotg}\left(\frac{\vartheta}{2}\right) = \frac{m v_0^2 d}{2 Z e^2}\,. \tag{11}$$

Die Hyperbelbahnen in verschiedenem Abstand d vom Kern sind in der folgenden Figur 7a gezeichnet; die beigeschriebenen Zahlen bedeuten den Wert von d.

Man sieht, wie außerordentlich stark der Ablenkungswinkel ϑ von d abhängt. Man kann nun mittels der Wilsonschen Nebelkammermethode die Bahnen der α-Teilchen sichtbar machen, und dabei ergibt sich, daß bei einzelnen von ihnen sehr starke Ablenkungen, direkte Abknickungen der Bahn, auftreten (Fig. 7b). Aus dem Winkel ϑ der Ablenkung findet man nach (11), da v_0 bekannt ist, wenn man für das noch unbekannte Z die

Werte einsetzt, die aus den weiter unten zu besprechenden Untersuchungen von Thomson, Barkla, Chadwick folgen und die Z von der Größenordnung des halben Atomgewichts ergeben, den Abstand d, bis zu dem sich das α-Teilchen dem Kern genähert haben muß, und erhält so einen oberen Wert für den „Radius" des letzteren. Man findet auch hier die Größenordnung des Kernradius zu etwa 10^{-13} cm. Wendet man, was an sich konsequent wäre, die aus der Relativitätstheorie gefolgerte Gleichung (6) auch auf den Kern an, so würde sogar ein Wert von 10^{-16} cm sich ergeben. Jedenfalls sieht man, daß auch der positive Anteil des Atoms außerordentlich kleine Dimensionen besitzt.

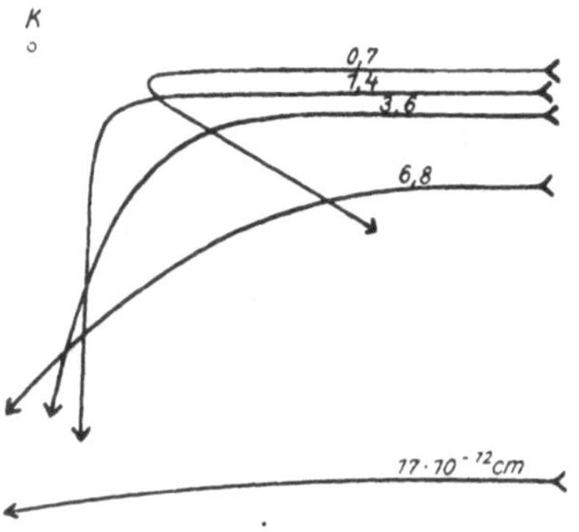

Fig. 7a.

Fig. 7b.

Wir haben jetzt die Frage zu erörtern, wieviel Elektronen im Atom vorhanden sind, mit anderen Worten, wie groß die Kernladungszahl Z ist; denn diese ist, da das ganze Atom neutral ist, gleich der erstgenannten Anzahl. J. J. Thomson hat diese Zahl dadurch bestimmt, daß er theoretisch die Zerstreuung von Röntgenstrahlen an Elektronen untersucht und mit Versuchsergebnissen von Barkla verglichen hat. Wir haben im III. Bande für die Strahlung S_0, die pro Sekunde von einem schwingenden Dipol ausgeht, den Wert gefunden[1])

$$S_0 = \frac{2}{3\,c^3}\overline{\ddot{f}(t)^2},$$

wobei $f(t)$ das veränderliche elektrische Moment des Dipols ist, eine Funktion, über die im übrigen keinerlei Voraussetzungen gemacht sind; wir können uns also etwa vorstellen, die eine Ladung des Dipols sei fest, die andere habe den veränderlichen Abstand $l(t)$ davon. Dann ist

$$f(t) = e\,l(t)\,; \quad \ddot{f} = e\,\ddot{l} = e\,\gamma\,,$$

wenn γ die Beschleunigung der bewegten Ladung ist. Demgemäß ergibt sich für die sekundliche Strahlung S_0 der Wert:

(12) $$S_0 = \frac{2}{3}\,\frac{e^2\,\gamma^2}{c^3}\,,$$

[1]) Bd. III_1, pag. 339ff.

der — ein allgemeines Resultat der klassischen Theorie — zum Ausdruck bringt, daß jede beschleunigte Bewegung einer Ladung eine Strahlung obigen Betrages verursacht. Thomson überlegt nun so: Eine Röntgenstrahlung, deren elektrischer Vektor $\mathfrak{E}$ ist, übt auf ein Elektron der Ladung e eine Kraft $e\,\mathfrak{E}$ aus, erzeugt also eine Beschleunigung $\gamma = \frac{e\,\mathfrak{E}}{m}$. Sind in einem durchstrahlten Medium von 1 cm² Fläche und der Dicke dx $N_0\,dx$ Elektronen vorhanden und nimmt man an, daß sie alle unabhängig voneinander die gleiche Strahlung infolge der Beschleunigung durch die Röntgenstrahlen aussenden, so findet man für die Gesamtstrahlung $S = N_0\,S_0\,dx$ den Wert:

$$S = \frac{2}{3} N_0 \frac{e^4\,\mathfrak{E}^2}{m^2 c^3}\,dx\,.$$

Dieser Energiebetrag wird der ursprünglichen Energie der Röntgenstrahlen entzogen und zerstreut. Da die pro Sekunde auffallende (elektrische und magnetische) Energie der primären Röntgenstrahlen aber gleich $\frac{\mathfrak{E}^2 c}{4\pi}$ ist (denn das auffallende Röntgenstrahlbündel hat einen Querschnitt von 1 cm² und eine Länge von c cm), so ist die relative Abnahme $-\frac{dJ}{J}$ auf der Strecke dx gegeben durch die Gleichung

$$-\frac{dJ}{J} = \frac{\frac{2}{3}\frac{N_0\,e^4\,\mathfrak{E}^2}{m^2 c^3}}{\frac{c\,\mathfrak{E}^2}{4\pi}}\,dx = \frac{\frac{8\pi}{3} N_0\,e^4}{m^2 c^4}\,dx\,,$$

d. h. die Energie J nach Durchsetzen einer endlichen Strecke x:

$$J = J_0\,e^{-\sigma x}; \quad \sigma = \frac{8\pi}{3}\,\frac{N_0\,e^4}{m^2 c^4}\,.$$

σ ist der sogenannte „Zerstreuungskoeffizient" für die benutzten Röntgenstrahlen; kennt man σ, so läßt sich N_0, die Zahl der Elektronen pro cm³ des betreffenden Materials bestimmen. Barkla hat solche Untersuchungen ausgeführt und aus seinen Messungen den sogenannten „Massenzerstreuungskoeffizienten"[1] $\frac{\sigma}{\varrho}$ (ϱ = Dichte) abgeleitet. Für Kohlenstoff z. B. fand sich $\frac{\sigma}{\varrho} = 0{,}2$. Damit ergibt für $\frac{N_0}{\varrho}$, die Elektronenzahl in 1 g Kohlenstoff rund $3 \cdot 10^{23}$. Anderseits ist die Zahl der Atome im Gramm Kohlenstoff gleich dem Quotienten aus der Avogadroschen Zahl und dem Atomgewicht $= \frac{60{,}6 \cdot 10^{22}}{12} \approx 5{,}05 \cdot 10^{22}$. Also ist die Zahl der Elektronen im Kohlenstoffatom:

$$Z = \frac{3 \cdot 10^{23}}{5{,}05 \cdot 10^{22}} \approx 6,$$

d. h. gleich der Hälfte des Atomgewichtes.

---

[1]) Auch dieser zeigt keine periodischen Schwankungen, wenn man von Element zu Element geht, sondern hängt nur vom Atomgewicht der betreffenden Substanz ab.

Spätere genauere Untersuchungen von Barkla haben ergeben, daß namentlich bei den schwereren Atomen die Zahl der Elektronen zurückbleibt hinter dem halben Atomgewicht, daß sie aber genau gleich einer anderen charakteristischen Zahl ist, nämlich der „Ordnungszahl" im periodischen System der Elemente, die angibt, das wievielte Element in diesem System der betreffende Stoff ist. Für Wasserstoff findet man auf diese Weise die Elektronenzahl $Z = 1$, für He ist $Z = 2$, für Li $Z = 3$, für Na $Z = 11$, für Ra $Z = 88$.

Dasselbe Ergebnis folgt aus Messungen von Chadwick, die an die Gleichung (11) über die Ablenkung von α-Teilchen durch einen Kern anknüpfen. Die Versuchsanordnung ist die folgende: Von der α-Strahlenquelle S wird ein enges Bündel durch die Blende B ausgeblendet und fällt dann auf eine Folie F aus dem zu untersuchenden Material; die Folie habe die Dicke t; die Anzahl der Atome (Kerne) im cm³ sei n; n ist aus der Avogadroschen Zahl, dem Atomgewicht und der Dichte zu berechnen, also bekannt. (Fig. 8). Die Zahl der Kerne pro cm² ist zu $(n\,t)$ anzusetzen, da wegen der Kleinheit derselben Überlappungen nicht vorkommen; jeder Kern nimmt also die Fläche $\frac{1}{n\,t}$ ein. Die Wahrscheinlichkeit dafür, daß ein α-Teilchen in einem Abstande zwischen d und $(d + \delta d)$ an einem Kern vorbeigeht, ist gleich dem Verhältnis der Fläche des Kreisrings $2\pi\, d\, \delta d$ zur Gesamtfläche $\frac{1}{n\,t}$, d. h. gleich $2\pi\, n\, t\, d \delta d$. Sowohl der Wert d, wie auch δd sind aus der Rutherfordschen Gleichung (11) zu entnehmen; nennt man noch Q die Zahl der Teilchen, die die Folie F treffen, so findet man für die Zahl derjenigen, die hinter der Folie in den Winkelbereich zwischen ϑ und $(\vartheta + \delta\vartheta)$ gebeugt werden:

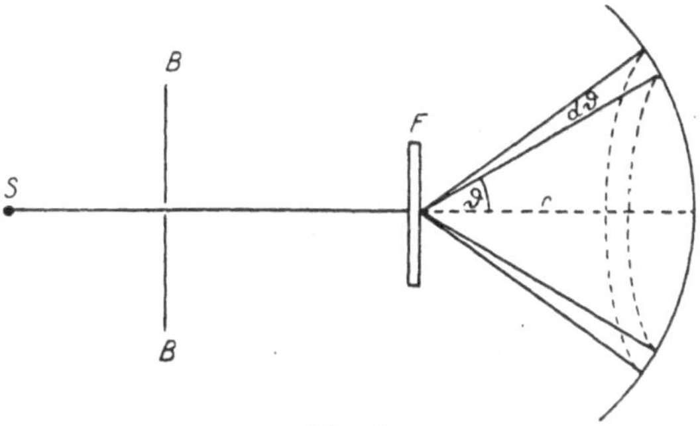

Fig. 8.

$$\delta N = Q\, 4\pi\, n\, t \frac{Z^2 e^4}{m^2 v_0^4} \frac{\cos\left(\frac{\vartheta}{2}\right)}{\sin^3\left(\frac{\vartheta}{2}\right)} \delta\vartheta .$$

Stellt man nun hinter die Folie im Abstande r einen Fluoreszenzschirm, so liegen diese Teilchen auf einem Kreisring dS vom inneren Radius $r \sin\vartheta$ und der Breite $r\,\delta\vartheta$; auf die Flächeneinheit entfällt also die Teilchenzahl

$$\frac{dN}{dS} = Q\, n\, t \left(\frac{Z e^2}{m v_0^2}\right)^2 \frac{1}{\sin^4\left(\frac{\vartheta}{2}\right)} \frac{1}{r^2} . \tag{13}$$

Man beobachtet die Zahl der auftreffenden α-Teilchen mit einem Mikroskop, indem man die Szintillationen zählt; bestimmt man auf dieselbe Weise auch Q, so kennt man in (13) alles außer der Kernladungszahl Z. Chadwick wendete diese Gleichung auf Kupfer-, Silber-, Platinfolien an, und fand für die Kernladungszahl Z die Werte 29,3; 46,3; 77,4, während die Ordnungszahlen 29, 47 und 78 sind. Das ist vollkommene Übereinstimmung mit dem vorhin Gesagten.

Ähnliche Werte ergeben sich aus der Dispersionstheorie, in der ja auch die Größe N_0 als die Zahl der Dispersionselektronen pro Volumeinheit auftritt[1]). Mit den oben genannten Werten für Z findet man den Rutherfordschen Wert für den Kernradius von 10^{-13} cm, wie vorhin angegeben.

Die Zahl der Elektronen in einem leichten Element ist also gering, im Wasserstoffatom z. B. gleich 1. Auch von dieser Seite erkennt man nun, daß eine Erklärung der Spektrallinien als Eigenfrequenzen eines schwingenden Gebildes — analog den Obertönen einer Saite — wie es die klassische Theorie doch auffassen muß, gar nicht in Frage kommt: Zur Emission so vieler Linien gehört ein Gebilde mit ungeheurer Zahl von Freiheitsgraden: die Saite hat sie, der Wasserstoff und die übrigen Atome haben sie aber nach dem Vorhergehenden nicht.

9. Atommodelle von J. J. Thomson, E. Rutherford und N. Bohr.

Auf Grund der vorhergehenden Feststellungen können wir nun drei Atommodelle besprechen, die zeitlich hintereinander entstanden sind, und können eine Entscheidung zwischen ihnen treffen.

Das älteste Atommodell, das überhaupt Anspruch auf ernsthafte Beachtung hat, ist dasjenige von J. J. Thomson. Es steht in seiner ganzen Auffassung der klassischen Theorie am nächsten; es wird vorausgesetzt, daß die Elektronen sich in einer Gleichgewichtslage in Ruhe befinden, um die sie kleine Schwingungen ausführen können, wobei sie gleichzeitig Strahlung in ihrer mechanischen Frequenz aussenden, wie es die klassische Elektronentheorie auffaßt: ohne es zu detaillieren, haben wir im 12. Kapitel (Elektronentheorie u. Dispersion) von Bd. III_1 ein derartiges Modell zugrunde gelegt oder wenigstens als möglich vorausgesetzt. Da es ein statisches ist, können die Elektronen sich nicht außerhalb des positiv geladenen Kerns befinden, da sie sonst einfach der Anziehung gehorchend in ihn hineinstürzen würden. Thomson bringt also die Elektronen innerhalb eines kugelförmigen Raumes an, über den er die positive Ladung gleichmäßig verteilt denkt. Geben wir

[1]) Gegen diesen Schluß aus der Dispersionstheorie, den z. B. Thomson benutzt hat, läßt sich natürlich einwenden, daß die Dispersionsmessungen nur die Zahl derjenigen Elektronen ergeben, die die Dispersion hervorrufen und die doch erheblich kleiner sein könnte als die Gesamtzahl, um die es hier geht. Weiß man freilich aus anderen Gründen schon, daß das H-Atom nur 1 Elektron hat, so kann die zum gleichen Resultat führende Berechnung aus der Dispersionstheorie immerhin als Stütze dienen.

der positiven Kugel den Radius R, füllen sie mit elektrischer Dichte $\frac{e}{\frac{4}{3}R^3\pi}$ und bringen wir ein Elektron herein, etwa zunächst in dem Abstand r vom Zentrum (Fig. 9). Nach bekannten Sätzen der Potentialtheorie wirkt die Ladung außerhalb der Entfernung r überhaupt nicht auf das Elektron, sondern nur die in der inneren Kugel vom Radius r enthaltene, und diese wirkt so, als ob sie im Zentrum konzentriert wäre. Die wirksame Ladung ist also $\frac{\frac{4}{3}r^3\pi e}{\frac{4}{3}R^3\pi} = e\frac{r^3}{R^3}$. Das Elektron wird also mit der Kraft $\frac{e^2}{R^3}r$ nach dem Zentrum als seiner Ruhelage hingezogen; ist es aus dieser entfernt, so wirkt eine dem Abstande r proportionale zurücktreibende („quasielastische") Kraft auf dasselbe, unter deren Einfluß es einfache harmonische Schwingungen von der Frequenz $\nu = \frac{1}{2\pi}\sqrt{\frac{e^2}{mR^3}}$ ausführt. Da Wasserstoff 1 Elektron besitzt, so wäre dies bereits das zur Verfügung stehende Modell des H-Atoms, das aber offensichtlich nur eine Frequenz liefern kann, also zur Erklärung des Serienspektrums nicht ausreicht.

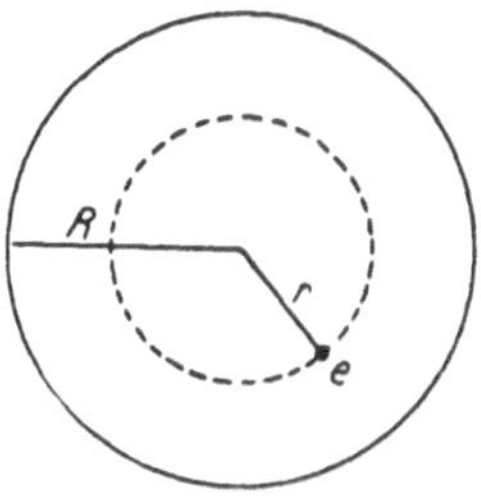

Fig. 9.

Sind mehrere Elektronen, etwa 3 vorhanden, was dem Fall des Li-Atoms entspricht, so sind diese Elektronen in Ruhe, wenn sie sich an den Ecken eines gleichseitigen Dreiecks von der Seitenlänge R befinden, dessen Schwerpunkt mit dem Kugelmittelpunkt zusammenfällt: dann wird die abstoßende Kraft zwischen ihnen gerade durch die wirksame Kernladung kompensiert, wie man leicht findet. Hier haben wir natürlich mehr Frequenzen, die aber aus Symmetriegründen zum Teil wieder zusammenfallen. Aber sie reichen auch hier nicht aus, um die Spektren des Lithiums auch nur annähernd zu erklären, und so ist es in allen Fällen. Zu diesem Einwand kommt folgender hinzu: der Radius der Thomsonschen positiven Kugel ist natürlich viel größer als der des Elektrons (10^{-13} cm), da ja unter Umständen viele Elektronen darin untergebracht werden müssen. Wenn wir daher das Thomson-Atom mit α-Teilchen beschießen, so kann ein solches entweder außerhalb der Kugel vorbeifliegen — dann ist der Abstand d vom Kugelzentrum günstigstenfalls gleich R — oder in die Kugel eindringen; dann fliegt es im Abstande $d = r$ am Zentrum vorbei. In beiden Fällen können die Ablenkungen des α-Teilchens von der ursprünglichen Bahn nur klein sein; im ersten Falle, weil $d = R$ groß ist, im zweiten Falle, weil die „wirksame" Ladung nicht mehr e, sondern $e\frac{r^3}{R^3}$ ist. Große Ablenkungen könnten daher nur eintreten, wenn das α-Partikelchen an mehreren Atomen beim Durchdringen einer Schicht Materie abgelenkt wird („Mehrfachstreuung"). Eine Wahrscheinlichkeitsbetrachtung von Rutherford zeigt aber, daß in diesem Falle große Ablenkungen nur relativ selten vorkommen können; die experimentelle Prüfung durch Geiger und Marsden bewies aber schlagend, daß große Ablenkungen viel häufiger auftreten, als mit dem Thomson-Modell zu erklären ist. So sympathisch es wäre, ein Atommodell zu besitzen, das möglichst viel vom klassischen Besitze rettet — es kann kein Zweifel darüber sein, daß das Thomson-Atom unhaltbar ist.

Wegen der relativ häufig auftretenden großen Ablenkungen der α-Teilchen muß der ganze Gedanke Thomsons, die Elektronen innerhalb des positiven Kerns unterzubringen, fallen gelassen werden; sie müssen außerhalb des sehr kleinen Kerns ($r = 10^{-13}$ cm) angebracht werden — trotz des schwerwiegenden Bedenkens der nicht vorhandenen Stabilität, das solchem Versuche entgegensteht. Rutherford hat sich dennoch zu diesem Schritte entschlossen und bringt bei seinem Modell die Elektronen außerhalb des Kerns an. Stellen wir die Frage der Stabilität für einen Moment zurück, so stimmt jedenfalls das Auftreten und die relative Häufigkeit der großen Ablenkungen von α-Teilchen nach den bereits oben genannten Messungen von Geiger und Marsden quantitativ ganz ausgezeichnet mit dieser Vorstellung überein. Wie ist nun Stabilität zu erzielen? Rein mechanisch dadurch, daß die Elektronen nicht ruhen — sonst würden sie ja in den Kern stürzen —, sondern daß sie sich auf krummlinigen Bahnen (z. B. Kreis- oder Ellipsenbahnen) um den Kern bewegen; ihre Geschwindigkeit muß so gewählt sein, daß die Zentrifugalkraft der Anziehungskraft durch den Kern das Gleichgewicht hält. Das sind die Grundlagen des Rutherfordschen dynamischen Atommodells. Damit aber ist die Sache nicht erledigt: Denn Bewegung auf krummliniger Bahn bedeutet Beschleunigung des Elektrons und folglich nach (12) Ausstrahlung. Da die ausgestrahlte Energie nur aus der potentiellen Energie des Systems Kern–Elektronen und der kinetischen Energie der Elektronen stammen kann, wäre das Ergebnis der Ausstrahlung, daß jedes Elektron sich auf spiraliger Bahn dem Kern immer mehr nähert, bis es in ihn hineinstürzt; dabei würde, da die Umlaufsgeschwindigkeit dauernd wächst, ein Kontinuum von Frequenzen ausgestrahlt, im krassen Gegensatz zur Erfahrung, die Emission von diskreten, gesetzmäßig angeordneten Linien verlangt.

Während also das Thomson-Atom am Widerspruch mit dem Experiment scheitert, auch wenn wir von der Frage: klassische oder Quantentheorie? ganz absehen, ist das Rutherfordsche nicht haltbar, wenn wir am Standpunkt der klassischen Physik festhalten, daß eine beschleunigte Ladung unter allen Umständen strahlt. Die Tatsachen zwingen uns also anzunehmen, daß es zum mindesten Ausnahmen von diesem klassischen Postulat geben muß, da auf andere Weise Stabilität des Atoms überhaupt nicht gesichert werden kann.

Diesen letzten Schritt hat N. Bohr getan. Er nimmt in Weiterentwicklung des Rutherfordschen Modells an, daß in den für die Elektronen möglichen Bahnen, die selbst klassisch berechnet werden, nichtsdestoweniger eine Strahlung nicht stattfindet; ferner werden die zulässigen Bahnen nach Quantenprinzipien in bestimmter Weise aus der klassisch berechneten Mannigfaltigkeit ausgewählt. Wie, haben wir zu erörtern, nachdem wir in der folgenden Nummer einige mathematische Untersuchungen erledigt haben. Klar ist aber schon jetzt, daß man nur unter Verzicht auf das Strahlungspostulat der Elektrodynamik die notwendige Stabilität des Atoms erzielen kann.

10. Kanonische Transformationen; zyklische Variable; Wirkungs- und Winkelvariable.

Die Atomsysteme, mit denen wir es zu tun haben, sind Systeme, die innerhalb gewisser Grenzen — nämlich soweit nicht Quantenbedingungen hinzutreten — den Gleichungen der Mechanik gehorchen, d. h. den Hamiltonschen Gleichungen der Dynamik. Sind q_k die Koordinaten, $p_k = \frac{\partial T}{\partial \dot{q}_k}$ die Impulse eines solchen Systems, T und Φ kinetische und potentielle Energie, $H = T + \Phi$, als Funktion der q_k und p_k aufgefaßt, die Gesamtenergie — wir nennen dann H die Hamiltonsche Funktion — so lauten die Hamiltonschen Gleichungen bekanntlich[1]):

$$(14) \qquad \left\{ \begin{aligned} \dot{q}_k &= \frac{\partial H}{\partial p_k}, \\ \dot{p}_k &= -\frac{\partial H}{\partial q_k}, \end{aligned} \right. \qquad (k=1,2,\ldots n).$$

Es wird sich im folgenden die Notwendigkeit erweisen, andere Variable Q_k, P_k einzuführen, derart, daß auch in den neuen Variabeln die dynamischen Gleichungen die Form der kanonischen Gleichungen (14) bewahren. Und zwar müssen solche Transformationen betrachtet werden, bei denen die alten Koordinaten q_k nicht nur Funktionen der neuen Koordinaten Q_k sind (entsprechend bei den Impulsen), sondern es werden im allgemeinen die q_k und p_k Funktionen der Q_k und P_k sein:

$$(15) \qquad \left\{ \begin{aligned} q_k &= q_k(Q_k, P_k), \\ p_k &= p_k(Q_k, P_k). \end{aligned} \right. \qquad (k=1,2,\ldots n)$$

Es fragt sich, welche Bedingungen derartige allgemeinere Transformationen, die aus geometrischen Gründen „Berührungstransformationen" oder „Kontakttransformationen" genannt werden, erfüllen müssen, damit in den P_k, Q_k wieder die Hamiltonschen Gleichungen gelten; ist es der Fall, so nennt man diese speziellen Transformationen (15) „kanonische Transformationen".

Damit in den alten und neuen Variabeln die Bewegungsgleichungen die kanonische Form annehmen, muß in beiden Variabelnsystemen das Hamiltonsche Prinzip der stationären Wirkung gelten, daß das Zeitintegral über das kinetische Potential oder, wie man jetzt häufiger sagt,

1) Siehe z. B. Bd. I, pag. 249, Gl. (126).

die „Lagrangesche Funktion" $L = T - \Phi$ ein Extremum wird. Nun kann L als Differenz der kinetischen und potentiellen Energie, unter Benutzung der Gesamtenergie (der Hamiltonschen Funktion) H geschrieben werden, in den alten Variabeln:

$$L = -H + \sum_k p_k \dot{q}_k ,$$

da nach dem Eulerschen Theorem $\sum_k p_k \dot{q}_k = 2\,T$ ist, bzw. in den neuen Variabeln:

$$\overset{*}{L} = -\overset{*}{H} + \sum_k P_k \dot{Q}_k ,$$

wenn $\overset{*}{L}$ und $\overset{*}{H}$ die Funktionen sind, die aus L und H durch die Transformation hervorgehen; denn es wird im allgemeinen natürlich nicht der Fall sein, daß $H = \overset{*}{H}$ ist, usw. Als Bedingung einer kanonischen Transformation haben wir also die Gültigkeit des Hamiltonschen Prinzips in den beiden Variabelnsystemen anzusetzen:

(16) $$\delta \int_{t_0}^{t_1} \{\sum p_k \dot{q}_k - H\}\, dt = \delta \int_{t_0}^{t_1} \{\sum P_k \dot{Q}_k - \overset{*}{H}\}\, dt = 0 .$$

Man kann daraus zwar nicht schließen, daß die Integranden gleich sein müssen, wohl aber, daß sie sich nur um die totale zeitliche Ableitung $\frac{dF}{dt}$ einer Funktion F unterscheiden können, die von t und $2\,n$ der Variabeln q_k, p_k, Q_k, P_k in beliebiger Kombination abhängt. Es muß also sein:

$$\sum p_k \dot{q}_k - H = \sum P_k \dot{Q}_k - \overset{*}{H} + \frac{dF}{dt} \cdot$$

Integriert man hier nach der Zeit und bildet die Variation, so folgt links der Wert 0; rechts tritt aus dem Integral der Ausdruck $\overline{\delta F}\Big|_{t_0}^{t_1}$ heraus, und dieser verschwindet, da die Variationen an den Grenzen gleich Null sein sollen. Das Verschwinden der linken Seite zieht also in (16) auch das der rechten Seite nach sich, woraus eben folgt, daß auch in den neuen Variabeln die kanonischen Gleichungen gelten. Für uns ist am wichtigsten der Fall, daß F Funktion von q_k, P_k, t ist, d. h. außer von der Zeit und den alten Koordinaten von den neuen Impulsen abhängt. In diesem Falle ist es bequem, mit einer kleinen Abänderung des Gedankens zu setzen:

(17) $$\sum p_k \dot{q}_k - H = \sum P_k \dot{Q}_k - \overset{*}{H} + \frac{d}{dt}\left(F - \sum P_k Q_k\right) ,$$

woraus sich ergibt:

$$\sum p_k \dot{q}_k + \sum Q_k \dot{P}_k - H + \overset{*}{H} = \sum \frac{\partial F}{\partial q_k} \dot{q}_k + \sum \frac{\partial F}{\partial P_k} \dot{P}_k + \frac{\partial F}{\partial t} \cdot$$

Diese Gleichung aber muß zerfallen, da die Koeffizienten der mit $\dot{q}_k$ und $\dot{P}_k$ behafteten Glieder links und rechts gleich sein müssen; ebenso müssen die von $\dot{q}_k$ und $\dot{P}_k$ freien Glieder gleich werden. Das gibt das Gleichungssystem:

$$(18)\qquad \begin{cases} p_k = \dfrac{\partial F}{\partial q_k}, \\ Q_k = \dfrac{\partial F}{\partial P_k}, \end{cases} \qquad (k = 1, 2 \ldots n)$$

$$(19)\qquad H - \overset{*}{H} + \frac{\partial F}{\partial t} = 0 .$$

Die beiden ersten Gleichungen gestatten, q_k und p_k als Funktionen der neuen Variabeln Q_k und P_k auszudrücken, sie sind also die gesuchten kanonischen Transformationen vom Typus der Gleichungen (15); Gleichung (19) bestimmt die neue Hamiltonsche Funktion (Energie) $\overset{*}{H}$. Wird die Transformation gemäß (18) und (19) vollzogen, so sind wir sicher, daß die kanonischen Gleichungen gelten:

$$(20)\qquad \begin{cases} \dot{Q}_k = \dfrac{\partial \overset{*}{H}}{\partial P_k}, \\ \dot{P}_k = -\dfrac{\partial \overset{*}{H}}{\partial Q_k}. \end{cases} \qquad (k = 1, 2, \ldots n)$$

Wegen der zentralen Rolle, die F bei diesen Transformationen spielt, nennt man es die „Erzeugende" der kanonischen Transformation; wir werden diese im folgenden zu bestimmen haben.

Wir wollen nun den speziellen Fall betrachten, daß eine der neuen Koordinaten, sagen wir etwa Q_1, in der neuen Hamiltonschen Funktion $\overset{*}{H}$ nicht auftritt. Dann gilt nach (20):

$$\dot{Q}_1 = \frac{\partial \overset{*}{H}}{\partial P_1}; \qquad \dot{P}_1 = 0 ,$$

d. h. $P_1 = \text{Const.}$; man hat also sofort ein Integral der Bewegungsgleichungen, da der zugehörige Impuls konstant wird. Variabeln dieser Art, die nicht selbst in der Hamiltonschen Funktion auftreten, nennt man nach Helmholtz „zyklisch", weil der typische Repräsentant ein Winkel ist. Denken wir z. B. an das Kepler-Problem in ebenen Polarkoordinaten r und φ; der zugehörige Energieausdruck findet sich in der ersten Gleichung (9), die wir etwas allgemeiner hier nochmals anschreiben:

$$(21)\qquad \frac{m}{2}\dot{r}^2 + \frac{m}{2} r^2 \dot{\varphi}^2 + f(r) = U .$$

Führt man die Impulse $p_r = m\dot{r}$, $p_\varphi = m r^2 \dot{\varphi}$ ein, so erhält man die Hamiltonsche Funktion:

$$(22)\qquad H = \frac{p_r^2}{2m} + \frac{p_\varphi^2}{2mr^2} + f(r) ,$$

und in dieser kommt zwar r, aber nicht φ vor; φ ist also zyklische Variable, der zugehörige Impuls ist konstant, nämlich $m r^2 \dot{\varphi} = \text{Const.}$, — der bekannte Flächensatz.

Kehren wir nach dieser Erläuterung wieder zur allgemeinen Theorie zurück und machen von jetzt ab die bei unsern Systemen zutreffende Voraussetzung, daß sie konservativ sind, d. h. daß weder H noch $\overset{*}{H}$ die Zeit explizit enthalten. In diesem Fall wird — wenigstens theoretisch — die Integration der Hamiltonschen Gleichungen besonders einfach, wenn es gelingt, eine solche kanonische Transformation zu finden, daß die neue Hamiltonsche Funktion $\overset{*}{H}$ überhaupt nicht mehr von den Koordinaten Q_k, sondern nur noch von den neuen Impulsen P_k abhängt. Dann sind alle Q_k zyklisch, d. h. alle Momente P_k sind konstant:

$$P_k = \alpha_k = \text{Const.} \tag{23}$$

$\overset{*}{H}$ ist also nur abhängig von den Konstanten P_k und folglich ist nach der ersten der Gleichungen (20):

$$\dot{Q}_k = \frac{\partial \overset{*}{H}}{\partial P_k} = \beta_k = \text{Const.}\,, \tag{24}$$

d. h.

$$Q_k = \beta_k t + \delta_k\,. \tag{25}$$

In (23) und (25) aber haben wir bereits die vollständige Integration des Gleichungssystems vor uns: sämtliche Impulse sind konstant, sämtliche Koordinaten lineare Funktionen der Zeit.

Wie gewinnt man nun eine so wünschenswerte kanonische Transformation? Offenbar dadurch, daß man die richtige Erzeugende F wählt; auf deren Bestimmung spitzt sich also das Problem zu. Für ein konservatives System geht (19) zunächst über in:

$$\frac{\partial F}{\partial t} + H(q_k, p_k) = \overset{*}{H}(P_k)\,.$$

Darin muß $\frac{\partial F}{\partial t}$, weil H und $\overset{*}{H}$ nicht mehr von der Zeit abhängen, zeitlich konstant sein, und diese Konstante kann man unbeschadet der Allgemeinheit gleich Null nehmen. Somit erhalten wir die einfachere Gleichung:

$$H(q_k, p_k) = \overset{*}{H}(P_k) = U\,, \tag{26}$$

wenn wir mit U den numerischen Wert der Energie bezeichnen. In dieser Gleichung ist nun p_k nach Gleichung (18) durch $\frac{\partial F}{\partial q_k}$ zu ersetzen, womit (26) in eine Differentialgleichung für F übergeht:

$$H\left(q_k, \frac{\partial F}{\partial q_k}\right) = U\,, \tag{27}$$

aus der F zu bestimmen ist. Diese Differentialgleichung ist uns aber bereits bekannt: es ist die im I. Bande[1]) ausführlich behandelte (hier durch Separation der Zeitvariabeln bereits verkürzte) Hamilton-

[1]) Bd. I, pag. 258ff.

Jacobische Differentialgleichung für die damals als „Wirkungsfunktion" bezeichnete Größe W. Wir können also unser Ergebnis so ausdrücken: „In dem von uns gewünschten Falle einer kanonischen Transformation, die alle neuen Koordinaten zu zyklischen macht, ist die Erzeugende die Hamiltonsche Wirkungsfunktion W, die aus (27) zu bestimmen ist." Identifizieren wir also von jetzt ab F mit W, so gehen die Gleichungen (18) über in:

$$(28)\qquad \begin{cases} p_k = \dfrac{\partial W}{\partial q_k}\,, \\ Q_k = \dfrac{\partial W}{\partial P_k}\,, \end{cases} \qquad (k = 1, 2 \ldots n)$$

und die zu integrierende Differentialgleichung wird:

$$(29)\qquad H\left(q_k, \frac{\partial W}{\partial q_k}\right) = U\,.$$

Ein vollständiges Integral dieser Gleichung enthält n nicht additive Konstanten $\alpha_1, \alpha_2, \alpha_3, \ldots \alpha_n$[1]) kann also geschrieben werden:

$$(30)\qquad W = W\,(q_1\,q_2 \ldots q_n;\ \alpha_1\,\alpha_2 \ldots \alpha_n)\,.$$

Diese natürlich gänzlich willkürlichen Integrationskonstanten α_1 bis α_n wollen wir nun als unsere neuen Impulse P_k nehmen. Dann wird nach dem Vorhergehenden $\overset{*}{H}$ lediglich eine Funktion der α_k:

$$(31)\qquad \overset{*}{H} = \overset{*}{H}\,(\alpha_1\,\alpha_2 \ldots \alpha_n) = \text{Const.}\,,$$

wird also selbst eine Konstante, und folglich lautet die vollständige Integration des Gleichungssystems (20):

$$(32)\qquad \begin{cases} P_k = \alpha_k = \text{Const.}\,, \\ Q_k = \beta_k\,t + \delta_k\,;\quad \beta_k = \dfrac{\partial \overset{*}{H}}{\partial \alpha_k}\,, \end{cases} \qquad (k = 1, 2, \ldots n)$$

wie es verlangt war.

Wir wollen diese allgemeinen Überlegungen am Beispiel des eindimensionalen harmonischen Oszillators erläutern; in kartesischen Koordinaten ist seine Energie

$$U = \frac{m}{2}\,\dot{x}^2 + \frac{k^2}{2}\,x^2\,;$$

durch Einführung des Impulses $m\,\dot{x} = p_x$ geht diese Gleichung über in:

$$(33)\qquad H = \frac{p_x^{\,2}}{2\,m} + \frac{k^2}{2}\,x^2\,.$$

Wir wollen nun eine solche kanonische Transformation ausführen, daß in $\overset{*}{H}$ nur der neue Impuls P und nicht die neue Koordinate Q auftritt.

[1]) Insbesondere kann eine dieser Konstanten gleich der Energiekonstanten U gewählt werden, wie es später häufig geschieht.

Zu dem Zwecke haben wir nach (29) in H den Impuls zu ersetzen durch $\frac{dW}{dx}$. Somit folgt als Differentialgleichung zur Bestimmung von W:

$$\left(\frac{dW}{dx}\right)^2 + m\,k^2\,x^2 = 2\,m\,\alpha\ ^{1)},$$

oder:

$$\frac{dW}{dx} = \sqrt{2\,m\,\alpha - m\,k^2\,x^2};$$

folglich:

$$W = \int \sqrt{2\,m\,\alpha - m\,k^2\,x^2}\,dx\,. \tag{34}$$

Die Gleichung für $\frac{dW}{dx}$ können wir benutzen, um den neuen Impuls $P = \alpha$ in das H der Gleichung (33) einzutragen; es folgt dann identisch für die neue Hamilton-Funktion

$$\overset{*}{H} \equiv \alpha\,. \tag{35}$$

Um die zum Impulse $P = \alpha$ kanonisch konjugierte neue Koordinate Q zu finden, braucht man übrigens die in (34) geforderte Integration gar nicht auszuführen; denn nach der zweiten Gleichung (28) ist

$$Q = \frac{\partial W}{\partial \alpha} = \frac{\partial}{\partial \alpha}\int \sqrt{2\,m\,\alpha - k^2\,m\,x^2}\,dx = \int \frac{\partial}{\partial \alpha}\left[\sqrt{2\,m\,\alpha - k^2\,m\,x^2}\right]dx\,,$$

d. h., die Differentiation kann unter dem Integralzeichen vollzogen werden; dann folgt:

$$Q = \sqrt{\frac{m}{2\,\alpha}}\int \frac{dx}{\sqrt{1 - \frac{k^2}{2\,\alpha}\,x^2}}\,,$$

und eine Quadratur liefert sofort:

$$Q = \frac{\sqrt{m}}{k}\arcsin\frac{k}{\sqrt{2\,\alpha}}\,x\,;$$

nach der allgemeinen Theorie — 2. Gleichung (32) — muß dieser Ausdruck gleich $(\beta\,t + \delta)$ sein, wo $\beta = \frac{\partial \overset{*}{H}}{\partial \alpha}$; hier ist also nach (35) $\beta = 1$. Als vollständige Integration des vorgelegten Problems haben wir also die Gleichung

$$t + \delta = \frac{\sqrt{m}}{k}\arcsin\frac{k}{\sqrt{2\,\alpha}}\,x\,, \tag{36}$$

die in gewöhnlicher Schreibweise lautet:

$$x = \sqrt{\frac{2\,\alpha}{k^2}}\sin\frac{k}{\sqrt{m}}(t + \delta) = \sqrt{\frac{2\,\alpha}{k^2}}\sin 2\,\pi\,\nu\,(t + \delta)\,, \tag{37}$$

wenn ν die Frequenz des Oszillators ist.

---

[1]) Vgl. Anm. 1 auf pag. 55.

Wir hatten, wie wir oben sahen, die Bestimmung der Wirkungsfunktion W nicht nötig; wir wollen sie aber jetzt aus einem anderen Grunde ausführen; man erhält aus (34) durch Quadratur:

$$W = \frac{\alpha\sqrt{m}}{k}\left[\arcsin\frac{k\,x}{\sqrt{2\,\alpha}} + \frac{k\,x}{\sqrt{2\,\alpha}}\sqrt{1-\frac{k^2\,x^2}{2\,\alpha}}\right]. \tag{38}$$

Wir untersuchen die Änderung dieser Funktion, während x sich in seinem Bereich ändert. Man erkennt nämlich aus (34), daß x sich bei der Bewegung nur so ändern kann, daß die Wurzel $\sqrt{2\,m\,\alpha - m\,k^2\,x^2}$ reell bleibt; denn sonst würde der Impuls nicht reell ausfallen; die Wurzel wird gleich Null für die extremen Werte

$$x_{\min} = -\frac{\sqrt{2\,\alpha}}{k}\,; \qquad x_{\max} = +\frac{\sqrt{2\,\alpha}}{k}. \tag{39}$$

Variiert x zwischen diesen Werten, so ist der Radikand positiv, die Wurzel selbst reell. Die Bewegung des Oszillators wird nun so beschrieben, daß, während die Zeit t einsinnig wächst, x dauernd zwischen den Grenzen (39) hin- und herschwankt. Der Übergang von $x_{\min}$ zu $x_{\max}$ und wieder zu $x_{\min}$ zurück entspricht einer vollen Periode des Oszillators. Wir wollen die Veränderung von W während einer solchen vollen Periode von x betrachten. Der zweite Term rechts in Gleichung (38) $\frac{k\,x}{\sqrt{2\,\alpha}}\sqrt{1-\frac{k^2\,x^2}{2\,\alpha}}$ ist e i n d e u t i g; er kehrt also nach Durchlaufen einer vollen Periode wieder zum Anfangswerte zurück und trägt zu einer Änderung von W nichts bei.[1]) Anders der erste Term, der wegen des arcus sinus mehrdeutig ist. Wenn x zwischen seinen Grenzen schwankt, wandert das Argument von -1 bis $+1$ und wieder zu -1 zurück; der arcus sinus selbst ändert dabei seinen Wert um $2\,\pi$. Mithin ändert sich W um $\frac{\alpha\sqrt{m}}{k}\,2\,\pi$; wir wollen diese Größe den „P e r i o d i z i t ä t s m o d u l" J von W nennen. Beachtet man noch, daß $\frac{k}{\sqrt{m}} = 2\,\pi\,\nu$, so erhält man für J:

$$J = \frac{\alpha\sqrt{m}}{k}\,2\,\pi = \frac{\alpha}{\nu}. \tag{40}$$

Die allgemeine Definition von J ist natürlich:

$$J = \oint \frac{dW}{dx}\,dx = \oint p_x\,dx = 2\int_{x_{\min}}^{x_{\max}} p_x\,dx\,; \tag{41}$$

denn das ist gerade die Änderung von W bei einer vollen Periode von x. Man nennt das Integral $\oint p_x\,dx$ oder allgemein $\oint p\,dq$ das „P h a s e n i n t e g r a l", weil man p und q bei der Darstellung des Systems im Phasenraume als „Phasen" zu bezeichnen pflegt. Wir haben nun jedenfalls in dem Phasenintegral J eine neue Konstante, die mit α zusammenhängt,

[1]) Beginnt man die Periode mit $x = x_{\min}$, so ist dieser zweite Teil zu Anfang gleich Null und wird wieder gleich Null, wenn x seinen Zyklus durchlaufen hat.

und wir können natürlich ebensogut wie α auch J in alle Gleichungen einführen und statt α auch J als neuen Impuls benutzen. Nach (35) erhält man dann für $\overset{*}{H}$:

$$\overset{*}{H} \equiv \nu J\,, \tag{42}$$

woraus nach (32) ein neues $\beta = \nu$ folgt. Setzt man J auch in W ein, so werden (34) und (38):

$$\frac{dW}{dx} = \sqrt{2\,m\,\nu J - m\,k^2\,x^2}\,, \tag{43}$$

$$W = \frac{J}{2\pi}\left[\arcsin\frac{k\,x}{\sqrt{2\,\nu J}} + \frac{k\,x}{\sqrt{2\,\nu J}}\sqrt{1-\frac{k^2\,x^2}{2\,\nu J}}\right]. \tag{44}$$

Die zu J zugehörige (d. h. kanonisch konjugierte) Variable wollen wir w nennen; w gewinnt man nach der 2. Gleichung (28) so:

$$w = \frac{\partial W}{\partial J} = \frac{\partial}{\partial J}\int\sqrt{2\,m\,\nu J - m\,k^2\,x^2}\,dx = \int\frac{\partial}{\partial J}\sqrt{2\,m\,\nu J - m\,k^2\,x^2}\,dx\,;$$

das liefert:

$$w = \frac{1}{2\pi}\arcsin\frac{k\,x}{\sqrt{2\,\nu J}}\,. \tag{45}$$

Da $\dot{w} = \nu$, $w = \nu\,t + \delta$ sein muß (da jetzt $\beta = \nu$), so ist diese Gleichung identisch mit der folgenden:

$$x = \sqrt{\frac{2\,\nu J}{k^2}}\sin 2\,\pi\,\nu\,(t+\delta)\,,$$

die natürlich mit (37) — abgesehen von der etwas veränderten Bezeichnung — vollkommen übereinstimmt. J und w sind also wieder kanonisch konjugierte Variabeln, ebenso wie es vorher α und Q waren; aber die Einführung von J und w hat gewisse Vorteile, weswegen wir später immer diese als kanonische Variable benutzen werden. Insbesondere hat w, wie aus (45) hervorgeht, die Eigenschaft, bei einer vollen Periode von x sich um $+1$ zu ändern; es verhält sich also wie $\frac{\varphi}{2\pi}$, wo φ ein beliebiger Winkel ist. Deshalb bezeichnet man w als „Winkelvariable"; J heißt in Ergänzung dazu „Wirkungsvariable".

Was wir hier am Beispiele des linearen harmonischen Oszillators erläutert haben, gilt entsprechend auch für Systeme von mehreren (n) Freiheitsgraden, bei denen die allgemeine Gleichung (29) zur Bestimmung von W vorliegt. Ihre allgemeine Integration ist nicht möglich; wohl aber gelingt es in allen uns interessierenden Fällen, dieselbe durch sogenannte Separation der Variabeln durchzuführen, d. h. man setzt an:

$$W(q_1\,q_2\ldots q_n) = W_1(q_1) + W_2(q_2) + \ldots + W_n(q_n)\,, \tag{46}$$

und führt so das Problem von n Freiheitsgraden auf n Probleme mit einem Freiheitsgrad zurück. Dann gilt allgemein statt (28):

$$\left\{\begin{aligned} p_k &= \frac{dW_k}{dq_k}\,,\\ Q_k &= \frac{dW_k}{dP_k}\,. \end{aligned}\right. \qquad (k = 1, 2, \ldots n) \tag{47}$$

Diese Integrationsmöglichkeit liegt z. B. vor, wenn die kinetische Energie eine derartige homogene Funktion 2. Grades der Impulse ist, daß nur die Quadrate, nicht die doppelten Produkte auftreten und daß die Koeffizienten derselben nur von je einer Koordinate abhängen, und wenn die potentielle Energie als eine Summe von Funktionen darstellbar ist, deren jede auch nur von einer Koordinate q_k abhängt. Unter diesen Voraussetzungen hat also H die Gestalt:

$$H = \sum_k^{1,n} A_k(q_k) \left(\frac{\partial W}{\partial q_k}\right)^2 + \sum_k^{1,n} \Phi_k(q_k)\,, \tag{48}$$

wobei jedes A_k nur Funktion vom zugehörigen q_k ist. Machen wir hier den Ansatz (46), so geht die Hamiltonsche Gleichung (29) über in

$$H \equiv \sum A_k \left(\frac{dW_k}{dq_k}\right)^2 + \sum \Phi_k(q_k) = U\,. \tag{49}$$

Hier kann man die Variabeln offenbar durch den Ansatz trennen:

$$\left\{\begin{aligned} A_1 \left(\frac{dW_1}{dq_1}\right)^2 + \Phi_1(q_1) &= \alpha_1\,, \\ A_2 \left(\frac{dW_2}{dq_2}\right)^2 + \Phi_2(q_2) &= \alpha_2\,, \\ &\ldots\ldots \\ A_n \left(\frac{dW_n}{dq_n}\right)^2 + \Phi_n(q_n) &= \alpha_n\,, \end{aligned}\right. \tag{50}$$

wobei die α_n nach (49) der Bedingung genügen müssen

$$\alpha_1 + \alpha_2 + \ldots + \alpha_n = U\,,$$

was man natürlich stets machen kann, indem man etwa

$$\alpha_n = U - \sum_k^{1,n-1} \alpha_k \tag{51}$$

wählt[1]). Wir erhalten so folgendes System zur Bestimmung der W_k:

$$\left\{\begin{aligned} W_1 &= \int \sqrt{\frac{\alpha_1 - \Phi_1(q_1)}{A_1(q_1)}}\, dq_1\,, \\ W_2 &= \int \sqrt{\frac{\alpha_2 - \Phi_2(q_2)}{A_2(q_2)}}\, dq_2\,, \\ &\ldots\ldots \\ W_n &= \int \sqrt{\frac{U - \sum_1^{n-1} \alpha_k - \Phi_n(q_n)}{A_n(q_n)}}\, dq_n\,. \end{aligned}\right. \tag{52}$$

Jede dieser Gleichungen ist vom Typus (34); in jeder dieser Gleichungen hat die betreffende Koordinate q_k einen Wertbereich, den sie nicht überschreiten kann, sondern in dem sie von $q_{k\,\min}$ bis $q_{k\,\max}$ und wieder zurück

[1]) Natürlich kann man U auch direkt als eine der Konstanten α_k, z. B. gleich α_1 wählen, wie wir es vorher auch getan haben; die oben durchgeführte Wahl ist allgemeiner.

zu $q_{\underset{min}{k}}$ pendelt[1]). Jeder dieser Partialbewegungen entspricht nach der allgemeinen Theorie eine Frequenz ν_k, so daß unser System von n Freiheitsgraden deren n (ν_1 bis ν_n) besitzt, von denen wir zunächst annehmen wollen, daß sie alle inkommensurabel seien, d. h. daß keine Relation von der Form existiert (m_k ganze Zahlen):

$$m_1 \nu_1 + m_2 \nu_2 + \ldots + m_n \nu_n = 0 . \tag{53}$$

Obwohl dann jede Koordinate q_k eine periodische Funktion der Zeit mit der Periode $\tau_k = \frac{1}{\nu_k}$ ist, ist das System als Ganzes nicht periodisch, weil das System niemals wieder in denselben Zustand kommt, wiewohl es ihm beliebig nahekommen kann. Nur wenn $(n-1)$ „Bedingungen" von der Form (53) erfüllt wären, so daß nur eine unabhängige Frequenz vorhanden ist, wäre die Bewegung periodisch; da diese nach Voraussetzung nicht existieren sollen, nennt man das System (und die Bewegung) „bedingt-periodisch"[2]).

Durch Integration von (52) und Addition gewinnt man schließlich die Wirkungsfunktion:

$$W = \sum W_k(q_k) = W(q_1 q_2 \ldots q_n;\quad U, \alpha_1 \alpha_2 \ldots \alpha_{n-1}) \tag{54}$$

als Funktion der Koordinaten q_k und der n nichtadditiven Konstanten U, $\alpha_1, \alpha_2 \ldots \alpha_{n-1}$.

Auch hier könnten wir natürlich bei einer kanonischen Transformation, die nur die Impulse in $\overset{*}{H}$ auftreten läßt, die Konstanten U, $\alpha_1, \alpha_2 \ldots \alpha_{n-1}$ als die neuen Impulse P_k einführen, in der Weise, wie wir das vorhin besprochen haben. Wir können aber auch hier wie dort direkt die Periodizitätsmoduln oder Phasenintegrale $\oint p_k\, dq_k = J_k$ als neue Impulse betrachten. Wir haben dann aus den Gleichungen

$$\left\{\begin{aligned} J_1 &= \oint p_1\, dq_1 = \oint \sqrt{\frac{\alpha_1 - \Phi_1(q_1)}{A_1(q_1)}}\, dq_1 , \\ &\ldots\ldots\ldots\ldots\ldots\ldots \\ J_k &= \oint p_k\, dq_k = \oint \sqrt{\frac{\alpha_k - \Phi_k(q_k)}{A_k(q_k)}}\, dq_k , \\ &\ldots\ldots\ldots\ldots\ldots\ldots \\ J_n &= \oint p_n\, dq_n = \oint \sqrt{\frac{U - \sum_k^{1,n-1} \alpha_k - \Phi_n(q_n)}{A_n(q_n)}}\, dq_n \end{aligned}\right. \tag{55}$$

[1]) Dies ist cum grano salis zu verstehen. Es kann nämlich auch der Fall eintreten, daß die Koordinate q_k, etwa von $q_{\underset{min}{k}}$ ausgehend, sich dem Werte $q_{\underset{max}{k}}$ dauernd nähert, ohne ihn jemals zu erreichen. Diesen Fall der sog. „Limitationsbewegung" schließen wir im folgenden aus.

[2]) N. Bohr bevorzugt die Bezeichnung „mehrfach-periodisch".

die J_k auszurechnen; sie ergeben sich dann als Funktionen von U und $\alpha_1, \alpha_2 \ldots \alpha_{n-1}$; die letzteren n Konstanten können also durch die J_k ausgedrückt werden. Damit geht W über in:

$$W(q_1 q_2 \ldots q_n; J_1 J_2 \ldots J_n) . \tag{56}$$

Die zu den Wirkungsvariabeln J_k zugehörigen Winkelvariabeln w_k erhält man nach (28) aus der Gleichung

$$w_k = \frac{\partial W}{\partial J_k} ; \tag{57}$$

aus H wird $\overset{*}{H}(J_1, J_2 \ldots J_n)$, wie es sein muß.

Wir müssen nun noch zeigen, daß die w_k auch hier noch die Eigenschaft haben, sich um den Betrag 1 zu ändern, wenn die Koordinate q_k einen vollen Zyklus durchläuft, während die anderen q_i konstant bleiben. Die Änderung von w_k, z. B. während eines Zyklus der Koordinate q_i, ist gegeben durch

$$\Delta w_k = \oint \frac{\partial w_k}{\partial q_i} dq_i ,$$

oder unter Rücksicht auf (57):

$$\Delta w_k = \oint \frac{\partial^2 W}{\partial J_k \partial q_i} dq_i = \frac{\partial}{\partial J_k} \oint \frac{\partial W}{\partial q_i} dq_i = \frac{\partial}{\partial J_k} \oint p_i \, dq_i .$$

Das letzte Integral ist aber J_i; folglich ist:

$$\Delta w_k = \frac{\partial J_i}{\partial J_k} . \tag{58}$$

Dieser Wert ist aber $= 0$ oder $= 1$, je nachdem $i \neq k$ oder $i = k$ ist, da die J_k voneinander vollkommen unabhängig sind. Es ist also $\Delta w_k = 1$, während die Koordinate q_k ihren Zyklus durchläuft und die übrigen q_i konstant bleiben; durchläuft irgendein q_i mit dem Index i ($i \neq k$) seinen Zyklus, so ist $\Delta w_k = 0$[1]). Damit ist gezeigt, daß die w_k auch hier die charakteristische Eigenschaft der Winkelvariabeln haben.

Wir wollen nun die Hamiltonschen Gleichungen für die J_k und die w_k anschreiben; nach (20) hat man:

$$\left\{ \begin{aligned} \dot{w}_k &= \frac{\partial \overset{*}{H}}{\partial J_k} = \nu_k , \\ \dot{J}_k &= -\frac{\partial \overset{*}{H}}{\partial w_k} = 0 . \end{aligned} \right. \qquad (k = 1, 2 \ldots n) \tag{59}$$

Hier haben wir in der ersten Gleichung $\dot{w}_k = \nu_k$, d. h. gleich der Frequenz der Koordinate q_k gesetzt. Dies folgt in der Tat aus der Definition der Winkelvariabeln w_k, bei einer Periode τ_k der Variabeln q_k um 1 zuzunehmen. Setzen wir nämlich zunächst unbestimmt $\dot{w}_k = \text{Const.}$, $w_k = \text{Const.}\, t + \delta$, so gilt nach Ablauf einer Periode τ_k:

$$w_k + 1 = \text{Const.}\,(t + \tau_k) + \delta ,$$

und durch Subtraktion folgt: $\text{Const.} = \frac{1}{\tau_k} = \nu_k$, was zu beweisen war.

[1]) Damit soll natürlich nicht gesagt sein, daß w_k während eines Zyklus von q_i ($i \neq k$) **konstant** bleibt; nur nach Ablauf des Zyklus ist sicher $\Delta w_k = 0$.

Aus (59) folgt in der schon mehrfach auseinandergesetzten Weise:

$$(60)\qquad \begin{cases} w_k = \nu_k t + \delta_k\,, \\ J_k = \text{Const.}\,, \end{cases} \qquad (k = 1, 2 \ldots n)$$

womit die vollständige Integration geleistet ist. Anzumerken ist noch die in der 1. Gleichung (59) enthaltene Beziehung

$$(61)\qquad \nu_k = \frac{\partial \overset{*}{H}}{\partial J_k}\,,$$

die uns später wichtig werden wird.

11. Die Adiabatenhypothese; adiabatische Invarianten; die Quantelungsvorschrift.

Nach dem mathematischen Intermezzo der vorigen Nummer kehren wir zum Rutherford-Bohrschen Atommodell zurück: Ein positiver Kern, um den Elektronen kreisen, mechanisch im Gleichgewicht gehalten durch das Ausbalancieren von Anziehungs- und Abstoßungskräften einerseits und der Zentrifugalkraft anderseits, elektrodynamisch stabilisiert durch die Hypothese Bohrs, daß in den stationären (d. h. zeitlich unveränderlichen) Bahnen, die dem oder den Elektronen zukommen, keine Strahlung stattfindet — im Gegensatz zur klassischen Physik. Nach der klassischen Physik sind alle, d. h. kontinuierlich ineinander übergehenden Energiewerte und daher alle ihnen entsprechende Bahnen möglich. Wir wissen aber schon vom harmonischen Oszillator Plancks her, daß bei diesem nicht alle Energiewerte möglich sind, aber wir wissen es bisher nur für diesen einen Fall. Wir vermuten zwar aus dem Versagen der klassischen Physik, daß es analog bei jedem atomaren System sein werde, aber wir wissen nicht, welche Quantenvorschrift wir zur Auswahl der Energiewerte und somit der Bahnen anzusetzen haben; denn eine sklavische Übertragung der Verhältnisse beim Planckschen Oszillator bewährt sich durchaus nicht. Wir müssen also ein heuristisches Prinzip, einen Leitfaden durch das Labyrinth der Möglichkeiten haben, um weiterzukommen.

In diese Situation hat P. Ehrenfest[1]) einen fruchtbaren Gedanken geworfen durch Aufstellung seiner sogenannten „Adiabatenhypothese". Er ging von der Erwägung aus, daß das Wiensche Verschiebungsgesetz, das wir in Nr. 123 des Bandes III_1 ausführlich behandelt haben, klassisch abgeleitet sei und doch „in der Quantenbrandung unerschüttert dastehe". Er fragte sich, woher dies merkwürdige Verhalten komme, untersuchte die klassischen Beweise des Wienschen Gesetzes und bemerkte, daß dabei immer unendlich langsame, im thermodynamischen Sinne reversible, adiabatische Prozesse verwendet würden. Sollten diese adiabatischen Prozesse etwa die ausgezeichnete Eigenschaft haben, daß man, von einem quantenhaft erlaubten Zustand ausgehend, diesen durch adiabatische Prozesse verändern kann, so daß der neue Zustand wieder den

[1]) P. Ehrenfest, Ann. d. Phys. **51**, pag. 327ff.; 1916.

Forderungen der Quantentheorie entspricht? Wenn dies der Fall wäre, so müßte man Bewegungsformen daraufhin untersuchen, ob bei adiabatischer Änderung derselben gewisse Größen **unverändert** bleiben, die man „**adiabatische Invarianten**" nennen kann und nennt. Gibt es solche Größen und sind sie gefunden, so kann man nach dem Gesagten vermuten, daß **sie** es sind, die man der Quantelung zu unterwerfen hat. Dieser Gedankengang hat sich vollkommen bewährt und **Ehrenfest** hat ein allgemeines Theorem im Anschluß an ältere Untersuchungen **Boltzmanns** aufgestellt, zu dessen Darlegung wir jetzt übergehen wollen.

Wir haben schon im ersten Bande, pag. 252ff., die allgemeine Variation der sogenannten Prinzipalfunktion $S = \int_{t_0}^{t_1} L\,dt$ untersucht ($L =$ die **Lagrange**sche Funktion des Systems). Wir fanden damals die Gleichung [(137) auf pag. 254], die wir nur in unsere jetzigen Bezeichnungen umschreiben:

$$\Delta S = \Delta \int_{t_0}^{t_1} L\,dt = \overline{\sum p_k\,\Delta q_k}\Big|_{t_0}^{t_1} - \overline{U\,\Delta t}\Big|_{t_0}^{t_1}.$$

Hält man die untere Grenze t_0 fest ($\Delta t_0 = 0$), variiert bloß die obere, die wir einfach t nennen wollen (entsprechend wird $\Delta t_1 = \Delta t$ gesetzt), so geht diese Gleichung über in

$$\text{(62)} \qquad \Delta S = \Delta \int_{t_0}^{t} L\,dt = \sum p_k\,\Delta q_k - \sum p_k^0\,\Delta q_k^0 - U\,\Delta t\,,$$

aus der sich dann weittragende Folgerungen ergeben, z. B. die **Hamilton-Jacobi**sche Differentialgleichung, auf die wir (in verkürzter Form) in (27) der vorigen Nummer stießen. Für unsere Zwecke ist diese Gleichung noch nicht allgemein genug; wir wollen vielmehr annehmen, daß die potentielle Energie Φ außer von den Koordinaten q_k noch von gewissen **Parametern** a_λ (m an der Zahl) abhänge, die wir nachher — adiabatisch! — verändern wollen. In der Variation von L treten dann noch Glieder auf, die von der Veränderung der a_λ herrühren und eine ganz analoge Rechnung wie im I. Bande, deren Ausführung wir dem Leser überlassen können, zeigt, daß unter diesen Umständen (62) vollständiger lautet:

$$\text{(63)} \qquad \Delta \int_{t_0}^{t} L\,dt = \sum_{\lambda}^{1,m} \int_{t_0}^{t} \frac{\partial L}{\partial a_\lambda}\,\Delta a_\lambda\,dt - U\,\Delta t + \overline{\sum p_k\,\Delta q_k}\Big|_{t_0}^{t}.$$

Wir wollen nun die Integration von der unteren Grenze $t = 0$ bis zur oberen Grenze $t = \tau$ erstrecken, wo τ die **Periode des Systems** ist[1]); ferner ist zu beachten, daß

$$\frac{\partial L}{\partial a_\lambda} = -\frac{\partial \Phi}{\partial a_\lambda} = A_\lambda$$

[1]) Diese Festsetzung hat zunächst nur Sinn für periodische Systeme; wie bei bedingt-periodischen Systemen zu verfahren ist, wird später erörtert werden; vorläufig lassen wir diese Frage in der Schwebe.

gleich der Kraft ist, mit der das System auf eine Änderung des Parameters a_λ reagiert. Damit wird die letzte Gleichung

$$\varDelta \int_0^\tau L\, dt = \sum_\lambda^{1,m} \int_0^\tau A_\lambda\, \varDelta a_\lambda\, dt - U\, \varDelta t + \overline{\sum p_k\, \varDelta q_k}\Big|_0^\tau .$$

Wenn die Bewegung, wie zunächst vorausgesetzt, periodisch ist, so verschwindet das letzte Glied wegen Gleichheit an der oberen und unteren Grenze; weiterhin unterscheiden sich die variierte und die unvariierte Bewegung dadurch, daß für erstere die Periode $\tau + \varDelta\tau$ ist, d. h. $\varDelta t$ in unserer Gleichung ist gleich $\varDelta\tau$ zu setzen. Somit folgt:

$$(64) \qquad \varDelta \int_0^\tau L\, dt = \sum_\lambda^{1,m} \int_0^\tau A_\lambda\, \varDelta a_\lambda\, dt - U\, \varDelta \tau .$$

Durch Anwendung des Mittelwertsatzes folgt weiter:

$$\varDelta (\overline{L}\, \tau) = \sum_\lambda^{1,m} \overline{A_\lambda\, \varDelta a_\lambda}\, \tau - U\, \varDelta \tau .$$

Addieren und subtrahieren wir rechts das Glied $\tau\, \varDelta U$, so folgt:

$$\varDelta (\overline{L}\, \tau) = \tau \sum_\lambda \overline{A_\lambda\, \varDelta a_\lambda} - \varDelta (U\, \tau) + \tau\, \varDelta U ,$$

oder

$$\varDelta \{(\overline{L} + U)\, \tau\} = \tau \left\{\varDelta U + \sum_\lambda \overline{A_\lambda\, \varDelta a_\lambda}\right\} .$$

Darin ist

$$\overline{L} + U = \overline{T} - \overline{\varPhi} + \overline{T} + \overline{\varPhi} = 2\, \overline{T}\,^{1)};$$

ferner ist $\sum \overline{A_\lambda\, \varDelta a_\lambda}$ die von dem System bei der Veränderung der Parameter a_λ geleistete Arbeit; also ist nach dem I. Hauptsatze der Thermodynamik:

$$\varDelta U + \sum \overline{A_\lambda\, \varDelta a_\lambda} = \varDelta Q ,$$

wo $\varDelta Q$ die zugeführte Wärmemenge ist. Damit endlich wird die letzte Gleichung:

$$(65) \qquad \varDelta (2\, \overline{T}\, \tau) = \tau\, \varDelta Q ,$$

die uns nun sofort zur Adiabatenhypothese führen wird. Denn wenn wir den Prozeß nun adiabatisch leiten, ist $\varDelta Q = 0$, und da τ gleich der reziproken Frequenz $\frac{1}{\nu}$ des Systems ist, folgt:

$$\varDelta \left(\frac{2\, \overline{T}}{\nu}\right) = 0 ,$$

d. h.

$$(66) \qquad \frac{2\, \overline{T}}{\nu} = \text{adiabatische Invariante} .$$

[1]) Denn U als die konstante Gesamtenergie $T + \varPhi$ ist natürlich auch gleich der Summe der Mittelwerte $\overline{T} + \overline{\varPhi}$.

Diese Gleichung nimmt noch eine andere Form an für Systeme, für die der Mittelwert von T gleich dem von Φ ist (z. B. für harmonische Schwingungen); in diesem Falle ist $2\overline{T} = U$. Dann hat man also:

$$\frac{U}{\nu} = \text{adiabatische Invariante}\,, \tag{67}$$

die schon unmittelbar an die Plancksche Energiestufenhypothese anklingt.

Wir wollen zunächst ein paar Beispiele besprechen, um das Gesagte näher zu erläutern. Wir betrachten ein Fadenpendel, dessen Fadenlänge l durch einen in der Vertikalen beweglichen Ring R geändert werden kann (Fig. 10); die Fadenlänge l wird hier als adiabatisch zu verändernder Parameter angesehen. Die Spannung S des Fadens ist, wenn wir von der Zentrifugalkraft, die nur eine unwesentliche Korrektur beiträgt, absehen, gleich $m\,g\cos\varphi$; sie ist oberhalb des Ringes vertikal nach oben, unterhalb in Richtung des Fadens nach unten gerichtet, so daß von letzterer Spannung eine Kraft $m\,g\cos^2\varphi$, nach unten gerichtet, übrigbleibt. Demgemäß ist die in vertikaler Richtung wirkende Kraft F_y auf den Ring gleich $F_y = S\,(1-\cos\varphi) = m\,g\cos\varphi\,(1-\cos\varphi)$ und ihr Mittelwert $\overline{F_y} = m\,g\,\overline{\cos\varphi\,(1-\cos\varphi)}$[1]). Die potentielle Energie Φ ist offenbar gleich $m\,g\,l\,(1-\cos\varphi)$, ihr Mittelwert $\overline{\Phi} = m\,g\,l\,\overline{(1-\cos\varphi)}$ und da wir es — bei hinreichend kleinem φ — mit einer harmonischen Schwingung zu tun haben, ist die Gesamtenergie $U = 2\,m\,g\,l\,\overline{(1-\cos\varphi)}$. Bei hinreichend kleinem φ kann man aber $\cos\varphi = 1 - \frac{\varphi^2}{2}$ setzen und findet dann bis auf Größen 2ter Ordnung genau:

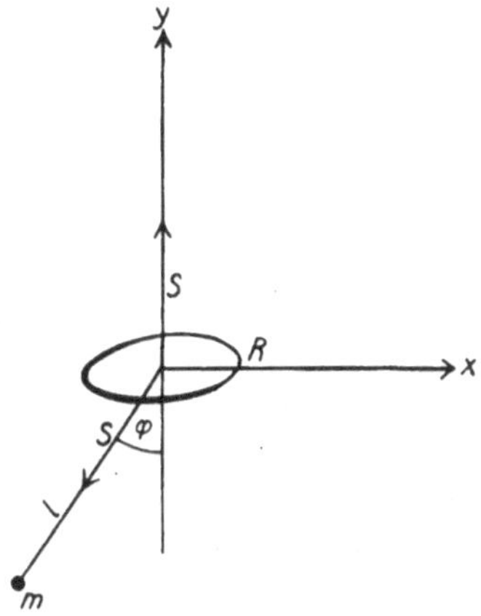

Fig. 10.

$$\overline{F_y} = \frac{m\,g}{2}\,\overline{\varphi^2}\,, \quad U = m\,g\,l\,\overline{\varphi^2}\,.$$

Folglich kann man die mittlere Kraft $\overline{F_y}$ auf den Ring schreiben:

$$\overline{F_y} = \frac{U}{2\,l}\,,$$

d. h. proportional der Energie pro Längeneinheit, der Energiedichte[2]).

[1]) Die in Richtung der Horizontalen wirkende Kraft F_x auf den Ring ist $S\sin\varphi = mg\cos\varphi\sin\varphi$ und ihr Mittelwert $\overline{F_x}$ ist offenbar gleich Null.

[2]) Dies Ergebnis erinnert und steht in innerem Zusammenhang mit der Tatsache, daß der elektromagnetische Strahlungsdruck gleichfalls proportional, bzw. gleich der Energiedichte ist; hierauf hat Lord Rayleigh schon 1902 hingewiesen.

Wird der Ring durch die Kraft $\overline{F_\nu}$ unendlich langsam gehoben, so kann man von seiner kinetischen Energie absehen, und es wird die Arbeit $\overline{F_\nu}\,dl = \frac{U\,dl}{2\,l}$ geleistet, auf Kosten der Energie U des Pendels; also liefert das Energieprinzip:

$$\frac{U\,dl}{2\,l} = -\,dU\,; \qquad \frac{dU}{U} + \frac{1}{2}\,\frac{dl}{l} = 0\,,$$

was integriert liefert:

$$U\,l^{1/2} = \text{Const.}$$

Anderseits ist aber die Frequenz eines Fadenpendels

$$\nu = \frac{1}{2\pi}\sqrt{\frac{g}{l}} = \text{Const.}\ l^{-1/2};$$

also erhalten wir in Bestätigung des allgemeinen Theorems, daß auch hier

$$\frac{U}{\nu} = \text{Const.} = \text{ad. Invariante}$$

ist. Bei dem Beweisgange ist es wesentlich, daß die Hebung des Ringes unendlich langsam geschieht; es gehen also während dieses Prozesses sehr viele Pendelschwingungen vor sich; ferner darf die Hebung nicht systematisch, etwa nur zu gewissen Zeiten (z. B. wenn das Pendel seine Ruhelage passiert), geschehen; dann würde das Resultat ein ganz anderes sein. Der adiabatische Prozeß der Veränderung der Parameter muß unsystematisch (d. h. außer Zusammenhang mit den regelmäßigen Schwingungen des Systems) vor sich gehen.

Wir wollen noch ein zweites Beispiel besprechen, nämlich gerade die Ableitung des Wienschen Verschiebungsgesetzes. In Band III_1, pag. 786, hatten wir bewiesen, daß $\frac{\mathfrak{u}(\nu)}{\nu^3}$ die spezielle adiabatische Invariante des dort betrachteten Systems ist; $\mathfrak{u}(\nu)\,d\nu$ ist die spektrale Energiedichte zwischen ν und $\nu + d\nu$. Wir wollen zeigen, daß auch dieser Fall sich dem allgemeinen Theorem Ehrenfests fügt. Die gesamte Energie dieses Spektralgebietes ist gleich $V\,\mathfrak{u}(\nu)\,d\nu$, wenn die Strahlung das Volumen V einnimmt; die Zahl der harmonischen Oszillatoren in diesem Volumen- und Frequenzbereich ist nach pag. 28 $Z_\nu = \frac{8\pi V \nu^2\,d\nu}{c^3}$. Mithin ist die durchschnittliche Energie eines Oszillators:

$$\overline{U_\nu} = \frac{V\,\mathfrak{u}(\nu)\,d\nu}{\frac{8\pi V}{c^3}\,\nu^2\,d\nu} = \frac{c^3\,\mathfrak{u}(\nu)}{8\pi\nu^2}\ ;$$

Also liefert Division mit ν auf beiden Seiten:

$$\frac{\overline{U_\nu}}{\nu} = \text{ad. Invariante} = \text{Const.}\ \frac{\mathfrak{u}(\nu)}{\nu^3}\,.$$

D. h. $\frac{\mathfrak{u}(\nu)}{\nu^3} = \text{ad. Inv.}$ ist wirklich gleichbedeutend mit der allgemeinen Aussage, daß $\frac{U}{\nu}$ eine adiabatische Invariante ist. Wir hätten also umgekehrt, vom allgemeinen Theorem ausgehend, das Resultat erhalten können, daß $\frac{u(\nu)}{\nu^3}$ adiabatisch invariant ist, d. h. wir hätten so das Wiensche Verschiebungsgesetz ableiten können.

Bevor wir weitergehen, wollen wir zeigen, wie das Adiabatentheorem in der Form der Adiabatenhypothese angewendet werden kann, um in unbekannten Fällen Quantenaussagen zu machen. Nehmen wir z. B. einen anharmonischen linearen Oszillator, der etwa der Gleichung gehorcht:

$$m\ddot{x} + k^2 x + a x^2 = 0\,,$$

und fragen, wie derselbe zu quanteln sei. Durch adiabatische Veränderung können wir den Parameter a, der die Abweichung vom harmonischen Oszillator bestimmt, allmählich immer kleiner machen und zum Verschwinden bringen; dann ist durch den adiabatischen Prozeß aus dem anharmonischen ein harmonischer Oszillator geworden. Für diesen kennen wir die Quantenvorschrift: die Größe $U = 2\overline{T}$ kann nur die diskreten Werte

$$2\overline{T}_n = n h \nu$$

annehmen. Die Adiabatenhypothese verlangt nun, daß auch der anharmonische Oszillator in der gleichen Weise zu quanteln ist, da er adiabatisch aus dem harmonischen erzeugt ist[1]). Tatsächlich hat z. B. Debye schon vor der Adiabatenhypothese diesen Ansatz mit Erfolg gemacht, der nunmehr seine Rechtfertigung erfährt[2]). Nimmt man also die Adiabatenhypothese an, so kann man jedenfalls alle die Prozesse quanteln, die durch adiabatische Vorgänge aus bereits bekannten Prozessen hervorgehen.

In den Fällen, in denen dies nicht der Fall ist, wird man die adiabatischen Invarianten als diejenigen Größen ansehen, die der Quantelung zu unterwerfen sind. Wir wollen daher jetzt dazu übergehen, diese adiabatischen Invarianten zu finden. Wir wissen in jedem Falle nach dem Ehrenfestschen Theorem, daß $\frac{2\overline{T}}{\nu}$ eine solche ist. Statt dessen kann man auch schreiben:

$$\frac{2\overline{T}}{\nu} = 2\int_0^{\frac{1}{\nu}} T\,dt = \int_0^{\frac{1}{\nu}} \sum p_k \dot{q}_k\,dt\,,$$

oder, unter Vertauschung von Summation und Integration:

$$\sum \int_0^{\frac{1}{\nu}} p_k \dot{q}_k\,dt = \text{ad. Invariante}\,. \qquad (68)$$

---

1) Für den anharmonischen Oszillator ist aber $2\overline{T}$ nicht gleich U; daher muß die obige allgemeinere Formulierung genommen werden.

2) Vgl. die Ausführung dieses Gedankens in Nr. 29.

Wenn nun das System wirklich periodisch ist, wie wir bisher vorausgesetzt haben, so sind die Einzelperioden $\tau_k = \frac{1}{\nu_k}$ der Koordinaten q_k kommensurable Größen; es ist also etwa zu setzen (s_k ganze Zahlen):

$$\frac{1}{\nu} = s_1 \frac{1}{\nu_1} = s_2 \frac{1}{\nu_2} = \ldots = s_n \frac{1}{\nu_n}. \tag{69}$$

Diese Gleichungen geben an, wie oft jede Partialperiode in der Periode $\tau = \frac{1}{\nu}$ des Systems enthalten ist. Wir können also Gleichung (68) auch schreiben:

$$\int_0^{\frac{s_1}{\nu_1}} p_1 \dot{q}_1 \, dt + \int_0^{\frac{s_2}{\nu_2}} p_2 \dot{q}_2 \, dt + \ldots + \int_0^{\frac{s_n}{\nu_n}} p_n \dot{q}_n \, dt = \text{ad. Invariante.}$$

Während nun t von Null bis $\tau_1 = \frac{1}{\nu_1}$ wächst, durchläuft q_1 eine volle Periode; infolgedessen kann man schreiben:

$$\int_0^{\frac{s_1}{\nu_1}} p_1 \dot{q}_1 \, dt = s_1 \int_0^{\frac{1}{\nu_1}} p_1 \dot{q}_1 \, dt = s_1 \oint p_1 \, dq_1 ,$$

entsprechend bei den übrigen Gliedern. Man sieht, daß hier die Periodizitätsmoduln $J_k = \oint p_k \, dq_k$ oder die Phasenintegrale der vorigen Nummer auftauchen. Mit dieser Bezeichnung kann man die adiabatische Invariante (68) schreiben:

$$\sum_k^{1, n} s_k \oint p_k \, dq_k = \sum_k^{1, n} s_k J_k = \text{ad. Invariante.}$$

Nach (69) ist aber $s_k = \frac{\nu_k}{\nu}$, so daß die letzte Gleichung, da der konstante Faktor ν unterdrückt werden kann, die definitive Gestalt annimmt:

$$\sum \nu_k J_k = \text{adiabatische Invariante.} \tag{70}$$

Diese Formel ist allerdings zunächst nur bewiesen für den Fall, daß das System periodisch ist, daß also zwischen den Frequenzen $(n - 1)$ Gleichungen von der Form bestehen:

$$m_1 \nu_1 + m_2 \nu_2 + \ldots + m_n \nu_n = 0 . \tag{71}$$

Ist aber das System nur bedingt-periodisch, d. h. in Strenge nicht periodisch, was ist dann unter der Periode $\tau = \frac{1}{\nu}$ des Systems zu verstehen, über die zu integrieren ist? Wir erwähnten schon, daß dann das System zwar niemals genau wieder in seine ursprüngliche Position gelangt, aber im Laufe der Zeit sicher beliebig nahe an sie herankommt. Wenn also M_k ganze (im allgemeinen große) Zahlen sind, so werden zwar keine

Gleichungen von der Art (71) bestehen, aber doch bei beliebig kleinem ε die folgenden:

$$(72) \qquad M_1 \nu_1 + M_2 \nu_2 + \ldots + M_n \nu_n = \varepsilon\,.$$

Man kann dann eine sogenannte „Quasiperiode" definieren durch die Gleichungen:

$$(73) \qquad \tau = \frac{1}{\nu} = \frac{s_1}{\nu_1} + \varepsilon_1 = \frac{s_2}{\nu_2} + \varepsilon_2 = \ldots = \frac{s_n}{\nu_n} + \varepsilon_n\,,$$

wo die ε_k beliebig klein vorgegeben werden können; je kleiner sie gewählt werden, desto größer ist natürlich die Quasiperiode. Über eine solche Quasiperiode ist dann zu integrieren und man kann damit jeden vorgeschriebenen Grad von Genauigkeit erreichen, wenn die ε_k hinreichend klein gewählt werden[1]). Es wird also gewissermaßen das bedingt-periodische System (zwar nicht exakt, aber mit beliebiger Genauigkeit) in ein periodisches übergeführt. Die Gleichung (70) bleibt also auch im allgemeinen Fall erhalten.

Wir wollen jetzt ein bedingt-periodisches System voraussetzen, das ebenso viele (n) verschiedene Frequenzen ν_n wie Freiheitsgrade (n) besitzt; d. h. für die ν_k gelte keine Gleichung von der Form (71). Setzen wir ferner voraus, die zugehörige Hamilton-Jacobische Differentialgleichung sei vollständig durch Separation der Variabeln q_k lösbar; dann zerfällt unser System von n Freiheitsgraden und Frequenzen in n Systeme von einem Freiheitsgrad und einer Frequenz. Die Partialsysteme sind völlig unabhängig voneinander. In diesem Falle liegt es nahe — und Burgers[2]) hat es streng bewiesen —, anzunehmen, daß für jedes dieser Partialsysteme gesondert gilt:

$$(74) \qquad \oint p_k\, dq_k = J_k = \text{ad. Invariante} \qquad (k = 1, 2, \ldots n)\,,$$

so daß wir für unser bedingt-periodisches, separierbares System die n Invarianten (74) besitzen, wobei p_k und q_k diejenigen kanonisch konjugierten Variabeln sind, in denen die Separation der Hamilton-Jacobischen Gleichung gelingt.

In dem spezielleren Falle, daß eine oder mehrere Gleichungen von der Form (71) zwischen den Frequenzen bestehen, haben wir weniger ($m < n$) unabhängige Frequenzen als Freiheitsgrade (n). Dann gibt es nur so viel (m) Invarianten als es unabhängige Frequenzen gibt; es sind dann nicht die einzelnen Phasenintegrale Invarianten, sondern gewisse Aggregate von ihnen. Solche Systeme nennt man „entartet", und die Differenz ($n - m$) bezeichnet den Grad der Entartung. Als Beispiel

---

1) Auch das Glied $\overline{\sum p_k \varDelta q_k}\Big|_0^\tau$ in Gl. (63) verschwindet dann zwar nicht in Strenge, aber auch mit beliebigem Grade von Annäherung; dies ist notwendig, weil darauf die weiteren Schlüsse beruhen.

2) J. M. Burgers, Ann. d. Phys. 52, pag. 195ff.; 1917.

dafür kann ein räumlicher, harmonischer, isotroper Oszillator dienen. Seine drei Frequenzen sind identisch, d. h. er stellt ein zweifach entartetes System dar. Die einzelnen Phasenintegrale sind $\oint p_x\,dx$, $\oint p_y\,dy$, $\oint p_z\,dz$; da aber alle drei Frequenzen identisch sind, so folgt nur, daß die Summe

$$J_1 + J_2 + J_2 = \oint p_x\,dx + \oint p_y\,dy + \oint p_z\,dz$$

adiabatisch invariant ist[1]).

Nun gelangen wir zur Quantenvorschrift: In einem nicht entarteten bedingt-periodischen System von n Freiheitsgraden haben wir n adiabatische Invarianten, die wir ganzzahligen Vielfachen der Planckschen Konstanten gleichsetzen; also:

$$(75)\qquad \left\{\begin{array}{l} \oint p_1\,dq_1 = n_1\,h\,, \\ \oint p_2\,dq_2 = n_2\,h\,, \\ \dots\dots\dots\dots \\ \oint p_k\,dq_k = n_k\,h\,, \\ \dots\dots\dots\dots . \end{array}\right. \qquad (k = 1, 2, \dots n)$$

Im entarteten System haben wir dem Grade der Entartung entsprechend weniger Bedingungen; doch schadet es im allgemeinen nichts, wenn man auch hier die n Quantenbedingungen (75) annimmt: Im Resultat für die Energie hebt sich das stets fort; die überschüssigen Quantenbedingungen liefern nur zu viele Details der Erscheinung, z. B. Aussagen über die möglichen Bahnformen, die nicht richtig zu sein brauchen, die im Grunde aber auch nicht wesentlich sind, da es nur auf die Energieterme ankommt.

12. Das Wasserstoffatom als Beispiel des Bohrschen Modells.

Wir sind nun so weit, daß wir für den einfachsten Fall das Bohrsche Atommodell wirklich durchführen können, nämlich für den atomaren Wasserstoff: Ein Elektron umläuft den Kern, und zwar wollen wir nur den einfachsten Fall nehmen, daß die Bahn kreisförmig ist. Dann haben wir nur eine Koordinate in der Bahnebene, das Azimut φ, das zyklisch ist; folglich ist der zugehörige Impuls $p_\varphi = m\,r^2\,\dot{\varphi}$ — der Drehimpuls — konstant: das ist der Flächensatz. Die adiabatische Invariante des Systems ist das Integral $\int_0^{2\pi} p_\varphi\,d\varphi$. Wir haben zunächst das Gleichgewicht

---

[1]) Bei solchen entarteten Systemen gibt es im allgemeinen auch mehrere kanonische Variabelnsysteme, in denen die Hamilton-Jacobische Gleichung sich separieren läßt, so daß die Wahl der Variabeln nicht eindeutig ist. Z. B. ist der isotrope räumliche Oszillator außer in kartesischen auch in räumlichen Polarkoordinaten separierbar. Für die Bestimmung der Energieterme ist das gleichgültig.

der Anziehungskräfte zwischen Kern und Elektron und der Zentrifugalkraft aufzustellen. Sei Kernladung Ze, Radius der Kreisbahn r_n, Winkelgeschwindigkeit ω_n (die Kernladung nennen wir allgemeiner, als es für Wasserstoff nötig wäre, Ze, um später eine Verallgemeinerung durchführen zu können). Gleichgewicht der genannten Kräfte liefert, Kern zunächst als ruhend angenommen:

$$\frac{Z e^2}{r_n^2} = m\, r_n\, \omega_n^2 . \tag{76}$$

Diese Beziehung sichert die dynamische Stabilität. Dazu tritt die Quantenbedingung, daß die obengenannte adiabatische Invariante gleich $n\,h$ ist:

$$\int_0^{2\pi} p_\varphi\, d\varphi = 2\pi\, p_\varphi = n\, h ,$$

oder, da $p_\varphi = m\, r_n^2\, \omega_n$ ist:

$$m\, r_n^2\, \omega_n = \frac{n\,h}{2\pi} . \tag{77}$$

Die Quantenbedingung besagt also hier, daß der Drehimpuls ein ganzzahliges Vielfaches von $\frac{h}{2\pi}$ sein soll, weicht also durchaus von der ursprünglichen Planckschen Energiestufenhypothese ab, die nur für den harmonischen Oszillator paßt; sie sondert aus der stetigen Mannigfaltigkeit von Bahnen der klassischen Physik eine diskrete Mannigfaltigkeit aus. Aus (76) und (77) erhält man für die zulässigen Werte von Radius r_n und Winkelgeschwindigkeit ω_n folgende Werte:

$$\left\{ \begin{aligned} r_n &= \frac{h^2}{4\pi^2 m Z e^2}\, n^2 , \\ \omega_n &= \frac{8\pi^3 m Z^2 e^4}{h^3}\, \frac{1}{n^3} . \end{aligned} \right. \qquad (n = 1, 2, \ldots \infty) \tag{78}$$

Damit kann man die Gesamtenergie U_n berechnen. Kinetische und potentielle Energie sind

$$T_n = \frac{m}{2}\, r_n^2\, \omega_n^2 ; \quad \Phi_n = -\frac{Z e^2}{r_n} .$$

Man bemerkt nun, daß die Gleichung (76), mit r_n beiderseitig multipliziert, liefert:

$$\frac{Z e^2}{r_n} = m\, r_n^2\, \omega_n^2 ,$$

d. h. nach den obigen Werten für T_n und Φ_n:

$$-\Phi_n = 2\, T_n .$$

Da die Gesamtenergie $U_n = T_n + \Phi_n$ ist, folgt in unserem Falle

$$U_n = -T_n = +\tfrac{1}{2}\Phi_n ,$$

d. h.

$$U_n = -\frac{Z e^2}{2\, r_n} = -\frac{2\pi^2 m Z^2 e^4}{h^2}\, \frac{1}{n^2} . \qquad (n = 1, 2 \ldots \infty) \tag{79}$$

Man erkennt hieran, daß — ähnlich wie der harmonische Oszillator — auch das H-Atom einer diskreten Reihe von Energiewerten fähig ist[1]), die freilich von denen des harmonischen Oszillators vollkommen verschieden sind.

Die elektrodynamische Stabilität in diesen ausgezeichneten Bahnen wäre klassisch wegen der Ausstrahlung, wie mehrfach betont, unmöglich; deshalb setzt hier das Bohrsche Postulat ein, daß in diesen Bahnen keine Strahlung vom Elektron ausgeht. Das ist zwar ein bewußter Verstoß gegen die klassische Elektrodynamik, aber eine Forderung der Tatsachen.

Die Bahn mit dem kleinsten Radius $r_1 = \frac{h^2}{4\pi^2 m Z e^2}$ entspricht der Quantenzahl 1; daher der Name „einquantige Bahn"; entsprechend ist die Bezeichnung 2-, 3-, ... n-quantige Bahn. Für das folgende ist es nützlich, den numerischen Wert von r_1 für H zu kennen; dazu hat man $Z = 1$ zu setzen und gewinnt aus den bekannten Daten für h, m, e den Wert

$$(r_1)_H = 0{,}532 \cdot 10^{-8}\,\mathrm{cm}\,, \tag{80}$$

d. h. in der Größenordnung der „Atomradien", wie sie die kinetische Theorie liefert.

Betrachten wir nun die Energie in den verschiedenen Bahnen, so folgt aus (79), daß sie in der einquantigen Bahn am kleinsten ist; sie wächst mit zunehmendem n, um den größten Wert für $n = \infty$ zu erreichen. Daraus geht hervor, daß der stabile Grundzustand des Atoms der der einquantigen Bahn ist; denn in ihr ist die Energie am kleinsten, die Stabilität also am größten. In diesem Zustande nennen wir das Atom „unangeregt"; ist das Elektron in einer „höheren" Bahn ($n > 1$), so heißt das Atom „angeregt".

Die Bahnenergie, vermindert um die der Grundbahn, entspricht offenbar der Energie, die jeweils erforderlich ist, um das Elektron aus der Grundbahn in die betreffende Bahn zu „heben". Die Differenz der Energiewerte für $n = \infty$ und $n = 1$, nämlich

$$U_\infty - U_1 = \frac{2\pi^2 m Z^2 e^4}{h^2} \tag{81}$$

muß daher die „Ionisierungsarbeit" im gewöhnlichen Sinne des Wortes, d. h. gemessen vom Grundzustande aus, darstellen.

Wir wollen nun annehmen, das Elektron laufe in einer höheren Bahn, sagen wir $n = n_1$. Es wird dann, sich selbst überlassen, das Bestreben haben, in den einquantigen, als den stabilsten Grundzustand, zu gelangen,

[1]) Daß die Energiewerte negativ ausgefallen sind, beruht lediglich darauf, daß wir die potentielle Energie $-Z e^2/r$ so normiert haben, daß sie im Unendlichen verschwindet. Da man eine beliebig große Konstante hinzu addieren kann, kann man, wenn man will, die Energiewerte immer positiv machen. Die obige Normierung ist aber bequem und die negativen Werte sind unschädlich, da man es immer nur mit Differenzen zu tun hat.

oder jedenfalls in einen solchen, in dem die Quantenzahl $n = n_2 < n_1$ und somit auch die Energie kleiner als im Anfangszustande ist. Wenn das Elektron so spontan aus einer „höheren“ in eine „tiefere“ Bahn übergeht, so sagt man, es „springe“ etwa von der $n_1$ten auf die $n_2$te Bahn. Bei diesem „Sprung“ aber verringert sich die Energie und es fragt sich, wo sie bleibt. Hier setzt nun ein weiteres Postulat von Bohr ein, das vielleicht veranlaßt ist durch das Einsteinsche Gesetz des photoelektrischen Prozesses und seine vollkommene Bestätigung. Auch dort verschwindet (beim inversen Photoprozeß) — Vernichtung der kinetischen Energie von Elektronen und Erzeugung von Röntgenstrahlen — eine mechanische Energie und ihr Äquivalent ist das Auftreten eines Photons gleicher Energie. So kann man auch beim Übergang eines Atoms von einem bestimmten Energiezustand in einen geringerer Energie vermuten, daß die Energieabnahme beim Sprung des Elektrons von der $n_1$ten auf die $n_2$te Bahn ihr Äquivalent finde in der Emission eines Photons von der Frequenz $\nu_{n_1 n_2}$, die so bestimmt ist, daß die Energie des Photons gleich der Abnahme der mechanischen Energie ist. Bohr setzt demgemäß an:

$$h\,\nu_{n_1 n_2} = U_{n_1} - U_{n_2} \quad (n_1 > n_2)\,, \tag{82}$$

und in unserem speziellen Falle wird daraus:

$$\nu_{n_1 n_2} = \frac{2\pi^2 m Z^2 e^4}{h^3}\left(\frac{1}{n_2^2} - \frac{1}{n_1^2}\right). \tag{83}$$

Das wahrhaft Revolutionäre des Bohrschen „Frequenzpostulates“ (82) ist das, daß es die Strahlungsfrequenz $\nu_{n_1 n_2}$ vollkommen von der mechanischen Frequenz, die durch die Winkelgeschwindigkeit des Elektrons in seiner Bahn bestimmt ist, loslöst — natürlich im krassen Widerspruch zur klassischen Elektrodynamik.

Aber der Gewinn ist augenscheinlich. Denn wenn wir den Frequenzansatz in seiner speziellen Form (83) für ein Einelektronenatom betrachten und mit der allgemeinen Balmer-Formel (5) vergleichen, so finden wir vollkommene Übereinstimmung: Wir haben also die Balmer-Formel aus der Bohrschen Annahme abgeleitet, was, wie wir sahen, klassisch unmöglich war.

Gehen wir durch Division mit c in (83) zu Wellenzahlen $\tilde{\nu}$ über, so haben wir mit $Z = 1$ für das Wasserstoffatom:

$$\tilde{\nu}_{n_1 n_2} = \frac{2\pi^2 m e^4}{h^3 c}\left(\frac{1}{n_2^2} - \frac{1}{n_1^2}\right) \qquad (n_1 > n_2)\,, \tag{84}$$

und der Vergleich mit (5) lehrt, daß die Rydbergsche Zahl dargestellt wird durch das Aggregat

$$R = \frac{2\pi^2 m e^4}{h^3 c}\,. \tag{85}$$

Die Ausrechnung mit den bekannten Werten von m, e, h gibt

$$R_{\text{ber.}} = 1{,}09 \cdot 10^5\ \text{cm}^{-1}\,,$$

also in so guter Übereinstimmung mit dem Versuche als die Fehlergrenze es zuläßt. Gleichung (79) stellt also die theoretische Formulierung des Balmer-Terms dar; dabei ist besonders hervorzuheben, daß in (85) die Rydbergsche Zahl auf universelle Atomkonstanten zurückgeführt ist.

Nach der oben entwickelten Anschauung entstehen also die Balmer-Linien H_α, H_β, H_γ..., indem das Elektron von der 3., 4., 5. ... Bahn auf die zweiquantige Bahn „springt", die die gemeinsame Endbahn des gesamten Balmer-Spektrums ist. Analog entsteht die Lyman-Serie, indem das Elektron von höheren Bahnen auf die einquantige Bahn „springt". Und analog entstehen Paschen-, Brackett- und Pfund-Serie. Dieser Sachverhalt wird durch die folgende Fig. 11 angedeutet, die ohne be-

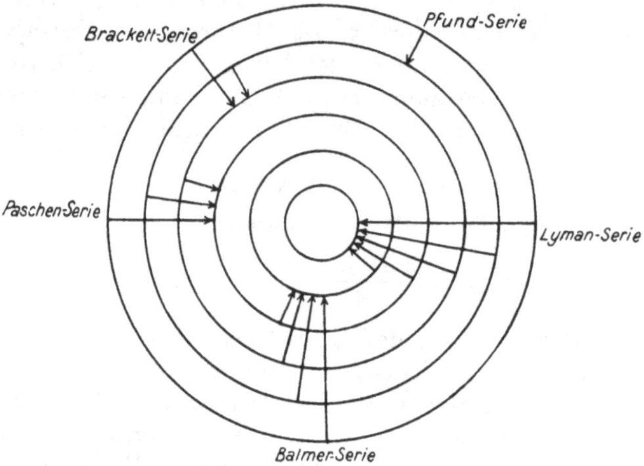

Fig. 11.

sondere Erläuterung verständlich ist[1]). Auch das in Nr. 7 erwähnte kontinuierliche Spektrum, das sich an das Serienende anschließt, findet seine Deutung. Das Serienende wird emittiert, wenn ein im Unendlichen ruhendes Elektron auf die betreffende Endbahn springt; hat dagegen das Elektron im Unendlichen noch kinetische Energie beliebigen Betrages, so ist U_∞ nicht gleich Null, wie man aus (79) schließt, sondern endlich, gleich U'_∞. Demgemäß gibt der Ausdruck $\frac{U'_\infty - U_n}{h\,c} = \tilde{\nu}$, da U'_∞ jeden Wert haben kann, ein an das Serienende anschließendes Kontinuum wieder.

Bereits dieser Erfolg sichert dem Bohrschen Modell des H-Atoms seine vollkommene Berechtigung, trotz aller Abweichungen von der klassischen Theorie. Denn man muß sich ganz klar darüber sein, daß es mit der klassischen Theorie überhaupt nicht gelingt, ein brauchbares Modell zu schaffen; Abweichungen von der klassischen Theorie können daher grundsätzlich nicht als Einwand gegen ein Atommodell dienen, weil sie

[1]) Die Radien der Kreise sind nicht maßstäblich gezeichnet.

notwendig sind. Aber nicht genug damit, gleich in den ersten Stadien gelang dem Bohrschen Atommodell die Aufklärung eines lange mißverstandenen Sachverhaltes. Bereits im Jahre 1897 hatte der Astronom Pickering im Sternbild Zeta Puppis eine Serie von Linien gefunden, die gesetzmäßig mit der Balmer-Serie verknüpft zu sein schien und die man deshalb gleichfalls dem Wasserstoff zuschrieb, obwohl alle Versuche, sie im Laboratorium bei Wasserstoff zu finden, vergeblich waren. Man kann diese „Pickering-Serie" in die der Balmerschen ähnliche Gestalt bringen:

$$\tilde{\nu}_{n_1 n_2} = R\left[\frac{1}{\left(\frac{n_2}{2}\right)^2} - \frac{1}{\left(\frac{n_1}{2}\right)^2}\right] \qquad (n_2 = 4,\ n_1 = 5, 6 \ldots \infty)\,. \tag{87}$$

Der Vergleich mit (84) oder (85) zeigt nun, daß für jedes geradzahlige n_1 von 6 ab Gleichung (87) Linien liefert, die mit den Balmerschen zusammenfallen[1]); für die ungeradzahligen n_1 von 5 ab liegen die Linien zwischen den Balmer-Linien des Wasserstoffs; das Serienende ($n_1 = \infty$) fällt mit dem der Balmer-Serie zusammen. Kein Wunder also, daß man diese Serie dem Wasserstoff zuschrieb. Nach Bohr aber ist die Sache vollkommen anders. Was wir nämlich vom H-Atom gesagt haben, gilt ohne weiteres für jedes Einelektronensystem, wie z. B. für das einfach ionisierte Helium, das zweifach ionisierte Lithium usw. Alle Atome, die mit Ausnahme eines einzigen alle Elektronen abgegeben haben, fallen in den Rahmen der einfachen Bohrschen Theorie. Wir haben nur die richtige Kernladungszahl Z einzusetzen. Für ein $(Z-1)$-fach ionisiertes Atom von der Ordnungszahl Z haben wir so nach (83) und (84) die Spektralformel

$$\tilde{\nu}_{n_1 n_2} = \frac{2\pi^2 m Z^2 e^4}{h^3 c}\left(\frac{1}{n_2^2} - \frac{1}{n_1^2}\right), \qquad (n_1 > n_2) \tag{88}$$

und diese geht für einfach ionisiertes Helium ($Z = 2$) über in

$$\tilde{\nu}_{n_1 n_2} = 4R\left(\frac{1}{n_2^2} - \frac{1}{n_1^2}\right) = R\left[\frac{1}{\left(\frac{n_2}{2}\right)^2} - \frac{1}{\left(\frac{n_1}{2}\right)^2}\right], \tag{89}$$

d. h. mit $n_2 = 4$ in die Gestalt der Pickering-Serie (87). Diese gehört also nach der Bohrschen Theorie, ebenso wie die übrigen in (89) enthaltenen Serien für andere Werte von n_2, nicht dem neutralen H, sondern dem einfach ionisierten He^+ zu. Tatsächlich wurde bald darauf die Pickering-Serie von Fowler in He^+ gefunden, ebenso wie die Serie

$$\tilde{\nu}_{n_1 n_2} = 4R\left(\frac{1}{3^2} - \frac{1}{n_1^2}\right) \qquad (n_1 > 3) \tag{89a}$$

(„Fowler-Serie"), die man früher auch dem Wasserstoff zugeschrieben hatte.

---

[1]) Vgl. hierzu die kleine Korrektur dieser Behauptung in Anm. 2 auf pag. 73.

Ganz analog ist es mit den Serienlinien von zweifach ionisiertem Li^{++}, dreifach ionisiertem Mg^{+++} usw. Millikan hat diesen Spektren eine systematische Untersuchung gewidmet und die Aussagen der Theorie in allen Punkten bestätigt gefunden.

Aber noch immer sind die Leistungen dieser einfachen Theorie nicht erschöpft. Genauere Messungen an H und He^+ haben gezeigt, daß die Rydberg-Konstante für H (R_H) und die für He^+ (R_{He}) nicht ganz identisch sind. Das erklärt sich, wenn man berücksichtigt, daß der Kern nicht in Ruhe bleiben kann; das Elektron bewegt sich nicht um den Kern, sondern beide um ihren gemeinschaftlichen Schwerpunkt.

Wir haben, wenn wir die Entfernungen des Kerns und des Elektrons vom Schwerpunkt mit $r_n^{(1)}$ und $r_n^{(2)}$, die Masse des Kerns mit M bezeichnen, zur Bestimmung der beiden Abstände die Gleichungen:

$$r_n^{(1)} + r_n^{(2)} = r_n\,,$$
$$M\, r_n^{(1)} = m\, r_n^{(2)}\,,$$

woraus sich ergibt:

$$(90) \qquad \left\{ \begin{aligned} r_n^{(1)} &= \frac{m}{M+m}\, r_n\,, \\ r_n^{(2)} &= \frac{M}{M+m}\, r_n\,. \end{aligned} \right.$$

An die Stelle der Gleichung (76) tritt die folgende:

$$\frac{Z e^2}{r_n^2} = m\, r_n^{(2)}\, \omega_n^2\,,$$

d. h. nach (90):

$$(91) \qquad \frac{Z e^2}{r_n^2} = \frac{m M}{M+m}\, r_n\, \omega_n^2\,,$$

und an Stelle der Gleichung (77):

$$M\, r_n^{(1)\,2}\, \omega_n + m\, r_n^{(2)\,2}\, \omega_n = \frac{n h}{2\pi}\,,$$

d. h. nach (90):

$$(92) \qquad \frac{m M}{M+m}\, r_n^2\, \omega_n = \frac{n h}{2\pi}\,.$$

Man nennt bekanntlich den jetzt an Stelle von m auftretenden Ausdruck $\frac{mM}{m+M} = \mu$ die „reduzierte Masse"; zwischen den reziproken Werten besteht die Beziehung

$$\frac{1}{\mu} = \frac{1}{M} + \frac{1}{m}\,.$$

Damit können wir die Gleichungen (91) und (92) in die bequeme Form setzen, in der sie formal mit (76) und (77) identisch werden:

$$(93) \qquad \frac{Z e^2}{r_n^2} = \mu\, r_n\, \omega_n^2\,; \qquad \mu\, r_n^2\, \omega_n = \frac{n h}{2\pi}\,.$$

Alle Folgerungen bleiben also erhalten, wenn man nur m durch μ ersetzt. Für die Wasserstoffserien erhalten wir also nach (85) eine Rydberg-Konstante:

$$R_{\mathrm{H}} = \frac{2\pi^2 e^4}{h^3 c} \frac{m M_{\mathrm{H}}}{m + M_{\mathrm{H}}} = \frac{2\pi^2 e^4}{h^3 c} \frac{m}{1 + \frac{m}{M_{\mathrm{H}}}}, \tag{94}$$

während für He^+ folgt[1]):

$$R_{\mathrm{He}^+} = \frac{2\pi^2 e^4}{h^3 c} \frac{m}{1 + \frac{m}{M_{\mathrm{He}}}}. \tag{95}$$

Als Verhältnis der beiden Rydberg-Konstanten ergibt sich so:

$$\frac{R_{\mathrm{H}}}{R_{\mathrm{He}^+}} = \frac{1 + \frac{m}{M_{\mathrm{He}}}}{1 + \frac{m}{M_{\mathrm{H}}}}. \tag{96}$$

Den von der einfachen Theorie gelieferten Ausdruck (85) erhält man, wenn man die Kernmasse M unendlich nimmt; setzt man daher

$$\frac{2\pi^2 e^4 m}{h^3 c} = R_\infty,$$

so kann man allgemein schreiben:

$$R_x = R_\infty \frac{1}{1 + \frac{m}{M_x}}. \tag{97}$$

Ganz analog liegen natürlich die Verhältnisse bei Li^{++} usw. Man erkennt also, daß man der kleinen Variation der Rydberg-Zahl qualitativ Rechnung tragen kann. Auch quantitativ ist die Darstellung schlagend. Experimentell wurde gefunden[2]):

$$R_{\mathrm{He}} = 109722{,}14\ \mathrm{cm}^{-1},$$
$$R_{\mathrm{H}} = 109677{,}69\ \mathrm{cm}^{-1}.$$

Setzt man diese Werte in (96) ein und beachtet, daß M_{He} gleich 3,969 M_{H} ist, so folgt für das Verhältnis der Massen von Elektron und H-Atom:

$$\frac{m}{M_{\mathrm{H}}} = \frac{1}{1850},$$

d. h. innerhalb der Fehlergrenzen genau der Wert, den die Messungen ergeben haben.

Wir haben uns bisher mit der Emission von Spektrallinien befaßt, die dadurch zustande kommen, daß ein Elektron aus einer

---

[1]) Vgl. Anm. 1 auf pag. 71.

[2]) Die Linien der Pickering-Serie, die geradzahligen n entsprechen, können daher nicht genau mit den Balmer-Linien übereinstimmen, was eine schärfere Messung auch tatsächlich ergeben hat; vgl. Anm. 1 pag. 71. Analoges gilt für das Spektrum des im Jahre 1932 aufgefundenen Wasserstoffisotops Deuterium mit der Masse $M_{\mathrm{D}} = 2 M_{\mathrm{H}}$. Auch hier liegen z. B. die Balmer-Linien des Deuteriums ein wenig verschoben gegen die des gewöhnlichen Wasserstoffs.

höheren Bahn in eine niedere Bahn übergeht und dabei Energie in Form von Strahlung abgibt. Es liegt nahe, anzunehmen, daß, wenn ein Elektron in einem Strahlungsfelde aus einer niederen Bahn in eine höhere Bahn unter Energieaufnahme übergeht, daß dann die betreffende Frequenz $\left(= \frac{\text{Energiedifferenz}}{h}\right)$ absorbiert wird. Die Balmer-Serie kann man daher in Absorption nur erhalten, wenn man H-Atome hat, deren Elektron sich in der zweiquantigen Bahn, d. h. nicht im Grundzustand befindet; denn von der zweiquantigen Bahn müssen die Elektronen zur Erzeugung der Balmer-Serie in Absorption ausgehen. Da Wasserstoff unter gewöhnlichen Bedingungen sich im Grundzustand befindet, so ist die Balmer-Serie so nicht in Absorption zu erhalten; dazu bedarf es z. B. elektrischer Anregung, die H-Atome in zweiquantiger Bahn schafft — und das ist im Einklang mit sämtlichen Beobachtungen, die jemals an Balmer-Linien in Absorption gemacht wurden (Pflüger, R. Ladenburg u. a.). Dagegen ist vom Grundzustande aus die Lyman-Serie in Absorption zu erhalten, wieder in Übereinstimmung mit der Erfahrung.

Abschließend wollen wir noch einige Bemerkungen hinzufügen. Während die klassische Theorie die Serienfrequenzen als Eigenfrequenzen eines komplizierten Systems nach Art der elastischen auffassen muß, bei denen in einem Emissionsakt alle oder sehr zahlreiche Frequenzen gleichzeitig erzeugt werden — man denke an die Obertöne, die in einer Saitenschwingung vorhanden sind —, wird nach der Bohrschen Auffassung von einem Atom immer nur eine Linie in einem gegebenen Augenblick erzeugt. Daß wir experimentell unter Umständen die ganze Balmer-Serie beobachten, liegt nur daran, daß wir es mit sehr vielen angeregten Atomen zu tun haben, die aus verschiedenen Anregungsstufen in die zweiquantige Bahn übergehen. Nur so wird es verständlich, daß komplizierte Spektren von einer so geringen Elektronenzahl im Atom erzeugt werden können.

Die zweite Bemerkung soll darauf hinweisen, daß gegenüber den glänzenden Leistungen der Bohrschen Theorie nicht zu vergessen ist, daß in ihr viele Fragen vollkommen ungeklärt bleiben. Auch wenn wir davon absehen, eine Einsicht in den Mechanismus der doch sehr eigentümlichen Quantenbedingungen $\oint p_k \, dq_k = n_k \, h$ zu verlangen, bleibt die Art und Weise, wie durch „Sprung" von Elektronen Emission und Absorption erzeugt wird, vollkommen ungeklärt. Auch die Frage nach Intensität, Polarisation und Phase der ausgestrahlten Wellen erfährt keine Beantwortung. Daher kann die Bohrsche Theorie jedenfalls nur als Etappe auf dem Wege der Forschung betrachtet werden, was natürlich nicht abhalten darf, sich ihrer zu bedienen und ihre Leistungsfähigkeit auszunutzen.

Endlich eine historische Bemerkung: Nach dem Bohrschen Modell wird bei Absorption das Elektron auf eine höhere Bahn gehoben, d. h.

vom Kern entfernt. Von dieser höheren Bahn kehrt es dann unter Emission wieder in eine kernnahe Bahn zurück. Diese Vorstellung hatten bereits im Jahre 1904 Lenard und Klatt[1]) bei ihren Untersuchungen über Phosphore entwickelt und zur Deutung ihrer Versuche benutzt.

13. Anregungspotentiale; Stoßversuche von Franck und Hertz.

Es ist nicht notwendig, Strahlungsenergie zu benutzen, um ein Elektron aus der Grundbahn in eine höhere Bahn zu heben; das kann vielmehr ganz allgemein dadurch geschehen, daß man dem betreffenden Atom überhaupt Energie zuführt. Eine sehr leistungsfähige Methode besteht darin, freien Elektronen ganz bestimmte Geschwindigkeit und damit Translationsenergie zu geben und diese Elektronen mit dem zu untersuchenden Atom — wir denken im folgenden immer an Einelektronensysteme — zusammenstoßen zu lassen: Unter günstigen Umständen wird dann Energie vom stoßenden Elektron auf das Atom übertragen, die dazu dienen kann, das Elektron dieses Systems entweder in eine höhere Bahn zu heben oder auch ganz abzutrennen, d. h. zu ionisieren.

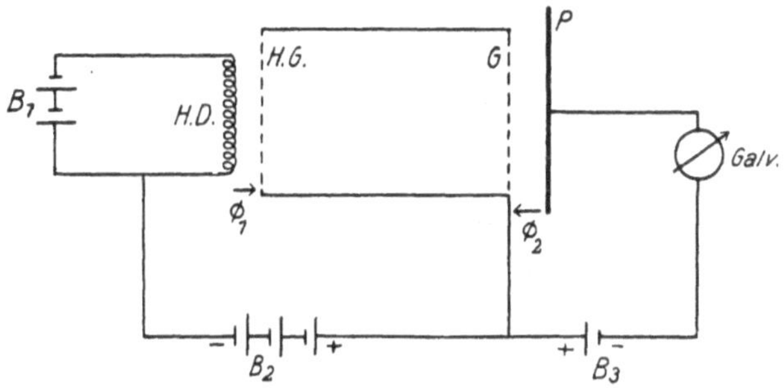

Fig. 12.

Solche Versuche sind zuerst von Lenard, dann von Franck und Hertz mit verbesserter Methodik, später von vielen anderen Experimentatoren ausgeführt worden. Ihnen allen ist gemeinsam, daß freie Elektronen — entweder durch den lichtelektrischen Prozeß oder durch thermische Emission erzeugt — eine Potentialdifferenz Φ durchlaufen; sie gewinnen somit die kinetische Energie $\frac{1}{2} m v^2 = e\Phi$, und es ist bequem, nach dem Vorgange von Lenard die Geschwindigkeiten einfach in Volt anzugeben.

Eine Anordnung, die für diese Stoßversuche dienen kann, ist z. B. die folgende: Von einem Heizdraht *HD*, der durch eine Batterie B_1 auf hinreichende Temperatur gebracht wird, gehen Elektronen aus; ein Hilfsgitter *HG* ist auf ein variables positives Potential Φ_1 gegen den Heizdraht durch eine Batterie B_2 gebracht; die Elektronen, die den Heizdraht verlassen, durchfallen also die Potentialdifferenz Φ_1, und zwar, da das Gitter *HG* sich dicht am Heizdraht *HD* befindet und der Gasdruck geeignet reguliert ist, ohne Zusammenstöße mit Atomen zu erleiden: Die freie Weglänge ist eben so gewählt, daß sie groß gegen den Abstand

[1]) Lenard u. Klatt, Ann. d. Phys. **15**, 225ff., 425ff., 633ff.; 1904.

$HD \rightarrow HG$ ist. Das Hilfsgitter HG ist nun ein Teil eines Käfigs, der am andern Ende wieder durch ein Gitter G begrenzt wird; der ganze Käfig ist auf gleichem Potential mit HG; die Elektronen, die in ihn eintreten, befinden sich also in einem feldfreien Raume und in diesem erleiden sie Zusammenstöße mit Atomen. Treten sie durch das Gitter G aus dem Käfig aus, so müssen sie gegen eine kleine Potentialdifferenz Φ_2, die durch eine Batterie B_3 erzeugt wird ($\Phi_2 \ll \Phi_1$) anlaufen und gelangen, wenn sie nach dem Zusammenstoßen mit Atomen noch die nötige Geschwindigkeit besitzen, auf die Platte P, von der sie durch ein Galvanometer abfließen; dieser Strom wird gemessen.

Wir wollen nun den Glühelektronen zunächst eine sehr kleine Geschwindigkeit Φ_1 erteilen und diese allmählich — durch Regelung der Batterie B_2 — steigern. Solange die Energie der Elektronen nicht ausreicht, um in dem getroffenen Atom das im Grundzustande befindliche Elektron auch nur auf die nächste höhere Bahn zu heben, geschieht der Stoß nach den bekannten Stoßgesetzen; der Stoß ist „elastisch", wie man zu sagen pflegt. Bei einem solchen erleidet das stoßende Elektron praktisch keinen Energieverlust, da die Masse M des gestoßenen Atoms sehr groß ist. Im Mittel ist, wie man leicht nach den Stoßgesetzen findet, der Energieverlust des Stoßelektrons beim elastischen Stoß von der Größenordnung $\frac{2m}{M}$, also selbst beim H-Atom nur rund $^1/_{1000}$ der ursprünglichen Energie. Mag das Elektron im Käfig zwischen den beiden Gittern auch mehrere Zusammenstöße erfahren: solange die Bedingungen des elastischen Stoßes vorliegen, behält es noch genug Energie übrig, um die kleine Gegenpotentialdifferenz Φ_2 zu überwinden und auf die Platte P zu gelangen: das Galvanometer zeigt also Strom an. Steigert man die Potentialdifferenz Φ_1, aber immer noch in solchen Grenzen, daß der Stoß elastisch bleibt, so steigt der Strom mit Φ_1 an, da immer mehr Elektronen die Platte P erreichen können.

Nunmehr aber werde Φ_1 so gesteigert, daß die Energie $\frac{1}{2} m v^2 = e\,\Phi_1^{(1)}$ gerade ausreicht, um das Elektron des getroffenen Atoms auf die zweiquantige Bahn zu bringen. Dann nimmt das Atom die ganze stoßende Energie auf, das Stoßelektron selbst bekommt die Geschwindigkeit Null, kann nicht mehr gegen Φ_2 anlaufen, das Galvanometer bekommt weniger Strom. Wir erhalten also nach dem anfänglichen Stromanstieg einen plötzlichen Absturz. Wir haben so experimentell diejenige Potentialdifferenz $\Phi_1^{(1)}$ und damit die Energie bestimmt, die notwendig ist, um ein Elektron aus der Grundbahn in die zweiquantige Bahn zu heben; der Stoß ist nicht mehr elastisch, sondern hat die Merkmale des unelastischen Stoßes, bei dem die Translationsenergie des stoßenden Körpers in innere Energie des gestoßenen übergeht.

Steigern wir nun die Potentialdifferenz Φ_1 über den kritischen Wert $\Phi_1^{(1)}$ hinaus, so verliert das Stoßelektron beim Stoß exakt die Energie $e\,\Phi_1'$, behält aber noch einen Rest von Translationsenergie übrig, der es, bei allmählichem Wachsen von Φ_1, mehr und mehr befähigt, durch G wieder auf P zu gelangen: Der Strom steigt also wieder an, und zwar so lange, bis $\Phi_1 = 2\,\Phi_1^{(1)}$ geworden ist. Dann braucht das Stoßelektron zwei unelastische Zusammenstöße mit Atomen, um wieder alle Energie zu verlieren, es erfolgt wieder ein Absturz der Stromkurve usw. Wird $\Phi_1 = 3\,\Phi_1^{(1)}$, so genügen drei unelastische Zusammenstöße, um wieder einen Absturz der Stromkurve zu liefern. Man erhält also das Bild der Fig. 13, in dem als Abszissen die Φ_1-Werte, als Ordinaten die Galvanometerausschläge aufgetragen sind. Die Differenz der aufeinanderfolgenden Maxima liefert einen genauen Wert von $\Phi_1^{(1)}$ [1]). In ähnlicher Weise lassen

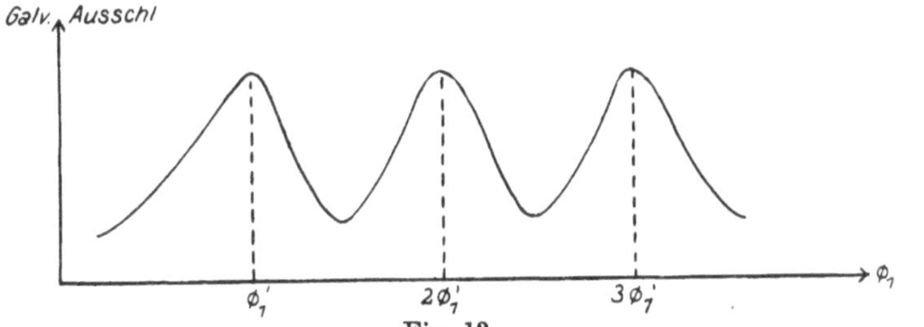

Fig. 13.

sich auch die Potentiale $\Phi_1^{(2)}$, $\Phi_1^{(3)}$, ... usw. bestimmen, die den höheren Anregungsstufen des Atoms entsprechen, schließlich auch $\Phi_1^{(\infty)}$, das die Ionisationsenergie mißt. Uns interessieren hier nur die Werte, die für H-Atome gefunden wurden, damit wir sie mit dem Balmer-Term vergleichen können. Diese Messungen sind von Olmstead und Compton [2]) ausgeführt worden; ihre Ergebnisse sind als „beob." in der letzten Spalte der folgenden Tabelle angeführt; die 1. Spalte enthält die Werte der Quantenzahl n, die 2. die der Wellenzahlen der Lyman-Serie. Sie sind nach der Gleichung berechnet:

$$(98)\qquad h\,c\,\tilde{\nu}_\alpha = \frac{e\,\Phi_1^{(\alpha)}}{300} = R\,h\,c\left(\frac{1}{1^2} - \frac{1}{n^2}\right) \qquad (n = 2, 3, \ldots \infty)\,.$$

Tabelle

n	$\tilde{\nu}_\alpha$	Anregungspotential (berechn.)	Anregungspotential (beob.)
2	82258 cm^{-1}	10,154 Volt	10,15
3	97491	12,034	12,05
4	102823	12,692	12,70
5	105221	12,997	13,00
6	106631	13,162	13,17
7	107440	13,262	13,27
∞	109679	13,539	13,54

[1]) An sich wird $\Phi_1^{(1)}$ schon durch die Abszisse des ersten Maximums bestimmt, doch wirken Nebenumstände dahin, diesen Wert ungenau zu machen, z. B. Kontaktpotentiale der Elektroden, eine Geschwindigkeitsverteilung der Glühelektronen usw. Bei der Differenzbildung heben sich alle die störenden Effekte heraus.

[2]) Olmstead u. Compton, Phys. Rev. 22, pag. 559; 1923.

der Faktor $^1/_{300}$ rührt von der Messung von $\Phi_1^{(\alpha)}$ in Volt her. Man erkennt, daß die Übereinstimmung ausgezeichnet ist, gleichzeitig sieht man auch, daß R_∞ die Ionisierungsspannung des Wasserstoffatoms liefert, wie es nach der Theorie sein muß.

In den Stoßversuchen erscheinen die stationären Zustände des Atoms, wie sie von der Quantentheorie und im besonderen von der Bohrschen Theorie verlangt werden, direkt prüfbar.

Man kann die obigen Versuche noch in anderer Weise ausführen und gleichzeitig mit spektroskopischen Beobachtungen verbinden. Wenn wir z. B. Wasserstoffatome von der einquantigen Bahn auf die Anregungsstufe der zweiquantigen Bahn bringen ($\Phi_1 = 10{,}154$ Volt), so erzeugt das Elektron zurückspringend die erste Linie der Lyman-Serie und nur diese. Heben wir das Elektron zur Bahn $n = 3$ ($\Phi_1 = 12{,}034$ Volt), so wird sich folgendes ereignen können: 1. kann das Elektron in einem Sprung nach $n = 1$ gehen, das gibt die 2. Linie der Lyman-Serie; 2. kann es zunächst auf $n = 2$ springen, was H_α liefert, und 3. kann es von $n = 2$ auf $n = 1$ zurückgehen, was die erste Lyman-Linie liefert. Besitzt also das Stoßelektron die Voltgeschwindigkeit 12,034, so werden gleichzeitig H_α und die beiden ersten Lyman-Linien erscheinen. Bei Anregung mit 12,692 Volt entstehen 3 Lyman-Linien, H_α und H_β sowie die erste Paschen-Linie usw. In dieser Weise kann man Linie für Linie des Spektrums gesondert erzeugen („kontrollierte Erregung"). Das beweist wiederum, daß in einem Elementarakt der Emission nicht die ganze Serie erzeugt wird, sondern nur eine Linie derselben; nach den klassischen Anschauungen würde man die ganze Serie auf einmal erwarten.

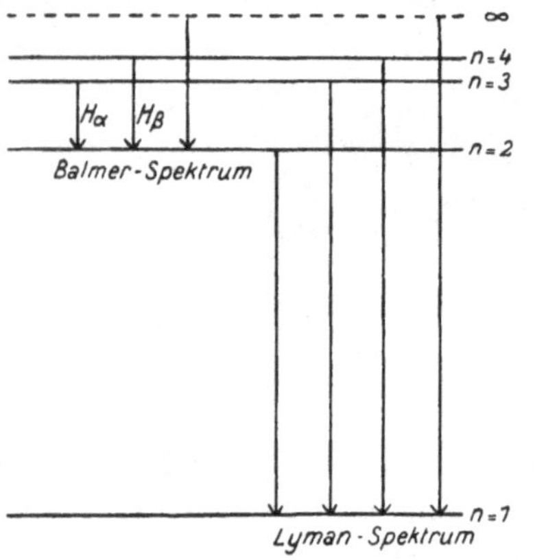

Fig. 14.

Diese Verhältnisse modifizieren sich beim Vorhandensein mehrerer Elektronen; hier kam es uns nur darauf an, das Prinzipielle darzulegen und auf H-Atome anzuwenden.

Zum Schluß möge noch eine graphische Darstellung der Energieniveaus Platz finden, die wir später häufig anwenden werden (Fig. 14). Man bringt über einer Grundlinie ($n = 1$) in Abständen, die den Anregungsspannungen proportional sind, horizontale Niveaulinien an, die den Werten $n = 2, 3, \ldots$ entsprechen. Durch Pfeile zwischen ihnen kann man die Übergänge zur Anschauung bringen, die den betreffenden Spektrallinien korrespondieren.

Drittes Kapitel.

Allgemeine Theorie der wasserstoffähnlichen Spektren.

14. Die Kepler-Bewegung.

Die Auseinandersetzungen des vorhergehenden Kapitels haben uns den Weg zu einer Theorie der Spektren gebahnt und ihre Leistungsfähigkeit schon im einfachsten Falle bewiesen. Aber dabei kann man nicht stehen bleiben; denn einmal sind die allgemeinen Bahnen bei Einelektronensystemen nicht lediglich Kreisbahnen, die bisher allein betrachtet wurden, sondern Ellipsen, und zweitens bedarf die Theorie auch insofern einer Verfeinerung, als z. B. die Linien des Balmer-Spektrums in Strenge keine einfachen Linien sind, sondern eine sogenannte „Feinstruktur" besitzen: Es sind im wesentlichen Dubletts.

Wir wollen also hier wieder ein Einelektronensystem betrachten, wie es den wasserstoffähnlichen Spektren zugrunde liegt, aber in voller Allgemeinheit. Von der Mitbewegung des Kerns sehen wir ab; wir können sie nach dem Vorhergehenden ja immer dadurch berücksichtigen, daß wir in den fertigen Formeln an Stelle der Elektronenmasse m_0[1]) die reduzierte Masse μ setzen.

Die Lage des Elektrons ist demgemäß etwa zu charakterisieren durch räumliche Polarkoordinaten r, ψ, ϑ; r ist der Fahrstrahl vom Kern zum Elektron, ϑ der Winkel, den der Fahrstrahl mit der z-Richtung eines festen kartesischen Koordinatensystems bildet, das wir gleichfalls im festen Kern verankern, d. h. ϑ ist die Zenithdistanz oder das Komplement der geographischen Breite; ψ endlich ist das Azimut um die z-Achse. Durch die bekannten Transformationsgleichungen

$$x = r \cos\psi \sin\vartheta\,, \qquad y = r \sin\psi \sin\vartheta\,, \qquad z = r\cos\vartheta \tag{1}$$

gelangen wir durch Differentiation nach t zu den Geschwindigkeitskomponenten und schließlich zu dem folgenden bekannten Ausdruck der Energie in Polarkoordinaten (Z = Kernladungszahl):

$$U = T + \Phi = \frac{m_0}{2}\left[\dot r^2 + r^2 \sin^2\vartheta\,\dot\psi^2 + r^2\dot\vartheta^2\right] - \frac{Z e^2}{r}\,. \tag{2}$$

Zur Aufstellung der Hamiltonschen Funktion H bilden wir die Impulse:

$$p_r = \frac{\partial T}{\partial \dot r} = m_0 \dot r\,; \quad p_\psi = \frac{\partial T}{\partial \dot\psi} = m_0 r^2 \sin^2\vartheta\,\dot\psi\,; \quad p_\vartheta = \frac{\partial T}{\partial \dot\vartheta} = m_0 r^2 \dot\vartheta, \tag{3}$$

[1]) Zur Unterscheidung von einer in diesem Kapitel einzuführenden „magnetischen" Quantenzahl m nennen wir die Elektronenmasse hier m_0.

und setzen sie in den Energieausdruck (2) ein; dann folgt:

$$H = \frac{1}{2\,m_0}\left\{p_r^2 + \frac{1}{r^2 \sin^2\vartheta}\,p_\psi^2 + \frac{1}{r^2}\,p_\vartheta^2\right\} - \frac{Ze^2}{r} = U\,. \tag{4}$$

Man sieht sofort, daß ψ zyklische Variable, p_ψ also konstant $= \alpha_\psi$ ist. Wir bilden aus H die Hamilton-Jacobische Differentialgleichung, indem wir nach der allgemeinen Theorie zur Bestimmung der Wirkungsfunktion W setzen:

$$p_r = \frac{\partial W}{\partial r}\,; \quad p_\psi = \frac{\partial W}{\partial \psi}\,; \quad p_\vartheta = \frac{\partial W}{\partial \vartheta}\,. \tag{5}$$

Einsetzen in H liefert dann für W die Differentialgleichung:

$$\frac{1}{2\,m_0}\left[\left(\frac{\partial W}{\partial r}\right)^2 + \frac{1}{r^2 \sin^2\vartheta}\left(\frac{\partial W}{\partial \psi}\right)^2 + \frac{1}{r^2}\left(\frac{\partial W}{\partial \vartheta}\right)^2\right] - \frac{Z e^2}{r} = U\,. \tag{6}$$

Diese Gleichung läßt sich durch Separation der Variabeln lösen; wir können also setzen:

$$W(r, \psi, \vartheta) = W_1(\psi) + W_2(\vartheta) + W_3(r)\,, \tag{7}$$

und erhalten damit aus (6):

$$\left(\frac{dW_3}{dr}\right)^2 + \frac{1}{r^2 \sin^2\vartheta}\left(\frac{dW_1}{d\psi}\right)^2 + \frac{1}{r^2}\left(\frac{dW_2}{d\vartheta}\right)^2 - \frac{2\,m_0 Z e^2}{r} = 2\,m_0 U\,. \tag{8}$$

Hierin können wir zunächst nach der obigen Bemerkung

$$p_\psi = \frac{dW_1}{d\psi} = \alpha_\psi \tag{9}$$

einsetzen:

$$\left(\frac{dW_3}{dr}\right)^2 + \frac{\alpha_\psi^2}{r^2 \sin^2\vartheta} + \frac{1}{r^2}\left(\frac{dW_2}{d\vartheta}\right)^2 - \frac{2\,m_0 Z e^2}{r} = 2\,m_0 U\,. \tag{10}$$

Die Variable ψ ist damit separiert. Um die Trennung der Variabeln r und ϑ durchzuführen, bemerke man, daß (10) geschrieben werden kann:

$$r^2\left(\frac{dW_3}{dr}\right)^2 - 2\,m_0 Z e^2 r - 2\,m_0 U r^2 = -\left[\left(\frac{dW_2}{d\vartheta}\right)^2 + \frac{\alpha_\psi^2}{\sin^2\vartheta}\right].$$

Hier steht links eine Funktion von r allein, rechts eine solche von ϑ allein; folglich müssen nach einer oft benutzten Schlußweise beide Seiten einer und derselben Konstanten gleich sein. Setzen wir also rechts:

$$\left(\frac{dW_2}{d\vartheta}\right)^2 + \frac{\alpha_\psi^2}{\sin^2\vartheta} = \alpha_\vartheta^2\,, \tag{11}$$

so folgt, da die linke Seite gleich $-\alpha_\vartheta^2$ ist:

$$\left(\frac{dW_3}{dr}\right)^2 = \frac{2\,m_0 Z e^2}{r} + 2\,m_0 U - \frac{\alpha_\vartheta^2}{r^2}\,. \tag{12}$$

Die drei Gleichungen (9), (11), (12) sind durch Quadraturen integrierbar und man kann dann nach (7) die Wirkungsfunktion W zusammensetzen.

Bevor wir dies tun, wollen wir — um über das Vorzeichen von U Aufschluß zu erhalten, was später wichtig ist — einen allgemeinen Satz für die periodischen Bewegungen beweisen, von dem wir einen Spezialfall schon in Nr. 12 erkannt hatten, nämlich über den Zusammenhang zwischen $\overline{T}$ und $\overline{\Phi}$. Wir betrachten den Ausdruck

$$\frac{d}{dt} \sum p_k q_k = \sum p_k \dot{q}_k + \sum \dot{p}_k q_k \; ; \tag{13}$$

in ihm sollen die q_k jetzt kartesische Koordinaten und die p_k die zugehörigen Impulse sein; wir bilden den Mittelwert über eine Periode τ des Systems; dann verschwindet die linke Seite wegen der vorausgesetzten Periodizität. Es folgt also aus (13):

$$0 = \overline{\sum p_k \dot{q}_k} + \overline{\sum \dot{p}_k q_k} \, .$$

Das erste Glied rechts ist die doppelte mittlere kinetische Energie $2\overline{T}$; zur Berechnung des zweiten Gliedes bemerken wir, daß nach Definition der potentiellen Energie in kartesischen Koordinaten $\dot{p}_k = -\frac{\partial \Phi}{\partial q_k}$ ist. Folglich läßt sich die letzte Gleichung schreiben:

$$0 = 2\overline{T} - \overline{\sum \frac{\partial \Phi}{\partial q_k} q_k} \, . \tag{14}$$

Auf das letzte Glied können wir nun den Eulerschen Satz über homogene Funktionen anwenden; ist ε der Grad von Φ, so ist nach ihm:

$$\sum \frac{\partial \Phi}{\partial q_k} q_k = \varepsilon \Phi \, . \tag{15}$$

Einsetzen in (14) liefert den gewünschten Satz[1]):

$$2\overline{T} = \varepsilon \overline{\Phi} \, . \tag{16}$$

Bei uns ist $\varepsilon = -1$, da $\Phi = -\frac{Z e^2}{r}$ ist, d. h. im folgenden ist stets

$$2\overline{T} = -\overline{\Phi} = +\overline{\frac{Z e^2}{r}} \, . \tag{17}$$

Da nun die Gesamtenergie $U = T + \Phi = \overline{T} + \overline{\Phi}$ ist, so ist nach (17)

$$U = -\frac{\overline{\Phi}}{2} + \overline{\Phi} = \frac{1}{2}\overline{\Phi} = -\overline{\frac{Z e^2}{2 r}} \, ,$$

d. h. $U < 0$. Das stimmt mit dem speziellen Resultat in Gleichung (79) des II. Kapitels auf pag. 67 überein[2]) (man beachte die Anmerkung auf pag. 68).

[1]) Besteht Φ aus mehreren Summanden Φ_ε ($\Phi = \sum \Phi_\varepsilon$), von denen jeder von anderem Grade (ε) homogen ist, so verallgemeinert sich (15) zu:

$$\sum_k \frac{\partial \Phi}{\partial q_k} q_k = \sum_\varepsilon \varepsilon \Phi_\varepsilon \, ,$$

wie unmittelbar ersichtlich; entsprechend verallgemeinert sich Gleichung (16).

[2]) Natürlich gilt dies — gemäß Voraussetzung — nur für die periodischen Lösungen des Kepler-Problems. Zur Erklärung des am Ende jeder Serie auftretenden Kontinuums hat man aber — wie in Nr. 12, pag. 70 erwähnt —, auch unperiodische Bahnen heranzuziehen; für diese ist $U \geqq 0$. Im Texte handelt es sich nur um die periodischen Bahnen.

Wir erhalten nunmehr aus (9), (11) und (12):

$$(18)\quad \begin{cases} W_1(\psi) = \int \alpha_\psi\, d\psi = \alpha_\psi \psi\,, \\ W_2(\vartheta) = \int \sqrt{\alpha_\vartheta^2 - \frac{\alpha_\psi^2}{\sin^2\vartheta}}\, d\vartheta\,, \\ W_3(r) = \int \sqrt{2\, m_0 U + \frac{2\, m_0\, Z\, e^2}{r} - \frac{\alpha_\vartheta^2}{r^2}}\, dr\,. \end{cases}$$

Setzt man nach vollzogener Integration gemäß (7) W aus W_1, W_2, W_3 zusammen, so besitzt man ein vollständiges Integral der Hamilton-Jacobischen Gleichung (6); denn es treten dann in W, wie man aus (18) sieht, die drei nichtadditiven Konstanten $U, \alpha_\psi, \alpha_\vartheta$ auf. Wir wollen aber nicht diese Konstanten als neue Impulse einführen, sondern wir wollen die Phasenintegrale

$$(19)\quad \begin{cases} J_1 = \int_0^{2\pi} \alpha_\psi\, d\psi = 2\,\pi\,\alpha_\psi\,, \\ J_2 = \oint \sqrt{\alpha_\vartheta^2 - \frac{\alpha_\psi^2}{\sin^2\vartheta}}\, d\vartheta\,, \\ J_3 = \oint \frac{1}{r} \sqrt{2\, m_0 U\, r^2 + 2\, m_0\, Z\, e^2 r - \alpha_\vartheta^2}\, dr\,, \end{cases}$$

die ihrerseits wieder Funktionen von $U, \alpha_\psi, \alpha_\vartheta$ sind, als neue Impulse einführen, weil die zu ihnen kanonisch konjugierten Koordinaten die Winkelvariabeln w mit ihren einfachen Eigenschaften sind. Zu diesem Zwecke müssen wir die 2. und 3. Gleichung (18) erst unbestimmt integrieren, um J_2 und J_3 daraus als bestimmte Integrale ableiten zu können. Das sind zwar elementare, aber mühsame Rechnungen, die wir daher nur andeuten[1]). In dem Integral

$$W_2(\vartheta) = \int \sqrt{\alpha_\vartheta^2 - \frac{\alpha_\psi^2}{\sin^2\vartheta}}\, d\vartheta$$

setze man zunächst $\cos\vartheta = \xi \sqrt{1 - \frac{\alpha_\psi^2}{\alpha_\vartheta^2}}$, dann $\xi = \frac{u}{\sqrt{1+u^2}}$. Dann hat man eine Partialbruchzerlegung auszuführen und erhält unter Berücksichtigung des Umstandes, daß $\frac{\alpha_\vartheta^2 - \alpha_\psi^2}{\alpha_\vartheta^2} < 1$ ist, das unbestimmte Integral in der Form (wir lassen die intermediäre Variable ξ stehen):

$$(20)\qquad W_2(\vartheta) = \alpha_\vartheta \operatorname{arc\,tang} \frac{\xi}{\sqrt{1-\xi^2}} - \alpha_\psi \operatorname{arc\,tang} \frac{\alpha_\psi}{\alpha_\vartheta} \frac{\xi}{\sqrt{1-\xi^2}}\,.$$

[1]) Sehr elegant lassen sich diese Rechnungen freilich mit der Cauchyschen Methode der komplexen Integration ausführen, die z. B. Sommerfeld mit Vorliebe benutzt. Da wir funktionentheoretische Methoden bisher nicht eingeführt und benutzt haben, bleiben wir auch hier bei der zwar umständlicheren, aber elementaren Methode.

Lassen wir hierin ξ seinen vollen Zyklus von -1 bis $+1$ und zurück durchlaufen, so ist der Periodizitätsmodul J_2 von W_2 gegeben durch:

(21) $$J_2 = \oint \sqrt{\alpha_\vartheta^2 - \frac{\alpha_\psi^2}{\sin^2 \vartheta}}\, d\vartheta = 2\pi (\alpha_\vartheta - \alpha_\psi)\,.$$

Ähnlich erhält man das unbestimmte Integral W_3 der dritten Gleichung (18). Wir ersparen uns die Ausrechnung und geben gleich das Resultat, das der Leser etwa rückwärts durch Differentiation verifizieren kann. Man findet

(22) $$\begin{cases} W_3(r) = \sqrt{2 m_0 U r^2 + 2 m_0 Z e^2 r - \alpha_\vartheta^2} \\ \quad + \dfrac{m_0 Z e^2}{\sqrt{-2 m_0 U}} \arcsin \dfrac{-m_0 U r - m_0 Z e^2}{\sqrt{m_0^2 Z^2 e^4 + \alpha_\vartheta^2\, 2 m_0 U}} \\ \quad - \alpha_\vartheta \arcsin \dfrac{m_0 Z e^2 r - \alpha_\vartheta^2}{r \sqrt{m_0^2 Z^2 e^4 + \alpha_\vartheta^2\, 2 m_0 U}}\,. \end{cases}$$

Um den Periodizitätsmodul von W_3 zu finden, hat man aus der Gleichung

$$2 m_0 U r^2 + 2 m_0 Z e^2 r - \alpha_\vartheta^2 = 0$$

den maximalen und minimalen Wert von r zu bestimmen, zwischen denen die Wurzel der 3. Gleichung (18) reell ist. Läßt man dann r von $r_{\min}$ über $r_{\max}$ und wieder zurück zu $r_{\min}$ schwanken, so ändert sich in (22) das erste Glied nicht (es ist zu Anfang und zu Ende des Zyklus gleich Null); die beiden arc sin ändern sich um je 2π; daher folgt:

(23) $$J_3 = \oint \sqrt{2 m_0 U + \frac{2 m_0 Z e^2}{r} - \frac{\alpha_\vartheta^2}{r^2}}\, dr = \left(\frac{m_0 Z e^2}{\sqrt{-2 m_0 U}} - \alpha_\vartheta\right) 2\pi\,^{1)}\,;$$

da in der letzten Gleichung U auftritt, so können wir dieses durch die Größen J_1, J_2, J_3 ausdrücken und haben dann, da $\overset{*}{H} = U$ ist, gleichzeitig $\overset{*}{H}$ als Funktion der neuen Impulse gewonnen. Man findet zunächst:

$$J_3 + 2\pi\alpha_\vartheta = \frac{2\pi m_0 Z e^2}{\sqrt{-2 m_0 U}}\,,$$

woraus

$$U = -\frac{2 m_0 \pi^2 Z^2 e^4}{(J_3 + 2\pi\alpha_\vartheta)^2}\,,$$

oder mit Rücksicht auf (21) und die erste Gleichung (19):

(24) $$U = -\frac{2 m_0 \pi^2 Z^2 e^4}{(J_1 + J_2 + J_3)^2}\,,$$

d. h.

(25) $$\overset{*}{H}(J_1 J_2 J_3) \equiv -\frac{2 m_0 \pi^2 Z^2 e^4}{(J_1 + J_2 + J_3)^2}\,.$$

Man sieht, daß unsere Transformation ihr Ziel erreicht hat. Wir könnten nun die Winkelvariabeln ausrechnen; aber wir wollen ja nicht die Bahnen im einzelnen bestimmen — daß es Ellipsen mit Einschluß von Kreisen

[1]) Da $U < 0$, ist $\sqrt{-U}$ reell.

sind, wissen wir ja ohnehin —, sondern wir wollen jetzt die Quantenbedingungen unserer bisher rein klassischen Rechnung hinzufügen. Da sieht man nun aus dem Ausdruck für $\overset{*}{H}$, daß er nur von der Summe $(J_1 + J_2 + J_3)$, d. h. von allen J in gleicher Weise abhängt. Die drei klassischen Frequenzen, die unserm System von drei Freiheitsgraden zukommen, sind demgemäß einander gleich. Denn es ist nach (61) des II. Kapitels auf pag. 58 allgemein $\nu_k = \frac{\partial \overset{*}{H}}{\partial J_k}$, also bei uns:

$$\nu_1 = \frac{\partial \overset{*}{H}}{\partial J_1} = \nu_2 = \frac{\partial \overset{*}{H}}{\partial J_2} = \nu_3 = \frac{\partial \overset{*}{H}}{\partial J_3} = \frac{4\, m_0 \pi^2 Z^2 e^4}{(J_1 + J_2 + J_3)^3}\,. \tag{26}$$

Die Bewegung ist also zweifach entartet, was man natürlich von vornherein wußte, da sie nicht bedingt periodisch, sondern periodisch ist.

Das ist wichtig für die Aufstellung der Quantenbedingungen; denn wir haben hier nur die eine adiabatische Invariante $\nu\,(J_1 + J_2 + J_3)$, oder auch, da ν gemeinsam ist, $(J_1 + J_2 + J_3)$. Demgemäß haben wir als einzige Quantenbedingung einzusetzen:

$$J_1 + J_2 + J_3 = n\,h\,. \tag{27}$$

Das System wird also auch hier, wie im einfachen Falle der Kreisbahnen durch nur eine Quantenzahl n beherrscht. Tragen wir die Quantenbedingung (27) in den Energieausdruck (24) ein, so folgt:

$$U_n = -\frac{2\, m_0 \pi^2 Z^2 e^4}{h^2}\,\frac{1}{n^2}\,, \tag{28}$$

und das ist, wie ein Vergleich mit (79) des II. Kapitels auf pag. 67 zeigt, wieder der Balmer-Term.

Es ergeben sich daher auch bei Berücksichtigung der Ellipsenbahnen und bei Behandlung als System von drei Freiheitsgraden nur genau dieselben Folgerungen bezüglich der auftretenden Spektrallinien, wie in der einfachen Theorie der Nr. 12. Von einer Erklärung der Feinstruktur, die einer der Gründe war, weshalb wir diese erweiterte Untersuchung vornahmen, ist keine Rede; diese muß daher auf anderem Wege gesucht werden.

Man kann übrigens hier die Richtigkeit einer Bemerkung erkennen, die wir am Ende der Nr. 11 über die Unschädlichkeit überzähliger Quantenbedingungen gemacht haben. In der Tat: Ignorieren wir die Entartung unseres Systems, so können wir drei Quantenbedingungen anschreiben:

$$\left\{\begin{aligned} &\oint p_\psi\, d\psi = J_1 = n_\psi h &&(n_\psi = \text{äquatoreale Quantenzahl})\,,\\ &\oint p_\vartheta\, d\vartheta = J_2 = n_\vartheta h &&(n_\vartheta = \text{Breitenquantenzahl})\,,\\ &\oint p_r\, dr = J_3 = n_r h &&(n_r = \text{radiale Quantenzahl})\,. \end{aligned}\right. \tag{29}$$

Dann ist, da U (und $\overset{*}{H}$) nach (24) und (25) nur von der Summe der J abhängen:

$$U = -\frac{2\, m_0\, \pi^2\, Z^2\, e^4}{h^2} \frac{1}{(n_r + n_\psi + n_\vartheta)^2}\,. \tag{30}$$

Und das ist natürlich wieder der Balmer-Term. Denn wenn jede der drei Quantenzahlen ganzzahlig genommen wird, ist die Summe $n = n_r + n_\psi + n_\vartheta$ auch ganzzahlig. Man sieht also, daß für die Termberechnung die Ansetzung überschüssiger Quantenzahlen nichts schadet, wie wir behauptet haben. Aber natürlich enthalten die drei Gleichungen (29) mehr Aussagen über Lage und Gestalt der Bahnen, als im allgemeinen richtig sind.

Historisch sei bemerkt, daß die Erweiterung der einfachen Bohrschen Theorie von Sommerfeld 1915/16 vorgenommen wurde. Damals gab es die Abiabatenhypothese noch nicht, und Sommerfeld setzte die drei Quantenbedingungen (29) an, die ihn bezüglich des Energieausdrucks zum richtigen Resultat führten — und auf diesen Energieausdruck kommt es im Grunde genommen allein an. Man nennt nach Bohr $n = n_r + n_\psi + n_\vartheta$ die „Hauptquantenzahl“. Von unserem Standpunkte wären drei Quantenzahlen nur gerechtfertigt, wenn das System nicht entartet wäre. Man kann nun durch geeignete Mittel die Entartung aufheben, und dann bestehen die drei Ansätze (29) zu Recht.

Die geeigneten Mittel, auf die soeben angespielt wurde, sind einmal die Berücksichtigung des Umstandes, daß nach der Relativitätstheorie die Masse nicht konstant ist; das ruft, wie wir später sehen werden, bereits zwei verschiedene Frequenzen hervor, so daß eine Entartung bereits aufgehoben ist; im gleichen Sinne würde ein vom Coulombschen abweichendes Zentralfeld wirken, wie wir es im nächsten Kapitel berücksichtigen müssen. Ferner können wir ein elektrisches oder magnetisches Feld, etwa parallel der z-Richtung wirken lassen; dadurch erhält der bisher isotrope Raum eine physikalische Vorzugsrichtung, und alle drei Frequenzen sind voneinander verschieden. Dann also sind wirklich drei Quantenbedingungen erforderlich; dabei werden natürlich die Bahnen entsprechend abgeändert; es sind dann im allgemeinen keine Ellipsen, überhaupt keine ebenen Kurven mehr. Denken wir uns alle diese Effekte, die eine Aufhebung der Entartung bewirken können, immer kleiner und kleiner werdend, bis sie schließlich verschwinden, so können wir, wenn die Störung der Grenze Null zustrebt, mit einer gewissen formalen Berechtigung die drei Quantenbedingungen (29) auch für das ungestörte Problem beibehalten, indem wir dieses als den Grenzfall eines nichtentarteten betrachten. Die Folgerungen dieser Annahme wollen wir jetzt prüfen, weil wir dann einen gewissen Anhalt für die späteren Untersuchungen bei wirklich aufgehobener Entartung gewinnen.

Zunächst ist aus den Elementen bekannt, daß die Bahn eine ebene ist. Wir hätten also von allem Anfang an das Problem auch als ein ebenes, etwa durch Benutzung ebener Polarkoordinaten r

und φ behandeln können. Das wollen wir jetzt kurz nachholen. In der Fig. 15 sind die bisher benutzten räumlichen und gleichzeitig die ebenen Polarkoordinaten nebst der Bahnebene dargestellt. Im Zentrum O des horizontalen festen Kreises ruht der Kern; vertikal nach oben ist die z-Richtung genommen; in P befindet sich das Elektron; $OP = r$ ist der Fahrstrahl, den wir sowohl beim räumlichen als auch beim ebenen Polarkoordinatensystem benutzen. Ferner ist, unter dem Winkel i gegen den Horizont (Äquator) geneigt, die Bahnebene, gleichfalls durch einen Kreis begrenzt, eingezeichnet; sie schneidet den Horizont in der gestrichelten Geraden KK, der sogenannten Knotenlinie. Nehmen wir diese etwa als x-Achse, so messen wir das äquatoreale Azimut ψ in der Horizontal- oder Äquatorebene, um z herum, von der Knotenlinie ab; ebenso messen wir das gewöhnliche Azimut φ von der Knotenlinie an, um die Bahnnormale herum, die mit der z-Achse natürlich auch den Winkel i bildet. Schließlich ist noch die Zenitdistanz ϑ eingetragen, so daß sowohl unsere alten Koordinaten r, ψ, ϑ als auch die neuen r, φ in ihrer gegenseitigen Lage in der Figur erkennbar sind.

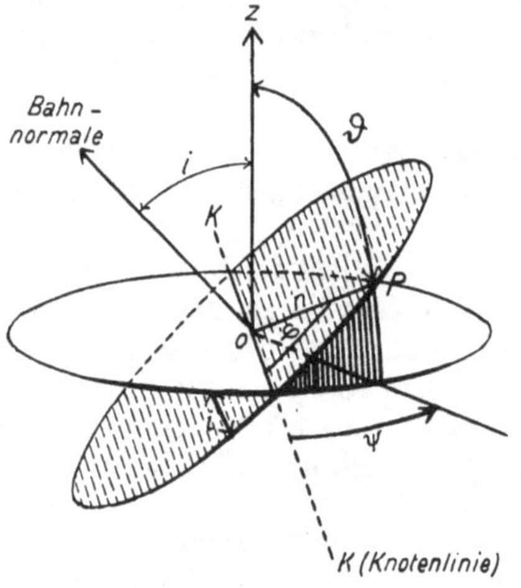

Fig. 15.

In der Bahnebene (um deren Neigung i gegen den Äquator wir uns jetzt nicht kümmern) haben wir die (2) entsprechende Energiegleichung

$$U = T + \Phi = \frac{m_0}{2}(\dot{r}^2 + r^2\dot{\varphi}^2) - \frac{Z e^2}{r}, \tag{31}$$

mit den Impulsen

$$p_r = \frac{\partial T}{\partial \dot{r}} = m_0 \dot{r}, \qquad p_\varphi = \frac{\partial T}{\partial \dot{\varphi}} = m_0 r^2 \dot{\varphi}. \tag{32}$$

Man erkennt sofort, daß φ eine zyklische Variable ist; also ist p_φ konstant. Das Problem ist auch hier (und zwar einfach) entartet, wie man sofort erkennt; es gibt also nur eine Quantenbedingung, nämlich

$$\oint p_r\, d r + \oint p_\varphi\, d\varphi = n h, \tag{33}$$

wobei dieses „n“ mit der in (27) auftretenden Hauptquantenzahl identisch ist; denn es handelt sich um dieselbe Bewegung. Betrachten wir auch hier die entartete Bewegung als den Grenzfall der nichtentarteten, so können wir zwei Quantenbedingungen formulieren:

$$(34)\qquad \begin{cases} \oint p_r\,dr = n_r h\,, \\ \int\limits_0^{2\pi} p_\varphi\,d\varphi = 2\pi\,p_\varphi = n_\varphi\,h\,, \end{cases}$$

die wir mit den drei Bedingungen (29) des räumlichen Problems konfrontieren wollen. Das in der ersten Gleichung (34) auftretende n_r ist natürlich mit der in (29) enthaltenen radialen Quantenzahl n_r wieder identisch. Ferner läßt sich wegen $2\,T = \sum p_k \dot{q}_k$ die doppelte kinetische Energie einmal unter Benutzung räumlicher Polarkoordinaten, ein anderes Mal unter Benutzung ebener Polarkoordinaten darstellen:

$$(35)\qquad 2\,T = p_r\,\dot{r} + p_\psi\,\dot{\psi} + p_\vartheta\,\dot{\vartheta} = p_r\,\dot{r} + p_\varphi\,\dot{\varphi}\,;$$

nach Multiplikation mit dt und Integration über eine ganze Periode $\tau = \frac{1}{\nu}$ folgt daraus:

$$(36)\qquad \oint p_r\,dr + \int\limits_0^{2\pi} p_\psi\,d\psi + \oint p_\vartheta\,d\vartheta = \oint p_r\,dr + \int\limits_0^{2\pi} p_\varphi\,d\varphi\,.$$

Unter Heranziehung der Quantenbedingungen (29) und (34) heißt das, daß folgende Beziehung besteht:

$$(37)\qquad n_\psi + n_\vartheta = n_\varphi\,.$$

Ferner gilt, wie ein Blick auf Fig. 15 zeigt, daß der konstante äquatoreale Impuls p_ψ die Projektion des ebenfalls konstanten Bahnimpulses p_φ ist; es ist also

$$(38)\qquad p_\psi = p_\varphi \cos i\,,$$

also nach den Quantenbedingungen

$$(39)\qquad \begin{cases} n_\psi = n_\varphi \cos i\,, \\ \cos i = \frac{n_\psi}{n_\varphi} = \frac{n_\psi}{n_\psi + n_\vartheta}\,. \end{cases}$$

Das bedeutet aber, daß bei Gültigkeit der Quantenbedingungen (29) bzw. (34), d. h. bei Aufhebung der Entartung unseres Problems, die Lage der Bahnebene, die durch den Winkel i charakterisiert ist, bestimmt, und zwar quantenmäßig bestimmt ist[1]). Denn nach (39) ist der Cosinus dieses Winkels rational, d. h. gleich dem Verhältnis zweier ganzer Zahlen: Es sind also nur ganz bestimmte räumliche Orientierungen der Bahn möglich — relativ zu der vorhandenen Vorzugsrichtung

[1]) Das gilt freilich nur, wenn die Störung, die die Entartung aufhebt, klein ist, so daß wir an den bisherigen Energieausdrücken festhalten können oder, wie wir uns bisher ausdrückten, daß die Bahnen trotz der Störungen noch als ebene Ellipsenbahnen betrachtet werden dürfen. Wieweit dies in einem konkreten Falle bei aufgehobener Entartung der Fall ist, muß natürlich untersucht werden. Günstig ist in dieser Hinsicht, daß alle äußeren Felder immer schwach gegen die Atomfelder sind, so daß man in den meisten Fällen an den obigen Resultaten festhalten darf.

des Raumes. Es tritt also auch eine räumliche Quantelung ein. Man kann dies auch folgendermaßen ausdrücken: Wenn eine Vorzugsrichtung im Raum gegeben ist, so ist nicht nur der Impuls (Bahnimpuls) p_φ gequantelt, sondern auch seine Projektion, der Äquatorealimpuls p_ψ. Beide sind gleich dem $\frac{h}{2\pi}$-fachen ganzer Zahlen n_φ bzw. n_ψ[1]). Darauf werden wir zurückkommen, wenn wir wirklich den Einfluß eines äußeren magnetischen oder elektrischen Feldes untersuchen werden.

15. Die Ellipsenbahnen der wasserstoffähnlichen Spektren.

Wir wollen nunmehr annehmen, die Bahnebene falle mit der Äquatorebene zusammen. Dann ist $i = 0$, $p_\psi = p_\varphi$, $n_\psi = n_\varphi$, also nach (37) $n_\vartheta = 0$. Wir haben dann das ebene Problem vor uns und können alle Formeln des Dreidimensionalen übernehmen, wenn wir nur $\vartheta = \frac{\pi}{2}$, $p_\vartheta = 0$, $J_2 = 0$, $p_\psi = p_\varphi$ setzen. Nach den Gleichungen (24) und (27) haben wir dann für die Energie U

$$U = -\frac{2\, m_0 \pi^2 Z^2 e^4}{(J_1 + J_3)^2} = -\frac{2\, m_0 \pi^2 Z^2 e^4}{h^2} \frac{1}{n^2}, \tag{40}$$

wo jetzt sinngemäß die Hauptquantenzahl

$$n = n_r + n_\varphi \tag{41}$$

gesetzt ist. Nehmen wir nun an, es seien die beiden Quantenbedingungen (34) in Geltung (indem wir die Entartung aufgehoben denken), so ist der Drehimpuls p_φ nur der Werte $n_\varphi \frac{h}{2\pi}$ fähig, und wegen (41) ist natürlich $n_\varphi \leqq n$. Ist z. B. die Hauptquantenzahl $n = 3$, so sind folgende vier Fälle denkbar:

$$\left.\begin{array}{l} n_r = 3,\ n_\varphi = 0\,, \\ n_r = 2,\ n_\varphi = 1\,, \\ n_r = 1,\ n_\varphi = 2\,, \\ n_r = 0,\ n_\varphi = 3\,, \end{array}\right\}\quad n_r + n_\varphi = n = 3\,.$$

Im ersten dieser Fälle, der allgemein besagt, daß $n = n_r$, d. h. $n_\varphi = 0$ ist, wäre demgemäß der Drehimpuls p_φ selbst gleich Null; dann aber ist die Bahn keine elliptische mehr, sondern eine Gerade (Pendelbahn). Man hat geschlossen, da eine solche Bahn in gewissem Sinne „durch" den Kern geht, daß die Pendelbahnen als mechanisch unmöglich allgemein auszuschließen sind. Wir halten an diesem Resultat fest, ohne die Schlußweise für bindend zu erachten[2]); der kleinste Wert von n_φ

[1]) Vgl. die Anmerkung 1 auf S. 87.

[2]) Der Zwang, die Pendelbahnen auszuschließen, ist experimenteller Natur, weil die entsprechenden Spektrallinien nicht vorhanden sind, z. B. in der beobachteten Feinstruktur des Wasserstoffs; wir kommen in Nr. 16 darauf zurück; die moderne Quantentheorie vermag den Sachverhalt in schlüssiger Weise zu begründen, worauf wir später eingehen werden.

wird also stets gleich 1 angenommen. Wie unterscheiden sich nun die Bahnen, die zu gleichem n, aber verschiedenen n_r und n_φ gehören? Der letzte der oben genannten Fälle $n_r = 0$, $n_\varphi = n$ ist offenbar das andere Extrem, nämlich die Kreisbahn, die wir in Nr. 12 allein betrachtet hatten; damals hatten wir in der Tat nur eine Quantengleichung für den Drehimpuls p_φ. Daraus ersieht man schon qualitativ, daß die andern Bahnen Ellipsen sein müssen, die in ihrer Gestalt zwischen Kreis und Gerade liegen, d. h. verschiedene Exzentrizität besitzen. Das wollen wir jetzt etwas genauer untersuchen. Zwar liegt die Sache so: Haben wir Entartung, d. h. das gewöhnliche ebene Kepler-Problem, so können wir alle diese Aussagen nicht machen, weil wir über n_r und n_φ einzeln gar keine Behauptungen aufstellen können; nur ihre Summe $n = n_r + n_\varphi$ muß ganzzahlig sein. Anderseits kann man freilich sagen, daß nach der Relativitätstheorie die Massenveränderlichkeit theoretisch stets die Entartung aufhebt; aber dann haben wir in Strenge auch keine Ellipsen, überhaupt keine geschlossenen Kurven mehr, weil das Problem dann nur bedingt-periodisch ist. Aber die Relativitätskorrektur ist so gering, daß man angenähert doch immer noch von Ellipsen sprechen kann; in diesem Sinne sollen die folgenden Betrachtungen lediglich eine Vorbereitung auf das relativistische Kepler-Problem sein.

Wir werden nun die Gestalt der Bahnen berechnen. Wenn man in (31) die Impulse nach (32) einträgt, so erhält man für p_r den Ausdruck

$$p_r = \sqrt{2\, m_0 U + \frac{2\, m_0 Z e^2}{r} - \frac{p_\varphi^2}{r^2}}\,, \tag{42}$$

und durch Nullsetzen des Radikanden erhält man die Extremwerte von r, $r_{\max}$ und $r_{\min}$, die zulässig sind und die Ellipsen bestimmen; denn große Halbachse a und Exzentrizität ε gehorchen den Gleichungen

$$\left\{\begin{aligned} \frac{r_{\max} + r_{\min}}{2} &= a\,, \\ \frac{r_{\max} - r_{\min}}{r_{\max} + r_{\min}} &= \varepsilon\,. \end{aligned}\right. \tag{43}$$

Setzt man für U seinen Wert nach (40), ferner $p_\varphi = n_\varphi \frac{h}{2\pi}$, wie aus (34) folgt, so erhält man nach elementaren Rechnungen

$$\left\{\begin{aligned} a &= \frac{h^2 n^2}{4 m_0 \pi^2 Z e^2} = \frac{h^2 (n_r + n_\varphi)^2}{4 m_0 \pi^2 Z e^2}\,, \\ \varepsilon &= \frac{\sqrt{n^2 - n_\varphi^2}}{n} = \frac{\sqrt{(n_r + n_\varphi)^2 - n_\varphi^2}}{n_r + n_\varphi}\,, \\ \frac{b}{a} &= \frac{n_\varphi}{n}\,. \end{aligned}\right. \tag{44}$$

Das heißt aber, daß die große Achse allen Bahnen gemeinsam ist, die gleiches $n = n_r + n_\varphi$, also gleiche Hauptquantenzahl, haben; alle Möglichkeiten, die bei gegebenem n vorhanden sind, um es zwischen n_r und n_φ

aufzuteilen, unterscheiden sich nur in der Exzentrizität. Bleiben wir bei dem obigen Beispiel $n = 3$. Wenn wir den ausgeschlossenen Fall der Pendelbahnen hier einen Moment mitnehmen, so haben wir die folgende kleine Tabelle:

1. Pendelbahn:	$n_r = 3,\ n_\varphi = 0$:	Exzentrizität	$= 1$;	Achsenverhältnis	$\frac{b}{a} = 0$,
2. Ellipse:	$n_r = 2,\ n_\varphi = 1$:	„	$= \frac{1}{3}\sqrt{8}$;	„	$\frac{1}{3}$,
3. Ellipse:	$n_r = 1,\ n_\varphi = 2$:	„	$= \frac{1}{3}\sqrt{5}$;	„	$\frac{2}{3}$,
4. Kreis:	$n_r = 0,\ n_\varphi = 3$:	„	$= 0$;	„	1;

dieser Tabelle, die man leicht verallgemeinert, entsprechen die Figg. 16 und 17; in der ersteren ist $n = 3$, in der letzteren $n = 2$ dargestellt. In

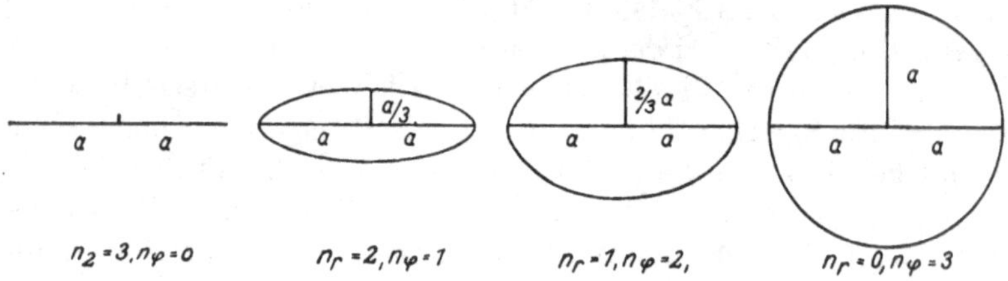

Fig. 16.

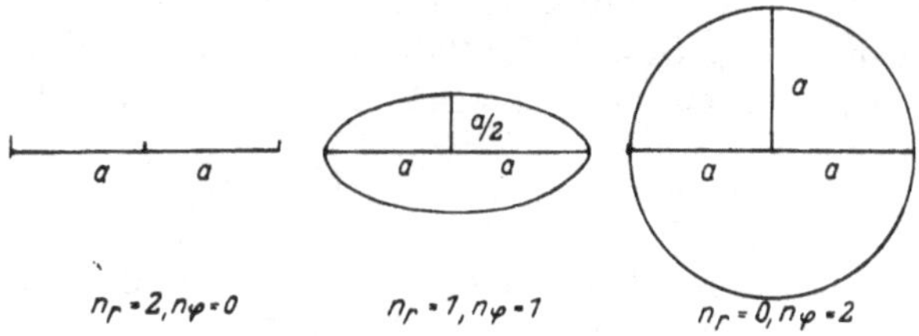

Fig. 17.

dieser Weise gehen wir weiter: Im allgemeinen Falle $n = n$ haben wir, wenn wir die Pendelbahnen nicht mehr mitzählen, n Ellipsen mit Einschluß des Kreises mit den Achsenverhältnissen $1, \frac{n-1}{n}, \frac{n-2}{n}, \ldots \frac{1}{n}$. Es gäbe also z. B. zur Erzeugung von H_α die folgenden Möglichkeiten: Das Elektron kann von einer der drei Bahnen der Fig. 16 ($n = 3$) auf eine der 2 Bahnen ($n = 2$) der Fig. 17 springen; das sind sechs Möglichkeiten. Aber wie schon oben allgemein gezeigt, gibt das immer nur dieselbe einfache Linie H_α, da sowohl die drei oberen wie die zwei unteren Niveaus unter sich gleiche Energie besitzen. Im übrigen ist wieder daran zu erinnern, daß diese Bahnen in Wirklichkeit beim entarteten Problem gar keine Bedeutung haben; die Figuren geben eine Anschauung für das, was sich im relativistischen ebenen Falle ereignet, den wir in der nächsten Nummer behandeln.

Wir wollen nun auch die üblichen Bezeichnungen für die Quantenzahlen einführen: n bleibt die Bezeichnung für die Hauptquantenzahl, dagegen ersetzen wir n_φ durch den Buchstaben k (azimutale Quantenzahl).

Die Bahnen werden durch diese beiden Quantenzahlen charakterisiert. Sprachen wir früher von n-quantigen Bahnen, so müssen wir jetzt allgemein von „n_k-Bahnen" reden. Die Bahnen der Fig. 16 haben alle die Hauptquantenzahl 3, während die Azimutalzahl von 1 bis 3 wächst (Pendelbahn ausgeschlossen). Es sind also in diesem Falle die 3_1-, 3_2-, 3_3-Bahnen, in Fig. 17 die 2_1- und 2_2-Bahnen; anzumerken ist noch, daß die durch zwei gleiche Zahlen charakterisierten Bahnen Kreisbahnen sind.

Wir haben im Text vielfach von Wasserstoff gesprochen; dafür ist $Z = 1$ zu setzen. Es ist aber nach dem Früheren klar, daß alle Einelektronensysteme (He^+, Li^{++} usw.) hierher gehören; man nennt diese Systeme und ihre Spektren „wasserstoffähnlich".

16. Relativistisches Kepler-Problem; Sommerfelds Theorie der Feinstruktur.

Die Entartung des gewöhnlichen ebenen Kepler-Problems wird aufgehoben, wenn man die relativistische Massenveränderlichkeit berücksichtigt. Daß dies eine merkliche Korrektur ergibt, erkennt man, wenn man aus den Gleichungen (78) des II. Kapitels auf pag. 67 den Wert der Umlaufgeschwindigkeit auf der einquantigen Kreisbahn ausrechnet; man findet die Größenordnung von $2 \cdot 10^8 \sqrt{Z}$ cm/sec, d. h. für Wasserstoff etwa 1% der Lichtgeschwindigkeit; wir haben also die Relativitätsmechanik zugrundezulegen, die man bekanntlich[1]) dadurch beschreiben kann, daß an Stelle der bisherigen Masse m_0 der Ausdruck $\frac{m_0}{\sqrt{1-\frac{v^2}{c^2}}}$ tritt, in dem m_0 als „Ruhemasse" bezeichnet wird und v die Geschwindigkeit ist. Daher werden der radiale und azimutale Impuls:

$$p_r = \frac{m_0 \dot{r}}{\sqrt{1-\frac{v^2}{c^2}}}, \qquad p_\varphi = \frac{m_0 r^2 \dot{\varphi}}{\sqrt{1-\frac{v^2}{c^2}}}, \tag{45}$$

worin man noch für v^2 in Polarkoordinaten $(\dot{r}^2 + r^2 \dot{\varphi}^2)$ zu substituieren hat. Bei der Aufstellung des Energieausdruckes ist ferner zu bemerken, daß die relativistische kinetische Energie

$$T = \frac{m_0 c^2}{\sqrt{1-\frac{v^2}{c^2}}} - m_0 c^2 \tag{46}$$

ist, während die potentielle Energie Φ ihren alten Wert beibehält, so daß der Gesamtbetrag der Energie ist:

$$U = \frac{m_0 c^2}{\sqrt{1-\frac{v^2}{c^2}}} - \frac{Z e^2}{r} - m_0 c^2 = \frac{m_0 c^2}{\sqrt{1-\frac{1}{c^2}(\dot{r}^2 + r^2 \dot{\varphi}^2)}} - \frac{Z e^2}{r} - m_0 c^2. \tag{47}$$

---

1) Bd. III_1, Nr. 133, pag. 850ff.

An diesem erkennt man sofort, daß φ zyklische Variable ist, daß also auch hier von vornherein

(48) $$p_\varphi = \frac{m_0 r^2 \dot{\varphi}}{\sqrt{1 - \frac{v^2}{c^2}}} = \text{Const.}$$

gilt. Trägt man diesen konstanten Wert in den Energieausdruck ein, so stellt derselbe eine Differentialgleichung für r dar, deren Integration die klassische Lösung des Problems liefert; eliminiert man schließlich aus $\dot{r}$ und $\dot{\varphi}$ die Zeit, so erhält man die Bahngleichung. Die Rechnung ist zwar etwas komplizierter als die analoge des gewöhnlichen Kepler-Problems, bietet aber keinerlei grundsätzliche Schwierigkeiten, weswegen wir sie hier übergehen. Es ergibt sich aber, daß die klassische Bahn keine geschlossene Ellipse mehr ist, sondern, wie man sagen kann, eine Ellipse mit Perihelbewegung (Rosettenbewegung[1]); man erhält für die Bahn das Bild der Fig. 18. Die Polargleichung einer solchen Kurve ist:

(49) $$r = \frac{p}{1 - \varepsilon \cos(\gamma \varphi)},$$

die für $\gamma = 1$ in eine Ellipse ausartet; das Auftreten dieses Faktors γ ist der einzige Unterschied gegen eine Ellipse; er bewirkt, daß nach einer Veränderung von φ um 2π die Bahn nicht geschlossen ist, d. h. daß man nicht zum alten Werte von r zurückkehrt.

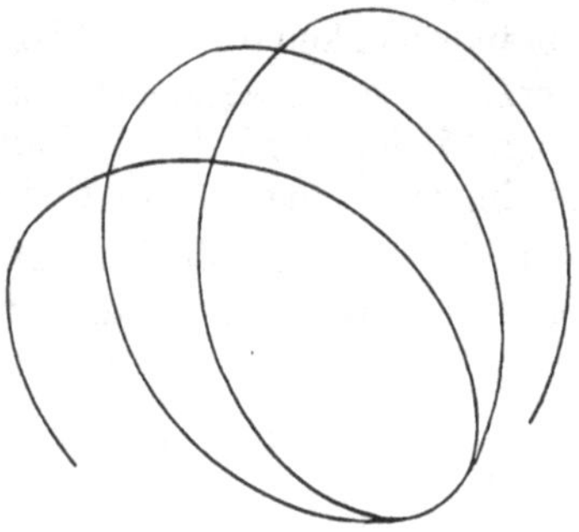

Fig. 18.

Die Entartung ist dadurch aufgehoben, wie nach unseren allgemeinen Darlegungen zu erwarten war. In der Tat: Geht man von $\varphi = 0$ aus, so ist $r_0 = \frac{p}{1-\varepsilon}$; für $\varphi = 2\pi$ aber hat man

$$r_{2\pi} = \frac{p}{1 - \varepsilon \cos 2\pi\gamma} \neq r_0 .$$

Zum Werte r_0 kommt man erst zurück, wenn $\gamma\varphi$ den Wert 2π hat, $\varphi = \frac{2\pi}{\gamma}$ geworden ist[2]).

Wir wollen uns nicht weiter mit der klassischen Rechnung beschäftigen; wir schließen nur aus dem Ergebnis der aufgehobenen Entartung, daß es hier wirklich zwei Quantenbedingungen gibt:

---

[1]) Das ist überhaupt die allgemeinste Bewegungsform bei ausschließlicher Wirksamkeit von Zentralkräften.

[2]) Wir sprechen im folgenden nichtsdestoweniger der Kürze wegen von Ellipsen und Kreisen, da der Unterschied nur klein ist; der Leser möge sich also hüten, diese Ausdrucksweise zu wörtlich zu nehmen.

$$(50)\quad \begin{cases} J_1 = \oint p_r\, dr = \oint \dfrac{m_0\, \dot r}{\sqrt{1-\dfrac{v^2}{c^2}}}\, dr = n_r\, h, \\[2ex] J_2 = \displaystyle\int_0^{2\pi} p_\varphi\, d\varphi = \int_0^{2\pi} \dfrac{m_0\, r^2\, \dot\varphi}{\sqrt{1-\dfrac{v^2}{c^2}}}\, d\varphi = 2\,\pi\, p_\varphi = k\, h\,. \end{cases}$$

Unser Weg ist der folgende: In die Energiegleichung (47) führen wir die Impulse vermittels der Definitionsgleichung (45) ein, ersetzen dann p_φ durch $\frac{k\,h}{2\,\pi}$, gewinnen dadurch einen Ausdruck für p_r und bilden damit $\oint p_r\, dr = n_r\, h$. Setzt man diese Werte dann in U ein, so erhält man dieses als Funktion der Quantenzahlen n_r und k, was das Ziel der Untersuchung ist. Man findet zunächst:

$$(51)\quad \begin{cases} \dot r^2 = \dfrac{p_r^2\, c^2}{p_r^2 + m_0^2\, c^2 + \dfrac{p_\varphi^2}{r^2}}\,, \\[3ex] r^2\, \dot\varphi^2 = \dfrac{p_\varphi^2\, \dfrac{c^2}{r^2}}{p_r^2 + m_0^2\, c^2 + \dfrac{p_\varphi^2}{r^2}}\,. \end{cases}$$

Damit erhält man für die kinetische Energie den Ausdruck:

$$(52)\qquad T = c\sqrt{p_r^2 + m_0^2\, c^2 + \frac{p_\varphi^2}{r^2}} - m_0\, c^2\,,$$

also für die Gesamtenergie:

$$U = c\sqrt{p_r^2 + m_0^2\, c^2 + \frac{p_\varphi^2}{r^2}} - \frac{Z\, e^2}{r} - m_0\, c^2\,,$$

bzw. nach Einsetzung von p_φ:

$$(53)\qquad U = c\sqrt{p_r^2 + m_0^2\, c^2 + \frac{k^2\, h^2}{4\,\pi^2\, r^2}} - \frac{Z\, e^2}{r} - m_0\, c^2\,.$$

Bringt man $-\left(\frac{Z\, e^2}{r} + m_0\, c^2\right)$ auf die linke Seite und quadriert, so erhält man nach einigen Kürzungen:

$$p_r = \sqrt{\left(\frac{U^2}{c^2} + 2\, m_0\, U\right) + \frac{2}{r}\left(\frac{Z\, e^2\, U}{c^2} + m_0\, Z\, e^2\right) + \frac{1}{r^2}\left(\frac{Z^2\, e^4}{c^2} - \frac{k^2\, h^2}{4\,\pi^2}\right)}\,.$$

Damit kann man nach (50) J_1 bilden:

$$(54)\quad \begin{cases} J_1 = \oint p_r\, dr \\ \quad = \oint \sqrt{\left(\dfrac{U^2}{c^2} + 2 m_0 U\right) + \dfrac{2}{r}\left(\dfrac{Z\, e^2\, U}{c^2} + m_0 Z\, e^2\right) + \dfrac{1}{r^2}\left(\dfrac{Z^2\, e^4}{c^2} - \dfrac{k^2\, h^2}{4\,\pi^2}\right)}\, dr \\ \quad = n_r\, h\,. \end{cases}$$

Dies Integral ist aber von der gleichen Gestalt wie das in der dritten Gleichung (19), dessen unbestimmte Lösung in Gleichung (22) vorliegt, nur daß die Koeffizienten hier andere sind. Man kann also das Integral gleich hinschreiben und findet für den Periodizitätsmodul desselben:

$$(55)\quad J_1 = \oint p_r\, dr = 2\pi \left[\frac{Z m_0 e^2 + \frac{Z e^2 U}{c^2}}{\sqrt{-2 m_0 U - \frac{U^2}{c^2}}} - \sqrt{\frac{k^2 h^2}{4\pi^2} - \frac{Z^2 e^4}{c^2}} \right] = n_r h\,.$$

Man kann diese Formel, die im Grunde die Lösung schon enthält, nämlich U als Funktion der Quantenzahlen n_r und k, in eine für die Rechnung bequeme Form bringen, indem man nach Sommerfeld die dimensionslose Größe

$$(56)\quad \alpha = \frac{2\pi e^2}{h c}$$

einführt[1]). Damit wird

$$(57)\quad -\frac{Z^2 e^4}{c^2} + \frac{k^2 h^2}{4\pi^2} = \frac{k^2 h^2}{4\pi^2}\left[1 - \frac{Z^2\, 4\pi^2 e^4}{h^2 c^2 k^2}\right] = \frac{k^2 h^2}{4\pi^2}\left[1 - \frac{Z^2 \alpha^2}{k^2}\right].$$

Ferner:

$$(58)\quad \frac{Z e^2 U}{c^2} + Z m_0 e^2 = Z m_0 e^2 \left[1 + \frac{U}{m_0 c^2}\right]$$

und schließlich:

$$(59)\quad \frac{U^2}{c^2} + 2 m_0 U = m_0^2 c^2 \left[\left(1 + \frac{U}{m_0 c^2}\right)^2 - 1\right].$$

Alle diese Umformungen sind leicht zu verifizieren. Setzt man noch vorübergehend den mehrfach auftretenden Ausdruck

$$(60)\quad 1 + \frac{U}{m_0 c^2} = \xi\,,$$

so läßt sich (55) schreiben:

$$\frac{\xi}{\sqrt{1-\xi^2}} = \frac{1}{Z\alpha}\left[n_r + \sqrt{k^2 - Z^2\alpha^2}\right],$$

daraus:

$$(61)\quad \xi = 1 + \frac{U}{m_0 c^2} = \left[1 + \frac{Z^2\alpha^2}{(n_r + \sqrt{k^2 - Z^2\alpha^2})^2}\right]^{-1/2}.$$

Die in Gl. (56) eingeführte Größe α nennt Sommerfeld die „Feinstrukturkonstante“; sie hat den numerischen Wert

$$(56a)\quad \alpha = 7{,}28\cdot 10^{-3}\left(\approx \frac{1}{137}\right)^{2)}.$$

1) Bildet man nach (78) des II. Kapitels auf pag. 67 die Geschwindigkeit $v_1 = r_1\,\omega_1$ auf der einquantigen Kreisbahn für Wasserstoff ($n = 1$, $Z = 1$), so ergibt sich, daß diese Sommerfeldsche Konstante $\alpha = \frac{v_1}{c}$ ist.

2) $7{,}28\cdot 10^{-3}$ wäre genau 1/137,36; nach einer geistvollen, aber noch nicht genügend begründeten Theorie von Eddington soll $\alpha = 1/137$ sein, was mit den heute als richtig angesehenen Werten von e und h kaum vereinbar wäre. Immerhin ist die nahe Übereinstimmung äußerst merkwürdig und beachtenswert und das letzte Wort noch nicht gesprochen.

Wir wollen gleich hier bemerken, daß die in Gleichung (49) angeführte allgemeine Polargleichung der Bahn hier die konkrete Gestalt bekommt:

$$r = \frac{p}{1 - \varepsilon \cos \sqrt{1 - \frac{\alpha^2}{k^2}}\, \varphi}, \tag{62}$$

wodurch die damals eingeführte Konstante γ quantenmäßig festgelegt und die Perihelbewegung der Ellipse bestimmt ist; sie hängt also entscheidend von der Feinstrukturkonstanten ab.

Es liegt nahe, die rechte Seite der Gleichung (61) zu entwickeln; nehmen wir nur Glieder bis α^2 einschließlich, so findet man:

$$U = -\frac{m_0 c^2 Z^2 \alpha^2}{2 (n_r + k)^2} = -\frac{m_0 c^2 Z^2 \alpha^2}{2 n^2}.$$

Dabei haben wir die Summe der radialen und azimutalen Quantenzahl wieder mit n (Hauptquantenzahl) bezeichnet. Setzt man aus (56) α ein, so folgt

$$U = -\frac{2 m_0 \pi^2 Z^2 e^4}{h^2} \frac{1}{n^2} = -\frac{R_\infty h c Z^2}{n^2}, \tag{63}$$

d. h. der allgemeine Balmer-Term[1]).

Um weiterzukommen, muß man also mindestens noch ein Glied weiterentwickeln; das reicht für die optischen Spektren aus, während es bei den Röntgenspektren notwendig werden wird, weitere Glieder hinzuzunehmen. Entwicklung bis zu α^4 einschließlich liefert:

$$U = -\frac{1}{2} \frac{m_0 c^2 Z^2 \alpha^2}{n^2} \left[1 + \frac{\alpha^2 Z^2}{n^2}\left(1 + \frac{n_r}{k} - \frac{3}{4}\right)\right],$$

oder, wenn wir statt U, um seine Abhängigkeit von den zwei Zahlen n und k zum Ausdruck zu bringen, U_{nk} setzen:

$$\frac{1}{c} U_{nk} = -R h Z^2 \left\{\frac{1}{n^2} + \frac{\alpha^2 Z^2}{n^4}\left(\frac{n}{k} - \frac{3}{4}\right)\right\}. \tag{64}$$

Diese Gleichung stellt in der Tat einen Fortschritt dar, denn die Energie hängt nicht mehr allein von $n = n_r + k$ an, wie beim Balmer-Term, sondern außerdem noch von n/k; sie spaltet also die zu gleichem n gehörigen Bahnen der vorigen Nummer noch auf, liefert also die Möglichkeit einer Erklärung der Feinstruktur. Natürlich ist damit nicht gesagt, daß diese Erklärung der Aufspaltung endgültig ist; denn es kann ja noch andere Ursachen geben, die eine Aufspaltung der Niveaus bewirken — und das ist auch wirklich der Fall, wie wir später sehen werden. Vorläufig werden wir die Sommerfeldsche Auffassung einmal vollkommen durchführen.

Wir wollen zunächst die Kreisbahnen betrachten, für die $k = n$ ist. Dafür ist allgemein

$$\frac{U_{nn}}{c} = -R h Z^2 \left\{\frac{1}{n^2} + \frac{\alpha^2 Z^2}{4 n^4}\right\} = -\frac{R h Z^2}{n^2}\left\{1 + \frac{\alpha^2 Z^2}{4 n^2}\right\}. \tag{65}$$

[1]) Daß hier R_∞ auftritt, liegt daran, daß die Mitbewegung des Kerns nicht berücksichtigt ist. Das kann (angenähert!) dadurch geschehen, daß man nachträglich hier und in der allgemeinen Gleichung (64) R_∞ einfach durch R nach (97) des II. Kapitels auf pag. 73 ersetzt.

Das erste Glied rechts ist der gewöhnliche Balmer-Term, der durch das zweite Glied eine kleine Verschiebung (und zwar um so kleiner, je größer die Hauptquantenzahl) erfährt, die man wohl als „allgemeine Relativitätskorrektion“ bezeichnet. Sie spielt im folgenden keine Rolle, da es nur auf die Differenzen ankommt.

Wir wollen im folgenden für die ersten Werte $n = 1, 2, 3$ genau erörtern, was (64) für die Feinstruktur leistet. Dabei streichen wir von vornherein wieder die Pendelbahnen $k = 0$.

Betrachten wir zunächst das „Lyman-Niveau“[1] $n = 1$: Hier ist nur ein k-Wert möglich, $k = 1 = n$; das heißt, hier bleibt es bei der alten „Kreisbahn“[2]. Gleichung (64) ergibt:

$$\frac{U_{11}}{c} = -R\,h\,Z^2 \left\{\frac{1}{1^2} + \frac{\alpha^2 Z^2}{4}\right\}.$$

Das Lyman-Niveau bleibt also einfach, ist nur um die allgemeine Relativitätskorrektion verschoben.

Beim „Balmer-Niveau“[1] $n = 2$ haben wir zwei k-Werte, $k = 1$ (Ellipse) und $k = 2$ (Kreis[2]); also:

$$(66)\quad \begin{cases} \dfrac{U_{22}}{c} = -\dfrac{R\,h\,Z^2}{2^2}\left\{1 + \dfrac{\alpha^2 Z^2}{2^2}\left(1 - \dfrac{3}{4}\right)\right\} = -\dfrac{R\,h\,Z^2}{2^2} - \dfrac{R\,h\,Z^4}{2^2}\,\dfrac{\alpha^2}{2^2}\,\dfrac{1}{4}, \\[2ex] \dfrac{U_{21}}{c} = -\dfrac{R\,h\,Z^2}{2^2}\left\{1 + \dfrac{\alpha^2 Z^2}{2^2}\left(2 - \dfrac{3}{4}\right)\right\} = -\dfrac{R\,h\,Z^2}{2^2} - \dfrac{R\,h\,Z^4}{2^2}\,\dfrac{\alpha^2}{2^2}\,\dfrac{5}{4}. \end{cases}$$

Daraus folgt eine Energiedifferenz

$$\frac{\Delta U}{c} = \frac{U_{22} - U_{21}}{c} = \frac{R\,h\,Z^4\,\alpha^2}{16}.$$

Folglich muß jede Linie dadurch, daß der zugehörige Elektronensprung auf dem jetzt aufgespaltenen Balmer-Niveau endigt, ein Dublett mit der Wellenzahldifferenz

$$(67)\qquad \Delta\tilde{\nu} = \frac{\Delta U}{c\,h} = \frac{R\,Z^4\,\alpha^2}{16}$$

sein. Unbeschadet der späteren genauen Formulierung können wir also sagen, daß nach der Sommerfeldschen Theorie alle Balmer-Linien im Groben Dubletts mit konstanter Wellenlängendifferenz sein müssen; für Wasserstoff selbst ist mit $Z = 1$:

$$(67\text{a})\qquad \Delta\tilde{\nu} = \frac{R\,\alpha^2}{16} = 0{,}3636\ \text{cm}^{-1};$$

bei He^+ ist $Z^4 = 16$, die Aufspaltung der entsprechenden Linien 16 mal größer; noch günstiger würden die Verhältnisse bei Li^{++} liegen, wo der Aufspaltungsfaktor 81 ist, usw.

---

[1]) Wir bezeichnen im folgenden die Endbahn jeder Serie als das dieser Serie eigentümliche Niveau; $n = 1$ ist also das Lyman-Niveau, $n = 2$ das Balmer-Niveau, $n = 3$ das Paschen-Niveau usw.

[2]) Man beachte bezüglich dieser kurzen Ausdrucksweise Anm. 2 auf pag. 92.

Für das Paschen-Niveau $n = 3$ haben wir drei k-Werte: $k = 1$ (Ellipse), $k = 2$ (Ellipse), $k = 3$ (Kreis); also:

$$(68)\quad \left\{\begin{aligned} \frac{U_{33}}{c} &= -\frac{R\,h\,Z^2}{9} - \frac{R\,h\,Z^4\,\alpha^2}{9^2}\,\frac{1}{4} \\ \frac{U_{32}}{c} &= -\frac{R\,h\,Z^2}{9} - \frac{R\,h\,Z^4\,\alpha^2}{9^2}\,\frac{3}{4} \\ \frac{U_{31}}{c} &= -\frac{R\,h\,Z^2}{9} - \frac{R\,h\,Z^4\,\alpha^2}{9^2}\,\frac{9}{4} \end{aligned}\right. \qquad \begin{aligned} \varDelta\tilde{\nu}_{32} &= \frac{R\,Z^4\,\alpha^2}{81}\,\frac{2}{4} = 0{,}036\,Z^4\,\mathrm{cm}^{-1}, \\ \varDelta\tilde{\nu}_{21} &= \frac{R\,Z^4\,\alpha^2}{81}\,\frac{6}{4} = 0{,}108\,Z^4\,\mathrm{cm}^{-1}. \end{aligned}$$

Die beiden Aufspaltungen $\frac{\varDelta\tilde{\nu}_{32}}{\varDelta\tilde{\nu}_{21}}$ verhalten sich also wie 1 : 3.

So geht es weiter, und man sieht, daß allgemein die frühere n-quantige Bahn aufgespalten wird in n Einzelbahnen; die dieser Energiedifferenz entsprechenden Wellenzahlaufspaltungen $\varDelta\tilde{\nu}$ werden immer kleiner, weil n^4 im Nenner steht; sie stehen also, wie auch ein Vergleich zwischen (68) und (67) ergibt, an Größe weit hinter der Aufspaltung des Balmer-Niveaus $n = 2$ zurück.

Die bisherigen Erörterungen über Aufspaltung beruhen auf der Voraussetzung, daß $k = 0$ (Pendelbahn) unzulässig ist; würde man $k = 0$ zulassen, so käme bei jedem Niveau noch eine Aufspaltung hinzu. Das Lyman-Niveau wäre zweifach, das Balmer-Niveau dreifach usw. Die Balmer-Linien des Wasserstoffs wären also im Groben Tripletts, während experimentell nicht der geringste Zweifel besteht, daß es Dubletts sind, wie es der hier vorgetragenen Auffassung entspricht[1]).

Wir können jetzt eine vorläufige Übersicht über die Struktur von H_α geben: Das Elektron springt von einer der drei 3_k-Bahnen auf eine der zwei 2_k-Bahnen, es gibt also, wie wir schon sagten, sechs Entstehungsmöglichkeiten, also im Prinzip sechs Spektrallinien, die in zwei Gruppen (Dublettstruktur im Groben) zu je drei Linien zerfallen, — vorbehaltlich natürlich noch größerer Komplikation der Verhältnisse, falls außer dem hier allein berücksichtigten gewöhnlichen relativistischen Einfluß noch andere Momente bei der Feinstruktur mitspielen. Die feinere Struktur der Dubletts ist übrigens bei Wasserstoff nicht auflösbar. Was wir für H_α gesagt haben, gilt allgemein: Einer Linie, die nach der elementaren Theorie durch Übergang von einer n'-Bahn nach einer n-Bahn entstand, stehen jetzt $n'n$ Möglichkeiten zur Verfügung, sie kann also grundsätzlich in $n'n$ Einzellinien aufspalten, wobei die gröbere Struktur stets durch das untere Niveau bestimmt ist. Für H_α können wir die Verhältnisse durch das umstehende Niveauschema (Fig. 19) wiedergeben. Die gestrichelten horizontalen Linien bedeuten die unaufgespaltenen Niveaus $n = 3$ und $n = 2$ nach der elementaren Theorie; sie sind in 3 bzw. 2 Niveaus (ausgezogene horizontale Linien) aufgespalten, die infolge der allgemeinen Relativitätskorrektion im ganzen eine Verschiebung erlitten haben; die

[1]) Dies ist der wahre Grund, weshalb $k = 0$ auszuschließen ist, nicht die zweifelhafte theoretische Begründung von der mechanischen Unmöglichkeit der Pendelbahnen, die a posteriori konstruiert ist.

Aufspaltungen sind den Gleichungen (67) und (68) entsprechend eingetragen[1]). Die vertikalen, mit Pfeilen versehenen Linien bedeuten die Übergangsmöglichkeiten; wir haben drei davon gestrichelt, um anzudeuten, daß diese nach dem in der nächsten Nummer zu besprechenden Korrespondenzprinzip nicht auftreten sollen. Nehmen wir zunächst darauf keine Rücksicht, so würde das Spektrum von H_α die Anordnung von Fig. 20 zeigen; der Abstand zwischen entsprechenden Linien der Dubletts ist 0,3636 cm^{-1}.

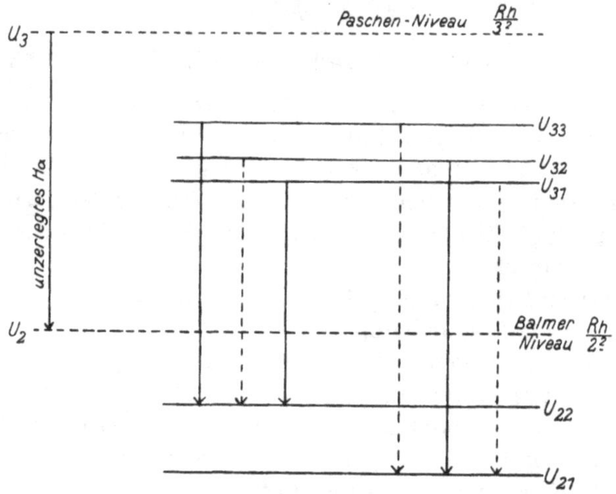

Fig. 19.

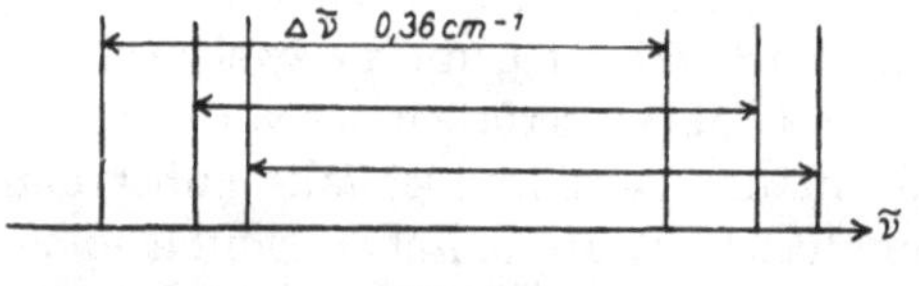

Fig. 20.

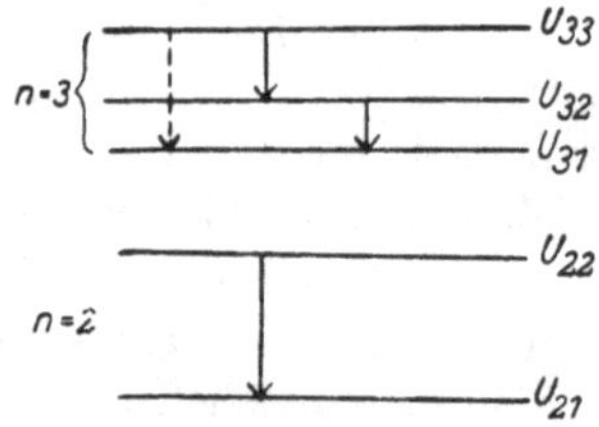

Fig. 21.

Die Struktur von H_β ist ebenfalls ein Dublett von gleicher Wellenzahldifferenz 0,3636, und jede Komponente besteht aus vier Linien usw.

Da, wie wir oben andeuteten, von diesen an sich möglichen Linien einige fehlen sollen, wollen wir die genauere Diskussion und den Vergleich mit dem Experiment erst am Schluß der nächsten Nummer vornehmen.

Übrigens sind infolge der Niveauaufspaltung auch noch einige andere Übergänge, also Spektrallinien möglich, als die in Fig. 19 betrachteten. Denn nunmehr kann das Elektron offenbar auch bei konstanter Hauptquantenzahl n von $k = n$ zu $k = n - 1$ usw. übergehen; für $n = 3$ und $n = 2$, auf die sich Fig. 19 bezieht, können wir noch die ergänzende Fig. 21 angeben: Bei $n = 3$ wären drei, bei $n = 2$ dagegen zwei Übergänge möglich,

[1]) Der Abstand zwischen dem Paschen- und Balmer-Niveau ist im Verhältnis zu ihrer Aufspaltung viel zu klein gezeichnet.

die wieder durch mit Pfeilen versehene vertikale Geraden angedeutet sind; von ihnen haben wir wieder eine gestrichelt, da dieser Übergang nach dem in der nächsten Nummer zu besprechenden Korrespondenzprinzip ausfallen soll. Die diesen neuen Übergängen entsprechenden Wellenlängen fallen bereits in das Gebiet der elektrischen Wellen. Bei Wasserstoff z. B. ist für $n = 2$ nach dem Vorhergehenden $\Delta \tilde{\nu} = 0{,}3636$, also die zugehörige Wellenlänge gleich $\frac{1}{\Delta \tilde{\nu}} \approx 3\,\mathrm{cm}$. Entsprechend findet man für die Übergänge bei $n = 3$ (den gestrichelten lassen wir aus) Wellenlängenwerte von 30 cm und 9,2 cm. Bei höheren n erhält man noch größere Wellenlängen. Man hat versucht, die hier geforderten Spektrallinien experimentell in Absorption bei Wasserstoff nachzuweisen, ohne sicheres Ergebnis, aber nach der Theorie sollten sie da sein. Übrigens komplizieren sich auch diese Übergänge natürlich, wenn — wie wir im vorstehenden mehrfach andeuteten — die Sommerfeldsche Theorie der Aufspaltung nicht ausreichend ist.

17. Das Korrespondenzprinzip von Bohr; Auswahlregeln; Anwendung auf die Feinstruktur des Wasserstoffs.

Die Quantentheorie, wie wir sie bisher kennengelernt haben, bezieht sich nur auf die Schwingungszahlen und gibt über andere Bestimmungsstücke der Strahlung (Intensität, Polarisation, Phase), über die die klassische Theorie ganz bestimmte Aussagen macht, keinerlei Auskunft. Zu dem Problem der Intensität von Spektrallinien gehört als Sonderfall auch der, daß gewisse Linien ausfallen, deren Auftreten man nach den bisher erörterten Prinzipien erwartet: Diese Linien haben in Wirklichkeit die Intensität Null. Auf diesen Sachverhalt sind wir schon einmal gestoßen, als wir beim Ritzschen Kombinationsprinzip (Nr. 7) feststellten, daß viele Linien, die nach ihm möglich sein sollten, tatsächlich nicht auftreten. Das muß natürlich theoretisch zu deuten sein. Bohr hat diesen ganzen Fragenkomplex der Intensität, Polarisation usw. auf eine sehr originelle Weise angegriffen; seinen Gedankengang wollen wir zunächst am Beispiel des Wasserstoffatoms erläutern.

Wir erklärten es in Nr. 12 als das wahrhaft Revolutionäre an Bohrs Frequenzbedingung, daß sie die optischen Frequenzen ν_{quant} völlig loslöst von den mechanischen Frequenzen ν_{kl}. Im Beispiel der in Nr. 12 behandelten Kreisbahnen sollte nach der klassischen Theorie die Strahlungsfrequenz auf der n'-ten Bahn $= \frac{\omega_{n'}}{2\pi}$ sein, also nach Gleichung (78) des II. Kapitels auf pag. 67

$$\nu_{\text{kl}}^{n'} = \frac{\omega_{n'}}{2\pi} = \frac{4\pi^2 m_0 Z^2 e^4}{h^3} \frac{1}{n'^3}, \tag{69}$$

während die quantenhafte Frequenz nach (83) desselben Kapitels beim Übergang von dieser n'-ten Bahn nach einer andern (n'') ist

$$\underset{\text{quant}}{\nu_{n'n''}} = \frac{2\pi^2 m_0 Z^2 e^4}{h^3}\left(\frac{1}{n''^2} - \frac{1}{n'^2}\right). \tag{70}$$

Trotz dieser fundamentalen Verschiedenheit der Formeln wie der zugrunde liegenden Auffassung, welch' letztere stets das unterscheidende Merkmal zwischen klassischer und Quantenphysik bildet, gehen in einem Grenzfall die beiden Gleichungen (69) und (70) ineinander über, dem der großen Quantenzahlen. Nehmen wir in (70) n' und n'' sehr groß und ihre Differenz $\Delta n = n' - n''$ klein gegen beide, so geht der in (70) auftretende Faktor $\frac{1}{n''^2} - \frac{1}{n'^2} = \frac{n'^2 - n''^2}{n'^2 n''^2}$ über in $\frac{2 n' \Delta n}{n'^4} = \frac{2 \Delta n}{n'^3}$. Setzt man diesen Grenzwert in (70) ein, so folgt:

$$(71) \qquad \nu_{\substack{\text{quant} \\ \lim n', n'' = \infty}} = \frac{4 \pi^2 m_0 Z^2 e^4}{h^3 n'^3} \Delta n = \Delta n \, \nu_{\text{klass}} .$$

Um dieses Ergebnis richtig zu würdigen, muß man folgendes bedenken: Die klassische Frequenz (69) ist zwar bei einer mit gleichmäßiger Geschwindigkeit durchlaufenen Kreisbahn die einzige, die ausgestrahlt werden könnte. Denken wir aber etwas allgemeiner, z. B. an eine elliptische Bahn, die zwar eine periodische, aber keine harmonische Bewegung darstellt, so gibt (69) die Grundfrequenz; außerdem aber entstehen — da die periodische Bewegung nach Fourier zerlegt werden kann — auch die harmonischen Oberfrequenzen, wie sie z. B. aus der Akustik hinreichend bekannt sind. Neben (69) gibt es also noch die Oberfrequenzen $p \nu_{\text{kl}}$ ($p = 1, 2, \ldots \infty$). Das ist der allgemeine Fall. Und nun können wir das in (71) enthaltene Resultat so aussprechen: In der Grenze für hohe Quantenzahlen stimmen die quantenhaft ausgestrahlten Frequenzen ν_{quant} asymptotisch überein mit den nach der klassischen Theorie zu erwartenden Frequenzen (Grund- und Oberfrequenzen). Der Quantensprung $\Delta n = 1$ liefert die Grundfrequenz ($p = 1$), die Quantensprünge $\Delta n = 2, 3, \ldots$ die entsprechenden Oberfrequenzen ($p = 2, 3, \ldots$). Es wäre allerdings falsch, zu sagen, die Quantentheorie gehe bei großen Quantenzahlen in die klassische Theorie über. Denn die Auffassung der beiden Theorien vom Emissionsvorgang bleibt auch bei hohen Quantenzahlen toto genere verschieden: die Emission von Grundfrequenz und harmonischen Oberfrequenzen wird nach der klassischen Theorie in einem Elementarprozeß gleichzeitig vor sich gehend gedacht, niemals aber nach der Quantentheorie; man hat in dieser für jede Frequenz einen besonderen Elektronensprung, einen besonderen Elementarprozeß anzunehmen. Aber es bleibt bestehen, daß die Formeln (70) und (69) für hohe Quantenzahlen und $\Delta n = 1$ identisch werden.

Wir können dies nun auch allgemein beweisen. Denn nach der allgemeinen Theorie bedingt-periodischer Systeme ist z. B. die Grundfrequenz eines Systems von einem Freiheitsgrad gegeben durch:

$$\nu_{\text{kl}} = \frac{\partial H}{\partial J} = \frac{\partial U}{\partial J} \text{ [1]},$$

[1] Der Gleichförmigkeit der Schreibweise halber ersetzen wir jetzt H, die Energie als Funktion von J und w, gleichfalls durch den Buchstaben U.

wie im II. Kapitel in Nr. 10 ausführlich auseinandergesetzt. Die Oberschwingungen, also die ganzzahligen Multipla dieser Frequenz, sind (mit Einschluß der Grundfrequenz) gegeben durch

$$\nu_{\mathrm{kl}} = p\,\frac{\partial U}{\partial J} \qquad (p = 1, 2, \ldots \infty)\,. \tag{72}$$

Anderseits können wir das Bohrsche Frequenzpostulat, wenn wir die endliche Energiedifferenz mit ΔU bezeichnen, schreiben:

$$\nu_{\mathrm{quant}} = \frac{\Delta U}{h}\,.$$

Ferner ist nach den allgemeinen Quantenbedingungen $J = n\,h$, wobei die Quantenzahl n alle ganzzahligen Werte annimmt. Springt n um die ganze Zahl Δn, so ist die zugehörige Änderung des Impulses J gleich $\Delta J = \Delta n\,h$; also kann man $\Delta n = \frac{\Delta J}{h}$, $h = \frac{\Delta J}{\Delta n}$ setzen. Trägt man dies in die Frequenzbedingung ein, so folgt:

$$\nu_{\mathrm{quant}} = \frac{\Delta U}{\Delta J}\,\Delta n \qquad (\Delta n = 1, 2, \ldots \infty)\,. \tag{73}$$

Die Analogie der Formeln (72) und (73) springt in die Augen. Der Unterschied besteht darin, daß man in der klassischen Formel (72) einen Differentialquotienten $\frac{\partial U}{\partial J}$, in der quantentheoretischen (73) einen Differenzenquotienten $\frac{\Delta U}{\Delta J}$ vor sich hat. Sind die Quantensprünge klein gegen die Quantenzahl n selbst, so ist $\frac{\Delta n}{n} \ll 1$, d. h. $\frac{\Delta J}{J}$ sehr klein, und es geht $\frac{\Delta U}{\Delta J}$ in der Grenze in $\frac{\partial U}{\partial J}$ über, wie wir es an dem einfachen Beispiel vorher erläutert hatten.

Man kann die Beziehung der Gleichungen (72) und (73) noch etwas anders formulieren. Denn es besteht ja die Identität

$$\Delta U = \int\limits_{U}^{U+\Delta U} \frac{\partial U}{\partial J}\,dJ\,.$$

Dividiert man hier auf beiden Seiten mit ΔJ, so kommt links die Quantenfrequenz $\frac{\nu_{\mathrm{quant}}}{\Delta n}$, rechts kann man den Mittelwertsatz anwenden, und findet so

$$\nu_{\mathrm{quant}} = \overline{\frac{\partial U}{\partial J}} = \bar{\nu}_{\mathrm{kl}}\,\frac{\Delta n}{p}\,, \tag{74}$$

d. h. die dem Quantensprung $\Delta n = n' - n''$ entsprechende Quantenfrequenz ist für $\Delta n = p$ ein Mittelwert der klassischen Frequenz, den diese zwischen den Energiewerten U und $U + \Delta U$, d. h. zwischen den Bahnen n' und n'' annimmt. Sind n' und n'' groß, ihre Differenz klein gegen beide, so wird dieser Mittelwert $\overline{\frac{\partial U}{\partial J}}$ mit $\frac{\partial U}{\partial J}$ identisch: dann haben wir den oben besprochenen Grenzfall.

Über diese Identität bei hohen Quantenzahlen hinaus kann man sagen, daß die klassische Formel (72) der Quantenformel (73) „korrespondiert", um den Bohrschen Ausdruck zu gebrauchen. Die klassische Oberschwingung p „korrespondiert" dem Quantensprung $\Delta n = p$, die Grundfrequenz $p = 1$ dem Quantensprung $\Delta n = 1$. Das ist nicht nur im eindimensionalen Fall zutreffend, sondern gilt auch für ein bedingt-periodisches System von beliebig vielen Freiheitsgraden. Und so entspricht allgemein jeder klassischen Gleichung eine ihr korrespondierende Quantengleichung, jedem klassischen Begriff ein korrespondierender Quantenbegriff.

Wenn man diese Korrespondenz im Einzelfalle kennt, so ist es klar, daß man aus ihr für solche Fälle Nutzen ziehen kann, wo die quantenhafte Formulierung noch nicht bekannt ist; dann gibt, allgemein gesprochen, die klassische Theorie einen Fingerzeig, in welcher Richtung die entsprechende Quantenformulierung zu suchen ist. Das ist der allgemeine Inhalt des Korrespondenzprinzips von Bohr; es ist nach dem Vorhergehenden natürlich als heuristisches Prinzip, nicht etwa als mathematischer Lehrsatz, zu bewerten; Sommerfeld hat es, ungeachtet der Fruchtbarkeit, die es in Bohrs Händen entfaltet hat, nicht mit Unrecht einen „Zauberstab" genannt. Denn es hilft zwar zur Formulierung, läßt aber den tieferen Grund derselben völlig unklar, da man niemals aus klassischen Gedankengängen heraus zu einem Verständnis von quantentheoretischer Formulierung kommen kann; überdies ist in vielen Fällen die Formulierung nicht eindeutig, wie wir noch sehen werden.

Die Anwendung des Bohrschen Gedankens, die „Korrespondenz" fruchtbar zu machen, hat nun etwa folgendermaßen zu geschehen: Wenn wir z.B. die Intensität und Polarisation einer Spektrallinie kennen wollen, die durch gewisse Quantensprünge (der Hauptquantenzahl n, der azimutalen k oder anderer noch einzuführender Quantenzahlen) erzeugt wird, so haben wir zunächst rein klassisch die Bahn des betreffenden Elektrons zu bestimmen, die eine periodische oder bedingt-periodische Bewegung darstellt. Diesen Vorgang kann man nach Fourier in seine Partialfrequenzen zerlegen; dabei tritt in der Entwicklung jede Partialfrequenz mit bestimmter Amplitude und Phase[1]) auf. Wir suchen nun die dem betrachteten Quantensprung „korrespondierende" Partialfrequenz, deren Amplitudenquadrat ein Maß für die klassisch ausgestrahlte Intensität eben dieser Partialfrequenz wäre. Dann behauptet Bohr, daß eben dies Amplitudenquadrat auch der Intensität der korrespondierenden Quantenfrequenz korrespondiere bzw. im Falle großer Quantenzahlen damit identisch sei. Letzteres ist unzweifelhaft richtig; Bohr extrapoliert nun diese Identität auch für kleine Quantenzahlen und nimmt an, daß wenigstens näherungsweise die genannten

---

[1]) Die Phase können wir bei Benutzung komplexer Größen in bekannter Weise in die komplexe Amplitude mit einbeziehen.

Amplitudenquadrate der klassischen Partialfrequenzen auch bei beliebigen Quantenzahlen noch die Intensitäten liefern. Dieser Schluß ist, wie gesagt, eine Extrapolation, und nicht einmal eine eindeutige. Denn die klassische Betrachtung bezieht sich auf eine Bahn, sagen wir die n'-te; die Quantentheorie aber hat es mit zwei Bahnen, der n'-ten und n''-ten, zu tun. Welche klassische Bahn hat man zugrunde zu legen, die n'-te oder die n''-te, wenn man die Intensität der Spektrallinie bei dem Quantensprung $n' \rightarrow n''$ wissen will? Darüber sagt das Prinzip nichts aus. Im Grenzfall großer n' und n'', wenn $n' - n''$ klein ist, ist das wieder gleichgültig, weil sich dann die beiden in Betracht kommenden Bahnen nicht mehr wesentlich unterscheiden; aber sonst bleibt eine Zweideutigkeit, die nicht zu beseitigen ist. Daher hat sich diese Extrapolation auf die Intensitäten bei kleinen Quantenzahlen auch nicht in allen Fällen bewährt. Wenn dagegen in der klassischen Fourier-Entwicklung eine Partialfrequenz fehlt (und zwar bei beiden eventuell in Betracht zu ziehenden Bahnen und ihren „Zwischenbahnen"), so fehlt sicher auch der korrespondierende Quantensprung, die Intensität der betreffenden Spektrallinie ist tatsächlich gleich Null. So wird das Korrespondenzprinzip zum „Auswahlprinzip", durch das man feststellen kann, welche Quantensprünge „erlaubt" sind oder nicht; auch über die Polarisation kann man so offenbar Aussagen machen.

Wir wollen die obigen Darlegungen kurz formelmäßig ergänzen. Ein bedingt-periodisches System habe die Grundfrequenzen $\nu_1, \nu_2, \ldots \nu_n$; dann läßt sich jede Koordinate q_k in eine n-fache Fourier-Reihe entwickeln:

$$q_k = \sum_{a_1 a_2 \ldots a_n}^{-\infty, +\infty} C_{a_1 a_2 \ldots a_n, k} \cdot e^{2\pi i (a_1 \nu_1 + a_2 \nu_2 \ldots + a_n \nu_n) t}. \tag{75}$$

Dabei sind die $a_1, \ldots a_n$ ganze Zahlen, die alle Werte von $-\infty$ bis $+\infty$ annehmen können; die $C_{a_1 \ldots a_n, k}$ sind die komplexen Entwicklungskoeffizienten[1]). Man kann diese Gleichung auch unter Benutzung der Winkelvariabeln w_1 bis w_n schreiben:

$$q_k = \sum_{a_1 \ldots a_n}^{-\infty, +\infty} C_{a_1 a_2 \ldots a_n, k} \cdot e^{i 2\pi (a_1 w_1 + a_2 w_2 + \ldots + a_n w_n)}. \tag{76}$$

Die klassische Intensität einer beliebigen, durch die Zahlen $a_1, a_2, \ldots a_n$ charakterisierten Partialschwingung ist durch $\sum_k |C^2_{a_1 a_2 \ldots a_n, k}|$ gegeben; sie

[1]) Damit q_k reell ausfällt, muß bekanntlich zwischen den komplexen $C_{a_1 a_2 \ldots a_n, k}$ die Beziehung bestehen:

$$C_{-a_1, -a_2, -a_3 \ldots -a_n, k} = \overset{*}{C}_{a_1 a_2 \ldots a_n, k},$$

wobei der Stern (*) die konjugiert komplexe Größe bezeichnet. Man bestätigt dies leicht durch Zusammenfassen je zweier Glieder mit absolut gleichen, aber entgegengesetzten Werten von $a_1, a_2, \ldots a_n$.

ist nach Bohr näherungsweise auch die Intensität der korrespondierenden Spektrallinie, die durch die Quantensprünge $a_1, a_2, \ldots a_n$ erzeugt wird; fehlt in (75) oder (76) eine Partialfrequenz, d. h. ist der zugehörige Koeffizient $C_{a_1 \ldots a_n, k} = 0$, so fehlt die korrespondierende Spektrallinie.

In dieser letzteren Form wollen wir das Korrespondenzprinzip anwenden auf das relativistische Kepler-Problem der vorangehenden Nummer. Ohne die relativistische Korrektur hätten wir die gewöhnliche elliptische Bewegung; die kartesischen Koordinaten x und y sind dann einfache Fourier-Reihen, die wir der Einfachheit halber mit der komplexen Einheit zusammenfassen:

$$x + i y = \sum_{a_1}^{-\infty, +\infty} C_{a_1} e^{2 \pi i a_1 \nu_1 t},$$

$$x - i y = \sum_{a_1}^{-\infty, +\infty} C'_{a_1} e^{2 \pi i a_1 \nu_1 t},$$

wobei die Phasenkonstanten in die komplexen Amplituden mit einbezogen sind; ν_1 ist die einzige Frequenz (Grundfrequenz), die beim entarteten Problem auftritt. Jeder Wert von a_1 ist vertreten, also auch jeder Quantensprung von der Hauptquantenzahl n; n kann sich also um jeden beliebigen ganzzahligen Wert ändern: für n gibt es keine Auswahlregel, die seine Veränderung beschränkte.

Gehen wir aber jetzt zur relativistischen Verfeinerung über, so können wir die Bewegung des Elektrons so beschreiben (da eine Periheldrehung auftritt), daß die eben betrachtete Ellipse sich mit bestimmter Winkelgeschwindigkeit ω_2 dreht; dem entspricht eine Frequenz $\nu_2 = \frac{\omega_2}{2\pi}$. Von einem mit dieser Winkelgeschwindigkeit ω_2 sich drehenden Koordinatensystem (ξ, η) aus, wäre die Ellipse wieder stationär, in diesem Koordinatensystem (ξ, η) gilt also die letzte Gleichung wieder:

$$(77) \quad \begin{cases} \xi + i \eta = \sum\limits_{a_1} C_{a_1} e^{2 \pi i a_1 \nu_1 t}, \\ \xi - i \eta = \sum\limits_{a_1} C'_{a_1} e^{2 \pi i a_1 \nu_1 t}. \end{cases}$$

Anderseits ist der Zusammenhang zwischen x, y und ξ, η durch die bekannten Transformationsgleichungen gegeben:

$$x = \xi \cos 2 \pi \nu_2 t - \eta \sin 2 \pi \nu_2 t,$$

$$y = \xi \sin 2 \pi \nu_2 t + \eta \cos 2 \pi \nu_2 t,$$

die man in komplexer Form zusammenfassen kann:

$$(78) \quad \begin{cases} x + i y = (\xi + i \eta)\, e^{2 \pi i \nu_2 t}, \\ x - i y = (\xi - i \eta)\, e^{-2 \pi i \nu_2 t}. \end{cases}$$

Setzt man hier den Wert von $(\xi + i\eta)$ und $(\xi - i\eta)$ aus (77) ein, so folgt für die relativistische Kepler-Bewegung die Fourier-Entwicklung:

$$(79) \quad \begin{cases} x + i\,y = e^{2\pi i \nu_2 t} \sum\limits_{a_1} C_{a_1} e^{2\pi i a_1 \nu_1 t} = \sum C_{a_1} e^{2\pi i (a_1 \nu_1 + \nu_2) t}\,, \\ x - i\,y = \qquad\qquad\qquad\qquad\quad = \sum C'_{a_1} e^{2\pi i (a_1 \nu_1 - \nu_2) t}\,. \end{cases}$$

Aus den Gleichungen (79) kann man x und y getrennt ausrechnen und erhält z. B. für x:

$$(80) \qquad x = \tfrac{1}{2} \sum_{a_1} \left[C_{a_1} e^{2\pi i (a_1 \nu_1 + \nu_2) t} + C'_{a_1} e^{2\pi i (a_1 \nu_1 - \nu_2) t} \right].$$

Darin tritt nun ν_2 lediglich mit den Faktoren ± 1 multipliziert auf, und wir wissen, daß diese Werte den Quantensprüngen der azimutalen Quantenzahl k korrespondieren; folglich kann die azimutale Quantenzahl k nur Sprünge von ± 1 machen; allen Spektrallinien, bei denen andere Sprünge von k auftreten würden, kommt die Intensität Null zu.

Wir wollen daraufhin unsere vorläufige Fig. 19 einmal ansehen, ob wirklich alle sechs Erregungsmöglichkeiten für H_α zulässig sind oder nicht. Wir hatten dort im Prinzip sechs Linien als Feinstruktur erwarten können:

1. $3_3 \to 2_2$,	4. $3_3 \to 2_1$,
2. $3_2 \to 2_2$,	5. $3_2 \to 2_1$,
3. $3_1 \to 2_2$,	6. $3_1 \to 2_1$.

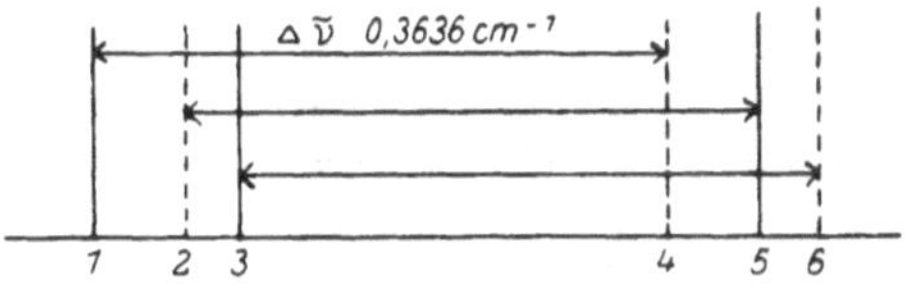

Fig. 22.

Die 1., 3. und 5. Erregungsmöglichkeit entsprechen einem Sprung von k um ± 1; diese sollten also nach unserer jetzigen Feststellung auftreten; dagegen sollten die 2., 4., 6. ausfallen, weil hier Sprünge um 0, $+2$, 0 auftreten würden, die nach dem Korrespondenzprinzip unzulässig sind. Demgemäß sind in Fig. 19 diese letzten drei Übergänge gestrichelt, und das spektrale Bild der Fig. 20, das die Entstehung der Feinstruktur von H_α schildert, ist gemäß Fig. 22 abzuändern. Nach unserer Theorie sollten also von den sechs möglichen Linien nur drei auftreten; man erkennt aus Fig. 22, daß die Größe $\Delta\tilde{\nu}$, der „Dublettabstand" eigentlich gar nicht mehr direkt auftritt; mißt man den Abstand $1 \longleftrightarrow 5$, so erhielte man ein zu großes $\Delta\tilde{\nu}$, nämlich $0{,}3636 + 0{,}036 = 0{,}3996$, bei Messung von $3 \longleftrightarrow 5$ ein zu kleines $\Delta\tilde{\nu}$, nämlich $0{,}3636 - 0{,}108 = 0{,}2556$[1]). Das spielt eine Rolle bei Wasserstoff, da man die Linien 1 und 3 nicht trennen kann; es kommt also auf die relative Intensität von 1 und 3 an, wo man den Schwerpunkt von 1 und 3 lokalisiert; man kann sich also an sich nicht wundern, wenn bei H_α Werte von $\Delta\tilde{\nu}$ gemessen wurden, die mit der Theorie nicht vollkommen stimmen. Ganz analog ist es bei der Struktur der übrigen Balmer-Linien, die der Leser sich selbst klarmachen möge.

---

[1]) Die Zahlenwerte sind in Gleichung (67a) und (68) angegeben.

Wie steht es nun wirklich mit dem Vergleich von Theorie und Experiment? Was die Messungen an Wasserstoff selbst angeht, so ist die genaueste von G. Hansen ausgeführt worden; er fand für den allein bestimmbaren, aber nach dem Vorhergehenden in seiner Deutung etwas zweifelhaften Dublettabstand die aus der folgenden kleinen Tabelle ersichtlichen Werte:

	H_α	H_β	H_γ	H_δ	H_ε
$\Delta \tilde{\nu}$	0,316	0,317	0,328	0,322	0,324

Diese Werte stimmen insofern mit der Sommerfeldschen Theorie überein, als sie für die verschiedenen Linien der Balmer-Serie praktisch konstant sind; aber sie sind anderseits deutlich zu klein, wie besonders von Gehrcke und Lau betont wurde; der gemessene Wert liegt zwischen den Grenzwerten, die wir vorhin festgestellt haben. Es kommt also alles auf die nach dem Korrespondenzprinzip (wenigstens angenähert) feststellbaren Intensitäten der Linien 1 und 3 an. Aber auch dann bietet die Erklärung Schwierigkeiten; man kann dies natürlich auf sekundäre Umstände schieben, z. B. auf die Tatsache, daß bei Wasserstoff ein sehr starker Doppler-Effekt auftritt, der die Linien verbreitert und zu genauen Messungen ungeeignet macht. Jedenfalls kann Wasserstoff für eine wirkliche Prüfung der Theorie kaum in Betracht kommen. Als aber Paschen an He^+ den von der Theorie geforderten Wert $\Delta \tilde{\nu} = 0{,}3645 \pm 0{,}0045$ und bei einer anderen Messung 0,358 bis 0,363 fand, war es nicht verwunderlich, daß man dies fast allgemein als eine quantitative Bestätigung der Sommerfeldschen Theorie der Feinstruktur auffaßte, und daß man geneigt war, das etwas abweichende Ergebnis bei Wasserstoff durch sekundäre Umstände zu erklären.

Heute weiß man, daß noch andere Umstände mitwirken, die Feinstruktur zu erzeugen; das Aufspaltungsbild ist wesentlich komplizierter, als wir es bisher dargestellt haben. Es treten in Wirklichkeit bei H_α nicht die von der bisherigen Theorie geforderten Linien 1,3,5 der Fig. 22, sondern die fünf Linien 1, 2, 3, 4, 5, derselben Figur auf, und entsprechend ist es für H_β, sowie für He^+ usw. Daher liefert die neuere Theorie zwar den gleichen Wert $\Delta \tilde{\nu} = 0{,}3636\ \mathrm{cm}^{-1}$ für Wasserstoff wie die Sommerfeldsche; aber man muß doch sagen, daß diese den richtigen Wert nur infolge eines der merkwürdigsten Zufälle in der Geschichte der neueren Physik liefern konnte. Wir kommen darauf eingehend zurück[1]).

Zum Korrespondenzprinzip wollen wir nur noch bemerken, daß nach ihm auch von den drei in Fig. 21 betrachteten Übergängen bei konstanter Hauptquantenzahl n einer ausfallen muß, der in der Figur bereits durch eine gestrichelte Linie angedeutet war, da er einer Änderung von k um 2 entsprechen würde[2]).

[1]) Vgl. hierzu Nr. 26.

[2]) Über das Korrespondenzprinzip unterrichtet eine gleichnamige Monographie von E. Buchwald (F. Vieweg & Sohn, Braunschweig 1923).

18. Das Zeeman-Phänomen; räumliche Quantelung.

Wir kehren nunmehr zu dem in Nr. 14 angeschnittenen räumlichen Kepler-Problem zurück, bei dem wir die doppelte Entartung durch Berücksichtigung des relativistischen Einflusses und Einschaltung eines homogenen Magnetfeldes vom Betrage H parallel der z-Achse aufgehoben denken. Dann gelten die Gleichungen (37), (38) und (39), von denen die letzte besagt, daß außer dem Gesamtimpuls p_φ um die Bahnnormale auch der „äquatoreale Impuls" $p_\psi = p_\varphi \cos i$ konstant und zu quanteln ist. Oder anders ausgedrückt: Nicht nur der Impuls p_φ ist gleich einem ganzzahligen Vielfachen n_φ von $\frac{h}{2\pi}$, sondern auch seine Projektion p_ψ auf die Feldrichtung muß gleich einem ganzzahligen Vielfachen n_ψ von $\frac{h}{2\pi}$ sein; d. h. der Kosinus des Winkels i zwischen Bahnnormale und Feld-

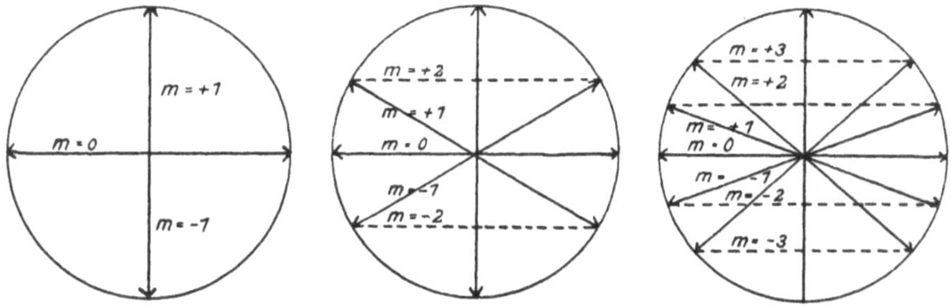

Fig. 23.

richtung kann nur ganz bestimmte rationale Werte annehmen. Führen wir für n_φ die Bezeichnung k wie bisher, für n_ψ die neue Bezeichnung m („magnetische Quantenzahl") ein, so ist nach (39)

$$m = k \cos i \,, \tag{81}$$

und das bedeutet für m, daß

$$-k \leqq m \leqq +k \,, \tag{82}$$

d. h. die magnetische Quantenzahl m kann die $(2k+1)$ ganzzahligen Werte $-k, \; -k+1, \ldots 0, 1, \ldots k-1, k$ annehmen; nur die Werte von $\cos i$, die der Gleichung (81) gehorchen, sind möglich, die Bahnebene kann nur ganz bestimmte Orientierungen im Raum annehmen. Dieses Ergebnis wird als „räumliche Quantelung" bezeichnet. Die möglichen Lagen der Bahnnormale gegen das Feld sind in der Fig. 23 für die Fälle $k = 1, 2, 3$ gezeichnet und ohne weitere Erläuterung verständlich. Wir können den Einfluß des magnetischen Feldes auf die Spektrallinien sehr einfach angeben, indem wir die Energieänderung berechnen, die durch das Magnetfeld an unseren bisherigen Energieausdrücken eintritt. Nach den allgemeinen Gesetzen der Elektrodynamik[1]), ist ein geschlossener Strom J, der die Fläche F überspannt, bezüglich seiner Wirkung im Außenraume äquivalent einem Magneten, dessen magnetisches Moment $\mathfrak{M}$ dem Betrage nach gegeben ist durch die Gleichung

(83) $$|\mathfrak{M}| = F\frac{J}{c};$$

$\mathfrak{M}$ ist natürlich ein Vektor: er bildet mit dem Felde den weiter unten zu bestimmenden Winkel $(\mathfrak{M}, \mathfrak{H})$; die Arbeit, die zu leisten ist, um den Magneten in diese Lage zu bringen, ist $-|\mathfrak{M}|\, H\cos(\mathfrak{M}\mathfrak{H})$; diesem Ausdruck gleich ist der Gewinn an potentieller Energie, und damit haben wir unsere Korrektur des Energieausdruckes im Prinzip schon gewonnen. Wir haben nur für unsern Fall $|\mathfrak{M}|$ auszurechnen. Ein Elektron, das in der Zeit τ seine Bahn durchläuft, stellt einen Strom J dar, dessen (mittlere) Intensität

(84) $$J = \frac{e}{\tau}$$

ist. Anderseits ist die Fläche F offenbar gleich

$$F = \frac{1}{2}\int_0^{2\pi} r^2\, d\varphi = \frac{1}{2}\int_0^{\tau} r^2\,\dot{\varphi}\, dt = \frac{1}{2\,m_0}\int_0^{\tau} m_0\, r^2\,\dot{\varphi}\, dt\,.$$

$m_0\, r^2\,\dot{\varphi}$ ist aber der konstante Gesamtdrehimpuls p_φ; also kann die letzte Gleichung auch geschrieben werden:

(85) $$F = \frac{p_\varphi\,\tau}{2\,m_0}\,.$$

Bildet man mit (84) und (85) das magnetische Moment (83), so folgt:

(86) $$|\mathfrak{M}| = \frac{p_\varphi\,\tau}{2\,m_0}\,\frac{e}{\tau c} = \frac{e}{2\,m_0\,c}\,p_\varphi\,.$$

Vektoriell kann man diese Gleichung, wenn man mit $\mathfrak{p}_\varphi$ den Vektor des Drehimpulses bezeichnet, schreiben:

(86a) $$\mathfrak{M} = -\frac{e}{2\,m_0\,c}\,\mathfrak{p}_\varphi\,,$$

wo das Minuszeichen von der negativen Ladung des Elektrons herrührt; $\mathfrak{M}$ ist also zwar parallel der Bahnnormale, aber ihr entgegengesetzt gerichtet, bildet also mit dem Felde den Winkel $(\mathfrak{M}\mathfrak{H}) = i + \pi$.

Für die Energieänderung durch Einschalten des Magnetfeldes ergibt sich demgemäß

$$\Delta U = -|\mathfrak{M}|\, H\cos(i+\pi) = +|\mathfrak{M}|\, H\cos i = +\frac{e}{2\,m_0\,c}\,p_\varphi\, H\cos i\,,$$

oder wenn wir

$$p_\varphi = k\frac{h}{2\pi}\,, \qquad \cos i = \frac{m}{k}$$

setzen:

(87) $$\Delta U = \frac{e\,h\,H}{4\pi\, m_0\, c}\, m\,.$$

[1]) Bd. III_1, pag. 185ff., insbesondere pag. 188.

Da das bisherige U selbst schon von den zwei Quantenzahlen n und k abhing, wird es durch diese Korrektur noch von einer dritten Quantenzahl m abhängig.

Man sieht hier die Entwicklung in drei Etappen deutlich vor sich: In der ersten hängt die Energie nur von einer Quantenzahl n ab; in der zweiten Etappe (relativistische Korrektur) spalten die in der ersten Etappe noch gleichen Energiebeträge für gleiches n nach den möglichen k-Werten auf (Feinstruktur), und in der dritten Etappe findet je nach der räumlichen Orientierung bei gleichem n und k nochmals eine Aufteilung der Energieniveaus statt; diese erklärt den Einfluß des Magnetfeldes (Zeeman-Effekt). Denn betrachten wir eine Spektrallinie, die ohne Magnetfeld durch eine Elektronensprung von U_1 nach U_2 erzeugt wird, die also eine Wellenzahl

$$\tilde{\nu}_0 = \frac{U_1 - U_2}{h\,c}$$

besitzt. Die beiden Energiewerte U_1 und U_2 gehen mit Magnetfeld nach (87) über in die folgenden:

$$U_1' = U_1 + \frac{e\,h\,H}{4\,\pi\,m_0\,c}\,m_1\,; \qquad U_2' = U_2 + \frac{e\,h\,H}{4\,\pi\,m_0\,c}\,m_2\,. \tag{88}$$

Dem jetzigen Energieunterschied $(U_1' - U_2')$ entsprechen aber Spektrallinien mit folgenden Wellenzahlen:

$$\tilde{\nu} = \frac{U_1' - U_2'}{h\,c} = \frac{U_1 - U_2}{h\,c} + \frac{e\,h\,H}{4\,\pi\,m_0\,c}\,\frac{m_1 - m_2}{h\,c}\,,$$

oder

$$\tilde{\nu} = \tilde{\nu}_0 + \frac{e\,H}{4\,\pi\,m_0\,c^2}\,\Delta m\,, \tag{89}$$

d. h. die Spektrallinie wird aufgespalten, je nach dem Werte, den Δm annehmen kann. Nimmt man $\Delta m = \pm 1$ oder $= 0$ — daß dies notwendig ist, werden wir gleich zu begründen haben — so gewinnt man statt $\tilde{\nu}_0$ nunmehr die drei Wellenzahlen:

$$\tilde{\nu}' = \tilde{\nu}_0 + \frac{e\,H}{4\,\pi\,m_0\,c^2}\,, \qquad \tilde{\nu}'' = \tilde{\nu}_0\,, \qquad \tilde{\nu}''' = \tilde{\nu}_0 - \frac{e\,H}{4\,\pi\,m_0\,c^2}\,, \tag{90}$$

und das ist wirklich die Aufspaltung, die als normaler Zeeman-Effekt bekannt ist; diese Ausdrücke hatten wir auch schon rein klassich in Bd. III_1[1]) gewonnen.

Es ist charakteristisch, daß in (89) die Plancksche Konstante h nicht mehr auftritt; das ist auch der tiefere Grund, warum die Erscheinung des Zeeman-Phänomens der klassischen Theorie überhaupt zugänglich war.

Die obige Theorie ist noch unvollständig insofern, als die Beschränkung auf die Werte $\Delta m = 0, \pm 1$, d. h. die Auswahlregel für die magnetische Quantenzahl, noch nicht aus der Theorie abgeleitet, sondern nur rückwärts erschlossen ist, um Übereinstimmung mit der klassischen Theorie

---

[1]) Bd. III_1, pag. 738.

zu erzielen. Dies ist zwar schon eine Anwendung — freilich eine allzu primitive — des Korrespondenzprinzips; wir müssen dies jetzt besser begründen. Wir haben zu dem Zweck die Bahn nach der klassischen Theorie unter Wirkung des Magnetfeldes zu bestimmen, die Bewegung nach Fourier zu entwickeln und dann die korrespondenzmäßigen Schlüsse zu ziehen.

Die Bestimmung der Bahn läßt sich sehr vereinfachen durch ein Theorem von Larmor, welches aussagt, daß unter gewissen hier erlaubten Vernachlässigungen die einzige Wirkung des Magnetfeldes darin besteht, die Bahnebene um die Feldrichtung mit einer bestimmten Winkelgeschwindigkeit zu drehen, so daß die Bahnnormale um die Feldrichtung einen Kegelmantel beschreibt. Das ist in der Tat leicht zu beweisen. Nennen wir die auf das Elektron wirkende Kraft ohne Magnetfeld $\mathfrak{K}$, so tritt im Magnetfeld $\mathfrak{H}$ noch die „Biot-Savartsche" Kraft $-\frac{e}{c}[\mathfrak{v}\,\mathfrak{H}]$ hinzu[1]). Da bei uns $|\mathfrak{H}| = \mathfrak{H}_z = H$ ist, so lauten die Bewegungsgleichungen des Elektrons:

$$(91)\qquad \begin{cases} m_0\,\ddot{x} = \mathfrak{K}_x - \frac{e}{c}\,\dot{y}H\,, \\ m_0\,\ddot{y} = \mathfrak{K}_y + \frac{e}{c}\,\dot{x}H\,, \\ m_0\,\ddot{z} = \mathfrak{K}_z\,. \end{cases}$$

Anderseits lauten die Bewegungsgleichungen der Dynamik von einem mit der Winkelgeschwindigkeit ω_L[2]) gegen $(x\,y\,z)$ um die z-Achse sich drehenden System $(\xi\,\eta\,\zeta)$ folgendermaßen[3]):

$$(92)\qquad \begin{cases} m_0\,\ddot{\xi} = \mathfrak{K}_\xi + 2\,m_0\,\omega_L\,\dot{\eta} + m_0\,\omega_L^2\,\xi\,, \\ m_0\,\ddot{\eta} = \mathfrak{K}_\eta - 2\,m_0\,\omega_L\,\dot{\xi} + m_0\,\omega_L^2\,\eta\,, \\ m_0\,\ddot{\zeta} = \mathfrak{K}_\zeta\,. \end{cases}$$

Da ω_L sich als sehr kleine Größe erweisen wird, können wir die Glieder mit ω_L^2 (die Zentrifugalkraft) vernachlässigen und nur die Glieder mit der ersten Potenz ω_L (die Corioliskraft) beibehalten. Dann werden die Gleichungen (92):

$$(93)\qquad \begin{cases} m_0\,\ddot{\xi} = \mathfrak{K}_\xi + 2\,m_0\,\omega_L\,\dot{\eta}\,, \\ m_0\,\ddot{\eta} = \mathfrak{K}_\eta - 2\,m_0\,\omega_L\,\dot{\xi}\,, \\ m_0\,\ddot{\zeta} = \mathfrak{K}_\zeta\,, \end{cases}$$

und diese sind, wie ein Blick auf (91) zeigt, mit jenen ganz gleich gebaut. Betrachtet man nun gleichzeitig die Wirkung der Rotation des Koordinaten-

---

1) Das Minuszeichen rührt von der negativen Elektronenladung her.
2) Der Index „L" deutet auf den Namen Larmor hin.
3) Bd. I, pag. 92, Gleichung (25).

systems und des Magnetfeldes H, so treten zu den gewöhnlichen Kräften $\mathfrak{K}_x, \mathfrak{K}_y, \mathfrak{K}_z$ die Zusatzkräfte hinzu:

$$-\frac{e}{c}\dot{y}H + 2\,m_0\,\omega_L\,\dot{y}\,; \qquad +\frac{e}{c}\dot{x}H - 2\,m_0\,\omega_L\,\dot{x}\,; \qquad 0\,,$$

und wegen der Gleichartigkeit ihres Baues heben sich diese Glieder auf, wenn man ω_L aus der Gleichung bestimmt:

$$\frac{eH}{c} = 2\,m_0\,\omega_L\,,$$

d. h.

(94) $$\omega_L = \frac{eH}{2\,m_0\,c}\,.$$

Diese Winkelgeschwindigkeit entspricht einer Frequenz $\nu_L = \frac{\omega_L}{2\pi} = \frac{eH}{4\pi m_0 c}$, die als „Larmor-Frequenz" bezeichnet wird. Die Veränderung, die das Magnetfeld H an der im System $(x\,y\,z)$ betrachteten ursprünglichen Bahn hervorruft, wird also wieder rückgängig gemacht, wenn wir die Bahn von dem mit der Winkelgeschwindigkeit ω_L relativ zu $(x\,y\,z)$ sich drehenden System $(\xi\,\eta\,\zeta)$ betrachten. In diesem letzteren aber sind die Bahnen Ellipsen; um also die Bahn im System $(x\,y\,z)$ zu erhalten, haben wir über diese Ellipsenbahnen eine Drehung um die z-Richtung mit der Winkelgeschwindigkeit $-\omega_L = -\frac{eH}{2\,m_0\,c}$ zu superponieren. Wenn wir die Bewegung auf den Ellipsenbahnen nach Fourier entwickeln, so haben wir allgemein anzusetzen — vgl. z. B. die entsprechenden Darlegungen in Nr. 17[1]):

(95) $$\left\{\begin{aligned} \xi &= \sum_{a_1} A_{a_1} \cos(2\pi\,a_1\,\nu_1\,t + \text{Const.})\,, \\ \eta &= \sum_{a_1} B_{a_1} \cos(2\pi\,a_1\,\nu_1\,t + \text{Const.})\,, \\ \zeta &= \sum_{a_1} C_{a_1} \cos(2\pi\,a_1\,\nu_1\,t + \text{Const.})\,. \end{aligned}\right.$$

Die beiden ersten Gleichungen können mit $\pm\sqrt{-1} = \pm i$ zusammengefaßt werden zu:

(95a) $$\left\{\begin{aligned} \xi + i\,\eta &= \sum_{a_1} D_{a_1}\, e^{2\pi i a_1 \nu_1 t}\,, \\ \xi - i\,\eta &= \sum_{a_1} E_{a_1}\, e^{2\pi i a_1 \nu_1 t}\,, \end{aligned}\right.$$

wo D_{a_1}, E_{a_1} jetzt komplexe Konstanten sind, in die wir die Phasenkonstanten einbezogen haben. Anderseits besteht zwischen $(\xi\,\eta\,\zeta)$ und $(x\,y\,z)$ der Zusammenhang:

(96) $$\left\{\begin{aligned} x &= \xi \cos 2\pi\,\nu_L\,t - \eta \sin 2\pi\,\nu_L\,t\,, \\ y &= \xi \sin 2\pi\,\nu_L\,t + \eta \cos 2\pi\,\nu_L\,t\,, \\ z &= \zeta\,, \end{aligned}\right.$$

[1]) Nur müssen wir hier das räumliche Problem zugrunde legen.

von denen die beiden ersten wieder in komplexer Form zusammengefaßt lauten:

$$(96\text{a})\begin{cases} x + i\,y = (\xi + i\,\eta)\,e^{2\pi i \nu_L t}, \\ x - i\,y = (\xi - i\,\eta)\,e^{-2\pi i \nu_L t}. \end{cases}$$

Geht man mittels (96a) von $(\xi\,\eta\,\zeta)$ zu $(x\,y\,z)$ über, so erhält man aus (95a) folgende Darstellung:

$$x + i\,y = \sum D_{a_1}\,e^{2\pi i (a_1 \nu_1 + \nu_L) t},$$
$$x - i\,y = \sum E_{a_1}\,e^{2\pi i (a_1 \nu_1 - \nu_L) t},$$
$$z = \sum C_{a_1}\,\cos(2\pi\,a_1\,\nu_1\,t + \text{Const.}),$$

oder, wenn wir zu reeller Darstellung zurückkehren:

$$(97)\begin{cases} x = \sum\limits_{a_1} F_{a_1}\cos[2\pi(a_1\nu_1 + \nu_L)t + \text{Const.}] \\ \qquad\qquad + \sum\limits_{a_1} G_{a_1}\cos[2\pi(a_1\nu_1 - \nu_L)t + \text{Const.}], \\ y = \sum F_{a_1}\sin[2\pi(a_1\nu_1 + \nu_L)t + \text{Const.}] \\ \qquad\qquad - \sum G_{a_1}\sin[2\pi(a_1\nu_1 - \nu_L)t + \text{Const.}], \\ z = \sum C_{a_1}\cos[2\pi\,a_1\nu_1 t + \text{Const.}]. \end{cases}$$

Das ist die Fourier-Entwicklung der Bewegung des Elektrons unter Einwirkung des Magnetfeldes. Die Grundfrequenz in der elliptischen Bewegung ohne Magnetfeld ist ν_1; es treten außer ihr auch alle Oberfrequenzen $a_1\,\nu_1$ auf; d. h. a_1 durchläuft alle Werte von 0 bis $+\infty$. Dem „korrespondieren" die Sprünge der Hauptquantenzahl n; diese unterliegen also keiner Beschränkung. Dagegen tritt im Magnetfelde die Larmor-Frequenz ν_L nur mit den Koeffizienten ± 1 und (für die z-Richtung!) 0 auf; die korrespondierenden Sprünge der magnetischen Quantenzahl m sind also an die Bedingung gebunden:

$$(98)\qquad \Delta m = 0,\ \pm 1.$$

Das ist die verlangte Auswahlregel, und damit ist die quantentheoretische Herleitung des normalen Zeeman-Phänomens erledigt, wenigstens soweit es sich um die Aufspaltung der Linien handelt. Wir können aber noch eine Aussage über die Polarisation der Linien hinzufügen, indem wir wieder die Verhältnisse bei der klassischen Bahn betrachten. Setzen wir in (97) entsprechend den beiden rechts auftretenden Summanden:

$$x = x_1 + x_2,$$
$$y = y_1 + y_2,$$

so wird

$$(99)\begin{cases} x_1 = \sum F_{a_1}\cos[2\pi(a_1\nu_1 + \nu_L)t + \text{Const.}], \\ y_1 = \sum F_{a_1}\sin[2\pi(a_1\nu_1 + \nu_L)t + \text{Const.}]; \end{cases}$$

$$(100)\begin{cases} x_2 = \sum G_{a_1}\cos[2\pi(a_1\nu_1 - \nu_L)t + \text{Const.}], \\ y_2 = -\sum G_{a_1}\sin[2\pi(a_1\nu_1 - \nu_L)t + \text{Const.}]. \end{cases}$$

Jedes einzelne Glied der rechten Seite beider Gleichungspaare stellt aber eine zirkularpolarisierte Schwingung dar, und zwar (100) eine rechts-, (99) eine links-zirkularpolarisierte. Sie entsprechen, bei beliebigen Änderungen von n, den Sprüngen $\Delta m = \pm 1$. Daher der Schluß: Dem Quantensprung $\Delta m = \pm 1$ entsprechen entgegengesetzt zirkularpolarisierte Schwingungen. Anderseits entspricht $\Delta m = 0$ der Schwingung parallel der z-Richtung; diese ist linear polarisiert mit dem elektrischen Vektor parallel der Feldrichtung: Dem Quantensprung $\Delta m = 0$ entspricht also eine linearpolarisierte Schwingung von der ursprünglichen Frequenz. Was man beobachtet, hängt von der Beobachtungsrichtung ab: Parallel den Kraftlinien (Longitudinaleffekt) beobachtet man zwei gegen die ursprüngliche Linie verschobene Linien, die entgegengesetzt zirkularpolarisiert sind; die unverschobene Mittelfrequenz tritt nicht auf, da sie einer longitudinalen Welle entsprechen würde. Beobachtet man senkrecht zur Feldrichtung (Transversaleffekt), so beobachtet man das vollständige Triplett. Aber von den beiden äußeren Linien kommt nur die Schwingung des elektrischen Vektors senkrecht zum Felde zur Geltung aus dem gleichen Grunde. Von den drei Linien schwingt also die mittlere parallel, die beiden äußeren senkrecht zum Felde.

Damit sind alle Aussagen gemacht, die von Interesse sind; man erkennt gerade am Beispiel des Zeeman-Phänomens deutlich die Wirksamkeit und die Besonderheit des Bohrschen Korrespondenzprinzips.

So erfreulich dies Ergebnis ist, so ist es doch nicht endgültig. Denn es ist nur der sogenannte „normale“ Zeeman-Effekt, den wir aus unserer bisherigen Quantentheorie ableiten können, während der nahezu immer auftretende „anomale“ Zeeman-Effekt aus der bisherigen Form der Theorie nicht verständlich ist. Und doch hat eine genaue Messung gezeigt, daß sogar beim H-Atom der anomale Effekt auftritt. Man sieht also, daß es sich um eine elementare Unvollkommenheit unserer bisherigen Theorie handeln muß, da nicht einmal das einfachste Atom damit exakt beherrscht werden kann. Hier liegt einer der Ansatzpunkte für die moderne Entwicklung der Quantentheorie.

19. Das Bohrsche Magneton; der Versuch von Stern und Gerlach.

In der vorhergehenden Nummer hatten wir das magnetische Moment zu berechnen, das ein sich auf geschlossener Bahn bewegendes Elektron besitzt; wir stießen in Gleichung (86) auf eine Beziehung zwischen $|\mathfrak{M}|$ und dem Bahnimpuls p_φ, die wir vektoriell schreiben können:

$$\mathfrak{M} = -\frac{e}{2 m_0 c}\mathfrak{D}\,, \tag{101}$$

wenn wir mit $\mathfrak{D}$ den Vektor des Bahnimpulses bezeichnen; das negative Vorzeichen rührt von der negativen Ladung des Elektrons her; demgemäß sind $\mathfrak{M}$ und $\mathfrak{D}$ einander entgegengesetzt gerichtet.

Eine Folgerung, auf die wir damals nicht eingegangen sind, müssen wir jetzt genau besprechen. Die Größe $p_\varphi = |\mathfrak{D}|$ ist nämlich gequantelt, und zwar gleich $k \frac{h}{2\pi}$, und daraus folgt unmittelbar, daß auch das magnetische Moment $\mathfrak{M}$ eine gequantelte Größe ist, d. h. nur solche Werte annehmen kann, die ganzzahlige Multipla eines Einheitsmomentes sind. Man findet durch Einsetzen des Wertes von p_φ in (101) in der Tat:

$$(102) \qquad |\mathfrak{M}| = \frac{e h}{4 \pi m_0 c} k ,$$

und das Einheitsmoment ist demgemäß:

$$(103) \qquad |\mathfrak{m}_B| = \frac{e h}{4 \pi m_0 c} .$$

Man nennt diese Einheit das „Bohrsche Magneton"; seine Größe ist, auf das Mol Substanz berechnet, d. h. mit $60{,}6 \cdot 10^{22}$, der Avogadroschen Zahl, multipliziert, mit den bekannten Werten von e, h, m_0:

$$(104) \qquad |\mathfrak{m}_B| = 5584 \text{ g}^{1/2} \text{ cm}^{5/2} \text{ sec}^{-1} .$$

Nach den Ergebnissen der räumlichen Quantelung muß natürlich auch die Komponente $\mathfrak{M}_H$ in der Feldrichtung ein ganzzahliges Vielfaches eines Bohrschen Magnetons sein; denn da nach (81) $\cos i = \frac{m}{k}$ ist, so folgt aus (102):

$$(105) \qquad \mathfrak{M}_H = |\mathfrak{M}| \cos i = \frac{e h}{4 \pi m_0 c} m .$$

Die Existenz des Magnetons und gleichzeitig der räumlichen Quantelung haben Gerlach und Stern[1]) durch einen fundamentalen Versuch nachgewiesen, dessen Idee und Theorie von Stern[2]) herrührt. Die Existenz der räumlichen Quantelung ist zwar, wenn man auf dem Standpunkt der Quantentheorie steht, durch den normalen Zeeman-Effekt nachgewiesen; aber dieser bildet dennoch kein experimentum crucis gegen die klassische Auffassung, da, wie bekannt und in der vorigen Nummer auch begründet, die klassische Theorie diesen Effekt unter völlig anderen Anschauungen ebenfalls zu erklären vermag. Die Besonderheit und Bedeutung des Stern-Gerlachschen Versuches beruht gerade darin, daß er ein entscheidendes Argument gegen die klassische und für die quantentheoretische Auffassung liefert.

Um den Sternschen Gedanken richtig zu verstehen, ist es zweckmäßig, sich vorher den großen Unterschied klar zu machen, je nachdem man die Wirkung eines Magnetfeldes auf die Bahn eines Elektrons nach der klassischen oder nach der Quantentheorie berechnet. Nach der klassischen Theorie behält der Winkel i zwischen Bahnnormale und Feldrichtung seinen beliebigen Wert bei; die Bahnnormale beschreibt nach dem Larmorschen Theorem lediglich einen Kegelmantel mit der Öffnung i um die Feldrichtung.

---

[1]) W. Gerlach u. O. Stern, Zs. f. Phys. 8, pag. 110ff.; 1921; 9, pag. 349ff.; 1922.
[2]) O. Stern, Zs. f. Phys. 7, pag. 249; 1921.

Ganz anders nach der Quantentheorie: Nach dieser sind nur ganz bestimmte Winkel i zulässig, nämlich nach (39) oder (81) solche, für die $\cos i = \frac{m}{k}$ ist. Weicht vor Einschalten des Magnetfeldes der Winkel zwischen Bahnnormale und Feldrichtung von einem dieser zulässigen Werte ab, so bewirkt das Feld (in nicht näher bekannter Weise) „Einklappen" in diese ausgezeichneten Richtungen und in diesen allein erfolgt die Larmorsche Präzession. Trotz dieser grundverschiedenen Anschauungen liefern klassische und Quantentheorie in gleicher Weise den normalen Zeeman-Effekt, was dadurch möglich wird, daß die klassische Theorie die Strahlungsfrequenz mit der mechanischen identifiziert, während die Quantentheorie das Bohrsche Frequenzpostulat benutzt. Dadurch kommt im Endeffekt schließlich das gleiche Resultat heraus.

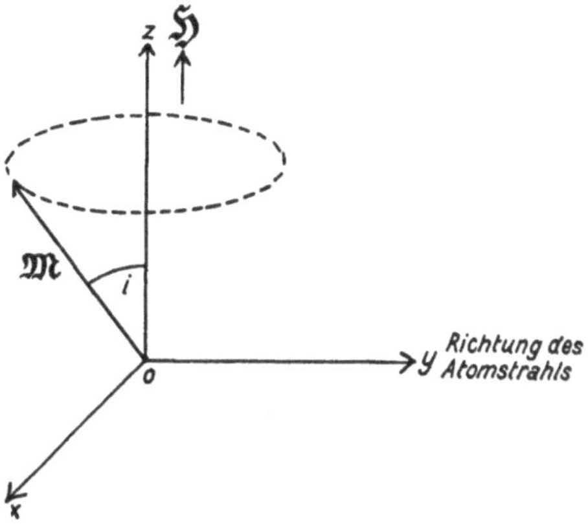

Fig. 24.

Der Sternsche Versuch besteht nun darin, daß die Ablenkung untersucht wird, die ein Atomstrahl in einem geeigneten (inhomogenen) Magnetfeld erfährt. In Fig. 24 sei O der Anfangspunkt eines raumfesten Koordinatensystems und gleichzeitig der Ort der Atomstrahlquelle; von ihr gehen — vermöge geeigneter Anordnung von Blenden — Atomstrahlen in der positiven y-Richtung aus. $\mathfrak{M}$ sei der Größe und Richtung nach der Vektor des magnetischen Moments eines Atoms, das mit der z-Achse, die gleichzeitig die Richtung des Magnetfeldes $\mathfrak{H} = \mathfrak{H}_z$ (Betrag H) ist, den Winkel i bildet und um diese Richtung präzessiert — nach klassischer Vorstellung bei beliebigem i, nach quantentheoretischer nur bei diskreten Werten von i.

Ein homogenes Magnetfeld übt bekanntlich auf einen Dipol keine Kraft, sondern nur ein Drehmoment aus; um eine ablenkende Kraft zu bekommen, müssen wir daher das Feld inhomogen machen. Bei dem Versuch war die Anordnung so getroffen, daß Feldrichtung und Richtung des Feldgradienten miteinander, also mit der z-Richtung, zusammenfielen. Wie man leicht feststellt, ist die auf das Atom (Dipol) wirkende Kraft

$$\mathfrak{K} = |\mathfrak{M}| \frac{\partial \mathfrak{H}}{\partial s},$$

wo $\frac{\partial \mathfrak{H}}{\partial s}$ die Zunahme von $\mathfrak{H}$ in Richtung von $\mathfrak{M}$ bedeutet. In anderer Schreibweise ist dies offenbar:

$$\mathfrak{K} = \mathfrak{M}_x \frac{\partial \mathfrak{H}}{\partial x} + \mathfrak{M}_y \frac{\partial \mathfrak{H}}{\partial y} + \mathfrak{M}_z \frac{\partial \mathfrak{H}}{\partial z}. \tag{106}$$

Nun führt das Atom aber, wie in Fig. 24 angedeutet, eine Präzession um die Feldrichtung aus, bei der offenbar $\mathfrak{M}_z$ konstant bleibt, während die Mittelwerte von $\mathfrak{M}_x$ und $\mathfrak{M}_y$ über einen vollen Umlauf Null sind. Mittelt man also über eine gegen die Dauer der Larmor-Präzession lange Zeit, so ist:

$$\bar{\mathfrak{K}} = \mathfrak{M}_z \frac{\partial \mathfrak{H}}{\partial z} \; ; \tag{107}$$

für die ablenkende Kraft $\bar{\mathfrak{K}}$ ist also gerade die Größe $\mathfrak{M}_z = \mathfrak{M}_H$ maßgebend, die nach der Quantenauffassung nur diskrete Werte annehmen kann; nach (105) können wir daher die letzte Gleichung auch schreiben:

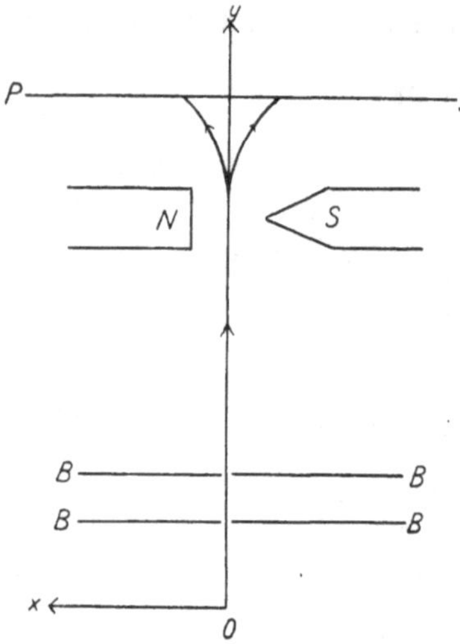

Fig. 24a.

$$\bar{\mathfrak{K}} = \frac{e h}{4 \pi m_0 c} \frac{\partial \mathfrak{H}}{\partial z} m = |\mathfrak{m}_B| \frac{\partial \mathfrak{H}}{\partial z} m. \tag{108}$$

Die Richtung der Kraft $\bar{\mathfrak{K}}$ ergibt sich aus der Tatsache, daß nur $\mathfrak{H}_z = H$ als einzige Komponente des Magnetfeldes existiert; $\bar{\mathfrak{K}}$ ist also parallel der z-Achse gerichtet. Nach (107) und (108) erfahren also alle Atome mit gleichem $\mathfrak{M}_z = \mathfrak{M}_H$, d. h. mit gleicher magnetischer Quantenzahl m, die gleiche Kraft, werden also auch gleichmäßig abgelenkt. Die Versuchsanordnung ist aus Fig. 24a ersichtlich.

In O befindet sich die Strahlenquelle; die Atome fliegen in parallelem Strahle durch die Öffnungen in den Blenden BB, bis sie in das inhomogene Magnetfeld gelangen, das sie senkrecht zu ihrer ursprünglichen Richtung ablenkt: PP ist die Auffangplatte. (Die Fig. 24a trägt im übrigen dieselbe Bezeichnung wie Fig. 24, um die Beziehung klar zu machen.)

Erörtern wir kurz, was für Wasserstoffatome in ihrer einquantigen Bahn (Grundzustand) zu erwarten ist. Für solche ist die azimutale Quantenzahl $k = 1$, und folglich kann die magnetische Quantenzahl m nach Gleichung (82) nur die Werte $-1, 0, +1$ annehmen. Das bedeutet nach (108), daß der Atomstrahl im inhomogenen Magnetfeld sich in drei Strahlen zerlegen muß, von denen der mittlere ($m = 0$) nicht abgelenkt wird, während die beiden anderen symmetrisch zu beiden Seiten liegen. Hätten wir Wasserstoffatome in einer n_k-Bahn, so wäre eine $(2k + 1)$-fache Aufspaltung zu erwarten: ein unabgelenkter Strahl, und je k symmetrisch nach beiden Seiten abgelenkte — ganz im Einklang mit der die räumliche Quantelung in speziellen Fällen darstellenden Fig. 23.

Ganz andere Ergebnisse müßte die klassische Theorie liefern. Hier ist i, damit also auch $\mathfrak{M}_z$ ganz beliebig, und es kann unter keinen Umständen eine diskrete Anzahl von isolierten Strahlen auftreten, sondern es kann nur eine beiderseitige, kontinuierliche Verbreiterung des ursprünglichen Strahles erfolgen, die sich auf der Auffangplatte durch einen verbreiterten Fleck markiert, dessen Intensität im Zentrum (unabgelenkte Atome) ein Maximum ist und nach beiden Seiten hin abnimmt. Je nachdem der Versuch nun das erstere oder letztere Ergebnis liefert, haben wir eine Bestätigung der Quantentheorie oder der klassischen Theorie.

Zunächst ist festzustellen, daß alle bisher gemachten Versuche an den verschiedensten Substanzen einzelne diskrete Atomstrahlenbündel liefern; insofern sind die Versuche eine Widerlegung der klassischen Auffassung. Anderseits ergibt sich — im Gegensatz auch zu der hier dargelegten Theorie — überhaupt kein unabgelenkter Strahl, was zwar den Gegensatz zur klassischen Theorie besonders eindrucksvoll macht, aber auch nach unseren Darlegungen nicht zu erwarten war[1]). Insbesondere ergab sich bei Versuchen von Wrede mit einquantigem, atomarem Wasserstoff, daß zwei symmetrisch abgelenkte Flecke sich auf der Auffangplatte befanden; nach den Dimensionen ergab sich das magnetische Moment quantitativ gleich einem Bohrschen Magneton.

Wenn somit der Stern-Gerlachsche Versuch auch eine bündige Widerlegung der klassischen Auffassung, eine Bestätigung der räumlichen Quantelung und der Existenz des Bohrschen Magnetons gebracht hat, so beweist doch das Fehlen des nicht abgelenkten Strahles, daß die hier gegebene quantentheoretische Auffassung dieses Versuches noch nicht abgeschlossen sein kann.

20. Der Stark-Effekt.

Einer der großen Erfolge der älteren Quantentheorie war die Erklärung des Stark-Effektes, der elektrischen Aufspaltung von Spektrallinien. Die klassische Theorie vermag zwar bekanntlich — in Nr. 18 haben wir das auch begründet — die Theorie der sogenannten normalen magnetischen Aufspaltung zu geben; daß eine elektrische Aufspaltung möglich sei, bestreitet sie aber[2]) — und die Ausführung des Versuches unter diesen Umständen ist ein um so größeres Verdienst von J. Stark[3]). Die Quantentheorie zeigt hier — selbst in ihrer primitiven Form — ihre Leistungsfähigkeit in besonders glänzender Weise; die im folgenden auseinandergesetzte Theorie wurde fast gleichzeitig von Schwarzschild und Epstein[4]) gegeben.

[1]) Wenn man den Wert $m = 0$ durch eine zusätzliche Auswahlregel ausschließt, ist natürlich das Fehlen des unabgelenkten Fleckes „begründet".

[2]) Wenigstens bei quasielastischer Bindung der Elektronen, wie sie die klassische Theorie annahm, und bei Gültigkeit des Hookeschen Gesetzes; höhere Glieder im Kraftansatz würden eine sehr kleine, dem Quadrate der elektrischen Feldstärke proportionale Aufspaltung bewirken.

[3]) J. Stark, Sitzungsber. d. Berl. Akad. 1913; Ann. d. Phys. **43**, pag. 965ff.; 1914. Zusammenfassende Darstellung: Stark, El. Spektralanalyse (Leipzig 1914).

[4]) Schwarzschild, Sitzungsber. d. Berl. Akad. 1916, pag. 548ff.; Epstein, Ann. d. Phys. **50**, pag. 489ff.; 1916.

Würden wir das Elektron durch seine kartesischen Koordinaten x, y, z charakterisieren, so hätten wir folgenden Ausdruck für die Energie:

$$U = \frac{m_0}{2}(\dot{x}^2 + \dot{y}^2 + \dot{z}^2) - \frac{Z e^2}{r} + eF z\,,$$

wenn F die elektrische Feldstärke ist, die parallel der z-Richtung wirken soll. Aber weder in kartesischen noch in räumlichen Polarkoordinaten ist die zugehörige Hamilton-Jacobische Differentialgleichung separierbar; sie ist dies aber in sogenannten parabolischen Koordinaten[1]). Sei in Fig. 25 das Elektron in P zunächst durch seine kartesischen Koordinaten x, y, z festgelegt; im Anfangspunkte O sei der Kern, $OP = r$ der Radiusvektor; das von P gefällte Lot treffe die xy-Ebene in P'; OP' werde ϱ genannt. Die Ebene $(\varrho\, z)$ bilde mit der xz-Ebene den Winkel ψ. Wir führen nun die parabolischen Koordinaten ξ, η ein durch die Festsetzung

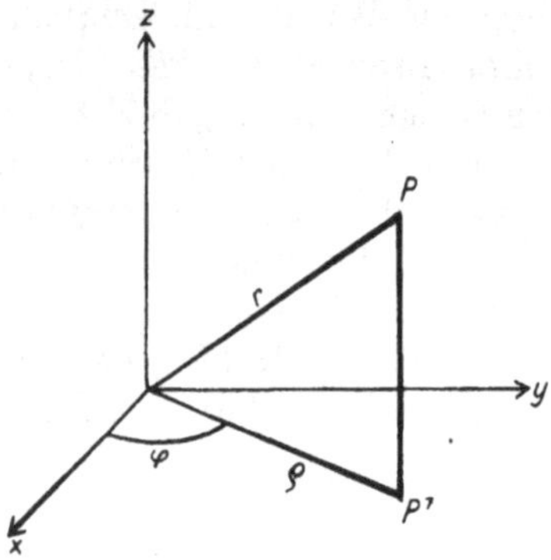

Fig. 25.

(109) $$\begin{cases} \xi = r + z\,, \\ \eta = r - z\,. \end{cases}$$

Daraus folgt für r und z die Darstellung:

(110) $$\begin{cases} r = \dfrac{\xi + \eta}{2}\,, \\ z = \dfrac{\xi - \eta}{2}\,, \end{cases}$$

sowie

$$\varrho^2 = x^2 + y^2 = r^2 - z^2 = \xi\,\eta\,,$$

d. h.

(111) $$\varrho = \sqrt{\xi\,\eta}\,.$$

Da x und y durch ϱ und ψ ausdrückbar sind, folgt weiter:

(112) $$\begin{cases} x = \varrho \cos\psi = \sqrt{\xi\,\eta}\cos\psi\,, \\ y = \varrho \sin\psi = \sqrt{\xi\,\eta}\sin\psi\,. \end{cases}$$

Betrachten wir nun die Bedeutung der Gleichung $\xi = \xi_0$. Nach (109) haben wir für diese Werte von ξ:

$$r = \xi_0 - z\,, \qquad r^2 = (\xi_0 - z)^2\,,$$

d. h.

$$x^2 + y^2 + z^2 = \xi_0^2 + z^2 - 2\,\xi_0\, z\,,$$

also schließlich

(113a) $$x^2 + y^2 = \varrho^2 = \xi_0^2 - 2\,\xi_0\, z\,.$$

---

[1]) Das Problem ist ein Sonderfall des sogenannten „Problems der Anziehung durch zwei feste Zentren", das Jacobi durch Benutzung elliptischer Koordinaten separiert hat; das eine feste Zentrum ist hier der Kern, das andere läßt man (unter gleichzeitiger Vergrößerung der Ladung) ins Unendliche rücken, um als Grenzfall das homogene äußere Feld zu erhalten. Bei diesem Fortrücken ins Unendliche gehen die elliptischen Koordinaten in die hier verwendeten parabolischen über.

Das ist die Gleichung einer Parabel in der $\varrho\, z$-Ebene; ebenso liefert die Bedingung $\eta = \eta_0$ die analog gebaute Gleichung

$$\varrho^2 = \eta_0^2 + 2\,\eta_0\, z\,, \tag{113b}$$

die gleichfalls eine Parabel in dieser Ebene darstellt. Dreht man die Ebene ($\varrho\, z$) um die z-Achse, so erhält man zwei Rotationsparaboloide; die Lage der beiden erzeugenden Parabeln ist in Fig. 26 angegeben. Der Ort des Elektrons wird nunmehr charakterisiert durch den Schnitt zweier Parabeln $\xi = \xi_0$ und $\eta = \eta_0$, sowie durch das Azimut ψ. Für die kinetische Energie T findet man aus den obigen Definitionen:

$$T = \frac{m_0}{2}(\dot{x}^2 + \dot{y}^2 + \dot{z}^2) = \frac{m_0}{8}\left[\frac{\xi+\eta}{\eta}\,\dot{\eta}^2 + \frac{\xi+\eta}{\xi}\,\dot{\xi}^2 + 4\,\xi\,\eta\,\dot{\psi}^2\right], \tag{114}$$

für die potentielle Energie Φ:

$$\left\{\begin{aligned} \Phi &= -\frac{Z e^2}{r} + e\, F\, z \\ &= -\frac{2\, Z e^2}{\xi + \eta} + \frac{e F (\xi^2 - \eta^2)}{2(\xi + \eta)}\,. \end{aligned}\right. \tag{115}$$

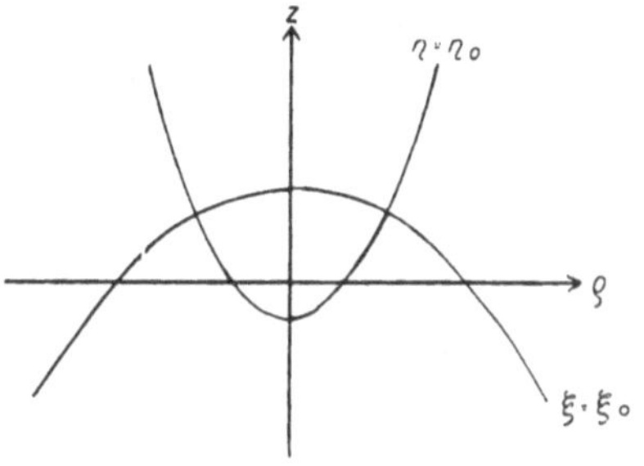

Fig. 26.

Die Impulse p_ξ, p_η, p_ψ sind gegeben durch:

$$\left\{\begin{aligned} p_\xi &= \frac{\partial T}{\partial \dot{\xi}} = \frac{m_0}{4}\,\frac{\xi+\eta}{\xi}\,\dot{\xi}\,, \\ p_\eta &= \frac{\partial T}{\partial \dot{\eta}} = \frac{m_0}{4}\,\frac{\xi+\eta}{\eta}\,\dot{\eta}\,, \\ p_\psi &= \frac{\partial T}{\partial \dot{\psi}} = m_0\,\xi\,\eta\,\dot{\psi}\,. \end{aligned}\right. \tag{116}$$

Damit wird die H a m i l t o n sche Funktion:

$$\left\{\begin{aligned} H = \frac{1}{2\, m_0 (\xi + \eta)} \Big[& 4\,\xi\, p_\xi^2 + 4\,\eta\, p_\eta^2 + \left(\frac{1}{\xi} + \frac{1}{\eta}\right) p_\psi^2 - 4\, m_0 Z e^2 \\ & + m_0\, e\, F (\xi^2 - \eta^2)\Big]\,. \end{aligned}\right. \tag{117}$$

Setzt man zufolge der allgemeinen Theorie unter Einführung der Wirkungsfunktion W:

$$p_\xi = \frac{\partial W}{\partial \xi}\,, \qquad p_\eta = \frac{\partial W}{\partial \eta}\,, \qquad p_\psi = \frac{\partial W}{\partial \psi}\,,$$

so folgt die H a m i l t o n - J a c o b i s c h e Differentialgleichung unseres Problems:

$$\left\{\begin{aligned} & 4\,\xi \left(\frac{\partial W}{\partial \xi}\right)^2 + 4\,\eta \left(\frac{\partial W}{\partial \eta}\right)^2 + \left(\frac{1}{\xi} + \frac{1}{\eta}\right)\left(\frac{\partial W}{\partial \psi}\right)^2 \\ & \qquad - 4\, m_0 Z e^2 + m_0\, e\, F (\xi^2 - \eta^2) = 2\, m_0 (\xi + \eta)\, U\,. \end{aligned}\right. \tag{118}$$

Man erkennt aus (117) zunächst, daß ψ zyklische Variable, folglich p_ψ eine Konstante ist. Setzen wir daher

$$p_\psi = \frac{\partial W}{\partial \psi} = \alpha\,, \tag{119}$$

und führen diesen Wert in (118) ein, so kann man schreiben:

$$\left[4\,\xi\left(\frac{\partial W}{\partial \xi}\right)^2+\frac{\alpha^2}{\xi}-2\,m_0\,U\,\xi+m_0\,e\,F\,\xi^2-2\,m_0\,Z\,e^2\right]$$
$$=-\left[4\,\eta\left(\frac{\partial W}{\partial \eta}\right)^2+\frac{\alpha^2}{\eta}-2\,m_0\,U\,\eta-m_0\,e\,F\,\eta^2-2\,m_0\,Z\,e^2\right].$$

Setzen wir noch zur Separation von ξ und η

(120) $$W(\xi,\eta)=W_1(\xi)+W_2(\eta)\,,$$

so kann die letzte Gleichung geschrieben werden:

$$\left[4\,\xi\left(\frac{dW_1}{d\xi}\right)^2+\frac{\alpha^2}{\xi}-2\,m_0\,U\,\xi+m_0\,e\,F\,\xi^2-2\,m_0\,Z\,e^2\right]$$
$$=-\left[4\,\eta\left(\frac{dW_2}{d\eta}\right)^2+\frac{\alpha^2}{\eta}-2\,m_0\,U\,\eta-m_0\,e\,F\,\eta^2-2\,m_0\,Z\,e^2\right],$$

und darin hängt die linke Seite nur von ξ, die rechte nur von η ab; beide müssen also einer Konstanten gleich sein, die wir der Bequemlichkeit halber gleich $2\,m_0\,\beta$ nehmen. Daher zerfällt die letzte Gleichung in die beiden folgenden:

(121) $$\begin{cases}4\,\xi\left(\dfrac{dW_1}{d\xi}\right)^2+\dfrac{\alpha^2}{\xi}-2\,m_0\,U\,\xi+m_0\,e\,F\,\xi^2-2\,m_0\,Z\,e^2=2\,m_0\,\beta\,,\\[2ex] 4\,\eta\left(\dfrac{dW_2}{d\eta}\right)^2+\dfrac{\alpha^2}{\eta}-2\,m_0\,U\,\eta-m_0\,e\,F\,\eta^2-2\,m_0\,Z\,e^2=-2\,m_0\,\beta\,,\end{cases}$$

und damit ist die Trennung der Variabeln ξ, η, ψ vollkommen vollzogen. Für W_1 und W_2 erhält man die beiden auf Quadraturen führenden Gleichungen:

(122) $$\begin{cases}W_1(\xi)=\displaystyle\int\sqrt{\frac{m_0\,U}{2}+\frac{m_0\,(\beta+Z\,e^2)}{2\,\xi}-\frac{\alpha^2}{4\,\xi^2}-\frac{m_0\,e\,F\,\xi}{4}}\,d\xi\,,\\[3ex] W_2(\eta)=\displaystyle\int\sqrt{\frac{m_0\,U}{2}+\frac{m_0\,(-\beta+Z\,e^2)}{2\,\eta}-\frac{\alpha^2}{4\,\eta^2}+\frac{m_0\,e\,F\,\eta}{4}}\,d\eta\,.\end{cases}$$

Denken wir nun zunächst einen Augenblick das elektrische Feld F fort ($F=0$), so ist die Bewegung leicht zu übersehen; denn die beiden Wurzeln in (122) müssen ja reell, die Radikanden also positiv sein. Das ist der Fall, wenn ξ und η innerhalb des Bereiches der beiden Wurzeln der Gleichungen liegen:

$$\frac{m_0\,U}{2}+\frac{m_0\,(\beta+Z\,e^2)}{2\,\xi}-\frac{\alpha^2}{4\,\xi^2}=0\,,$$

bzw.

$$\frac{m_0\,U}{2}+\frac{m_0\,(-\beta+Z\,e^2)}{2\,\eta}-\frac{\alpha^2}{4\,\eta^2}=0\,.$$

Wir nennen diese Wurzeln $\xi_{\max}$, $\xi_{\min}$, $\eta_{\max}$, $\eta_{\min}$; es ist dann leicht zu sehen, daß für $\alpha \neq 0$, d. h. für nicht verschwindenden Drehimpuls um die z-Achse, alle vier Wurzelwerte größer als Null sind; nur für $\alpha=p_\psi=0$ wird der kleinere Wurzelwert $\xi_{\min}=\eta_{\min}=0$. Wir haben demgemäß zwei Fälle zu unterscheiden, je nachdem $p_\psi>0$ oder $p_\psi=0$ ist. Im ersteren Fall ist zu bedenken, daß jede der Gleichungen $\xi = \xi_{\max}$, $\xi = \xi_{\min}$, . . . eine Parabel in der $\varrho\,z$-Ebene darstellt; daher muß die Bewegung in dieser Ebene innerhalb dieser Grenzen bleiben. In Fig. 27 sind die beiden Parabelpaare eingezeichnet, die ein krummliniges Viereck (in der Figur schraffiert) bestimmen, das den Anfangspunkt O (Kern)

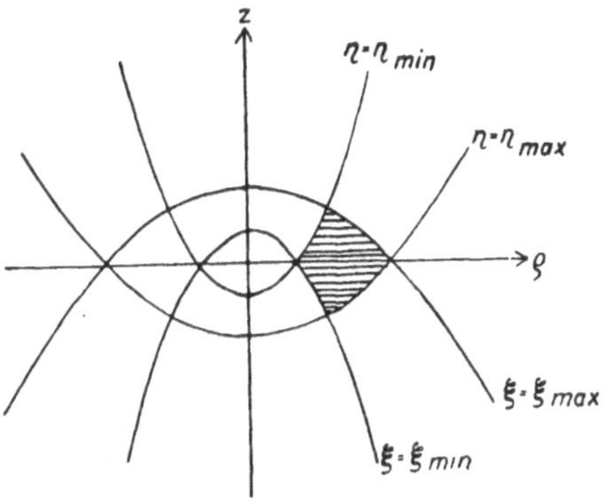

Fig. 27.

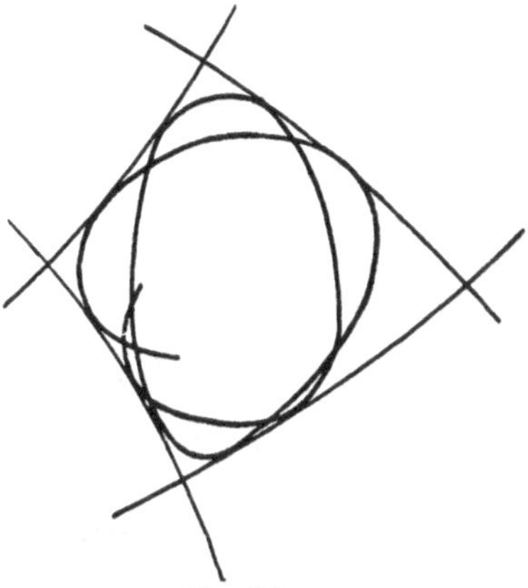

Fig. 28.

nicht enthält; dieses Viereck erzeugt bei der Rotation um die z-Achse ein ringartiges Gebilde. Bei Abwesenheit des elektrischen Feldes muß die ganz innerhalb dieses Ringes liegende Bahn natürlich eine gewöhnliche ebene Kepler-Ellipse sein, die hier nur in etwas fremdartigem Gewande auftritt. Stellen wir nun das Feld F her, so verschieben sich die vier Wurzelwerte[1]) allerdings (und zwar stetig mit F), aber die Bewegung bleibt natürlich immer innerhalb des (etwas veränderten) Ringes. Nur ist die Bahn nicht mehr geschlossen und nicht mehr eben, sondern eine Raumkurve. Die Projektion der Bahn in die $\varrho\,z$-Ebene füllt das krummlinige Viereck überall dicht aus, was durch die Fig. 28 veranschaulicht werden soll.

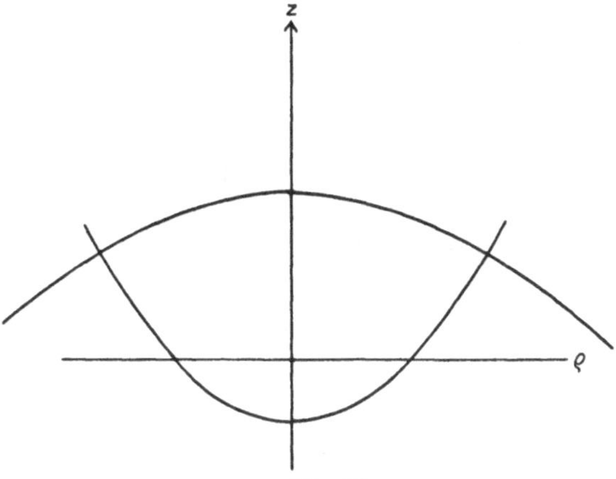

Fig. 29.

Nehmen wir jetzt den Fall verschwindenden Drehimpulses p_ψ, so spielt sich die ganze Bewegung in der $\varrho\,z$-Ebene ab und zwar, da jetzt $\xi_{\min} = \eta_{\min} = 0$ geworden sind, innerhalb eines Parabelzweiecks (Fig. 29).

[1]) Es tritt noch je eine Wurzel hinzu, die keine Bedeutung für uns hat.

Dieses Parabelzweieck enthält den Kern in O und wird bei Anwesenheit des Feldes von der ebenen Bahnkurve überall dicht erfüllt, d. h. das Elektron müßte auch durch den Kern hindurchgehen. Dieser Fall entspricht also in gewissem Sinne den Pendelbahnen der Nr. 15. Wie dort schließen wir diese Möglichkeit auch hier aus: p_ψ darf nicht den Wert Null annehmen, was für das Folgende von ausschlaggebender Bedeutung ist.

Wir brauchen auf die klassische Bahn des Elektrons nicht näher einzugehen; wir wollen vielmehr zwecks späterer Einführung der Quantenbedingungen die Periodizitätsmoduln der Funktionen W_1 und W_2 aus (122) bestimmen. Dazu können wir folgenden Weg einschlagen: Jedes der beiden Integrale (122) ist von der Form:

$$\int \sqrt{A + \frac{B}{\xi} + \frac{C}{\xi^2} + D\xi}\, d\xi ,$$

wo die A, B, C, D in beiden Fällen etwas verschiedene Bedeutung haben; D ist proportional der elektrischen Feldstärke F, die wir als klein gegenüber den inneren elektrischen Kräften des Atoms ansehen wollen. Wir können daher nach Potenzen von D entwickeln und hinter den linearen Gliedern abbrechen:

$$\sqrt{A + \frac{B}{\xi} + \frac{C}{\xi^2} + D\xi} = \sqrt{\left(A + \frac{B}{\xi} + \frac{C}{\xi^2}\right)\left(1 + \frac{D\xi}{A + \frac{B}{\xi} + \frac{C}{\xi^2}}\right)}$$

$$= \sqrt{A + \frac{B}{\xi} + \frac{C}{\xi^2}}\left(1 + \frac{\frac{D}{2}\xi}{A + \frac{B}{\xi} + \frac{C}{\xi^2}}\right).$$

Unsere Integrale nehmen daher die Gestalt an:

$$\int \sqrt{A + \frac{B}{\xi} + \frac{C}{\xi^2}}\, d\xi + \frac{D}{2}\int \frac{\xi\, d\xi}{\sqrt{A + \frac{B}{\xi} + \frac{C}{\xi^2}}} ,$$

oder auch:

$$\int \frac{1}{\xi}\sqrt{A\,\xi^2 + B\,\xi + C}\, d\xi + \frac{D}{2}\int \frac{\xi^2\, d\xi}{\sqrt{A\,\xi^2 + B\,\xi + C}} ,$$

und diese sind vom gleichen Typus (bzw. lassen sich darauf zurückführen) wie das letzte der Gleichung (19), dessen allgemeine Integration in (22) angegeben ist. Wir schreiben deshalb gleich das Resultat an. Nennen wir die beiden Periodizitätsmoduln J_ξ und J_η, so findet man, wenn die Indizes an den großen Buchstaben sich auf die beiden Gleichungen (122) beziehen:

$$(123)\quad \begin{cases} \dfrac{J_\xi}{2\pi} = \left(\dfrac{B_1}{2} + \dfrac{D_1}{2}\,\dfrac{3B_1^2 - 4A_1C_1}{8A_1^2}\right)\dfrac{1}{\sqrt{-A_1}} - \sqrt{-C_1}\,, \\ \dfrac{J_\eta}{2\pi} = \left(\dfrac{B_2}{2} + \dfrac{D_2}{2}\,\dfrac{3B_2^2 - 4A_2C_2}{8A_2^2}\right)\dfrac{1}{\sqrt{-A_2}} - \sqrt{-C_2}\,. \end{cases}$$

Gemäß (122) haben die großen Buchstaben darin folgende Bedeutung:

$$(124)\quad \begin{cases} A_1 = A_2 = \frac{m_0}{2}\, U\ (<0)\,; \quad B_1 = \frac{m_0(\beta + Z e^2)}{2}\,; \quad B_2 = \frac{m_0(-\beta + Z e^2)}{2}\,; \\ C_1 = C_2 = -\frac{\alpha^2}{4}\,; \quad D_1 = -\frac{m_0 e F}{4}\,; \quad D_2 = +\frac{m_0 e F}{4}\,. \end{cases}$$

Die Größe $C_1 = C_2 = -\frac{\alpha^2}{4}$ hängt mit dem dritten Periodizitätsmodul J_ψ zusammen; denn wir haben ja nach (119) zu setzen:

$$(125)\qquad \int_0^{2\pi} p_\psi\, d\psi = 2\pi\alpha = J_\psi\,.$$

Statt α denken wir uns in (123) J_ψ eingeführt und können dann U als Funktion der drei neuen Impulse J_ξ, J_η, J_ψ gewinnen. Vernachlässigt man systematisch wie bisher F^2 und höhere Potenzen, so folgt nach elementarer Näherungsrechnung:

$$(126)\qquad U = -\frac{2 m_0 \pi^2 Z^2 e^4}{(J_\xi + J_\eta + J_\psi)^2} + \frac{3F(J_\xi + J_\eta + J_\psi)(J_\xi - J_\eta)}{8 m_0 \pi^2 Z e}\,.$$

Man ersieht aus (126), daß die Energie U in unserer Näherung nicht von den drei Periodizitätsmoduln J_ξ, J_η, J_ψ einzeln abhängt, sondern nur von den Aggregaten $(J_\xi + J_\eta + J_\psi)$ bzw. $(J_\xi - J_\eta)$. Daran erkennt man schon, daß das Problem in unserer Näherung einfach entartet ist, oder anders ausgedrückt, daß nur zwei unabhängige Frequenzen vorhanden sein können, was man leicht bestätigt, indem man $\frac{\partial U}{\partial J_\xi}$, $\frac{\partial U}{\partial J_\eta}$, $\frac{\partial U}{\partial J_\psi}$ bildet. Man findet so:

$$(127)\quad \begin{cases} \nu_\xi = \frac{\partial U}{\partial J_\xi} = \frac{4 m_0 \pi^2 Z^2 e^4}{(J_\xi + J_\eta + J_\psi)^3} + \frac{3F(J_\xi - J_\eta)}{8 m_0 \pi^2 Z e} + \frac{3F(J_\xi + J_\eta + J_\psi)}{8 m_0 \pi^2 Z e}\,, \\ \nu_\eta = \frac{\partial U}{\partial J_\eta} = \frac{4 m_0 \pi^2 Z^2 e^4}{(J_\xi + J_\eta + J_\psi)^3} + \frac{3F(J_\xi - J_\eta)}{8 m_0 \pi^2 Z e} - \frac{3F(J_\xi + J_\eta + J_\psi)}{8 m_0 \pi^2 Z e}\,, \\ \nu_\psi = \frac{\partial U}{\partial J_\psi} = \frac{4 m_0 \pi^2 Z^2 e^4}{(J_\xi + J_\eta + J_\psi)^3} + \frac{3F(J_\xi - J_\eta)}{8 m_0 \pi^2 Z e}\,. \end{cases}$$

Das sind zwar formal drei Frequenzen, zwischen denen aber die lineare Relation besteht:

$$(128)\qquad \nu_\xi + \nu_\eta - 2\nu_\psi = 0\,,$$

womit unsere obige Behauptung bewiesen ist.

Den drei Phasenintegralen J_ξ, J_η, J_ψ entsprechen drei Winkelvariable w_ξ, w_η, w_ψ, die wir nicht auszurechnen brauchen. Wir wollen vielmehr eine kleine Variante der allgemeinen Theorie anwenden, indem wir als neue Phasenintegrale die hier allein auftretenden Aggregate einführen:

$$(129)\quad \begin{cases} J_0 = J_\xi + J_\eta + J_\psi\,, \\ J_e{}^{1)} = J_\xi - J_\eta\,, \end{cases}$$

[1] Der Index „e“ soll auf „elektrisch“ deuten.

womit der Energieausdruck (126) übergeht in:

$$U = -\frac{2 m_0 \pi^2 Z^2 e^4}{J_0^2} + \frac{3 F J_0 J_e}{8 m_0 \pi^2 Z e}. \tag{130}$$

Diesen beiden neuen Wirkungsvariabeln J_0 und J_e entsprechen auch zwei neue Winkelvariable w_0 und w_e, und diesen zwei Frequenzen, wie es sein muß; diese neuen Frequenzen sind:

$$\left\{\begin{aligned} \nu_0 &= \frac{\partial U}{\partial J_0} = \frac{4 m_0 \pi^2 Z^2 e^4}{J_0^3} + \frac{3 F J_e}{8 m_0 \pi^2 Z e}, \\ \nu_e &= \frac{\partial U}{\partial J_e} = \frac{3 F J_0}{8 m_0 \pi^2 Z e}, \end{aligned}\right. \tag{131}$$

und diese sind unabhängig voneinander. Zwischen den hier eingeführten neuen Frequenzen ν_0 und ν_e und den in Gleichung (127) definierten bestehen offenbar die Beziehungen:

$$\left\{\begin{aligned} \nu_0 &= \frac{\nu_\xi + \nu_\eta}{2} = \nu_\psi, \\ \nu_e &= \frac{\nu_\xi - \nu_\eta}{2}, \end{aligned}\right. \tag{132}$$

die wir später benutzen werden.

Die neuen Winkelvariabeln w_0 und w_e hängen mit den alten w_ξ, w_η, w_ψ in der gleichen Weise zusammen wie die Frequenzen nach (132):

$$\left\{\begin{aligned} w_0 &= \frac{w_\xi + w_\eta}{2} = w_\psi, \\ w_e &= \frac{w_\xi - w_\eta}{2}. \end{aligned}\right. \tag{132a}$$

Auch diesen Zusammenhang werden wir später brauchen.

Entsprechend der einfachen Entartung haben wir auch nur zwei Quantenbedingungen, nämlich:

$$\left\{\begin{aligned} J_0 &= J_\xi + J_\eta + J_\psi = n h, \\ J_e &= J_\xi - J_\eta \qquad\quad = n_e h, \end{aligned}\right. \tag{133}$$

wobei wieder n als Hauptquantenzahl zu bezeichnen ist, während n_e „Quantenzahl des Stark-Effekts“ genannt wird. In Abhängigkeit von diesen Quantenzahlen läßt sich die Energie nach (126) bzw. (130) schreiben:

$$U = -\frac{2 m_0 \pi^2 Z^2 e^4}{n^2 h^2} + \frac{3 F h^2 n n_e}{8 m_0 \pi^2 Z e}. \tag{134}$$

Damit ist unsere Aufgabe im Prinzip gelöst; denn diese Gleichung enthält wirklich die Theorie des Stark-Effekts. Für $F = 0$ geht (134) in den Balmer-Term über, wie es sein muß; es folgt daraus, daß die Hauptquantenzahl n alle positiven ganzzahligen Werte (mit Ausnahme der Null) annehmen kann. Es handelt sich jetzt darum, den Wertbereich von n_e festzustellen. Dazu gelangen wir auf folgende Weise: Einerseits sind die

Größen J_ξ, J_η, J_ψ positiv, anderseits ist $J_0 = J_\xi + J_\eta + J_\psi$. Daher ergeben sich die folgenden Ungleichungen:

$$0 \leqq J_\xi \leqq J_0 - J_\psi\,,$$
$$0 \leqq J_\eta \leqq J_0 - J_\psi\,.$$

Daraus folgt, daß das gequantelte $J_e = J_\xi - J_\eta$ alle ganzzahligen Werte annehmen kann, die zwischen den Grenzen $-(J_0 - J_\psi)$ und $+(J_0 - J_\psi)$ liegen, wobei besonders zu beachten ist, daß $(J_0 - J_\psi)$ selbst im allgemeinen nicht ein ganzzahliges Vielfaches von h ist, da wegen der bestehenden einfachen Entartung J_ψ gar nicht selbst gequantelt ist. Wäre nun $J_\psi = 0$ zulässig, so wäre die obige Aussage über J_e identisch mit der Aussage, daß $\frac{J_e}{h}$ alle ganzzahligen Werte zwischen $-n$ und $+n$, n_e also die $(2n+1)$-Werte $-n, \ldots 0, \ldots +n$ annähme. Die Werte $n_e = \pm n$ sind aber, wegen $J_\psi \neq 0$, auszuschließen; n_e ist daher der $(2n-1)$-Werte

$$-(n-1)\,,\quad -(n-2)\,,\ldots\quad 0\,,\quad 1\,,\quad \ldots(n-2)\,,\quad (n-1)$$

fähig; d. h. es besteht die Bedingung:

$$-(n-1) \leqq n_e \leqq +(n-1)\,. \tag{135}$$

Es spaltet also jedes Niveau in $(2n-1)$ Unterniveaus auf.

Welche Linien können nun auftreten? Man erkennt aus (134), daß die Aufspaltung durch das 2. Glied rechts hervorgebracht wird; bei einem Quantensprung kommt es also auf die Änderung der Größe $(n\,n_e)$ an. Nach der Bohrschen Frequenzbedingung ist die Aufspaltung in Wellenzahlen gegeben durch die Gleichung:

$$\Delta\tilde{\nu} = \frac{3\,h\,F}{8\,m_0\,\pi^2\,Z\,e\,c}\,\Delta\,(n\,n_e)\,. \tag{136}$$

Man erkennt daraus zunächst, daß alle Linienabstände von der unverschobenen Linie ganzzahlige Multipla der Größe $\frac{3\,h\,F}{8\,m_0\,\pi^2\,Z\,e\,c}$, des sogenannten „Aufspaltungsfaktors" sind, und daß ferner, da n_e positive und negative Werte in gleicher Weise annehmen kann, das Aufspaltungsbild symmetrisch zur Primärlinie ist. Beides ist in der Tat gleich in der ersten Starkschen Arbeit festgestellt worden. Ferner hat Stark durch seine Messungen bewiesen, daß die Aufspaltung proportional der Feldstärke ist, jedenfalls bis zu einem Werte von $F = 100000$ Volt/cm. Auch diese Feststellung ist in der Theorie gemäß (136) enthalten. Endlich hat Stark den Aufspaltungsfaktor für die Feldstärke 1 Volt/cm mit $Z = 1$ $\left(\text{d. h. die Größe } \frac{3\,h}{8\,m_0\,\pi^2\,e\,c}\right)$ für Wasserstoff experimentell bestimmt und den Wert $6{,}8 \cdot 10^{-5}\,\text{cm}^{-1}$ dafür angegeben[1]). Rechnet man den Faktor

[1]) Dabei ist F in Volt gemessen, der oben angegebene Faktor also durch 300 zu dividieren, d. h.

$$\frac{3\,h}{8\,m_0\,\pi^2\,e\,c}\;\frac{1}{300} = 6{,}8 \cdot 10^{-5}\,\text{cm}^{-1}\,.$$

anderseits mit den bekannten Werten von h, e und m_0 aus, so sollte er nach der Theorie gleich $6{,}45 \cdot 10^{-5}\,\mathrm{cm}^{-1}$ sein. Neuere Präzisionsmessungen von Sjögren und Steubing-Kassner haben den Wert $6{,}47 \cdot 10^{-5}$ bzw. $6{,}44 \cdot 10^{-5}$ ergeben, sind also in vollster Übereinstimmung mit der Theorie. Der allgemeine Aufspaltungsfaktor hat im Nenner die Kernladungszahl Z, die bei Wasserstoff gleich 1 gesetzt werden mußte. Die Messungen Starks und seiner Nachfolger an einfach ionisiertem Helium stimmen gleichfalls mit der Theorie überein, wenn man $Z = 2$ setzt; ceteris paribus ist also bei He^+ die Aufspaltung nur die Hälfte von der bei H.

Wir wollen etwas genauer die Aufspaltung der Balmer-Linien H_α, H_β und H_γ erörtern; daher brauchen wir die Aufspaltung der Balmer-, Paschen-, Brackett-, Pfund-Niveaus mit den Hauptquantenzahlen $n=2, 3, 4, 5$.

Für $n = 2$ kann n_e die Werte $-1, 0, +1$ annehmen; demgemäß hat $(n\,n_e)$ die Werte:

(137) Balmer-Niveau $(n = 2)$: $n\,n_e = -2, 0, +2$.

In der gleichen Weise ergibt sich für das

(138) Paschen-Niveau $(n = 3)$: $n\,n_e = -6, -3, 0, +3, +6$,

für das

(139) Brackett-Niveau $(n = 4)$: $n\,n_e = -12, -8, -4, 0, +4, +8, +12$

und für das

(140) Pfund-Niveau $(n = 5)$: $n\,n_e = -20, -15, -10, -5, 0, +5, +10, +15, +20$.

Bilden wir nun die Differenz $\Delta\,(n\,n_e)$ für jede Aufspaltung des Balmer-Niveaus und des Paschen-Niveaus, so erhält man als Aufspaltungsbild von H_α (in Vielfachen des Aufspaltungsfaktors):

(141a) H_α: $0, \pm 1, \pm 2, \pm 3, \pm 4, \pm 5, \pm 6, \pm 8$;

ebenso folgt für H_β:

(141b) H_β: $0, \pm 2, \pm 4, \pm 6, \pm 8, \pm 10, \pm 12, \pm 14$;

und für H_γ:

(141c) H_γ: $0, \pm 2, \pm 3, \pm 5, \pm 7, \pm 8, \pm 10, \pm 12, \pm 13, \pm 15, \pm 17, \pm 18, \pm 20, \pm 22$.

Man bemerkt das starke Ansteigen der Aufspaltung, wenn man zu höheren Gliedern der Serie übergeht, wie es auch von Stark konstatiert wurde.

Bevor wir auf den genaueren Vergleich mit dem Experiment eingehen, wollen wir eine korrespondenzmäßige Betrachtung anstellen, die uns über die ebenfalls von Stark untersuchte Polarisation der Linien Aufschluß geben soll.

Wir denken uns die kartesischen Koordinaten in mehrfache Fourier-Reihen entwickelt; dabei besteht natürlich ein Unterschied zwischen x

und y einerseits und z anderseits, weil z mit der Feldrichtung zusammenfällt, um die eine Drehung stattfindet. Infolgedessen haben wir, wenn wir die Entwicklung für die x- und y-Richtung gleich komplex zusammenfassen, in den Winkelvariabeln w_ξ, w_η, w_ψ:

$$x + i\,y = \sum_{a_1 a_2 a_3}^{-\infty,\,+\infty} C_{a_1,\,a_2,\,a_3}\, e^{2\pi i\,(a_1 w_\xi + a_2 w_\eta + a_3 w_\psi)}\,.$$

Dabei hat der Koeffizient a_3 nur den Wert ± 1, weil w_ψ die Winkelvariable der Drehung ist, während a_1 und a_2 alle Werte zwischen $-\infty$ und $+\infty$ annehmen können. Wir können daher einfacher schreiben:

$$(142)\qquad x + i\,y = \sum C_{a_1 a_2}\, e^{2\pi i (a_1 w_\xi + a_2 w_\eta \pm w_\psi)}\,.$$

Entsprechend lautet die Entwicklung für z:

$$(143)\qquad z = \sum D_{a_1 a_2} \cos 2\pi\,(a_1 w_\xi + a_2 w_\eta)\,;$$

d. h. hier ist $a_3 = 0$, weil die Drehung um die z-Achse erfolgt. Durch Einführung der modifizierten Winkelvariabeln (132a) können wir (142) und (143) unter Benutzung des Zusammenhanges mit w_ξ, w_η, w_ψ schreiben:

$$(144)\quad \begin{array}{l} \text{a)} \\ \text{b)} \end{array} \left\{ \begin{aligned} x + i\,y &= \sum C_{a_1 a_2}\, e^{2\pi i\,[(a_1 + a_2 \pm 1) w_0 + (a_1 - a_2) w_e]}\,, \\ z &= \sum D_{a_1 a_2} \cos 2\pi\,[(a_1 + a_2)\, w_0 + (a_1 - a_2)\, w_e]\,. \end{aligned} \right.$$

Nun korrespondiert die Oberfrequenz $(a_1 + a_2 \pm 1)\, w_0$ dem Quantensprung Δn der Hauptquantenzahl, $(a_1 - a_2)\, w_e$ dagegen dem Quantensprung Δn_e der Stark-Effekt-Quantenzahl; im Falle von (144a) — Ebene senkrecht zur Feldrichtung — ist also

$$\Delta n + \Delta n_e = a_1 + a_2 \pm 1 + a_1 - a_2 = 2\, a_1 \pm 1, \text{ d.h. eine ungerade Zahl.}$$

Im Falle (144b) — parallel der Feldrichtung —

$$\Delta n + \Delta n_e = a_1 + a_2 + a_1 - a_2 = 2\, a_1\,, \text{ d. h. eine gerade Zahl.}$$

Daraus folgt, daß für $(\Delta n + \Delta n_e)$ gleich einer ungeraden Zahl die korrespondierende Quantenfrequenz senkrecht zum Felde schwingt (d. h. ihr elektrischer Vektor); sie wird daher als σ-Komponente bezeichnet; ist dagegen $(\Delta n + \Delta n_e)$ gleich einer geraden Zahl, so ist die entsprechende Komponente — (π-Komponente) — parallel dem Felde schwingend. Beobachtet man also senkrecht zum Felde (Quereffekt), so treten bei Betrachtung durch ein doppeltbrechendes Prisma sowohl die π- als die σ-Komponenten getrennt auf; im Longitudinaleffekt, d. h. bei Beobachtung in der Feldrichtung, beobachtet man die π-Komponenten gar nicht, weil sie longitudinalen Wellen entsprechen würden. Dagegen sollte man bei flüchtiger Prüfung erwarten, daß die σ-Komponenten (wie beim Zeeman-Phänomen) zirkularpolarisiert wären, während sie tatsächlich unpolarisiert sind. Das entspricht aber auch der Theorie. Denn wenn man in der Fourier-Entwicklung (142) für $(x + i\,y)$ statt der Größen w_ξ, w_η, w_ψ nach Gleichung (132) die Winkelvariabeln w_0 und w_e einführt und schließlich von den Winkelvariabeln zu den Frequenzen ν_0 und ν_e übergeht, so hat ein einzelnes Glied von (142) folgende Gestalt:

$$x + i\,y = C_{a_1 a_2}\, e^{2\pi i\,[\nu_0 (a_1 + a_2 \pm 1) + \nu_e (a_1 - a_2)]\,t + \mathrm{Const.}},$$

d. h. x und y einzeln haben eine Fourier-Komponente:

$$(145)\quad \begin{cases} x = C_{a_1 a_2} \cos\left[2\pi\{\nu_0 (a_1 + a_2 \pm 1) + \nu_e (a_1 - a_2)\}\,t + \mathrm{Const.}\right], \\ y = - C_{a_1 a_2} \sin\left[2\pi\{\nu_0 (a_1 + a_2 \pm 1) + \nu_e (a_1 - a_2)\}\,t + \mathrm{Const.}\right]. \end{cases}$$

In diesem Gliede treten die Frequenzen

$$\nu_0 (a_1 + a_2 \pm 1) \quad \text{und} \quad \nu_e (a_1 - a_2)$$

auf; offenbar stellt (145) eine linkszirkulare Schwingung vor. Dieselben Frequenzen treten aber in (142) noch einmal auf, nämlich wenn wir a_1 durch $\overline{a_1} = (-a_1 \mp 1)$ und a_2 durch $\overline{a_2} = (-a_2 \mp 1)$ ersetzen. Dann erhält man statt (145):

$$(146)\quad \begin{cases} \bar{x} = C_{\overline{a_1}\,\overline{a_2}} \cos\left[2\pi\{\nu_0 (a_1 + a_2 \pm 1) + \nu_e (a_1 - a_2)\}\,t + \mathrm{Const.}\right], \\ \bar{y} = - C_{\overline{a_1}\,\overline{a_2}} \sin\left[2\pi\{\nu_0 (a_1 + a_2 \pm 1) + \nu_e (a_1 - a_2)\}\,t + \mathrm{Const.}\right]. \end{cases}$$

Das ist aber eine rechtszirkulare Schwingung mit derselben Frequenz; die Koeffizienten $C_{a_1 a_2}$ und $C_{\overline{a_1}\,\overline{a_2}}$ erweisen sich als identisch, wie die genauere Rechnung zeigt: Daher treten rechts- und linkszirkularpolarisierende Effekte in gleicher Zahl und Stärke auf; insgesamt erscheinen also die σ-Komponenten als unpolarisiert[1]).

Wendet man die obigen Betrachtungen auf H_α, H_β und H_γ an, so findet man in Ergänzung von (147), daß folgende π- und σ-Komponenten auftreten:

	π	σ
H_α	± 2, ± 3, ± 4, ± 8	0, ± 1, ± 5, ± 6
H_β	0, ± 2, ± 6, ± 8, ± 10, ± 14	± 2, ± 4, ± 6, ± 10, ± 12
H_γ	± 2, ± 5, ± 8, ± 12, ± 15, ± 18, ± 22	0, ± 3, ± 7, ± 10, ± 13, ± 17, ± 20

Man kann nach dem Korrespondenzprinzip angenähert auch die Intensitäten berechnen; das ist vor allen Dingen von Kramers geschehen; Stark hat bereits in seiner ersten Arbeit die Intensitäten geschätzt, und wir geben in der folgenden Figur einen Vergleich zwischen Theorie und Beobachtung wieder (Aufspaltung und Intensitäten).

Man erkennt, daß nicht nur in den Aufspaltungsbildern, sondern auch in den Intensitäten eine so vollkommene Übereinstimmung vorhanden ist, als man nur erwarten kann, wenn man bedenkt, daß alle Messungen ohne jede Führung durch eine Theorie erfolgten, die damals noch nicht vorhanden war.

[1]) Man kann dies auch so ausdrücken: Das magnetische Feld hat axialen Charakter, das elektrische dagegen polaren. Vergleiche für die Definition dieser Vektoren etwa Bd. III_1, pag. 868 ff.

Zu bemerken ist, daß der Aufspaltungsfaktor h enthält, während dies z. B. bei der Larmor-Frequenz im Zeeman-Effekt nicht der Fall ist. Daher ist der normale Zeeman-Effekt auch klassisch erklärbar, während der Stark-Effekt über die Grenzen der klassischen Theorie hinausgeht.

So befriedigend das Resultat ist, so ist es doch nicht als endgültig zu betrachten. Denn wir haben uns hier auf den sogenannten linearen

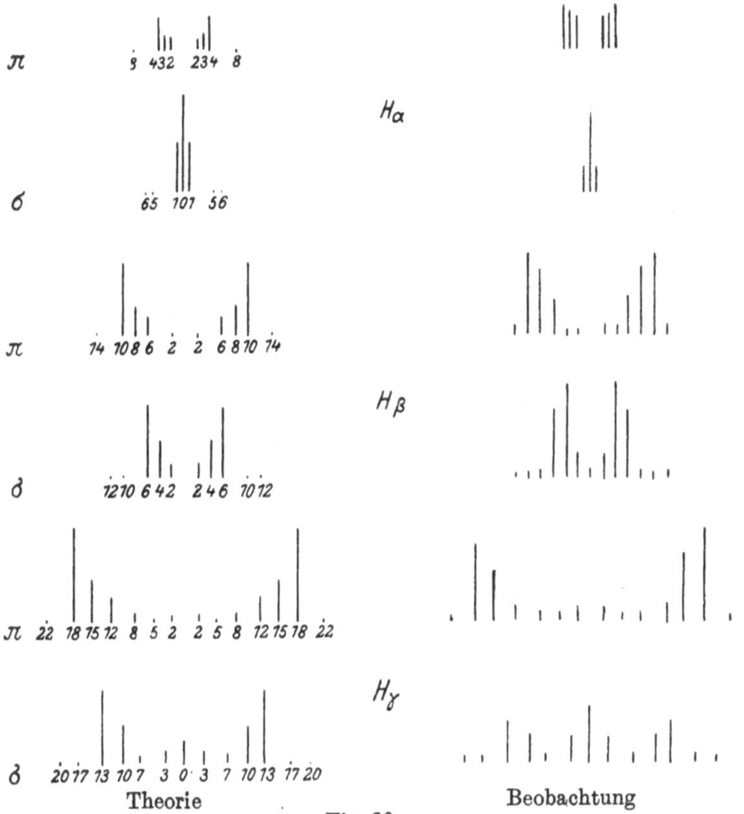

Fig. 30.

Stark-Effekt beschränkt. Es gibt aber, wie schon Stark festgestellt hat, bei hohen Feldern auch einen sogenannten quadratischen und bei extrem hohen Feldern (10^6 Volt/cm, Rausch v. Traubenberg) sogar einen kubischen Effekt, d. h. Aufspaltung, die noch von der 2. und 3. Potenz von F abhängt. Diese könnten wir zwar in unserer Theorie ohne weiteres formal berücksichtigen, indem wir die Potenzentwicklung nach F (bzw. D) weitertrieben; aber hier zeigen sich Abweichungen, die erst die moderne Quantentheorie erklären kann. Im linearen Stark-Effekt dagegen stimmen die ältere und die neuere Quantentheorie überein.

Viertes Kapitel.

Theorie der optischen Spektren.

21. Die Linienspektren der Alkaliatome.

Im vorhergehenden Kapitel hatten wir es nur mit den Spektren von Einelektronensystemen zu tun; in diesem Falle ist das mechanische Problem der Bewegung des Elektrons exakt lösbar, und die Einführung der Quantenregeln war imstande — in großen Zügen wenigstens — die beobachteten Erscheinungen zu erklären. Wenn wir jetzt zu den Spektren der Atome mit mehreren, ja zahlreichen, Elektronen übergehen, so stehen wir einer viel schwierigeren Aufgabe gegenüber. Einmal ist schon das mechanische Problem — das Vielkörperproblem — gar nicht exakt lösbar und wird es nie sein; zum zweiten aber waren wir schon auf gewisse Schwächen der bisherigen Theorie gestoßen, die sich — und voraussichtlich in verstärktem Maße — auch beim Vielelektronenatom bemerkbar machen werden. Gerade dies aber ist ein Grund mehr, die bisher gewonnenen Prinzipien auch auf das kompliziertere Problem anzuwenden: Man kann erwarten, hier neue Fingerzeige zu erhalten, wie die bisherigen Ansätze zu vervollkommnen sind. Freilich ist eine exakte Theorie überhaupt nicht möglich, und wir werden passende Näherungsannahmen einführen müssen.

Wie liegen denn die Verhältnisse bei komplizierteren Atomen? Wir nehmen als einfachstes Beispiel zur Erläuterung derselben die Spektren der Alkalien (Li, Na, K, Rb und Cs), die durch Untersuchungen von Kayser und Runge, Rydberg, Ritz seit langer Zeit gut bekannt sind.

Zunächst ist festzustellen, daß die Spektren der Alkalien sich in mehrere Serien einteilen lassen, deren jedes Glied sich wieder als die Differenz zweier Terme darstellt. Während aber bei Wasserstoff (und allen Einelektronensystemen) alle Serien sich aus einem Term, dem Balmer-Term, ableiten, ist dies hier nicht mehr der Fall; es existiert hier nicht mehr eine Termfolge, sondern deren mehrere. Es ist gewissermaßen der Balmer-Term hier aufgespalten; eine genauere Formulierung dieser etwas vagen Aussage kann erst später erfolgen. Der analytische Ausdruck jedes Terms ist auch nicht mehr so einfach, wie es der Balmer-Term $\frac{R}{m^2}$ ist; aber die Analogie ist immer noch groß, da man den jetzt auftretenden Term schreiben kann:

(1) $$\text{Term} = \frac{R}{(m+\Delta)^2} = \frac{R}{\overset{*}{n}{}^2},$$

wo m eine ganze Zahl und Δ ein Korrektionsglied ist. Die bei den Alkalien vorhandenen verschiedenen Termfolgen sind durch den Wert von Δ unterschieden; je kleiner Δ gegenüber m ist, desto „wasserstoffähnlicher" ist die Termfolge. Innerhalb der einzelnen Termfolge werden also die Glieder um so wasserstoffähnlicher, je größer m ist.

Auf den genauen Ausdruck von Δ kommt es uns nicht an; Rydberg setzt:

(2a) $$\Delta = a, \quad (a = \text{Const.}),$$

Ritz dagegen:

(2b) $$\Delta = a + \frac{b}{m^2}\,(a, b = \text{Const.})$$

oder noch komplizierter; a kann $\gtreqless 0$ sein. Die Größe $\overset{*}{n} = m + \Delta$ nennt man zum Unterschiede von der „wahren" Quantenzahl, die wir wieder „n" nennen wollen, die „effektive" Quantenzahl. Empirisch ist nur $\overset{*}{n}$ gegeben, und es ist daraus offenbar nicht ohne weiteres die wahre Quantenzahl n ableitbar, da man aus der Summe $m + \Delta = \overset{*}{n}$ nicht auf die einzelnen Summanden schließen kann; hier müssen besondere Erfahrungen hinzukommen, um die Entscheidung zu treffen. Nur dann, wenn einer Termfolge ein Wert $\overset{*}{n} = m + \Delta$ zukommt, der nur sehr wenig von einer ganzen Zahl abweicht, wird man keine Bedenken haben, die nächstliegende ganze Zahl, d. h. m selbst mit der wahren Quantenzahl n zu identifizieren; ist dies dagegen nicht der Fall, wäre z. B. $\overset{*}{n} = 1{,}6$ gefunden, so könnte man zwar $m = n = 1$ und $\Delta = 0{,}6$ als Korrektionsglied wählen; aber offenbar mit demselben Rechte auch $m + 1 = n = 2$ und $\Delta = -0{,}4$, usw. Da also die Bestimmung der wahren Quantenzahl n zunächst nicht möglich ist, wollen wir vorläufig die „Laufzahl" m beibehalten, die möglicherweise mit n übereinstimmt, im allgemeinen aber auch um mehrere Einheiten davon differieren kann. Aus diesem Grunde führen wir für die Laufzahl auch einen besonderen Buchstaben (m) ein[1]).

Wir können nun die verschiedenen Termfolgen der Alkalien in folgender Weise charakterisieren: Wir nennen nach spektroskopischem Brauch, dessen tieferer Grund gleich klar werden wird, die den verschiedenen Δ-Werten zugehörigen Termfolgen der Reihe nach $s, p, d, f, g, h, \ldots$, und beginnen — rein konventionell — die s-Folge mit der Laufzahl $m = 1$, die p-Folge mit $m = 2$ usw. Wir erhalten also folgendes Schema, in dem jeder Term durch eine Zahl (den m-Wert) und einen Buchstaben ($s, p, d, \ldots$) bestimmt ist:

---

[1]) Eine Verwechslung mit der in Kap. III benutzten „magnetischen" Quantenzahl m ist wohl nicht zu befürchten.

$$(3) \quad \left\{ \begin{array}{cccccc} (1,s) & (2,s) & (3,s) & (4,s) & (5,s) & (6,s) \\ & (2,p) & (3,p) & (4,p) & (5,p) & (6,p) \\ & & (3,d) & (4,d) & (5,d) & (6,d) \\ & & & (4,f) & (5,f) & (6,f) \\ & & & & (5,g) & (6,g) \\ & & & & & (6,h) \\ & & & & & \dots\dots \end{array} \right.$$

Zwischen diesen Termen, die wir nun als die diskreten Energieniveaus des Atoms betrachten, können Übergänge oder „Sprünge" der Elektronen stattfinden, die — je nach ihrer Richtung — mit Linienemission oder -absorption verbunden sind. Die rein empirische Beobachtung hat ergeben, daß im allgemeinen s-, p-, ... Terme unter sich nicht kombinieren, sondern daß die s-Terme im allgemeinen immer nur mit den p-Termen, die p-Terme immer nur mit d- oder s-Termen, die d-Terme immer nur mit p- oder f-Termen kombinieren. Oder anders ausgedrückt: Wenn wir die verschiedenen Termfolgen in der Reihenfolge s, p, d, f, g, h, ... numerieren, d. h. die s-Folge als die erste, die p-Folge als die zweite usw. bezeichnen, mit anderen Worten: den Werten s, p, d, ... die Zahlen 1, 2, 3, ... zuordnen, so kann man das Gesetz der möglichen Übergänge so aussprechen: Es finden nur solche Übergänge statt, bei denen die „Ordnungszahl" der Termfolge sich um ± 1 ändert. Diese Auswahlregel erinnert an diejenige für die azimutale Quantenzahl k bei der relativistischen Kepler-Bewegung, und sie wird identisch damit, wenn wir die Größen s, p, d, ... verschiedenen Werten der azimutalen Quantenzahl k zuordnen. Dann wäre jeder Term der Alkalien charakterisiert durch zwei (natürlich noch zu bestimmende) Quantenzahlen n und k; es muß also jetzt eine theoretische Untersuchung zeigen, ob und inwieweit diese Auffassung begründet ist. Man erkennt aber schon hier die große Ähnlichkeit, die diese Termdarstellung der Alkalien mit dem relativistisch abgeänderten Balmer-Term hat, der nach Gleichung (64) des III. Kapitels auf pag. 95 auch in die Form

$$\text{relativistischer Balmer-Term} = \frac{R}{(m + \Delta)^2}$$

gebracht werden kann.

Die hauptsächlichen Serien, die bei den Alkalien auftreten, sind die Hauptserie, die I. und II. Nebenserie und die Bergmann-(Fundamental-)Serie. Sie werden empirisch in den konventionellen Bezeichnungen m, s, p, d, ... dargestellt durch die symbolischen Gleichungen:

$$(4) \quad \left\{ \begin{array}{lll} \text{Hauptserie:} & \tilde{\nu} = (1,s) - (m,p); & m = 2, 3, 4, \dots \\ \text{II. Nebenserie:} & \tilde{\nu} = (2,p) - (m,s); & m = 2, 3, 4, \dots \\ \text{I. Nebenserie:} & \tilde{\nu} = (2,p) - (m,d); & m = 3, 4, 5, \dots \\ \text{Bergmann-Serie:} & \tilde{\nu} = (3,d) - (m,f); & m = 4, 5, 6, \dots \end{array} \right.$$

Dabei bedeutet z. B. $(1, s)$ den ersten Term $(m = 1)$ der s-Termfolge, der als konstanter Term der Hauptserie auftritt; der Laufterm dieser

Serie ist (m, p) mit $m = 2, 3, \ldots$; wir hätten uns also im Bilde der Elektronenbahnen des vorigen Kapitels vorzustellen, daß das Elektron von den verschiedenen Niveaus der p-Termfolge zum untersten s-Niveau springen muß, wenn die Linien der Hauptserie in Emission erzeugt werden sollen. Umgekehrt müssen die Elektronen vom untersten s-Niveau auf die p-Niveaus gehoben werden, wenn Absorption der Hauptserie stattfinden soll. Da Wood festgestellt hat, daß man in nichtleuchtendem Alkaliendampf von relativ tiefer Temperatur die Hauptserie der Alkalien (und nur diese) in Absorption gewinnt, so ist der $(1, s)$-Term der „Grundterm" der Alkaliatome; denn bei den in Betracht kommenden Temperaturen gibt es praktisch keine angeregten Atome. Die Bezeichnung „p" im Laufterm der Hauptserie soll an „Prinzipalserie", die englische Bezeichnung, erinnern. Ebenso deuten die Bezeichnungen „s" und „d" in den Lauftermen der zweiten und ersten Nebenserie auf „scharfe" und „diffuse" Serie, wie sie wegen des Aussehens der Linien auch genannt werden;

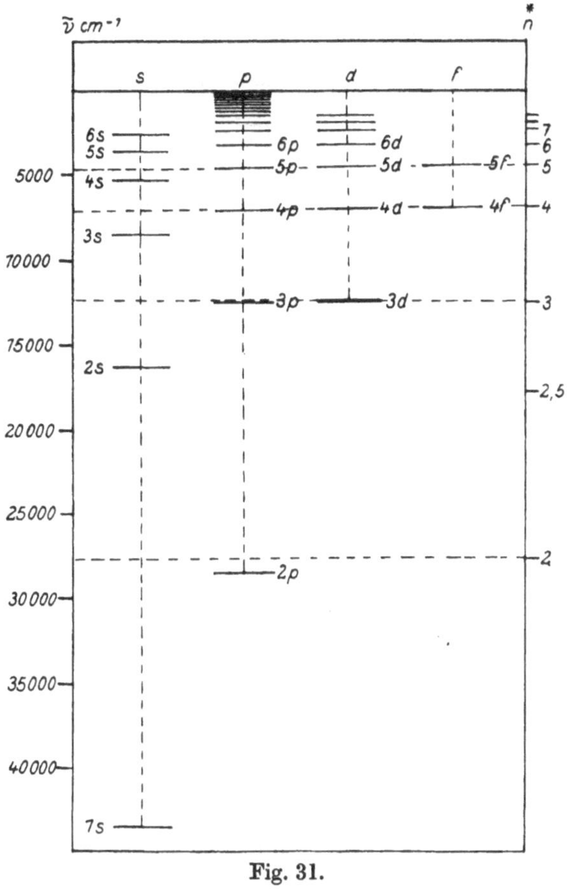

Fig. 31.

„f" im Laufterm der Bergmann-Serie ist von „Fundamentalserie" genommen, wie sie von englischen Autoren genannt wird; von da ab $(g, h, \ldots)$ folgen die Buchstaben in der Reihenfolge des Alphabets aufeinander.

Als Beispiel für das oben Gesagte wollen wir das Lithiumspektrum etwas näher erörtern. Zu dem Zwecke tragen wir die verschiedenen Termfolgen des Li, ähnlich wie wir es in Nr. 14 mit dem Wasserstoff (Balmer-Term) gemacht haben, über einer Grundlinie in solchen Abständen auf, die der Energiedifferenz gegen die Grundlinie proportional sind; wir können also nach der Bohrschen Frequenzbedingung als Ordinaten einfach die Wellenzahlen der Terme auftragen. Dies ist auf der linken Seite der obenstehenden Fig. 31 geschehen. Da wir hier aber mehrere Termfolgen haben, so tragen wir diese einzeln horizontal nebeneinander auf, von links nach rechts in der Reihenfolge *s*, *p*, *d*, . . . Auf der rechten Seite der Figur sind die effektiven Quantenzahlen aufgetragen; ihre ganzzahligen Werte sind durch horizontale Striche hervorgehoben. Wenn die Terme mit solchen zusammenfielen, wären sie „wasserstoffähnlich"; je größer die Abweichung, desto geringer ist die Wasserstoffähnlichkeit. Diese Art der Darstellung rührt von Grotrian her und heißt „Grotrian-Diagramm"[1]). Wenn man in dieser Figur die Lage der *s*-Terme prüft, so findet man, daß dem (1, *s*)-Term etwa die effektive Quantenzahl $\overset{*}{n} = 1{,}59$ zukommt; dem (2, *s*)-Term etwa $\overset{*}{n} = 2{,}6$ usw. Diese Termfolge ist also unzweifelhaft recht wasserstoffunähnlich. Bei der *p*-Folge liegen die Verhältnisse folgendermaßen: (2, *p*) entspricht $\overset{*}{n} = 1{,}96$; (3, *p*) etwa $\overset{*}{n} = 2{,}95$ usw.; d. h. hier weicht $\overset{*}{n}$ nur um etwa $-0{,}04$ von einer ganzen Zahl ab, so daß es nahe liegt, die Zahlen $m = 2, 3, \ldots$ als die wahren Quantenzahlen n dieser Termfolge zu betrachten. Noch ausgeprägter ist dieses Verhalten bei der *d*- und *f*-Folge: hier fallen alle Terme mit nahezu ganzzahligen Werten von $\overset{*}{n}$ zusammen, so daß über die richtige Wahl der Quantenzahlen kein Zweifel sein kann: Die *d*-Folge beginnt mit $m = n = 3$, die *f*-Folge mit $m = n = 4$. Zu je höheren Termfolgen man in der Reihenfolge *s*, *p*, *d*, . . . übergeht, um so wasserstoffähnlicher werden sie; am stärksten weicht

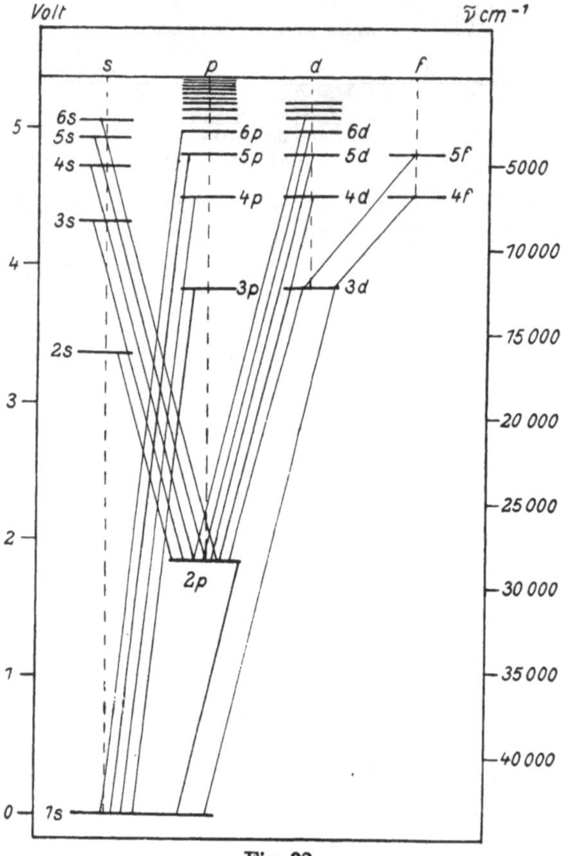

Fig. 32.

[1]) Der Leser findet solche Diagramme in großer Zahl in der ausgezeichneten Monographie Grotrians „Graphische Darstellung der Spektren von Atomen und Ionen mit 1, 2 und 3 Valenzelektronen." Jul. Springer, Berlin 1928. Auf dieses Werk sei wegen weiterer Angaben nachdrücklich verwiesen.

die s-Folge ab und hier ist die Bestimmung der wahren Quantenzahlen deshalb vorläufig auch noch nicht möglich[1]).

Man kann das Diagramm der Fig. 31 noch vervollständigen, indem man jetzt die Niveaus, zwischen denen Übergänge stattfinden, durch gerade Linien verbindet; außerdem kann man noch eine Voltskala auf der Ordinatenachse anbringen, aus der man — zur direkten Benutzung bei den Franck-Hertzschen Stoßversuchen — die Voltgeschwindigkeit entnehmen kann, die das Elektron haben muß, um aus der Grundbahn auf eine höhere Bahn zu kommen. Um Fig. 31 nicht zu sehr zu komplizieren, tragen wir diese Bezeichnungen in eine neue Fig. 32 ein. Auf dem Grundniveau $(1, s)$ endigen alle Elektronensprünge, die die Hauptserie erzeugen; auf dem Niveau $(2, p)$ alle diejenigen, die der II. und I. Nebenserie zukommen; die erstere entspricht Übergängen von der s-Termfolge, die letztere solchen von der d-Folge; die Bergmann-Serie schließlich entspricht Übergängen der f-Folge zum $(3, d)$-Term, wie es Gleichung (4) entspricht.

Die hier gegebene Darlegung der Verhältnisse bei den Alkalitermen wollen wir in der nächsten Nummer theoretisch zu deuten versuchen, was bis zu einem gewissen Grade befriedigend gelingt. Wir dürfen aber nicht verschweigen, daß in Wirklichkeit die Verhältnisse komplizierter sind, als wir sie dargestellt haben, insofern als die Linien der Alkalien Dubletts sind. Das bedeutet, daß die Energieniveaus einiger (wenn nicht aller) Termfolgen zu Dublett-Niveaus aufgespalten sind. Die genauere Analyse zeigt, daß in der Tat mit Ausnahme der s-Niveaus alle anderen Niveaus doppelt sind. Das Termschema der Gleichung (2) ist also in Wirklichkeit zu ersetzen durch das folgende:

$$
(5)\quad \left\{\begin{array}{llllll}
(1, s) & (2, s) & (3, s) & (4, s) & (5, s) & (6, s) \\
 & (2, p_1) & (3, p_1) & (4, p_1) & (5, p_1) & (6, p_1) \\
 & (2, p_2) & (3, p_2) & (4, p_2) & (5, p_2) & (6, p_2) \\
 & & (3, d_1) & (4, d_1) & (5, d_1) & (6, d_1) \\
 & & (3, d_2) & (4, d_2) & (5, d_2) & (6, d_2) \\
 & & & (4, f_1) & (5, f_1) & (6, f_1) \\
 & & & (4, f_2) & (5, f_2) & (6, f_2) \\
 & & & & (5, g_1) & (6, g_1) \\
 & & & & (5, g_2) & (6, g_2) \\
 & & & & \ldots\ldots & \ldots\ldots
\end{array}\right.
$$

Aus Fig. 32, in der nun die entsprechenden Niveaus doppelt zu denken sind, entnimmt man folgende experimentell beobachteten Tatsachen:

1. Die Linien der Hauptserie sind Dubletts von abnehmendem Frequenzabstand, nämlich dem Frequenzabstand der aufge-

[1]) Wir wollen vorgreifend bemerken, daß für den Grundterm der s-Folge bei Lithium die wahre Quantenzahl $n = 2$, bei Natrium $n = 3$, bei Kalium $n = 4$ usw. gewählt werden muß, um mit den Vorstellungen über Atombau im Einklang zu bleiben.

spaltenen Niveaus der p-Folge; die größte Aufspaltung zeigt die erste Linie der Hauptserie; sie ist gleich dem Abstand der beiden Niveaus $(2, p_1)$ und $(2, p_2)$.

2. Die Linien der I. und II. Nebenserie erhalten ihre Dublettstruktur dadurch, daß die Elektronensprünge auf dem aufgespaltenen Niveau $(2, p_1)$ bzw. $(2, p_2)$ endigen; die Aufspaltung ist also konstant und gleich derjenigen der ersten Linie der Hauptserie; für die II. Nebenserie ist damit alles erledigt, da die Ausgangsniveaus (die s-Terme) einfach sind; bei der I. Nebenserie kommt noch eine feinere Struktur hinzu, weil auch die Ausgangsniveaus (d-Terme) aufgespalten sind. Diese feinere Aufspaltung nimmt mit höherer Gliednummer ab.

3. Analoges, wie für die I. Nebenserie, gilt auch für die Bergmann-Serie.

Wir müssen also, wenn wir uns bei der ersten Nebenserie und der Bergmann-Serie auf die gröbere Struktur beschränken, die Serienformeln (4) durch die folgenden ersetzen.

$$\text{(4a)}\quad \left\{\begin{array}{lll}
\text{Hauptserie:} & \tilde{\nu}\left\{\begin{array}{l} =(1, s)\; - (m, p_1) \\ =(1, s)\; - (m, p_2) \end{array}\right. & (m = 2, 3, 4, \ldots) \\[2ex]
\text{II. Nebenserie:} & \tilde{\nu}\left\{\begin{array}{l} =(2, p_1) - (m, s) \\ =(2, p_2) - (m, s) \end{array}\right. & (m = 2, 3, 4, \ldots) \\[2ex]
\text{I. Nebenserie:} & \tilde{\nu}\left\{\begin{array}{l} =(2, p_1) - (m, d)^{1)} \\ =(2, p_2) - (m, d) \end{array}\right. & (m = 3, 4, 5, \ldots) \\[2ex]
\text{Bergmann-Serie:} & \tilde{\nu}\left\{\begin{array}{l} =(3, d_1) - (m, f)^{2)} \\ =(3, d_2) - (m, f) \end{array}\right. & (m = 4, 5, 6, \ldots)
\end{array}\right.$$

Analoge — aber kompliziertere — sogenannte „Multiplettstrukturen" zeigen die Spektren der Erdalkalien usw.

Gerade diese Struktur der Linien hat der theoretischen Erklärung die größten Schwierigkeiten bereitet, aber anderseits dann auch den Fortschritt in der theoretischen Auffassung mit sich gebracht. In der folgenden Nummer sehen wir zunächst von der Struktur der Linien ab und tun so, als ob das einfache Schema (3) Gültigkeit besäße.

22. Theorie des Leuchtelektrons.

Die auffallende Analogie zwischen dem Verhalten der Termfolgen bei den Alkalien und bei dem relativistischen Kepler-Problem des Wasserstoffes drängt den Gedanken geradezu auf, daß es sich auch bei den ersteren um die Bewegung eines Elektrons auf „n_k-Bahnen" handeln müsse, obwohl mehrere Elektronen — im Falle des Li drei, bei Cs 55 — vorhanden sind. Es macht den Eindruck, als ob von diesen

[1] Die Duplizität der d-Terme ist hier vernachlässigt.
[2] Die Duplizität der f-Terme ist hier vernachlässigt.

Elektronen nur eines eine Rolle für die hier zu erklärenden Spektren spiele. Da nicht daran zu denken ist, eine strenge Theorie zu entwickeln, kann man sich das Atom etwa so vorstellen, daß der Kern mit seiner positiven Ladung $Z e$ von $(Z - 1)$ Elektronen in relativ großer Nähe in bestimmter Anordnung umgeben ist, während 1 Elektron in größerer Entfernung von diesem „Atomrumpf“ seine Bahnen beschreibt. Der Kern wäre danach umgeben von der negativen Ladung $-(Z - 1) e$, so daß in größerer Entfernung angenähert nur die Differenz der Kernladung und der Ladung der Elektronenhülle, d. h. eine „effektive“ Ladung $+e$ wirksam wäre; die Elektronenhülle „schirmt“ die Kernladung bis zu einem gewissen Grade „ab“. In dem übrig bleibenden Feld würde sich dann das relativ weit entfernte Elektron, das „Leuchtelektron“ bewegen. So schaffen wir uns ein angenähertes Modell für das neutrale Alkaliatom und ganz analog natürlich auch in komplizierteren Fällen.

Dieser ganze Gedankengang ist einer Erweiterung fähig, ebenso wie im vorhergehenden Kapitel die Theorie nicht nur für Wasserstoffatome gilt, sondern für alle Einelektronensysteme. Nehmen wir z. B. ein Erdalkaliatom, das, wie später genauer zu begründen ist, zwei äußere Elektronen hat; trennen wir eins davon ab, d. h. betrachten wir ein einfach ionisiertes Erdalkaliatom, so bietet es dieselben Verhältnisse wie das neutrale Alkaliatom. Gehen wir im periodischen System noch einen Schritt weiter, so kommen wir hinter den Erdalkalien zu Elementen mit drei äußeren Atomen; werden diese zweifach ionisiert, so haben wir wieder die Verhältnisse der neutralen Alkaliatome vor uns. So entsteht z. B. die „alkaliähnliche“ Reihe Na, Mg^{+}, Al^{++}, Si^{+++}, auf die wir später zurückkommen. Der Kern ist in diesen Fällen nicht von $(Z - 1)$ dicht benachbarten Elektronen umgeben, sondern bei den p-fach ionisierten Atomen von $(Z - p - 1)$ Elektronen; das bewirkt, daß eine „effektive“ Ladung $(p + 1) e$ auf das Leuchtelektron wirkt; setzen wir $p + 1 = Z'$, so werden wir also in dem obigen Falle eine effektive Atomrumpfladung $Z' e$ vor uns haben; das bewirkt dann in den Termen das Auftreten von $Z'^2 R$ an Stelle von R, — genau wie bei den Einelektronensystemen, und das ist gerade das, was experimentell bei Untersuchung solcher Reihen gefunden wird. Wir werden später sehen, daß diese Auffassung durchaus in Übereinstimmung mit unseren Vorstellungen vom Atombau ist.

Die gröbste Näherung bei Ausführung dieses Gedankens ist die, daß das Leuchtelektron sich in einem Coulombschen Felde der effektiven Ladung $Z' e$ bewegt: Dann haben wir das gewöhnliche Kepler-Problem vor uns, die Bahnen des Leuchtelektrons sind geschlossene Ellipsen, genau wie bei den Einelektronensystemen des III. Kapitels, und dem entspricht als Energieterm der Balmer-Term $\frac{Z'^2 R}{m^2}$. Angenähert zeigen dies Verhalten gewisse von den hier betrachteten Termen, bei denen die Rydberg-Ritzsche Korrektur Δ klein ist: Zu je höheren Termen man in der Reihenfolge s, p, d, f, g übergeht, desto mehr sind diese Terme ja wasserstoffähnlich, wie wir in der vorhergehenden Nummer darlegten. Wie weit man bei einem gegebenen Atom gehen muß, um zu solchem wasserstoffähnlichen Verhalten zu kommen, kann man natürlich nicht allgemein sagen; bei Li zeigt schon der p-Term und in noch höherem Maße der d- und f-Term dieses Verhalten; bei Na dagegen fängt dies erst mit dem d-Term an usw. In Strenge aber gilt dies nicht, da doch immerhin eine von Null verschiedene Korrektur vorhanden ist, in besonders starkem Maße bei den tiefen Termen (s-Term usw.).

Um dies zu erklären, müssen wir eine Näherung weiter gehen: In Wirklichkeit wird das Feld, da die Schwerpunkte der positiven und negativen Ladungen im allgemeinen auseinanderfallen, nicht das Coulombsche Feld $\frac{Z' e}{r^2}$ einer Punktladung sein. Wir werden daher annehmen müssen, daß neben dem Coulombschen Potential $\left(\frac{1}{r}\right)$ noch höhere Glieder, entsprechend der Wirkung von Dipolen, Quadrupolen usw. vorhanden sind, die als kleine Korrektionsglieder auftreten. Die potentielle Energie kann also allgemein in die Form gesetzt werden:

$$\Phi(r) = -\frac{Z' e}{r}\left(1 + \frac{c_1}{r} + \frac{c_2}{r^2} + \frac{c_3}{r^3} + \dots\right).$$

Das hat zur Folge, daß die Bahnen keine geschlossenen Ellipsen mehr sind, sondern Ellipsen mit Periheldrehung (Rosettenbewegung), ganz genau wie beim relativistischen Kepler-Problem; doch werden wir der Einfachheit halber wie dort noch von Ellipsen (und Kreisen) sprechen. Die gesamte Energie des Leuchtelektrons wird jetzt mit Einführung der Impulse p_r und p_φ:

$$(6) \qquad U = \frac{1}{2 m_0}\left(p_r^2 + \frac{1}{r^2} p_\varphi^2\right) - \frac{Z' e^2}{r} - c_1 \frac{Z' e^2}{r^2} - c_2 \frac{Z' e^2}{r^3} \dots.$$

Dazu treten die beiden Quantenbedingungen:

$$(7) \qquad \oint p_r\, d r = n_r h; \qquad \oint p_\varphi\, d\varphi = 2\pi p_\varphi = k h,$$

wobei $n_r + k = n$ zu setzen ist. Führen wir die Quantenbedingung für den Azimutalimpuls p_φ gleich ein, so erhalten wir für p_r:

$$(8) \quad p_r = \sqrt{2 m_0 U + \frac{2 m_0 Z' e^2}{r} + \frac{1}{r^2}\left(-\frac{k^2 h^2}{4\pi^2} + 2 m_0 Z' e^2 c_1\right) + \frac{1}{r^3} 2 m_0 Z' e^2 c_2 + \dots}$$

Für die weitere Ausrechnung wollen wir uns zunächst auf das erste Korrektionsglied mit c_1 beschränken:

$$(9) \qquad p_r = \sqrt{2 m_0 U + \frac{2 m_0 Z' e^2}{r} + \frac{1}{r^2}\left(-\frac{k^2 h^2}{4\pi^2} + 2 m_0 Z' e^2 c_1\right)}.$$

Die Einführung der Quantenbedingung für den radialen Impuls liefert dann:

$$(10) \quad n_r h = \oint \sqrt{2 m_0 U + \frac{2 m_0 Z' e^2}{r} + \frac{1}{r^2}\left(-\frac{k^2 h^2}{4\pi^2} + 2 m_0 Z' e^2 c_1\right)}\, d r.$$

Würden wir hierin auch $c_1 = 0$ setzen, so hätten wir genau das ebene Kepler-Problem; das würde zum Balmer-Term, d. h. zum Energieausdruck

$$U = -\frac{R Z'^2 h c}{(n_r + k)^2} = -\frac{R Z'^2 h c}{n^2}$$

führen. Nun sieht man, daß man die Rechnung gar nicht weiterzuführen braucht; denn wenn man die Abkürzung

$$\frac{\overset{*}{k}{}^2 h^2}{4\pi^2} = \frac{k^2 h^2}{4\pi^2} - 2 m_0 Z' e^2 c_1 \tag{11}$$

einführt, so tritt die so definierte Größe $\overset{*}{k}$ einfach an die Stelle von k; die Energie läßt sich also jetzt in der Form darstellen:

$$U = -\frac{R Z'^2 h c}{\left(n_r + \overset{*}{k}\right)^2} = -\frac{R Z'^2 h c}{\overset{*}{n}{}^2}, \tag{12}$$

wo $\overset{*}{n}$ die „effektive" Quantenzahl ist, die wir nur nach (11) auszurechnen haben. Das liefert zunächst:

$$\overset{*}{k}{}^2 = k^2 - \frac{8 m_0 \pi^2 Z' e^2}{h^2} c_1 = k^2 \left(1 - \frac{8 m_0 \pi^2 Z' e^2}{k^2 h^2} c_1\right).$$

Da c_1 als kleine Größe betrachtet wird, kann man angenähert schreiben:

$$\overset{*}{k} = k\left(1 - \frac{4 m_0 \pi^2 Z' e^2}{k^2 h^2} c_1\right) = k - \frac{4 m_0 \pi^2 Z' e^2 c_1}{h^2} \frac{1}{k}, \tag{13}$$

und damit erhalten wir für die effektive Quantenzahl:

$$\overset{*}{n} = n_r + \overset{*}{k} = n - \frac{4 m_0 \pi^2 Z' e^2 c_1}{h^2} \frac{1}{k} = n + \Delta. \tag{14}$$

Das ist aber, da Δ eine von n unabhängige Konstante ist, schon die Rydberg-Korrektur des Balmer-Terms; denn die Energie ist jetzt:

$$U_{n,k} = -\frac{R Z'^2 h c}{\left(n - \frac{4 m_0 \pi^2 Z' e^2 c_1}{h^2 k}\right)^2}. \tag{15}$$

Man erkennt in der in (14) angegebenen Form für Δ, daß in Ausführung und Präzisierung unserer allgemeinen Darlegung die Größen Δ in der Tat mit der azimutalen Quantenzahl k zusammenhängen; je größer k wird, d. h. je mehr wir in der Reihe $s, p, d, f, \ldots$ fortschreiten, um so kleiner wird — in Übereinstimmung mit der Erfahrung — die Korrektionsgröße Δ. Das ist auch nach den Erörterungen der Nr. 15 leicht verständlich. Denn bei gegebenem n, d. h. bei gegebener großer Halbachse, werden die Ellipsen um so exzentrischer, je kleiner k ist; für $k = n$ haben wir umgekehrt einen Kreis mit der Exzentrizität Null. Nun sind alle diese Bahnen konfokal; daher ist die Kreisbahn vom Fokus, d. h. von dem Atomrumpf, am weitesten entfernt. Dem kleinstmöglichen Werte $k = 1$ entspricht umgekehrt eine Ellipse, die im Perihel dem Rumpf relativ nahekommt. Man erkennt dies, wenn man die Ellipsenbahnen der Fig. 15, die dem Fall $n = 3$ entsprechen, mit dem Brennpunkt aufeinanderlegt; das gibt das Bild der Fig. 33. Am kleinsten muß also die Δ-Korrektion für die 3_3-Bahn, am größten für die 3_1-Bahn werden.

Noch nicht festgelegt, und bis zu einem gewissen Grade willkürlich, ist durch die obige Betrachtung der absolute Wert von k; wir wissen nur, daß k in der Reihenfolge s, p, d . . . um je eine Einheit zunimmt. Es ist aber naheliegend und hat sich durchaus bewährt, für die s-Terme $k = 1$, für die p-Terme $k = 2$ usw. zu setzen, wie Sommerfeld zuerst getan hat.

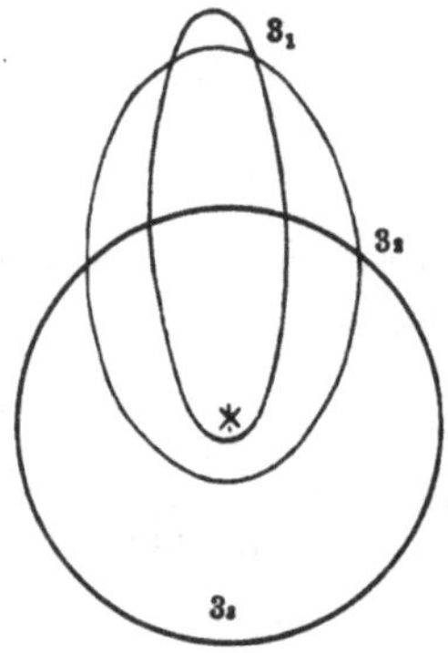

Fig. 33.

Wir können nun in der Entwicklung für Φ weitergehen, indem wir noch das Glied $c_2 \frac{Z' e^2}{r^3}$ hinzunehmen; das gibt im Ganzen wieder eine Rydberg-Korrektur, die nur einen anderen Wert hat. Etwas Neues aber ergibt das Glied $c_3 \frac{Z' e^2}{r^4}$. Da wir schon wissen, daß die vorhergehenden Glieder auf Rydberg-Korrekturen führen, wollen wir nur das Glied mit c_3 beibehalten, also statt (6) schreiben:

$$U = \frac{1}{2 m_0}\left(p_r^2 + \frac{1}{r^2} p_\varphi^2\right) - \frac{Z' e^2}{r} - c_3 \frac{Z' e^2}{r^4}. \tag{16}$$

Das liefert nach Einführung des Wertes $p_\varphi = \frac{k h}{2 \pi}$ für p_r statt (9):

$$p_r = \sqrt{2 m_0 U + \frac{2 m_0 Z' e^2}{r} - \frac{k^2 h^2}{4 \pi^2} \frac{1}{r^2} + \frac{2 m_0 c_3 Z' e^2}{r^4}}. \tag{17}$$

Die radiale Quantenbedingung lautet dann mit leicht verständlichen Abkürzungen:

$$\left\{\begin{aligned} n_r h &= \oint \sqrt{A + \frac{B}{r} + \frac{C}{r^2} + \frac{D}{r^4}}\, d r \\ &= \oint d r \sqrt{\left(A + \frac{B}{r} + \frac{C}{r^2}\right)\left(1 + \frac{\frac{D}{r^4}}{A + \frac{B}{r} + \frac{C}{r^2}}\right)}. \end{aligned}\right. \tag{18}$$

Da D als kleine Größe zu betrachten ist, liefert Entwicklung der Wurzel:

$$n_r h = \oint \sqrt{A + \frac{B}{r} + \frac{C}{r^2}} \left\{1 + \frac{D}{2 r^4} \frac{1}{A + \frac{B}{r} + \frac{C}{r^2}}\right\} d r,$$

oder:

$$n_r h = \oint \sqrt{A + \frac{B}{r} + \frac{C}{r^2}}\, d r + \frac{D}{2} \oint \frac{1}{r^4} \frac{1}{\sqrt{A + \frac{B}{r} + \frac{C}{r^2}}}\, d r. \tag{19}$$

Die Integrale sind vom gleichen bzw. verwandten Typus, wie in (19) des III. Kapitels auf pag. 82; die Ausrechnung, die dem Leser überlassen sei, liefert das Ergebnis:

$$\overset{*}{n} = n + a + \frac{b}{n^2}, \tag{20}$$

d. h. die Form der Ritzschen Korrektur (2b).

So ist das Ergebnis dieser angenäherten Methode durchaus befriedigend; natürlich kann man keine exakte numerische Übereinstimmung zwischen den beobachteten und berechneten Δ-Korrekturen erwarten, weil die Näherung zu grob ist; aber man kann sagen, daß im allgemeinen die Größenordnung stimmt, mit Ausnahme der Fälle mit kleinem k, wo die Δ-Korrektur besonders groß ist.

Bevor wir näher darauf eingehen, wollen wir noch das Glied $\frac{c_3 Z' e^2}{r^4}$, das offenbar in der Entwicklung von Φ eine wichtige Rolle spielt, etwas besser physikalisch begründen. Wir deuteten schon vorher an, daß im Rumpf die Schwerpunkte der positiven und negativen Ladungen nicht zusammenfallen können; der Rumpf befindet sich ja im Felde des Leuchtelektrons. Selbst wenn der Rumpf für sich allein vollkommene Kugelsymmetrie, also das elektrische Moment Null besitzt, muß dies anders werden, wenn das Leuchtelektron auf den Rumpf wirkt: die positive Kernladung und die negativen Ladungen der umgebenden Elektronenhülle werden durch das äußere Feld in entgegengesetzter Richtung auseinandergeschoben, es tritt ein „induziertes" elektrisches Moment auf, das dem Felde $|\mathfrak{E}| = \frac{e}{r^2}$ des Leuchtelektrons proportional ist; nennt man den Betrag des Momentes M, so ist $M = \beta \frac{e}{r^2}$ zu setzen, wo β eine dem Atomrumpf eigentümliche Konstante, die sogenannte „Polarisierbarkeit" ist. Durch diese Polarisation wird der Atomrumpf ein „Dipol" mit dem genannten Momente; nennen wir die kleine gegenseitige Verrückung der Schwerpunkte der beiden Ladungen l, so können wir den Rumpf schematisch darstellen durch 2 Ladungen $\pm \frac{M}{l}$ im Abstande l; die Verlängerung von l, d. h. die Richtung des Momentes, geht durch das Leuchtelektron, fällt also mit r zusammen. Unter diesen Umständen übt der Rumpf auf das Leuchtelektron im Abstande r offenbar eine Anziehungskraft vom Betrage

$$K = \frac{M e}{l} \left\{ \frac{1}{r^2} - \frac{1}{(r+l)^2} \right\} = \frac{M e}{l} \left\{ \frac{(2r+l)l}{r^2 (r+l)^2} \right\} \approx \frac{2 M e}{r^3}$$

aus, oder wenn für M der Wert $\beta \frac{e}{r^2}$ eingesetzt wird:

$$K = \frac{2 \beta e^2}{r^5} = - \frac{d}{dr} \left(\frac{\beta e^2}{2 r^4} \right); \tag{21}$$

d. h. aber, daß die potentielle Energie des Systems Rumpf-Leuchtelektron neben dem Coulombschen Gliede ein Glied proportional $\frac{1}{r^4}$ enthalten muß; die oben rein formal eingeführte Konstante c_3 hat nunmehr ihre physikalische Bedeutung erhalten $\left(c_3 Z' = \frac{\beta}{2}\right)$. Wir wollen ebensowenig wie oben die ganze Rechnung durchführen, sondern nur das Resultat angeben, das sich für die Konstanten a und b der Ritzschen Korrektur ergibt. Man findet

$$(22)\quad \begin{cases} a = -\dfrac{48\, Z'^2 \pi^6 m_0^3 e^6 \beta}{h^6} \dfrac{1}{k^5}, \\ b = +\dfrac{16\, Z'^2 \pi^6 m_0^3 e^6 \beta}{h^6} \dfrac{1}{k^3}, \\ \left|\dfrac{b}{a}\right| = \dfrac{k^2}{3}. \end{cases}$$

Diese Formeln können in gewisser Weise geprüft werden, indem man annimmt, daß das β des Atomrumpfes übereinstimmt mit der Polarisierbarkeit desjenigen Elementes, das unmittelbar im periodischen System vorhergeht. Für die Alkalien sind das die Edelgase. Es fand sich im ganzen eine leidliche Übereinstimmung bei höheren Werten von k; zu je höheren Atomgewichten man kommt, zu desto höheren k-Werten muß man übergehen, um Übereinstimmung zu erhalten; bei Li z. B. fallen die s-Terme ($k = 1$) heraus, bei Na auch noch die p-Terme ($k = 2$) usw. Wir wollen dies etwas genauer untersuchen, um festzustellen, woran dieses Versagen für kleine k-Werte liegt.

Es ist dabei zu beachten, daß nach (22) die Konstante a der Ritz-Korrektur kleiner als Null ist; geht man ferner zu größeren Werten Z' über, etwa indem man die schon früher erwähnte „alkaliähnliche" Reihe Na ($Z' = 1$), Mg^+ ($Z' = 2$), Al^{++} ($Z' = 3$), Si^{+++} ($Z' = 4$) untersucht, so sollte nach (22) $\overset{*}{n} = n + a + \frac{b}{n^2}$ mit wachsendem Z' abnehmen[1]);

Term[2])	Na $Z' = 1$	Mg^+ $Z' = 2$	Al^{++} $Z' = 3$	Si^{+++} $Z' = 4$	→ ←
(1, s)	1,627	1,902	2,074	2,195	→ 3
(2, s)	2,642	2,920	3,092	3,212	→ 4
(3, s)	3,647	3,925	4,097	4,217	→ 5
(2, p)	2,117	2,265	2,370	2,450	→ 3
(3, p)	3,133	3,287	3,392	3,471	→ 4
(4, p)	4,138	4,294	4,399	4,478	→ 5
(3, d)	2,989	2,959	2,949	2,935	← 3
(4, d)	3,987	3,951	3,938	3,922	← 4
(5, d)	4,986	4,958	4,933	4,917	← 5
(4, f)	3,9984	3,9965	3,9957	3,9955	← 4
(5, f)	4,9982	4,9959	4,9949	4,9939	← 5

[1]) Man sieht dies deutlich, wenn man unter Beachtung von (22) $\overset{*}{n}$ in folgender Weise darstellt:

$$\overset{*}{n} = n - \frac{Z'^2 C}{k^5}\left(1 - \frac{k^2}{3\, n^2}\right);$$

C ist eine nach (22) leicht erkennbare positive Größe; da also das zweite Glied rechts negativ ist (wegen $k \leqq n$), so müßte tatsächlich $\overset{*}{n}$ mit wachsendem Z' abnehmen.

[2]) Die Zahlen dieser Kolumne bedeuten die konventionellen Laufzahlen m.

die vorstehende Tabelle zeigt das wirkliche Verhalten; die Zahlen derselben sind die empirisch bestimmten effektiven Quantenzahlen $\overset{*}{n}$.

Das von der Theorie geforderte Verhalten zeigen nur die *d*- und *f*-Terme bei den gewählten Substanzen; bei ihnen entfernt sich $\overset{*}{n}$ bei wachsendem Z' nach unten von dem in der letzten Kolumne angegebenen ganzzahligen Wert. Dagegen zeigen die *s*- und *p*-Terme das umgekehrte Verhalten: $\overset{*}{n}$ wächst mit zunehmendem Z' und strebt der rechts angegebenen ganzen Zahl entgegen; wir haben beides in der letzten Kolumne durch die Richtung der Pfeile angedeutet. Wie ist nun dies Verhalten zu erklären? Offenbar dadurch, daß für die Bahnen mit hinreichend kleinen *k*-Werten, d. h. mit hinreichend großer Exzentrizität, unsere Voraussetzung, daß alle Teile der Bahn weit außerhalb des Atomrumpfes liegen, nicht mehr zutrifft; wir werden im Gegenteil annehmen müssen, daß dem Perihel benachbarte Teile der Bahn in den Rumpf „eintauchen". Dort stehen sie natürlich unter anderen Bedingungen:

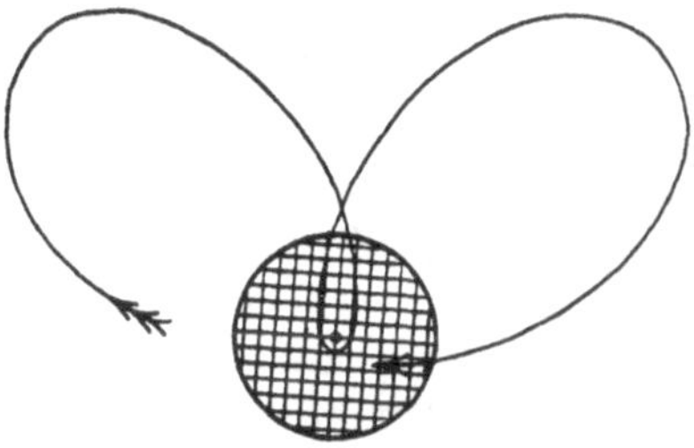

Fig. 34.

Es ist zwar auch dieser Teil der Bahn noch angenähert eine Ellipse, aber wegen der starken wirkenden Kräfte viel stärker gekrümmt, so daß eine erhebliche Periheldrehung stattfinden muß. Diese Erklärung wurde zuerst von Schrödinger gegeben, der auch eine angenäherte Berechnung durchgeführt hat. Danach zerfallen die Bahnen des Leuchtelektrons in „nichteindringende" und in „Tauchbahnen"; zu letzteren gehören nach Ausweis der Tabelle bei Na die den *s*- und *p*-Termen entsprechenden; bei Li sind es nur die *s*-Terme, bei *K* tritt noch die *d*-Termfolge hinzu usw. Auf etwas anderer Basis hat Fues diese Rechnungen weitergeführt und gute Übereinstimmung mit den Beobachtungen erhalten. Wir gehen nicht näher darauf ein, da wir nur zeigen wollten, wie sich die ältere Quantentheorie mit dem Problem der optischen Spektren abfindet, und daß sie uns wenigstens in großen Zügen ein Verständnis der Tatsachen ermöglicht.

23. Zeeman- und Stark-Effekt der Alkalien.

Bevor wir auf die Frage eingehen, wie die bisher vollkommen vernachlässigte Dublettstruktur der Alkaliterme zu erklären ist, wollen wir wenigstens ganz kurz den Zeeman- und Stark-Effekt bei den Alkalien erörtern.

Was den ersteren anlangt, so können wir uns besonders kurz fassen. Denn das Larmorsche Theorem, wonach die Wirkung des Magnetfeldes einfach darin besteht, daß das ganze Atom eine Drehung um das Magnetfeld als Achse erfährt, bleibt auch hier bestehen. Ohne weitere Erörterung ergibt sich daraus das theoretische Ergebnis, daß alle Linien in ein normales Zeeman-Triplett aufgespalten werden sollten — was im allgemeinen nicht der Fall ist. Hier liegt also dieselbe Unzulänglichkeit der Theorie vor, auf die wir schon früher gestoßen waren, und die wir noch zu beseitigen haben.

Was den Stark-Effekt angeht, so können wir uns ebenfalls kurz fassen, indem wir zunächst die im III. Kapitel gegebene Theorie anschaulich interpretieren. Sie kommt darauf hinaus, die Energieänderung ΔU zu berechnen, die durch das Einschalten des elektrischen Feldes F (parallel der z-Richtung) am Balmer-Term hervorgebracht wird. Diese Änderung ist in Gleichung (134) des III. Kapitels gegeben:

$$\Delta U = \frac{3 h^2 n n_e}{8 m_0 \pi^2 Z e} F . \tag{23}$$

Anderseits ist die momentane Energieänderung gegeben durch den Ausdruck $F e z$ (1. Gleichung der Nr. 20), wo z die z-Koordinate des Elektrons ist. Nun kann man die Wirkung des Feldes als eine „Störung" der gewöhnlichen Kepler-Bewegung ansehen, und solange diese Störung klein ist, kann man für z seinen Mittelwert $\bar{z}$ der ungestörten (feldlosen) Bahn nehmen, so daß man rein formal neben (23) auch hat:

$$\Delta U = F e \bar{z} , \tag{24}$$

woraus sich durch Vergleich mit (23) der Wert von $\bar{z}$ ergibt. Natürlich kann man diesen Wert für die Kepler-Bewegung direkt ausrechnen und so den Ausdruck (23) gewinnen; das ist die Methode, nach der Bohr und Kramers den Stark-Effekt behandelt haben.

Nunmehr können wir diesen Gedankengang auf die Bewegung des Leuchtelektrons bei den Alkalien anwenden. Die Bahnen sind im allgemeinen n_k-Bahnen, d. h. Rosettenbahnen, Ellipsen mit Periheldrehung; nur die Bahnen mit hinreichend großem k sind (wegen der Kleinheit der Ritz-Korrektur) nahezu Ellipsen. Für diese letzteren Bahnen kann man den Ausdruck (23) einfach übernehmen, da $\bar{z}$ den nämlichen Wert hat: Man wird also den gewöhnlichen linearen Stark-Effekt erwarten müssen bei allen den Spektrallinien, die durch Kombination wasserstoffähnlicher Terme zustande kommen. Bei Li wären das die Linien der ersten Nebenserie $[\tilde{\nu} = (2, p) - (m, d)]$, da sowohl die p- wie die d-Terme die verlangte Eigenschaft haben. Wie aber steht es mit den tieferen k-Werten, die einer starken Perihelbewegung entsprechen? Für die Rosettenbewegung ist wegen der vollkommenen Symmetrie ohne Feld $\bar{z} = 0$, d. h. in erster Näherung ist überhaupt kein Stark-Effekt zu erwarten. Nun wird allerdings das Feld F die Rosettenbewegung deformieren, also selbst ein $\bar{z}$ erzeugen, das proportional F ist: $\bar{z} = \gamma F$. Damit wird die Energieänderung

$$\Delta U = F e \bar{z} = \gamma e F^2 , \tag{25}$$

d. h. in zweiter Näherung wird eine Art quadratischen Stark-Effektes auftreten[1]). Diese Verhältnisse werden wir bei solchen Linien finden, bei deren Zustandekommen eine „Tauchbahn“ beteiligt ist. Bei Li sind das sowohl die Linien der Hauptserie $[\tilde{\nu} = (1, s) - (m, p)]$, wie die der 2. Nebenserie $[\tilde{\nu} = (2, p) - (m, s)]$. Die Beobachtung gibt dem vollkommen recht. Einerseits haben Stark und Kirschbaum, sowie Starks Schüler Lüssem an den Linien der 1. Nebenserie des Li den gewöhnlichen Stark-Effekt gefunden; anderseits R. Ladenburg an den D-Linien des Na (Hauptserie), sowie Stark und seine Schüler an der Li-Hauptserie und der 2. Nebenserie den hier geforderten quadratischen Stark-Effekt.

Die Leistung der Theorie ist also etwa dieselbe wie bei Wasserstoff: Unzulänglichkeit beim Zeeman-Effekt, Ausreichen beim Stark-Effekt.

24. Die Dublettstruktur der Alkalien; der Elektronendrall (Spin); allgemeine Erklärung der Multiplettstruktur.

Wir wenden uns jetzt der Frage zu, wie die Dublettstruktur der Alkaliterme zu erklären ist. Für die Bahn des Leuchtelektrons werden zwei Quantenzahlen n und k benötigt, zu denen im Falle der Wirkung eines Magnetfeldes noch die magnetische Quantenzahl m hinzutritt; d. h. wir haben soviel Quantenzahlen, wie das Elektron Freiheitsgrade hat, — wenigstens wenn es als punktförmig betrachtet wird, wie wir es bisher getan haben. Die Frage ist aber die, wie man dem Atom die Möglichkeit einer noch weiteren Aufspaltung der Terme verschaffen kann. Es lag nahe zu denken, daß der Atomrumpf — infolge der Anordnung der Elektronenbahnen — einen ihm eigentümlichen Drehimpuls besitzen könne; dieser könnte sich dann mit dem durch k gemessenen Bahnimpuls des Leuchtelektrons — je nach der Rotationsrichtung — auf zwei verschiedene Weisen zusammensetzen; so käme man noch zu zwei verschiedenen Energiewerten bei gegebenen Quantenzahlen n, k, m, d. h. so könnte man die weitere Termaufspaltung erklären. In der Tat ist der Versuch gemacht worden, dem Atomrumpf der Alkalien einen eigenen Drehimpuls zuzuschreiben (z. B. Landé); aber dieser Gedanke ist aus mehreren Gründen nicht durchführbar. Von ihnen wollen wir nur einen, aber durchschlagenden anführen: Der Atomrumpf müßte dann auch ein magnetisches Moment haben, wie wir im III. Kapitel im Sonderfalle des Wasserstoffes gezeigt haben, d. h. er müßte para-

[1]) Dieser ist etwas vollkommen anderes, als der quadratische Stark-Effekt, den wir für sehr große Felder bei Wasserstoff fanden: Letztgenannter entwickelt sich aus dem linearen Stark-Effekt, der hier nicht auftritt. Erst bei so starken Feldern, daß sie die Rosettenbewegung zerstören, kann auch hier ein linearer Stark-Effekt und im Anschluß daran bei noch stärkeren Feldern der normale quadratische auftreten. — Bei ganz schwachen Feldern muß der hier besprochene „quadratische“ Stark-Effekt übrigens auch bei Wasserstoff auftreten, nämlich bei so schwachen Feldern, daß die relativistische Rosettenbewegung noch nicht gestört wird.

magnetisch sein. Der Atomrumpf der Alkalien hat aber die Elektronenanordnung des jeweils vorangehenden Edelgases — und die Edelgase sind sämtlich diamagnetisch. Daher kann man dem Atomrumpf einen eigenen Drehimpuls nicht zuschreiben.

Unter diesen Umständen bleibt nur übrig, den Sitz des Drehimpulses im Leuchtelektron selbst zu suchen, d. h. das Elektron nicht mehr als punktförmig zu betrachten, sondern etwa als eine kleine Kugel mit gleichförmiger Oberflächenladung, die um einen ihrer Durchmesser rotiert. Dieser Schritt wurde 1925 von Goudsmit und Uhlenbeck[1]) getan, nachdem der gleiche Vorschlag früher schon mehrere Male gemacht worden war, ohne damals Anklang zu finden. Nennen wir den Vektor des Eigendrehimpulses des Elektrons $\mathfrak{s}$ (Betrag s)[2]) — man hat dafür den Namen „Elektronendrall" oder „Spin" eingeführt —, den Bahndrehimpuls des Leuchtelektrons $\mathfrak{k}$[3]), so sollte also der Gesamtdrehimpuls des Elektrons $\mathfrak{j}$[3]) die Vektorsumme aus beiden sein:

(26) $$\mathfrak{j} = \mathfrak{k} + \mathfrak{s}$$ [2]).

Wir werden sehen, daß durch die Hypothese des Elektronendralls die Schwierigkeiten im wesentlichen beseitigt werden; allerdings werden wir Gleichung (26) noch durch eine andere ersetzen müssen. Zunächst wollen wir einmal feststellen, welchen Wert der Vektor $\mathfrak{s}$ haben muß, um die Tatsachen darzustellen. Der resultierende Wert $\mathfrak{j}$ des Drehimpulses hängt natürlich, außer von dem Betrag von $\mathfrak{s}$ auch von dessen Richtung gegenüber dem Vektor $\mathfrak{k}$ des Bahnimpulses ab. Nun haben wir aber in Nr. 18 bewiesen, daß der Bahnimpuls $\mathfrak{k}$ im Raume nur $(2k + 1)$ ausgezeichnete Richtungen annehmen kann, wenn eine Vorzugsrichtung in diesem vorhanden ist. Es liegt nahe, diese Betrachtungsweise auch auf den Eigendrehimpuls des Elektrons anzuwenden. Danach kann er relativ zur Richtung $\mathfrak{k}$ des Bahnimpulses $(2s + 1)$ Richtungen haben, was zu einer $(2s + 1)$-fachen Termaufspaltung bei den Alkalien führen würde. Da die Alkaliterme (mit Ausnahme des s-Terms, den wir für einen Moment außer acht lassen wollen) Dubletts sind, so muß $2s + 1 = 2$ sein, d. h.

(27) $$s = \tfrac{1}{2}.$$

Damit ist zunächst der Betrag des Elektronenspins festgelegt; seine Richtung muß ferner entweder parallel oder antiparallel dem Bahn-

[1]) S. Goudsmit und G. E. Uhlenbeck, Naturwissenschaften **13**, pag. 953, 1925; Nature **107**, pag. 264, 1926.

[2]) Eigentlich ist s die Quantenzahl des Elektronenspins; der Betrag ergibt sich daraus durch Multiplikation mit $\frac{h}{2\pi}$. Es ist aber im folgenden bequem, alle Drehimpulse in Vielfachen der Einheit $\frac{h}{2\pi}$ zu messen. — Eine Verwechslung der Spin-Quantenzahl s mit der Bezeichnung der s-Terme ist wohl nicht zu befürchten.

[3]) Ebenfalls in Vielfachen von $\frac{h}{2\pi}$ gemessen (vgl. Anmerk. 2).

impulsvektor sein, da nur diese beiden räumlichen Orientierungen möglich sind; die Vektoraddition (26) artet also in eine gewöhnliche algebraische Addition aus, so daß zwischen den Quantenzahlen j, k, s der drei Impulse die beiden Gleichungen bestehen müßten:

$$(28) \qquad \begin{cases} j_1 = k + \frac{1}{2}, \\ j_2 = k - \frac{1}{2}. \end{cases}$$

Diese Gleichungen erklären somit die Termaufspaltung bei den p-, d- ... Termen, aber sie würden gleichzeitig auch verlangen, daß der s-Term (mit $k = 1$) ein Dublett wäre. Wir müssen also an unserer Vorstellung eine Korrektur anbringen. Der s-Term kann nur dann ein „Singulett-Term" sein, wenn ihm die Bahnimpulsquantenzahl 0 zukommt; da der Gesamtimpuls $j > 0$ sein muß, ist dann nur die obere Gleichung (28), d. h. $j = \frac{1}{2}$ möglich. Schreiben wir aber dem s-Term die Quantenzahl 0 des Bahnimpulses zu, so müssen wir alle unsere Bahnimpulsquantenzahlen für die p-, d-, f-Terme, die wir bisher durch die k-Werte maßen, um 1 erniedrigen, d. h. von jetzt ab dem p-Term den Bahnimpuls $1 \frac{h}{2\pi}$, dem d-Term $2 \frac{h}{2\pi}$ usw. zuschreiben, d. h. wir müssen allgemein annehmen, daß nicht k, sondern die Zahl

$$(29) \qquad l = k - 1$$

den Drehimpuls der Bahnbewegung mißt[1]). Stellen wir zunächst alle Bedenken hiergegen zurück, so haben wir statt (26) für den Gesamtimpuls des Leuchtelektrons zu schreiben:

$$(30) \qquad \mathfrak{j} = \mathfrak{l} + \mathfrak{s},$$

und die Gleichungen (28) gehen über in die beiden folgenden:

$$(31) \qquad \begin{cases} j_1 = k - 1 + \frac{1}{2} = l + \frac{1}{2}, \\ j_2 = k - 1 - \frac{1}{2} = l - \frac{1}{2}, \end{cases}$$

die sich für die s-Terme ($k = 1$, $l = 0$) auf die eine Gleichung

$$(32) \qquad (j)_{l=0} = +\frac{1}{2}$$

reduzieren.

Fassen wir unser Ergebnis zusammen, so ist die Energie des Leuchtelektrons (bei gleichzeitigem Vorhandensein eines Magnetfeldes) durch die vier Quantenzahlen n, k (oder l), m, j (oder s) zu charakterisieren; bei gegebenen Werten von n, k, m sind im allgemeinen noch zwei j-Werte möglich, die die Dublettstruktur der Alkaliterme p, d, f ... liefern; nur bei den s-Termen ist ein j-Wert vorhanden. Und zwar sind die l- und

[1]) Wir könnten natürlich auch die k-Werte um 1 erniedrigen; man hat es aber vorgezogen, die alten k-Werte beizubehalten und für $(k - 1)$ die neue Bezeichnung l einzuführen. Die s-, p-, d-Terme behalten also ihre alten k-Werte 1, 2, 3, ..., die aber nicht mehr ihre Bahndrehimpulse darstellen.

j-Werte, die den einzelnen Termen nach (31) und (32) zukommen, die folgenden:

$$(33)\qquad \begin{cases} s\text{-Term:} & l = 0; & j = \frac{1}{2}, \\ p\text{-Term:} & l = 1; & j = \frac{1}{2} \text{ und } j = \frac{3}{2}, \\ d\text{-Term:} & l = 2; & j = \frac{3}{2} \text{ und } j = \frac{5}{2}, \\ f\text{-Term:} & l = 3; & j = \frac{5}{2} \text{ und } j = \frac{7}{2}, \text{ usw.} \end{cases}$$

Wir haben also jedenfalls formal durch Einführung der 4. Quantenzahl j unser Modell den Tatsachen angepaßt. Diese formale Erweiterung wurde zuerst von Sommerfeld 1920 vorgenommen, der die Notwendigkeit der Einführung der Quantenzahl j erkannte, die er als „innere" Quantenzahl bezeichnete; ihre modellmäßige Deutung durch Goudsmit und Uhlenbeck erfolgte erst 1925. Natürlich müssen wir noch zeigen, daß die durch die beiden j-Werte bewirkte Aufspaltung der Terme mit den Beobachtungen quantitativ stimmt; das soll in Nummer 27 geschehen.

Hier aber muß darauf aufmerksam gemacht werden, daß unsere Modellvorstellung trotz des formalen Erfolges einen starken Stoß bekommen hat. Denn nach unserem Modell muß k die Quantenzahl sein, die den Bahnimpuls mißt, nicht l, und anderseits verlangt die oben gegebene Deutung der Quantenzahl j als Vektorsumme des Bahn- und Eigenimpulses, daß l der Bahnimpuls sei. Auch müssen wir jetzt notgedrungen die Pendelbahnen ($l = 0$) zulassen, die wir früher aus mechanischen Gründen für unzulässig erklärten. Hier liegt also ein innerer Widerspruch des Modells vor, an dem schließlich die ganze Vorstellung gescheitert ist; wir werden später noch weitere Schwierigkeiten des Modells kennen lernen. Im Grunde ist auch schon die Halbzahligkeit von s und j unerwartet, da wir bisher nur ganze Quantenzahlen kannten; doch sind immerhin noch die Änderungen von s und j ganzzahlig. Trotz dieser Bedenken wollen wir die hier entwickelte Auffassung wegen ihrer Anschaulichkeit und Einfachheit vorläufig beibehalten und in ihren Konsequenzen verfolgen[1]).

Für die Quantenzahl j bestehen gewisse Auswahlregeln, die gleichfalls Sommerfeld 1920 aus dem Beobachtungsmaterial richtig gefolgert hat. Heute, nachdem der Drehimpulscharakter von j modellmäßig klargestellt ist, können wir diese Regeln mit Hilfe des Korrespondenzprinzips gewinnen. Wir dürfen uns dabei auf die ganz analoge Betrachtung stützen, die wir für die magnetische Quantenzahl m in Nr. 18 angestellt haben: Die dort für Δm in Gleichung (98) des III. Kapitels abgeleiteten Beschränkungen gelten auch hier, nämlich:

$$(34)\qquad \Delta j = 0\,, \quad \pm 1\,.$$

Diese Auswahlregel gilt (bei räumlicher Betrachtung) für jeden Drehimpuls; sie stimmt mit Sommerfelds empirischer Formulierung überein.

[1]) Die moderne Quantentheorie (Wellenmechanik) führt zwangsläufig auf die Quantenzahl l und vermeidet auch die übrigen Bedenken.

Wir wollen sie am Beobachtungsmaterial verifizieren. Dazu können wir z. B. die Übergänge zwischen den p- und d-Termen der Alkalien benutzen, die zur Erzeugung der 1. Nebenserie und ihrer Struktur führen. In Gleichung (4a) hatten wir — unter bewußter Vernachlässigung der Duplizität des d-Terms — die Formel für die erste Nebenserie angegeben; tragen wir jetzt auch der Struktur des d-Terms Rechnung, so bekommen wir vier Gleichungen, der Doppelstruktur des konstanten und des Laufterms entsprechend; also

(35) I. Nebenserie der Alkalien

$$\left\{\begin{array}{ll} \tilde{\nu} = (2, p_1) - (m, d_1); & \Delta j = 1 \\ \tilde{\nu} = (2, p_1) - (m, d_2); & \Delta j = 2 \\ \tilde{\nu} = (2, p_2) - (m, d_1); & \Delta j = 0 \\ \tilde{\nu} = (2, p_2) - (m, d_2). & \Delta j = 1 \end{array}\right.$$

Man sollte danach in den Fällen, in denen die Struktur der I. Nebenserie spektroskopisch auflösbar ist, was zwar nicht bei Li, aber bei den schwereren Alkalien (z. B. Cs) der Fall ist, erwarten, daß jede Linie der I. Nebenserie in ein Quartett aufgespalten sei. Man findet indessen nur ein Triplett; denn die Linien $(2, p_1) - (m, d_2)$ fallen aus, da dies einem Übergange $\Delta j = 2$ entsprechen würde, wie aus (35) hervorgeht. Dies ist in vollem Einklang mit der Beobachtung; man erhält nämlich folgendes Aufspaltungsbild (Fig. 35), das dem 1. Gliede der I. Nebenserie von Cs entspricht.

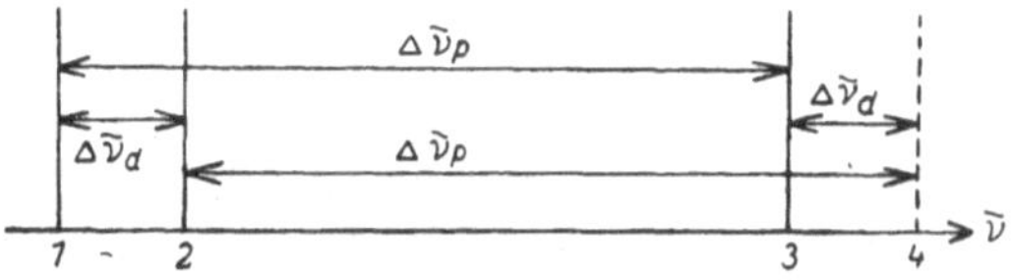

Fig. 35.

Fig. 35a.

Wäre das Quartett vollständig, so würden die beiden Wellenzahldifferenzen $\Delta\tilde{\nu}_d$ (des Laufterms) und $\Delta\tilde{\nu}_p$ (des konstanten Terms) je zweimal auftreten; da aber die punktierte Linie ausfällt, tritt jede dieser Differenzen nur einmal auf; die Differenz $\Delta\tilde{\nu}_p$ ist gleich der Differenz der Wellenzahlen des ersten Dubletts der Hauptserie, da die zugehörigen Elektronensprünge von dem Niveau $(2, p_1)$ bzw. $(2, p_2)$ ausgehen. Nun ist experimentell die Sache dadurch kompliziert, daß die in Fig. 35 mit 1 bezeichnete Linie sehr schwach gegenüber den mit 2 und 3 bezeichneten ist, so daß auf der photographischen Platte das Triplett folgendermaßen aussieht (Fig. 35a).

Einer nicht durch die Theorie geführten Beobachtung muß es also so erscheinen, als ob die zwei starken Linien 2 und 3 die „eigentlichen“ Dublettlinien wären, denen noch ein schwacher „Satellit“ 1 beigefügt wäre; aus der Bezeichnung „Satellit“ geht schon hervor, daß man mit dieser Linie früher nichts anzufangen wußte und ihr keine wesentliche

Bedeutung zuschrieb. Nun tritt aber nach Fig. 35 die charakteristische Differenz $\Delta \tilde{\nu}_p$ nicht zwischen den beiden vermeintlichen Hauptlinien, sondern zwischen dem „Satelliten" 1 und der „Hauptlinie" 3 auf; d. h. das Bild, das man sich von der Aufspaltung früher machen konnte, war durchaus verworren. Es wurde erst klar, nachdem man mit Hilfe der Theorie erkannt hatte, daß man es eigentlich mit einem Quartett zu tun hat, dessen Struktur ganz durchsichtig wäre; verwirrt wird die Sache durch die Auswahlregel, die ein Triplett daraus macht. So ist es auch in komplizierteren Fällen, zu deren Skizzierung wir jetzt übergehen wollen.

Die Einführung des Elektronendralls würde sich kaum rechtfertigen lassen, wenn sie nicht auch bei den übrigen Spektren die auftretende Vielfachheit der Terme (Multiplettstruktur) erklärte. Wir begnügen uns damit, dies für die nächste Kolumne des periodischen Systems, die Erdalkalien, zu erläutern. Diese Elemente besitzen ein Elektron mehr als das vorhergehende Alkalimetall, haben also zwei äußere Elektronen, deren jedes mit einem Drall $\mathfrak{s}_1$ und $\mathfrak{s}_2$ vom gleichen Betrage $\frac{1}{2} \cdot \frac{h}{2\pi}$ versehen ist. Die Spektren der Erdalkalien, deren einzelne Linien kompliziertere Gebilde sind als die der Alkalien, indem es Einzellinien, Tripletts und Sextetts gibt, lassen sich dadurch vollkommen klären, daß man eine Reihe von einfachen Termfolgen annimmt, die wir in der Paschenschen Symbolik durch die großen Buchstaben $S, P, D, F \ldots$ bezeichnen; die Kombinationen dieser Terme geben je eine einfache Hauptserie, I. und II. Nebenserie, Bergmann-Serie. Daneben existiert noch eine einfache s-Folge, sowie dreifache p-, d-, f-Folgen. Weiter brauchen wir auf diese Spektren zunächst nicht einzugehen; wir haben zu erklären — mit Hilfe des Elektronenspins — warum Einfach- und Triplettterme auftreten müssen. Da wir zwei äußere Elektronen haben, deren jedes einen Bahnimpuls $\mathfrak{l}_1$ und $\mathfrak{l}_2$ sowie einen Drall $\mathfrak{s}_1$ und $\mathfrak{s}_2$ hat, wird es darauf ankommen, wie diese Drehimpulse sich zusammensetzen. An sich sind sehr verschiedene Möglichkeiten vorhanden. Es hat sich aber gezeigt (Russel und Saunders), daß die folgende Art der Zusammensetzung am häufigsten vorkommet: Die Bahnimpulse $\mathfrak{l}_1$ und $\mathfrak{l}_2$ setzen sich für sich zu einem resultierenden Bahnimpuls $\mathfrak{l}$ zusammen; ebenso die Spinimpulse. Letztere sollen sich insbesondere parallel oder antiparallel zueinander einstellen, so daß sie sich entweder addieren oder subtrahieren. (Der resultierende Spinvektor $\mathfrak{s}$ setzt sich also durch gewöhnliche Addition oder Subtraktion aus den Einzelspins $\mathfrak{s}_1$ und $\mathfrak{s}_2$ zusammen.) Das bedeutet physikalisch offenbar, daß die Spins unter sich sowie die Bahnimpulse unter sich stark „gekoppelt" sind (durch ihre Magnetfelder natürlich). Die resultierenden Impulse $\mathfrak{l}$ und $\mathfrak{s}$ setzen sich erst dann zu einem resultierenden Gesamtimpuls $\mathfrak{j}$ zusammen; das bedeutet, daß die magnetische Koppelung zwischen $\mathfrak{l}$ und $\mathfrak{s}$ schwächer ist als die eben besprochene Koppelung. Dieses ganze System nennt man nach seinen Begründern die Russel-Saunders-Koppelung.

Betrachten wir zuerst den Fall, daß die Spinimpulse sich subtrahieren, so ist der resultierende Drall $\mathfrak{s} = 0$, d. h. der Betrag $s = 0$. Es gibt also keine Möglichkeit einer weiteren Aufspaltung der Niveaus: das erklärt also die Einfachheit der S-, P-, D-, F-Termfolgen, d. h. die Einfachlinien der Erdalkalispektren. Betrachten wir dagegen den Fall gleichgerichteter Spins, so ist $\mathfrak{s} = \mathfrak{s}_1 + \mathfrak{s}_2$, d. h. der Betrag $s = 1$; dem entsprechen $2s + 1 = 3$ Einstellmöglichkeiten gegenüber dem resultierenden Bahnimpuls $\mathfrak{l}$. Für den resultierenden Gesamtimpuls $\mathfrak{j}$ hat man also:

$$\mathfrak{j} = \mathfrak{l} + \mathfrak{s}$$

und gemäß den drei Einstellungen von $\mathfrak{s}$ gegenüber $\mathfrak{l}$ gibt es drei j-Werte; da die Projektionen von $\mathfrak{s}$ auf $\mathfrak{l}$ hier ganzzahlig $(+1, 0, -1)$ sind, so ist auch j hier ganzzahlig. Und zwar erhält man für $l = 0$ den einen j-Wert 1, der demgemäß der einfachen s-Termfolge zuzuordnen ist. Für $l = 1$ findet man die j-Werte 0, 1, 2, die der dreifachen p-Folge zukommen; der dreifachen d-Folge $(l = 2)$ kommen die Werte $j = 1, 2, 3$ usw. zu[1]).

Man sieht wie die Einführung des Elektronenspins bzw. der inneren Quantenzahl j die komplizierten Verhältnisse klärt. Statt weiterer Details wollen wir die Ergebnisse bei der 1. Triplettnebenserie besprechen, die Übergängen von den dreifachen d-Termen zu den dreifachen p-Termen entsprechen und deren allgemeine Gleichungen die folgenden sind:

$$(36) \qquad \tilde{\nu} = (2, p_i) - (m, d_k); \qquad (i = 0, 1, 2;\quad k = 1, 2, 3).$$

Diese Gleichung repräsentiert an sich neun Gleichungen, da mit jedem der drei i-Werte des p-Terms jeder der drei k-Werte des d-Terms kombinieren kann. Danach sollte jede Linie dieser I. Nebenserie aus neun Einzellinien bestehen. Durch die Auswahlregel für j werden aber drei Übergänge ausgeschaltet, so daß nur die folgenden sechs übrigbleiben (tatsächlich besteht diese I. Nebenserie aus Sextetts):

$$(37) \quad \left\{ \begin{array}{lll} 1. & \tilde{\nu} = (2, p_0) - (m, d_1); & \Delta j = +1 \\ 2. & \left\{ \begin{array}{l} \tilde{\nu} = (2, p_1) - (m, d_1); \\ \tilde{\nu} = (2, p_1) - (m, d_2); \end{array} \right. & \begin{array}{l} \Delta j = 0 \\ \Delta j = +1 \end{array} \\ 3. & \left\{ \begin{array}{l} \tilde{\nu} = (2, p_2) - (m, d_1); \\ \tilde{\nu} = (2, p_2) - (m, d_2); \\ \tilde{\nu} = (2, p_2) - (m, d_3). \end{array} \right. & \begin{array}{l} \Delta j = -1 \\ \Delta j = 0 \\ \Delta j = +1 \end{array} \end{array} \right.$$

[1]) Das neutrale Heliumatom besitzt auch zwei Elektronen; auch bei seinem Spektrum hat man daher Einfachterme und Triplett-Terme zu erwarten. Die ersteren waren lange bekannt; die letzteren hat man lange Zeit als Dublett-Terme betrachtet, bis genauere Messungen sie in der Tat als Triplett-Terme nachwiesen. Die beiden Spektren sind bei Helium so charakteristisch verschieden, daß man sogar an die Möglichkeit gedacht hat, daß man es mit einer Mischung von zwei Gasen zu tun habe, deren einem, dem Parhelium, das Einfachspektrum, deren anderem, dem Orthohelium, das Triplettspektrum zukomme. Die Namen haben sich erhalten, aber die verschiedenartigen Spektren erklären sich auf die oben angegebene Weise. Auf das Heliumspektrum kommen wir im nächsten Kapitel noch einmal zurück.

In der folgenden Fig. 36 bringen wir als Beispiel dafür das sogenannte „zusammengesetzte“ Triplett (2, p) — (3, d) für Kalzium, wobei wir gleichzeitig durch die Stärke der Linien die Intensität zum Ausdruck bringen; die ausfallenden Linien sind punktiert.

Man erkennt auch hier, wie einfach die Struktur des Nonetts wäre, wenn es vollkommen erschiene; das aus ihm verstümmelte Sextett ist ohne Theorie fast unerklärlich[1]); das volle Verständnis, das die Quantentheorie ermöglicht, bildet unzweifelhaft einen ihrer schönsten Ruhmestitel.

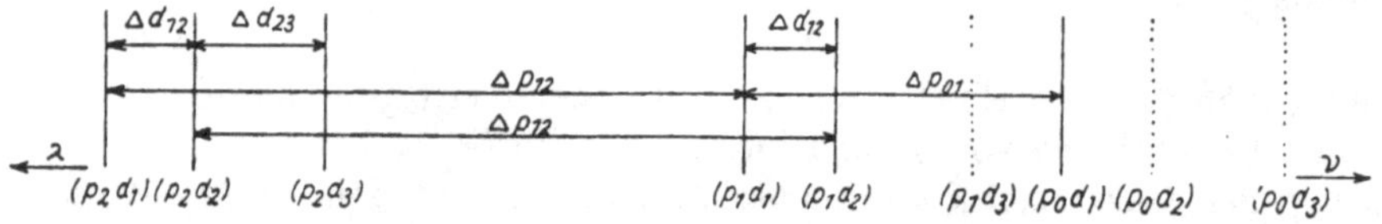

Fig. 36.

Fig. 37.

Wir wollen die obigen Betrachtungen noch durch eine geometrisch-kinematische ergänzen. Die Gleichung (30) läßt sich durch die Fig. 37 veranschaulichen, die die Vektoraddition zum Ausdruck bringt; sie ist also charakteristisch für die Russel-Saunders-Koppelung. Nun behält bei einem freien System $\mathfrak{j}$ als resultierender Drehimpuls seine Größe und Richtung im Raume bei; die beiden anderen Vektoren $\mathfrak{l}$ und $\mathfrak{s}$ tun dies nicht, da sie durch ihre Magnetfelder Drehmomente aufeinander ausüben. Da aber stets die räumliche Konfiguration der Fig. 37 erhalten bleibt, so bedeutet das, daß die Vektoren $\mathfrak{l}$ und $\mathfrak{s}$ gemeinsam um die Richtung $\mathfrak{j}$ präzessieren, was durch den geschwungenen Pfeil in der Figur angedeutet ist.

25. Das magnetische Moment des rotierenden Elektrons; die magnetomechanische Anomalie und die Versuche von Stern-Gerlach und Einstein-de Haas.

Mit dem Auftreten eines mechanischen Spinmomentes $\mathfrak{s}\frac{h}{2\pi}$ ist ein magnetisches Moment verbunden, das wir mit $\mathfrak{M}_s$ (magnetisches Spinmoment) bezeichnen wollen. Dies wollen wir berechnen und mit dem mechanischen Moment vergleichen, wie wir es in Nr. 19 mit den entsprechenden Bahnmomenten getan haben. Betrachten wir das Elektron als eine mit gleichmäßiger Oberflächenladung e versehene Kugel vom Radius a, die um die z-Achse rotieren möge, so ist die elektrische Oberflächendichte $\eta = \frac{e}{4\pi a^2}$. Greifen wir nun einen Ring von der Winkelbreite $d\vartheta$ auf der Kugelfläche um die z-Achse heraus (Fig. 38), so hat er die Fläche $2\pi a^2 \sin\vartheta\, d\vartheta$; auf ihm sitzt also die Elektrizitäts-

[1]) Um so bewunderungswürdiger ist die Leistung Rydbergs, der diese Linienstruktur schon 1893 richtig gedeutet hat.

menge $d\,e = \frac{e}{4\,\pi\,a^2}\,2\,\pi\,a^2 \sin\vartheta\,d\,\vartheta = \frac{e}{2}\sin\vartheta\,d\,\vartheta$. Dreht sich die Kugel um die z-Achse mit der Winkelgeschwindigkeit ω, so erzeugt diese Ladung einen Strom $d\,J = \frac{e}{2}\sin\vartheta\,d\vartheta\,\frac{\omega}{2\,\pi} = \frac{e\,\omega}{4\,\pi}\sin\vartheta\,d\vartheta$; dieser Elementarstrom umspannt eine Fläche von der Größe $a^2\,\pi\,\sin^2\vartheta$, wie sich aus der Figur sofort ergibt. Dem Elementarstrom dJ entspricht ein magnetisches Elementarmoment $d\,\mathfrak{M}_s$, das wir erhalten, wenn wir dJ mit der Stromfläche multiplizieren und durch c dividieren[1]):

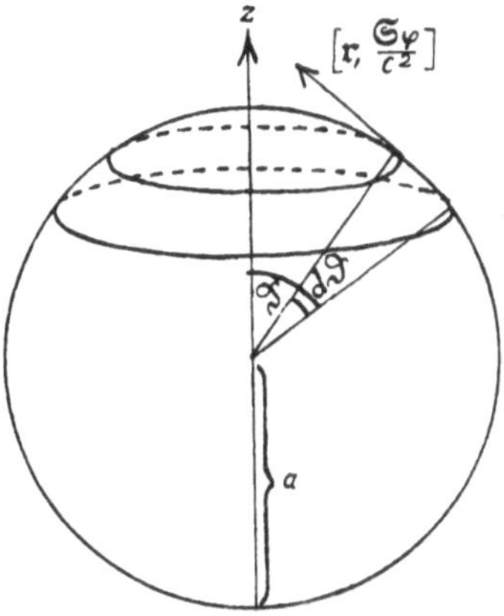

Fig. 38.

$$(38)\quad d\,\mathfrak{M}_s = \frac{dJ}{c}\,a^2\pi\sin^2\vartheta = \frac{\omega\,e\,a^2}{4\,c}\sin^3\vartheta\,d\vartheta.$$

Dieses elementare magnetische Moment ist parallel der z-Achse gerichtet; indem wir es über ϑ von 0 bis π integrieren, erhalten wir das gesamte magnetische Spinmoment:

$$(39)\quad |\mathfrak{M}_s| = \frac{\omega\,e\,a^2}{4\,c}\int\limits_0^\pi \sin^3\vartheta\,d\vartheta = \frac{1}{3}\,\frac{\omega\,e\,a^2}{c}.$$

Wir wollen nun auch das mechanische Moment $\mathfrak{D}_s$ des um die z-Achse rotierenden Elektrons berechnen. Dieses erzeugt nämlich außer dem elektrischen Felde $\mathfrak{E}$ auch ein magnetisches Feld $\mathfrak{H}$ im Außenraume, und der Poyntingsche Vektor $\mathfrak{S} = \frac{c}{4\,\pi}[\mathfrak{E}\,\mathfrak{H}]$ ist[2]) gleich dem c^2-fachen linearen Impuls pro Volumeinheit; also ist $\frac{1}{c^2}\,[\mathfrak{r}\,\mathfrak{S}]$ gleich dem mechanischen Moment $\mathfrak{D}_s$, das wir berechnen wollen. Das elektrische Feld des Elektrons $\mathfrak{E}_r = \frac{e}{r^2}$ ist parallel $\mathfrak{r}$ gerichtet; von dem magnetischen Felde eines Magneten mit dem Moment $\mathfrak{M}_s$ parallel der z-Achse kommt nur die zu $\mathfrak{r}$ senkrechte Komponente $\mathfrak{H}_\vartheta$ in Frage, und zwar ist $\mathfrak{H}_\vartheta = \frac{|\mathfrak{M}_s|}{r^3}\sin\vartheta$. $\mathfrak{H}_\vartheta$ ist parallel dem Meridian in Richtung wachsender ϑ, also entsprechend Fig. 38 nach Süden, gerichtet. Von dem Poyntingschen Vektor $\mathfrak{S}$ existiert also nur die φ-Komponente

$$\mathfrak{S}_\varphi = \frac{c}{4\,\pi}\,[\mathfrak{E}_r\,\mathfrak{H}_\vartheta],$$

die parallel den Breitenkreisen in Richtung wachsender φ, d. h. nach hinten weist. Folglich zeigt die Richtung von $\left[\mathfrak{r}, \frac{\mathfrak{S}}{c^2}\right]$ wieder parallel dem Meridian und zwar nach Norden; da $\mathfrak{r} \perp \mathfrak{S}_\varphi$, so ist der Betrag $\left|\left[\mathfrak{r}, \frac{\mathfrak{S}_\varphi}{c^2}\right]\right| = \frac{r}{c^2}\,|\mathfrak{S}_\varphi|$. Nun ist aber das mechanische Moment

[1]) Vgl. Bd. III_1, pag. 188.
[2]) Vgl. Bd. III_1, pag. 860 ff.

$\mathfrak{D}_s = \int \left[\mathfrak{r}, \frac{\mathfrak{S}_\varphi}{c^2}\right] d\tau$, und man erkennt, daß aus Symmetriegründen alle Komponenten verschwinden, mit Ausnahme derjenigen parallel der Drehungsachse, d. h. mit Ausnahme von $\mathfrak{D}_{sz}$. Folglich ist

$$(40) \qquad |\mathfrak{D}_s| = \mathfrak{D}_{sz} = \frac{1}{c^2}\int |\mathfrak{S}_\varphi|\, r \sin\vartheta\, d\tau = \frac{e\,|\mathfrak{M}_s|}{4\pi c}\int\limits_a^\infty\int\limits_0^\pi\int\limits_0^{2\pi}\frac{dr}{r^2}\sin^3\vartheta\, d\vartheta\, d\varphi\,.$$

Dabei ist die Integration über r von a bis ∞, über ϑ von 0 bis π, über φ von 0 bis 2π zu erstrecken; die Ausrechnung liefert:

$$(41) \qquad |\mathfrak{D}_s| = \frac{2}{3}\,\frac{e\,|\mathfrak{M}_s|}{a\,c}\,.$$

Bilden wir jetzt das Verhältnis von magnetischem zu mechanischem Moment, so folgt

$$\frac{|\mathfrak{M}_s|}{|\mathfrak{D}_s|} = \frac{3\,a\,c}{2\,e}\,,$$

und darin wollen wir den Wert für a einsetzen, den wir in Gleichung (6a) des II. Kapitels angaben:

$$a = \frac{2}{3}\,\frac{e^2}{m_0\,c^2}\,.$$

Damit erhalten wir für das gesuchte Verhältnis von magnetischem zum mechanischem Moment des rotierenden Elektrons:

$$(42) \qquad \frac{|\mathfrak{M}_s|}{|\mathfrak{D}_s|} = \frac{e}{m_0\,c}\,.$$

Für den Betrag des magnetischen Momentes $|\mathfrak{M}_s|$ folgt, wenn man für $|\mathfrak{D}_s|$ den in der vorigen Nummer abgeleiteten Wert $\frac{1}{2}\,\frac{h}{2\pi}$ einsetzt:

$$(43) \qquad |\mathfrak{M}_s| = \frac{e\,h}{4\pi\,m_0\,c} = |\mathfrak{m}_B|\,;$$

das aber ist, wie ein Vergleich mit (103) des III. Kapitels auf pag. 114 zeigt, gerade gleich einem Bohrschen Magneton. Während letzteres durchaus im Einklang mit der Vorstellung ist, daß das Magneton das kleinste mögliche magnetische Moment sei, zeigt der Vergleich mit der entsprechenden Gleichung (101) des III. Kapitels auf pag. 113 für das durch die Bahnbewegung erzeugte magnetische und mechanische Moment, daß dort das Verhältnis

$$(44) \qquad \frac{|\mathfrak{M}|_{\text{Bahn}}}{|\mathfrak{D}|_{\text{Bahn}}} = \frac{e}{2\,m_0\,c}$$

war; durch die Rotation des Elektrons ergibt sich also gerade der doppelte Wert dieses Verhältnisses wie durch die Revolution auf der Bahn. Das wird sich in Zukunft als sehr wichtig erweisen; denn es spielt bei der Erklärung der anomalen Zeeman-Effekte eine entscheidende Rolle. Da das Verhältnis (42) von dem bisher bekannten abweicht, nennt man die darin ausgesprochene Tatsache die „magnetomechanische Anomalie“ des rotierenden Elektrons.

Außer bei dem Zeeman-Effekt spielen die magnetischen Momente noch eine entscheidende Rolle bei dem Stern-Gerlach-Versuch, dessen vorläufige Theorie wir in Nr. 19 behandelt hatten. Das damalige Ergebnis war nicht endgültig; denn die alte Theorie lieferte z. B. für unangeregte Wasserstoffatome drei diskrete Einstellungen für das Atomstrahlbündel: zwei davon entsprechen symmetrischen Ablenkungen, und diese waren im Versuch wirklich vorhanden; die dritte Einstellung sollte dem unabgelenkten Strahl entsprechen, — und diese fehlte unerklärlicherweise. Nun aber ergibt sich dies Resultat aus dem eben Entwickelten. Denn bei der alten Theorie rechneten wir mit einem durch die Bahnbewegung erzeugten magnetischen Momente $\mathfrak{M}_{\text{Bahn}}$, für das die magnetische Quantenzahl m maßgebend war; nach unseren jetzigen Kenntnissen ist aber im unangeregten Zustand des Wasserstoffs $\mathfrak{M}_{\text{Bahn}} = 0$. Denn diesem Zustande kommt der Wert $l = 0$ zu. Das einzige magnetische Moment also, das für den Stern-Gerlachschen Versuch hier in Rechnung zu setzen ist, ist das Moment $\mathfrak{M}_s$ der Rotation; dafür ist die Quantenzahl s maßgebend. Da allgemein $2s + 1$ Einstellungen möglich sind, liefert dies mit $s = \frac{1}{2}$ nur zwei diskrete Einstellungen, wie sie tatsächlich beobachtet werden.

Wir können also im Stern-Gerlachschen Versuch einen experimentellen Beleg für die magnetomechanische Anomalie sehen. Weitere Beweise dafür liefern ältere Versuche von Einstein-de Haas (und Barnett), die wir jetzt besprechen wollen.

Einstein geht von der Betrachtung eines Magneten aus, dessen magnetisches Moment $\mathfrak{M}$ er sich durch das Bahnmoment der umlaufenden Elektronen erzeugt dachte; eben wegen dieser Bahnmomente existiert auch ein (unsichtbarer) mechanischer Drehimpuls $\mathfrak{D}$, und die Beziehung zwischen beiden ist die gleiche, die aus (44) hervorgeht:

(45) $$\mathfrak{D} = -\frac{2m_0 c}{e}\mathfrak{M}.$$

Setzt man die Werte von e, m_0, c ein, so folgt die gewünschte Beziehung:

(46) $$\mathfrak{D} = -1{,}13 \cdot 10^{-7}\,\mathfrak{M}.$$

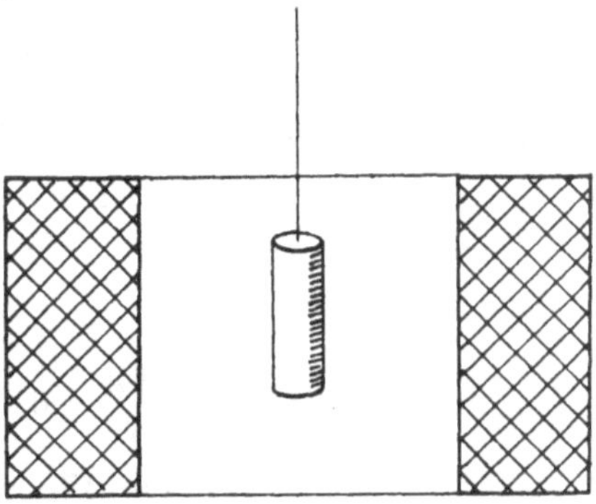

Fig. 39.

Aber wohlgemerkt folgt dies nur unter der Voraussetzung, daß es die Bahnmomente sind, die hier ins Spiel kommen; die Spinmomente kannte man damals (1915) noch nicht. Die Beziehung (45) oder (46) kann man benutzen, um den Wert $\frac{e}{m_0}$ zu bestimmen. Das kann im Prinzip in folgender Weise geschehen: Man hängt einen zur Sättigung magnetisierten zylindrischen Eisenstab an einem Faden auf und bringt ihn in die Achse einer Magnetisierungsspule (Fig. 39). Kommutiert man den magnetisierenden Strom, so wird der Eisenstab mit umgekehrten Polen wieder zur Sättigung magnetisiert, so daß sich sein magnetisches Moment um den Betrag $2\,|\mathfrak{M}|$ ändert; also tritt auch eine Änderung des (unsichtbaren) Drehimpulses $\mathfrak{D}$ auf, die nach (45) und (46) den Betrag hat

$$(47)\qquad |\Delta\mathfrak{D}| = \frac{2\,m_0\,c}{e}\,2\,|\mathfrak{M}| = +\,2{,}26\cdot 10^{-7}\,|\mathfrak{M}|\,.$$

Da anderseits der gesamte Drehimpuls konstant bleiben muß, tritt ein diese Änderung des (unsichtbaren) Impulses kompensierender äußerer Drehimpuls auf; nennen wir das Trägheitsmoment des Stabes J, die ihm erteilte Winkelgeschwindigkeit $\dot{\varphi}$, so muß sein:

$$J\,\dot{\varphi} = +\,2{,}26\cdot 10^{-7}\,|\mathfrak{M}|\,,$$

d. h. der Stab würde, wenn er nicht an einem Faden aufgehängt wäre, in eine Drehung mit konstanter Winkelgeschwindigkeit um die Achse geraten. Infolge der Torsion des Aufhängefadens erhält man nur einen Ausschlag bestimmter Größe, der durch taktmäßiges Ummagnetisieren (mit Wechselstrom) multipliziert werden kann. Vorläufige Messungen von Einstein und de Haas gaben die richtige Größenordnung von $\frac{e}{m_0}$, aber genauere Untersuchungen von Beck, Arvidson u. a. gaben fast genau den doppelten Wert von $\frac{e}{m_0}$.

Dieses Resultat erklärt sich sofort, wenn man annimmt, daß nicht die Bahnimpulse, sondern die Spinimpulse wirksam sind. Dann hat man nach dem Vorhergehenden statt (45), (46) und (47) die Gleichungen anzusetzen:

$$(45\,\mathrm{a})\qquad \mathfrak{D} = -\,\frac{m_0\,c}{e}\,\mathfrak{M} = -\,0{,}565\cdot 10^{-7}\,\mathfrak{M}\,,$$

$$(47\,\mathrm{a})\qquad |\Delta\,\mathfrak{D}\,| = +\,1{,}13\cdot 10^{-7}\,|\mathfrak{M}|\,,$$

bzw. wenn man allgemeiner die Mitwirkung von Bahn- und Spinimpulsen annimmt:

$$(45\,\mathrm{b})\qquad \mathfrak{D} = -\,\frac{1}{g}\,\frac{2\,m_0\,c}{e}\,\mathfrak{M} = -\,\frac{1{,}13}{g}\,10^{-7}\,\mathfrak{M}\,,$$

$$(47\,\mathrm{b})\qquad |\Delta\,\mathfrak{D}\,| = +\,\frac{2{,}26}{g}\cdot 10^{-7}\,|\mathfrak{M}|\,,$$

wo g ein numerischer Faktor ist, der von der Art des Zusammenwirkens von Bahn- und Spinmomenten abhängt; $g = 1$ würde alleiniges Vorhandensein von Bahnmomenten, $g = 2$ von Spinmomenten bedeuten[1]).

Alle bisher gemachten Versuche an Fe und Ni stimmen darin überein, daß mit großer Genauigkeit $g = 2$ zu nehmen ist, woraus folgen würde, daß in den betreffenden Atomen nur die Spinmomente eine Rolle spielen, aber kein Bahnimpuls vorhanden ist.

---

[1]) Die allgemeine Ableitung des Faktors g, den Landé zuerst eingeführt hat, wird in Nr. 28 bei den anomalen Zeeman-Effekten gegeben.

Zu demselben Ergebnis führen gleichzeitig und unabhängig gemachte Versuche von Barnett, die die kinematische Umkehrung der Einstein-de Haasschen Versuche sind.

Beide beweisen also die Richtigkeit der in Gleichung (42) formulierten magnetomechanischen Anomalie, die somit — auch wenn man die im Beginn dieser Nummer durchgeführte Rechnung als nicht beweisend betrachtet —[1]) als experimentelles Faktum anzusehen ist.

Immerhin dürfen wir nicht verschweigen, daß die ganze Auffassung mit einem gesicherten Ergebnis der Relativitätstheorie im Widerspruch steht. Denn wir können aus den Gleichungen (39) und (43) die folgende Gleichung für $a\,\omega$, die maximale Umfangsgeschwindigkeit des rotierenden Elektrons ableiten:

$$a\,\omega = \frac{3\,h}{4\,\pi\,a\,e}\left(\frac{e}{m_0}\right). \tag{48}$$

Und wenn wir darin $\frac{e}{m_0}$ ersetzen durch die schon benutzte Beziehung

$$\frac{e}{m_0} = \frac{3\,a\,c^2}{2\,e}$$

(die vorher zur Bestimmung des Elektronenradius diente), so folgt:

$$a\,\omega = \frac{9\,h\,c^2}{8\,\pi\,e^2}, \tag{49}$$

und das liefert mit den bekannten Werten von h und e:

$$a\,\omega = 9 \cdot 10^{12}\ \text{cm/sec} = 300\,c, \tag{50}$$

d. h. die Umfangsgeschwindigkeit wäre das Dreihundertfache der Lichtgeschwindigkeit! Dies ist eine Unmöglichkeit, und der ganze Sachverhalt legt den Verdacht nahe, daß die Vorstellung des rotierenden Elektrons zwar ein gutes formales Hilfsmittel zur Überwindung der bestehenden Schwierigkeiten der Theorie war, daß ihr aber schwerlich modellmäßige Realität zukommt. Es verbirgt sich hier ein tiefliegender Sachverhalt, den wir vorläufig unter dem Bilde des rotierenden Elektrons beschrieben haben; die weitere Entwicklung wird dieser kritischen Auffassung recht geben.

26. Elektronendrall und Wasserstoff-Feinstruktur.

Die in den vorhergehenden Nummern gewonnene Erkenntnis vom rotierenden Elektron zwingt uns nun zuerst, unsere frühere Untersuchung der Feinstruktur des Balmer-Spektrums des Wasserstoffs[2]) wieder aufzunehmen; denn wir haben damals dem durch den Spin erzeugten

---

[1]) Man könnte z. B. gegen diese Rechnung einwenden, daß eine bestimmte Ladungsverteilung (Oberflächenladung) für das Elektron vorausgesetzt wurde; andere Ladungsverteilungen ergeben andere Werte für das Verhältnis vom mechanischen zum magnetischen Moment.

[2]) Und natürlich der wasserstoffähnlichen Atome He^+, Li^{++} usw.; wir tragen dem durch Einführung der Kernladungszahl Z Rechnung, ohne es noch besonders hervorzuheben.

magnetischen Moment $\mathfrak{M}_s$ keine Rechnung tragen können. Das bedeutet aber, daß unser Energieausdruck (64) des III. Kapitels auf pag. 95 unvollständig sein muß, — und daß in der Tat bei dessen Benutzung noch Unstimmigkeiten mit dem Experiment vorhanden waren, haben wir schon damals betont.

Das rotierende Elektron bewegt sich in einem elektrischen Felde, dem des Kerns; für ein im Elektron verankertes Koordinatensystem, das an der Drehung nicht teilnimmt, tritt neben dieses elektrische Feld nach den Prinzipien der Relativitätstheorie auch ein magnetisches Feld $\mathfrak{H}$, das sich bei konstanter Teilchengeschwindigkeit $\mathfrak{v}$ (unter Vernachlässigung von Größen höherer Ordnung) zu

$$\mathfrak{H} = -\frac{1}{c}[\mathfrak{v}\,\mathfrak{E}]$$

ergibt, wie aus den Transformationsgleichungen (55) [Kapitel XIV, Bd. III_1 auf pag. 853] folgt. Nun haben wir es aber nicht mit einer konstanten Translationsgeschwindigkeit $\mathfrak{v}$ zu tun, sondern das Elektron bewegt sich auf krummliniger Bahn um das Zentrum; das bringt eine Schwierigkeit mit sich, die durch Thomas und Frenkel behoben wurde. Deren genaue Rechnung zeigt, daß nur die Hälfte des eben angegebenen Wertes zu nehmen ist:

$$\mathfrak{H} = -\frac{1}{2c}[\mathfrak{v}\,\mathfrak{E}]. \tag{51}$$

Wir wollen einfach diesen Wert benutzen, ohne die Rechnung zu reproduzieren. Bringen wir nun einen Magneten vom magnetischen Moment $\mathfrak{M}_s$ in dieses Magnetfeld, so tritt — was wir schon mehrfach benutzten — eine magnetische Zusatzenergie $\Delta_s U$ auf (der Index s soll auf die Herkunft dieser Energie deuten):

$$\Delta_s U = -(\mathfrak{M}_s\,\mathfrak{H}) = -|\mathfrak{M}_s|\,|\mathfrak{H}|\cos|\mathfrak{M}_s\,\mathfrak{H}), \tag{52}$$

die zu berechnen ist. Wir beginnen mit der Feststellung des Feldes $\mathfrak{H}$ nach (51): Die elektrische Feldstärke $\mathfrak{E}$ hat den Betrag $\frac{Ze}{r^2}$, oder vektoriell geschrieben:

$$\mathfrak{E} = -\frac{Ze}{r^3}\,\mathfrak{r}. \tag{53}$$

Trägt man dies in (51) ein, so folgt:

$$\mathfrak{H} = \frac{Ze}{2cr^3}[\mathfrak{v}\,\mathfrak{r}] = -\frac{Ze}{2cr^3}[\mathfrak{r}\,\mathfrak{v}].$$

Da nun aber der Bahnimpuls $\mathfrak{D}_{\text{Bahn}} = m_0[\mathfrak{r}\,\mathfrak{v}]$ ist, können wir auch schreiben:

$$\mathfrak{H} = -\frac{Ze}{2m_0cr^3}\,\mathfrak{D}_{\text{Bahn}}; \tag{54}$$

für den Betrag von $\mathfrak{H}$ erhält man daraus, wenn $|\mathfrak{D}_{\text{Bahn}}| = \frac{kh}{2\pi}$ [1]) gesetzt wird:

[1]) Eigentlich sollten wir nach unseren früheren Ergebnissen l statt k setzen; wir wollen aber bis zum Schluß der Rechnung k beibehalten, da es dem Modell entspricht.

$$(55) \qquad |\mathfrak{H}| = \frac{Z e h}{4 \pi m_0 c r^3} k \, .$$

Da $\mathfrak{H}$ somit von r abhängt, also während des Umlaufs des Elektrons um den Kern variiert, können wir mit hinreichender Genauigkeit statt $\frac{1}{r^3}$ den Mittelwert $\overline{\frac{1}{r^3}}$ einsetzen, was wir in der Endformel tun wollen.

Für das magnetische Spinmoment $\mathfrak{M}_s$ haben wir den Wert (43) zu nehmen, in den wir noch die Spinquantenzahl $s = {}^1/_2$ einführen; so folgt für den Betrag:

$$(56) \qquad |\mathfrak{M}_s| = \frac{s h e}{2 \pi m_0 c} \, .$$

Schließlich haben wir noch den Kosinus des Winkels zwischen $\mathfrak{M}_s$ und $\mathfrak{H}$ zu berechnen, d. h. den Kosinus des Winkels, den die Vektoren $\mathfrak{s}$ und $\mathfrak{k}$ miteinander bilden. Aus Fig. 40, in der dieser Winkel eingezeichnet ist, ergibt sich:

$$\mathfrak{j}^2 = \mathfrak{k}^2 + \mathfrak{s}^2 - 2\,\mathfrak{k}\,\mathfrak{s} \cos (\mathfrak{s}\,\mathfrak{k}) \, ,$$

d. h.

$$(57) \qquad \cos |\mathfrak{M}_s, \mathfrak{H}| = - \frac{j^2 - k^2 - s^2}{2 k s} \, .$$

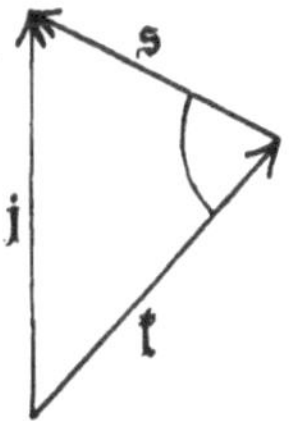

Fig. 40.

Zusammenfassend erhält man aus (55), (56) und (57) für die magnetische Zusatzenergie $\Delta_s U$:

$$\Delta_s U = \frac{s h e}{2 \pi m_0 c} \; \frac{Z e h k}{4 \pi m_0 c r^3} \; \frac{j^2 - k^2 - s^2}{2 k s}$$

oder:

$$\Delta_s U = \frac{Z e^2 h^2 (j^2 - k^2 - s^2)}{16 \pi^2 m_0^2 c^2} \; \frac{1}{r^3} \, ,$$

Damit sind wir noch nicht fertig; denn wir haben für $\frac{1}{r^3}$ seinen Mittelwert über eine Periode der (elliptischen) Bahn zu setzen, so daß schließlich folgt:

$$(58) \qquad \Delta_s U = \frac{Z e^2 h^2 (j^2 - k^2 - s^2)}{16 \pi^2 m_0^2 c^2} \left(\overline{\frac{1}{r^3}} \right) .$$

Darin haben wir diesen Mittelwert $\left(\overline{\frac{1}{r^3}} \right)$ für eine gewöhnliche Kepler-Ellipse[1]) zu berechnen. Dazu gehen wir von der Polargleichung der Ellipse aus:

$$\frac{1}{r} = \frac{1 + \varepsilon \cos \varphi}{p} \, ,$$

[1]) Eigentlich sollte man $\left(\overline{\frac{1}{r^3}} \right)$ für eine relativistische Kepler-Ellipse berechnen, doch würde das eine Korrektion höherer Ordnung liefern. Aus dem gleichen Grunde addieren wir in (67) nachher die alte relativistische und die magnetische Energieänderung einfach zueinander.

in der ε und p Exzentrizität und Parameter bedeuten. Zu bilden ist der Ausdruck:

$$\left(\overline{\frac{1}{r^3}}\right) = \int_0^T \frac{1}{r^3}\,\frac{dt}{T} = \int_0^T \frac{1}{r}\,\frac{dt}{r^2\,T}, \tag{59}$$

wenn T die Umlaufsdauer ist. Nach dem Flächensatze ist nun (a = große, b = kleine Halbachse):

$$\int_0^T r^2\,\dot\varphi\,dt = r^2\,\frac{d\varphi}{dt}\,T = 2\,a\,b\,\pi,$$

d. h.

$$\frac{dt}{r^2\,T} = \frac{1}{2\,a\,b\,\pi}\,d\,\varphi,$$

und wenn man dies in (59) einsetzt:

$$\left(\overline{\frac{1}{r^3}}\right) = \frac{1}{2\,a\,b\,\pi}\int_0^{2\pi} \frac{1}{r}\,d\varphi = \frac{1}{2\,a\,b\,\pi}\int_0^{2\pi} \frac{1+\varepsilon\cos\varphi}{p}\,d\,\varphi.$$

Das liefert sofort:

$$\left(\overline{\frac{1}{r^3}}\right) = \frac{1}{a\,b\,p}. \tag{60}$$

Darin ist noch, wie man sich an einer Ellipse leicht klar macht, $a\,p = b^2$; daher folgt schließlich allgemein:

$$\left(\overline{\frac{1}{r^3}}\right) = \frac{1}{b^3}. \tag{61}$$

Nunmehr haben wir nur noch den aus Gleichung (44) des III. Kapitels auf pag. 89 folgenden b-Wert einzusetzen:

$$\left(\overline{\frac{1}{r^3}}\right) = \left(\frac{4\,m_0\,\pi^2\,Z\,e^2}{h^2\,n\,k}\right)^3. \tag{62}$$

Damit schließlich wird unsere Zusatzenergie (58):

$$\Delta_s\,U = \frac{4\,\pi^4\,m_0\,Z^4\,e^8}{h^4\,n^3\,c^2}\,\frac{j^2-k^2-s^2}{k^3}. \tag{63}$$

Führen wir die Werte der Rydberg-Konstante R und der Sommerfeldschen Feinstrukturkonstante α nach (56) des III. Kapitels ein, nämlich:

$$\left\{\begin{aligned} R &= \frac{2\,\pi^2\,m_0\,e^4}{h^3\,c}, \\ \alpha^2 &= \frac{4\,\pi^2\,e^4}{h^2\,c^2}, \end{aligned}\right. \tag{64}$$

so erhalten wir schließlich:

$$\frac{\Delta_s\,U}{c} = \frac{R\,h\,\alpha^2\,Z^4}{n^3}\,\frac{j^2-k^2-s^2}{2\,k^3}. \tag{65}$$

Daneben stellen wir den aus (64) des III. Kapitels auf pag. 95 folgenden Ausdruck für die relativistische Änderung $\Delta_r U$:

$$\frac{\Delta_r U}{c} = -\frac{R h \alpha^2 Z^4}{n^3}\left(\frac{1}{k} - \frac{3}{4n}\right). \tag{66}$$

Beide Änderungen sollen nun zusammenwirken, Relativität und Spin; also würde folgen:

$$\frac{1}{c}\Delta U = -\frac{R h \alpha^2 Z^4}{n^3}\left[\frac{1}{k} - \frac{3}{4n} - \frac{j^2 - k^2 - s^2}{2k^3}\right]. \tag{67}$$

Zu diesem Energieausdruck führt die streng modellmäßige Rechnung vom rotierenden Elektron unter Berücksichtigung der Relativität. Daß er nicht richtig sein kann, geht schon aus unserer früheren Bemerkung hervor, daß der Bahnimpuls nicht durch die Quantenzahl k, sondern durch l gemessen wird. Aber selbst wenn wir in (67) diese Substitution machen, kommen wir nicht ans Ziel. Erst die moderne Quantentheorie hat eine Formel geliefert, die wirklich den Tatsachen gerecht wird; die Verbesserung beruht im wesentlichen darauf, daß statt der Quadrate j^2 usw. die Produkte $j(j+1)$ usw. gesetzt werden. An dieser Stelle können wir keine Begründung dafür geben; da wir aber die Behandlung der Wasserstoff-Feinstruktur zum Ende bringen wollen, schreiben wir vorgreifend statt (67) die richtige Endformel an:

$$\frac{1}{c}\Delta U_{n,l,j} = -\frac{Rh\alpha^2 Z^4}{n^3}\left[\frac{1}{l+\frac{1}{2}} - \frac{3}{4n} - \frac{j(j+1) - l(l+1) - s(s+1)}{2l(l+\frac{1}{2})(l+1)}\right]. \tag{68}$$

Diese Formel, in der ΔU von drei Quantenzahlen n, l, j abhängig ist, wie zu erwarten war, vereinfacht sich nun gerade für Wasserstoff sehr beträchtlich, wenn man berücksichtigt, daß stets $s = \frac{1}{2}$ und für alle l-Werte (mit Ausnahme von $l = 0$) demgemäß $j = l + \frac{1}{2}$ oder $j = l - \frac{1}{2}$ ist; den Wert $l = 0$ können wir außer Betracht lassen, da er der Hauptquantenzahl $n = 1$ entspricht, während die Balmer-Linien alle auf Niveaus mit der Hauptquantenzahl $n = 2$ endigen. Setzt man die obengenannten Werte $j = l \pm \frac{1}{2}$, $s = \frac{1}{2}$ in (68) ein, so folgt für beide Fälle das einfache Ergebnis:

$$\frac{1}{c}\Delta U_{n,j} = -\frac{R h \alpha^2 Z^4}{n^3}\left[\frac{1}{j+\frac{1}{2}} - \frac{3}{4n}\right]. \tag{69}$$

Hierin ist nun der Wert von l ganz gleichgültig, und die Vereinfachung besteht eben darin, daß ΔU nur mehr von zwei Quantenzahlen n, j abhängt. Vergleicht man nun diese Endformel mit der alten, rein relativistisch gewonnenen Gleichung (66), so sieht man, daß sie identisch sind, nur daß an Stelle von k der Ausdruck $(j + \frac{1}{2})$ getreten ist. Wenn wir also zunächst von den Auswahlregeln absehen, folgt genau dieselbe Feinstruktur wie bei Sommerfeld. Während aber bei Sommerfeld die Feinstruktur modifiziert wurde durch das Auswahlprinzip für k, nämlich $\Delta k = \pm 1$, haben wir jetzt die Bedingung für j, nämlich $\Delta j = \pm 1$ oder 0 anzuwenden.

Dies Zusammenfallen der rein relativistischen Formel Sommerfelds mit der durch den Elektronenspin ergänzten läßt nachträglich erkennen, warum schon die alte Sommerfeldsche Theorie im wesentlichen erfolgreich war; dies ist der merkwürdige „Zufall", von dem wir am Ende der Nr. 17 sprachen. Im tieferen Sinne ist es übrigens kein Zufall; denn die moderne Theorie Diracs hat gezeigt, daß das, was wir modellmäßig als „rotierendes Elektron" gedeutet haben, auch eine relativistische Erscheinung ist.

Wir wollen nun im einzelnen darlegen, wie sich die Feinstruktur nach der neuen Formel (69) darstellt. Um die Darstellung ganz analog wie in Nr. 16 durchzuführen, stellen wir zunächst den Ausdruck für die Gesamtenergie auf, indem wir zu (69) den Balmerschen Ausdruck hinzufügen:

$$\frac{1}{c} U_{n,j} = -RhZ^2\left\{\frac{1}{n^2} + \frac{\alpha^2 Z^2}{n^3}\left(\frac{1}{j+\frac{1}{2}} - \frac{3}{4n}\right)\right\}. \tag{70}$$

Das ist das genaue Analogon zu (64) des III. Kapitels auf pag. 95.

Für das Balmer-Niveau ($n = 2$) ist $l = 0$ oder $l = 1$; dem Werte $l = 0$ entspricht der Wert $j = \frac{1}{2}$, dem Werte $l = 1$ sind die beiden j-Werte $\frac{1}{2}$ und $\frac{3}{2}$ zugeordnet; da es auf den Wert von l überhaupt nicht mehr ankommt, fallen die Niveaus $l = 0$, $j = \frac{1}{2}$ und $l = 1$, $j = \frac{1}{2}$ zusammen, so daß nur zwei Energieniveaus statt des ursprünglichen Balmerschen resultieren. Das muß auch so sein, weil diese Aufspaltung den Dublettcharakter (im Groben) der Wasserstoff-Feinstruktur bestimmt. Wir haben also die beiden Energiewerte:

$$\left\{\begin{aligned} \frac{1}{c} U_{2,1/2} &= -\frac{RhZ^2}{2^2} - \frac{RhZ^4}{2^2}\frac{\alpha^2}{2^2}\frac{5}{4}, \\ \frac{1}{c} U_{2,3/2} &= -\frac{RhZ^2}{2^2} - \frac{RhZ^4}{2^2}\frac{\alpha^2}{2^2}\frac{1}{4}, \end{aligned}\right. \tag{71}$$

die den früheren Gleichungen (66) des III. Kapitels (pag. 96) entsprechen. Daraus resultiert eine Dublettaufspaltung in Wellenzahlen:

$$\Delta\tilde{\nu} = \frac{\Delta U}{hc} = \frac{RZ^4\alpha^2}{16} = 0{,}3636\, Z^4\,\mathrm{cm}^{-1}, \tag{72}$$

was genau mit (67) und (67a) des III. Kapitels zusammenstimmt.

Für das Paschen-Niveau ($n = 3$) haben wir die l-Werte 0, 1, 2; dem entsprechen die j-Werte $\frac{1}{2}$, $\frac{1}{2}$ und $\frac{3}{2}$, $\frac{3}{2}$ und $\frac{5}{2}$. Da die Niveaus mit gleichem j (unabhängig vom l-Werte) zusammenfallen, so haben wir eine Aufspaltung des ursprünlichen Paschen-Niveaus in ein Triplett mit den Energiewerten und Wellenzahldifferenzen:

$$\left\{\begin{aligned} \frac{1}{c} U_{3,1/2} &= -\frac{RhZ^2}{3^2} - \frac{RhZ^4\alpha^2}{9^2}\frac{9}{4} \\ \frac{1}{c} U_{3,3/2} &= -\frac{RhZ^2}{3^2} - \frac{RhZ^4\alpha^2}{9^2}\frac{3}{4} \\ \frac{1}{c} U_{3,5/2} &= -\frac{RhZ^2}{3^2} - \frac{RhZ^4\alpha^2}{9^2}\frac{1}{4} \end{aligned}\right. \qquad \begin{aligned} \Delta\tilde{\nu}_{1/2,3/2} &= \frac{RZ^4\alpha^2}{81}\frac{6}{4} = 0{,}108\, Z^4\,\mathrm{cm}^{-1}, \\ \Delta\tilde{\nu}_{3/2,5/2} &= \frac{RZ^4\alpha^2}{81}\frac{2}{4} = 0{,}0367\, Z^4\,\mathrm{cm}^{-1}, \end{aligned} \tag{73}$$

wieder in vollkommener Übereinstimmung mit (68) des III. Kapitels. Wir könnten daher zur Erklärung der Struktur von H_α die Fig. 19 direkt übernehmen, wobei wir nur statt der (n, k)-Indizierung der U-Werte die (n, j)-Indizierung anzubringen hätten, wenn nicht die Situation dadurch geändert würde, daß nunmehr außer den Übergängen $\Delta j = \pm 1$ (die den früheren Übergängen $\Delta k = \pm 1$ entsprechen) auch noch die Übergänge $\Delta j = 0$ zulässig sind. Ohne Auswahlprinzip wären folgende Übergänge möglich:

1) $3_{5/2} \longrightarrow 2_{3/2}$	4) $3_{5/2} \longrightarrow 2_{1/2}$
2) $3_{3/2} \longrightarrow 2_{3/2}$	5) $3_{3/2} \longrightarrow 2_{1/2}$
3) $3_{1/2} \longrightarrow 2_{3/2}$	6) $3_{1/2} \longrightarrow 2_{1/2}$,

was ganz dem Schema am Schluß der Nr. 18 entspricht. Nunmehr ist aber nur der mit 4 bezeichnete Übergang verboten, da er $\Delta j = 2$ entsprechen würde, während früher auch die Übergänge 2 und 6 ausfielen. Wir haben es bei H_α daher im ganzen mit 5 Linien zu tun, die folgende spektrale Struktur zeigen (Fig. 41), die man mit der entsprechenden

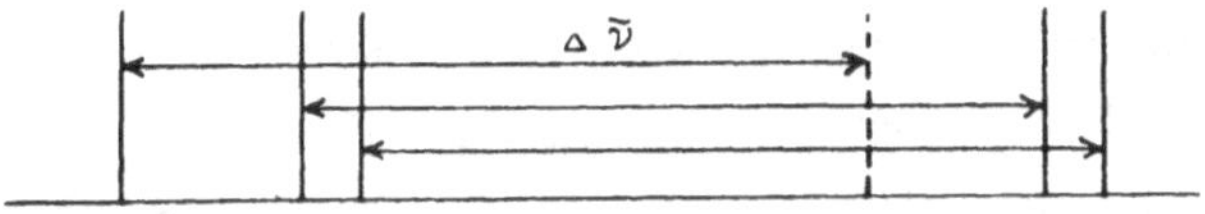

Fig. 41.

Fig. 22 vergleichen möge; die ausfallende Linie ist gestrichelt. Während früher das eigentliche $\Delta\tilde{\nu}$ gar nicht mehr direkt auftrat, sondern das, was man maß, von den Intensitätsverhältnissen der unaufgelösten Tripletts abhing, ist hier die Sache insofern günstiger, als $\Delta\tilde{\nu}$ zweimal auftritt. Freilich ist bei Wasserstoff die feinere Struktur nicht auflösbar, wohl aber bei entsprechenden Linien des He^{+}[1]), wie Paschen gezeigt hat; in seinen Messungen treten in der Tat die von der jetzt dargelegten Theorie geforderten Linien auf, von denen eine sich übrigens auch in den sorgfältigen Aufnahmen von Hansen bei Wasserstoff gezeigt hatte. Damit endlich kann man die Theorie der Feinstruktur als aufgeklärt betrachten.

---

1) Paschens Messungen sind an der „Fowler-Serie" des He^+ angestellt, die die Seriengleichung hat:

$$\nu = 4\,R\left(\frac{1}{3^2} - \frac{1}{n^2}\right), \qquad (n = 4,\ 5,\ \ldots\ldots).$$

Das erste Glied dieser Serie ($\lambda = 4686$ ÅE.) entsteht durch Übergang von $n = 4$ auf $n = 3$. Das untere Niveau ist dreifach, das obere vierfach aufgespalten, so daß die Feinstruktur ein Triplett ist, deren jede „Linie" noch in ein Quartett aufgespalten wäre ohne die Auswahlregel. Diese Verhältnisse sind analog denjenigen der Paschen-Serie des Wasserstoffes, nur mit 16-fach größerer Aufspaltung. Eine genaue Diskussion siehe: Sommerfeld, Atombau und Spektrallinien I, pag. 289ff. (5. Aufl.).

27. Die Dublettaufspaltung der Alkaliterme.

Nach denselben Grundsätzen, die in der vorhergehenden Nummer entwickelt sind, können wir nun auch die Dublettaufspaltung der Alkalien berechnen. Eine Komplikation kommt jedoch dadurch hinein, daß die s- und p-Bahnen (letztere von Natrium an) Tauchbahnen sind, die wir schematisch in Fig. 34 angedeutet haben. Die Bahn besteht aus einem äußeren Ellipsenbogen, der unter der Wirkung einer effektiven Kernladung $Z_a e$, und aus einem inneren Ellipsenbogen, der unter Wirkung einer größeren effektiven Kernladung $Z_i e$ beschrieben wird. Wir wollen die Umlaufszeit auf der äußeren Ellipse, wenn sie vollständig durchlaufen würde, mit T_a, auf der inneren unter der gleichen Bedingung mit T_i bezeichnen. Der äußeren Ellipse entspricht eine Hauptquantenzahl n_a, die gleich unserer effektiven Quantenzahl $\overset{*}{n}$ ist, und der inneren möge rein formal die Hauptquantenzahl n_i zukommen. Da ferner das System frei ist, ist der Bahndrehimpuls konstant und wird modellmäßig auf beiden Kurventeilen durch die gleiche azimutale Quantenzahl k bestimmt[1]).

Während wir nun beim Wasserstoffproblem den Mittelwert von $\frac{1}{r^3}$ berechnen mußten, haben wir hier, da auch Z auf beiden Bahnstücken verschieden ist, den Mittelwert von $\frac{Z}{r^3}$ zu bestimmen. Rein formal ist dieser:

$$(74) \qquad \left(\overline{\frac{Z}{r^3}}\right) = \frac{1}{T_a + T_i}\left[T_a\left(\overline{\frac{Z_a}{r^3}}\right) + T_i\left(\overline{\frac{Z_i}{r^3}}\right)\right].$$

Nun ist nach Gleichung (62) allgemein

$$\left(\overline{\frac{Z}{r^3}}\right) = Z\left(\frac{4 m_0 \pi^2 Z e^2}{h^2 n k}\right)^3,$$

was in Anwendung auf den äußeren und inneren Kurventeil der Tauchbahn liefert:

$$(75) \qquad \left\{\begin{aligned} \left(\overline{\frac{Z_a}{r^3}}\right) &= \left(\frac{4 m_0 \pi^2 e^2}{h^2 n_a k}\right)^3 Z_a^4, \\ \left(\overline{\frac{Z_i}{r^3}}\right) &= \left(\frac{4 m_0 \pi^2 e^2}{h^2 n_i k}\right)^3 Z_i^4, \end{aligned}\right.$$

und wenn man dies in (74) einsetzt, folgt für den gesuchten Mittelwert:

$$(76) \qquad \left(\overline{\frac{Z}{r^3}}\right) = \left(\frac{4 \pi^2 m_0 e^2}{h^2 k}\right)^3 \frac{1}{T_a + T_i}\left[\frac{T_a Z_a^4}{n_a^3} + \frac{T_i Z_i^4}{n_i^3}\right].$$

---

[1]) Wir behalten vorläufig k bei, das wir eigentlich durch l ersetzen müßten; das tun wir erst zum Schluß der Rechnung, um zunächst ganz im Sinne des Modells zu verfahren.

Aus dieser Gleichung können wir mit Hilfe des Flächensatzes $\frac{T_i}{n_i^3}$ durch $\frac{T_a}{n_a^3}$ in folgender Weise ausdrücken: Es ist allgemein

$$m_0\, r^2\, \dot{\varphi} \int_0^T dt = m_0\, 2\, a\, b\, \pi\,,$$

d. h.

$$m_0\, r^2\, \dot{\varphi} = \frac{m_0\, 2\, a\, b\, \pi}{T} = \frac{k\, h}{2\pi}\,,$$

wo a und b große und kleine Halbachse der Ellipse bedeuten; setzt man für a und b die Werte aus Gleichung (44) das III. Kapitels auf pag. 89 ein, so folgt für die Umlaufszeit T:

$$T = \frac{h^3 n^3}{4\pi^2 m_0 Z^2 e^4}$$

oder

$$\frac{T Z^2}{n^3} = \frac{h^3}{4\pi^2 m_0 e^4}\,.$$

Der letztere Ausdruck ist auf beiden Ellipsenstücken *identisch*. Also gilt:

$$\frac{T_a Z_a^2}{n_a^3} = \frac{T_i Z_i^2}{n_i^3}\,. \tag{77}$$

Diesen Wert für $\frac{T_i Z_i^2}{n_i^3}$ führt man in (76) ein und findet:

$$\left(\overline{\frac{Z}{r^3}}\right) = \left(\frac{4\pi^2 m_0 e^2}{h^2}\right)^3 \frac{T_a Z_a^2}{n_a^3 k^3} \cdot \frac{Z_a^2 + Z_i^2}{T_a + T_i}\,. \tag{78}$$

Nun ist aber

$$T_a \gg T_i\,, \quad Z_a \ll Z_i\,,$$

da das Elektron unter der viel stärkeren Ladung $Z_i e$ die innere Ellipse in viel kürzerer Zeit beschreiben würde, als die Umlaufzeit auf der äußeren Bahn beträgt. Man kann daher Z_a^2 in dem Summenausdruck neben Z_i^2 und T_i neben T_a vernachlässigen. Dann folgt endgültig:

$$\left(\overline{\frac{Z}{r^3}}\right) = \left(\frac{4\pi^2 m_0 e^2}{h^2}\right)^3 \frac{Z_a^2 Z_i^2}{n_a^3 k^3} = \left(\frac{4\pi^2 m_0 e^2}{h^2}\right)^3 \frac{Z_a^2 Z_i^2}{\overset{*}{n}{}^3 k^3}\,.$$

Vergleicht man dies mit dem für Wasserstoff gebildeten Ausdruck $\left(\overline{\frac{Z}{r^3}}\right)$ in Gleichung (62), so sieht man, daß bei den Alkalien einfach an Stelle von $\frac{Z^4}{n^3}$ in jener Formel hier der Ausdruck $\frac{Z_a^2 Z_i^2}{\overset{*}{n}{}^3}$ zu setzen ist.

Ohne weitere Rechnung überträgt sich dies auf die allgemeine, für Wasserstoff abgeleitete Gleichung (68), der wir noch den Balmer-ähnlichen Term $-\frac{R h Z_a^2}{\overset{*}{n}{}^2}$ hinzufügen:

$$\frac{1}{c}\, U_{n,l,j} = -\frac{R h Z_a^2}{\overset{*}{n}{}^2} + \frac{R h \alpha^2 Z_a^2 Z_i^2}{\overset{*}{n}{}^3}\left[\frac{j(j+1) - s(s+1) - l(l+1)}{2\,l\,(l+\frac{1}{2})(l+1)} - \frac{1}{l+\frac{1}{2}} + \frac{3}{4n}\right],$$

oder wenn wir die effektive Quantenzahl $\overset{*}{n}$ durch $(n + \Delta)$ gemäß (1) ersetzen:

$$
(79) \quad \left\{ \begin{aligned} \frac{1}{c} U_{n,l,j} = &- \frac{R h Z_a^2}{(n+\Delta)^2} \\ &+ \frac{R h \alpha^2 Z_a^2 Z_i^2}{(n+\Delta)^3} \left[\frac{j(j+1) - s(s+1) - l(l+1)}{2l(l+\frac{1}{2})(l+1)} - \frac{1}{l+\frac{1}{2}} + \frac{3}{4n} \right]. \end{aligned} \right.
$$

In dieser Formel liefern für gegebenes n die verschiedenen Werte von l die verschiedenen Terme ($s, p, d \ldots$), und bei gegebenem n und l die verschiedenen j-Werte die Dublettaufspaltung derselben. Nun ist $j = l \pm \frac{1}{2}$[1]) und stets $s = \frac{1}{2}$; setzt man dies in (79) ein, so findet man folgende Wellenzahldifferenz:

$$
(80) \qquad \Delta \tilde{\nu} = \frac{1}{c} \frac{\Delta U}{h} = \frac{R \alpha^2 Z_a^2 Z_i^2}{(n+\Delta)^3 l(l+1)}.
$$

Dieser Ausdruck wurde aus dem Beobachtungsmaterial halbtheoretisch von Landé schon 1924 abgeleitet[2]); seine theoretische Begründung hat er erst später erfahren, nachdem der Elektronenspin mit den Modifikationen der modernen Quantentheorie eingeführt war.

Gleichung (80) ist zunächst von Landé, später von Bowen und Millikan einer eingehenden Prüfung unterzogen worden. Von vornherein kann man den Wert Z_i nicht angeben; man kann nur sagen, daß $Z_i = Z - \delta$, d. h. kleiner als die ganze Kernladungszahl Z sein muß. Man wird daher zunächst einmal aus (80) $Z_i = Z - \delta$ mit Hilfe der experimentell beobachteten Werte $\Delta \tilde{\nu}$ berechnen; alle anderen Größen sind bekannt. Man kann dann beurteilen, ob das so gewonnene Z_i vernünftig ausfällt. Landé hat auf diese Weise gezeigt, daß die Aufspaltung sowohl an neutralen Atomen, wie an einfach und mehrfach ionisierten zu dem Resultat führt, daß Z_i ungefähr gleich $(Z - 4)$ ist; nur bei den niedrigsten Ordnungszahlen (Li, Be) ist $Z_i = (Z - 2)$. Das ist nun ein durchaus plausibles Ergebnis, das sich ganz analog auch bei den Röntgenspektren wiederfindet, wie wir im nächsten Kapitel sehen werden; auch daß für die kleinsten Z-Werte Z_i nur um 2 kleiner ist als Z, ist durchaus befriedigend, da Li nur 3, Be nur 4 Elektronen überhaupt besitzt. Diese erste Probe ist also zur Zufriedenheit ausgefallen. Man liest ferner aus (80) folgende Gesetzmäßigkeit ab, wenn man entsprechende Linien (z. B. der Hauptserie) der Alkalien (Li bis Cs) miteinander vergleicht. Hier ist $Z_a = 1$; die l-Werte sind die nämlichen, also folgt:

$$
\Delta \tilde{\nu} \sim \frac{Z_i^2}{\overset{*}{n}{}^3} \sim \frac{(Z-\delta)^2}{\overset{*}{n}{}^3}.
$$

Für die schwereren Alkalien (ab Na) kann man angenähert δ gegen Z vernachlässigen; die Werte von $\overset{*}{n}$ variieren nicht allzu stark. Dann

---

[1]) Dadurch wird der s-Term ($l = 0$) ausgeschlossen, da ihm nur der Wert $j = \frac{1}{2}$ entspricht.

[2]) Nur steht bei Landé überall k statt l.

folgt angenähert (mit Ausnahme von Li), daß die Aufspaltung proportional dem Quadrate der Ordnungszahl (bzw. wie man früher sagte, des Atomgewichts) ist. Das ist aber eine von Kayser und Runge bereits in den 90er Jahren erkannte Regel, aus der nur Li herausfiel; auch das ist jetzt verständlich, weil in dem genaueren Ausdruck eben $(Z - \delta)^2$, nicht Z^2 auftritt.

Betrachtet man schließlich die alkaliähnliche Reihe Na, Mg^+, Al^{++}, Si^{+++}, P^{++++}, S^{+++++}, so nimmt bei diesen Z_a der Reihe nach die Werte 1 bis 6 an; die Werte von $Z_i = Z - \delta$ variieren nicht allzusehr; ebenso verhält sich $\overset{*}{n}$. Also folgt aus (80) angenähert, daß die Dublettaufspaltungen in dieser Reihe sich wie die Quadrate der ganzen Zahlen 1 bis 6 verhalten; Bowen und Millikan haben in dieser Weise die angegebene und weitere Reihen untersucht und sind zu einer sehr scharfen Bestätigung der Gleichung (80) gelangt.

Zusammenfassend kann man also sagen, daß die Theorie des rotierenden Elektrons, wenn man noch die bisher unbegründet gebliebenen Modifikationen der modernen Quantentheorie anbringt, den Erscheinungen in befriedigender Weise Rechnung trägt.

28. Die anomalen Zeeman-Effekte.

Das gleiche Urteil gilt für die Leistung der Theorie in bezug auf die sogenannten „anomalen Zeeman-Effekte". Man hat dabei zwischen „schwachen" und „starken" Magnetfeldern zu unterscheiden; „schwach" heißt das Feld, wenn die dadurch hervorgerufene Termaufspaltung klein ist gegen diejenige, die durch die Berücksichtigung des Spins oder der Relativitätstheorie erzeugt wird; „stark" im umgekehrten Falle. Ein Feld kann also z. B. — je nach der Größe der ohne Feld schon vorhandenen Feinstruktur — in einem Falle (z. B. bei Wasserstoff) schon als „starkes" zu bezeichnen sein, während es für andere Atome (z. B. die Alkalien) noch als „schwaches" wirkt.

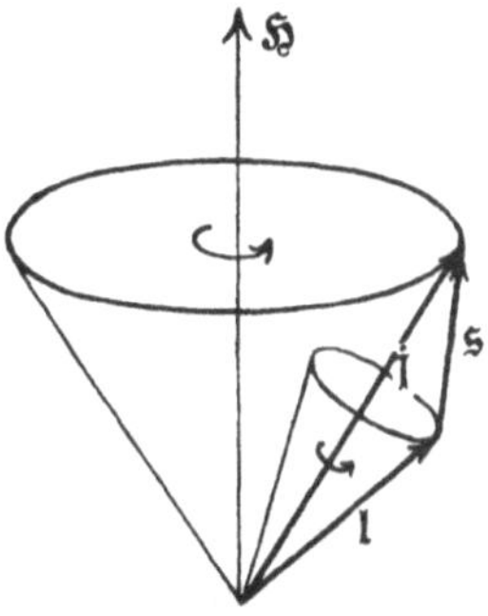

Fig. 42.

Das „schwache" Magnetfeld hat nun eine äußerst einfache Wirkung. Wenn $\mathfrak{j}$, $\mathfrak{s}$, $\mathfrak{l}$ die Vektoren des Gesamtimpulses, des Gesamtspins und des Gesamtbahnimpulses sind, so ist ohne Magnetfeld $\mathfrak{j}$ nach Größe und Richtung im Raume fest; $\mathfrak{s}$ und $\mathfrak{l}$ haben relativ zu $\mathfrak{j}$ die in Fig. 37 gezeichnete Lage und präzessieren um $\mathfrak{j}$, wie früher auseinandergesetzt. Daran ändert ein schwaches Feld insofern nichts, als es diese „innere Präzession" der Vektoren $\mathfrak{s}$ und $\mathfrak{l}$ um $\mathfrak{j}$ nicht stört, d. h. die Koppelungsverhältnisse zwischen $\mathfrak{s}$ und $\mathfrak{l}$ unverändert läßt. Es fügt aber noch eine Präzession („äußere Präzession) von $\mathfrak{j}$ um die Feldrichtung hinzu (Fig. 42). Der Winkel dieses äußeren Präzessionskegels mit der Feldrichtung ist nun, wie schon früher festgestellt, so bemessen, daß die Projektion von $\mathfrak{j}$ auf $\mathfrak{H}$ wieder eine ganze[1]) Zahl m ist, die wir früher als „magnetische Quantenzahl" bezeichneten (sogenannte räumliche Quantelung). Diese Feststellung, in Verbindung mit der „magnetomechanischen Anomalie" des rotierenden Elektrons, liefert ohne weiteres die sogenannte anomale Aufspaltung der Terme im Magnetfeld[2]).

Das Elektron besitzt im allgemeinen Falle ein magnetisches Moment $\mathfrak{M}$, das zum Teil von seiner Bahnbewegung ($\mathfrak{M}_{\text{Bahn}}$), zum Teil von seiner Rotation ($\mathfrak{M}_s$) herrührt; diese beiden Teilmomente setzen sich vektoriell zu dem resultierenden Moment $\mathfrak{M}$ zusammen. Die Zusatzenergie ΔU, die dadurch hervorgerufen wird, ist

$$\Delta U = -(\mathfrak{M}\mathfrak{H}) = -|\mathfrak{M}|\,|\mathfrak{H}|\cos(\mathfrak{M}\mathfrak{H}),$$

was wir schon mehrfach benutzt haben; da $|\mathfrak{M}|\cos(\mathfrak{M}\mathfrak{H})$ die Projektion des Momentes $\mathfrak{M}$ auf $\mathfrak{H}$ ist, können wir auch dafür $|\mathfrak{M}_{\mathfrak{H}}|$ setzen; da $|\mathfrak{M}_{\mathfrak{H}}|$ aber wegen der Präzession von $\mathfrak{l}$ und $\mathfrak{s}$ um $\mathfrak{j}$ zeitlich variabel ist, müssen wir den zeitlichen Mittelwert über die ungestörte Bewegung nehmen, also haben wir:

$$\Delta U = -\overline{|\mathfrak{M}_{\mathfrak{H}}|}\,|\mathfrak{H}|. \tag{81}$$

Es kommt mithin nur auf die Berechnung von $\overline{|\mathfrak{M}_{\mathfrak{H}}|}$ an. Die Komponenten $\mathfrak{M}_{\text{Bahn}}$ und $\mathfrak{M}_s$ des Momentes sind nach (42) und (44):

$$\mathfrak{M}_{\text{Bahn}} = -\frac{e}{2\,m_0\,c}\,\mathfrak{D}_{\text{Bahn}}, \qquad \mathfrak{M}_s = -\frac{e}{m_0\,c}\,\mathfrak{D}_s,$$

bzw., wenn wir für $\mathfrak{D}_s$ den Wert $\mathfrak{s}\frac{h}{2\pi}$ und für $\mathfrak{D}_{\text{Bahn}}$ und Wert $\mathfrak{l}\frac{h}{2\pi}$ einsetzen[3]):

$$\left\{\begin{aligned} \mathfrak{M}_s &= -2\,\mathfrak{s}\,\frac{e}{2\,m_0\,c}\left(\frac{h}{2\pi}\right), \\ \mathfrak{M}_{\text{Bahn}} &= -\mathfrak{l}\,\frac{e}{2\,m_0\,c}\left(\frac{h}{2\pi}\right). \end{aligned}\right. \tag{82}$$

Für unseren Wert $\overline{|\mathfrak{M}_{\mathfrak{H}}|}$ folgt daraus:

$$\overline{|\mathfrak{M}_{\mathfrak{H}}|} = \frac{e\,h}{4\pi\,m_0\,c}\left[\overline{l\cos(\mathfrak{l}\mathfrak{H})} + 2\,\overline{s\cos(\mathfrak{s}\mathfrak{H})}\right]. \tag{83}$$

Die magnetomechanische Anomalie des rotierenden Elektrons macht sich in dem Faktor 2 im Gliede $2\,\overline{s\cos(\mathfrak{s}\mathfrak{H})}$ bemerklich; sie bewirkt, daß das resultierende magnetische Moment $\mathfrak{M}$ dem resultierenden Drehimpuls $\mathfrak{j}$ nicht parallel ist, während $\mathfrak{M}_s$ und $\mathfrak{M}_{\text{Bahn}}$ den entsprechenden Vektoren $\mathfrak{s}$ und $\mathfrak{l}$ parallel sind.

---

[1]) Vorausgesetzt, daß j selbst ganzzahlig ist; ist j halbzahlig, so ist es auch m; vgl. die Anm. auf pag. 171 und das dort erörterte Beispiel.

[2]) Man kann also das „schwache" Magnetfeld auch dadurch definieren, daß es die Russel-Saunders-Koppelung nicht merklich stört.

[3]) Um im Modell zu bleiben, müßten wir k statt l benutzen; doch wissen wir ja bereits, daß l die wirkliche Bahnimpulsquantenzahl ist.

Zur Berechnung der in der eckigen Klammer stehenden Größen bildet man am bequemsten die Komponenten von $\mathfrak{l}$ und $\mathfrak{s}$ parallel und senkrecht zu $\mathfrak{j}$. Das liefert, unter Berücksichtigung der Fig. 43

$$\mathfrak{l}_{\parallel} = l \cos(\mathfrak{j}\,\mathfrak{l}); \quad \mathfrak{l}_{\perp} = l \sin(\mathfrak{j}\,\mathfrak{l})$$

$$\mathfrak{s}_{\parallel} = s \cos(\mathfrak{j}\mathfrak{s}); \quad \mathfrak{s}_{\perp} = s \sin(\mathfrak{j}\mathfrak{s})$$

Wegen der inneren Präzession von $\mathfrak{l}$ und $\mathfrak{s}$ um $\mathfrak{j}$ sind aber die Mittelwerte der Projektionen von $\mathfrak{l}_{\perp}$ und $\mathfrak{s}_{\perp}$ auf $\mathfrak{H}$ gleich Null; also folgt schließlich:

$$l\,\overline{\cos(\mathfrak{l}\,\mathfrak{H})} = l \cos(\mathfrak{j}\,\mathfrak{l}) \cos(\mathfrak{j}\,\mathfrak{H});$$

$$s\,\overline{\cos(\mathfrak{s}\mathfrak{H})} = s \cos(\mathfrak{j}\,\mathfrak{s}) \cos(\mathfrak{j}\,\mathfrak{H}).$$

Damit wird (83):

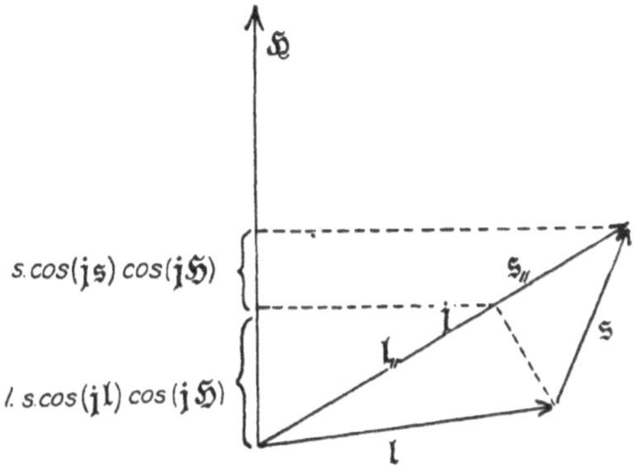

Fig. 43.

$$\overline{|\mathfrak{M}_{\mathfrak{H}}|} = \frac{e\,h}{4\,\pi\,m_0\,c} \cos(\mathfrak{j}\,\mathfrak{H}) \left[l \cos(\mathfrak{j}\,\mathfrak{l}) + 2\,s \cos(\mathfrak{j}\,\mathfrak{s})\right].$$

Aus dem Dreieck mit den Seiten $\mathfrak{j}$, $\mathfrak{s}$, $\mathfrak{l}$ in Fig. 43 ergibt sich für die Kosinusse:

$$\cos(\mathfrak{j}\,\mathfrak{l}) = \frac{j^2 + l^2 - s^2}{2\,j\,l}; \qquad \cos(\mathfrak{j}\,\mathfrak{s}) = \frac{j^2 + s^2 - l^2}{2\,j\,s}.$$

Berücksichtigt man weiter, daß wegen der räumlichen Quantelung

$$\cos(\mathfrak{j}\,\mathfrak{H}) = \frac{m}{j}$$

ist, so folgt:

$$\overline{|\mathfrak{M}_{\mathfrak{H}}|} = \frac{e\,h}{4\,\pi\,m_0\,c}\,\frac{m}{j}\left[l\,\frac{j^2 + l^2 - s^2}{2\,j\,l} + 2\,s\,\frac{j^2 + s^2 - l^2}{2\,j\,s}\right],$$

oder:

$$\overline{|\mathfrak{M}_{\mathfrak{H}}|} = \frac{e\,h}{4\,\pi\,m_0\,c}\,m\left[1 + \frac{j^2 + s^2 - l^2}{2\,j^2}\right]. \tag{85}$$

Für die magnetische Zusatzenergie ΔU folgt also nach (81):

$$\Delta U = -\frac{e\,h\,H}{4\,\pi\,m_0\,c}\,m\left[1 + \frac{j^2 + s^2 - l^2}{2\,j^2}\right]. \tag{86}$$

Diese Formel ist es, die von der älteren Quantentheorie geliefert wird (wenn man schon k durch l ersetzt); sie ist aber noch nicht ganz richtig, da auch hier wieder die moderne Quantentheorie statt der Quadrate $j^2, \ldots$ die Produkte $j\,(j+1), \ldots$ setzt. Damit wird dann:

$$\Delta U = -\frac{e\,h\,H}{4\,\pi\,m_0\,c}\,m\left[1 + \frac{j\,(j+1) + s\,(s+1) - l\,(l+1)}{2\,j\,(j+1)}\right]. \tag{87}$$

Beachtet man, daß die Termaufspaltung beim normalen Zeeman-Effekt in Wellenzahlen nach (89) oder (90) des III. Kapitels auf pag. 109 gerade

$\frac{eH}{4\pi m_0 c^2} = \Delta \tilde{\nu}_0$ ist, und kürzt man den Klammerfaktor durch g ab, so beträgt die durch das Magnetfeld bedingte Aufspaltung in Wellenzahlen:

$$\frac{\Delta U}{hc} = -g m \Delta \tilde{\nu}_0 , \tag{88}$$

unterscheidet sich also durch den Faktor g von der des normalen Zeeman-Phänomens; der Faktor g wurde von Landé aus dem empirischen Material schon richtig gefunden, bevor ein theoretisches Verständnis möglich war; g heißt daher der „Landésche Faktor[1]).

Bevor wir diese Formel anwenden, wollen wir uns zunächst überzeugen, daß gerade die magnetomechanische Anomalie des rotierenden Elektrons den von 1 verschiedenen Faktor g erzeugt. Würden wir nämlich in (88) im Klammerfaktor die 2 streichen, so hätten wir statt des richtigen Ausdrucks den folgenden:

$$\frac{eh}{4\pi m_0 c}\left[l\,\overline{\cos(\mathfrak{l}\,\mathfrak{H})} + s\,\overline{\cos(\mathfrak{s}\,\mathfrak{H})}\right],$$

und wenn man damit die gleiche Rechnung durchführt, so würde für $\overline{|\mathfrak{M}_{\mathfrak{H}}|}$ folgen:

$$\overline{|\mathfrak{M}_{\mathfrak{H}}|} = \frac{eh}{4\pi m_0 c} m ,$$

d. h.

$$\Delta U = -\frac{ehH}{4\pi m_0 c} m$$

und das ist der Ausdruck, der zur normalen Zeeman-Aufspaltung führt.

Kehren wir nunmehr zum richtigen Ausdruck (88) zurück, so ist zunächst festzustellen, daß die für die magnetische Aufspaltung der Niveaus maßgebende Größe g nur von den Quantenzahlen j und l, aber nicht von der Hauptquantenzahl n abhängt. Das bedeutet aber, daß innerhalb jeder Termfolge g konstant ist, die Aufspaltung also die nämliche ist. Von den Termen überträgt sich diese Aussage auf ihre Kombinationen, d. h. die Serienlinien: Alle zu einer Serie gehörenden Linien, sowie entsprechende Linien zusammengehöriger Elemente (z. B. der Alkalien) haben danach die gleiche magnetische Aufspaltung. Dieser Satz ist nun in der Tat längst bekannt als die sogenannte „Prestonsche Regel"; sie hat in früherer Zeit, als die Serienstrukturen noch nicht vollkommen bekannt waren, vielfach dazu gedient, zusammengehörige Linien festzustellen.

Auch eine zweite Gesetzmäßigkeit, die von Runge formuliert wurde, ist in (88) enthalten: Die im anomalen Zeeman-Effekt auftretenden Aufspaltungen sind rationale Vielfache der normalen Aufspaltung. Denn der Landé-Faktor g ist als das Verhältnis ganzer Zahlen darstellbar.

Nach diesen allgemeinen Bemerkungen wollen wir daran gehen, den anomalen Zeeman-Effekt für die Alkalien etwas genauer zu unter-

[1]) Er trat uns zum ersten Male bei dem Einstein-de Haasschen Versuche pag. 156 in spezieller Form entgegen; vgl. Anm. 1 auf pag. 156.

suchen. Für die s-Termfolge ist $s = \frac{1}{2}$, $l = 0$, also $j = \frac{1}{2}$. Der Landésche Faktor g nimmt daher den Wert 2 an; für die p-, d-, f-Folge haben wir $s = \frac{1}{2}$, $l = 1, 2, 3, \ldots.$ und $j = l \pm \frac{1}{2}$. Dafür gewinnt man in allen Fällen den Wert:

$$g_{\mathrm{Alk}} = \frac{2j+1}{2l+1}, \tag{89}$$

und unter diese Formel subsumiert sich auch der eben für die s-Folge gefundene Wert $g = 2$, da für $l = 0$ gerade $j = \frac{1}{2}$ wird. Gleichung (89)

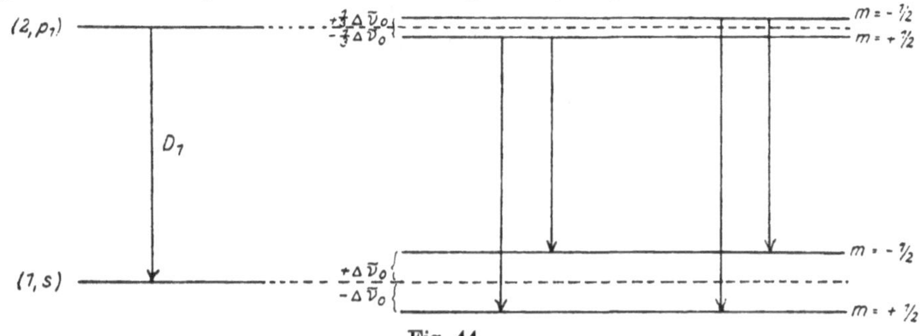

Fig. 44.

gibt uns also den Landé-Faktor für alle Terme der Alkalien. Die numerischen Werte sind die folgenden:

$$\text{(90)} \quad \left\{ \begin{array}{l} s\text{-Term:} \quad g = 2\,, \\ \left\{ \begin{array}{l} p_1\text{-Term:} \quad g = \frac{2}{3}\,, \\ p_2\text{-Term:} \quad g = \frac{4}{3}\,, \end{array} \right. \\ \left\{ \begin{array}{l} d_1\text{-Term:} \quad g = \frac{4}{5}\,, \\ d_2\text{-Term:} \quad g = \frac{6}{5} \text{ usw.} \end{array} \right. \end{array} \right.$$

Wir wollen danach die Aufspaltung der D_1- und D_2-Linien von Na bestimmen, die durch die Formeln:

$$D_1\colon\ (1, s) - (2, p_1)\,,$$
$$D_2\colon\ (1, s) - (2, p_2)$$

bestimmt werden. Das untere Niveau $(1, s)$ hat die Bahnimpulsquantenzahl $l = 0$; $s = \frac{1}{2}$, also $j = \frac{1}{2}$; da m als Projektion von j die $(2j+1)$-Werte $-j, -j+1, \ldots. 0, \ldots. +j$ annehmen kann, kommen hier nur die beiden Werte $m = -\frac{1}{2}$ und $m = +\frac{1}{2}$ in Frage[1]). Nach (88) erhalten wir also für die Aufspaltung des unteren Niveaus mit $g = 2$ die beiden Werte $\pm \Delta\tilde{\nu}_0$, um die das ursprüngliche Niveau nach oben und unten verschoben wird.

Für das obere Niveau der D_1-Linie haben wir $l = 1$; $s = \frac{1}{2}$; $j = l - \frac{1}{2} = \frac{1}{2}$; die magnetische Quantenzahl m kann also auch hier nur die beiden Werte $\pm \frac{1}{2}$ haben; der Landé-Faktor ist gleich $\frac{2}{3}$; also wird dieses $2p_1$-Niveau aufgespalten um den Betrag $\pm \frac{1}{3} \Delta\tilde{\nu}_0$. Diese Verhältnisse sind in Fig. 44 dargestellt, in deren linker Hälfte die

[1]) m **kann also hiernach auch halbzahlige Werte annehmen, nämlich immer dann, wenn** j **halbzahlig ist.**

unaufgespaltenen Niveaus angegeben sind. Demgemäß sind an sich vier Übergänge möglich, die in der üblichen Weise in der rechten Hälfte eingetragen sind; man überzeugt sich leicht, daß keine Auswahlregel ($\Delta l = \pm 1$; $\Delta j = 0, \pm 1$; $\Delta m = 0, \pm 1$) verletzt wird.

Betrachten wir jetzt das obere Niveau $(2, p_2)$ für die D_2-Linie, so ist hier $l = 1$, $j = \frac{3}{2}$; d. h. m kann die vier Werte $-\frac{3}{2}$, $-\frac{1}{2}$, $+\frac{1}{2}$, $+\frac{3}{2}$ annehmen. Zusammen mit dem Landé-Faktor $\frac{4}{3}$ gibt das die folgenden vier Aufspaltungen: $\pm \frac{2}{3} \Delta \tilde{\nu}_0$, $\pm 2 \Delta \tilde{\nu}_0$. Dem entspricht Fig. 45, die genau wie Fig. 44 angelegt ist. Von den hiernach möglichen 8 Linien fallen die beiden punktiert gezeichneten fort, da sie Übergängen $\Delta m = \pm 2$ entsprechen würden, die verboten sind. Hinzuzufügen ist noch, daß die Übergänge $\Delta m = \pm 1$ den sogenannten σ-Komponenten

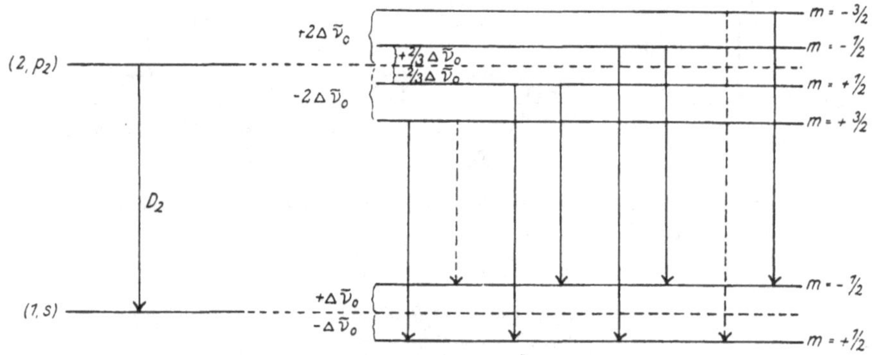

Fig. 45.

(elektrischer Vektor schwingt senkrecht zum Felde), die Übergänge $\Delta m = 0$ den π-Komponenten bei transversaler Betrachtungsweise entsprechen; im Längseffekt treten die π-Komponenten nicht auf, die σ-Komponenten sind paarweise entgegengesetzt zirkular polarisiert. Wir bekommen demgemäß für D_1 und D_2 die Aufspaltungsbilder der Fig. 46; am Kopf der Figur ist das normale Triplett angegeben. In der Tat ist genau dieses Aufspaltungsbild schon 1898 von Cornu und Zeeman gefunden worden; nach dem oben Gesagten gilt es für alle Dublettlinien der Na-Hauptserie, also auch für alle Hauptseriendubletts sämtlicher Alkalien.

Auf die Zeeman-Typen der Erdalkalien usw. wollen wir nicht eingehen, sondern uns auf eine grundsätzliche Bemerkung beschränken. Bei den Erdalkalien gibt es Einfachterme, die wir mit $S, P, D, \ldots$ bezeichneten, und Tripletterme, die durch die kleinen Buchstaben charakterisiert wurden. Den Einfachtermen kommt die resultierende Spinquantenzahl $s = 0$ zu, d. h. bei ihnen ist $j = l$. Wenn man den Landé-Faktor für solche Einfachterme ausrechnet, so findet man $g = 1$. Damit aber hat man für die magnetische Aufspaltung dieser

Einfachterme[1]) — und nur für diese — die sogenannte normale Zeeman-Aufspaltung in ein Triplett.

Wir wenden uns nun zur Betrachtung der sogenannten „starken“ Magnetfelder, bei denen ganz andere Verhältnisse vorliegen, die von Paschen und Back zum erstenmal festgestellt wurden und von denen die Theorie Rechenschaft geben kann: Wenn die magnetische Aufspaltung

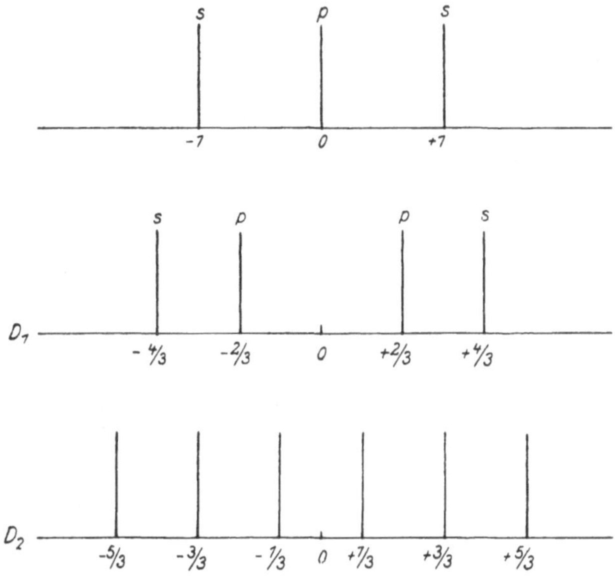

Fig. 46.

größer ist als die durch andere Ursachen bedingte Struktur der Terme (z. B. die Dublettstruktur der Alkalien), so erhält man ein normales Zeeman-Triplett, das sich allmählich bei steigender Feldstärke aus dem betreffenden anomalen Typus heraus entwickelt (Paschen-Back-Effekt). Die Theorie nimmt diesem Tatbestand gegenüber folgende Stellung ein: Während das „schwache“ Magnetfeld die Russel-Saunders-Koppelung unverändert läßt, zerstört das „starke“ Magnetfeld sie. Denn in einem solchen ist die Koppelung zwischen dem resultierenden Spinvektor $\mathfrak{s}$ und dem äußeren Feld und ebenso die zwischen $\mathfrak{l}$ und dem Felde viel stärker, als es die Koppelung zwischen den Vektoren $\mathfrak{s}$ und $\mathfrak{l}$ ist. Gegenüber der starken Koppelung mit dem äußeren Felde kann man daher in erster Näherung $\mathfrak{s}$ und $\mathfrak{l}$ als unabhängig voneinander betrachten. D. h. aber, daß sie nicht mehr eine gemeinsame Präzession um $\mathfrak{j}$ besitzen, das seinerseits um

[1]) Das gilt nicht nur für die Einfachterme der Erdalkalien, sondern natürlich ganz allgemein; das Entscheidende ist, daß die resultierende Spinquantenzahl $s = 0$ ist, was nur bei gerader Zahl äußerer Elektronen möglich ist.

die Feldrichtung präzessiert, sondern die Vektoren $\mathfrak{s}$ und $\mathfrak{l}$ präzessieren gesondert und unabhängig voneinander um die Feldrichtung. Wir haben also das Bild der Fig. 47 vor uns. Jeder der beiden Präzessionskegel hat einen solchen Öffnungswinkel, daß sowohl die Projektion m_l von $\mathfrak{l}$ als auch die m_s von $\mathfrak{s}$ gequantelt sein muß. Rechnet man hier — nach genau denselben Prinzipien wie bisher — die Zusatzenergie ΔU aus, so findet man:

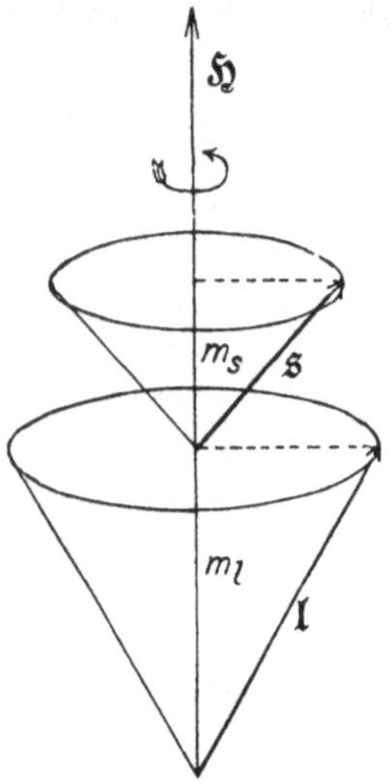

Fig. 47.

(91) $$\Delta U = -\frac{e h H}{4 \pi m_0 c}[m_l + 2 m_s],$$

also, wenn man zu Wellenzahlen übergeht und sich der Bedeutung von $\Delta \tilde{\nu}_0$ erinnert:

$$\frac{\Delta U}{h c} = -(m_l + 2 m_s) H \Delta \tilde{\nu}_0 .$$

Der Faktor 2 in der Klammer rührt natürlich wieder von der magnetomechanischen Anomalie des rotierenden Elektrons her. Kürzen wir die ganzzahlige Summe[1]) $(m_l + 2 m_s)$ durch m' ab, so können wir m' als die jetzt geltende magnetische Quantenzahl betrachten und haben dann:

(92) $$\frac{\Delta U}{h c} = -m' H \Delta \tilde{\nu}_0 .$$

Da nach dem Korrespondenzprinzip auch hier folgt, daß $\Delta m' = 0, \pm 1$ sein muß, haben wir in (92) in der Tat die Bedingung für das Auftreten des normalen Zeeman-Effekts vor uns, wie z. B. ein Blick auf (87) des III. Kapitels auf pag. 108 zeigt. Die Theorie entspricht also durchaus den Tatsachen.

Wir gehen auf Details weiter nicht ein. Wir haben nur noch darauf hinzuweisen, daß die Theorie verlangt, daß auch beim H-Atom ein anomaler Zeeman-Effekt existiert, der bei hinreichend starkem Felde in ein normales Triplett übergehen muß. Da die Feinstruktur der Balmer-Linien von viel kleinerer Größenordnung ist als z. B. die Dublettstruktur der Alkalien, so sind Magnetfelder, die bei letzteren als „schwach" zu bezeichnen wären, beim Wasserstoff schon „starke" Felder im oben dargelegten Sinne. Daher hat man zunächst bei Wasserstoff einen normalen Zeeman-Effekt beobachtet — man war eben schon im Gebiet des Paschen-Back-Effektes. Erst nachdem die Theorie die gesamten Verhältnisse geklärt hatte, hat man mit immer schwächeren Magnetfeldern Wasserstoff untersucht und den allmählichen Übergang des normalen in den anomalen Typus verfolgt. Messungen von Försterling, Hansen, Oldenberg u. a. haben über jeden Zweifel sichergestellt, daß auch bei Wasserstoff ein anomaler Zeeman-Effekt auftritt, — ein Resultat, das man vor 20 Jahren schwerlich auch nur vermutet haben würde.

1) m_l ist immer ganzzahlig; m_s kann auch halbzahlig sein, aber $2 m_s$ ist wieder ganzzahlig.

29. Grundlagen der Theorie der Bandenspektren.

Wir beschließen mit dem Vorstehenden den Überblick über die Leistungen der älteren Quantentheorie auf dem Gebiet der optischen Atomspektren (Linienspektren) und wollen uns nunmehr den Molekülspektren (Bandenspektren) zuwenden, um auch hier zu zeigen, daß die Quantentheorie eine tragfähige Grundlage bildet, wenn sie auch (namentlich in der älteren Form) manche Schwierigkeiten nicht überwinden konnte. Wir müssen uns mit einer kurzen Skizze des Geleisteten begnügen und betrachten im wesentlichen nur zweiatomige Molekeln.

Im Ganzen werden, modellmäßig betrachtet, im zweiatomigen Molekül drei verschiedene Änderungen vor sich gehen: Wir können erstens die Elektronenkonfiguration der beiden Atome als unveränderlich und ihren gegenseitigen Abstand als konstant ansehen; dann kann die Molekel „starr“ nur um den gemeinsamen Schwerpunkt der Atome rotieren, und zwar um eine Achse senkrecht zu ihrer Verbindungslinie. Daß solche Rotationen stets vorhanden sind, zeigt die im II. Bande ausführlich besprochene Theorie der spezifischen Wärmen[1]). Wenn es sich um eine polare Verbindung handelt (z. B. HCl), d. h. eine solche, die aus zwei entgegengesetzt geladenen Ionen gebildet wird, so tritt durch diese Rotation eine zeitliche Änderung des elektrischen Momentes der Molekel ein, und das bedingt sowohl nach der klassischen wie der Quantentheorie eine Strahlung. Das Gleiche gilt von unpolaren Molekeln mit zwei verschiedenen Atomen, da bei diesen der mechanische Schwerpunkt nicht mit dem elektrischen zusammenfällt; auch hier gibt es eine charakteristische Strahlung, die wir in beiden Fällen sinngemäß als das „Rotationsspektrum“ bezeichnen. Diese kann nur in dem Falle nicht auftreten, daß es sich um unpolare Bindungen identischer Atome (H_2, O_2, N_2) handelt; bei diesen kann ein Rotationsspektrum nicht auftreten, da das elektrische Moment ungeändert bleibt. Wegen der relativen Langsamkeit der Rotation liegen diese Rotationsspektren im sogenannten „fernen“ Ultarrot, Wellenlängen von etwa $50\,\mu$ bis $100\,\mu$ entsprechend.

Wir können anderseits zwar die Atome selbst als unveränderlich betrachten, aber Abstandsänderungen zulassen, wodurch Schwingungen in Richtung ihrer Verbindungslinie auftreten. Diese Schwingungen können (im einfachsten Falle) harmonisch, — im allgemeinen werden sie jedoch unharmonisch sein, und bei polaren Molekeln wird ihnen eine Strahlung entsprechen. Dieses „Schwingungsspektrum“ liegt im allgemeinen im kurzwelligen Ultrarot (1 bis $20\,\mu$). Wir werden später sehen, daß es für sich allein nie auftritt, sondern — in Übereinstimmung mit dem Korrespondenzprinzip — immer nur in Kombination mit der Wirkung der stets vorhandenen Rotationen: beide Effekte zusammen liefern das (gleichfalls im kurzwelligen Ultrarot liegende) sogenannte „Rotationsschwingungsspektrum“.

[1]) Bd. II, Kapitel 11, insbesondere pag. 596ff.

Im allgemeinsten Falle endlich werden wir auch Änderungen der Elektronenkonfiguration der beiden Atome in Betracht zu ziehen haben, die weitaus die größten Energieänderungen darstellen, d. h. den größten Schwingungszahlen entsprechen; die Spektren, die durch diese Änderungen in Verbindung mit Schwingungs- und Rotationsspektrum entstehen, liegen daher im sichtbaren oder ultravioletten Spektralgebiet, und ihre eigentümliche Struktur ist es, die den Molekülspektren den gemeinsamen Namen „Bandenspektren" eingetragen hat.

Wir behandeln die Molekülspektren im folgenden in der oben angegebenen Reihenfolge, d. h. in der Reihenfolge der dabei auftretenden Energieänderungen, zunächst also die Rotationsspektren.

Wir haben dazu den Energieausdruck zu bilden und die Quantenforderung einzuführen, daß das Phasenintegral gleich einem ganzzahligen Vielfachen von h ist. Nennen wir J das Trägheitsmoment der als starr betrachteten Molekel, φ den Winkel, den die augenblickliche Lage der Verbindungslinie der beiden Atome mit einer festen Richtung bildet, so ist die Energie rein kinetischer Natur:

$$U = \tfrac{1}{2} J \dot{\varphi}^2. \tag{93}$$

Das System hat einen Freiheitsgrad, und zu der zyklischen Variabeln φ gehört der konstante Impuls $p_\varphi = J\dot{\varphi}$. Die Quantenbedingung lautet also, wenn wir die „Rotationsquantenzahl" durch n_r bezeichnen[1]):

$$\int_0^{2\pi} p_\varphi \, d\varphi = 2\pi J \dot{\varphi} = n_r h \qquad (n_r = 0,1,\ 2,\ \ldots \infty). \tag{94}$$

Mit Benutzung dieses Ausdruckes läßt sich die Energie schreiben:

$$U_{n_r} = \frac{n_r^2 h^2}{8\pi^2 J}. \tag{95}$$

Man nennt diesen Energieausdruck zu Ehren Deslandres', der die empirischen Gesetze der Bandenspektren zuerst formuliert hat, den Deslandres-Term. Nach der Bohrschen Ausstrahlungsbedingung liefert der Ausdruck $\frac{U_{n'_r} - U_{n_r}}{hc}$ die Wellenzahl der erzeugten Spektrallinie. Wir wollen aber erst mit Hilfe des Korrespondenzprinzips feststellen, ob und welche Auswahlregeln für n_r existieren. Da die Rotation gleichförmig ist ($\dot{\varphi}$ konstant), so enthält die Fourier-Entwicklung der klassischen Bewegung nur ein Glied, nämlich $\cos 2\pi\dot{\varphi}t$; das bedeutet also, daß die Quantenzahl n_r der Rotation sich nur um ± 1 ändern kann; das Pluszeichen würde dem Falle der Absorption entsprechen, das Minuszeichen der Emission. Beschränken wir uns grundsätzlich auf die Betrachtung der Emission, so können wir die Auswahlregel aussprechen:

$$\Delta n_r = -1. \tag{96}$$

---

[1]) Eine Verwechslung mit der früher benutzten „radialen" Quantenzahl n_r ist wohl nicht zu befürchten.

Demnach sind die zu erwartenden Linien des Rotationsspektrums durch die Gleichung gegeben:

$$\tilde{\nu}_{n_r \to n_r - 1} = \frac{U_{n_r} - U_{n_r - 1}}{h c} = \frac{h}{8 \pi^2 J c} [n_r^2 - (n_r - 1)^2] ,$$

d. h.

$$(97) \qquad \tilde{\nu}_{n_r \to n_r - 1} = \frac{h}{8 \pi^2 J c} [2 n_r - 1] = 2 B (n_r - \tfrac{1}{2}) ,$$

wenn man die Abkürzung

$$(98) \qquad B = \frac{h}{8 \pi^2 J c}$$

einführt. Da der kleinste zulässige Wert von n_r gleich 1 ist[1]), so haben wir die folgende Reihe von Wellenzahlen zu erwarten:

$$(99) \qquad \left| \begin{array}{l} \tilde{\nu}_{1 \to 0} = B , \\ \tilde{\nu}_{2 \to 1} = 3 B , \\ \tilde{\nu}_{3 \to 2} = 5 B , \\ \cdot \; \cdot \; \cdot \; \cdot \; \cdot \; \cdot \end{array} \right.$$

d. h. ein System äquidistanter Linien mit dem Abstande $2 B = \frac{h}{4 \pi^2 J c}$; der Abstand der Linien bestimmt nach (98) das Trägheitsmoment der Molekel, und in diesem Sinne haben wir die Rotationsspektren bereits im II. Bande verwertet.

Die Rotationsspektren der Halogenwasserstoffe (HCl, HBr, HJ, HF) sind von M. Czerny[2]) sorgfältig untersucht worden. Er fand in der Tat (sehr nahe) äquidistante Linienfolgen, von denen wir die am HCl wiedergeben.

$\lambda_{\text{beob.}}$	$\tilde{\nu}$ beob.	$\Delta \tilde{\nu} = 2 B$	n_r	$\tilde{\nu}$ ber. nach (97)	$\tilde{\nu}$ ber. nach (101)
44,15 μ	226,50 cm^{-1}		11	215 cm^{-1}	226,55 cm^{-1}
		20,12 cm^{-1}			
48,49	206,38		10	195	206,30
		20,52			
53,83	185,86		9	174	185,95
		20,23			
60,40	165,63		8	154	165,51
		20,60			
68,95	145,03		7	133	145,00
		20,73			
80,45	124,30		6	(113)	124,21
		(20,20)[3])			
(96,0)[3])	(104,10)[3])		5	92	(103,77)
		(21,07)[3])			
120,5	83,03		4	72	83,15

$2 B$ (Mittel) = 20,49 cm^{-1}.

Die vorstehende Tabelle enthält in der ersten Kolumne die gemessenen Wellenlängen, in der zweiten die zugehörigen Wellenzahlen, in der dritten ihre Differenzen $2 B$, die sich als nahezu konstant erweisen, so daß es Sinn hat, einen Mittelwert (20,49 cm^{-1}) zu bilden; die vierte Spalte enthält die Werte n_r und die fünfte den Vergleich zwischen

[1]) Der Wert $n_r = 0$ würde zu einem Übergang nach $n_r = -1$ führen, was nach (94) unzulässig ist, da der Drehimpuls positiv sein muß.

[2]) M. Czerny, Zs. f. Phys. **34**, pag. 227ff., 1925; **44**, pag. 235ff., 1927.

[3]) Die eingeklammerten Werte sind weniger sicher.

Theorie (97) und Experiment. Daraus erkennt man, daß die Formel (97) nicht imstande ist, die Beobachtungen darzustellen; vielmehr ergeben sich Wellenzahlen, die fast genau in die Mitte zwischen zwei beobachtete fallen. Aus dieser letzteren Tatsache ergibt sich, daß man zu einer formelmäßigen Darstellung kommen kann, wenn man statt n_r die Werte $(n_r + \frac{1}{2})$ substituiert, was darauf hinausläuft, statt der ganzzahligen Werte halbzahlige von n_r anzusetzen. So hat es in der Tat die ältere Quantentheorie getan, setzte sich freilich dadurch mit der Adiabatenhypothese in Widerspruch: Die Halbzahligkeit war zwar empirisch gefordert — sämtliche Messungen Czernys an den Halogenwasserstoffen zeigen das gleiche —, konnten aber nicht theoretisch begründet werden. Nun erinnern wir uns, daß wir schon mehrfach erwähnt haben, daß die moderne Theorie statt der Quadrate n_r^2 die Produkte $n_r(n_r + 1)$ setzt. Tun wir dies auch hier, so erhalten wir statt (95):

$$(100) \qquad U_{n_r} = \frac{h^2}{8\pi^2 J} n_r (n_r + 1) = \frac{h^2}{8\pi^2 J}(n_r^2 + n_r);$$

das ist der Deslandres-Term der neueren Theorie. Vergleicht man damit den Wert von U_{n_r}, den man aus (95) erhalten würde, wenn man $(n_r + \frac{1}{2})$ statt n_r einführt:

$$(95a) \qquad U_{n_r} = \frac{h^2}{8\pi^2 J}(n_r + \tfrac{1}{2})^2 = \frac{h^2}{8\pi^2 J}(n_r^2 + n_r + \tfrac{1}{4}),$$

so erkennt man, daß (95a) — abgesehen von einer Konstanten — mit (100) identisch wird; für die Bandenlinien spielt die Konstante keine Rolle, da sie sich bei der Differenzbildung heraushebt. In der erzwungenen, aber früher nicht begründbaren Einführung halber Quantenzahlen haben wir also eine noch unvollkommene Formulierung einer Eigentümlichkeit der modernen Theorie zu erblicken; wir werden uns in Zukunft immer an den Ausdruck (100) halten, der zu folgenden Wellenzahlen für die Linien des Rotationsspektrums führt:

$$(101) \qquad \tilde{\nu}_{n_r \to n_r - 1} = \frac{h}{8\pi^2 J c} 2 n_r = 2 B n_r \qquad (n_r = 1, 2, \ldots \infty).$$

Nach dieser Formel ist die letzte Spalte der obigen Tabelle berechnet; jetzt stimmen, wie man sieht, Theorie und Experiment vollkommen überein.

Betrachtet man die dritte Spalte der Tabelle etwas genauer, so sieht man, daß die Wellenzahldifferenz $\Delta\tilde{\nu}$ nicht ganz konstant ist, sondern mit wachsendem n_r etwas abnimmt. Das ist ein Anzeichen dafür, daß das Trägheitsmoment J in den verschiedenen Rotationszuständen nicht ganz konstant ist, sondern mit wachsendem n_r etwas zunimmt: eine Folge der Zentrifugalkraft. Da es sich um eine prinzipielle Angelegenheit handelt, wollen wir die Verbesserung der Formel (101) durchführen. Im ruhenden Zustande sei der Atomabstand r_0; infolge der Zentrifugalkraft vergrößert er sich auf $r = r_0 + \varrho = r_0\left(1 + \frac{\varrho}{r_0}\right)$. Der Zentrifugalkraft hält das Gleichgewicht die Bindungskraft; fassen wir diese als quasielastisch auf, d. h. proportional der Verrückung aus der Ruhelage, so ist sie etwa gleich $k^2 (r - r_0) = k^2 \varrho$ zu setzen, und wir haben als Gleichgewichtsbedingung

$$\mu\, r\, \dot{\varphi}^2 = k^2 \varrho = k^2 r_0 \left(\frac{\varrho}{r_0}\right). \tag{102}$$

Dabei ist μ in bekannter Weise die reduzierte Masse, $\mu r^2 = J$ daher das Trägheitsmoment; $\frac{\varrho}{r_0}$ wird als unendlich kleine Größe 1. Ordnung betrachtet. Multiplizieren wir die vorstehende Gleichung mit μr^3, so folgt links $\mu^2 r^4 \dot{\varphi}^2 = p_\varphi^2$; rechts können wir angesichts der Kleinheit von $\frac{\varrho}{r_0}$ statt r^3 den Normalwert r_0^3 setzen; also:

$$p_\varphi^2 = \mu\, k^2 r_0^4 \left(\frac{\varrho}{r_0}\right),$$

woraus sich für die relative Abstandsvergrößerung $\frac{\varrho}{r_0}$ ergibt:

$$\frac{\varrho}{r_0} = \frac{p_\varphi^2}{\mu\, k^2 r_0^4} = \frac{p_\varphi^2}{J_0\, r_0^2\, k^2}; \tag{103}$$

dabei ist das Normalträgheitsmoment $\mu r_0^2 = J_0$ gesetzt. Nun können wir die Veränderung des Trägheitsmomentes durch die Rotation ausdrücken; denn es ist:

$$J = \mu r^2 = \mu r_0^2 \left(1 + \frac{\varrho}{r_0}\right)^2 = \mu r_0^2 \left(1 + \frac{2\varrho}{r_0}\right) = J_0 \left(1 + 2\frac{\varrho}{r_0}\right),$$

also unter Benutzung von (103):

$$J = J_0 \left(1 + \frac{2 p_\varphi^2}{J_0\, r_0^2\, k^2}\right). \tag{104}$$

Diesen Wert haben wir nun in den Energieausdruck einzuführen, dabei aber zu bedenken, daß infolge des Aufgebens der Annahme der Starrheit noch eine elastische potentielle Energie vom Betrage $\frac{k^2}{2} (r - r_0)^2 = \frac{k^2}{2} r_0^2 \left(\frac{\varrho}{r_0}\right)^2$ auftritt, die nach (103) auch gleich $\frac{p_\varphi^4}{2 J_0^2 r_0^2 k^2}$ gesetzt werden kann. Damit wird die gesamte Energie

$$U = \frac{p_\varphi^2}{2J} + \frac{p_\varphi^4}{2 J_0^2 r_0^2 k^2},$$

also unter Rücksicht auf (104), unter konsequenter Vernachlässigung höherer Potenzen von $\frac{\varrho}{r_0}$:

$$U = \frac{p_\varphi^2}{2 J_0} \left(1 - \frac{2 p_\varphi^2}{J_0\, r_0^2\, k^2}\right) + \frac{p_\varphi^4}{2 J_0^2 r_0^2 k^2} = \frac{p_\varphi^2}{2 J_0} \left(1 - \frac{p_\varphi^2}{J_0\, r_0^2\, k^2}\right).$$

Da wie vorhin $p_\varphi = J \dot{\varphi} = n_r \frac{h}{2\pi}$ ist, würden wir den Ausdruck erhalten:

$$U_{n_r} = \frac{n_r^2 h^2}{8 \pi^2 J_0} \left(1 - \frac{n_r^2 h^2}{4 \pi^2 J_0\, r_0^2\, k^2}\right), \tag{105}$$

wobei die Klammer das Korrektionsglied darstellt. Gemäß der modernen Theorie wollen wir aber überall wieder n_r^2 durch $n_r(n_r+1)$ ersetzen. Dann erhalten wir aus der letzten Gleichung:

$$(106) \qquad U_{n_r} = \frac{h^2}{8\pi^2 J_0} n_r (n_r+1)\left(1 - \frac{h^2}{4\pi^2 J_0 r_0^2 k^2} n_r (n_r+1)\right).$$

Lassen wir n_r sich in $(n_r - 1)$ ändern, so erhalten wir in bekannter Weise die Emissionsfrequenzen:

$$(107) \qquad \tilde{\nu}_{n_r \to n_r - 1} = \frac{h}{4\pi^2 J_0 c} n_r - \frac{h^3}{8\pi^4 J_0^2 r_0^2 k^2 c} n_r^3,$$

die mit der alten Bezeichnung $B = \frac{h}{8\pi^2 J_0 c}$ und der neuen $C = \frac{h^3}{8\pi^4 J_0^2 r_0^2 k^2 c}$ (> 0) übergeht in:

$$(108) \qquad \tilde{\nu}_{n_r \to n_r - 1} = 2\,B\,n_r - C\,n_r^3 \qquad (n_r = 1, 2, \ldots \infty).$$

Während nach der elementaren Theorie (101) der Abstand zweier aufeinander folgender Wellenzahlen konstant gleich $2\,B$ war, ist er nach (108) gleich $2\,B$ vermindert um eine mit n_r wachsende Größe, d. h. der Abstand nimmt mit wachsendem n_r ab, eine Tatsache, die wir im Anschluß an Spalte 3 der letzten Tabelle feststellten. Tatsächlich konnte Czerny seine sämtlichen Messungen an den Halogenwasserstoffen nur durch Formeln vom Typus (108) darstellen. Wir geben im folgenden seine Resultate:

$$(109) \qquad \left\{\begin{array}{ll} \text{HCl:} & \tilde{\nu} = 20{,}8411\, n_r - 0{,}001814\, n_r^3, \\ \text{HF:} & \tilde{\nu} = 41{,}086\, n_r - 0{,}011879\, n_r^3, \\ \text{HBr:} & \tilde{\nu} = 16{,}7092\, n_r - 0{,}001457\, n_r^3, \\ \text{HJ:} & \tilde{\nu} = 12{,}840\, n_r - 0{,}000820\, n_r^3. \end{array}\right.$$

Man erkennt daraus, daß das Korrektionsglied, das auch das der Theorie entsprechende Vorzeichen hat, nur etwa 1% des Hauptgliedes ausmacht; das Zusammenrücken der Linien bei hohen Quantenzahlen ist fast unmerklich, weil die Änderung des Trägheitsmomentes bei den Rotationsspektren sehr klein ist.

Wir wenden uns nunmehr zum Schwingungsspektrum, das dadurch entsteht, daß die beiden Atome gegeneinander in Richtung der Verbindungslinie schwingen. Wären die Schwingungen harmonisch, so bestünde das Spektrum nur aus einer einzigen Linie von der Wellenzahl $\tilde{\nu}_0$; in Wirklichkeit aber sind die Schwingungen anharmonisch, und wir wissen schon, daß bei klassischer Behandlung dann im wesentlichen auch die Oberschwingungen $(2\,\tilde{\nu}_0, 3\,\tilde{\nu}_0, \ldots)$ auftreten. Wir wollen also im folgenden den anharmonischen Oszillator nach der Hamilton-Jacobischen Methode quantentheoretisch behandeln.

Nennen wir die Verrückung in Richtung der Verbindungslinie q, den zugehörigen Impuls $\mu\,\dot{q} = p$[1]), so lautet die Hamiltonsche Funktion:

$$(110) \qquad H = \frac{p^2}{2\mu} + \frac{k^2}{2} q^2 + a\,q^3.$$

[1]) μ ist wieder die reduzierte Masse; wir müssen μ einführen, da die beiden Atommassen gegen ihren gemeinsamen Schwerpunkt schwingen.

Das Glied $a\,q^3$ drückt hierbei (im einfachsten Falle) die Abweichung vom harmonischen Verhalten aus. Ersetzen wir p nach der allgemeinen Theorie durch $\frac{dW}{dq}$ und nennen den numerischen Wert der Energie U, so haben wir zur Bestimmung der Wirkungsfunktion W die Hamilton-Jacobische Differentialgleichung

$$\left(\frac{dW}{dq}\right)^2 = 2\mu\left(U - \frac{k^2}{2}q^2 - a\,q^3\right),$$

oder

$$\frac{dW}{dq} = \sqrt{2\mu U}\sqrt{1 - \frac{k^2 q^2}{2U}}\sqrt{1 - \frac{\frac{a}{U}q^3}{1 - \frac{k^2 q^2}{2U}}}\,. \tag{111}$$

Da a als Korrektionsgröße klein ist, kann man die letzte Wurzel nach Potenzen von a entwickeln und erhält, wenn man bis zu Gliedern mit a^2 geht:

$$\frac{dW}{dq} = \sqrt{2\mu U}\left[\sqrt{1 - \frac{k^2 q^2}{2U}} - \frac{a}{2}\,\frac{q^3}{U\sqrt{1 - \frac{k^2 q^2}{2U}}} - \frac{a^2}{8}\,\frac{q^6}{U^2\sqrt{1 - \frac{k^2 q^2}{2U}}^{\,3}}\right].$$

Wir haben nun das Phasenintegral $\oint \frac{dW}{dq}\,dq$ über einen vollen Zyklus der Variabeln q zu bilden und nach der Adiabatenhypothese gleich $n_s h$ zu setzen, wenn wir die „Schwingungsquantenzahl" mit n_s bezeichnen. Wir erhalten also aus der letzten Gleichung, wenn wir noch die Abkürzung $\frac{k\,q}{\sqrt{2U}} = \xi$ einführen:

$$\left\{\begin{aligned} \frac{n_s h}{\sqrt{2\mu U}} &= \frac{\sqrt{2u}}{k}\oint\sqrt{1-\xi^2}\,d\xi \\ &\quad - \frac{2aU}{k^4}\oint\frac{\xi^3\,d\xi}{\sqrt{1-\xi^2}} - \frac{a^2 U\sqrt{2U}}{k^7}\oint\frac{\xi^6\,d\xi}{(1-\xi^2)^{3/2}}\,. \end{aligned}\right. \tag{112}$$

Sämtliche hier auftretenden Integrale lassen sich durch die Substitution $\xi = \sin\psi$ (und Verwendung des Additionstheorems der trigonometrischen Funktionen) auf elementare Integrale zurückführen; bei Erstreckung über einen vollen Zyklus von ξ liefert insbesondere das zweite den Beitrag Null. Die Ausrechnung liefert dann:

$$\frac{n_s h}{\sqrt{2\mu U}} = \pi\frac{\sqrt{2U}}{k} + \frac{15}{4}\pi\frac{a^2 U\sqrt{2U}}{k^7},$$

oder

$$n_s h = \frac{U}{\nu_0}\left[1 + \frac{15\,a^2 U}{4\mu^3(2\pi\nu_0)^6}\right]. \tag{113}$$

Dabei haben wir benutzt, daß $\frac{k}{\sqrt{\mu}} = 2\pi\nu_0$ ist, wenn ν_0 die Frequenz des harmonischen Oszillators (für $a = 0$) ist. Gleichung (113) ist die Verallgemeinerung des Planckschen Ansatzes für einen harmonischen

Oszillator und geht für $a = 0$ darin über; da a^2 sehr klein ist, können wir das mit a^2 multiplizierte U in der Klammer durch den Planckschen Näherungswert $n_s h \nu_0$ ersetzen und erhalten:

$$n_s h = \frac{U}{\nu_0}\left[1 + \frac{15\,a^2 h \nu_0}{4\,\mu^3 (2\pi\nu_0)^6} n_s\right],$$

oder, wenn wir die kleine Größe $\frac{15\,a^2 h \nu_0}{4\,\mu^3 (2\pi\nu_0)^6} = x$ setzen:

$$n_s h \nu_0 = U(1 + x n_s). \tag{114}$$

Daraus folgt schließlich der gesuchte Wert von U, dem wir jetzt den Index n_s geben:

$$U_{n_s} = n_s h \nu_0 (1 - x n_s). \tag{115}$$

Das sind also die Werte, die die Energie eines anharmonischen Oszillators annehmen kann. Demgemäß folgt nach der Bohrschen Ausstrahlungshypothese für die Wellenzahlen des Schwingungsspektrums, wenn wir die dem energiereicheren Niveau entsprechende Quantenzahl durch einen Strich andeuten:

$$\tilde{\nu} = \frac{U_{n_s'} - U_{n_s}}{h c} = (n_s' - n_s)\,\tilde{\nu}_0 [1 - x(n_s' + n_s)]. \tag{116}$$

Das Korrespondenzprinzip legt der Schwingungsquantenzahl keinerlei Beschränkung auf, da die Fourier-Entwicklung der klassischen Bewegung außer der Grundfrequenz alle harmonischen Oberschwingungen enthält, wie wir schon erwähnten. Das Spektrum enthält daher für die in Absorption wichtigsten Übergänge $n_s' \to 0$ folgende Linien:

$$\tilde{\nu}_0 (1 - x), \quad 2\tilde{\nu}_0 (1 - 2x), \quad 3\tilde{\nu}_0 (1 - 3x), \ldots\ldots, \tag{117}$$

d. h. abgesehen von der „Verstimmung“ x, $2x$, $3x$, ... die Reihe der harmonischen Oberschwingungen. Diese treten tatsächlich auf, wie Mandersloot, Kemble und Hettner gezeigt haben; später haben mehrere Forscher, z. B. Schaefer und Thomas ihre Resultate erweitert. Wir geben im folgenden ein paar Ergebnisse an, statt in Wellenzahlen in Wellenlängen, wie sie direkt beobachtet werden.

Stoff	$\tilde{\nu}_0 (1 - x)$	$2\tilde{\nu}_0 (1 - 2x)$	$3\tilde{\nu}_0 (1 - 3x)$
HF	2,52 μ	1,27 μ	—
HCl	3,46	1,76	1,19 μ
HBr	3,91	1,98	—
HJ	4,48	2,28	—
CO	4,67	2,35	1,57

Man erkennt aus dieser Tabelle das Auftreten der etwas verstimmten Oberschwingungen; man kann eine quantitative Probe auf die Formel (116) bzw. (117) machen, indem man für HCl und CO aus Grundschwingung und Oktave die Verstimmung x berechnet und damit dann die Wellenlänge der verstimmten Duodezime bestimmt. Es ergibt sich so bei HCl eine Wellenlänge von 1,192 μ (beobachtet 1,190 μ) und bei CO 1,577 μ (beobachtet 1,573 μ), also in beiden Fällen eine quantitative Bestätigung der Theorie[1]).

Im übrigen ist das Schwingungsspektrum allein gar nicht zu beobachten, da sich immer der Effekt der vorher besprochenen Rotationen überlagert, worauf wir gleich eingehen werden; nur wenn man mit geringer spektraler Auflösung arbeitet, entgehen einem die Feinheiten, und was man dann beobachtet, ist im wesentlichen das oben besprochene reine Schwingungsspektrum.

Wir gehen nunmehr über zur Theorie des Rotationsschwingungsspektrums: Dabei werden die Atome noch als unveränderlich betrachtet, dagegen Rotation und Schwingung als gleichzeitig vorsichgehend angenommen. Hierbei gestatten wir uns zunächst insofern noch eine Vereinfachung, als wir trotz der Schwingung das Trägheitsmoment J als konstant betrachten; das kommt darauf hinaus, die Energie der Schwingung und der Rotation zur Gesamtenergie einfach additiv zusammenzufügen, ohne eine Wechselwirkung zu berücksichtigen. Die ältere Quantentheorie liefert so durch Kombination der Ausdrücke (115) und (95) für die jetzt von zwei Quantenzahlen abhängige Energie:

$$(118) \qquad U_{n_s,\, n_r} = n_s h \nu_0 (1 - n_s x) + \frac{h^2}{8 \pi^2 J} n_r^2 .$$

Es ist zwar nach dem Vorhergehenden schon anzunehmen, daß die ältere Quantentheorie auch hier zur Darstellung der Beobachtungen nicht geeignet sein wird; wir wollen jedoch die Folgerungen aus (118) mit Absicht ziehen, um ganz klar den Punkt herauszuarbeiten, an dem auch hier das Versagen der älteren Theorie eintritt. So gewinnen wir eine neue Bestätigung für den von uns eingenommenen Standpunkt.

In (118) ist das erste Glied im allgemeinen weitaus größer als das zweite; daher kann hier n_r, bei gleichzeitiger Abnahme von n_s, auch zunehmen, wobei die Gesamtenergie doch kleiner wird, d. h. die gesamte Änderung der Energie einer Emission entspricht. Während also nach dem Korrespondensprinzip die Änderung von n_s keiner Beschränkung unterliegt, kann n_r sich hier um ± 1 ändern; insbesondere ergibt sich aus ihm, daß keine Änderung von n_s eintreten kann, ohne gleichzeitige Änderung von n_r. Das bedeutet aber, daß das reine Schwingungsspektrum, das wir vorhin betrachteten, gar nicht isoliert auftritt. Nach der Bohrschen Ausstrahlungshypothese ergeben sich nun zwei Fälle, je nachdem n_r um eine Einheit abnimmt oder zunimmt. Nach (118) ist offenbar:

[1]) Die oben angestellten Betrachtungen über das Spektrum des anharmonischen Oszillators sind natürlich keineswegs auf Gase beschränkt, sie gelten auch für Flüssigkeiten und feste Körper, wie namentlich Schaefer und seine Schüler nachgewiesen haben; damit haben wir es aber hier nicht zu tun.

$$
(119) \begin{cases} \Delta U_{n_s' \to n_s,\, n_r \to n_r - 1} = (n_s' - n_s) h \nu_0 [1 - (n_s' + n_s) x] \\ \qquad + \frac{h^2}{4\pi^2 J}\left(n_r - \frac{1}{2}\right); \quad (n_r = 1, 2, \ldots \infty), \\ \Delta U_{n_s' \to n_s,\, n_r \to n_r + 1} = (n_s' - n_s) h \nu_0 [1 - (n_s' + n_s) x] \\ \qquad - \frac{h^2}{4\pi^2 J}\left(n_r + \frac{1}{2}\right); \quad (n_r = 0, 1, 2, \ldots \infty). \end{cases}
$$

Diesen Energieänderungen entsprechen folgende Wellenzahlen:

$$
(120) \begin{cases} \tilde{\nu}' = (n_s' - n_s) \tilde{\nu}_0 [1 - (n_s' + n_s) x] + 2B(n_r - \frac{1}{2}); \quad (n_r = 1, 2, \ldots \infty), \\ \tilde{\nu}'' = (n_s' - n_s) \tilde{\nu}_0 [1 - (n_s' + n_s) x] - 2B(n_r + \frac{1}{2}); \quad (n_r = 0, 1, \ldots \infty). \end{cases}
$$

Danach ist jede der Eigenfrequenzen des Schwingungsspektrums auf beiden Seiten begleitet von einem System äquidistanter Linien im Abstande $2B$, dem nämlichen, in dem die Linien des reinen Rotations-

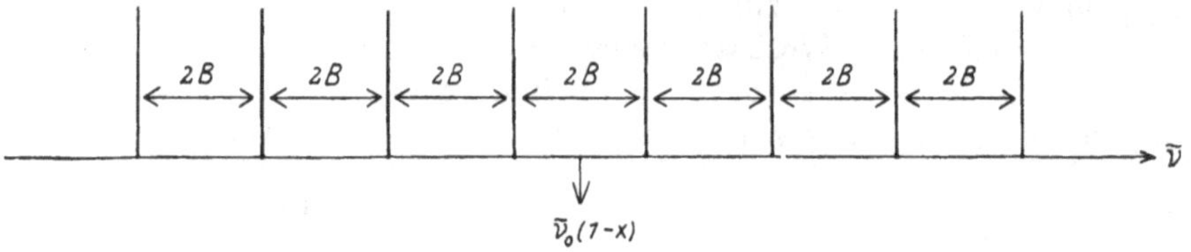

Fig. 48.

spektrums aufeinander folgen. Für die Grundschwingung z. B. ($n_s' - n_s = 1$) würden wir also das Bild der Fig. 48 erwarten. Wie steht es mit der Erfahrung? Tatsächlich findet man — wie zuerst Imes, dann zahlreiche andere, namentlich amerikanische Forscher aus der Schule Randalls gezeigt haben — daß das Rotationsschwingungsspektrum aus (nahezu) äquidistanten Linien vom (ungefähren) Abstande $2B$ des Rotationsspektrums besteht, die die Stelle der (selbst nicht auftretenden) Schwingungsfrequenz („Nullinie") (nahezu) symmetrisch umgeben. Soweit also stimmt die Theorie mit den Tatsachen überein. Dagegen zeigen die Versuche deutlich, daß die beiden ersten Linien links und rechts von der Nullinie nicht den Abstand $2B$ voneinander haben, sondern den doppelten $4B$, daß also in der Mitte eine Linie zu fehlen scheint. Fig. 49 gibt die erste derartige Messung (in Absorption) von Imes an HCl und zwar an der Grundfrequenz $3{,}46\,\mu$ wieder; die Ordinaten sind die Absorptionen in Prozenten, die Abszissen Wellenzahlen. (Man beachte zunächst nur den oberen Teil der Figur.)

Man erkennt deutlich die „Lücke" in der Mitte der Kurve. Das ist vom Standpunkte der bisher dargelegten älteren Theorie unverständlich und hat früher erhebliche Schwierigkeiten mit sich gebracht. Berücksichtigen wir aber, daß die Gleichung (95) für die Rotationsenergie nach der neueren Theorie zu ersetzen ist durch (100), so finden wir statt (118) für die Gesamtenergie:

$$U_{n_s, n_r} = n_s h \nu_0 (1 - n_s x) + \frac{h^2}{8 \pi^2 J} (n_r^2 + n_r) \,, \tag{121}$$

und für die Frequenzen ergibt sich statt (120):

$$\left\{ \begin{aligned} \tilde{\nu}' &= (n_s' - n_s)\, \tilde{\nu}_0 [1 - (n_s' + n_s)\, x] + 2 B n_r; && (n_r = 1, 2, 3 \ldots)\,, \\ \tilde{\nu}'' &= (n_s' - n_s)\, \tilde{\nu}_0 [1 - (n_s' + n_s)\, x] - 2 B (n_r + 1); && (n_r = 0, 1, 2 \ldots)\,. \end{aligned} \right. \tag{122}$$

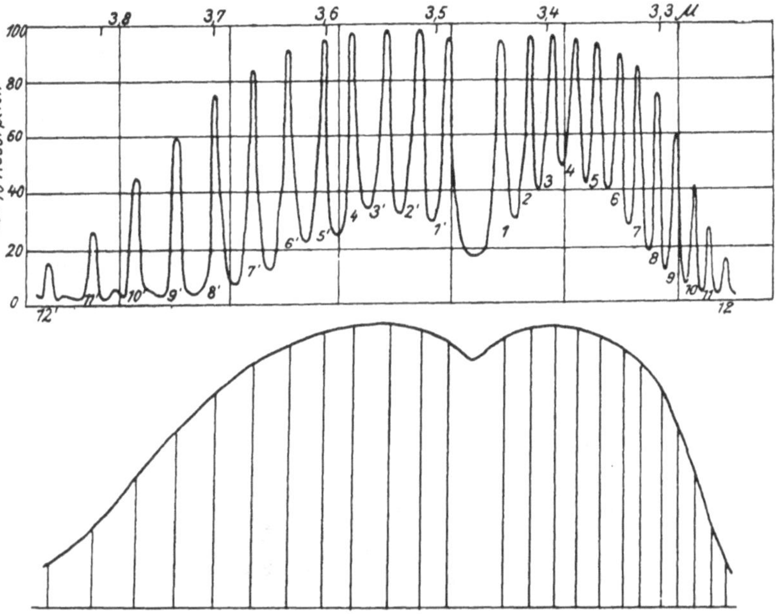

Fig. 49.

Man erkennt, wenn auf die verschiedene Zählung von n_r in den beiden Gleichungen (122) Rücksicht genommen wird, daß man beide in der Form zusammenfassen kann, auf die die empirische Darstellung führt:

$$\tilde{\nu} = (n_s' - n_s)\, \tilde{\nu}_0 [1 - (n_s' + n_s)\, x] \pm 2 B m, \qquad (m = 1, 2, 3, \ldots)\,, \tag{123}$$

indem man rein formal eine Laufzahl m sämtliche positiven ganzzahligen Werte mit Ausnahme der Null durchlaufen läßt. Je nach dem Vorzeichen von $2 B m$ spricht man von dem „positiven“ oder „negativen“ Zweige des Rotationsschwingungsspektrums; statt dessen sind auch die Bezeichnungen R- und P-Zweig in Benutzung.

Setzen wir in (122) z. B. $n_s' - n_s = 1$, so erhalten wir jetzt das schematische Bild der Fig. 50, das nunmehr im wesentlichen mit dem experimentellen Befunde übereinstimmt; insbesondere ergibt sich jetzt die Existenz der Lücke um die fehlende Nullinie herum. Man sieht auch hier, wie die ältere Quantentheorie durch die neuere verbessert wird[1]).

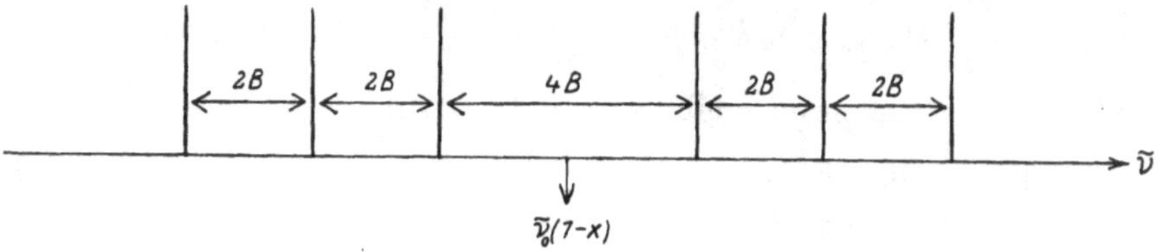

Fig. 50.

Um einen genauen Vergleich zwischen Theorie und Experiment zu ermöglichen, geben wir im folgenden eine Tabelle der Imesschen Werte.

m[2])	λ (in μ)	$\tilde{\nu}$ in cm^{-1}	$\Delta\tilde{\nu}$ in cm^{-1}	$\tilde{\nu}_0(1-x)$ in cm^{-1}
12 +	3,23868	3087,68	12,85	2843,78
11 +	3,25294	3074,83	13,27	2850,69
10 +	3,26631	3061,56	14,47	2857,11
9 +	3,28182	3047,09	15,89	2862,83
8 +	3,29903	3031,20	14,92	2867,39
7 +	3,31534	3016,28	16,30	2872,58
6 +	3,33336	2999,98	17,62	2876,27
5 +	3,35305	2982,36	17,38	2879,38
4 +	3,37270	2964,98	18,62	2882,21
3 +	3,39402	2946,36	18,35	2884,15
2 +	3,41529	2928,01	20,24	2886,22
1 +	3,43907	2907,77		2886,97
0	—	—	—	
1 —	3,48897	2866,17	21,75	
2 —	3,52565	2844,42	22,48	
3 —	3,54366	2821,94	22,49	
4 —	3,57214	2799,45	23,04	
5 —	3,60178	2776,41	23,85	
6 —	3,63298	2752,56	23,67	
7 —	3,66450	2728,89	25,30	
8 —	3,69878	2703,59	25,03	
9 —	3,73335	2678,56	25,91	
10 —	3,76982	2652,65	26,15	
11 —	3,80735	2626,50	26,12	
12 —	3,84633	2599,88		

Die drei ersten Spalten der Tabelle sind ohne weiteres verständlich; die 4. Spalte enthält die Abstände der Linien, die gleich, und zwar gleich

[1]) Bei dieser Gelegenheit sei bemerkt, daß die moderne Theorie auch den Planckschen Ansatz für den linearen harmonischen Oszillator abändert in

$$U_{n_s} = (n_s + \tfrac{1}{2})\, h\, \nu_0 .$$

Der Oszillator behält danach in seinem tiefsten Energiezustande ($n_s = 0$) noch die sogenannte „Nullpunktsenergie“ $\frac{1}{2} h \nu_0$, worauf wir gelegentlich schon in Bd. II, pag. 564, Anm. 1 hingewiesen haben. Wir haben diese Änderung bisher nicht eingeführt, weil das konstante Glied $\frac{1}{2} h \nu_0$ sich im allgemeinen heraushebt. Bei der systematischen Besprechung der modernen Theorie (Kap. VII, Nr. 44) werden wir darauf zurückkommen.

[2]) Die beiden Zweige sind durch das hinter m gesetzte Vorzeichen unterschieden.

2 B sein sollten. Man sieht, daß dies keineswegs der Fall ist, sondern daß der Abstand bei größeren Wellenzahlen kleiner wird, und zwar ganz systematisch. Man sieht dies auch durch Betrachtung des unteren Teiles der Fig. 49, in dem wir die Linien des Rotationsschwingungsspektrums entsprechend der oberen Hälfte der Figur gezeichnet haben. In weniger ausgeprägter Form hatten wir diese Feststellung auch schon bei den Czernyschen Messungen im Rotationsspektrum in der Tabelle auf pag. 250 gemacht, und damals auf eine Änderung des Trägheitsmomentes durch die Rotation geschoben.

Ebenso zeigt die 5. Spalte der Tabelle für die Werte der „Nullinie" d. h. für die Schwingungsfrequenz $\tilde{\nu}_0 (1 - x)$ einen deutlichen Gang; diese Werte sind so berechnet, daß das arithmetische Mittel aus zwei Wellenzahlen mit gleichem m, aber entgegengesetztem Vorzeichen genommen wurde, was nach (123) die Frequenz der Nullinie liefern sollte; daß ein solcher Gang auftritt, beweist wieder die Unsymmetrie des Rotationsschwingungsspektrums relativ zur Nullinie. Diese feineren Effekte kann unsere Theorie aus dem Grunde nicht wiedergeben, weil wir die Wechselwirkung zwischen Rotation und Schwingung vollkommen vernachlässigt haben. Berücksichtigt man sie, zunächst vom Standpunkt der älteren Quantentheorie, so haben wir zu den Ausdrücken (115) für die Schwingungsenergie und (105) für die Rotationsenergie noch ein Glied hinzuzufügen, das von der Schwingungsquantenzahl und der Rotationsquantenzahl gleichzeitig abhängt und, wie die Theorie[1]) lehrt, die Form hat $-\alpha h n_s n_r^2$, (α eine Konstante). Insgesamt erhalten wir also für die Energie:

$$U_{n_s, n_r} = n_s h \nu_0 (1 - n_s x) + \frac{h^2}{8\pi^2 J_0} n_r^2 \left(1 - \frac{h^2}{4\pi^2 J_0 r_0^2 k^2} n_r^2\right) - \alpha h n_s n_r^2 , \tag{124}$$

was im Sinne der modernen Theorie wieder dahin zu modifizieren ist, daß an Stelle von n_s der Wert $(n_s + 1/2)$[2]), an Stelle von n_r^2 das Produkt $n_r (n_r + 1)$ zu setzen ist:

$$\left.\begin{aligned} U_{n_s, n_r} &= (n_s + \tfrac{1}{2})\, h \nu_0 [1 - x (n_s + \tfrac{1}{2})] \\ &\quad + \frac{h^2}{8\pi^2 J_0} n_r (n_r + 1) \left[1 - \frac{h^2 n_r (n_r + 1)}{4\pi^2 J_0 r_0^2 k^2}\right] \\ &\quad - \alpha h \left(n_s + \frac{1}{2}\right) n_r (n_r + 1) . \end{aligned}\right\} \tag{125}$$

Nach der Bohrschen Ausstrahlungshypothese erhält man daraus Formeln für die Wellenzahlen von folgendem Typus:

$$\left\{\begin{aligned} \tilde{\nu} &= (n_s' - n_s)\, \tilde{\nu}_0 \{1 - (n_s' + n_s + 1)\, x\} \pm B' m - C' m^2 \mp D' m^3 \\ &\qquad\qquad (m = 1, 2, \ldots) , \end{aligned}\right. \tag{126}$$

---

[1]) Auf Grund der älteren Theorie wurde dies von Kratzer und auf Grund der modernen Theorie von Fues gezeigt.

[2]) Vgl. die Anmerkung 1 auf pag. 186.

wo B', C', D' positive Konstanten und m die schon früher eingeführte Laufzahl ist. Man sieht, daß die Gleichung (126) sich von der bisherigen (123) in der Hauptsache durch das Hinzutreten eines quadratischen Gliedes in m unterscheidet; das Glied 3. Grades ist im allgemeinen sehr klein, wie wir schon früher festgestellt hatten. Für HCl lautet z. B. die empirische Formel in dem Falle der Grundschwingung ($n_s' - n_s = 1$):

$$(127) \qquad \tilde{\nu} = 2886{,}20 \pm 20{,}5379\, m - 0{,}30318\, m^2 \mp 0{,}001814\, m^3,$$

in der Form also vollkommen mit der theoretischen Gleichung übereinstimmend. Daß eine Formel mit negativem quadratischen Gliede ein Zusammenrücken der Linien für größere Werte der Wellenzahl bewirken muß, ist klar. Denn für den negativen Zweig (kleinere Wellenzahlen) sind das lineare und quadratische Glied negativ — (vom Gliede 3. Grades können wir wegen seiner Bedeutungslosigkeit absehen) —, wirken also im gleichen Sinne (dem einer Abstandsvergrößerung), um so mehr, je größer m ist; für den positiven Zweig ist es gerade umgekehrt: Hier bleibt das quadratische Glied negativ, wirkt also dem positiven linearen Gliede entgegen, was ein immer engeres Zusammenrücken der Linien bewirkt. Immerhin ist das allmähliche Zusammenrücken der Linien bei größeren Wellenzahlen nicht sehr merklich, weil das quadratische Glied — vgl. (127) — gegenüber dem linearen bei nicht allzu großen Werten von m relativ klein ist; wir werden aber später Bandenspektren kennenlernen, bei denen das quadratische Glied nicht nur als Korrektion wirkt, sondern geradezu entscheidend für die Anordnung der Bandenlinien auftritt.

Man sieht also, daß nach alledem die (moderne) Quantentheorie auch die Feinheiten des Rotationsschwingungsspektrums wiederzugeben vermag.

Wir fügen dem oben Gesagten noch eine historische Bemerkung hinzu. Zieht man, wie im unteren Teile der Fig. 49 angedeutet, die Enveloppe an die Kurve der Imesschen Messungen, so erkennt man, daß bei kleiner Auflösung die Bande als „Doppelbande" erscheinen muß; die einzelnen Linien des R- und P-Zweiges sind nicht zu erkennen, aber die Lücke macht sich durch eine Einsenkung in der Mitte bemerkbar. Daß die ultraroten Banden aus solchen „Doppelbanden" bestehen müßten, war die Folgerung, die Bjerrum schon 1912 aus der klassischen Theorie zog, die keine Quantelung der Rotationsfrequenzen kennt, sondern sie als kontinuierlich verteilt betrachtet, mit Intensitäten, die dem Maxwellschen Geschwindigkeitsverteilungsgesetz entsprechen; dem Maxwellschen Gesetz entspricht deutlich die Form der Enveloppe. Tatsächlich zeigten sich bei den schwachen Auflösungen, über die man vor der Imesschen Arbeit allein verfügte, zahlreiche Banden als Bjerrumsche Doppelbanden, und sie dienten schon damals zur Bestimmung molekularer Trägheitsmomente[1]).

[1]) Vgl. die Darstellung in Bd. II, pag. 596 ff.

Wir wenden uns jetzt zum allgemeinen Falle, in dem auch Änderungen der Elektronenkonfiguration in Betracht gezogen werden müssen. Diese entsprechen viel größeren Energieänderungen, als die durch die Änderungen der Schwingungsquantenzahl und erst recht der Rotationsquantenzahl bewirkten es sind; sie erzeugen daher eine Verlagerung der Banden aus dem Ultraroten ins Sichtbare bzw. Ultraviolette. Die Änderung der Elektronenkonfiguration allein möge eine Wellenzahl $\tilde{\nu}_e$ erzeugen; die Änderung der Schwingungsquantenzahl eine solche $\tilde{\nu}_s$; beide Vorgänge zusammen erzeugen dann eine Wellenzahl $\tilde{\nu}_0 = \tilde{\nu}_e + \tilde{\nu}_s$. Dazu kommen noch die kleinen Änderungen der Rotationsquantenzahl n_r, die also eine Feinstruktur der Linie $\tilde{\nu}_0$ erzeugen. Es ist mithin alles prinzipiell genau so wie bei den Rotationsschwingungsspektren im ultraroten Gebiet; es tritt nur an Stelle der Schwingungsfrequenz $\tilde{\nu}_s$ die allgemeinere Frequenz $\tilde{\nu}_0 = \tilde{\nu}_e + \tilde{\nu}_s$. Allerdings ist der Eingriff in die Konfiguration der Molekel durch Elektronensprünge viel stärker, als dies bisher der Fall war. In jedem Falle haben wir bei festgehaltenem Elektronen- und Schwingungssprung, d. h. bei festem $\tilde{\nu}_0$, vom Deslandresschen Term (100) auszugehen. Die Änderung dieses Terms erzeugt in der Nähe von $\tilde{\nu}_0$ liegende Wellenzahlen, die in ihrer Gesamtheit eine „Bande" liefern; die Wellenzahlen werden also gegeben durch:

$$\tilde{\nu} = \tilde{\nu}_0 + \frac{h}{8\pi^2 c}\left[\frac{n_r'(n_r'+1)}{J'} - \frac{n_r(n_r+1)}{J}\right]. \tag{128}$$

Die Änderung der Trägheitsmomente in den beiden Zuständen ist hier jedoch in der Hauptsache durch die Änderung der Elektronenkonfiguration verursacht und im allgemeinen viel größer, als jene bisher betrachtete, die durch die Zentrifugalkraft bei der Rotation hervorgerufen wird. Deshalb ist es auch nicht mehr möglich, die Änderung des Trägheitsmomentes nach (104) zu berechnen; wir können J und J' nur in die Formeln (128) einführen und müssen die Differenz $(J' - J)$ empirisch bestimmen.

Bisher hatten wir für die Rotationsquantenzahl n_r die Auswahlregel $\Delta n_r = \pm 1$. Diese beiden Änderungen können auch hier eintreten und liefern uns wieder den positiven R- und negativen P-Zweig der Banden. Hier aber ist auch $\Delta n_r = 0$ zulässig, weil im allgemeinen die Rotation nicht mehr senkrecht zur Schwingung stattfindet; dann hat man eine rotationslose Komponente in Richtung der Rotationsachse, die korrespondenzmäßig der Änderung $\Delta n_r = 0$ entspricht; auch bei normaler Lage von Rotationsachse und Schwingungsrichtung können die Änderungen der Elektronenkonfiguration dasselbe Resultat erzwingen. Man sieht, wie entscheidend das Hinzutreten der Elektronenänderung die Verhältnisse beeinflußt. Das zeigt sich noch darin, daß auch nichtpolare Molekeln mit gleichen Atomen (H_2, O_2, N_2) zur Emission eines Bandenspektrums befähigt werden, weil eben die Änderung der Elektronenbahnen die hierzu notwendige Asymmetrie hervorruft. Zu dem positiven und negativen Zweige ($\Delta n_r = \pm 1$) tritt also für $\Delta n_r = 0$ noch ein sogenannter „Nullzweig“ (Q-Zweig) hinzu. Aus (128) erhalten wir also folgendes Schema von Wellenzahlen:

$$(129)\quad \begin{cases} \text{für } n_r' = n_r + 1: \tilde{\nu} = \tilde{\nu}_0 + B'(n_r + 1) + C'(n_r + 1)^2; \\ \qquad\qquad (R\text{-Zweig};\ n_r = 0,\ 1,\ 2,\ \ldots); \\ \text{für } n_r' = n_r - 1: \tilde{\nu} = \tilde{\nu}_0 - B' n_r + C' n_r^2; \\ \qquad\qquad (P\text{-Zweig};\ n_r = 1,\ 2,\ \ldots); \\ \text{für } n_r' = n_r: \quad \tilde{\nu} = \tilde{\nu}_0 + C' n_r + C' n_r^2; \\ \qquad\qquad (Q\text{-Zweig};\ n_r = 1,\ 2,\ \ldots), \end{cases}$$

wenn man folgende Abkürzungen benutzt:

$$(130)\qquad B' = \left(\frac{1}{J'} + \frac{1}{J}\right)\frac{h}{8\pi^2 c}; \qquad C' = \left(\frac{1}{J'} - \frac{1}{J}\right)\frac{h}{8\pi^2 c}.$$

Die Gleichungen (129) sind natürlich vom gleichen Charakter, wie z. B. (126) für das ultrarote Rotations-Schwingungsspektrum, was sich besonders in dem Auftreten eines quadratischen Gliedes ausprägt; nur ist hier C' weitaus größer als damals. Ja, es ist hier nicht einmal das Vorzeichen von C' sicher, da wir über die Änderungen der Elektronenkonfigurationen nichts Näheres aussagen; es kann hier $C' \gtreqless 0$ sein. Die Gleichungen (129) kann man unter Einführung einer Laufzahl m wieder in der Form zusammenfassen:

$$(131)\quad \begin{cases} \tilde{\nu} = \tilde{\nu}_0 \pm B' m + C' m^2, \\ \tilde{\nu} = \tilde{\nu}_0 + C' m + C' m^2, \end{cases} \qquad (m = 1,\ 2,\ \ldots.\ \infty),$$

worin die erste Gleichung je nach dem Vorzeichen des linearen Gliedes den positiven oder negativen Zweig, die zweite den Nullzweig darstellt.

Um die Diskussion weiterzuführen, wollen wir etwa $C' > 0$ voraussetzen, so daß für den positiven Zweig das lineare und quadratische Glied das gleiche Vorzeichen haben. Der Abstand der Linien nimmt also in diesem Zweige mit wachsendem m zu. Im negativen Zweige ist das dann gerade umgekehrt: die Linien rücken zusammen. Und dies bedingt nun wegen der Größe von C' ein vollkommen anderes Aussehen dieses Bandenzweiges und damit der ganzen Bande, indem es bei hinreichend hohem m dahin kommen muß, daß das quadratische Glied dem linearen gleich wird bzw. es überwiegt. Bis zu dem m-Werte, bei dem Gleichheit der Absolutbeträge der beiden Glieder auftritt, nimmt nach (131) also $\tilde{\nu}$ ab, um von da an wieder zuzunehmen: Die Bande hat an dieser Stelle eine sogenannte „Kante“, die außerordentlich stark in die Augen fällt, weil sich an ihr die Linien zusammendrängen[1]).

---

[1]) Äußerlich betrachtet, macht die „Kante“ den Eindruck einer Häufungsstelle, wie wir sie von den Linienspektren her kennen. Es ist jedoch zu beachten, daß dort eine unendliche Zahl von Linien sich anhäuft, hier dagegen nur eine endliche Zahl: Die Bandenkante ist daher keine Häufungsstelle im mathematischen Sinne.

Aus (131) gewinnt man für die Lage der Kante die Bedingung:

$$\bar{m} = \mp \frac{B'}{C'}, \tag{132}$$

wobei das obere Vorzeichen für den positiven, das untere für den negativen Zweig zu nehmen ist; diese Gleichung ist so zu verstehen, daß für $\bar{m}$ der Wert der dem Ausdruck $\mp \frac{B'}{C'}$ nächst gelegenen ganzen Zahl zu wählen ist. In dem hier betrachteten Falle $C' > 0$ bildet der negative Zweig die Kante, von der aus die Bandenlinien nach größeren $\tilde{\nu}$, d. h. kürzeren Wellen auszulaufen scheinen; man hat dafür früher den Ausdruck geprägt: „Die Bande ist nach Violett abschattiert.“ Ist $C' < 0$, so bildet der R-Zweig die Kante, und die Bande ist „nach Rot abschattiert“.

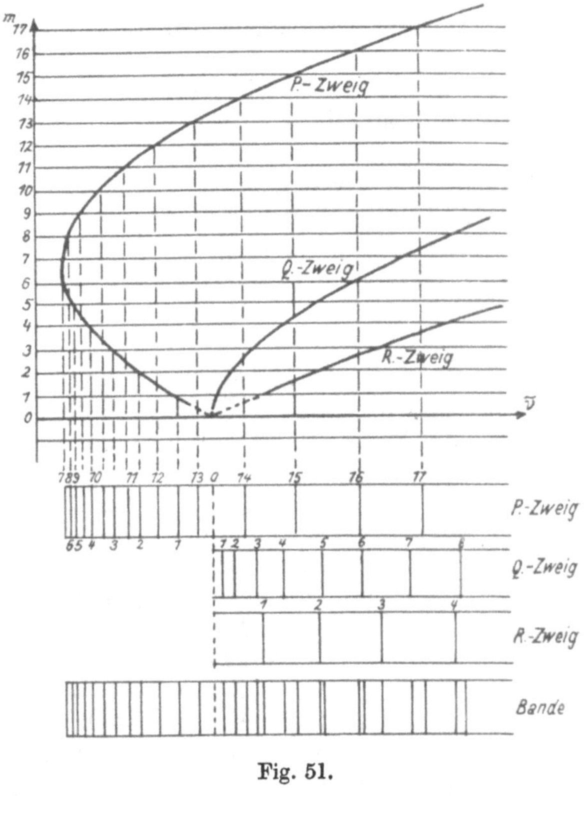

Fig. 51.

Man kann diese Verhältnisse besonders schön in einer Darstellung zur Anschauung bringen, die von Fortrat herrührt (Fortrat-Diagramm). Man trägt die Laufzahl m als Ordinate, die Wellenzahl $\tilde{\nu}$ als Abszisse auf. Lotet man dann von den Schnittpunkten der drei Zweige mit den horizontalen Geraden $m = 1, 2, 3, \ldots$ auf die Abszissenachse herab, so erhält man auf dieser (in der Fig. 51 der Deutlichkeit halber unter dieser) die Orte der einzelnen Bandenlinien. In Fig. 51 sind überdies die den drei Zweigen entsprechenden Linien zunächst im Interesse der Übersichtlichkeit getrennt angegeben, und schließlich — um zu zeigen, wie unübersichtlich schon in einem einfachen Falle die Bande aussehen kann — vereinigt[1]). Die drei Zweige stellen nach (131) Parabeln dar; man erkennt in der Fig. 51 deutlich das Umbiegen des P-Zweiges und die Erzeugung der Kante. Obwohl diese nach den eben entwickelten Anschauungen etwas Zufälliges ist, bedingt durch das Verhältnis $\frac{B'}{C'}$, ist sie

[1]) Ohne Rücksicht auf die Intensität der Linien.

doch die am meisten in die Augen fallende Erscheinung; es ist daher kein Wunder, daß man die Zählung der Laufzahlen *m*, bevor man die Theorie hatte, an der Kante beginnen ließ, statt sie von der Nulllinie aus zu rechnen; es ist klar, daß man auf diese Weise die ganze Struktur der Bande verwirrt und fast unkenntlich macht. Nur dem Umstande, daß die Nullinie vielfach in der Nähe der Kante liegt, ist es zu danken, daß die von Deslandres aufgestellten empirischen Formeln vom Typus (131) auch bei Zählung von der Kante angenähert gültig sind, wie vielfach festgestellt ist; exakt gelten aber diese Gesetze nur bei Zählung von der Nullinie aus. Die Bedeutung der Nullinie als Anfangspunkt der Zählung von *m* erkannt zu haben, ist das große Verdienst von Heurlinger (1918); diese Erkenntnis wurde dann von Lenz, Kratzer und ihm selbst in die Quantentheorie eingeführt.

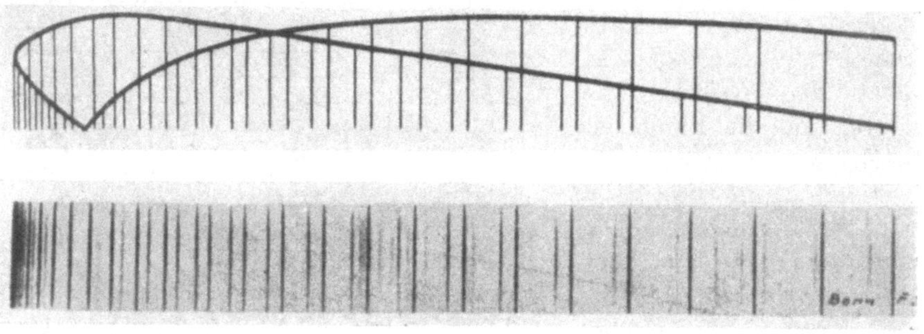

Fig. 52.

Fig. 52 zeigt in Ergänzung der schematischen Fig. 51 eine Aufnahme der Bande von CuH (von Frerichs); darüber sind die beiden Zweige noch einmal — unter Berücksichtigung ihrer Intensität — gezeichnet; man sieht, wie die Nullinie als Stelle kleinster Intensität sich deutlich heraushebt; man erkennt aber auch, wie die wahre Gesetzmäßigkeit erst in der anderen Zeichnung zum Ausdruck kommt.

Solche Banden mit Kanten (sogenannte „Einzelbanden") entwickeln sich im allgemeinen um jede Wellenzahl $\tilde{\nu}_0$ herum, die von Elektronensprüngen bzw. Änderungen der Schwingungsquantenzahl n_s herrührt. Halten wir den Anteil fest, der von einer Änderung der Elektronenkonfiguration herrührt, variieren also bloß die Schwingungsquantenzahl, so erhalten wir eine Gesamtheit von „Kanten" (genauer gesagt: der im allgemeinen benachbarten „Nullinien"). Auf den ersten Blick könnte es scheinen, als ob in diesem Falle die Kanten nach dem einfachen Gesetz geordnet sein müßten, das in Gleichung (115) oder (116) enthalten ist, nämlich als ob die Kanten eine nahezu harmonische Reihe bilden müßten. Es ist aber auch hier wieder zu beachten, daß die gleichzeitige Änderung der Elektronenkonfiguration ein so radikaler Eingriff ist, daß wir in (115) die Größen x und ν_0 im Anfangs- und Endzustande nicht als gleich betrachten dürfen. Wir erhalten daher die Wellenzahlen zwar aus dem Ansatz (115), aber nur, indem wir die Änderungen von x und ν_0 mit berücksichtigen. Das liefert für die „Nullinien“ bzw. angenähert für die Bandenkanten:

$$\tilde{\nu}_0 = \frac{U_e' - U_e}{h\,c} + \frac{U_{n_s'} - U_{n_s}}{h\,c} = \tilde{\nu}_e + n_s' \tilde{\nu}_s' (1 - n_s' x') - n_s \tilde{\nu}_s (1 - n_s x)\,.$$

Das ist eine Formel von der Gestalt:

$$(133)\qquad \left\{ \begin{aligned} \tilde{\nu}_0 &= \tilde{\nu}_e + \tilde{\nu}_s' n_s' - \tilde{\nu}_s n_s - x' \tilde{\nu}_s' n_s'^2 + x \tilde{\nu}_s n_s^2 \\ &= a_0 + a' n_s' - a\, n_s - b' n_s'^2 + b\, n_s^2, \end{aligned} \right.$$

wo a_0, a', a, b', b leicht erkennbare Abkürzungen sind.

Diese Gleichung stimmt überein mit einem zuerst von Deslandres für die Kanten empirisch aufgestellten Gesetz; sie hat sich für die Lage der Nullinien vollkommen bewährt, während das Deslandressche Gesetz für die Kanten selbst nur angenäherte Gültigkeit beanspruchen kann. Bei der Gleichung (133) ist folgendes zu beachten: Die Wellen-

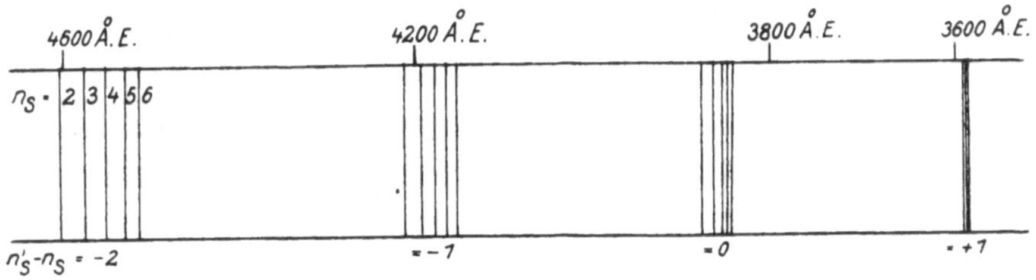

Fig. 53a.

zahlen der Nullinien hängen von zwei Parametern ab (n_s' und n_s), während wir in dem einfacheren Falle der Ultrarotschwingungsspektren (die ja das Analogon darstellen) es nur mit einer Quantenzahl bzw. nur mit der Differenz zwischen Anfangs- und Endquantenzahl zu tun hatten[1]); hier dagegen kommt es auch bei gegebener Differenz $(n_s' - n_s)$ noch auf den Absolutwert von n_s an. Das heißt: bei gegebenem $(n_s' - n_s)$ entspricht noch jedem Werte von n_s eine besondere Nullinie (bzw. Kante). Die Gesamtheit der zu gegebenen Werten von $\tilde{\nu}_e$ und $(n_s' - n_s)$ gehörigen Kanten (nebst Bandenlinien) pflegt man neuerdings eine „Bandengruppe“ zu nennen; die zu gegebenem $\tilde{\nu}_e$ gehörigen Bandengruppen faßt man zu einem „Bandensystem“ zusammen. Die Fig. 53a gibt das Bandensystem (enthaltend vier Bandengruppen) der sogenannten violetten Cyanbanden wieder, und zwar sind die gezeichneten Linien die Bandenkanten, die zu den darunter angegebenen Differenzen $(n_s' - n_s)$ gehören. Die erste Gruppe von fünf Kanten entspricht danach der Differenz $n_s' - n_s = -2$; setzt man diesen Wert n_s' in (133) ein, so

[1]) Dies trifft nur insofern zu, als nach (122) die Summe $(n_s' + n_s)$ nur im Korrektionsgliede auftritt; die Behauptung des Textes gilt also nur angenähert.

bleibt $\tilde{\nu}_0$ noch von n_s abhängig; man erhält die in Rede stehenden fünf Kanten, indem man der Reihe nach $n_s = 2, 3, 4, 5, 6$ setzt; ganz entsprechend ist es bei den übrigen Bandengruppen des Systems. Speziell für die violetten Cyanbanden hat man nach Heurlinger und Kratzer die (133) entsprechende numerische Gleichung für die Nullinien:

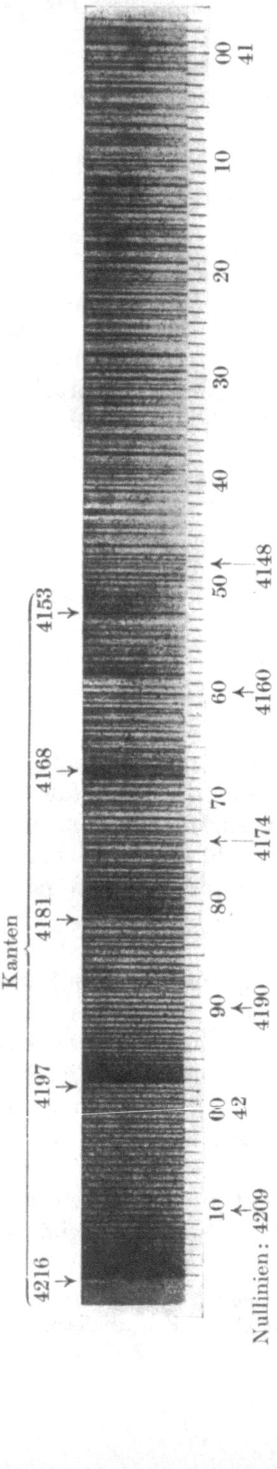

Fig. 53b.

$$(134)\quad \begin{cases} \tilde{\nu}_0 = 25797{,}83 + 2143{,}88\, n_s' \\ \quad - 2055{,}64\, n_s - 20{,}25\, n_s'^2 \\ \quad + 13{,}25\, n_s^2, \end{cases}$$

die in der Tat, soweit die Nullinien der Cyanbanden bekannt sind, diese mit außerordentlicher Genauigkeit darstellt. In Fig. 53 b geben wir zum Vergleich mit der schematischen Darstellung der Fig. 53 a eine von Kayser und Runge herrührende Aufnahme der Cyan-Bandengruppe um 4200 Å.E. (der zweiten von links in Fig. 53 a), aus der man die ungeheure Kompliziertheit der Linienanordnung ersieht[1]).

Setzt man schließlich den Wert $\tilde{\nu}_0$ der Nullinien aus (133) in die Gleichung (131) ein (der Nullzweig fehlt hier), so erhält man für die einzelnen Bandenlinien der violetten Cyanbanden folgende Darstellung:

$$(135)\quad \begin{cases} \tilde{\nu} = a_0 + a'\, n_s' - a\, n_s - b'\, n_s'^2 \\ \quad + b\, n_s^2 \pm B'\, m + C'\, m^2, \end{cases}$$

die tausende gemessener Linien der Cyanbanden mit vollkommener Genauigkeit darstellt. Man kann also gar nicht zweifeln, daß die Quantentheorie auch hier den Schlüssel zum Verständnis geliefert hat.

[1]) Man erkennt an Fig. 53 b sehr schön, daß die unterhalb angegebenen Nullinien es sind, für die (134) gilt, und nicht die oberhalb angedeuteten Kanten. Denn die Nullinien rücken in der Reihenfolge 4209, 4190, 4174, 4160, 4148 Å.E. zusammen, wie es (134) verlangt. Dagegen hat die letzte Kante (4153 Å.E.) von der vorhergehenden (4168 Å.E.) einen größeren Abstand, als diese von der vorhergehenden (4181 Å.E.).

Über $\tilde{\nu}_e$ haben wir bisher nur gesagt, daß dieser Anteil von den Elektronensprüngen herrührt; man kann erwarten, daß sich hier bei genauerer Untersuchung Gesetzmäßigkeiten ergeben werden, wie wir sie von den Linienspektren her kennen. In den Fällen, in denen die Untersuchung durchgeführt werden konnte, hat sich das tatsächlich gezeigt; auch die Rydberg-Konstante R tritt dabei wieder auf. Bei veränderlichem $\tilde{\nu}_e$ treten also mehrere „Bandensysteme" zu einem neuen Gebilde zusammen, für das Sommerfeld den Namen „Systemserie" vorgeschlagen hat. —

Wir begnügen uns mit diesen Andeutungen, die nur den Zweck verfolgten, zu zeigen, daß auch das sehr komplizierte Verhalten der Bandenspektren als grundsätzlich aufgeklärt betrachtet werden kann.

Fünftes Kapitel.

Periodisches System und Röntgenspektren.

30. Das Ausschließungsprinzip von Pauli.

Eine der größten Leistungen der Bohrschen Atomtheorie ist es, daß sie ein Verständnis für den Aufbau des periodischen Systems vermittelt. Freilich ist die Quantentheorie allein nicht imstande, dies zu leisten: Bohr benutzte bei seinem ersten, im ganzen schon außerordentlich erfolgreichen Versuch das Korrespondenzprinzip als Leitfaden. Eine vollkommenere Einsicht wurde jedoch erst möglich, nachdem W. Pauli[1]) — nach Vorarbeiten von Stoner und Main Smith — das Walten eines neuen Prinzips erkannt und es formuliert hat. Pauli wurde ursprünglich darauf geführt bei der Untersuchung eines auffälligen Befundes im Termsystem des Heliumspektrums, auf das wir daher etwas näher eingehen müssen.

Wie schon in Nr. 24 erwähnt, besitzt das neutrale Helium, wie alle Elemente mit zwei äußeren Elektronen, erstens mehrere Folgen von Einfachtermen (S, P, D, F, ...) und zweitens von Triplett-Termen (s, p, d, f, ...)[2]); es unterscheidet sich darin z. B. gar nicht von den Erdalkalien. Diese beiden Termsysteme des Heliums kombinieren im wesentlichen nur untereinander; wenn Kombinationen eines Triplett-Terms mit einem Singulett-Term wirklich vorkommen, sind sie jedenfalls sehr selten und können hier außer Betracht bleiben. Da außerdem die beiden Spektren total verschieden sind, glaubte man, wie schon erwähnt, ursprünglich, daß das Helium ein Gemisch zweier Gase sei, deren einem (Parhelium) das Singulettspektrum, deren anderem (Orthohelium) das Triplettspektrum zukäme. Heute kennt man z. B. bei den Erdalkalien und den „erdalkaliähnlichen" Reihen, eine ganze Zahl von Spektren der gleichen Art; doch hat man beim Helium die Namen beibehalten und spricht vom Parhelium- und Orthoheliumspektrum.

Wir stellen in Fig. 54 das Termschema des Heliums (nach Grotrian) auf; die Figur ist so angelegt, wie es die Figg. 31 und 32 mit den Term-

---

[1]) W. Pauli, Zs. f. Phys. **31**, pag. 765ff., 1925.

[2]) Die s-Terme werden hier zu den Triplett-Termen gezählt, da sie gewissermaßen nur zufällig — wegen $l = 0$ — Singulett-Terme sind.

schematen der Alkalien sind. Die normalen Serien des Parheliums sind die folgenden:

$$
(1)\qquad \left\{\begin{array}{lll}
\text{Hauptserie:} & 2\,S - m\,P\,, & (m = 2,\ 3\ \ldots.)\,; \\
\text{II. Nebenserie:} & 2\,P - m\,S\,, & (m = 3,\ 4\ \ldots.)\,; \\
\text{I. Nebenserie:} & 2\,P - m\,D\,, & (m = 3,\ 4\ \ldots.)\,; \\
\text{Bergmann-Serie:} & 3\,D - m\,F\,, & (m = 4,\ 5\ \ldots.)\,.
\end{array}\right.
$$

Dabei ist — abweichend von dem bisherigen Befunde — der konstante Term für die Hauptserie mit (2 *S*) statt mit (1 *S*) bezeichnet. Das hat seinen Grund darin, daß der 2 *S*-Term **sicher nicht** der **Grundterm** des **Heliums** ist. Denn einmal wird die oben definierte Hauptserie von nicht angeregtem Helium **nicht** absorbiert, was der Fall sein müßte, wenn sie vom Grundterm ausginge. Ferner würde die von diesem Niveau (2 *S*) aus gemessene Ionisierungsspannung des Heliums nach Ausweis der Fig. 54 nur etwa 4 Volt betragen, während Elektronenstoßversuche von **Franck** gezeigt haben, daß sie (vom wirklichen Grundzustand des He aus) 24,47 Volt beträgt. Tatsächlich hat dann auch **Lyman** 1912 im äußersten Ultraviolett eine weitere Hauptserie des Parheliums gefunden:

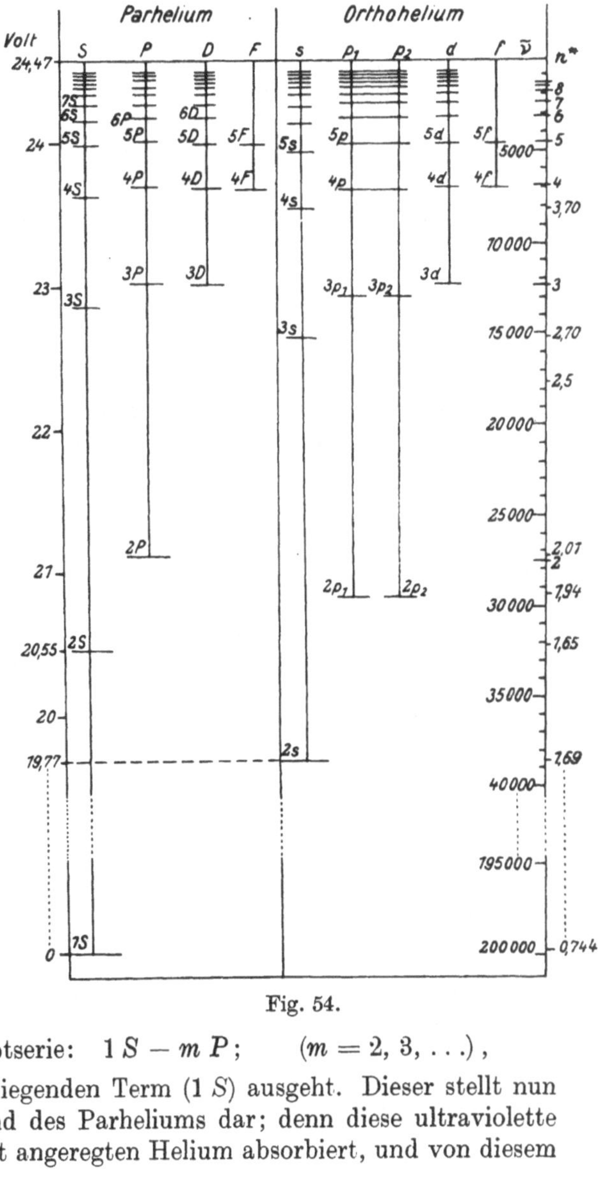

Fig. 54.

(2) Ultraviolette Hauptserie: $1\,S - m\,P$; $(m = 2,\ 3,\ \ldots)$,

die von einem viel tiefer liegenden Term (1 *S*) ausgeht. Dieser stellt nun wirklich den Grundzustand des Parheliums dar; denn diese ultraviolette Hauptserie wird vom nicht angeregten Helium absorbiert, und von diesem

Zustande aus beträgt die rechnerisch aus der Wellenzahl dieses Terms (ungefähr 200 000 cm^{-1}) ermittelte Ionisierungsspannung tatsächlich 24,47 Volt (vgl. Fig. 54).

Beim Orthohelium haben wir folgendes Serienschema[1]):

$$(3)\quad \left\{\begin{array}{llll} \text{Hauptserie:} & 2\,s & -\,m\,p_i, & (m = 2, 3\,\ldots;\ i = 1, 2, 3); \\ \text{II. Nebenserie:} & 2\,p_i & -\,m\,s, & (m = 3, 4\,\ldots;\ i = 1, 2, 3); \\ \text{I. Nebenserie:} & 2\,p_i & -\,m\,d^{2)}, & (m = 3, 4\,\ldots;\ i = 1, 2, 3); \\ \text{Bergmann-Serie:} & 3\,d^{2)} & -\,m\,f^{2)}, & (m = 4, 5\,\ldots)\,. \end{array}\right.$$

Auch beim Orthohelium könnte man also vermuten, daß außer der in (3) angeführten Hauptserie, die vom 2 *s*-Term ausgeht, noch eine weitere vorhanden wäre, die von einem sehr tief liegenden (1 *s*)-Term ausginge. Man kann die einem solchen Term entsprechende Wellenzahl ungefähr berechnen, wenn man beachtet, daß der (2 *s*)-Term nach Fig. 54 eine effektive Hauptquantenzahl $\overset{*}{n} = 1{,}69$ hat; der gesuchte (1 *s*)-Term würde daher ungefähr ein $\overset{*}{n} = 0{,}69$[3]) besitzen müssen. Nach der Formel $\tilde{\nu} = \frac{R}{\overset{*}{n}{}^2}$ erhielte man eine dem (1 *s*)-Term zukommende Wellenzahl $\tilde{\nu} \approx 228\,500\ cm^{-1}$, und damit würde der (1 *s*)-Term noch tiefer liegen, als der (1 *S*)-Term des Parheliums, also erst den tiefsten Grundzustand des He darstellen. Trotz sorgfältigster Untersuchung hat man niemals Serienlinien gefunden, die von einem in dieser Gegend liegenden Term ausgehen. Es bleibt also nur ein Schluß übrig: Beim Orthohelium existiert sicher kein (1 *s*)-Term.

Damit erhebt sich sofort die Frage nach dem Grunde dieses eigentümlichen Verhaltens. W. Pauli[4]) bemerkte nun folgendes: Das erste Elektron des Heliums wird sich natürlich in seiner Grundbahn ($n^{(1)} = 1$) befinden; folglich ist die zugehörige azimutale Quantenzahl $l^{(1)} = 0$; dazu gehört eine magnetische Quantenzahl (Projektion von $l^{(1)}$ auf die Richtung des Feldes) $m_l^{(1)} = 0$; ferner ist die Projektion $m_s^{(1)}$ der Spinquantenzahl auf die Feldrichtung gleich $\frac{1}{2}$. Für das Leuchtelektron, dessen tiefster Term also der (2 *s*)-Term ist, ist gleichfalls $l^{(2)} = m_l^{(2)} = 0$ und $m_s^{(2)} = \frac{1}{2}$. Gäbe es aber für das Leuchtelektron einen (1 *s*)-Zustand, so wäre es gleichfalls in der ersten Quantenbahn ($n^{(2)} = 1$), und dann wären für beide Elektronen im Orthoheliumzustande sämtliche vier Quantenzahlen identisch. Denn beim Orthohelium sind die Spins der beiden Elektronen gleichgerichtet. Anders beim Parhelium: dort haben zwar beide Elektronen die gleiche Hauptquanten-

---

1) Da zwei von den Triplett-Termen sehr dicht beieinander liegen, so sind in Fig. 54 die *p*-Terme nur doppelt und alle übrigen Terme (*d*, *f* . . . .) einfach eingetragen.

2) Hier ist die Multiplizität der *d*- und *f*-Terme vernachlässigt.

3) $\overset{*}{n} = 0{,}69$ wäre die obere Grenze für die effektive Quantenzahl des (1 *s*)-Zustandes; da wahrscheinlich $\overset{*}{n}$ kleiner anzusetzen wäre, würde die Wellenzahl des gesuchten Termes noch größer ausfallen.

4) W. Pauli, Zs. f. Phys. **31**, l. c., 1925.

zahl ($n^{(1)} = n^{(2)} = 1$), Azimutalquantenzahl ($l^{(1)} = l^{(2)} = 0$) und magnetische Quantenzahl ($m_l^{(1)} = m_l^{(2)} = 0$); aber die Projektionen der Spinquantenzahlen sind entgegengesetzt: $m_s^{(1)} = +\frac{1}{2}$ und $m_s^{(2)} = -\frac{1}{2}$. (Natürlich könnte man auch $m_s^{(1)} = -\frac{1}{2}$ und $m_s^{(2)} = +\frac{1}{2}$ wählen; das käme auf eine Vertauschung beider Elektronen heraus. Wegen ihrer Ununterscheidbarkeit liefert das aber keinen neuen Zustand, eine Bemerkung, die für später wichtig werden wird). Diese Feststellung kann man so aussprechen: Bei Parhelium befinden sich beide Elektronen im Grundzustande; sie differieren dabei in einer Quantenzahl (m_s). Bei Orthohelium hätten wir aber unter Voraussetzung eines (1 *s*)-Zustandes vier gleiche Quantenzahlen. Sollte die dann vorliegende Übereinstimmung beider Elektronen in sämtlichen Quantenzahlen der Grund dafür sein, daß der (1 *s*)-Term nicht auftritt, d. h. daß das Leuchtelektron bei Orthohelium nicht im Grundzustande $n = 1$ sein kann? Dies war der Gedankengang Paulis, und er durchmusterte daraufhin zahlreiche Spektren, um festzustellen, ob der gleiche Befund sich auch sonst noch zeigte. Das ist wirklich der Fall, z. B. bei den Erdalkalien[1]); auch hier geht die Triplett-Hauptserie vom (2 *s*)-Zustande aus, und ein (1 *s*)-Zustand ist sicher nicht vorhanden. Welches auch die wahre Quantenzahl der äußeren Elektronen ist, sagen wir z. B. $n^{(1)} = n^{(2)} = 3$, man überzeugt sich leicht, daß auch hier wieder beide äußeren Elektronen in allen vier Quantenzahlen übereinstimmen würden, wenn es einen (1 *s*)-Term gäbe. Daraufhin hat Pauli den folgenden Satz als heuristisches Prinzip ausgesprochen: In keinem Atom können zwei (oder mehrere) Elektronen vorhanden sein, die in allen vier Quantenzahlen übereinstimmen. Dieses Postulat hat sich in einer erstaunlichen Weise bewährt, wofür wir bald Belege bringen werden; es wird als das „Paulische Ausschließungsprinzip" oder kurz als „Pauli-Prinzip" bezeichnet. Zu betonen ist, daß es als selbständiges Prinzip zur Quantentheorie hinzutritt, aus der es nicht abgeleitet werden kann.

Wir haben hier die in Betracht kommenden Elektronen durch ihre vier Quantenzahlen n, l, m_l, m_s charakterisiert. Das ist nur möglich, wenn die Koppelung zwischen ihnen vernachlässigbar ist, und das ist der Fall, wenn wir uns das Magnetfeld hinreichend stark denken, wie wir von der Theorie des Paschen-Back-Effektes her wissen (Nr. 29). Spricht man das Pauli-Prinzip daher in der obigen Form aus, so hat man immer ein starkes Magnetfeld vorauszusetzen. Bei mittleren oder schwachen Feldern hat man andere Quantenzahlen heranzuziehen, je nach den Koppelungsverhältnissen, die vorliegen; doch bleibt das Pauli-Prinzip auch dann in Gültigkeit.

Wenn man sich nun überlegt, was es bedeutet, daß nach dem Pauli-Prinzip nicht zwei Elektronen in ihren Quantenzahlen übereinstimmen

[1]) und bei den erdalkaliähnlichen Reihen ionisierter Elemente, z. B. B^+, C^{++}, ... Al^+, Si^{++}, P^{+++}, S^{++++} usw.

sollen, so erkennt man, daß diese Feststellung vom Standpunkte des korpuskularen Bohrschen Atommodells vollkommen unverständlich ist. Denn selbst wenn zwei solche Elektronen vorhanden wären, hätten sie auf der betreffenden Bahn natürlich nebeneinander hinreichend Platz, um sich nicht zu behindern. Das Walten des Pauli-Prinzips führt also dazu, das schon vorhandene Mißtrauen gegen das benutzte Atommodell zu verstärken; anderseits kann man auf Grund der Erfahrung nicht daran zweifeln, daß ein Elektron mit bestimmten vier Quantenzahlen ein anderes tatsächlich hindert, die nämlichen vier Quantenzahlen anzunehmen. Mit einem Ausdruck der organischen Chemie könnte man von einer „sterischen Behinderung" sprechen, die ein Elektron mit bestimmten vier Quantenzahlen für alle anderen mit gleichen Quantenzahlen erzeugt; aber man versteht nicht, wie eine solche zustande kommen kann, wenn das zugrunde gelegte Modell richtig ist. Auch in der neueren Quantentheorie ist diese Schwierigkeit nicht behoben, wenn sie auch vielleicht nicht mehr so kraß ist, wie bei Zugrundelegung des Bohrschen Modells. Das zeigt deutlich, daß heute der wahre Sachverhalt noch nicht vollkommen durchschaut ist.

In der folgenden Nummer werden wir beim Aufbau des periodischen Systems zum ersten Male die Fruchtbarkeit des Pauli-Prinzips kennen lernen.

31. Der Schalenbau des Atoms und das periodische System.

Bereits früher haben wir mehrfach darauf aufmerksam gemacht, daß die Materie periodische und nichtperiodische Eigenschaften besitzt, wenn man die Ordnungszahl (oder auch das Atomgewicht, wie man früher sagte) als unabhängige Variable nimmt. Zu den ersteren gehören z. B. die chemischen Eigenschaften, zu den letzteren z. B. die Absorptionskoeffizienten der Materie für Röntgen- oder Kathodenstrahlen, wie wir in Nr. 9 hervorhoben. Beiden Tatsachen muß das Atommodell Rechnung tragen. Der Kern des Bohrschen Modells besitzt die stets zunehmende Kernladungszahl Z: soweit diese Größe die Erscheinungen beherrscht, ist von Periodizität nichts zu merken. Im Kern bzw. in seiner unmittelbaren Umgebung sind demgemäß die nichtperiodischen Eigenschaften zu lokalisieren. Umgekehrt ist der Sitz der periodischen Eigenschaften in der Peripherie des Atoms zu suchen; die Periodizität kann nur so gedeutet werden, daß die peripherische Anordnung der Elektronen gleichfalls einen periodischen Wechsel zeigt.

Man muß deshalb annehmen, daß die Elektronen den Atomkern in mehreren „Schalen" (oder „Ringen"), die sich umhüllen, umgeben, und daß in jeder äußeren Schale die Elektronenanordnung der inneren sich mehr oder minder getreu wiederholt. Das ist an sich sehr merkwürdig; denn wenn man den Grundzustand des Atoms mit dem Zustande kleinster Energie identifiziert, so sollte man eigentlich erwarten, daß alle Elektronen sich im tiefsten Quantenzustande ($n = 1$) befänden, d. h. in einer Schale angeordnet wären — und dann könnte von einem Verständnis periodischer Eigenschaften offenbar nicht mehr die Rede sein. Hier zeigt sich bereits das Eingreifen des Pauli-Prinzips: Denn wenn alle Elektronen in der innersten Schale wären, so hätten unzweifelhaft bei schwereren Atomen viele von ihnen gleiche vier Quantenzahlen. Wir erkennen also, daß der periodische Aufbau aus Schalen gerade durch das Pauli-Prinzip erzwungen wird. Wir wollen uns deshalb zunächst klar machen, wieviele Elektronen in den einzelnen Schalen, die wir durch die Hauptquantenzahl n charakterisieren, nach dem Pauli-Prinzip vorhanden sein können. Für die innerste Schale ist $n = 1$, also muß die azimutale Quantenzahl $l = 0$ sein, desgleichen also ihre Projektion m_l auf die Richtung eines eingeschalteten magnetischen Feldes ($m_l = 0$). Diese drei Quantenzahlen wären also für alle Elektronen der innersten Schale identisch; sie können nur in den Projektionen m_s der Spinquantenzahlen variieren, und da diese nur die zwei Werte $+\frac{1}{2}$ und $-\frac{1}{2}$ annehmen können, dürfen nur zwei Elektronen in der innersten Schale vorhanden sein. Die „K-Schale" — so nennen wir nach dem Gebrauch der Röntgenspektroskopie die der Hauptquantenzahl $n = 1$ zugeordnete innerste Schale — ist mit zwei Elektronen bereits abgesättigt.

Schon das dritte Elektron muß also in die nächste Schale mit $n = 2$, die sogenannte „L-Schale" eintreten. Wieviel Elektronen kann diese fassen? Hier haben wir zwei Fälle zu entscheiden, je nach dem $l = 0$ oder $l = 1$ ist. Zu dem Falle $l = 0$ gehört wieder die magnetische Quantenzahl $m_l = 0$ und die beiden Werte m_s ($+\frac{1}{2}$ und $-\frac{1}{2}$); das bedeutet also zunächst zwei Elektronen. Im anderen Falle ($l = 1$) haben wir drei mögliche Werte der magnetischen Quantenzahl m_l, nämlich -1, 0, $+1$, und zu jedem dieser Werte können wieder die zwei Werte $+\frac{1}{2}$ oder $-\frac{1}{2}$ von m_s gehören. Das gestattet also, daß noch sechs weitere Elektronen im Rest der L-Schale sich gruppieren können: Im ganzen kann die L-Schale also $2 + 6 = 8$ Elektronen aufnehmen. Mit dem 11. Elektron beginnt die Auffüllung der dritten Schale ($n = 3$), die als „M-Schale" bezeichnet wird. Hier haben wir die drei Unterfälle $l = 0$, $l = 1$, $l = 2$. Dem ersten entsprechen, wie oben, zwei Elektronen; dem zweiten ebenso sechs Elektronen. Im dritten Falle ($l = 2$) haben wir die fünf möglichen m_l-Werte -2, -1, 0, $+1$, $+2$, und jedem dieser Werte können wieder zwei m_s-Werte zugeordnet werden; das gibt also noch 10 Elektronen. Im ganzen können wir also $2 + 6 + 10 = 18$ Elektronen in der M-Schale haben.

Vom 29. Elektron an muß sich eine neue Schale, die „N-Schale", bilden, die durch die Hauptquantenzahl $n = 4$ charakterisiert wird. Die drei ersten Unterfälle ($l = 0, 1, 2$) geben wieder der Reihe nach die Möglichkeit von 2, 6, 10, im ganzen also von 18 Elektronen. Neu hinzu tritt die vierte Möglichkeit $l = 3$. Diesem Werte entsprechen sieben mögliche

m_l-Werte: $-3, -2, -1, 0, +1, +2, +3$, und jedem von ihnen zwei mögliche m_s-Werte: $+\frac{1}{2}$ und $-\frac{1}{2}$. Der vierte Unterfall erlaubt also noch weiteren 14 Elektronen den Eintritt in die N-Schale, die demgemäß mit $2 + 6 + 10 + 14 = 32$ Elektronen abgesättigt ist.

In genau der gleichen Weise werden wir in einer „O-Schale" ($n = 5$) die Möglichkeit haben, $2 + 6 + 10 + 14 + 18 = 50$ Elektronen unterzubringen usw.

Stellen wir unser Ergebnis nun in etwas anderer Ausdrucksweise zusammen:

$$(4) \quad \text{Maximale Besetzung der} \begin{cases} K\text{-Schale } (n = 1): & 2 = 2 \cdot 1^2 \text{ Elektronen} \\ L\text{-Schale } (n = 2): & 8 = 2 \cdot 2^2 \quad \text{,,} \\ M\text{-Schale } (n = 3): & 18 = 2 \cdot 3^2 \quad \text{,,} \\ N\text{-Schale } (n = 4): & 32 = 2 \cdot 4^2 \quad \text{,,} \\ O\text{-Schale } (n = 5): & 50 = 2 \cdot 5^2 \quad \text{,,} \quad ; \end{cases}$$

allgemein besitzt also eine durch n charakterisierten Schale maximal $2\,n^2$ Elektronen. Wenn wir uns nun die Perioden des natürlichen Systems der Elemente ansehen, so treten in diesem gerade die Periodenlängen 2 (H und He), 8 (Li bis Ne, Na bis Ar), 18 (K bis Kr, Rb bis X), 32 (Cs bis Em) auf, wozu noch die mit Uran schließende unvollendete Periode hinzutritt. Sehen wir von letzterer ab, — man kann sich aber natürlich denken, daß diese nur wegen der Instabilität der radioaktiven Elemente unvollendet ist — so haben wir in den Periodenlängen gerade die Zahlen $2\,n^2$ des Schemas (4) vor uns. Das Pauli-Prinzip vermittelt also ein Verständnis für diese schwer begreifliche Gesetzmäßigkeit. Man kann also schon jetzt kaum daran zweifeln, daß der eingeschlagene Weg brauchbar ist.

Die obigen Auseinandersetzungen haben wir noch zu ergänzen durch die Betrachtung der Energieverhältnisse in den einzelnen Schalen. Grob genommen ist die Bindungsenergie der Elektronen in ihnen charakterisiert durch Angabe der Hauptquantenzahl n: Die Bindungsenergie nimmt also von der K-Schale über die L- und M-Schale zur N- und O-Schale ab. Aber wir wissen bereits, daß nicht n allein die Energie charakterisiert, sondern daß die azimutale Quantenzahl l auch von Einfluß darauf ist: Wir mußten ja die verschiedenen n_l-Bahnen[1]) energetisch unterscheiden. Auch das reicht, wie wir wissen, noch nicht vollkommen zur Bestimmung der Energie aus; denn bei gleichem n und l können sich die Bahnen energetisch noch durch den Spin bzw., was auf dasselbe hinauskommt, durch die den Gesamtdrehimpuls messende Quantenzahl j unterscheiden. Demgemäß unterteilen sich die Schalen noch in Unter-

[1]) Wir sprachen früher von n_k-Bahnen und könnten dies auch beibehalten; da wir aber wissen, daß l den Drehimpuls mißt, wollen wir von jetzt ab immer von n_l-Bahnen sprechen.

gruppen, die man mit römischen Zahlen bezeichnet, und die aus der folgenden Übersicht hervorgehen:

$$
(5)\quad \begin{cases}
K\text{-Schale: } n = 1, & l = 0, \quad j = \tfrac{1}{2}\text{: (keine Unterteilung)} \\
L\text{-Schale: } n = 2, & \begin{cases} l = 0, & j = \tfrac{1}{2}\text{: } L_{\mathrm{I}}\text{-Schale} \\ l = 1, & \begin{cases} j = \tfrac{1}{2}\text{: } L_{\mathrm{II}}\text{-Schale} \\ j = \tfrac{3}{2}\text{: } L_{\mathrm{III}}\text{-Schale} \end{cases} \end{cases} \\
M\text{-Schale: } n = 3, & \begin{cases} l = 0, & j = \tfrac{1}{2}\text{: } M_{\mathrm{I}}\text{-Schale} \\ l = 1, & \begin{cases} j = \tfrac{1}{2}\text{: } M_{\mathrm{II}}\text{-Schale} \\ j = \tfrac{3}{2}\text{: } M_{\mathrm{III}}\text{-Schale} \end{cases} \\ l = 2, & \begin{cases} j = \tfrac{3}{2}\text{: } M_{\mathrm{IV}}\text{-Schale} \\ j = \tfrac{5}{2}\text{: } M_{\mathrm{V}}\text{-Schale usw.} \end{cases} \end{cases}
\end{cases}
$$

Demgemäß ist die K-Schale einfach, die L-Schale dreifach, die M-Schale fünffach usw. unterteilt; wir werden später bei den Röntgenspektren die experimentellen Belege dafür finden, daß die hier auf Grund der bisherigen Theorie vorgenommene Unterteilung auch von den Tatsachen verlangt wird. Im übrigen werden wir manchmal, wenn es uns lediglich auf eine gröbere Charakterisierung ankommt, nur von solchen Untergruppen sprechen, die durch n und l charakterisiert sind; das kommt bei der L-Schale darauf hinaus, eine L_{I}-Unterschale und eine $L_{\mathrm{II+III}}$-Unterschale zu unterscheiden; analog haben wir dann von der M_{I}-, $M_{\mathrm{II+III}}$-, $M_{\mathrm{IV+V}}$-Unterschale zu sprechen. Was die Größe der Energieunterschiede zwischen den einzelnen Unterschalen angeht, so wissen wir aus dem Früheren bereits, daß sie klein sind gegenüber den Energiedifferenzen der K-, L-, M-Schalen relativ zueinander; es handelt sich hier eben um eine feinere Einteilung.

Die maximale Elektronenbesetzung der durch n und l bestimmten Unterschalen ist nach dem Pauli-Prinzip gleich $2\,(2\,l + 1)$. Denn dem Werte von l entsprechen $(2\,l + 1)$ Werte von m_l und jedem von diesem zwei Werte von m_s. Wir werden also folgendes Schema haben, das (4) ergänzt:

$$
(6)\quad \begin{cases}
K\text{-Schale:} & l = 0\text{:} & 2 \text{ Elektronen,} \\
L_{\mathrm{I}}\text{-Schale:} & l = 0\text{:} & 2 \text{ Elektronen,} \\
L_{\mathrm{II+III}}\text{-Schale:} & l = 1\text{:} & 6 \text{ Elektronen,} \\
M_{\mathrm{I}}\text{-Schale:} & l = 0\text{:} & 2 \text{ Elektronen,} \\
M_{\mathrm{II+III}}\text{-Schale:} & l = 1\text{:} & 6 \text{ Elektronen,} \\
M_{\mathrm{IV+V}}\text{-Schale:} & l = 2\text{:} & 10 \text{ Elektronen}^{1)} \text{ usw.}
\end{cases}
$$

[1]) Hierin weicht das neuere, durch das Pauli-Prinzip gelieferte Schema von dem ursprünglichen Bohrschen ab; dieser teilte beispielsweise die 8 Elektronen der L-Schale in $4 + 4$, d. h. in 2 Untergruppen ein. Die neuere Einteilung und Besetzungszahlen wurden zuerst von Stoner vorgeschlagen. Ihre Begründung erhalten sie durch das Pauli-Prinzip.

Für die in (6) angegebenen, vollkommen mit Elektronen gesättigten Unterschalen liefert das Pauli-Prinzip nun einen wichtigen Satz: Eine abgeschlossene Schale besitzt den Gesamtimpuls Null. Diese Aussage bezieht sich sowohl auf den gesamten Bahnimpuls $\mathfrak{l} = \sum \mathfrak{l}^{(p)}$, wie auf den gesamten Spinimpuls $\mathfrak{s} = \sum \mathfrak{s}^{(p)}$. Für die K-, L_{I}-, M_{I}-...-Schalen ist dies am einfachsten einzusehen, da für alle in diesen befindlichen Elektronen schon der einzelne Bahnimpuls $\mathfrak{l}^{(p)} = 0$ ist und die Spinimpulse einander entgegengesetzt gerichtet sind, womit für diesen Fall der Beweis bereits geliefert ist. Nehmen wir aber jetzt die $L_{\mathrm{II+III}}$-Schale; für alle ihre Elektronen ist der Betrag des Bahnimpulses $l^{(p)} = 1$; für seine Projektion $m_l^{(p)}$ auf das Magnetfeld und für die entsprechenden Projektionen der Spinimpulse $m_s^{(p)}$ erhalten wir nach dem Pauli-Prinzip folgende Tabelle:

$m_l^{(1)} = +1$ $m_l^{(2)} = 0$ $m_l^{(3)} = -1$ $m_l^{(4)} = +1$ $m_l^{(5)} = 0$ $m_l^{(6)} = -1$	$m_s^{(1)} = +\frac{1}{2}$ $m_s^{(2)} = -\frac{1}{2}$ $m_s^{(3)} = +\frac{1}{2}$ $m_s^{(4)} = -\frac{1}{2}$ $m_s^{(5)} = +\frac{1}{2}$ $m_s^{(6)} = -\frac{1}{2}$
$m_l = \sum_p m_l^{(p)} = 0$	$m_s = \sum_p m_s^{(p)} = 0$

Aus ihr geht hervor, daß die Summe der Projektionen aller Bahnimpulse, die wir m_l nennen, ebenso wie die Summe der Projektionen m_s der Spinimpulse verschwindet. Nun gelten für jeden Einzelimpuls und seine Projektionen die beiden Ungleichungen:

$$- l^{(p)} \leqq m_l^{(p)} \leqq + l^{(p)} ,$$
$$- s^{(p)} \leqq m_s^{(p)} \leqq + s^{(p)} ,$$

und dieselben Beziehungen gelten auch für die resultierenden Werte:

$$\left\{ \begin{array}{l} -l \leqq m_l \leqq +l , \\ -s \leqq m_s \leqq +s ; \end{array} \right. \tag{7}$$

d. h. im allgemeinen haben wir $(2l + 1)$ Werte von m_l und $(2s + 1)$ Werte von m_s. Nach der obigen Tabelle haben wir aber hier nur je einen Wert von m_l und m_s, nämlich den Wert Null, also ist

$$2l + 1 = 2s + 1 = 1$$

zu setzen, was sofort die Folgerung $l = s = 0$ nach sich zieht: Der resultierende Bahnimpuls $\mathfrak{l}$ und der resultierende Spinimpuls $\mathfrak{s}$ sind also gleich Null, folglich auch der Gesamtimpuls $\mathfrak{j}$. Dieser Beweis überträgt sich ohne weiteres auf alle anderen abgeschlossenen Schalen. Daraus folgt weiter, daß eine abgeschlossene Schale

	I	II	III	IV	V	VI	VII	VIII
1	1 H 1,0078							2 He 4,002
2	3 Li 6,940	4 Be 9,02	5 B 10,82	6 C 12,000	7 N 14,008	8 O 16,0000	9 F 19,00	10 Ne 20,18
3	11 Na 22,997	12 Mg 24,32	13 Al 26,97	14 Si 28,06	15 P 31,02	16 S 32,06	17 Cl 35,457	18 Ar 39,94 ←
→ 4	19 K 39,104 29 Cu 63,57	20 Ca 40,07 30 Zn 65,38	21 Sc 45,10 31 Ga 69,72	22 Ti 47,90 32 Ge 72,60	23 V 50,95 33 As 74,96	24 Cr 52,01 34 Se 79,2	25 Mn 54,93 35 Br 79,916	26 Fe 55,84 27 Co 58,94 ↔ 28 Ni 58,69 36 Kr 82,9
5	37 Rb 85,45 47 Ag 107,880	38 Sr 87,63 48 Cd 112,41	39 Y 88,93 49 In 114,8	40 Zr 91,22 50 Sn 118,70	41 Nb 93,5 51 Sb 121,76	42 Mo 96,0 52 Te 127,5	43 Ma — ↔ 53 J 126,93	44 Ru 101,7 45 Rh 102,9 46 Pd 106,7 54 X 130,2
6	55 Cs 132,81 79 Au 197,2	56 Ba 137,36 80 Hg 200,61	57 La 138,90 81 Tl 204,39	72 Hf 178,6 82 Pb 207,21	73 Ta 181,5 83 Bi 209,00	74 W 184,0 84 Po (210,0)	75 Re 188,7 85*	76 Os 190,9 77 Jr 193,1 78 Pt 195,23 86 Em 222
7	87*	88 Ra 225,97	89 Ac (227)	90 Th 232,12 ↔	91 Pa (231)	92 U 238,14		

Zwischen 57 La und 72 Hf einzuschalten: die seltenen Erden

58 Ce 140,13	59 Pr 140,92	60 Nd 144,27	61 Jl —	62 Sm 150,43	63 Eu 152,0	64 Gd 157,3
65 Tb 159,2	66 Dy 162,46	67 Ho 163,5	68 Er 167,64	69 Tu 169,4	70 Yb 173,5	71 Cp 175,0

Die Zahlen vor den Symbolen der Elemente bedeuten die „Ordnungszahlen“, die Zahlen darunter die Atomgewichte.

auch kein resultierendes magnetisches Moment besitzen kann. Diese Folgerungen des Pauli-Prinzips werden sich als äußerst wichtig erweisen.

Bevor wir nun zur genaueren Erörterung der Elektronenanordnung in den verschiedenen Elementen übergehen, geben wir zunächst in der umstehenden Tabelle eine der in der Chemie gebräuchlichen Darstellungen des periodischen Systems der Elemente wieder.

Die links von jedem Element stehende Zahl ist die Atomnummer (gleich Kernladungszahl Z); darunter steht das Atomgewicht. Im allgemeinen stimmt die Ordnung nach Atomnummern mit der nach dem Atomgewicht überein; auf die Ausnahmen, die durch einen Pfeil oder Doppelpfeil bezeichnet sind, gehen wir weiter unten ein; in der Tabelle haben wir durchgehend nach Atomnummern geordnet.

Daß die angegebene Anordnung der Elemente nicht voll befriedigend ist, ist oft bemerkt worden und hat zu manchen Varianten der Darstellung Veranlassung gegeben. Rein äußerlich genommen erweckt sie den Eindruck, als ob nach einer Periode von 8 Elementen wieder ein gleichartiges Element angetroffen werde. Das ist jedoch nur in der zweiten und dritten Horizontalreihe der Fall, die mit den Alkalimetallen Li bzw. Na beginnen und mit den Edelgasen Ne bzw. Ar aufhören. Ihnen vorauf geht nun eine kleine Periode von zwei Elementen (H, He), und es folgen zwei Perioden von je 18 Elementen. Diese sind in dem gebräuchlichen Schema zwar in die Zwangsjacke von Achterperioden gepreßt (nämlich in zwei solcher Perioden zerlegt), was aber nur dadurch möglich ist, daß in der VIII. Spalte die „Triaden" Fe, Co, Ni und Ru, Rh, Pd zusammengefaßt sind; auch treten dabei diese „Triaden" in derselben Spalte auf wie die davon total verschiedenen Edelgase Kr und X. Die 6. Periode ist eine zu 32 Elementen; hier müssen neben der Triade Os, Ir, Pt in der VIII. Spalte auch noch die 14 „seltenen Erden" von Cer bis Cassiopejum mit Lanthan in der III. Spalte zusammengefaßt werden, um eine Darstellung in zwei Achterperioden zu ermöglichen. Man sieht, daß diese Auffassung nur unter Zwang durchführbar ist. Übrigens muß man, wenn man nach dem Atomgewicht ordnet, an mehreren Stellen die Aufeinanderfolge von Elementen vertauschen, um einen vernünftigen Sinn zu erhalten; nach dem Atomgewicht sollte z. B. K vor Ar stehen, was das ganze periodische System auseinandersprengen würde. Diese Fälle waren schon früh Andeutungen dafür, daß nicht das Atomgewicht die geeignete unabhängige Variable ist, sondern — wie wir heute sagen können — die Atomnummer oder Kernladungszahl Z.

Wir wollen nun im wesentlichen Anschlusse an Bohr — aber jetzt natürlich unter Rücksicht auf die Forderungen des Pauli-Prinzips — zu schildern versuchen, wie die Elektronenanordnung der einzelnen Elemente ist: Damit gewinnen wir dann ein Verständnis für das Zustandekommen des periodischen Systems. Dabei werden wir die Eigenschaften der Spektren natürlich im ausgiebigsten Maße zu benutzen haben; zum

Teil ist das experimentelle Material im vorhergehenden Kapitel besprochen, zum Teil werden wir uns auch auf die schon erwähnte Monographie von Grotrian stützen, die wir den Leser heranzuziehen bitten.

Bohr denkt sich einen mit der Ladung Ze versehenen Kern, der der Reihe nach Z Elektronen einfängt; dieses Einfangen dokumentiert sich optisch durch die Emission von Spektren. Beim Einfangen des 1., 2., ... Elektrons haben wir es z. B. mit dem Spektrum eines $(Z-1)$-fachen, $(Z-2)$-fachen, ... Ions zu tun. Würde man alle diese Spektren kennen, so wäre die Betrachtung zwangsläufig; so kann und muß man sich häufig von Analogien leiten lassen.

Wenn der Kern das erste Elektron einfängt, so begibt sich dieses in den Grundzustand der durch $n=1$ und $l=0$ charakterisiert ist: Tatsächlich bewegt sich das Wasserstoffelektron oder das des einfach ionisierten Heliums usw. auf einer 1_0-Bahn. Nehmen wir ein zweites Elektron hinzu, wie es beim Helium, dem einfach ionisierten Lithium usw. der Fall ist, so zeigen die Spektren, daß der tiefste Term z. B. bei He ein $(1\,S)$-Term ist; das zweite Elektron wird also gleichfalls in einer 1_0-Bahn gebunden; die magnetische Quantenzahl m_l ist für beide gleich Null, während m_s für das eine Elektron $+\frac{1}{2}$, für das zweite $-\frac{1}{2}$ ist. Damit ist die K-Schale bereits besetzt, die erste kleine Periode des Meyer-Mendelejeffschen Systems der Elemente ist abgeschlossen. Dies Resultat stimmt mit dem gesamten Verhalten von H, He^+, ..., He, Li^+ .... usw. überein. Zum Beispiel sind H und He^+ paramagnetisch, da das Atom bzw. Ion durch die Spinbewegung des einzigen Elektrons ein von Null verschiedenes magnetisches Moment besitzt; entsprechend sind He und Li^+ diamagnetisch, da die Spinmomente sich neutralisieren und Bahnmomente nicht vorhanden sind. Die Absättigung der K-Schale entspricht formal dem Umstande, daß sowohl He wie Li^+ usw. chemisch träge sind, d. h. keine merkliche Valenzbetätigung zeigen. Schließlich ist mit dem obigen auch die wahre Hauptquantenzahl n des He im Grundzustande zu 1 festgelegt.

Gehen wir über zum dritten Elektron, wie es dem neutralen Li oder den Ionen Be^+, B^{++}, C^{+++} .... zukommt, so zeigt das Spektrum des Li jedenfalls, daß der Grundzustand einem $(1\,s)$-Term entspricht, d. h. einem Term mit der azimutalen Quantenzahl $l=0$. Da die K-Schale versperrt ist, wird also das dritte Elektron des Li-Atoms in einer 2_0-Bahn gebunden, womit sich gleichzeitig die wahre Quantenzahl des Grundterms zu $n=2$ bestimmt. Was für das Li-Spektrum gesagt wurde, gilt genau auch für die Spektren der obengenannten Ionen. Alle hier genannten Atome bzw. Ionen sind ferner paramagnetisch, wegen des Spinmomentes des äußeren Elektrons; alle sind ferner chemisch äußerst aktiv, weil das äußere Elektron („Valenzelektron") leicht abgetrennt werden kann. Denn da die Bahn die Quantenzahl $n=2$ hat, d. h. der L-Schale angehört, ist die Bindungsenergie gerade dieses Elektrons viel geringer, als die der beiden in der K-Schale gebundenen. Man sieht das deutlich, wenn man die hohe Ionisierungsenergie des He (24,47 Volt) mit der des Li (5,37 Volt) vergleicht. — Beim Be kommt das vierte Elektron hinzu, das wieder in einer 2_0-Bahn gebunden wird, wie der Grundterm seines Singulettspektrums beweist, der ein (1 *S*)-Term ist; auch ihm kommt die wahre Quantenzahl $n = 2$ zu. Damit ist die L_{I}-Unterschale bereits besetzt; das Berylliumatom ist daher diamagnetisch; wie Be verhalten sich auch die Ionen B^+ und C^{++}, die auch in den Spektren mit Be weitgehend übereinstimmen.

Das fünfte Elektron (Bor) und das sechste (Kohlenstoff) beginnen die Auffüllung der $L_{\mathrm{II+III}}$-Unterschale; beide Elektronen werden in 2_1-Bahnen gebunden; das geht schlagend aus den Spektren hervor, deren Grundterm diesmal ein (2 *p*)-Term ist, d. h. ein Term mit der azimutalen Quantenzahl $l = 1$. Bemerkenswert ist dabei besonders die Folgerung, daß die vier äußeren Elektronen des Kohlenstoffs nicht gleichmäßig stark gebunden sind, sondern zwei in 2_0-, zwei in 2_1-Bahnen. Ebenfalls in 2_1-Bahnen lagern sich das siebente (Stickstoff), achte (Sauerstoff), neunte (Fluor) und zehnte (Neon) Elektron an, womit die ganze *L*-Schale angefüllt ist: Die zweite Periode des natürlichen Systems der Elemente ist durchlaufen.

Mit der Ausfüllung der *L*-Schale ist wieder ein Edelgas erreicht; auch hier entspricht dem Abschluß der Schale chemische Trägheit. Auch sonst kann man die bekannten Eigenschaften der Elemente dieser zweiten Periode aus den Elektronenkonfigurationen ablesen: Die Stoffe Li, Be, B, C sind elektropositiv (d. h. geben ihre äußeren Elektronen relativ leicht ab), aber in abnehmendem Maße in der oben genannten Reihenfolge; denn die Ionisationspotentiale steigen vom Li (5,37 Volt) bis zum Werte 11,24 Volt beim Kohlenstoff an; umgekehrt sind die folgenden Elemente N, O, F in steigendem Maße elektronegativ, d. h. sie haben die in dieser Richtung wachsende Tendenz, Elektronen aufzunehmen, d. h. die Achterschale zu vervollständigen. Kohlenstoff selbst steht in der Mitte, indem es mit gleicher Leichtigkeit sowohl Elektronen aufnehmen wie abgeben kann. Vom Lithium bis zum Neon steigt mit kleinen Schwankungen das Ionisationspotential an, um beim Neon den relativ hohen Wert von 21,5 Volt anzunehmen; die abgesättigte Achterschale entspricht wieder einem chemisch trägen und diamagnetischen Atom (Ne) oder Ion (Na^+, Mg^{++} usw.).

Das 11. Elektron, das dem Na zugehört, beginnt die *M*-Schale; der Grundterm seines Spektrums ist ein (1 *s*)-Term; folglich wird dieses Elektron in einer 3_0-Bahn gebunden; die wahre Quantenzahl dieses Grundterms ist also $n = 3$. Da die 3_0-Bahn relativ große Dimensionen hat, ist das äußere Elektron — wie beim chemisch verwandten Lithium — leicht abtrennbar, das Ionisationspotential stürzt vom hohen Werte bei Ne auf den kleinen Wert 5,12 Volt herab. Was nun folgt, spielt sich im wesentlichen genau so ab wie in der zweiten Periode: Das 12. Elektron (von Mg bzw. den Ionen Al^+, Si^{++}) wird gleichfalls in einer 3_0-Bahn gebunden: die M_{I}-Unterschale ist fertig gebildet. Das 13.—18. Elektron (Al, Si, P, S, Cl, Ar) füllen die $M_{\mathrm{II+III}}$-Schale; alle diese Elektronen werden nach Ausweis der Spektren in 3_1-Bahnen gezwungen. Mit dem Argon ist wieder eine „Achterschale" ($M_{\mathrm{I+II+III}}$) vollendet, der diamagnetische Edelgastypus ist erreicht, das Ionisationspotential hat langsam ansteigend für Argon wieder eine beträchtliche Größe (15,68 Volt) angenommen.

Das 19. Elektron kommt dem Kalium (bzw. Ca^+) zu. Schon aus chemischen Gründen (Verwandschaft mit Li und Na), aber ebensosehr wegen seines Spektrums, müssen wir annehmen, daß mit diesem 19. Elektron des K eine neue Schale sich zu bilden beginnt, ohne daß die *M*-Schale vollkommen aufgefüllt ist. Das 19. Elektron wird, wie das Spektrum zeigt, in einer 4_0-Bahn gebunden, und nicht, wie man zunächst annehmen möchte, in einer 3_2-Bahn. Auch das 20. Elektron des Ca tritt in die N_{I}-Unterschale ein, diese abschließend. Die vollkommene Analogie des Aufbaues der äußeren Elektronen bei K und Ca mit dem bei Li und Be bzw. bei Na und Mg erklärt zur Genüge die chemische Verwandtschaft zwischen Li, Na, K sowie Be, Mg, Ca. Das Ionisationspotential sinkt bei K natürlich wieder auf einen kleinen Wert (4,12 Volt) herab.

Mit 21 Elektronen kommen wir zum Scandium; wir würden erwarten, daß dieses in einer 4_1-Bahn gebunden wird. Aber der Sachverhalt ist nach Ausweis des Spektrums ein vollkommen anderer. Wenn wir nämlich das zweifachionisierte Scandium mit 19 Elektronen betrachten, so befindet sich hier dieses 19. Elektron nicht, wie bei Kalium und Ca^+, in einer 4_0-Bahn, sondern wird in einer 3_2-Bahn gebunden, d. h. die $M_{\mathrm{IV+V}}$-Unterschale, die bisher leer blieb, wird angebaut; der Grundterm des Sc^{++}-Spektrums, das wegen des einen äußeren Elektrons im allgemeinen so gebaut ist wie ein Alkalispektrum, ist nämlich — darin abweichend von den Alkalispektren — ein ($3\,d$)-Term, dem die azimutale Quantenzahl $l = 2$ zukommt; das 20. und 21. Elektron des Scandiums dagegen werden in 4_0-Bahnen gebunden, so daß die N_{I}-Schale abgeschlossen bleibt. Bei Titan ($Z = 22$) und Vanadium ($Z = 23$) wird die 3_2-Bahn weiter aufgefüllt, indem je ein weiteres Elektron in sie übertritt. Wenn diese Entwicklung ungestört weiterginge, sollte man bei Cr ($Z = 24$) vier Elektronen in 3_2-Bahnen und zwei in 4_0-Bahnen erwarten. Das aber widerspräche der Einwertigkeit des Chroms, und so haben wir statt dessen fünf Elektronen in 3_2-Bahnen und nur eins in einer 4_0-Bahn. Bei dem nun folgenden Element Mn bleiben fünf Elektronen in 3_2-Bahnen und die 4_0-Bahn erhält ein zweites; bei Fe, Co, Ni bleiben zwei Elektronen in der 4_0-Bahn, dagegen treten das 6., 7. und 8. in die 3_2-Bahnen. Da die $M_{\mathrm{IV+V}}$-Schale bei allen diesen Elementen von Sc bis Ni ungesättigt ist, haben wir einen resultierenden Drehimpuls und ein magnetisches Moment, d. h. die hervorstechenden magnetischen Eigenschaften sowohl der Atome als der entsprechenden Ionen. Diesen Zusammenhang

Periode	Element	K	L_{I}	$L_{II}+L_{III}$	M_{I}	$M_{II}+M_{III}$	$M_{IV}+M_{V}$	N_{I}	$N_{II}+N_{III}$	$N_{IV}+N_{V}$	$N_{VI}+N_{VII}$	O_{I}	$O_{II}+O_{III}$	$O_{IV}+O_{V}$	P_{I}	$P_{II}+P_{III}$	P_{IV}	Q
I	1 H	1																
	2 He	2																
II	3 Li	2	1															
	4 Be	2	2															
	5 B	2	2	1														
	6 C	2	2	2														
	7 N	2	2	3														
	8 O	2	2	4														
	9 F	2	2	5														
	10 Ne	2	2	6														
III	11 Na	2	2	6	1													
	12 Mg	2	2	6	2													
	13 Al	2	2	6	2	1												
	14 Si	2	2	6	2	2												
	15 P	2	2	6	2	3												
	16 S	2	2	6	2	4												
	17 Cl	2	2	6	2	5												
	18 Ar	2	2	6	2	6												
IV	19 K	2	2	6	2	6		1										
	20 Ca	2	2	6	2	6		2										
	21 Sc	2	2	6	2	6	1	2										
	22 Ti	2	2	6	2	6	2	2										
	23 V	2	2	6	2	6	3	2										
	24 Cr	2	2	6	2	6	5	1										
	25 Mn	2	2	6	2	6	5	2										
	26 Fe	2	2	6	2	6	6	2										
	27 Co	2	2	6	2	6	7	2										
	28 Ni	2	2	6	2	6	8	2										
	29 Cu	2	2	6	2	6	10	1										
	30 Zn	2	2	6	2	6	10	2										
	31 Ga	2	2	6	2	6	10	2	1									
	32 Ge	2	2	6	2	6	10	2	2									
	33 As	2	2	6	2	6	10	2	3									
	34 Se	2	2	6	2	6	10	2	4									
	35 Br	2	2	6	2	6	10	2	5									
	36 Kr	2	2	6	2	6	10	2	6									
V	37 Rb	2	2	6	2	6	10	2	6			1						
	38 Sr	2	2	6	2	6	10	2	6			2						
	39 Y	2	2	6	2	6	10	2	6	1		2						
	40 Zr	2	2	6	2	6	10	2	6	2		2						
	41 Nb	2	2	6	2	6	10	2	6	4		1						
	42 Mo	2	2	6	2	6	10	2	6	5		1						
	43 Ma	2	2	6	2	6	10	2	6	6		1						
	44 Ru	2	2	6	2	6	10	2	6	7		1						
	45 Rh	2	2	6	2	6	10	2	6	8		1						
	46 Pd	2	2	6	2	6	10	2	6	10								
	47 Ag	2	2	6	2	6	10	2	6	10		1						
	48 Cd	2	2	6	2	6	10	2	6	10		2						
	49 In	2	2	6	2	6	10	2	6	10		2	1					

K L_{I} $L_{II}+L_{III}$ M_{I} $M_{II}+M_{III}$ $M_{IV}+M_{V}$ N_{I} $N_{II}+N_{III}$ $N_{IV}+N_{V}$ $N_{VI}+N_{VII}$ O_{I} $O_{II}+O_{III}$ $O_{IV}+O_{V}$ P_{I} $P_{II}+P_{III}$ P_{IV} Q

Fortsetzung.

Periode	Element	K	L_I	$L_{II}+L_{III}$	M_I	$M_{II}+M_{III}$	$M_{IV}+M_V$	N_I	$N_{II}+N_{III}$	$N_{IV}+N_V$	$N_{VI}+N_{VII}$	O_I	$O_{II}+O_{III}$	$O_{IV}+O_V$	P_I	$P_{II}+P_{III}$	P_{IV}	Q
V	50 Sn	2	2	6	2	6	10	2	6	10		2	2					
	51 Sb	2	2	6	2	6	10	2	6	10		2	3					
	52 Te	2	2	6	2	6	10	2	6	10		2	4					
	53 J	2	2	6	2	6	10	2	6	10		2	5					
	54 X	2	2	6	2	6	10	2	6	10		2	6					
VI	55 Cs	2	2	6	2	6	10	2	6	10		2	6		1			
	56 Ba	2	2	6	2	6	10	2	6	10		2	6		2			
	57 La	2	2	6	2	6	10	2	6	10		2	6	1	2			
	58 Ce	2	2	6	2	6	10	2	6	10	1	2	6	1	2			
	59 Pr	2	2	6	2	6	10	2	6	10	2	2	6	1	2			
	60 Nd	2	2	6	2	6	10	2	6	10	3	2	6	1	2			
	61 Il	2	2	6	2	6	10	2	6	10	4	2	6	1	2			
	62 Sm	2	2	6	2	6	10	2	6	10	5	2	6	1	2			
	63 Eu	2	2	6	2	6	10	2	6	10	6	2	6	1	2			
	64 Gd	2	2	6	2	6	10	2	6	10	7	2	6	1	2			
	65 Tb	2	2	6	2	6	10	2	6	10	8	2	6	1	2			
	66 Dy	2	2	6	2	6	10	2	6	10	9	2	6	1	2			
	67 Ho	2	2	6	2	6	10	2	6	10	10	2	6	1	2			
	68 Er	2	2	6	2	6	10	2	6	10	11	2	6	1	2			
	69 Tm	2	2	6	2	6	10	2	6	10	12	2	6	1	2			
	70 Yb	2	2	6	2	6	10	2	6	10	13	2	6	1	2			
	71 Cp	2	2	6	2	6	10	2	6	10	14	2	6	1	2			
	72 Hf	2	2	6	2	6	10	2	6	10	14	2	6	2	2			
	73 Ta	2	2	6	2	6	10	2	6	10	14	2	6	3	2			
	74 W	2	2	6	2	6	10	2	6	10	14	2	6	4	2			
	75 Re	2	2	6	2	6	10	2	6	10	14	2	6	5	2			
	76 Os	2	2	6	2	6	10	2	6	10	14	2	6	6	2			
	77 Ir	2	2	6	2	6	10	2	6	10	14	2	6	7	2			
	78 Pt	2	2	6	2	6	10	2	6	10	14	2	6	8	2			
	79 Au	2	2	6	2	6	10	2	6	10	14	2	6	10	1			
	80 Hg	2	2	6	2	6	10	2	6	10	14	2	6	10	2			
	81 Tl	2	2	6	2	6	10	2	6	10	14	2	6	10	2	1		
	82 Pb	2	2	6	2	6	10	2	6	10	14	2	6	10	2	2		
	83 Bi	2	2	6	2	6	10	2	6	10	14	2	6	10	2	3		
	84 Po	2	2	6	2	6	10	2	6	10	14	2	6	10	2	4		
	85 —	2	2	6	2	6	10	2	6	10	14	2	6	10	2	5		
	86 Em	2	2	6	2	6	10	2	6	10	14	2	6	10	2	6		
VII	87 —	2	2	6	2	6	10	2	6	10	14	2	6	10	2	6		1
	88 Ra	2	2	6	2	6	10	2	6	10	14	2	6	10	2	6		2
	89 Ac	2	2	6	2	6	10	2	6	10	14	2	6	10	2	6	1	2
	90 Th	2	2	6	2	6	10	2	6	10	14	2	6	10	2	6	2	2
	91 Pa	2	2	6	2	6	10	2	6	10	14	2	6	10	2	6	3	2
	92 U	2	2	6	2	6	10	2	6	10	14	2	6	10	2	6	4	2
		K	L_I	$L_{II}+L_{III}$	M_I	$M_{II}+M_{III}$	$M_{IV}+M_V$	N_I	$N_{II}+N_{III}$	$N_{IV}+N_V$	$N_{VI}+N_{VII}$	O_I	$O_{II}+O_{III}$	$O_{IV}+O_V$	P_I	$P_{II}+P_{III}$	P_{IV}	Q

des Auftretens von Magnetismus mit dem nicht vollkommenen Abschluß einer Schale hat übrigens zuerst R. Ladenburg erkannt[1]), und zwar schon vor der systematischen Darlegung des periodischen Systems durch Bohr.

[1]) R. Ladenburg, Naturwissenschaften 8, pag. 5 ff., 1920.

Wir haben nach dem oben Dargelegten beim Ni 8 Elektronen in der M_{IV+V}-Schale (die an sich 10 aufnehmen könnte) und 2 Elektronen in der N_I-Schale. Das folgende Element Cu ist nun einwertig, kann also in der N_I-Schale nur ein Elektron haben; dafür tritt jetzt die volle Besetzung der M_{IV+V}-Schale mit 10 Elektronen auf und bleibt dauernd erhalten. Das Kupfer hat also nur ein äußeres Elektron und verhält sich daher in gewissem Sinne chemisch und spektroskopisch wie ein Alkalimetall, was auch durch seine Stellung im gewöhnlichen periodischen System zutage tritt (vgl. Tabelle auf pag. 205). Bei den nun folgenden Elementen Zn, Ga, Ge, As, Se, Br tritt zunächst bei Zn ein zweites Elektron in die N_1-Schale, die auch bei allen folgenden Elementen aufgefüllt bleibt; mit Gadolinium beginnt der Einbau des ersten Elektrons in die N_{II+III}-Schale (4_1-Bahn), die sich allmählich auffüllt, bis bei dem hinter Br folgenden Edelgas Krypton mit sechs Elektronen ihr Abschluß erreicht ist. Es sind dann in der N-Schale insgesamt acht Elektronen vorhanden, d. h. die schon bekannte Edelgaskonfiguration, die ihre Stabilität wieder durch die hohe Ionisationsspannung des Kryptons (13,98 Volt) beweist.

Das nächste Element ist wieder ein Alkalimetall Rb; nach dem Vorhergehenden — selbstverständlich in voller Übereinstimmung mit seinem Spektrum — ist es klar, daß das hier hinzukommende 37. Elektron in die O_I-Schale tritt, eine 5_0-Bahn beschreibend, ohne daß der Rest der N-Schale (N_{IV+V}- bzw. N_{VI+VII}-Schale) angebaut wird. Die wahre Quantenzahl für den Grundterm des Rb ist $n = 5$; wegen der relativen Größe der Bahn des Valenzelektrons ist die Ionisierungsspannung wieder klein (4,16 Volt). —

Indem wir nun die Anlagerung im einzelnen nicht mehr verfolgen, sondern bis zum nächsten Edelgas Xenon ($Z = 54$) springen, stellen wir an Hand der folgenden Tabelle fest, daß bei diesem erstens die N_{IV+V}-Schale mit 10 Elektronen voll besetzt, zweitens die N_{VI+VII}-Schale völlig leer ist, drittens die O_I-Schale mit zwei Elektronen abgeschlossen und viertens die O_{II+III}-Schale mit den ihr zukommenden 6 Elektronen voll besetzt ist. Xenon hat daher in der O-Schale im ganzen wieder acht Elektronen, d. h. die Edelgaskonfiguration mit ihrer hohen Ionisationsspannung von 12,078 Volt.

Die nächsten Elemente: Caesium ($Z = 55$) und Baryum ($Z = 56$) haben ihrem Charakter entsprechend wieder 1 bzw. 2 Elektronen in der neuen P_1-Schale, d. h. in einer 6_0-Bahn; wieder sinkt bei Cs die Ionisierungsspannung auf 3,88 Volt. Leer bleibt bei beiden Elementen der Rest der N-Schale (N_{VI+VII}) und der Rest der O-Schale (O_{IV+V}, O_{VI+VII}, $O_{VIII+IX}$). Vom Lanthan ($Z = 57$) bis Cassiopejum ($Z = 71$) befinden sich ein Elektron in der O_{IV+V}-Schale und zwei Elektronen in der P_I-Schale; die äußere Konfiguration ist also bei all diesen Stoffen ganz die gleiche. Sie unterscheiden sich aber dadurch, daß die N_{VI+VII}-Schale von Lithan ab bis Cp von 0 bis 14 Elektronen aufnimmt; diese ist also bei Cp endlich abgeschlossen. Die Elemente, die diese N-Unterschale ausfüllen, vom Cer bis zum Cassiopejum, sind die seltenen Erden, deren es nach unserer Systematik 14 an der Zahl gibt. Es ist bekannt, daß ihre Valenzbetätigung fast vollkommen identisch ist, weswegen sie chemisch so schwer zu trennen sind. Das findet in unserem Modell seinen Ausdruck in der konstanten äußeren Elektronenkonfiguration (je ein Elektron in der $O_{\mathrm{IV+V}}$-Schale, je zwei in der P_{I}-Schale). Gleichzeitig folgt, da die $N_{\mathrm{VI+VII}}$-Schale nur 14 Elektronen aufnehmen kann, daß es auch nur 14 solcher Erden gibt, Cassiopejum also die letzte von ihnen sein muß. Das war bis zur Aufstellung dieser Elektronenanordnung durch Bohr nicht bekannt, weil das folgende Element ($Z = 72$) noch nicht entdeckt war; man hielt dieses allgemein auch noch für eine seltene Erde; erst das hier aufgestellte Schema zeigte, daß dies nicht der Fall sein konnte, und zeigte ferner die Zusammengehörigkeit des unbekannten Elementes mit Titan und Zirkon an (vgl. Tabelle). Nachdem so die wahre chemische Natur des fehlenden Elements erkannt war, wurde es daraufhin von Coster und Hevesy in zirkonhaltigen Mineralien als Verunreinigung entdeckt: Hafnium, das man vorher immer aus den seltenen Erden zu isolieren sich vergeblich bemüht hatte.

Wir brauchen nun den Gang im einzelnen nicht mehr zu verfolgen, sondern verweisen auf die vorstehende Tabelle, aus der die Elektronenanordnung aller Elemente hervorgeht.

Im ganzen muß man sagen, daß das oben dargelegte Schema eine wesentliche Vertiefung der Auffassung des periodischen Systems mit sich gebracht hat und sich mit allen Tatsachen in gutem Einklange befindet.

32. Allgemeine Entstehung der Röntgenspektren; Absorptionsbandkanten.

Nachdem wir im vorigen Kapitel die optischen Spektren und in den beiden vorangehenden Nummern die räumliche Anordnung der Elektronen behandelt haben, haben wir nun zu zeigen, daß der gewonnene Standpunkt auch die Röntgenspektren verstehen läßt. Historisch ist der Gang natürlich anders gewesen: bei der Entwicklung des ganzen theoretischen Gebäudes haben die Röntgenspektren eine sehr wesentliche Rolle gespielt; wir wollen hier umgekehrt die Gesetzmäßigkeiten der Röntgenspektren gewissermaßen deduktiv aus unserer theoretischen Vorstellung ableiten.

Daß neben dem kontinuierlichen („weißen") Röntgenspektrum, das von einer Antikathode ausgeht, auch monochromatische „Röntgenlinien", d. h. ein Linienspektrum, auftreten, haben zuerst systematische Absorptionsmessungen von Barkla[1]) (1908) gezeigt. Und zwar kann man bei nicht zu leichten Elementen im allgemeinen drei Gruppen von Linien unterscheiden, die sich durch ihre „Härte", d. h. ihren Frequenzbereich, deutlich voneinander abheben. Die kurzwelligste (härteste)

[1]) C. G. Barkla, Phil. Mag. **16**, pag. 550ff., 1908; Verh. d. deutsch. phys. Ges. **15**, pag. 1273, 1913.

Strahlung hat den Namen „K-Strahlung" erhalten; dann folgt die „L-Strahlung", die „M-Strahlung", und bei einigen schweren Elementen sind auch die Anfänge einer „N-Strahlung" gefunden.

Wie kommen diese Linienspektren zustande? Es ist klar, daß hier ein anderer Mechanismus vorliegen muß als bei den optischen Spektren, bei denen ein Leuchtelektron an der Peripherie des Atoms von Bahnen höherer zu solchen niederer Energie übergeht; denn die auf diese Weise entstehenden Frequenzen reichen niemals bis zu den Röntgenfrequenzen herauf, sondern liegen günstigstensfalls im ultravioletten Gebiet. Das erste Licht auf diese Frage warfen Untersuchungen von Moseley[1]), der die durch v. Laue und Bragg erschlossene spektrometrische Methode[2]) auf dieses Problem anwendete. Er untersuchte die K-Strahlung bei einer großen Anzahl aufeinanderfolgender Elemente, und stellte fest, daß sie sich mit zunehmender Atomnummer Z gesetzmäßig nach kürzeren Wellenlängen verschiebt; das Gleiche gilt für die L- und M-Spektren. Dabei zeigte sich insofern eine besonders einfache Struktur, als die Serienlinien aufeinanderfolgender Elemente gleichartig sind — im Gegensatz zu den optischen Spektren: Man denke etwa an die grundlegenden Unterschiede zwischen den Spektren der Alkalien und der Erdalkalien. Während die optischen Spektren einen periodischen Wechsel zeigen, d. h. erst nach Fortschreiten um eine „Periode" des Systems der Elemente wieder gleichartig werden, zeigen die Röntgenspektren keine Spur von einer Periodizität: sie schreiten gleichmäßig zu kürzeren Wellen vor, wenn Z wächst. Der Ursprung der Röntgenspektren muß also im Inneren des Atoms zu suchen sein, wo die Kernladungszahl Z die Verhältnisse beherrscht. Gleichzeitig zeigte die Moseleysche Untersuchung schlagend, daß Z, und nicht das Atomgewicht, als unabhängige Variable zu wählen ist. Denn in den Fällen, in denen Wachstum von Z nicht mit dem des Atomgewichts übereinstimmt, z. B. beim Fortschreiten von Argon zu Kalium, würde die ganze Ordnung zerstört werden, wenn man das Atomgewicht auf der Abszissenachse auftrüge. Ein weiterer grundlegender Unterschied im Verhalten der Röntgen- und optischen Spektren besteht darin, daß erstere nur in Emission, nie aber in Absorption zu erhalten sind; auch dies muß natürlich mit der Entstehungsweise der Röntgenspektren innig zusammenhängen.

Die weitere Ausführung der im Obigen angedeuteten Idee verdankt man Kossel[3]). Die Röntgenstrahlen[4]) werden durch einen äußeren Eingriff, durch Beschießen eines Elementes mit Kathodenstrahlen oder

---

[1]) H. G. I. Moseley, Phil. Mag. **26**, pag. 1024, 1913; **27**, pag. 703, 1914.

[2]) Barkla stand diese noch nicht zur Verfügung; er mußte seine Schlüsse daher auf Absorptionsmessungen aufbauen.

[3]) W. Kossel, Verh. d. deutsch. phys. Ges. **16**, pag. 899ff. u. pag. 953ff., 1914; **18**, pag. 339ff., 1916.

[4]) Wenn wir im folgenden von Röntgenstrahlen sprechen, meinen wir immer das „Linienspektrum".

Photonen (Lichtquanten) erzeugt. Kossel stellt sich vor, daß bei hinreichender Energie des Projektils ein Elektron des Atoms aus einer inneren Schale, sagen wir der *K*-Schale, an die Peripherie des Atoms „gehoben" wird (sogenannte „Tiefenionisation" des Atoms); die hierzu erforderliche Energie wird um so größer sein, aus je tieferer Schale das Elektron entfernt wird, am größten also für ein *K*-Elektron, dann folgen die *L*-Elektronen usw. Man kann den dadurch bewirkten Energiezuwachs des Atoms angenähert angeben. Denn wenn wir von allen Feinheiten absehen, ist die Bindungsenergie in den einzelnen Schalen, da sie

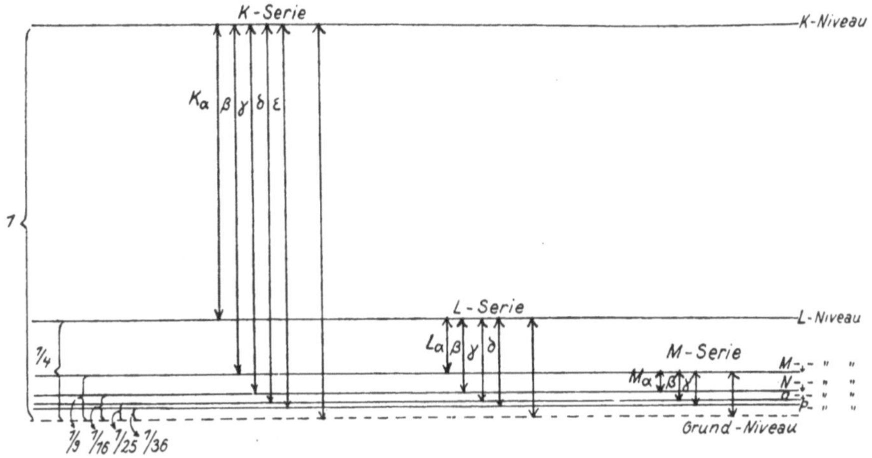

Fig. 55.

im wesentlichen durch die Hauptquantenzahl n bestimmt wird, durch den Ausdruck $\frac{R Z'^2}{n^2}$ gegeben, wo Z' die „effektive Kernladungszahl" ist, die dem betreffenden Elemente zukommt. Normieren wir die Energie des Atoms so, daß sie im normalen Zustande mit Null bezeichnet wird, so haben wir verschiedene Energieniveaus anzunehmen, je nach der „Tiefe", in der die Ionisation erfolgt. Man nennt diese Energieniveaus der Reihe nach *K*-, *L*-, *M*- usw. Niveau, und kann sie über dem Grundniveau in Abständen proportional $\frac{1}{n^2}$ ($n = 1, 2 \ldots$) auftragen. Man erhält dann folgendes vorläufige Schema (Fig. 55); in der Figur ist der relative Maßstab an der linken Seite aufgetragen. Je nach der Tiefe der Ionisation befindet sich das Atom in einem dieser Niveaus, um in unserem Beispiel zu bleiben, etwa im *K*-Niveau. Dieser Zustand ist nicht von Dauer, sondern das Atom sucht sich zu „regenerieren". Es wäre aber äußerst unwahrscheinlich, wenn auch nicht unmöglich, daß das aus der *K*-Schale entfernte Elektron von außen einfach wieder in die *K*-Schale zurückfiele; es ist natürlich viel wahrscheinlicher, daß ein Elektron aus der benachbarten *L*-Schale oder auch aus der *M*-Schale usw. dies tut.

Dadurch wird aber in der *L*- oder *M*- usw. Schale ein neues Loch aufgerissen. War das Atom vor dem Beginn der Regenerierung im *K*-Niveau, so ist es nachher im *L*- oder *M*- usw. Niveau; es ist jedenfalls energieärmer geworden, und nach der Bohrschen Ausstrahlungshypothese muß die Energiedifferenz, dividiert durch $h\,c$, die Wellenzahl der emittierten Röntgenstrahlung liefern. Bei Regenerierung der *K*-Schale aus der *L*-, *M*-, ... Schale entstehen also Linien, die wir in Fig. 55 durch Pfeile in der üblichen Weise angedeutet haben; alle diese Pfeile endigen auf dem *K*-Niveau; daher ist die Bezeichnung „*K*-Serie" für diese Linien sachgemäß. Nach der Bohrschen Ausstrahlungshypothese sind die Wellenzahlen der *K*-Serie also (roh!) gegeben durch die Gleichung:

$$\text{(8)} \qquad K\text{-Serie:}\ \tilde{\nu}_K = R\,Z'^2\left(\frac{1}{1^2} - \frac{1}{n^2}\right); \qquad n = 2, 3, \ldots \infty .$$

Danach tritt die *K*-Serie in Parallele zur optischen Lyman-Serie bei wasserstoffähnlichen Spektren; sie strebt der Grenze $\tilde{\nu}_{K_\infty} = R\,Z'^2$ zu, und das ist gerade die dem *K*-Niveau zukommende Wellenzahl; dieses wird deshalb auch häufig als „*K*-Grenze" bezeichnet. Wie steht es nun mit der Erfahrung? Die erste Linie der *K*-Serie, K_α genannt, hat nach (8) die Wellenzahl

$$\tilde{\nu}_{K_\alpha} = R\,Z'^2\left(\frac{1}{1^2} - \frac{1}{2^2}\right) = 0{,}75\ R\,Z'^2,$$

oder auch:

$$\text{(9)} \qquad \sqrt{\frac{\tilde{\nu}_{K_\alpha}}{R}} = \sqrt{0{,}75}\,Z' = \sqrt{0{,}75}\,(Z - s_K)\,,$$

wobei s_K die „Abschirmungskonstante" für die *K*-Serie ist. D. h.: wenn man für die verschiedenen Elemente $\sqrt{\frac{\tilde{\nu}_{K_\alpha}}{R}}$ als Funktion der Kernladungszahl *Z* aufträgt, müßte man eine Gerade mit bestimmter Neigung und bestimmtem Abschnitt auf der Abszissenachse erhalten; die Tangente des Neigungswinkels sollte gleich $\sqrt{0{,}75}$ sein; der Abschnitt auf der Abszissenachse muß s_K liefern. Ebenso erhält man aus (8) für die zweite Linie (K_β) der *K*-Serie:

$$\text{(10)} \qquad \sqrt{\frac{\tilde{\nu}_{K_\beta}}{R}} = \sqrt{\frac{1}{1^2} - \frac{1}{3^2}}\,Z' = \sqrt{0{,}88}\,(Z - s_K)\,,$$

und so fort. Tatsächlich hat Moseley, von dem diese Art der Darstellung herrührt, schon 1913 — d. h. ehe eine fertige Theorie der Röntgenspektren vorlag — aus seinen Messungen genau die Gleichung (8) erschlossen; wir geben im folgenden das „Moseley-Diagramm" für K_α und K_β nach neueren Messungen wieder[1]) (Fig. 56). Aus diesem Diagramm entnimmt man, daß die Gleichungen (9) und (10) tatsächlich jedenfalls

[1]) Wie die ganze Darstellung, ist auch diese Figur schematisiert (die Linien sind in Wirklichkeit Dubletts); vgl. die folgende Nummer.

sehr nahe zutreffen, also auch die allgemeine Gleichung (8). Aus dem Abschnitt auf der Abszissenachse ergibt sich ferner $s_K = 1$. Auch das ist plausibel, da in der K-Schale nur zwei Elektronen vorhanden sind; nach Entfernung des einen durch „Tiefenionisation" bleibt also nur eins

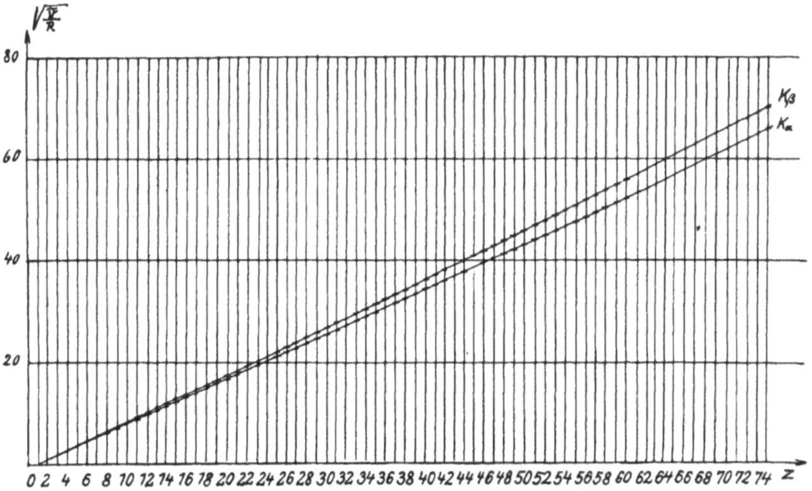

Fig. 56.

übrig, das die Kernladung Z in $Z' = Z - 1$ abschwächt. Man kann sich aus Moseleys Zahlen, die neuerdings an Genauigkeit weit überholt sind, überzeugen, wie genau z. B. die Gleichung (9) stimmt, indem man den Ausdruck

$$\frac{1}{\sqrt{0{,}75}}\sqrt{\frac{\tilde{\nu}_{K_\alpha}}{R}} = Z - s_K = Z'$$

ausrechnet und mit Z vergleicht. Man erhält dann folgende Tabelle:

Element	$\frac{1}{\sqrt{\frac{3}{4}}}\sqrt{\frac{\tilde{\nu}_{K_\alpha}}{R}} = Z'$	Z	$s_K = Z - Z'$
Kalzium	19,00	20	1
Skandium	—	—	—
Titan	20,99	22	1,01
Vanadium	21,96	23	1,04
Chrom	22,98	24	1,02
Mangan	23,99	25	1,01
Eisen	24,99	26	1,01
Kobalt	26,00	27	1,00
Nickel	27,04	28	0,96
Kupfer	28,01	29	0,99
Zink	29,01	30	0,99

Mittelwert von $s_K = 1{,}003$

Wir hatten bisher angenommen, ein Elektron sei aus der K-Schale an die Oberfläche des Atoms befördert, und die K-Schale werde durch ein anderes Elektron aus der L-, M-, ... Schale regeneriert: So entsteht die K-Serie. Betrachten wir nun den Fall, daß ein Elektron aus der L-Schale entfernt wird; es kann dann durch ein anderes aus der M-, N-, ...-Schale ersetzt werden. So entstehen Elektronensprünge, die sämtlich auf dem L-Niveau endigen und die zur Emission einer neuen Serie, der L-Serie, Veranlassung geben. Wir zeichnen in Fig. 55 nunmehr noch eine Anzahl von Pfeilen ein, die auf dem L-Niveau endigen; da sie kürzer, d. h. die zugehörigen Energiedifferenzen kleiner sind als die der K-Serie, so folgt sofort, daß die L-Serie langwelliger ist als die K-Serie, wie es die Erfahrung verlangt. Auch hier erhalten wir eine angenäherte Darstellung der Wellenzahlen, indem wir nach der Bohrschen Ausstrahlungshypothese schreiben (Z'' ist die hier in Betracht kommende effektive Kernladungszahl):

$$(11) \qquad \tilde{\nu}_L = R\,Z''^2\left(\frac{1}{2^2} - \frac{1}{n^2}\right); \qquad n = 3,\, 4,\, \ldots\, \infty\,.$$

Die Seriengrenze $\tilde{\nu}_{L\infty}$ liegt bei $\frac{R\,Z''^2}{4}$, d. h. sie stimmt überein mit dem L-Niveau oder der L-Grenze. Die erste Linie L_α wird demnach gegeben durch die Gleichung

$$(12) \qquad \tilde{\nu}_{L_\alpha} = R\,Z''^2\left(\frac{1}{4} - \frac{1}{9}\right) = 0{,}139\; R\,Z''^2 = 0{,}139\; R\,(Z - s_L)^2\,,$$

wenn s_L die Abschirmungszahl der L-Serie ist. Auch hier folgt, daß der Ausdruck $\sqrt{\frac{\tilde{\nu}_{L_\alpha}}{R}}$ eine lineare Funktion der Kernladungszahl Z ist, was wiederum schon Moseley festgestellt hat; für die Größe von s_L findet er etwa 7,4 — einen durchaus vernünftigen Wert, wenn man berücksichtigt, daß zwei K- und sieben L-Elektronen eine abschwächende Wirkung ausüben. Nach alledem ist die L-Serie als das Analogon der Balmer-Serie der wasserstoffähnlichen Spektren zu betrachten. Ähnlich ist es schließlich mit der M-Serie, die entsteht, wenn eine Lücke der M-Schale von außen her aufgefüllt wird; hier haben wir das Analogon der Paschen-Serie vor uns.

Zwischen einzelnen Linien der K-, L- und M-Serie müssen enge Zusammenhänge bestehen, die man direkt aus Fig. 55 ablesen kann; z. B. muß sein

$$(13) \qquad \tilde{\nu}_{K_\beta} - \tilde{\nu}_{K_\alpha} = \tilde{\nu}_{L_\alpha}\,,$$

wozu eine ganze Reihe analoger Beziehungen tritt, die zuerst von Kossel bemerkt wurden; sie stimmen alle mit der Genauigkeit, die unserer ganzen vorläufigen Betrachtung zukommt. Vom heutigen Standpunkt sind diese Beziehungen nahezu selbstverständlich, da sie nur die Gültigkeit des Ritzschen Kombinationsprinzips aussprechen, das seinerseits an die Tatsache gebunden ist, daß die Wellenzahlen als Differenzen von Termen darstellbar sind[1]).

Trotz der Schematisierung der vorangehenden Darlegung lassen sich zwei Folgerungen allgemeiner Natur mit Sicherheit ziehen. Einmal haben die Röntgenserien nur relativ wenig Linien, im Gegensatz zu dem Reichtum der optischen Spektren. Das ist verständlich, weil die Zahl der Schalen oder Niveaus nur eine geringe ist, namentlich bei Elementen mit kleinem Z. Ferner wird sofort verständlich, warum die Serien nicht in Absorption erscheinen. Zur Emission von K_α z. B. muß ein Elektron aus der L-Schale in die K-Schale zurückfallen, zur Absorption also umgekehrt ein Elektron aus der K-Schale in die L-Schale eintreten. Aber die L-Schale ist normalerweise besetzt und hat keinen Platz mehr. Folglich kann K_α usw. nicht in Absorption erscheinen.

Ganz im Gegensatz dazu tritt vielmehr bei Absorption etwas anderes ein. Lassen wir Röntgenstrahlen durch eine dünne Folie eines Elementes hindurchgehen, so tritt eine Intensitätsschwächung ein, die im allgemeinen um so geringer ist, je kleiner die Wellenlänge der auffallenden Strahlung ist. Denn kurzwelligere, d. h. härtere, Strahlung heißt ja größeres Durchdringungsvermögen, geringere Schwächung. Wenn aber die primäre Wellenlänge, allmählich abnehmend, schließlich so klein wird, daß sie die K-Grenze des durchstrahlten Elementes erreicht hat, so tritt eine sprungartige Vermehrung der Schwächung (des Absorptionskoeffizienten) ein, der dann bei weiterer Verkleinerung der Wellenlänge wieder langsam abnimmt (Fig. 57). Es tritt also an der K-Grenze des absorbierenden Materials eine sogenannte „Absorptions-

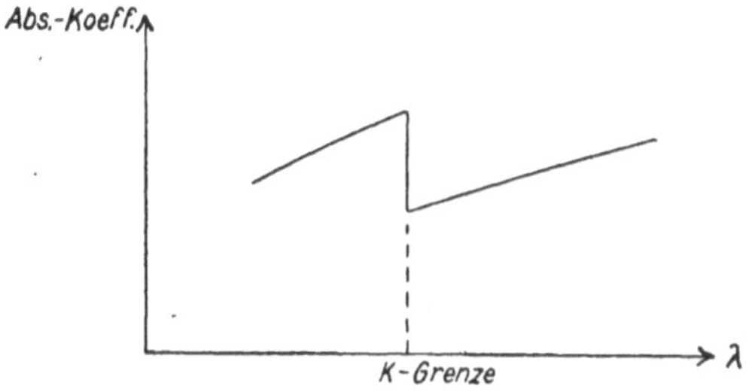

Fig. 57.

[1]) Bei dieser Gelegenheit müssen wir eine Bemerkung über die Bezeichnung der Röntgenserienlinien machen. Bezeichnet man die Niveaus einfach mit $K, L, M, \ldots$, so liest man aus der Fig. 55 folgende Beziehungen ab, die die Definitionen der einzelnen Röntgenlinien sind:

$$K_\alpha = K - L; \quad K_\beta = K - M; \quad K_\gamma = K - N; \quad K_\delta = K - O; \quad \ldots;$$

ferner:

$$L_\alpha = L - M; \quad L_\beta = L - N; \quad L_\gamma = L - O; \quad \ldots;$$

ebenso:

$$M_\alpha = M - N; \quad M_\beta = M - O; \quad \ldots.$$

Diese einfache Bezeichnung, die nicht nur für die schematisierte Darstellung dieser Nummer paßt, sondern sich allgemein durchführen läßt, ist leider nicht eingeführt; statt dessen sind vielmehr recht willkürliche, dazu noch von Autor zu Autor verschiedene Benennungen der einzelnen Linien im Gebrauch. In dieser Nummer, wo wir alles zur Einführung vereinfachen, behalten wir die Bezeichnungen $K_\alpha, \ldots$ $L_\alpha, \ldots$ M_α im obigen Sinne bei; später werden wir uns genötigt sehen, uns an einen Autor (Manne Siegbahn) anzuschließen.

bandkante" auf. Ganz analog ist es bei Überschreitung der L- und M-Grenze: Auch hier tritt ein Sprung des Absorptionskoeffizienten auf (vorbehaltlich einer in der nächsten Nummer vorzunehmenden Verfeinerung der ganzen Betrachtung). Die Erscheinung ist so zu erklären: Kommen wir von längeren Wellen, als der K-Grenzwellenlänge entspricht, so hat die primäre Welle nicht die erforderliche Energie, um ein Elektron aus der K-Schale herauszuwerfen; sie wird beim Durchdringen der Folie nach Maßgabe ihrer Wellenlänge relativ wenig geschwächt. In dem Augenblick aber, in dem die Energie der auffallenden Welle den hinreichenden Betrag erreicht, wird sie vollständig dazu verwendet, die „Tiefenionisation" des Atoms aus der K-Schale vorzunehmen, sie muß also hinter der Folie fehlen, d. h. die Absorption steigt sprunghaft an. Wird die Wellenlänge noch kleiner, so ist genügend überschüssige Energie vorhanden, die dann wieder stärkeres Durchdringungsvermögen hat. Der erste Fall (kleinere Energie als die der K-Grenze zukommende) entspricht gewissermaßen einem „elastischen Stoß" bei den Franck-Hertzschen Stoßversuchen; der zweite Fall (gleiche oder größere Energie) den „unelastischen" Stößen. Mit dieser Erscheinung steht folgende im engsten Zusammenhang: Die K-Serie kann erst emittiert werden, wenn die primäre Röntgenstrahlung mindestens die Frequenz der K-Grenze besitzt; denn vorher kann die Tiefenionisation aus der K-Schale ja nicht stattfinden. Bevor also nicht die Frequenz der K-Grenze erreicht ist, tritt keine Linie der K-Serie in Emission auf; ist sie erreicht oder überschritten, treten alle Linien auf einmal auf. Fig. 58[1]) gibt noch einmal das Bild der K-Absorptionsbandkante; auf der Abszisse sind die Linien der K-Serie hinzugezeichnet, die alle bei größeren Wellenlängen liegen; denn erst die Grenze der K-Serie fällt ja mit der Absorptionsbandkante zusammen.

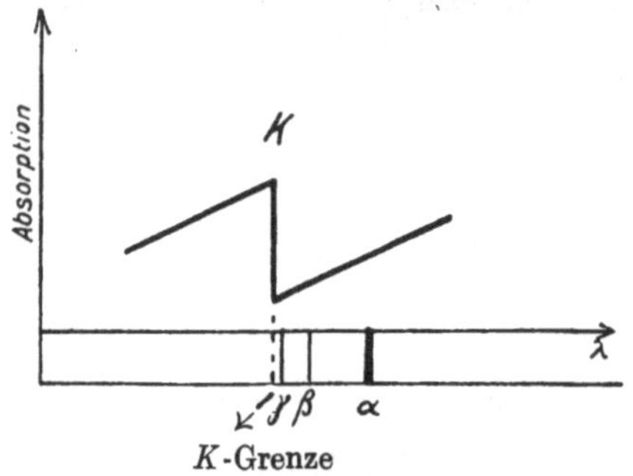

Fig. 58.

Diese letzteren Betrachtungen sind noch etwas zu ergänzen. Beginnen wir mit so großen primären Wellenlängen, daß sie noch oberhalb der M-Grenze liegen, so findet keine Emission statt; bei Erreichung bzw. Unterschreitung der M-Grenze tritt dann plötzlich die ganze M-Serie auf, dagegen noch keine Linie der L- oder K-Serie. Die L-Serie tritt erst auf, wenn die Frequenz der L-Grenze erreicht ist, und die K-Serie erst bei Überschreitung der K-Grenze. Wir sollten also eigent-

[1]) Fig. 58 ist insofern schematisiert, als die K-Serie vereinfacht ist. Bezüglich der Bezeichnung der Linien vgl. Anmerkung auf pag. 219.

lich Fig. 58 auf der rechten Seite in dieser Weise noch ergänzen; in gewissem Sinne — ohne die hier gewählte Schematisierung der Verhältnisse — geschieht dies in Fig. 59, die rechts an Fig. 58 anzusetzen wäre.

33. Die Dublettstruktur der Röntgenlinien.

Wir haben mehrfach in der vorhergehenden Nummer hervorgehoben, daß die Verhältnisse nicht so einfach liegen, wie wir zur Einführung angenommen haben: Die Röntgenserienlinien sind nicht einfach, sondern Dubletts. Das erinnert an das analoge Verhalten bei den Alkalien. Dort hatten wir gezeigt, daß die Bahnen des Leuchtelektrons erst durch drei Quantenzahlen n, l, j soweit charakterisiert sind, daß man die Beobachtungen darstellen kann. Das analoge Problem steht auch hier wieder vor uns: Statt die K-, L-, M-, . . .-Niveaus durch eine Quantenzahl (n) zu bestimmen, was nur eine rohe Annäherung sein kann, werden wir ihnen auch hier bestimmte Werte von l und j zuerkennen müssen, was zur Folge haben muß, daß die Niveaus nicht alle einfach sein können. Indem wir die Frage nach der Zuordnung der Quantenzahlen l und j noch einen Moment zurückstellen, können wir jedenfalls schon eine Aussage über die Vielfachheit der Niveaus machen. Das K-Niveau ist einfach; denn die beiden Elektronen der K-Schale haben gleiche Werte der Quantenzahlen n, l, j (nach der Aufstellung (5) ist für beide $n = 1$, $l = 0$, $j = \frac{1}{2}$). Es ist also gleichgültig, welches der beiden K-Elektronen an die Peripherie des Atoms gehoben wird: Immer wird der Energiezustand des Atoms durch das gleiche K-Niveau wiedergegeben. Dagegen wissen wir schon, daß die acht Elektronen der L-Schale keineswegs gleichartig gebunden sind; wir hatten ja die L-Schale in drei Unterschalen L_{I}, L_{II}, L_{III} teilen müssen, um dem Pauli-Prinzip Genüge zu leisten. Es kann daher auch nicht gleichgültig sein, welches Elektron aus der L-Schale an die Atomperipherie befördert wird. Vielmehr werden wir, je nachdem es aus der L_{I}- oder L_{II}- oder L_{III}-Unterschale stammt, auch einen etwas verschiedenen Energiezustand des „tiefionisierten“ Atoms haben, mit anderen Worten: Das L-Niveau wird in Wahrheit dreifach unterteilt sein; wir unterscheiden demgemäß ein L_{I}-, L_{II}- und L_{III}-Niveau. Bezeichnen wir die diesen Niveaus zukommende Energie einfach durch die gleichen Buchstaben, so ist offenbar $L_{\mathrm{I}} > L_{\mathrm{II}} > L_{\mathrm{III}}$. Dieselbe Überlegung führt dazu, fünf M-Niveaus, sieben N-Niveaus zu unterscheiden, wobei analoge Ungleichheitsbeziehungen gelten.

Daß diese Auffassung wirklich zutrifft, läßt sich experimentell durch Untersuchung der Absorptionsbandkanten beweisen. Diese zeigt, daß allerdings die K-Kante einfach ist, wie wir schon bisher sagten, daß es aber drei L-Kanten und fünf M-Kanten gibt; es ist danach kein vernünftiger Zweifel möglich, daß man auch sieben N-Kanten usw. wird annehmen müssen, auch wenn der experimentelle Nachweis noch nicht vollständig erbracht ist. Der Fig. 58 für die K-Kante, die unverändert bleibt, stellen wir demgemäß die folgende Fig. 59 für die drei L-Kanten zur Seite; unten sind die Linien der L-Serie aufgetragen, die gemäß den drei L-Kanten in drei Teile zerfällt. In Erweiterung dessen, was wir über die Emission der Linien sagten, gilt nämlich genauer folgendes: Wenn die erregende Wellenlänge größer ist als die von L_{III}, so erfolgt überhaupt keine Emission, sowie L_{III} erreicht oder unterschritten wird, werden die Linien $L_{\beta_5, \beta_3, \beta_2, \beta_1, \beta_4, \eta, \alpha_1, \alpha_2}$ emittiert. Nimmt die Wellenlänge ab bis L_{II}, so treten hinzu die Linien γ_2, γ_1 und beim Unterschreiten von L_I schließlich γ_4 und γ_3, d. h. nunmehr die ganze L-Serie[1]). Ganz ähnlich zerfällt die M-Serie in fünf Teile, die abschnittsweise emittiert werden.

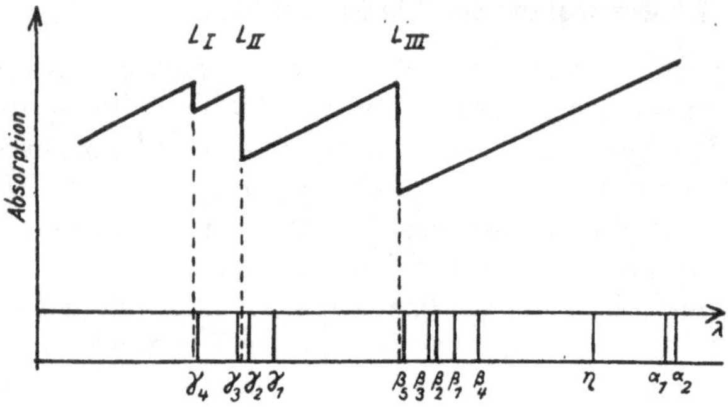

Fig. 59.

In der folgenden Tabelle geben wir eine Übersicht über die Wellenlängen der K-, L-, M-Grenzen einiger Elemente in X-Einheiten (1 X.E. $= 10^{-3}$ Å.E $= 10^{-4}\,\mu\mu = 10^{-11}$ cm).

Element	K-Grenze	L_I	L_{II}	L_{III}	M_I	M_{II}	M_{III}	M_{IV}	M_V
14 Si	6731,0								
24 Cr	2065,9								
34 Se	977,73								
44 Ru	558,4	—	4169,3	4360,4					
54 Xe	—	2272,4	2425,3	2587,5					
64 Gd	246,2	—	1558,7	1706,2					
74 W	178,22	1020,5	1071,3	1211,6	4365	4800	5416	6475	6708
79 Au	153,20	860,9	899,6	1038,6	3742	4085	4677	5306	5711
89 Bi	136,78	755,9	787,8	922,1	—	—	3893	4568	4762
92 U	106,58	568,0	591,3	720,8	2228	2385	2877	3327	3491

Wir kommen nunmehr auf die Frage zurück, wie den verschiedenen Niveaus K, L_I, ... Quantenzahlen l und j zuzuordnen sind, die wir brauchen, um die Dublettstruktur zu erklären. Der Fall liegt insofern anders als bei den Alkalien, als dort die Energiezustände durch die Bahnen eines einzelnen Elektrons, des Leuchtelektrons, definiert waren; hier dagegen ist das Niveau definiert durch die sämtlichen Elektronen

[1]) Hier haben wir die Siegbahnschen Bezeichnungen für die L-Linien angewendet, in Ausführung des in Anmerkung 1 auf pag. 219 Gesagten; der Leser wird sich überzeugt haben, daß die Bezeichnungsweise wirklich unzweckmäßig und undurchsichtig ist.

derjenigen Schale oder Unterschale, aus der ein Elektron entfernt wurde. Dennoch werden wir sehen, daß wir uns die Sache so vorstellen können, als ob wir es nur mit den Zuständen eines einzelnen Elektrons zu tun hätten. Denn in einer vollbesetzten Unterschale ist nach dem Pauli-Prinzip sowohl der resultierende Bahnimpuls $\mathfrak{l}$ als auch der resultierende Gesamtimpuls $\mathfrak{j}$ gleich Null. Habe die Schale bei voller Besetzung etwa sechs Elektronen, so bedeutet das in geometrischer Darstellung (Fig. 60a und b), daß sowohl die Vektoren $\mathfrak{l}_1$ bis $\mathfrak{l}_6$ als auch die Vektoren $\mathfrak{j}_1$ bis $\mathfrak{j}_6$, die die Einzelimpulse darstellen, sich zu einem geschlossenen Polygon zusammensetzen. (Die Figuren sind absichtlich unregelmäßig gezeichnet, da es auf Einzelheiten gar nicht ankommt.) Nimmt man nun ein Elektron heraus, etwa das Elektron 4, so bleibt

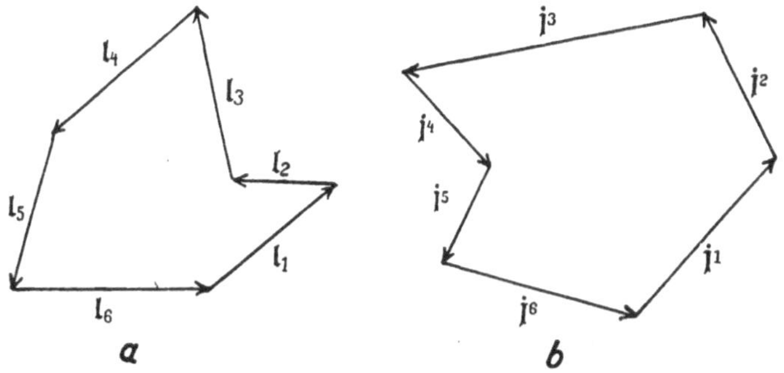

Fig. 60.

ein resultierender Impuls übrig: denn die Polygone sind nicht mehr geschlossen. Diese resultierenden Impulse sind aber dem Betrage nach genau gleich den Impulsen $\mathfrak{l}_4$ und $\mathfrak{j}_4$ des entfernten Elektrons. Mit anderen Worten: Der Zustand einer nicht voll besetzten Schale kann ebensowohl durch die Impulse der vorhandenen, als des entfernten Elektrons charakterisiert werden. Wir werden daher unseren Niveaus mit gleichem Rechte die Quantenzahlen l und j des entfernten Elektrons oder die damit identischen Quantenzahlen des resultierenden Bahn- und Gesamtimpulses der in der Schale übrig gebliebenen Elektronen zuschreiben können. Wir kommen demgemäß zu umstehender Tabelle, die sich aus der Aufstellung (5) für die Schalen sofort ergibt (und für die N-, O-Niveaus entsprechend fortgesetzt zu denken ist).

Nach dieser Tabelle ist Fig. 55 zu ergänzen, was in Fig. 61 geschieht. Welche Linien, d. h. welche Übergänge in dem nun vervollständigten Niveauschema sind zu erwarten? Wir werden zur Beantwortung die Auswahlregeln für l und j heranziehen müssen, die wir schon früher kennengelernt haben:

(13) $$\Delta l = \pm 1 ,$$

(14) $$\Delta j = 0, \pm 1$$

Niveau	n	l	j
K	1	0	$\frac{1}{2}$
L_{I}	2	0	$\frac{1}{2}$
L_{II}	2	1	$\frac{1}{2}$
L_{III}	2	1	$\frac{3}{2}$
M_{I}	3	0	$\frac{1}{2}$
M_{II}	3	1	$\frac{1}{2}$
M_{III}	3	1	$\frac{3}{2}$
M_{IV}	3	2	$\frac{3}{2}$
M_{V}	3	2	$\frac{5}{2}$

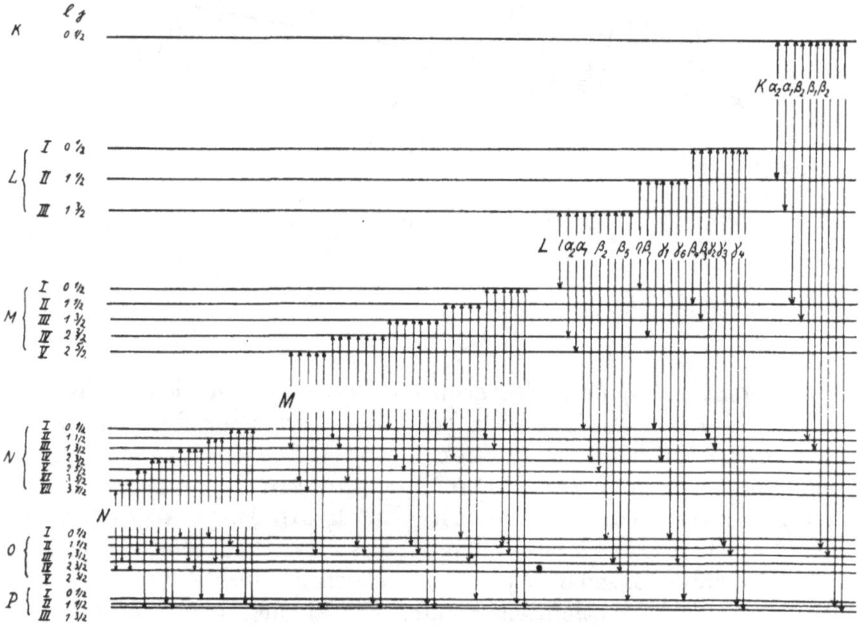

Fig. 61.

In Fig. 61 sind sämtliche Übergänge, die (13) und (14) genügen, eingezeichnet. Tatsächlich entspricht dieses Schema vollkommen den Tatsachen, so daß an seiner Richtigkeit ein Zweifel nicht mehr möglich ist.

Wir können nunmehr die K-Serie genauer charakterisieren als bisher: Alle ihre Linien gehen von dem einheitlichen K-Niveau aus, endigen aber auf den Niveaus $L_{\text{II}}, L_{\text{III}}$ oder $M_{\text{II}}, M_{\text{III}}$ oder $N_{\text{II}}, N_{\text{III}}$ usw., sind also Dubletts, wie wir bereits erwähnten. Der Abstand der Dubletts ist L_{II}—L_{III}, M_{II}—M_{III}, N_{II}—N_{III} usw., d. h. gleich der Wellenzahldifferenz der Endniveaus. Wie bei den Hauptserien der Alkalien nimmt die Dublettaufspaltung in der genannten Reihenfolge, d. h. mit wachsendem n, ab. Ganz analog gebaut sind diejenigen Linien der L-Serie, die vom L_{I}-Niveau ausgehen: Auch sie bestehen aus Paaren mit abnehmendem Abstande M_{II}—M_{III}, N_{II}—N_{III} usw. Auch die „L_{I}-Serie", wie wir nunmehr sagen wollen, hat also Hauptseriencharakter. Faßt man ferner diejenigen Linien zusammen, die von den Niveaus L_{II} und L_{III} ausgehen, aber auf einem einheitlichen Niveau endigen (z. B. auf M_{I}, M_{IV}, N_{I}, N_{IV} usw.), so bilden diese wegen des einheitlichen Endniveaus Dubletts mit konstanter Aufspaltung, würden also den Charakter

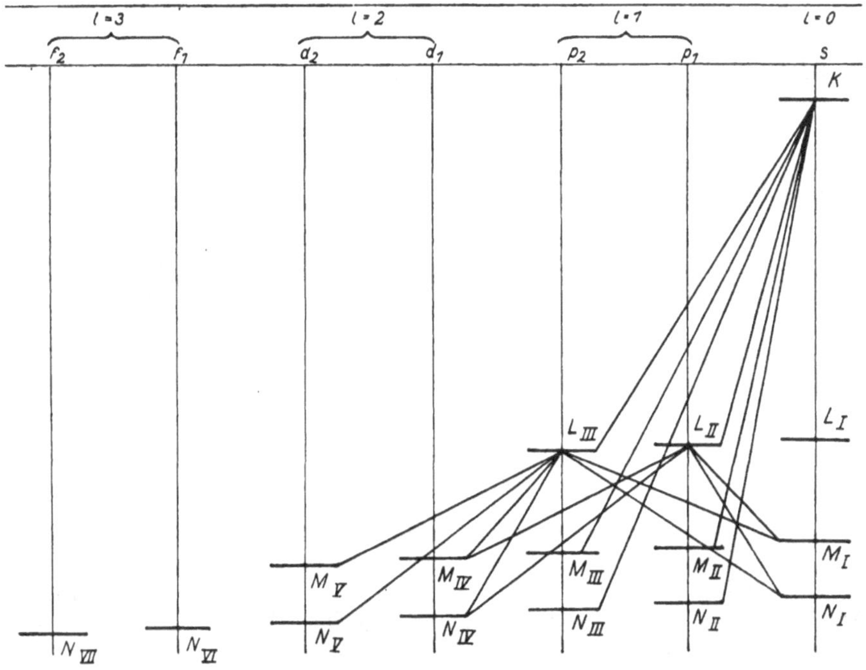

Fig. 62.

von Nebenserien haben. Die starke Analogie zwischen den Röntgenspektren und den Alkalien wollen wir nun noch besser zum Ausdruck bringen, indem wir ein Grotrian-Diagramm. der Röntgenspektren zeichnen (Fig. 62). Dabei sind übereinander die Niveaus mit gleichem l (und variablem n) angebracht, während man horizontal von $l = 0$ zu größeren Werten von l fortschreitet. Durch entsprechende Verbindungen kann man die auftretenden Linien zum Ausdruck bringen. Man erhält obiges Diagramm (Fig. 62).

Man erkennt daraus, daß man in der alten Ausdrucksweise eine Reihe von Termfolgen (s, p, d, f, . . .) hat, von denen die s-Termfolge einfach, alle übrigen doppelt sind — wie bei den Alkalien. Der einzige Unterschied — und dieser ist äußerlicher Art — zwischen dem Diagramm der Fig. 62 und dem der Fig. 32 besteht darin, daß „oben" und „unten" vertauscht sind, d. h. daß unser Diagramm 62 auf dem Kopf steht, eine Folge der Normierung der Atomenergie. Man erkennt in Fig. 62 alle Eigentümlichkeiten des Alkalispektrums wieder. Z. B. hat die Dublett-K-Serie offenbar die Formel:

$$(15) \qquad K\text{-Serie:} \begin{cases} 1\,s - m\,p_1\,, \\ 1\,s - m\,p_2\,, \end{cases} \qquad (m = 2,\ 3,\ \ldots)$$

und ganz analog die

$$(16) \qquad L_{\mathrm{I}}\text{-Serie:} \begin{cases} 2\,s - m\,p_1\,, \\ 2\,s - m\,p_2\,, \end{cases} \qquad (m = 3,\ 4,\ \ldots)$$

d. h. wie wir schon vorher sagten, sind beide Dublett-Hauptserien. Ferner: Die Linien, die von den Niveaus L_{II} und L_{III} $(l = 1)$ zu den s-Termen $(l = 0)$ übergehen, die also der Gleichung gehorchen

$$(17) \qquad \begin{cases} 2\,p_1 - m\,s\,, \\ 2\,p_2 - m\,s\,, \end{cases} \qquad (m = 3,\ 4,\ \ldots)$$

bilden eine II. (oder scharfe) Nebenserie mit konstantem Dublettabstande, nämlich dem Abstande des ersten Dubletts der Hauptserie (15). Endlich haben wir auch Linien, die ebenfalls von L_{II} und L_{III} $(l = 1)$ ausgehen und auf den d-Termen $(l = 2)$ endigen:

$$(18) \qquad \begin{cases} 2\,p_1 - m\,d_1\,, \\ 2\,p_2 - m\,d_1\,, \\ 2\,p_2 - m\,d_2\,. \end{cases} \qquad (m = 3,\ 4,\ \ldots)$$

Die vierte Liniengruppe $2\,p_1 - m\,d_2$ fällt aus, weil sie einem Übergang $\Delta\,j = 2$ entsprechen würde. Demgemäß sind — wiederum genau so wie bei den Alkalien — die Linien der I. (diffusen) Nebenserie im Groben Dubletts: Der Abstand ist so groß wie bei den Dubletts der II. Nebenserie; genauer sind sie aber zu Tripletts verstümmelte Quartetts. Der Leser vergleiche etwa die Ausführungen in Nr. 24 über die I. Nebenserie der Alkalien, insbesondere auch die Erläuterungen zu Fig. 35. Die der Bergmann-Serie entsprechenden Übergangslinien haben wir in Fig. 62 nicht eingetragen, um sie nicht noch mehr zu komplizieren.

Man erkennt jedenfalls, daß die Struktur der Röntgenserien eine vollkommen befriedigende Darstellung gefunden hat.

Es ist demgemäß selbstverständlich, daß wir zur quantitativen Bestimmung der Dublettstruktur auch nur dieselben Gedanken anzuwenden brauchen, die zur Deutung der Feinstruktur des Wasserstoffs und der Alkalien sich als fruchtbar erwiesen haben, nämlich Relativitätsmechanik und Spinwirkung. Für die Energie einer durch die Quantenzahlen n, l, j festgelegten Bahn werden wir daher im wesentlichen die Gleichung (70) des IV. Kapitels auf pag. 162

$$(19) \qquad \frac{1}{c}\,U_{n,l,j} = -\frac{R\,h\,Z^2}{n^2} - \frac{R\,h\,\alpha^2 Z^4}{n^3}\left(\frac{1}{j+\frac{1}{2}} - \frac{3}{4\,n}\right)$$

anzuwenden haben, jedoch mit zwei wichtigen Änderungen: An Stelle von Z tritt erstens natürlich eine „effektive" Kernladungszahl, und zweitens ist diese in den beiden Gliedern der Gleichung (19) verschieden anzusetzen. Während ersteres nach dem Vorhergehenden selbstverständlich ist, bedarf das Letztere einer Erläuterung. Für das 1. Glied, das den Hauptanteil der Energie darstellt, wird der ganze Bahnverlauf in den inneren und äußeren Teilen der Elektronenhülle von Einfluß sein; auf das 2. Glied dagegen, in dem die Massenveränderlichkeit der Elektronen und die Spinwirkung eine Rolle spielen, wird der innere Teil der Bahn, d. h. der Bahn mit der größten Geschwindigkeit, den Haupteinfluß haben. Wir setzen daher statt (19) an[1]):

$$(20)\quad \frac{1}{c} U_{n,l,j} = + \frac{R h (Z - s_{n l})^2}{n^2} + \frac{R h \alpha^2}{n^3} (Z - \sigma_{n l j})^4 \left(\frac{1}{j + \frac{1}{2}} - \frac{3}{4n}\right);$$

s und σ sind die beiden „Abschirmungszahlen", denen wir noch die Quantenzahlen, von denen sie abhängen, als Indizes beigefügt haben; daß s von n und l, dagegen σ von n, l und j abhängt, ist nur eine andere Formulierung dessen, was wir oben mit Worten gesagt haben. Wir wollen diese Formel[2]) jetzt auf die Röntgendubletts anwenden. Diese entstehen nach dem Vorhergehenden (Fig. 61) dadurch, daß die Anfangs- oder Endniveaus sich nur in der Quantenzahl j um ± 1 unterscheiden, während n und l unverändert sind. Z. B. entsteht das erste Dublett der K-Serie durch die Energiedifferenz von L_{II} und L_{III}, mit $n = 1$, $l = 1$, $\Delta j = 1$, und die gleiche Aufspaltung haben nach dem früheren die Glieder der I. und II. Nebenserie (sogenannte „L-Dubletts"). Aus Gleichung (20) erhält man für die Wellenzahldifferenz der Dubletts zunächst die allgemeine Formel:

$$\Delta \tilde{\nu} = \frac{1}{c} \frac{\Delta U}{h} = \frac{R \alpha^2}{n^3} (Z - \bar{\sigma})^4 \frac{1}{(j + \frac{1}{2})(j + \frac{3}{2})}.$$

Dabei haben wir einen Mittelwert $\bar{\sigma}$ statt der beiden eigentlich verschieden zu nehmenden Werte $\sigma_{n,l,j}$ und $\sigma_{n,l,j+1}$ eingesetzt. Da $j = l - \frac{1}{2}$ zu nehmen ist, kann man diese Gleichung schreiben:

$$(21)\quad \Delta \tilde{\nu} = \frac{R \alpha^2 (Z - \bar{\sigma})^4}{n^3} \frac{1}{l(l+1)}.$$

Für den eben betrachteten Fall der „L-Dubletts" ($n = 2$ und $l = 1$) folgt daraus:

$$(22)\quad \Delta \tilde{\nu}_L = \frac{R \alpha^2}{2^4} (Z - \bar{\sigma})^4.$$

[1]) Der Übergang zum Pluszeichen auf der rechten Seite rechtfertigt sich durch die Normierung des Grundzustandes der Energie.

[2]) Das 2. Glied in (20) ist, wie man sich erinnert, der Anfang einer Reihenentwicklung (vgl. pag. 95). Für Zwecke der Röntgenspektroskopie muß man, um vollen Anschluß an die Erfahrung zu gewinnen, noch einige Glieder der Entwicklung hinzunehmen. Im Text wollen wir das nicht tun, da es uns mehr auf das Prinzipielle ankommt.

Vergleicht man damit die Aufspaltung $\Delta\tilde{\nu}_H$ des Balmer-Terms, den man der Gleichung (72) des IV. Kapitels auf pag. 162 (mit $Z = 1$) entnehmen kann, so findet man:

$$\Delta\tilde{\nu}_L = \Delta\tilde{\nu}_H (Z - \sigma)^4. \tag{23}$$

Es hat sich gezeigt, daß die Formeln (23) oder (22) für die L-Dubletts, ebenso wie die allgemeine Formel (21), die numerischen Werte der Aufspaltung der Röntgendubletts wirklich wiedergeben, wenn man σ geeignet bestimmt. Man kann z. B. die letzte Form (23) der Gleichung prüfen, indem man aus Messungen an Röntgendubletts die Wasserstoffaufspaltung $\Delta\tilde{\nu}_H = 0{,}3636\ \mathrm{cm}^{-1}$ rückwärts berechnet:

$$\frac{\Delta\tilde{\nu}_H}{R} = \frac{\Delta\tilde{\nu}_L}{R}\,\frac{1}{(Z-\sigma)^4}.$$

Diese Gleichung ist mit Rücksicht auf die Anlage der folgenden Tabelle auf beiden Seiten mit $R = 109679\ \mathrm{cm}^{-1}$ durchdividiert; $\frac{\Delta\tilde{\nu}_H}{R} = \frac{0{,}3636}{R}$ hat demgemäß den Wert $0{,}323 \cdot 10^{-5}$.

Element	$\frac{\Delta\tilde{\nu}_L}{R}$	$\frac{\Delta\tilde{\nu}_H}{R}\,10^5$ nach Gleichung (23) ber. mit $\sigma = 3{,}5$
20 Ca	0,26	0,350
25 Mn	0,82	0,380
30 Zn	1,70	0,345
35 Br	3,39	0,344
40 Zr	6,11	0,344
45 Rh	10,53	0,355
50 Sn	16,83	0,360
55 Cs	25,69	0,365
60 Nd	37,93	0,372
65 Tb	54,27	0,379
70 Yb	76,07	0,389
75 Re	104,97	0,402
80 Hg	141,18	0,412
90 Th	249,93	0,446

Die beiden ersten Spalten der Tabelle sind ohne weiteres verständlich; die letzte sollte den Wert 0,323 liefern (bei geeigneter Wahl von σ). Man sieht zunächst, daß jedenfalls die Größenordnung richtig getroffen ist; anderseits ist ein merklicher Gang vorhanden von 0,35 bis 0,45, während allerdings die Größen $\Delta\left(\frac{\tilde{\nu}_L}{R}\right)$ von 0,26 bis 250, d. h. im Verhältnis 1 : 1000 wachsen. Dieser Gang verschwindet vollkommen, wenn wir statt (20) die genauere Formel zugrunde legen, auf die in Anmerkung 2 pag. 227 angespielt wurde. Rechnet man daher mit Hilfe dieser Formel umgekehrt den Wert σ aus, so erhält man praktisch vollkommene Konstanz von σ, wie die folgende Tabelle zeigt, die ein kleiner Auszug aus einer umfangreichen Tafel ist; die Konstanz von σ ist nur ein anderer Ausdruck für die Richtigkeit der erweiterten Gleichung (23).

Element	$\bar{\sigma}$	Element	$\bar{\sigma}$
45 Rh	3,46	65 Tb	3,51
50 Sn	3,50	70 Yb	3,50
55 Cs	3,52	90 Th	3,43
60 Nd	3,55	92 U	3,49

Noch in einer anderen, anschaulicheren, Weise läßt sich die Gültigkeit von (21) bis (23) zeigen; es soll ja danach $\sqrt[4]{\frac{\Delta \tilde{\nu}_L}{R}}$ eine lineare Funktion von Z, und wenn die Rechnung genauer geführt wird, wenigstens eine

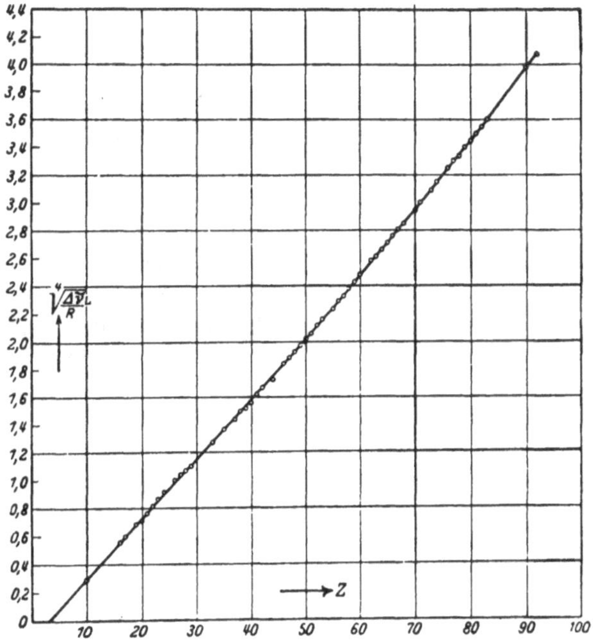

Fig. 63.

sehr annähernd lineare Funktion von Z sein. Fig. 63 zeigt in der Tat dieses Verhalten für das L-Dublett mit großer Genauigkeit. Ebenso gut ist die Bestätigung der Formel (21) für die M- und N-Dubletts; für die ersteren hat man in (21) $n = 3$, $l = 1$ oder $l = 2$ zu setzen (es gibt also zwei Arten M-Dubletts); bei den N-Dubletts ist $n = 4$, während l die Werte 1, 2 oder 3 annehmen kann (drei verschiedene N-Dubletts). Wir gehen hierauf indessen nicht näher ein, sondern verweisen den Leser etwa auf Manne Siegbahn, Spektroskopie der Röntgenstrahlen, 2. Aufl., oder auf Sommerfeld, Atombau und Spektrallinien, 5. Aufl.

Damit sind die in Emission auftretenden Dubletts auch numerisch erklärt; man nennt sie „reguläre“ oder „Spin-Dubletts“; der letztere Name kommt daher, daß der Elektronenspin die wesentliche Grundlage der Deutung bildet; früher nannte man sie auch wohl „Relativitätsdubletts"; den Grund für diese Bezeichnung werden wir am Schluß dieser Nummer kennenlernen.

Außer diesen „regulären" Dubletts gibt es — zwar nicht in Emission, aber in Absorption — andere Dubletts, die sogenannten „irregulären". Während z. B. das reguläre L-Dublett durch die Wellenzahldifferenz von L_{II} und L_{III} erzeugt wird, kann man die Absorptionsbandkanten L_I und L_{II} zusammenfassen und als ein Dublett betrachten; dieses folgt aber einem ganz anderen Gesetze. Man erkennt das am besten, wenn man für die drei L-Niveaus ein Moseley-Diagramm anlegt, d. h. $\sqrt{\frac{\tilde{\nu}}{R}}$ als Funktion der Ordnungszahl Z aufträgt (Fig. 64). Während die vertikalen Abstände der Geraden für L_{II} und L_{III} mit wachsendem Z zunehmen — eine Folge der Gleichung (21) natürlich — ist die Ordinatendifferenz der L_I- und L_{II}-Geraden unabhängig von Z, d. h. konstant, wie das Diagramm 64 deutlich zeigt. Genau das gleiche ergibt sich für die entsprechende Differenz der Moseley-Geraden für M_I und M_{II}, M_{III} und M_{IV}, N_I und N_{II}, N_{III} und N_{IV}, N_V und N_{VI} usw.[1]). Dieses Verhalten heißt analytisch offenbar, daß

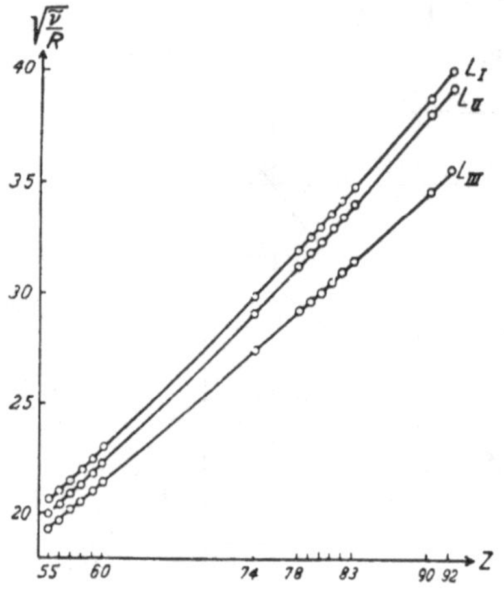

Fig. 64.

$$\Delta \sqrt{\frac{\tilde{\nu}}{R}} = \text{Const.}$$

ist; in dieser Form hat G. Hertz[2]), der Entdecker der irregulären Dubletts, sein Ergebnis auch formuliert. Auch dafür muß die Erklärung in unserer allgemeinen Gleichung (20) enthalten sein. In der Tat: nach unserem Niveauschema Fig. 61 sind die obengenannten Niveaus, die zu irregulären Dubletts zusammengefaßt werden, durch gleiche Werte von n und j, aber um 1 verschiedenes l bestimmt; z. B. haben L_I und L_{II} die gemeinsamen Quantenzahlen $n = 2$, $j = \frac{1}{2}$, während l die Werte 0 und 1 annimmt. Während Gleichung (20) für die regulären Dubletts auf zwei Zustände angewendet wurde, für die n und l identisch, $\Delta j = \pm 1$ war, haben wir sie jetzt auf den Fall von gleichem n und j, aber verschiedenem l anzuwenden.

[1]) Allgemein werden bei den irregulären Dubletts zwei Niveaus zusammengefaßt, deren erstes einen ungeraden Index hat; bei den regulären ist es gerade umgekehrt. Im Niveauschema der Fig. 61 wechseln daher irreguläre und reguläre Dubletts gleichmäßig miteinander ab.

[2]) G. Hertz, Zs. f. Phys. 3, pag. 19; 1920.

Zunächst folgt, wenn wir uns auf das Hauptglied beschränken und zur Wellenzahl übergehen, unter gleichzeitigem Wurzelziehen:

$$\sqrt{\frac{\tilde{\nu}}{R}} = \frac{Z - s_{n\,l}}{n} \tag{24}$$

und durch Differenzbildung:

$$\Delta\sqrt{\frac{\tilde{\nu}}{R}} = \frac{s_{n,\,l+1} - s_{n,\,l}}{n} = \text{Const.}, \tag{25}$$

und das ist das Hertzsche Gesetz der irregulären Dubletts. Da es dabei auf die Differenz der Abschirmungskonstanten $s_{n,\,l}$ ankommt, nennt man diese Dubletts wohl auch „Abschirmungsdubletts".

Damit haben wir die Erklärung der Röntgendubletts vollendet, und es bleibt nur übrig, eine historische Bemerkung zu machen.

Daß Dubletts bei den Röntgenspektren vorliegen, hat zuerst Sommerfeld erkannt, und er hat auch bereits versucht, seine relativistische Theorie der Wasserstoff-Feinstruktur auf diese Röntgendubletts anzuwenden, — scheinbar mit dem besten Erfolge. Er charakterisierte die Energie der Röntgenniveaus durch zwei Quantenzahlen n und k — von der Quantenzahl j wußte man damals noch nichts — und wendete demgemäß die relativistische Formel (64) des III. Kapitels auf pag. 95 an (hier wieder mit dem Pluszeichen!):

$$\frac{1}{c}\,U_{n,\,k} = \frac{R\,h\,Z^2}{n^2} + \frac{R\,h\,\alpha^2\,Z^4}{n^3}\left(\frac{1}{k} - \frac{3}{4\,n}\right),$$

wobei er — aus den schon erörterten Gründen — nur Z im ersten und zweiten Gliede durch $(Z - s_n)$ bzw. $(Z - \sigma_{n\,k})$ zu ersetzen hatte:

$$\frac{1}{c}\,U_{n,\,k} = \frac{R\,h\,(Z - s_n)^2}{n^2} + \frac{R\,h\,\alpha^2\,(Z - \sigma_{n\,k})^2}{n^3}\left(\frac{1}{k} - \frac{3}{4\,n}\right). \tag{26}$$

Diese Formel ist anzuwenden auf den Fall zweier Niveaus von gleichem n, aber um 1 verschiedenem k; für die Wellenzahldifferenz zweier solcher Niveaus folgt also aus (26):

$$\frac{\Delta\,\tilde{\nu}}{R} = \frac{\alpha^2}{n^3}(Z - \bar{\sigma})^4\left(\frac{1}{k-1} - \frac{1}{k}\right) = \frac{\alpha^2\,(Z - \bar{\sigma})^4}{n^3}\,\frac{1}{k\,(k-1)}. \tag{27}$$

Dabei ist mit $\bar{\sigma}$ wieder ein Mittelwert bezeichnet. Führt man hier für $k - 1$ die Bezeichnung l ein, so kann man diese Gleichung auch schreiben:

$$\frac{\Delta\,\tilde{\nu}}{R} = \frac{\alpha^2\,(Z - \bar{\sigma})^4}{n^3}\,\frac{1}{l\,(l+1)}, \tag{28}$$

und diese ist vollkommen identisch mit unserer Gleichung (21)! Sommerfelds Theorie gelang also eine zahlenmäßige Darstellung der regulären Dubletts — die irregulären waren damals noch nicht bekannt —, die eben deshalb auch „Relativitätsdubletts" genannt werden. Dennoch mußte diese anscheinend so glänzend bestätigte Theorie verworfen werden. Denn nach ihr dürfte es nur zwei L-Niveaus, drei M-Niveaus usw. geben, im Gegensatz zu den Tatsachen: Die Untersuchung der Absorptionsbandkanten zeigt unwiderleglich, daß es drei L-, fünf M-, . . .-Niveaus gibt, die man auch zur Systematik der Röntgenspektren unbedingt notwendig hat.

Während also zuerst Sommerfelds Theorie der Röntgendubletts gleichzeitig eine glänzende Bestätigung seiner Auffassung der Wasserstoff-Feinstruktur zu sein schien, zwang — neben anderen im III. Kapitel geschilderten Ursachen — die wachsende Kenntnis der Röntgenspektren zur Revision des ganzen Gedankenganges: wir haben in diesem und im vorhergehenden Kapitel gezeigt, wie die Schwierigkeiten erst durch Einführung des Elektronenspins wirklich beseitigt werden konnten. Das mindert das historische Verdienst der Sommerfeldschen Theorie nicht im geringsten; daß sie überholt wurde, ist ein Geschick, von dem bisher noch keine Theorie verschont blieb.

34. Moseleysches Gesetz und Dubletts bei den optischen Termen.

Die außerordentliche Einfachheit der Gesetze der Röntgenspektren, die sich so eindrucksvoll in den Moseleyschen Diagrammen dokumentiert, rührt davon her, daß die betrachteten Vorgänge sich im Innern des Atoms abspielen, bei im wesentlichen ungeänderter äußerer Elektronenkonfiguration. Je näher dem Kern, um so genauer gelten die einfachen Beziehungen. So z. B. sind die Kurven für die K-Grenzen im Moseley-Diagramm in viel höherem Maße Geraden, als dies für die L- oder M-Grenzen der Fall ist, die (worauf wir allerdings nicht eingegangen sind) vielfache Unregelmäßigkeiten aufweisen. Bei den optischen Spektren kann das alles im allgemeinen nicht zutreffen, weil es sich dabei um Vorgänge an der Peripherie des Atoms handelt.

Dennoch ist es möglich, die Gesetzmäßigkeiten der Röntgenspektren unter gewissen Bedingungen auch bei den optischen Termen wiederzufinden. Wenn wir z. B. die „alkaliähnliche" Reihe Na, Mg^+, Al^{++}, Si^{+++}, P^{++++}, S^{+++++} betrachten, so haben diese Stoffe gleiche Konfiguration und gleiche Elektronenzahl (11); das einzige, was sich ändert, wenn man in dieser Reihenfolge voranschreitet, ist die Kernladungszahl, die von 11 bis 16 wächst. Hier bleibt wirklich die ganze Konfiguration ungeändert, und es liegt daher nahe, zu versuchen, ob die einfachen Gesetz der Röntgenspektren für eine solche Reihe gelten. Wir wollen zeigen, daß diese Überlegung wirklich zutrifft. Wir vergleichen etwa die Grundterme der Spektren; das sind, wie bekannt, die $(1s)$-Terme. Wir haben also die zugehörigen Werte $\sqrt{\frac{\tilde{\nu}}{R}}$ als Funktion der Kernladungszahl Z aufzufassen. Ferner tragen wir in der gleichen Weise $\sqrt{\frac{\tilde{\nu}}{R}}$ für die $(2p)$-Niveaus auf; diese sind zwar doppelt, aber die Wellenzahldifferenz ist so gering, daß wir sie in einer Zeichnung von normalen Dimensionen nicht zum Ausdruck bringen können. Die wahren Quantenzahlen sowohl für das $(1s)$-Niveau wie auch für die beiden $(2p)$-Niveaus sind bei Na und der ganzen Reihe

$n = 3$, da die beiden ersten Schalen ganz besetzt sind. Die Niveaus ($1\,s$) und ($2\,p_1$) haben also gleiche Hauptquantenzahl ($n = 3$), gleiche innere Quantenzahl ($j = \frac{1}{2}$), aber verschiedene Azimutalquantenzahlen ($l = 0$ und $l = 1$). Wir können noch die beiden ($3\,d$)-Niveaus hinzufügen, deren Aufspaltung noch geringer und zum Teil noch nicht bekannt ist; für diese Niveaus sind die Quantenzahlen $n = 3$, $l = 2$, $j = \frac{3}{2}$ bzw. $\frac{5}{2}$. Nach den Beobachtungen der verschiedensten Forscher sind die $\tilde{\nu}$-Werte in der folgenden Tabelle enthalten. Das mit diesen Zahlen berechnete

	($1\,s$)	($2\,p$)[1]	($3\,d$)[1]
Na	45448	24480	12274
Mg^+	121267	85550	49774
Al^{++}	229454	175656	113498
S^{+++}	364117	292607	203705
P^{++++}	524491	435445	320295
S^{+++++}	710264	603765	462836

Moseley-Diagramm zeigt Fig. 65. Man erkennt, daß alle drei Kurven nahezu gerade Linien sind, wie wir es von den Röntgenspektren her gewohnt sind. Die drei Geraden repräsentieren wegen des praktischen Zusammenfallens von p_1 und p_2 bzw. d_1 und d_2 bei dem Maßstabe der Zeichnung fünf Niveaus, die wir den fünf M-Niveaus an die Seite stellen können:

($1\,s$) entspricht M_{I},
($2\,p_1$) „ M_{II},
($2\,p_2$) „ M_{III},
($3\,d_1$) „ M_{IV},
($3\,d_2$) „ M_{V}.

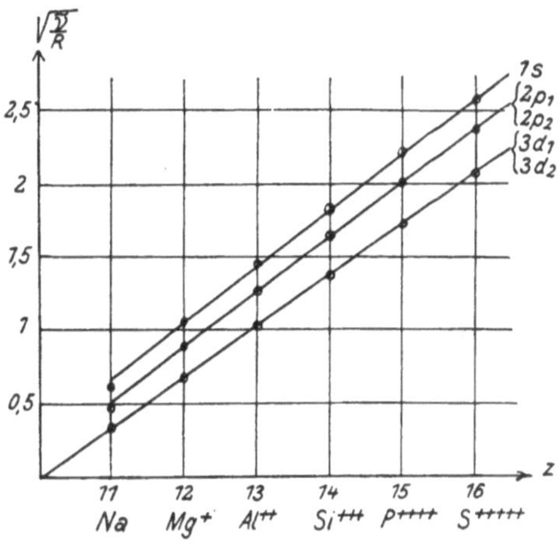

Fig. 65.

Achten wir nun auf die vertikalen Abstände der drei Geraden, so finden wir, daß dieselben für je zwei Geraden konstant sind: Das aber ist das Gesetz der irregulären Dubletts. In der Tat haben ($1\,s$) und ($2\,p_1$), ferner ($2p_2$) und ($3\,d_1$) gleiche Hauptquantenzahlen ($n = 3$), gleiche innere Quantenzahlen ($j = \frac{1}{2}$ für das erste, $j = \frac{3}{2}$ für das zweite Dublett), während die Werte von l sich um je eine Einheit unterscheiden. Es sind also wirklich die gleichen Quantenzahlen, wie wir sie bei den fünf M-Niveaus haben; kurz: der Parallelismus ist vollständig.

[1]) Diese Zahlen sind die Mittel aus ($2\,p_1$) und ($2\,p_2$) bzw. ($3\,d_1$) und ($3\,d_2$) (wo letztere bekannt sind); die genauen Werte für ($2\,p_1$) und ($2\,p_2$) werden in der folgenden Tabelle angegeben.

In Ergänzung dieses Nachweises müssen wir nun freilich noch zeigen, daß die Niveaus $(2\,p_1)$ und $(2\,p_2)$ sowie $(3\,d_1)$ und $(3\,d_2)$ den Charakter eines regulären Dubletts tragen; denn bei beiden ist n und l identisch, j dagegen um eine Einheit unterschieden. In der Tat läßt sich dieser Nachweis für die beiden p-Niveaus erbringen, da deren Wellenzahlen genau bekannt sind; bei den d-Niveaus ist das leider noch nicht der Fall. In Ergänzung der vorstehenden Tabelle teilen wir in der nachfolgenden die Wellenzahlen für die beiden p-Niveaus und die Dublettaufspaltung $\Delta\,\tilde{\nu}_p$ mit; ferner auch noch den Ausdruck $\sqrt[4]{\Delta\,\tilde{\nu}_p}$, den wir später benutzen werden.

	$(2\,p_1)$	$(2\,p_2)$	$\Delta\,\tilde{\nu}_p$	$\sqrt[4]{\Delta\,\tilde{\nu}_p}$
Na	24472	24489	17	2,037
Mg^+	85504	85596	92	3,101
Al^{++}	175536	175774	238	3,928
Si^{+++}	292377	292837	460	4,631
P^{++++}	435047	435842	795	5,308
S^{+++++}	603131	604398	1267	5,966

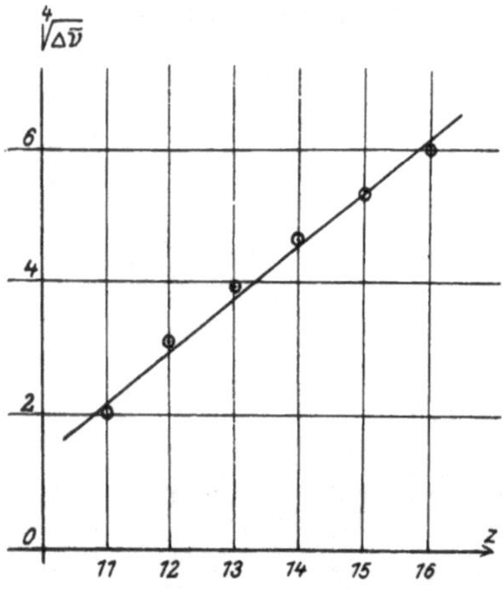

Fig. 66.

Man erkennt an den Zahlen für $(2\,p_1)$ und $(2\,p_2)$, daß man die Zeichnung in einem riesigen Maßstabe anlegen müßte, um eine Unterscheidung zwischen den Moseley-Geraden für beide Niveaus erkennbar zu machen. Wir müssen daher einen anderen Weg einschlagen, um zu zeigen, daß sie ein reguläres Dublett bilden. Für ein solches muß nach (21) $\sqrt[4]{\Delta\,\tilde{\nu}_p}$ eine lineare Funktion der Kernladungszahl sein. Trägt man die Werte aus der letzten Spalte der Tabelle gegen Z auf, so erhält man das Bild der Fig. 66, aus dem man sieht, daß tatsächlich ein reguläres Dublett vorliegt.

Wir begnügen uns mit diesen Hinweisen, die an zahlreichen Beispielen erhärtet werden können, wie vor allem Millikan und Bowen gezeigt haben. Wir verweisen den Leser etwa auf Millikans eigene Darstellung[1]).

[1]) Millikan, Electrons, Protons, Photons, Neutrons and cosmic rays. Chicago 1935, pag. 282ff.

Sechstes Kapitel.

Grundlagen der Wellenmechanik.

35. Leistungen und Schwächen des Bohrschen Atommodells.

Die vorhergehenden Kapitel II bis V waren der systematischen Schilderung der Entwicklung des Bohrschen Atommodells und seiner Leistungen gewidmet; es wurde an den geeigneten Stellen auch darauf hingewiesen, wo Lücken oder Widersprüche vorhanden sind. Wir stellen im folgenden noch einmal in Kürze die positiven und negativen Seiten des Modells zusammen.

1. Das Bohrsche Atommodell genügt den Forderungen, die aus den Versuchen Lenards (Leere des Atoms) und Rutherfords (einheitlicher positiver Kern) folgen.

2. In Verbindung mit der Bohrschen Ausstrahlungshypothese liefert das Modell zunächst ein grundsätzliches Verständnis für das Zustandekommen der Linienspektren überhaupt, überdies vollkommene quantitative Beherrschung des Wasserstoffspektrums bzw. aller Einelektronensysteme, sofern zunächst noch von der Feinstruktur abgesehen wird.

3. Es erklärt den Stark-Effekt und den normalen Zeeman-Effekt ohne weitere Zusatzhypothesen. Bis zu diesem Punkt kommt das Modell mit drei Quantenzahlen aus: der Hauptquantenzahl n, der azimutalen Quantenzahl $k\,(1 \leqq k \leqq n)$, der magnetischen Quantenzahl $m\,(-k \leqq m \leqq +k)$.

4. Die Feinstruktur der wasserstoffähnlichen Spektren, die Multiplettstruktur der übrigen Spektren, die sogenannten anomalen Zeeman-Effekte verlangen die Einführung des um eine Achse rotierenden Elektrons (Elektronenspin) und damit die Hinzufügung einer vierten Quantenzahl, der Spinquantenzahl s. Damit werden auch die Versuche von Stern-Gerlach, Einstein-de Haas usw. erklärt.

5. Auf dieser Grundlage gelingt gleichfalls die modellmäßige Deutung der Bandenspektren.

6. Auch das Problem der Röntgenspektren kann geklärt werden.

7. Schließlich ermöglicht das Bohrsche Atommodell — in Verbindung mit dem Pauli-Prinzip — ein Verständnis für den Aufbau des periodischen Systems und liefert damit auch eine Deutungsmöglichkeit für die periodischen und nichtperiodischen Eigenschaften der chemischen Elemente; jene sind an der Peripherie, diese im Innern des Atoms lokalisiert.

Das sind in jedem Falle gewaltige Leistungen, die noch dazu in kaum einem Vierteljahrhundert erzielt wurden. Aber sie dürfen nicht blind dagegen machen, daß dennoch der ganze theoretische Aufbau nicht befriedigend und vor allem nicht widerspruchsfrei ist:

1. Zunächst sind die Quantenbedingungen an sich unverständlich. Selbst wenn man diesen Punkt nicht urgiert — man könnte etwa sagen, daß das Trägheitsgesetz ebensowenig „verständlich" sei —, so ist doch in jedem Falle die Verbindung von klassischer Mechanik und Quantentheorie mehr als seltsam: Es wird zunächst das mechanische Problem gelöst, und dann werden aus der Mannigfaltigkeit der mechanischen Bahnen ganz bestimmte durch die Quantenbedingungen ausgewählt. Das heißt, die Quantenbedingungen sind der klassischen Mechanik einfach aufgepfropft, ohne daß eine organische Verschmelzung vorläge.

2. Von den inneren Widersprüchen des Modells seien die beiden folgenden erwähnt: Nach dem Modell ist k die Quantenzahl, die den Bahnimpuls mißt; die Experimente verlangen aber, daß man $l = k - 1$ dafür substituiert; damit aber läßt man einen inneren Widerspruch zu. Ferner ergibt eine Berechnung der maximalen Umfangsgeschwindigkeit des rotierenden Elektrons, die zur Erzeugung der Größe des Spinimpulses notwendig ist, daß sie etwa gleich dem 300fachen Werte der Lichtgeschwindigkeit sein müßte, im Widerspruch zur Relativitätstheorie, nach der die Lichtgeschwindigkeit nur asymptotisch erreicht, aber niemals überschritten werden kann.

3. Es kommt hinzu, daß die vom Modell gelieferten Gleichungen die Erscheinungen der Feinstruktur der wasserstoffähnlichen Spektren, der Multiplettstruktur der anomalen Zeeman-Effekte, der Bandenspektren nicht quantitativ wiederzugeben vermögen. Wir haben an verschiedenen Stellen darauf hingewiesen, daß statt der von der Theorie gelieferten Quadrate von Quantenzahlen (z. B. j^2) die Tatsachen das Produkt $j\,(j + 1)$ verlangen; nur im Falle großer Quantenzahlen sind diese Ausdrücke einander asymptotisch gleich. Wir haben im vorhergehenden Übereinstimmung von Theorie und Beobachtung nur dadurch erzielen können, daß wir diese Ersetzung von $j^2 \ldots$ durch $j\,(j + 1) \ldots$ — entgegen der Forderung des Modells — tatsächlich vorgenommen haben.

4. Schließlich kommt noch ein direkter Mißerfolg hinzu, den wir bisher nicht erwähnt haben. Alle Mehrelektronensysteme können natürlich nur näherungsweise berechnet werden, da das Mehrkörperproblem nicht streng gelöst ist. Immerhin besitzt die Physik in der sogenannten „Störungsrechnung" Methoden, die sich am gestirnten Himmel in der glänzendsten Weise bewährt haben. Man hätte daher erwarten dürfen, daß wenigstens in relativ einfachen Fällen, z. B. bei dem Problem des neutralen Heliums (Dreikörperproblem), die angenäherte Rechnung ein ebenso günstiges Resultat ergeben hätte. Dies ist jedoch durchaus nicht der Fall. Welche Annahme man auch über die Elektronenbahnen im Helium macht, sowohl das ebene Modell (beide Elektronen an den

Enden eines Bahndurchmessers), wie das räumliche Modell führen zu falschen Werten für die Ionisierungsspannung, die 24,6 Volt beträgt. Das ebene Modell führt auf einen zu großen Wert (28,75 Volt), das räumliche auf einen zu kleinen (20,63 Volt). Auch die Berechnung angeregter Zustände des Heliumatoms führt zu einem Versagen.

Es kann danach kein Zweifel daran sein, daß das Bohrsche Atommodell verlassen werden muß; eine Wissenschaft, die zögerte, diese Folgerung zu ziehen, indem sie sich auf die gewaltigen Leistungen des Modells beriefe, verdiente ihren Namen nicht mehr. Natürlich beweist die Tatsache dieser Leistungen, daß dem Bohrschen Atommodell trotz allem ein erheblicher Wahrheitsgehalt zukommt — und darin liegt sein dauernder Wert.

Die wissenschaftliche Entwicklung über das Bohrsche Modell hinaus knüpft an die Namen de Broglie, Heisenberg, Schrödinger, Dirac an; wir setzen zunächst de Broglies Gedankengang auseinander.

36. Die Hamiltonsche Analogie zwischen geometrischer Optik und klassischer Dynamik.

Hamilton[1]) hat bereits im Jahre 1824 einen merkwürdigen Zusammenhang zwischen geometrischer oder Strahlenoptik und klassischer Mechanik aufgefunden, den wir in Bd. III_1, pag. 582ff. besprochen haben; damit der Leser alles Notwendige hier zusammen habe, ziehen wir die Wiederholung einer Verweisung vor.

Die Phase Θ einer Lichtwelle kann in die Form gebracht werden[2]):

$$\Theta = -2\pi\nu\left(t - \frac{\varphi(x\,y\,z)}{c}\right), \tag{1}$$

wo ν die Schwingungszahl ist und die Gleichung $\varphi(x\,y\,z) = \text{Const.}$ die sogenannte „Wellenfläche" darstellt; bei Gültigkeit der geometrischen Optik, d. h. bei sehr kleinen Wellenlängen, besteht für die Funktion $\varphi(x\,y\,z)$, die dann als „Eikonal" bezeichnet wird, die Gleichung (N Brechungsquotient):

$$\left(\frac{\partial\varphi}{\partial x}\right)^2 + \left(\frac{\partial\varphi}{\partial y}\right)^2 + \left(\frac{\partial\varphi}{\partial z}\right)^2 = N^2, \tag{2}$$

oder, wenn $ds = \sqrt{dx^2 + dy^2 + dz^2}$ ein Wegelement senkrecht zur Wellenfläche, d. h. ein Längenelement des „Strahls" ist.

$$|\text{grad}\,\varphi| = \frac{\partial\varphi}{\partial s} = N, \tag{3}$$

welche beiden Gleichungen man als „Eikonalgleichung" bezeichnet. Aus (1) und (3) folgen die Beziehungen:

$$\frac{\partial\Theta}{\partial t} = -2\pi\nu, \tag{4a}$$

$$\frac{\partial\Theta}{\partial s} = \frac{2\pi\nu}{c}\frac{\partial\varphi}{\partial s} = \frac{2\pi\nu}{c}N. \tag{4b}$$

[1]) W. R. Hamilton, Transactions Roy. Irish Acad. **15**, pag. 69, 1828; **16**, pag. 4 u. 93, 1830; **17**, pag. 1, 1837; vgl. auch Hamilton, Math. Papers I, pag. 484ff.

[2]) Das Minuszeichen der rechten Seite ist aus Bequemlichkeitsgründen hinzugeführt und gänzlich irrelevant.

Vergleichen wir damit folgende Formeln der Hamiltonschen Theorie der Dynamik:

$$\frac{\partial S}{\partial t} = - U\,, \tag{5a}$$

$$|\operatorname{grad} S| = \frac{\partial S}{\partial s} = m_0\, v\,, \tag{5b}$$

wo S die Hamiltonsche Prinzipalfunktion oder Wirkungsfunktion, U die Energie des Massenpunktes, m_0 seine Masse, v seine Geschwindigkeit bedeutet. Man sieht, daß die Gleichungen (4) und (5) sich paarweise in ihrer Form entsprechen, so daß man, indem man jedem mechanischen Problem (5) ein optisches Problem (4) zuordnet, S und Θ einander proportional setzen kann:

$$S = \frac{h}{2\pi}\,\Theta\,, \tag{6}$$

wo $\frac{h}{2\pi}$ eine beliebige Konstante von der Dimension einer Wirkung (Energie × Zeit) sein muß, um Dimensionsgleichheit herzustellen. Damit ergeben sich folgende Verknüpfungen mechanischer und optischer Größen:

$$\frac{\partial S}{\partial t} = \frac{h}{2\pi}\,\frac{\partial \Theta}{\partial t} = - h\,\nu = - U\,,$$

$$\frac{\partial S}{\partial s} = \frac{h}{2\pi}\,\frac{\partial \Theta}{\partial s} = \frac{h\,\nu}{c}\,N = m_0\, v\,,$$

d. h.

$$\left\{\begin{aligned} U &= h\,\nu\,,\\ m_0\, v &= \frac{h\,\nu\, N}{c} = \frac{U}{c}\,N\,. \end{aligned}\right. \tag{7}$$

Die zweite Gleichung (7) wollen wir noch etwas umformen. Dabei rechnen wir zunächst genau so, wie in Bd. III_1 ohne Berücksichtigung der Relativitätstheorie; später werden wir eine kleine Modifikation vornehmen. Wir verstehen also unter U die Summe der kinetischen (T) und potentiellen Energie (Φ) der Partikel:

$$\frac{m_0}{2}\, v^2 + \Phi = U\,. \tag{8}$$

Nun wollen wir in der zweiten Gleichung (7) den Impuls $m_0\, v$ anders ausdrücken; da nach (8) die kinetische Energie geschrieben werden kann:

$$\frac{m_0^2\, v^2}{2\, m_0} = U - \Phi\,,$$

so folgt für den Impuls:

$$m_0\, v = \sqrt{2\, m_0\,(U - \Phi)}\,, \tag{9}$$

und damit ergibt sich für den Brechungsquotienten N nach der zweiten Gleichung (7):

$$N = \frac{c\, m_0\, v}{U} = \frac{c\sqrt{2\, m_0\,(U - \Phi)}}{U}\,. \tag{10}$$

Wir haben damit folgendes Ergebnis — eben die Hamiltonsche Analogie: „Wenn ein Massenpunkt sich unter dem Einfluß konservativer Kräfte bewegt, die eine potentielle Energie Φ besitzen, so ist seine Bahn identisch mit der eines Lichtstrahles in einem (inhomogenen und dispergierenden) Medium, dessen Brechungsquotient durch (10) bestimmt ist."

Das Medium, in dem die zugeordnete Wellenbewegung vor sich geht, ist, wie wir eben sagten, inhomogen; denn der Brechungsquotient N ist vermöge des Auftretens von $\Phi\,(x\,y\,z)$ im allgemeinen eine Funktion der Raumkoordinaten; das ermöglicht erst einen krummlinigen Strahlenverlauf. Aber das Medium ist auch dispergierend. Denn vermöge der 1. Gleichung (7) ist $U = h\nu$, und wir können den Brechungsindex N deshalb auch schreiben:

$$N = \frac{c\sqrt{2\,m_0\,(h\nu - \Phi)}}{h\nu}\,, \tag{11}$$

d. h. N ist eine bestimmte Funktion der Schwingungszahl ν; darin besteht eben die Aufgabe der 1. Gleichung (7), daß sie eine bestimmte Dispersion des Mediums erzeugt.

Wenn aber das Medium dispergierend ist, so ändert sich die Form der Wellen — wenn es nicht eine rein harmonische ist — während des Fortschreitens, und man hat in bekannter Weise zwischen der Phasengeschwindigkeit u_p und der Gruppengeschwindigkeit u_g zu unterscheiden. Während die erstere die Fortpflanzungsgeschwindigkeit der Phase bestimmt, ist die letztere charakteristisch für die Fortpflanzung einer „Wellengruppe"; es kommt auf dasselbe hinaus, zu sagen, daß sie die Fortpflanzungsgeschwindigkeit eines bestimmten Merkmals der Amplitude, z. B. des Amplitudenmaximums, bestimme. Zwischen beiden Geschwindigkeiten besteht die Rayleighsche Gleichung[1]):

$$u_g = u_P - \lambda\,\frac{d u_P}{d\lambda}\,. \tag{12}$$

In unserem Falle ergibt sich die Phasengeschwindigkeit u_P aus (11), da $N = \frac{c}{u_P}$ ist:

$$u_P = \frac{h\nu}{\sqrt{2\,m_0\,(h\nu - \Phi)}}\,, \tag{13}$$

oder wenn wir, um u_P als Funktion der Wellenlänge auszudrücken, ν durch $\frac{u_P}{\lambda}$ ersetzen:

$$u_P = \frac{\dfrac{h\,u_P}{\lambda}}{\sqrt{2\,m_0\left(\dfrac{h\,u_P}{\lambda} - \Phi\right)}}\,.$$

Daraus folgt u_P in seiner Abhängigkeit von der Wellenlänge:

$$u_P = \frac{\lambda}{h}\,\Phi + \frac{h}{2\,m_0\,\lambda}\,; \tag{14}$$

[1]) Vgl. z. B. Bd. I, pag. 729ff.; Bd. III_1, pag. 748ff.

bildet man damit nach (12) die Gruppengeschwindigkeit u_g, so ergibt sich:

$$u_g = \frac{h}{m_0 \lambda}\,. \tag{15}$$

Wenn wir in dieser Gleichung die Wellenlänge wieder durch $\frac{u_P}{\nu}$ ersetzen und (13) beachten, so folgt schließlich der Wert:

$$u_g = \frac{1}{m_0}\sqrt{2\,m_0\,(h\,\nu - \Phi)} = \frac{1}{m_0}\sqrt{2\,m_0\,(U - \Phi)}\,. \tag{16}$$

Vergleicht man nun diesen Wert von u_g mit dem aus (9) folgenden Wert für die Geschwindigkeit v des Massenpunktes, so findet man, daß sie einander gleich sind: Die Bahngeschwindigkeit der Partikel ist gleich der Gruppengeschwindigkeit der zugeordneten Wellenbewegung:

$$v = u_g\,, \tag{17}$$

und damit kann man gemäß (15) für den Impuls schreiben:

$$m_0\,v = \frac{h}{\lambda}\,, \tag{18}$$

eine Beziehung, die der 1. Gleichung (7) für die Energie an die Seite tritt und die Bestimmung der Wellenlänge λ aus dem Impuls der bewegten Masse erlaubt[1]).

Schließlich kann man noch eine Beziehung zwischen $u_g = v$ und u_p aufstellen, indem man (13) und (16) miteinander multipliziert; das liefert:

$$u_g\,u_P = \frac{h\,\nu}{m_0} = \frac{U}{m_0}\,. \tag{19}$$

Im Vorstehenden sind die Gleichungen angeführt, zu denen die Hamiltonsche Analogie führt. Umgekehrt kann man zeigen, daß, wenn die obigen Gleichungen (7), (10), (17) und (19) bestehen, dann die Bahnen des Lichtstrahles und des materiellen Punktes identisch werden. Zu dem Zwecke erinnern wir uns, daß man die Bahn der Lichtstrahlen durch das sogenannte Fermatsche Prinzip des ausgezeichneten Lichtweges bestimmt:

$$\delta \int_{s_0}^{s_1} N\,ds = 0\,, \tag{20}$$

welches aussagt, daß der wirkliche Lichtweg $\int_{s_0}^{s_1} N\,ds$ zwischen zwei Punkten s_0 und s_1 ein Extremwert ist, wenn man ihn mit Nachbarbahnen von gleichem Anfangs- und Endpunkt vergleicht. Wie wir früher zeigten[2]), enthält (20) die ganze geometrische Optik.

---

[1]) Man macht sich leicht klar, daß diese Wellenlänge aus der 1. Gleichung (7) nicht bestimmt ist, da ν mit λ durch die unbekannte Phasengeschwindigkeit u_P zusammenhängt.

[2]) Bd. III_1, pag. 572ff.

Anderseits ist die ganze Mechanik in dem Hamiltonschen Prinzip der stationären Wirkung enthalten[1])

(21) $$\delta \int_{t_0}^{t_1} (T - \Phi)\, dt = 0 \,,$$

wobei gleichfalls die wirkliche Bahn mit solchen Nachbarbahnen verglichen wird, die zu den Zeiten t_0 und t_1 gleichen Anfangs- und Endpunkt wie die wahre Bahn besitzen. Wir wollen nun die Variationen der Bahn so vornehmen, daß für den Übergang zur variierten Bahn das Energieprinzip gilt:

(22) $$\delta T + \delta \Phi = 0 \,.$$

Führt man $\delta \Phi$ aus (22) in (21) ein, so erhält man:

(23) $$\delta \int_{t_0}^{t_1} 2\, T\, dt = 0 \,.$$

Für einen Massenpunkt kann man dies der Reihe nach schreiben:

$$\delta \int_{t_0}^{t_1} m_0\, v^2\, dt = \delta \int_{t_0}^{t_1} m_0\, v \frac{ds}{dt}\, dt = \delta \int_{s_0}^{s_1} m_0\, v\, ds = 0 \text{ [2])} \,,$$

und diese letzte Form

(24) $$\delta \int_{s_0}^{s_1} m_0\, v\, ds = 0$$

ist es, die man als das Maupertuissche Prinzip der kleinsten Wirkung (im engeren Sinne) bezeichnet[3]). So wie (20) die Lichtbewegung in der geometrischen Optik beherrscht, so (24) die Bewegung eines Massenpunktes. Nun ist es aber in der Tat leicht zu sehen, daß (20) und (24) unter unseren Voraussetzungen identisch werden, wenn wir nämlich die Hamiltonschen Verknüpfungen zwischen mechanischen und optischen Größen als bestehend voraussetzen. Denn es ist $N = \frac{c}{u_p}$, anderseits nach (17) und (19) $m_0\, v = m_0\, u_g = \frac{U}{u_p}$. Wir können also das Fermatsche Prinzip (20) schreiben:

$$\delta \int N\, ds = \delta \int \frac{c}{u_p}\, ds = \delta \int \frac{\text{Const.}}{u_p}\, ds = 0 \,,$$

---

[1]) Bd. I, pag. 227ff.

[2]) Im letzten Ausdruck sind die Zeiten t_0 und t_1 natürlich durch die zu diesen Zeiten eingenommenen Lagen des Massenpunktes zu ersetzen, die man etwa durch die Bogenlängen s_0 und s_1 bestimmen kann.

[3]) Über die Minimalprinzipe der Dynamik und ihr Verhältnis zueinander vergleiche man etwa Schaefer, Prinzipe der Dynamik (1919), pag. 42ff.

und das Maupertuissche (24):

$$\delta \int m_0 v \, ds = \delta \int m_0 u_g \, ds = \delta \int \frac{U}{u_p} ds = \delta \int \frac{\text{Const.}}{u_p} ds = 0 .$$

Tatsächlich sind also Fermatsches und Maupertuissches Prinzip identisch geworden.

Wir wollen nun eine kleine Variante dieser Betrachtung ausführen, bei der alles Wesentliche erhalten bleibt; die entsprechenden Gleichungen werden wir durch den Buchstaben „*a*" aufeinander beziehen. Während wir bisher unter U die gewöhnliche mechanische Energie $T + \Phi$ verstanden haben, wollen wir nunmehr Rücksicht darauf nehmen, daß jede Masse m_0 eine innere Energie vom Betrage $m_0 c^2$ besitzt, wie die Relativitätstheorie gelehrt hat. Wir setzen also, indem wir die gewöhnliche mechanische Energie mit U_0 bezeichnen:

(8a) $$U = \frac{m_0}{2} v^2 + \Phi + m_0 c^2 = U_0 + m_0 c^2 ,$$

und diese Größe U wird dann gemäß der ersten Gleichung (7):

(7a) $$U = U_0 + m_0 c^2 = h \nu .$$

Für den Impuls $m_0 v$ folgt dann aus der zweiten Gleichung (7) statt (9):

(9a) $$m_0 v = \sqrt{2 m_0 (U - m_0 c^2 - \Phi)} = \sqrt{2 m_0 (U_0 - \Phi)} ,$$

und folglich ergibt sich für den Brechungsquotienten nach der zweiten Gleichung (7):

(10a) $$N = \frac{c m_0 v}{U} = \frac{c \sqrt{2 m_0 (U_0 - \Phi)}}{U} = \frac{c \sqrt{2 m_0 (U - m_0 c^2 - \Phi)}}{U} .$$

Als Funktion von ν geschrieben, liefert diese Formel die Dispersionsgleichung:

(11a) $$N = c \frac{\sqrt{2 m_0 (h \nu - m_0 c^2 - \Phi)}}{h \nu} .$$

Für die Phasengeschwindigkeit $\frac{c}{N} = u_P$ folgt daraus:

(13a) $$u_P = \frac{h \nu}{\sqrt{2 m_0 (h \nu - m_0 c^2 - \Phi)}} ,$$

oder, wenn man die Wellenlänge einführt:

(14a) $$u_P = \frac{\lambda}{h} m_0 c^2 + \frac{\lambda}{h} \Phi + \frac{h}{2 m_0 \lambda} .$$

Die allgemeine Formel (12) für die Gruppengeschwindigkeit u_g gilt natürlich auch hier und liefert

(15a) $$u_g = \frac{h}{m_0 \lambda} ,$$

und diese Beziehung ist wieder vollkommen identisch mit der unter der früheren Voraussetzung erhaltenen Gleichung (15). Ersetzt man wieder die Wellenlänge durch $\frac{u_P}{\nu}$, so folgt eine zweite Gleichung für u_g:

(16a) $$u_g = \frac{1}{m_0}\sqrt{2\,m_0\,(h\,\nu - m_0\,c^2 - \Phi)} = \frac{1}{m_0}\sqrt{2\,m_0\,(U_0 - \Phi)}\,.$$

Vergleicht man diesen Wert mit dem aus (9a) folgenden für die Partikelgeschwindigkeit v, so folgt auch hier

(17a) $$v = u_g\,,$$

d. h. Partikelgeschwindigkeit gleich Gruppengeschwindigkeit, und damit bleibt auch die Gleichung (18) erhalten:

(18a) $$m_0\,v = \frac{h}{\lambda}\,,$$

die zur Berechnung der Wellenlänge dient. Durch Multiplikation von (13a) und (16a) folgt endlich die Beziehung zwischen u_g und u_p:

$$u_g\,u_p = \frac{h\,\nu}{m_0} = \frac{U_0 + m_0\,c^2}{m_0} = \frac{U_0}{m_0} + c^2\,;$$

berücksichtigt man hierin, daß $U_0 \ll m_0\,c^2$ ist, so ist mit sehr großer Näherung:

(19a) $$u_g\,u_P = c^2.$$

Es bleibt also auch hier das Wesentliche erhalten, nämlich, daß Gruppengeschwindigkeit u_g (= Partikelgeschwindigkeit v) und Phasengeschwindigkeit u_P einander umgekehrt proportional sind. Damit aber ist wieder gezeigt, daß Fermatsches und Maupertuissches Prinzip identisch werden, d. h. die Hamiltonsche Analogie bleibt auch bei der neuen Berechnungsart vollkommen bestehen.

Wir hätten die Rechnung auch ganz streng relativistisch führen können, d. h. ohne den Näherungswert $\frac{m_0\,v^2}{2}$ für die kinetische Energie zu benutzen; dann wäre zwar der Ausdruck für U und damit der Wert von ν ein anderer geworden. Aber alles Wesentliche wäre auch dabei erhalten geblieben, nämlich der Zusammenhang zwischen $u_g = v$ und u_p, sowie zwischen Impuls und Wellenlänge. Das ist deshalb möglich, weil nicht nur ν sich ändert, sondern auch die Phasengeschwindigkeit u_p (bzw. N) einen entsprechend anderen Wert annimmt, so daß die entscheidenden Beziehungen erhalten bleiben.

Auf der im obigen gezeigten Möglichkeit, der Bewegung eines Massenpunktes eine bestimmte Wellenbewegung zuzuordnen, beruht der Gedanke von de Broglie, den wir im folgenden auseinandersetzen.

37. De Broglies Materiewellen.

Wir sahen im ersten Kapitel, daß es in der Optik Erscheinungen gibt, die durch eine Wellentheorie im bisherigen Sinne nicht zu erklären sind (lichtelektrischer Effekt, Compton-Effekt usw.); wir haben ferner besonderen Wert auf die Entwicklung der Einsteinschen Überlegungen gelegt, der durch die Untersuchung der Schwankungserscheinungen in einem mit schwarzer Strahlung gefüllten Hohlraum gezeigt hat, daß das

Licht gewissermaßen zwei Seiten, eine undulatorische und eine korpuskulare hat, und daß keine von ihnen entbehrt werden kann.

Während aber wohl die meisten Physiker sich bemühten, diesen Dualismus in der Optik zu überwinden oder wenigstens überzeugt waren, daß er — vielleicht im Sinne einer erweiterten und modifizierten Wellentheorie — überwindbar sei, kam de Broglie[1]), gewissermaßen umgekehrt, zu der kühnen Fragestellung, ob nicht ein solcher Dualismus auch bei „gewöhnlicher" Materie (z. B. Elektronen, Protonen oder auch beliebigen Massen) anzunehmen sei.

Zu diesem Zwecke verwandelte er die rein formale Zuordnung Hamiltons einer Wellenbewegung zu einer korpuskularen mechanischen Bewegung in einen realen physikalischen Vorgang, indem er annahm, daß jedem Materieteilchen eine wirkliche Wellenbewegung zugeordnet sei.

Diese Welle soll natürlich keineswegs eine Lichtwelle, d. h. eine gewöhnliche elektromagnetische Welle, sein[2]); diese Hypothese einer allgemeineren Welle ist formal möglich, weil die Hamiltonsche Analogie zwar historisch für Lichtwellen ausgesprochen, aber offenbar auf jede Art von Wellenbewegung übertragbar ist.

Indem de Broglie weiter die bisher unbestimmte Konstante h von der Dimension einer Wirkung nunmehr direkt mit der Planckschen Konstanten $h = 6{,}55 \cdot 10^{-27}$ erg sec identifizierte, stellte er die Verbindung zur Quantentheorie[3]) her. Seine Hypothese lautet in seinen eignen Worten[4]): „Jedesmal, wenn in einem Bezugssystem eine materielle Partikel im allgemeinsten Sinne eine Energie U besitzt, existiert in diesem Bezugssystem ein periodisches Phänomen von der Frequenz ν, die durch die Gleichung $U = h\nu$ (h = Plancksche Konstante) definiert ist."

Wir könnten nun direkt an die Ergebnisse der vorhergehenden Nummer anknüpfen, ziehen es jedoch vor, hier de Broglies eigene Darstellung zu benutzen, die auf der Benutzung der Relativitätstransformation (Lorentz-Transformation) beruht. Da wir hier also relativistisch rechnen, müssen wir bei der bewegten Masse ihre Veränderlichkeit mit der Geschwindigkeit berücksichtigen: $m = \frac{m_0}{\sqrt{1 - \frac{v^2}{c^2}}}$. Wir müssen also m von m_0 unter-

[1]) L. de Broglie, Thèse de doctorat, 1924; Journal de Physique 1, pag. 1—6, 1926. Zusammenfassende Darstellung: Ondes et mouvements, Paris 1926 (Gauthier-Villars).

[2]) De Broglies Standpunkt ist allerdings etwas allgemeiner: Indem er unter „Korpuskel" auch das Photon (Lichtquant) mit einbegreift, wird diesem die gewöhnliche Lichtwelle der Undulationstheorie zugeordnet. Man kann also sagen, daß die Wellen de Broglies als speziellen Fall auch die Lichtwellen mitumfassen. Dann wird der Dualismus der Strahlung und der Materie vollkommen analog.

[3]) Mit der die Hamiltonsche Analogie an sich natürlich nichts zu tun hat.

[4]) De Broglie, Ondes et mouvements, Paris 1926, pag. 3ff.

scheiden. Insofern ist die de Brogliesche Betrachtungsweise allgemeiner als die vorhergehenden; spezieller ist sie aber deswegen, weil nur konstante geradlinige Geschwindigkeiten des bewegten Massenpunktes betrachtet werden.

Wir wollen also ein Masseteilchen von der Ruhemasse m_0 betrachten, das in einem ruhenden Koordinatensystem (x, y, z, t) eine konstante Geschwindigkeit v habe; wir befestigen ein zweites Koordinatensystem (x_0, y_0, z_0, t_0) in der bewegten Masse, so daß die z_0-Achse mit der Geschwindigkeitsrichtung zusammenfällt: in diesem System (x_0, y_0, z_0, t_0) ruht das Teilchen. Die zugeordnete Wellenbewegung ferner hat in diesem System eine Frequenz $\nu_0 = \frac{m_0 c^2}{h}$; denn nach der Relativitätstheorie ist $m_0 c^2$ die innere Energie der ruhenden Masse m_0 und gleichzeitig die gesamte Energie U. In diesem mitbewegten Koordinatensystem wird das Wellensystem den Charakter einer stehenden Welle haben müssen; also setzt de Broglie für die Wellenfunktion ψ an:

$$\psi = f(x_0, y_0, z_0) \sin 2\pi \nu_0 t_0 . \tag{25}$$

Um zu sehen, wie diese Wellenbewegung sich von dem ruhenden System (x, y, z, t) ausnimmt, müssen wir vermittels der Lorentz-Transformation zu diesem übergehen. Die Transformationsgleichungen lauten bekanntlich[1]):

$$z_0 = \frac{z - vt}{\sqrt{1 - \frac{v^2}{c^2}}}, \quad y_0 = y, \quad x_0 = x, \quad t_0 = \frac{t - \frac{v}{c^2} z}{\sqrt{1 - \frac{v^2}{c^2}}} . \tag{26}$$

Dabei ist vorausgesetzt, daß die Achsen der beiden Systeme einander dauernd parallel bleiben und daß zur Zeit $t = 0$ ihre Nullpunkte zusammenfallen, was keinerlei Beschränkung der Allgemeinheit bedeutet.

So erhalten wir statt (25):

$$\psi = f\left(x, y, \frac{z - vt}{\sqrt{1 - \frac{v^2}{c^2}}} \right) \sin 2\pi \nu_0 \left(\frac{t - \frac{v}{c^2} z}{\sqrt{1 - \frac{v^2}{c^2}}} \right) . \tag{27}$$

Wir haben es jetzt mit einer fortschreitenden Welle von der Frequenz

$$\nu = \frac{\nu_0}{\sqrt{1 - \frac{v^2}{c^2}}} \tag{28}$$

zu tun; ferner ist die Phasengeschwindigkeit u_P offenbar gleich

$$u_P = \frac{c^2}{v} . \tag{29}$$

Da die Amplitude auch mit der Zeit veränderlich ist, so stellt (27) nicht eine einzelne Welle, sondern eine Wellengruppe dar; die Ge-

[1]) Vgl. Bd. III_1, pag. 825, Gleichung (32).

schwindigkeit, mit der diese sich fortpflanzt, die Gruppengeschwindigkeit u_g, ergibt sich aus $z - v\,t = 0$ zu:

(30) $$u_g = v\,,$$

wie wir es auch schon früher gefunden hatten; also folgt in Verbindung mit (29) die gleichfalls schon bekannte Beziehung:

(31) $$u_g\,u_P = c^2,$$

vermöge deren das Fermatsche Prinzip der Wellenlehre und das Maupertuissche der Dynamik gleichbedeutend werden.

Nach (28) ist die Frequenz im ruhenden System natürlich eine andere als im mitbewegten; aber nach dem de Broglieschen Prinzip muß auch im ruhenden System die Beziehung $U = h\,\nu$ gelten. Im ruhenden System ist nun die Energie

(32) $$U = m\,c^2 = \frac{m_0\,c^2}{\sqrt{1 - \frac{v^2}{c^2}}}\,.$$

Da nun $m_0\,c^2 = h\,\nu_0$ gesetzt ist, so findet man aus (32):

(33) $$U = h\,\nu = \frac{m_0\,c^2}{\sqrt{1 - \frac{v^2}{c^2}}} = \frac{h\,\nu_0}{\sqrt{1 - \frac{v^2}{c^2}}}\,,$$

d. h.

$$\nu = \frac{\nu_0}{\sqrt{1 - \frac{v^2}{c^2}}}\,,$$

also mit (28) übereinstimmend, wie es sein muß.

Nach (29) können wir ferner schreiben:

$$u_P = \frac{m\,c^2}{m\,v}\,,$$

und nach (32) und (33):

$$u_P = \frac{h\,\nu}{m\,v}\,.$$

Ersetzen wir darin ν durch $\frac{u_P}{\lambda}$, so folgt sofort die Relation:

(34) $$m\,v = \frac{m_0\,v}{\sqrt{1 - \frac{v^2}{c^2}}} = \frac{h}{\lambda}\,,$$

die wiederum den Impuls mit der „de Broglie-Wellenlänge“ verbindet; diese Gleichung wird jetzt[1]) als de Brogliesche Beziehung bezeichnet. Was endlich den Brechungsquotienten $N = \frac{c}{u_P}$ angeht, so ist derselbe nach (29) auch gleich $\frac{v}{c}$, und diesen Wert können wir aus (28) entnehmen:

(35) $$N = \frac{c}{u_P} = \frac{v}{c} = \sqrt{1 - \frac{\nu_0^2}{\nu^2}}\,.$$

[1]) Jetzt, d. h. nach Identifizierung von h mit der Planckschen Konstante.

Das ist gleichzeitig das Dispersionsgesetz, das hier gültig sein muß. Würde man aus (35) nach der Rayleighschen Formel (12) wieder die Gruppengeschwindigkeit u_g ausrechnen, so erhielte man natürlich den Wert der Partikelgeschwindigkeit v, wie es sein muß.

Durch die obigen Betrachtungen ist wieder eine Wellenbewegung definiert, die der Hamiltonschen Analogie entspricht, d. h. die „Strahlen" fallen mit der Bahn des materiellen Punktes zusammen. Allerdings ist die Beweisführung de Broglies, die wir eben reproduziert haben, insofern spezieller als die Ausführungen der vorhergehenden Nummer, als er eine gleichmäßige geradlinige, d. h. kräftefreie Bewegung ($\Phi = 0$) des Massenteilchens voraussetzt; doch ist nach dem Vorhergehenden klar, daß die wesentlichen Resultate davon unabhängig sind, wie de Broglie auch selbst gezeigt hat. (Aber natürlich ist z. B. das Dispersionsgesetz (35) auf den speziellen Fall der geradlinig gleichförmigen Bewegung zugeschnitten, was man daran erkennt, daß der Brechungsquotient N wegen Fehlens der potentiellen Energie unabhängig von den Koordinaten (x, y, z) ist; das Medium ist also homogen. Haben wir es aber mit einer Bewegung unter Kräften zu tun, so hängt N jedenfalls von $\Phi\ (x\, y\, z)$ ab.)

Wir wollen diese de Broglie-Wellen in Zukunft als „Materiewellen" bezeichnen, um mit diesem Namen einerseits die Verknüpfung mit der Materie anzudeuten, anderseits auszudrücken, daß wir über die physikalische Natur dieser Wellen vorläufig nichts aussagen wollen.

Bevor wir auf die Frage eingehen, ob diese hypothetischen Materiewellen im Experiment nachgewiesen worden sind, wollen wir zeigen, daß jedenfalls auf die Frage nach der Deutung der Quantenbedingungen $\oint p_k\, dq_k = n_k$ ein neues Licht fällt. Nehmen wir z. B. das H-Atom; nach de Broglies Auffassung haben wir für die Materiewelle einen Brechungsindex des Mediums anzunehmen, in dem $\Phi = -\frac{e^2}{r}$ zu setzen ist. N ist also lediglich eine Funktion von r, wenn wir nur die Abhängigkeit von den Koordinaten zum Ausdruck bringen wollen. Das Medium hat demgemäß Kugelsymmetrie, vom H-Kern aus betrachtet; der Verlauf der Strahlen wird identisch mit der Bahn des Elektrons, d. h. im allgemeinen Falle ist es eine Ellipse, unter Umständen kann es auch ein Kreis sein. Wir müssen nun, wenn der Strahl der Materiewelle eine geschlossene Bahn durchläuft, jedenfalls annehmen, daß wir nach einem Umlauf wieder zu demselben Zustande zurückkommen; sonst wäre ja das Verhalten der Materiewelle mehrdeutig. Das heißt aber, daß die Phase der Welle sich beim Umlauf höchstens um ein ganzes Vielfaches von 2π ändern kann. Nennen wir ein Element der Bahn ds, so ist die Änderung der Phase bei einem ganzen Umlauf $\oint \frac{\partial \Theta}{\partial s}\, ds$, und das muß also sein (n eine ganze Zahl):

$$\oint \frac{\partial \Theta}{\partial s}\, ds = 2\pi n\,. \tag{36}$$

Wie schon gesagt, ist das nichts anderes als die Forderung der Eindeutigkeit. Da aber nach (6) die zugehörige Wirkungsfunktion $S = \frac{h}{2\pi}\Theta$ ist, so kann man diese Gleichung auch schreiben:

$$\oint \frac{\partial S}{\partial s} ds = n\,h\,. \tag{37}$$

Nach (5) ist aber $\frac{\partial S}{\partial s}$ gleich dem Impuls $p = m_0 v$, (wenn wir nicht relativistisch rechnen); wir können also (37) schreiben:

$$\oint m_0 v\, ds = n\,h\,. \tag{38a}$$

$m_0 v\, ds = p\, ds$ ist aber in unserem Falle gleich $p_r\, dr + p_\varphi\, d\varphi$ in ebenen Polarkoordinaten; die letzte Gleichung ist also gleichbedeutend mit:

$$\oint (p_r\, dr + p_\varphi\, d\varphi) = n\,h\,, \tag{38b}$$

und das ist genau die richtige Quantenbedingung für unser (entartetes) System; n ist also die Hauptquantenzahl. Die Quantenbedingungen erscheinen also in de Broglies Auffassung als identisch mit der Forderung der Eindeutigkeit des Wellenvorganges. Auch anschaulich läßt sich (38) nunmehr leicht verstehen; denn nach der de Broglieschen Beziehung ist der Impuls $m_0 v = \frac{h}{\lambda}$; setzt man diesen Wert in (38a) ein, so folgt

$$h \oint \frac{ds}{\lambda} = n\,h\,,$$

d. h.

$$\oint \frac{ds}{\lambda} = n\,. \tag{39}$$

$\frac{ds}{\lambda}$ ist die Anzahl der Wellenlängen auf dem Stück ds der Bahn; die linke Seite von (39) ist also die Zahl der Wellenlängen der de Broglieschen Materiewellen, die auf einen vollen Umlauf fallen, und diese muß gleich einer ganzen Zahl sein. Wenn dies nämlich nicht der Fall wäre, so könnte von einem stationären Zustande (de Broglie sagt: „stabilen") gar nicht die Rede sein, was die Figg. 67a und b erläutern; in Fig. 67a ist die Bedingung (39) erfüllt, in Fig. 67b ist sie als nicht erfüllt angenommen. Da die Bedingung (39) in der Bohrschen Theorie dazu diente, die „zulässigen" Bahnen aus den allgemeinen der Mechanik auszusondern, so können wir in de Broglies Anschauungsweise sagen, daß nur solche Bahnen zulässig sind, die eine ganze Zahl von Materiewellen auf ihrem Umfang enthalten[1]). Die bisher unverständlichen Quantenbedin-

[1]) Auch für den Fall nichtgeschlossener Bahnen (z. B. bei den Alkalien) liefert de Broglies Wellenauffassung die alten (Bohr-Sommerfeldschen) Quantenbedingungen, wie de Broglie gezeigt hat; wir begnügen uns hier mit dem Hinweis.

gungen bekommen also einen guten physikalischen Sinn; das Auftreten von ganzen Zahlen (Quantenzahlen) tritt bei dieser Auffassung in Parallele zu der bekannten Tatsache, daß z. B. bei einer schwingenden Saite stets eine ganze Zahl von Knoten vorhanden sein muß.

Anderseits scheint es freilich, als ob sachlich die Wellenauffassung de Broglies nicht über die bisherige Quantentheorie hinausführen könne; führt sie doch zu den alten Quantenbedingungen, die, wie wir in der vorangehenden Nummer zusammenfassend darstellten, doch eben nicht exakt richtig sind. Aber das scheint nur so: Wir werden bald sehen,

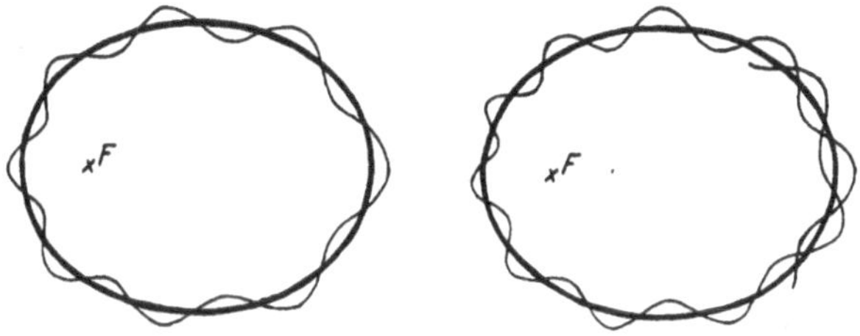

Fig. 67.

wie in der Hand Schrödingers die Wellenauffassung zu anderen Quantenbedingungen führt; de Broglies ursprüngliche Auffassung ist dadurch überholt.

Wir kehren vorläufig zu den Gleichungen (31) und (34) zurück, um einige Bemerkungen an sie anzuknüpfen. Da $u_g = v$ ist und v niemals den Wert der Lichtgeschwindigkeit c erreichen kann[1]), so ist nach (31) die Phasengeschwindigkeit u_p der hypothetischen Materiewellen stets größer als c; für eine ruhende Partikel ist die Phasengeschwindigkeit sogar unendlich, d. h. die Welle hat dann den Charakter einer stehenden Welle mit überall gleicher Phase — und davon ging gerade de Broglies Betrachtung aus. — Gleichung (34) erlaubt uns bekanntlich, die Wellenlänge der Materiewelle für eine Korpuskel von gegebener Masse und Geschwindigkeit festzustellen. Dieselbe ist bei nichtrelativistischer Rechnung

$$\lambda = \frac{h}{m_0 v},$$

bzw., wenn wir die Geschwindigkeit v durch die Voltgeschwindigkeit ausdrücken:

(40) $$\lambda = \frac{h}{\sqrt{2\, e\, m_0\, V}},$$

wenn V das durchlaufene Potentialgefälle bedeutet. Für ein Elektron z. B. ergibt sich mit den bekannten Werten von e, m_0, h:

(41) $$\lambda_{\mathrm{El.}} = \sqrt{\frac{149{,}55}{V}}\; 10^{-8}\ \mathrm{cm} = \sqrt{\frac{149{,}55}{V}}\ \text{Å.E.}$$

[1]) Nur ein Photon kann dies; begreift man Photonen im Sinne de Broglies mit unter die Korpuskeln, so ist die Phasengeschwindigkeit mit c identisch.

Für eine Voltgeschwindigkeit von rund 150 Volt, d. h. $v = 7 \cdot 10^8$ cm/sec erhält man also eine Wellenlänge von rund einer Ångström-Einheit; für ein Proton ist die Wellenlänge nur der $\sqrt{1835}$-te, d. h. 42-te Teil; in beiden Fällen haben wir also die Größenordnung von Röntgenwellen. Eine Masse von 1 g und der Geschwindigkeit 100 m/sec würde dagegen die phantastisch kleine Wellenlänge von $6{,}55 \cdot 10^{-32}$ cm besitzen!

Bisher sind freilich alle diese Betrachtungen noch rein hypothetisch, und die Tatsache, daß 1925, als de Broglie diese Hypothese formulierte, keinerlei Experiment bekannt war, das sie hätte stützen können, zeigt am besten die fast ungeheuerliche Kühnheit der ganzen Idee. Heute ist die Existenz von „Materiewellen", um bei diesem Namen zu bleiben, über jeden vernünftigen Zweifel erhaben; wir wollen jedoch erst dann auf die Besprechung der Versuche eingehen, wenn wir die Weiterführung und Verbesserung des de Broglieschen Gedankenganges durch Schrödinger kennengelernt haben.

38. Die zeitunabhängige Wellengleichung von Schrödinger.

Die Zuordnung einer Welle zu einer Massenbewegung beruht gänzlich, wie wir gesehen haben, auf dem Parallelismus der Gleichungen (4) der geometrischen Optik und der Gleichungen (5) der Dynamik. Der Nachdruck ist hierbei auf das Wort „geometrisch" zu legen. Hamilton operiert zwar mit den „Wellenflächen" $\varphi(x\,y\,z) = \text{Const.}$, aber er benutzt bei seinen Überlegungen immer nur die Strahlen, d. h. die senkrechten Trajektorien zur Wellenfläche. Demgemäß geht er auch nicht von der „Wellengleichung", sondern von der „Eikonalgleichung" aus, die aus der Wellengleichung nur im Grenzfalle unendlich kleiner Wellen, d. h. der Strahlenoptik, erhalten wird[1]). Trotz der Benutzung der Worte „Welle" und „Wellenfläche" ist die Hamiltonsche Analogie eine solche zwischen geometrischer (Strahlen-) Optik und klassischer Dynamik. Nun wissen wir aber, daß die geometrische Optik nur eine Näherung ist und daß zahlreiche Erscheinungen (Interferenz, Beugung) mit der Strahlenoptik nicht erklärbar sind. Für die Wellenoptik im eigentlichen Sinne des Wortes besteht aber kein Zusammenhang mit der klassischen Dynamik — ein Parallelismus der Wellengleichung und der Bewegungsgleichung der Dynamik existiert ja nicht —, und so scheint es, als ob die de Broglieschen Überlegungen eben doch nur eine höchst begrenzte Bedeutung, wenn überhaupt eine, besäßen. An dieser Stelle setzt Schrödinger[2]) ein. Wenn man einerseits die Wellenoptik hat und anderseits an der klassischen Dynamik festhält, dann gibt es keine Möglichkeit, der Bewegung einer Masse eine Welle zuzuordnen; das ist, um es nochmals zu sagen, nur möglich mit der zur Strahlenoptik degene-

[1]) Vgl. für diesen Gedankengang III_1 pag. 579ff.

[2]) E. Schrödinger, Abhandlungen zur Wellenmechanik. Leipzig 1928 (J. A. Barth); 2. Aufl.

rierten Optik. Aber muß man denn die klassische Dynamik festhalten? Zeigen nicht gerade die Erscheinungen der Quantentheorie, daß diese nicht ausreicht? Wenn man sich auf diesen Standpunkt stellt, so könnte man an der Hamiltonschen Analogie zwischen Optik und Dynamik festhalten, wenn man eine neue dazu passende Dynamik macht. Es würde dann in Schrödingers Ausdrucksweise etwa die symbolische Gleichung bestehen:

$$\frac{\text{Geometrische Optik}}{\text{klassische Dynamik}} = \frac{\text{Wellenoptik}}{\text{neue Dynamik}} \,.$$

Man kann also versuchen — das ist Schrödingers Gedanke —, an der Hamiltonschen Analogie und damit am Grundgedanken de Broglies festzuhalten, sie aber dazu zu benutzen, eine neue Dynamik (die „Wellenmechanik") zu schaffen. Natürlich hängt die physikalische Bedeutung dieses Versuches ausschließlich von dem Erfolge ab, den die Wellenmechanik gegenüber der alten Mechanik aufzuweisen hat. Geben wir den Gedanken zunächst einmal zu, so werden wir nicht von der Eikonalgleichung (2) auszugehen haben, sondern von der Wellengleichung:

$$\frac{N^2}{c^2}\,\frac{\partial^2 \Psi}{\partial t^2} = \Delta \Psi \,, \tag{42}$$

wobei N der (im allgemeinen variable und von der Wellenlänge abhängige) Brechungsquotient der Materiewelle ist. Da wir — mit Schrödinger — zunächst von der relativistischen Verfeinerung absehen wollen, können wir für N etwa den Wert (10) oder (10a) nehmen, den wir für die de Broglie-Wellen auf Grund der Hamiltonschen Analogie angegeben haben. Da gleichzeitig natürlich auch gilt — immer auf Grund der festgehaltenen Hamiltonschen Analogie —:

$$U = h\nu \,, \qquad m_0 v = \frac{h}{\lambda} \,,$$

so können wir der Materiewelle den Zeitfaktor $e^{-2\pi\nu i t} = e^{-\frac{2\pi i}{h} U t}$ geben, d. h.

$$\Psi = e^{-\frac{2\pi i}{h} U t}\, \psi\,(x\, y\, z) \tag{43}$$

ansetzen; dann wird

$$\frac{\partial^2 \Psi}{\partial t^2} = -\,\frac{4\pi^2 U^2}{h^2}\,\psi\, e^{-\frac{2\pi i}{h} U t} \,,$$

und Einsetzen in (42) liefert

$$\frac{4\pi^2 N^2 U^2}{h^2 c^2}\,\psi + \Delta\psi = 0 \,. \tag{44}$$

Setzen wir für N den Wert (10)[1] $N = \frac{c\sqrt{2 m_0 (U - \Phi)}}{U}$ ein, so folgt:

$$\Delta\psi + \frac{8 m_0 \pi^2 (U - \Phi)}{h^2}\,\psi = 0 \tag{45}$$

[1]) Der Leser überzeuge sich, daß auch der Wert (10a) für N zur Schrödinger-Gleichung (45) führt, im Einklang mit unseren früheren allgemeinen Auseinandersetzungen.

als die Gleichung der neuen Dynamik; sie wird als Schrödinger-Gleichung bezeichnet[1] [2]). Wenn dieser Gedanke sich bewährt, — er hat es in erstaunlicher Weise getan — so haben wir hier eine Möglichkeit, zu anderen Quantenbedingungen zu kommen, als sie der geometrisch-optische Standpunkt de Broglies zu liefern vermochte. Das muß natürlich im einzelnen aufgezeigt werden, aber grundsätzlich — und tatsächlich, wie sich zeigen wird — liegt hierzu die Möglichkeit vor. Die geometrische Optik versagt, wie man weiß, wenn die Lineardimensionen der Hindernisse, die der freien Ausbreitung der Wellen im Wege stehen, mit der Wellenlänge vergleichbar werden. Analog wird in der Mechanik der dem „Strahl" der geometrischen Optik entsprechende Begriff der „Bahn" versagen, wenn deren Dimensionen mit der Wellenlänge der zugeordneten Materiewelle vergleichbar werden. De Broglies Betrachtung ist brauchbar, solange die Wellenlänge klein gegen die Bahndimension ist, d. h. im allgemeinen bei großen Quantenzahlen, und dafür stimmen unsere alten Quantenbedingungen auch in der Tat: Wir stellten ja ihre asymptotische Gültigkeit fest. Für kleine Quantenzahlen hat die Wellenauffassung an die Stelle der Bahn- (oder Strahlen-)vorstellung zu treten.

Wir wollen nun direkt zeigen, daß für kleine Materiewellen Gleichung (45) direkt in die gewöhnlichen dynamischen Gleichungen übergeht. Wir machen das im Prinzip mit dem gleichen Ansatze, der von der Wellenoptik zur Strahlenoptik führt[3]). Wir setzen also für die Amplitudenfunktion $\psi\,(x\,y\,z)$ an:

$$\psi = f\,(x\,y\,z)\, e^{\frac{2\pi i}{h} W(x\,y\,z)}\,; \tag{46}$$

$f\,(x\,y\,z)$ ist die Amplitude, $W = \text{Const.}$ stellt die Wellenfläche dar. Man erhält der Reihe nach:

$$\frac{\partial \psi}{\partial x} = \left(\frac{\partial f}{\partial x} + \frac{2\pi i}{h} f \frac{\partial W}{\partial x}\right) e^{\frac{2\pi i}{h} W}\,;$$

$$\frac{\partial^2 \psi}{\partial x^2} = \left\{\frac{\partial^2 f}{\partial x^2} + \frac{2\pi i}{h} f \frac{\partial^2 W}{\partial x^2} + \frac{4\pi i}{h} \frac{\partial W}{\partial x} \frac{\partial f}{\partial x} - \frac{4\pi^2}{h^2} f \left(\frac{\partial W}{\partial x}\right)^2\right\} e^{\frac{2\pi i W}{h}},$$

[1]) Wenn die Schrödinger-Gleichung als Grundlage einer neuen Dynamik benutzt werden soll, so kann immerhin von Anfang an ein Umstand Bedenken erregen: in inhomogenen Medien — und mit solchen haben wir es ja zu tun — gilt die Wellengleichung (42) gar nicht exakt; die Maxwellschen Gleichungen führen, wie man sich leicht überzeugt, im Falle eines räumlich variablen Brechungsquotienten noch zu Zusatzgliedern in (42). Es kann natürlich in Erstaunen setzen, daß eine Gleichung als Grundlage einer neuen Dynamik genommen wird, die aus einer unexakten Gleichung abgeleitet wird. Eine solche Kritik ist logisch sicher unanfechtbar; man kann ihr nur entgegenhalten, daß die ganze Herleitung der Schrödinger-Gleichung nur den Charakter eines Plausibelmachens hat, und daß das wahre Kriterium für die Brauchbarkeit in der Physik immer nur die Leistung ist.

[2]) Wir nennen im folgenden $\Psi\,(x\,y\,z\,t)$ die „Wellenfunktion", dagegen $\psi\,(x\,y\,z)$, das durch (45) bestimmt ist, die „Amplitudenfunktion".

[3]) Vgl. Bd. III_1, pag. 579ff.

und zwei analoge Gleichungen für $\frac{\partial^2\psi}{\partial y^2}$ und $\frac{\partial^2\psi}{\partial z^2}$. Folglich ist:

$$(47)\quad \begin{cases} \Delta\psi = \Big\{\Delta f + \frac{2\pi i}{h} f \Delta W + \frac{4\pi i}{h}\left(\frac{\partial W}{\partial x}\frac{\partial f}{\partial x} + \frac{\partial W}{\partial y}\frac{\partial f}{\partial y} + \frac{\partial W}{\partial z}\frac{\partial f}{\partial z}\right) \\ \qquad - \frac{4\pi^2}{h^2} f \left[\left(\frac{\partial W}{\partial x}\right)^2 + \left(\frac{\partial W}{\partial y}\right)^2 + \left(\frac{\partial W}{\partial z}\right)^2\right]\Big\} e^{\frac{2\pi i W}{h}}. \end{cases}$$

Setzt man diesen Wert in (45) ein, so folgen bei Trennung des Reellen und Imaginären zwei Gleichungen:

$$(48)\quad \begin{cases} \frac{h^2}{4\pi^2}\frac{\Delta f}{f} - \left\{\left(\frac{\partial W}{\partial x}\right)^2 + \left(\frac{\partial W}{\partial y}\right)^2 + \left(\frac{\partial W}{\partial z}\right)^2\right\} + 2 m_0 (U - \Phi) = 0, \\ 2\frac{\frac{\partial f}{\partial x}\frac{\partial W}{\partial x} + \frac{\partial f}{\partial y}\frac{\partial W}{\partial y} + \frac{\partial f}{\partial z}\frac{\partial W}{\partial z}}{\Delta W} + f = 0. \end{cases}$$

Wir wollen nun den Übergang zu kleinen Wellenlängen λ machen; da $m_0 v = \sqrt{2 m_0 (U - \Phi)} = \frac{h}{\lambda}$ ist, so ist die Wellenlänge bei gegebenem U und Φ proportional h; lassen wir also h gegen Null gehen, so haben wir das verlangte Ziel erreicht. Die erste Gleichung (48) wird dann:

$$(49)\qquad \frac{1}{2 m_0}\left[\left(\frac{\partial W}{\partial x}\right)^2 + \left(\frac{\partial W}{\partial y}\right)^2 + \left(\frac{\partial W}{\partial z}\right)^2\right] + \Phi = U,$$

und das ist die Hamilton-Jacobische Differentialgleichung der gewöhnlichen Dynamik; $W(x\,y\,z)$ erweist sich als die (durch Abspaltung der Zeitvariabeln verkürzte) Hamiltonsche Wirkungsfunktion. Damit ist der Beweis geliefert, daß für verschwindendes λ (oder h) Gleichung (45) in die gewöhnliche Mechanik übergeht, genau so wie die Undulationsoptik in die Strahlenoptik; optisch gesprochen ist ja (49) nichts anderes als die Eikonalgleichung (2).

Der innere Zusammenhang zwischen der Wellengleichung (45) und der Hamilton-Jacobischen Differentialgleichung (49) tritt noch in einem anderen Umstande zutage, auf den Schrödinger hingewiesen hat, und der, abgesehen von seiner prinzipiellen Bedeutung, ein bequemes Mittel zur Erlangung der Schrödinger-Gleichung in einem konkreten Falle bildet. Wenn wir nämlich in (49) alles auf die linke Seite bringen und alle vorgeschriebenen Operationen ausführen, z. B. die Quadrate ausrechnen usw., so kann man diese Gleichung schreiben:

$$\frac{\partial W}{\partial x}\frac{\partial W}{\partial x} + \frac{\partial W}{\partial y}\frac{\partial W}{\partial y} + \frac{\partial W}{\partial z}\frac{\partial W}{\partial z} + 2 m_0 (\Phi - U) = 0.$$

Ersetzt man nun jeden Impuls $\frac{\partial W}{\partial x}, \ldots$ durch einen „Operator“[1]) $\frac{h}{2\pi i}\frac{\partial}{\partial x}, \ldots$ und betrachtet die ganze linke Seite als eine „Ope-

[1]) Unter „Operator“ verstehen wir allgemein eine bestimmte Rechenvorschrift, um aus einer gegebenen Größe eine andere abzuleiten.

ration“, die auf die Größe ψ auszuüben ist, so geht die letzte Gleichung über in:

$$\left\{\left[\frac{h}{2\pi i}\frac{\partial}{\partial x}\left(\frac{h}{2\pi i}\frac{\partial}{\partial x}\right)+\frac{h}{2\pi i}\frac{\partial}{\partial y}\left(\frac{h}{2\pi i}\frac{\partial}{\partial y}\right)+\frac{h}{2\pi i}\frac{\partial}{\partial z}\left(\frac{h}{2\pi i}\frac{\partial}{\partial z}\right)\right] + 2\,m_0\,(\Phi - U)\right\}\psi = 0\,,$$

und das gibt aufgelöst:

$$\Delta\,\psi + \frac{8\,m_0\,\pi^2}{h^2}\,(U - \Phi)\,\psi = 0\,,$$

d. h. die Schrödinger-Gleichung. Sie kann also durch geeignete „Umdeutung“ aus der Hamilton-Jacobischen Differentialgleichung gewonnen werden; es wird bei dieser Umdeutung jeder Impuls p_k durch eine $\left(\text{mit } \frac{h}{2\pi i} \text{ multiplizierte}\right)$ symbolische Differentiation nach der zu p_k konjugierten Variabeln q_k ersetzt, z. B. im obigen Falle p_x durch $\frac{h}{2\pi i}\frac{\partial}{\partial x}$ usw.[1]). Voraussetzung ist dabei, daß die Hamilton-Jacobische Differentialgleichung in kartesischen Koordinaten geschrieben ist; man überzeugt sich leicht, daß sonst diese Methode im allgemeinen nicht die richtige Wellengleichung liefert.

Wir haben zur Schrödinger-Gleichung noch eine Bemerkung von ausschlaggebender Wichtigkeit hinzuzufügen: Die Amplitudenfunktion ψ ist durch die partielle Differentialgleichung (45) natürlich noch nicht bestimmt, sondern dazu bedarf es — man denke an das Beispiel der schwingenden Saite — noch der Hinzufügung von geeigneten Rand- und eventuell Anfangsbedingungen. Diese Randbedingungen wählen aus den Lösungen der Differentialgleichung ganz bestimmte aus, die sogenannten „Eigenfunktionen“ des vorgelegten Problems; ebenso sind nicht alle Werte des „Parameters“ $\frac{8\,m_0\,\pi^2}{h^2}\,U$ der Differentialgleichung zulässig, sondern nur ganz bestimmte, die bekanntlich als „Eigenwerte“ bezeichnet werden[2]). Es wird sich zeigen, daß gerade hieraus die Quantenregeln fließen, die also jetzt nicht mehr von außen hinzugefügt werden, sondern sich aus dem Wesen der Sache ergeben. Was nun die zu fordernden Randbedingungen angeht, so werden wir in jedem Falle verlangen müssen, daß die Größe ψ überall endlich, eindeutig und stetig ist[3]), d. h. für alle zulässigen Werte der unabhängigen Variabeln. Es ist einer der merkwürdigsten Züge der Theorie, daß diese Forderung in den bekannten Fällen bereits ausreicht, um das gesteckte Ziel zu erreichen.

---

[1]) Diese Bemerkung wird später (z. B. Nr. 39) von Wichtigkeit werden.

[2]) Der Leser, dem diese Überlegungen nicht geläufig sind, findet eine Einführung in diesen Gedankenkreis in Bd. I, Kapitel XIV und XV.

[3]) Diese Forderung geht etwas zu weit; wir werden im VIII. Kapitel sehen, daß es auf die Größe $|\psi|^2$ ankommt: Diese ist es, nicht ψ selbst, der physikalische Bedeutung zukommt. Daher muß verlangt werden, daß $|\psi|^2$ höchstens „integrierbar“ unendlich werden darf; d. h. das Integral $\int |\psi|^2\,d\tau$ muß überall existieren.

39. Die zeitabhängige Schrödinger-Gleichung.

Die Gleichung (45) für die Amplitudenfunktion ψ, die wir bisher als Schrödinger-Gleichung bezeichnet hatten, gilt nur unter der Voraussetzung, daß die Wellenfunktion Ψ von der Zeit durch den Ansatz (43) abhängt, d. h. nur für eine harmonische Schwingung von der Frequenz $\nu = \frac{U}{h}$. Man muß versuchen, diese Spezialisierung zu beseitigen. Die Art und Weise, wie dies von Schrödinger erreicht wurde, setzen wir im folgenden auseinander. Wenn Gleichung (43) gilt, so gilt auch:

$$\frac{\partial \Psi}{\partial t} = -\frac{2\pi i}{h} U \Psi . \tag{50}$$

In dieser Gleichung kommt, ebenso wie in (45), die wir, indem wir sie in Gedanken mit $e^{-\frac{2\pi i}{h} Ut}$ erweitern, schreiben können:

$$\Delta \Psi + \frac{8 m_0 \pi^2}{h^2} (U - \Phi) \Psi = 0^{1)} , \tag{51}$$

der Energieparameter U vor; wenn wir ihn aus beiden eliminieren, so folgt die Gleichung:

$$\Delta \Psi - \frac{8 m_0 \pi^2}{h^2} \Phi \Psi + \frac{4 m_0 \pi i}{h} \frac{\partial \Psi}{\partial t} = 0 . \tag{52}$$

Zwar ist diese Gleichung ihrer Herleitung nach nicht allgemeiner gültig als (45); aber sie ist insofern allgemeiner formuliert, als sie den Energieparameter U und damit die Beziehung auf eine bestimmte Frequenz $\nu = \frac{U}{h}$ nicht mehr enthält, sondern statt dessen den allgemeinen Ausdruck $\frac{\partial \Psi}{\partial t}$. Man kann also vermuten, daß diese Form der Gleichung allgemeine, für jede beliebige Zeitabhängigkeit von Ψ[2]) Gültigkeit besitzen könne. Dies ist in der Tat die Hypothese, die wir mit Schrödinger machen wollen; ob sie zulässig ist oder nicht, hängt lediglich von ihrer Bewährung ab. Man nennt (52) die „zeitabhängige Schrödinger-Gleichung"[3]).

Besonders charakteristisch ist für sie, daß sie nur die erste Ableitung nach der Zeit enthält — über die Bedeutung dieses Umstandes siehe weiter unten —, während zweite Ableitungen nach den Koordinaten in ihr auftreten; sie hat daher eigentlich mehr Ähnlichkeit mit der Differentialgleichung der Wärmeleitung[4]), als mit der gewöhnlichen Wellengleichung,

---

[1]) Das kommt darauf hinaus, in (45) die Amplitudenfunktion $\psi(x\,y\,z)$ durch die Wellenfunktion $\Psi(x\,y\,z\,t)$ zu ersetzen; Gleichung (45) gilt offenbar auch für die Wellenfunktion Ψ.

[2]) Auch von Φ; d. h. Gleichung (52) wird auch für nichtkonservative Systeme als gültig angenommen.

[3]) Sie ist die eigentliche Wellengleichung; (45) wäre streng genommen als (räumliche) Schwingungsgleichung zu bezeichnen.

[4]) Vgl. z. B. Bd. II, pag. 22, Gleichung (31).

unterscheidet sich aber von ersterer wieder dadurch, daß der Koeffizient der zeitlichen Ableitung $\frac{\partial \Psi}{\partial t}$ rein imaginär ist. Es folgt daraus, daß im allgemeinen die Wellenfunktionen Ψ komplex sein müssen. Das wäre schwer verständlich, wenn die Größe Ψ selbst eine direkte physikalische Bedeutung hätte; denn dann müßte man fordern, daß Ψ reell sei. Wir werden aber später auch sehen, daß nicht Ψ selbst eine unmittelbare physikalische Bedeutung hat, und die analytische Form der Gleichung (52) ist ein erster Hinweis hierauf. Eine Folge der komplexen Natur von Ψ ist es, daß in (52) zwei Gleichungen enthalten sind; der einen (mit dem Pluszeichen) gehorcht die (komplexe) Funktion Ψ, der andern mit dem Minuszeichen) die dazu konjugiert komplexe $\overset{*}{\Psi}$, so daß wir ausführlicher schreiben müssen:

$$\Delta \Psi - \frac{8 m_0 \pi^2}{h^2} \Phi \Psi + \frac{4 m_0 \pi i}{h} \frac{\partial \Psi}{\partial t} = 0, \tag{53}$$

$$\Delta \overset{*}{\Psi} - \frac{8 m_0 \pi^2}{h^2} \Phi \overset{*}{\Psi} - \frac{4 m_0 \pi i}{h} \frac{\partial \overset{*}{\Psi}}{\partial t} = 0. \tag{54}$$

Da diese Gleichungen im Grunde durch ein bloßes Probieren gefunden wurden, ist es wichtig, daß man noch auf einem andern Wege dazu gelangen kann. Wie wir in Nr. 38 bemerkten, läßt sich die zeitfreie Schrödinger-Gleichung (45) für die Amplitudenfunktion ψ auch dadurch gewinnen, daß man in der Hamilton-Jacobischen Differentialgleichung (in kartesischen Koordinaten) jeden Impuls $p_k = \frac{\partial W}{\partial q_k}, \ldots$ ersetzt durch den Ausdruck $\frac{h}{2\pi i} \frac{\partial}{\partial q_k}, \ldots$, wobei q_k die zu p_k kanonisch konjugierte Variable ist, und dann die ganze Hamiltonsche Funktion als einen auf ψ wirkenden Operator ansieht. Dieses Verfahren ist einer Erweiterung fähig, die gerade zur zeitabhängigen Schrödinger-Gleichung (53) bzw. (54) führt. Die Hamilton-Jacobische Gleichung für einen Massenpunkt lautet:

$$\frac{1}{2 m_0} \{p_x^2 + p_y^2 + p_z^2\} + \Phi(x\,y\,z) - U = 0.$$

Ersetzen wir darin $p_x, \ldots$ wieder durch $+ \frac{h}{2\pi i} \frac{\partial}{\partial x}, \ldots, \ldots$, ferner die Energie U durch $- \frac{h}{2\pi i} \frac{\partial}{\partial t}$ und fassen die ganze linke Seite als einen auf die Wellenfunktion Ψ wirkenden Operator auf, so ergibt sich sofort:

$$\Delta \Psi - \frac{8 m_0 \pi^2}{h^2} \Phi \Psi + \frac{4 m_0 \pi i}{h} \frac{\partial \Psi}{\partial t} = 0,$$

d. h. die zeitabhängige Gleichung (53); ersetzt man U durch $+ \frac{h}{2\pi i} \frac{\partial}{\partial t}$, so folgt Gleichung (54) für die konjugiert komplexe Funktion $\overset{*}{\Psi}$. Das Funktionieren dieser formalen Prozedur auch in diesem allgemeineren Falle beruht darauf, daß im Sinne der Hamiltonschen Theorie die Energie U und die Zeitvariable t kanonisch konjugiert sind. Daß man auf diese Weise ebenfalls zu den zeitabhängigen Gleichungen (53) und (54) gelangt, ist deshalb erfreulich, weil diese Übereinstimmung geeignet ist, das Vertrauen zu der allgemeinen Gültigkeit dieser Gleichung zu stärken.

Wir haben noch eine Bemerkung über die Bedeutung des Umstandes hinzuzufügen, daß die allgemeine Gleichung (52) nur die erste Ableitung nach der Zeit enthält. Darin ist nämlich ausgesprochen, daß die Wellenfunktion $\Psi\,(x\,y\,z)$ für alle Zeiten vollkommen bestimmt ist, wenn sie für einen einzigen Zeitpunkt, etwa $t=0$, gegeben ist. In der Tat: ist Ψ für $t=0$ gegeben, so folgt aus (52) der Wert $\frac{\partial \Psi}{\partial t}$, d. h. der Wert von Ψ für die Zeit $(0+dt)$; ebenso folgt aus dem Werte von Ψ zur Zeit dt weiter der Wert zur Zeit $2\,dt$, usw. für alle Zeiten. Diese Überlegung ist genau die gleiche, die sich an die „kanonischen" Gleichungen der Dynamik anknüpft, die ja auch Differentialgleichungen 1. Ordnung in bezug auf die Zeit sind. Man kann diesen Sachverhalt auch kurz dahin aussprechen, daß man sagt, die Wellenfunktion Ψ sei kausal vollkommen determiniert, wenn sie für einen Zeitpunkt gegeben ist.

Wir wollen gleich hier im Anschluß an unsere obigen Bemerkungen hinzufügen, daß die spätere Entwicklung in der Tat dazu geführt hat, nicht den Größen Ψ oder $\overset{*}{\Psi}$ eine direkte physikalische Bedeutung zuzuschreiben, sondern dem quadratischen Ausdruck $\Psi\overset{*}{\Psi} = |\Psi|^2$, der stets positiv reell ist (in dem speziellen Falle, daß die Wellenfunktion reell sein sollte, ist natürlich $\Psi\overset{*}{\Psi} = \Psi^2$); wir können daher die Wellenfunktion Ψ stets komplex schreiben, da die später allein interessierende Größe $\Psi\overset{*}{\Psi}$ doch reell ausfällt.

Wie schon in Nr. 38 bemerkt, wählen die Randbedingungen gewisse Werte (die „Eigenwerte") des Energieparameters U aus, die wir generell durch U_n bezeichnen wollen. Zu jedem Werte U_n gehört dann auch eine „Eigenfunktion" $\psi_n\,(x\,y\,z)$[1]). Eine partikuläre Lösung von (53) — mit einer willkürlichen Konstanten a_n multipliziert — hat also die Gestalt:

$$\Psi_n = a_n\,\psi_n\,(x\,y\,z)\,e^{-\frac{2\pi i}{h}U_n t}, \tag{55}$$

und die allgemeine Lösung läßt sich schreiben:

$$\Psi = \sum_n^{0,\infty} a_n\,\psi_n\,(x\,y\,z)\,e^{-\frac{2\pi i}{h}U_n t}\ ^{2)}. \tag{56}$$

[1]) Eventuell auch mehrere Eigenfunktionen; vgl. pag. 260.

[2]) Hier ist vorausgesetzt, daß die Eigenwerte U_n eine diskrete Folge bilden; im allgemeinen treten aber auch noch kontinuierliche Folgen von solchen auf; dann ist der Ausdruck auf der rechten Seite noch durch entsprechendes Integral zu ergänzen. Wir werden uns der Einfachheit der Schreib- und Ausdrucksweise halber immer auf die Form (56) beschränken.

Der allgemeine Fall, daß neben einer Reihe von diskontinuierlichen Eigenwerten auch eine kontinuierliche auftritt, findet sich z. B. bei dem in Nr. 45 behandelten Problem des Wasserstoffatoms.

Ihr tritt die allgemeine Lösung der konjugiert komplexen Gleichung (54) zur Seite (die Sterne bezeichnen immer den konjugiert komplexen Wert):

$$\overset{*}{\Psi} = \sum_n \overset{*}{a}_n \overset{*}{\psi}_n (x\,y\,z)\, e^{+\frac{2\pi i}{h} U_n t}. \tag{57}$$

Mit diesen beiden Ausdrücken (56) und (57) ist dann der uns interessierende Ausdruck $\Psi \overset{*}{\Psi}$ zu bilden; nennen wir „m" einen zweiten Summationsbuchstaben, so erhalten wir dafür die Doppelsumme:

$$\Psi \overset{*}{\Psi} = \sum_n^{0,\infty} \sum_m^{0,\infty} a_n \overset{*}{a}_m \psi_n \overset{*}{\psi}_m\, e^{-\frac{2\pi i}{h}(U_n - U_m)t}. \tag{58}$$

Zerspalten wir diese Summe in zwei Teile, indem wir zunächst die Summanden zusammenfassen, für die $m = n$ ist, und dann die Summation über den Rest, für den $m \neq n$ ist, durch $\sum'$ bezeichnen, so folgt statt (58) die andere Darstellung:

$$\Psi \overset{*}{\Psi} = \sum_n a_n \overset{*}{a}_n \psi_n \overset{*}{\psi}_n + \sum_n{}' \sum_m{}' a_n \overset{*}{a}_m \psi_n \overset{*}{\psi}_m\, e^{-\frac{2\pi i}{h}(U_n - U_m)t}. \tag{59}$$

Diese Schreibweise bringt die Tatsache zum Ausdruck, daß in $\Psi \overset{*}{\Psi}$ sowohl zeitunabhängige Glieder ($m = n$) als auch zeitabhängige Glieder ($m \neq n$) auftreten, was später wichtig für uns werden wird.

Für später wollen wir noch eine Eigenschaft des über das „Grundgebiet der Differentialgleichung"[1]) erstreckten Integrals $\int \Psi \overset{*}{\Psi} d\tau$ ableiten. Erweitern wir nämlich die Differentialgleichung (53) mit $\overset{*}{\Psi}$, die Differentialgleichung (54) mit Ψ, subtrahieren und integrieren über das gesamte Gebiet der Variabeln x, y, z, wobei wir das Volumelement $dx\,dy\,dz$ mit $d\tau$ bezeichnen, so folgt die Gleichung:

$$\left\{\begin{aligned} \int \left(\overset{*}{\Psi} \Delta \Psi - \Psi \Delta \overset{*}{\Psi}\right) d\tau &= -\frac{4\pi m_0 i}{h} \int \left(\overset{*}{\Psi} \frac{\partial \Psi}{\partial t} + \Psi \frac{\partial \overset{*}{\Psi}}{\partial t}\right) d\tau \\ &= -\frac{4\pi m_0 i}{h} \frac{\partial}{\partial t} \int \Psi \overset{*}{\Psi} d\tau. \end{aligned}\right. \tag{60}$$

Wenden wir links den Greenschen Satz an, so können wir das Raumintegral in ein Oberflächenintegral verwandeln; sei S die Oberfläche von τ und N die äußere Normale, so folgt:

$$\int \left(\overset{*}{\Psi} \frac{\partial \Psi}{\partial N} - \Psi \frac{\partial \overset{*}{\Psi}}{\partial N}\right) dS = -\frac{4\pi m_0 i}{h} \frac{\partial}{\partial t} \int \Psi \overset{*}{\Psi} d\tau. \tag{61}$$

Wir wollen nun annehmen, daß an den Grenzen des Raumes τ das links stehende Integral stets verschwindet, entweder infolge der Randbedingungen, wenn es sich um endliche Begrenzung handelt, oder weil im Un-

[1]) Unter dem „Grundgebiet" der Differentialgleichung versteht man den ganzen in Betracht kommenden Bereich der unabhängigen Variabeln.

endlichen die Funktionen Ψ und $\overset{*}{\Psi}$ hinreichend stark abnehmen. Dann folgt:

$$\frac{\partial}{\partial t}\int \Psi \overset{*}{\Psi} d\tau = 0\,, \tag{62}$$

d. h. das Integral $\int \Psi \overset{*}{\Psi} d\tau$ ist zeitlich unveränderlich. Es wird sich zeigen, daß diese Eigenschaft für die später zu wählende Interpretation der physikalischen Bedeutung von $\Psi \overset{*}{\Psi}$ von ausschlaggebender Bedeutung ist.

40. Normierung und Orthogonalität der Eigenfunktionen.

In dieser Nummer wollen wir einige allgemeine Eigenschaften der Eigenfunktionen (Amplitudenfunktionen) ψ_n zusammenstellen, die wir im folgenden stets brauchen werden. Es sind Verallgemeinerungen von Eigenschaften, die bei den trigonometrischen Funktionen allgemein bekannt sind, und die in Bd. I in den Kapiteln XIV und XV ausführlich behandelt wurden. Auf diese Kapitel sei der Leser verwiesen, falls ihm diese Dinge nicht geläufig sein sollten.

Zunächst leiten wir eine allgemeine Eigenschaft der Eigenfunktionen ψ_n ab, wobei wir vorläufig voraussetzen, daß zu jedem Eigenwerte U_n nur eine Eigenfunktion $\psi_n (x\, y\, z)$ gehöre; ist dies der Fall, so nennen wir das mechanische System „nichtentartet". Für zwei verschiedene Eigenwerte U_n und U_m haben wir dann die identisch erfüllten Gleichungen:

$$\begin{aligned} \Delta \psi_n + \frac{8\, m_0 \pi^2}{h^2} (U_n - \Phi)\, \psi_n &\equiv 0\,, && \Big|\ \overset{*}{\psi}_m \\ \Delta \overset{*}{\psi}_m + \frac{8\, m_0 \pi^2}{h^2} (U_m - \Phi)\, \overset{*}{\psi}_m &\equiv 0\,. && \Big|\ \psi_n \end{aligned}$$

Erweitert man diese Gleichungen mit $\overset{*}{\psi}_m$ und ψ_n in der angedeuteten Weise, subtrahiert und integriert über den ganzen Raum τ, so folgt

$$\int (\overset{*}{\psi}_m \Delta \psi_n - \psi_n \Delta \overset{*}{\psi}_m) d\tau + \frac{8\, m_0 \pi^2}{h^2} (U_n - U_m) \int \psi_n \overset{*}{\psi}_m\, d\tau = 0\,.$$

Anwendung des Greenschen Satzes auf das erste Glied und der vorhin schon benutzten Schlußweise, daß das Oberflächenintegral in jedem Fall verschwindet, liefert:

$$(U_n - U_m) \int \psi_n \overset{*}{\psi}_m\, d\tau = 0\,. \tag{63}$$

Da nun nach Voraussetzung $U_n \neq U_m$ ist, folgt für $n \neq m$ die Bedingung:

$$\int \psi_n \overset{*}{\psi}_m\, d\tau = 0; \qquad n \neq m\,, \tag{64}$$

die für reelle Eigenfunktionen übergeht in

$$\int \psi_n \psi_m\, d\tau = 0; \qquad n \neq m\,. \tag{64a}$$

Die durch (64) ausgedrückte Eigenschaft der Eigenfunktionen nennt man „Orthogonalität".

Auch im Falle $m = n$ gilt Gleichung (63) noch, weil dann $U_m - U_n = 0$ ist; aber natürlich ist dann $\int \psi_n \overset{*}{\psi}_n \, d\tau$ eine positive Konstante. Da nun die Eigenfunktionen nur bis auf eine Konstante definiert sind, wollen wir in Zukunft diese Konstante so wählen und in die Definition von ψ_n mit einbeziehen, daß das letzte Integral gleich 1 wird. Es wird also in Zukunft allgemein gelten:

(65) $$\int \psi_n \overset{*}{\psi}_n \, d\tau = 1 \, ,$$

bzw. für reelle Eigenfunktionen:

(65a) $$\int \psi_n^2 \, d\tau = 1$$ [1]);

die so bestimmten Eigenfunktionen ψ_n nennt man „normiert"; die Gesamtheit der Eigenfunktionen bildet also ein normiertes Orthogonalsystem von Funktionen. Die Eigenschaft der Orthogonalität ist allgemein bekannt von den trigonometrischen Funktionen; sie dient dazu, bei Entwicklung willkürlicher Funktionen nach einem System von Eigenfunktionen die Konstanten zu bestimmen, worauf wir gleich eingehen wollen.

Wir müssen aber noch den Fall betrachten, daß das System entartet ist, d. h. daß zu einem Eigenwerte U_n mehrere voneinander verschiedene Eigenfunktionen gehören. Dann kann aus Gleichung (63), in der $U_m - U_n = 0$ ist, der Schluß auf Orthogonalität nicht mehr gezogen werden. Man kann indessen in einem solchen Falle mit beliebigen Konstanten lineare Aggregate der zum gleichen Eigenwert gehörenden Eigenfunktionen bilden, und zwar soviel Aggregate, als verschiedene Eigenfunktionen zum gleichen Eigenwerte gehören. Durch geeignete Wahl der Konstanten kann man immer erreichen, daß diese Aggregate, die ja wegen der Linearität der Differentialgleichung auch Eigenfunktionen sind, zueinander und den übrigen Eigenfunktionen orthogonal sind; die Wahl der die Aggregate bildenden Konstanten ist sogar noch auf unendlich viele Weisen möglich. Man kann sich also auch im Falle der Entartung stets ein System von normierten, orthogonalen Eigenfunktionen verschaffen; wo also dieser Fall vorliegt, wollen wir dies immer als schon geschehen betrachten.

Wenn nun die Aufgabe vorliegt, eine gegebene reelle Funktion $F(x\,y\,z)$ nach Eigenfunktionen zu entwickeln, so haben wir, wenn wir letztere der Allgemeinheit halber als komplex voraussetzen, die Gleichung:

---

[1]) Diese Normierung ist aber nicht immer möglich; vgl. z. B. die im VIII. Kapitel vielfach benützten, zu ebenen Wellen gehörenden Eigenfunktionen

$$e^{2\pi i k x},$$

wo x von $-\infty$ bis $+\infty$ läuft; hier ist eine Normierung offenbar nicht möglich, weil die genannte Eigenfunktion nicht auch die Eigenschaft besitzt, am Rande des Grundgebietes hinreichend stark zu verschwinden.

$$F\,(x\,y\,z) = \sum_{n}^{-\infty,\,+\infty} c_n\,\psi_n\,(x\,y\,z)\,{}^{1)}, \tag{66}$$

und es entsteht die Aufgabe, die Koeffizienten c_n zu bestimmen. Multiplizieren wir zur Bestimmung etwa von c_α die Gleichung mit $\overset{*}{\psi}_\alpha$ und integrieren über das Grundgebiet der Differentialgleichung, so folgt:

$$\int F\,\overset{*}{\psi}_\alpha\,d\tau = \int \sum_n c_n\,\psi_n\,\overset{*}{\psi}_\alpha\,d\tau\,.$$

Vertauschen wir rechts Integration und Summation, was zulässig ist, wenn die Reihen gleichmäßig konvergieren, so folgt:

$$\int F\,\overset{*}{\psi}_\alpha d\tau = \sum_n c_n \int \psi_n\,\overset{*}{\psi}_\alpha\,d\tau\,.$$

Von den rechts stehenden Integralen ist wegen der Orthogonalitätsbedingung (64) für komplexe Eigenfunktionen nur eines von Null verschieden, nämlich $\int \psi_\alpha\,\overset{*}{\psi}_\alpha\,d\tau$, und dieses hat wegen (65) den Wert 1. Daher reduziert sich die rechte Seite auf c_α, und wir erhalten:

$$c_\alpha = \int F\,\overset{*}{\psi}_\alpha\,d\tau\,. \tag{67}$$

Damit sind die Koeffizienten der Reihe (66) bestimmt, und die Aufgabe der Entwicklung von F nach einem System vorgeschriebener Eigenfunktionen ist gelöst — vorausgesetzt natürlich, daß die Konvergenzfragen erledigt sind.

Neben der Normierungsbedingung (65) ist es üblich, auch das zeitunabhängige Integral $\int \Psi\,\overset{*}{\Psi}\,d\tau$, das mit den Wellenfunktionen gebildet ist, „auf Eins zu normieren“. Wir nehmen daher im folgenden auch stets die Gleichung als erfüllt an:

$$\int \Psi\,\overset{*}{\Psi}\,d\tau = 1\,. \tag{68}$$

Da wir somit gleichzeitig die Gültigkeit der Normierungsbedingungen (65) und (68) fordern, bedeutet dies nach (56) und (57) eine Bedingung für die Koeffizienten a_n und $\overset{*}{a}_n$. Denn wir können ja (68), wenn wir den Wert von $\Psi\,\overset{*}{\Psi}$ aus (59) entnehmen, schreiben:

$$\int \Psi\,\overset{*}{\Psi}\,d\tau = \int \sum_n a_n\,\overset{*}{a}_n \psi_n \overset{*}{\psi}_n d\tau + \int \sum_n{}' \sum_m{}' a_n\,\overset{*}{a}_m\,\psi_n\,\overset{*}{\psi}_m\, e^{-\frac{2\pi i}{h}(U_n - U_m)t}\,d\tau\,.$$

[1]) Hier ist der Einfachheit halber wieder vorausgesetzt, daß die Eigenwerte (und damit die Eigenfunktionen) eine diskrete Folge bilden; wie die im Text angegebenen Folgerungen zu verallgemeinern sind, wenn man in (66) noch ein Integral über die kontinuierlich verteilten Eigenfunktionen hinzufügt, haben Weyl und Fues gezeigt. — Damit $F\,(x\,y\,z)$ reell ist, muß offenbar $c_{-n} = \overset{*}{c}_n$, $\psi_{-n} = \overset{*}{\psi}_n$ sein.

Vertauschen wir rechts wieder die Reihenfolge von Summation und Integration, so folgt:

$$\int \Psi \overset{*}{\Psi} d\tau = \sum_n a_n \overset{*}{a}_n \int \psi_n \overset{*}{\psi}_n d\tau + \sum_n{}' \sum_m{}' a_n \overset{*}{a}_m e^{-\frac{2\pi i}{h}(U_n - U_m)t} \int \psi_n \overset{*}{\psi}_m d\tau .$$

Die im zweiten Gliede rechts auftretenden Integrale verschwinden aber zufolge der Orthogonalitätsbedingung (64), während die Integrale im ersten Gliede rechts sich sämtlich auf 1 reduzieren. Das gleichzeitige Gelten von (65) und (68) verlangt also, daß die Koeffizienten der Bedingung genügen:

$$\sum_n^{-\infty,+\infty} a_n \overset{*}{a}_n = 1 . \tag{69}$$

41. Die Schrödinger-Gleichung für ein System von Massenpunkten; Bewegung des Schwerpunktes.

Bislang haben wir es immer nur mit der Wellenmechanik eines Massenpunktes zu tun gehabt. Es ist aber natürlich notwendig, sie für ein System von solchen zu entwickeln. Zur Aufstellung der zeitabhängigen Wellengleichung geht man am besten von der Hamilton-Jacobischen Differentialgleichung aus, die wir für ein System von s Massenpunkten hier anschreiben (W ist wieder die Hamiltonsche Wirkungsfunktion):

$$\sum_i^{1,s} \frac{1}{2m_i} \left\{ \left(\frac{\partial W}{\partial x_i} \right)^2 + \left(\frac{\partial W}{\partial y_i} \right)^2 + \left(\frac{\partial W}{\partial z_i} \right)^2 \right\} + \Phi(x_1 \ldots . z_s) - U = 0 . \tag{70}$$

Ersetzen wir hier $\frac{\partial W}{\partial x_i}, \ldots$ durch $+ \frac{h}{2\pi i} \frac{\partial}{\partial x_i}, \ldots$, U durch $- \frac{h}{2\pi i} \frac{\partial}{\partial t}$, und betrachten die ganze linke Seite von (70) als einen auf Ψ wirkenden Operator, so folgt die gesuchte Differentialgleichung:

$$\frac{h^2}{8\pi^2} \sum_i \frac{1}{m_i} \Delta_i \Psi - \Phi \Psi = \frac{h}{2\pi i} \frac{\partial \Psi}{\partial t} , \tag{71}$$

wenn wir mit $\Delta_i \Psi$ die Abkürzung bezeichnen:

$$\Delta_i \Psi = \frac{\partial^2 \Psi}{\partial x_i^2} + \frac{\partial^2 \Psi}{\partial y_i^2} + \frac{\partial^2 \Psi}{\partial z_i^2} . \tag{72}$$

Gleichung (71) zerfällt für die beiden zueinander komplex konjugierten Wellenfunktionen Ψ und $\overset{*}{\Psi}$ in die beiden Gleichungen:

$$\frac{h^2}{8\pi^2} \sum_i \frac{1}{m_i} \Delta_i \Psi - \Phi \Psi - \frac{h}{2\pi i} \frac{\partial \Psi}{\partial t} = 0 , \tag{73}$$

$$\frac{h^2}{8\pi^2} \sum_i \frac{1}{m_i} \Delta_i \overset{*}{\Psi} - \Phi \overset{*}{\Psi} + \frac{h}{2\pi i} \frac{\partial \overset{*}{\Psi}}{\partial t} = 0 . \tag{74}$$

Setzt man in (71):

$$\Psi = \psi(x\,y\,z)\, e^{-\frac{2\pi i}{h} U t} ,$$

so folgt die zeitunabhängige Amplitudengleichung Schrödingers:

$$\frac{h^2}{8\pi^2}\sum_i^{1,s}\frac{1}{m_i}\Delta_i\psi + (U - \Phi)\psi = 0\,. \tag{75}$$

Sowohl (73) und (74) wie (75) sind unmittelbar sich ergebende Verallgemeinerungen der entsprechenden Gleichungen für einen Massenpunkt.

Der Ausdruck $\sum_i \Delta_i \Psi$ ist — geometrisch gesprochen — der Laplacesche Operator in einem Raume von $3s$ Dimensionen. Es ist charakteristisch für das Mehrkörperproblem der heutigen Wellenmechanik, daß sich die Wellenbewegung Ψ im allgemeinen nicht im gewöhnlichen Raume, sondern in einem höher dimensionierten Koordinatenraume abspielt. Dieser Koordinaten- oder Konfigurationenraum ist nicht zu verwechseln mit dem häufig zur geometrischen Veranschaulichung benutzten Phasenraum, in dem die Koordinaten der Massenpunkte und ihre Impulse als Koordinaten auftreten; dieser Phasenraum wird zur Veranschaulichung herangezogen und ist an sich entbehrlich. Hier dagegen spielt sich der Wellenvorgang zwangsläufig im Konfigurationenraume ab, und der ist schon beim Zweikörperproblem sechsdimensional. Es ist wichtig, dies von Anfang an im Auge zu behalten, da dieser Umstand natürlich bei Beantwortung der Frage nach der physikalischen Natur der Ψ-Wellen ins Gewicht fallen muß.

Wir verlassen diese Frage allgemeiner Natur und wenden uns zu der konkreteren, wann die zeitfreie Schrödinger-Gleichung (75) eine Integration gestattet. Der wichtigste derartige Fall ist natürlich der der Separation der Variabeln. Wenn die potentielle Energie Φ, die im allgemeinen von allen Koordinaten des Systems $x_1, \ldots z_s$ abhängt, sich als eine Summe von Funktionen darstellt, die nur von den Koordinaten je eines Massenpunktes (oder nur eines Teils von ihnen) abhängt:

$$\Phi = \sum_i \Phi_i\,(x_i\, y_i\, z_i)\,, \tag{76}$$

so läßt sich die Amplitudengleichung (75) aufspalten. Denn in diesem Falle kann man zur Lösung ansetzen:

$$\psi = \prod_i \psi_i\,(x_i\, y_i\, z_i) = \psi_1\,(x_1\, y_1\, z_1)\,\psi_2\,(x_2\, y_2\, z_2)\ldots\ldots\psi_s\,(x_s\, y_s\, z_s)\,. \tag{77}$$

Führt man diesen Ansatz in die Gleichung (75) ein, so erhält man, wenn man die ganze Gleichung noch durch $\psi_1\psi_2\psi_3\ldots\psi_s$ dividiert:

$$\frac{h^2}{8\pi^2}\sum_i^{1,s}\frac{1}{m_i}\,\frac{\Delta\psi_i}{\psi_i} + U - \sum_i^{1,s}\Phi_i = 0\,, \tag{78}$$

$\Delta\psi_i$ ist hier der gewöhnliche dreidimensionale Laplacesche Operator, angewendet auf ψ_i. Zerlegt man noch die Konstante U in die Summanden:

$$U = \sum_i^{1,s} U_i\,,$$

so kann (78) dadurch erfüllt werden, daß man setzt:

$$(79)\qquad \frac{h^2}{8\pi^2 m_i}\Delta\psi_i + (U_i - \Phi_i)\psi_i = 0;\qquad (i = 1, 2, \ldots . s).$$

Wenn also der vorausgesetzte Fall vorliegt, so kann die Lösung der allgemeinen Gleichung (75) für s Massenpunkte als Produkt der Lösungen der s sich auf einen Massenpunkt beziehenden Schrödinger-Gleichungen (79) gefunden werden. Das ist einfach die Übersetzung der Integrationsmethode durch Separation der Hamilton-Jacobischen Differentialgleichung ins Wellenmechanische.

Von besonderer Wichtigkeit ist diese Methode, wenn man als Separationskoordinaten einerseits die Koordinaten des Schwerpunktes und anderseits innere Koordinaten, d. h. von der Bewegung des Schwerpunktes unabhängige, z. B. diejenigen relativ zum Schwerpunkt, einführen kann. Dann läßt sich aus der allgemeinen Eigenfunktion ψ ein Faktor ψ_S absondern, der die Schwerpunktsbewegung darstellt, während der Rest der Eigenfunktion nur „innere Koordinaten" enthält, also z. B. die Bewegung relativ zum Schwerpunkt beschreibt. Statt diesen Gedankengang in voller Allgemeinheit durchzuführen, wollen wir ihn am Zweikörperproblem erläutern, was uns später für die Theorie der Einelektronensysteme unter Berücksichtigung der Mitbewegung des Kernes nützlich sein wird. In dem genannten Falle lautet die Schrödinger-Gleichung (75):

$$(80)\qquad \frac{h^2}{8\pi^2}\left\{\frac{1}{m_1}\Delta_1\psi + \frac{1}{m_2}\Delta_2\psi\right\} + (U - \Phi)\psi = 0.$$

Die Koordinaten der beiden Massenpunkte seien mit $(x_1\, y_1\, z_1)$ und $(x_2\, y_2\, z_2)$ bezeichnet; Δ_1 und Δ_2 seien die Laplaceschen Operatoren in bezug auf diese Koordinaten. Wir wollen nun einerseits die Schwerpunktskoordinaten (ξ, η, ζ) einführen, anderseits die relativen Koordinaten $(x\, y\, z)$ von m_2 gegen m_1 benutzen. Dann gelten folgende Definitionsgleichungen:

$$(81)\qquad \left\{\begin{aligned} (m_1 + m_2)\,\xi &= m_1 x_1 + m_2 x_2,\\ x &= -x_1 + x_2, \end{aligned}\right.$$

zu denen zwei analoge Paare für die anderen Koordinatenrichtungen kommen. Wir haben nun die Laplaceschen Operatoren auf diese neuen Koordinaten zu transformieren. Dazu bemerken wir zunächst, daß aus (81) die Beziehungen folgen (und entsprechende für die übrigen Koordinatenrichtungen):

$$(82)\qquad \left\{\begin{aligned} &\frac{\partial\xi}{\partial x_1} = \frac{m_1}{m_1 + m_2}; \qquad &&\frac{\partial\xi}{\partial x_2} = \frac{m_2}{m_1 + m_2};\\ &\frac{\partial x}{\partial x_1} = -1; &&\frac{\partial x}{\partial x_2} = +1. \end{aligned}\right.$$

Fassen wir nun ψ als Funktion der neuen Variabeln $\xi, \eta, \zeta, x, y, z$ auf, so findet man der Reihe nach unter Beachtung von (82):

$$\frac{\partial \psi}{\partial x_1} = -\frac{\partial \psi}{\partial x} + \frac{m_1}{m_1 + m_2}\frac{\partial \psi}{\partial \xi};$$
$$\frac{\partial^2 \psi}{\partial x_1^2} = \frac{\partial^2 \psi}{\partial x^2} - \frac{2\,m_1}{m_1 + m_2}\frac{\partial^2 \psi}{\partial x\,\partial \xi} + \frac{m_1^2}{(m_1 + m_2)^2}\frac{\partial^2 \psi}{\partial \xi^2};$$
$$\frac{\partial \psi}{\partial x_2} = \frac{\partial \psi}{\partial x} + \frac{m_2}{m_1 + m_2}\frac{\partial \psi}{\partial \xi};$$
$$\frac{\partial^2 \psi}{\partial x_2^2} = \frac{\partial^2 \psi}{\partial x^2} + \frac{2\,m_2}{m_1 + m_2}\frac{\partial^2 \psi}{\partial x\,\partial \xi} + \frac{m_2^2}{(m_1 + m_2)^2}\frac{\partial^2 \psi}{\partial \xi^2}.$$

Entsprechende Gleichungen folgen für die übrigen Koordinatenrichtungen. Folglich erhält man die Transformation:

$$\frac{1}{m_1}\Delta_1\psi + \frac{1}{m_2}\Delta_2\psi = \left(\frac{1}{m_1} + \frac{1}{m_2}\right)\Delta_x\psi + \frac{1}{m_1 + m_2}\Delta_\xi\psi,$$

wo Δ_x und Δ_ξ die Laplaceschen Operatoren für die relativen und die Schwerpunktskoordinaten sein sollen. Setzt man diesen Ausdruck in die Schrödinger-Gleichung (80) ein, so folgt:

$$(83)\qquad \frac{h^2}{8\pi^2}\left(\frac{1}{m_1} + \frac{1}{m_2}\right)\Delta_x\psi + \frac{h^2}{8\pi^2}\frac{1}{m_1 + m_2}\Delta_\xi\psi + (U - \Phi)\,\psi = 0.$$

Nun ist $\frac{1}{m_1} + \frac{1}{m_2} = \frac{1}{\mu}$ der reziproke Wert der sogenannten reduzierten Masse, $m_1 + m_2 = M$ die Gesamtmasse des Systems. Also folgt einfacher:

$$(84)\qquad \frac{h^2}{8\pi^2}\frac{1}{\mu}\Delta_x\psi + \frac{h^2}{8\pi^2}\frac{1}{M}\Delta_\xi\psi + (U - \Phi)\,\psi = 0.$$

Wenn nun die potentielle Energie sich aus zwei Summanden zusammensetzt:

$$\Phi = \Phi_1(x\,y\,z) + \Phi_2(\xi\,\eta\,\zeta),$$

wo Φ_1 den Anteil der inneren potentiellen Energie, Φ_2 den der äußeren bedeutet, so können wir (84) durch den Produktansatz lösen:

$$(85)\qquad \psi = \psi_1(x\,y\,z)\,\psi_2(\xi\,\eta\,\zeta).$$

Setzt man in (84) ein und dividiert mit $\psi_1(x\,y\,z)\,\psi_2(\xi\,\eta\,\zeta)$ durch, so findet man:

$$\frac{h^2}{8\pi^2\mu}\frac{\Delta\psi_1}{\psi_1} + \frac{h^2}{8\pi^2 M}\frac{\Delta\psi_2}{\psi_2} + U_1 - \Phi_1 + U_2 - \Phi_2 = 0.$$

Nach dem bekannten Schlußverfahren zerfällt diese Gleichung in die beiden folgenden:

$$(86)\qquad \Delta\psi_1 + \frac{8\mu\pi^2}{h^2}(U_1 - \Phi_1)\,\psi_1 = 0,$$

$$(87)\qquad \Delta\psi_2 + \frac{8M\pi^2}{h^2}(U_2 - \Phi_2)\,\psi_2 = 0.$$

Gleichung (87) ist die Schrödinger-Gleichung eines Massenpunktes, in dem die Gesamtmasse M des Systems vereinigt ist, eben des Schwerpunktes; (86) dagegen ist die Schrödinger-Gleichung für die relative Bewegung einer Masse um die andere. Es gilt also auch in der Wellenmechanik — allerdings nur, wenn die potentielle Energie sich in der oben geforderten Weise trennen läßt — der Satz, daß der Schwerpunkt eines Systems sich so bewegt, als ob in ihm die Gesamtmasse vereinigt wäre und die resultierende äußere Kraft in ihm angriffe.

Die allgemeine Schrödinger-Gleichung (75) ist, streng genommen, immer anzuwenden, wenn es sich um Systeme handelt, also auch schon bei Einelektronensystemen (H-Atom); nur wenn man bei solchen von vornherein eine Masse (den Kern) als ruhend annimmt, reduziert man dieses Zweikörperproblem auf ein Einkörperproblem und kommt dann mit der Gleichung (45) für einen Massenpunkt aus. Die Notwendigkeit, die Systemgleichung (75) zu benutzen, besteht insbesondere für Mehrelektronensysteme, bei denen freilich auch eine angenäherte Behandlung nach der Schrödinger-Gleichung für einen Massenpunkt möglich ist, indem man den „Rumpf" als ruhend betrachtet und nur ein Elektron sich bewegen läßt (Theorie des Leuchtelektrons). Kann man sich nicht darauf beschränken, z. B. wenn man das Problem des Heliumatoms (drei Körper!) lösen will, so tritt die Komplikation auf, daß die potentielle Energie nicht als Summe (76) dargestellt werden kann, so daß sich jeder Summand nur auf eine Masse bezieht; im Gegenteil treten hier Wechselwirkungsglieder von gleicher Größenordnung auf. Daher ist die Integration durch einen Produktansatz in Strenge nicht mehr möglich, und es müssen die Methoden der Störungsrechnung Platz greifen, die wir später zu entwickeln haben.

Abschließend bemerken wir noch, daß die allgemeinen Erörterungen der Nummern 39 und 40 sich sinngemäß hier übertragen (z. B. Normierung, Orthogonalität, Zeitunabhängigkeit des Integrals $\int \Psi \overset{*}{\Psi} d\tau$ usw.). Es gelten sogar die gleichen Formeln, nur hat man unter $d\tau$ das Element des gesamten Koordinatenraumes $dx_1\, dy_1\, dz_1 \ldots dx_s\, dy_s\, dz_s$ zu verstehen. Wir brauchen daher nicht näher darauf einzugehen und können die dortigen Formeln einfach übernehmen.

42. Experimenteller Nachweis der Materiewellen.

Wir können nunmehr zur Besprechung der Experimente übergehen, die den Nachweis einer Wellennatur der Materiewellen erbracht haben. Es ist klar, in welcher Richtung man zu suchen hat: Man muß versuchen, Interferenz- und Beugungserscheinungen zu finden. Bereits vor Aufstellung der Theorie beobachteten Davisson und Kunsman[1]) (1923) eine Erscheinung, die damals kaum verständlich war und heute als Beugungserscheinung erklärt wird. Die genannten Autoren ließen einen parallelen Strahl von Elektronen, die ein variables Potentialgefälle V durchlaufen hatten, unter einem festen Auffallwinkel (45°) auf einen Platinspiegel treffen und untersuchten, wie die durch elastischen Stoß (d. h. ohne Energieverlust) reflektierten Elektronen sich auf die ver-

[1]) Davisson u. Kunsman, Phys. Rev. **22**, pag. 242ff.; 1923.

schiedenen Streuwinkel verteilten; die gestreuten Elektronen wurden in einem Faraday-Käfig aufgefangen, der unter verschiedenen Winkeln gegen den auffallenden Strahl eingestellt wurde, und der entstehende Strom in einem Galvanometer gemessen. Nennen wir den von der Richtung des einfallenden Strahls aus gemessenen Streuwinkel ϑ, so kann man den gemessenen Strom als Funktion von ϑ auftragen; es ergab sich dabei, daß man keine „glatte" Kurve erhielt, sondern daß sie, und zwar bei ganz bestimmten Geschwindigkeiten der primären Elektronen bei gewissen Winkeln ϑ relativ starke Maxima aufwies, also eine Art Selektivität bei gewissen Winkeln ϑ zeigte. Diese Beobachtung wurde damals in Zusammenhang mit dem Schalenaufbau der Elektronen im Pt-Atom zu bringen versucht. Nachdem dann 1925 die de Broglieschen Betrachtungen erschienen waren, kam Elsasser[1]) auf die Idee, es möchten diese Davisson-Kunsmanschen Beobachtungen vielleicht als „Elektronenbeugung" (d. h. als eine Beugung der den Elektronen zugeordneten Materiewellen) zu erklären sein. Davisson und Germer[2]) waren damals damit beschäftigt, die früheren Versuche zu erweitern und bemerkten durch einen Zufall, daß die früher beobachteten Ausbuchtungen der Streukurve besonders ausgeprägt auftraten, wenn die streuende Fläche einem homogenen Einkristall angehörte, d. h. einem Gebilde mit ausgedehntem ungestörten Raumgitter.

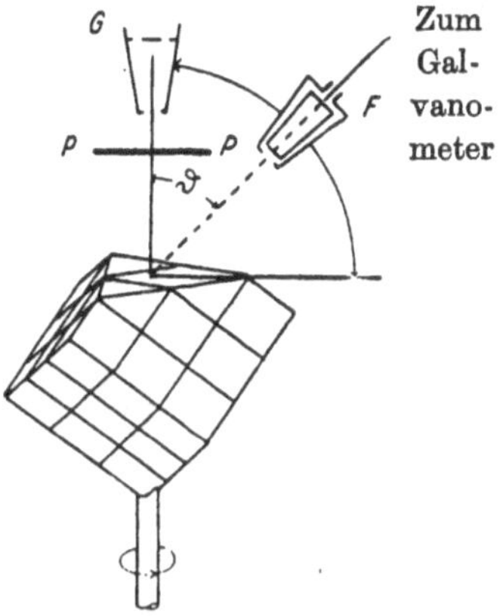

Fig. 68.

Der von Elsasser gegebenen Anregung folgend, untersuchten sie nun die Streuung an bestimmten kristallographischen (Netz-) Ebenen eines Nickeleinkristalls; Nickel kristallisiert regulär, und sie untersuchten die Streuung sowohl an einer Würfelfläche, die kristallographisch mit (100) bezeichnet wird, wie an einer Oktaederfläche (111). Die Anordnung von Davisson und Germer ist durch Fig. 68 schematisch wiedergegeben. Mit G ist der Apparat zur Erzeugung der verschieden schnellen Elektronen (Glühelektrode) bezeichnet. Der primäre Strahl fällt in der Figur auf eine Oktaederfläche. Die Streuung wird unter dem Winkel ϑ mit Hilfe eines Faraday-Käfigs F in der beschriebenen Weise gemessen. Der Kristall selbst ist um den primären Strahl drehbar, d. h. das um ihn gezählte Azimut kann meßbar verändert werden; die Messung kann bei festgehaltenem ϑ bei allen möglichen Orientierungen der Oktaederfläche gegen die „Einfallsebene" vorgenommen werden. Die Messung geht zunächst so vor sich, daß man ein beliebiges Azimut φ einstellt und Elektronen einer festen

[1]) W. Elsasser, Naturwiss. **13**, pag. 711; 1925.
[2]) Davisson u. Germer, Phys. Rev. **30**, pag. 705; 1927.

Voltgeschwindigkeit V auffallen läßt; indem man ϑ variiert, erhält man Kurven, wie sie in den Polardiagrammen der Fig. 69 wiedergegeben sind; jede der fünf Kurven betrifft eine andere Voltgeschwindigkeit V der Primärelektronen; der einfallende Strahl ist, wie in Fig. 68, vertikal von oben nach unten gerichtet, und die streuende Fläche steht horizontal. Man erkennt, wie sich bei einer Voltgeschwindigkeit von 54 Volt ein sehr starkes Maximum bei $\vartheta = 50^0$ findet, bei 64 Volt ein anderes bei 44^0 ausbildet usw.

Nachdem auf diese Weise die ausgezeichneten Winkel ϑ bestimmt sind, bei denen selektive Streuungsmaxima bei einer vorgegebenen Voltgeschwindigkeit V auftreten, hält man in einer zweiten Versuchsreihe einen solchen Winkel ϑ und das zugehörige V fest, dreht also den Kristall um den einfallenden Strahl als Achse. Dann erhält man für die beiden vorhin erwähnten Maxima bei 50^0 und 44^0 folgende Bilder, die den Zu-

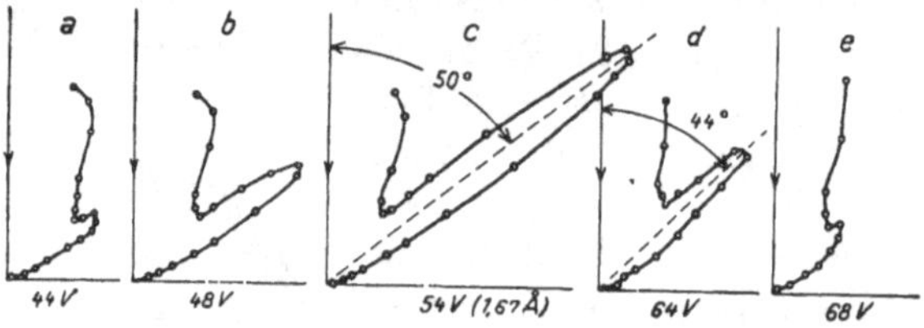

Fig. 69.

sammenhang mit der Kristallstruktur deutlich zeigen: die Oktaederfläche, an der die Streuung stattfindet, hat ja dreizählige Symmetrie, und dem entspricht auch das Verhalten bei Variation des Azimuts, wie Fig. 70 zeigt: die genannten Maxima wiederholen sich in Winkelabständen von je 120^0. Die ganze Anordnung entspricht der des Laue-Diagramms, wenn man sich den Primärstrahl durch einen Röntgenstrahl ersetzt denkt; würde man eine photographische Platte PP so anbringen, wie in Fig. 68 angedeutet, so würden die Maxima der Fig. 70 zweimal drei Punkten auf derselben entsprechen[1]) (Fig. 71). In der Fig. 71 sind neben den in Fig. 70 gezeichneten Versuchen:

$$65 \text{ Volt} = 44^0,\ (\bullet);\ \lambda = 1{,}520 \text{ Å.E.},$$
$$54 \text{ Volt} = 50^0,\ (\circ);\ \lambda = 1{,}670 \text{ Å.E.},$$

noch drei andere Versuchsreihen eingetragen, und zwar:

$$106 \text{ Volt} = 28^0,\ (\oplus);\ \lambda = 1{,}190 \text{ Å.E.},$$
$$126 \text{ Volt} = 28^0,\ (+);\ \lambda = 1{,}093 \text{ Å.E.},$$
$$160 \text{ Volt} = 60^0,\ (\diamond);\ \lambda = 0{,}968 \text{ Å.E.}$$

Man erkennt in allen Fällen die dreizählige Symmetrie, wie sie der Normalen der Oktaederfläche zukommt. Nun kommt das Entscheidende:

[1]) Bei der gewöhnlichen Anordnung des Laue-Diagramms steht allerdings die Platte hinter dem Kristall, hier davor; doch ist das grundsätzlich nebensächlich.

Wenn man gemäß der de Broglieschen Beziehung $m_0\, v = \frac{h}{\lambda}$ die Wellenlänge ausrechnet, so waren, wie Davisson und Germer festgestellt haben, die oben bezeichneten Reflexe genau die, die man bei Röntgenstrahlen in einem Laue-Diagramm erhalten hätte. Die Wellenlängen sind oben bei den Versuchsdaten angegeben.

In den Versuchen waren es nicht nur 5 Reflexe, sondern 30, von denen 6 durch sekundäre Umstände (Einlagerung von Gasmolekülen ins Gitter)

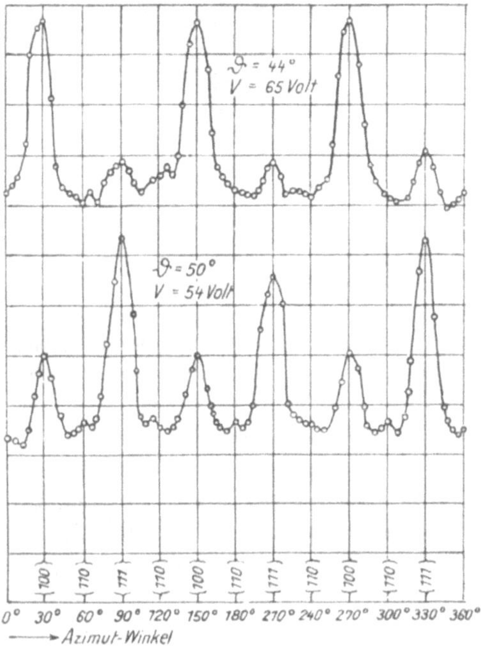

Fig. 70.

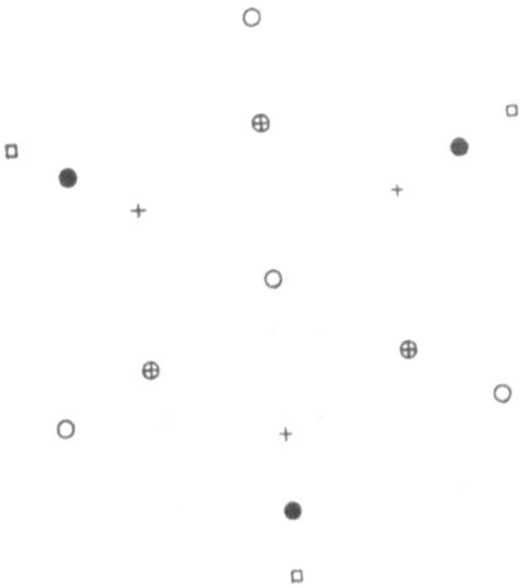

Fig. 71.

gestört und daher auszuscheiden waren, während 23[1]) als Raumgitterinterferenzen in der obigen Weise gedeutet werden konnten.

Damit war ein schlüssiger Beweis der Existenz der Materiewellen geliefert und gleichzeitig die Richtigkeit der de Broglieschen Beziehung (34) festgestellt.

In der Folgezeit hat man diesen Beweis noch verstärkt, indem man nach dem Braggschen und dem Debye-Scherrerschen Verfahren Interferenzen von Materiewellen nachgewiesen hat, nach dem letzteren insbesondere G. P. Thomson mit sehr schnellen (10^4 Volt-) Elektronen. Bei dieser Methode werden polykristalline dünne Metallfolien durchstrahlt; auf der photographischen Platte entstehen Kreise. Ohne daß

1) Ein Reflex war unsicher.

wir es notwendig hätten, auf die Theorie im einzelnen einzugehen, geben wir in Figg. 72a und b zwei nach diesem Verfahren gewonnene Photogramme, das eine (72a) mit 36 Kilovoltelektronen von $\lambda = 0{,}06$ Å.E. aufgenommen, das zweite (72b) mit Röntgenstrahlen von $\lambda = 1{,}54$ Å.E.; durchstrahlt wurde eine Silberfolie. Wegen der großen Verschiedenheit

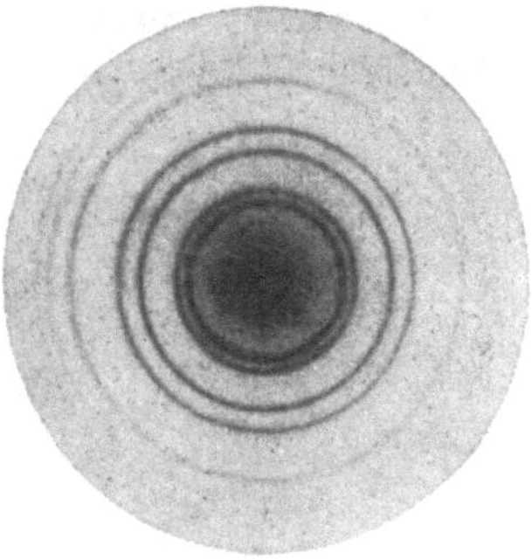

Fig. 72a.

Fig. 72b.

der Wellenlänge ist Fig. 72a so vergrößert, daß die starken inneren Kreise etwa gleiche Durchmesser wie in Fig. 72b besitzen; die Aufnahme stammt von Marck und Wierl. Trotz geeignet gewählter Vergrößerung können die Bilder nicht ganz identisch sein, da die Gitterkonstante des Silberkristalls als unveränderliche Konstante in den beiden Aufnahmen enthalten ist; man kann aber die einzelnen Kreise mit Sicherheit einander zuordnen, z. B. die vier stärksten in den beiden Figuren. Abschließend[1]) können wir sagen, daß das experimentelle Material nicht den geringsten Zweifel am Vorhandensein einer Wellennatur der Materie aufkommen läßt.

[1]) Eine zusammenfassende Darstellung der Beugungsversuche mit Materiewellen bei E. Fues, Handbuch der Experimentalphysik, Ergänzungswerk II, 1935.

Siebentes Kapitel.

Einfache Anwendungen der Wellenmechanik: Eigenwerte und Eigenfunktionen.

43. Der Rotator mit raumfester und freier Achse.

Wir gehen nun dazu über, eine Anzahl einfacher und wichtiger Beispiele nach der Schrödingerschen Methode der Wellenmechanik zu behandeln, um dem Leser die Mächtigkeit des neuen Instrumentes zu zeigen und ihn mit seiner Handhabung etwas vertraut zu machen; wir wählen mit Absicht u. a. solche Fälle aus, die zur Legitimierung mancher Behauptungen erforderlich sind, die wir früher ohne Beweis einführen mußten, um die Versuche mit dem Bohrschen Atommodell in Einklang zu bringen. Wir beschränken uns in diesem Kapitel aber auf die Berechnung der Eigenwerte, d. h. der zulässigen Energiewerte, und der Eigenfunktionen, ohne auf tieferliegende Fragen (z. B. nach dem Mechanismus des Strahlungsvorganges oder der physikalischen Interpretation der Wellenfunktionen) einzugehen; das bleibt späteren Kapiteln vorbehalten.

Das einfachste Beispiel ist der für die Theorie der Bandenspektren wichtige Rotator. Wir wählen ihn zunächst mit raumfester Achse; er wird etwa durch einen Massenpunkt dargestellt (Masse m_0), der in einem festen Abstande r in einer festen Ebene um ein Zentrum einen Kreis beschreibt. Er hat nur einen Freiheitsgrad und seine Lage wird demgemäß durch eine (zyklische) Koordinate φ beschrieben, den Winkel, den die Verbindungslinie vom Massenpunkt zum Zentrum mit einer beliebigen festen Richtung in der Ebene macht; die potentielle Energie ist gleich Null. Zur Aufstellung der Schrödingerschen Gleichung transformieren wir am einfachsten den zweidimensionalen Ausdruck $\Delta\,\psi$ auf ebene Polarkoordinaten r, φ unter Beachtung des Umstandes, daß ψ hier von r gar nicht abhängt. Eine elementare Rechnung liefert, wenn man noch die konstante Größe $m_0\, r^2$ als Trägheitsmoment J des Rotators bezeichnet, das Resultat:

$$\frac{\partial^2 \psi}{\partial \varphi^2} + \frac{8\,\pi^2\, J\, U}{h^2}\,\psi = 0\,. \tag{1}$$

Diese Gleichung ist zu integrieren unter der Nebenbedingung, daß ψ für alle Werte von $-\infty \leqq \varphi \leqq +\infty$ endlich, eindeutig und stetig sein soll. Nehmen wir zuerst an, U sei < 0; setzen wir dann der Kürze halber

$$\frac{8\,\pi^2\, J\, U}{h^2} = -\,\alpha^2\,,$$

so hat unsere Differentialgleichung (1) offenbar folgende zwei linear unabhängigen Lösungen:

$$\psi_1 = e^{\alpha\varphi}, \qquad \psi_2 = e^{-\alpha\varphi}.$$

Diese sind aber wegen $\alpha > 0$ unzulässig; denn für $\varphi = +\infty$ würde die erste, für $\varphi = -\infty$ die zweite Lösung unendlich werden; keine ist also für den ganzen Bereich brauchbar: Der Fall $U < 0$ ist also auszuschließen. Nehmen wir jetzt $U > 0$, und setzen demgemäß

$$(2) \qquad \frac{8\pi^2 J U}{h^2} = +\beta^2,$$

so sind die beiden linear unabhängigen Lösungen in komplexer Schreibweise:

$$(3) \qquad \psi_1 = e^{i\beta\varphi}; \qquad \psi_2 = \overset{*}{\psi}_1 = e^{-i\beta\varphi}.$$

Beide Lösungen (3) sind überall endlich und stetig, aber eindeutig nur dann, wenn β gleich einer ganzen Zahl m ist; wir können uns auf die Betrachtung von ψ_1 beschränken, wenn wir für m auch ganze negative Zahlen zulassen. Damit erhalten wir also für die zulässigen Werte von β bzw. U:

$$(4) \qquad U_m = \frac{h^2}{8\pi^2 J}\, m^2; \qquad (m = \pm 1, \pm 2, \ldots . \pm \infty).$$

Es bleibt noch der Fall $U = O$ zu untersuchen; dafür ist die einzige Lösung (A und B Konstanten):

$$\psi = A\varphi + B.$$

Die Endlichkeit erfordert Verschwinden von A; für endliches B aber ist auch diese Lösung als allen Bedingungen entsprechend zulässig. Wir müssen also in (4) noch den Wert $m = 0$ zulassen. Diese zulässigen Energiewerte (4) sind aber identisch mit den nach der Bohrschen Theorie mit Hilfe der alten Quantenbedingungen gelieferten, wie ein Blick auf Gleichung (95) des IV. Kapitels auf pag. 176 zeigt. Man sieht an diesem ersten Beispiele, daß und wie die Differentialgleichung nebst Zusatzbedingungen die Quantenansätze in sich trägt.

Allerdings ist das Resultat (4) nicht im Einklang mit der Erfahrung, wie wir im IV. Kapitel ausführlich gezeigt haben; das ist aber noch kein Einwand gegen die neue Theorie, da wir es bei den Bandenspektren ja nicht mit einem Rotator mit raumfester, sondern mit beweglicher Achse zu tun haben. Der Zustand des Rotators mit freier Achse ist durch zwei Variable, etwa die Polarwinkel ϑ und φ, bestimmt; für ihn haben wir jetzt die Schrödinger-Gleichung aufzustellen. Auch hier geschieht es am einfachsten, indem man $\Delta\psi$ (hier dreidimensional!) auf räumliche Polarkoordinaten transformiert, wobei ψ aber nicht von r abhängt. Das liefert in bekannter Weise:

$$r^2 \Delta\psi = \frac{1}{\sin\vartheta}\,\frac{\partial}{\partial\vartheta}\left(\sin\vartheta\,\frac{\partial\psi}{\partial\vartheta}\right) + \frac{1}{\sin^2\vartheta}\,\frac{\partial^2\psi}{\partial\varphi^2}.$$

Folglich lautet die gesuchte Differentialgleichung für den freien Rotator wenn wir wieder $m_0 r^2$ durch J bezeichnen:

$$\frac{1}{\sin\vartheta}\frac{\partial}{\partial\vartheta}\left(\sin\vartheta\frac{\partial\psi}{\partial\vartheta}\right)+\frac{1}{\sin^2\vartheta}\frac{\partial^2\psi}{\partial\vartheta^2}+\frac{8\pi^2 J U}{h^2}\psi=0. \tag{5}$$

Hierin machen wir für $\psi(\vartheta,\varphi)$ den üblichen Ansatz

$$\psi=\Theta(\vartheta)\,\Phi(\varphi), \tag{6}$$

versuchen also, durch das Produkt zweier Funktionen zu integrieren, deren jede nur von einer Variabeln abhängt. Einsetzen in (5) liefert:

$$\frac{\Phi}{\sin\vartheta}\frac{d}{d\vartheta}\left(\sin\vartheta\frac{d\Theta}{d\vartheta}\right)+\frac{1}{\sin^2\vartheta}\Theta\frac{d^2\Phi}{d\varphi^2}+\frac{8 J\pi^2 U}{h^2}\Theta\Phi=0,$$

oder nach Division mit $\frac{\Theta\Phi}{\sin^2\vartheta}$ und leichter Umordnung:

$$-\left[\frac{\sin\vartheta\frac{d}{d\vartheta}\left(\sin\vartheta\frac{d\Theta}{d\vartheta}\right)}{\Theta}+\frac{8\pi^2 J U}{h^2}\sin^2\vartheta\right]=+\frac{\frac{d^2\Phi}{d\varphi^2}}{\Phi}. \tag{7}$$

Hier hängt die linke Seite nur von ϑ, die rechte nur von φ ab; Gleichheit für alle Werte der Variabeln kann also nur stattfinden, wenn beide Seiten von (7) einer und derselben Konstanten gleich sind. Daher zerfällt, wenn wir die Konstante durch $-m^2$ bezeichnen, (7) in die beiden Gleichungen:

$$\frac{d^2\Phi}{d\varphi^2}=-m^2\Phi, \tag{8}$$

$$\frac{1}{\sin\vartheta}\frac{d}{d\vartheta}\left(\sin\vartheta\frac{d\Theta}{d\vartheta}\right)+\left(\frac{8\pi^2 J U}{h^2}-\frac{m^2}{\sin^2\vartheta}\right)\Theta=0. \tag{9}$$

Betrachten wir zunächst (8); daß wir hier die Konstante direkt gleich $-m^2$, d. h. negativ reell gesetzt haben, rechtfertigt sich aus den beim „festen" Rotator auseinandergesetzten Gründen: Φ könnte sonst nicht im ganzen Bereich der Variabeln endlich sein; zur Eindeutigkeit ist (wie vorher) überdies erforderlich, daß m ganzzahlig ist. Die Lösungen von (8) sind also in komplexer Form:

$$\Phi=e^{im\varphi};\qquad (m=0,\pm 1,\pm 2,\ldots\pm\infty). \tag{10}$$

Diese Werte von m sind natürlich auch in (9) zu benutzen. Das Verfahren zur Integration dieser (wohlbekannten) Gleichung wollen wir etwas genauer auseinandersetzen, da es für alle folgenden Fälle typisch ist. Zunächst formen wir (9) um, indem wir als unabhängige Variable statt ϑ die Größe $\cos\vartheta=\xi$ einführen. Eine einfache Rechnung ergibt:

$$(1-\xi^2)\frac{d^2\Theta}{d\xi^2}-2\xi\frac{d\Theta}{d\xi}+\left(\alpha^2-\frac{m^2}{1-\xi^2}\right)\Theta=0, \tag{11}$$

wobei wir zur Abkürzung

$$\frac{8\pi^2 J U}{h^2}=\alpha^2 \tag{12}$$

gesetzt haben; der Bereich der Variabeln ξ läuft von -1 bis $+1$. Zur Integration von (11) setzen wir an:

$$\Theta = (1 - \xi^2)^{\frac{|m|}{2}} W(\xi) . \tag{13}$$

Dieser Ansatz erscheint hier freilich etwas willkürlich; er ist indessen funktionentheoretisch darin begründet, daß die Werte $\xi = -1$ und $\xi = +1$, wie man leicht aus (11) sieht, singuläre (genauer: außerwesentlich singuläre) Stellen der Differentialgleichung sind. Wenn man das Verhalten der Differentialgleichung an diesen Stellen untersucht, wird man von vornherein zur Abspaltung des Faktors $(1 - \xi^2)^{\frac{|m|}{2}}$ geführt. Hier nehmen wir dies Ergebnis einfach hin; es genügt uns, zu zeigen, daß wir mit dem Ansatz (13) durchkommen. Für $W(\xi)$ folgt dann die einfachere Gleichung:

$$(1 - \xi^2)\frac{d^2 W}{d\xi^2} + 2(|m| + 1)\xi \frac{dW}{d\xi} + [\alpha^2 - |m|(|m| + 1)] W = 0 . \tag{14}$$

Wir versuchen, ihr durch eine Potenzreihe in ξ zu genügen:

$$W(\xi) = \sum a_p \xi^p . \tag{15}$$

Diese Reihe möge mit der Potenz $\xi^{\bar{p}}$ beginnen, d. h. $a_{\bar{p}}$ soll der erste von Null verschiedene Koeffizient sein. Durch Einsetzen in (14) erhalten wir

$$\begin{aligned}(1 - \xi^2)\sum a_p\, p(p-1)\,\xi^{p-2} - 2(|m| + 1)\sum a_p\, p\, \xi^p \\ + [\alpha^2 - |m|(|m| + 1)]\sum a_p \xi^p = 0 .\end{aligned}$$

Die linke Seite dieser Gleichung kann nur dann identisch, d. h. für alle Werte von ξ, verschwinden, wenn der Faktor jeder Potenz von ξ einzeln verschwindet. Für den Koeffizienten der beliebigen Potenz ξ^p erhalten wir aus der letzten Gleichung sofort:

$$\begin{aligned}a_{p+2}(p+1)(p+2) - a_p\, p(p-1) - 2(|m| + 1)\, a_p\, p \\ + [\alpha^2 - |m|(|m| + 1)]\, a_p = 0 ,\end{aligned}$$

d. h. es folgt zur Berechnung der Koeffizienten a_p eine „Rekursionsformel“:

$$\begin{aligned}a_{p+2}(p+1)(p+2) + a_p\{-p(p-1) - 2(|m| + 1)p \\ + \alpha^2 - |m|(|m| + 1)\} = 0 ,\end{aligned}$$

oder anders geordnet:

$$a_{p+2}\{(p+1)(p+2)\} - a_p\{(p + |m|)(p + |m| + 1) - \alpha^2\} = 0 . \tag{16}$$

Diese Rekursionsformel[1]) liefert uns zunächst eine Bestimmung des Anfangsexponenten $\bar{p}$; denn der niedrigste Exponent, der beim Einsetzen

[1]) Daß sie zweigliedrig ist, ist für die daraus zu ziehenden Schlüsse notwendig. Alle Substitutionen, die bei den folgenden Beispielen mit den Lösungsansätzen der Schrödinger-Gleichung vorgenommen werden, dienen eben dem Zwecke, eine zweigliedrige Rekursionsformel zu erhalten.

von (14) in (15) überhaupt auftreten kann, ist offenbar $(\bar{p} - 2)$. Den Faktor dieser Potenz $\xi^{\bar{p}-2}$ erhält man aus (16), indem man $p = \bar{p} - 2$ annimmt. Dann folgt die sogenannte „determinierende Fundamentalgleichung“:

$$a_{\bar{p}}\,\bar{p}\,(\bar{p} - 1) = 0\,,$$

d. h., da $a_{\bar{p}} \neq 0$ ist, entweder $\bar{p} = 0$ oder $\bar{p} = 1$. Daraus folgt unter Beachtung von (16), daß die Reihe (15) entweder nur gerade oder ungerade Potenzen enthält; da sie ferner keine negativen Potenzen enthält, bleibt sie für $\xi = 0$ jedenfalls endlich und stetig.

Würde die Reihe (15) mit den nach (16) berechneten Koeffizienten eine unendliche Anzahl von Gliedern besitzen, so würde sie bei $\xi = \pm 1$ nicht mehr konvergieren. Denn für hinreichend große Werte von p ist nach (16) das Verhältnis zweier aufeinander folgender Glieder der Reihe:

$$\lim_{p \to \infty} \frac{a_{p+2}}{a_p}\,\xi^2 = \lim_{p \to \infty} \frac{(p + |m|)(p + |m| + 1) - \alpha^2}{(p + 1)(p + 2)}\,\xi^2 = \xi^2\,.$$

Von einer bestimmten Stelle ab würde daher für $\xi = \pm 1$ die Reihe aus lauter positiven Gliedern vom Betrage 1 bestehen, also sicher divergent sein. Die Reihe (15) muß also abbrechen, damit die durch sie dargestellte Größe im ganzen Bereich endlich ist. Sie muß, mit anderen Worten, ein Polynom sein[1]). Sei das letzte Glied daher $a_{\bar{\bar{p}}}\,\xi^{\bar{\bar{p}}}$, so folgt aus (16), da nach Voraussetzung $a_{\bar{\bar{p}}+2} = 0$ ist:

$$(\bar{\bar{p}} + |m|)(\bar{\bar{p}} + |m| + 1) - \alpha^2 = 0\,.$$

Setzen wir $\bar{\bar{p}} + |m| = n$, wo n gleichfalls eine ganze Zahl und definitionsgemäß $n \geqq |m|$ ist, so finden wir als Bedingung des Abbrechens der Reihe und damit der Endlichkeit unserer Lösung im ganzen Intervall von ξ die Forderung:

$$\alpha^2 = \frac{8\,\pi^2\,J\,U}{h^2} = n\,(n + 1)\,. \tag{17}$$

Damit ist der „Eigenwert“ α^2 der Differentialgleichung bestimmt, und wir erhalten aus (17) eine ganz bestimmte Auswahl von Energiewerten U, auf die wir später eingehen werden; wieder ergibt sich die „Quantelung“ ganz automatisch aus der mathematischen Natur des Problems. Setzen wir in der ursprünglichen Differentialgleichung (9) den Wert (17) von α^2 ein, so geht sie über in:

$$\frac{1}{\sin\vartheta}\,\frac{d}{d\vartheta}\left(\sin\vartheta\,\frac{d\Theta}{d\vartheta}\right) + \left[n\,(n + 1) - \frac{m^2}{\sin^2\vartheta}\right]\Theta = 0;\quad n \geqq |m|\,. \tag{18}$$

Die eindeutigen, endlichen, stetigen Lösungen dieser Gleichung haben wir in (13) und (15) in Verbindung mit (16) vor uns. Man nennt diese

[1]) Diese „Polynommethode“ ist von Sommerfeld entwickelt worden.

so bestimmten Integrale „zugeordnete Kugelfunktionen 1. Art“[1]) und bezeichnet sie mit $P_n^{|m|}(\cos\vartheta) = P_n^{|m|}(\xi)$; führt man die Berechnung der Koeffizienten nach (16) aus, so erhält man folgende Definition für diese Funktionen (bei der eine willkürliche multiplikative Konstante hinzugesetzt ist bzw. auch noch hinzugesetzt werden kann):

$$
(19)\quad \left\{
\begin{aligned}
P_n^{|m|}(\xi) = {} & \frac{(2n)!}{2^n\, n!\,(n-|m|)!}\sqrt{1-\xi^2}^{\,|m|}\Big\{\xi^{n-|m|} \\
& - \frac{(n-|m|)(n-|m|-1)}{2(2n-1)}\,\xi^{n-|m|-2} \\
& + \frac{(n-|m|)(n-|m|-1)(n-|m|-2)(n-|m|-3)}{2\cdot 4\cdot(2n-1)(2n-3)}\,\xi^{n-|m|-4}\ .
\end{aligned}
\right.
$$

Bezeichnung	Analytischer Ausdruck	Wurzeln in ξ	Wurzeln in ϑ
P_0^0 [2])	1	—	—
P_1^0 [2])	ξ	$\xi = 0$	$\vartheta = \frac{\pi}{2}$
P_1^1	$(1-\xi^2)^{1/2}$	—	—
P_2^0 [2])	$\frac{3}{2}\xi^2 - \frac{1}{2}$	$\xi_1 = +\sqrt{\frac{1}{3}};\ \xi_2 = -\sqrt{\frac{1}{3}}$	$\vartheta_1 = 54^0\,43'$; $\vartheta_2 = 125^0\,17'$
P_2^1	$3\,\xi\,(1-\xi^2)^{1/2}$	$\xi = 0$	$\vartheta = \frac{\pi}{2}$
P_2^2	$3\,(1-\xi^2)$	—	—
P_3^0 [2])	$\frac{5}{2}\xi^3 - \frac{3}{2}\xi$	$\xi_1 = 0;\ \xi_2 = +\sqrt{\frac{3}{5}}$ $\xi_3 = -\sqrt{\frac{3}{5}}$	$\vartheta_1 = \frac{\pi}{2}$; $\vartheta_2 = 39^0\,14'$ $\vartheta_3 = 140^0\,46'$
P_3^1	$(1-\xi^2)^{1/2}\,\frac{3}{2}\,(5\,\xi^2 - 1)$	$\xi_1 = +\sqrt{\frac{1}{5}};\ \xi_2 = -\sqrt{\frac{1}{5}}$	$\vartheta_1 = 63^0\,26'$; $\vartheta_2 = 116^0\,34'$
P_3^2	$15\,\xi\,(1-\xi^2)$	$\xi = 0$	$\vartheta = \frac{\pi}{2}$
P_3^3	$15\,(1-\xi^2)^{3/2}$	—	—
P_4^0 [2])	$\frac{35}{8}\xi^4 - \frac{15}{4}\xi^2 + \frac{3}{8}$	ξ_1 bis $\xi_4 = \pm\sqrt{\frac{3}{7} \pm \frac{1}{7}\sqrt{\frac{24}{5}}}$	$\vartheta_1 = 30^0\,30'$; $\vartheta_2 = 149^0\,30'$ $\vartheta_3 = 70^0\,0'$; $\vartheta_4 = 110^0\,0'$
P_4^1	$(1-\xi^2)^{1/2}\,\frac{5}{2}\,(7\,\xi^3 - 3\xi)$	$\xi_1 = 0;\ \xi_2 = +\sqrt{\frac{3}{7}}$ $\xi_3 = -\sqrt{\frac{3}{7}}$	$\vartheta_1 = \frac{\pi}{2}$; $\vartheta_2 = 49^0\,20'$; $\vartheta_3 = 130^0\,40'$
P_4^2	$(1-\xi^2)\,\frac{15}{2}\,(7\,\xi^2 - 1)$	$\xi_1 = +\sqrt{\frac{1}{7}};\ \xi_2 = -\sqrt{\frac{1}{7}}$	$\vartheta_1 = 67^0\,50'$; $\vartheta_2 = 112^0\,10'$
P_4^3	$(1-\xi^2)^{3/2}\,105\,\xi$	$\xi = 0$	$\vartheta = \frac{\pi}{2}$
P_4^4	$105\,(1-\xi^2)^2$	—	—

[1]) Für $m = 0$ sind es die gewöhnlichen Kugelfunktionen, und (18) geht in deren Differentialgleichung über. Zwischen den zugeordneten Kugelfunktionen und den gewöhnlichen besteht die Beziehung:

$$P_n^{|m|}(\xi) = \sqrt{1-\xi^2}^{\,|m|}\,\frac{d^{|m|}}{d\xi^{|m|}}\,P_n(\xi)\,.$$

Man bestätigt diese leicht an der obigen Tabelle und natürlich auch allgemein durch sukzessive Differentiation der Differentialgleichung für $m = 0$.

[2]) Dies sind, entsprechend der vorhergehenden Anmerkung, gewöhnliche Kugelfunktionen.

Die zugeordneten Kugelfunktionen sind also, vom Faktor $(1-\xi^2)^{\frac{|m|}{2}}$ abgesehen, Polynome vom Grade $(n-|m|)$; sie haben, wie sich zeigen läßt, lauter reelle Wurzeln, und zwar $n-|m|$ innerhalb des Intervalles von -1 bis $+1$; dazu treten noch die Wurzeln $\xi = \pm 1$ an den Enden des Intervalles selbst hinzu. Die vorstehende Tabelle enthält eine Übersicht über die analytische Gestalt der niedrigsten zugeordneten Kugelfunktionen sowie ihrer Wurzeln innerhalb des Intervalles.

Wir können nunmehr zu unserer Ausgangsdifferentialgleichung (5) zurückkehren, die wir zum Zwecke der Integration in (8) und (9) aufgespaltet hatten:

$$\frac{1}{\sin\vartheta}\frac{\partial}{\partial\vartheta}\left(\sin\vartheta\frac{\partial\psi}{\partial\vartheta}\right)+\frac{1}{\sin^2\vartheta}\frac{\partial^2\psi}{\partial\varphi^2}+\frac{8\pi^2 J U}{h^2}\psi=0\,.$$

Nach (10), (17) und (19) haben wir folgende (noch nicht normierte!) Eigenfunktionen derselben, die den Bedingungen unseres Problems entsprechen:

$$\psi_{n,m} = e^{im\varphi}\,P_n^{|m|}(\cos\vartheta);\quad \left\{\begin{matrix}(m=0,\pm 1,\pm 2,\ldots)\\ (n \geqq |m|)\end{matrix}\right\}, \tag{20}$$

wobei n definiert ist durch

$$\frac{8\pi^2 J U}{h^2} = n(n+1)\,. \tag{21}$$

Die in (20) definierten Funktionen nennt man auch zusammenfassend „Kugelflächenfunktionen“, da man sie als Funktionen der Polarwinkel ϑ und φ auf einer Kugelfläche, z. B. auf der Einheitskugel, auffassen kann. Man erkennt, daß zu jedem Eigenwert n im ganzen $(2n+1)$ Eigenfunktionen $\psi_{n,m}$ gehören; denn zu jedem n sind die Werte m von $-n$ bis $+n$ möglich. Das Problem ist also in unserer alten Ausdrucksweise entartet, und zwar $2n$-fach entartet. Physikalisch gesprochen: Nach (21) sind die zulässigen Energiewerte:

$$U_n = \frac{h^2}{8\pi^2 J}\,n(n+1)\,, \tag{22}$$

und jeder dieser Energiewerte kann durch $(2n+1)$ verschiedene Schwingungsformen hergestellt werden.

Ferner ist festzustellen, daß Gleichung (22) genau die Gleichung (100) des IV. Kapitels auf pag. 178 ist, zu deren Formulierung uns — im Gegensatz zur damaligen Theorie — die Tatsachen zwangen; unsere ganze Zahl n ist also die (damals „n_r“ genannte) Rotationsquantenzahl. Hier ergibt sich die richtige Gleichung zwangsläufig aus der Theorie, und wir haben hier das erste Beispiel dafür, daß die Wellenmechanik weiterführt als das Bohrsche Modell; an Stelle des Quadrates n^2 tritt $n(n+1)$, was wir früher mehrfach als Erfordernis erkannt hatten.

Gleichzeitig sieht man, daß man bei der Behandlung eines Problems nach der Wellenmechanik alle vorhandenen Freiheitsgrade in Betracht ziehen muß und daß man sich in dieser Hinsicht keinerlei

Vereinfachung gestatten darf, möge sie auch durch die klassische Mechanik (z. B. die Bahnvorstellung) nahegelegt sein; diese Begriffe haben hier keine Berechtigung mehr.

Wir wollen nun den Vorgang unter Hinzuziehung des abgespaltenen Zeitfaktors $e^{-\frac{2\pi i U}{h}t}$ etwas genauer betrachten; wenn wir die partikuläre Wellenfunktion durch $\Psi_{n,m}$ bezeichnen, d. h. $\Psi_{n,m} = \psi_{n,m}\, e^{-\frac{2\pi i U_n}{h}t}$ setzen, so haben wir nach (20):

$$\Psi_{n,m} = P_n^{|m|}(\cos\vartheta)\, e^{i\left(-\frac{2\pi}{h}U_n t + m\varphi\right)}; \qquad n \geqq |m|.$$

Dieser Ausdruck hat in der Richtung von ϑ den Charakter einer stehenden, dagegen in der φ-Richtung die Merkmale einer fortschreitenden Welle, die um die Achse des Rotators umläuft. Letzteres ist der Natur des Rotators gemäß und zeigt den Zusammenhang der wellenmechanischen Auffassung mit der des Bohrschen Modells. Der Eigentümlichkeit der stehenden Schwingung entsprechend hat $\Psi_{n,m}$ durch den Faktor $P_n^{|m|}(\cos\vartheta)$ Knotenflächen, nämlich an den Stellen $\vartheta = \text{Const.}$, für die $P_n^{|m|}(\cos\vartheta) = 0$ ist. Das sind Kreiskegel um die Achse des Rotators; es gibt ihrer $(n - |m|)$. Da wir später (beim H-Atom) auf die gleichen Verhältnisse stoßen, verschieben wir die genauere Erörterung bis dahin.

Wir geben hier der Vollständigkeit wegen noch die normierten Eigenfunktionen an. Da nach (20) die Eigenfunktionen als Produkte zweier Funktionen von ϑ und φ dargestellt sind, ist es zweckmäßig und üblich, jede einzeln zu normieren. Nennen wir den Normierungsfaktor von $e^{im\varphi}$ kurz N_φ, den von $P_n^{|m|}(\cos\vartheta)$ dagegen N_ϑ, so haben die normierten Eigenfunktionen nach (65) bzw. (65a) des VI. Kapitels auf pag. 260 der Bedingung zu genügen:

$$N_\varphi^2 \int_0^{2\pi} e^{im\varphi}\, e^{-im\varphi}\, d\varphi = 1\,, \tag{23}$$

$$N_\vartheta^2 \int_0^{\pi} [P_n^{|m|}(\cos\vartheta)]^2 \sin\vartheta\, d\vartheta = 1\,. \tag{24}$$

Aus (23) ergibt sich sofort:

$$N_\varphi = \frac{1}{\sqrt{2\pi}}\,^{1)}, \tag{25}$$

---

[1]) Hätten wir die reellen Funktionen $\cos m\varphi$ und $\sin m\varphi$ statt $e^{im\varphi}$ als Lösungen der Gleichung (8) gewählt, so wäre für $m \neq 0$ der Normierungsfaktor $\frac{1}{\sqrt{\pi}}$ geworden; nur für $m = 0$ ist er $\frac{1}{\sqrt{2\pi}}$. Diese Bemerkung wird uns später von Nutzen sein.

während eine etwas mühsame Rechnung aus (24) das Ergebnis liefert:

(26) $$N_\vartheta = \sqrt{\frac{(2n+1)(n-|m|)!}{2(n+|m|)!}}\,.$$

Die normierte Eigenfunktion $\psi_{n,m}$ lautet also nach (20):

(27) $$\psi_{n,m} = \frac{1}{\sqrt{2\pi}}\sqrt{\frac{(2n+1)(n-|m|)!}{2(n+|m|)!}}\, e^{im\varphi}\, P_n^{|m|}(\cos\vartheta);\quad \left\{\begin{matrix} m = 0, \pm 1, \ldots \\ n \geqq |m| \end{matrix}\right\}.$$

44. Der lineare harmonische Oszillator.

Wir wenden uns nun zum linearen harmonischen Oszillator. Für diesen ist

$$\Phi = \frac{m_0}{2}(2\pi\nu_0)^2 x^2\,,$$

und da alles nur von der x-Koordinate abhängt, kann man die Schrödingersche Amplitudengleichung sofort hinschreiben:

(28) $$\frac{d^2\psi}{dx^2} + \frac{8 m_0 \pi^2}{h^2}(U - 2 m_0 \pi^2 \nu_0^2 x^2)\,\psi = 0\,.$$

Der Bereich der unabhängigen Variabeln x läuft von $-\infty$ bis $+\infty$.

Hier ist es nach dem Vorgang von Schrödinger bequem, eine neue Variable

(29) $$\xi = 2\pi\sqrt{\frac{m_0\nu_0}{h}}\,x$$

einzuführen, in der die Differentialgleichung (28) die Gestalt annimmt:

(30) $$\frac{d^2\psi}{d\xi^2} + \left(\frac{2U}{h\nu_0} - \xi^2\right)\psi = 0\,.$$

Setzt man zur Integration versuchsweise an[1]):

(31) $$\psi = e^{-\frac{\xi^2}{2}} H(\xi)\,,$$

so erhält man für $H(\xi)$ die bequemere Gleichung:

(32) $$\frac{d^2 H}{d\xi^2} - 2\xi\frac{dH}{d\xi} + \left(\frac{2U}{h\nu_0} - 1\right) H = 0\,,$$

---

[1]) Dieser Ansatz wird nahegelegt durch eine Untersuchung der Integrale der Differentialgleichung (30) für sehr große Werte von ξ; die Gleichung wird dann angenähert:

$$\frac{d^2\psi}{d\xi^2} - \xi^2\psi = 0\,,$$

und deren (angenäherte!) zulässige Lösung ist $e^{-\frac{\xi^2}{2}}$, wie man leicht bestätigt. Die andere Lösung $e^{+\frac{\xi^2}{2}}$ ist auszuschalten, da sie unendlich werden kann. $e^{-\frac{\xi^2}{2}}$ ist also als „asymptotische" Lösung von (30) zu betrachten; deshalb liegt für die exakte Lösung der Ansatz (31) nahe; das Ziel ist, wie immer, die Erzielung einer zweigliedrigen Rekursionsformel, wie es (34) wirklich ist. Vgl. Anm. 1 auf pag. 274.

die wir wieder durch einen Potenzreihenansatz

$$H(\xi) = \sum A_p \xi^p \tag{33}$$

zu befriedigen suchen; der Bereich von ξ läuft, wie der von x, von $-\infty$ bis $+\infty$. Einsetzen in (32) liefert:

$$\sum A_p\, p\,(p-1)\,\xi^{p-2} - 2\sum A_p\, p\, \xi^p + \left(\frac{2U}{h\nu_0} - 1\right)\sum A_p \xi^p = 0\,.$$

Für die Koeffizienten liefert das, indem man die zu jeder Potenz von ξ gehörigen Faktoren annulliert, die folgende Rekursionsformel:

$$A_{p+2}\,(p+2)\,(p+1) = A_p\left(2p + 1 - \frac{2U}{h\nu_0}\right). \tag{34}$$

Wir können nur eine solche Reihe (33) gebrauchen, die keine negativen Potenzen enthält; denn sonst würde $H(\xi)$ und damit $\psi(\xi)$ unendlich werden. Fragen wir also wieder, mit welchem Glied die Reihe (33) beginnt. Es sei etwa $\bar{p}$ derjenige Wert von p, für den $A_{\bar{p}}$ gerade nicht verschwindet, während alle vorhergehenden Koeffizienten gleich Null sein sollen. Die Rekursionsformel (34) geht dann wieder über in die determinierende Fundamentalgleichung, indem wir $p + 2 = \bar{p}$ nehmen:

$$A_{\bar{p}}\,\bar{p}\,(\bar{p} - 1) = 0\,,$$

und da $A_{\bar{p}}$ nach Voraussetzung $\neq 0$ sein soll, muß entweder

$$\bar{p} = 0 \quad \text{oder} \quad \bar{p} = 1 \tag{35}$$

sein. Im ersteren Falle ist der erste nicht verschwindende Koeffizient der Reihe A_0, im zweiten Falle ist es A_1. Sie ist also entweder gerade oder ungerade. Das genügt noch nicht, um der Funktion $H(\xi)$ Endlichkeit im ganzen Bereich der Variabeln zu verschaffen; denn die Reihe (33) wird im allgemeinen divergieren, wenn sie unendlich viele Glieder hat[1]). Die Reihe muß also wieder abbrechen, d. h. wieder ein Polynom sein. Zu dem Zweck muß die rechte Seite von (34) von irgendeiner Stelle ab verschwinden, und das ist überhaupt nur möglich, wenn $\frac{2U}{h\nu_0}$ gleich einer ungeraden Zahl, etwa gleich $(2n+1)$ ist. Damit haben wir die zulässigen Werte für U gewonnen:

$$U_n = \frac{h\nu_0}{2}(2n+1) = h\nu_0\left(n + \tfrac{1}{2}\right); \qquad n = 0, 1, 2, \ldots. \tag{36}$$

Danach ist die Energie eines linearen harmonischen Oszillators das $(n+\frac{1}{2})$-fache der Größe $h\nu_0$, bis auf die Zusatzenergie $\frac{1}{2}h\nu_0$ also die Plancksche Forderung. Im allgemeinen macht dieses Glied $\frac{1}{2}h\nu_0$, das man als „Nullpunktsenergie" bezeichnen kann, nichts aus, da es nur auf Energiedifferenzen ankommt; im Falle der Koppelung von Schwingung mit Rotation (bei Bandenspektren) gibt es aber Fälle, wo

[1]) Und zwar so stark, daß die Eigenfunktionen ψ selbst, trotz des Faktors $e^{-\frac{\xi^2}{2}}$, unendlich werden würden!

das Zusatzglied sich bemerkbar macht. Die Beobachtungen lassen auch hier keinen Zweifel, daß die neuere Formulierung die richtige ist[1]).

Ein paar Worte noch über die Polynome $H_n(\xi)$, mit denen wir es hier zu tun haben; sie führen den Namen „Hermitesche Polynome". Durch Berechnung der Koeffizienten nach (34) erhält man folgende allgemeine Darstellung (abgesehen wieder von einer multiplikativen Konstanten):

$$H_n(\xi) = (2\xi)^n - \frac{n(n-1)}{1!}(2\xi)^{n-2} + \frac{n(n-1)(n-2)(n-3)}{2!}(2\xi)^{n-4} \ldots$$

Die Werte für die ersten Polynome sind:

$$\begin{aligned} H_0(\xi) &= 1, \\ H_1(\xi) &= 2\xi, \\ H_2(\xi) &= 4\xi^2 - 2, \\ H_3(\xi) &= 8\xi^3 - 12\xi, \\ H_4(\xi) &= 16\xi^4 - 48\xi^2 + 12, \\ H_5(\xi) &= 32\xi^5 - 160\xi^3 + 120\xi \text{ usw.} \end{aligned}$$

Die (nicht normierten) Eigenfunktionen des harmonischen Oszillators erhält man nach (31) durch Multiplikation dieser Größen mit $e^{-\frac{\xi^2}{2}}$. Die Normierungsbedingung lautet, da die Hermiteschen Polynome reell sind, nach (65a) des vorhergehenden Kapitels auf pag. 260 folgendermaßen (N_n der Normierungsfaktor):

$$N_n^2 \int_{-\infty}^{+\infty} e^{-\xi^2} H_n^2(\xi)\, dx = 1, \tag{37}$$

wobei nach (29)

$$\xi = 2\pi \sqrt{\frac{m_0 \nu_0}{h}}\, x = \sqrt{\gamma}\, x$$

ist. Man findet[2]) für N_n den Ausdruck

$$N_n = \gamma^{1/4} \pi^{-1/4} \frac{1}{\sqrt{2^n n!}}. \tag{38}$$

Die normierten Eigenfunktionen sind also:

$$\psi_n = \sqrt{\sqrt{\frac{\gamma}{\pi}} \frac{1}{2^n n!}}\, e^{-\frac{\xi^2}{2}} H_n(\xi) = \sqrt{\sqrt{\frac{\gamma}{\pi}} \frac{1}{2^n n!}}\, e^{-\frac{\gamma x^2}{2}} H_n(\sqrt{\gamma}\, x). \tag{39}$$

---

[1]) Gemäß der in der vorstehenden Nummer pag. 277/78 getroffenen Feststellung, daß in der Wellenmechanik alle Freiheitsgrade berücksichtigt werden müssen, könnte das obige Resultat noch zweifelhaft erscheinen, da wir nicht den räumlichen, sondern den linearen Oszillator behandelt haben. Der räumliche Oszillator liefert aber das gleiche Ergebnis, was der Leser leicht nachprüfen kann. Der zweidimensionale Oszillator allerdings liefert die alte Plancksche Quantenbedingung, ohne „Nullpunktsenergie", d. h. ganzzahlige (statt halbzahliger) Energiequanten.

[2]) Vgl. Schrödinger, Abhandlungen zur Wellenmechanik pag. 57.

In der folgenden Figur sind die 6 ersten Eigenfunktionen $\psi_0(\xi)$ bis $\psi_5(\xi)$ unter Benutzung der vorstehenden Tabelle (deren Angaben mit dem Normierungsfaktor und $e^{-\frac{\xi^2}{2}}$ erweitert sind) nach Schrödinger dargestellt; die Nullstellen sind aus der Fig. 73 bzw. der Tabelle zu entnehmen.

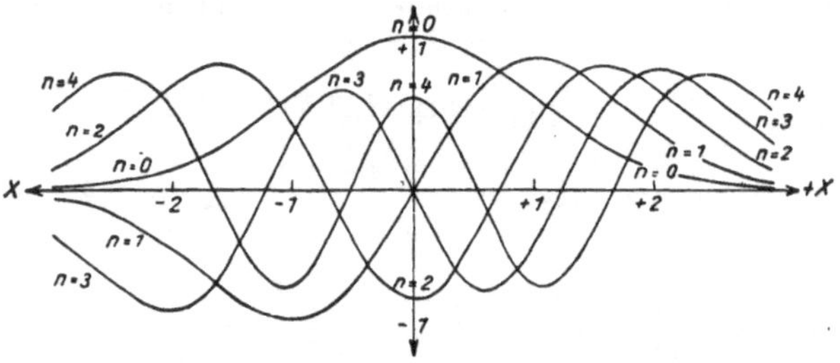

Fig. 73.

45. Das Wasserstoffatom.

Historisch war das erste Problem, auf das Schrödinger seine Gleichung anwendete, das des Wasserstoffatoms bzw. das eines Einelektronensystems. Wenn die Mitbewegung des Kerns nicht mit berücksichtigt wird, läßt sich das Problem nach der für einen Massenpunkt geltenden Gleichung (45) des VI. Kapitels auf pag. 251 behandeln. Die potentielle Energie ist

$$\Phi = -\frac{Z e^2}{r}, \qquad \text{wo} \quad r^2 = x^2 + y^2 + z^2,$$

(Kern im Anfangspunkt). Es ist dann natürlich, den Laplaceschen Operator $\Delta\psi$ auf räumliche[1]) Polarkoordinaten (diesmal in voller Allgemeinheit) zu transformieren. Man erhält daher die Schrödinger-Gleichung für diesen Fall:

$$(40)\quad \left\{\begin{aligned} &\frac{1}{r^2}\frac{\partial}{\partial r}\left(r^2\frac{\partial\psi}{\partial r}\right) + \frac{1}{r^2}\left[\frac{1}{\sin\vartheta}\frac{\partial}{\partial\vartheta}\left(\sin\vartheta\frac{\partial\psi}{\partial\vartheta}\right) + \frac{1}{\sin^2\vartheta}\frac{\partial^2\psi}{\partial\varphi^2}\right] \\ &\qquad + \frac{8 m_0 \pi^2}{h^2}\left(U + \frac{Z e^2}{r}\right)\psi = 0 . \end{aligned}\right.$$

Auch hier versuchen wir die Lösung in Form eines Produktes anzusetzen:

$$(41)\qquad \psi = R(r)\, F(\vartheta, \varphi) .$$

Einsetzen in die Differentialgleichung liefert in bekannter Weise nach einigen Umordnungen:

---

[1]) Die Vorstellung, daß die klassischen Bahnen des Elektrons ebene sind, könnte dazu verleiten, das Problem als nur von zwei Koordinaten abhängig anzusehen und zu behandeln, — was in der klassischen Mechanik durchaus zulässig wäre. Die Erörterungen am Schluß der Nr. 43 verbieten das in der Wellenmechanik.

$$r^2\left[\frac{\frac{1}{r^2}\frac{\partial}{\partial r}\left(r^2\frac{dR}{dr}\right)}{R}+\frac{8\,m_0\,\pi^2}{h^2}\left(U+\frac{Z\,e^2}{r}\right)\right]$$
$$=-\frac{\frac{1}{\sin\vartheta}\left(\sin\vartheta\,\frac{\partial F}{\partial\vartheta}\right)+\frac{1}{\sin^2\vartheta}\,\frac{\partial^2 F}{\partial\varphi^2}}{F}.$$

Links steht eine Funktion von r allein, rechts eine von ϑ und φ; die Gleichung kann für alle Werte der Variabeln nur bestehen, wenn beide Seiten der nämlichen Konstanten (A) gleich sind. Damit folgt:

(42) $$\frac{d^2R}{dr^2}+\frac{2}{r}\,\frac{dR}{dr}+\left[\frac{8\,m_0\,\pi^2}{h^2}\left(U+\frac{Z\,e^2}{r}\right)-\frac{A}{r^2}\right]R=0\,,$$

(43) $$\frac{1}{\sin\vartheta}\,\frac{\partial}{\partial\vartheta}\left(\sin\vartheta\,\frac{\partial F}{\partial\vartheta}\right)+\frac{1}{\sin^2\vartheta}\,\frac{\partial^2 F}{\partial\varphi^2}+A\,F=0\,.$$

Die letztere Gleichung behandeln wir ebenso weiter, indem wir F wieder in ein Produkt spalten:

(44) $$F\,(\vartheta,\varphi)=\Theta\,(\vartheta)\;\Phi\,(\varphi)\,,$$

womit (43) geschrieben werden kann:

$$-\frac{\sin^2\vartheta}{\Theta}\left[\frac{1}{\sin\vartheta}\,\frac{d}{d\vartheta}\left(\sin\vartheta\,\frac{d\Theta}{d\vartheta}\right)+A\,\sin^2\vartheta\right]=\frac{1}{\Phi}\,\frac{d^2\Phi}{d\varphi^2}\,.$$

Nach demselben Schlußverfahren zerfällt auch diese Gleichung in die zwei folgenden, wenn wir die Konstante gleich ($-\,m^2$) wählen:

(45) $$\frac{d^2\Phi}{d\varphi^2}+m^2\,\Phi=0\,,$$

(46) $$\frac{1}{\sin\vartheta}\,\frac{d}{d\vartheta}\left(\sin\vartheta\,\frac{d\Theta}{d\vartheta}\right)+\left(A-\frac{m^2}{\sin^2\vartheta}\right)\Theta=0\,.$$

Wir beschäftigen uns zunächst mit (45); daß wir die Konstante ($-\,m^2$) negativ reell gewählt haben, rechtfertigt sich, wie schon mehrfach benutzt, durch die Forderung der ausnahmslosen Endlichkeit und Stetigkeit; überdies verlangt die Eindeutigkeit, daß m eine ganze Zahl sein muß. Die (normierten) Lösungen von (45) können wir daher nach den Erörterungen von Nr. 43 schreiben:

(47) $$\Phi=\frac{1}{\sqrt{2\,\pi}}\,e^{i\,m\,\varphi}\,,\qquad (m=0,\ \pm 1,\ \pm 2,\ \ldots)\,.$$

Die Gleichung (46) haben wir bereits beim Rotator mit freier Achse angetroffen: Wenn wir die Konstante

(48) $$A=l\,(l+1)\,;\qquad (l\ \text{ganzzahlig})$$

setzen, so geht sie über in die Differentialgleichung (18) der „zugeordneten Kugelfunktionen"; wir brauchen die Lösung nur von dort zu entnehmen, wobei nur auf die andere Bezeichnung (statt n steht jetzt l!) zu achten ist. Unter Hinzufügung des Normierungsfaktors (26) erhalten wir

(49) $$\Theta=\sqrt{\frac{(2\,l+1)\,(l-|m|)!}{2\,(l+|m|)!}}\;P_l^{|m|}\,(\cos\vartheta)\,;$$

l ist dabei so zu wählen, daß

(50) $$l \geqq |m| \geqq 0 \quad \text{ist.}$$

Da nunmehr die Konstante A durch (48) bestimmt ist, geht die einzige noch zu behandelnde Gleichung (42) über in:

(51) $$\frac{d^2 R}{dr^2} + \frac{2}{r}\frac{dR}{dr} + \left[\frac{8 m_0 \pi^2}{h^2}\left(U + \frac{Ze^2}{r}\right) - \frac{l(l+1)}{r^2}\right] R = 0 .$$

Diese Gleichung enthält in ihrem Parameter die Energie U, während (45) und (46) bemerkenswerter Weise davon frei sind; die Forderung der Endlichkeit und Eindeutigkeit wählt gewisse Parameter-, daher auch gewisse Energiewerte aus und liefert so die Quantenbedingungen. Hier sind zwei Fälle zu unterscheiden, je nachdem $U < 0$ oder $U > 0$ ist.

1. Fall $U < 0$.

In diesem Falle ist es zweckmäßig, Gleichung (51) etwas umzuformen, um zu einer möglichst einfachen Rekursionsformel für die Koeffizienten der Potenzreihe zu kommen, mit deren Hilfe wir (51) integrieren wollen. Man führe als unabhängige Variable ein:

(52) $$\varrho = 2\sqrt{\frac{-8 m_0 \pi^2 U}{h^2}}\, r = 2\alpha r .$$

Damit geht (51) über in die folgende Gleichung:

(53) $$\frac{d^2 R}{d\varrho^2} + \frac{2}{\varrho}\frac{dR}{d\varrho} + \left[-\frac{1}{4} - \frac{Ze^2\alpha}{2U}\frac{1}{\varrho} - \frac{l(l+1)}{\varrho^2}\right] R = 0 ,$$

worin α die aus (52) hervorgehende Abkürzung ist. Betrachtungen über die „asymptotische" Lösung dieser Differentialgleichung führen dazu[1]), aus R einen Faktor $e^{-\frac{\varrho}{2}}$ abzuspalten:

(54) $$R(\varrho) = e^{-\frac{\varrho}{2}}\, W(\varrho) ,$$

ein Ansatz, den wir hier mit Rücksicht auf den Erfolg einfach hinnehmen wollen. Die Differentialgleichung für W lautet dann:

(55) $$\frac{d^2 W}{d\varrho^2} + \left(\frac{2}{\varrho} - 1\right)\frac{dW}{d\varrho} - \left[\left(\frac{Ze^2\alpha}{2U} + 1\right)\frac{1}{\varrho} + \frac{l(l+1)}{\varrho^2}\right] W = 0 .$$

Wir setzen zur Integration an:

(56) $$W = \varrho^\beta \sum c_p \varrho^p ,$$

indem wir einen Faktor ϱ^β mit noch unbestimmtem β abspalten[2]). Ein solcher Ansatz liefert für den niedrigsten Potenzexponenten $(\beta - 2)$ die determinierende Fundamentalgleichung:

$$c_0 \beta(\beta - 1) + 2 c_0 \beta - c_0 l(l+1) = 0 ,$$

---

[1]) Vgl. Anmerk. 1 auf pag. 279.

[2]) Dieser Ansatz ist nur in der Schreibweise anders als bisher; β ist der Exponent der Anfangspotenz der Reihe.

oder, da c_0 nach Voraussetzung von Null verschieden ist:

$$\beta(\beta+1) = l(l+1),$$

d. h. entweder

$$\beta = l \quad \text{oder} \quad \beta = -(l+1). \tag{57}$$

Da im zweiten Falle β negativ ist, enthielte W nach (56) negative Potenzen von ϱ, würde also für $\varrho = 0$ unendlich werden. Daher bleibt nur die Wahl $\beta = l$ übrig, und statt (56) erhalten wir nunmehr mit der leicht erkennbaren Abkürzung $L(\varrho)$:

$$W = \varrho^l L(\varrho) = \varrho^l \sum c_p \varrho^p. \tag{58}$$

Einsetzen in (55) liefert die allgemeine Rekursionsformel für die Koeffizienten:

$$c_{p+1}[(l+p+1)(l+p+2) - l(l+1)] = c_p\left[l+p+1+\frac{Z e^2 \alpha}{2U}\right]. \tag{59}$$

Damit $W(\varrho)$ für $\varrho = \infty$ sicher endlich bleibt, muß die Reihe abbrechen, d. h. $L(\varrho)$ ein Polynom sein. Damit dies Abbrechen etwa bei der Potenz $\bar{\bar{p}}$ geschieht, muß nach (59):

$$c_{\bar{\bar{p}}}\left(l+\bar{\bar{p}}+1+\frac{Z e^2 \alpha}{2U}\right) = 0$$

sein, also wenn wir

$$\bar{\bar{p}} + l + 1 = n \tag{60}$$

setzen:

$$\frac{Z e^2 \alpha}{2U} = -n.$$

Erinnern wir uns an die Bedeutung von α gemäß (52), so zeigt die letzte Gleichung, daß die zulässigen Energiewerte der Bedingung gehorchen müssen[1]):

$$U_n = -\frac{2 m_0 \pi^2 Z^2 e^4}{h^2 n^2} = -\frac{R_y Z^2 h c}{n^2}. \tag{61}$$

Das aber ist der Balmer-Term der wasserstoffähnlichen Spektren, den wir somit aus der Wellenmechanik ohne weiteres erhalten.

Die durch (60) definierte ganze Zahl n ist also das, was wir bisher „Hauptquantenzahl" nannten; nach dem Bohrschen Modell war

$$n = n_r + k = n_r + (l+1),$$

d. h. gleich der Summe aus der „radialen" Quantenzahl n_r und der „azimutalen" Quantenzahl k. Daraus ergibt sich, daß $\bar{\bar{p}}$ die Rolle der radialen Quantenzahl n_r spielt. Es ist nun sehr charakteristisch für die Wellenmechanik, daß die Festlegung der Begrenzung von k ($1 \leqq k \leqq n$) ganz automatisch herauskommt. Denn wie wir schon wissen, hat l als kleinsten Wert 0, der kleinste Wert von k ist also 1. Früher mußten wir das Fehlen des Wertes $k = 0$ etwas fragwürdig damit

---

[1]) Die Rydberg-Konstante ist hier mit R_y (zur Vermeidung einer Verwechslung mit der Funktion R) bezeichnet.

begründen, daß wir die sogenannten Pendelbahnen als unzulässig erklärten. Das war in jedem Falle eine zusätzliche Forderung, während hier die Natur des mathematischen Problems den kleinsten Wert von k mit sich bringt. Auch der Maximalwert von k (nämlich $= n$) folgt automatisch; denn nach (60) muß stets $n \geqq l + 1$, d. h. $n \geqq k$ sein.

Damit haben wir unser nächstes Ziel erreicht, nämlich die Festlegung der diskreten Energiewerte (61). Wir wollen aber noch einen Augenblick bei den durch die Differentialgleichung (55), den Ansatz (58) und die Rekursionsformel (59) bestimmten Polynomen $L(\varrho) = \Sigma\, c_p\, \varrho^p$ verweilen, für die man aus (51) mit Hilfe von (52) und (58) eine Differentialgleichung ableiten kann. Man erhält in leichter Rechnung:

$$\varrho \frac{d^2 L}{d\varrho^2} + (2\,l + 2 - \varrho) \frac{dL}{d\varrho} + (n - l - 1)\, L = 0\,,$$

oder wenn man $2\,l + 1 = a$, $n - l - 1 = b$ setzt:

$$\varrho \frac{d^2 L}{d\varrho^2} + (a + 1 - \varrho) \frac{dL}{d\varrho} + b\, L = 0\,. \tag{62}$$

Die diese Gleichungen lösenden Polynome sind als „zugeordnete Laguerresche Polynome"[1]) bekannt; sie werden durch

$$L^a_{a+b}(\varrho)$$

bezeichnet; hier treten also die Polynome $L^{2l+1}_{n+l}(\varrho)$ auf. Jedes derselben bricht nach (60) bei dem Exponenten $\bar{\bar{p}} = n - l - 1$ $(= n_r)$ ab, ist also vom Grade n_r. Zu jedem Werte von n (Hauptquantenzahl) gehören also so viele zugeordnete Laguerresche Polynome, als Werte von l zulässig sind, d. h. ebenfalls n, da l von 0 bis $(n - 1)$ läuft; die Differenz des unteren und oberen Index $(= n_r)$ liefert den Grad des Polynoms. Es hat im Bereich der Variabeln ϱ, nämlich 0 bis ∞, n reelle Wurzeln. Durch Berechnung der Koeffizienten der $L(\varrho)$ definierenden Potenzreihe (58) nach Gleichung (59) gelangt man zu folgender Definition von $L^{2l+1}_{n+l}(\varrho)$ (abgesehen noch von dem Normierungsfaktor):

$$L^{2l+1}_{n+l}(\varrho) = [(n + l)!]^2 \sum_p^{0,\,n-l-1} (-1)^{p+2l+1} \frac{\varrho^p}{p!\,(n-l-p-1)!\,(2l+p+1)!}\,.$$

Die folgende Tabelle gibt einige dieser zugeordneten Laguerreschen Polynome an.

Nach (54) und (58) können wir daher schließlich für den noch nicht normierten Radialfaktor R der Eigenfunktion schreiben:

$$R_{nl}(\varrho) = e^{-\frac{\varrho}{2}}\, \varrho^l\, L^{2l+1}_{n+l}(\varrho)\,. \tag{63}$$

[1]) Die Bezeichnung rührt daher, daß das zu den Werten a und b zugeordnete Laguerresche Polynom L^a_{a+b} der a-te Differentialquotient des „gewöhnlichen" Laguerreschen Polynoms $L_{a+b}(\varrho)$ ist. Die zugeordneten Laguerreschen Polynome stehen also zu den gewöhnlichen in einer ähnlichen Beziehung wie die zugeordneten Kugelfunktionen zu den gewöhnlichen Kugelfunktionen; vgl. Anmerkung 1 auf pag. 276.

n	l	$L_{n+l}^{2l+1}(x)$	Analytische Gestalt
1	0	L_1^1	-1
2	0	L_2^1	$2x-4$
	1	L_3^3	$-3!$
3	0	L_3^1	$-3x^2+18x-18$
	1	L_4^3	$24x-96$
	2	L_5^5	$-5!$
4	0	L_4^1	$4x^3-48x^2+144x-96$
	1	L_5^3	$-60x^2+600x-1200$
	2	L_6^5	$720x-4320$
	3	L_7^7	$-7!$

Da dieser Radialteil reell ist, gilt (mit dem Normierungsfaktor N_R) die Normierungsvorschrift Gleichung (65a) des VI. Kapitels auf pag. 260:

$$N_R^2 \int_0^\infty R_{nl}^2(\varrho)\, r^2\, dr = 1 .$$

Drücken wir in diesem Integral der Gleichförmigkeit halber r durch ϱ aus — nach Gleichung (52) ist $\varrho = 2\alpha r$ —, so können wir schreiben:

$$\frac{N_R^2}{(2\alpha)^3} \int_0^\infty R_{nl}^2(\varrho)\, \varrho^2\, d\varrho = 1 .$$

Eine mühsame Rechnung liefert für den Normierungsfaktor N_R:

$$N_R = \sqrt{\left(\frac{8\pi^2 m_0 Z e^2}{n^2 h^2}\right)^3} \sqrt{\frac{(n-l-1)!}{2n\{(n+l)!\}^3}} . \tag{64}$$

Dabei kann man noch berücksichtigen, daß nach Gleichung (78) des II. Kapitels $\frac{h^2}{4\pi^2 m_0 e^2 Z} = r_1$, dem ersten Bohrschen Radius für ein Einelektronensystem ist; mit dessen Einführung wird die Größe $\alpha = \frac{1}{n r_1}$, und für den normierten Radialfaktor erhält man mit (64):

$$R_{nl}(r) = \sqrt{\left(\frac{2}{n r_1}\right)^3} \sqrt{\frac{(n-l-1)!}{2n\{(n+l)!\}^3}}\, e^{-\frac{r}{n r_1}} \left(\frac{2r}{n r_1}\right)^l L_{n+l}^{2l+1}\left(\frac{2r}{n r_1}\right) . \tag{65}$$

Für die ganze normierte Eigenfunktion $\psi_{nlm} = \Phi\Theta R$ findet man also nach (47), (49) und (65):

$$\left\{\begin{array}{l} \psi_{nlm} = \frac{1}{\sqrt{2\pi}} \sqrt{\frac{(2l+1)(l-|m|)!}{2(l+|m|)!}} \\ \sqrt{\left(\frac{2}{n r_1}\right)^3 \frac{(n-l-1)!}{2n\{(n+l)!\}^3}}\, e^{im\varphi} P_l^{|m|}(\cos\vartheta)\, e^{-\frac{r}{n r_1}} \left(\frac{2r}{n r_1}\right)^l L_{n+l}^{2l+1}\left(\frac{2r}{n r_1}\right) . \end{array}\right. \tag{66}$$

Dabei ist zu beachten, daß folgende Bedingungen bestehen:

$$(67) \qquad \begin{cases} l \geqq |m| \quad \text{oder} \quad -l \leqq m \leqq +l\,, \\ 0 \leqq l \leqq n-1\,, \end{cases}$$

bei denen wir einen Augenblick verweilen wollen. Es ist charakteristisch für die wellenmechanische Lösung des Problems, daß hier direkt die „Quantenzahl“ l auftritt und nicht $l + 1 = k$; wir haben dies in anderem Zusammenhange schon erwähnt. Nicht minder bedeutungsvoll ist die erste Bedingung (67); sie ist nämlich identisch mit derjenigen für die „magnetische Quantenzahl“ m, die als die Projektion der azimutalen Quantenzahl auf die Feldrichtung erklärt war. Es gibt deshalb zu jedem Werte von l im ganzen $(2l+1)$ Eigenfunktionen, die sich durch die Werte m unterscheiden. Da anderseits zu einem gegebenen Wert der Hauptquantenzahl im ganzen n Werte von l gehören, so ist ohne weiteres klar, daß das Problem vielfach entartet ist. Und zwar gehören nach dem Vorhergehenden zu jedem Werte n offenbar

$$(68) \qquad \sum_{l=0}^{l=n-1} (2l+1) = n^2$$

Eigenfunktionen; der durch die Zahl n festgelegte Energiezustand (61) kann durch n^2 verschiedene Schwingungstypen hergestellt werden[1]).

Um diese etwas genauer zu untersuchen, schreiben wir jetzt Gleichung (66) ohne den hier überflüssigen Normierungsfaktor, aber unter Hinzufügung des Zeitfaktors $e^{-\frac{2\pi i}{h} U_n t}$

$$(69) \qquad \begin{cases} \Psi_{nlm} = \psi_{nlm}\, e^{-\frac{2\pi i U_n}{h} t} \\ \qquad = e^{i\left(m\varphi - \frac{2\pi U_n}{h} t\right)} P_l^{|m|}(\cos\vartheta)\, e^{-\frac{\varrho}{2}} \varrho^l L_{n+l}^{2l+1}(\varrho)\,. \end{cases}$$

Dieser Ausdruck hat in der φ-Richtung den Charakter einer fortschreitenden Welle, wie es beim Bohrschen Modell dem Umlauf des Elektrons um den Kern entsprechen würde, in den übrigen Koordinatenrichtungen dagegen den Charakter einer stehenden Welle; die verschiedenen Schwingungstypen, die zu einem Werte von n gehören, unterscheiden sich durch ihre Knotenflächen, die wir jetzt betrachten wollen. Wir können die Werte der Eigenfunktion ψ_{nlm}, soweit die Abhängigkeit von ϑ in Frage kommt, z. B. auf der Einheitskugel, untersuchen; auf dieser schneiden die Knotenflächen Kurven (Knotenlinien) aus. Sie sind durch diejenigen Werte von ϑ bestimmt, für die $P_l^{|m|}(\cos\vartheta)$ auf der Einheitskugel verschwindet (auf der durch die Zählung von ϑ eine bestimmte Achse [Polarachse] willkürlich ausgezeichnet ist, die wir als z-Achse nehmen wollen).

[1]) Diese hier zusammenfallenden n^2 Energieniveaus können durch ein magnetisches Feld (Zeeman-Effekt) oder durch ein elektrisches Feld (Stark-Effekt) aufgespalten werden, wie wir später sehen werden.

$\psi_{n l m}$ verschwindet auf der Einheitskugel, wenn $P_l^{|m|}(\cos\vartheta)$ verschwindet; die Flächen $\vartheta = \text{Const.}$ sind aber Kreiskegel um die z-Achse, die auf der Einheitskugel Breitenkreise ausschneiden, deren es $(l - |m|)$ für ein gegebenes Wertepaar von l und m gibt. Nehmen wir beispielsweise $l = 3$ so kann $|m|$ die Werte 0 bis 3 annehmen; wir haben es also mit den Funktionen P_3^0, P_3^1, P_3^2, P_3^3 zu tun, deren erste 3 Nullstellen hat; P_3^1 hat 2, P_3^2 eine und P_3^3 keine Nullstellen. Das Verhalten dieser vier Funktionen ist in Fig. 74 in der Weise dargestellt, daß im Polardiagramm[1]) der xz-Ebene der Absolutbetrag von $P_l^{|m|}(\cos\vartheta)$ aufgetragen ist. Die Kurven ergeben sich unter Beachtung der Tabelle auf pag. 276, in der ξ durch $\cos\vartheta$ zu ersetzen ist; die Spuren der Knotenkegel sind eingezeichnet und mit K bezeichnet.

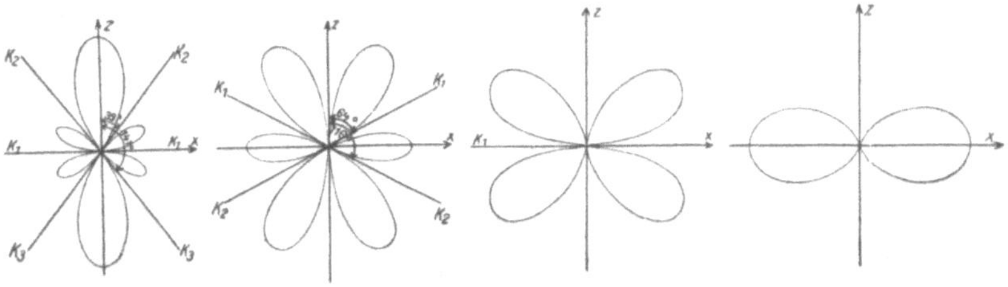

$|P_3^0|$ $|P_3^1|$ $|P_3^2|$ $|P_3^3|$

Fig. 74.

Schließlich verschwindet $\psi_{n l m}$ auch an den Nullstellen des radialen Anteils $R(\varrho)$, d. h. an den Nullstellen des zugeordneten Laguerreschen Polynoms

$$L_{n+l}^{2l+1}(\varrho) = L_{n+l}^{2l+1}\left(\frac{2r}{n r_1}\right),$$

deren es, wie wir schon sagten, $n - l - 1 = n_r$ gibt: das sind offenbar Kugelflächen (Knotenkugeln). Nehmen wir beispielsweise $n = 1$ (Lyman-Niveau), dann müssen sowohl l wie $|m|$ gleich 0 sein. Die Anzahl der Knotenkugeln $n - l - 1 = 0$, die Anzahl der Knotenkegel $l - |m| = 0$. Dieser Schwingungszustand hat also überhaupt keine Knotenflächen, es ist die Grundschwingung, entsprechend dem tiefsten Eigenton einer Saite. Die normierte Eigenfunktion ψ_{100} wird in diesem Falle, da nach der Tabelle für die $P_l^{|m|}$ auf pag. 276 $P_0^0 = 1$ und für die Laguerreschen Polynome auf pag. 287 $L_1^1 = -1$ wird:

(70) $$\psi_{100} = -\frac{1}{\sqrt{\pi r_1^3}} e^{-\frac{r}{r_1}}.$$

Der Absolutbetrag von ψ_{100} geht auf $\frac{1}{e}$ seines Maximalwertes zurück, wenn $r = r_1$, d. h. gleich dem Radius des 1. Bohrschen Kreises

[1]) Der Maßstab ist verschieden; er ist so gewählt, daß die Figuren etwa gleiche Größe haben.

wird, ein Resultat, das durchaus vernünftig ist und gleichzeitig zeigt, welche Bedeutung den Bohrschen Radien auch in der modernen Begriffsbildung zukommt.

Für $n = 2$ (Balmer-Niveau) haben wir folgende normierten Eigenfunktionen:

$$(71)\quad \begin{cases} \psi_{200} = + \dfrac{1}{4\sqrt{2\pi}} \left(\dfrac{1}{r_1}\right)^{3/2} \left(\dfrac{r}{r_1} - 2\right) e^{-\frac{r}{2r_1}}\,, \\ \psi_{210} = - \dfrac{1}{4\sqrt{2\pi}} \left(\dfrac{1}{r_1}\right)^{3/2} \dfrac{r}{r_1} e^{-\frac{r}{2r_1}} \cos\vartheta\,, \\ \psi_{211} = - \dfrac{1}{8\sqrt{\pi}} \left(\dfrac{1}{r_1}\right)^{3/2} \dfrac{r}{r_1} e^{-\frac{r}{2r_1}} \sin\vartheta\, e^{i\varphi}\,, \\ \psi_{21-1} = - \dfrac{1}{8\sqrt{\pi}} \left(\dfrac{1}{r_1}\right)^{3/2} \dfrac{r}{r_1} e^{-\frac{r}{2r_1}} \sin\vartheta\, e^{-i\varphi}\,. \end{cases}$$

Diese Eigenfunktionen verleihen der Schwingung folgende Knotenflächen, die man an der Gleichung (71) leicht verifiziert:

$$n = 2 \begin{cases} l = 0 & m = 0 & \text{1 Knotenkugel} & \text{0 Knotenkegel} \\ l = 1 & \begin{cases} m = 0 \\ m = \pm 1 \end{cases} & \text{0 Knotenkugel} & \begin{cases} \text{1 Knotenkegel} \\ \text{0 Knotenkegel} \end{cases} \end{cases}$$

Für das folgende wollen wir die Eigenfunktionen (71) auch in reeller Form schreiben, indem wir $i\varphi$ durch $\cos\varphi$ bzw. $\sin\varphi$ ersetzen und dabei — unter Berücksichtigung der Anmerkung 1 auf pag. 278 — den Normierungsfaktor passend umändern. Das liefert:

$$(71\,a)\quad \begin{cases} \psi_{200} = \psi_{2s} = - \dfrac{1}{4\sqrt{2\pi}} \left(\dfrac{1}{r_1}\right)^{3/2} \left(\dfrac{r}{r_1} - 2\right) e^{-\frac{r}{2r_1}}\,, \\ \psi_{210} = \psi_{2p,z} = - \dfrac{1}{4\sqrt{2\pi}} \left(\dfrac{1}{r_1}\right)^{3/2} \dfrac{r}{r_1} e^{-\frac{r}{2r_1}} \cos\vartheta\,, \\ \psi_{211}{}^{1)} = \psi_{2p,x} = - \dfrac{1}{4\sqrt{2\pi}} \left(\dfrac{1}{r_1}\right)^{3/2} \dfrac{r}{r_1} e^{-\frac{r}{2r_1}} \sin\vartheta \cos\varphi\,, \\ \psi_{21-1}{}^{1)} = \psi_{2p,y} = - \dfrac{1}{4\sqrt{2\pi}} \left(\dfrac{1}{r_1}\right)^{3/2} \dfrac{r}{r_1} e^{-\frac{r}{2r_1}} \sin\vartheta \sin\varphi\,. \end{cases}$$

Man erkennt, daß die drei letzten Eigenfunktionen ($n = 2$, $l = 1$) aus einem gemeinsamen Faktor bestehen, der mit den Winkelfunktionen $\cos\vartheta$, $\sin\vartheta\cos\varphi$, $\sin\vartheta\sin\varphi$ multipliziert ist, d. h. den Winkelfunktionen, mit denen der Radiusvektor r multipliziert werden muß,

[1] Eigentlich sollte man hier schreiben:

$$\frac{1}{2}[\psi_{211} + \psi_{21-1}] \quad \text{bzw.} \quad \frac{1}{2i}[\psi_{211} - \psi_{21-1}]\,;$$

dann bleibt man in Übereinstimmung mit den bisher benützten Bezeichnungen, z. B. in Gleichung (71).

um in die Komponenten z, x, y überzugehen. Man kann also sagen, daß diese drei Eigenfunktionen identisch sind, nur durch ihre räumliche Orientierung verschieden. Da wir früher die Terme mit $l = 0$ als s-Terme, die mit $l = 1$ als p-Terme bezeichnet haben, haben wir in Gleichung (71 a) die Funktion ψ_{200} auch als ψ_{2s} die drei Eigenfunktionen mit $l = 1$ als ψ_{2p} bezeichnet; die Indizes z, x, y sollen ihre verschiedene räumliche Orientierung andeuten. Der Zusammenhang mit der „räumlichen Quantelung" der alten Bohrschen Theorie liegt hier auf der Hand. In der gleichen Weise lassen sich natürlich die Eigenfunktionen mit $n = 3$ aufstellen, deren es neun gibt; die genauere Diskussion sei dem Leser überlassen.

2. Fall $U > 0$[1]).

Wir knüpfen wieder an die gemeinsame Ausgangsgleichung (51) an, in der wir statt r wieder eine neue Variable ϱ' durch die Substitution

$$(72) \qquad \varrho' = 2\,\alpha' r = 2\sqrt{\frac{8\,m_0\,\pi^2\,U}{h^2}}\,r$$

einführen. Für $R(\varrho')$ erhalten wir dann durch die gleiche Rechnung die Differentialgleichung:

$$(73) \qquad \frac{d^2 R}{d\varrho'^2} + \frac{2}{\varrho'}\frac{dR}{d\varrho'} + \left[\frac{1}{4} + \frac{\alpha' Z e^2}{2\,U}\,\frac{1}{\varrho'} - \frac{l(l+1)}{\varrho'^2}\right] R = 0\,,$$

die formal mit (53) große Ähnlichkeit hat, sich aber bezeichnender Weise in einigen Vorzeichen unterscheidet. Gerade diese Vorzeichendifferenz führt dazu, für $R(\varrho')$ den Ansatz zu machen — das Analogon zu (54) —:

$$(74) \qquad R(\varrho') = e^{\pm\frac{i\varrho'}{2}}\, W(\varrho')\,,$$

was für $W(\varrho')$ zur Differentialgleichung führt:

$$(75) \qquad \frac{d^2 W}{d\varrho'^2} + \frac{dW}{d\varrho'}\left(\frac{2}{\varrho'} \pm i\right) + W\left[\left(\frac{\alpha' Z e^2}{2\,U} \pm i\right)\frac{1}{\varrho'} - \frac{l(l+1)}{\varrho'^2}\right] = 0\,.$$

Diese Gleichung weicht äußerst charakteristisch von der analogen (55) ab, indem durch die vorhin erwähnten Vorzeichenunterschiede nunmehr komplexe Koeffizienten darin auftreten. Indem man wieder zur Integration ansetzt — vergleiche (56) —

$$(76) \qquad W = \varrho'^{\beta} \sum c_p\, \varrho'^{p}\,,$$

findet man wie früher $\beta = l$, so daß (76) zu ersetzen ist durch:

$$(77) \qquad W = \sum c_p\, \varrho'^{(p+l)}\,.$$

Damit ist die Endlichkeit der Lösung für $\varrho' = 0$ gesichert. Durch Einsetzen in (175) ergibt sich die Rekursionsformel:

$$c_{p+1}\Big\{(p+l+1)(p+l+2) - l(l+1)\Big\} + c_p\Big\{\pm(p+l+1)\,i + \frac{\alpha' Z e^2}{2\,U}\Big\} = 0,$$

[1]) Die folgende Darstellung knüpft wesentlich an A. Sommerfeld an.

die wegen des doppelten Zeichens in zwei zerfällt:

$$(78)\quad \begin{cases} c_{p+1}\left\{(p+l+1)(p+l+2)-l(l+1)\right\} \\ \quad + c_p\left\{+(p+l+1)i+\frac{\alpha' Z e^2}{2U}\right\}=0, \\ \overset{*}{c}_{p+1}\left\{(p+l+1)(p+l+2)-l(l+1)\right\} \\ \quad + \overset{*}{c}_p\left\{-(p+l+1)i+\frac{\alpha' Z e^2}{2U}\right\}=0. \end{cases}$$

Wählt man die beiden ersten Koeffizienten c_0 und $\overset{*}{c}_0$ einander gleich und reell, so ergibt sich aus (78), daß alle anderen Koeffizienten c_p und $\overset{*}{c}_p$ zueinander konjugiert komplex ausfallen. Für $R(\varrho')$ erhalten wir also nach (73), (76) und (78):

$$(79)\qquad R(\varrho') = e^{\frac{i\varrho'}{2}} \sum c_p\, \varrho'^{(p+l)} + e^{-\frac{i\varrho'}{2}} \sum \overset{*}{c}_p\, \varrho'^{(p+l)}.$$

In dem vorhin erledigten 1. Falle ($U < 0$) beruhte die Festlegung der erlaubten U-Werte darauf, daß wir verlangen mußten, die Reihe für $R(\varrho)$ solle abbrechen, d. h. ein Polynom sein; sonst war die Endlichkeit für unendlich großes ϱ nicht gesichert. Hier können wir das nicht tun: Denn die Reihen in (79) konvergieren auch für $\varrho' = \infty$. Man kann dies leicht in der Weise zeigen, daß man direkt die asymptotische Lösung von (73) aufsucht. Streicht man alle Glieder mit $\frac{1}{\varrho'}$ und $\frac{1}{\varrho'^2}$, so geht (73) über in

$$\frac{d^2 R}{d\varrho'^2} + \frac{1}{4} R = 0$$

mit der Lösung

$$R = e^{\pm \frac{i\varrho'}{2}}.$$

Dieser Lösung muß (79) sich annähern für große ϱ', d. h. aber, daß die Reihen in (79) konvergieren. Wir finden also keine Bedingung für U, d. h. hier ist jeder Energiewert zulässig. Das bedeutet, daß sich ein kontinuierliches Spektrum[1]) an das diskontinuierliche des 1. Falles anschließt, was wir bereits wissen und was auch die Bohrsche Theorie liefert. Letztere bringt dies in Zusammenhang mit der überschüssigen kinetischen Energie, die das vom Kern „abgetrennte" Elektron besitzt. Gemäß dieser Vorstellung entspricht der Schwingungszustand nunmehr in der r-Richtung für $U > 0$ einer fortschreitenden Welle, wie man erkennt, wenn man die asymptotische Lösung mit dem Zeitfaktor $e^{-\frac{2\pi i}{h} Ut}$ zusammensetzt:

$$e^{i\left(\frac{\varrho'}{2} - \frac{2\pi U}{h} t\right)}.$$

[1]) Hier tritt uns zum ersten Male der Fall entgegen, auf den in Nr. 39 aufmerksam gemacht wurde (Anmerkung 2 auf pag. 257), daß eine kontinuierliche Folge von Eigenwerten neben einer diskontinuierlichen auftritt.

Wir haben uns hierbei auf die Benutzung der Lösung $e^{+\frac{i\varrho'}{2}}$ beschränkt, weil sie einer vom Kern forteilenden Welle (d. h. einem abgetrennten Elektron) entspricht, während $e^{-\frac{i\varrho'}{2}}$ eine auf das Zentrum hineilende Welle liefert, was dem „Einfangen" eines Elektrons entsprechen würde.

Natürlich ist mit den obigen Erörterungen das Problem des Wasserstoffatoms nicht erledigt, da wir die Feinstruktur nicht erklärt und den Mechanismus der Strahlung gar nicht erörtert haben; an der gleichen Unvollständigkeit leiden überhaupt alle in diesem Kapitel behandelten Probleme. Darauf müssen wir also später zurückkommen.

Wir können hier noch eine Verallgemeinerung anschließen, indem wir ein vom Coulombschen abweichendes Zentralfeld ansetzen; dies hatten wir in Kapitel IV für die Erklärung der nichtwasserstoffähnlichen Spektren (Theorie des Leuchtelektrons) als notwendig befunden. Das Ganze ist natürlich nur eine angenäherte Betrachtung. Die Schrödinger-Gleichung lautet hier:

$$\Delta\psi + \frac{8 m_0 \pi^2}{h^2}\left[U + \frac{Z e^2}{r}\left(1 + \frac{c_1}{r}\right)\right]\psi = 0\,, \tag{80}$$

wenn wir uns auf den einfachsten Fall beschränken. Man kann hier, genau wie vorhin, aus ψ die Faktoren

$$e^{i m \varphi}\, P_l^{|m|}(\cos\vartheta)$$

abspalten[1]) und behält dann eine Differentialgleichung für den radialen Teil $R(r)$ der Eigenfunktion übrig, die wir ohne Rechnung nach Analogie von (51) hinschreiben können:

$$\frac{d^2 R}{dr^2} + \frac{2}{r}\frac{dR}{dr} + \left[\frac{8 m_0 \pi^2}{h^2}\left(U + \frac{Z e^2}{r} + \frac{c_1 Z e^2}{r^2}\right) - \frac{l(l+1)}{r^2}\right] R = 0\,. \tag{81}$$

Nun brauchen wir gar nicht weiter zu rechnen; denn diese Gleichung wird mit (51) formal identisch, wenn wir statt l eine Größe l' durch die Gleichung definieren:

$$l'(l'+1) = l(l+1) - \frac{8 m_0 \pi^2 Z e^2}{h^2} c_1\,.$$

Das liefert (nur das positive Vorzeichen der Wurzel ist brauchbar):

$$l' = -\frac{1}{2} + \frac{1}{2}\sqrt{(2l+1)^2 - \frac{32 m_0 \pi^2 Z e^2}{h^2} c_1}\,.$$

Entwickelt man die Wurzel, so folgt:

$$l' = l - \frac{4 m_0 \pi^2 Z e^2}{h^2 (l + \frac{1}{2})} c_1\,. \tag{83}$$

Statt der Gleichung (60), die die Hauptquantenzahl n definierte, erhalten wir hier eine „effektive" Quantenzahl:

$$\overset{*}{n} = n + \Delta = n - \frac{4 m_0 \pi^2 Z e^2}{h^2 (l + \frac{1}{2})} c_1\,, \tag{84}$$

---

1) Dies ist überhaupt immer möglich, wenn die potentielle Energie nur von r abhängt, wie man leicht sieht.

und die zulässigen Energiewerte sind:

$$U_n = -\frac{R_y Z^2 h c}{(n + \Delta)^2}. \tag{85}$$

Der hier gewonnene Ausdruck für die „effektive“ Quantenzahl ist identisch mit dem in Gleichung (14) des IV. Kapitels auf pag. 139 abgeleiteten; nur setzt die Wellenmechanik statt k den Ausdruck $(l + \frac{1}{2})$. In den Fällen, in denen noch höhere Potenzen von $\frac{1}{r}$ auftreten, ist infolge einer eigentümlichen mathematischen Schwierigkeit keine im ganzen Gebiet reguläre Lösung vorhanden[1]).

46. Der normale Zeeman-Effekt.

Wir gehen jetzt über zur Aufstellung und Untersuchung der Schrödinger-Gleichung für den Fall, daß ein Elektron sich in einem Magnetfelde $\mathfrak{H}$ und einem elektrischen Felde $\mathfrak{E}$ bewegt. Da wir die Schrödinger-Gleichung durch Umdeuten der Hamilton-Jacobischen Gleichung erhielten, haben wir zunächst für den hier vorliegenden Fall die Hamiltonsche Funktion H aufzustellen, die die Energie als Funktion der Koordinaten und Impulse darstellt. Sie ist nach unseren früheren Darlegungen in Nr. 10 mit der Lagrangeschen Funktion (dem kinetischen Potential) L verknüpft durch die Beziehung

$$-L + \sum p_k \dot{q}_k = H, \tag{86}$$

wo p_k und q_k die Impulse und Koordinaten des betreffenden Systems sind. Es kommt also nur darauf an, L zu finden; denn die Impulse sind definiert durch $p_k = \frac{\partial L}{\partial \dot{q}_k}$.

Denken wir uns das elektromagnetische Feld durch das skalare Potential V und das Vektorpotential $\mathfrak{A}$ gegeben[2]):

$$\left\{ \begin{aligned} \mathfrak{H} &= \operatorname{rot} \mathfrak{A}, \\ \mathfrak{E} &= -\operatorname{grad} V - \frac{1}{c}\frac{\partial \mathfrak{A}}{\partial t}, \end{aligned} \right. \tag{87}$$

so haben wir eine solche Lagrangesche Funktion L anzugeben, daß außer den mechanischen Kräften, die in L durch die gewöhnliche potentielle Energie (Φ) enthalten sind, noch die Lorentzsche ponderomotorische Kraft[3]) auf eine Ladung

$$\mathfrak{K} = e\left(\mathfrak{E} + \frac{1}{c}[\mathfrak{v}\mathfrak{H}]\right) \tag{88}$$

richtig herauskommt. Das ist der Fall, wenn wir L folgendermaßen wählen:

$$L = \frac{m_0}{2}(\dot{x}^2 + \dot{y}^2 + \dot{z}^2) - \Phi - eV + \frac{e}{c}(\dot{x}\,\mathfrak{A}_x + \dot{y}\,\mathfrak{A}_y + \dot{z}\,\mathfrak{A}_z). \tag{89}$$

---

[1]) Die Differentialgleichung bekommt dann nämlich bei $r = 0$ eine wesentlich singuläre Stelle.

[2]) Vgl. Bd. III_1, pag. 270, Gleichung (8) und 271, Gleichung (14).

[3]) Vgl. Bd. III_1, pag. 673, Gleichung (11).

Wir wollen diese Behauptung verifizieren, indem wir z. B. für die x-Koordinate die Lagrangesche Bewegungsgleichung

$$\frac{d}{dt}\left(\frac{\partial L}{\partial \dot{q}_k}\right) - \frac{\partial L}{\partial q_k} = 0$$

bilden. Man findet aus (89):

$$p_x = \frac{\partial L}{\partial \dot{x}} = m_0 \dot{x} + \frac{e}{c} \mathfrak{A}_x;$$

$$\frac{\partial L}{\partial x} = -\frac{\partial \Phi}{\partial x} - e\frac{\partial V}{\partial x} + \frac{e}{c}\left(\dot{x}\frac{\partial \mathfrak{A}_x}{\partial x} + \dot{y}\frac{\partial \mathfrak{A}_y}{\partial x} + \dot{z}\frac{\partial \mathfrak{A}_z}{\partial x}\right);$$

also folgt für die Bewegungsgleichung des Elektrons:

$$m_0 \ddot{x} + \frac{e}{c}\frac{d\mathfrak{A}_x}{dt} + \frac{\partial \Phi}{\partial x} + e\frac{\partial V}{\partial x} - \frac{e}{c}\left(\dot{x}\frac{\partial \mathfrak{A}_x}{\partial x} + \dot{y}\frac{\partial \mathfrak{A}_y}{\partial x} + \dot{z}\frac{\partial \mathfrak{A}_z}{\partial x}\right) = 0.$$

Wenn man die totale Ableitung $\frac{d\mathfrak{A}_x}{dt}$ durch die partiellen Ableitungen ausdrückt

$$\frac{d\mathfrak{A}_x}{dt} = \frac{\partial \mathfrak{A}_x}{\partial t} + \frac{\partial \mathfrak{A}_x}{\partial x}\dot{x} + \frac{\partial \mathfrak{A}_x}{\partial y}\dot{y} + \frac{\partial \mathfrak{A}_x}{\partial z}\dot{z},$$

so folgt:

$$m_0 \ddot{x} = -\left(\frac{e}{c}\frac{\partial \mathfrak{A}_x}{\partial t} + \frac{\partial \Phi}{\partial x} + e\frac{\partial V}{\partial x}\right) + \frac{e}{c}\{\mathfrak{v}_y \operatorname{rot}_z \mathfrak{A} - \mathfrak{v}_z \operatorname{rot}_y \mathfrak{A}\},$$

oder

$$m_0 \ddot{x} = -\frac{\partial \Phi}{\partial x} + e\,\mathfrak{E}_x + \frac{e}{c}[\mathfrak{v}\,\mathfrak{H}]_x,$$

d. h. aber, daß außer der mechanischen Kraft $-\frac{\partial \Phi}{\partial x}$ auch die Lorentzsche Kraft auftritt, und das wollten wir erreichen; damit ist der oben angegebene Wert (89) für L gerechtfertigt. (Man erkennt übrigens aus (89), daß die elektrostatische Energie $e\,V$ einfach zur gewöhnlichen potentiellen Energie Φ additiv hinzutritt, was natürlich zu erwarten war; die Schwierigkeiten und das Neue kommen erst durch das Magnetfeld [Vektorpotential] herein.)

Wir können also den Ausdruck (89) für L verwenden, der uns die Impulse liefert:

(90) $$p_x = \frac{\partial L}{\partial \dot{x}} = m_0 \dot{x} + \frac{e}{c}\mathfrak{A}_x \text{ usw.}$$

H ist nun die Gesamtenergie des Systems, in deren analytischem Ausdruck die Geschwindigkeiten durch die Impulse ersetzt sind. Wir haben also in dem Ausdruck $\frac{m_0}{2}(\dot{x}^2 + \dot{y}^2 + \dot{z}^2) + \Phi + e\,V$ die Geschwindigkeitskomponenten $\dot{x}$, $\dot{y}$, $\dot{z}$ durch $p_x\; p_y\; p_z$ nach (90) zu ersetzen. Das liefert die gesuchte Hamiltonsche Funktion:

(91) $$H = \frac{1}{2m_0}\left[\left(p_x - \frac{e}{c}\mathfrak{A}_x\right)^2 + \left(p_y - \frac{e}{c}\mathfrak{A}_y\right)^2 + \left(p_z - \frac{e}{c}\mathfrak{A}_z\right)^2\right] + \Phi + eV.$$

Die Hamilton-Jacobische Differentialgleichung geht daraus hervor, indem wir die Impulse $p_x, \ldots$ ersetzen durch $\frac{\partial W}{\partial x}, \ldots$, wo W die sogenannte Wirkungsfunktion Hamiltons ist, und dann $H\left(q_k, \frac{\partial W}{\partial q_k}\right)$ gleich der Energie U des Systems setzen. Also folgt für die Hamilton-Jacobische Differentialgleichung:

$$(92)\quad \begin{cases} \frac{1}{2\,m_0}\left[\left(\frac{\partial W}{\partial x} - \frac{e}{c}\mathfrak{A}_x\right)^2 + \left(\frac{\partial W}{\partial y} - \frac{e}{c}\mathfrak{A}_y\right)^2\right. \\ \qquad\qquad \left. + \left(\frac{\partial W}{\partial z} - \frac{e}{c}\mathfrak{A}_z\right)^2\right] + \Phi + e\,V - U = 0. \end{cases}$$

Führen wir hierin nach der in Nr. 38 entwickelten Vorschrift zur Erlangung der Schrödinger-Gleichung die angedeuteten Quadrierungen aus, so erhalten wir ausführlich geschrieben (es genügt ein Glied, um das grundsätzlich Wichtige darzulegen):

$$(93\text{a})\quad \frac{1}{2\,m_0}\left[\frac{\partial W}{\partial x}\,\frac{\partial W}{\partial x} - \frac{2\,e}{c}\,\frac{\partial W}{\partial x}\,\mathfrak{A}_x + \frac{e^2}{c^2}\,\mathfrak{A}_x^2\right] + \ldots + \Phi + e\,V - U = 0\,.$$

Ebenso gut hätten wir natürlich auch schreiben können:

$$(93\text{b})\quad \frac{1}{2\,m_0}\left[\frac{\partial W}{\partial x}\,\frac{\partial W}{\partial x} - \frac{2\,e}{c}\,\mathfrak{A}_x\,\frac{\partial W}{\partial x} + \frac{e^2}{c^2}\,\mathfrak{A}_x^2\right] + \ldots + \Phi + e\,V - U = 0\,.$$

Zwischen beiden Gleichungen besteht nur der Unterschied, daß in der ersten Gleichung: $\frac{\partial W}{\partial x}\,\mathfrak{A}_x$ und in der zweiten: $\mathfrak{A}_x\,\frac{\partial W}{\partial x}$ geschrieben ist, was in der Hamilton-Jacobischen Gleichung natürlich gleichgültig ist. Nicht aber ist es gleichgültig für die Umdeutung, wenn wir die Operatoren einführen. In der ersten Form der Gleichung haben wir $\frac{\partial W}{\partial x}\,\mathfrak{A}_x$ zu ersetzen durch $\frac{h}{2\pi i}\,\frac{\partial}{\partial x}(\mathfrak{A}_x\,\psi)$, in der zweiten durch $\frac{h}{2\pi i}\,\mathfrak{A}_x\,\frac{\partial \psi}{\partial x}$. Für alle drei Koordinaten zusammengenommen ergibt die erste Schreibweise:

$$(94\text{a})\qquad \frac{h}{2\pi i}\{\psi \operatorname{div}\mathfrak{A} + (\mathfrak{A},\ \operatorname{grad}\psi)\}\,,$$

in der zweiten Schreibweise aber würden wir bekommen:

$$(94\text{b})\qquad \frac{h}{2\pi i}(\mathfrak{A},\ \operatorname{grad}\psi)\,.$$

Beide Ausdrücke unterscheiden sich um den Summanden $\frac{h}{2\pi i}\,\psi \operatorname{div}\mathfrak{A}$. Glücklicherweise spielt das hier keine Rolle, denn bekanntlich ist das Vektorpotential $\mathfrak{A}$ durch den Ansatz $\mathfrak{H} = \operatorname{rot}\mathfrak{A}$ noch nicht bestimmt, sondern man darf eine Nebenbedingung hinzufügen[1]). Wenn wir als solche $\operatorname{div}\mathfrak{A} = 0$ ein für allemal[2]) annehmen, so verschwindet für uns die Zweideutigkeit der Schreibweise, und wir gewinnen aus beiden Formen von (93) die Schrödinger-Gleichung:

$$(95)\quad \Delta\psi - \frac{4\pi e i}{h\,c}(\mathfrak{A},\ \operatorname{grad}\psi) + \frac{8\,m_0\pi^2}{h^2}\left(U - \Phi - e\,V - \frac{e^2\mathfrak{A}^2}{2\,m_0\,c^2}\right)\psi = 0\,.$$

[1]) Vgl. Bd. III_1, pag. 193.

[2]) Bei zeitlich konstantem $\mathfrak{A}$ und Φ!

Auf ganz analoge Weise, indem man nämlich noch U durch $-\frac{h}{2\pi i}\frac{\partial}{\partial t}$ ersetzt und dann die ganze linke Seite der Hamilton-Jacobischen Differentialgleichung als Operator auf die Wellenfunktion Ψ wirken läßt, findet man auch die entsprechende zeitabhängige Schrödinger-Gleichung (wir schreiben gleich die für die komplexe Wellenfunktion $\overset{*}{\Psi}$ mit an):

$$(96)\quad \left\{\begin{aligned} &\varDelta\Psi - \frac{4\pi i}{h}\left[\frac{e}{c}(\mathfrak{A},\operatorname{grad}\Psi) - m_0\frac{\partial\Psi}{\partial t}\right] \\ &\qquad - \frac{8 m_0\pi^2}{h^2}\left(\Phi + eV + \frac{e^2\mathfrak{A}^2}{2m_0c^2}\right)\Psi = 0\,, \\ &\varDelta\overset{*}{\Psi} + \frac{4\pi i}{h}\left[\frac{e}{c}(\mathfrak{A},\operatorname{grad}\overset{*}{\Psi}) - m_0\frac{\partial\overset{*}{\Psi}}{\partial t}\right] \\ &\qquad - \frac{8 m_0\pi^2}{h^2}\left(\Phi + eV + \frac{e^2\mathfrak{A}^2}{2m_0c^2}\right)\overset{*}{\Psi} = 0\,. \end{aligned}\right.$$

Für die Theorie des Zeeman-Effektes kommen wir übrigens mit Gleichung (95) aus.

Wir haben nun, um die Theorie des Zeemanschen Phänomens zu gewinnen, Gleichung (95) nur zu spezialisieren. Wir wählen etwa ein konstantes Magnetfeld vom Betrage H[1]) parallel der z-Achse und setzen $V = 0$, da kein elektrisches Feld vorhanden ist. Weiter ist zu beachten, daß wir in (88) und allen folgenden Gleichungen — zwecks Erzielung einer Übereinstimmung mit den üblichen elektrodynamischen Formeln — unter „e" eine beliebige (positive oder negative) Elektrizitätsmenge verstanden haben; dagegen bezeichnete früher „e" die negative Ladung des Elektrons. Da wir jetzt Gleichung (95) auf ein Elektron anwenden wollen, kehren wir zum früheren Gebrauche zurück, haben also noch „e" durch „$-e$" zu ersetzen. Überdies können wir hier für alle experimentell herstellbaren Felder H noch das sehr kleine $\frac{e^2\mathfrak{A}^2}{2m_0c^2}$ vernachlässigen. Die obige Wahl des Magnetfeldes entspricht dem Vektorpotential:

$$(97)\qquad \mathfrak{A}_x = -\tfrac{1}{2}Hy\,,\quad \mathfrak{A}_y = +\tfrac{1}{2}Hx\,,\quad \mathfrak{A}_z = 0\,,$$

und damit vereinfacht sich (95) in der folgenden Weise:

$$(98)\qquad \varDelta\psi - \frac{2\pi e i H}{hc}\left(-y\frac{\partial\psi}{\partial x} + x\frac{\partial\psi}{\partial y}\right) + \frac{8m_0\pi^2}{h^2}(U-\Phi)\psi = 0\,.$$

In räumlichen Polarkoordinaten wird das Zusatzglied:

$$-y\frac{\partial\psi}{\partial x} + x\frac{\partial\psi}{\partial y} = \frac{\partial\psi}{\partial\varphi}\,,$$

und so erhalten wir schließlich:

$$(99)\qquad \varDelta\psi - \frac{2\pi e H}{hc}\,i\,\frac{\partial\psi}{\partial\varphi} + \frac{8m_0\pi^2}{h^2}(U-\Phi)\psi = 0$$

als die in unserem Falle zuständige Schrödinger-Gleichung.

---

[1]) Eine Verwechselung mit der nur vorübergehend eingeführten Hamiltonschen Funktion H ist wohl ausgeschlossen!

Hier ist es, wenn die potentielle Energie Φ nicht von φ abhängt, was wir annehmen wollen, wieder möglich, mit dem alten Produktansatz $\Theta\,\Phi\,R$ zu integrieren. Wir erhalten dann ganz analog wie in der vorhergehenden Nummer:

$$(100)\qquad \psi = e^{im\varphi}\, P_l^{|m|}(\cos\vartheta)\, R(r)\,, \qquad (l \geqq |m|)$$

und wenn wir dies in (99) einführen, bleibt für den radialen Anteil $R(r)$ die Gleichung übrig:

$$(101)\quad \frac{d^2R}{dr^2} + \frac{2}{r}\frac{dR}{dr} + \left[\frac{8\,m_0\,\pi^2}{h^2}\left(U - \frac{e\,H\,h\,m}{4\,\pi\,m_0\,c} - \Phi\right) - \frac{l(l+1)}{r^2}\right] R = 0\,.$$

Diese brauchen wir aber nicht mehr explizit zu behandeln; denn sie ist bis auf ein additives Glied mit der früheren Gleichung (51) identisch. Hier tritt der Einfluß des Magnetfeldes darin zutage, daß zu dem Energieparameter das Zusatzglied $-\frac{e\,H\,h\,m}{4\,\pi\,m_0\,c}$ hinzukommt. Nennen wir die Energie ohne Feld U_0, so können wir schreiben:

$$(102)\qquad U = U_0 + \frac{e\,H\,h}{4\,\pi\,m_0\,c}\,m\,, \qquad (l \geqq |m|)\,,$$

und dann werden (51) und (101) identisch, d. h. alle Folgerungen bezüglich der Eigenfunktionen bleiben bestehen, nur die zulässigen Energieniveaus werden verschoben. Geht man zu den Schwingungszahlen ν über, indem man zwei verschiedene Energieniveaus betrachtet (U', U'' bzw. U_0', U_0''), so folgt in leicht verständlicher Bezeichnung:

$$(102\text{a})\qquad \nu_H = \nu_0 + \frac{e\,H}{4\,\pi\,m_0\,c}(m' - m'')\,.$$

Wir haben also in (102) bzw. (102a) in der Tat die Grundformel des normalen Zeeman-Effektes vor uns. Man erkennt insbesondere folgendes: Die Energie U_0 ohne Feld hängt nur von der Hauptquantenzahl n ab, U dagegen auch von m, weswegen wir genauer U_{nm} schreiben sollten. Wie wir schon früher hervorhoben, werden durch ein Magnetfeld die verschiedenen Energieniveaus, die zu einem Werte von n gehören, aufgespalten.

Was auch hier noch fehlt, ist die Ableitung der Auswahlregeln und eine Darlegung über den Mechanismus der Ausstrahlung; auch ist natürlich zu bemerken, daß es sich nur um den sogenannten normalen Effekt handelt.

Wir haben aber noch eine Reihe von Bemerkungen an unser bisheriges Resultat anzuknüpfen. Wenn wir die (nicht normierte) Eigenfunktion (100) mit dem Zeitfaktor zusammensetzen, so haben wir offenbar für die Wellenfunktion Ψ_{nlm}:

$$(103)\quad \Psi_{nlm} = \psi_{nlm}\, e^{-\frac{2\pi i U_{nm}}{h}t} = P_l^{|m|}(\cos\vartheta)\, R(r)\, e^{2\pi i\left(-\frac{U_{nm}}{h}t + \frac{m\varphi}{2\pi}\right)}\,.$$

Darin haben — wie früher — $P_l^{|m|}(\cos\vartheta)\,R(r)$ den Charakter einer stehenden Welle, aber der dritte Faktor zeigt, daß unsere Lösung in der φ-Richtung die Art einer fortschreitenden Welle aufweist. Das ist freilich auch schon beim Wasserstoff ohne Feld der Fall; aber der Unterschied besteht jetzt darin, daß die Schwingungszahl $\nu_{nm} = \frac{U_{nm}}{h}$ auch noch von der magnetischen Quantenzahl m abhängt. Wir haben es hier mit einer Welle zu tun, die um die Feldrichtung in dem einen oder anderen Sinne umläuft und deren Frequenz noch von der Feldstärke abhängt. Das erinnert in gewissem Sinne an das Larmorsche Theorem der Punktmechanik, wonach das Magnetfeld nur eine gleichförmige Präzession des ganzen Systems um seine Richtung hervorbringt und dadurch eine der Feldstärke proportionale Änderung der Frequenz erzeugt. Ein Zusammenhang mit dem Larmorschen Theorem existiert in der Tat. Wenn wir die Phasengeschwindigkeit (hier ist es natürlich eine Winkelgeschwindigkeit) der Welle (103) bestimmen, so finden wir:

$$u_P = \frac{d\varphi}{dt} = \frac{2\pi U_{nm}}{mh}. \tag{104}$$

Diese entspricht einer Frequenz

$$\omega_P = \frac{1}{2\pi}\frac{d\varphi}{dt} = \frac{U_{nm}}{mh} = \frac{U_0}{mh} + \frac{eH}{4\pi m_0 c}, \tag{105}$$

und diese hat allerdings praktisch nichts mit der Larmor-Frequenz[1]) zu tun, da das Glied $\frac{U_0}{mh}$ so außerordentlich viel größer ist als $\frac{eH}{4\pi m_0 c}$, daß man statt (105) mit sehr guter Näherung schreiben kann:

$$\omega_P \approx \frac{U_0}{mh}. \tag{105a}$$

Die Zusatzenergie des Magnetfeldes ist eben sehr klein gegen die ursprüngliche Energie. Aber es ist wohl zu beachten, daß $u_P = \frac{2\pi U_{nm}}{h}$ die Phasen-(winkel)geschwindigkeit der Welle darstellt; beim Larmorschen Theorem aber haben wir es mit der korpuskularen Geschwindigkeit (hier Winkelgeschwindigkeit) zu tun, die, wie wir wissen, mit der Gruppengeschwindigkeit u_g identisch ist. Wir müssen also die Gruppengeschwindigkeit (bzw. Gruppenwinkelgeschwindigkeit) berechnen: erst von dieser dürfen wir erwarten, daß sie mit der Larmor-Präzession in engem Zusammenhange steht. Betrachten wir die um die φ-Richtung fortschreitende Welle:

$$e^{2\pi i\left(-\frac{U_{nm}}{h}t + \frac{m}{2\pi}\varphi\right)}$$

und vergleichen sie mit der uns geläufigen Form einer in der x-Richtung fortschreitenden Welle:

$$e^{2\pi i\left(-\nu t + \frac{x}{\lambda}\right)},$$

[1]) Die Larmor-Frequenz ist abgeleitet in Gleichung (94) des III. Kapitels auf pag. 111.

so erkennen wir, daß $\frac{m}{2\pi}$ hier die Rolle der reziproken Wellenlänge vertritt. Setzen wir daher direkt $\frac{2\pi}{m} = \lambda_\varphi$, wo λ_φ die Wellenlänge dieser φ-Welle sein soll, so geht unser Ausdruck (104) für die Phasengeschwindigkeit mit Berücksichtigung von (102) über in

$$u_P = \frac{U\lambda_\varphi}{h} = \frac{U_0\lambda_\varphi}{h} + \frac{eH}{2m_0c}. \tag{106}$$

Aus dieser Gleichung, die uns u_P als Funktion der Wellenlänge λ_φ liefert (es ist also das Dispersionsgesetz der φ-Welle), finden wir nach der Rayleighschen Gleichung

$$u_g = u_P - \lambda_\varphi \frac{du_P}{d\lambda_\varphi}$$

für die Gruppen(winkel)geschwindigkeit:

$$u_g = \frac{U_0\lambda_\varphi}{h} + \frac{eH}{2m_0c} - \frac{U_0\lambda_\varphi}{h} = \frac{eH}{2m_0c}, \tag{107}$$

d. h. die Gruppengeschwindigkeit der φ-Welle ist wirklich gleich der Larmor-Frequenz. Damit ist die Beziehung zur klassischen und zur Bohrschen Theorie hergestellt[1]).

47. Das Wasserstoffatom bei Berücksichtigung der Kernbewegung; ein Modell des zweiatomigen Moleküls.

Bisher haben wir den Kern des Atoms immer als ruhend vorausgesetzt; daher fanden wir mit der Schrödinger-Gleichung (45) des VI. Kapitels auf pag. 251 das Auslangen. Nunmehr wollen wir diese Voraussetzung fallen lassen und als erste Anwendung der Schrödinger-Gleichung für ein System — (75) des VI. Kapitels auf pag. 263 — das Wasserstoffatom unter Berücksichtigung der Kernbewegung behandeln. Dazu können wir direkt an die Gleichungen (86) und (87) des VI. Kapitels (pag. 265) anknüpfen. Um die letztere brauchen wir uns gar nicht zu kümmern, da uns die eventuelle Bewegung des Schwerpunktes nicht interessiert. In der ersteren, die für die relative Bewegung des Elektrons zum Kern gilt, haben wir für Φ_1 den Wert $-\frac{Ze^2}{r}$ einzusetzen und erhalten dann:

$$\varDelta\psi_1 + \frac{8\mu\pi^2}{h^2}\left(U_1 + \frac{Ze^2}{r}\right)\psi_1 = 0. \tag{108}$$

Damit sind wir aber auch schon fertig. Denn diese Gleichung ist identisch mit Gl. (40) für das Wasserstoffatom, nur steht μ an Stelle von m_0. Es ergeben sich alle Folgerungen der Nr. 45, wenn man überall die reduzierte

[1]) Bedenklich an dieser Herleitung ist immerhin die Differentiation nach λ_φ, d. h. nach m, das ja nicht stetig veränderlich ist.

Masse μ statt m_0 einführt. Insbesondere erhält man statt der alten universellen Rydberg-Konstanten, die in Gleichung (61) auftrat, nämlich

$$R_{y_\infty} = \frac{2\, m_0\, \pi^2\, e^4}{h^3\, c}$$

jetzt die mit der Kernmasse ein wenig veränderliche:

$$(109) \qquad R_y = \frac{2\, \mu\, \pi^2\, e^4}{h^3\, c} = R_{y_\infty} \frac{1}{1 + \frac{m_2}{m_1}} \text{ [1]}.$$

Damit ist das gestellte Problem bereits erledigt.

Als nächste Anwendung behandeln wir ein zweiatomiges Molekül, wobei wir die Bezeichnung der Massen und Koordinaten beibehalten können. Führen wir auch hier wieder Schwerpunktskoordinaten und die relativen Koordinaten der einen Masse bezüglich der anderen ein, so haben wir wieder die beiden Gleichungen (86) und (87) des VI. Kapitels zu behandeln. Wieder interessiert uns die Bewegung des Schwerpunktes nicht, so daß nur (86) zu untersuchen bleibt. Eine Besonderheit tritt hier lediglich auf im Ansatz der potentiellen Energie. Denn diese muß so beschaffen sein, daß aus ihr eine stabile Ruhelage der beiden Atome in einem bestimmten Abstande (r_0) hervorgeht; das ist nur möglich, wenn anziehende und abstoßende Kräfte wirken, und zwar nach verschiedenem Gesetz, so daß sie sich an einer Stelle r_0 kompensieren, dagegen bei jeder Verrückung in die Ruhelage zurücktreibend wirken. Das leistet z. B. der folgende Ansatz:

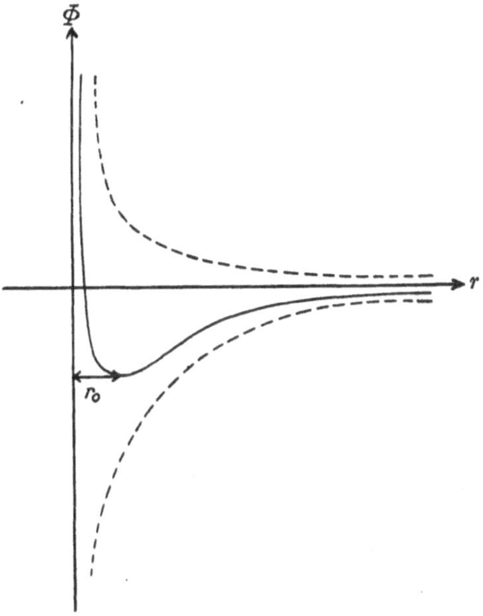

Fig. 75.

$$(110) \qquad \Phi = \frac{B}{r^2} - \frac{Z\, e^2}{r}.$$

Fig. 75 soll dies erläutern. Als Abszisse ist der Abstand r der beiden Massen, als Ordinate Φ aufgetragen; gestrichelt sind die beiden Teilbeträge des Potentials $\frac{B}{r^2}$ und $-\frac{Z\, e^2}{r}$ eingezeichnet; die ausgezogene Kurve stellt Φ gemäß (110) dar. Man erkennt deutlich in der Figur das Auftreten eines Minimums (einer Potentialmulde) in der Φ-Kurve, d. h.

[1] m_1 ist hierbei die Kernmasse, m_2 die des Elektrons.

einer stabilen Gleichgewichtslage. Der Abstand r_0 ist aus der Bedingung $\frac{d\Phi}{dr} = 0$ zu berechnen. So erhält man die Gleichung:

$$- \frac{2B}{r_0^3} + \frac{Z e^2}{r_0^2} = 0 ,$$

d. h.

(111) $$r_0 = \frac{2B}{Z e^2} ; \quad B = \frac{Z e^2 r_0}{2} .$$

Damit kann man den Potentialansatz (110) schreiben:

(110a) $$\Phi = Z e^2 \left\{ \frac{r_0}{2 r^2} - \frac{1}{r} \right\} .$$

Für die Kraft, die auftritt, wenn die Entfernung r_0 geändert wird, findet man:

$$- \frac{d\Phi}{dr} = - Z e^2 \left\{ - \frac{r_0}{r^3} + \frac{r}{r^3} \right\} = - Z e^2 \frac{r - r_0}{r^3} .$$

Für kleine Änderungen von r kann man im Nenner angenähert r durch r_0 ersetzen, also:

(112) $$- \frac{d\Phi}{dr} = - \frac{Z e^2 (r - r_0)}{r_0^3} ;$$

d. h. die Kraft ist in jedem Falle eine zurücktreibende und der Entfernung $(r - r_0)$ aus der Ruhelage proportional, sie wirkt also wie eine elastische Kraft, erzeugt mithin eine Eigenfrequenz ν_0 um die Ruhelage, die sich aus der Gleichung ergibt:

(113) $$(2 \pi \nu_0)^2 = \frac{Z e^2}{r_0^3 \mu} = \frac{Z e^2 Z^3 e^6}{\mu (2B)^3} = \frac{Z^4 e^8}{\mu (2B)^3} ,$$

d. h.

(114) $$\nu_0 = \frac{Z^2 e^4}{2 \pi \mu^{1/2} (2B)^{3/2}} .$$

Setzen wir den Ansatz (110) in Gleichung (86) des VI. Kapitels auf pag. 265 ein, wobei wir jetzt den Index 1 fortlassen, so folgt die Schrödinger-Gleichung:

(115) $$\Delta \psi + \frac{8 \mu \pi^2}{h^2} \left(U + \frac{Z e^2}{r} - \frac{B}{r^2} \right) \psi = 0 .$$

Eine Gleichung von dieser Form haben wir bereits behandelt, als wir am Schlusse der Nr. 45 ein allgemeineres Zentralfeld untersuchten; in der Tat hat (115) die Gestalt von (80), nur das Vorzeichen des Potentialgliedes mit $\frac{1}{r^2}$ ist verschieden. Für die Behandlung macht dies zunächst nichts aus; wir können im Gegenteil alles vom Wasserstoffatom übernehmen, indem wir von ψ die Faktoren $e^{i m \varphi} P_l^{|m|} (\cos \vartheta)$ abspalten. Für den radialen Teil R der Eigenfunktion bleibt übrig — vgl. Gleichung (81) —:

(116) $$\frac{d^2 R}{dr^2} + \frac{2}{r} \frac{dR}{dr} + \left[\frac{8 \mu \pi^2}{h^2} \left(U + \frac{Z e^2}{r} - \frac{B}{r^2} \right) - \frac{l (l+1)}{r^2} \right] R = 0 .$$

Auch hier kann man, wie in Nr. 45, eine Größe l' definieren:

$$l'(l'+1) = l(l+1) + \frac{8\mu\pi^2}{h^2} B, \tag{117}$$

durch deren Einführung (116) formal wieder auf die Gleichung (51) für den radialen Anteil der Eigenfunktion des Wasserstoffs zurückgeführt wird. Da alle Schlüsse unverändert bleiben, kommt man zur Definition einer „effektiven" Quantenzahl:

$$\overset{*}{n} = \bar{\bar{p}} + l' + 1 \quad [\text{statt } n = \bar{\bar{p}} + l + 1 \text{ in Gleichung (60)}],$$

und die zulässigen Energiewerte werden:

$$U_n = \frac{R_y h c Z^2}{\overset{*}{n}{}^2} = \frac{R_y h c Z^2}{[\bar{\bar{p}} + l' + 1]^2}. \tag{118}$$

Hier trennt sich nun der Weg von dem am Schlusse der Nr. 45 eingeschlagenen. Dort war, abgesehen vom Vorzeichen und der anderen Bezeichnung, B als kleine Korrektur angenommen; infolgedessen konnte man einen Näherungswert für l' berechnen. Hier wollen wir zunächst keine derartige Voraussetzung machen; dann ergibt sich für l' aus (117) ohne Vernachlässigung:

$$l' = -\frac{1}{2} + \sqrt{\left(l + \frac{1}{2}\right)^2 + \frac{8\mu\pi^2}{h^2} B}. \tag{119}$$

Setzt man diesen Wert in (118) ein, so erhält man ohne Vernachlässigung für die zulässigen U-Werte (denen wir jetzt den Doppelindex $[n\, l]$ geben):

$$U_{nl} = \frac{R_y h c Z^2}{\left[\bar{\bar{p}} + \frac{1}{2} + \sqrt{\left(l + \frac{1}{2}\right)^2 + \frac{8\mu\pi^2}{h^2} B}\right]^2}. \tag{120}$$

Diese exakte Formel — exakt natürlich nur in dem Sinne, als der Potentialansatz (110) es ist — wollen wir nun dadurch vereinfachen, daß wir

$$\frac{8\mu\pi^2}{h^2} B \gg \left(l + \frac{1}{2}\right)^2, \qquad \frac{8\mu\pi^2}{h^2} B \gg \left(\bar{\bar{p}} + \frac{1}{2}\right)^2$$

annehmen. Diese Voraussetzung ist in der Tat hier zutreffend. Die Größe von $\frac{8\mu\pi^2}{h^2} B$ läßt sich nämlich folgendermaßen abschätzen: Nach (111), das wir zur 4. Potenz erheben, hat man

$$B^4 = \frac{Z^4 e^8 r_0^4}{16} = \frac{Z^4 e^8 (\mu^2 r_0^4)}{16\mu^2} = \frac{Z^4 e^8 J_0^2}{16\mu^2}, \quad [\mu r_0^2 = J_0],$$

während aus (113) folgt:

$$B^3 = \frac{Z^4 e^8}{32\mu\pi^2 \nu_0^2}.$$

Division beider Gleichungen und darauffolgende Multiplikation mit $\frac{8\mu\pi^2}{h^2}$ ergibt:

$$\frac{8\mu\pi^2}{h^2} B = \frac{16 J_0^2 \pi^4 \nu_0^2}{h^2}.$$

Die rechte Seite enthält nur bekannte Größenordnungen:

$$J_0 \approx 10^{-40}\,\mathrm{gr\,cm^2}\,, \quad \nu_0 \approx 3\cdot 10^{13}\,\mathrm{sec^{-1}}\,, \quad h \approx 6{,}5\cdot 10^{-27}\,\mathrm{gr\,cm^2\,sec^{-2}}\,,$$

und liefert etwa $\frac{8\mu\pi^2}{h^2}B \approx 400$, also in der Tat sehr groß. Wir können also den Nenner von (120) entwickeln, und indem man nur die niedrigsten Glieder beibehält, folgt die genäherte Gleichung [wir setzen den Wert (109) von R_y wieder ein]:

$$(121) \qquad U_{nl} = -\frac{Z^2 e^4}{4B}\left[1 - \frac{2\left(p+\frac{1}{2}\right)}{\sqrt{\frac{8\mu\pi^2}{h^2}B}} - \frac{\left(l+\frac{1}{2}\right)^2}{\frac{8\mu\pi^2}{h^2}B}\right].$$

Im 1. und 3. Gliede wollen wir den Ausdruck von B aus Gleichung (111) einsetzen, während wir im 2. Gliede den aus (113) folgenden vorziehen; als Resultat unserer Rechnung folgt dann:

$$U_{nl} = -\frac{Ze^2}{2r_0} + \left(p+\frac{1}{2}\right)h\nu_0 + \frac{h^2}{8\pi^2 J_0}\left(l+\frac{1}{2}\right)^2,$$

wobei wieder μr_0^2 gleich dem Trägheitsmoment J_0 gesetzt ist; wenn man die konstanten Glieder durch A zusammenfaßt, kann man auch schreiben:

$$(122) \qquad U_{nl} = A + \left(\bar{\bar{p}}+\frac{1}{2}\right)h\nu_0 + \frac{h^2}{8\pi^2 J_0}\,l\,(l+1)\,.$$

Das ist, wie ein Vergleich mit den Ausführungen der Nr. 29 des IV. Kapitels lehrt, der Term des Rotationsschwingungsspektrums, ohne Berücksichtigung der Koppelung von Rotation und Schwingung und ohne Berücksichtigung der Veränderlichkeit des Trägheitsmomentes infolge der Rotation. Was hier „$\bar{\bar{p}}$" genannt ist, war früher die Schwingungsquantenzahl „n_s"; l ist mit der Rotationsquantenzahl „n_r" identisch. Man kann natürlich die Rechnung weitertreiben und erhält dann auch die Kopplungsglieder; doch ist der Potentialansatz (110) zur Gewinnung der rationellen Gleichung nicht der geeignetste[1]). Es kommt uns auch gar nicht darauf an, sondern uns lag nur daran, zu zeigen, wie die Wellenmechanik auch dieses Problem anpackt: Es treten im Gegensatz zur Bohrschen Theorie hier direkt die richtigen Formeln auf [z. B. $l\,(l+1)$ an Stelle von l^2 usw.].

Eine allgemeine Bemerkung wollen wir noch an die unverkürzte Gleichung (120) anknüpfen. Wenn wir in ihr $B = 0$ nehmen, so stellt (120) den Balmer-Term dar; ist $|B|$ klein, aber $B < 0$, so gewinnen wir (84) und (85) für den modifizierten Balmer-Term des Leuchtelektrons (z. B. der Alkalien); setzen wir $\bar{\bar{p}}$, die Schwingungsquantenzahl, gleich Null, so erhalten wir den reinen Deslandresschen Term der Bandenspektren (vermehrt um eine irrelevante Konstante), und schließlich ist in der Formel noch der oben behandelte Term des Rotationsschwingungsspektrums enthalten. Man erkennt hier besonders schön, daß alle diese Terme aus einer gemeinsamen Wurzel fließen.

1) Einen besseren Ansatz für das Potential hat Kratzer [Zs. f. Phys. **3**, pag. 289 (1920)] gemacht, vom Standpunkte des Bohrschen Modells aus; Fues hat diesen auch für die wellenmechanische Behandlung des Problems bewährt gefunden.

48. Störungstheorie.

Es gibt natürlich eine Unzahl von Problemen, für die die Schrödinger-Gleichung nicht exakt lösbar ist, weil die Eigenfunktionen nicht bekannt sind; in einem solchen Falle muß man sich mit Näherungsmethoden begnügen. Insbesondere ist der Fall wichtig, wenn ein in Strenge unlösbares Problem „in der Nachbarschaft" eines gelösten liegt, d. h. aus dem letzteren etwa durch eine kleine Abänderung der potentiellen Energie Φ — auf diesen Fall wollen wir uns beschränken — hervorgeht. Ein Beispiel dafür wäre etwa das Kepler-Problem, wenn wir in ihm das Coulombsche Potential $\frac{1}{r}$ ersetzen durch $\left(\frac{1}{r} + \lambda \frac{1}{r^n}\right)$; das neue Problem ist in Strenge nicht lösbar, aber es ist einem lösbaren benachbart, da es für $\lambda = 0$ in dieses übergeht. Wenn der „Störungsparameter" λ hinreichend klein ist, kann man eine sogenannte „Störungstheorie" entwickeln, indem man das zu lösende Problem als „Störung" des bereits gelösten betrachtet; eine solche Störungstheorie ist u. a. von Schrödinger entwickelt worden und besitzt eine außerordentlich große Bedeutung. Wir wollen sie jetzt darlegen und in den nächsten Nummern auf einige Fälle anwenden. Es sei also die folgende Schrödinger-Gleichung vorgelegt:

$$\Delta\psi + \frac{8\, m_0 \pi^2}{h^2}(U - \Phi^0 - \lambda\, \Phi^{(1)})\, \psi = 0\,, \tag{123}$$

und es sei diese Gleichung für $\lambda = 0$ lösbar und die Lösung bekannt. Ferner setzen wir vorläufig voraus, daß das ungestörte Problem nicht entartet sei, d. h. zu jedem Eigenwerte nur eine Eigenfunktion gehöre. Dann liegt es nahe, sowohl den Energieparameter U als die unbekannte Eigenfunktion ψ nach Potenzen von λ zu entwickeln. Wir wollen insbesondere die Lösung von (123) in der Nachbarschaft der ungestörten Lösung haben, die dem Energieparameter U_k^0 und der ungestörten Eigenfunktion ψ_k^0 entspricht. Für diese gilt nach Voraussetzung die ungestörte Gleichung:

$$\Delta\psi_k^0 + \frac{8\, m_0 \pi^2}{h^2}(U_k^0 - \Phi^0)\, \psi_k^0 \equiv 0\,, \tag{124}$$

und wir suchen die Lösung der Gleichung:

$$\Delta\psi_k + \frac{8\, m_0 \pi^2}{h^2}(U_k - \Phi^0 - \lambda\, \Phi^{(1)})\, \psi_k = 0\,. \tag{125}$$

Setzen wir zufolge unserer obigen Darlegung:

$$\left\{\begin{aligned} U_k &= U_k^0 + \lambda\, U_k^{(1)} + \dots\,, \\ \psi_k &= \psi_k^0 + \lambda\, \psi_k^{(1)} + \dots\,, \end{aligned}\right. \tag{126}$$

so können wir (125) schreiben:

$$\left\{\begin{aligned} &\Delta\psi_k^0 + \lambda\, \Delta\psi_k^{(1)} + \dots \\ &+ \frac{8\, m_0 \pi^2}{h^2}(U_k^0 + \lambda\, U_k^{(1)} + \dots - \Phi^0 - \lambda\, \Phi^{(1)})\,(\psi_k^0 + \lambda\, \psi_k^{(1)} + \dots) = 0\,. \end{aligned}\right. \tag{127}$$

Da diese Gleichung für jeden Wert des Entwicklungsparameters λ gelten muß, so müssen die Koeffizienten jeder Potenz von λ für sich verschwinden; wir beschränken uns im folgenden auf die nullte und die 1. Potenz von λ, was natürlich hinreichende Kleinheit von λ voraussetzt. Dann zerfällt (127) in die beiden folgenden Gleichungen[1]):

$$\Delta \psi_k^0 + \frac{8 m_0 \pi^2}{h^2} (U_k^0 - \Phi^0) \psi_k^0 = 0 , \tag{128}$$

$$\Delta \psi_k^{(1)} + \frac{8 m_0 \pi^2}{h^2} (U_k^{(1)} - \Phi^{(1)}) \psi_k^0 + \frac{8 m_0 \pi^2}{h^2} (U_k^0 - \Phi^0) \psi_k^{(1)} = 0 . \tag{129}$$

Die erste von diesen ist, nach Definition von ψ_k^0, identisch erfüllt; sie ist ja mit (124) identisch. Die zweite aber ist zu befriedigen; sie ist — im Unterschiede von (128) — eine inhomogene Differentialgleichung, die wir zweckmäßig etwas anders schreiben:

$$\left\{ \begin{aligned} \Delta \psi_k^{(1)} + \frac{8 m_0 \pi^2}{h^2} (U_k^0 - \Phi^0) \psi_k^{(1)} &= - \frac{8 m_0 \pi^2}{h^2} (U_k^{(1)} - \Phi^{(1)}) \psi_k^{(0)} \\ &= - \frac{8 m_0 \pi^2}{h^2} S_k , \end{aligned} \right. \tag{130}$$

wobei zur Abkürzung

$$S_k = (U_k^{(1)} - \Phi^{(1)}) \psi_k^0 \tag{131}$$

gesetzt ist; S_k wäre bekannt, wenn $U_k^{(1)}$, die „Störung" des Eigenwertes U_k^0, bekannt wäre. Um (130) zu lösen, ist es geboten, sowohl $\psi_k^{(1)}$ als S_k nach den Eigenfunktionen des ungestörten Problems zu entwickeln; wir setzen also:

$$S_k = \sum_i^{0, \infty} a_{ki} \psi_i^0 , \tag{132}$$

$$\psi_k^{(1)} = \sum_i^{0, \infty} c_{ki} \psi_i^0 . \tag{133}$$

Setzen wir beide Ausdrücke in (130) ein, so folgt:

$$\sum_i^{0, \infty} c_{ki} \left\{ \Delta \psi_i^0 + \frac{8 m_0 \pi^2}{h^2} (U_k^0 - \Phi^0) \psi_i^0 \right\} = - \frac{8 m_0 \pi^2}{h^2} \sum_i^{0, \infty} a_{ki} \psi_i^0 .$$

Jetzt ziehen wir (128) oder (124) heran, denen zufolge identisch gilt:

$$\Delta \psi_i^0 \equiv - \frac{8 m_0 \pi^2}{h^2} (U_i^0 - \Phi^0) \psi_i^0 ,$$

— denn ψ_i^0 ist ja eine Lösung des ungestörten Problems, und zwar diejenige, die dem Eigenwerte U_i^0 zukommt! — und ersetzen in der vorletzten Gleichung $\Delta \psi_i^0$ durch den vorstehenden Ausdruck. Dann folgt nach Kürzung durch einen gemeinsamen Faktor:

$$\sum_i c_{ki} \{ U_i^0 - \Phi^0 - U_k^0 + \Phi^0 \} \psi_i^0 = \sum_i a_{ki} \psi_i^0 ,$$

[1]) Wir beschränken uns also auf eine Störungsrechnung 1. Ordnung; die zweite Näherung ist im allgemeinen kompliziert und nur in wenigen Fällen wirklich durchgeführt.

oder

$$\sum_{i}^{0,\infty} \{c_{ki}(U_i^0 - U_k^0) - a_{ki}\} \psi_i^0 = 0 .$$

Diese Gleichung, die für jedes i gelten muß, stellt die folgende Relation zwischen den c_{ki} und a_{ki} her:

$$c_{ki} = \frac{a_{ki}}{U_i^0 - U_k^0} . \tag{134}$$

Sie gilt zunächst sicher, solange $i \neq k$ ist, d. h. solange der Nenner $\neq 0$ ist; falls $i = k$ wird, kann (134) für c_{kk} nur gelten, falls auch der Zähler

$$a_{kk} = 0 \tag{135}$$

wird. Wäre $a_{kk} \neq 0$, so hätte das Problem überhaupt keine Lösung; Bedingung für die Existenz einer Lösung ist also die Gültigkeit von (135). Nun können wir aber nach (132) die a_{ki} angeben; wegen der Orthogonalität und Normierung der ψ_i^0 ist ja allgemein unter Berücksichtigung von (131):

$$a_{ki} = \int S_k \overset{*}{\psi}{}_i^0 \, d\tau = \int (U_k^{(1)} - \Phi^{(1)}) \psi_k^0 \overset{*}{\psi}{}_i^0 \, d\tau . \tag{136}$$

Für $i = k$ folgt daraus für a_{kk}:

$$a_{kk} = \int S_k \overset{*}{\psi}{}_k^0 \, d\tau = \int (U_k^{(1)} - \Phi^{(1)}) \psi_k^0 \overset{*}{\psi}{}_k^0 \, d\tau , \tag{137}$$

d. h. nach (135) als Bedingung dafür, daß unser Problem überhaupt eine Lösung besitzt:

$$\int S_k \overset{*}{\psi}{}_k^0 \, d\tau = \int (U_k^{(1)} - \Phi_k^{(1)}) \psi_k^0 \overset{*}{\psi}{}_k^0 \, d\tau = 0 . \tag{138}$$

Auf die physikalische Bedeutung dieser Gleichung wollen wir später eingehen. Zunächst folgt aus ihr:

$$U_k^{(1)} \int \psi_k^0 \overset{*}{\psi}{}_k^0 \, d\tau = \int \Phi^{(1)} \psi_k^0 \overset{*}{\psi}{}_k^0 \, d\tau ,$$

d. h. wegen der Normierungsbedingung:

$$U_k^{(1)} = \int \Phi^{(1)} \psi_k^0 \overset{*}{\psi}{}_k^0 \, d\tau . \tag{139}$$

Damit ist die Störung $\lambda U_k^{(1)}$ des Eigenwertes U_k^0 bestimmt; wir haben also für den gestörten Eigenwert:

$$U_k = U_k^0 + \lambda \int \Phi^{(1)} \psi_k^0 \overset{*}{\psi}{}_k^0 \, d\tau . \tag{140}$$

Mit $U_k^{(1)}$ ist nach (130) auch $S_k = (U_k^{(1)} - \Phi^{(1)}) \psi_k^0$ bekannt; folglich kennen wir auch aus (132) die Entwicklungskoeffizienten a_{ki}, die sich mit (130) aus (136) ergeben; insbesondere ist natürlich $a_{kk} = 0$. Da wir nun die a_{ki} haben, so haben wir auch nach (134) die c_{ki} und damit nach

20*

(133) die Störung der Eigenfunktionen, nämlich $\psi_k^{(1)}$; für diese gewinnen wir [da $c_{kk} = 0$ ist][1]):

(141) $$\psi_k^{(1)} = \sum_i^{0,\infty}{}' \frac{a_{ki}}{U_i^0 - U_k^0} \psi_i^0 ;$$

der Strich am Summenzeichen bedeutet, daß das Glied mit $i = k$ auszulassen ist. Folglich besitzen wir endlich in erster Näherung die Eigenfunktion selbst:

(142) $$\psi_k = \psi_k^0 + \lambda \psi_k^{(1)} = \psi_k^0 + \lambda \sum_i^{0,\infty}{}' \frac{a_{ki}}{U_i^0 - U_k^0} \psi_i^0 .$$

Wir haben damit unser Problem gelöst, — vorausgesetzt natürlich, daß die erforderlichen Konvergenzfragen erledigt sind. Wir haben nun noch einige Bemerkungen zu unserer Lösung zu machen.

Zunächst zu Gleichung (139), die die Störung $U_k^{(1)}$ des Eigenwertes U_k^0 angibt. Wenn man $\psi_k^0 \overset{*}{\psi}{}_k^0$ als eine Art „Verteilungsfunktion" im Sinne der Wahrscheinlichkeitsrechnung betrachtet, so ist die Störung $U_k^{(1)}$ des ursprünglichen Eigenwertes U_k^0 gleich dem mit dieser Verteilungsfunktion gebildeten Mittelwert des Störungspotentials $\Phi^{(1)}$.

Unsere zweite Bemerkung betrifft die Bedingung (138), unter der unsere Aufgabe überhaupt nur eine Lösung besitzt. Da S_k die auf der rechten Seite der inhomogenen Gleichung (130) auftretende Störungsfunktion ist, die wir kurz die „Inhomogenität" dieser Gleichung nennen wollen, so bedeutet (138), daß die Inhomogenität S_k zur Eigenfunktion ψ_k^0 orthogonal sein muß. Dabei ist vorausgesetzt, daß zum Eigenwert U_k^0 nur eine Eigenfunktion ψ_k^0 gehört, d. h. daß das ungestörte Problem nicht entartet ist. Sollten umgekehrt verschiedene Eigenfunktionen $\psi_{k_1}^0, \psi_{k_2}^0, \ldots$ zum gleichen Eigenwert U_k^0 gehören, so muß S_k zu allen diesen Eigenfunktionen orthogonal sein. Dieser Fall bietet indes Besonderheiten, auf die wir weiter unten eingehen wollen.

Und schließlich eine Bemerkung zur physikalischen Bedeutung von (138). Die Differentialgleichung (130) ist die einer „erzwungenen" Schwingung, da sie inhomogen ist; die „Störungskraft" ist proportional S_k. Dieser Charakter einer erzwungenen Schwingung prägt sich auch in der Lösung (141) dieser Gleichung aus: er zeigt sich in dem Auftreten des sogenannten „Resonanznenners" $\frac{1}{U_i^0 - U_k^0}$. Wir haben ja S_k nach Eigenfunktionen ψ_i^0 entwickelt, deren jede einer Frequenz $\frac{U_i^0}{h} = \nu_i^0$ entspricht; jede dieser „erzwungenen" Frequenzen ν_i^0 findet sich in (141) wieder, mit Ausnahme der Frequenz ν_k^0, da diese (141) unendlich und damit die

[1]) An sich kann nur geschlossen werden, daß c_{kk} die unbestimmte Form $\frac{0}{0}$ hat; verlangt man aber, daß die gestörten Eigenfunktionen $\psi_k = \psi_k^0 + \lambda \psi_k^{(1)}$ ebenfalls normiert sind, was naturgemäß ist, so folgt leicht $c_{kk} = 0$.

Lösung illusorisch machen würde. Es darf also die kritische Frequenz $\nu_k^0 = \frac{U_k^0}{h}$ in der Störung S_k gar nicht auftreten, d. h. der entsprechende Entwicklungskoeffizient a_{kk} muß verschwinden; das aber ist die Bedingung (138).

Wir wenden uns nun zur Erörterung des Falles, daß das ungestörte Problem entartet ist, d. h. daß dem einen Eigenwerte U_k^0 etwa α Eigenfunktionen ψ_{kj}^0 $(j = 1, 2, \ldots \alpha)$ entsprechen; das System sei also $(\alpha - 1)$-fach entartet; die Eigenfunktionen ψ_{kj}^0 seien bereits so gewählt[1]), daß sie zueinander und den übrigen Eigenfunktionen orthogonal und außerdem normiert sind.

Wird das System gestört, so wird die Entartung aufgehoben; läßt man umgekehrt die Störung immer kleiner werden, so geht schließlich die gestörte Eigenfunktion ψ_k in die ungestörte über. Diese Aussage war bei nichtentarteten Systemen vollkommen eindeutig; hier jedoch wissen wir nicht, in welche der zum Eigenwerte U_k^0 gehörigen Eigenfunktionen ψ_{kj}^0 die gestörte Eigenfunktion ψ_k übergeht. Da nun jede Linearkombination der ψ_{kj}^0 ebenfalls Eigenfunktion des ungestörten Systems ist, setzen wir — gewissermaßen vorsichtshalber — als ungestörte Eigenfunktion (sogenannte „Ausgangseigenfunktion") das lineare Aggregat

$$(143) \qquad \sum_j^{1,\alpha} \beta_{kj} \psi_{kj}^0 = \text{Ausgangseigenfunktion}$$

an; die Störungstheorie wird uns, wie sich zeigen wird, gleichzeitig die Bestimmung der Koeffizienten β_{kj} liefern, d. h. die Ausgangseigenfunktion mitbestimmen. Wenn wir nun im übrigen genau so verfahren wie beim nichtentarteten System, so geht die Störungsfunktion S_k der Gleichung (131) hier über in:

$$(144) \qquad S_k = (U_k^{(1)} - \Phi^{(1)}) \sum_j^{1,\alpha} \beta_{kj} \psi_{kj}^0 ,$$

und damit das Problem überhaupt eine Lösung besitzt, muß S_k orthogonal zu allen zum Eigenwert U_k^0 gehörenden Eigenfunktionen ψ_{kj}^0 $(j = 1, 2 \ldots \alpha)$ sein; es bestehen also die α Gleichungen:

$$(145) \quad \int S_k \overset{*}{\psi}{}_{kl}^0 \, d\tau \equiv \int (U_k^{(1)} - \Phi^{(1)}) \sum_j^{1,\alpha} \beta_{kj} \psi_{kj}^0 \overset{*}{\psi}{}_{kl}^0 \, d\tau = 0; \; (l = 1, 2, \ldots \alpha).$$

Ausführlich geschrieben lautet dieses Gleichungssystem:

$$(146) \quad \left\{ \begin{aligned} &\int (U_k^{(1)} - \Phi^{(1)}) \sum_j^{1,\alpha} \beta_{kj} \psi_{kj}^0 \overset{*}{\psi}{}_{k1}^0 \, d\tau = 0 , \\ &\int (U_k^{(1)} - \Phi^{(1)}) \sum_j^{1,\alpha} \beta_{kj} \psi_{kj}^0 \overset{*}{\psi}{}_{k2}^0 \, d\tau = 0 , \\ &\quad \cdots\cdots\cdots\cdots\cdots\cdots \\ &\int (U_k^{(1)} - \Phi^{(1)}) \sum_j^{1,\alpha} \beta_{kj} \psi_{kj}^0 \overset{*}{\psi}{}_{k\alpha}^0 \, d\tau = 0 . \end{aligned} \right.$$

---

[1]) Das ist nach pag. 260 stets möglich, sogar auf unendlich viele Weisen.

In diesen Gleichungen treten u. a. folgende Integrale auf

$$\int U_k^{(1)} \psi_{kj}^0 \overset{*}{\psi}{}_{kl}^0 \, d\tau = U_k^{(1)} \int \psi_{kj}^0 \overset{*}{\psi}{}_{kl}^0 \, d\tau \,,$$

und diese sind entweder (für $l = j$) gleich $U_k^{(1)}$, wegen der Normierung, oder (für $l \neq j$) gleich Null, wegen der Orthogonalität. Für die sonst noch auftretenden Integrale benutzen wir die folgende Abkürzung (bei der wir den überall auftretenden Index k als selbstverständlich fortlassen):

(147) $$\int \overset{*}{\psi}{}_{kl}^0 \, \Phi^{(1)} \psi_{kj}^0 \, d\tau = \Phi_{lj} .$$

Damit kann das Gleichungssystem (146) in folgender übersichtlichen Form dargestellt werden:

(148) $$\left\{\begin{array}{l} \beta_{k1}(\Phi_{11} - U_k^{(1)}) + \beta_{k2}\,\Phi_{12} + \ldots\ldots + \beta_{k\alpha}\Phi_{1\alpha} = 0\,, \\ \beta_{k1}\Phi_{21} \qquad + \beta_{k2}(\Phi_{22} - U_k^{(1)}) \ldots\ldots + \beta_{k\alpha}\Phi_{2\alpha} = 0\,, \\ \ldots\ldots\ldots\ldots\ldots\ldots\ldots\ldots\ldots\ldots \\ \beta_{k1}\Phi_{\alpha 1} \qquad + \beta_{k2}\,\Phi_{\alpha 2} + \ldots + \beta_{k\alpha}(\Phi_{\alpha\alpha} - U_k^{(1)}) = 0\,. \end{array}\right.$$

Das ist ein System von α linearen homogenen Gleichungen für die Unbekannten $\beta_{k1}, \ldots \beta_{k\alpha}$; es besitzt also nur dann von Null verschiedene Lösungen, wenn die Determinante verschwindet:

(149) $$\begin{vmatrix} \Phi_{11} - U_k^{(1)} & \Phi_{12} & \Phi_{13} \ldots\ldots \Phi_{1\alpha} \\ \Phi_{21} & \Phi_{22} - U_k^{(1)} & \Phi_{23} \ldots\ldots \Phi_{2\alpha} \\ \ldots\ldots & \ldots\ldots & \ldots\ldots\ldots\ldots \\ \Phi_{\alpha 1} & \Phi_{\alpha 2} & \Phi_{\alpha 3} \ldots\ldots \Phi_{\alpha\alpha} - U_k^{(1)} \end{vmatrix} = 0\,.$$

Je zwei symmetrisch zur Diagonale stehende Glieder Φ_{lj} und Φ_{jl} sind zueinander konjugiert komplex, wie sich aus ihrer Definition (147) ergibt, wenn die Eigenfunktionen selbst komplex sind, was wir im Vorhergehenden angenommen haben; bei reellen Eigenfunktionen sind die fraglichen Glieder einander gleich. Darin ist es begründet, daß die „Säkulargleichung" (149) nur r e e l l e Wurzeln hat. Es gibt demnach α reelle Werte für die Störung $U_k^{(1)}$ des Eigenwertes:

(150) $$U_{k1}^{(1)}, \quad U_{k2}^{(1)}, \ldots U_{k\alpha}^{(1)},$$

und zu jedem dieser Werte gehört ein System von Koeffizienten β_{kj}, deren es also im ganzen auch α gibt, wie es auch nach (143) α „Ausgangseigenfunktionen" gibt. Von den β_{kj} sind aus (148) nur die Verhältnisse bestimmt; e i n Koeffizient ist also noch verfügbar; dieser kann durch die Forderung, daß die Ausgangseigenfunktionen, d. h. die Aggregate $\sum \beta_{kj} \psi_{kj}^0$, normiert sind, festgelegt werden. Man erkennt aus unserer Darlegung, daß man nicht von b e l i e b i g e n Eigenfunktionen ψ_{kj}^0 des ungestörten Systems ausgehen kann, da α ganz bestimmte Systeme von Koeffizienten β_{kj} existieren; n u r d i e m i t d i e s e n K o e f f i z i e n t e n g e b i l d e t e n l i n e a r e n A g g r e g a t e s i n d a l s A u s g a n g s e i g e n f u n k t i o n e n b r a u c h b a r.

Da es im allgemeinen nur auf die Eigenwerte und weniger auf die Eigenfunktionen ankommt, können wir hier abbrechen; es sei nur bemerkt, daß die Bestimmung der gestörten Eigenfunktionen ganz analog wie im nichtentarteten Falle vor sich geht.

49. Anwendung der Störungstheorie auf den Stark-Effekt des Wasserstoffs.

Als erste Anwendung der Störungstheorie wollen wir den Stark-Effekt wellenmechanisch behandeln, und zwar den eines Einelektronensystems; zu dem Coulombschen Potential $-\frac{Ze^2}{r}$ tritt noch das Potential des äußeren Feldes F hinzu, das wir parallel der z-Achse annehmen wollen; das Störungspotential ist daher eFz. Die Amplitudengleichung Schrödingers ist daher:

$$\Delta\psi + \frac{8\, m_0 \pi^2}{h^2}\left(U + \frac{Z e^2}{r} - eFz\right)\psi = 0\,. \tag{151}$$

Obwohl es möglich wäre, dieses Problem in gewöhnlichen Polarkoordinaten (r, ϑ, φ) zu lösen, wollen wir darauf verzichten, da wir dazu die Störungstheorie entarteter Systeme benutzen müßten; wir wissen ja, daß das Problem des Wasserstoffatoms $(n^2 - 1)$-fach entartet ist. Schrödinger hat aber bemerkt, daß man das Problem auch in parabolischen Koordinaten lösen kann, in denen man auch in der älteren Quantentheorie den Stark-Effekt behandelte, und dann kann man durch einen Kunstgriff die relativ komplizierte Behandlung entarteter Systeme vermeiden.

Die parabolischen Koordinaten (ξ, η, φ) sind mit den kartesischen auf folgende Weise verknüpft — vgl. die Gleichungen (108) bis (112) des III. Kapitels auf pag. 118, wo auch die geometrische Bedeutung dieser Koordinaten erörtert ist —:

$$\left\{\begin{aligned} x &= \sqrt{\xi\eta}\cos\varphi\,, \\ y &= \sqrt{\xi\eta}\sin\varphi\,, \\ z &= \tfrac{1}{2}(\xi - \eta)\,. \end{aligned}\right. \tag{152}$$

ξ und η laufen von 0 bis ∞, φ von 0 bis 2π. Man kann, da die Transformationsformeln relativ einfach sind, den Laplaceschen Operator $\Delta\psi$ aus kartesischen Koordinaten direkt in parabolische umrechnen (oder irgendeine andere Methode der Umrechnung anwenden) und findet so:

$$\left\{\begin{aligned} &\frac{\partial}{\partial\xi}\left(\xi\frac{\partial\psi}{\partial\xi}\right) + \frac{\partial}{\partial\eta}\left(\eta\frac{\partial\psi}{\partial\eta}\right) + \frac{1}{4}\left(\frac{1}{\xi} + \frac{1}{\eta}\right)\frac{\partial^2\psi}{\partial\varphi^2} \\ &\qquad + \frac{2\, m_0\pi^2}{h^2}\left[U(\xi+\eta) + 2Ze^2 - \frac{1}{2}eF(\xi^2 - \eta^2)\right]\psi = 0\,. \end{aligned}\right. \tag{153}$$

Man kann diese Gleichung durch einen Produktansatz lösen, indem man setzt (m positiv und ganzzahlig)[1]):

$$\psi = e^{\pm i m\varphi}\, X(\xi)\, Y(\eta)\,. \tag{154}$$

1) Es ist hier für das folgende bequemer, sich auf positive ganzzahlige Werte von m mit Einschluß der Null zu beschränken; infolgedessen müssen wir in der Exponentialfunktion beide Vorzeichen mitnehmen.

Damit wird zunächst $\frac{\partial^2 \psi}{\partial \varphi^2} = - m^2 \psi$, und so wird (153) — Striche sollen hier Ableitungen nach dem Argument bedeuten —:

$$
(155)\quad \begin{cases} \frac{\partial}{\partial \xi} (\xi Y X') + \frac{\partial}{\partial \eta} (\eta X Y') - \frac{m^2}{4} \left(\frac{1}{\xi} + \frac{1}{\eta} \right) X Y \\ \qquad + \frac{2 m_0 \pi^2}{h^2} \left[U (\xi + \eta) + 2 Z e^2 - \frac{e F}{2} (\xi^2 - \eta^2) \right] X Y = 0. \end{cases}
$$

Dividiert man durch $X(\xi)\, Y(\eta)$, so läßt sich (155) so umschreiben:

$$
\frac{\frac{d}{d\xi}(\xi X')}{X} - \frac{m^2}{4} \frac{1}{\xi} + \frac{2 m_0 \pi^2}{h^2} \left[U \xi + Z e^2 - \frac{e F}{2} \xi^2 \right] =
$$

$$
- \frac{\frac{d}{d\eta}(\eta Y')}{Y} + \frac{m^2}{4} \frac{1}{\eta} - \frac{2 m_0 \pi^2}{h^2} \left[U \eta + Z e^2 + \frac{e F}{2} \eta^2 \right],
$$

d. h. die linke Seite hängt nur von ξ, die rechte nur von η ab; beide müssen also einer und derselben Konstanten gleich sein, die wir gleich $\frac{2 m_0 \pi^2}{h^2} \gamma$ setzen wollen. Dann zerfällt die letzte Gleichung in die beiden folgenden:

$$
(156)\quad \begin{cases} \frac{d}{d\xi} \left(\xi \frac{dX}{d\xi} \right) + \frac{2 m_0 \pi^2}{h^2} \left[- \frac{e F}{2} \xi^2 + U \xi + (Z e^2 - \gamma) - \frac{m^2 h^2}{8 m_0 \pi^2} \frac{1}{\xi} \right] X = 0, \\ \frac{d}{d\eta} \left(\eta \frac{dY}{d\eta} \right) + \frac{2 m_0 \pi^2}{h^2} \left[+ \frac{e F}{2} \eta^2 + U \eta + (Z e^2 + \gamma) - \frac{m^2 h^2}{8 m_0 \pi^2} \frac{1}{\eta} \right] Y = 0. \end{cases}
$$

Der Kunstgriff, von dem wir vorhin sprachen, ist nun der, daß wir die Störungstheorie auf diese beiden Gleichungen (156) anwenden, bei denen keine Entartung vorliegt, wie sich später zeigen wird.

Beide Gleichungen (156) können auf die nämliche Form gebracht werden, wenn man folgende Bezeichnungen einführt:

$$
(157)\quad \begin{cases} \frac{2 m_0 \pi^2}{h^2} U = A, \\ \frac{m_0 \pi^2}{h^2} (Z e^2 \mp \gamma) = \begin{Bmatrix} B_1 \\ B_2 \end{Bmatrix} = B, \\ - \frac{m^2}{4} = C, \\ \left. \begin{matrix} X \\ Y \end{matrix} \right\} = g, \qquad \left. \begin{matrix} \xi \\ \eta \end{matrix} \right\} = r, \\ \pm \frac{m_0 \pi^2 e F}{h^2} = \begin{Bmatrix} \lambda_1 \\ \lambda_2 \end{Bmatrix} = \lambda. \end{cases}
$$

Damit haben wir statt (156):

$$
(158)\qquad \frac{d}{dr} \left(r \frac{dg}{dr} \right) + \left(A r + 2 B + \frac{C}{r} \right) g = \lambda r^2 g.
$$

Es genügt also, diese eine Gleichung weiter zu behandeln und erst im Schlußresultat g, A, B, C, r, λ gemäß (157) zu zerspalten.

Gleichung (158) wäre die des gewöhnlichen Kepler-Problems, wenn nicht das Störungsglied $\lambda r^2 g$ auf der rechten Seite vorhanden wäre; da man die Lösung des ungestörten Problems braucht, um die des gestörten daraus abzuleiten, wollen wir zunächst die ungestörte Gleichung behandeln:

$$\frac{d}{dr}\left(r\frac{dg_0}{dr}\right) + \left(A_0 r + 2B + \frac{C}{r}\right) g_0 = 0\,, \tag{159}$$

indem wir mit $g_0(r)$ den Wert von $g(r)$ bei verschwindender Störung bezeichnen; ferner schreiben wir für die Größe A, die nach (157) mit dem Energieparameter U zusammenhängt, in der ungestörten Gleichung A_0, da natürlich die Energiewerte in der gestörten Gleichung (158) andere sein werden; sinngemäß schreiben wir deshalb für den Energieparameter der ungestörten Gleichung auch U_0.

Gleichung (159) stimmt, wenn man noch die ganze Gleichung mit r dividiert und die Differentiationen ausgeführt denkt, der Form nach überein mit der Differentialgleichung (51) für die Radialkomponente $R(r)$ der Eigenfunktionen des Einelektronenproblems. Wir werden daher hier, wie dort, zunächst eine neue unabhängige Variable ϱ einführen:

$$\varrho = 2\sqrt{-A_0}\, r\,, \tag{160}$$

womit (159) die Gestalt annimmt:

$$\frac{d}{d\varrho}\left(\varrho\frac{dg_0}{d\varrho}\right) + \left(\frac{B}{\sqrt{-A_0}} - \frac{\varrho}{4} + \frac{C}{\varrho}\right) g_0 = 0\,, \tag{161}$$

während die gestörte Gleichung (158) sich in den gleichen Variabeln schreibt — hier müssen wir statt A_0 den Wert A setzen —:

$$\frac{d}{d\varrho}\left(\varrho\frac{dg}{d\varrho}\right) + \left(\frac{B}{\sqrt{-A}} - \frac{\varrho}{4} + \frac{C}{\varrho}\right) g = \frac{\lambda}{8\sqrt{-A^3}}\,\varrho^2 g = \lambda'\varrho^2 g\,. \tag{162}$$

Wir setzen in (161) ferner — wie bei der Radialkomponente $R(\varrho)$ des Kepler-Problems —:

$$g_0(\varrho) = e^{-\frac{\varrho}{2}}\, W(\varrho) \tag{163}$$

und erhalten für $W(\varrho)$ die bequemere Differentialgleichung:

$$\frac{d^2W}{d\varrho^2} + \left(\frac{1}{\varrho} - 1\right)\frac{dW}{d\varrho} + \left[\left(-\frac{1}{2} + \frac{B}{\sqrt{-A_0}}\right)\frac{1}{\varrho} + \frac{C}{\varrho^2}\right] W = 0\,. \tag{164}$$

Diese lösen wir in bekannter Weise durch den Potenzreihenansatz:

$$W = \sum a_p\, \varrho^{\beta + p}\,, \tag{165}$$

dessen Einführung in (164) die allgemeine Rekursionsformel liefert:

$$a_{p+2}\{(p+\beta+2)^2 + C\} + a_{p+1}\left\{-(p+\beta+1) - \frac{1}{2} + \frac{B}{\sqrt{-A_0}}\right\} = 0. \tag{166}$$

Aus ihr folgt die determinierende Fundamentalgleichung für die Anfangspotenz β, indem man $p + 2 = 0$ setzt:

$$\beta^2 = -C\,,$$

d. h. mit Rücksicht auf (157):

(167) $$\beta = +\frac{m}{2}.$$

Da wir uns auf positive Werte von m beschränkt hatten, muß das an sich mögliche negative Vorzeichen von $\frac{m}{2}$ verworfen werden, um Endlichkeit der Lösung für $r = 0$ zu erzielen. Wenn ferner die Reihe (165) abbrechen soll, was für die Endlichkeit der Lösung im Unendlichen erforderlich ist, etwa mit der Potenz $(k + \beta)$, so ergibt sich dafür aus (166):

(168) $$\frac{B}{\sqrt{-A_0}} = k + \beta + \frac{1}{2},$$

d. h. nach (157) und (167):

(168a) $$\frac{B}{\sqrt{-A_0}} = \frac{\frac{m_0 \pi^2}{h^2}(Z e^2 \mp \gamma)}{\sqrt{-\frac{2 m_0 \pi^2}{h^2} U_0}} = k + \frac{m}{2} + \frac{1}{2}.$$

Die Größe von $\frac{B}{\sqrt{-A_0}}$ ist also nur bestimmter Werte fähig; diese sind die Eigenwerte von (164) bzw. (161); wir wollen $\frac{B}{\sqrt{-A_0}} = \eta_0$ setzen. Da (168a) an Stelle zweier Gleichungen steht, weil wir ja unter B nach (157) zwei Größen zu verstehen haben, mögen die beiden entsprechenden Werte von η_0 als η_{01} und η_{02} bezeichnet werden. Wir schreiben also (168a) ausführlicher:

(169) $$\begin{cases} \frac{B_1}{\sqrt{-A_0}} = \eta_{01} = \frac{\frac{m_0 \pi^2}{h^2}(Z e^2 - \gamma)}{\sqrt{-\frac{2 m_0 \pi^2}{h^2} U_0}} = k_1 + \frac{m}{2} + \frac{1}{2}, \\ \frac{B_2}{\sqrt{-A_0}} = \eta_{02} = \frac{\frac{m_0 \pi^2}{h^2}(Z e^2 + \gamma)}{\sqrt{-\frac{2 m_0 \pi^2}{h^2} U_0}} = k_2 + \frac{m}{2} + \frac{1}{2}. \end{cases}$$

Addition liefert:

(170) $$k_1 + k_2 + m + 1 = \frac{\sqrt{\frac{2 m_0 \pi^2}{h^2}} Z e^2}{\sqrt{-U_0}},$$

und wenn man die ganze Zahl

(171) $$k_1 + k_2 + m + 1 = n$$

setzt (n = Hauptquantenzahl), so folgt für die zulässigen U_0-Werte des ungestörten Problems:

(172) $$U_{0n} = -\frac{2 m_0 \pi^2 Z^2 e^4}{h^2} \frac{1}{n^2} = -\frac{R h c Z^2}{n^2},$$

und das ist der Balmer-Term, der ja beim ungestörten Problem herauskommen muß.

Was wir jetzt erlangt haben, ist die Lösung des Einelektronenproblems in parabolischen Koordinaten, statt wie bisher in räumlichen Polarkoordinaten[1]).

Wir müssen nun zu den Eigenfunktionen des ungestörten Problems übergehen. Nach (165) und (167) können wir setzen:

$$W(\varrho) = \varrho^{\frac{m}{2}} L(\varrho)\,, \tag{173}$$

wo $L(\varrho)$ eine geeignete Abkürzung für das Polynom ist, dessen Differentialgleichung wir jetzt zu bestimmen haben. Indem wir (173) in (164) einsetzen, folgt nach leichten Umrechnungen, unter Benutzung der Werte von $\frac{B}{\sqrt{-A}}$ aus (168a) und C aus (157):

$$\varrho \frac{d^2 L}{d\varrho^2} + (m + 1 + \varrho)\frac{dL}{d\varrho} + kL = 0\,. \tag{174}$$

Diese Differentialgleichung ist uns aber schon bekannt: wir trafen sie in Gleichung (62) an, und danach ist $L(\varrho)$ ein zugeordnetes Laguerresches Polynom, und zwar dasjenige, das durch $L^m_{k+m}(\varrho)$ zu bezeichnen ist. Nach (163) und (173) haben wir also als Eigenfunktionen des ungestörten Problems anzusehen:

$$g_0(\varrho) = e^{-\frac{\varrho}{2}} \varrho^{\frac{m}{2}} L^m_{k+m}(\varrho)\,. \tag{175}$$

Dabei ist ϱ mit r durch (160) und (172) verbunden:

$$\varrho = \frac{4\, m_0 \pi^2}{h^2} Z e^2 \frac{r}{n} = \frac{r}{n\, r_1}\,,$$

wenn wir mit r_1 den ersten Bohrschen Radius bezeichnen. Für die Eigenfunktionen folgt demgemäß genauer:

$$g_0(r) = e^{-\frac{r}{2 n r_1}} \left(\frac{r}{n\, r_1}\right)^{\frac{m}{2}} L^m_{k+m}\left(\frac{r}{n\, r_1}\right), \tag{175a}$$

bzw., da diese Gleichung zwei vertritt, ausführlicher[2]):

$$\left\{\begin{aligned} X_0(\xi) &= e^{-\frac{\xi}{2 n r_1}} \left(\frac{\xi}{n\, r_1}\right)^{\frac{m}{2}} L^m_{k_1+m}\left(\frac{\xi}{n\, r_1}\right), \\ Y_0(\eta) &= e^{-\frac{\eta}{2 n r_1}} \left(\frac{\eta}{n\, r_1}\right)^{\frac{m}{2}} L^m_{k_2+m}\left(\frac{\eta}{n\, r_1}\right). \end{aligned}\right. \tag{176}$$

Bildet man das Produkt $X_0\, Y_0$ und multipliziert mit $e^{\pm i m \varphi}$, so erhält man die (noch nicht normierten) Eigenfunktionen der Schrödinger-Gleichung (153) ohne Störungsglied:

$$\psi_{k_1 k_2 m}(\xi,\eta,\varphi) = e^{\pm i m \varphi}\, e^{-\frac{\xi+\eta}{2 n r_1}} \left(\frac{\xi\eta}{n^2 r_1^2}\right)^{\frac{m}{2}} L^m_{k_1+m}\left(\frac{\xi}{n\, r_1}\right) L^m_{k_2+m}\left(\frac{\eta}{n\, r_1}\right). \tag{177}$$

---

[1]) Daß in mehreren Koordinaten Separation möglich ist, hängt bekanntlich mit der Entartung des Kepler-Problems zusammen.

[2]) Mit X_0 und Y_0 bezeichnen wir sinngemäß die beiden Funktionen, die durch g_0 repräsentiert werden; in beiden Fällen deutet der Index 0 auf das ungestörte Problem.

Der Normierungsfaktor von $e^{\pm i m \varphi}$ ist $\frac{1}{\sqrt{2\pi}}$; zur Normierung der übrigen Teile der Eigenfunktion ist zu bemerken, daß die ξ bzw. η enthaltenden Glieder nicht getrennt normiert werden können, da in parabolischen Koordinaten das Volumelement

$$dx\,dy\,dz = \tfrac{1}{4}(\xi+\eta)\,d\xi\,d\eta\,d\zeta$$

ist; wir müssen sie also zusammen nehmen. Da die $L(\varrho)$ Polynome sind, sind die auftretenden Integrale alle elementar (durch wiederholte partielle Integration), aber etwas mühsam auszurechnen; wir geben den Normierungsfaktor daher einfach an:

$$(178)\qquad N_L = \frac{2}{(n r_1)^{3/2}} \sqrt{\frac{k_1!\,k_2!}{2n\,[(k_1+m)!]^3\,[(k_2+m)!]^3}}\,.$$

Als normierte Eigenfunktion der ungestörten Schrödinger-Gleichung finden wir also:

$$(179)\qquad \left\{\begin{aligned} \psi^0_{(\xi\eta\varphi)} &= \frac{2}{\sqrt{2\pi(n r_1)^3}} \sqrt{\frac{k_1!\,k_2!}{2n\,[(k_1+m)!]^3\,[(k_2+m)!]^3}}\, e^{\pm i m\varphi}\, e^{-\frac{\xi+\eta}{2 n r_1}} \\ &\quad \cdot \left(\frac{\xi\eta}{n^2 r_1^2}\right)^{\frac{m}{2}} L^m_{k_1+m}\left(\frac{\xi}{n r_1}\right) L^m_{k_2+m}\left(\frac{\eta}{n r_1}\right). \end{aligned}\right.$$

Nunmehr können wir an das Störungsproblem (Stark-Effekt) herangehen; wir würden aber nichts durch die Einführung parabolischer Koordinaten gewonnen haben, wenn wir die Eigenfunktionen (179) benutzen wollten; denn natürlich ist das Kepler-Problem auch in parabolischen Koordinaten entartet. Der Vorteil, den uns die parabolischen Koordinaten bieten, besteht vielmehr darin, daß wir die Störungsrechnung an den beiden Gleichungen (154) ausführen können, die in etwas anderer Schreibweise in (162) zusammengefaßt sind. Den Eigenwerten

$$\frac{B}{\sqrt{-A_0}} = \eta_0 = k + \frac{m+1}{2}$$

entspricht je eine Eigenfunktion (175), nämlich $g_0(\varrho) = e^{-\frac{\varrho}{2}} \varrho^{\frac{m}{2}} L^m_{k+m}(\varrho)$. Diese Teilprobleme sind also nicht entartet und gestatten daher eine sofortige Anwendung der einfacheren Störungstheorie.

Da die Rechnung, die uns die durch das elektrische Feld verschobenen Energieniveaus liefern soll, nur eine angenäherte ist, können wir uns gleich hier eine Vereinfachung gestatten, indem wir

$$\sqrt{-A} = \sqrt{-\frac{2 m_0 \pi^2}{h^2} U}\,,$$

das auf der rechten Seite der Gleichung (162) im Störungsgliede auftritt, durch seinen Näherungswert $\sqrt{-A_0}$ nach (170) und (171) ersetzen, wonach

$$\sqrt{-A_0} = \frac{2 m_0 \pi^2 Z e^2}{h^2 n}$$

ist. Damit wird die rechte Seite, d. h. das Störungsglied der Gleichung (162):

$$\lambda' \varrho^2 g = \pm \left(\frac{n^3 h^4}{64 \pi^4 m_0^2 Z^3 e^5}\right) \varrho^2 g \,. \tag{180}$$

Das Doppelvorzeichen kommt von dem doppelten Wert von λ gemäß (157).

Die Größe λ' nehmen wir als Entwicklungsparameter bei der Behandlung der Gleichung (162). Wir setzen demgemäß an:

$$g(\varrho) = g_0 + \lambda' g_1 \,; \tag{181}$$

entsprechend für den Eigenwert $\frac{B}{\sqrt{-A}}$, den wir η nennen wollen:

$$\eta = \eta_0 + \lambda' \eta_1 \,. \tag{182}$$

Dabei sind $g_0(\varrho)$ und η_0 die schon vorhin eingeführten, dem ungestörten Problem zukommenden Werte, während $g_1(\varrho)$ und η_1 die Störungen bedeuten. Setzen wir die genannten Entwicklungen in (162) ein, so folgt:

$$\left\{\begin{aligned} &\frac{d}{d\varrho}\left(\varrho \frac{dg_0}{d\varrho}\right) + \lambda' \frac{d}{d\varrho}\left(\varrho \frac{dg_1}{d\varrho}\right) + \left(\eta_0 + \lambda' \eta_1 - \frac{\varrho}{4} - \frac{m^2}{4\varrho}\right)(g_0 + \lambda' g_1) \\ &\qquad = \lambda' \varrho^2 (g_0 + \lambda' g_1) \,. \end{aligned}\right. \tag{183}$$

Diese zerfällt in die beiden folgenden:

$$\frac{d}{d\varrho}\left(\varrho \frac{dg_0}{d\varrho}\right) + \left(\eta_0 - \frac{\varrho}{4} - \frac{m^2}{4\varrho}\right) g_0 = 0 \,, \tag{184}$$

$$\frac{d}{d\varrho}\left(\varrho \frac{dg_1}{d\varrho}\right) + \left(\eta_0 - \frac{\varrho}{4} - \frac{m^2}{4\varrho}\right) g_1 = (\varrho^2 - \eta_1)\, g_0 \,. \tag{185}$$

Gleichung (184) ist identisch erfüllt, da g_0 eine Lösung der ungestörten Gleichung ist; damit die inhomogene Gleichung (185) eine Lösung besitzt, muß nach der Störungstheorie die rechte Seite orthogonal auf g_0, der ungestörten Eigenfunktion, sein, d. h.:

$$\int_0^\infty (\varrho^2 - \eta_1)\, g_0^2 \, d\varrho = 0 \,. \tag{186}$$

Daraus ergibt sich für die Störung η_1 des Eigenwertes:

$$\eta_1 = \frac{\int_0^\infty \varrho^2 g_0^2 \, d\varrho}{\int_0^\infty g_0^2 \, d\varrho} \,,$$

oder, wenn man $g_0(\varrho)$ nach (175) einsetzt:

$$\eta_1 = \frac{\int_0^\infty e^{-\varrho} \varrho^{m+2} \left[L_{k+m}^m(\varrho)\right]^2 d\varrho}{\int_0^\infty e^{-\varrho} \varrho^m \left[L_{k+m}^m(\varrho)\right]^2 d\varrho} \,. \tag{187}$$

Wegen der Polynomnatur der $L(\varrho)$ sind die Integrale wieder alle elementar zu berechnen; die Ausrechnung übernehmen wir von Schrödinger:

(188) $$\eta_1 = m^2 + 6\,m\,k + 6\,k^2 + 6\,k + 3\,m + 2\,.$$

Diese Gleichung vertritt zwei, und wir schreiben ausführlicher

$$\eta_{11} = m^2 + 6\,m\,k_1 + 6\,k_1^2 + 6\,k_1 + 3\,m + 2\,,$$
$$\eta_{12} = m^2 + 6\,m\,k_2 + 6\,k_2^2 + 6\,k_2 + 3\,m + 2\,,$$

deren Differenz liefert:

(189) $$\eta_{11} - \eta_{12} = 6\,(k_1 - k_2)\,(m + k_1 + k_2 + 1) = 6\,(k_1 - k_2)\,n\,.$$

Bilden wir jetzt mit den beiden Werten (169) von η_0 den Ausdruck:

$$\eta = \eta_0 + \lambda'\,\eta_1\,,$$

so folgt unter Rücksicht auf das doppelte Vorzeichen von λ' in (180):

$$\eta_1 = \eta_{01} + \lambda_1'\,\eta_{11} = k_1 + \frac{m}{2} + \frac{1}{2} + \frac{n^3\,h^4}{64\,\pi^4\,m_0^2\,Z^3\,e^5}\,\eta_{11}\,,$$
$$\eta_2 = \eta_{02} + \lambda_2'\,\eta_{12} = k_2 + \frac{m}{2} + \frac{1}{2} - \frac{n^3\,h^4}{64\,\pi^4\,m_0^2\,Z^3\,e^5}\,\eta_{12}\,.$$

Daher liefert Addition:

$$\eta_1 + \eta_2 = \frac{\sqrt{\frac{2\,m_0\,\pi^2}{h^2}}\,Z\,e^2}{\sqrt{-U}} = n + \frac{n^3\,h^4}{64\,\pi^4\,m_0^2\,Z^3\,e^5}\,(\eta_{11} - \eta_{12})\,.$$

Also nach (189):

$$\frac{\sqrt{\frac{2\,m_0\,\pi^2}{h^2}}\,Z\,e^2}{\sqrt{-U}} = n\left[1 + \frac{3\,n^3\,h^4\,(k_1 - k_2)}{32\,\pi^4\,m_0^2\,Z^3\,e^5}\right].$$

Da der in der Klammer neben 1 stehende Bruch $\frac{3\,n^3\,h^4\,(k_1 - k_2)}{32\,\pi^4\,m_0^2\,Z^3\,e^5}$ gegenüber 1 nur ein Korrektionsglied ist, so folgt für U der Wert:

$$U = -\frac{2\,m_0\,\pi^2\,Z^2\,e^4}{h^2\,n^2} - \frac{3\,h^2\,F\,(k_1 - k_2)\,n}{8\,\pi^2\,m_0\,Z\,e}\,,$$

oder

(190) $$U = -\frac{R\,h\,c\,Z^2}{n^2} - \frac{3\,h^2\,F\,(k_1 - k_2)\,n}{8\,\pi^2\,m_0\,Z\,e}\,.$$

Das sind also die zulässigen Eigenwerte, wenn das elektrische Feld wirkt; man überzeugt sich, daß diese Gleichung genau mit Gleichung (134) des III. Kapitels auf pag. 124, übereinstimmt, die von der alten Quantentheorie geliefert wird, und von der wir gezeigt hatten, daß sie den Beobachtungen vollkommen entspricht; wir hatten damals $(k_1 - k_2)$ mit n_s („Quantenzahl des Stark-Effekts") bezeichnet. Somit liefert die Wellenmechanik den linearen Stark-Effekt vollkommen richtig.

Schrödinger hat hier auch die zweite Näherung durchgeführt, die zu gewissen Abweichungen gegenüber der älteren Bohrschen Theorie führt. Die Beobachtungen (Rausch v. Traubenberg) entsprechen durchaus den Forderungen der Wellenmechanik.

50. Anwendung der Störungstheorie auf den Grundzustand des Heliumatoms.

Wie wir in Nr. 35 erwähnten, versagt die ältere Quantentheorie bei der Berechnung des neutralen Heliumatoms: Die Ionisationsenergie kam in jedem Falle falsch heraus, und zwar verschieden je nach dem zugrunde gelegten Modell. Die Wellenmechanik braucht kein besonderes Modell; sie hat einfach die Schrödinger-Gleichung für ein Zweielektronenproblem anzusetzen, die im Falle ruhenden Kernes nach Gleichung (70) des VI. Kapitels auf pag. 262 die einfache Gestalt annimmt:

$$(191)\quad \begin{cases} \dfrac{\partial^2\psi}{\partial x_1^2}+\dfrac{\partial^2\psi}{\partial y_1^2}+\dfrac{\partial^2\psi}{\partial z_1^2}+\dfrac{\partial^2\psi}{\partial x_2^2}+\dfrac{\partial^2\psi}{\partial y_2^2}+\dfrac{\partial^2\psi}{\partial z_2^2} \\ \qquad +\dfrac{8\,m_0\,\pi^2}{h^2}\left(U+\dfrac{Z\,e^2}{r_1}+\dfrac{Z\,e^2}{r_2}-\dfrac{e^2}{r_{12}}\right)\psi=0\,. \end{cases}$$

Darin sind die Koordinaten der beiden Elektronen durch die Indizes 1 und 2 unterschieden; m_0 ist ihre Masse, r_1 und r_2 die Entfernungen der Elektronen vom Kern, r_{12} ihre gegenseitige Entfernung. Die Gleichung ist insofern allgemeiner, als das Heliumproblem sie erfordern würde, als wir die Kernladungszahl Z nicht spezialisiert haben; sie ist also überhaupt auf alle Zweielektronensysteme (Li^+, Be^{++}, B^{+++}, C^{++++} usw.) anwendbar. Das Glied $-\frac{e^2}{r_{12}}$ entspricht der Wechselwirkungsenergie der beiden Elektronen; sein Auftreten verhindert die Separation des Problems. Es liegt daher nahe, die Störungstheorie auf (191) anzuwenden, indem man $-\frac{e^2}{r_{12}}$ als Störung betrachtet. An sich ist das Problem ungünstig für die Anwendung dieser Theorie, weil $-\frac{e^2}{r_{12}}$ von gleicher Größenordnung ist wie $\frac{Z\,e^2}{r_1}$ und $\frac{Z\,e^2}{r_2}$; erst bei höheren Kernladungszahlen Z wird das Verhältnis günstiger. Deshalb ist es für die Beurteilung des Erfolges unserer Störungsrechnung wichtig, daß wir die höher ionisierten Zweielektronensysteme mit heranziehen können: bei ihnen muß die Methode weit besser funktionieren als beim Heliumatom selbst.

Die Differentialgleichung für das ungestörte Problem lautet offenbar:

$$(192)\qquad \Delta_1\psi^0+\Delta_2\psi^0+\frac{8\,m_0\,\pi^2}{h^2}\left(U_0+\frac{Z\,e^2}{r_1}+\frac{Z\,e^2}{r_2}\right)\psi^0=0\,,$$

wenn wir sinngemäß Energieparameter und Eigenfunktion durch den Index 0 auszeichnen. Dieses Problem lösen wir durch den Produktansatz:

$$(193)\qquad \psi^0(x_1\,y_1\,z_1\,x_2\,y_2\,z_2)=\psi_1^0(x_1\,y_1\,z_1)\,\psi_2^0(x_2\,y_2\,z_2)\,.$$

Denn durch die übliche Betrachtungsweise, die wir wohl nicht noch einmal zu wiederholen brauchen, spaltet (192) in die beiden folgenden Differentialgleichungen für ψ_1^0 und ψ_2^0 auf, wo γ eine (zunächst beliebige) Konstante, den sogenannten Separationsparameter, bedeutet:

$$(194)\qquad \begin{aligned} \Delta\psi_1^0+\frac{8\,m_0\,\pi^2}{h^2}\left(U_1^0-\gamma+\frac{Z\,e^2}{r_1}\right)\psi_1^0&=0\,,\\ \Delta\psi_2^0+\frac{8\,m_0\,\pi^2}{h^2}\left(U_2^0+\gamma+\frac{Z\,e^2}{r_2}\right)\psi_2^0&=0\,. \end{aligned}$$

Dabei ist U_0 in U_1^0 und U_2^0 aufgespalten, so daß

$$U_1^0 + U_2^0 = U_0 \tag{195}$$

ist. Beide Gleichungen sind vom Wasserstofftypus und trotz des verschiedenen Vorzeichens von γ tatsächlich nicht voneinander unterschieden. In der ersten Gleichung tritt $(U_1^0 - \gamma)$ an die Stelle des Energieparameters, in der zweiten $(U_2^0 + \gamma)$. Wir können daher auch $\gamma = 0$ nehmen, ohne etwas an Allgemeinheit zu verlieren. Die Lösungen beider Gleichungen sind uns also bekannt; für den Energieparameter erhalten wir in beiden Fällen den Balmer-Term und für die Eigenfunktion im Grundzustande nach (193) das Produkt aus zwei Eigenfunktionen des Wasserstoffs, wie sie in Gleichung (70) angegeben sind. Wir haben also (den ersten Bohrschen Radius bezeichnen wir hier durch a[1]), um eine Kollision mit r_1 zu vermeiden):

$$U_1^0 = U_2^0 = -R\,h\,c\,Z_2\,. \tag{196}$$

$$\psi^0 = \overset{0}{\underset{100}{\psi}}(1)\,\overset{0}{\underset{100}{\psi}}(2) = \frac{1}{\pi a^3}\,e^{-\frac{r_1 + r_2}{a}}\,. \tag{197}$$

Für die Energie U_0 des ungestörten Problems im Grundzustande ($n = 1$) erhalten wir also nach (195) und (196):

$$U_0 = -2\,R\,h\,c\,Z^2\,, \tag{198}$$

d. h. einfach die Summe der Einzelenergien, wie es beim ungestörten Problem selbstverständlich ist. Es handelt sich jetzt eben darum, diesen Wert U_0 durch die Störungsrechnung zu korrigieren. Nennen wir die Energieänderung, die durch das Störungsglied hervorgerufen wird, U', so wird nach der allgemeinen Störungstheorie, insbesondere nach Gleichung (139):

$$U' = \int \frac{e^2}{r_{12}}(\psi^0)^2\,d\tau = \frac{e^2}{\pi^2 a^6}\int \frac{e^{-\frac{2(r_1 + r_2)}{a}}}{r_{12}}\,d\tau_1\,d\tau_2\,. \tag{199}$$

Zu beachten ist dabei, daß die Integration hier über den sechsdimensionalen Konfigurationsraum zu erstrecken ist, was in (199) durch die Schreibweise $d\tau_1\,d\tau_2$ hervorgehoben wird. Für die Integration ist es zweckmäßig, Polarkoordinaten $r_1\,\vartheta_1\,\varphi_1\,r_2\,\vartheta_2\,\varphi_2$ einzuführen und zur Abkürzung zu setzen:

$$\varrho_1 = \frac{2\,r_1}{a}\,,\quad \varrho_2 = \frac{2\,r_2}{a}\,,\quad \varrho_{12} = \frac{2\,r_{12}}{a}\,. \tag{200}$$

Damit geht (199) über in:

$$\left\{\begin{aligned} U' = \frac{e^2}{2^5\,\pi^2\,a}\int_0^\infty\int_0^\pi\int_0^{2\pi}\int_0^\infty\int_0^\pi\int_0^{2\pi} \frac{e^{-\varrho_1}\,e^{-\varrho_2}}{\varrho_{12}}\,\varrho_1^2\,d\varrho_1\,\sin\vartheta_1\,d\vartheta_1\,d\varphi_1 \\ \varrho_2^2\,d\varrho_2\,\sin\vartheta_2\,d\vartheta_2\,d\varphi_2\,. \end{aligned}\right. \tag{201}$$

[1]) Nach Gleichung (78) des II. Kapitels auf pag. 67 ist $a = \frac{h^2}{4\,m_0\,\pi^2\,Z\,e^2}$, woran hier erinnert sei.

Die Integration wird erleichtert durch die Bemerkung, daß der Integrand $\frac{e^{-\varrho_1} e^{-\varrho_2}}{\varrho_{12}} d\tau_1 d\tau_2$ als die elektrostatische Energie zweier Ladungen $e^{-\varrho_1} d\tau_1$ und $e^{-\varrho_2} d\tau_2$ im Abstande ϱ_{12} aufgefaßt werden kann; führt man zunächst die Integration über ϑ_1 und φ_1 aus, so erhält man die elektrische Energie eines Systems, das einerseits aus einer Kugelschale vom Radius ϱ_1 und der Dicke $d\varrho_1$ mit einer bestimmten Gesamtladung und anderseits der im Volumelement $d\tau_2$ konzentrierten Ladung $e^{-\varrho_2} d\tau_2$ besteht; die Integration über ϱ_1 macht dann ebenfalls keine Schwierigkeiten mehr, und schließlich können die Integrationen über $d\tau_2$ vollzogen werden. Die obigen Darlegungen werden durch die Fig. 76 erläutert; der Abstand des

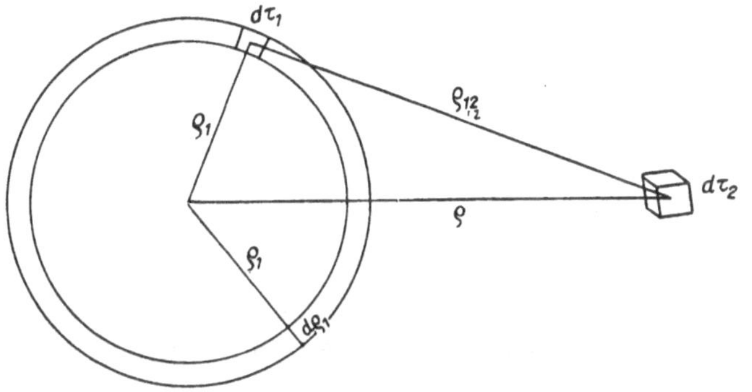

Fig. 76.

Kugelmittelpunktes von $d\tau_2$ werde mit ϱ bezeichnet; die Richtung von ϱ wird als Polarachse gewählt, von der aus ϑ_1 und um die φ_1 gezählt wird.

Wir haben also zunächst folgendes Integral zu bilden, das das Potential der genannten Kugelschale am Orte des Volumelementes $d\tau_2$ darstellt:

$$e^{-\varrho_1} \varrho_1^2 \, d\varrho_1 \int_0^{\pi} \int_0^{2\pi} \frac{\sin\vartheta_1 \, d\vartheta_1 \, d\varphi_1}{\varrho_{12}}, \tag{202}$$

und nach der Figur ist

$$\varrho_{12} = \sqrt{\varrho^2 + \varrho_1^2 - 2\varrho\varrho_1 \cos\vartheta_1}.$$

Man erhält für das Integral (202) bekanntlich[1]):

$$\left\{ \begin{aligned} & e^{-\varrho_1} \varrho_1^2 \, d\varrho_1 \int\int \frac{\sin\vartheta_1 \, d\vartheta_1 \, d\varphi_1}{\varrho_{12}} \\ & = \frac{2\pi e^{-\varrho_1} \varrho_1^2 \, d\varrho_1}{\varrho\varrho_1} \left\{ \sqrt{\varrho^2 + \varrho_1^2 + 2\varrho\varrho_1} \mp \sqrt{\varrho^2 + \varrho_1^2 - 2\varrho\varrho_1} \right\}. \end{aligned} \right. \tag{203}$$

Dabei ist darauf zu achten, daß die letzte Wurzel so zu nehmen ist, daß sie positiv ausfällt, d. h. gleich $\varrho - \varrho_1$ für $\varrho > \varrho_1$, dagegen gleich $\varrho_1 - \varrho$ für $\varrho < \varrho_1$; das soll durch das Doppelvorzeichen angedeutet werden. Im ersten Falle haben wir also:

[1]) Vgl. z. B. Bd. I, pag. 436, Gleichung (97) und vorhergehende.

$$(204\text{a})\quad e^{-\varrho_1}\varrho_1^2\,d\varrho_1\iint\frac{\sin\vartheta_1\,d\vartheta_1\,d\varphi_1}{\varrho_{12}}=\frac{4\pi e^{-\varrho_1}\varrho_1^2\,d\varrho_1}{\varrho}\quad\text{für } \varrho_1<\varrho,$$

im zweiten Falle:

$$(204\text{b})\quad e^{-\varrho_1}\varrho_1^2\,d\varrho_1\iint\frac{\sin\vartheta_1\,d\vartheta_1\,d\varphi_1}{\varrho_{12}}=\frac{4\pi e^{-\varrho_1}\varrho_1^2\,d\varrho_1}{\varrho_1}\quad\text{für } \varrho_1>\varrho.$$

Das ist das bekannte Resultat, daß für einen außerhalb der Kugelschale liegenden Aufpunkt die Gesamtladung im Mittelpunkt konzentriert gedacht werden kann (204a), während für einen innerhalb liegenden Aufpunkt das Potential konstant ist (204b). Wenn wir daher die Integration über ϱ_1 ausführen, so müssen wir diese beiden Fälle wohl unterscheiden und erhalten daher:

$$\int_0^\infty\frac{e^{-\varrho_1}d\tau_1}{\varrho_{12}}\equiv\Phi(\varrho)=4\pi\int_0^\varrho\frac{e^{-\varrho_1}\varrho_1^2\,d\varrho_1}{\varrho}+4\pi\int_\varrho^\infty e^{-\varrho_1}\varrho_1\,d\varrho_1,$$

was nach einfacher partieller Integration liefert:

$$(205)\qquad \Phi(\varrho)=\frac{4\pi}{\varrho}\{2-e^{-\varrho}(\varrho+2)\}.$$

Das ist offenbar das Potential einer Ladung $4\pi\{2-e^{-\varrho}(\varrho+2)\}$, die im Abstande ϱ vom Aufpunkte $d\tau_2$ sich befindet. Dies ist nun mit $e^{-\varrho_2}d\tau_2$ zu multiplizieren und über τ_2 zu integrieren. Man erhält dann, indem man sinngemäß $\varrho=\varrho_2$ nimmt:

$$\int\Phi(\varrho_2)e^{-\varrho_2}d\tau_2=\int_0^\infty\int_0^\pi\int_0^{2\pi}\Phi(\varrho_2)\,e^{-\varrho_2}\varrho_2^2\,d\varrho_2\sin\vartheta_2\,d\vartheta_2\,d\varphi_2$$

$$=4\pi\int_0^\infty\Phi(\varrho_2)\,e^{-\varrho_2}\,\varrho_2^2\,d\varrho_2.$$

Die letzte Integration endlich liefert:

$$(206)\qquad 4\pi\int_0^\infty\Phi(\varrho_2)\,e^{-\varrho_2}d\tau_2=20\,\pi^2.$$

Damit ist das ganze Integral (201) ausgerechnet, und Eintragen von (206) in (201) liefert unter Berücksichtigung des Wertes von a und der Rydberg-Konstanten R:

$$(207)\qquad U'=\frac{5}{8}\,\frac{e^2}{a}=\frac{5}{4}\,R\,h\,c\,Z.$$

Damit ist die gestellte Aufgabe gelöst, den ersten Näherungswert der Energie im Grundzustande des Heliums zu berechnen:

$$(208)\qquad U=U_0+U'=-R\,h\,c\left\{2\,Z^2-\frac{5}{4}Z\right\},$$

wie sich aus (198) und (207) sofort ergibt. Der erste Summand $2\,R\,h\,c\,Z^2$ ist einfach gleich der doppelten Energie, die ein Einelektronensystem bei gleicher Kernladung haben würde; da wir es mit einem Zweielektronensystem zu tun haben, so sind beim ungestörten Problem diese beiden gleichen Energiebeträge einfach addiert; die Störungsrechnung liefert demgegenüber eine erhebliche Korrektur, wie man aus (208) ersehen kann. Wir können die Gleichung (208) nicht nur am Helium, sondern auch an der „heliumähnlichen" Reihe Li^+, Be^{++}, B^{+++}, C^{++++} ... prüfen. Denn deren Energien U sind experimentell bekannt. Man kennt nämlich erstens die Ionisierungsenergie, die zur Abtrennung eines der beiden Elektronen erforderlich ist (sogenannte erste Ionisierungsarbeit), und kann dann einfach die Arbeit, die zur Abtrennung des zweiten Elektrons nötig wäre (sogenannte zweite Ionisierungsarbeit) aus dem Balmerterm mit $n = 1$ berechnen. Die ersten Ionisierungsarbeiten der genannten Reihe, die unter anderem von Edlén und Mitarbeitern bestimmt worden sind, sind in der folgenden Tabelle mitgeteilt.

Stoff	1. Ionisierungsarbeit in Volt
He	24,465
Li^+	75,257
Be^{++}	153,109
B^{+++}	258,029
C^{++++}	390,020
N^{+++++}	549,08
O^{++++++}	735,22

Die sogenannte zweite Ionisierungsarbeit gewinnt man, indem man den Ausdruck $R\,h\,c\,Z^2$ bildet, der nach Gleichung (81) des II. Kapitels auf pag. 68 in der Tat die Ionisierungsarbeit eines Einelektronensystems darstellt; $R\,h\,c$ ist die Ionisierungsenergie des Wasserstoffatoms, die nach der Tabelle auf pag. 77 den experimentell und theoretisch bestimmten Wert 13,54 Volt besitzt. Um also die Gesamtenergie U z. B. für das Helium zu bestimmen, hat man zur ersten Ionisierungsarbeit 24,465 Volt die zweite, nämlich $4 \cdot 13{,}54 = 54{,}16$ Volt, zu addieren, was den Wert 78,625 Volt ergibt; ebenso natürlich für die andern Stoffe. Diese Werte der Gesamtenergie sind in der zweiten Spalte der folgenden Tabelle eingetragen; in der dritten die unkorrigierten Werte U_0 nach (198), in der vierten die korrigierten Werte $(U_0 + U')$ nach (208), die mit denen der zweiten

Stoff	$U_{\text{beob.}}$ in Volt	U_0 nach (198) in Volt	$U_{\text{ber.}}$ nach (208) in Volt	Δ in Volt	$\frac{\Delta}{U_{\text{beob.}}}$ in %
He	78,62	108,32	74,42	4,20	+ 5,34
Li^+	197,14	243,72	192,80	4,34	+ 2,23
Be^{++}	369,96	433,28	365,31	4,65	+ 1,26
B^{+++}	596,40	677,00	591,94	4,46	+ 0,74
C^{++++}	876,20	974,88	872,69	3,51	+ 0,36
N^{+++++}	1212,54	1326,92	1208,44	4,10	+ 0,33
O^{++++++}	1601,78	1733,12	1597,72	4,06	+ 0,25

Spalte übereinstimmen sollten. In der fünften Spalte ist die Differenz $\Delta = U_{\text{beob.}} - U_{\text{ber.}}$ angegeben, in der letzten $\frac{\Delta}{U_{\text{beob.}}}$ in Prozenten. Man ersieht aus der Tabelle, daß die Störungsrechnung den richtigen Wert von U gut schon in der ersten Näherung liefert; aus den oben auseinandergesetzten Gründen ist das Ergebnis um so besser, zu je höheren Kernladungszahlen wir fortschreiten. Genau der gleiche Gang der Genauigkeit ergibt sich, wenn man den prozentischen Fehler berechnet, mit dem die Theorie die in der vorletzten Tabelle angegebenen ersten Ionisationsarbeiten wiedergibt; er ist, da die Zahlen kleiner sind, natürlich größer als der prozentische Fehler der Gesamtenergie; er beträgt bei Helium 18%, ist bei C^{++++} schon auf 0,9%, bei O^{++++++} auf 0,55% gesunken.

Wenn es daher auch keinem Zweifel unterliegt, daß die erste Näherung für He noch nicht ausreicht, so ist das Resultat doch eine vollkommene Bestätigung des wellenmechanischen Ansatzes, wie aus der guten Übereinstimmung für große Z hervorgeht; denn dieses Ergebnis konnte die alte Quantentheorie nicht liefern, wie wir früher betont haben. Für das He-Atom selbst hat man, da die zweite Näherung nach der Schrödingerschen Methode rechnerisch zu kompliziert wäre, nach einem anderen Näherungsverfahren die Ionisationsenergie berechnet. Am genauesten hat Hylleraas[1]) dies getan, der den Fehler auf 0,48% herabdrücken konnte.

51. Systeme mit identischen Partikeln; Symmetriebetrachtungen; Elektronenspin; Pauli-Prinzip.

Das in der vorhergehenden Nummer behandelte Problem des Heliums ist ein Spezialfall eines allgemeineren, nämlich eines Systems mit vielen gleichartigen Partikeln; die Atomsysteme mit mehr als einem Elektron fallen in diese Kategorie, die deshalb von besonderem Interesse ist. Schon von vornherein kann man hier Besonderheiten erwarten, weil wegen des Vorhandenseins mehrerer identischer Partikel gewisse Symmetrien vorhanden sein müssen; Symmetrien bedeuten aber immer — wegen des Zusammenfallens von Eigenwerten, die sonst getrennt sind — Entartungen, die zu den bisher betrachteten Entartungsfällen hinzutreten.

Die Schrödingersche Amplitudengleichung für ein allgemeines konservatives System von N Partikeln haben wir bereits in Nr. 41, Gleichung (75) des VI. Kapitels, abgeleitet:

$$\frac{h^2}{8\pi^2}\sum_i^{1,N}\frac{1}{m_i}\Delta_i\psi + (U - \Phi)\psi = 0\,, \tag{209}$$

und haben dort auch bereits besprochen, wann sie durch Separation der Variabeln zu lösen ist. Wir wollen also hier zunächst annehmen, daß

[1]) Die von Hylleraas angewendete Methode ist die von W. Ritz angegebene Näherungsmethode, mit der dieser vor 25 Jahren das Problem der Chladnischen Klangfiguren bezwang; vgl. Bd. I, pag. 755.

sämtliche identischen Teilchen[1]) sich im gleichen Kraftfelde bewegen, während wir von ihren gegenseitigen Einwirkungen vorläufig absehen werden; letztere können wir später als „Störungen" berücksichtigen. Unter diesen Voraussetzungen lautet der Ansatz für die potentielle Energie

(210) $$\Phi = \sum_i^{1,N} \Phi_i (x_i\, y_i\, z_i)\,;$$

da Wechselwirkungskräfte zunächst ausgeschlossen sind, ist auch

(211) $$U = \sum_i^{1,N} U_i\,,$$

und mit beiden Substitutionen kann die Amplitudengleichung (209) geschrieben werden:

(212) $$\sum_i^{1,N} \Delta_i \psi + \frac{8\, m_0 \pi^2}{h^2} \sum_i^{1,N} (U_i - \Phi_i)\, \psi = 0\ ^{2})\,.$$

Die Lösung kann in diesem Falle in Produktform angegeben werden:

(213) $$\psi = \psi_1 (x_1\, y_1\, z_1)\, \psi_2 (x_2\, y_2\, z_2) \ldots \psi_N (x_N\, y_N\, z_N)\,,$$

wie wir damals auseinandergesetzt haben, und für die i-te Partialeigenfunktion $\psi_i (x_i\, y_i\, z_i)$ lautet die Gleichung:

(214) $$\Delta \psi_i + \frac{8\, m_0 \pi^2}{h^2} (U_i - \Phi_i)\, \psi_i = 0\,, \qquad (i = 1, 2, \ldots N)\,.$$

Im folgenden wollen wir die Bezeichnung etwas verändern, nämlich statt ψ_i lieber $\psi (i)$ schreiben; $\psi (i)$ ist also die auf das i-te Teilchen sich beziehende Partialeigenfunktion; ferner müßten wir eigentlich den Quantenzustand dieser Partikel, also z. B. die Werte der Quantenzahlen n, l, m, als Index hinzuschreiben. Da dies aber sehr schwerfällig sein würde, wollen wir den Quantenzustand durch e i n e n Buchstaben symbolisieren, etwa durch die Buchstaben $k, l, m, n \ldots r$, die also hier mehrere Quantenzahlen vertreten. Die Lösung (213) läßt sich dann so schreiben:

(215) $$\psi_A = \psi_k (1)\, \psi_l (2)\, \psi_m (3) \ldots \psi_r (N)\,,$$

und sie entspricht offenbar einem Zustande des Systems, in dem das erste Teilchen im k-ten, das zweite Teilchen im l-ten, die dritte Partikel im m-ten, ... die N-te endlich im r-ten Quantenzustand sich befindet; diese Lösung möge zu einem Energiewert $U_{klm\ldots r}$ gehören, für den wir kurz U^0 schreiben.

Nun ist aber klar, eben weil wir die Teilchen n i c h t unterscheiden können, daß eine Vertauschung zweier Partikel, z. B. des 1. und 2., wieder zu einer — von ψ_A im allgemeinen verschiedenen — Eigenfunktion ψ_B führt, d i e z u m g l e i c h e n E i g e n w e r t U^0 g e h ö r t, nämlich:

(216) $$\psi_B = \psi_l (1)\, \psi_k (2)\, \psi_m (3) \ldots \psi_r (N)\,,$$

[1]) Wir spezialisieren hier noch nicht auf Elektronen!

[2]) m_0 bedeutet wieder die Masse der identischen Partikeln.

und so gehören überhaupt alle Eigenfunktionen, die durch eine beliebige Permutation der unteren Indizes $k, l, m, \ldots r$ entstehen, wieder zum gleichen Eigenwert. Es tritt also tatsächlich, wie wir im Eingang der Nummer behaupteten, durch die Identität der Teilchen eine besondere Entartung auf, die als „Austauschentartung" bezeichnet wird.

Die Frage, wie viele derartige verschiedene Eigenfunktionen zum gleichen Eigenwert U^0 gehören, ist leicht zu entscheiden. Denn wenn alle N Teilchen sich in verschiedenen Quantenzuständen $k, l, \ldots r$ befinden, ist die Zahl offenbar gleich $N!$; sind aber mehrere von diesen N Elektronen im gleichen Quantenzustande, z. B. N_k im k-ten, N_l im l-ten $\ldots N_r$ im r-ten Quantenzustande, so ist die Zahl $N!$ natürlich zu groß; es gibt dann $N_k!$ Permutationen, die zur gleichen Eigenfunktion gehören, usw. Insgesamt erhalten wir also für die Zahl ζ der verschiedenen Eigenfunktionen zum gleichen Eigenwert:

$$\zeta = \frac{N!}{N_k!\, N_l! \ldots N_r!} \,. \tag{217}$$

Diese ζ Eigenfunktionen mögen durch die großen Buchstaben des Alphabets bezeichnet werden, also $\psi_A, \psi_B, \ldots$, wie es in (215) und (216) bereits geschehen ist.

Wenn man aus diesen ζ verschiedenen Eigenfunktionen beliebige lineare Kombinationen bildet, so kann man die Koeffizienten bekanntlich so wählen, daß sie aufeinander orthogonal werden und auf 1 normiert sind, wie wir schon öfters geschildert haben; wir erhalten so das Orthogonalsystem:

$$\left\{ \begin{array}{l} \alpha_1 \psi_A + \beta_1 \psi_B + \gamma_1 \psi_C + \cdots \\ \alpha_2 \psi_A + \beta_2 \psi_B + \gamma_2 \psi_C + \cdots \\ \cdots\cdots\cdots\cdots\cdots \\ \cdots\cdots\cdots\cdots\cdots \end{array} \right. \tag{218}$$

Natürlich sind durch diese Bedingungen die Koeffizienten α, β, γ nicht bestimmt; wenn wir aber nun die bisher vernachlässigten Wechselwirkungsglieder zwischen den einzelnen Partikeln als „Störung" einführen, so wissen wir aus der Störungstheorie entarteter Systeme, daß dann die Koeffizienten vollkommen bestimmte sein müssen, damit die linearen Aggregate (218) als „Ausgangseigenfunktionen" für die Störungsrechnung dienen können. Wir können uns diese Bestimmung vorgenommen denken und hätten dann in (218) die Ausgangseigenfunktionen vor uns.

Nun ist das Problem eines Systems identischer Teilchen, wie wir schon vorhin bemerkten, durch das Vorhandensein von Symmetrien ausgezeichnet; es ändert sich nichts, wenn zwei beliebige Massen ihre Rolle tauschen. Die Differentialgleichung (212) trägt dem in der Tat Rechnung: Sie bleibt bei einer solchen Vertauschung ungeändert. Nicht aber die allgemeinen Ausdrücke (218) für die Eigenfunktionen. Es gibt allerdings eine unter den Eigenfunktionen (218), die durch eine solche beliebige Vertauschung ungeändert bleibt; das ist die, die man erhält, wenn man z. B. die Koeffizienten sämtlich gleich 1 setzt. Man kann diese sogenannte „symmetrische Eigenfunktion", wenn man den Wert von ψ_A aus (215) einführt, folgendermaßen schreiben:

(219) $$\psi_{\text{symm}} = \sum_P \psi_k(1)\, \psi_l(2)\, \psi_m(3) \ldots,$$

wobei $\sum\limits_P$ die Summation über alle Permutationen der Indizes $k, l, m, \ldots$ bedeuten soll. Im Falle zweier Teilchen, der uns später beschäftigen wird, geht (219) über in:

(219a) $$\psi_{\text{symm}} = \psi_k(1)\, \psi_l(2) + \psi_l(1)\, \psi_k(2),$$

aus der diese Symmetrie ohne weiteres ersichtlich ist.

Es gibt auch eine Eigenfunktion, die bei Vertauschung je zweier Teilchen das Vorzeichen wechselt; diese nennt man die „antisymmetrische"; sie ist am bequemsten in Determinantenform zu schreiben, die diese ihre Eigenschaft hervortreten läßt:

(220) $$\psi_{\text{anti}} = \begin{vmatrix} \psi_k(1)\, \psi_k(2) \ldots \psi_k(N) \\ \psi_l(1)\, \psi_l(2) \ldots \psi_l(N) \\ \cdots\cdots\cdots \\ \cdots\cdots\cdots \\ \psi_r(1)\, \psi_r(2) \ldots \psi_r(N) \end{vmatrix}.$$

In der Tat: Vertauschung zweier Partikel bedeutet Vertauschung zweier Spalten der Determinante, die dabei ihr Vorzeichen wechselt. Für ein System von zwei Teilchen geht (220) über in:

(220a) $$\psi_{\text{anti}} = \begin{vmatrix} \psi_k(1) & \psi_k(2) \\ \psi_l(1) & \psi_l(2) \end{vmatrix} = \psi_k(1)\, \psi_l(2) - \psi_l(1)\, \psi_k(2),$$

woraus die geforderte Eigenschaft unmittelbar ersichtlich ist.

Die übrigen Eigenfunktionen (218) können bei Vertauschung mancher Partikel sich symmetrisch, bei Vertauschung anderer sich antisymmetrisch verhalten; sie sind also von „gemischtem Symmetriecharakter"; diese Funktionen sind jedenfalls in mindestens einem Partikelpaar symmetrisch, in den übrigen antisymmetrisch. ψ_{symm} nach (219) ist die einzige Eigenfunktion, die in allen Paaren symmetrisch, ψ_{anti} nach (220) die einzige, die in allen Paaren antisymmetrisch ist. Der durch ψ_{anti} dargestellte Zustand ist also der einzige, in dem alle Partikel in verschiedenen Quantenzuständen sind; denn wenn 2 Indizes, etwa k und l, in (220) identisch werden, so verschwindet die Determinante. Das wird später für uns von besonderer Wichtigkeit werden, wenn wir atomare Systeme betrachten, in denen die identischen Partikel gerade Elektronen sind.

Es ist für das Folgende von Wichtigkeit festzustellen, daß auch nach Einführung einer Störung, die in allen Partikeln symmetrisch ist, wie bei Wechselwirkungsgliedern selbstverständlich, die gestörten Eigenfunktionen, die sich an (218) als Ausgangsfunktionen anschließen, die gleichen Symmetrieverhältnisse aufweisen wie (218). Es gibt also insbesondere eine in allen Partikeln symmetrische und eine in allen Partikeln antisymmetrische Eigenfunktion.

Sicher ist nun, daß die Eigenfunktionen mit gemischten Symmetrieverhältnissen dem Charakter unseres Systems nicht entsprechen; sie können daher nicht auftreten und müssen aus der Zahl der ξ wellenmechanisch möglichen Eigenfunktionen (218) nachträglich ausgeschlossen werden. Es scheint sogar zunächst so, als ob auch die antisymmetrische Lösung (220) auszuschließen sei. Wir haben indes schon in Nr. 39 hervorgehoben, daß nicht die Wellenfunktion Ψ (oder $\overset{*}{\Psi}$), sondern nur der Ausdruck $\Psi\overset{*}{\Psi} = |\Psi|^2$ eine physikalische Bedeutung besitzt. Dies wird im nächsten Kapitel ausführlich erörtert werden. Da es also ein quadratischer Ausdruck in den Ψ ist, auf den es ankommt, ist auch die antisymmetrische Lösung (220) zulässig[1]). Wir haben also in einem konkreten Falle entweder die symmetrische Eigenfunktion oder die antisymmetrische anzuwenden; darüber hat die Erfahrung zu entscheiden; denn die Systeme verhalten sich danach vollkommen verschieden.

Unsere Betrachtungen über Eigenfunktionen von Atomsystemen sind noch nicht vollständig, wie wir von früher her wissen: Es fehlt in ihnen noch die Berücksichtigung des Elektronendralls (Spins). Ohne diesen erhalten wir z. B. weder die Multiplettstruktur noch die anomalen Typen des Zeeman-Effektes. Man muß also jedenfalls versuchen, diese Vorstellung in die Wellenmechanik einzubauen. In systematischer Weise ist dies bis zu einem gewissen Grade P. A. M. Dirac gelungen, auf dessen Arbeiten wir im X. Kapitel eingehen werden. Hier genügt eine etwas summarische und halb empirische Einführung des Elektronenspins. Dies wird uns bereits in den Stand setzen, wichtige qualitative Schlüsse zu ziehen.

Wir werden also zunächst anzunehmen haben, wenn die identischen Teilchen des Systems Elektronen sind, daß die Eigenfunktionen ψ außer von den $3N$ Koordinaten $x_1 y_1 z_1 \ldots z_N$ noch von N „Spinvariabeln" $s_1 s_2 \ldots s_N$ abhängen; wir schreiben dies symbolisch:

$$\psi = \psi\,(x_1\, y_1\, z_1 \ldots x_N\, y_N\, z_N;\; s_1\, s_2 \ldots s_N) \tag{221}$$

wobei die Größen s nur der beiden Werte $\pm \frac{1}{2}$ fähig sind, was wir der Erfahrung entnehmen[2]). Schon aus der bloßen Tatsache der Formulierung

---

[1]) Die nachträgliche Auswahl der symmetrischen und der antisymmetrischen Lösung ist als ein grundsätzlicher Mangel der ganzen Theorie anzusehen; der Fall liegt ähnlich wie in der älteren Quantentheorie. Dort wurden aus der Gesamtheit der klassischen Bahnen auch nachträglich diejenigen herausgesucht, die den zusätzlichen Quantenpostulaten gehorchten.

[2]) Für ein Elektron haben wir so die Eigenfunktion $\psi = \psi\,(x\, y\, z\, s)$, wobei s entweder $+\frac{1}{2}$ oder $-\frac{1}{2}$ ist; statt dessen können wir auch sagen, daß jede Eigenfunktion durch den Spin in zwei aufspaltet, ψ_+ und ψ_-. Diese Auffassung, daß die Spinberücksichtigung äquivalent ist mit der Einführung zweier Eigenfunktionen, verdankt man W. Pauli, der damit den ersten Schritt zu einer rationellen wellenmechanischen Theorie des Spins getan hat. Die (relativistische) Theorie von Dirac benutzt vier Eigenfunktionen und bringt den Paulischen Gedanken zum Abschluß.

(221) können wir den wichtigen Schluß ziehen, daß die im Vorhergehenden gezogenen allgemeinen Folgerungen über die Benutzung der symmetrischen bzw. antisymmetrischen Eigenfunktionen sich bei Elektronensystemen immer auf die vollständigen, durch die Spinvariabeln ergänzten Eigenfunktionen bezieht.

Um nun diese Symmetriebetrachtung etwas zu vervollständigen, genügt es, wenn wir uns auf den Fall beschränken, daß — in der Sprechweise des Bohrschen Modells — zwischen der Bahn der Elektronen und dem Spin keine Kopplung stattfindet; die tatsächlich vorhandene Koppelung kann als Störung dieses Grenzfalles betrachtet werden, aber sie ändert nichts an den Symmetrieverhältnissen. Bei verschwindender Koppelung können wir aber sicher die Bahnkoordinaten von den Spinvariabeln separieren, also die Eigenfunktion (221) schreiben:

$$\psi (x_1 \ldots z_N;\; s_1 \ldots s_N) = \varphi (x_1 \ldots z_N)\, \chi (s_1 \ldots s_N)\,, \tag{222}$$

d. h. wir können die Eigenfunktion dann sicher als ein Produkt zweier Funktionen schreiben, deren eine (φ) nur die Lagekoordinaten[1]), deren andere (χ) nur die Spinvariabeln enthält. Da nun die Gesamteigenfunktion entweder symmetrisch oder antisymmetrisch sein muß, so haben wir hier mehrere Möglichkeiten; für die symmetrische Gesamtfunktion kann z. B. sein:

$$\left\{ \begin{aligned} \psi_{\text{symm}} &= \varphi_{\text{symm}} \cdot \chi_{\text{symm}}\,, \quad \text{oder} \\ \psi_{\text{symm}} &= \varphi_{\text{anti}} \cdot \chi_{\text{anti}}\,; \end{aligned} \right. \tag{223}$$

für die antisymmetrische gilt entsprechend:

$$\left\{ \begin{aligned} \psi_{\text{anti}} &= \varphi_{\text{symm}} \cdot \chi_{\text{anti}}\,, \quad \text{oder} \\ \psi_{\text{anti}} &= \varphi_{\text{anti}} \cdot \chi_{\text{symm}}\,. \end{aligned} \right. \tag{224}$$

Das versteht sich ja von selbst. Wir haben aber noch mehr Möglichkeiten, die man am besten für die antisymmetrische Gesamtfunktion erörtert. Wir können nämlich jetzt auch Eigenfunktionen φ mit gemischter Symmetrie in den Koordinaten brauchen, wenn nur die Spineigenfunktion χ die dazu „reziproke“ Symmetrie besitzt. Haben wir z. B. eine Koordinateneigenfunktion, die in allen Teilchen, mit Ausnahme des 2. und 3., symmetrisch, in diesen aber antisymmetrisch ist, so erhält man durch Multiplikation mit einer Funktion $\chi(s_1 \ldots s_N)$, die sich in allen Teilchen gerade umgekehrt („reziprok“) verhält, offenbar wieder eine antisymmetrische Gesamteigenfunktion. Ganz analog liegen die Verhältnisse bei symmetrischen Gesamteigenfunktionen.

Wir haben nun schon früher (Nr. 30) das sogenannte Ausschlußprinzip von Pauli eingeführt, daß in einem Atom nicht zwei oder mehrere Elektronen in allen Quantenzahlen identisch sein können. In der wellenmechanischen Sprache bedeutet das, daß in einem Atom nicht zwei Partial-

[1]) Daß auch — bei gleichen Teilchen — φ noch weiter separiert werden kann, interessiert hier nicht.

eigenfunktionen beliebiger Elektronen identisch sein dürfen; ein Zustand, in dem dies der Fall wäre, existiert nicht, d. h. hat die Gesamteigenfunktion Null. Das Pauli-Prinzip bedeutet daher wellenmechanisch, daß die Gesamteigenfunktion stets unsymmetrisch sein muß. Denn da diese stets in Determinantenform (220) geschrieben werden kann, verschwindet sie automatisch, wenn zwei Reihen derselben identisch werden, d. h. wenn zwei Elektronen des Systems in allen Quantenzahlen übereinstimmen.

52. Das Heliumproblem.

Wir besitzen nun alles Notwendige, um das Problem des Heliums[1]), insbesondere der Zweiteilung seines Spektrums (Parhelium und Orthohelium), allgemein anzugreifen. Freilich handelt es sich im folgenden mehr um eine Skizzierung des einzuschlagenden Weges, als um eine detaillierte Ausführung, was insbesondere dadurch bedingt ist, daß wir den Spin nur summarisch eingeführt haben.

Indem wir zunächst voraussetzen, daß die Koppelung zwischen Spin und Bahn sehr gering ist, wissen wir, daß die allgemeine Gesamteigenfunktion ψ des Heliumproblems sich multiplikativ aus der die Lagekoordinaten enthaltenden Funktion $\varphi\,(x_1\, y_1\, z_1\, x_2\, y_2\, z_2)$ und aus der die Spinkoordinaten enthaltenden Funktion $\chi\,(s_1\, s_2)$ zusammensetzt, da unter der gemachten Voraussetzung die Spinkoordinaten von den Lagekoordinaten separiert werden können. Indem wir unser Augenmerk zunächst nur auf $\varphi\,(x_1 \ldots z_2)$ richten, wissen wir aus Nr. 50, daß φ der Gleichung (191) gehorcht:

$$(225)\quad \left\{ \begin{aligned} &\frac{\partial^2 \varphi}{d x_1^2} + \frac{\partial^2 \varphi}{d y_1^2} + \frac{\partial^2 \varphi}{d z_1^2} + \frac{\partial^2 \varphi}{\partial x_2^2} + \frac{\partial^2 \varphi}{\partial y_2^2} + \frac{\partial^2 \varphi}{\partial z_2^2} \\ &\quad + \frac{8\, m_0\, \pi^2}{h^2} \left(U + \frac{Z e^2}{r_1} + \frac{Z e^2}{r_2} - \frac{e^2}{r_{12}} \right) \varphi = 0\,. \end{aligned} \right.$$

Auch hier machen wir zunächst die Voraussetzung, daß das Koppelungsglied $-\frac{e^2}{r_{12}}$ zu vernachlässigen sei und wissen dann, daß auch φ als Produkt $\varphi_1\,(x_1\, y_1\, z_1)\, \varphi_2\,(x_2\, y_2\, z_2)$ dargestellt werden kann, wobei jeder Faktor der Differentialgleichung für die Wasserstoffeigenfunktion gehorcht. Das ist zunächst genau so wie in Nr. 50, nur haben wir uns dort auf den Grundzustand des Heliums beschränkt, der nicht entartet war. Hier wollen wir das nicht mehr tun, sondern gerade die angeregten Zustände betrachten. Das erste Elektron möge allerdings im Grundzustande sein, den wir durch den Index 1 charakterisieren, das zweite Elektron in einem höheren Zustande, den wir summarisch durch den Index „n" bezeichnen wollen. Wir haben dann eine Lösung der Gleichung (225), (in der aber $-\frac{e^2}{r_{12}}$ gestrichen ist!):

$$(226)\qquad \varphi_A = \varphi_2\,(1)\, \varphi_n\,(2)\,,$$

[1]) Allgemeiner: des Zweielektronenproblems, das wir durch Mitführung der unbestimmten Kernladungszahl Z mit behandeln; es wird also im folgenden auch die heliumähnliche Reihe der Nr. 50 mitbetrachtet.

wobei wir uns der Bezeichnungsweise der vorhergehenden Nummer bedienen. Ebenso ist aber auch

$$\varphi_B = \varphi_n(1)\,\varphi_2(2) \tag{227}$$

eine Lösung, die zum gleichen Energiewert U_0 gehört: Wir haben hier eine zweifache Austauschentartung vor uns, die wir in Nr. 51 ausführlich besprochen haben; ebenso sind beliebige Linearkombinationen von (226) und (227) Lösungen der vom Störungsglied befreiten Gleichung (225):

$$\alpha\,\varphi_A + \beta\,\varphi_B\,. \tag{228}$$

Wenn wir nun das Glied $-\frac{e^2}{r_{12}}$ als Störung betrachten, so wissen wir, daß wir nicht jede beliebige Funktion (228) als „Ausgangsfunktion" benutzen können; vielmehr liefert gerade die Störungstheorie automatisch die richtigen Ausgangsdaten.

Damit das Störungsproblem der Gleichung (225) überhaupt eine Lösung besitzt, muß die Störungsfunktion (144) orthogonal auf beiden Lösungen φ_A und φ_B sein. Hier ist die Störungsfunktion, wie man leicht feststellt:

$$S = (U' - \Phi')\,(\alpha\,\varphi_A + \beta\,\varphi_B)\,, \tag{229}$$

wobei U' die Störung des Energiewertes U_0 und Φ' die Störung $-\frac{e^2}{r_{12}}$ ist. Wir haben also die beiden Gleichungen:

$$\left\{\begin{aligned} &\int (U' - \Phi')\,(\alpha\,\varphi_A + \beta\,\varphi_B)\,\overset{*}{\varphi}_A\,d\tau = 0\,,\\ &\int (U' - \Phi')\,(\alpha\,\varphi_A + \beta\,\varphi_B)\,\overset{*}{\varphi}_B\,d\tau = 0\,. \end{aligned}\right. \tag{230}$$

In der Bezeichnungsweise der Nr. 48 — vgl. z. B. Gleichung (148) — können diese beiden Gleichungen geschrieben werden:

$$\left\{\begin{aligned} &\alpha\,(U' - \Phi_{11}) + \beta\,\Phi_{12} = 0\,,\\ &\alpha\,\Phi_{21} \qquad\quad + \beta\,(U' - \Phi_{22}) = 0\,. \end{aligned}\right. \tag{231}$$

Dabei sind die Φ_{kj} hier, weil $\Phi' = -\frac{e^2}{r_{12}}$ ist, definiert durch:

$$\left\{\begin{aligned} &\Phi_{11} = -\int \frac{e^2}{r_{12}}\,\varphi_A\,\overset{*}{\varphi}_A\,d\tau\,, \quad \Phi_{22} = -\int \frac{e^2}{r_{12}}\,\varphi_B\,\overset{*}{\varphi}_B\,d\tau\,,\\ &\Phi_{12} = -\int \frac{e^2}{r_{12}}\,\varphi_B\,\overset{*}{\varphi}_A\,d\tau\,, \quad \Phi_{21} = -\int \frac{e^2}{r_{12}}\,\varphi_A\,\overset{*}{\varphi}_B\,d\tau\,. \end{aligned}\right. \tag{232}$$

Die Größen φ_A und φ_B sind Produkte aus je zwei Wasserstoffeigenfunktionen, die wir hier — aus Bequemlichkeitsgründen — in der reellen Schreibweise benutzen wollen; wir haben dann in (232) den Stern (*) einfach fortzulassen. Man erkennt dann, daß $\Phi_{12} = \Phi_{21}$ wird; ebenso ist $\Phi_{22} = \Phi_{11}$. Denn die Vertauschung der beiden Elektronen, die von φ_A zu φ_B führt, hat in den Integralen Φ_{11} und Φ_{22} nur die Bedeutung einer anderen Bezeichnung der Integrationsvariabeln, da $d\tau = d\tau_1\,d\tau_2$ das Volumelement des sechsdimensionalen Konfigurationsraumes ist. Beachtet man dies, so läßt sich die Lösungsbedingung für das Gleichungspaar (231) — Verschwinden der Determinante — schreiben:

$$(U' - \Phi_{11})^2 = \Phi_{12}^2\,, \tag{233}$$

d. h.

$$U' = \Phi_{11} \mp \Phi_{12}\,. \tag{234}$$

Für diese beiden Werte von U' hat das Gleichungssystem (231) je eine Lösung, d. h. es ergeben sich zwei voneinander verschiedene Koeffizientenverhältnisse $\frac{\alpha}{\beta}$. Je nachdem man in (231) $U' - \Phi_{11} = \mp \Phi_{12}$ einsetzt, erhält man nämlich:

$$\alpha \pm \beta = 0\,,$$

d. h.

$$\frac{\alpha}{\beta} = \pm 1\,. \tag{235}$$

Damit haben wir diejenigen Koeffizientenverhältnisse bestimmt, die wir in der allgemeinen Eigenfunktion (228) benutzen müssen, um die richtigen Ausgangseigenfunktionen zu bekommen: Es ist die symmetrische und die antisymmetrische Kombination der beiden Lösungen φ_A und φ_B aus den Gleichungen (226) und (227), nämlich:

$$\left\{\begin{aligned} \varphi_{\text{symm}} &= \varphi_A + \varphi_B = \varphi_1(1)\,\varphi_n(2) + \varphi_n(1)\,\varphi_1(2)\,, \\ \varphi_{\text{anti}} &= \varphi_A - \varphi_B = \varphi_1(1)\,\varphi_n(2) - \varphi_n(1)\,\varphi_1(2)\,. \end{aligned}\right. \tag{236}$$

Wir haben also folgendes Ergebnis erhalten: Bei Benutzung des elektrostatischen Störungsgliedes $-\frac{e^2}{r_{12}}$ spaltet jeder Energiewert U_0 in zwei Energiewerte auf, die nach (234) die Werte haben:

$$\left\{\begin{aligned} U^{\text{I}} &= U_0 + \Phi_{11} + \Phi_{12}\,, \\ U^{\text{II}} &= U_0 + \Phi_{11} - \Phi_{12}\,; \end{aligned}\right. \tag{237}$$

wir erhalten also infolge der elektrostatischen Wechselwirkungskräfte zunächst ein doppeltes Termsystem, wie es beim Helium ja tatsächlich existiert und als Para- bzw. Orthohelium-Termsystem bezeichnet wird.

Bei flüchtiger Prüfung könnte es allerdings scheinen, als ob wir tatsächlich nur ein Termsystem erhielten; denn nach dem Pauli-Prinzip sollten wir ja nur die antisymmetrische Lösung beibehalten. Es ist aber zu beachten, daß sich diese Behauptung auf die vollständige Eigenfunktion ψ bezieht, nicht auf die Teileigenfunktion φ. Vorbehaltlich einer genaueren Untersuchung des Verhaltens der Spinfunktion χ werden wir also beide Lösungen (237) beibehalten; wir haben ja nur dafür zu sorgen, daß $\psi = \varphi\chi$ antisymmetrisch ist, und das kann, wie Gleichung (224) zeigt, auch mit φ_{symm} geschehen.

Die obige Rechnung zeigt, daß der Eigenwert

$$\left.\begin{aligned} U^{\text{I}} &= U_0 + \Phi_{11} + \Phi_{12} \text{ der unsymmetrischen} \\ U^{\text{II}} &= U_0 + \Phi_{11} - \Phi_{12} \text{ der symmetrischen} \end{aligned}\right\} \text{Eigenfunktion } \varphi \tag{238}$$

entspricht. Da nun

$$\Phi_{12} = - e^2 \int \frac{\varphi_A \varphi_B}{r_{12}} d\tau < 0$$

ist und das gleiche von Φ_{11} gilt, so liegt, da der sehr viel größere Hauptwert der Energie $U_0 < 0$ ist, U^{I} tiefer als U^{II} (U^{I} ist negativer als U^{II}). Wir haben nun lediglich festzustellen, ob bei gleicher Hauptquantenzahl die Ortho- oder die Paraterme des Heliums tiefer liegen. Fig. 54 zeigt, daß die Orthoterme tiefer liegen als die Paraterme; U^{I} liefert also die ersteren, U^{II} die letzteren. Demgemäß entspricht die antisymmetrische Eigenfunktion $(\varphi_A - \varphi_B)$ den Orthotermen, die symmetrische $(\varphi_A + \varphi_B)$ den Paratermen. Wir haben bisher immer $n > 1$ vorausgesetzt; unsere Betrachtungen gelten aber auch für den Grenzfall $n = 1$. Dann ist $\varphi_A = \varphi_B$, weil der Grundterm des Heliums keine Austauschentartung besitzt; d. h. die antisymmetrische, dem Orthoterm entsprechende Eigenfunktion des Grundzustandes verschwindet für Helium, in voller Übereinstimmung mit den Tatsachen.

Wir hätten jetzt noch zu zeigen, daß — cum grano salis — keine Kombinationen zwischen Ortho- und Paratermen auftreten. Dies müssen wir aber bis zum IX. Kapitel verschieben[1]), wo wir alle die Strahlung betreffenden Fragen gemeinschaftlich behandeln werden.

Natürlich ist die obige Betrachtung unvollständig, da wir den Teil der Gesamteigenfunktion, der sich auf die Spinvariabeln bezieht, ignoriert haben. Wir können nun folgendermaßen argumentieren: Wir denken uns die Wellengleichung für die Funktion $\chi(s_1 s_2)$ hingeschrieben; wir könnten dies wirklich tun, wenn wir von der vollständigen Hamilton-Jacobischen Differentialgleichung ausgingen und statt s_1 und s_2 die entsprechenden Operatoren einführten, wie wir es auch mit den gewöhnlichen Impulsen getan haben. Da wir diese Operatoren aber noch nicht kennengelernt haben, müssen wir vorläufig darauf verzichten. In jedem Falle können wir aber folgendes sagen: Wenn wir von der magnetischen Wechselwirkung absehen, die die beiden Elektronen infolge ihres Spins aufeinander ausüben, so ist sicher die Wellengleichung für χ separierbar, d. h. $\chi(s_1 s_2)$ als Produkt darstellbar:

$$\chi(s_1 s_2) = \chi_1(s_1)\, \chi_2(s_2)\,.$$

Da die Größen s_1 und s_2 nur die Werte $\pm \frac{1}{2}$ annehmen können, so können bei Vernachlässigung der magnetischen Wechselwirkung folgende Eigenfunktionen als Lösung auftreten:

$$(239) \quad \begin{cases} \chi_A = \chi_1(+\tfrac{1}{2})\, \chi_2(-\tfrac{1}{2}); & \chi_B = \chi_1(-\tfrac{1}{2})\, \chi_2(+\tfrac{1}{2})\,; \\ \chi_C = \chi_1(+\tfrac{1}{2})\, \chi_2(+\tfrac{1}{2}); & \chi_D = \chi_1(-\tfrac{1}{2})\, \chi_2(-\tfrac{1}{2})\,. \end{cases}$$

Von diesen 4 Eigenfunktionen zeigen χ_A und χ_B wieder die Austauschentartung, während χ_C und χ_D nichtentartet sind. Die Entartung würde

[1]) In Nr. 65.

aufgehoben werden, wenn wir die vernachlässigten magnetischen Wechselwirkungskräfte berücksichtigten; es würde sich dann — ganz analog wie bei den elektrostatischen Wechselwirkungen — ergeben, daß als Ausgangseigenfunktionen die folgenden vier zu nehmen sind:

$$\chi_A + \chi_B, \quad \chi_C, \quad \chi_D, \quad \chi_A - \chi_B, \tag{240}$$

d. h. die beiden nichtentarteten sind ohne weiteres Ausgangsfunktionen, während von den beiden entarteten Summe und Differenz gebildet werden müssen wie vorher. Von diesen vier Eigenfunktionen sind $\chi_A + \chi_B$, χ_C, χ_D in beiden Elektronen symmetrisch, $\chi_A - \chi_B$ ist antisymmetrisch.

Nach dem Pauli-Prinzip haben wir nun, wenn wir die χ aus Gleichung (240) multiplikativ mit den φ aus Gleichung (236) zur Gesamteigenfunktion des Heliums zusammensetzen, nur die antisymmetrische Gesamteigenfunktion zu bilden. Das heißt, wir haben φ_{symm} mit $(\chi_A - \chi_B)$, dagegen φ_{anti} mit $\chi_A + \chi_B$, χ_C, χ_D zu multiplizieren: in jedem dieser vier Fälle gibt es eine antisymmetrische Gesamtfunktion ψ:

$$\left\{\begin{array}{l} \psi^{\text{I}} = \varphi_{\text{symm}}\,(\chi_A - \chi_B)\,, \\ \left.\begin{array}{l}\psi^{\text{II}} = \\ \psi^{\text{III}} = \\ \psi^{\text{IV}} = \end{array}\right\} \varphi_{\text{anti}} \left\{\begin{array}{l}(\chi_A + \chi_B)\,, \\ \chi_C\,, \\ \chi_D\,. \end{array}\right. \end{array}\right. \tag{241}$$

Nach dem oben Gesagten ist nun φ_{symm} die Eigenfunktion der Paraterme, φ_{anti} die der Orthoterme. Durch die Berücksichtigung der magnetischen Wechselwirkung bleibt also zwar die Einfachheit der Paraterme erhalten (eine Eigenfunktion!), während die Orthoterme sich als dreifach erweisen, wie es das Experiment ergibt.

Wir haben im Vorhergehenden in großen Zügen gezeigt, wie die Wellenmechanik bei Berücksichtigung des Spins das Heliumspektrum zu erklären vermag; die obige qualitative Darstellung rührt im wesentlichen von Sommerfeld her; Heisenberg hat die quantitative Berechnung durchgeführt und die Aufspaltung der Orthoterme in der richtigen Größenordnung erhalten.

53. Homöopolare Bindung: das H_2-Molekül.

Ein weiteres grundsätzlich wichtiges Beispiel, an dem wir die Leistungsfähigkeit der Wellenmechanik zeigen wollen, ist das der homöopolaren Bindung, z. B. des Wasserstoffmoleküls aus zwei H-Atomen. Während die heteropolare Bindung (Bindung zwischen Ionen verschiedenen Vorzeichens, z. B. NaCl) leicht durch die zwischen den Ionen wirkende elektrische Kraft erklärt werden kann — das ist im Grunde schon die Idee von Berzelius gewesen, die in moderner Form von Kossel 1919 erneuert wurde —, fand die klassische Theorie sowohl wie die ältere

Quantentheorie unüberwindliche Schwierigkeiten, die Bindung gleichartiger Atome zu einem Molekül zu verstehen.

Wir denken uns im Anschluß an eine wichtige Untersuchung von Heitler und London[1]) zwei Wasserstoffatome im Grundzustande in der festen Entfernung R; die beiden Kerne seien mit a und b, die beiden Elektronen mit 1 und 2 bezeichnet. Die Entfernungen der vier Ladungen voneinander werden „r“ mit entsprechenden Indizes benannt, z. B. ist r_{a_1} die Entfernung des Elektrons 1 vom Kern a; eine Übersicht über sämtliche Bezeichnungen gibt Fig. 77. Da die Kerne als fest betrachtet werden, haben wir ein Problem vor uns, das sich im sechsdimensionalen Koordinatenraum abspielt; seine Wellengleichung ist offenbar:

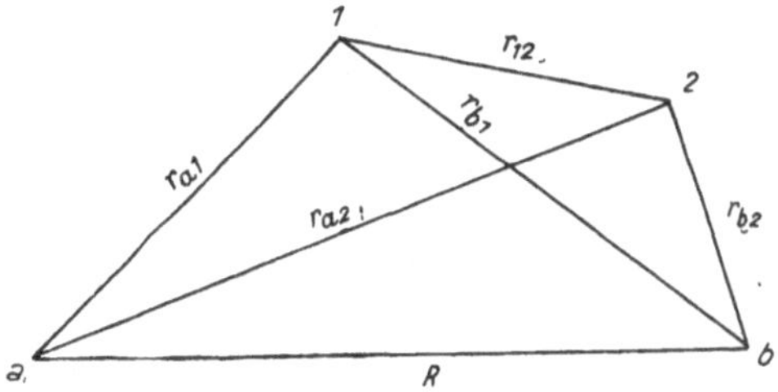

Fig. 77.

(242) $$\Delta_1 \psi + \Delta_2 \psi + \frac{8 m_0 \pi^2}{h^2}\left[U - e^2\left(\frac{1}{R} + \frac{1}{r_{12}} - \frac{1}{r_{a_1}} - \frac{1}{r_{a_2}} - \frac{1}{r_{b_1}} - \frac{1}{r_{b_2}}\right)\right]\psi = 0\,,$$

wobei Δ_1 und Δ_2 die übliche Bedeutung haben. Zwei Fälle sind durchgehend zu unterscheiden: das Elektron 1 kann zum Kern a und Elektron 2 zum Kern b gehören, wie es in Fig. 77 angenommen ist, oder aber umgekehrt. Im ersten Falle sind neben R auch r_{12}, r_{a_2} und r_{b_1} sehr groß, so daß die Gleichung (242) sich in diesem Falle — wir setzen die Eigenfunktion gleich ψ_A — vereinfacht zu:

(243 a) $$\Delta \psi_A + \frac{8 m_0 \pi^2}{h^2}\left[2 U_0 - e^2\left(-\frac{1}{r_{a_1}} - \frac{1}{r_{b_2}}\right)\right]\psi_A = 0\,.$$

Im zweiten Falle sind neben R auch r_{12}, r_{a_1} und r_{b_2} sehr groß, so daß jetzt die vereinfachte Gleichung mit ψ_B als Eigenfunktion lautet:

(243 b) $$\Delta \psi_B + \frac{8 m_0 \pi^2}{h^2}\left[2 U_0 - e^2\left(-\frac{1}{r_{a_2}} - \frac{1}{r_{b_1}}\right)\right]\psi_B = 0\,.$$

In diesen beiden Fällen (243) haben wir es mit der Wellengleichung zweier voneinander unabhängiger H-Atome zu tun, (die nur formal zusammengefaßt sind), und wir können die Gleichungen (243) beide separieren: Die Lösungen sind Produkte der Wasserstoffeigenfunktionen im Grundzustande, die wir aus Gleichung (70) entnehmen können. Nennen wir den ersten Bohrschen Radius hier a_0, so ergibt sich im Fall der Gleichung (243 a) in leicht verständlicher Benennung die Lösung:

(244 a) $$\psi_A = \psi_a(1)\,\psi_b(2) = \frac{1}{\sqrt{\pi a_0^3}}\, e^{-\frac{r_{a_1}}{a_0}}\, \frac{1}{\sqrt{\pi a_0^3}}\, e^{-\frac{r_{b_2}}{a_0}}\,,$$

[1]) W. Heitler und F. London, Zs. f. Phys. **44**, pag. 455, 1927.

und im Falle der Gleichung (243b):

$$\psi_B = \psi_b(1)\,\psi_a(2) = \frac{1}{\sqrt{\pi\, a_0^3}}\, e^{-\frac{r_{b_1}}{a_0}}\, \frac{1}{\sqrt{\pi\, a_0^3}}\, e^{-\frac{r_{a_2}}{a_0}}\,. \tag{244b}$$

Ihnen beiden entspricht der — in (243) bereits eingetragene — Wert $2\,U_0$ des Energieparameters, wenn U_0 die Energie des Grundterms des H-Atoms bezeichnet; $2\,U_0$ ist also die doppelte Energie des H-Atoms im Grundzustande; denn wegen der vorausgesetzten Unabhängigkeit addieren sich die Energien beider Atome natürlich zueinander. Wir haben also auch hier wieder den Fall der Austauschentartung vor uns, und wir wissen schon, daß bei Berücksichtigung der gegenseitigen Einwirkung der H-Atome aufeinander der gemeinsame Energiewert $2\,U_0$ sich aufspalten wird. Außer den Eigenfunktionen ψ_A und ψ_B ist auch jede lineare Kombination Eigenfunktion zum gleichen Energiewert $2\,U_0$, und es handelt sich wieder darum, die richtige „Ausgangseigenfunktion" zu bestimmen, d. h. die Störungsrechnung durchzuführen. Wir bemerken dazu noch, daß die Lösungen ψ_A und ψ_B nicht orthogonal zueinander sind, und setzen das im folgenden auftretende Integral

$$\int \psi_A\,\psi_B\,d\tau = \int \psi_a(1)\,\psi_b(2)\,\psi_b(1)\,\psi_a(2)\,d\tau = J\,. \tag{245}$$

Die folgende Störungsrechnung führen wir ein wenig anders als früher, doch ist der Unterschied ganz unwesentlich. Wir setzen die als Ausgangsfunktion zu wählende Linearkombination

$$\psi^0 = \beta_1\,\psi_A + \beta_2\,\psi_B\,. \tag{246}$$

Bekanntlich liefert uns die Störungsrechnung, wenn die Normierungsbedingung hinzugenommen wird, Werte für β_1 und β_2. Wir setzen die gestörte Eigenfunktion, indem wir zuerst von Gleichung (243a) ausgehen (d. h. Elektron 1 bei Kern a, Elektron 2 bei Kern b):

$$\psi^{\mathrm{I}} = \psi_A + \chi_A\,, \tag{247a}$$

analog, wenn wir von (243b) ausgehen:

$$\psi^{\mathrm{II}} = \psi_B + \chi_B\,. \tag{247b}$$

Sowohl ψ^{I} als ψ^{II} gehorchen also der unverkürzten Gleichung (242). Setzt man der Reihe nach (247a) und (247b) ein und berücksichtigt die beiden Gleichungen (243), so folgen für χ_A und χ_B die beiden Gleichungen:

$$\left\{\begin{aligned} &\Delta\chi_A + \frac{8\,m_0\,\pi^2}{h^2}\left[2\,U_0 - e^2\left(\frac{1}{R} + \frac{1}{r_{12}} - \frac{1}{r_{a_1}} - \frac{1}{r_{a_2}} - \frac{1}{r_{b_1}} - \frac{1}{r_{b_2}}\right)\right]\chi_A \\ &\quad = -\frac{8\,m_0\,\pi^2}{h^2}\left[U' - e^2\left(\frac{1}{R} + \frac{1}{r_{12}} - \frac{1}{r_{a_2}} - \frac{1}{r_{b_1}}\right)\right]\psi_A\,, \end{aligned}\right. \tag{248a}$$

$$\left\{\begin{aligned} &\Delta\chi_B + \frac{8\,m_0\,\pi^2}{h^2}\left[2\,U_0 - e^2\left(\frac{1}{R} + \frac{1}{r_{12}} - \frac{1}{r_{a_1}} - \frac{1}{r_{a_2}} - \frac{1}{r_{b_1}} - \frac{1}{r_{b_2}}\right)\right]\chi_B \\ &\quad = -\frac{8\,m_0\,\pi^2}{h^2}\left[U' - e^2\left(\frac{1}{R} + \frac{1}{r_{12}} - \frac{1}{r_{a_1}} - \frac{1}{r_{b_2}}\right)\right]\psi_B\,. \end{aligned}\right. \tag{248b}$$

Dabei haben wir den Energiewert von (242)

$$U = 2U_0 + U' \tag{249}$$

gesetzt; U' ist also die zu bestimmende Störung des Energieparameters. Damit die beiden inhomogenen Gleichungen (248) eine Lösung besitzen, muß die Inhomogenität in beiden Fällen orthogonal auf der ungestörten Eigenfunktion (246) sein. Wir erhalten also die beiden Gleichungen:

$$\int\left[U' - e^2\left(\frac{1}{R} + \frac{1}{r_{12}} - \frac{1}{r_{a_2}} - \frac{1}{r_{b_1}}\right)\right] \psi_A (\beta_1 \psi_A + \beta_2 \psi_B)\, d\tau = 0\,, \tag{250a}$$

$$\int\left[U' - e^2\left(\frac{1}{R} + \frac{1}{r_{12}} - \frac{1}{r_{a_1}} - \frac{1}{r_{b_2}}\right)\right] \psi_B (\beta_1 \psi_A + \beta_2 \psi_B)\, d\tau = 0\,. \tag{250b}$$

Außer dem Integral (245) treten darin noch die folgenden auf:

$$\left\{\begin{aligned}
\Phi_{11} &= e^2\int\left(\frac{1}{R} + \frac{1}{r_{12}} - \frac{1}{r_{a_2}} - \frac{1}{r_{b_1}}\right)\psi_A^2\, d\tau\,,\\
\Phi_{22} &= e^2\int\left(\frac{1}{R} + \frac{1}{r_{12}} - \frac{1}{r_{a_1}} - \frac{1}{r_{b_2}}\right)\psi_B^2\, d\tau\,,\\
\Phi_{12} &= e^2\int\left(\frac{1}{R} + \frac{1}{r_{12}} - \frac{1}{r_{a_2}} - \frac{1}{r_{b_1}}\right)\psi_A \psi_B\, d\tau\,,\\
\Phi_{21} &= e^2\int\left(\frac{1}{R} + \frac{1}{r_{12}} - \frac{1}{r_{a_1}} - \frac{1}{r_{b_2}}\right)\psi_A \psi_B\, d\tau\,.
\end{aligned}\right. \tag{251}$$

Die Integranden sind zwar in allen Fällen verschieden; aber man erkennt leicht, daß

$$\Phi_{11} = \Phi_{22}; \quad \Phi_{12} = \Phi_{21} \tag{252}$$

ist; in den genannten Fällen kommt die Vertauschung der Elektronen 1 und 2 in den Integralen lediglich auf eine veränderte Bezeichnung der Integrationsvariabeln heraus. Wenn man (252) benutzt, kann man Φ_{11} und Φ_{12} übrigens in die symmetrische Gestalt bringen:

$$\left\{\begin{aligned}
\Phi_{11} &= e^2\int\left(\frac{1}{R} + \frac{1}{r_{12}}\right)\frac{\psi_A^2 + \psi_B^2}{2}\, d\tau - e^2\int\left(\frac{1}{r_{a_2}} + \frac{1}{r_{b_1}}\right)\frac{\psi_A^2}{2}\, d\tau\\
&\qquad - e^2\int\left(\frac{1}{r_{a_1}} + \frac{1}{r_{b_2}}\right)\frac{\psi_B^2}{2}\, d\tau\,,\\
\Phi_{12} &= e^2\int\left(\frac{2}{R} + \frac{2}{r_{12}} - \frac{1}{r_{a_1}} - \frac{1}{r_{a_2}} - \frac{1}{r_{b_1}} - \frac{1}{r_{b_2}}\right)\frac{\psi_A \psi_B}{2}\, d\tau\,.
\end{aligned}\right. \tag{251a}$$

Wir erhalten daher folgendes Gleichungssystem aus (250):

$$\left\{\begin{aligned}
\beta_1 (U' - \Phi_{11}) + \beta_2 (U'J - \Phi_{12}) &= 0\,,\\
\beta_1 (U'J - \Phi_{12}) + \beta_2 (U' - \Phi_{11}) &= 0\,,
\end{aligned}\right. \tag{253}$$

dessen Lösbarkeit durch von Null verschiedene Werte β_1, β_2 das Verschwinden der Determinante erfordert; d. h.:

$$(U' - \Phi_{11})^2 = (U'J - \Phi_{12})^2\,; \tag{254}$$

also muß sein:

$$U' - \Phi_{11} = \pm (U'J - \Phi_{12})\,. \tag{255}$$

Im Falle des Pluszeichens folgt aus (253):

(256a) $$\beta_2^{\mathrm{I}} = -\beta_1^{\mathrm{I}},$$

im Falle des Minuszeichens:

(256b) $$\beta_2^{\mathrm{II}} = +\beta_1^{\mathrm{II}}.$$

Wir erhalten also für die Ausgangseigenfunktion (246) zwei Möglichkeiten:

(257a)
$$\left\{\begin{array}{c} \psi_{\mathrm{anti}} = \beta_1^{\mathrm{I}}(\psi_A - \psi_B), \\ \text{mit dem Störungswerte der Energie:} \\ U'_{\mathrm{anti}} = \dfrac{\Phi_{11} - \Phi_{12}}{1 - J}, \end{array}\right.$$

sowie:

(257b)
$$\left\{\begin{array}{c} \psi_{\mathrm{symm}} = \beta_1^{\mathrm{II}}(\psi_A + \psi_B), \\ \text{mit dem Störungswerte der Energie:} \\ U'_{\mathrm{symm}} = \dfrac{\Phi_{11} + \Phi_{12}}{1 + J}. \end{array}\right.$$

Durch die Forderung der Normierung für ψ_{symm} und ψ_{anti} bestimmen sich unter Benutzung von (245) β_1^{I} und β_1^{II} selbst zu:

(258) $$\beta_1^{\mathrm{I}} = \frac{1}{\sqrt{2 - 2J}}; \quad \beta_1^{\mathrm{II}} = \frac{1}{\sqrt{2 + 2J}}.$$

Für die Energiewerte erhält man in beiden Fällen:

(259)
$$\left\{\begin{array}{l} U_{\mathrm{anti}} = 2U_0 + U'_{\mathrm{anti}} = 2U_0 + \dfrac{\Phi_{11} - \Phi_{12}}{1 - J}, \\ U_{\mathrm{symm}} = 2U_0 + U'_{\mathrm{symm}} = 2U_0 + \dfrac{\Phi_{11} + \Phi_{12}}{1 + J}. \end{array}\right.$$

Wie wir vorhin schon bemerkten und wie aus der allgemeinen Theorie ohnehin klar war, spaltet sich also der vorher gemeinsame Energiewert $2U_0$ in zwei verschiedene auf, je nachdem die antisymmetrische oder die symmetrische Eigenfunktion gewählt wird. Um nun etwas Näheres aussagen zu können, müssen die Integrale J nach (245), sowie Φ_{11} und Φ_{12} ausgerechnet werden; die beiden letzteren Ausdrücke sind von der Dimension und dem Charakter einer potentiellen Energie[1]), wie man aus (251) entnimmt. Die sehr mühsame Berechnung haben teils Heitler und London, teils Sugiura ausgeführt; wir geben in der folgenden Figur 78 die Ausdrücke

$$U'_{\mathrm{anti}} = \frac{\Phi_{11} - \Phi_{12}}{1 - J} \quad \text{und} \quad U'_{\mathrm{symm}} = \frac{\Phi_{11} + \Phi_{12}}{1 + J}$$

graphisch als Funktion des Kernabstandes R wieder; R selbst ist in Einheiten des 1. Bohrschen Wasserstoffradius a_0 gemessen, demgemäß als Abszisse $\frac{R}{a_0}$ gewählt; als Ordinate ist die Energie in Volt aufgetragen.

[1]) Vgl. die Erörterungen am Schlusse dieser Nummer.

Es ergibt sich aus der Figur, daß $U'_{\text{anti}} > 0$ ist und mit abnehmendem R dauernd steigt; das bedeutet aber eine dauernde Abstoßung der beiden H-Atome voneinander; wenn diese Bedingung vorliegt, kommt also eine Bindung zum H_2-Molekül nicht zustande. Anderseits ist U'_{symm} für große R negativ (Anziehung!), durchläuft ein Minimum bei ungefähr $1{,}5\,\frac{R}{a_0}$ und wird bei größerer Annäherung positiv, d. h. dann erfolgt Abstoßung. An der Stelle des Minimums ist $\frac{d\,U'_{\text{symm}}}{d\,R} = 0$, d. h. für den sich hieraus ergebenden Wert R_0 haben wir eine stabile Gleichgewichtslage der beiden H-Atome relativ zueinander; ist $R > R_0$, haben wir Anziehung, ist $R < R_0$, dagegen Abstoßung. In diesem Falle haben wir also eine Verbindung der beiden H-Atome zum H_2-Molekül. In gewissem Sinne, worauf wir gleich noch zurückkommen, kann also die Wellenmechanik das Zustandekommen einer homöopolaren Bindung „erklären“.

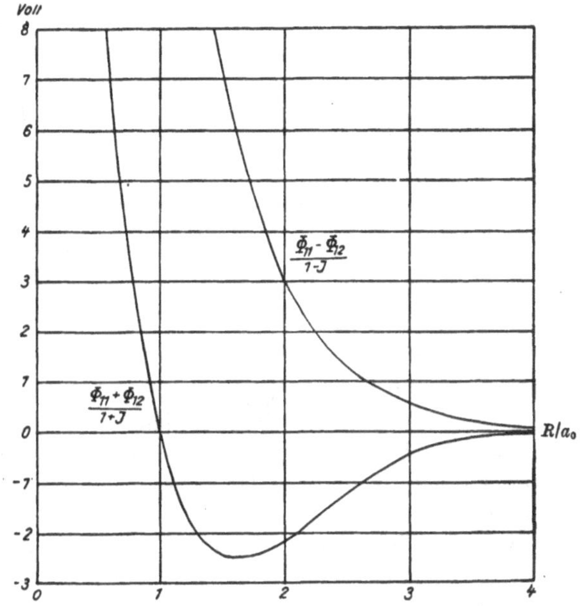

Fig. 78.

Zunächst aber haben wir die Frage zu erörtern, wann dauernde Abstoßung oder Bindung vorliegt, d. h. wann die antisymmetrische, wann die symmetrische Lösung (257) zu benutzen ist. Dazu ist zu bemerken, daß wir bisher den Spin der beiden Atome völlig außer acht gelassen haben; wir haben daher (in erster Näherung) die Eigenfunktionen (257) noch mit je einer Spineigenfunktion $\varphi\,(s_1\,s_2)$ zu multiplizieren, um die vollständige Eigenfunktion zu erhalten. Nehmen wir zunächst an, $\varphi\,(s_1\,s_2)$ sei in den beiden Elektronen symmetrisch, d. h. die beiden Elektronen hätten gleichgerichtete Spinachsen. Bei einer Vereinigung zum Molekül würde dann das Pauli-Prinzip verlangen, daß die unsymmetrische Funktion ψ_{anti} gemäß (257a) genommen werden muß, damit die Gesamteigenfunktion $\psi_{\text{anti}}\,\underset{\text{symm}}{\varphi}\,(s_1\,s_2)$ antisymmetrisch ausfällt. Die antisymmetrische Funktion ψ_{anti} führt aber zur Abstoßung, nicht zur Bindung der beiden H-Atome. Wir finden also das Ergebnis: Wenn die Elektronen der beiden H-Atome gleichgerichtete Spinachsen haben, ist eine Verbindung unmöglich; stoßen sie aufeinander, so tritt elastische Reflexion[1]) ein.

Sind umgekehrt die beiden Spinachsen entgegengerichtet, so ist $\varphi\,(s_1\,s_2)$ antisymmetrisch, es muß also mit der symmetrischen Funktion ψ_{symm} nach (257b) zusammentreten: jetzt ist eine Verbindung möglich.

Wir wollen die qualitativen Betrachtungen durch einige quantitative Angaben ergänzen. Wir bestimmen aus der Gleichung

$$\frac{d\,U'_{\text{symm}}}{d\,R} = 0$$

den Abstand R_0 der beiden H-Atome im H_2-Molekül; aus den bekannten Massen M_H der H-Atome ergibt sich dann das Trägheitsmoment J_0 um eine zur Verbindungslinie senkrechte Achse durch den gemeinsamen Schwerpunkt. Ferner ergibt sich die Dissoziationsenergie D, die gleich $(-\,U'_{\text{symm}})_{R\,=\,R_0}$ ist. Die folgende Tabelle zeigt für die genannten Werte den Vergleich von Beobachtung und Rechnung; man sieht, daß die Übereinstimmung zufriedenstellend ist.

	R_0	$J_0 = \frac{M_H\,R_0^2}{2}$	D
beob.	$0{,}75 \cdot 10^{-8}$ cm	$4{,}7 \cdot 10^{-41}$ g cm^2	4,4 Volt
ber.	$0{,}80 \cdot 10^{-8}$ cm	$5{,}2 \cdot 10^{-41}$ g cm^2	3,2 Volt

Nachdem wir gezeigt haben, daß in unseren Formeln, d. h. in der Wellenmechanik, die Möglichkeit enthalten ist, das Bestehen homöopolarer Bindungen abzuleiten, wollen wir die Kräfte, die hierbei auftreten, etwas genauer analysieren; es handelt sich vor allem um eine Deutung der Größen Φ_{11} und Φ_{12}, die in den Gleichungen (251) und (251a) definiert sind. Man kann die Ausdrücke (251) etwas anders schreiben, wenn man die gesamte potentielle Energie des aus 2 Kernen und 2 Elektronen bestehenden Systems nach (242) durch den üblichen Buchstaben Φ bezeichnet:

$$\Phi = e^2\left(\frac{1}{R} + \frac{1}{r_{12}} - \frac{1}{r_{a_1}} - \frac{1}{r_{a_2}} - \frac{1}{r_{b_1}} - \frac{1}{r_{b_2}}\right). \tag{260}$$

Damit werden die Gleichungen (251):

$$\left\{\begin{aligned} \Phi_{11} &= \int\left(\Phi + \frac{1}{r_{a_1}} + \frac{1}{r_{b_2}}\right)\psi_A^2\,d\tau\,, \\ \Phi_{22} &= \int\left(\Phi + \frac{1}{r_{a_2}} + \frac{1}{r_{b_1}}\right)\psi_B^2\,d\tau\,, \\ \Phi_{12} &= \int\left(\Phi + \frac{1}{r_{a_1}} + \frac{1}{r_{b_2}}\right)\psi_A\,\psi_B\,d\tau\,, \\ \Phi_{21} &= \int\left(\Phi + \frac{1}{r_{a_2}} + \frac{1}{r_{b_1}}\right)\psi_A\,\psi_B\,d\tau\,. \end{aligned}\right. \tag{261}$$

[1]) „Elastische Reflexion" im Sinne der Stoßversuche von Franck und Hertz, vgl. Nr. 13.

Unter den Integralen stehen, abgesehen von Produkten bzw. Quadraten von Eigenfunktionen, Ausdrücke, die sämtlich von der Dimension und dem Charakter der potentiellen Energie Φ selbst sind. Wenn man nun in diesen Integralen die Größen ψ_A^2, ψ_B^2, $\psi_A\,\psi_B$ der Reihe nach als „Verteilungsfunktionen" im Sinne der Wahrscheinlichkeitsrechnung[1]) betrachtet, so lassen sich die Größen $\Phi_{11}\ldots$ offenbar als Mittelwerte[2]) auffassen — man beachte Gleichung (245) —:

$$
(262)\quad \left\{
\begin{aligned}
\Phi_{11} &= \overline{\Phi + \frac{1}{r_{a_1}} + \frac{1}{r_{b_2}}}^{A^2} \int \psi_A^2\, d\tau &&= \overline{\Phi + \frac{1}{r_{a_1}} + \frac{1}{r_{b_2}}}^{A^2}, \\
\Phi_{22} &= \overline{\Phi + \frac{1}{r_{a_2}} + \frac{1}{r_{b_1}}}^{B^2} \int \psi_B^2\, d\tau &&= \overline{\Phi + \frac{1}{r_{a_2}} + \frac{1}{r_{b_1}}}^{B^2}, \\
\Phi_{12} &= \overline{\Phi + \frac{1}{r_{a_1}} + \frac{1}{r_{b_2}}}^{A\,B} \int \psi_A\,\psi_B\, d\tau &&= \overline{\Phi + \frac{1}{r_{a_1}} + \frac{1}{r_{b_2}}}^{A\,B} J\,, \\
\Phi_{21} &= \overline{\Phi + \frac{1}{r_{a_2}} + \frac{1}{r_{b_1}}}^{A\,B} \int \psi_A\,\psi_B\, d\tau &&= \overline{\Phi + \frac{1}{r_{a_2}} + \frac{1}{r_{b_1}}}^{A\,B} J\,.
\end{aligned}
\right.
$$

Man findet also bestätigt, was wir schon oben sagten, daß die Größen $\Phi_{11},\ldots$ ebenfalls den Charakter und die Dimension einer potentiellen Energie besitzen; sie enthalten als einzige Variable noch R, den Kernabstand; die Ableitungen von Φ_{11}, $\Phi_{22},\ldots$ nach R stellen also Kräfte dar.

Betrachten wir zunächst Φ_{11}. Zur Mittelwertsbildung ist hierbei als Verteilungsfunktion ψ_A^2 benutzt; d. h. wenn wir uns der korpuskularen Sprache bedienen: Es ist vorausgesetzt, daß Elektron 1 zum Kern a und Elektron 2 zum Kern b gehört (ganz analog nur mit Vertauschung von 1 und 2 ist es mit Φ_{22}). Man kann also etwa so sagen: Es wird der Mittelwert über eine Art potentieller Energie gebildet, während die beiden Elektronen, jedes um seinen Kern, ihre Bahnen (und zwar die Grundbahnen) beschreiben. Diese Art von mittlerer potentieller Energie und die daraus sich ableitenden Kräfte würden sich also klassisch im großen und ganzen verstehen lassen; das gleiche gilt für die Interpretation von Φ_{22}.

Anders dagegen ist es mit Φ_{12} (und Φ_{21}). Denn hier ist die Verteilungsfunktion $\psi_A\,\psi_B$ multiplikativ zusammengesetzt aus zwei Eigenfunktionen, von denen die eine (ψ_A) voraussetzt, daß Elektron 1 am Kern a, Elektron 2 am Kern b sich befindet; ψ_B dagegen entspricht dem Fall, daß Elektron 2 am Kern a, Elektron 1 am Kern b sich befindet. Beide Auffassungen erscheinen hier als vollkommen gleichberechtigt. Wenn man diesen Sachverhalt in der korpuskularen Sprache aus-

[1]) Diese Auffassung erfährt ihre tiefere Begründung im VIII. Kapitel.

[2]) Bei den Mittelwerten haben wir durch die Buchstaben A^2, B^2, $A\,B$ die Verteilungsfunktion angedeutet, mit deren Hilfe sie gewonnen sind.

drücken will, so kann man etwa sagen, daß Elektron 1 sowohl zum Kern *a* als zum Kern *b* gehört und Elektron 2 desgleichen; oder auch: das Elektron 1 gehört zeitweise zu *a*, zeitweise zu *b*; ebenso für Elektron 2. Die beiden Elektronen tauschen also sozusagen ihre Plätze dauernd aus. Das ist ein Effekt, der durchaus quantenmechanisch bzw. wellenmechanisch ist, und der auf keine Weise klassisch interpretiert werden kann. Die neuartigen Kräfte, die aus dieser Art Mittelbildung entspringen, nennt man daher passend „Austauschkräfte".

Daß hier eine neue Art von Kräften, die der Quantenmechanik eigentümlich ist, auftaucht, ist insofern nicht unbefriedigend, als es ja in der Tat mit den klassischen Kräften nicht gelingt, ein vernünftiges Modell der homöopolaren Bindung herzustellen. Hier ist eben auch einer der Punkte, an denen die klassische Physik scheitert.

Zum Schluß machen wir noch eine Bemerkung über das Helium: Warum gibt es keine He_2-Moleküle? Auch auf diese Frage muß die Theorie Antwort geben, wenn sie von allgemeinerer Bedeutung sein soll, — und sie gibt sie in der Tat, wie ebenfalls Heitler und London gezeigt haben. Wir können uns auf eine kurze Darlegung beschränken: Der Unterschied zwischen zwei H-Atomen und zwei He-Atomen ist der, daß bei zwei getrennten H-Atomen das Pauli-Prinzip naturgemäß keine Aussage machen kann; es wird erst bei der Vereinigung wirksam, wie wir gesehen haben. Das He-Atom im Grundzustande aber hat schon zwei Elektronen, die dem Pauli-Prinzip zufolge entgegengesetzte Spinachsen besitzen müssen. Dadurch kommt bei zwei He-Atomen eine starke Beschränkung in der Auswahl der Eigenfunktionen zustande, und zwar ergibt die Diskussion, daß nur ψ_{anti} zulässig ist. Das heißt aber, daß nur Abstoßung, keine Bindung zwischen zwei He-Atomen stattfinden kann. Anders liegt die Sache, wenn das eine He-Atom sich in einem angeregten Zustande befindet: Dann sind He_2-Moleküle möglich — und auch beobachtet, da man in diesem Zustande ein Bandenspektrum findet. Somit erweist die Theorie auch hier ihre Kraft.

54. Ortho- und Para-Wasserstoff; der Kerndrall (Kernspin).

Wir sind mit dem H_2-Molekül noch nicht fertig; denn in der Behandlung der vorhergehenden Nummer haben wir die Kerne *a* und *b* als fest angenommen; dem entsprach es, daß der Konfigurationsraum sechsdimensional (2 Elektronen!) war. In Wirklichkeit können die beiden Atome des Moleküls gegeneinander schwingen und das ganze Molekül noch als starrer Körper rotieren: So entsteht das Rotationsschwingungsspektrum bzw. das allgemeine Bandenspektrum, wie wir in Nr. 29 ausführlich besprochen haben. Der Konfigurationsraum, den wir zugrunde legen müssen, ist daher, entsprechend den vier Massen, zwölfdimensional. In diesem gilt die allgemeine Schrödinger-Gleichung; ohne sie explizit aufzustellen, können wir (bei Vernachlässigung der Wechselwirkungen) die Gesamteigenfunktion jedenfalls in Produktform schreiben. Einer der Faktoren ist nach den Ausführungen der vorhergehenden Nummer, im besonderen nach den Gleichungen (257b) und (258), sowie den Gleichungen (244) gegeben durch:

$$\frac{1}{\pi a_0^3}\left\{e^{-\frac{r_{a_1}+r_{b_2}}{a_0}}+e^{-\frac{r_{b_1}+r_{a_2}}{a_0}}\right\}. \tag{263}$$

Es ist die in den beiden Elektronen symmetrische Eigenfunktion, die durch Multiplikation mit der antisymmetrischen Eigenfunktion $\varphi(s_1, s_2)$ für die beiden Spinvariabeln zu der antisymmetrischen Lösung zusammentritt, der wir nunmehr den Index „El" (auf „Elektronensprünge" deutend) geben:

$$\psi_{\mathrm{El}} = \frac{1}{\pi a_0^3}\left\{e^{-\frac{r_{a_1}+r_{b_2}}{a_0}}+e^{-\frac{r_{b_1}+r_{a_2}}{a_0}}\right\}\varphi(s_1, s_2). \tag{264}$$

Diese Eigenfunktion enthält in den Abständen r auch die Kernkoordinaten und ist in den beiden Kernen a und b symmetrisch, wie man sofort erkennt; denn $\varphi(s_1 s_2)$ hängt überhaupt nicht von den Kernkoordinaten ab, ist daher bei einer Vertauschung von a und b gleichfalls symmetrisch. Daher ist ψ_{El} insgesamt in den Kernen symmetrisch. Allerdings nicht allgemein, da (264) sich nur auf den Grundzustand des H_2-Moleküls bezieht; bei angeregten Zuständen kann ψ_{El} auch antisymmetrisch in den Kernen sein. Da es im folgenden nur auf das Verhalten der Eigenfunktionen bei Vertauschung der beiden Kerne ankommt, wollen wir die Bezeichnungen „symmetrisch" und „antisymmetrisch" von jetzt ab nur in bezug auf die Kerne verstehen.

Als weiterer Faktor zu (264) tritt eine Funktion ψ_{Schw}, die die Schwingung der beiden Kerne gegeneinander darstellt; sie ist in allen Zuständen symmetrisch, da nur der Kernabstand in sie eingeht. Schließlich haben wir noch die Rotationseigenfunktion hinzuzufügen:

$$\psi_{\mathrm{Rot}} = e^{im\varphi} P_n^{|m|}(\cos\vartheta), \tag{265}$$

gemäß den Erörterungen der Nr. 43, insbesondere der Gleichung (20), wobei „n" die sogenannte Rotationsquantenzahl ist. Nach der in (19) enthaltenen Definition der zugeordneten Kugelfunktionen $P_n^{|m|}$ ist ψ_{Rot} symmetrisch, wenn n gerade ist ($n = 0, 2, 4, \ldots$), antisymmetrisch dagegen, wenn n ungerade ist ($n = 1, 3, 5, \ldots$), was man leicht an der Tabelle auf pag. 276 bestätigt. Denn bei Vertauschung von a und b geht der Winkel φ in $(\varphi + \pi)$ und der Polarwinkel ϑ in $(\pi - \vartheta)$ über.

Wir erhalten also als allgemeine Eigenfunktion — vorbehaltlich einer später hinzuzufügenden Ergänzung —:

$$\psi = \psi_{\mathrm{El}} \cdot \psi_{\mathrm{Schw}} \cdot \psi_{\mathrm{Rot}}. \tag{266}$$

Der Symmetriecharakter der Gesamteigenfunktion ψ hängt also von dem Verhalten der Faktoren ψ_{El} und ψ_{Rot} ab. Nun wissen wir zwar aus den allgemeinen Symmetriebetrachtungen der Nr. 51 für Systeme mit identischen Partikeln, daß entweder nur die in den Kernen symmetrische oder die in ihnen antisymmetrische Gesamteigenfunktion zulässig ist; aber wir wissen noch nicht, welche von beiden den in der Natur gegebenen Verhältnissen entspricht. (Soweit die Elektronen in Betracht kommen, ist diese Frage durch das Pauli-Prinzip zugunsten der antisymmetrischen Eigenfunktion entschieden, für die Abhängigkeit von den Kernen jedoch noch nicht.) Wir müssen also diskutieren, was in beiden Fällen zu erwarten ist.

Nehmen wir also zunächst an, die Gesamteigenfunktion müsse symmetrisch sein, dann haben wir nach (266) die beiden Möglichkeiten[1]):

$$(267)\quad \begin{cases} \text{a) } \psi_{\mathrm{El}}\,(\text{symm})\cdot\psi_{\mathrm{Rot}}\,(\text{symm}), & \text{d. h.}\quad n = 0, 2, 4, \ldots, \quad \text{und} \\ \text{b) } \psi_{\mathrm{El}}\,(\text{anti})\cdot\psi_{\mathrm{Rot}}\,(\text{anti}), & \text{d. h.}\quad n = 1, 3, 5, \ldots. \end{cases}$$

Nun ist die Emission eines Bandenspektrums bei Molekülen mit zwei identischen Atomkernen nur möglich, wenn zugleich mit dem „Rotationssprung" ein „Elektronensprung" stattfindet; wir wissen auch aus Nr. 29, daß nur die Änderungen der Rotationsquantenzahl:

$$\Delta n = \pm 1 \quad \text{und} \quad \Delta n = 0$$

zulässig sind. Nehmen wir nun an, das Molekül gehe aus einem angeregten Zustande in den Grundzustand über, so wissen wir nach (264), daß im letzteren sicher ψ_{El} symmetrisch ist, im angeregten kann ψ_{El} sowohl symmetrisch als antisymmetrisch sein. Ist im angeregten Zustand ψ_{El} auch symmetrisch, so handelt es sich um Übergänge zwischen zwei Zuständen, die beide durch die Eigenfunktion (267a) charakterisiert sind; in beiden Zuständen ist also $n = 0, 2, 4, \ldots$ und da allgemein $\Delta n = \pm 1$ oder $\Delta n = 0$ sein muß, so sieht man, daß in diesem Falle nur die letztere Möglichkeit ($\Delta n = 0$) vorliegt, da beim Übergang $0 \longrightarrow 2$, $2 \longrightarrow 4, \ldots$ schon $\Delta n = 2$ wäre. Es wird also nur der Nullzweig der Bande emittiert, und zwar treten nur die Übergänge $0 \longrightarrow 0$, $2 \longrightarrow 2$, $4 \longrightarrow 4, \ldots$ auf, d. h. jede zweite Linie (und zwar jedesmal die einem ungeradzahligen Werte von n entsprechende) fällt aus.

Ist dagegen der angeregte Zustand antisymmetrisch, so gilt für ihn eine Eigenfunktion (267b), d. h. in ihm ist $n = 1, 3, 5, \ldots$, und für den Endzustand (Grundzustand) gilt (267a), mit $n = 0, 2, 4, \ldots$ Hier sind also nur die Übergänge $\Delta n = \pm 1$ zulässig, und zwar haben wir für den positiven (R-)Zweig $\Delta n = +1$:

$$1 \to 0\,,\quad 3 \to 2\,,\quad 5 \to 4\,, \ldots,$$

für den negativen (P-)Zweig $\Delta n = -1$:

$$1 \to 2\,,\quad 3 \to 4\,,\quad 5 \to 6\,, \ldots$$

---

[1]) Den Faktor ψ_{Schw} können wir als stets symmetrisch hier außer Betracht lassen.

Hier treten also der positive und der negative Bandenzweig auf, aber in beiden fehlt wieder jede zweite Linie, und zwar je nachdem die den geradzahligen oder ungeradzahligen Werten von n entsprechende.

Ganz analoge Folgerungen gelten, wenn man annimmt, die Gesamteigenfunktion (266) müsse antisymmetrisch sein. Statt (267) haben wir dann die zwei folgenden möglichen Fälle:

$$(268)\quad \begin{cases} \text{a)}\ \psi_{\mathrm{El}}\,(\text{symm})\cdot\psi_{\mathrm{Rot}}\,(\text{anti}) & \text{mit}\quad n = 1, 3, 5, \ldots, \\ \text{b)}\ \psi_{\mathrm{El}}\,(\text{anti})\cdot\psi_{\mathrm{Rot}}\,(\text{symm}) & \text{mit}\quad n = 0, 2, 4, \ldots. \end{cases}$$

Hier ergibt die gleiche Diskussion, daß in allen Zweigen jede zweite Linie ausfällt, nur gerade umgekehrt wie vorhin: Die Linien, die jetzt auftreten, sind die, die bei Annahme einer symmetrischen Gesamtfunktion

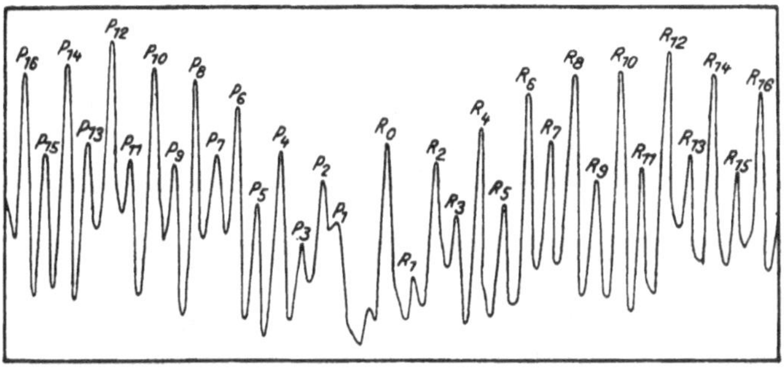

Fig. 79.

ausfielen. Man kann also durch die Analyse des Bandenspektrums entscheiden, ob die symmetrische oder antisymmetrische Eigenfunktion zu benutzen ist.

Was wir bisher gesagt haben, gilt für jedes zweiatomige Molekül mit gleichen Atomen, und in der Tat findet man z. B. im Bandenspektrum von O_2, daß jede zweite Linie fehlt, wie z. B. Giauque und Johnston nachgewiesen haben; die Analyse ergibt, daß bei O_2 die symmetrische Eigenfunktion zu benutzen ist.

Übrigens ist unsere Behauptung bezüglich des Sauerstoffes nicht ganz richtig: ganz schwach traten auch diejenigen Linien auf, die nach der Theorie fehlen sollten. Das liegt daran, daß in einer Konzentration von $^1/_{10}\%$ neben dem gewöhnlichen O_2^{16} ein Isotop des Sauerstoffs auftritt, so daß neben Molekülen O_2^{17}, für die alles Gesagte unverändert gilt, auch Moleküle $O^{16}\,O^{17}$ auftreten; bei diesen finden die Symmetrieforderungen natürlich keine Anwendung. Die Schwäche der auftretenden Linien ist durch die geringe Konzentration dieser Moleküle bedingt. — Bei anderen zweiatomigen Molekülen mit gleichen Atomen liegen die Verhältnisse nicht so einfach, z. B. werden bei N_2^+, H_2 alle Bandenlinien beobachtet, jedoch findet von Linie zu Linie ein deutlicher Intensitätswechsel statt. Die vorstehende Figur 79 zeigt eine von Coster und Brons herrührende photometrische Aufnahme eines Teils des Bandenspektrums von N_2^+, in der diese Intensitätsvariation deutlich zu erkennen ist. Bei H_2 stehen die Intensitäten aufeinanderfolgender Bandenlinien im Verhältnis 3 : 1 zueinander, und es fragt sich, wie die ganze Erscheinung zu deuten ist. Bei H_2, auf das wir uns beschränken, weil es das historisch erste und wichtigste Beispiel ist, sicher nicht, wie bei Sauerstoff, durch das Vorhandensein eines Isotops im Mengenverhältnis 3 : 1; es gibt zwar ein Wasserstoffisotop vom Atomgewicht 2 (das sogenannte Deuterium, chemisches Symbol D), so daß Moleküle HD vorhanden sind, aber nur in einer Konzentration von 0,0002 : 1! Da diese Möglichkeit also ausscheidet, muß in unseren Betrachtungen über die Eigenfunktion noch etwas fehlen.

Es waren zuerst Pauli, dann Heisenberg und Hund, die die Vermutung äußerten, dies könne daran liegen, daß auch der Kern einen Eigendrall (Spin) besitze. Wenn dies der Fall wäre, so hätten wir in (266) einen Faktor ausgelassen, ψ_Σ, wenn wir die Spinvariable des Kerns durch Σ und mit ψ_Σ die zugehörige Eigenfunktion bezeichnen. Wir hätten dann (266) zu ersetzen durch

$$\psi = \psi_{\mathrm{El}} \cdot \psi_{\mathrm{Schw}} \cdot \psi_{\mathrm{Rot}} \cdot \psi_\Sigma, \tag{269}$$

und hätten nunmehr unsere Symmetriebetrachtungen an die erweiterte Gesamteigenfunktion (269) anzuknüpfen. Wir wollen uns hier direkt auf die Betrachtung der antisymmetrischen Eigenfunktion beschränken, was später seine Rechtfertigung finden wird. Dann haben wir folgende vier Möglichkeiten:

$$\left\{\begin{array}{l} \psi_{\mathrm{para}} = \left\{\begin{array}{llll} \psi_{\mathrm{El}}(\mathrm{symm}) & \psi_{\mathrm{Rot}}(\mathrm{symm}) & \psi_\Sigma(\mathrm{anti}), & \text{mit } n = 0, 2, 4, \ldots \\ \psi_{\mathrm{El}}(\mathrm{anti}) & \psi_{\mathrm{Rot}}(\mathrm{anti}) & \psi_\Sigma(\mathrm{anti}), & \text{mit } n = 1, 3, 5, \ldots \end{array}\right. \\ \psi_{\mathrm{ortho}} = \left\{\begin{array}{llll} \psi_{\mathrm{El}}(\mathrm{symm}) & \psi_{\mathrm{Rot}}(\mathrm{anti}) & \psi_\Sigma(\mathrm{symm}), & \text{mit } n = 1, 3, 5, \ldots \\ \psi_{\mathrm{El}}(\mathrm{anti}) & \psi_{\mathrm{Rot}}(\mathrm{symm}) & \psi_\Sigma(\mathrm{symm}), & \text{mit } n = 0, 2, 4, \ldots . \end{array}\right. \end{array}\right. \tag{270}$$

Wir haben nun noch ψ_Σ (symm) und ψ_Σ (anti) zu untersuchen. Wir wollen gleich hier annehmen, daß die Spinvariable Σ des H-Kerns — wie beim Elektronenspin — nur die Werte $\pm \frac{1}{2} \frac{h}{2\pi}$ annehmen kann. Eine Betrachtung ganz analog derjenigen, die in Nr. 52 beim Heliumproblem durchgeführt wurde, zeigt dann, daß folgende vier Spineigenfunktionen vorliegen können (bei Vernachlässigung ihrer magnetischen[1]) Wechselwirkung):

---

[1]) Denn der Kerndrall muß auch ein magnetisches „Kernmoment" erzeugen; dasselbe ist von der Größenordnung

$$|\mathfrak{m}| = \frac{e\,h}{4\pi\,M c} \tag{272}$$

(M = Masse des H-Kerns), ist also mehrere tausendmal kleiner als ein Bohrsches Magneton; die obige Einheit heißt ein „Kernmagneton". Das Kernmoment muß

$$(271)\quad \begin{cases} \psi_\Sigma^A = \psi_a(+\tfrac{1}{2})\,\psi_b(-\tfrac{1}{2}); & \psi_\Sigma^B = \psi_a(-\tfrac{1}{2})\,\psi_b(+\tfrac{1}{2}); \\ \psi_\Sigma^C = \psi_a(+\tfrac{1}{2})\,\psi_b(+\tfrac{1}{2}); & \psi_\Sigma^D = \psi_a(-\tfrac{1}{2})\,\psi_b(-\tfrac{1}{2}). \end{cases}$$

Die beiden ersten zeigen die bekannte „Austauschentartung", und die Durchführung der erforderlichen Störungsrechnung liefert als die brauchbaren „Ausgangsfunktionen" die folgenden Kombinationen:

$$(273)\quad \begin{cases} \psi_\Sigma^A + \psi_\Sigma^B = \psi_a(+\tfrac{1}{2})\,\psi_b(-\tfrac{1}{2}) + \psi_a(-\tfrac{1}{2})\,\psi_b(+\tfrac{1}{2}); \\ \psi_\Sigma^C = \psi_a(+\tfrac{1}{2})\,\psi_b(+\tfrac{1}{2});\ \psi_\Sigma^D = \psi_a(-\tfrac{1}{2})\,\psi_b(-\tfrac{1}{2}); \\ \psi_\Sigma^A - \psi_\Sigma^B = \psi_a(+\tfrac{1}{2})\,\psi_b(-\tfrac{1}{2}) - \psi_a(-\tfrac{1}{2})\,\psi_b(+\tfrac{1}{2}). \end{cases}$$

Davon sind die drei ersten in den Kernen symmetrisch, die letzte allein antisymmetrisch. Kehren wir nun zu (270) zurück, so haben wir in den beiden ersten Gesamteigenfunktionen für ψ_Σ(anti) die vierte der Spinfunktionen (273) als einzige antisymmetrische einzuführen; in den beiden letzten Eigenfunktionen (270) aber können wir jede der drei symmetrischen Spinfunktionen (273) benutzen. Es entstehen somit zwei antisymmetrische Gesamteigenfunktionen mit ψ_Σ (anti), dagegen sechs antisymmetrische Gesamteigenfunktionen mit ψ_Σ (symm); die ersteren nennen wir „Paraeigenfunktionen", die letzteren „Orthoeigenfunktionen"[1]); es gibt also dreimal soviel Ortho- wie Paraeigenfunktionen[2]). Bei den Zuständen des H_2-Moleküls, die durch die Parafunktionen dargestellt werden, den „Paratermen", ist der Gesamtdrall für beide Kerne zusammen gleich Null, bei den Orthotermen dagegen gleich $1\,\frac{h}{2\pi}$. Zwischen Para- und Orthotermen gibt es praktisch keine Übergänge; die Sache liegt ganz ähnlich wie bei den Para- und Orthotermen des Heliums, nur noch extremer, weil die Kernmomente viel kleiner sind als die Elektronenmomente; ohne die Spinmomente wäre überhaupt kein Übergang möglich[3]). Man kann daher, wie Dennison zuerst hervorhob, gewöhnlichen Wasserstoff praktisch als ein Gemisch von zwei Gasen, von Ortho- und Parawasserstoff betrachten, die zwar nicht streng im thermischen Gleichgewicht sind, aber sich doch so langsam ineinander um-

— worauf wir früher nicht eingingen — noch eine weitere Feinstruktur der Spektrallinien erzeugen, freilich eine viel feinere, als die vom Moment des Elektrons erzeugte; sie wird daher „Hyperfeinstruktur" genannt. Ihre Messung dient zur Bestimmung der magnetischen Kernmomente.

[1]) In (270) haben wir die Indizes „para" und „ortho" den entsprechenden Funktionen schon hinzugefügt.

[2]) Hätten wir die symmetrische Eigenfunktion betrachtet, so hätten sich diese Verhältnisse gerade umgekehrt.

[3]) Vgl. hierzu die genauere Erörterung in Nr. 65.

wandeln[1]), daß die Umwandlungsdauer sehr groß gegenüber der Dauer von Messungen ist, die an normalem Wasserstoff vorgenommen werden. Z. B. kann man zur Berechnung der „Rotationswärme" den Wasserstoff als ein Gemisch von $\frac{1}{4}$ Para- und $\frac{3}{4}$ Orthowasserstoff betrachten, und findet so, wie Dennison gezeigt hat, die richtige theoretische Darstellung ihrer Temperaturabhängigkeit, die vorher der Theorie enorme Schwierigkeit bereitet hatte[2]).

Was haben wir nun im Bandenspektrum des Para-Ortho-Wasserstoff-Gemisches zu erwarten? Nehmen wir etwa Übergänge aus einem angeregten Parazustande, in dem ψ_{El} antisymmetrisch ist zu einem Parazustande, in dem ψ_{El} symmetrisch ist. Im ersteren hat nach der zweiten Gleichung (270) die Rotationsquantenzahl die Werte $n = 1, 3, 5, \ldots$; im Endzustande hat man nach der 1. Gleichung (270) $n = 0, 2, 4, \ldots$ Daher sind die Übergänge möglich:

$$(274)\quad \begin{cases} \Delta n = +1:\ 1 \to 0\,,\ 3 \to 2\,,\ 5 \to 4\,, \ldots & \text{(positiver } R\text{-Zweig)}\,, \\ \Delta n = -1:\ 1 \to 2\,,\ 3 \to 4\,,\ 5 \to 6\,, \ldots & \text{(negativer } P\text{-Zweig)}\,. \end{cases}$$

In beiden Zweigen fehlt jede zweite Linie.

Aber nun haben wir auch die Übergänge zwischen Orthotermen in Betracht zu ziehen; unter denselben Annahmen ergeben sich hier folgende Übergänge:

$$(275)\quad \begin{cases} \Delta n = +1:\ 2 \to 1\,,\ 4 \to 3\,,\ 6 \to 5\,, \ldots & \text{(positiver } R\text{-Zweig)}\,, \\ \Delta n = -1:\ 0 \to 1\,,\ 2 \to 3\,,\ 4 \to 5\,, \ldots & \text{(negativer } P\text{-Zweig)}\,. \end{cases}$$

Auch hier fehlt jede zweite Linie, aber die Linien, die hier fehlen, treten bei den Paraübergängen (274) auf, und die dort fehlenden treten in den Orthoübergängen (275) auf. Und zwar, da dreimal soviel Orthofunktionen wie Parafunktionen, d. h. bei hinreichender Temperatur dreimal soviel „Orthomoleküle" als „Paramoleküle" vorhanden sind, so haben die Orthoübergänge (275) die dreifache Intensität der Paraübergänge (274), im Einklang mit der Beobachtung. Hätten wir vorausgesetzt, die Gesamteigenfunktion müsse symmetrisch sein, so wäre das Intensitätsverhältnis gerade das umgekehrte gewesen: Die Beobachtung entscheidet also zugunsten der antisymmetrischen Gesamteigenfunktion, mit anderen Worten: Das Pauli-Prinzip bewährt sich auch bei Anwendung auf die Kerne.

Zu untersuchen bleibt noch, ob es nötig war, dem Spin die Werte $\pm \frac{1}{2} \frac{h}{2\pi}$ beizulegen. Das ist in der Tat der Fall; denn bei anderen Werten würde nicht das Intensitätsverhältnis $3:1$ herauskommen, das nicht nur

[1]) Bonhoeffer und Harteck gelang die Umwandlung bei sehr tiefen Temperaturen durch Anwendung eines Katalysators (Kohle); Eucken konnte während einiger Wochen unter sehr hohem Druck gleichfalls bei tiefen Temperaturen die allmähliche Umwandlung von Para- in Orthowasserstoff verfolgen.

[2]) Vgl. die Darstellung in Bd. II, pag. 596.

in dem Bandenspektrum sich offenbart, sondern auch bei der Temperaturabhängigkeit der Rotationswärme; gerade letzterer Umstand veranlaßte Dennison dazu, dem H-Kern (Proton) den Spin $\pm \frac{1}{2} \frac{h}{2\pi}$ zuzuschreiben[1]).

[1]) Bei komplizierten Molekülen kann natürlich der Fall eintreten, daß der gesamte Kernspin gleich Null ist. Das kommt auf die Zusammensetzung des Kerns an, z. B. für O ist er in der Tat gleich Null. Allgemein gilt der Satz: Hat der Kernspin ganzzahlige Werte (mit Einschluß der Null), so ist die symmetrische Eigenfunktion zu wählen, wie z. B. bei O_2; ist er dagegen halbzahlig, so ist die antisymmetrische Eigenfunktion diejenige, die der Natur entspricht. (Vgl. hierzu auch die Ausführungen über die thermodynamischen Statistiken in Nr. 63, die aufs engste damit zusammenhängen.) Zur Zeit müssen Kernspin und Symmetrie für die verschiedenen Kerne empirisch bestimmt werden.

Achtes Kapitel.

Statistische Deutung der Wellenmechanik.

55. Kräftefreier Massenpunkt: Ebene Materiewelle; Wellenpakete; Heisenbergs Ungenauigkeitsrelation.

Während wir uns in den beiden vorhergehenden Kapiteln um die physikalische Bedeutung der Wellen- und Amplitudenfunktion Ψ und ψ nicht gekümmert haben, und, wie der Erfolg bei der Berechnung der Energiewerte zeigte, auch nicht zu kümmern brauchten, wollen wir jetzt dieser Frage nähertreten.

Wir untersuchen zu diesem Zwecke den denkbar einfachsten Fall, nämlich den eines freien Massenpunktes ($\Phi = 0$), für den die Schrödingersche Amplitudengleichung lautet:

$$\frac{\partial^2 \psi}{\partial x^2} + \frac{\partial^2 \psi}{\partial y^2} + \frac{\partial^2 \psi}{\partial z^2} + \frac{8 m_0 \pi^2}{h^2} U \psi = 0 . \tag{1}$$

Setzen wir zur Abkürzung

$$\frac{8 m_0 \pi^2}{h^2} U = (2 \pi k)^2 \tag{2}$$

und zerlegen k^2 in drei Summanden:

$$k^2 = k_x^2 + k_y^2 + k_z^2 , \tag{3}$$

so läßt sich (1) durch Separation lösen. Denn setzt man

$$\psi = \psi_x (x) \psi_y (y) \psi_z (z) ,$$

so hat man z. B. für ψ_x die Gleichung

$$\frac{d^2 \psi_x}{d x^2} + 4 \pi^2 k_x^2 \psi_x = 0 , \tag{4}$$

der sich zwei entsprechende für die y- und z-Richtung anschließen. Die überall endlichen stetigen und eindeutigen Lösungen sind daher die folgenden:

$$\psi_x = e^{2 \pi i k_x x} ,$$

und zwei analoge; folglich ist die Lösung des Gesamtproblems:

$$\psi = e^{2 \pi i (k_x x + k_y y + k_z z)} , \tag{5}$$

oder, wenn wir den Zeitfaktor $e^{-\frac{2 \pi i}{h} U t}$ hinzufügen und damit zur Wellenfunktion Ψ übergehen:

$$\Psi = \psi e^{-\frac{2 \pi i U}{h} t} = e^{2 \pi i \left(-\frac{U}{h} t + k_x x + k_y y + k_z z\right)} . \tag{6}$$

Es ergibt sich also, wenn man (2) beachtet, daß alle positiven Werte U ohne Einschränkung zulässig sind: Die freie Translationsbewegung einer Masse ist nicht gequantelt, womit eine alte Zweifelsfrage der älteren Quantentheorie ihre Erledigung gefunden hat.

Aus (3) geht hervor, daß $|k|$ als Betrag eines Vektors $\mathfrak{k}$ aufgefaßt werden kann, aus (6), daß er in der Richtung der Wellennormale liegt, so daß man den in (6) auftretenden Ausdruck $(k_x x + k_y y + k_z z)$ als das skalare Produkt von $(\mathfrak{k}\,\mathfrak{r})$ auffassen kann, wo $\mathfrak{r}$ den vom Koordinatenanfangspunkte zum Punkte $(x\,y\,z)$ gezogenen Fahrstrahl bedeutet; der Betrag von $\mathfrak{k}$ ist offenbar gleich $\frac{1}{\lambda}$. Ziehen wir in (6) $\frac{1}{h}$ vor die Klammer, so tritt in derselben das Produkt $h\,(\mathfrak{k}\,\mathfrak{r})$ auf; nach dem oben Gesagten ist $h\,k = \frac{h}{\lambda}$, und das ist gleich dem Betrage p des Impulses $\mathfrak{p}$[1]). Wir können demgemäß die ebene Welle (6), die einem kräftefreien materiellen Teilchen von der Energie U und dem Impuls $\mathfrak{p}$ zugeordnet ist, allgemein schreiben:

(7) $$\Psi = e^{\frac{2\pi i}{h}[-U t + (\mathfrak{p}\,\mathfrak{r})]}.$$

Diese Darstellung bringt die Gültigkeit der beiden Gleichungen

$$U = h\,\nu \quad \text{und} \quad p = \frac{h}{\lambda}$$

zum Ausdruck: sie vereinigt die Korpuskulareigenschaften U und $\mathfrak{p}$ mit den Merkmalen einer Welle (ν und λ).

Bevor wir an diese Darstellung grundsätzliche Erörterungen anknüpfen, wollen wir noch den Fall behandeln, daß der betrachtete Massenpunkt sich dauernd innerhalb eines parallelipipedischen Hohlraumes von den Kantenlängen a, b, c (parallel den Koordinatenachsen) befinden soll; die Wände sollen undurchdringlich für ihn sein. Dies bedeutet analytisch, daß die Amplitudenfunktion ψ an den Wänden überall gleich Null sein muß. Die Differentialgleichung des Problems ist natürlich dieselbe, auch der Lösungsansatz; nur tritt zu jeder der Gleichungen (4) die eben ausgesprochene „Randbedingung" hinzu. Das allgemeine Integral von (4) lautet z. B. für die x-Richtung in komplexer Schreibweise:

$$\psi_x = A\,e^{2\pi i k_x x} + B\,e^{-2\pi i k_x x}.$$

Soll dieser Ausdruck für $x = 0$ verschwinden, so muß $A = -B$ sein; ψ_x wird also zunächst:

$$\psi_x = A\left\{e^{2\pi i k_x x} - e^{-2\pi i k_x x}\right\} = 2A\,i \sin 2\pi k_x x.$$

Soll dies auch für $x = a$ zu Null werden, so muß

(8) $$2\pi k_x a = n_1 \pi \qquad (n_1 = 1, 2, \ldots)$$

[1]) Das folgt auch aus Gleichung (2), nach der die (kinetische!) Energie $U = \frac{k^2 h^2}{2 m_0}$ ist; sie ist aber anderseits auch gleich $\frac{p^2}{2 m_0}$, woraus sich $p = h\,k$ ergibt.

werden[1]). Die Eigenwerte von (4) sind also:

$$(9)\qquad 2\pi k_x = \frac{n_1 \pi}{a}. \qquad (n_1 = 1, 2, \ldots)$$

Genau so ist es mit den übrigen Koordinatenrichtungen; wir erhalten als (nichtnormierte) Eigenfunktionen des gesamten Problems:

$$(10)\qquad \psi_{n_1 n_2 n_3} = \psi_x \psi_y \psi_z = \sin\frac{n_1 \pi x}{a} \sin\frac{n_2 \pi y}{b} \sin\frac{n_3 \pi z}{c},$$

wobei n_1, n_2, n_3 ganze Zahlen sind, die noch der Bedingung (3) unter Rücksicht auf (2) zu genügen haben:

$$\left(\frac{n_1 \pi}{a}\right)^2 + \left(\frac{n_2 \pi}{b}\right)^2 + \left(\frac{n_3 \pi}{c}\right)^2 = (2\pi)^2 k^2 = \frac{8 m_0 \pi^2}{h^2} U;$$

d. h. für die zulässigen U-Werte erhalten wir:

$$(11)\qquad U_{n_1 n_2 n_3} = \frac{h^2}{8 m_0 \pi^2}\left[\left(\frac{n_1}{a}\right)^2 + \left(\frac{n_2}{b}\right)^2 + \left(\frac{n_3}{c}\right)^2\right].$$

Infolge der Begrenzung durch den Hohlraum tritt also eine Quantisierung der Translationsbewegung ein; auf dieses Verhalten, das für die kinetische Gastheorie von Bedeutung ist, werden wir gleich noch zurückkommen.

Fügen wir der Eigenfunktion (10) noch den Zeitfaktor hinzu, so erhalten wir:

$$\Psi = \left[\sin\frac{n_1 \pi x}{a} \sin\frac{n_2 \pi y}{b} \sin\frac{n_3 \pi z}{c}\right] e^{-\frac{2\pi i}{h} U_{n_1 n_2 n_3} t}.$$

Das ist also das System der in dem Hohlraum möglichen stehenden Wellen. Die „Quantenzahlen" n_1, n_2, n_3 geben offenbar die Anzahl der auftretenden Knotenebenen an. Bemerkenswert ist es, daß die Art der Quantelung durchaus von den Dimensionen und der Gestalt des Hohlraumes abhängt; in einem Hohlzylinder oder in einer Hohlkugel erhält man entsprechend andere Bedingungen, deren Ableitung dem Leser überlassen bleibe.

Das in Gleichung (11) ausgesprochene Ergebnis führt in der kinetischen Theorie direkt zu dem Resultat, daß der Phasenraum in Zellen von der Größe h^3 einzuteilen ist, was früher lediglich als Ansatz eingeführt werden mußte. Denn wir können ja (11) schreiben:

$$\left(\frac{n_1}{a}\right)^2 + \left(\frac{n_2}{b}\right)^2 + \left(\frac{n_3}{c}\right)^2 = \frac{8 m_0}{h^2} U_{n_1 n_2 n_3},$$

oder, wenn wir für einen Augenblick n_1, n_2, n_3 durch x, y, z ersetzen:

$$(12)\qquad \frac{x^2}{a^2} + \frac{y^2}{b^2} + \frac{z^2}{c^2} = \frac{8 m_0}{h^2} U_{n_1 n_2 n_3}.$$

Das ist aber die Gleichung eines Ellipsoides mit den Halbachsen

$$\frac{a}{h}\sqrt{8 m_0 U}, \quad \frac{b}{h}\sqrt{8 m_0 U}, \quad \frac{c}{h}\sqrt{8 m_0 U}.$$

[1]) Der Wert $n_1 = 0$ ist auszuschließen, weil er auf die triviale Lösung $\psi_x = 0$ führt.

Fragen wir nach der Anzahl $Z(U)$ der Quantenzustände $(n_1\, n_2\, n_3)$, die unterhalb des Energiewertes U liegen, so ist die Antwort in bekannter Weise[1]) durch die Anzahl der Einheitszellen in einem Oktanten dieses Ellipsoides gegeben. Sein Gesamtinhalt ist $\frac{4}{3}\, a\, b\, c\, \frac{(8\, m_0\, U)^{3/2} \pi}{h^3}$, so daß auf den Oktanten die Zahl entfällt:

$$(13) \qquad Z(U) = \frac{1}{6}\, V\, \frac{(8\, m_0\, U)^{3/2}\, \pi}{h^3},$$

wenn wir $a\, b\, c = V$ (Volumen des Hohlraumes) setzen. Die Anzahl dZ der Quantenzustände zwischen den Energiewerten U und $U + dU$ erhält man einfach durch Differentiation, also:

$$(14) \qquad dZ = \frac{4\pi}{h^3}\, V\, (2\, m_0\, U)^{1/2}\, m_0\, dU\,.$$

Führen wir nun statt U, das ja hier mit der kinetischen Energie identisch ist, den Impuls p ein:

$$2\, m_0\, U = p^2\,; \quad dU = \frac{p\, dp}{m_0}\,,$$

so kann man (14) schreiben:

$$(15) \qquad dZ = \frac{4\pi\, V\, p\, dp}{h^3}\,.$$

Der Zähler ist dasjenige Volumelement $d\Phi$ des Phasenraumes, das einem Impulsbetrage zwischen p und $p + dp$ (ohne Rücksicht auf die Lage der Partikel und ohne Rücksicht auf die Richtung des Impulses) entspricht; denn $d\Phi$ geht aus dem allgemeinen Ausdruck des Volumelementes

$$dx\, dy\, dz\, p^2\, dp \sin\vartheta\, d\vartheta\, d\varphi$$

durch Integration über das Koordinatenvolumen und über ϑ und φ hervor; also ist nach (15)

$$(16) \qquad dZ = \frac{d\Phi}{h^3}\,,$$

d. h. die Anzahl der Quantenzustände oder „Zellen" des Phasenraumes, für die der Impuls zwischen p und $p + dp$ liegt. Das heißt aber, daß der Phasenraum in Zellen von der Größe h^3 eingeteilt ist. Dieses Ergebnis mußte früher — solange wir noch die gewöhnliche Mechanik zugrunde legten — besonders postuliert werden: es war eben der Ausdruck der Quantengesetze, die zur Mechanik einfach hinzugefügt wurden. Aus der Wellenmechanik, die die Quantenforderungen in sich enthält, folgt das Ergebnis zwangsläufig. —

Wir kehren zurück zur Gleichung (7). Hier drängt sich sofort die Frage auf, wie denn eigentlich der Massenpunkt der ebenen Welle zugeordnet sei bzw. welches überhaupt das Verhältnis zwischen dem materiellen Teilchen und der Welle ist. Die Kühnheit der ganzen Konzeption

[1]) Vgl. z. B. Bd. II.

kommt einem hier besonders zum Bewußtsein, wenn man folgende Antithesen erwägt: Die Korpuskel der klassischen Physik nimmt einen verschwindend kleinen Raumteil ein, sie hat eine bestimmte „Lage"; die ebene harmonische Welle dagegen ist räumlich und zeitlich unendlich ausgedehnt. Wie und wo ist das Materieteilchen in der zugeordneten unendlich ausgedehnten Welle zu lokalisieren, wenn doch jeder Raumpunkt in ihr gleichberechtigt ist? Bereits de Broglie hat bei dieser Sachlage den Gedanken erwogen, daß nicht eine harmonische Welle, sondern eine Überlagerung von solchen mit etwas verschiedenen Werten der Schwingungszahl ν (bzw. Wellenlänge λ) als dem Massenpunkt zugeordnet betrachtet werden solle. Eine solche Summe von harmonischen Wellen stellt ja ebensogut eine Lösung der Wellengleichung (1) dar; was die Benutzung einer Wellengruppe für einen Vorzug vor der einfachen harmonischen Welle hat, werden wir sofort darlegen. Eine Summe von Wellen sehr benachbarter Frequenz können wir als Integral darstellen:

$$\Psi = \int_{\nu_0 - \frac{\Delta\nu}{2}}^{\nu_0 + \frac{\Delta\nu}{2}} e^{\frac{2\pi i}{h}(p_x x - h\nu t)} d\nu \text{ [1]}, \tag{17}$$

wenn wir die positive Fortpflanzungsrichtung der Einfachheit halber in die x-Achse legen, weswegen wir dem Impuls p hier auch den Index x angefügt haben; (17) stellt eine Überlagerung von Wellen dar, deren Frequenzen nach oben und unten von der mittleren Frequenz ν_0 um den Betrag $\frac{\Delta\nu}{2}$ abweichen; $p_x(\nu)$ ist proportional dem reziproken Wert der jeweiligen Wellenlänge, also ebenfalls als Funktion von ν zu betrachten, was die Schreibweise andeutet. Wir können das Integral in folgender Weise ausführen: Wir setzen $\nu = \nu_0 + \varepsilon$ und fassen ε als unabhängige Variable auf; ferner entwickeln wir $p_x(\nu)$ in folgender Weise:

$$p_x(\nu) = p_x(\nu_0) + \left(\frac{dp_x}{d\nu}\right)_0 \varepsilon .$$

Die Kleinheit des Intervalles rechtfertigt das Abbrechen hinter dem linearen Gliede. Damit läßt sich (17) schreiben

$$\Psi = e^{\frac{2\pi i}{h}[p_x(\nu_0)x - h\nu_0 t]} \int_{-\frac{\Delta\nu}{2}}^{+\frac{\Delta\nu}{2}} e^{\frac{2\pi i}{h}\left[\left(\frac{dp_x}{d\nu}\right)_0 x - ht\right]\varepsilon} d\varepsilon ,$$

[1]) Die Wellen sind im Punkte $x = 0$ und zur Zeit $t = 0$ gleichphasig angenommen; das ist keine wesentliche Beschränkung der Allgemeinheit für unsere Zwecke; auch haben wir für alle Wellen gleiche Amplitude vorausgesetzt.

und die Ausrechnung dieses Integrals liefert einfach:

$$\Psi = \frac{\Delta\nu \sin \frac{\pi\Delta\nu}{h}\left[\left(\frac{d p_x}{d\nu}\right)_0 x - h\,t\right]}{\frac{\pi\Delta\nu}{h}\left[\left(\frac{d p_x}{d\nu}\right)_0 x - h\,t\right]}\, e^{\frac{2\pi i}{h}[p_x(\nu_0)\,x - h\,\nu_0 t]}\,.$$

Setzen wir schließlich zur Abkürzung:

(18) $$\frac{\pi\Delta\nu}{h}\left[\left(\frac{d p_x}{d\nu}\right)_0 x - h\,t\right] = \xi\,,$$

so kann man die resultierende Welle (die „Wellengruppe“) schreiben:

(19) $$\Psi = \frac{\Delta\nu \sin\xi}{\xi}\, e^{\frac{2\pi i}{h}[x_x(\nu_0)\,x - h\,\nu_0 t]}\,.$$

Es ist dies wieder eine Welle von der Frequenz ν_0 und der Wellenlänge $\lambda_0 = \frac{h}{p_x(\nu_0)}$, die aber eine veränderliche Amplitude $\frac{\Delta\nu\sin\xi}{\xi}$

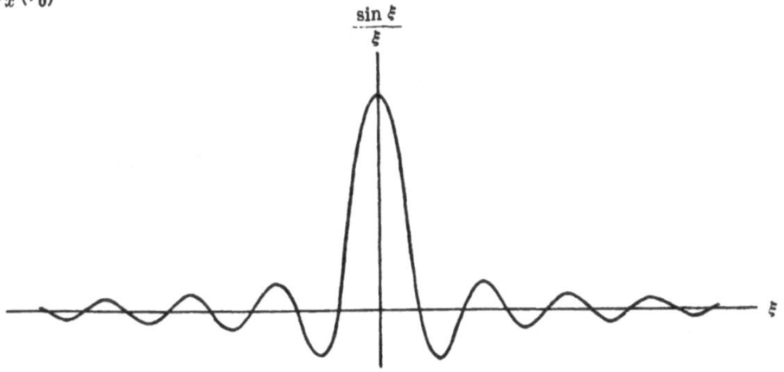

Fig. 80.

besitzt; es ist also keine harmonische Welle mehr. Durch die Funktion $\frac{\sin\xi}{\xi}$ wird die ursprüngliche harmonische Welle „moduliert“, wie Fig. 80 zur Anschauung bringt, in der als Abszisse ξ, als Ordinate $\frac{\sin\xi}{\xi}$ aufgetragen ist. Die Amplitude hat ein relativ steiles Maximum an der Stelle $\xi = 0$ und nähert sich unter allmählich abnehmenden Oszillationen der Abszissenachse an. An der Stelle $\xi = \xi_0 = \pi$ geht die Funktion zum ersten Male durch Null durch; an dieser Stelle ist also nach (18):

$$\xi_0 = \frac{\Delta\nu\,\pi}{h}\left[\left(\frac{d p_x}{d\nu}\right)_0 x - h\,t\right] = \pi\,.$$

Betrachten wir nun die Wellengruppe etwa zur Zeit $t = 0$ im Nullpunkte $x = 0$. Dann ist auch $\xi = 0$, und wir befinden uns im Maximum der Amplitude. Gehen wir bei konstanter Zeit $t = 0$ zu einem solchen Werte x_0 über, daß $\xi = \xi_0 = \pi$ wird, so haben wir für x_0 die Gleichung:

$$\frac{\Delta\nu}{h}\left(\frac{d p_x}{d\nu}\right)_0 x_0 = 1\,,$$

oder

(20) $$x_0 = \frac{1}{\left(\frac{d p_x}{d\nu}\right)_0}\,\frac{h}{\Delta\nu} = \frac{\text{Const.}}{\Delta\nu}\,.$$

Für diesen Wert x_0 und zur Zeit $t = 0$ ist $\xi = \xi_0 = \pi$, also die Amplitude der Welle gleich Null. Die Gesamtbreite des Maximums der Amplitude ist $2\,x_0$, die „Halbbreite" also x_0; diese letztere können wir, wenn wir die kleinen Oszillationen ignorieren, als ein angemessenes Maß für die räumliche Ausdehnung (in der x-Achse) unserer Wellengruppe nehmen. Gleichung (20) lehrt nun: Die räumliche Ausdehnung x_0 der Wellengruppe (in der x-Richtung) ist umgekehrt proportional dem zum Aufbau der Wellengruppe verwendeten Frequenzbereich $\Delta\nu$. Je größer also $\Delta\nu$, desto mehr reduziert sich die räumliche Ausdehnung der Wellengruppe[1]).

Was wir hier für die x-Richtung gemacht haben, läßt sich auch für die y- und z-Richtung ausführen; man erhält durch geeignete Überlagerung von ebenen Wellen verschiedener Frequenz (und verschiedener Richtung) eine resultierende Welle, die nur in einem kleinen räumlichen Bereich von den Dimensionen $(x_0\, y_0\, z_0)$ merklich von Null verschieden ist. Ein solches Wellenaggregat nennt man neuerdings vielfach ein „Wellenpaket"; unsere Welle (19) ist natürlich nur hinsichtlich der x-Richtung ein „Paket", während sie in der y- und z-Richtung unendlich ausgedehnt ist. Aber jedenfalls können wir uns ein solches Wellenpaket auf analoge Weise herstellen, und wir wissen dann, daß seine räumlichen Dimensionen $(x_0\, y_0\, z_0)$ um so kleiner ausfallen, je größer der Frequenz- und Winkelbereich ist, den wir bei der Zusammensetzung verwendet haben. Im Grenzfalle reduziert sich das Paket auf einen Raumpunkt.

Nunmehr haben wir eine Welle vor uns, die eine ausgesprochene „Singularität" aufweist, und man kann jetzt das materielle Teilchen, dem die Welle zugeordnet ist, gerade an dieser Stelle lokalisieren. De Broglie hatte — wie wir geschildert haben — nicht die Absicht, den Dualismus Welle—Korpuskel zu überwinden; im Gegenteil suchte er diesen in der Optik zuerst aufgedeckten Dualismus — siehe Kapitel I — auf die Materie zu verpflanzen, wie deutlich aus seinen in Nr. 37 zitierten Worten hervorgeht. Er betrachtet also ein Nebeneinander von Korpuskel und Welle und denkt sich die Korpuskel gerade in dem vom „Paket" eingenommenen Raum $(x_0\, y_0\, z_0)$ angebracht, den man ja durch geeignete Wahl des Pakets, wie wir oben sahen, beliebig klein machen kann; dieses Paket sollte sich dann mit der Korpuskel gemeinschaftlich weiterbewegen; das ist möglich, weil das Paket sich mit der Gruppengeschwindigkeit u_g fortpflanzt[2]), und diese ist ja gleich der Korpuskel-

[1]) Wir haben dies freilich nur für so kleine $\Delta\nu$ bewiesen, daß die zur Ausrechnung von (17) benutzte Näherung (Entwicklung nach Taylor und Abbrechen hinter dem linearen Gliede) zulässig ist. Ist $\Delta\nu$ nicht mehr so klein, so ist die Rechnung zwar komplizierter, das Resultat aber im Prinzip das gleiche.

[2]) Die Gruppengeschwindigkeit unserer Welle (19) ergibt sich mit (18) zu

$$u_g = \frac{h}{\left(\frac{dp_x}{d\nu}\right)_0},$$

geschwindigkeit v. Eine andere Auffassung hatte ursprünglich Schrödinger, den die Absicht leitete, den Dualismus zu überwinden: Er faßte das Wellenpaket direkt als die Korpuskel auf: was uns als materielles Teilchen erscheine, sei in Wirklichkeit — und das manifestiere sich bei den kleinen Dimensionen der Atomvorgänge — ein Wellenpaket[1]). Wie dem nun auch sei — keine der beiden Auffassungen ist durchführbar — in jedem Falle führt die Existenz des „korpuskular-undulatorischen" Parallelismus zu weittragenden Konsequenzen. Es läßt sich nämlich, wie zuerst Heisenberg auf andere Weise erkannt hat, zeigen, daß von 2 zueinander kanonisch konjugierten Variabeln eines mechanischen Systems, wie es z. B. Impuls p und zugehörige Koordinate q oder Energie U und Zeit t sind, nicht beide zugleich mit beliebiger Genauigkeit bestimmt werden können; das ist eine direkte Folge des Zusammenbestehens von Welle und Korpuskel, ganz gleichgültig, welche spezielle Vorstellung über die Zuordnung man sich macht.

Es handelt sich dabei um gewisse Eigenschaften von Wellengruppen und Wellenpaketen, die an sich durchaus bekannt sind; nur übertragen sich dieselben jetzt — im Sinne der Hamiltonschen Analogie — auf materielle Teilchen. Beschränken wir uns auf die Betrachtung der x-Richtung, so können wir unseren Betrachtungen eine Wellengruppe (19) zugrunde legen. Wir wissen nach dem Vorangegangenen jedenfalls, daß wir einer in gleichmäßiger Translation befindlichen Korpuskel eine ebene Welle zuordnen müssen, sei es eine einzelne harmonische wie (7), sei es ein Wellenpaket von der Ausdehnung $(x_0\, y_0\, z_0)$ wie (19)[2]). Wir haben dabei noch vollkommene Freiheit der Wahl: Wir können von dem einen Extremfall (7) der harmonischen Welle bis zu dem anderen Extremfall gehen, in dem das „Paket", das durch Zusammensetzung aus einem unendlich großen Frequenzbereich entstanden ist, sich auf einen „Punkt" zusammenzieht: Alle diese Fälle stehen für die Zuordnung zum Massenteilchen zur Verfügung, weil alle diese Wellentypen Integrale der Schrödinger-Gleichung sind. Wie wir es aber auch machen, immer gelten folgende Beziehungen: Nennen wir die „Breite" des Wellen-

während die Phasengeschwindigkeit offenbar $u_P = \frac{h\nu_0}{p_x(\nu_0)}$ ist. Man macht sich leicht klar, daß der angegebene Ausdruck für u_g mit u_P wirklich durch die Rayleighsche Gleichung (12) des VI. Kapitels zusammenhängt; denn da $p_x = \frac{h}{\lambda}$ ist, kann man schreiben:

$$\frac{dp_x}{d\nu} = \frac{dp_x}{d\lambda}\,\frac{d\lambda}{d\nu} = -\frac{h}{\lambda^2}\,\frac{d\lambda}{d\nu}; \text{ also } u_g = -\lambda^2\frac{d\nu}{d\lambda} = -\lambda^2\frac{d}{d\lambda}\left(\frac{u_P}{\lambda}\right) = u_P - \lambda\frac{du_P}{d\lambda},$$

was zu beweisen war.

[1]) Das ist gerade der Gedankengang, der Schrödinger dazu führte, statt der „geometrischen" Mechanik die „Wellen"-Mechanik zu begründen.

[2]) Gleichung (19) ist natürlich nur in der x-Richtung ein „Paket"; unsere kurze Ausdrucksweise ist aber wohl nicht mißverständlich.

paketes in der x-Richtung jetzt Δx, so besteht zwischen dieser und dem Frequenzbereich $\Delta \nu$ nach (20) die Beziehung:

$$\Delta x \geqq \frac{h}{\left(\frac{d p_x}{d \nu}\right)_0 \Delta \nu} . \tag{21}$$

Wir haben hier das Zeichen $\geqq$ benutzt, weil ja die „Breite" nur größenordnungsmäßig festgelegt ist (wir ignorieren z. B. die Nebenmaxima und nehmen die Halbbreite); das Gleichheitszeichen bezieht sich auf eine möglichst scharfe Festlegung von Δx. Gleichung (21) ist an sich eine reine Wellenangelegenheit, die nichts Sensationelles besitzt; sie gilt für die ganze Skala der oben dargelegten Möglichkeiten, von der harmonischen Welle an bis zum Wellenpaket, das sich auf einen Punkt reduziert hat. Im ersten Extremfalle (harmonische Welle) ist $\Delta \nu = 0$, also die Breite $\Delta x = \infty$. Im letzten (punktförmiges Paket) ist die Breite $\Delta x = 0$, dafür aber der Frequenzbereich $\Delta \nu = \infty$. Immer hat das Produkt aus „Breite" Δx und Frequenzbereich $\Delta \nu$ einen bestimmten festen Wert. Wegen des Zusammenhangs zwischen Welle und Korpuskel überträgt sich diese Beziehung nun zwangsläufig auf die Bewegungen eines materiellen Teilchens. Denn wenn wir nun irgendein Wellenpaket von der spektralen Breite $\Delta \nu$ und der räumlichen Breite Δx unserem Massenteilchen zuordnen, so ist die „Lage" der Korpuskel höchstens mit der Genauigkeit Δx bekannt, da dieselbe ja innerhalb dieser Breite ganz beliebig untergebracht werden kann. Anderseits ist $\left(\frac{d p_x}{d \nu}\right)_0 \Delta \nu = \Delta p_x$, d. h. gleich der „Unschärfe" des Impulses. Damit geht (21) über in:

$$\Delta x \, \Delta p_x \geqq h . \tag{22}$$

Diese Gleichung ist inhaltlich dieselbe wie (21), aber sie ist jetzt in Größen ausgedrückt, die sich auf die Korpuskel beziehen: Sie besagt, daß das Produkt aus der Ungenauigkeit der Lagenbestimmung Δx und der Impulsbestimmung Δp_x von der Größenordnung der Planckschen Konstante ist. Zwei entsprechende Gleichungen gelten für die y- und z-Richtung; sie stellen zusammen die berühmten „Ungenauigkeitsrelationen" von Heisenberg dar.

Wohlgemerkt: Durch (22) ist nur das Produkt der beiden Ungenauigkeiten größenordnungsmäßig festgelegt; der einzelne Faktor kann beliebig klein oder groß gemacht werden auf Kosten des anderen. Die Ungenauigkeitsrelationen bestreiten also nicht, daß man eine der beiden kanonisch konjugierten Größen beliebig genau messen könne; wohl aber behaupten sie, daß je genauer sie gemessen werde, desto ungenauer die dazu kanonisch konjugierte Variable festgelegt sei.

Man kann den Relationen (22) noch eine weitere zur Seite stellen, die aus derselben Wurzel fließt. In den Betrachtungen, die von (19) zu (20) führten, hielten wir die Zeit fest ($t = 0$) und bestimmten die räumliche Breite der Wellengruppe. Wir können auch umgekehrt verfahren: Wir können eine bestimmte Stelle (z. B. $x = 0$) ins Auge fassen und die Zeitdauer t_0 bestimmen, innerhalb deren die Wellengruppe sich vom Maximum der Amplitude zum Werte Null verschiebt. Aus der Definition von ξ in Gleichung (18) findet man, daß diese Zeit t_0 bestimmt ist durch die Gleichung

$$\Delta\nu\, t_0 = 1\,,$$

d. h. die zeitliche Breite (Halbzeit) oder „Dauer" der Wellengruppe vom Maximum zum Minimum $\Delta t = t_0$ ist zwangsläufig gegeben durch die Beziehung:

$$\Delta\nu\,\Delta t \geqq 1\,, \tag{23}$$

die das genaue Analogon zu (21) darstellt und für eine Wellengruppe etwas ganz Selbstverständliches bedeutet[1]). Übertragen wir dies auf Korpuskeln, so ist $\Delta\nu = \frac{\Delta U}{h}$ zu setzen, und (23) geht über in die zu (22) analoge Ungenauigkeitsrelation:

$$\Delta U\,\Delta t \geqq h\,. \tag{24}$$

Je genauer der Zeitpunkt bestimmt wird, in dem das Teilchen an einem vorgegebenen Orte ist, desto ungenauer soll danach die Energiebestimmung der Teilchen ausfallen und umgekehrt.

Die Ungenauigkeitsrelationen (22) und (24) sind, um es nochmals zu sagen, in den Formulierungen (21) und (23) für eine Wellengruppe etwas längst Bekanntes, um nicht zu sagen Triviales; daß sich diese Beziehungen aber in die Relationen (22) und (24) für Teilchen umwandeln, ist eine natürliche Konsequenz der Voraussetzung, daß Partikel und Wellen irgendwie zusammengehören.

Ein materieller Punkt der klassischen Mechanik hat natürlich — das liegt in seinem Begriff — sowohl einen bestimmten Ort (x) als einen bestimmten Impuls (p_x); es gibt für ihn keine angebbare untere Grenze für die Genauigkeit, mit der beide Größen bestimmt werden können. (Natürlich gibt es eine praktische Grenze, die durch die technische Unvollkommenheit der Beobachtungsmittel bedingt ist und die man — im Prinzip — in infinitum herabzudrücken hoffen konnte, was auch tatsächlich weitgehend geschehen ist.) Für einen materiellen Punkt im Sinne der klassischen Mechanik gibt es keine Ungenauigkeitsrelationen; die gibt es nur für die Partikel der Wellenmechanik. Es ist eben die Frage, ob die in der Natur sich findenden Partikel solche im Sinne Newtons oder solche im Sinne de Broglies und Schrödingers sind. Die moderne Physik behauptet das letztere, und für diese materiellen Teilchen müssen die Ungenauigkeitsrelationen gelten.

---

[1]) Sie besagt ja nur, daß ein zeitlich begrenzter Wellenzug von der Zeitlänge Δt nicht streng monochromatisch sein kann, sondern einen Spektralbereich $\Delta\nu$ umfaßt, der umgekehrt proportional Δt ist.

Wir müssen also noch zeigen, daß diese Folgerung tatsächlich zutrifft; denn bisher wurde sie ja nur aus dem korpuskular-undulatorischen Parallelismus deduziert. Heisenberg hat in einer tiefgehenden Analyse des Meßvorganges an einer Reihe von Beispielen deutlich gemacht, wie die Natur es anfängt, zu verhindern, daß die durch die Ungenauigkeitsrelationen gesetzte Schranke der Genauigkeit unterboten wird. Zuerst eine allgemeine Bemerkung: Daß in den Ungenauigkeitsrelationen das Produkt der Ungenauigkeiten auftritt, z. B. von Ort und Impuls, heißt vom experimentellen Standpunkt aus gesehen, daß durch sie nicht die absolut genaue oder beliebige genaue Messung, z. B. des Ortes, verhindert wird; es besagt aber, daß bei einer Ortsmessung durch den Meßvorgang selbst eine Impulsungenauigkeit von einem solchen Betrage erzeugt wird (und umgekehrt natürlich), daß die genannten Beziehungen erfüllt sind.

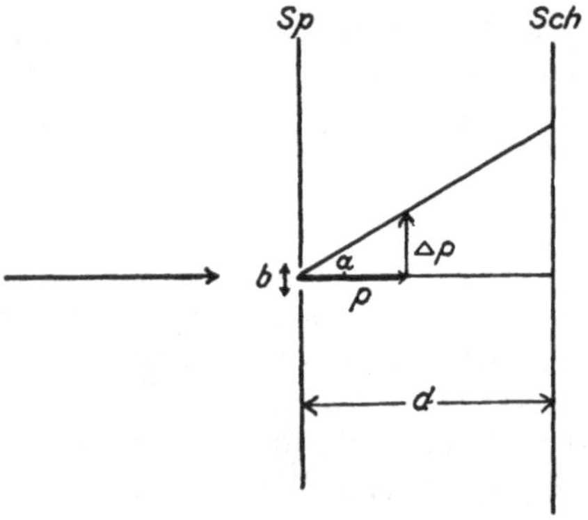

Fig. 81.

Wir wollen uns auf die Wiedergabe von zwei der Heisenbergschen Beispiele beschränken.

Gegeben sei erstens ein Teilchen von zunächst genau bekannter Geschwindigkeit, also von bekanntem Impulse p. Wir lassen dieses Teilchen durch einen Spalt *Sp* von der Breite b hindurchtreten und fangen es auf einem Schirm *Sch* senkrecht zur ursprünglichen Bewegungsrichtung auf (Fig. 81). Je enger wir den Spalt nehmen, desto genauer ist in der zur Bewegungsrichtung senkrechten Richtung die Lage des Teilchens auf dem Schirm *Sch* bestimmt; wir können also die Ortsungenauigkeit Δq in dieser Richtung mit b identifizieren: $\Delta q = b$. Die Methode, das Teilchen durch einen Spalt von der Breite b hindurchtreten zu lassen, ist einfach eine experimentelle Anordnung, um q zu messen. Fassen wir die dem Teilchen zugeordnete ebene Welle ins Auge, so erfährt diese im Spalt b eine Beugung: Das Teilchen kann sich also an irgendeiner Stelle des ersten[1]) Beugungsmaximums befinden, es wird also seitlich abgelenkt, sein Impuls p wird um einen Betrag Δp in senkrechter Richtung geändert[2]). Aus der Zeichnung folgt angenähert

$$\frac{\Delta p}{p} \geqq \sin \alpha ,$$

[1]) Es ist der günstigste Fall, von den höheren Beugungsmaximis abzusehen.

[2]) Diese Impulsänderung muß von dem festgehaltenen Diaphragma *Sp* aufgenommen werden, damit die Ortsmessung auf diese Weise möglich ist. Würde *Sp* nicht festgehalten, so könnte man zwar den aufgenommenen Impuls messen, aber die Verschiebung von *Sp* würde dann die Ortsmessung illusorisch machen. Man vgl. hierzu eine aufschlußreiche Arbeit von N. Bohr, Phys. Rev. **48**, pag. 696; 1935.

und nach der elementaren Beugungsformel ergibt sich

$$\frac{\lambda}{b} = \sin\alpha\,,$$

wenn α der Beugungswinkel ist. Also folgt für die „Impulsstörung":

$$\Delta p \geqq p\frac{\lambda}{b} \geqq \frac{h}{b}\,.$$

Da aber b die Ungenauigkeit Δq der Koordinate q mißt, so ist

$$\Delta p\,\Delta q \geqq h\,,$$

wie es die Ungenauigkeitsrelation verlangt. Macht man $b = \Delta q$ größer, so wird der Beugungswinkel, d. h. Δp kleiner und umgekehrt; aber immer bleibt die letzte Gleichung erfüllt. Die experimentelle Methode zur Messung von q erzeugt also eine Impulsstörung. Man erkennt an diesem Beispiel sehr schön, wie sich der Dualismus Welle—Korpuskel auswirkt.

Ein zweites Beispiel bezieht sich auf die Ortsmessung mittels eines Mikroskops (Fig. 82). Das Teilchen befinde sich im Punkte P; damit es vom Mikroskop festgestellt werden kann, muß es von mindestens einem Photon $h\nu$ getroffen werden, das von ihm so gestreut wird, daß das gestreute Photon ins Objektiv des Mikroskops gelangt. Nach der Beugungstheorie der optischen Instrumente haben diese ein bestimmtes maximales Auflösungsvermögen; nennen wir den kleinstmöglichen Abstand zweier Teilchen, die noch als getrennt erkannt werden können, Δx, so ist dieser gegeben durch

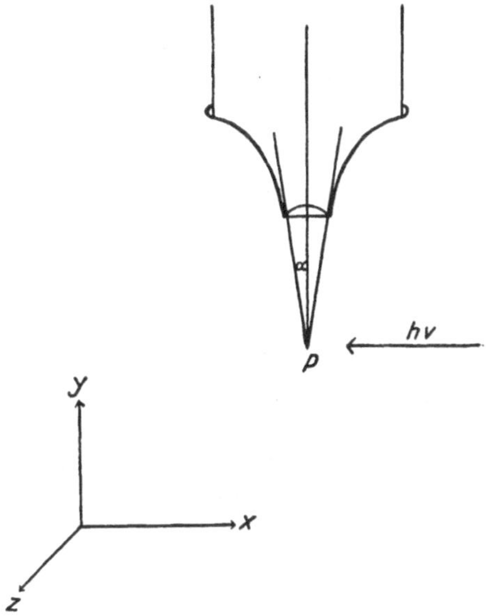

Fig. 82.

$$\Delta x \geqq \frac{\lambda}{\sin\alpha}\,,$$

wo α der halbe Öffnungswinkel ist, unter dem das Objektiv vom Teilchen P aus erscheint. Anderseits erfährt das Teilchen durch den „Zusammenstoß" mit dem Photon $h\nu$ infolge des Compton-Effektes einen Rückstoß, d. h. eine Impulsänderung von der Größenordnung $\frac{h\nu}{c}$, wie wir in Nr. 3 ausführlich dargelegt haben. Aber die Richtung dieser Impulsänderung ist nicht genau bekannt, da das gestreute Photon sich nur innerhalb des Kegels vom Öffnungswinkel 2α zu befinden braucht. Die Ungenauigkeit Δp_x des Rückstoßes in der x-Richtung ist also durch

$$\Delta p_x = \frac{h\nu}{c} \sin\alpha$$

gegeben. Multiplikation der beiden letzten Gleichungen liefert wieder

$$\Delta x \, \Delta p_x \geqq h \,,$$

wie behauptet wurde. Macht man den Compton-Stoß kleiner, indem man längere Wellenlängen verwendet, so wächst infolge der optischen Auflösungsgrenze des Mikroskops Δx, d. h. die Ortsungenauigkeit; verringert man diese durch Verwendung möglichst kurzwelligen Lichtes, so wird Δp_x entsprechend größer. In keinem Falle aber ist es möglich, der Ungenauigkeitsrelation zu entgehen.

Wir verweisen den Leser nachdrücklich auf die weiteren Beispiele, die in Heisenbergs Buch „Die physikalischen Prinzipien der Quantentheorie“ erörtert sind.

Zusammenfassend müssen wir sagen, daß Heisenbergs Analyse des Meßvorganges in jedem einzelnen Falle überzeugend dargetan hat, daß die aus dem Dualismus Welle—Korpuskel fließende Konsequenz der Ungenauigkeitsrelationen sich vollkommen bewährt.

56. Das Problem des freien Falles (linear veränderliches Potential).

Wir wollen weiter als einfachstes Beispiel eines unter dem Einfluß von Kräften stehenden Massenpunktes den freien Fall behandeln und an ihm zeigen, wie sich de Broglie und Schrödinger ursprünglich die Aufgabe der Wellenmechanik dachten. Wird die positive z-Achse nach oben gerichtet, so ist für den freien Fall $\Phi = m_0 g z$, und die Schrödinger-Gleichung für die Amplitude wird:

(25) $$\frac{d^2\psi}{dx^2} + \frac{8 m_0 \pi^2}{h^2}(U - m_0 g z)\psi = 0 \,.$$

Man kann dies auf eine bekannte Differentialgleichung zurückführen, wenn man die neue Variable

(26) $$\zeta = U - m_0 g z$$

einführt, mit der (25) übergeht in:

(27) $$\frac{d^2\psi}{d\zeta^2} + b\,\zeta\,\psi = 0 \,,$$

wobei noch

(28) $$b = \frac{8\pi^2}{m_0 g^2 h^2}$$

gesetzt ist. Wie gesagt, ist diese Differentialgleichung bekannt[1]): sie führt auf Besselsche Funktionen. Das hier brauchbare Integral, das für alle reellen Werte von ζ eindeutig, endlich und stetig ist[2]), lautet:

---

[1]) Z. B. Jahnke-Emde, Funktionentafeln, 1. Aufl., pag. 167.

[2]) Mit Ausnahme der Stelle $\zeta = 0$, die aus der Betrachtung ausgeschaltet werden muß.

(29) $$\psi = \sqrt{\zeta}\, H^{(2)}_{1/3}\left(\frac{2\sqrt{b}}{3}\,\zeta^{3/2}\right);$$

es sind danach — vgl. Gl. (26) — alle positiven Werte von U zulässig: die Translation ist auch hier nicht gequantelt.

Die in (29) auftretende Funktion $H^{(2)}_{1/3}$ ist die sogenannte zweite Hankelsche Funktion[1]) vom Index $\frac{1}{3}$ und dem aus (29) ersichtlichen Argument. Es ist bekannt, daß für große Werte des Argumentes die sämtlichen Besselschen Funktionen sehr einfache asymptotische Darstellungen besitzen, die auch schon für mäßige Argumente recht genau sind. Wir wollen daher der weiteren Diskussion die asymptotische Form von (29) zugrunde legen. Allgemein ist sie für die zweite Hankelsche Funktion[2]) vom Index p und dem Argument u:

(30) $$H^{(2)}_p(u) = \frac{1}{\sqrt{\frac{1}{2}\pi u}}\, e^{-i\left(u - \frac{2p+1}{4}\pi\right)}.$$

Benutzt man diese Darstellung, so geht (29) über in die folgende Gleichung, wenn wir alle Konstanten zusammenfassen:

(31) $$\psi = \text{Const.}\,\zeta^{-1/4}\, e^{-i\left(\frac{2\sqrt{b}}{3}\zeta^{3/2} - \frac{5\pi}{12}\right)},$$

und wenn wir durch Multiplikation mit dem Zeitfaktor $e^{-\frac{2\pi i}{h}Ut}$ unter gleichzeitiger Rückkehr zur alten Variabeln z zur Wellenfunktion übergehen:

(32) $$\Psi = \text{Const.}\,(U - m_0 g z)^{-1/4}\, e^{-i\left\{\frac{2\pi}{h}Ut + \frac{2\sqrt{b}}{3}(U - m_0 g z)^{3/2} - \frac{5\pi}{12}\right\}}.$$

Das ist, wie bei einem frei beweglichen Teilchen zu erwarten, eine (in Richtung der negativen z-Achse) fortschreitende Welle von freilich besonderem Charakter, was sich in der eigentümlichen Bildung des Argumentes der Exponentialfunktion ausdrückt.

Wir wollen nun — wie in der vorhergehenden Nummer — eine „Gruppe" solcher Wellen zusammenfassen, deren Frequenz nach oben und unten von der mittleren Frequenz um $\frac{\Delta\nu}{2}$ abweicht. Der Allgemeinheit halber fügen wir im Ausdruck (32) noch eine von ν abhängige Phasenkonstante $\delta(\nu)$ in den Exponenten ein, die demgemäß für alle Wellen der zu bildenden Gruppe etwas variiert. Wir können, indem wir $\nu = \nu_0 + \varepsilon$ setzen und ε als unabhängige Variable betrachten, schreiben:

(33) $$\left\{\begin{aligned} (U - m_0 g z)^{-1/4} &= (h\nu - m_0 g z)^{-1/4} \\ &= (h\nu_0 - m_0 g z)^{-1/4} - \tfrac{1}{4}(h\nu_0 - m_0 g z)^{-5/4} h\varepsilon, \\ (U - m_0 g z)^{3/2} &= (h\nu - m_0 g z)^{3/2} \\ &= (h\nu_0 - m_0 g z)^{3/2} + \tfrac{3}{2}(h\nu_0 - m_0 g z)^{1/2}\, h\varepsilon, \\ \delta(\nu) &= \delta(\nu_0) + \delta'\varepsilon. \end{aligned}\right.$$

---

1) Ibidem, pag. 94.
2) Ibidem, pag. 100.

Der erste dieser Ausdrücke tritt in der Amplitude von Ψ auf; hier können wir die kleine Variation von ν vernachlässigen und einfach $\nu = \nu_0$ setzen; in der Exponentialfunktion dagegen brauchen wir die Entwicklungen aus der zweiten und dritten Gleichung (33) und finden:

$$(34)\quad \left\{\begin{aligned} \Psi &= \text{Const.}\,(h\,\nu_0 - m_0\,g\,z)^{-1/4} \cdot e^{-i\left\{2\pi\nu_0 t + \frac{2\sqrt{b}}{3}(h\nu_0 - m_0 g z)^{3/2} - \frac{5\pi}{12} + \delta(\nu_0)\right\}} \\ &\quad \cdot e^{-i\varepsilon\{2\pi t + (h\nu_0 - m_0 g z)^{1/2} h\sqrt{b} + \delta'\}}\,. \end{aligned}\right.$$

Indem wir diesen Ausdruck mit $d\varepsilon$ multiplizieren und von $-\frac{\Delta\nu}{2}$ bis $+\frac{\Delta\nu}{2}$ integrieren, folgt mit der Abkürzung

$$(35)\qquad \xi = \frac{\Delta\nu}{2}\left[2\pi t + (h\,\nu_0 - m_0\,g\,z)^{1/2}\,h\sqrt{b} + \delta'\right]$$

für die gesuchte Wellengruppe, die wir auch durch Ψ bezeichnen, das Resultat:

$$(36)\quad \Psi = \text{Const.}\,(h\,\nu_0 - m_0\,g\,z)^{-1/4}\,\frac{\Delta\nu\sin\xi}{\xi}\,e^{-i\left\{2\pi\nu_0 t + \frac{2\sqrt{b}}{3}(h\nu_0 - m_0 g z)^{3/2} - \frac{5\pi}{12} + \delta(\nu_0)\right\}}\,.$$

Das ist eine Wellengruppe, deren Amplitude[1]) $\frac{\Delta\nu\sin\xi}{\xi}$ ihr Maximum an der Stelle $\xi = 0$ besitzt; $\xi = 0$ bedeutet aber nach (35)

$$\frac{2\pi t + \delta'}{h\sqrt{b}} = (h\,\nu_0 - m_0\,g\,z)^{1/2},$$

oder nach Einführung des Wertes (28) von b:

$$(37)\qquad z = \left(\frac{h\nu_0}{m_0 g} - \frac{g\,\delta'^2}{8\pi^2}\right) - \left(\frac{g\,\delta'}{2\pi}\right)t - \frac{1}{2}\,g\,t^2\,.$$

Das ist aber das Gesetz des freien Falles: Das Maximum der Wellengruppe Ψ bewegt sich also wie ein Massenteilchen unter dem Einfluß der Schwere. Auch das Gesetz für die Geschwindigkeit v, die mit der Gruppengeschwindigkeit u_g identisch ist, ergibt sich. Für die Gruppengeschwindigkeit folgt aus (35):

$$u_g = v = \frac{dz}{dt} = -\sqrt{\frac{2}{m_0}}\sqrt{h\,\nu_0 - m_0\,g\,z}\,.$$

Setzt man darin für z den Wert (37) ein, so folgt:

$$(38)\qquad u_g = v = -\,g\,t - \left(\frac{g\,d'}{2\pi}\right).$$

Wir haben dieses Beispiel vor allem aus dem Grunde gebracht, um dem Leser zu zeigen, wie suggestiv für de Broglie und Schrödinger der Gedanke sein mußte, eine so enge Verbindung zwischen Materieteilchen und Materiewelle herzustellen, wie sie den Gründern der Wellenmechanik ursprünglich vorschwebte. Schrödinger hat ein ganz analoges Beispiel

[1]) Abgesehen von dem langsam veränderlichen Faktor $(h\,\nu_0 - m_0\,g\,z)^{-1/4}$!

zu seiner Auffassung, nämlich den harmonischen Oszillator angegeben, auf das wir den Leser verweisen[1]).

Wir können aber an unserem Beispiel eine Eigenschaft der Wellengruppen bzw. Wellenpakete aufweisen, die dem harmonischen Oszillator abgeht (zufällig!) und die deshalb Schrödinger zuerst in die Irre geführt hat. Das den harmonischen Oszillator darstellende Wellenpaket hält im Laufe der Zeit zusammen, und deshalb konnte es zur Erläuterung des Gedankens dienen, den Massenpunkt direkt durch das Paket zu ersetzen. Im allgemeinen aber — und das wollen wir an unserem Beispiel zeigen — zerfließen die Wellenpakete, d. h. ihre Dimensionen werden immer größer und größer. Das ergibt sich in der Tat sehr einfach aus (35) und (36). Aus beiden ergibt sich nämlich, daß die gesamte Breite des Hauptmaximums der Amplitude $\frac{\sin\xi}{\xi}$ in der Variabeln ξ den Betrag 2π hat, da für $\xi = \pm\pi$ die Amplitude verschwindet. Wir haben also die beiden Gleichungen:

$$2\pi t + (h\nu_0 - m_0 g z_1)^{1/2} h\sqrt{b} + \delta' = \frac{2\pi}{\Delta\nu},$$

$$2\pi t + (h\nu_0 - m_0 g z_2)^{1/2} h\sqrt{b} + \delta' = -\frac{2\pi}{\Delta\nu},$$

wenn wir mit z_1 und z_2 die Werte von z bezeichnen, denen zur Zeit t die Amplitude Null zukommt; $z_1 - z_2 = \Delta z$ ist dann die Breite des Wellenpaketes, die sich aus den beiden obigen Gleichungen als folgende Funktion der Zeit ergibt:

$$\Delta z = \frac{g}{\Delta\nu}\left\{\frac{\delta'}{\pi} + 2t\right\}. \tag{39}$$

Man erkennt daraus, daß Δz bei $t = 0$ seinen Minimalwert hat und dann immer größer und größer wird. Das ist einer der Gründe, die es als unmöglich erwiesen haben, die enge Verbindung von Massenteilchen und Welle nach de Broglie bzw. die Ersetzung von Massenteilchen durch Wellengruppen nach Schrödinger durchzuführen; noch schlagender wird das Beispiel der nächsten Nummer dies zeigen. Wir werden daher auf diese — heuristisch so erfolgreich gewesene — ursprüngliche Auffassung nicht mehr zurückkommen.

57. Reflexion und Brechung ebener Materiewellen; Grenzbedingungen.

Wir kehren zum kräftefreien Teilchen unter etwas allgemeineren Bedingungen als in Nr. 54 zurück: Das Massenteilchen treffe, aus einem kräftefreien Raum (1) kommend, auf eine ebene Grenzschicht auf, in der ein starkes Kraftfeld herrsche; der anschließende Raumteil (2) sei wieder kräftefrei. Wir können das dadurch herstellen, daß wir in (1) $\Phi = \Phi_1 = \text{const.}$ und in (2) $\Phi = \Phi_2 = \text{const.}$ nehmen; dann ist in der Tat nur in der Grenzschicht eine Kraft vorhanden, deren Richtung ins

[1]) Vgl. Schrödinger, Abhandlungen zur Wellenmechanik, pag. 56.

erste Medium weisen möge, d. h. $\Phi_2 > \Phi_1$; Φ_1 können und wollen wir gleich Null nehmen, und wir verstehen dann unter Φ einfach den konstanten Wert im Medium (2). Nehmen wir die Unstetigkeitsfläche als $x\,y$-Ebene, so sei die Kraftrichtung parallel der positiven z-Richtung (Fig. 83); als Einfallsebene können wir die $x\,z$-Ebene wählen.

Nach der klassischen Mechanik können zwei Fälle eintreten, je nach der Größe von Φ; entweder tritt das Teilchen unter Richtungsänderung von (1) nach (2) (Brechung), oder es wird an der Trennungsfläche zurückgeworfen (Reflexion). Nehmen wir zunächst den ersten Fall, so tritt eine „Brechung" der Bahn ein, die sich aus der Bedingung ergibt, daß die tangentielle (hier x-) Komponente des Impulses in beiden Medien die gleiche sein muß; seien φ_1 und φ_2 Einfalls- und Brechungswinkel, so entnimmt man der Figur, daß diese Forderung lautet:

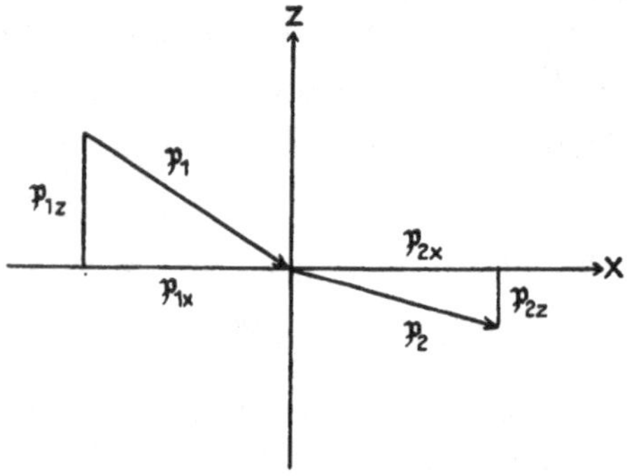

Fig. 83.

(40) $$\mathfrak{p}_1 \sin \varphi_1 = \mathfrak{p}_2 \sin \varphi_2 \,.$$

Diese Gleichung spricht das Brechungsgesetz aus. Dieser Fall kann nur so lange eintreten, als noch eine reelle Komponente $\mathfrak{p}_{2z}$ des Impulses im zweiten Medium vorhanden ist. Denn das Energieprinzip verlangt ja, daß die Energien U_1 und U_2 in beiden Medien gleich sein müssen. U_1 ist dabei nach unseren Voraussetzungen direkt gleich der kinetischen Energie im ersten Medium, dagegen ist diese im zweiten Medium gleich $(U_2 - \Phi)$. Wir haben also jedenfalls

$$\frac{m_0}{2}(\mathfrak{v}_{1x}^2 + \mathfrak{v}_{1z}^2) = \frac{m_0}{2}(\mathfrak{v}_{2x}^2 + \mathfrak{v}_{2z}^2) + \Phi \,,$$

und darin ist nach dem eben Gesagten noch $m_0\,\mathfrak{v}_{1x} = m_0\,\mathfrak{v}_{2x}$; somit bleibt die Beziehung übrig:

$$m_0^2\,\mathfrak{v}_{1z}^2 = m_0^2\,\mathfrak{v}_{2z}^2 + 2\,m_0\,\Phi \,,$$

oder

$$\mathfrak{p}_{2z}^2 = \mathfrak{p}_{1z}^2 - 2\,m_0\,\Phi \,.$$

Solange die rechte Seite $\geqq 0$ ist, haben wir einen reellen Wert von $\mathfrak{p}_{1z}$; der Grenzfall $\mathfrak{p}_{2z} = 0$ ist gegeben durch

(41) $$\mathfrak{p}_{1z} = \sqrt{2\,m_0\,\Phi} \,.$$

Wird Φ noch größer, so muß $\mathfrak{p}_{2z}$ imaginär werden, d. h. der Brechung entspricht kein realer Vorgang mehr. Das Teilchen kommt dann in der Übergangsschicht zur Ruhe und tritt aus derselben mit der absolut gleichen, aber umgekehrt gerichteten Impulskomponente $\mathfrak{p}_{1z}$ aus, mit der es in die Trennungsfläche eintrat. Unter diesen Umständen tritt eine

Reflexion nach dem Reflexionsgesetz (Einfallswinkel = Reflexionswinkel) ein, wie wir nicht näher zu erläutern brauchen; der Vorgang der Reflexion ist, nachdem einmal der Grenzwert (41) von Φ überschritten ist, vollkommen unabhängig von dem Werte von Φ; das Teilchen wird bei großem Φ nur eher in der Trennungsschicht gebremst, gewinnt aber immer den Impuls $|\mathfrak{p}_{1z}|$ zurück, der die Reflexion bestimmt.

Das sind die Aussagen, die die klassische Mechanik über das Verhalten eines Massenpunktes unter den geschilderten Bedingungen machen muß. Was sagt die Wellenmechanik dazu?

Wir haben dem Teilchen in beiden Medien eine ebene Welle, etwa (7)[1]) zuzuordnen, die wir nur für unsern Fall (Einfallsebene gleich $x z$-Ebene) zu spezialisieren brauchen:

$$(42) \qquad \begin{cases} \Psi_1 = e^{\frac{2\pi i}{h}[-U_1 t + \mathfrak{p}_{1x} x + \mathfrak{p}_{1z} z]}, \\ \Psi_2 = e^{\frac{2\pi i}{h}[-U_2 t + \mathfrak{p}_{2x} x + \mathfrak{p}_{2z} z]}. \end{cases}$$

Nun bestehen natürlich für den Übergang Grenzbedingungen, die wir später erörtern wollen. Für unsern jetzigen Zweck brauchen wir sie nicht zu kennen; denn die bloße Tatsache, daß solche für $z = 0$ existieren, verlangt, wie aus der Optik bekannt ist, daß die Exponenten beider Exponentialfunktionen von (42) für $z = 0$ identisch sind:

$$-U_1 t + \mathfrak{p}_{1x} x = -U_2 t + \mathfrak{p}_{2x} x,$$

und da diese Beziehung für alle Werte von x und t gelten muß, gilt einzeln:

$$(43) \qquad \begin{cases} U_1 = U_2 = U, \\ \mathfrak{p}_{1x} = \mathfrak{p}_{2x}, \end{cases}$$

von denen die erste (wegen $U = h\nu$) wie in der Optik Gleichheit der Frequenz in beiden Medien ausspricht, die zweite wieder das Brechungsgesetz (40) formuliert. Soweit herrscht also Übereinstimmung zwischen den Aussagen der klassischen und der undulatorischen Mechanik. Aber schon die Untersuchung des Falles, daß der Grenzwert (41) überschritten wird, bringt eine deutliche Abweichung zwischen beiden Anschauungen. Denn wenn Φ den genannten Grenzwert überschreitet, wird ja $\mathfrak{p}_{2z}$ imaginär, sagen wir gleich $-i\alpha$, und wenn wir diesen Ausdruck in Ψ_2 aus (42) einführen, so folgt:

$$(44) \qquad \Psi_2 = e^{\frac{2\pi\alpha}{z} z} \, e^{\frac{2\pi i}{h}(-Ut + \mathfrak{p}_{2x} x)}.$$

Diesen Ausdruck kann man noch etwas umformen, indem man beachtet, daß allgemein $\mathfrak{p}_{2z} = p_2 \cos\varphi_2$ ist; da p_{2z} imaginär ist, muß es auch $\cos\varphi_2$

[1]) Wir könnten natürlich auch eine Wellengruppe nach (17) nehmen.

sein. Nach dem Brechungsgesetz (40) kann man $\cos\varphi_2 = \sqrt{1-\sin^2\varphi_2}$ durch φ_1 ausdrücken; für $\mathfrak{p}_{2z} = p_2 \cos\varphi_2$ findet man dann:

$$\mathfrak{p}_{2z} = p_2 \cos\varphi_2 = p_2 \sqrt{\frac{p_2^2 - p_1^2 \sin^2\varphi_1}{p_2^2}} = -\,i\,p_2 \sqrt{\frac{p_1^2}{p_2^2}\sin^2\varphi_1 - 1}$$
$$= -\,i\,p_1 \sqrt{\sin^2\varphi_1 - \frac{p_2^2}{p_1^2}}\ ^{1)};$$

d. h. die von uns vorhin als „α" bezeichnete Größe ist gleich $p_1\sqrt{\sin^2\varphi_1 - \frac{p_2^2}{p_1^2}}$. Beachtet man noch, daß $p_1 = \frac{h}{\lambda_1}$ (λ_1 Wellenlänge im Medium 1), so kann man (44) schreiben:

(44a) $$\Psi_2 = e^{\frac{2\pi z}{\lambda_1}\sqrt{\sin^2\varphi_1 - \frac{p_2^2}{p_1^2}}} \cdot e^{\frac{2\pi i}{h}(-Ut + \mathfrak{p}_{2x} x)}.$$

Gleichung (44) bzw. (44a) stellen — obwohl der Massenpunkt nicht ins zweite Medium eindringen kann, doch eine Wellenbewegung in diesem dar, und zwar eine sogenannte inhomogene oder Oberflächenwelle, die nur für kleine negative Werte von z eine merkliche Amplitude besitzt und sich längs der x-Achse fortpflanzt. Solche Wellen sind aus der Theorie der Totalreflexion in der Optik bekannt, und wirklich kann man diesen Fall als Totalreflexion der Materiewellen bezeichnen[2]). Als „Eindringungstiefe" der inhomogenen Welle bezeichnet man gewöhnlich denjenigen Wert von z, für den die Amplitude auf den e-ten Teil herabsinkt, das ist nach (44a) der Wert $\frac{\lambda_1}{2\pi}\sqrt{\sin^2\varphi_1 - \frac{p_2^2}{p_1^2}}$. Das ist von der Größenordnung der Wellenlänge selbst, und da diese sehr klein ist — vgl. die Angaben am Ende der Nr. 37 —, so kann man sagen, daß die ψ_2-Welle „praktisch" nicht in das zweite Medium eindringt, sondern in einer dünnen Schicht längs der Trennungsfläche konzentriert ist. Immerhin findet schon hier eine deutliche Trennung von ψ_2-Welle und Korpuskel statt, die weder nach der de Broglieschen Hypothese noch nach Schrödingers Auffassung begreiflich ist[3]).

Die Schwierigkeiten werden noch größer, wenn wir bedenken, daß die Grenzbedingungen in jedem Falle eine Trennung der einfallenden Welle in eine reflektierte und eine gebrochene verlangen, gleichgültig,

[1]) Nur das Minuszeichen ist brauchbar, da wir sonst in (44a) eine mit wachsendem negativen z anwachsende Amplitude erhalten würden.

[2]) Die Gleichung (44a) ist z. B. vollkommen identisch mit der Bd. III$_1$, pag. 408 abgeleiteten Gleichung (78) für das bei der Totalreflexion ins zweite Medium eindringende Licht; $\frac{p_2}{p_1}$ spielt hier die Rolle des relativen Brechungsquotienten beider Medien.

[3]) Man erkennt — am besten aus Gleichung (44) —, daß diese Totalreflexion einer Materiewelle auch bei senkrechter Inzidenz ($\varphi_1 = 0$) erfolgen kann; dann wird φ_2 eine Schwingung (keine parallel x fortschreitende Welle mehr!) mit abnehmender Amplitude, wenn $(-z)$ wächst. Das ist zwar in der Optik unmöglich, stimmt aber hier vollkommen mit dem überein, was nach der klassischen Mechanik bei hinreichenden Werten von Φ zu erwarten ist, nämlich Nichteindringen, sondern Reflexion.

ob der Massenpunkt reflektiert wird oder ins zweite Medium eindringt: Der innige Zusammenhang zwischen Welle und Korpuskel, den sowohl de Broglie wie Schrödinger verlangten, kann auf keinen Fall bestehen. Was an dessen Stelle zu treten hat, wollen wir in der nächsten Nummer erörtern, jetzt aber einmal die Grenzbedingungen selbst aufstellen.

Bedenkt man, daß man die Trennungsfläche zwischen beiden Medien als eine sehr dünne Übergangsschicht mit sehr rasch veränderlichem Φ (d. h. rasch veränderlichem Brechungsquotienten) auffassen kann und daß wir auch in einem inhomogenen Medium immer Stetigkeit von ψ verlangten, so ist es naheliegend, daß wir auch hier Stetigkeit von ψ zu beiden Seiten der Trennungsfläche verlangen. Das reicht indessen nicht aus, sondern es kommt noch eine Bedingung für $\frac{\partial \psi}{\partial n}$ hinzu, die wir folgendermaßen aus der Differentialgleichung gewinnen: Wenn wir wieder die beiden Medien nebst Unstetigkeitsfläche als ein inhomogenes Medium mit kontinuierlich (wenn auch sehr rasch) veränderlichen Werten von Φ betrachten, so gilt einheitlich im ganzen Raume die Schrödinger-Gleichung

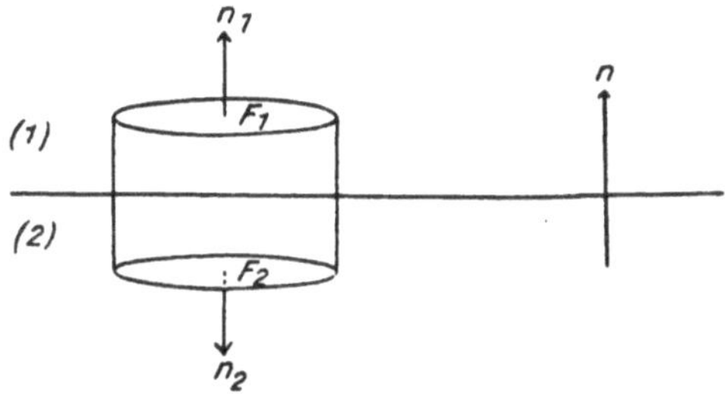

Fig. 84.

$$\Delta \psi + \frac{8\, m_0 \pi^2}{h^2} (U - \Phi)\, \psi = 0\,, \tag{45}$$

wobei wir an jeder Stelle den richtigen Wert von Φ einzusetzen haben. Wir denken uns diese Gleichung mit einem Volumelement $d\tau$ multipliziert und über ein geeignetes Volumen integriert (Fig. 84). Als solches nehmen wir einen sehr flachen Zylinder, dessen Bodenfläche F_2 im Medium (2), dessen Gegenfläche F_1 (gleich F_2) in (1) liegt. Nach dem Gaußschen Satze ist nun

$$\int \Delta \psi\, d\tau = \int \frac{\partial \psi}{\partial n}\, dF\,,$$

wobei die Normalen — wie in der Figur — nach außen zu nehmen sind; dF ist ein Oberflächenelement von τ. In unserm Falle also ist:

$$\int \frac{\partial \psi}{\partial n}\, dF = \frac{8\, m_0 \pi^2}{h^2} \int (U - \Phi)\, d\tau\,.$$

Hierin lassen wir zunächst die Höhe des Zylinders immer kleiner werden, so daß wir die sich auf die Mantelfläche beziehenden Teile des Oberflächenintegrals vernachlässigen dürfen; auch Grund- und Gegenfläche nehmen wir so klein, daß wir $\frac{\partial \psi}{\partial n}$ vor das Integralzeichen ziehen dürfen; rechts verschwindet dann das Raumintegral ganz, da das Volumen τ

von höherer Ordnung unendlich klein wird, als seine Oberfläche. Nennen wir noch die gemeinsame Größe von Grund- und Gegenfläche F, so erhalten wir schließlich:

$$\left(\frac{\partial \psi_1}{\partial n_1} + \frac{\partial \psi_2}{\partial n_2}\right) F = 0 .$$

Wählen wir jetzt noch statt der nach außen gerichteten Normalen n_1 und n_2 die Normalen n auf der Trennungsfläche von (2) nach (1) gerichtet, so wird

$$\frac{\partial \psi_1}{\partial n_1} = \frac{\partial \psi_1}{\partial n}; \quad \frac{\partial \psi_2}{\partial n_2} = -\frac{\partial \psi_2}{\partial n} .$$

Es folgt also dann aus der letzten Gleichung die Stetigkeit der normalen Ableitung von ψ. Insgesamt haben wir also die Grenzbedingungen:

$$(46) \qquad \left\{ \begin{aligned} \psi_1 &= \psi_2 , \\ \frac{\partial \psi_1}{\partial n} &= \frac{\partial \psi_2}{\partial n} . \end{aligned} \right. \quad \text{(an Trennungsflächen)}$$

Nun bietet es keine Schwierigkeit mehr, wenn die auffallende Welle gegeben ist, die reflektierte und gebrochene festzustellen. Da dies das aus der Optik altbekannte Problem ist, können wir hier darauf verzichten, die Ableitung zu geben. Jedenfalls können wir mit Sicherheit sagen, daß wir drei Wellen von folgendem Typus haben:

$$(47) \qquad \left\{ \begin{aligned} \Psi_{1e} &= E\, e^{\frac{2\pi i}{h}[-Ut + \mathfrak{p}_{1x} x + \mathfrak{p}_{1z} z]} , && \text{(einfallende Welle)} \\ \Psi_{1r} &= R\, e^{\frac{2\pi i}{h}[-Ut + \mathfrak{p}_{1x} x - \mathfrak{p}_{1z} z]} , && \text{(reflektierte Welle)} \\ \Psi_{2g} &= D\, e^{\frac{2\pi i}{h}[-Ut + \mathfrak{p}_{2x} x + \mathfrak{p}_{2z} z]} , && \text{(gebrochene Welle)} \end{aligned} \right.$$

mit Werten von R und D, die in jedem Falle von Null verschieden sind; die Größen $\frac{R^2}{E^2}$, $\frac{D^2}{E^2}$ sind das, was man in der Optik „Reflexionskoeffizient“ und „Durchlässigkeitskoeffizient“ nennt. Das Paradoxon, das wir hier vor uns haben, ist also das folgende: Während ein Teilchen entweder reflektiert oder gebrochen wird, haben wir bei der zugeordneten Welle Reflexion und Brechung.

Bevor wir auf die grundlegende Folgerung eingehen, die diese Feststellung für die Interpretation der physikalischen Bedeutung der Welle besitzt, wollen wir einen womöglich noch krasseren Fall von Abweichung zwischen klassischer Mechanik und Wellenmechanik erörtern. Wir denken uns jetzt drei Medien, die längs zweier ebener Trennungsschichten aneinander grenzen; in (1) und (3) sei $\Phi = 0$; im mittleren Medium (2) dagegen $\Phi = \Phi =$ const. (Fig. 85). Die räumliche Verteilung von Φ ist also die folgende (Fig. 86); man spricht daher im Anschluß an diese Darstellung von einem „Potentialberge“ oder einer „Potentialschwelle“.

Nehmen wir auch hier an, der Grenzwert (41) von Φ sei überschritten, so daß das von (1) auf die Trennungsfläche (1, 2) treffende Teilchen nach klassischer Anschauung nicht in das Medium (2) eindringen kann, die zugehörige Materiewelle also — bei unendlicher Dicke von (2), wie bisher vorausgesetzt — an der Grenze (1, 2) totalreflektiert würde. Für die klassische Mechanik macht es natürlich nichts aus, wenn das Medium (2) nur eine begrenzte Dicke hat und sich dahinter ein mit (1) in seinen Eigenschaften identisches Medium (3) anschließt: denn da das Teilchen in (2) unter keinen Umständen eindringen kann, ist die „Dicke" von (2) gleichgültig. Anders dagegen bei der Wellenauffassung: Die Oberflächenwelle an der Grenze der Medien (1) und (2), wie wir sie in (44) und (44a) vor uns haben, hat zwar eine praktisch geringe Dicke von einigen Wellenlängen; wenn aber das Medium (2) selbst nur eine mit der Wellenlänge vergleichbare Dicke hat, so reicht die Oberflächenwelle

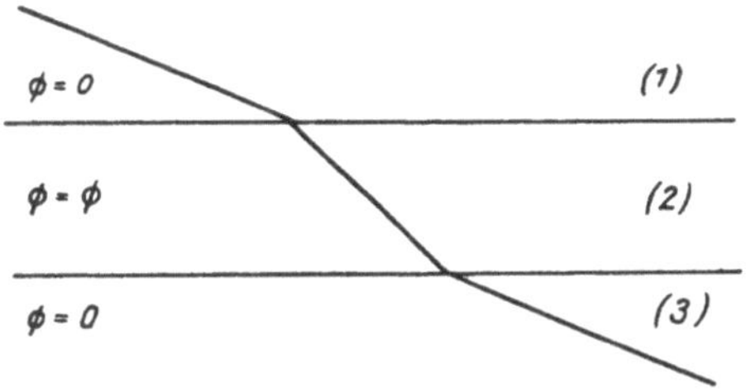

Fig. 85.

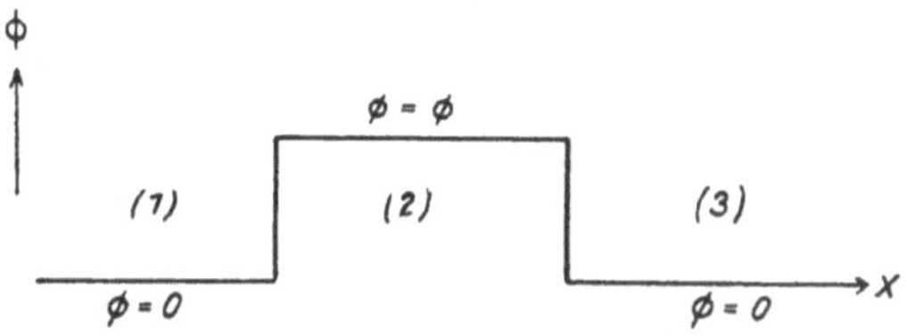

Fig. 86.

mit merklicher Amplitude bis an die Grenze von (2) und (3), und dann tritt ein nicht unerheblicher Teil der primären einfallenden Welle ins Medium (3) über, und zwar ganz gleichgültig, wie groß Φ ist: Die Reflexion ist nicht mehr total! In der Optik nennt man diesen Vorgang (recht unglücklich) „Totalreflexion an einer dünnen Lamelle". Der Leser findet eine Erörterung darüber in Bd. III_1, pag. 418ff. D. h. aber: Die Wellenmechanik verlangt, daß ein Materieteilchen grundsätzlich jeden noch so hohen endlichen Potentialberg durchdringen kann, in denkbar stärkstem Gegensatz zur klassischen Dynamik[1]).

58. Borns statistische Deutung der Wellenmechanik; einfache Beispiele.

Allein schon die in der vorhergehenden Nummer besprochenen Verhältnisse zwingen uns dazu, die Anschauung de Broglies, daß es sich bei den Ψ-Wellen um einen realen, der Bewegung des Teilchens zugeordneten Vorgang handele, aufzugeben; auch Schrödingers Auffassung, daß die Wellengruppe identisch mit dem sei, was man in der

[1]) Auf diese Konsequenz hat Gamow eine wellenmechanische Theorie der Radioaktivität gegründet; siehe Nr. 59.

klassischen Physik ein „Materieteilchen" nannte, ist nicht mehr haltbar[1]). Denn die Wellen teilen sich, während das für ein Teilchen unmöglich ist.

Aus dieser Schwierigkeit bietet eine Deutung von M. Born den zur Zeit einzig möglichen Ausweg: Er nimmt an, daß der Ausdruck

$$\Psi \overset{*}{\Psi}\, d\tau \tag{48}$$

ein Maß für die Wahrscheinlichkeit sei, das zugeordnete Materieteilchen in dem durch die Wellenfunktion Ψ charakterisierten Zustande im Volumelement $d\tau$ des (Konfigurations-) Raumes vorzufinden; $\Psi \overset{*}{\Psi}$ wird daher zweckmäßig als „Wahrscheinlichkeitsdichte" bezeichnet.

Diese Deutung setzt in formaler Hinsicht voraus, daß die Wellenfunktion normiert sei; wenn dies nicht der Fall oder nicht möglich ist, so bedeutet (48) nicht die Wahrscheinlichkeit selbst, sondern nur eine ihr proportionale Größe, die „relative Wahrscheinlichkeit". Ist aber, was wir im allgemeinen voraussetzen, die Normierung möglich und vollzogen, so drückt die Gleichung

$$\int \Psi \overset{*}{\Psi}\, d\tau = 1$$

aus, daß die Wahrscheinlichkeit, das Teilchen bei einer Ortsmessung irgendwo vorzufinden, gleich 1, d. h. gleich der Gewißheit, ist.

Nach den Ausführungen der Nummer 39 ist das allgemeine Integral der Wellengleichung in der Form darstellbar:

$$\Psi = \sum_n c_n \psi_n e^{-\frac{2\pi i}{h} U_n t}. \tag{49}$$

Für die in (48) gemeinte Wahrscheinlichkeit finden wir also:

$$\Psi \overset{*}{\Psi}\, d\tau = \sum_n c_n \overset{*}{c}_n \psi_n \overset{*}{\psi}_n + \sum_{n \neq m}{}' \sum{}' c_n \overset{*}{c}_m \psi_n \overset{*}{\psi}_m e^{-\frac{2\pi i}{h}(U_n - U_m)t}. \tag{50}$$

Sie setzt sich demgemäß aus mehreren Gliedern, und zwar aus zeitunabhängigen und zeitabhängigen, zusammen. Falls dagegen nur ein einziges Glied, sagen wir für $n = k$, vorhanden ist, verschwinden in (50) die zeitabhängigen Glieder; man erhält dann:

$$\Psi \overset{*}{\Psi}\, d\tau = c_k \overset{*}{c}_k \psi_k \overset{*}{\psi}_k\, d\tau. \tag{51}$$

In diesem Falle drückt die Wellenfunktion Ψ einen stationären Zustand des Materieteilchens aus, in dem es sich im k-ten Quantenzustand befindet;

[1]) Bestünde Schrödingers Standpunkt zu Recht, so enthielte seine Wellengleichung einen inneren Widerspruch, insofern sie die korpuskular berechnete potentielle Energie Φ benutzt; umgekehrt kann man das gleichzeitige Auftreten korpuskularer Begriffe neben wellentheoretischen als ein Zeichen für die Notwendigkeit des Dualismus Welle—Korpuskel betrachten.

wir werden daher — in konsequenter Anwendung der vorher gegebenen Definition — Gleichung (51) als die Wahrscheinlichkeit betrachten, das Materieteilchen, das im k-ten Quantenzustande ist[1]), im Volumelement dt des Konfigurationsraumes vorzufinden. Entsprechend ist der Ausdruck

$$\int c_k \overset{*}{c}_k \psi_k \overset{*}{\psi}_k \, dt = c_k \overset{*}{c}_k \tag{52}$$

die Wahrscheinlichkeit dafür, daß das Materieteilchen irgendwo im k-ten Quantenzustande anzutreffen, d. h. bei einer Energiemessung gerade den Wert U_k zu beobachten. Die für diese letztere Definition notwendige Voraussetzung, daß $\sum c_k \overset{*}{c}_k = 1$ ist, ist nach Gleichung (69) des VI. Kapitels auf pag. 262 erfüllt.

Da nun das Teilchen in irgendeinem Quantenzustande sein muß, so sollte man für die Wahrscheinlichkeit, das Teilchen in irgendeinem Zustande im Volumelement dt anzutreffen, d. h. für die Größe $\Psi \overset{*}{\Psi} d\tau$ nach dem Additionssatz der Wahrscheinlichkeiten das Resultat erwarten:

$$\Psi \overset{*}{\Psi} d\tau = \sum_n c_n \overset{*}{c}_n \psi_n \overset{*}{\psi}_n \, d\tau\,;$$

denn jedes Glied rechts bedeutet ja die Wahrscheinlichkeit, daß das Teilchen gleichzeitig im n-ten Quantenzustand und im Volumelement $d\tau$ sei; die Summation über alle Quantenzustände sollte also — so erwartet man zunächst — der Wert der Wahrscheinlichkeit für das Vorhandensein in $d\tau$ in beliebigem Quantenzustande sein. Gleichung (50) zeigt aber, daß dies nicht der Fall ist, sondern daß noch die Glieder

$$\sum_{n \neq m}' \sum' c_n \overset{*}{c}_m \psi_n \overset{*}{\psi}_m e^{-\frac{2\pi i}{h}(U_n - U_m)t}$$

hinzutreten, die als „Interferenzglieder" bezeichnet werden. Sie verdanken ihre Entstehung der Tatsache, daß nicht die Wahrscheinlichkeiten $\psi_n \overset{*}{\psi}_n$, sondern nach (49) ihre Amplituden addiert werden, genau so, wie bei Überlagerung kohärenter Wellen nicht die Quadrate der Amplituden (Energien) sondern die Amplituden selbst überlagert werden müssen. Da dieses Verfahren die Theorie der Interferenz in sich enthält, ist die Bezeichnung der in (50) hinzutretenden zeitabhängigen Glieder als Interferenzglieder verständlich; Gleichung (50) selbst formuliert die sogenannte „Interferenz der Wahrscheinlichkeiten", die für die Wellenmechanik charakteristisch ist.

---

[1]) Nach Ausweis einer Energiemessung; denn ohne eine solche weiß man ja nicht, daß

$$\Psi = c_k \psi_k e^{-\frac{2\pi i}{h} U_k t}$$

ist, d. h. sich auf ein bestimmtes Glied reduziert.

Wir können nun die ganze Sache etwas anders wenden, wenn wir nicht ein System, sondern eine Gesamtheit von solchen betrachten; es mögen etwa N identische Systeme vorhanden sein. Dann bedeutet

$$(51a) \qquad N\, c_k \overset{*}{c}_k\, \psi_k \overset{*}{\psi}_k\, d\tau$$

die wahrscheinliche Anzahl der (identischen und voneinander unabhängigen) Systeme, die, im k-ten Quantenzustande, sich im Volumelement $d\tau$ befinden, und entsprechend drückt

$$(52a) \qquad N\int c_k \overset{*}{c}_k\, \psi_k \overset{*}{\psi}_k\, d\tau = N\, c_k \overset{*}{c}_k$$

die wahrscheinliche Anzahl dieser Systeme aus, die sich überhaupt im k-ten Quantenzustande befinden. Schließlich drückt

$$(50a) \quad N\,\Psi\overset{*}{\Psi}\,d\tau = N\sum_n c_n \overset{*}{c}_n \psi_n \overset{*}{\psi}_n\,d\tau + N\sum_{n \neq m}{}'\sum{}' c_n \overset{*}{c}_m\, e^{-\frac{2\pi i}{h}(U_n - U_m)t}\, \psi_n \overset{*}{\psi}_m\, d\tau$$

die wahrscheinliche Anzahl der Systeme aus, die sich in dem durch die Wellenfunktion Ψ charakterisierten Zustande im Volumelement $d\tau$ befinden.

Die bisherige Erörterung bezog sich auf die Angabe von Wahrscheinlichkeiten im Konfigurationenraum; man kann sie jedoch nach dem Vorgange von Born noch ergänzen durch Wahrscheinlichkeitsaussagen im Impulsraum. Denken wir uns z. B. ein Wellenpaket $\Psi\,(xyzt)$ der Einfachheit halber aus lauter diskreten ebenen Einzelwellen zusammengesetzt — bisher hatten wir in den Nummern 55 und 56 eine kontinuierliche Folge von Einzelwellen betrachtet —, so haben wir in leicht verständlicher Bezeichnungsweise:

$$(53) \qquad \Psi\,(x\,y\,z\,t) = \sum_n a_n\, e^{\frac{2\pi i}{h}(p_{nx}x + p_{ny}y + p_{nz}z - U_n t)}.$$

Die Koeffizienten a_n variieren von Glied zu Glied: jedem Impuls p_n ist ein a_n zugeordnet. Ebenso nun, wie wir in (52) den Ausdruck $c_k \overset{*}{c}_k$ als Wahrscheinlichkeit dafür ansahen, das Materieteilchen irgendwo im k-ten Energiezustand anzutreffen, können wir hier nach Born $a_k \overset{*}{a}_k$ als die Wahrscheinlichkeit dafür auffassen, daß das Materieteilchen — unabhängig von seiner Lage im Konfigurationsraume — den Impuls p_k besitzt. Den Koeffizienten a_n in (53) bestimmt man in bekannter Weise nach dem Fourierschen Theorem, indem man diese Gleichung mit dem konjugiert komplexen Ausdruck

$$e^{-\frac{2\pi i}{h}(p_{nx}x' + p_{ny}y' + p_{nz}z' - U_n t)}$$

multipliziert und über den Konfigurationsraum integriert. Das liefert:

$$(54) \qquad a_n = \int \Psi\,(x'\,y'\,z'\,t)\, e^{-\frac{2\pi i}{h}(p_{nx}x' + p_{ny}y' + p_{nz}z' - U_n t)}\, d\tau',$$

wenn die Integrationsvariabeln der Deutlichkeit halber durch x', y', z' bezeichnet werden. Setzt man diesen Wert in (53) ein, so folgt für das Wellenpaket die Darstellung:

$$\Psi\,(x\,y\,z\,t) = \sum_n \int \Psi\,(x'\,y'\,z'\,t)\, e^{\frac{2\pi i}{h}[p_{nx}(x-x') + p_{ny}(y-y') + p_{nz}(z-z')]}\, d\tau'. \tag{55}$$

Wenn die Einzelwellen kontinuierlich verteilt sind, so geht in (53) die rechts stehende Summe in ein Integral über:

$$\Psi\,(x\,y\,z\,t) = \int \Phi\,(p_x, p_y, p_z)\, e^{\frac{2\pi i}{h}[p_x x + p_y y + p_z z - U t]}\, d\tau. \tag{56}$$

Hier vertritt die Funktion $\Phi\,(p_x, p_y, p_z)\, d\tau$ die Stelle der Koeffizienten a_n in (53) und den folgenden Gleichungen. Nach dem Fourierschen Integraltheorem folgt zur Bestimmung von $\Phi\,(p_x\,p_y\,p_z)$:

$$\Phi\,(p_x\,p_y\,p_z) = \text{Const.} \int \Psi\,(x'\,y'\,z'\,t)\, e^{-\frac{2\pi i}{h}[p_x x' + p_y y' + p_z z']}\, d\tau', \tag{57}$$

und es bedeutet

$$\Phi\,\overset{*}{\Phi}\, dp_x\, dp_y\, dp_z = \Phi\,\overset{*}{\Phi}\, d\tau_p$$

die Wahrscheinlichkeit dafür, daß das Materieteilchen im Volumelement $d\tau_p$ des Impulsraumes liegt, d. h. den Impuls (p_x, p_y, p_z) besitzt[1]).

Bei der statistischen Auffassung der Wellenmechanik wird die Aufgabe der Mechanik total verändert. Die klassische Mechanik machte bestimmte Angaben über das Verhalten eines Einzelsystems; nach der statistischen Deutung würde der Wellenmechanik die Aufgabe zufallen, Aussagen über das wahrscheinliche Verhalten einer Gesamtheit von identischen unabhängigen Systemen zu machen, während das Verhalten des Einzelsystems durchaus unbestimmt bleibt. Um die ganze Merkwürdigkeit dieser Idee zu würdigen, muß man sich vor Augen halten, daß die Wellenfunktion Ψ durch Differentialgleichung und Randbedingungen vollkommen determiniert ist, wie wir schon früher betonten; aber sie hängt nach der statistischen Auffassung mit den beobachteten Erscheinungen nur so lose zusammen, daß diese nicht bestimmt werden. So befremdend diese Auffassung sein mag und so viele Schwierigkeiten sie im einzelnen dem Verständnis auch bietet, sie ist jedenfalls zur Zeit der einzige Weg, Korpuskel- und Wellenauffassung zu vereinigen; wir werden uns ihr daher anschließen, ohne in ihr mehr als ein Durchgangsstadium zu sehen.

In dieser vorsichtigen Haltung bestärkt uns auch folgende Erwägung: Es ist unzweifelhaft, daß der zunächst bei der elektromagnetischen Strah-

---

[1]) Durch Einsetzen von (57) in (56) folgt das Fouriersche Integraltheorem für drei Dimensionen in komplexer Schreibweise, nämlich:

$$\Psi(x\,y\,z\,t) = \text{Const.} \iint \Psi(x'\,y'\,z'\,t)\, e^{\frac{2\pi i}{h}[p_x(x-x') + p_y(y-y') + p_z(z-z')]}\, d\tau\, d\tau'. \tag{58}$$

lung festgestellte Dualismus Welle—Korpuskel, den wir im I. Kapitel geschildert haben, den Anstoß zu den Spekulationen de Broglies und seiner Nachfolger gab; de Broglie hatte unzweifelhaft die Hoffnung, Strahlung und Materie sozusagen unter einen Hut bringen zu können, da sie beide diesen Dualismus zeigen. Man kann die Parallele zwischen Materie und Strahlung in der Tat ziemlich weit treiben; z. B. kann man den $\Psi \overset{*}{\Psi} d\tau$ analogen Ausdruck $\frac{(\mathfrak{E}^2 + \mathfrak{H}^2)\, d\tau}{\int (\mathfrak{E}^2 + \mathfrak{H}^2)\, d\tau}$ — $\mathfrak{E}$ und $\mathfrak{H}$ elektrische und magnetische Feldstärke — als die Wahrscheinlichkeit interpretieren, ein Photon im Volumelement $d\tau$ vorzufinden, und kann auf diese Weise die Interferenzerscheinungen formal sicher erklären: $\mathfrak{E}$ und $\mathfrak{H}$ genügen der Wellengleichung, ihr Quadrat ist proportional der Anzahl von Photonen. Dennoch besteht zwischen der Wellenfunktion Ψ einerseits und den elektromagnetischen Vektoren anderseits ein grundlegender Unterschied: letztere haben auch im Falle der statischen Zustände, die mit Photonen nichts zu tun haben, eine physikalische Bedeutung, während eine solche der Wellenfunktion Ψ nicht zuzukommen scheint[1]). Man darf daher die Analogie nicht zu weit treiben, jedenfalls nicht im jetzigen Augenblick, in dem über die physikalische Natur von Ψ noch so wenig Klarheit herrscht[2]). Man wird vielleicht am besten tun, wenn man den Formalismus der Wellenmechanik als eine sehr brauchbare Rechenvorschrift ansieht, um die Energiewerte usw. zu bestimmen, deren tieferer Sinn noch nicht endgültig erfaßt ist.

Wir wenden die gewonnene Deutung jetzt etwa auf die in Gleichung (6) definierte ebene Materiewelle an, die der geradlinigen gleichförmigen Bewegung eines Massenteilchens zugeordnet ist:

$$\Psi = A\, e^{2\pi i \left[-\frac{U}{h} t + k_x x + k_y y + k_z z \right]}.$$

Diese Gleichung unterscheidet sich von (5) nur durch die (hier praktische) Hinzufügung des reellen Amplitudenfaktors A. Für die Wahrscheinlichkeit, das Teilchen in einem Volumelement $d\tau$ zu finden, ergibt sich also:

$$\Psi \overset{*}{\Psi} d\tau = A^2\, d\tau\ ^{3)}.$$

Dieser Ausdruck ist natürlich proportional der Größe von $d\tau$, aber der Proportionalitätsfaktor ist hier eine absolute Konstante. Die Wahrscheinlichkeit, das Teilchen in einem Volumelement von gegebener Größe vorzufinden, ist also an allen Stellen des Raumes gleichgroß. Oder anders ausgedrückt: die obige Gleichung repräsentiert einen homogenen Strom identischer unabhängiger Teilchen, der mit gleicher Dichte den ganzen Konfigurationsraum erfüllt.

---

[1]) Die elektromagnetischen Vektoren sind auch notwendigerweise reell, während die Wellenfunktion grundsätzlich komplex ist.

[2]) Man vergleiche auch die Anmerkung auf pag. 456.

[3]) Man bemerkt, daß hier eine Normierung von Ψ auf 1 nicht möglich ist!

Betrachten wir statt der homogenen Einzelwelle die Wellengruppe (19):

$$\Psi = \frac{\Delta\nu \sin\xi}{\xi} e^{\frac{2\pi i}{h}[-U_0 + p_x(\nu_0)x]},$$

wo

$$\xi = \frac{\pi\Delta\nu}{h}\left\{-ht + \left(\frac{dp_x}{d\nu}\right)_0 x\right\}$$

ist, so ist hier die Wahrscheinlichkeit, das Teilchen im Volumelement $d\tau$ vorzufinden:

$$\Psi\overset{*}{\Psi}\, d\tau = \frac{\Delta\nu^2 \sin^2\xi}{\xi^2} d\tau = \frac{\sin^2 \frac{\pi\Delta\nu}{h}\left\{-ht + \left(\frac{dp_x}{d\nu}\right)_0 x\right\}}{\frac{\pi^2}{h^2}\left(-ht + \left(\frac{dp_x}{d\nu}\right)_0 x\right)^2} d\tau .$$

Hier hat die Wahrscheinlichkeit ein ausgesprochenes Maximum an der Stelle $\xi = 0$, d. h. an der Stelle:

$$x = \frac{ht}{\left(\frac{dp_x}{d\nu}\right)_0} .$$

Nach dem früher Gesagten ist $\frac{h}{\left(\frac{dp_x}{d\nu}\right)_0}$ gleich der Gruppengeschwindigkeit u_g der Wellengruppe und damit gleich der Geschwindigkeit des Teilchens, in vollkommener Übereinstimmung mit den früheren Darlegungen. Ganz analog liegt die Sache auch für die in Nr. 55 untersuchte Welle bzw. Wellengruppe, die ein frei fallendes Teilchen repräsentiert. —

In dem in den Gleichungen (47) enthaltenen Falle der Zurückwerfung oder des Hindurchtretens eines Teilchens an einer Trennungsfläche, liegt nach der statistischen Interpretation die Sache so, daß in jedem Falle die Wahrscheinlichkeit $\frac{R^2}{E^2}$ dafür besteht, daß das Teilchen zurückgeworfen wird, die Wahrscheinlichkeit $\frac{D^2}{E^2}$ dagegen dafür, daß es durch die Fläche hindurchtritt. Oder, wenn man einen Strom identischer einfallender Teilchen betrachtet, so wird wahrscheinlich der Bruchteil $\frac{R^2}{E^2}$ reflektiert, der Bruchteil $\frac{D^2}{E^2}$ tritt hindurch: Das Einzelergebnis bleibt unbestimmt, für das sich vielmehr nur eine Wahrscheinlichkeit angeben läßt. Und so in allen Fällen, z. B. dem der gewöhnlichen Totalreflexion oder der sogenannten Totalreflexion an einer dünnen Lamelle, d. h. dem möglichen Durchtritt eines Teilchens durch eine Potentialschwelle; die genauere Erörterung sei dem Leser überlassen.

Etwas komplizierter liegen die Verhältnisse beim harmonischen Oszillator, der in Nr. 44 behandelt wurde. In Gleichung (39) des VII. Kapitels auf pag. 281 sind die normierten Eigenfunktionen angegeben:

$$\psi_n(\xi) = \sqrt{\sqrt{\frac{\gamma}{\pi}}\, \frac{1}{2^n n!}}\, e^{-\frac{\xi^2}{2}} H_n(\xi), \tag{59}$$

wobei ξ mit der Elongation x in folgender Weise zusammenhängt:

$$\xi = 2\pi\sqrt{\frac{m_0 \nu_0}{h}}\, x\,; \tag{60}$$

Die ersten Eigenfunktionen sind in Fig. 73 von $n = 0$ bis $n = 5$ dargestellt; durch Multiplikation der Eigenfunktionen mit dem Zeitfaktor

$$e^{-\frac{2\pi i}{h} U_n t} = e^{-2\pi i \nu_0 (n + 1/2) t}$$

gewinnt man die zugehörigen Wellenfunktionen Ψ_n. Die folgende Tabelle enthält die expliziten Ausdrücke für die ersten sechs Eigenfunktionen sowie für die entsprechenden Größen $\psi_n \overset{*}{\psi}_n = \psi_n^2$. Letztere Ausdrücke liefern die Wahrscheinlichkeitsdichte für den Aufenthalt des im n-ten Quantenzustand befindlichen schwingenden Teilchens innerhalb des in Betracht kommenden Bereiches der unabhängigen Variabeln. Diese

Eigenfunktionen ψ_n	Wahrscheinlichkeitsdichte ψ_n^2
$\psi_0 = \pi^{-1/4} e^{-\frac{\xi^2}{2}}$,	$\psi_0^2 = \pi^{-1/2} e^{-\xi^2}$,
$\psi_1 = \pi^{-1/4} \sqrt{2}\, \xi\, e^{-\frac{\xi^2}{2}}$,	$\psi_1^2 = \pi^{-1/2}\, 2\, \xi^2 e^{-\xi^2}$,
$\psi_2 = \frac{\pi^{-1/4}}{\sqrt{2}} (2\xi^2 - 1)\, e^{-\frac{\xi^2}{2}}$,	$\psi_2^2 = \frac{\pi^{-1/2}}{2} (2\xi^2 - 1)^2 e^{-\xi^2}$,
$\psi_3 = \frac{\pi^{-1/4}}{\sqrt{3}} (2\xi^3 - 3\xi)\, e^{-\frac{\xi^2}{2}}$,	$\psi_3^2 = \frac{\pi^{-1/2}}{3} (2\xi^3 - 3\xi)^2 e^{-\xi^2}$,
$\psi_4 = \frac{\pi^{-1/4}}{\sqrt{24}} (4\xi^4 - 12\xi^2 + 3)\, e^{-\frac{\xi^2}{2}}$,	$\psi_4^2 = \frac{\pi^{-1/2}}{24} (4\xi^4 - 12\xi^2 + 3)^2 e^{-\xi^2}$,
$\psi_5 = \frac{\pi^{-1/4}}{\sqrt{60}} (4\xi^5 - 20\xi^3 + 15\xi)\, e^{-\frac{\xi^2}{2}}$,	$\psi_5^2 = \frac{\pi^{-1/2}}{60} (4\xi^5 - 20\xi^3 + 15\xi)^2 e^{-\xi^2}$.

Wahrscheinlichkeitsdichten vergleichen wir mit den klassisch berechneten Wahrscheinlichkeitsdichten für den harmonischen Oszillator gleicher Energie. Unter Rücksicht auf die in (60) angegebene Bedeutung von ξ lautet die Energiegleichung des klassischen Oszillators in dieser Variabeln, wenn er mit der Energie $\left(n + \frac{1}{2}\right) h\nu_0$ schwingt, die dem n-ten Quantenzustande zukommt:

$$\dot{\xi}^2 + 4\pi^2 \nu_0^2 \xi^2 = 4\pi^2 \nu_0^2 (2n + 1)\,. \tag{61}$$

Daraus folgt zunächst für die klassische Amplitude:

$$A_n = \sqrt{2n + 1}\,; \qquad (n = 0, 1, 2, \ldots)\,. \tag{62}$$

Man hat demnach für $n = 0$ bis $n = 5$ die folgenden Amplitudenwerte:

$$(63)\quad \begin{cases} A_0 = 1; \quad A_2 = \sqrt{3} = 1{,}73\, A_0; \quad A_3 = \sqrt{5} = 2{,}24\, A_0; \\ A_4 = \sqrt{7} = 2{,}65\, A_0; \quad A_5 = \sqrt{9} = 3\, A_0; \quad A_6 = \sqrt{11} = 3{,}31\, A_0, \end{cases}$$

Zahlen, die wir nachher benutzen werden[1]). Für die Geschwindigkeit hat man:

$$\frac{d\xi}{dt} = 2\pi\nu_0 \sqrt{2n + 1 - \xi^2}$$
$$= 2\pi\nu_0 \sqrt{A_n^2 - \xi^2},$$

und daraus folgt für die Aufenthaltsdauer dt in dem Element $d\xi$ der Bahn:

$$dt = \frac{d\xi}{2\pi\nu_0 \sqrt{A_n^2 - \xi^2}};$$

die klassische Wahrscheinlichkeit dW_n, daß das Teilchen sich in $d\xi$ befindet, ist dt proportional:

$$dW_n = C\,dt = \frac{C\,d\xi}{2\pi\nu_0 \sqrt{A_n^2 - \xi^2}}.$$

Die Bestimmung des Faktors C ergibt sich aus der Forderung, daß

$\int_{-A_n}^{+A_n} dW_n = 1$ sein muß; das liefert $C = 2\nu_0$. Folglich haben wir für die **klassische Wahrscheinlichkeitsdichte**:

$$(64)\quad \frac{dW_n}{d\xi} = \frac{1}{\pi}\,\frac{1}{\sqrt{A_n^2 - \xi^2}},$$

und diesen Ausdruck wollen wir mit $\psi_n \overset{*}{\psi}_n = \psi_n^2$ nach der vorstehenden Tabelle vergleichen,

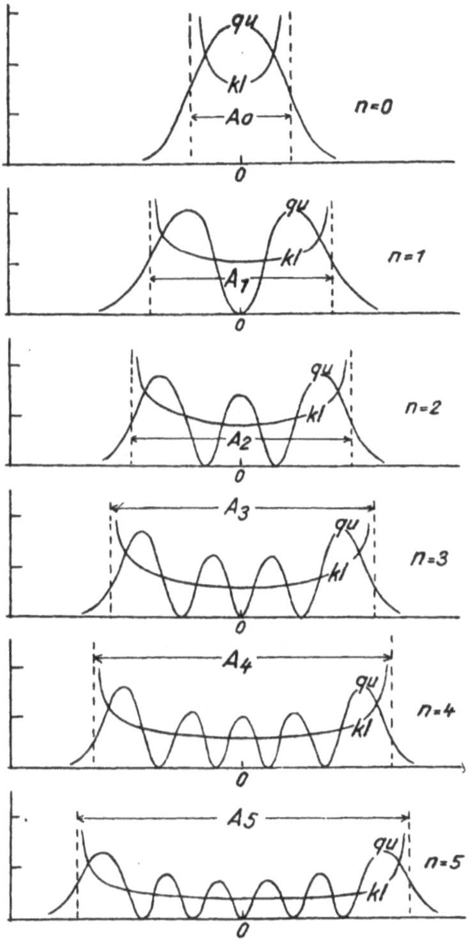

Fig. 87.

was in den folgenden Figuren 87a bis f geschieht. Man sieht, daß für $n = 0$ die beiden in Fig. 87a dargestellten Wahrscheinlichkeitskurven (*kl* und *qu*) einander vollkommen unähnlich sind: Wo die klassische ihr Minimum hat (in der Ruhelage), hat die wellenmechanische ihr Maximum. Man sieht aber ferner — und das ist ganz in der Richtung unserer Erwartung —, daß beide Arten von Kurven einander um so ähnlicher

[1]) Es sind die Abstände der in den Figg. 87a bis f gezeichneten vertikalen gestrichelten Geraden.

werden, zu je höheren Quantenzahlen man übergeht: asymptotisch nähert sich die wellenmechanische Wahrscheinlichkeit der klassischen.

Als letztes Beispiel wollen wir den normalen Zustand des Wasserstoffatoms betrachten, der nach Gleichung (70) des VII. Kapitels auf pag. 289 durch die Eigenfunktion bestimmt ist (r_1 ist der 1. Bohrsche Radius):

$$\psi_{100} = \psi_{1,s} = -\frac{1}{\sqrt{\pi}}\, r_1^{-3/2}\, e^{-\frac{r}{r_1}}. \tag{65}$$

Da diese Funktion reell ist, haben wir für die Wahrscheinlichkeit, das Elektron im Volumelement $d\tau = r^2\, dr \sin\vartheta\, d\vartheta\, d\varphi$ anzutreffen:

$$\psi_{1,s}^2\, d\tau = \frac{1}{\pi}\, r_1^{-3}\, e^{-\frac{2r}{r_1}}\, r^2\, dr \sin\vartheta\, d\vartheta\, d\varphi. \tag{66}$$

Die Größe $\psi_{1,s}^2$ ist, was besonders zu beachten ist, von ϑ und φ unabhängig, hat also Kugelsymmetrie, ein Vorzug gegenüber dem Bohrschen Modell, das eine bestimmte Ebene, die Bahnebene, auszeichnete, wofür aber in den Beobachtungen kein Anhalt vorhanden ist; das Auftreten eines kugelsymmetrischen Grundzustandes ist also berechtigt. Es liegt daher nahe, (66) über eine Kugelfläche zu integrieren; das liefert

$$4\pi\, \psi_{1,s}^2\, r^2\, dr = 4\, r_1^{-3}\, e^{-\frac{2r}{r_1}}\, r^2\, dr, \tag{67}$$

und das ist die Wahrscheinlichkeit, daß das Elektron sich im Abstande r[1]) vom Kern befindet. Dieser Ausdruck hat sein Maximum an der Stelle $r = r_1$, d. h. der wahrscheinlichste Abstand ist gleich dem 1. Bohrschen Radius (obwohl alle Entfernungen r im Normalzustande möglich sind). Die Behauptung des Bohrschen Modells, daß im Grundzustande das Elektron sich im Abstande r_1 vom Kern befindet, hat also wie alle derartigen Aussagen nur mehr einen statistischen Sinn.

59. Gamows Theorie des radioaktiven Zerfalls.

Wegen ihrer besonderen Wichtigkeit wollen wir die in Nr. 57 bereits erwähnte Theorie des radioaktiven Zerfalls bzw. der α-Emission von Gamow etwas genauer besprechen.

Das Gesetz des radioaktiven Zerfalls ist bekanntlich

$$N = N_0\, e^{-\lambda t},$$

wo N_0 die Zahl der zur Zeit 0, N die der zur Zeit t vorhandenen Atome ist; λ ist die sogenannte „Zerfallskonstante", die für jeden einzelnen radioaktiven Stoff charakteristisch ist. Die Teilchen werden mit ganz bestimmten Geschwindigkeiten, also Energien U, ausgeschleudert, und es besteht zwischen λ und U eine empirisch gefundene Beziehung, die von

[1]) Genauer natürlich: zwischen r und $r + dr$.

Geiger und Nuttall und in etwas anderer Form von Swinne angegeben wurde:

$$(68)\qquad \begin{cases} \log\lambda = a + bU & \text{(Geiger-Nuttall)}\,, \\ \log\lambda = a' + b'\sqrt{U} & \text{(Swinne)}\,. \end{cases}$$

a, b bzw. a', b' sind Konstanten für je eine radioaktive Familie, z. B. die Uranfamilie. Innerhalb einer solchen Familie variieren die Zerfallskonstanten um etwa 15 bis 16 Zehnerpotenzen; die Formeln (68) gelten also in einem riesigen Intervalle.

Während es der klassischen Theorie weder gelang, eine brauchbare Vorstellung vom radioaktiven Zerfall noch von der Geiger-Nuttall-Swinneschen Beziehung zu geben, ist die Wellenmechanik auch hier erfolgreich.

Das Problem des radioaktiven Zerfalls ist das folgende: die α-Teilchen sind einerseits durch anziehende Kräfte an den Kern gebunden; wird anderseits ein α-Teilchen ausgeschleudert, so unterliegt es von einer gewissen Entfernung ab einer vom positiv geladenen Kernrest ausgehenden abstoßenden Coulombschen Kraft; in diesem Kraftfelde erhält das Teilchen die Geschwindigkeit bzw. Energie U, die wir messen. Da das Teilchen vor der Ausschleuderung gebunden ist, muß es in einem Potentialminimum liegen. Anders ausgedrückt: Der Kern ist von einem „Potentialberg" umgeben, der nach der klassischen Mechanik verhindern würde, daß das α-Teilchen den Kern — unter Durchdringung dieser Potentialschwelle — verläßt. In der Wellenmechanik ist dies anders, wie wir schon in Nr. 57 sahen: Es besteht stets eine bestimmte Wahrscheinlichkeit für ein materielles Teilchen, einen noch so hohen und breiten Potentialberg zu durchdringen. Das ist auch der Grundgedanke der Gamowschen Theorie der Radioaktivität.

Wir führen nur den einfachsten Fall wirklich aus, indem wir statt eines radialen Feldes ein lineares Feld (parallel der x-Achse) betrachten, wie es der Fig. 86 zugrunde liegt; die Höhe des Potentialberges sei durch das Potential Φ, seine Breite durch die Strecke l gegeben. Das Teilchen falle, von links aus dem Raume 1 kommend, auf die Grenze von 1 und 2 auf, durchdringe den Potentialberg (Raum 2) und trete schließlich in Raum 3 aus. In allen drei Räumen haben wir die Schrödinger-Gleichung anzusetzen, wobei in 1 und 3 natürlich $\Phi = 0$ zu setzen ist; wir haben also, wenn wir auch die Wellenfunktionen durch die Indizes 1 bis 3 unterscheiden, die Lösungen folgender Gleichungen zu suchen:

$$(69)\qquad \begin{cases} \dfrac{d^2\psi_1}{dx^2} + k_1^2\,\psi_1 = 0\,; & k_1^2 = \dfrac{8\,m_0\,\pi^2}{h^2}\,U\;(>0)\,, \\[2ex] \dfrac{d^2\psi_2}{dx^2} - k_2^2\,\psi_2 = 0\,; & k_2^2 = \dfrac{8\,m_0\,\pi^2}{h^2}\,(\Phi - U)\;(>0)\,, \\[2ex] \dfrac{d^2\psi_3}{dx^2} + k_1^2\,\psi_3 = 0\,. & \end{cases}$$

Hier haben wir in der Gleichung für ψ_2 gerade den Fall ($\Phi > U$) herausgegriffen[1]), in dem nach der klassischen Theorie das Teilchen unter keinen Umständen den Potentialberg durchschreiten kann. Zu den Gleichungen treten noch die Grenzbedingungen, die Stetigkeit von ψ und $\frac{d\psi}{dx}$ an den Grenzen der Räume 1 und 2 sowie 2 und 3 fordern. Legen wir den Koordinatenanfang an die Stelle, wo 1 und 2 aneinanderstoßen, so beginnt der Potentialberg bei $x = 0$ und endet bei $x = l$; das liefert also die Grenzbedingungen:

$$(70)\qquad \begin{cases} \left.\begin{aligned} \psi_1 &= \psi_2 , \\ \frac{d\psi_1}{dx} &= \frac{d\psi_2}{dx} , \end{aligned}\right\} \text{ für } x = 0 , \\ \left.\begin{aligned} \psi_2 &= \psi_3 , \\ \frac{d\psi_2}{dx} &= \frac{d\psi_3}{dx} , \end{aligned}\right\} \text{ für } x = l . \end{cases}$$

In den Raumgebieten 1 und 2 tritt außer der einfallenden Welle noch eine reflektierte auf, während in 3 nur eine fortschreitende vorhanden ist. Wir können also als Lösungen ansetzen, indem wir die Amplitude der einfallenden Welle im ersten Medium gleich 1 annehmen:

$$(71)\qquad \begin{cases} \psi_1 = e^{ik_1 x} + B\, e^{-ik_1 x} , \\ \psi_2 = C\, e^{k_2 x} + D\, e^{-k_2 x} , \\ \psi_3 = E\, e^{ik_1 x} . \end{cases}$$

Wegen des negativen Vorzeichens, das in der Differentialgleichung (69) für ψ_2 auftritt, sind die Exponenten in der Amplitudenfunktion ψ_2 reell, während sie bei ψ_1 und ψ_3 imaginär sind: In den Räumen 1 und 3 haben wir also räumlich periodische Zustände, in 2 dagegen eine räumliche Dämpfung, wie man es von der sogenannten „Totalreflexion an einer dünnen Lamelle“ her kennt. Die Grenzbedingungen (70) liefern folgende Beziehungen zwischen den Größen B, C, D, E:

$$(72)\qquad \begin{cases} 1 + B = C + D , \\ i k_1 (1 - B) = k_2 (C - D) , \\ C\, e^{k_2 l} + D\, e^{-k_2 l} = E\, e^{ik_1 l} , \\ k_2 (C\, e^{k_2 l} - D\, e^{-k_2 l}) = i k_1 E\, e^{ik_1 l} ; \end{cases}$$

sie reichen aus, um diese vier Größen zu bestimmen. Von Interesse für uns ist hauptsächlich E, die Amplitude der durch den Potentialberg in 3 ausgetretenen Welle; denn sie liefert uns eine Aussage über die Wahrscheinlichkeit, das Teilchen außerhalb der Potentialschwelle zu finden.

[1]) Dies folgt z. B. sofort aus Gl. (41), wobei nur den veränderten Bezeichnungen Rechnung zu tragen ist.

Aus den beiden letzten Gleichungen (72) findet man folgende Werte für C und D in Abhängigkeit von E:

$$C = \frac{k_2 + i\,k_1}{2\,k_2}\, e^{i k_1 l}\, e^{-k_2 l}\, E\,,$$

$$D = \frac{k_2 - i\,k_1}{2\,k_2}\, e^{i k_1 l}\, e^{+k_2 l}\, E\,.$$

Setzt man diese Ausdrücke in die beiden ersten Gleichungen (72) ein, so folgen die Gleichungen:

$$1 + B = E\, e^{i k_1 l} \left\{ \frac{k_2 + i\,k_1}{2\,k_2}\, e^{-k_2 l} + \frac{k_2 - i\,k_1}{2\,k_2}\, e^{+k_2 l} \right\},$$

$$1 - B = \frac{k_2}{i\,k_1}\, E\, e^{i k_1 l} \left\{ \frac{k_2 + i\,k_1}{2\,k_2}\, e^{-k_2 l} - \frac{k_2 - i\,k_1}{2\,k_2}\, e^{+k_2 l} \right\},$$

aus denen durch Elimination von B sich folgende Gleichung für E ergibt:

$$1 = E\, e^{i k_1 l} \left\{ \mathfrak{Cof}\, k_2 l + i\, \frac{k_2^2 - k_1^2}{2\,k_1 k_2}\, \mathfrak{Sin}\, k_2 l \right\}.$$

Fügt man dazu diejenige für den konjugiert komplexen Wert $\overset{*}{E}$:

$$1 = \overset{*}{E}\, e^{-i k_1 l} \left\{ \mathfrak{Cof}\, k_2 l - i\, \frac{k_2^2 - k_1^2}{2\,k_1 k_2}\, \mathfrak{Sin}\, k_2 l \right\},$$

so finden wir für den uns interessierenden Wert $E\overset{*}{E}$ nach einigen Umformungen:

$$E\overset{*}{E} = \frac{4\,k_1^2\,k_2^2}{(k_2^2 + k_1^2)^2\, \mathfrak{Cof}^2\, k_2 l - (k_2^2 - k_1^2)^2}\,. \tag{73}$$

Diese Gleichung können wir vereinfachen, indem wir voraussetzen, daß $k_2 l$ sehr groß ist; dann geht $\mathfrak{Cof}^2\, k_2 l$ über in $e^{2 k_2 l}$ und $(k_2^2 - k_1^2)^2$ kann im Nenner gegen das erste Glied vernachlässigt werden. So folgt angenähert, wenn wir noch die Werte für k_1^2 und k_2^2 aus (69) einsetzen:

$$E\overset{*}{E} = \frac{U\,(\Phi - U)}{\Phi^2}\, e^{-2 k_2 l} = \frac{U\,(\Phi - U)}{\Phi^2}\, e^{-\frac{4\pi l}{h}\sqrt{2 m_0}\,\sqrt{\Phi - U}}\,. \tag{74}$$

Nach dem in der vorhergehenden Nummer entwickelten Grundsatze ist $E\overset{*}{E}$ die Wahrscheinlichkeit dafür, das Teilchen außerhalb der Potentialschwelle zu treffen, d. h. die Wahrscheinlichkeit dafür, daß das α-Teilchen vom Kern ausgeschleudert wird. Oder auch: $E\overset{*}{E}$ ist proportional der Zahl der etwa pro Sekunde ausgeschleuderten α-Teilchen. Nennen wir N die Zahl der Teilchen im Raum 1, so ist $N E\overset{*}{E}$ die Zahl der ausgetretenen Teilchen. N muß also zeitlich abnehmen, und zwar ist offenbar gerade[1]):

$$-\frac{dN}{dt} = N E\overset{*}{E}\,,$$

[1]) Wir dürften demnach im Raum 1 den Ansatz (71) für ψ_1 eigentlich nicht machen, da in ihm die Amplituden 1 und B als zeitlich konstant angenommen sind, sondern müßten zeitlich gedämpfte Wellen ansetzen. Diese genauere Rechnung liefert aber im wesentlichen das gleiche Resultat wie die obige einfache Betrachtung.

was integriert liefert:

(75) $$N = N_0 e^{-E\overset{*}{E}t} = N_0 e^{-\lambda t}.$$

Damit aber haben wir das Gesetz des radioaktiven Zerfalls gefunden und gleichzeitig festgestellt, daß die in (74) bestimmte Größe $E\overset{*}{E}$ die Zerfallskonstante λ ist. Durch Logarithmieren finden wir also:

(76) $$\log \lambda = \log \frac{U(\Phi - U)}{\Phi^2} - \frac{4\pi l \sqrt{2m_0}}{h} \sqrt{\Phi - U}.$$

Der erste Ausdruck rechts ist innerhalb einer radioaktiven Familie nahezu konstant, namentlich da der Logarithmus darauf hinwirkt, die Änderung von $\frac{U(\Phi - U)}{\Phi^2}$ unmerklich zu machen; wir können also den ersten Ausdruck rechts nahezu als konstant betrachten. Dann folgt also die Gleichung:

(77) $$\log \lambda = a' + b' \sqrt{\Phi - U},$$

die einen Zusammenhang zwischen λ und U darstellt und nahezu mit der Swinneschen Form der Gleichung (68) zusammenfällt; sie ist ebenso geeignet zur Darstellung der Beobachtung wie diese oder die Geiger-Nuttallsche Form.

Damit ist das bedeutsame Resultat erzielt, daß wir ein Verständnis sowohl für den radioaktiven Zerfall wie die merkwürdige Gesetzmäßigkeit (68) desselben gewonnen haben. Im übrigen ist diese Gamowsche Idee natürlich nicht auf den radioaktiven Zerfall beschränkt, sondern kann überall dort Anwendung finden, wo es sich um die Überwindung einer Potentialschwelle handelt, z. B. beim Austritt von Elektronen aus einem Metall usw.

60. Mittelwerte; das Schwerpunktstheorem von Ehrenfest.

Nach dem Vorhergehenden ist die Größe $\Psi\overset{*}{\Psi}$ als die „Verteilungsfunktion" einer Gesamtheit voneinander unabhängiger Systeme zu betrachten, und die Aufgabe jeder Verteilungsfunktion ist es, die Berechnung von (beobachtbaren) Mittelwerten zu ermöglichen. Nennen wir eine Koordinate eines Systems q_k, so ist ihr Mittelwert[1] $\overline{q_k}$ gegeben durch die Definition:

(78) $$\overline{q_k} = \frac{\int q_k \Psi \overset{*}{\Psi} d\tau}{\int \Psi \overset{*}{\Psi} d\tau} = \int q_k \Psi \overset{*}{\Psi} d\tau,$$

und ganz entsprechend werden Potenzen von q_k gemittelt:

(79) $$\overline{q_k^\alpha} = \int q_k^\alpha \Psi \overset{*}{\Psi} d\tau.$$

[1]) Statt „Mittelwert" sagt man häufig auch „Erwartungswert".

Mit Hilfe dieser Mittelwertansätze ist es z. B. möglich, für das H-Atom die Mittelwerte der Potenzen des Elektronenabstandes r vom Kern zu bestimmen, d. h. die Größen $\bar{r}$, $\overline{r^2}$, $\overline{\frac{1}{r}}$, $\overline{\frac{1}{r^2}}$ usw., die zuweilen gebraucht werden. Auf die gleiche Weise hat man Mittelwerte von Koordinatenfunktionen zu bilden; sei $f(q_k)$ eine solche, so ist ihr Mittelwert:

$$\overline{f(q_k)} = \int f(q_k)\,\Psi\,\overset{*}{\Psi}\,d\tau\,. \tag{80}$$

Es erhebt sich jetzt die Frage, wie der Mittelwert von Impulsen bzw. von Funktionen der Impulse zu bilden ist. In einem einfachen Falle, nämlich wenn wir q_k gleich einer der kartesischen Koordinaten x, y, z setzen, können wir diese Frage unzweideutig beantworten; denn wir haben ja dann nach (78) offenbar für den Mittelwert einer kartesischen Koordinate:

$$\bar{x} = \int x\,\Psi\,\overset{*}{\Psi}\,d\tau\,,$$

also[1])

$$\frac{d\bar{x}}{dt} = \left(\overline{\frac{dx}{dt}}\right) = \int x\left(\Psi\,\frac{\partial\overset{*}{\Psi}}{\partial t} + \overset{*}{\Psi}\,\frac{\partial\Psi}{\partial t}\right)d\tau\,,$$

oder, wenn wir beiderseits mit m_0 erweitern und $m_0\left(\overline{\frac{dx}{dt}}\right) = \overline{p_x}$, d. h. der x-Komponente des Impulses, setzen:

$$\overline{p_x} = m_0\int x\left(\Psi\,\frac{\partial\overset{*}{\Psi}}{\partial t} + \overset{*}{\Psi}\,\frac{\partial\Psi}{dt}\right)d\tau\,. \tag{81}$$

Von dieser sicher richtigen Gleichung wollen wir ausgehen, um sie in eine verallgemeinerungsfähige Form zu bringen. Zunächst setzen wir in (81) diejenigen Werte von $\frac{\partial\Psi}{\partial t}$ und $\frac{\partial\overset{*}{\Psi}}{\partial t}$ ein, die aus den zeitabhängigen Schrödinger-Gleichungen (53) und (54) des VI. Kapitels folgen:

$$\left\{\begin{aligned}\frac{\partial\Psi}{\partial t} &= \frac{h}{4\pi m_0 i}\left(-\Delta\Psi + \frac{8 m_0\pi^2}{h^2}\,\Phi\,\Psi\right),\\ \frac{\partial\overset{*}{\Psi}}{\partial t} &= \frac{h}{4\pi m_0 i}\left(\Delta\overset{*}{\Psi} - \frac{8 m_0\pi^2}{h^2}\,\Phi\,\overset{*}{\Psi}\right).\end{aligned}\right. \tag{82}$$

Damit wird die Ausgangsgleichung (81):

$$\overline{p_x} = \frac{h}{4\pi i}\int\left\{\Psi\left(\Delta\overset{*}{\Psi} - \frac{8 m_0\pi^2}{h^2}\,\Phi\,\overset{*}{\Psi}\right) + \overset{*}{\Psi}\left(-\Delta\Psi + \frac{8 m_0\pi^2}{h^2}\,\Phi\,\Psi\right)\right\}d\tau\,,$$

die sich sofort vereinfacht zu:

$$\overline{p_x} = \frac{h}{4\pi i}\int x\{\Psi\,\Delta\overset{*}{\Psi} - \overset{*}{\Psi}\Delta\Psi\}\,d\tau\,. \tag{83}$$

---

[1]) x ist als zeitunabhängig zu betrachten; denn es ist im Sinne der Wellenmechanik unabhängige Variable, nicht, wie in der klassischen Mechanik, abhängige Variable!

In diesem Ausdruck treten Integrale auf von der Form

$$\text{(84a)}\qquad \int x\left(\Psi\frac{\partial^2\overset{*}{\Psi}}{\partial x^2}-\overset{*}{\Psi}\frac{\partial^2\Psi}{\partial x^2}\right)d\tau,$$

und

$$\text{(84b)}\qquad \int x\left(\Psi\frac{\partial^2\overset{*}{\Psi}}{\partial y^2}-\overset{*}{\Psi}\frac{\partial^2\Psi}{\partial y^2}\right)d\tau,$$

bzw. ein ähnliches Glied, in dem y mit z vertauscht ist. Gleichung (84a) aber kann der Reihe nach geschrieben werden:

$$\int x\left(-\overset{*}{\Psi}\frac{\partial^2\Psi}{\partial x^2}+\Psi\frac{\partial^2\overset{*}{\Psi}}{\partial x^2}\right)d\tau=\int\frac{\partial}{\partial x}\left\{x\left(-\overset{*}{\Psi}\frac{\partial\Psi}{\partial x}+\Psi\frac{\partial\overset{*}{\Psi}}{\partial x}\right)\right\}d\tau$$
$$-\int\left(-\overset{*}{\Psi}\frac{\partial\Psi}{\partial x}+\Psi\frac{\partial\overset{*}{\Psi}}{\partial x}\right)d\tau.$$

Wendet man auf das erste der rechts stehenden Integrale den ersten Greenschen Satz[1]) an, so folgt:

$$\int x\left(-\overset{*}{\Psi}\frac{\partial^2\Psi}{\partial x}+\Psi\frac{\partial^2\overset{*}{\Psi}}{\partial x^2}\right)d\tau=\int x\left(-\overset{*}{\Psi}\frac{\partial\Psi}{\partial x}+\Psi\frac{\partial\overset{*}{\Psi}}{\partial x}\right)\cos(n\,x)\,dS$$
$$-\int\left(-\overset{*}{\Psi}\frac{\partial\Psi}{\partial x}+\Psi\frac{\partial\overset{*}{\Psi}}{\partial x}\right)d\tau,$$

wobei dS ein Oberflächenelement des Raumes τ und n seine äußere Normale bedeuten. Lassen wir die Oberfläche S ins Unendliche rücken, so verschwindet das Oberflächenintegral, weil wir für die Eigenfunktionen stets hinreichend starkes Verschwinden im Unendlichen vorausgesetzt haben. Es folgt also für das Integral (84a):

$$\text{(85)}\qquad \int x\left(-\overset{*}{\Psi}\frac{\partial^2\Psi}{\partial x^2}+\Psi\frac{\partial^2\overset{*}{\Psi}}{\partial x^2}\right)d\tau=-\int\left(-\overset{*}{\Psi}\frac{\partial\Psi}{\partial x}+\Psi\frac{\partial\overset{*}{\Psi}}{\partial x}\right)d\tau.$$

Die Integrale vom Typus (84b) lassen sich folgendermaßen behandeln:

$$\int x\left(-\overset{*}{\Psi}\frac{\partial^2\Psi}{\partial y^2}+\Psi\frac{\partial^2\overset{*}{\Psi}}{\partial y^2}\right)d\tau=\int x\frac{\partial}{\partial y}\left(-\overset{*}{\Psi}\frac{\partial\Psi}{\partial y}+\Psi\frac{\partial\overset{*}{\Psi}}{\partial y}\right)d\tau$$
$$=\int\frac{\partial}{\partial y}\left\{x\left(-\overset{*}{\Psi}\frac{\partial\Psi}{\partial y}+\Psi\frac{\partial\overset{*}{\Psi}}{\partial y}\right)\right\}d\tau,$$

und das liefert durch Anwendung des ersten Greenschen Satzes wieder den Wert 0, wenn man die Oberfläche ins Unendliche rücken läßt. Die Integrale vom Typus (84b) verschwinden also. Demgemäß bleibt in (83) nach (85) nur folgendes übrig:

$$\text{(86)}\qquad \overline{p_x}=-\frac{h}{4\pi i}\int\left(-\overset{*}{\Psi}\frac{\partial\Psi}{\partial x}+\Psi\frac{\partial\overset{*}{\Psi}}{\partial x}\right)d\tau.$$

Dazu können wir das verschwindende Integral:

$$\text{(87)}\qquad 0=\frac{h}{4\pi i}\int\left(\overset{*}{\Psi}\frac{\partial\Psi}{\partial x}+\Psi\frac{\partial\overset{*}{\Psi}}{\partial x}\right)d\tau$$

---

[1]) Vgl. Bd. I, pag. 526ff.

hinzuaddieren; daß dieses tatsächlich den Wert 0 hat, folgt wiederum, indem man es mit Hilfe des ersten Greenschen Satzes in ein Oberflächenintegral umwandelt. Die Addition von (86) und (87) liefert nun:

(88) $$\overline{p_x} = \frac{h}{2\pi i}\int \overset{*}{\Psi} \frac{\partial \Psi}{\partial x}\, d\tau$$ [1].

Die Gleichung können wir auch so schreiben:

(89) $$\overline{p_x} = \int \overset{*}{\Psi} \left(\frac{h}{2\pi i}\, \frac{\partial}{\partial x}\right) \Psi\, d\tau\,,$$

wobei $\frac{h}{2\pi i}\, \frac{\partial}{\partial x}$ als Operator auf Ψ wirkt. Nun erinnern wir uns, daß wir schon bei Ableitung der Wellengleichung den Impuls $p_x, \ldots$ durch den Operator $\frac{h}{2\pi i}\, \frac{\partial}{\partial x}, \ldots$ ersetzten, und das legt es nahe, gerade die Form (89) als geeignete Darstellung des Impulsmittelwertes zu betrachten; der Impuls ist dann unter dem Integralzeichen durch den eben genannten Operator zu ersetzen. Allgemein werden wir also den Mittelwert des Impulses p_k zu definieren haben durch die Gleichung:

(90) $$\overline{p_k} = \int \overset{*}{\Psi} \left(\frac{h}{2\pi i}\, \frac{\partial}{\partial q_k}\right) \Psi\, d\tau = \frac{h}{2\pi i}\int \overset{*}{\Psi} \frac{\partial \Psi}{\partial q_k}\, d\tau\,.$$

Haben wir es nun mit einer Funktion $g\,(p_k)$ der Impulse zu tun, so werden wir sinngemäß zuerst in g den Impuls p_k durch den Operator $\frac{h}{2\pi i}\, \frac{\partial}{\partial q_k}$ ersetzen und den Mittelwert $\overline{g\,(p_k)}$ in folgender Weise bilden:

(91) $$\overline{g\,(p_k)} = \int \overset{*}{\Psi}\, g \left(\frac{h}{2\pi i}\, \frac{\partial}{\partial q_k}\right) \Psi\, d\tau\,.$$

Diese Gleichung verallgemeinert sich leicht für den Fall, daß eine Funktion sowohl die Koordinaten q_k als die Impulse p_k enthält; für den Mittelwert einer solchen finden wir:

(92) $$\overline{g\,(p_k, q_k)} = \int \overset{*}{\Psi}\, g \left(\frac{h}{2\pi i}\, \frac{\partial}{\partial q_k}\,,\, q_k\right) \Psi\, d\tau\,.$$

Es ist bei den Definitionen (89) bis (92) wohl zu beachten, daß die Reihenfolge der Faktoren wesentlich ist. Denn der Operator $\frac{h}{2\pi i}\, \frac{\partial}{\partial q_k}$ wirkt auf alles, was ihm f o l g t. Es wäre also durchaus f a l s c h, statt (89) zu schreiben:

$$\overline{p_x} = \int \frac{h}{2\pi i}\, \frac{\partial}{\partial x}\, \Psi \overset{*}{\Psi}\, d\tau \quad \text{oder} \quad \overline{p_x} = \int \Psi \frac{h}{2\pi i}\, \frac{\partial \overset{*}{\Psi}}{\partial x}\, d\tau$$ [2],

---

[1]) Durch Subtraktion von (86) und (87) erhält man die zu (88) symmetrische Form:

(88a) $$\overline{p_x} = -\frac{h}{2\pi i}\int \Psi \frac{\partial \overset{*}{\Psi}}{\partial x}\, d\tau\,.$$

[2]) Aus (88a) folgt aber, daß

$$\overline{p_x} = -\int \Psi \left(\frac{h}{2\pi i}\, \frac{\partial}{\partial x}\right) \overset{*}{\Psi}\, d\tau$$

ist; vertauschen der Plätze von Ψ und $\overset{*}{\Psi}$ ergibt also den n e g a t i v e n Wert von $\overline{p_x}$. Man kann also ebenso gut den Operator $-\frac{h}{2\pi i}\, \frac{\partial}{\partial x}$ auf die konjugiert komplexe Funktion $\overset{*}{\Psi}$ als Impulsoperator benutzen, was unter Umständen einmal bequemer sein kann.

Es ist also die Reihenfolge bei den Mittelwerten, bei denen Impulse beteiligt sind, stets zu beachten; zweckmäßig ist es deshalb auch, die Mittelwerte für die Koordinaten, bei denen die Reihenfolge (sozusagen zufällig) gleichgültig ist, in der gleichen Anordnung zu schreiben, also z. B.

$$\overline{q_k} = \int \overset{*}{\Psi} q_k \Psi \, d\tau \quad \text{usw.}$$

Wir gehen nunmehr zum Beweise eines Satzes von P. Ehrenfest über, der ein neues Licht auf das Verhältnis von Newtonscher und Wellenmechanik wirft. Wir können die nach (78) gebildete Größe

$$\bar{x} = \int \overset{*}{\Psi} x \Psi \, d\tau \tag{93}$$

offenbar als die x-Koordinate des statistischen Schwerpunktes der ins Auge gefaßten Gesamtheit von Systemen betrachten, und die x-Komponente der Geschwindigkeit des Schwerpunktes finden wir nach (86):

$$\frac{d\bar{x}}{dt} = -\frac{h}{4\pi m_0 i} \int \left(-\overset{*}{\Psi} \frac{\partial \Psi}{\partial x} + \Psi \frac{\partial \overset{*}{\Psi}}{\partial x} \right) d\tau . \tag{94}$$

An diese Gleichung knüpfen wir an, indem wir die x-Komponente der Schwerpunktsbeschleunigung durch nochmalige Differentiation nach t bilden:

$$\left\{ \begin{aligned} \frac{d^2\bar{x}}{dt^2} = &-\frac{h}{4\pi m_0 i} \int \left(-\frac{\partial \overset{*}{\Psi}}{\partial t} \frac{\partial \Psi}{\partial x} + \frac{\partial \Psi}{\partial t} \frac{\partial \overset{*}{\Psi}}{\partial x} \right) d\tau \\ &-\frac{h}{4\pi m_0 i} \int \left(-\overset{*}{\Psi} \frac{\partial^2 \Psi}{\partial x \partial t} + \Psi \frac{\partial^2 \overset{*}{\Psi}}{\partial x \partial t} \right) d\tau . \end{aligned} \right. \tag{95}$$

Der Integrand im zweiten Integrale rechts läßt sich transformieren:

$$\begin{aligned} -\overset{*}{\Psi} \frac{\partial^2 \Psi}{\partial x \partial t} + \Psi \frac{\partial^2 \overset{*}{\Psi}}{\partial x \partial t} = &\frac{\partial}{\partial x} \left(-\overset{*}{\Psi} \frac{\partial \Psi}{\partial t} + \Psi \frac{\partial \overset{*}{\Psi}}{\partial t} \right) \\ &+ \left(-\frac{\partial \Psi}{\partial x} \frac{\partial \overset{*}{\Psi}}{\partial t} + \frac{\partial \overset{*}{\Psi}}{\partial x} \frac{\partial \Psi}{\partial t} \right). \end{aligned}$$

Damit läßt sich (95) schreiben:

$$\begin{aligned} m_0 \frac{d^2\bar{x}}{dt^2} = &-\frac{h}{2\pi i} \int \left(-\frac{\partial \overset{*}{\Psi}}{\partial t} \frac{\partial \Psi}{\partial x} + \frac{\partial \Psi}{\partial t} \frac{\partial \overset{*}{\Psi}}{\partial x} \right) d\tau \\ &-\frac{h}{4\pi i} \int \frac{\partial}{\partial x} \left(-\overset{*}{\Psi} \frac{\partial \Psi}{\partial t} + \Psi \frac{\partial \overset{*}{\Psi}}{\partial t} \right) d\tau . \end{aligned}$$

Durch Anwendung des 1. Greenschen Satzes läßt sich wieder das zweite Integral in ein Oberflächenintegral verwandeln, das verschwindet. Folglich besteht die Gleichung:

$$m_0 \frac{d^2\bar{x}}{dt^2} = \frac{h}{2\pi i} \int \left(-\frac{\partial \Psi}{\partial t} \frac{\partial \overset{*}{\Psi}}{\partial x} + \frac{\partial \overset{*}{\Psi}}{\partial t} \frac{\partial \Psi}{\partial x} \right) d\tau . \tag{96}$$

Hierin führt man die Werte von $\frac{\partial \Psi}{\partial t}$ und $\frac{\partial \overset{*}{\Psi}}{\partial t}$ gemäß (82) aus der zeitabhängigen Schrödinger-Gleichung ein und erhält dann:

$$m_0 \ddot{\bar{x}} = \frac{h}{8 m_0 \pi^2} \int \left\{ - \frac{\partial \Psi}{\partial x} \left(\Delta \overset{*}{\Psi} - \frac{8 m_0 \pi^2}{h^2} \Phi \overset{*}{\Psi} \right) d\tau \right.$$
$$\left. + \frac{\partial \overset{*}{\Psi}}{\partial x} \left(- \Delta \Psi + \frac{8 m_0 \pi^2}{h^2} \Phi \Psi \right) \right\} d\tau ,$$

oder in anderer Anordnung:

$$(97) \quad m_0 \ddot{\bar{x}} = \int \Phi \left(\frac{\partial \Psi}{\partial x} \overset{*}{\Psi} + \Psi \frac{\partial \overset{*}{\Psi}}{\partial x} \right) d\tau - \frac{h^2}{8 m_0 \pi^2} \int \left(\frac{\partial \Psi}{\partial x} \Delta \overset{*}{\Psi} + \frac{\partial \overset{*}{\Psi}}{d x} \Delta \Psi \right) d\tau .$$

Das letzte Integral rechts ist nun, wie man leicht sieht, identisch mit dem folgenden:

$$\int \left\{ \frac{\partial}{\partial x} \left(\frac{\partial \Psi}{\partial x} \frac{\partial \overset{*}{\Psi}}{\partial x} - \frac{\partial \Psi}{\partial y} \frac{\partial \overset{*}{\Psi}}{\partial y} - \frac{\partial \Psi}{\partial z} \frac{\partial \overset{*}{\Psi}}{\partial z} \right) + \frac{\partial}{\partial y} \left(\frac{\partial \Psi}{\partial x} \frac{\partial \overset{*}{\Psi}}{\partial y} + \frac{\partial \Psi}{\partial y} \frac{\partial \overset{*}{\Psi}}{\partial x} \right) \right.$$
$$\left. + \frac{\partial}{\partial z} \left(\frac{\partial \Psi}{\partial x} \frac{\partial \overset{*}{\Psi}}{\partial z} + \frac{\partial \Psi}{\partial z} \frac{\partial \overset{*}{\Psi}}{\partial x} \right) \right\} d\tau ,$$

und dies läßt sich nach dem Greenschen Satze wieder zum Verschwinden bringen. Gleichung (97) wird also einfacher:

$$m_0 \ddot{\bar{x}} = \int \Phi \frac{\partial}{\partial x} (\Psi \overset{*}{\Psi}) \, d\tau = \int \frac{\partial}{\partial x} (\Phi \Psi \overset{*}{\Psi}) \, d\tau - \int \frac{\partial \Phi}{\partial x} \Psi \overset{*}{\Psi} \, d\tau .$$

Das Integral $\int \frac{\partial}{\partial x} (\Phi \Psi \overset{*}{\Psi}) \, d\tau$ verschwindet aber, wie man immer nach der gleichen Methode zeigt; also folgt schließlich:

$$(98) \qquad m_0 \frac{d^2 \bar{x}}{dt^2} = - \overline{\frac{\partial \Phi}{\partial x}} ,$$

wenn man die Vorschrift (80) zur Bildung des Mittelwertes einer Koordinatenfunktion beachtet. Gleichung (98) aber ist die Grundgleichung der Newtonschen Mechanik: der statistische Schwerpunkt einer Gesamtheit unabhängiger und identischer Systeme bewegt sich daher der Newtonschen Mechanik entsprechend.

Auf analoge Weise läßt sich zeigen, daß in diesem statistischen Sinne auch der Energiesatz, der Drehimpulssatz, Virialsatz usw. Gültigkeit haben.

61. Die Rolle der Operatoren der Wellenmechanik.

Bereits in den Nummern 38 und 39 hatten wir darauf hingewiesen, daß man die Schrödingersche Wellengleichung aus der Hamilton-Jacobischen Differentialgleichung der klassischen Mechanik erhält, indem man statt der Impulse $p_x, \ldots$ die Operatoren $\frac{h}{2\pi i} \frac{\partial}{\partial x}, \ldots$, statt der Energie U den Operator $-\frac{h}{2\pi i} \frac{\partial}{\partial t}$ in die Hamilton-Jacobische Gleichung einführen muß. Die genannten Operatoren wirken auf die Wellenfunktion Ψ. Auf diese Weise entsteht aus der Hamiltonschen Funktion selbst ein Operator, den man als „Hamiltonschen Operator" bezeichnet und den man dann auf eine Funktion Ψ wirken läßt; ebenso wird die Energie U durch den Energieoperator ersetzt, der auf die gleiche Funktion wirkt. Wir können das durch die symbolischen Gleichungen andeuten:

$$(99)\qquad \begin{cases} H(p_k, \ldots q_k \ldots) \longrightarrow H\left(\frac{h}{2\pi i}\frac{\partial}{\partial q_k}, \ldots q_k \ldots\right), \\ U \longrightarrow -\frac{h}{2\pi i}\frac{\partial}{\partial t}. \end{cases}$$

Wenn man als Operationszeichen für die Operatoren die Buchstaben H und U beibehält, was vorteilhaft ist, um die Herkunft der Operatoren stets ins Gedächtnis zurückzurufen, ist es zweckmäßig, wenn man sie auf eine Funktion Ψ wirken lassen will, Operationszeichen und Funktion durch ein Komma zu trennen. Wir können demgemäß die zeitabhängige Wellengleichung schreiben:

$$(100)\qquad H, \Psi - U, \Psi = 0,$$

was man durch Ausrechnung leicht bestätigt. Die zeitunabhängige Schrödinger-Gleichung erhält man offenbar, indem man U, Ψ durch das Produkt $U\Psi$ ersetzt; denn es gilt ja:

$$\Psi = \psi e^{-\frac{2\pi i}{h} U t},$$

und nach (99) ist

$$U, \Psi = -\frac{h}{2\pi i}\frac{\partial}{\partial t}\left(\psi e^{-\frac{2\pi i}{h} U t}\right) = U\Psi;$$

also haben wir in der Tat, nach Kürzung durch den gemeinsamen Faktor $e^{-\frac{2\pi i}{h} U t}$:

$$(100\text{a})\qquad H, \psi = U\psi,$$

wie behauptet war.

Wir haben also die Hamiltonsche Funktion H, die Energie U und die Impulse p_k durch Operatoren ersetzt. Wir können auch sagen, daß wir die in $H(p_k, q_k)$ vorkommenden Koordinaten q_k stillschweigend schon durch einen Operator ersetzt haben, indem wir statt einer Koordinate q_k, einen Operator q_k substituiert haben, der so beschaffen ist, daß Wirkung des Operators q_k auf eine Funktion ψ identisch ist mit Multiplikation der Funktion ψ mit der Koordinate q_k:

$$(101)\qquad q_k, \psi = q_k \psi.$$

Man kann also sagen, daß die Wellenmechanik sich dadurch von der klassischen Mechanik unterscheidet, daß wir statt jeder mechanischen Größe der letzteren einen geeigneten Operator einführen, der auf eine Funktion wirkt. In der Tat genügen die Festsetzungen, die wir in den Gleichungen (99) und (101) getroffen haben, um alle klassischen Größen durch Operatoren zu ersetzen. Dies wollen wir im folgenden für zwei Beispiele etwas näher ausführen.

Die x-Komponente des Drehimpulses $\mathfrak{D}$ wird in der klassischen Mechanik definiert durch:

$$\mathfrak{D}_x = [\mathfrak{r}\,\mathfrak{p}]_x = y\,p_z - z\,p_y\,, \tag{102}$$

wenn $\mathfrak{r}$ der Ortsvektor, $\mathfrak{p}$ der lineare Impuls, p_x, p_y, p_z seine Komponenten sind. Nach dem obigen haben wir in der Wellenmechanik folgende Operatoren an die Stelle von $\mathfrak{D}_x$, $\mathfrak{D}_y$, $\mathfrak{D}_z$ zu setzen:

$$(103)\quad \left\{\begin{aligned} \mathfrak{D}_x &= \frac{h}{2\pi i}\left(y\frac{\partial}{\partial z} - z\frac{\partial}{\partial y}\right), \\ \mathfrak{D}_y &= \frac{h}{2\pi i}\left(z\frac{\partial}{\partial x} - x\frac{\partial}{\partial z}\right), \\ \mathfrak{D}_z &= \frac{h}{2\pi i}\left(x\frac{\partial}{\partial y} - y\frac{\partial}{\partial x}\right). \end{aligned}\right.$$

Und wenn wir einen von ihnen, z. B. $\mathfrak{D}_x$, auf eine Funktion f wirken lassen wollen, so haben wir zu schreiben:

$$\mathfrak{D}_x, f = \frac{h}{2\pi i}\left(y\frac{\partial f}{\partial z} - z\frac{\partial f}{\partial y}\right) \text{ usw.} \tag{104}$$

Natürlich kann man die Ausdrücke (103) auf andere Koordinaten, z. B. Polarkoordinaten, umrechnen, was wir im folgenden tun wollen. Man hat dabei die Funktion f zu betrachten als abhängig von r, ϑ, φ; zur Umrechnung dienen die aus den gewöhnlichen Definitionsgleichungen der Polarkoordinaten durch Auflösung nach diesen Variabeln entstehenden Gleichungen:

$$(105)\quad \left\{\begin{aligned} r^2 &= x^2 + y^2 + z^2\,, \\ \varphi &= \operatorname{arc\,tang}\frac{y}{x}\,, \\ \vartheta &= \operatorname{arc\,cos}\frac{z}{\sqrt{x^2+y^2+z^2}}\,. \end{aligned}\right.$$

Elementare Umrechnung liefert folgendes Ergebnis:

$$(106)\quad \left\{\begin{aligned} \mathfrak{D}_x &= \frac{h}{2\pi i}\left\{-\sin\varphi\frac{\partial}{\partial\vartheta} - \operatorname{cotg}\vartheta\cos\varphi\frac{\partial}{\partial\varphi}\right\}, \\ \mathfrak{D}_y &= \frac{h}{2\pi i}\left\{\cos\varphi\frac{\partial}{\partial\vartheta} - \operatorname{cotg}\vartheta\sin\varphi\frac{\partial}{\partial\varphi}\right\}, \\ \mathfrak{D}_z &= \frac{h}{2\pi i}\,\frac{\partial}{\partial\varphi}\,. \end{aligned}\right.$$

Aus (106) ergibt sich folgerichtig, daß wir das Quadrat einer Drehimpulskomponente, z. B. $\mathfrak{D}_x^2$ zu definieren haben durch den Operator:

$$\mathfrak{D}_x^2 = \left(\frac{h}{2\pi i}\right)^2\left(\sin\varphi\frac{\partial}{\partial\vartheta} + \operatorname{cotg}\vartheta\cos\varphi\frac{\partial}{\partial\varphi}\right)\left(\sin\varphi\frac{\partial}{\partial\vartheta} + \operatorname{cotg}\vartheta\cos\varphi\frac{\partial}{\partial\varphi}\right).$$

Zwei entsprechende gelten für $\mathfrak{D}_y^2$ und $\mathfrak{D}_z^2$. Die Ausrechnung ergibt für diese Operatoren:

$$
(107)\quad \begin{cases}
\mathfrak{D}_x^2 = -\dfrac{h^2}{4\pi^2}\Big\{\sin^2\varphi\,\dfrac{\partial^2}{\partial\vartheta^2} + \operatorname{cotg}^2\vartheta\cos^2\varphi\,\dfrac{\partial^2}{\partial\varphi^2} \\
\qquad + 2\operatorname{cotg}\vartheta\sin\varphi\cos\varphi\,\dfrac{\partial^2}{\partial\vartheta\,\partial\varphi} + \operatorname{cotg}\vartheta\cos^2\varphi\,\dfrac{\partial}{\partial\vartheta} \\
\qquad - \dfrac{\sin\varphi\cos\varphi}{\sin^2\vartheta}(1+\cos^2\vartheta)\,\dfrac{\partial}{\partial\varphi}\Big\}, \\
\mathfrak{D}_y^2 = -\dfrac{h^2}{4\pi^2}\Big\{\cos^2\varphi\,\dfrac{\partial^2}{\partial\vartheta^2} + \operatorname{cotg}^2\vartheta\cos^2\varphi\,\dfrac{\partial^2}{\partial\varphi^2} \\
\qquad - 2\operatorname{cotg}\vartheta\sin\varphi\cos\varphi\,\dfrac{\partial^2}{\partial\vartheta\,\partial\varphi} + \operatorname{cotg}\vartheta\sin^2\varphi\,\dfrac{\partial}{\partial\vartheta} \\
\qquad + \dfrac{\sin\varphi\cos\varphi}{\sin^2\vartheta}(1+\cos^2\vartheta)\,\dfrac{\partial}{\partial\varphi}\Big\}, \\
\mathfrak{D}_z^2 = -\dfrac{h^2}{4\pi^2}\,\dfrac{\partial^2}{\partial\varphi^2}.
\end{cases}
$$

Addition dieser drei Ausdrücke liefert für den Operator $\mathfrak{D}^2 = \mathfrak{D}_x^2 + \mathfrak{D}_y^2 + \mathfrak{D}_z^2$ die Formel:

$$
(108)\qquad \mathfrak{D}^2 = -\frac{h^2}{4\pi^2}\left\{\frac{\partial^2}{\partial\vartheta^2} + \operatorname{cotg}\vartheta\,\frac{\partial}{\partial\vartheta} + \frac{1}{\sin^2\vartheta}\,\frac{\partial^2}{\partial\varphi^2}\right\},
$$

oder in anderer Anordnung:

$$
(108\,a)\qquad \mathfrak{D}^2 = -\frac{h^2}{4\pi^2}\left\{\frac{1}{\sin\vartheta}\,\frac{\partial}{\partial\vartheta}\left(\sin\vartheta\,\frac{\partial}{\partial\vartheta}\right) + \frac{1}{\sin^2\vartheta}\,\frac{\partial^2}{\partial\varphi^2}\right\}.
$$

Eine allgemeine Bemerkung ist über das Rechnen mit Operatoren zu machen, auf die wir in einzelnen Fällen schon aufmerksam geworden sind. Es ist unbedingt notwendig, beim Rechnen mit Operatoren auf die Reihenfolge derselben zu achten, da es im allgemeinen nicht gleichgültig ist, wie sie aufeinander folgen. Wenn wir z. B. den dem Ausdruck $q_k\,p_k$ der klassischen Mechanik analogen Operator $q_k\,\frac{h}{2\pi i}\,\frac{\partial}{\partial q_k}(\psi)$ bilden und mit dem entsprechenden Operator für $p_k\,q_k = \frac{h}{2\pi i}\,\frac{\partial}{\partial q_k}(\psi\,q_k)$ vergleichen, so erkennen wir, daß keineswegs $(p_k\,q_k - q_k\,p_k)$ verschwindet, sondern daß im Gegenteil:

$$
(109)\qquad (p_k\,q_k - q_k\,p_k),\,\psi = \frac{h}{2\pi i}\,\psi
$$

ist, d. h. der Operator $(p_k\,q_k - q_k\,p_k)$ ist keineswegs gleich Null, sondern gleich $\frac{h}{2\pi i}$, d. h. er multipliziert die Funktion, auf die er wirkt, mit diesem Faktor. Es ist eben immer zu beachten, daß der Operator auf alles wirkt, was rechts von ihm steht. Gerade die Relation (109), die als „Heisenbergsche Vertauschungsrelation" bezeichnet wird, hat in der Entwicklung der Theorie eine besonders große Rolle gespielt, was wir in der nächsten Nummer darlegen wollen[1]).

[1]) Es gibt natürlich auch Operatoren, die vertauschbar sind, doch ist das stets eine besondere Eigentümlichkeit derselben. Alle diejenigen Paare von Operatoren, die kanonisch konjugierten mechanischen Größen entsprechen, erfüllen die Vertau-

Schreiben wir nun etwa die zeitfreie Schrödinger-Gleichung als Operatorengleichung, so können wir sie nach dem früheren — siehe Gleichung (100) — so ausdrücken, daß der Hamiltonsche Operator $H\left(\frac{h}{2\pi i}\frac{\partial}{\partial q_k}, q_k\right)$, auf eine Funktion ψ wirkend, das Resultat $U\psi$ liefert:

$$H, \psi = U\psi. \tag{110}$$

Das Resultat der Einwirkung des Hamiltonschen Operators auf ψ ist also die Multiplikation von ψ mit der Konstanten U, und bekanntlich sind die zulässigen Werte dieser die „Eigenwerte" U_n, zu denen die „Eigenfunktionen" ψ_n gehören.

Diese uns längst geläufige Betrachtung legt es in diesem Zusammenhange nahe, zu fragen, ob bzw. wann ähnliche Differentialgleichungen für die in der Wellenmechanik auftretenden Operatoren gültig sind. Dies kann natürlich entweder zutreffen oder nicht der Fall sein. Zutreffenden Falles muß gelten, wenn wir allgemein einen Operator „O" nennen und ihn auf eine die Bewegung charakterisierende Funktion f anwenden:

$$O, f = \alpha f, \tag{111}$$

d. h. die Anwendung dieses Operators auf die Funktion f bedeutet dann Multiplikation dieser Funktion mit einer Konstanten α. Die möglichen Werte dieser Konstanten, α_n, heißen auch hier die Eigenwerte, die zugehörigen Funktionen f_n die Eigenfunktionen der Operatorengleichung (111). Es treten also in diesem Falle der Schrödinger-Gleichung (110) entsprechende Gleichungen nach Art von (111) zur Seite, und es gelten dann ganz analoge Sätze für die Eigenwerte und Eigenfunktionen. Z. B. kann man zeigen, daß alle Eigenwerte α_n reell sind und daß ferner die Eigenfunktionen f_n ein vollständiges normiertes Orthogonalsystem bilden. Man kann daher auch eine gegebene Funktion (unter gewissen Bedingungen) in eine nach diesen Eigenfunktionen f_n fortschreitende Reihe entwickeln. Man sieht, daß im Falle der Gültigkeit einer Operatorengleichung (111) alles ganz analog wie bei der Schrödingerschen Differentialgleichung ist, von der die Wellenmechanik ihren Ausgang nahm.

Nehmen wir als Beispiel an, die Differentialgleichung (111) gelte für den Impulsoperator in Anwendung auf eine Funktion f:

$$\frac{h}{2\pi i}\frac{\partial f}{\partial q} = p f. \tag{112}$$

Diese Gleichung wird für gewisse Werte p_n (die Eigenwerte) lösbar sein; das sind dann die nach der Wellenmechanik möglichen Werte des Impulses, die der durch die Eigenfunktionen f_n repräsentierten Bewegung

---

schungsrelation (109); z. B. sind negative Energie ($-U$) und Zeit t kanonisch konjugiert; man bestätigt in der Tat leicht, daß

$$(-Ut + tU), \psi = \frac{h}{2\pi i}\psi \tag{109a}$$

ist, wie es nach der obigen Darlegung sein muß.

zukommen. Was die Eigenfunktionen f_n der Impulsgleichung (112) angeht, so kann der Fall eintreten, daß einzelne oder alle Werte von f_n mit Eigenfunktionen ψ_n der Schrödinger-Gleichung (110) identisch sind. Dann sind letztere gleichzeitig Eigenfunktionen der Impulsgleichung, und das bedeutet dann im besonderen, daß die durch die Eigenfunktion ψ_n dargestellte Bewegung nicht nur bestimmte Energiewerte U_n, sondern auch bestimmte Impulswerte p_n besitzt. Fällt umgekehrt keine der Funktionen f_n mit einer Eigenfunktion ψ_n der Wellengleichung zusammen, so kommt der durch ψ_n beschriebenen Bewegung kein bestimmter Impuls zu.

Wir wollen diese Verhältnisse durch ein paar einfache Beispiele erhärten. Nehmen wir etwa die geradlinige gleichförmige Bewegung eines Massenpunktes, die durch eine Wellenfunktion nach Art von Gleichung (7) charakterisiert ist:

$$(113) \qquad \Psi = e^{\frac{2\pi i}{h}[-Ut \pm (\alpha x + \beta y + \gamma z)]} .$$

Anwendung der Impulsoperatoren ergibt z. B. für die x-Komponente:

$$p_x, \Psi = \frac{h}{2\pi i}\frac{\partial \Psi}{\partial x} = \pm \alpha \Psi ,$$

und analog für die beiden andern Richtungen. Das ist aber eine Gleichung von der Form der Impulsgleichung (112): Ψ ist also auch Eigenfunktion von (112). Nach dem Vorhergehenden heißt das, daß der durch (113) beschriebene Zustand Impulskomponenten $p_x = \pm \alpha$, $p_y = \pm \beta$, $p_z = \pm \gamma$ besitzt, je nachdem die Bewegung in Richtung der Wellennormale oder in der umgekehrten vor sich geht; ferner ist offenbar jeder Wert von α, β, γ zulässig: Der Impuls der Translationsbewegung ist also nicht gequantelt, wie zu erwarten war.

Nehmen wir als zweites Beispiel — mit Hinzufügung des Zeitfaktors — die Eigenfunktion (10), die die hin- und hergehende Bewegung eines Teilchens in einem geschlossenen Kasten darstellt:

$$(114) \qquad \Psi_{n_1 n_2 n_3} = \sin\frac{n_1 \pi x}{a} \sin\frac{n_2 \pi y}{b} \sin\frac{n_3 \pi z}{c}\, e^{-\frac{2\pi i}{h} U_{n_1 n_2 n_3} t} .$$

Hier ergibt die Anwendung der Operatoren $\frac{h}{2\pi i}\frac{\partial}{\partial x}, \ldots$ auf (114) keine Gleichung von der Form der Impulsgleichung (112); $\Psi_{n_1 n_2 n_3}$ ist also keine Lösung der Impulsgleichung, oder anders ausgedrückt: da die Bewegung, die durch (114) beschrieben wird, einem Strom von Teilchen entspricht, die teils in Richtung wachsender $x, \ldots$, teils in umgekehrter Richtung fliegen, so besitzt sie keinen Impuls: der Impuls der Teilchen, die in der einen Richtung fliegen, wird kompensiert durch den der in umgekehrter Richtung laufenden.

Ebensowenig würden wir bei Anwendung des Drehimpulsoperators auf (113) oder (114) auf eine Gleichung der Form (111) stoßen: Beiden Bewegungen kommt also, wie zu erwarten, kein Drehimpuls zu. Dagegen ergibt die Anwendung des Energieoperators $-\frac{h}{2\pi i}\frac{\partial}{\partial t}$ sowohl bei (113) als bei (114), daß ein bestimmter Energiewert existiert, der bei (112) — gleichförmige Translation — nicht gequantelt, dagegen bei (114) durch die drei Quantenzahlen n_1, n_2, n_3 bestimmt ist, wie wir bereits wissen.

Wir wollen nun die Frage untersuchen, ob ein Rotator mit freier Achse Drehimpuls besitzt. Für die Eigenfunktionen haben wir nach Gleichung (20) des VII. Kapitels:

$$(115) \qquad \psi_{n,m} = e^{im\varphi} P_n^{|m|}(\cos\vartheta) \qquad (m = 0, \pm 1, \pm 2, \ldots; \ n \geqq |m|),$$

φ ist dabei das Azimut um die willkürlich gewählte z-Achse. Wenden wir den Operator $\mathfrak{D}_z$ nach der dritten Gleichung (106) an, so folgt:

$$(116) \qquad \mathfrak{D}_z, e^{im\varphi} P_n^{|m|}(\cos\vartheta) = \frac{h}{2\pi i}\frac{\partial}{\partial\varphi}\{e^{im\varphi} P_n^{|m|}(\cos\vartheta)\} = \frac{h}{2\pi} m \psi_{n,m}.$$

Das ist wieder eine Gleichung von der vorgeschriebenen Art (111); der Rotator besitzt also um die z-Achse eine Drehimpulskomponente, die der gequantelten Werte $\frac{h}{2\pi} m$ $(m = 0, \pm 1, \ldots)$ fähig ist.

Zur Berechnung des ganzen Drehimpulses wenden wir versuchsweise den Operator $\mathfrak{D}^2$ nach (108a) auf die Eigenfunktionen (115) des freien Rotators an. Da die zugeordnete Kugelfunktion $P_n^{|m|}$ der Differentialgleichung — siehe Gleichung (18) des VII. Kapitels auf pag. 275 — gehorcht:

$$\frac{1}{\sin\vartheta}\frac{\partial}{\partial\vartheta}\left(\sin\vartheta\frac{\partial P_n^{|m|}}{\partial\vartheta}\right) + \frac{1}{\sin^2\vartheta}\frac{\partial^2 P_n^{|m|}}{\partial\varphi^2} = -n(n+1) P_n^{|m|},$$

so folgt in Anwendung von $\mathfrak{D}^2$ auf (115):

$$(117) \qquad \mathfrak{D}^2, e^{im\varphi} P_n^{|m|}(\cos\vartheta) = \frac{h^2}{4\pi^2} n(n+1) \psi_{n,m},$$

d. h. wieder eine Gleichung von der Form (111). Die Eigenfunktion (115) des freien Rotators ist also auch eine Eigenfunktion der Gleichung für den Operator $\mathfrak{D}^2$. Dem freien Rotator kommt folglich ein Gesamtdrehimpuls zu, dessen Quadrat die Werte $\frac{h^2}{4\pi^2} n(n+1)$ annehmen kann; sein Betrag D ist also:

$$(118) \qquad D = \frac{h}{2\pi}\sqrt{n(n+1)}.$$

Nach der alten Bohrschen Theorie — Gleichung (94) des IV. Kapitels auf pag. 176 — ergab sich dafür der Wert $\frac{h}{2\pi} n$, und dieser stimmte nicht mit den Tatsachen überein, während (118) von ihnen gefordert wird, wie wir damals mehrfach ausführten. Die Gleichungen (116) und (118) besagen also, daß beim freien Rotator nicht nur der Gesamtimpuls, sondern auch seine z-Komponente gequantelt ist. Diese letztere Quantelung, die wir früher als „räumliche“ Quantelung bezeichneten, hat natürlich nur Bedeutung, wenn eine Vorzugsrichtung im Raume (z. B. durch ein Magnetfeld) vorhanden ist; deswegen heißt „m" ja auch die „magnetische Quantenzahl". — Genau das gleiche Ergebnis — Quantelung des Gesamtimpulses und der z-Komponente — gilt auch für das Kepler-Problem, wie man sich leicht überzeugt.

62. Grundzüge der Heisenbergschen Matrizenmechanik.

Hier ist der Ort, wo wir wenigstens in großen Zügen die äußerlich ganz verschiedene Form der Theorie schildern wollen, die 1925 von Heisenberg inauguriert wurde, zwar zeitlich etwas nach der ersten Abhandlung de Broglies, die so gut wie unbekannt war, aber vor den Arbeiten Schrödingers.

Um uns kurz ausdrücken zu können, müssen wir einige Untersuchungen über Matrizen und das Rechnen mit ihnen vorausschicken.

Denken wir uns einen Vektor $\mathfrak{r}$ im n-dimensionalen Raum mit den Komponenten x_j $(j = 1, 2, \ldots n)$, den wir einer linearen Transformation unterwerfen wollen, so daß ein neuer Vektor $\mathfrak{r}'$ mit den Komponenten x_j' entsteht. Zwischen den Komponenten des neuen und alten Vektors bestehen die folgenden linearen Gleichungen:

$$x'_j = \sum_k^{1,n} \alpha_{jk} x_k \qquad (j = 1, 2, \ldots n). \tag{119}$$

Die Koeffizienten α_{jk} dieser Transformation bilden ein quadratisches Schema:

$$\begin{array}{|cccc|} \alpha_{11} & \alpha_{12} & \alpha_{13} \cdots & \alpha_{1n} \\ \alpha_{21} & \alpha_{22} & \alpha_{23} \cdots & \alpha_{2n} \\ \alpha_{31} & \alpha_{32} & \alpha_{33} \cdots & \alpha_{3n} \\ \vdots & & & \\ \alpha_{n1} & \alpha_{n2} & \alpha_{n3} \cdots & \alpha_{nn} \end{array}, \tag{120}$$

in dem jeder Koeffizient eine bestimmte Stelle hat; α_{jk} gehört der j-ten Reihe und der k-ten Spalte an. Ein solches Schema von Größen, die von zwei Indizes abhängen, nennt man eine Matrix. Bezeichnen wir die Gesamtheit der Koeffizienten des obigen Schemas mit $\boldsymbol{A}$[1]) oder mit (α_{jk}), so kann man symbolisch die Gleichungen (119) als Vektorgleichung schreiben:

$$\mathfrak{r}' = \boldsymbol{A}\,\mathfrak{r} = (\alpha_{jk})\,\mathfrak{r}. \tag{121}$$

Das bedeutet eben, daß man die Komponenten x_j' des links stehenden Vektors $\mathfrak{r}'$ erhält, indem man die Koeffizienten der j-ten Reihe nacheinander mit den Komponenten x_k des Vektors $\mathfrak{r}$ multipliziert und diese

1) Bei dieser Schreibweise benutzen wir zur Bezeichnung von Matrizen fette liegende lateinische (große oder kleine) Buchstaben.

Produkte addiert, wie es Gleichung (119) vorschreibt. Man kann nun, um diese Rechnungen zu vereinfachen, mit den Matrizen selbst rechnen, statt mit den sie bildenden Koeffizienten, ganz ähnlich, wie man in der Vektorrechnung mit dem Vektor selbst operiert statt mit seinen Komponenten. Dazu müssen natürlich die elementaren Operationen (Addition, Subtraktion, Multiplikation) mit Matrizen entsprechend definiert werden.

Unter der Summe bzw. Differenz zweier Matrizen $\boldsymbol{A}'$ und $\boldsymbol{A}''$ bzw. (α'_{jk}) und (α''_{jk}) wollen wir die Matrix

(122) $$\boldsymbol{A} = (\alpha_{jk}) = \boldsymbol{A}' \pm \boldsymbol{A}'' = (\alpha'_{jk} \pm \alpha''_{jk})$$

verstehen, d. h. diejenige, deren Elemente durch Summation bzw. Subtraktion der gleichstehenden Elemente der ursprünglichen Matrizen entstehen; es ist also für jedes Element $\alpha_{jk} = \alpha'_{jk} \pm \alpha''_{jk}$. Das ist der Sinn der Gleichung (122). Daraus ergibt sich sofort, was man unter der Multiplikation einer Matrix $\boldsymbol{A}$ mit einer Zahl b zu verstehen hat; dadurch entsteht eine Matrix $b\,\boldsymbol{A}$, deren sämtliche Koeffizienten mit b multipliziert sind:

(122a) $$b\,\boldsymbol{A} = (b\,\alpha_{jk}),$$

wie sich durch b-fache Anwendung der Additionsvorschrift (122) ergibt. Zwei Matrizen sind ferner gleich ($\boldsymbol{A} = \boldsymbol{B}$), wenn die entsprechenden Koeffizienten $\alpha_{jk} = \beta_{jk}$ sind, wie gleichfalls aus (122) folgt.

Zur Erlangung einer zweckmäßigen Definition der Multiplikation zweier Matrizen gehen wir auf die in (119) betrachteten Vektoren $\mathfrak{r}$ und $\mathfrak{r}'$ zurück und leiten aus $\mathfrak{r}'$ durch eine neue lineare Transformation mit den Koeffizienten β_{lj} einen dritten Vektor $\mathfrak{r}''$ ab. Dann haben wir folgende Gleichungen:

(123) $$\begin{cases} \mathfrak{r}' = \boldsymbol{A}\,\mathfrak{r} = (\alpha_{jk})\,\mathfrak{r}, \\ \mathfrak{r}'' = \boldsymbol{B}\,\mathfrak{r}' = (\beta_{lj})\,\mathfrak{r}'. \end{cases}$$

Daraus folgt durch Elimination von $\mathfrak{r}'$:

(124) $$\mathfrak{r}'' = \boldsymbol{B}\,\boldsymbol{A}\,\mathfrak{r} = (\beta_{lj})\,(\alpha_{jk})\,\mathfrak{r}.$$

Diese hier vorliegende Transformation von $\mathfrak{r}$ in $\mathfrak{r}''$ in zwei Schritten können wir aber auch durch einen einzigen Schritt vornehmen. Nennen wir die Matrix, die dieses leistet, $\boldsymbol{C} = (\gamma_{lk})$, so haben wir auch:

(125) $$\mathfrak{r}'' = \boldsymbol{C}\,\mathfrak{r} = (\gamma_{lk})\,\mathfrak{r}.$$

Diese Matrix $\boldsymbol{C}$ bezeichnen wir als das Produkt der beiden Matrizen $\boldsymbol{B}$ und $\boldsymbol{A}$:

$$\boldsymbol{C} = \boldsymbol{B}\,\boldsymbol{A}.$$

Rechnet man die Koeffizienten γ_{lk} aus (123) aus, indem man $\mathfrak{r}'$ eliminiert, so findet man:

(126) $$\gamma_{lk} = \sum_{j}^{1,n} \beta_{lj}\,\alpha_{jk}.$$

Die Matrix $\boldsymbol{C} = \boldsymbol{B}\boldsymbol{A}$ ist dann als Produkt aus der Matrix $\boldsymbol{B} = (\beta_{lj})$ und der Matrix $\boldsymbol{A} = (\alpha_{jk})$ zu bezeichnen, wenn ihre Koeffizienten sich nach Gleichung (126) aus den Koeffizienten der beiden primären Matrizen berechnen: Um den Koeffizienten γ_{lk}, der der l-ten Reihe und der k-ten Spalte der Produktmatrix $\boldsymbol{C}$ angehört, zu finden, hat man alle Koeffizienten β_{lj} der l-ten Reihe der ersten Matrix der Reihe nach mit den Koeffizienten α_{jk} der k-ten Spalte der zweiten Matrix[1]) zu multiplizieren und die erhaltenen Produkte zu summieren. Dabei erkennt man, daß es auf die Reihenfolge der Matrizen $\boldsymbol{B}$ und $\boldsymbol{A}$ ankommt. Im obigen haben wir zuerst mit Hilfe der Matrix $\boldsymbol{A}$ aus $\mathfrak{r}$ den Vektor $\mathfrak{r}'$ und mit Hilfe von $\boldsymbol{B}$ aus $\mathfrak{r}'$ den Vektor $\mathfrak{r}''$ abgeleitet; die Produktmatrix ist also durch $\boldsymbol{B}\boldsymbol{A}$ zu bezeichnen. Würden wir zuerst $\boldsymbol{B}$ auf $\mathfrak{r}$ wirken lassen und dann $\boldsymbol{A}$ auf $\mathfrak{r}'$, so würden wir im allgemeinen nicht zum Vektor $\mathfrak{r}''$ kommen; es ist vielmehr:

$$\boldsymbol{B}\boldsymbol{A} \neq \boldsymbol{A}\boldsymbol{B}.$$

Für $\boldsymbol{C}' = \boldsymbol{A}\boldsymbol{B}$ würden wir die Koeffizienten γ'_{lk} erhalten, indem wir in (126) die Buchstaben α und β vertauschen:

$$\gamma'_{lk} = \sum_{j}^{1,n} \alpha_{lj}\,\beta_{jk}\,. \tag{126a}$$

Zwei Matrizen sind also im allgemeinen nicht vertauschbar, ebensowenig wie Operatoren es im allgemeinen sind; eine Matrix ist ja übrigens nichts anderes als ein bestimmter Operator, d. h. eine Vorschrift, um aus einer Größe eine andere abzuleiten. Das kommutative Gesetz gilt für die Multiplikation der Matrizen im allgemeinen nicht mehr, während das assoziative und distributive Gesetz in Gültigkeit bleiben, wie man leicht feststellt.

Für unsere Zwecke brauchen wir noch die Differentiation einer Matrix $\boldsymbol{A}$ nach einer skalaren Größe, z. B. der Zeit t. Darunter verstehen wir eine neue Matrix, deren Koeffizienten die Ableitungen der alten Koeffizienten nach dieser skalaren Variabeln sind; also:

$$\frac{d\boldsymbol{A}}{dt} = \left(\frac{d\alpha_{jk}}{dt}\right). \tag{127}$$

Im allgemeinen werden die Koeffizienten a_{jk} einer Matrix komplexe Größen sein. In dem Falle nun, daß die symmetrisch zur Hauptdiagonale stehenden Koeffizienten a_{jk} und a_{kj} zueinander konjugiert komplex sind, wenn also:

$$a_{kj} = \overset{*}{a}_{jk} \quad \text{oder auch} \quad a_{jk} = \overset{*}{a}_{kj} \tag{128}$$

ist, nennt man die Matrix „hermitisch“; da die Diagonalglieder ($j = k$) zu sich selbst konjugiert komplex sein müßten, folgt also, daß die Diagonal-

[1]) Als erste Matrix ist die links stehende, als zweite die rechts stehende zu betrachten; $\boldsymbol{B}$ ist also hier die erste, $\boldsymbol{A}$ die zweite Matrix. Die Reihenfolge der Matrizen ist also die Reihenfolge, in der man sie anschreibt.

glieder a_{kk} einer hermitischen Matrix rein reell sein müssen. Umgekehrt nennt man eine Matrix „antihermitisch", wenn statt (128) gilt:

$$(129) \qquad a_{kj} = -\overset{*}{a}_{jk} \quad \text{oder auch} \quad a_{jk} = -\overset{*}{a}_{kj};$$

in diesem Falle müssen die Diagonalglieder a_{kk} rein imaginär ausfallen. Ein Spezialfall einer Matrix ist die sogenannte „Diagonalmatrix":

$$(130) \qquad (a_{kk}) = \begin{pmatrix} a_{11} & 0 & 0 & 0 \ldots \\ 0 & a_{22} & 0 & 0 \ldots \\ 0 & 0 & a_{33} & 0 \ldots \\ \cdot & \cdot & \cdot & \cdot \\ 0 & 0 & 0 & 0 \ldots a_{nn} \end{pmatrix},$$

dadurch charakterisiert, daß nur die Diagonalglieder $\neq 0$, alle übrigen Glieder $= 0$ sind; ist die Diagonalmatrix hermitisch, so sind die Koeffizienten a_{kk} alle reell. Davon wieder ein Sonderfall ist die sogenannte „Einheitsmatrix", deren Diagonalglieder alle gleich 1 sind:

$$(131) \qquad \boldsymbol{1} = \begin{pmatrix} 1 & 0 & 0 & 0 \ldots \\ 0 & 1 & 0 & 0 \ldots \\ 0 & 0 & 1 & 0 \ldots \\ 0 & 0 & 0 & 1 \ldots \\ \cdot & \cdot & \cdot & \cdot \end{pmatrix}.$$

Nunmehr sind wir so weit, daß wir Heisenbergs Entdeckung aus dem Jahre 1925 mit kurzen Worten aussprechen können: Nach Heisenberg gelten zwar die Gleichungen der Dynamik ihrer Form nach unverändert auch in der Quantenmechanik, aber alle vorkommenden Größen der klassischen Mechanik werden durch geeignete Matrizen ersetzt.

Um Heisenbergs Gedankengang zu erläutern, erinnern wir uns an das in Nr. 17 formulierte Bohrsche Korrespondenzprinzip, etwa für den einfachsten Fall eines Systems mit einem Freiheitsgrad. Die Koordinate q desselben können wir als einfache Fourier-Reihe darstellen:

$$(132) \qquad q = \sum_{k}^{-\infty, +\infty}{}' q_k = \sum_{k}^{-\infty, +\infty}{}' a_k e^{-2\pi i \nu_k t},$$

wo $\nu_k = k \nu_0$, ν_0 die Grundfrequenz des Systems, a_k die (komplexen) Amplitudenfaktoren sind, die den einzelnen Harmonischen zukommen. Damit q reell sei, muß, wie man sich leicht klar macht, wegen $\nu_k = k \nu_0 = -\nu_{-k}$ auch $a_{-k} = \overset{*}{a}_k$ sein, oder auch in anderer Schreibweise:

$$(133) \qquad a_{+k} = |a_k| e^{-i\beta_k}, \quad a_{-k} = |a_n| e^{+i\beta_k}.$$

Der Leser erinnert sich an den Gedankengang des Korrespondenzprinzips: Obwohl die quantentheoretische Auffassung toto genere von der klassischen verschieden ist, nähern sich die quantentheoretischen Frequenzen der Strahlung doch asymptotisch den mechanischen Frequenzen der Umlaufsbewegung, die in (132) auftreten. Aus dieser „Korrespondenz" schloß man, daß angenähert die Koeffizienten a_k auch für die Ausstrahlung, Polarisation usw. maßgebend seien. In der Grenze für große Quantenzahlen trifft das in der Tat zu; für kleine Quantenzahlen tritt die Unsicherheit auf, daß man nicht weiß, ob man der Laufzahl k den Wert der Anfangsbahn oder den der Endbahn zuschreiben soll. An dieser Stelle kommt die grundverschiedene Auffassung wieder zum Durchbruch: Denn nach der klassischen Theorie strahlt das System auch in einer bestimmten Bahn, nach der Quantentheorie nur beim Übergang zwischen zwei Bahnen. Man hat also das Gefühl, daß die einzelnen Koeffizienten der Reihe (132) nicht durch einen Index zu charakterisieren seien, sondern durch zwei Indizes, sagen wir j und k; das Gleiche muß dann für die Frequenz ν_k gelten; auch sie sollte durch eine Größe ν_{jk} ersetzt werden.

Wenn wir dies zunächst rein formal tun, so tritt an Stelle jedes Gliedes der Summe (132) ein Ausdruck von der Form:

(134) $$q_{jk} = a_{jk} e^{-2\pi i \nu_{jk} t}.$$

Dabei nehmen wir analog wie oben noch an:

(135) $$\nu_{jk} = -\nu_{kj}$$

(136) $$a_{kj} = \overset{*}{a}_{jk}.$$

Diese Darlegungen sind nicht so zu verstehen, als ob (134) als allgemeines Summenglied in (132) eingesetzt werden und die neu entstehende Summe mit q identifiziert werden soll. Im Gegenteil: Heisenberg verwirft die ganze Auffassung, insofern er — zweifellos zu eng, aber in diesem Falle erfolgreich — verlangt, daß in die Grundlagen einer Theorie nur Größen aufgenommen werden sollen, die wenigstens grundsätzlich beobachtbar sind. Da nun die „Lage" eines Elektrons auf seiner „Bahn", d. h. die Größen q_k der Gleichung (132), mit keiner Erscheinung verknüpft sind, verwirft Heisenberg die Vorstellung, von „Lage" und „Bahn" vollkommen; er ersetzt q durch die Gesamtheit der Größen q_{jk} nach (134), worin $\nu_{jk} = -\nu_{kj}$ die beobachtbaren Frequenzen, sei es in Emission, sei es in Absorption bedeuten; die neuen Koeffizienten a_{jk} sind es nun, die Intensität und Polarisationszustand der Strahlung zu bestimmen haben. Indem Heisenberg noch die Bohrsche Ausstrahlungsregel annimmt, deren empirische Grundlage das Ritzsche Kombinationsprinzip ist:

(137) $$\nu_{jk} = \frac{U_j - U_k}{h}$$

ist die Erfüllung von (135) automatisch gesichert; und wir haben statt (134):

(138) $$q_{jk} = a_{jk} e^{-\frac{2\pi i}{h}(U_j - U_k)t}.$$

Unter Berücksichtigung von (136) bedeutet das:

(138a) $$\overset{*}{q}_{jk} = q_{kj}.$$

Die Gesamtheit der Ausdrücke (138) bildet eine (unendliche) hermitische Matrix; wir ersetzen jetzt die alte Koordinate q durch diese Matrix, die daher Koordinatenmatrix genannt wird:

$$(139)\qquad \boldsymbol{q} = \begin{vmatrix} q_{11} & q_{12} & q_{13} \cdots q_{1n} \cdots \\ q_{21} & q_{22} & q_{23} \cdots q_{2n} \cdots \\ q_{31} & \cdots & \cdots \\ \vdots & & \\ q_{n1} & q_{n2} \cdots & \cdots q_{nn} \cdots \\ \vdots & & \\ \cdots & \cdots & \cdots \end{vmatrix} \quad (n = 1, 2, \ldots \infty);$$

ebenso führen wir mit Heisenberg eine Impulsmatrix p ein:

$$(140)\qquad \boldsymbol{p} = \begin{vmatrix} p_{11} & p_{12} & p_{13} \cdots p_{1n} \cdots \\ p_{21} & p_{22} & p_{23} \cdots p_{2n} \cdots \\ \cdots & \cdots & \cdots \\ p_{n1} & p_{n2} & p_{n3} \cdots p_{nn} \cdots \\ \cdots & \cdots & \cdots \end{vmatrix} \quad (n = 1, 2, \ldots \infty).$$

Da es bei Produkten von Matrizen auf die Reihenfolge ankommt, weil sie im allgemeinen nicht vertauschbar sind, führt Heisenberg als Ersatz für das kommutative Gesetz der gewöhnlichen Multiplikation die folgende Bedingung ein:

$$(141)\qquad \boldsymbol{p}\,\boldsymbol{q} - \boldsymbol{q}\,\boldsymbol{p} = \frac{h}{2\pi i}\,\boldsymbol{1}\ ^{1)},$$

wobei $\boldsymbol{1}$ die in (131) definierte Einheitsmatrix ist. Für die so erklärten Matrizen $\boldsymbol{q}$ und $\boldsymbol{p}$ sollen die Hamiltonschen Gleichungen der Dynamik gelten. Wir schreiben sie nicht allgemein auf, weil wir dazu noch erklären müßten, was Differentiation einer Matrix nach einer anderen Matrix ist, was uns zu weit führen würde; aber wir können mit dem hier Dargelegten schon ein einfaches Problem erledigen, den harmonischen Oszillator, an dem auch Heisenberg seine Methode erprobt hat. Wenn der Oszillator die mechanische Frequenz ν_0 hat, so ist seine Energie in der Hamiltonschen Form durch die folgende Matrix zu ersetzen:

$$(142)\qquad \boldsymbol{H} = \frac{1}{2\,m_0}\left(\boldsymbol{p}^2 + 4\,\pi^2\,m_0^2\,\nu_0^2\,\boldsymbol{q}^2\right).$$

Nach dem Obigen haben wir ferner die Bewegungsgleichungen des Oszillators:

$$(143)\qquad \begin{cases} \ddot{\boldsymbol{q}} + 4\,\pi^2\,\nu_0^2\,\boldsymbol{q} = 0\,, \\ \boldsymbol{p} = m_0\,\dot{\boldsymbol{q}}\,, \end{cases}$$

[1]) Das ist nichts anderes als die „Vertauschungsrelation“ (109), die hier im Gewande der Matrizenrechnung auftritt und die sich in der vorhergehenden Nummer unmittelbar aus der Wellenmechanik ergab.

die bedeuten, daß diese Gleichungen für jedes Glied der Matrix gelten:

$$(144)\quad \begin{cases} \ddot{q}_{jk} + 4\pi^2 \nu_0^2 q_{jk} = 0\,, \\ p_{jk} = m_0 \dot{q}_{jk}\,. \end{cases}$$

Lösen wir die erste dieser Gleichungen (144) durch den Ansatz (134):

$$(145)\quad q_{jk} = a_{jk} e^{2\pi i \nu_{jk} t}\,,$$

so folgt aus (144):

$$(146)\quad \begin{cases} q_{jk}(\nu_0^2 - \nu_{jk}^2) = 0\,, \\ p_{jk} = 2\pi i m_0 \nu_{jk} q_{jk}\,. \end{cases}$$

Aus der ersten Gleichung (146) ergibt sich dann, daß alle $q_{jk} = 0$ sind, wenn nicht $\nu_{jk} = \pm \nu_0$ ist. Das bedeutet wegen (137) aber, wenn wir von einem bestimmten j-Werte ausgehen, daß dann zu diesem Werte von j nur zwei Werte von k — je nach dem Vorzeichen von ν_0 — passen, für die $q_{jk} \neq 0$ ist. Die Bezeichnung dieser k-Werte können wir noch willkürlich festsetzen; z. B. können wir folgendermaßen wählen, was am naturgemäßesten erscheint:

$$(147)\quad \begin{cases} \nu_{j,j-1} = +\nu_0; \quad \text{d. h.} \quad k = j-1, \quad \text{also} \quad q_{j,j-1} \neq 0\,, \\ \nu_{j,j+1} = -\nu_0; \quad \text{d. h.} \quad k = j+1, \quad \text{also} \quad q_{j,j+1} \neq 0\,. \end{cases}$$

Bei dieser Festsetzung bleiben von der Koordinatenmatrix (139) nur die Glieder übrig, deren Indizes sich um 1 unterscheiden[1]), d. h. also:

$$(148)\quad \boldsymbol{q} = \begin{pmatrix} 0 & q_{12} & 0 & 0 & 0\ldots \\ q_{21} & 0 & q_{23} & 0 & 0\ldots \\ 0 & q_{32} & 0 & q_{34} & 0\ldots \\ \ldots & \ldots & \ldots & \ldots & \ldots \end{pmatrix}.$$

Die zweite Gleichung (146) bestimmt nun die übrig bleibenden Elemente der Impulsmatrix (140):

$$p_{j,j-1} = -2\pi i m_0 \nu_0 q_{j,j-1}\,,$$
$$p_{j,j+1} = +2\pi i m_0 \nu_0 q_{j,j+1}\,,$$

d. h. die Impulsmatrix nimmt die Gestalt an

$$(150)\quad \boldsymbol{p} = -2\pi i m_0 \nu_0 \begin{pmatrix} 0 & +q_{12} & 0 & 0 & \ldots\ldots \\ -q_{21} & 0 & +q_{23} & 0 & \ldots\ldots \\ 0 & -q_{32} & 0 & +q_{34} & \ldots\ldots \\ 0 & 0 & -q_{43} & 0 & +q_{45}\ldots \\ \ldots & \ldots & \ldots & \ldots & \ldots \end{pmatrix}.$$

[1]) Daß diese Feststellung willkürlich ist und die Allgemeinheit des Folgenden nicht einschränkt, sieht man am besten, wenn man eine andere Festsetzung trifft, z. B. wenn man $k = j - 3$ wählt; dann würden zwar die Matrizen sich ändern, aber alle wesentlichen Folgerungen bleiben erhalten, wovon der Leser sich selbst überzeugen möge.

Die Impulsmatrix enthält demnach nur noch die Größen $q_{j,\,j\pm 1}$, ist also auf die Koordinatenmatrix (148) zurückgeführt. Das gleiche wollen wir nun mit der Energiematrix (142) machen; dazu müssen wir nach der Produktregel (126) die Matrizen für $\boldsymbol{q}^2$ und $\boldsymbol{p}^2$ aus (148) und (150) bilden. Das liefert:

$$(151) \qquad \boldsymbol{q}^2 = \begin{pmatrix} q_{12}\,q_{21} & 0 & q_{12}\,q_{23} & 0\ldots \\ 0 & q_{21}\,q_{12} + q_{23}\,q_{32} & 0 & 0\ldots \\ q_{32}\,q_{21} & 0 & q_{32}\,q_{23} + q_{34}\,q_{43} & 0\ldots \\ \ldots & \ldots & \ldots & \ldots \end{pmatrix}$$

$$(152) \quad \boldsymbol{p}^2 = 4\,\pi^2\,m_0^2\,\nu_0^2 \begin{pmatrix} q_{12}\,q_{21} & 0 & -q_{12}\,q_{23} & 0\ldots \\ 0 & q_{21}\,q_{12} + q_{23}\,q_{32} & 0 & 0\ldots \\ -q_{32}\,q_{21} & 0 & q_{32}\,q_{23} + q_{34}\,q_{43} & 0\ldots \\ \ldots & \ldots & \ldots & \ldots \end{pmatrix}$$

Somit wird die Energiematrix:

$$(153) \quad \left\{ \begin{aligned} \boldsymbol{H} &= \frac{\boldsymbol{p}^2 + 4\,\pi^2\,m_0^2\,\nu_0^2\,\boldsymbol{q}^2}{2\,m_0} \\ &= 4\,\pi^2\,m_0\,\nu_0^2 \begin{pmatrix} q_{12}\,q_{21} & 0 & 0 & \ldots \\ 0 & q_{21}\,q_{12} + q_{23}\,q_{32} & 0 & \ldots \\ 0 & 0 & q_{32}\,q_{23} + q_{34}\,q_{43} & \ldots \\ \ldots & \ldots & \ldots & \ldots \end{pmatrix}. \end{aligned} \right.$$

Sie erweist sich also als eine Diagonalmatrix mit nach (138a) reellen Koeffizienten, und das bedeutet, daß die einzelnen Energiewerte

$$(154) \qquad H_{jj} = q_{j,\,j-1}\,q_{j-1,\,j} + q_{j,\,j+1}\,q_{j+1,\,j}$$

zeitlich konstant sind; denn nach (138) hebt sich bei der Multiplikation von $q_{j,\,j-1}$ mit $q_{j-1,\,j}$ der Zeitfaktor gerade heraus. Wir wissen also schon, daß eine unendliche Anzahl von diskreten Energiewerten vorhanden ist, deren allgemeiner Ausdruck die Gestalt (154) besitzt. Wir haben jetzt nur noch die Größen $q_{j,\,j-1}$ zu bestimmen, und das ist möglich mit Hilfe der noch nicht verwendeten „Vertauschungsrelation" (141). Man erhält in leichter Rechnung, in steter Rücksicht auf die zweite Gleichung (146) für $(\boldsymbol{p}\,\boldsymbol{q} - \boldsymbol{q}\,\boldsymbol{p})$ die folgende Matrix:

$$(155) \quad \boldsymbol{p}\,\boldsymbol{q} - \boldsymbol{q}\,\boldsymbol{p} = -\,4\,\pi\,i\,m_0\,\nu_0 \begin{pmatrix} q_{12}\,q_{21} & 0 & 0 & \ldots \\ 0 & q_{23}\,q_{32} - q_{21}\,q_{12} & 0 & \ldots \\ 0 & 0 & q_{34}\,q_{43} - q_{32}\,q_{23} & \ldots \\ \ldots & \ldots & \ldots & \ldots \end{pmatrix},$$

und da diese nach (141) gleich $\frac{h}{2\,\pi\,i}\,\boldsymbol{1}$ sein muß, so folgt das unendliche Gleichungssystem:

$$(156)\quad \begin{cases} -4\pi i \nu_0 q_{12} q_{21} = \frac{h}{2\pi i}, \\ -4\pi i \nu_0 (q_{23} q_{32} - q_{21} q_{12}) = \frac{h}{2\pi i}, \\ -4\pi i \nu_0 (q_{34} q_{43} - q_{32} q_{23}) = \frac{h}{2\pi i}, \\ \dots\dots\dots\dots, \end{cases}$$

das folgende Lösungen hat:

$$(157)\quad \begin{cases} q_{12} q_{21} = \frac{h}{8 m_0 \pi^2 \nu_0}, \\ q_{23} q_{32} = 2 \frac{h}{8 m_0 \pi^2 \nu_0}, \\ \dots\dots\dots \\ q_{j,\,j+1}\, q_{j+1,\,j} = j \frac{h}{8 m_0 \pi^2 \nu_0}. \end{cases}$$

Für die Energiematrix (151) ergibt sich damit:

$$(158)\quad \boldsymbol{H} = \frac{h \nu_0}{2} \begin{pmatrix} 1 & 0 & 0 & 0 & \dots \\ 0 & 3 & 0 & 0 & \dots \\ 0 & 0 & 5 & 0 & \dots \\ \dots & \dots & \dots & \dots & \dots \end{pmatrix},$$

und ihr allgemeines Glied nimmt die Gestalt an:

$$(159)\quad H_{jj} = (2j - 1) \frac{h \nu_0}{2}.$$

Kehren wir nun zu unserer alten Bezeichnung zurück, wonach man die Energieniveaus mit U_n bezeichnet, wobei n alle Werte von 0 bis ∞ durchläuft, während j von 1 bis ∞ geht; es ist also $j = n + 1$ zu setzen; für die möglichen Energiewerte erhält man in dieser Bezeichnungsweise also nach (159):

$$(160)\quad U_n = (n + \tfrac{1}{2})\, h \nu_0.$$

Für die Energiestufen des harmonischen Oszillators gewinnt man nach der Matrizenmechanik also genau das gleiche Resultat, das man nach der Wellenmechanik gemäß (36) des VII. Kapitels auf pag. 280 erhält[1]), ein sehr bemerkenswertes Zusammentreffen, das kein Zufall ist, wie Schrödinger zeigen konnte: Die beiden scheinbar so verschiedenen Theorien sind mathematisch identisch. Wir verzichten darauf, den allgemeinen Beweis zu führen, sondern werden gelegentlich auf die Übereinstimmung in den Resultaten hinweisen.

Für später merken wir noch folgendes an. Unter Rücksicht auf (136) und (138a) kann man die linke Seite des allgemeinen Gliedes der Gleichung (157) schreiben:

$$q_{j,\,j+1}\, q_{j+1,\,j} = q_{j,\,j+1} \overset{*}{q}_{j,\,j+1} = |a_{j,\,j+1}|^2.$$

[1]) Historisch war der Sachverhalt umgekehrt: Heisenbergs Resultat bezüglich des harmonischen Oszillators ist älter als das gleiche aus der Wellenmechanik gefolgerte.

Führt man auch in (157) die Bezifferung „n“ statt „j“ ein, so überzeugt man sich leicht, daß dann alle Indizes links um 1 erniedrigt werden, während dies auf der rechten Seite nicht der Fall ist. Man erhält also aus (157) für den Absolutbetrag der Koeffizienten $a_{n,n+1}$ den Wert:

$$(161\,\mathrm{a})\qquad |a_{n,\,n+1}| = |a_{n+1,\,n}| = \sqrt{\frac{(n+1)\,h}{8\,m_0\,\pi^2\,\nu_0}} = \frac{1}{2\pi}\sqrt{\frac{(n+1)\,h}{2\,m_0\,\nu_0}}\,,$$

bzw.

$$(161\,\mathrm{b})\qquad |a_{n,\,n-1}| = |a_{n-1,\,n}| = \sqrt{\frac{n\,h}{8\,m_0\,\pi^2\,\nu_0}} = \frac{1}{2\pi}\sqrt{\frac{n\,h}{2\,m_0\,\nu_0}}\,.$$

Die Tatsache, daß nur die Absolutbeträge von $q_{n,n+1}$ bestimmt werden, kann man auch so ausdrücken, daß in den $q_{n,n+1}$ bzw. $a_{n,n+1}$ die Phase unbestimmt bleibt: ihr entspricht kein beobachtbares Phänomen. Die Koeffizienten $a_{n,n+1}$ müssen die Ausstrahlung bestimmen, worauf wir im nächsten Kapitel eingehen werden.

63. Bose-Einsteinsche und Fermi-Diracsche Statistik[1]).

Die statistische Auffassung der Wellenmechanik hat wichtige Konsequenzen für die Wahl der Statistik in der kinetischen Theorie der Materie. Wir haben im II. Bande ausführlich auseinandergesetzt, welche Aufgabe die Statistik in diesem Gebiet zu lösen hat und auf welche Schwierigkeiten dabei insbesondere die „klassische“ Statistik, die sogenannte Boltzmann-Statistik, stößt. Wir wollen den ganzen Problemkreis hier noch einmal auseinandersetzen.

Ein Gas betrachten wir als eine Gesamtheit von N identischen Molekülen; jedes Teilchen nimmt im sechsdimensionalen Phasenraum — nicht mit Konfigurationsraum zu verwechseln! — zu gegebener Zeit eine bestimmte Lage ein und beschreibt mit fortschreitender Zeit eine „Phasenbahn“ in demselben. Den Phasenraum teilen wir zuerst in „Schichten“ $d\Phi_i$, die so beschaffen sind, daß in ihr alle Phasenpunkte liegen, denen eine Energie zwischen U_i und $(U_i + dU_i)$ zukommt; da U_i bei einem idealen Gas mit der kinetischen Energie $\frac{p_i^2}{2\,m_0}$ identisch ist, kommt diese Aussage darauf heraus, zu sagen, daß in der Schicht $d\Phi_i$ alle die Phasenpunkte liegen, denen ein Impulsbetrag zwischen p_i und $(p_i + dp_i)$ zukommt, ohne Rücksicht auf die Richtung und ohne Rücksicht auf die Lage des Moleküls im Koordinatenraume. Die Größe dieser Schicht $d\Phi_i$ haben wir bereits in Gleichung (15) angegeben:

$$(162)\qquad d\Phi_i = 4\,\pi\,V\,p_i^2\,dp_i\,,$$

wenn das Koordinatenvolumen des Gases mit V bezeichnet wird. Die Gesamtzahl N der Partikel zerfällt so zuerst in Gruppen n_i, wenn wir damit die Zahl derjenigen Moleküle bezeichnen, denen ein Impuls zwi-

[1]) Der Leser vergleiche zu dieser Nummer die Kapitel IX—XI des II. Bandes, insbesondere Kapitel XI.

schen p_i und $(p_i + dp_i)$ zukommt und die folglich in der Schicht $d\Phi_i$ liegen; es ist also:

$$N = \sum_i n_i \,, \tag{163}$$

und ebenso ist die Gesamtenergie U konstant:

$$U = \sum U_i \, n_i \,. \tag{164}$$

Es sind also in jeder „Schicht" $d\Phi_i$ des Phasenraumes n_i Moleküle unterzubringen. Die Schicht $d\Phi_i$ ist nun, wie wir wissen und in Nr. 55 wellenmechanisch begründet hatten, in Normalzellen von der Größe h^3 eingeteilt, so daß auf jede Schicht

$$z_i = \frac{d\Phi_i}{h^3} = \frac{4\pi V p_i^2 \, dp_i}{h^3} \tag{165}$$

Zellen entfallen; die n_i Moleküle der Schicht sind auf diese Elementarzellen aufgeteilt.

Das, was wir hier geschildert haben, ist der allen Statistiken — klassischer wie nichtklassischen — gemeinsame Unterbau; sie unterscheiden sich aber in der Ausführung ihrer Aufgabe grundlegend voneinander.

Die klassische, von Boltzmann herrührende Statistik betrachtet zunächst die einzelnen Moleküle als individuierbar, d. h. als voneinander verschieden; für sie ist es also nicht gleichgültig, wenn zwei Moleküle miteinander vertauscht werden. Wenn man daher die Anzahl von Möglichkeiten berechnet, die es gibt, um 1. die Gesamtzahl N in Gruppen von n_i aufzuteilen und 2. die n_i Individuen in den z_i Normalzellen unterzubringen, so sieht man ohne Rechnung ein, daß gerade die Individuierbarkeit der Teilchen eine entscheidende Rolle spielen muß.

Wenden wir uns der ersten Frage zu, auf wieviele Weisen man N Moleküle in Gruppen zu n_i einteilen kann, so ist diese Frage vom Standpunkt der Wellenmechanik mit der früher behandelten identisch, wie viele Eigenfunktionen ψ_A, ψ_B, ... es gibt, die die Wellengleichung des aus N identischen Teilchens bestehenden Systems lösen. Die Antwort darauf gaben wir in Gleichung (217) des VII. Kapitels; die gesuchte Anzahl ζ ist:

$$\zeta = \frac{N!}{\Pi_i \, (n_i!)} \,. \tag{166}$$

Nunmehr haben wir noch zu bestimmen, auf wieviele Weisen man n_i Partikel in z_i Zellen unterbringen kann. Nach der Auffassung der klassischen Statistik ist es dabei gleichgültig, wie viele Partikel in einer Zelle liegen: Sie können z. B. alle in einer Zelle unterkommen, da sie als unabhängig voneinander betrachtet werden. Es stehen also jeder der n_i Partikeln z_i Möglichkeiten zur Verfügung, deren es insgesamt also $z_i^{n_i}$ gibt; für alle Gruppen n_i zusammen gibt das also

$$\prod_i (z_i^{n_i}) \tag{167}$$

Möglichkeiten. Multiplikation von (166) und (167) liefert also die Zahl der gesuchten Verteilungen von N Partikelchen in Gruppen von n_i auf z_i Zellen, und diese Gesamtzahl nennt man bekanntlich die „thermodynamische Wahrscheinlichkeit“:

$$W_{\text{therm}} = \frac{N!\,\Pi_i\left(z_i^{n_i}\right)}{\Pi_i\,(n_i!)}\,. \tag{168}$$

Daraus folgt nach dem Boltzmannschen Prinzip für die Entropie S (k die sogenannte Boltzmannsche Konstante):

$$S = k \log W_{\text{therm}} = k\left\{\log N! + \sum_i n_i \log z_i - \sum_i \log n_i!\right\}\,. \tag{169}$$

Da sowohl N als die n_i große Zahlen sind, kann man die Stirlingsche Näherungsformel für die Fakultäten benutzen[1]):

$$W! = \left(\frac{N}{e}\right)^N; \tag{170}$$

damit wird unser Ausdruck (169) für die Entropie nach Boltzmann:

$$S = k\left\{N \log N + \sum_i (n_i \log z_i - n_i \log n_i)\right\}\,. \tag{171}$$

Der wahrscheinlichste Zustand des Systems, d. h. der in Wirklichkeit eintretende und beobachtbare, ist durch das Maximum der Entropie unter Berücksichtigung der Nebenbedingungen (163) und (164) gegeben; das liefert die Gleichungen:

$$\left\{\begin{array}{ll} \delta S = \sum_i \{\log z_i - \log n_i - 1\}\,\delta n_i = 0 & \\ \sum_i \delta n_i = 0 & \Big|\; a \\ \sum_i U_i\,\delta n_i = 0 & \Big|\; -B \end{array}\right. \tag{172}$$

Erweiterung der beiden letzten Gleichungen (172) mit Lagrangeschen Faktoren a und $-B$ und Addition zur ersten Gleichung (172) liefert:

$$\sum_i \{\log z_i - \log n_i - 1 + a - B U_i\}\,\delta n_i = 0\,,$$

d. h.

$$\log n_i = \log A - B U_i\,, \tag{173}$$

wenn zur Abkürzung

$$\log A = \log z_i - 1 + a \tag{174}$$

gesetzt ist. Somit folgt aus (173) für die wahrscheinlichste Verteilung der n_i:

$$n_i = A\,e^{-B U_i}. \tag{175}$$

[1]) Siehe z. B. Bd. II, pag. 465, Gleichung (72).

Die Konstanten A und B werden bestimmt durch die Bedingungen (163) und (164):

$$N = A\sum_i e^{-BU_i}, \quad U = A\sum U_i e^{-BU_i}, \tag{176}$$

was wir hier nicht auszuführen brauchen; denn man erkennt auch so in (175) das Maxwell-Boltzmannsche Verteilungsgesetz[1]).

Dieses führt, nicht nur in der Gastheorie, sondern auch in der Strahlungstheorie auf Schwierigkeiten, die wir teils im II. Bande Kapitel XI, teils im Bande III_1, Kapitel XIII erörtert haben: das Boltzmannsche Verteilungsgesetz liefert keine Gasentartung und führt zu einem falschen Strahlungsgesetz. Es wurde daher schon früher versucht, die Boltzmannsche Statistik durch andere zu ersetzen, deren eine von Bose herrührt und von Einstein genau untersucht wurde, während die andere auf Fermi und Dirac zurückgeht. Sie waren seinerzeit sozusagen ad hoc gemacht, was sicher unbefriedigend war, namentlich da man vom klassischen Standpunkte aus eigentlich keinen Grund angeben kann, warum die Boltzmannsche Statistik unzulässig sein sollte. Durch die Wellenmechanik ist nunmehr aber ein vollkommen neuer Gesichtspunkt geschaffen worden.

Zunächst kann man sagen, daß die Grundlagen der Boltzmannschen Statistik unhaltbar geworden sind; denn da wir vom Standpunkt der Wellenmechanik die identischen Partikeln des Systems nicht unterscheiden, so gibt es nicht mehr $\zeta = \frac{N!}{\Pi_i (n_i!)}$ Möglichkeiten, die Gesamtzahl N in Gruppen n_i abzuteilen (was ebensovielen Eigenfunktionen $\psi_A, \ldots$ entspricht), sondern nur noch eine einzige (ebenso wie die Eigenfunktionen sich entweder auf die symmetrische Kombination ψ_{symm} oder auf die antisymmetrische ψ_{anti} reduzieren).

Demgemäß scheint es, da in (168) der nunmehr fortfallende Faktor $\frac{N!}{\Pi_i (n_i!)}$ die entscheidende Rolle spielte [vgl. hierzu auch Anmerkung 1], als ob überhaupt keine Möglichkeit einer Statistik mehr vorliege. Dies ist indessen nicht der Fall, da auch der Faktor $\prod_i (z_i^{n_i})$, der in der klassischen Statistik irrelevant ist, sich unter den neuen Gesichtspunkten ändert und nunmehr seinerseits die entscheidende Rolle übernimmt.

---

[1]) Es könnte dem Leser auffallen, daß der Ausdruck (168) für die thermodynamische Wahrscheinlichkeit sich z. B. von dem in Bd. II, pag. 528, Gleichung (193) angegebenen durch den Faktor $\Pi\left(z_i^{n_i}\right)$ unterscheidet. Das ist zwar richtig, macht aber für die Ableitung des Verteilungsgesetzes (175), auf die es allein ankommt, nichts aus; lediglich die Bedeutung des Lagrange-Faktors a wird verändert, wie die Durchrechnung sofort ergibt. Man kann, wie auch schon in Bd. II mehrfach benutzt wurde, die thermodynamische Wahrscheinlichkeit verschieden „normieren“, ohne daß das Wesentliche sich ändert.

Nehmen wir zunächst einmal den Fall der antisymmetrischen Eigenfunktion ψ_{anti}; sie spricht bekanntlich aus, daß sich nicht zwei Partikel im gleichen Quantenzustand befinden können, d. h. sie ist identisch mit dem Paulischen Ausschließungsprinzip. In diesem Falle sind die n_i Moleküle derartig auf die z_i Normalzellen der Schicht $d\Phi_i$ zu verteilen, daß in einer Zelle entweder nur 1 Molekül oder keins liegen darf; denn mehr als 1 Molekül würde ja Identität ihrer Quantenzustände bedeuten. Wenn wir nun nach der Zahl der möglichen Verteilungen fragen, wobei die Teilchen nicht individualisiert werden, so ist klar, daß es für das erste Molekül z_i Möglichkeiten gibt — alle z_i Zellen stehen noch zur Verfügung; für das zweite Teilchen nur noch $(z_i - 1)$ Möglichkeiten und so fort. Insgesamt also

$$z_i (z_i - 1) \ldots (z_i - n_i + 1) = \frac{z_i!}{n_i!}$$

Fälle. Dabei sind aber die Teilchen noch individualisiert als 1., 2. usw.; die obige Zahl ist also zu groß und noch durch die Zahl derjenigen Permutationen zu dividieren, die nicht unterscheidbar sind; das sind $(z_i - n_i)!$ Somit erhält man für die thermodynamische Wahrscheinlichkeit in diesem Falle:

$$W_{\text{therm}} = \prod_i \frac{z_i!}{n_i!\,(z_i - n_i)!}\,. \tag{177}$$

Unter Anwendung der Stirlingschen Formel folgt daraus für die Entropie:

$$S = k \sum_i \{z_i \log z_i - n_i \log n_i - (z_i - n_i) \log (z_i - n_i)\}\,. \tag{178}$$

Der wahrscheinlichste Zustand ist — wieder unter Benutzung der Nebenbedingungen (163) und (164) — charakterisiert durch die Gleichungen:

$$\left\{\begin{array}{lll} \delta S = \sum_i \{- \log n_i + \log (z_i - n_i\}\, \delta n_i = 0 & & \\ \sum_i \delta n_i & = 0 & \Big| - \alpha \\ \sum_i U_i\, \delta n_i & = 0 & \Big| - \beta\,. \end{array}\right. \tag{179}$$

Erweitert man die zweite und dritte derselben mit Lagrange-Faktoren $-\alpha$ und $-\beta$ und addiert sie zur ersten Gleichung (179), so folgt als Bedingung des wahrscheinlichsten Zustandes:

$$n_i = \frac{z_i}{e^{\alpha + \beta U_i} + 1}\,, \tag{180}$$

die in charakteristischer Weise von der Boltzmannschen Verteilung (175) abweicht, in welche sie nur für so große Werte von e^{α} übergeht, daß die 1 im Nenner vernachlässigbar ist. Die hier erhaltene Statistik ist die sogenannte Fermi-Diracsche; sie ist also nach der Wellenmechanik jedenfalls zulässig und in den Fällen zu benutzen, in denen das Pauli-Prinzip herrscht.

Diese Statistik gewannen wir, indem wir von der antisymmetrischen Eigenfunktion ψ_{anti} ausgingen, die bei Gültigkeit des Pauli-Prinzips die allein zulässige ist. In den Fällen, in denen dieses nicht anwendbar ist, ist aber auch die symmetrische Eigenfunktion ψ_{symm} brauchbar: dann können offenbar mehrere Partikeln im gleichen Quantenzustande sein, d. h. es dürfen mehrere in der gleichen Normalzelle liegen.

Jetzt haben wir die n_i ununterscheidbaren Teilchen auf z_i Zellen zu verteilen, wobei die Zahl der in einer Zelle liegenden nicht beschränkt ist. Die Abzählung der möglichen Fälle ist in diesem Falle ziemlich mühsam, wir geben daher nur das Resultat an:

$$W_{\text{therm}} = \prod_i \frac{(z_i + n_i - 1)!}{n_i!\,(z_i - 1)!}\,, \tag{181}$$

von dessen Richtigkeit man sich übrigens leicht durch den Schluß von n auf $(n+1)$ überzeugen kann. Hier findet man für die Entropie den Ausdruck:

$$S = k \sum_i \{(z_i + n_i - 1) \log (z_i + n_i - 1) - n_i \log n_i - (z_i - 1) \log (z_i - 1)\}\,, \tag{182}$$

und für den wahrscheinlichsten Zustand die Gleichungen:

$$\left\{\begin{aligned} \delta S = \sum_i \left\{\log \frac{z_i + n_i - 1}{n_i}\right\} \delta n_i &= 0\,, \\ \sum_i \delta n_i &= 0 \quad \Big| -\alpha \\ \sum_i U_i\, \delta n_i &= 0 \quad \Big| -\beta \end{aligned}\right. \tag{183}$$

Erweiterung der beiden letzten mit $-\alpha$ und $-\beta$ sowie Addition zur ersten Gleichung (183) liefert:

$$\sum_i \left\{\log \frac{z_i + n_i - 1}{n_i} - \alpha - \beta U_i\right\} \delta n_i = 0\,,$$

d. h.

$$\log \frac{z_i + n_i - 1}{n_i} = \alpha + \beta U_i\,.$$

Da ferner z_i und N_i sehr groß gegen 1 sind, kann man noch die 1 im Zähler links fortlassen und findet als Verteilungsgesetz:

$$n_i = \frac{z_i}{e^{\alpha + \beta U_i} - 1}\,. \tag{184}$$

Diese Formel unterscheidet sich von der Fermi-Diracschen (180) dadurch, daß im Nenner rechts (-1) steht statt $(+1)$. Es ist die von Bose und Einstein vorgeschlagene Formel; für hinreichend großes e^{α} geht auch sie in die Boltzmannsche über.

Als Gesamtergebnis unserer Untersuchung sieht man also, daß die Boltzmann-Statistik nach den Grundsätzen der Wellenmechanik ausscheidet, daß an ihre Stelle entweder die Fermi-Diracsche mit Gleichung (180) oder die Bose-Einsteinsche mit Formel (184) zu treten hat. Die Bedeutung dieser beiden Formeln, die nunmehr in das theoretische Gebäude eingefügt sind, haben wir — wenigstens für die Gastheorie — bereits in Bd. II (Nr. 125 und 126) ausführlich geschildert.

Es erhebt sich natürlich die Frage, wann die eine, wann die andere Statistik zu benutzen ist. Sie kann bis heute nur empirisch entschieden werden; die bis jetzt vorliegende Erfahrung läßt sich in den Satz zusammenfassen, daß bei Teilchen mit halbzahligem Spin die Fermi-Diracsche, bei Teilchen mit ganzzahligem Spin die Bose-Einsteinsche Statistik anzuwenden ist. Insbesondere ergibt sich, was wir in Nr. 6 bereits ausführten, daß für ein „Photonengas", d. h. einen mit Strahlung erfüllten Hohlraum, die Bose-Einsteinsche Statistik es ist, die zum richtigen Strahlungsgesetz führt, da das Photon den Spin 0 besitzt.

Neuntes Kapitel.

Strahlung.

64. Ladungsdichte, Stromdichte, magnetisches und elektrisches Moment.

Nachdem wir im VII. Kapitel die Berechnung der Eigenwerte und Eigenfunktionen durchgeführt und im VIII. Kapitel die statistische Deutung der Wellenmechanik kennengelernt haben, sind wir imstande, etwas über den Mechanismus der Strahlung und damit über Auswahlregeln, Polarisation und Intensität der Strahlung auszusagen.

Wir gelangen dazu auf folgende Weise: Wir gehen, indem wir die elektrische Ladung eines Elektrons mit e bezeichnen, von der Identität aus:

$$e = \int \overset{*}{\Psi} e \Psi \, d\tau , \tag{1}$$

die offensichtlich erfüllt ist, da e konstant und Ψ normiert ist. Da man anderseits schreiben kann:

$$e = \int \varrho \, d\tau , \tag{2}$$

wenn man mit ϱ die elektrische Dichte bezeichnet, so ergibt ein Vergleich die Beziehung:

$$\varrho = e \overset{*}{\Psi} \Psi , \tag{3}$$

ein Ansatz, der von Schrödinger herrührt. Dieser nahm — vor der statistischen Deutung der Theorie — an, die Dichte eines Elektrons sei tatsächlich im ganzen umgebenden Raum von Null verschieden (sie sei „verschmiert" in seiner anschaulichen Ausdrucksweise) und werde eben durch Gleichung (3) bestimmt. Diese allzu grobe Auffassung läßt sich nicht halten, schon aus dem Grunde nicht, weil die Trägheit (Masse) des Elektrons nicht mit einer so großen (streng unendlich großen) Ausdehnung verträglich ist — siehe Gleichung (6) des II. Kapitels auf pag. 37. Wir können aber (3) festhalten vom statistischen Standpunkte aus; nach diesem besteht ja eine endliche Wahrscheinlichkeit dafür, das Elektron irgendwo im Raume anzutreffen, und in diesem Sinne ist ϱ nach Gleichung (3) als die „statistische Dichte" der elektrischen Ladung aufzufassen.

Diese Deutung bringt nun sofort auch eine statistische Interpretation der Stromdichte $\mathfrak{j}$ mit sich, die durch die Bewegung des Elektrons erzeugt wird. Denn es muß ja die Kontinuitätsgleichung der Elektrodynamik gelten:

(4) $$\frac{\partial \varrho}{\partial t} + \operatorname{div} \mathfrak{j} = 0 ,$$

die aussagt, daß die Ladung eines Volumelementes nur dadurch geändert werden kann, daß sie durch einen Strom vermehrt oder vermindert wird. Da wir nun die Deutung von ϱ in Gleichung (3) vor uns haben, muß die allgemeine zeitabhängige Schrödinger-Gleichung

(5) $$\left\{ \begin{array}{ll} -\frac{4\pi m_0 i}{h} \frac{\partial \Psi}{\partial t} = \Delta \Psi - \frac{8 m_0 \pi^2}{h^2} \Phi \Psi , & \Big| \ \overset{*}{\Psi} \\ +\frac{4\pi m_0 i}{h} \frac{\partial \overset{*}{\Psi}}{\partial t} = \Delta \overset{*}{\Psi} - \frac{8 m_0 \pi^2}{h^2} \Phi \overset{*}{\Psi} , & \Big| \ \Psi \end{array} \right.$$

uns auch die Definition von $\mathfrak{j}$ ergeben. Erweitert man die Gleichungen (5) in der angegebenen Weise und subtrahiert, so folgt:

$$\frac{4\pi m_0 i}{h} \left(\overset{*}{\Psi} \frac{\partial \Psi}{\partial t} + \Psi \frac{\partial \overset{*}{\Psi}}{\partial t} \right) = \Psi \Delta \overset{*}{\Psi} - \overset{*}{\Psi} \Delta \Psi ,$$

oder nach Multiplikation mit $\frac{h e}{4\pi m_0 i}$:

(6) $$e \frac{\partial}{\partial t} (\overset{*}{\Psi} \Psi) + \frac{h e}{4\pi m_0 i} (\overset{*}{\Psi} \Delta \Psi - \Psi \Delta \overset{*}{\Psi}) = 0 .$$

Das erste Glied ist nach (3) nichts anderes als $\frac{\partial \varrho}{\partial t}$, und so haben wir nur noch zu zeigen, daß das zweite Glied sich als Divergenz schreiben läßt. In der Tat besteht die Gleichung:

(7) $$\overset{*}{\Psi} \Delta \Psi - \Psi \Delta \overset{*}{\Psi} = \operatorname{div} (\overset{*}{\Psi} \operatorname{grad} \Psi - \Psi \operatorname{grad} \overset{*}{\Psi}) ,$$

wie man durch Ausrechnung leicht bestätigt. Somit ergibt sich für die (statistische) Stromdichte $\mathfrak{j}$ der Wert

(8) $$\mathfrak{j} = \frac{h e}{4\pi m_0 i} (\overset{*}{\Psi} \operatorname{grad} \Psi - \Psi \operatorname{grad} \overset{*}{\Psi}) .$$

Aus dieser Gleichung sind ihre Komponenten in beliebigen Koordinaten leicht abzuleiten.

Wir wollen nunmehr den allgemeinen Ausdruck (3) und im Zusammenhange damit (8) dadurch spezialisieren, daß wir für die allgemeine Wellenfunktion Ψ besondere Werte annehmen. Wenn das System in einem bestimmten Energiezustande, etwa U_k[1]), ist, was durch eine Energiemessung festgestellt sei, dann ist:

(9) $$\Psi = \Psi_k = \psi_k e^{-\frac{2\pi i}{h} U_k t} ; \quad \overset{*}{\Psi} = \overset{*}{\Psi}_k = \overset{*}{\psi}_k e^{+\frac{2\pi i}{h} U_k t} .$$

[1]) Der Index k vertritt die sämtlichen Quantenzahlen, die den Zustand definieren, z. B. beim Kepler-Problem die Quantenzahlen n, l, m.

Damit wird die elektrische Dichte, die diesem Zustande (dem k-ten Quantenzustande) entspricht:

(10) $$\varrho_{kk} = e\,\overset{*}{\psi}_k\,\psi_k\,,$$

und dieser Wert, den wir mit zwei gleichen Indizes schreiben, weil die beiden Eigenfunktionen den gleichen Index k tragen, ist zeitlich konstant. Es liegt ferner nahe, den Ausdruck (3) auch mit zwei verschiedenen Eigenfunktionen, die zu den Energiewerten U_j und U_k gehören, zu bilden, also mit den Wellenfunktionen:

(11) $$\overset{*}{\Psi}_j = \overset{*}{\psi}_j\, e^{+\frac{2\pi i}{h} U_j t}\,, \qquad \Psi_k = \psi_k\, e^{-\frac{2\pi i}{h} U_k t}\,;$$

dann erhalten wir einen Ausdruck:

(12) $$\varrho_{jk} = e\,\overset{*}{\psi}_j\,\psi_k\, e^{+\frac{2\pi i}{h}(U_j - U_k)t} = e\,\overset{*}{\psi}_j\,\psi_k\, e^{+2\pi i \nu_{jk} t}\,.$$

Diese Bildung können wir als die „Übergangsdichte" beim Übergang des Systems vom j-ten in den k-ten Quantenzustand bezeichnen; sie ist zeitabhängig mit der Frequenz

(13) $$\nu_{jk} = \frac{U_j - U_k}{h}\,.$$

Die Gesamtheit der Größen ϱ_{jk} nach (10) und (12) bildet also in der Sprache der Nr. 60 eine Matrix:

(14) $$(\varrho_{jk}) = \begin{pmatrix} \varrho_{11} & \varrho_{12} & \varrho_{13} & \cdots \\ \varrho_{21} & \varrho_{22} & \varrho_{33} & \cdots \\ \cdots & \cdots & \cdots & \cdots \\ \varrho_{n1} & \varrho_{n2} & \varrho_{n3} & \cdots \end{pmatrix}.$$

Da offenbar

(15) $$\varrho_{jk} = \overset{*}{\varrho}_{kj}\,,$$

d. h. die symmetrisch zur Diagonale stehenden Glieder konjugiert komplex sind, so ist die „Dichtematrix" hermitisch. Ob übrigens diesen formalen Bildungen, die wir hier vorgenommen haben, eine physikalische Bedeutung zukommt, muß sich natürlich erst erweisen. Nehmen wir das vorläufig einmal an, so müssen wir konsequenterweise auch für (8) die Formulierung zulassen:

(16) $$\mathfrak{j}_{jk} = \frac{h\,e}{4\pi m_0 i}\,(\overset{*}{\psi}_j \operatorname{grad} \psi_k - \psi_k \operatorname{grad} \overset{*}{\psi}_j)\, e^{+\frac{2\pi i}{h}(U_j - U_k)t}\,,$$

also sowohl von stationären Stromdichten $\mathfrak{j}_{kk}$ sprechen, die zeitlich konstant sind, als von Übergangsstromdichten $\mathfrak{j}_{jk}$, die dem Übergang $j \to k$ entsprechen. Man überzeugt sich leicht, daß der Klammerausdruck in (16) für $j = k$ rein imaginär, die stationäre Stromdichte $\mathfrak{j}_{kk}$ also, wie auch die stationäre Ladungsdichte ϱ_{kk}, rein reell ist. Natürlich bildet die Gesamtheit der Stromdichten $\mathfrak{j}_{jk}$ auch eine Matrix.

Wir wollen Gleichung (8) anwenden z. B. auf die Eigenfunktionen des freien Rotators, den wir in Nr. 43 behandelt haben; die Eigenfunktionen sind bekanntlich:

$$\psi_{nm}(\vartheta, \varphi) = P_n^{|m|}(\cos\vartheta)\, e^{im\varphi}. \tag{17}$$

Es ist also zweckmäßig, die Komponenten der Strömung $\mathfrak{j}$ in Polarkoordinaten anzugeben. Eine leichte Rechnung liefert:

$$\left\{\begin{aligned} \mathfrak{j}_r &= \frac{h e}{4\pi m_0 i}\left(\overset{*}{\Psi}\frac{\partial \Psi}{\partial r} - \Psi\frac{\partial \overset{*}{\Psi}}{\partial r}\right), \\ \mathfrak{j}_\vartheta &= \frac{h e}{4\pi m_0 i}\left(\frac{\overset{*}{\Psi}\dfrac{\partial \Psi}{\partial \vartheta} - \Psi\dfrac{\partial \overset{*}{\Psi}}{\partial \vartheta}}{r}\right), \\ \mathfrak{j}_\varphi &= \frac{h e}{4\pi m_0 i}\,\frac{1}{r\sin\vartheta}\left(\overset{*}{\Psi}\frac{\partial \Psi}{\partial \varphi} - \Psi\frac{\partial \overset{*}{\Psi}}{\partial \varphi}\right). \end{aligned}\right. \tag{18}$$

Da in der Eigenfunktion (17) r gar nicht auftritt, so ist klar, daß $\mathfrak{j}_r$ hier gleich 0 ist; das gleiche gilt von $\mathfrak{j}_\vartheta$, wie die Ausrechnung zeigt, und zwar liegt es daran, daß (17) in der Variabeln ϑ reell ist. In diesem Falle ist nämlich die Klammergröße $(\overset{*}{\Psi} \operatorname{grad} \Psi - \Psi \operatorname{grad} \overset{*}{\Psi})$ stets identisch Null. Es kann also nur dann eine Komponente der Strömung existieren, wenn Ψ in der betreffenden Variablen komplex ist; in unserem Beispiele (17) ist das für die Variable φ der Fall. Demgemäß finden wir für $\mathfrak{j}_\varphi$:

$$\mathfrak{j}_\varphi = \frac{e}{m_0}\,\frac{h}{2\pi}\,\frac{m}{r\sin\vartheta}\,(P_n^{|m|})^2. \tag{19}$$

Wenn man statt (17) die Eigenfunktion des Kepler-Problems zugrunde legt, also

$$\psi_{nlm} = \frac{1}{\sqrt{2\pi}}\, R_{nl}(r)\, P_l^{|m|}(\cos\vartheta)\, e^{im\varphi}\ ^{1)}, \tag{20}$$

so findet man, da $R(r)$ und $P(\cos\vartheta)$ reell sind, auch hier $\mathfrak{j}_r = \mathfrak{j}_\vartheta = 0$, und für $\mathfrak{j}_\varphi$ den Wert:

$$\mathfrak{j}_\varphi = \frac{e}{m_0}\,\frac{h}{2\pi}\,\frac{m}{r\sin\vartheta}\,\psi_{nlm}\overset{*}{\psi}_{nlm}. \tag{21}$$

$\mathfrak{j}_\varphi$ ist also ganz bestimmter diskreter Werte fähig, je nach dem Werte, den die magnetische Quantenzahl m annehmen kann. Es existiert also sowohl für Rotator als Kepler-Problem eine statistische Stromdichte $\mathfrak{j}_\varphi$ um die Polarachse $\vartheta = 0$.

Man kann daher erwarten, um diese Achse auch ein bestimmtes magnetisches Moment $\mathfrak{M}$ zu finden. Denn $|\mathfrak{M}|$ berechnet sich aus der Stromstärke J bekanntlich so, daß $\frac{J}{c}$ multipliziert mit der vom Strom

[1]) Hier sind unter $R(r)$ und $P(\cos\vartheta)$ die bereits normierten Bestandteile der Eigenfunktion verstanden; $\frac{1}{\sqrt{2\pi}}$ ist der Normierungsfaktor der explizit angeschriebenen Abhängigkeit der Eigenfunktion von φ.

berandeten Fläche das Moment $|\mathfrak{M}|$ ergibt. Als Stromstärke J haben wir hier $\mathfrak{j}_\varphi\, r\, dr\, d\vartheta$ anzusetzen, da das zu φ senkrechte Flächenelement den Wert $r\, dr\, d\vartheta$ besitzt. Ferner ist die vom Strom berandete Fläche offenbar gleich $\pi r^2 \sin^2 \vartheta$. Mithin erhalten wir für den Beitrag $d\,\mathfrak{M}_z$ zum Moment $\mathfrak{M}_z$, das ja parallel der z-Achse (Polarachse $\vartheta = 0$) gerichtet ist:

$$(22) \qquad d\mathfrak{M}_z = \mathfrak{j}_\varphi \frac{r^2 \sin^2\vartheta\, \pi\, r\, dr\, d\vartheta}{c} = \frac{e}{m_0} \frac{h}{2c} \psi_{nlm} \overset{*}{\psi}_{nlm} \frac{m}{c} r^2\, dr \sin\vartheta\, d\vartheta .$$

Durch Integration über r von 0 bis ∞, über ϑ von 0 bis π erhalten wir das ganze Moment $\mathfrak{M}_z$. Setzen wir für ψ_{nlm} den Wert (20) für das Kepler-Problem ein, so finden wir:

$$\mathfrak{M}_z = \frac{e h}{4 m_0 \pi} \frac{m}{c} \int_0^\infty R^2 r^2\, dr \int_0^\pi P^2 (\cos\vartheta) \sin\vartheta\, d\vartheta .$$

Darin sind die Integrale infolge der Normierung unter Berücksichtigung der Anmerkung auf pag. 415 einzeln gleich 1; also folgt für die z-Komponente des gesuchten magnetischen Momentes:

$$(23) \qquad \mathfrak{M}_z = + \frac{e h}{4 m_0 \pi c} m \qquad (m = 0, \pm 1, \pm 2 \ldots) .$$

Nach Gleichung (103) des III. Kapitels auf pag. 114 ist aber

$$\frac{e h}{4 m_0 \pi c} = |\mathfrak{m}_B|$$

der Betrag eines Bohrschen Magnetons, als dessen Vielfache die magnetischen Momente $\mathfrak{M}_z$ also auftreten müssen, genau wie in der älteren Quantentheorie. Man kann diese Übereinstimmung als eine Bestätigung unserer formalen Ansätze für Dichte ϱ und Strömung $\mathfrak{j}$ auffassen.

Im allgemeinen wird aber ein System auch ein elektrisches Moment besitzen, das wir durch $\mathfrak{D}$ bezeichnen wollen. In der klassischen Theorie versteht man darunter den Ausdruck:

$$(24) \qquad \mathfrak{D} = \sum_\lambda e_\lambda \mathfrak{r}_\lambda ,$$

wo e_λ die einzelne Ladung[1]), $\mathfrak{r}_\lambda$ ihr Lagenvektor ist. Hier können wir unter e_λ die einzelnen Elektronenladungen, unter $\mathfrak{r}_\lambda$ ihre vom Kern aus gezogenen Lagenvektoren verstehen; im folgenden gestatten wir uns die Vereinfachung, immer nur von einem Elektron zu reden, also die Summenzeichen und den Index λ in (24) fortzulassen, die man ja gegebenenfalls immer ohne Schwierigkeit hinzusetzen kann. Unter Rücksicht auf (1) und (3) sowie auf (78) des VIII. Kapitels auf pag. 384 werden wir in der Wellenmechanik als elektrisches Moment anzusetzen haben:

$$(25) \qquad \mathfrak{D} = \int \overset{*}{\Psi} e\, \mathfrak{r}\, \Psi\, d\tau = e \int \overset{*}{\Psi} \mathfrak{r}\, \Psi\, d\tau = e\, \bar{\mathfrak{r}} = \int \varrho\, \mathfrak{r}\, d\tau ,$$

[1]) Daß im folgenden „e" einmal als elektrische Ladung, einmal als Basis der natürlichen Logarithmen auftritt, wird ein Mißverständnis nicht hervorrufen.

mit den kartesischen Komponenten:

$$(26)\quad \begin{cases} \mathfrak{D}_x = e\int \overset{*}{\Psi}\, x\, \Psi\, d\tau = e\,\bar{x} = \int \varrho\, x\, d\tau\,, \\ \mathfrak{D}_y = e\int \overset{*}{\Psi}\, y\, \Psi\, d\tau = e\,\bar{y} = \int \varrho\, y\, d\tau\,, \\ \mathfrak{D}_z = e\int \overset{*}{\Psi}\, z\, \Psi\, d\tau = e\,\bar{z} = \int \varrho\, z\, d\tau\,. \end{cases}$$

$\bar{\mathfrak{r}}$, $\bar{x}$, $\bar{y}$, $\bar{z}$ sind dabei die Mittelwerte (Erwartungswerte) von $\mathfrak{r}$, x, y, z, die mit der Verteilungsfunktion $\Psi\overset{*}{\Psi}$ gebildet sind.

Auch hier werden wir elektrische Momente im stationären Zustande und bei Übergängen zu unterscheiden haben. Ist z. B. das System im Energiezustande U_k, so daß

$$\Psi = \Psi_k = \psi_k\, e^{-\frac{2\pi i}{h} U_k t}, \quad \overset{*}{\Psi} = \overset{*}{\Psi}_k = \overset{*}{\psi}_k\, e^{+\frac{2\pi i}{h} U_k t}$$

ist, so erhalten wir für die Komponenten des diesem Zustande zugeordneten Momentes:

$$(27)\quad \begin{cases} \mathfrak{D}^x_{kk} = e\int \overset{*}{\psi}_k\, x\, \psi_k\, d\tau = e\, x_{kk} = \int \varrho_{kk}\, x\, d\tau\,, \\ \mathfrak{D}^y_{kk} = e\int \overset{*}{\psi}_k\, y\, \psi_k\, d\tau = e\, y_{kk} = \int \varrho_{kk}\, y\, d\tau\,, \\ \mathfrak{D}^z_{kk} = e\int \overset{*}{\psi}_k\, z\, \psi_k\, d\tau = e\, z_{kk} = \int \varrho_{kk}\, z\, d\tau\,, \end{cases}$$

und diese Ausdrücke sind zeitlich konstant und reell[1]). Ebenso aber bilden wir die dem Übergang $j \longrightarrow k$ entsprechenden elektrischen Momente mit den Wellenfunktionen $\overset{*}{\Psi}_j = \overset{*}{\psi}_j\, e^{+\frac{2\pi i}{h} U_k t}$, $\Psi_k = \psi_k\, e^{-\frac{2\pi i}{h} U_k t}$:

$$(28)\quad \begin{cases} \mathfrak{D}^x_{jk} = e^{+2\pi i \nu_{jk} t}\, e\int \overset{*}{\psi}_j\, x\, \psi_k\, d\tau = e\, x_{jk} = \int \varrho_{jk}\, x\, d\tau\,, \\ \mathfrak{D}^y_{jk} = e^{+2\pi i \nu_{jk} t}\, e\int \overset{*}{\psi}_j\, y\, \psi_k\, d\tau = e\, y_{jk} = \int \varrho_{jk}\, y\, d\tau\,, \\ \mathfrak{D}^z_{jk} = e^{+2\pi i \nu_{jk} t}\, e\int \overset{*}{\psi}_j\, z\, \psi_k\, d\tau = e\, z_{jk} = \int \varrho_{jk}\, z\, d\tau\,. \end{cases}$$

die zeitlich variabel mit der Frequenz $\nu_{jk} = \frac{U_j - U_k}{h}$ und komplex sind[2]). Ob diese allgemeinen Bildungen (27) und (28) einen physikalischen Sinn haben, muß sich auch hier erst zeigen; jedenfalls ist es konsequent, sie einzuführen, wenn man das gleiche mit der Dichte ϱ und der Strömung $\mathfrak{j}$ tut. Darauf werden wir in der nächsten Nummer genauer eingehen.

Die Größen $\mathfrak{D}_{jk}$ bilden offenbar eine Matrix, ebenso wie die Größen $x_{jk}, \ldots$ (allgemein q_{jk}); sie werden in der Wellenmechanik als Momenten-

[1]) Mit x_{kk}, y_{kk}, ... bezeichnet man sinngemäß die mit der speziellen Verteilungsfunktion $\psi_k \overset{*}{\psi}_k$ gebildeten Mittelwerte der Koordinaten.

[2]) Hier sind x_{jk}, y_{jk} ... die Mittelwerte der Koordinaten, wobei $\overset{*}{\psi}_j\, \psi_k$ als Verteilungsfunktion fungiert.

bzw. Koordinatenmatrix bezeichnet; sie sind beide hermitisch, da die symmetrisch zur Diagonale stehenden Elemente $\mathfrak{Q}_{jk}$ und $\mathfrak{Q}_{kj}$ bzw. q_{jk} und q_{kj} konjugiert komplex sind. Man gelangt also zu reellen Ausdrücken, wenn man ihre Summe $(\mathfrak{Q}_{jk} + \mathfrak{Q}_{kj}) = e\,(\mathfrak{r}_{jk} + \mathfrak{r}_{kj})$ bildet. Diese Bemerkung wird in der nächsten Nummer eine Rolle spielen.

65. Mechanismus der Ausstrahlung; Auswahl- und Polarisationsregeln.

Das elektrische Moment $\mathfrak{Q}$ bestimmt in der klassischen Theorie die Ausstrahlung, insofern seine zeitliche Änderung dafür maßgebend ist. Wir fanden in der Tat für die in der Zeiteinheit erfolgende Strahlung S den Wert[1]):

$$S = \frac{2}{3c^3}\overline{\ddot{\mathfrak{Q}}^2}\,. \tag{29}$$

Wenn wir die Voraussetzung machen, daß dieser Zusammenhang zwischen Änderung des Momentes und Strahlung auch in der Wellenmechanik erhalten bleibt, so können wir die in der vorigen Nummer angegebenen Ausdrücke (27) und (28) benutzen, um die Ausstrahlung zu bestimmen.

Nehmen wir zuerst die reellen Ausdrücke (27), die sich auf einen bestimmten Zustand, d. h. in der Ausdrucksweise der Bohrschen Theorie auf eine bestimmte ausgezeichnete Bahn des Elektrons beziehen. Nach (27) sind die Komponenten dieses elektrischen Momentes zeitlich konstant, ihre Änderung also gleich Null, daher findet nach der Wellenmechanik in den stationären Zuständen keine Ausstrahlung statt. In der älteren Bohrschen Theorie mußte dies vom klassischen abweichende Verhalten besonders postuliert werden, während es sich hier zwanglos ergibt.

Wir wollen jetzt auch die allgemeineren Momente (28) untersuchen, die sich auf einen Übergang zwischen zwei stationären Zuständen beziehen, die durch die Energiewerte U_j und U_k charakterisiert sein mögen. Die gegebenen Ausdrücke für die Momente sind, wie schon erwähnt, komplex, und wir müssen, um zu reellen Werten zu gelangen, die Summen $(\mathfrak{Q}_{jk} + \mathfrak{Q}_{kj})$ betrachten, die wir als das reelle elektrische Moment ansehen, das dem Übergang $j \rightleftarrows k$ zukommt. Wir können unter Abspaltung des Zeitfaktors $e^{\pm 2\pi i \nu_{jk} t}$ schreiben:

$$\mathfrak{Q}_{jk} = \mathfrak{Q}^0_{jk}\, e^{+2\pi i \nu_{jk} t}\,,$$
$$\mathfrak{Q}_{kj} = \mathfrak{Q}^0_{kj}\, e^{-2\pi i \nu_{jk} t}\,,$$

oder, wenn wir die konjugiert komplexe Natur von $\mathfrak{Q}^0_{jk}$ und $\mathfrak{Q}^0_{kj}$ zum Ausdruck bringen wollen:

$$\left\{\begin{aligned} \mathfrak{Q}_{jk} &= \left|\mathfrak{Q}^0_{jk}\right| e^{+i(2\pi\nu_{jk}t+\delta)}\,, \\ \mathfrak{Q}_{kj} &= \left|\mathfrak{Q}^0_{jk}\right| e^{-i(2\pi\nu_{jk}t+\delta)}\,{}^{2)}\,, \end{aligned}\right. \tag{30}$$

wo δ eine Phasenkonstante bedeutet. Nach dem Obigen sehen wir als das für den Übergang $j \rightleftarrows k$ in Betracht kommende Moment die Summe

[1]) Bd. III$_1$, pag. 339ff.

[2]) $\left|\mathfrak{Q}^0_{kj}\right|$ ist natürlich identisch mit $\left|\mathfrak{Q}^0_{jk}\right|$.

der beiden Ausdrücke (30) an, können also die sekundliche Ausstrahlung nach (29) folgendermaßen darstellen:

$$S = \frac{2}{3c^3} \overline{\frac{d^2}{dt^2} \left\{ |\mathfrak{Q}^0_{jk}| \left[e^{i(2\pi\nu_{jk}t+\delta)} + e^{-i(2\pi\nu_{jk}t+\delta)} \right] \right\}^2},$$

oder:

$$S = \frac{2}{3c^3} \overline{\frac{d^2}{dt^2} \left\{ 2 |\mathfrak{Q}^0_{jk}| \cos(2\pi\nu_{jk}t + \delta) \right\}^2}$$

oder:

$$S = \frac{2}{3c^3} (2\pi\nu_{jk})^4\, 4\, |\mathfrak{Q}^0_{jk}|^2\, \overline{\cos^2(2\pi\nu_{jk}t + \delta)};$$

das liefert, da $\overline{\cos^2} = \frac{1}{2}$ ist, den endgültigen Wert:

(31) $$S = \frac{64}{3c^3} \pi^4 \nu_{jk}^4 |\mathfrak{Q}^0_{jk}|^2.$$

Dabei ist, ausführlicher geschrieben:

(32) $$|\mathfrak{Q}^0_{jk}| = |\mathfrak{Q}^{0x}_{jk}|^2 + |\mathfrak{Q}^{0y}_{jk}|^2 + |\mathfrak{Q}^{0z}_{jk}|^2,$$

und diese Ausdrücke sind nach Vorschrift von (28) zu bilden.

Wenn man die ganze Anschauung akzeptiert, so erkennt man, daß die Strahlungsfrequenz $\nu_{jk} = \frac{U_j - U_k}{h}$ die von der Erfahrung geforderte und früher durch das Bohrsche Frequenzpostulat erzwungene ist, während in der klassischen Strahlungstheorie die mechanischen Umlaufsfrequenzen auf der Bahn auftreten. Wir befinden uns also jedenfalls in dieser Hinsicht in Übereinstimmung mit den Tatsachen, aber auch die numerischen Werte der Strahlung nach (31) haben sich durchaus bestätigt.

Nachdem wir einmal diesen Standpunkt eingenommen haben, können wir noch mehr sagen. Wenn nämlich eine der Größen $\mathfrak{Q}_{jk}$ (oder $\mathfrak{Q}^0_{jk}$) verschwindet, z. B. $\mathfrak{Q}^{0x}_{jk} = \int \overset{*}{\psi}_j\, x\, \psi_k\, d\tau = 0$ ist, so heißt das, daß beim Übergang $j \rightleftarrows k$ keine parallel x polarisierte Strahlung auftritt: Auf diese Weise ergeben sich somit Auswahlregeln und Aussagen über den Polarisationszustand. Diese haben wir unbedingt notwendig, um unsere in Kap. VII gemachten Aussagen über die Eigenwerte zu ergänzen, mit denen allein es nicht getan ist. Wir werden daher im folgenden die wichtigsten Beispiele erörtern.

Wir nehmen zunächst den linearen harmonischen Oszillator vor, als dasjenige Problem, an dem sich die Quantentheorie entwickelt hat.

Nach Gleichung (39) des VII. Kapitels sind die normierten Eigenfunktionen:

(33) $$\psi_n = N_n e^{-\frac{\gamma x^2}{2}} H_n(\sqrt{\gamma}\, x),$$

mit

(33a) $$\begin{cases} N_n = \sqrt{\sqrt{\frac{\gamma}{\pi}} \frac{1}{2^n} \frac{1}{n!}} \\ \sqrt{\gamma} = 2\pi \sqrt{\frac{m_0 \nu_0}{h}}, \end{cases}$$

wobei H_n ein hermitisches Polynom ist, das durch die Reihe

$$(34)\qquad H_n(x) = (2\,x)^n - \frac{n\,(n-1)}{1!}\,(2\,x)^{n-2} + \frac{n\,(n-1)\,(n-2)\,(n-3)}{2!}\,(2\,x)^{n-4}\,..$$

definiert wird. Beim harmonischen Oszillator erhalten wir also für das Matrixelement $\mathfrak{Q}^{0\,x}_{n\,m}$, das für uns allein in Betracht kommt:

$$(35)\qquad \mathfrak{Q}^{0\,x}_{n\,m} = e\,x_{n\,m} = e\,N_n N_m \int\limits_{-\infty}^{+\infty} e^{-\gamma\,x^2}\,x\,H_n(\sqrt{\gamma}\,x)\,H_m(\sqrt{\gamma}\,x)\,d\,x\,,$$

wobei zu beachten ist, daß die Eigenfunktionen hier nach (33) reell sind. Führen wir $\sqrt{\gamma}\,x = \xi$ ein, so erhalten wir statt (35) den bequemer zu behandelnden Ausdruck:

$$(36)\qquad \mathfrak{Q}^{0\,x}_{n\,m} = \frac{e\,N_n\,N_m}{\gamma} \int\limits_{-\infty}^{+\infty} e^{-\xi^2}\,H_n(\xi)\,\xi\,H_m(\xi)\,d\,\xi\,.$$

Wir merken noch an, daß nach den Normierungsbedingungen, wenn wir ξ (statt x) als unabhängige Variable wählen, gilt:

$$(37)\qquad N_n^2 \int\limits_{-\infty}^{+\infty} e^{-\xi^2}\,H_n^2(\xi)\,d\,\xi = \sqrt{\gamma}\,.$$

Der Ausdruck (36) ist zu untersuchen, insbesondere, ob und wann er verschwindet bzw. welchen Wert er hat, wenn er nicht verschwindet. Wir setzen zunächst $n > m$ voraus. Nun ist die Funktion $H_n(\xi)$ nach (34) ein Polynom vom n-ten Grade; darin liegt es begründet, daß man in (36) rechts den Ausdruck $\xi\,H_m(\xi)$, der ein Polynom $(m+1)$-ten Grades ist, als Summe von gleichartigen Polynomen darstellen kann:

$$(38)\qquad \xi\,H_m(\xi) = \sum_{\nu}^{0,\,m+1} c_\nu\,H_\nu(\xi)\,,$$

wobei sicher $c_{m+1} \neq 0$ ist. Denn diese Gleichung bringt ja nur zum Ausdruck, daß $\xi\,H_m(\xi)$ ein Polynom vom verlangten Grade ist. Um die Koeffizienten c_ν zu bestimmen, hat man nur unter Rücksicht auf (34) die Koeffizienten gleicher Potenzen von ξ links und rechts gleich zu setzen. Wir benutzen dies zur Bestimmung des Koeffizienten c_{m+1}, der für uns allein von Interesse sein wird und sicher von Null verschieden ist. Links ist nach (34) der Koeffizient der Potenz ξ^{m+1} offenbar 2^m; rechts ist er $c_{m+1}\,2^{m+1}$; also folgt:

$$(39)\qquad c_{m+1} = \tfrac{1}{2}\,.$$

Wir setzen nun die Entwicklung (38) in (36) ein und finden:

$$\mathfrak{Q}^{0\,x}_{n\,m} = \frac{e\,N_n\,N_m}{\gamma} \sum_{0}^{0,\,m+1} c_\nu \int\limits_{-\infty}^{+\infty} e^{-\xi^2}\,H_n(\xi)\,H_\nu(\xi)\,d\,\xi\,.$$

Wegen der Orthogonalitätsbedingungen für die Eigenfunktion ist aber das Integral in allen Fällen gleich Null, nur für $\nu = n$ nach (37) gleich $\sqrt{\gamma}\,\frac{1}{N_\nu^2}$; wegen der Voraussetzung $n > m$ kann diese Gleichung also höchstens für $\nu = m + 1 = n$, d. h. für $m = n - 1$ erfüllt sein; wir finden daher unter Rücksicht auf (39)

$$\mathfrak{Q}^{0\,x}_{n,\,n-1} = \frac{e\,N_n\,N_{n-1}}{\sqrt{\gamma}}\,c_n\,\frac{1}{N_n^2} = \frac{e\,N_{n-1}}{N_n}\,\frac{\frac{1}{2}}{\sqrt{\gamma}}\,.$$

Zieht man noch (33a) heran, so folgt für unser Matrixelement:

$$(40)\quad \left\{\begin{aligned} &\mathfrak{Q}^{0\,x}_{n\to n-1} = \frac{e}{2\pi}\sqrt{\frac{h\,n}{2\,m_0\,\nu_0}} \qquad \text{für } n > m\,,\\ &\text{bzw. auf analoge Weise:}\\ &\mathfrak{Q}^{0\,x}_{n\to n+1} = \frac{e}{2\pi}\sqrt{\frac{h\,(n+1)}{2\,m_0\,\nu_0}} \qquad \text{für } n < m\,. \end{aligned}\right.$$

Die für die Strahlung maßgebende Größe $\mathfrak{Q}^{0\,x}_{n\,m}$ ist also nur dann von Null verschieden, wenn $m = n \pm 1$ ist; d. h. der harmonische Oszillator kann von einer bestimmten Energiestufe nur auf die beiden unmittelbar benachbarten übergehen[1]). Damit ist die Auswahlregel für den harmonischen Oszillator gefunden.

Wir gehen nun dazu über, das gleiche für den freien Rotator zu leisten. Die Eigenfunktionen desselben — ohne den hier überflüssigen Normierungsfaktor — sind nach (27) des VII. Kapitels:

$$(41)\qquad \psi_{l,\,m} = e^{i\,m\,\varphi}\,P_l^{|m|}(\cos\vartheta)\,.$$

Wir haben hier nur — abweichend von der damaligen Bezeichnung — die „Rotationsquantenzahl" mit l bezeichnet; m ist die sogenannte magnetische Quantenzahl. Die drei in Frage kommenden Matrixelemente sind:

$$(42)\quad \left\{\begin{aligned} \mathfrak{Q}^{0\,x}_{l\,m\,l'\,m'} &= e\int \overset{*}{\psi}_{l\,m}\,x\,\psi_{l'\,m'}\,d\tau\,,\\ \mathfrak{Q}^{0\,y}_{l\,m\,l'\,m'} &= e\int \overset{*}{\psi}_{l\,m}\,y\,\psi_{l'\,m'}\,d\tau\,,\\ \mathfrak{Q}^{0\,z}_{l\,m\,l'\,m'} &= e\int \overset{*}{\psi}_{l\,m}\,z\,\psi_{l'\,m'}\,d\tau\,. \end{aligned}\right.$$

---

[1]) In Nr. 62 haben wir den harmonischen Oszillator nach der Heisenbergschen Matrizenmechanik behandelt. Wir fanden in Gleichung (161) des VIII. Kapitels für die absoluten Beträge der die Strahlung bestimmenden Koeffizienten die Werte:

$$|a_{n,\,n-1}| = \frac{1}{2\pi}\sqrt{\frac{h\,n}{2\,m_0\,\nu_0}} \qquad \text{bzw.} \qquad |a_{n,\,n+1}| = \frac{1}{2\pi}\sqrt{\frac{h\,(n+1)}{2\,m_0\,\nu_0}}\,.$$

Man sieht, daß diese Größen (abgesehen vom Faktor e) mit den in (40) angegebenen identisch sind. Das zeigt wieder die vollkommene mathematische Identität der Heisenbergschen und der Schrödingerschen Theorie.

Dabei sind die kartesischen Koordinaten x, y, z mit den Polarwinkeln ϑ, φ durch die gewöhnlichen Beziehungen verknüpft, wobei wir hier für r den konstanten Wert 1 nehmen können:

$$(43)\qquad \left\{\begin{array}{c} x = \sin\vartheta\cos\varphi\,,\quad y = \sin\vartheta\sin\varphi\,,\quad z = \cos\vartheta\,,\\ d\tau = \sin\vartheta\, d\vartheta\, d\varphi\,. \end{array}\right.$$

Setzen wir diese Werte ein und ersetzen gleichzeitig $\cos\varphi$ und $\sin\varphi$ durch Exponentialfunktionen, so erhalten wir der Reihe nach:

$$(44)\left\{\begin{aligned} \mathfrak{Q}^{0\,x}_{l\,m\,l'\,m'} &= \frac{e}{2}\int\limits_0^{2\pi}\{e^{i(m'-m+1)\varphi} + e^{i(m'-m-1)\varphi}\}\,d\varphi\int\limits_{-1}^{+1} P_l^{|m|} P_{l'}^{|m'|}\sin^2\vartheta\, d\vartheta\,,\\ \mathfrak{Q}^{0\,y}_{l\,m\,l'\,m'} &= \frac{e}{2i}\int\limits_0^{2\pi}\{e^{i(m'-m+1)\varphi} - e^{i(m'-m-1)\varphi}\}\,d\varphi\int\limits_{-1}^{+1} P_l^{|m|} P_{l'}^{|m'|}\sin^2\vartheta\, d\vartheta\,,\\ \mathfrak{Q}^{0\,z}_{l\,m\,l'\,m'} &= e\int\limits_0^{2\pi} e^{i(m'-m)\varphi}\, d\varphi\int\limits_{-1}^{+1} P_l^{|m|} P_{l'}^{|m'|}\cos\vartheta\sin\vartheta\, d\vartheta. \end{aligned}\right.$$

Wir beschäftigen uns zuerst mit dem letzten dieser Ausdrücke $\mathfrak{Q}^{0\,z}_{l\,m\,l'\,m'}$. Man erkennt nun sofort, daß eine erste Bedingung für das Nichtverschwinden dieses Ausdrucks die ist, daß $m' = m$ ist, oder $\varDelta\, m = 0$; denn nur dann ist das über φ erstreckte Integral ungleich Null. Das über ϑ erstreckte Integral kann nach derselben Methode ausgewertet werden, wie beim harmonischen Oszillator, da $P_l^{|m|}(z)$ abgesehen von einem Faktor $\sqrt{1-z^2}^{\frac{|m|}{2}}$, ein Polynom vom $(n - |m|)$-ten Grade ist. Man findet so die Bedingung für das Nichtverschwinden dieses Faktors zu $l' = l \pm 1$ oder $\varDelta\, l = \pm 1$. Zusammengefaßt ergibt sich also:

$$(45)\qquad \mathfrak{Q}^{0\,z}_{l\,m\,l'\,m'} \neq 0 \quad \text{für} \quad \varDelta m = 0 \quad \text{und} \quad \varDelta l = \pm 1\,.$$

Wenden wir uns jetzt zu $\mathfrak{Q}^{0\,x}$ und $\mathfrak{Q}^{0\,y}$, so ergibt die gleiche Betrachtungsweise, daß das über φ erstreckte Integral nur dann von Null verschieden ist, wenn entweder $m' - m + 1 = 0$ oder $m' - m - 1 = 0$ ist, d. h. wenn $\varDelta m = \pm 1$ ist. Für das zweite über ϑ erstreckte Integral findet man ebenso wie vorher die Bedingung $\varDelta l = \pm 1$. Insgesamt haben wir also:

$$(46)\qquad \left.\begin{array}{c}\mathfrak{Q}^{0\,x}_{l\,m\,l'\,m'}\\ \mathfrak{Q}^{0\,y}_{l\,m\,l'\,m'}\end{array}\right\} \neq 0 \quad \text{für} \quad \varDelta m = \pm 1\,, \quad \varDelta l = \pm 1\,.$$

Wir haben damit für die Rotationsquantenzahl l und für die magnetische Quantenzahl m die Auswahlregeln wiedergewonnen, die wir schon früher festgestellt hatten. Die Auswahlregeln für die magnetische Quantenzahl kommen natürlich nur in Frage, wenn die z-Richtung durch ein ihr paralleles Magnetfeld ausgezeichnet ist; dann sind die Bedingungen

$\Delta m = 0, \pm 1$ die bekannten Auswahlregeln für das Zeemansche Phänomen (normales Triplett).

Die obigen Resultate gelten auch für das Kepler-Problem, da bei diesem die Eigenfunktionen (ohne Normierungsfaktor) lauten:

$$\psi_{n l m} = R_n(r) P_l^{|m|}(\cos\vartheta)\, e^{i m \varphi}\,; \tag{47}$$

dabei ist n die Hauptquantenzahl, l die azimutale und m die magnetische Quantenzahl. In der Tat ist ja $\Delta l = \pm 1$ die Auswahlregel für die azimutale Quantenzahl, wie wir im III. und IV. Kapitel ausführlich erörtert haben. Es läge nun nahe, da $R_n(r)$ im wesentlichen auch ein Polynom (Laguerresches Polynom) ist, zu glauben, daß man auch eine Auswahlregel für n finden müsse. Daß eine solche nicht existiert, wissen wir zwar, und bemerkenswerterweise ergibt die Rechnung für n auch wirklich keine. Δn ist also auch nach der wellenmechanischen Theorie unbeschränkt, wie es sein muß.

Außer den Auswahlregeln erhalten wir auch Aussagen über den Polarisationszustand der emittierten Strahlung. Nehmen wir — entweder beim Rotator oder Kepler-Problem mit wirkendem Magnetfeld parallel der z-Achse — $\Delta m = 0$ an, so ist nach dem vorstehenden nur $\mathfrak{Q}^{0z}_{lml'm'} \neq 0$, während $\mathfrak{Q}^{0x}_{lml'm'}$ und $\mathfrak{Q}^{0y}_{lml'm'}$ verschwinden. Wir haben also in diesem Falle linear polarisierte Strahlung, deren elektrischer Vektor parallel der z-Achse ist. Ist umgekehrt $\Delta m = \pm 1$, so ist $\mathfrak{Q}^{0z} = 0$, dagegen sind $\mathfrak{Q}^{0x}$ und $\mathfrak{Q}^{0y}$ von Null verschieden. Und zwar haben wir für $\Delta m = +1$ die folgenden Werte:

$$\text{(48a)}\quad \begin{cases} \mathfrak{Q}^{0x}_{lml'm'} = \dfrac{e}{2}\displaystyle\int_0^{2\pi} d\varphi \int_{-1}^{+1} P_l^{|m|}\, P_{l'}^{|m'|} \sin^2\vartheta\, d\vartheta\,, \\ \mathfrak{Q}^{0y}_{lml'm'} = \dfrac{e}{2i}\displaystyle\int_0^{2\pi} d\varphi \int_{-1}^{+1} P_l^{|m|}\, P_{l'}^{|m'|} \sin^2\vartheta\, d\vartheta\,, \end{cases}$$

während für $\Delta m = -1$ sich ergibt:

$$\text{(48b)}\quad \begin{cases} \mathfrak{Q}^{0x}_{lml'm'} = \dfrac{e}{2}\displaystyle\int_0^{2\pi} d\varphi \int_{-1}^{+1} P_l^{|m|}\, P_{l'}^{|m'|} \sin^2\vartheta\, d\vartheta\,, \\ \mathfrak{Q}^{0y}_{lml'm'} = -\dfrac{e}{2i}\displaystyle\int_0^{2\pi} d\varphi \int_{-1}^{+1} P_l^{|m|}\, P_{l'}^{|m'|} \sin^2\vartheta\, d\vartheta\,. \end{cases}$$

Man sieht, daß in beiden Fällen die Absolutbeträge von $\mathfrak{Q}^{0x}$ und $\mathfrak{Q}^{0y}$ gleich sind, während im ersten Falle $\mathfrak{Q}^{0y}$ in der Phase um $+\frac{\pi}{2}$, im anderen um $-\frac{\pi}{2}$ gegen $\mathfrak{Q}^{0x}$ verschoben ist. Das bedeutet, daß wir es hier mit (rechts oder links) zirkularpolarisierter Strahlung zu tun haben. In der Tat weiß man, daß dies die Polarisationsrichtungen sind, die beim normalen Zeeman-Effekt auftreten.

Man sieht, wie die Wellenmechanik, wenn man einmal die Größen $\mathfrak{Q}_{jk}$ als die für die Strahlung in Betracht kommenden Momente ansieht, in äußerst eleganter Weise Auswahl- und Polarisationsregeln liefert, die früher mit Hilfe des Korrespondenzprinzips gewonnen werden mußten. Zu bemerken ist dabei, daß die Wellenmechanik in ihrem bisher dargelegten Umfange nicht die Auswahlregel für die innere Quantenzahl liefert, da diese die Berücksichtigung des Elektronenspins verlangt; darauf kommen wir im X. Kapitel noch zurück.

Wir wollen hier noch begründen, was für das Heliumspektrum wichtig ist, daß beim Mehrelektronensystem keine Kombinationen zwischen Zuständen möglich sind, die symmetrischen bzw. antisymmetrischen Eigenfunktionen entsprechen — letzteres ohne Berücksichtigung des Spins verstanden. Wir haben in Nr. 52 gezeigt, daß in diesem Sinne die Terme des Parheliums einer symmetrischen, die des Orthoheliums einer antisymmetrischen Eigenfunktion entsprechen. Wir legen uns also die Frage vor, ob zwischen einem beliebigen Term des ersteren zu einem beliebigen Term des zweiten mit Strahlung verbundene Übergangsmöglichkeiten vorhanden sind. Dazu haben wir das Moment zu betrachten:

$$\mathfrak{Q}^0_{jk} = e \int \overset{*}{\psi}_{j\,\mathrm{symm}} \sum q_\lambda \psi_{k_\mathrm{anti}} \, d\tau \,, \tag{49}$$

wenn wir mit q_λ eine beliebige Koordinate (x, y, z) bezeichnen[1]). Zu beachten ist dabei, daß $d\tau = d\tau_1 \, d\tau_2$ bei einem Zweielektronenproblem das sechsdimensionale Volumelement des Koordinatenraumes ist. Wir erläutern den Gedankengang für das Zweielektronenproblem. Da ψ_{symm} und $\sum q_\lambda = q_1 + q_2$ in beiden Elektronen symmetrisch sind, ψ_{anti} antisymmetrisch ist, so ist der ganze Integrand antisymmetrisch; bei Vertauschung der beiden Elektronen müßte also $\mathfrak{Q}^0_{jk}$ das Vorzeichen wechseln. Anderseits ändert sich aber das Integral durch diese Vertauschung überhaupt nicht, da sie wegen der Integration über den Konfigurationsraum lediglich auf eine andere Bezeichnung der Integrationsvariabeln herauskommt. Folglich kann das Integral, d. h. $\mathfrak{Q}^0_{jk}$, nur gleich Null sein: danach findet kein Übergang zwischen Zuständen statt, die durch Eigenfunktionen von verschiedenem Symmetriecharakter dargestellt werden.

Diese Beweisführung wäre streng, wenn wir den Spin berücksichtigt hätten. Täten wir dies, so wären aber sowohl die Eigenfunktionen des Parheliums wie die des Orthoheliums antisymmetrisch, — und damit entfällt die Basis des obigen Beweises. Dennoch ist das Resultat zwar nicht in Strenge, wohl aber angenähert richtig, da die Berücksichtigung des Spins die Energieverhältnisse nur wenig ändert[2]).

---

[1]) Da wir hier ein Mehrelektronenproblem behandeln, tritt naturgemäß an Stelle einer Koordinate q die Summe der Koordinaten aller Elektronen, da die q-Komponente des klassischen Momentes $\sum e_\lambda q_\lambda$ ist.

[2]) Die gleiche Beweisführung gilt auch für den Fall des Para- und Orthowasserstoffes: auch hier gibt es praktisch keine Übergänge zwischen Para- und Orthotermen.

66. Theorie zeitabhängiger Störungen; die Übergangswahrscheinlichkeiten.

Um das Verhalten von Atomsystemen in einem Strahlungsfelde angeben zu können, bedarf man einer Störungstheorie für den bisher nicht betrachteten Fall, daß die Störung zeitabhängig ist. Wir haben daher in jedem Falle von der zeitabhängigen Schrödinger-Gleichung (53) des VI. Kapitels auf pag. 256 auszugehen, die wir hier unter Benutzung des Operatorsymbols H für den Hamiltonschen Operator schreiben:

$$H, \Psi = -\frac{h}{2\pi i}\frac{\partial \Psi}{\partial t}. \tag{50}$$

Wir nehmen insbesondere an, daß H sich aus dem gewöhnlichen Hamiltonschen Operator H_0 und einem Zusatzgliede H', das wir gegebenenfalls als klein betrachten, zusammensetze; dieses letztere stelle eine zeitabhängige Störung dar. Also:

$$H = H_0 + H'. \tag{51}$$

Damit kann man die Schrödinger-Gleichung (50) schreiben:

$$H_0, \Psi + H', \Psi = -\frac{h}{2\pi i}\frac{\partial \Psi}{\partial t}. \tag{52}$$

Wäre die Störung H', Ψ nicht vorhanden, so würde (52) durch den Ansatz gelöst werden:

$$\Psi^0 = \sum_n a_n \Psi_n^0 = \sum_n a_n \psi_n^0 e^{-\frac{2\pi i}{h} U_n t}, \tag{53}$$

wo $\Psi_n^0 = \psi_n^0 e^{-\frac{2\pi i}{h} U_n t}$ die Partikularlösungen und die a_n konstante Koeffizienten sind, deren Bedeutung wir früher erörtert haben. Natürlich ist Ψ^0 keine Lösung der vollständigen Gleichung (52); man kann aber versuchen, (53) dadurch zu einer Lösung von (52) zu machen, daß man die Koeffizienten a_n als Funktionen von t ansieht. Die Methode heißt daher die der „Variation der Konstanten“ und ist in analogen Fällen der klassischen Physik durch Lagrange eingebürgert; die folgende Anwendung für die wellenmechanische Störungstheorie rührt von Dirac her. Wir schreiben also versuchsweise für die exakte Lösung von (52):

$$\Psi = \sum_n a_n(t) \Psi_n^0 = \sum_n a_n(t) \psi_n^0 e^{-\frac{2\pi i}{h} U_n t}, \tag{54}$$

und merken gleich für das folgende an:

$$\frac{\partial \Psi}{\partial t} = \sum_n a_n(t)\frac{\partial \Psi_n^0}{\partial t} + \sum_n \frac{d a_n(t)}{dt}\Psi_n^0 = \frac{\partial \Psi^0}{\partial t} + \sum_n \frac{d a_n(t)}{dt}\Psi_n^0. \tag{55}$$

Setzt man nun (54) unter Beachtung von (55) in (52) ein, so findet man:

$$-\frac{h}{2\pi i}\left\{\frac{\partial \Psi^0}{\partial t} + \sum_n \frac{d a_n(t)}{dt}\Psi_n^0\right\} = \left(H_0, \sum_n a_n \Psi_n^0\right) + \left(H', \sum_n a_n \Psi_n^0\right),$$

und man erkennt, daß das erste Glied links und das erste Glied rechts sich aufheben, weil Ψ^0 eben eine Lösung der Gleichung (52) **ohne** Störung ist. Es bleibt daher zur Bestimmung von $a_n(t)$ die Gleichung

$$(56) \qquad -\frac{h}{2\pi i}\sum_n \frac{d a_n(t)}{dt}\Psi_n^0 = (H', \sum a_n \Psi_n^0)\,.$$

Zur Berechnung eines beliebigen Wertes, z. B. $\frac{d a_m}{dt}$, multiplizieren wir (56) mit $\overset{*}{\Psi}{}_m^0\, d\tau$ und integrieren über den Konfigurationsraum; dabei ist darauf zu achten, daß $\overset{*}{\Psi}{}_m^0$ auf der rechten Seite **vor** dem Operationszeichen H' steht, weil dieses **nur** auf $\sum a_n \Psi_n^0$ wirken soll. Wir erhalten also:

$$-\frac{h}{2\pi i}\int \overset{*}{\Psi}{}_m^0 \sum_n \frac{d a_n(t)}{dt}\Psi_n^0\, d\tau = \int \overset{*}{\Psi}{}_m^0 (H', \sum a_n \Psi_n^0)\, d\tau\,,$$

oder nach Vertauschung von Integration und Summation, die unter bekannten Bedingungen möglich ist:

$$-\frac{h}{2\pi i}\sum_n \frac{d a_n(t)}{dt}\int \overset{*}{\Psi}{}_m^0 \Psi_n^0\, d\tau = \sum_n a_n \int \overset{*}{\Psi}{}_m^0 (H', \Psi_n^0)\, d\tau\,.$$

Wegen der Normierung und Orthogonalität bleibt links nur **ein** Glied der Summe für $n = m$ übrig; also folgt für die $a_m(t)$ das System simultaner Differentialgleichungen:

$$(57) \quad \frac{d a_m(t)}{dt} = -\frac{2\pi i}{h}\sum_n^{0,\infty} a_n(t)\, H'_{mn}\, e^{-\frac{2\pi i}{h}(U_n - U_m)t}\,; \; (m = 0, 1, 2 \ldots \infty),$$

wenn man (53) beachtet und zur Abkürzung

$$(58) \qquad H'_{mn} = \int \overset{*}{\psi}{}_m^0 (H', \psi_n^0)\, d\tau$$

setzt. Das Gleichungssystem (57) enthält bereits die Lösung des Störungsproblems: aus ihm kann man die a_m als Funktionen von t bestimmen, unser Ansatz (54) hat sich also bewährt. Bisher ist dabei von der Kleinheit der Störung H' noch kein Gebrauch gemacht; (57) ist vielmehr noch vollkommen streng.

Schon ohne weitere Rechnung kann man eine wichtige Folgerung ziehen. Denken wir uns ein **ungestörtes** System (**Hamiltonscher** Operator H_0), und zwar sei es im n-ten Quantenzustande, d. h. der Koeffizient a_n in der allgemeinen Lösung (53) sei 1, alle übrigen Koeffizienten dagegen $= 0$; zur Zeit $t = 0$ werde dies System durch eine auffallende Strahlung „gestört", so daß nunmehr zu H_0 der Störungsoperator H' hinzukommt; die Störung dauere eine gewisse Zeit an, etwa bis $t = t'$. Dann werden im allgemeinen **alle** Koeffizienten a_m zu dieser Zeit von Null verschieden geworden sein, da ja alle $\frac{d a_m}{dt} \neq 0$ sein werden, d. h. es haben in dem System „Übergänge" von dem anfänglichen Quantenzustande „n" zu — im allgemeinen — **allen** übrigen Quantenzuständen stattgefunden, und diese können sowohl höheren als auch niedrigeren Energiezuständen als U_n entsprechen. Das erinnert an die in Nr. 4 gegebene Einsteinsche Ableitung des Planckschen Strahlungsgesetzes, die wir hier in einer für das folgende geeigneten Form kurz rekapitulieren.

Wir denken uns eine Anzahl N von Systemen (Atomen) in einen Hohlraum gesetzt, in dem schwarze Strahlung herrscht; ihre spektrale Energiedichte sei $\mathfrak{u}(\nu)$. Unter dem Einfluß der Strahlung stellt sich in dem System ein stationärer Zustand her. Das heißt, für jeden möglichen Energiezustand ist die Zahl der in ihm befindlichen Systeme im Mittel zeitlich konstant, obwohl dreierlei Arten von Veränderungen vor sich gehen. Erstens geht in der Zeiteinheit eine Anzahl von Systemen spontan aus einem Zustande höherer Energie (U_j) in einen solchen niederer Energie (U_k) über, unter Aussendung von Strahlung der Frequenz $\nu_{jk} = \frac{U_j - U_k}{h}$. Die Zahl dieser Systeme wird gleich[1])

$$N A_{j \to k} \, e^{-\frac{U_j}{kT}} \tag{59}$$

gesetzt; $N e^{-\frac{U_j}{kT}}$ ist die Anzahl der Systeme im Energiezustande U_j, $A_{j \to k}$ heißt die „Übergangswahrscheinlichkeit des Atoms für die spontane Emission".

Zweitens sind Übergänge von U_j nach U_k vorhanden, die durch die Strahlung $\mathfrak{u}(\nu)$ „erzwungen" werden, deren Anzahl gleich

$$N B_{j \to k} \, e^{-\frac{U_j}{kT}} \, \mathfrak{u}(\nu) \tag{60}$$

gesetzt wird; $B_{j \to k}$ ist die „Übergangswahrscheinlichkeit des Atoms für die erzwungene Emission".

Drittens endlich kann die Strahlung $\mathfrak{u}(\nu)$ auch die umgekehrten Übergänge von U_k nach U_j erzeugen, wobei Strahlung absorbiert wird; die Zahl dieser Prozesse wird gleich

$$N B_{k \to j} \, e^{-\frac{U_k}{kT}} \, \mathfrak{u}(\nu) \tag{61}$$

angenommen; $N e^{-\frac{U_k}{kT}}$ ist die Anzahl der Systeme im Energiezustande U_k und $B_{k \to j}$ ist die „Übergangswahrscheinlichkeit des Atoms für die Absorption". Wir haben damals gezeigt, daß man nur dann zum Planckschen Strahlungsgesetz für $\mathfrak{u}(\nu)$ gelangt, wenn folgende Beziehungen zwischen den drei Übergangskoeffizienten bestehen:

$$\left\{ \begin{aligned} B_{j \to k} &= B_{k \to j}, \\ A_{j \to k} &= \frac{8 \pi h \nu_{jk}^3}{c^3} B_{j \to k}. \end{aligned} \right. \tag{62}$$

---

[1]) Die in Nr. 4 mit $C(T)$ bezeichnete Konstante ist hier fortgelassen, da sie sich im Resultat heraushebt; der Einfachheit halber sind ferner die „Gewichtsfaktoren" g alle $= 1$ angenommen.

Die Übergangswahrscheinlichkeiten $B_{j \to k}$ und $B_{k \to j}$ können wir wellenmechanisch bestimmen, wozu die vorherigen Ausführungen im Anschluß an (57) das Mittel bieten.

Wir setzen zunächst für die Dichte der schwarzen Strahlung folgende Ausdrücke an:

$$\mathfrak{u}(\nu) = \frac{1}{8\pi}\overline{\mathfrak{E}_\nu^2} + \frac{1}{8\pi}\overline{\mathfrak{H}_\nu^2} = \frac{1}{4\pi}\overline{\mathfrak{E}_\nu^2}.$$

Letzteres folgt wegen der Gleichheit der mittleren elektrischen und magnetischen Energie. Da ferner die Strahlung isotrop ist, so ist

$$\overline{\mathfrak{E}_{\nu x}^2} = \overline{\mathfrak{E}_{\nu y}^2} = \overline{\mathfrak{E}_{\nu z}^2},$$

und da gleichzeitig

$$\overline{\mathfrak{E}_\nu^2} = \overline{\mathfrak{E}_{\nu x}^2} + \overline{\mathfrak{E}_{\nu y}^2} + \overline{\mathfrak{E}_{\nu z}^2}$$

ist,

$$\overline{\mathfrak{E}_\nu^2} = 3\,\overline{\mathfrak{E}_{\nu x}^2}$$

und damit wird $\mathfrak{u}(\nu)$:

(63) $$\mathfrak{u}(\nu) = \frac{3}{4\pi}\overline{\mathfrak{E}_{\nu x}^2}.$$

Zu beachten ist dabei allerdings, daß $\mathfrak{u}(\nu)$ stets einen schmalen Spektralbereich umfaßt: Wir sollten daher auf der rechten Seite von (63) eigentlich ein Integral $\int \overline{\mathfrak{E}_{\nu x}^2}\, d\nu$ über einen schmalen Bereich schreiben; später wollen wir dies wirklich tun, vorläufig rechnen wir so, als ob es sich nur um eine einzige Frequenz ν handele. Für diese können wir dann setzen:

(64) $$\mathfrak{E}_{\nu x} = 2\,\mathfrak{E}_{\nu x}^0 \cos 2\pi\nu t = \mathfrak{E}_{\nu x}^0 \{e^{2\pi\nu i t} + e^{-2\pi\nu i t}\},$$

woraus sich insbesondere die Beziehung

$$\overline{\mathfrak{E}_{\nu x}^2} = 2\,(\mathfrak{E}_{\nu x}^0)^2$$

ergibt. Damit wird (63):

(65) $$\mathfrak{u}(\nu) = \frac{3}{2\pi}(\mathfrak{E}_{\nu x}^0)^2 .$$

Dieser Strahlung werde zur Zeit $t = 0$ ein bis dahin ungestörtes System von Atomen ausgesetzt, die sich zu dieser Zeit alle im Energiezustande U_j befinden; U_k sei ein beliebiger anderer möglicher Energiezustand, und zwar sei für die Durchführung der Rechnung zunächst angenommen $U_j > U_k$. Die Störungsenergie H' ist in diesem Falle offenbar gegeben durch[1]):

$$H' = -\mathfrak{E}_{\nu x}\sum_\lambda e_\lambda x_\lambda = -\mathfrak{E}_{\nu x}\sum e\, x_\lambda ,$$

wobei die Summe über alle Elektronen des Systems zu erstrecken ist; nach (64) kann man diesen Ausdruck auch schreiben:

(66) $$H' = -\mathfrak{E}_{\nu x}^0\{e^{2\pi\nu i t} + e^{-2\pi\nu i t}\}\sum e_\lambda x_\lambda .$$

[1]) Denn $-\frac{\partial H'}{\partial x_\lambda} = e_\lambda \mathfrak{E}_{\nu x}$ ist die auf die Ladung e_λ wirkende Kraft; dabei ist die räumliche Variation des Feldes $\mathfrak{E}_{\nu x}$ sowie die Wirkung der magnetischen Feldstärke vernachlässigt, was beides zulässig ist.

Für $t = 0$ ist nach unserer Voraussetzung $a_j(0) = 1$ und alle anderen $a_n(0) = 0$. Jetzt benutzen wir zum ersten Male die Voraussetzung, daß H' klein sei, indem wir in die rechte Seite von (57) für die Koeffizienten ihre Anfangswerte zur Zeit $t = 0$ einsetzen. Dadurch reduziert sich die auf der rechten Seite stehende Summe auf ein Glied, und wir finden für $\frac{d a_k(t)}{dt}$ den angenäherten Ausdruck:

$$\frac{d a_k}{dt} = -\frac{2\pi i}{h} H'_{kj}\, e^{-\frac{2\pi i}{h}(U_j - U_k)t},$$

bzw. nach (58):

$$\frac{d a_k}{dt} = -\frac{2\pi i}{h} \int \overset{*}{\psi}{}^0_k\, e^{\frac{2\pi i}{h} U_k t} \left(H', \psi^0_j\, e^{-\frac{2\pi i}{h} U_j t}\right) d\tau,$$

oder nach (66):

$$\frac{d a_k}{dt} = +\frac{2\pi i}{h} \int \overset{*}{\psi}{}^0_k\, e^{\frac{2\pi i}{h} U_k t}\, \mathfrak{E}^0_{\nu x} \{e^{2\pi\nu i t} + e^{-2\pi\nu i t}\} \sum_\lambda e_\lambda x_\lambda \psi^0_j\, e^{-\frac{2\pi i}{h} U_j t}\, d\tau,$$

oder schließlich nach einigen Umordnungen:

$$(67)\quad \frac{d a_k}{dt} = \frac{2\pi i}{h} \mathfrak{E}^0_{\nu x} \left\{e^{-\frac{2\pi i}{h}(U_j - U_k + h\nu)t} + e^{-\frac{2\pi i}{h}(U_j - U_k - h\nu)t}\right\} \int \overset{*}{\psi}{}^0_k \sum_\lambda e\, x_\lambda \psi^0_j\, d\tau .$$

Das hier auftretende Integral $\int \overset{*}{\psi}{}^0_k \sum e\, x_\lambda \psi^0_j\, d\tau$ ist aber nichts anderes als das elektrische Moment nach Abspaltung des Zeitfaktors, d. h. $\mathfrak{D}^{0\,x}_{kj}$, das wir in Nr. 62 zunächst versuchsweise eingeführt hatten, und das hier nur auf systematischem Wege erscheint. Somit wird endlich:

$$(68)\quad \frac{d a_k}{dt} = \frac{2\pi i}{h} \mathfrak{E}^0_{\nu x}\, \mathfrak{D}^{0\,x}_{kj} \left\{e^{-\frac{2\pi i}{h}(U_j - U_k + h\nu)t} + e^{-\frac{2\pi i}{h}(U_j - U_k - h\nu)t}\right\},$$

und die Integration von 0 bis t liefert für $a_k(t)$:

$$(69)\quad a_k(t) = \mathfrak{E}^0_{\nu x}\, \mathfrak{D}^{0\,x}_{kj} \left\{\frac{1 - e^{-\frac{2\pi i}{h}(U_j - U_k + h\nu)t}}{U_j - U_k + h\nu} + \frac{1 - e^{-\frac{2\pi i}{h}(U_j - U_k - h\nu)t}}{U_j - U_k - h\nu}\right\}.$$

Da nach Voraussetzung $U_j - U_k > 0$ ist, so wird $a_k(t)$ nur dann groß, wenn die Frequenz ν der einfallenden Welle in der Nähe von $\frac{U_j - U_k}{h} = \nu_{jk}$ liegt; denn dann wird das zweite Glied der geschweiften Klammer das allein ausschlaggebende, und das erste kann dagegen vernachlässigt werden. Wir haben also angenähert:

$$a_k(t) = \mathfrak{E}^0_{\nu x}\, \mathfrak{D}^{0\,x}_{kj} \frac{1 - e^{-2\pi i(\nu_{jk} - \nu)t}}{h(\nu_{jk} - \nu)} .$$

Multiplizieren wir gleich mit dem konjugiert komplexen Koeffizienten $\overset{*}{a}_k(t)$, so folgt zunächst:

$$a_k \overset{*}{a}_k = 4 \left(\mathfrak{E}^0_{\nu x}\right)^2 \left|\mathfrak{D}^{0\,x}_{jk}\right|^2 \frac{\sin^2 \pi(\nu_{jk} - \nu)t}{h^2(\nu_{jk} - \nu)^2}\ {}^{1)}.$$

1) $\left|\mathfrak{D}^{0\,x}_{jk}\right|$ ist natürlich gleich $\left|\mathfrak{D}^{0\,x}_{kj}\right|$; siehe Anm. 2 auf pag. 418.

An dieser Stelle wollen wir nun berücksichtigen, daß wir es nicht mit einer Frequenz ν, sondern mit einem kleinen Frequenzbereich zu tun haben, so daß wir die rechte Seite der Gleichung durch ein Integral über diese Frequenzen ersetzen müssen:

$$a_k \overset{*}{a}_k = 4 \left(\mathfrak{E}^0_{\nu x}\right)^2 \left|\mathfrak{D}^{0x}_{jk}\right|^2 \int \frac{\sin^2 \pi (\nu_{jk} - \nu) t}{h^2 (\nu_{jk} - \nu)^2} d\nu . \tag{70}$$

Setzt man für einen Augenblick $\pi (\nu_{jk} - \nu) t = \xi$, so kann man die letzte Gleichung schreiben:

$$a_k \overset{*}{a}_k = 4 \left(\mathfrak{E}^0_{\nu x}\right)^2 \left|\mathfrak{D}^{0x}_{jk}\right|^2 \frac{\pi t}{h^2} \int \frac{\sin^2 \xi}{\xi^2} d\xi ,$$

und darin kann das Integral von $-\infty$ bis $+\infty$ erstreckt werden, da nur die Umgebung der Stelle $\xi = 0$ merklich dazu beiträgt; dieses Integral aber ist bekanntlich[1]) π. Also folgt schließlich:

$$a_k \overset{*}{a}_k = \frac{4 \pi^2 t}{h^2} \left(\mathfrak{E}^0_{\nu x}\right)^2 \left|\mathfrak{D}^{0x}_{jk}\right|^2 . \tag{71}$$

Da aber nach (63) und (64) $\left(\mathfrak{E}^0_{\nu x}\right)^2 = \frac{2\pi}{3} \mathfrak{u}(\nu)$ ist, kann man auch schreiben:

$$a_k \overset{*}{a}_k = \frac{8 \pi^3}{3 h^2} \left|\mathfrak{D}^{0x}_{jk}\right|^2 \mathfrak{u}(\nu)\, t . \tag{72}$$

Dieser Ausdruck gilt, wenn die Strahlung parallel der x-Achse linear polarisiert ist; für die y- und z-Richtung erhält man ganz analoge Ausdrücke, so daß für unpolarisierte Strahlung insgesamt folgt:

$$a_k \overset{*}{a}_k = \frac{8 \pi^3}{3 h^2} \left\{ \left|\mathfrak{D}^{0x}_{jk}\right|^2 + \left|\mathfrak{D}^{0y}_{jk}\right|^2 + \left|\mathfrak{D}^{0z}_{jk}\right|^2 \right\} \mathfrak{u}(\nu)\, t ; \tag{73}$$

das ist also, der statistischen Interpretation der Theorie entsprechend, die Wahrscheinlichkeit, das betreffende Atom zur Zeit t im Energiezustande U_k vorzufinden, während es zur Zeit $t = 0$ im Energiezustande U_j war. Dividieren wir daher (73) durch t, d. h. beziehen wir alles auf die Zeiteinheit, so ist $\frac{a_k \overset{*}{a}_k}{t}$ als die Übergangswahrscheinlichkeit für den Übergang $U_j \to U_k$ des Atoms zu bezeichnen. Daher folgt, daß dieser Ausdruck mit $B_{j \to k}\, \mathfrak{u}(\nu)$ nach (60) identisch ist. Wir erhalten also für $B_{j \to k}$, die **Einsteinsche** Übergangswahrscheinlichkeit des Atoms für die erzwungene Emission, folgende Darstellung:

$$B_{j \to k} = \frac{8 \pi^3}{3 h^2} \left\{ \left|\mathfrak{D}^{0x}_{jk}\right|^2 + \left|\mathfrak{D}^{0y}_{jk}\right|^2 + \left|\mathfrak{D}^{0z}_{jk}\right|^2 \right\} , \tag{74}$$

und den gleichen Wert erhält man für $B_{k \to j}$, durch eine der obigen analoge Rechnung.

$A_{j \to k}$ abzuleiten, ist auf so einfache Weise aber nicht möglich; doch ist es **Dirac** gelungen, in relativ befriedigender Weise auch diese Übergangswahrscheinlichkeit wellenmechanisch zu begründen. Wir be-

[1]) Z. B. bei **Riemann-Weber**, 5. Aufl., Bd. I, pag. 30.

gnügen uns hier damit, den statistischen Zusammenhang (62) heranzuziehen, also mit (74) zu folgern, daß

$$(75)\qquad A_{j\to k} = \frac{64\,\pi^4\,\nu_{jk}^3}{3\,h\,c^3}\left\{\left|\mathfrak{D}_{jk}^{0\,x}\right|^2 + \left|\mathfrak{D}_{jk}^{0\,y}\right|^2 + \left|\mathfrak{D}_{jk}^{0\,z}\right|^2\right\}$$

ist. Multipliziert man diesen Ausdruck mit $h\,\nu_{jk}$, so erhält man die Strahlung, die im Mittel pro Sekunde ausgesandt wird, d. h. den Wert:

$$(75\,a)\qquad S = \frac{64\,\pi^4\,\nu_{jk}^4}{3\,c^3}\,|\mathfrak{D}_{jk}^0|^2\,,$$

und der stimmt genau überein mit Gleichung (31), die auf der heuristischen Einführung der „Momente" $\mathfrak{D}_{jk}$ beruhte. Man darf also sagen, daß unser Verfahren berechtigt ist.

Gleichung (75) bzw. der daraus folgende Wert für S (75a) bestimmen natürlich auch die Intensität von Spektrallinien; soweit experimentelle Untersuchungen vorliegen, bestätigen sie die theoretischen Ansätze[1]).

67. Dispersionstheorie[2]).

Die vorhergehenden Rechnungen haben auch eine enge Beziehung zur Theorie der Dispersion; die klassische Theorie derselben haben wir in Bd. III_1[2]) entwickelt, dort auf ihre Schwächen hingewiesen und eine erneute Behandlung angekündigt. Diese wollen wir jetzt vornehmen. Als Störung H' des ursprünglichen Problems wollen wir jetzt die durch eine Lichtwelle hervorgebrachte Änderung der potentiellen Energie des atomaren Systems ansehen; diese erfährt ja durch die Erzeugung einer Polarisation des Atoms eine Änderung. Die Zeitabhängigkeit der einfallenden Lichtwelle sei durch den Ansatz gegeben:

$$(76)\qquad \mathfrak{E} = \mathfrak{E}^0 \sin 2\pi\nu t = \frac{\mathfrak{E}^0}{2i}\left(e^{2\pi i\nu t} - e^{-2\pi i\nu t}\right)\;;$$

$\mathfrak{E}^0$ ist die Amplitude des elektrischen Vektors am Orte des Atoms; sie kann als konstant betrachtet werden unter der zutreffenden Voraussetzung, daß die Atomdimensionen klein gegen die Lichtwelle sind. Der Zuwachs an potentieller Energie (und damit H') ist wieder gegeben durch:

$$H' = -\,\mathfrak{E}^0 \sin 2\pi\nu t\,\Sigma\, e_\lambda\,\mathfrak{r}_\lambda\,,$$

wo $\mathfrak{r}_\lambda$ die Verrückung des λ-ten Elektrons aus der Ruhelage ist; $\mathfrak{r}_\lambda$ ist bei isotropen Systemen parallel $\mathfrak{E}^0$, die Summe ist über alle Elektronen des Atoms zu erstrecken. Wir werden im folgenden das Summenzeichen stets fortlassen, also für ein Einelektronensystem rechnen; durch Hinzu-

[1]) Eine Darstellung der Diracschen Theorie der Strahlung (von der Hand Fermis) findet sich in „Review of Modern Physics" Bd. IV, pag. 87ff., 1932; der Leser sei darauf verwiesen.

[2]) Der Leser vergleiche hierzu Kapitel XII des Bandes III_1, in dem die klassische Dispersionstheorie dargelegt ist.

fügen der Summe kann man stets zum allgemeineren Falle übergehen. Wir setzen also an:

$$H' = -\frac{\mathfrak{E}^0}{2i} e\,\mathfrak{r}\,(e^{2\pi i\nu t} - e^{2\pi i\nu t})\,. \tag{77}$$

Nennen wir die Eigenfunktion des ungestörten Systems wieder ψ_n^0, so ist nach (58) die Abkürzung:

$$H'_{mn} = \int \overset{*}{\psi}{}_m^0 (H', \psi_n^0)\, d\tau = -\frac{e\,\mathfrak{E}^0}{2i} \int \overset{*}{\psi}{}_m^0\, \mathfrak{r}\, \psi_n^0 \,(e^{2\pi i\nu t} - e^{-2\pi i\nu t})\, d\tau \tag{78}$$

zu setzen. Zur Bestimmung der zeitabhängigen Koeffizienten $a_m(t)$ haben wir also nach Gleichung (57) das Gleichungssystem:

$$\frac{da_m}{dt} = \frac{2\pi i}{h} \cdot \frac{e\,\mathfrak{E}^0}{2i} \sum_n^{0,\infty} a_n(t) \int \overset{*}{\psi}{}_m^0\, \mathfrak{r}\, \psi_n^0\, d\tau\, (e^{2\pi i\nu t} - e^{-2\pi i\nu t})\, e^{-\frac{2\pi i}{h}(U_n - U_m)t}\,.$$

Das liefert nach elementaren Umordnungen:

$$\frac{d a_m}{dt} = \frac{\pi e\,\mathfrak{E}^0}{h} \sum_n^{0,\infty} \left\{ e^{-\frac{2\pi i}{h}(U_n - U_m - h\nu)t} - e^{-\frac{2\pi i}{h}(U_n - U_m + h\nu)t} \right\} \int \overset{*}{\psi}{}_m^0\, \mathfrak{r}\, \psi_n^0\, d\tau\,. \tag{79}$$

Wir wollen nun annehmen, durch eine Energiemessung sei festgestellt, daß das ungestörte System die Energie U_j besitze, d. h. also, daß im ungestörten System $a_j = 1$, alle übrigen $a_n = 0$ seien. Lassen wir nun zur Zeit $t = 0$ die Lichtwelle einfallen, so können wir in (79) rechts diese Anfangswerte einsetzen, wodurch sich — wie in der Rechnung der vorigen Nummer — die Summe auf ein Glied reduziert[1]):

$$\frac{da_k}{dt} = \frac{\pi e\,\mathfrak{E}^0}{h} \left\{ e^{-\frac{2\pi i}{h}(U_j - U_k + h\nu)t} - e^{-\frac{2\pi i}{h}(U_j - U_k + h\nu)t} \right\} \int \overset{*}{\psi}{}_k^0\, \mathfrak{r}\, \psi_j^0\, d\tau\,. \tag{80}$$

Das Integral $\int \overset{*}{\psi}{}_k^0\, \mathfrak{r}\, \psi_k^0\, d\tau$ kennen wir aber schon. Es ist das Matrixelement $\mathfrak{r}_{kj}$, dessen Komponenten x_{kj}, y_{kj}, z_{kj} sind, und das mit e multipliziert, das „Übergangsmoment“ $\mathfrak{Q}_{kj}^0$ ergibt. Damit wird die letzte Gleichung:

$$\frac{da_k}{dt} = \frac{\pi e\,\mathfrak{E}^0}{h} \mathfrak{r}_{kj} \left\{ e^{-\frac{2\pi i}{h}(U_j - U_k - h\nu)t} - e^{-\frac{2\pi i}{h}(U_j - U_k - h\nu)t} \right\}. \tag{81}$$

Integration von 0 bis t liefert dann sofort die Koeffizienten $a_k(t)$:

$$\left\{ \begin{aligned} & a_k(t) = a_k(0) \\ & -\frac{e\,\mathfrak{E}^0}{2i} \mathfrak{r}_{kj} \left\{ \frac{e^{-\frac{2\pi i}{h}(U_j - U_k - h\nu)t} - 1}{U_j - U_k - h\nu} - \frac{e^{-\frac{2\pi i}{h}(U_j - U_k + h\nu)t} - 1}{U_j - U_k + h\nu} \right\}. \end{aligned} \right. \tag{82}$$

Darin ist nach den Bedingungen des Problems:

$$a_j(0) = 1\,; \quad a_k(0) = 0 \quad \text{für} \quad k \neq j \tag{83}$$

[1]) Wir ersetzen gleichzeitig m durch k.

zu setzen. Die Lösung des gestörten Problems, d. h. das Verhalten des Atoms unter Einwirkung der Lichtwelle ist nach der allgemeinen Theorie gegeben durch den Wert von Ψ_j:

$$\Psi_j = \sum_k^{0,\infty} a_k(t)\, \psi_k^0\, e^{-\frac{2\pi i}{h} U_k t}, \tag{84}$$

wie wir in Gleichung (54) bereits formuliert haben. Unter Berücksichtigung von (82) und (83) ergibt sich für diese Wellenfunktion Ψ_j:

$$\left\{\begin{aligned} &\Psi_j = \psi_j^0\, e^{-\frac{2\pi i}{h} U_j t} \\ &-\frac{e\mathfrak{E}^0}{2i} \sum_k^{0,\infty} \mathfrak{r}_{kj} \psi_k^0 \left\{ \frac{e^{-\frac{2\pi i}{h}(U_j - h\nu)t} - e^{-\frac{2\pi i}{h} U_k t}}{U_j - U_k - h\nu} - \frac{e^{-\frac{2\pi i}{h}(U_j + h\nu)t} - e^{-\frac{2\pi i}{h} U_k t}}{U_j - U_k + h\nu} \right\}. \end{aligned}\right. \tag{85}$$

Für die konjugiert komplexe Wellenfunktion $\overset{*}{\Psi}_j$ folgt also, wenn wir (der Einfachheit halber) die Eigenfunktionen ψ_k^0 und damit $\mathfrak{r}_{kj}$ als reell betrachten:

$$\left\{\begin{aligned} &\overset{*}{\Psi}_j = \psi_j^0\, e^{+\frac{2\pi i}{h} U_j t} \\ &+\frac{e\mathfrak{E}^0}{2i} \sum_k^{0,\infty} \mathfrak{r}_{kj} \psi_k^0 \left\{ \frac{e^{+\frac{2\pi i}{h}(U_j - h\nu)t} - e^{+\frac{2\pi i}{h} U_k t}}{U_j - U_k - h\nu} - \frac{e^{+\frac{2\pi i}{h}(U_j + h\nu)t} - e^{+\frac{2\pi i}{h} U_k t}}{U_j - U_k + h\nu} \right\}. \end{aligned}\right. \tag{86}$$

Bei der Bildung des Produktes $\overset{*}{\Psi}_j \Psi_j$ können wir das Glied, das $\mathfrak{r}_{kj}^2$ enthält, als klein von 2. Ordnung betrachten gegen die Glieder, die $\mathfrak{r}_{kj}$ in der ersten Potenz enthalten; indem wir das erstere Glied also streichen, erhalten wir nach einigen Zwischenrechnungen:

$$\overset{*}{\Psi}_j \Psi_j = \psi_j^{0\,2}$$

$$- e\mathfrak{E}^0 \sum_k^{0,\infty} \mathfrak{r}_{kj} \psi_j^0 \psi_k^0 \left\{ \frac{\sin 2\pi\nu t - \sin \frac{2\pi}{h}(U_j - U_k)t}{U_j - U_k - h\nu} + \frac{\sin 2\pi\nu t + \sin \frac{2\pi}{h}(U_j - U_k)t}{U_j - U_k + h\nu} \right\}$$

oder:

$$\overset{*}{\Psi}_j \Psi_j = \psi_j^{0\,2} - e\mathfrak{E}^0 \sum_k^{0,\infty} \mathfrak{r}_{kj}\, \psi_j^0\, \psi_k^0 \frac{2(U_j - U_k)\sin 2\pi\nu t - 2h\nu \sin\frac{2\pi}{h}(U_j - U_k)t}{(U_j - U_k)^2 - h^2\nu^2}. \tag{87}$$

Setzen wir darin

$$U_j - U_k = h\nu_{jk}, \tag{88}$$

wo ν_{jk} die beim Übergang $j \to k$ ausgesendete oder absorbierte Frequenz ist, so hat man schließlich:

$$\overset{*}{\Psi}_j \Psi_j = \psi_j^{0\,2} - \frac{2e\mathfrak{E}^0}{h} \sum_k^{0,\infty} \mathfrak{r}_{kj}\, \psi_j^0\, \psi_k^0 \frac{\nu_{jk} \sin 2\pi\nu t - \nu \sin 2\pi\nu_{jk} t}{\nu_{jk}^2 - \nu^2}. \tag{89}$$

Multiplizieren wir (89) mit e, der Ladung des Elektrons, so erhalten wir die statistische elektrische Dichte ϱ_{jj}:

$$\varrho_{jj} = e \overset{*}{\Psi}_j \Psi_j = e \psi_j^{0\,2} - \frac{2 e^2 \mathfrak{E}^0}{h} \sum_k^{0,\infty} \mathfrak{r}_{kj} \psi_j^0 \psi_k^0 \frac{\nu_{jk} \sin 2\pi\nu t - \nu \sin 2\pi \nu_{jk} t}{\nu_{jk}^2 - \nu^2}.$$

Um daraus die Strahlung zu bestimmen, die von dem durch die Lichtwelle angeregten Atom ausgeht, haben wir das elektrische Moment dieser Dichteverteilung zu bestimmen; das geschieht durch die Erweiterung mit $\mathfrak{r}$ und Integration über den Koordinatenraum:

$$\int \varrho_{jj} \mathfrak{r}\, d\tau = e \int \overset{*}{\Psi}_j \mathfrak{r} \Psi_j\, d\tau = e \int \psi_j^0 \mathfrak{r} \psi_j^0\, d\tau$$

$$- \frac{2 e^2 \mathfrak{E}^0}{h} \sum_k^{0,\infty} \mathfrak{r}_{kj} \int \psi_j^0 \mathfrak{r} \psi_k^0\, d\tau \frac{\nu_{jk} \sin 2\pi\nu t - \nu \sin 2\pi \nu_{jk} t}{\nu_{jk}^2 - \nu^2}.$$

Setzen wir wieder:

$$\int \psi_j^0 \mathfrak{r} \psi_k^0 = \mathfrak{r}_{kj},$$

so finden wir für den zeitlich variabeln Teil durch Fortlassung des für uns uninteressanten ersten Gliedes $e \int \psi_j^0 \mathfrak{r} \psi_j^0\, d\tau$:

$$(90) \qquad e \int \overset{*}{\Psi}_j \mathfrak{r} \Psi_j\, d\tau = - \frac{2 e^2 \mathfrak{E}^0}{h} \sum_k^{0,\infty} |\mathfrak{r}_{kj}|^2 \frac{\nu_{jk} \sin 2\pi\nu t - \nu \sin 2\pi \nu_{jk} t}{\nu_{jk}^2 - \nu^2}.$$

Multiplizieren wir schließlich noch mit $4\pi N$, wo N die Zahl der Atome im Kubikzentimeter ist, so entsteht hieraus die sogenannte „dielektrische Polarisation" $\mathfrak{P}_e$:

$$(91) \qquad \mathfrak{P}_e = - \frac{8\pi e^2 N \mathfrak{E}^0}{h} \sum_k^{0,\infty} |\mathfrak{r}_{kj}|^2 \frac{\nu_{jk} \sin 2\pi\nu t - \nu \sin 2\pi \nu_{jk} t}{\nu_{jk}^2 - \nu^2}.$$

An dieser Stelle wollen wir die rechte Seite (abgesehen von den Konstanten) etwas genauer diskutieren. Es tritt rechts einmal die Frequenz ν der Lichtwelle, d. h. der erzwingenden Kraft auf, anderseits sämtliche Eigenfrequenzen ν_{jk} des Atoms. Das entspricht durchaus dem Verhalten, das wir beim plötzlichen Einsetzen einer störenden periodischen Kraft auf ein schwingungsfähiges System erwarten müssen: Außer der erzwungenen Schwingung mit der Frequenz ν werden im allgemeinen auch sämtliche Eigenfrequenzen ν_{jk} angeregt. Diese klingen im stationären Zustande, d. h. nach einiger Zeit, in praxi allerdings stets ab infolge der immer vorhandenen Dämpfung. Diese ist in unseren Gleichungen nicht berücksichtigt. Da wir es aber in der Theorie der Dispersion stets mit dem stationären Zustande zu tun haben, so wollen wir die Eigenfrequenzen auch hier einfach fortlassen, wie es auch in der klassischen Dispersionstheorie allgemein zu geschehen pflegt. Berücksichtigen wir dann noch, daß $\mathfrak{E}^0 \sin 2\pi\nu t$ gleich der störenden elektrischen Feldstärke $\mathfrak{E}$ gesetzt werden kann, so vereinfacht sich (91) zu:

$$(92) \qquad \mathfrak{P}_e = - \frac{8\pi e^2 N}{h} \sum_k^{0,\infty} \frac{|\mathfrak{r}_{kj}|^2 \nu_{jk}}{\nu_{jk}^2 - \nu^2} \mathfrak{E}.$$

Anderseits ergibt die allgemeine Theorie, daß der Proportionalitätsfaktor zwischen Polarisation $\mathfrak{P}_e$ und Feldstärke $\mathfrak{E}$ gleich $(n^2 - 1)$ ist (n Brechungsquotient). Also folgt aus (92) die Dispersionsformel:

$$(93)\quad n^2 - 1 = -\frac{4\pi e^2 N}{h} \sum_k^{0,\infty} \frac{2\,|\mathfrak{r}_{kj}|^2 \nu_{jk}}{\nu_{jk}^2 - \nu^2} = -\frac{4\pi e^2 N}{h} \sum_k^{0,\infty} \frac{2\,|\mathfrak{r}_{jk}|^2 \nu_{jk}}{\nu_{jk}^2 - \nu^2}\,^{1)}\,.$$

Diese haben wir nun genauer zu besprechen.

Die allgemeine Struktur dieser Formel stimmt insofern mit dem zu Erwartenden überein, als der sogenannte „Resonanznenner" $\frac{1}{\nu_{jk}^2 - \nu^2}$ dafür sorgt, daß bei Annäherung von ν an ein ν_{jk} der Absolutbetrag des Brechungsquotienten stark ansteigt: das sind die Stellen der sogenannten anomalen Dispersion bzw. selektiven Absorption. Wir haben in Kap. XII des Bandes III_1 gezeigt, daß Formeln von diesem Typus die Erscheinungen gut darstellen. Wir können hier freilich nicht direkt $\nu = \nu_{jk}$ werden lassen, da wir jede Form der Dämpfung unberücksichtigt gelassen haben; (93) gilt daher nur außerhalb der Resonanzstellen, wie die entsprechenden Formeln der klassischen Theorie.

Ein besonderes Charakteristikum der Formel (93) ist es nun aber, daß nicht die „Bahnfrequenzen" oder „Umlaufsfrequenzen" als Resonanzstellen auftreten, wie in der klassischen Theorie, sondern die „Übergangsfrequenzen" ν_{jk}, die in Absorption oder Emission für den dispergierenden Stoff charakteristisch sind (z. B. die Linien der Balmer-Serie bei atomarem Wasserstoff). Darin beruht der entscheidende Fortschritt gegenüber der klassischen Theorie. Auch noch in einer andern Hinsicht weicht (93) von der klassischen Theorie ab: in dieser betrachtete man — gewohnheitsmäßig — die Dispersion von Stoffen, deren Atome sämtlich im Grundzustand waren. Das kann auch bei uns der Fall sein, wenn nämlich U_j der tiefste Quantenzustand ist; dann ist stets $U_k > U_j$, $\nu_{jk} = -\nu_{kj}$ ist negativ, daher ist die rechte Seite von (93) — Glied für Glied — positiv, und die Gleichung (93) ist (in dieser Hinsicht) mit der klassischen identisch.

Aber hier kann U_j auch ein höherer Quantenzustand sein, und dann kann die einfallende Lichtwelle das Atom sowohl in einen höheren wie in einen tieferen Quantenzustand befördern, da jetzt auch der Fall $U_k < U_j$ eintritt. Im ersten Falle ist $\nu_{jk} < 0$, die entsprechenden Glieder der rechten Seite von (93) sind positiv, wie vorhin; aber im zweiten Falle ist $\nu_{jk} > 0$, die entsprechenden Glieder der rechten Seite sind also negativ — und diese „negativen" Glieder treten in unserer Theorie neu auf. Um diese beiden Arten von Gliedern deutlich kenntlich zu machen, wollen wir in den „positiven" Gliedern die „Absorptions-

---

1) Es ist natürlich gleichgültig, ob man $|\mathfrak{r}_{kj}|$ oder $|\mathfrak{r}_{jk}|$ schreibt; in (93) haben wir der Gleichmäßigkeit halber in der Schlußformel $|\mathfrak{r}_{jk}|$ geschrieben, um die nämliche Reihenfolge der Indizes in der ganzen Formel zu bekommen.

frequenzen“ $\nu_{kj} = -\nu_{jk} (> 0)$ einführen, während wir in den „negativen Gliedern die „Emissionsfrequenzen“ $\nu_{jk} (> 0)$ belassen. Dann erhalten wir also die Dispersionsformel:

$$(94)\qquad n^2 - 1 = \frac{4\pi e^2 N}{h}\left\{\sum_{U_k > U_j} \frac{2\,|\mathfrak{r}_{jk}|^2 \nu_{kj}}{\nu_{jk}^2 - \nu^2} - \sum_{U_k < U_j} \frac{2\,|\mathfrak{r}_{jk}|^2 \nu_{jk}}{\nu_{jk}^2 - \nu^2}\right\}.$$

Die neu hinzutretenden „negativen“ Glieder der Dispersionsformel sind zum ersten Male von Kramers als theoretisch notwendig erkannt worden, der die Dispersionsformel (94) (nach Vorarbeiten von R. Ladenburg und F. Reiche) aus der älteren Quantentheorie — natürlich unter Benutzung des Korrespondenzprinzips — abgeleitet hatte. R. Ladenburg gelang es auch, den experimentellen Beweis für die Existenz dieser negativen Glieder (in leuchtendem Wasserstoff) zu erbringen.

Wir wollen uns nun mit dem Zähler von (93) beschäftigen. Zu dem Zwecke bringen wir (93) in die Gestalt:

$$(95)\qquad n^2 - 1 = \frac{e^2}{m_0 \pi} \sum_k \frac{N\, 8\pi^2 m_0\, |\mathfrak{r}_{jk}|^2 \nu_{kj}}{h\,(\nu_{jk}^2 - \nu^2)},$$

um die neue Dispersionsformel möglichst in die Gestalt der klassischen zu bringen [siehe Gleichung (74) Kap. XII, Bd. III_1]. Die genannte Formel lautete nämlich:

$$(96)\qquad n^2 - 1 = \frac{e^2}{m_0 \pi} \sum_\lambda \frac{N_\lambda}{\nu_\lambda^2 - \nu^2}.$$

An die Stelle der Größen N_λ der klassischen Theorie, die die Anzahl der „Elektronen λ-ter Gattung“ (d. h. der zur Frequenz ν_λ gehörenden Elektronen) bedeuten sollten, tritt hier der Ausdruck:

$$(97)\qquad N f_{kj} = N\,\frac{8\pi^2 m_0\, |\mathfrak{r}_{jk}|^2}{h}\,\nu_{kj}.$$

f_{kj} bezeichnet man als die „Oszillatorenstärke“ des Überganges $k \rightarrow j$. Nach (97) wechselt f_{kj} mit ν_{kj} das Vorzeichen; es ist also für $U_k > U_j$ positiv, für $U_k < U_j$ negativ. Da ersterer Fall der Absorption, letzterer der Emission entspricht, so können wir schreiben (die Indizes „a“ und „e“ deuten auf Absorption und Emission):

$$(97\text{a})\qquad \left\{\begin{aligned} \underset{U_k > U_j}{f_{kj}} &= f_a = \frac{8\pi^2 m_0\, |\mathfrak{r}_{jk}|^2}{h}\,\nu_{kj},\\ \underset{U_k < U_j}{f_{kj}} &= -f_e = \frac{8\pi^2 m_0\, |\mathfrak{r}_{jk}|^2}{h}\,\nu_{jk}. \end{aligned}\right.$$

Mit Benutzung dieser Ausdrücke können wir die Dispersionsformel (94) in die Form bringen:

$$(98)\qquad n^2 - 1 = \frac{e^2 N}{m_0 \pi}\left\{\sum_{U_k > U_j} \frac{f_a}{\nu_a^2 - \nu^2} - \sum_{U_k < U_j} \frac{f_e}{\nu_e^2 - \nu^2}\right\}.$$

Durch eine Messung des Dispersionsverlaufes lassen sich die Oszillatorenstärken f_{kj} bestimmen. Gleichung (97) zeigt, daß sie proportional

$|\mathfrak{r}_{jk}|^2$ sind, oder, was dasselbe bedeutet, proportional $|\mathfrak{Q}^0_{jk}|^2$, dem durch die Lichtwelle im Atom erzeugten elektrischen Moment für den Übergang $j \rightleftarrows k$. Diesem Ausdruck aber ist nach (74) auch die Übergangswahrscheinlichkeit $B_{j \to k}$ (bzw. $B_{k \to j}$) proportional, die somit durch Dispersionsmessungen bestimmt werden kann, wie gleichfalls zuerst Ladenburg gezeigt hat.

Zusammenfassend kann man daher sagen, daß das Problem der Dispersion, das der älteren Quantentheorie außerordentliche Schwierigkeiten bereitet hat, durch die Wellenmechanik eine grundsätzlich befriedigende Lösung gefunden hat.

Über die Oszillatorenstärken f_{kj} existiert ein merkwürdiger Satz, der von Thomas-Reiche und Kuhn[1]) unabhängig entdeckt worden ist und in der neueren Quantentheorie insofern eine Rolle gespielt hat, als Heisenberg sich von ihm bei der Formulierung der sogenannten „Vertauschungsrelation“ [Gleichung (141) des VIII. Kapitels auf pag. 401] leiten ließ. Der genannte Satz behauptet, daß die Summe der Oszillatorenstärken $\sum f_{kj} = \sum f_a - \sum f_e$ gleich der dreifachen Anzahl der im Atom vorhandenen „Dispersionselektronen“ sei; er wurde vor Entwicklung der Wellenmechanik gefunden, aus der er natürlich auch ableitbar ist.

Wir schreiben unter Bezugnahme auf (97) zunächst:

$$\sum f_{kj} = \frac{8\, m_0 \pi^2}{h} \sum_k \nu_{kj} \{|x_{jk}|^2 + |y_{jk}|^2 + |z_{jk}|^2\},$$

oder, indem wir für die Matrixelemente $x_{jk}, \ldots$ und für ν_{kj} ihre Werte einsetzen:

$$\begin{aligned}\sum f_{kj} = \frac{8\, m_0 \pi^2}{h^2 e^2} \sum_k (U_k - U_j) \Big\{ &\int \sum_i e_i\, x_i\, \psi_j^0\, \psi_k^0\, d\tau \int \sum_\lambda e_\lambda\, x_\lambda\, \psi_j^0\, \psi_k^0\, d\tau \\ &+ \int \sum_i e_i\, y_i\, \psi_j^0\, \psi_k^0\, d\tau \int \sum_\lambda e_\lambda\, y_\lambda\, \psi_j^0\, \psi_k^0\, d\tau \\ &+ \int \sum_i e_i\, z_i\, \psi_j^0\, \psi_k^0\, d\tau \int \sum_\lambda e_\lambda\, z_\lambda\, \psi_j^0\, \psi_k^0\, d\tau \Big\}.\end{aligned}$$

In den Integralen für die $x_{jk} \ldots$ sind jetzt die früher — beim Einelektronenproblem — fortgelassenen Summenzeichen über alle Elektronen des Systems hinzugefügt.

Auf der rechten Seite der letzten Gleichung stehen in der geschweiften Klammer drei ganz gleichartig gebaute Glieder, die durch zyklische Vertauschung von x, y, z auseinander hervorgehen; ohne Rechnung erkennt man, daß sie den gleichen Wert ergeben müssen. Wir können daher, unter Beschränkung auf ein Glied, z. B. das mit y, unter Hinzufügung des Faktors $\frac{1}{3}$ auf der linken Seite, die letzte Gleichung auch schreiben:

$$\frac{1}{3} \sum f_{kj} = \frac{8\, m_0 \pi^2}{h^2 e^2} \sum_k (U_k - U_j) \int \sum_i e_i\, y_i\, \psi_j^0\, \psi_k^0\, d\tau \int \sum_\lambda e_\lambda\, y_\lambda\, \psi_j^0\, \psi_k^0\, d\tau\,,$$

[1]) W. Thomas, Naturw. **13**, pag. 627; 1925. F. Reiche und W. Thomas, Z. f. Phys. **34**, pag. 510; 1925. W. Kuhn, Z. f. Phys. **33**, pag. 408; 1925.

oder mit einer kleinen für das folgende bequemen Umordnung:

$$(100)\quad \frac{1}{3}\sum f_{kj} = \frac{8\,m_0\,\pi^2}{h^2\,e^2}\sum_k \int \sum_i e_i\,y_i\,(U_k - U_j)\,\psi_j^0\,\psi_k^0\,d\tau \int \sum_\lambda e_\lambda\,y_\lambda\,\psi_j^0\,\psi_k^0\,d\tau.$$

Um $(U_k - U_j)\,\psi_j^0\,\psi_k^0$ zu eliminieren, benutzen wir die Amplitudengleichung Schrödingers für ψ_j^0 und ψ_k^0:

$$\Delta\psi_j^0 + \frac{8\,m_0\,\pi^2}{h^2}(U_j - \Phi)\,\psi_j^0 = 0\,, \quad \Big|\; \psi_k^0$$
$$\Delta\psi_k^0 + \frac{8\,m_0\,\pi^2}{h^2}(U_k - \Phi)\,\psi_k^0 = 0\,. \quad \Big|\; \psi_j^0$$

Erweitert man diese in der angegebenen Weise und subtrahiert sie dann voneinander, so folgt:

$$(101)\qquad \frac{8\,m_0\,\pi^2}{h^2}(U_k - U_j)\,\psi_j^0\,\psi_k^0 = \psi_k^0\,\Delta\psi_j^0 - \psi_j^0\,\Delta\psi_k^0\,,$$

und Einsetzen in (100) liefert:

$$(102)\quad \frac{1}{3}\sum f_{kj} = -\frac{1}{e^2}\sum_k \int \sum_i e_i\,y_i\,(\psi_j^0\,\Delta\psi_k^0 - \psi_k^0\,\Delta\psi_j^0)\,d\tau \int \sum_\lambda e_\lambda\,y_\lambda\,\psi_j^0\,\psi_k^0\,d\tau.$$

Hier ist zunächst zu beachten, daß beim Mehrelektronenproblem der Laplacesche Operator Δ sich auf alle Elektronen erstreckt:

$$\Delta = \sum_i \Delta_i = \sum_i \frac{\partial^2}{\partial x_i^2} + \frac{\partial^2}{\partial y_i^2} + \frac{\partial^2}{\partial z_i^2}\,.$$

Wir wollen nun den im ersten Integral in Gleichung (102) auftretenden Ausdruck $\int y_i\psi_j^0\,\Delta\,\psi_k^0\,d\tau$ transformieren. Zunächst hat man:

$$(103)\quad \left\{\begin{aligned} y_i\,\psi_j^0\,\frac{\partial^2\psi_k^0}{\partial x_i^2} &= \frac{\partial}{\partial x_i}\left(y_i\,\psi_j^0\,\frac{\partial\psi_k^0}{\partial x_i}\right) - \frac{\partial\psi_k^0}{\partial x_i}\,\frac{\partial}{\partial x_i}(y_i\,\psi_j^0) \\ &= \frac{\partial}{\partial x_i}\left(y_i\,\psi_j^0\,\frac{\partial\psi_k^0}{\partial x_i}\right) - \frac{\partial}{\partial x_i}\left[\psi_k^0\,\frac{\partial}{\partial x_i}(y_i\,\psi_j^0)\right] \\ &\qquad + \psi_k^0\,\frac{\partial^2}{\partial x_i^2}(y_i\,\psi_j^0)\,. \end{aligned}\right.$$

Entsprechendes gilt für die Ausdrücke $y_i\psi_j^0\,\dfrac{\partial^2\psi_k^0}{\partial y_i^2}$ und $y_i\,\psi_j^0\,\dfrac{\partial^2\,\psi_k^0}{\partial z_i^2}$. Bei der Integration über das Koordinatenvolumen lassen sich die Integrale $\int\dfrac{\partial}{\partial x_i}\Big(\quad\Big)\,d\tau$ usw. nach dem Greenschen Satze in Oberflächenintegrale verwandeln; sie kommen in Fortfall wegen des starken Abfallens der ψ_j^0 und ψ_k^0 im Unendlichen. Also folgt schließlich:

$$(104)\qquad \int y_i\psi_j^0\,\Delta\psi_k^0\,d\tau = \int \psi_k^0\,\Delta\,(y_i\,\psi_j^0)\,d\tau\,.$$

Der Effekt dieser Transformation ist der, daß das Operationszeichen Δ, das links auf ψ_k wirkt, nunmehr rechts auf den andern Faktor $y_i\psi_j^0$ wirkt, daher der anschauliche Name „Wälzung“ für diese Transformation. Einsetzen von (104) in (102) liefert:

$$(105)\quad \frac{1}{3}\sum f_{kj} = -\frac{1}{e^2}\sum_k \int \sum_i \{\Delta(e_i y_i \psi_j^0) - e_i y_i \Delta\psi_j^0\}\psi_k^0 d\tau \int \sum_\lambda \{e_\lambda y_\lambda \psi_j^0\}\psi_k^0 d\tau.$$

Setzen wir zur Abkürzung:

$$(106)\quad \begin{cases} \sum_i \{\Delta(e_i y_i \psi_j^0) - e_i y_i \Delta\psi_j^0\} = f, \\ \sum_\lambda \{e_\lambda y_\lambda \psi_j^0\} = g, \end{cases}$$

so kann man (105) schreiben:

$$(107)\quad \frac{1}{3}\sum f_{kj} = -\frac{1}{e^2}\sum_k \int f\psi_k^0 d\tau \int g\psi_k^0 d\tau.$$

Denkt man sich die eben eingeführten Funktionen f und g in Reihen nach den Eigenfunktionen entwickelt:

$$f = \sum_k c_k \psi_k^0, \qquad g = \sum_m d_m \psi_m^0,$$

so sind die Integrale in (107) gerade die Koeffizienten c_k und d_k dieser Reihenentwicklung:

$$(108)\quad \int f\psi_k^0 d\tau = c_k, \qquad \int g\psi_k^0 d\tau = d_k,$$

d. h. (107) kann geschrieben werden:

$$(109)\quad \frac{1}{3}\sum f_{kj} = -\frac{1}{e^2}\sum_k c_k d_k.$$

Nun gilt aber:

$$\int fg\, d\tau = \int \sum_k c_k \psi_k^0 \sum_m d_m \psi_m^0 d\tau = \sum_k c_k \left\{\sum_m d_m \int \psi_k^0 \psi_m^0 d\tau\right\},$$

und wegen Orthogonalität und Normierung ist die geschweifte Klammer gleich dem Koeffizienten d_k; es folgt also

$$(110)\quad \int fg\, d\tau = \sum c_k d_k.$$

Wenden wir diese Beziehung unter Beachtung von (106) und (108) an, so kann (109) geschrieben werden:

$$(111)\quad \frac{1}{3}\sum f_{kj} = -\frac{1}{e^2}\int \sum_i \left\{\Delta(e_i y_i \psi_j^0) - e_i y_i \Delta\psi_j^0\right\} \sum_\lambda (e_\lambda y_\lambda \psi_j^0)\, d\tau.$$

Die Ausrechnung der geschweiften Klammer liefert dann:

$$(112)\quad \frac{1}{3}\sum f_{kj} = -\frac{2}{e^2}\sum_i \sum_\lambda e_i e_\lambda \int y_\lambda \psi_j^0 \frac{\partial \psi_j^0}{\partial y_i} d\tau.$$

Das Integral muß noch einer Transformation unterworfen werden, wobei zunächst $i \neq \lambda$ vorausgesetzt sei. Es ist dann der Reihe nach:

$$\int y_\lambda \psi_j^0 \frac{\partial \psi_j^0}{\partial y_i} d\tau = \int \frac{\partial}{\partial y_i}(y_\lambda \psi_j^0 \psi_j^0)\, d\tau - \int \frac{\partial}{\partial y_i}(y_\lambda \psi_j^0)\psi_j^0\, d\tau.$$

Das erste Integral rechts verschwindet, wie man durch Überführung in ein Oberflächenintegral zeigt; damit aber geht die Gleichung über in:

$$(113)\qquad \int y_\lambda \psi_j^0 \frac{\partial \psi_j^0}{\partial y_i}\, d\tau = -\int y_\lambda \psi_j^0 \frac{\partial \psi_j^0}{\partial y_i}\, d\tau \qquad \text{für } i \neq \lambda\,,$$

d. h. das Integral ist gleich seinem negativen Werte, kann also nur Null sein. Es bleiben also in (112) nur die Glieder übrig, für die $i = \lambda$ ist:

$$(114)\qquad \frac{1}{3}\sum f_{kj} = -\frac{2}{e^2}\sum_i e_i^2 \int y_i \psi_j^0 \frac{\partial \psi_j^0}{\partial y_i}\, d\tau\,.$$

Hier hat man der Reihe nach:

$$\int y_i \psi_j^0 \frac{\partial \psi_j^0}{\partial y_i}\, d\tau = \int \frac{\partial}{\partial y_i}(y_i \psi_j^0 \psi_j^0)\, d\tau - \int \frac{\partial}{\partial y_i}(y_i \psi_j^0)\, \psi_j^0\, d\tau$$
$$= -\int \frac{\partial}{\partial y_i}(y_i \psi_j^0)\, \psi_j^0\, d\tau\,,$$

da das erste Integral rechts, nach Umwandlung in ein Oberflächenintegral, sich wieder gleich Null erweist. Führt man die Differentiation in dem verbleibenden Integral aus, so folgt schließlich:

$$\int y_i \psi_j^0 \frac{\partial \psi_j^0}{\partial y_i}\, d\tau = -\int y_i \psi_j^0 \frac{\partial \psi_j^0}{\partial y_i}\, d\tau - \int \psi_j^{0\,2}\, d\tau\,,$$

oder, nach Umordnung wegen der Normierung:

$$2\int y_i \psi_j^0 \frac{\partial \psi_j^0}{\partial y_i}\, d\tau = -\int \psi_j^{0\,2}\, d\tau = -1\,.$$

Einführung in (114) liefert schließlich:

$$(115)\qquad \frac{1}{3}\sum f_{kj} = +\frac{1}{e^2}\sum e_i^2\,.$$

Die Summation ist über sämtliche Elektronen des Atoms zu erstrecken; sind deren Z vorhanden, so ist

$$\sum e_i^2 = e^2 Z\,.$$

Damit ist der Thomas-Reiche-Kuhnsche Satz („f-Summen-Satz“) bewiesen:

$$(116)\qquad \frac{1}{3}\sum f_{kj} = Z\,.$$

68. Der Raman-Effekt.

Wir haben in der vorhergehenden Nummer die „stationäre“ Dichte ϱ_{jj} berechnet, indem wir die Wellenfunktion Ψ_j mit der konjugiert komplexen $\overset{*}{\Psi}_j$ kombinierten: So erhielten wir schließlich die Dispersionsformel. Anderseits hat sich das formale Verfahren, auch allgemeinere Dichten $\varrho_{j\lambda}$, Momente usw. zu bilden, indem Ψ_j mit $\overset{*}{\Psi}_\lambda$ kombiniert wird, durchaus bewährt. Wir wollen dasselbe deshalb auch hier tun und kombinieren mit der Wellenfunktion (85):

$$
(117)\left\{\begin{aligned}
&\Psi_j = \psi_j^0 e^{-\frac{2\pi i}{h} U_j t} \\
&\quad - \frac{e\,\mathfrak{E}^0}{2i} \sum_k^{0,\infty} \mathfrak{r}_{kj}\,\psi_k^0 \left\{ \frac{e^{-\frac{2\pi i}{h}(U_j - h\nu)t} - e^{-\frac{2\pi i}{h} U_k t}}{U_j - U_k - h\nu} - \frac{e^{-\frac{2\pi i}{h}(U_j + h\nu)t} - e^{-\frac{2\pi i}{h} U_k t}}{U_j - U_k + h\nu} \right\},
\end{aligned}\right.
$$

die dem Zustande λ entsprechende konjugiert komplexe Funktion:

$$
(118)\left\{\begin{aligned}
&\overset{*}{\Psi}_\lambda = \psi_\lambda^0 e^{+\frac{2\pi i}{h} U_\lambda t} \\
&\quad + \frac{e\,\mathfrak{E}^0}{2i} \sum_k^{0,\infty} \mathfrak{r}_{k\lambda}\,\psi_k^0 \left\{ \frac{e^{+\frac{2\pi i}{h}(U_\lambda - h\nu)t} - e^{+\frac{2\pi i}{h} U_k t}}{U_\lambda - U_k - h\nu} - \frac{e^{+\frac{2\pi i}{h}(U_\lambda + h\nu)t} - e^{+\frac{2\pi i}{h} U_k t}}{U_\lambda - U_k + h\nu} \right\},
\end{aligned}\right.
$$

die aus (117) durch Vertauschung von j mit λ und Änderung des Vorzeichens von i hervorgeht. Für das Produkt $e\,\Psi_j\,\overset{*}{\Psi}_\lambda$ erhält man, unter Vernachlässigung des Quadrates der Störungsglieder nach einigen Umordnungen:

$$
(119)\left\{\begin{aligned}
&\varrho_{\lambda j} = e\,\Psi_j\,\overset{*}{\Psi}_\lambda = e\,\psi_j^0\,\psi_\lambda^0\,e^{-\frac{2\pi i}{h}(U_j - U_\lambda)t} \\
&\quad - \frac{e^2\,\mathfrak{E}^0}{2i}\,\psi_j^0 \sum_k^{0,\infty} \mathfrak{r}_{k\lambda}\,\psi_k^0 \left\{ \frac{e^{-\frac{2\pi i}{h}(U_j - U_\lambda + h\nu)t} - e^{-\frac{2\pi i}{h}(U_j - U_k)t}}{U_\lambda - U_k - h\nu} \right. \\
&\qquad\qquad\qquad \left. - \frac{e^{-\frac{2\pi i}{h}(U_j - U_\lambda - h\nu)t} - e^{-\frac{2\pi i}{h}(U_j - U_k)t}}{U_\lambda - U_k + h\nu} \right\} \\
&\quad + \frac{e^2\,\mathfrak{E}^0}{2i}\,\psi_\lambda^0 \sum_k^{0,\infty} \mathfrak{r}_{kj}\,\psi_k^0 \left\{ \frac{e^{-\frac{2\pi i}{h}(U_j - U_\lambda - h\nu)t} - e^{-\frac{2\pi i}{h}(U_k - U_\lambda)t}}{U_j - U_k - h\nu} \right. \\
&\qquad\qquad\qquad \left. - \frac{e^{-\frac{2\pi i}{h}(U_j - U_\lambda + h\nu)t} - e^{-\frac{2\pi i}{h}(U_k - U_\lambda)t}}{U_j - U_k + h\nu} \right\}.
\end{aligned}\right.
$$

Darin treten folgende Frequenzen auf:

$$
(120)\left\{\begin{aligned}
&\text{a)}\quad \frac{U_j - U_\lambda}{h} = \nu_{j\lambda}\,, \\
&\text{b)}\quad \nu + \frac{U_j - U_\lambda}{h} = \nu + \nu_{j\lambda}\,,\quad \nu - \frac{U_j - U_\lambda}{h} = \nu - \nu_{j\lambda}\,, \\
&\text{c)}\quad \frac{U_j - U_k}{h} = \nu_{jk}\,,\quad \frac{U_k - U_\lambda}{h} = \nu_{k\lambda}\quad (k = 0, 1, 2, \ldots)\,.
\end{aligned}\right.
$$

Die Frequenz (120a) $\nu_{j\lambda}$ entspricht dem Übergang aus dem Zustande U_j in den Zustand U_λ, der uns hier nicht interessiert; die beiden Frequenzen (120c) ν_{jk} und $\nu_{k\lambda}$ (für alle Werte von k) sind die Eigenfrequenzen des Systems, die im stationären Zustande abklingen, wegen der stets vorhandenen Dämpfung; wir streichen sie gleichfalls, wie in der vorhergehenden Nummer. (Zu beachten ist übrigens, daß $\nu_{j\lambda}$ mit zu den

Eigenfrequenzen gehört.) Daher behalten wir nur folgende Glieder von (119) zurück — die linke Seite bezeichnen wir aber weiter durch $\varrho_{\lambda j}$:

$$(121)\quad \left\{\begin{aligned} \varrho_{\lambda j} = {} & \frac{e^2 \mathfrak{E}^0}{2i} e^{2\pi i(\nu - \nu_{\lambda j})t} \left\{\psi_j^0 \sum_k^{0,\infty} \frac{\mathfrak{r}_{k\lambda} \psi_k^0}{U_\lambda - U_k + h\nu} + \psi_\lambda^0 \sum_k^{0,\infty} \frac{\mathfrak{r}_{kj} \psi_k^0}{U_j - U_k - h\nu}\right\} \\ & - \frac{e^2 \mathfrak{E}^0}{2i} e^{-2\pi i(\nu + \nu_{\lambda j})t} \left\{\psi_j^0 \sum_k^{0,\infty} \frac{\mathfrak{r}_{k\lambda} \psi_k^0}{U_\lambda - U_k - h\nu} + \psi_\lambda^0 \sum_k^{0,\infty} \frac{\mathfrak{r}_{kj} \psi_k^0}{U_j - U_k + h\nu}\right\}. \end{aligned}\right.$$

Darin treten nunmehr nur noch die beiden Frequenzen (120b) auf, die weder mit der Frequenz ν der einfallenden Welle, noch mit einer Eigenschwingung zusammenfallen, sondern aus beiden „kombiniert" sind: es tritt also eine Strahlung mit den „Kombinationsfrequenzen" $\nu \pm \nu_{j\lambda}$ auf. Mit dieser Feststellung wollen wir uns hier begnügen, ohne weiter auf die Frage nach der Intensität dieser Strahlung einzugehen.

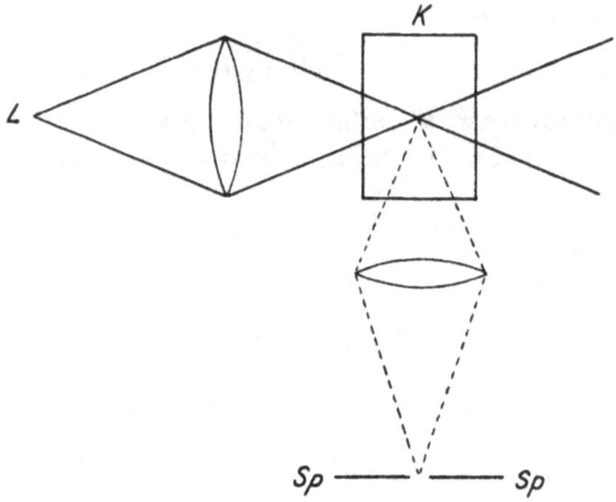

Fig. 88.

Bis zum Jahre 1928 war diese Streustrahlung nicht bekannt; man kannte vielmehr nur die Strahlung mit der Frequenz ν der einfallenden Welle, die für die Dispersion die maßgebende ist und die unter diesem Gesichtspunkte in der vorhergehenden Nummer behandelt wurde. Betrachtet man sie unter dem Gesichtspunkte der Streustrahlung, so erkennt man in ihr die sogenannte „Rayleighsche Strahlung" wieder, die z. B. für die Entstehung der blauen Farbe des Himmels verantwortlich ist[1]). Die Rayleigh-Streuung ist wohl bekannt und seit langer Zeit systematisch untersucht. Daß neben ihr noch eine mit veränderter Frequenz ($\nu \pm \nu_{jk}$) existieren müsse, hat zuerst Smekal (aus der älteren Quantentheorie) wahrscheinlich gemacht, Kramers und Heisenberg sowie Schrödinger haben die Kombinationsstreuung dann auch aus der neueren Theorie abgeleitet, und Raman[2]) hat sie schließlich 1928 gefunden, fast gleichzeitig mit den russischen Physikern Landsberg und Mandelstam[3]). Die schematische Anordnung des Versuches zeigt Fig. 88: Die

[1]) Auch in der klassischen Theorie hängen Rayleigh-Streuung und Dispersion aufs engste zusammen.

[2]) C. V. Raman, Nature **121**, p. 501, 819 (1928); Indian Journ. of Phys. **2**, pag. 387 (1928).

[3]) Landsberg und Mandelstam, Naturw. **16**, pag. 557, 772 (1928).

Strahlung einer Lichtquelle L (z. B. einer Quecksilberlampe) wird durch eine Linse konvergent gemacht und durchsetzt den zu untersuchenden Körper K; die abgebeugte Strahlung (gestrichelt) wird dann — etwa senkrecht zur Einstrahlungsrichtung — auf den Spalt Sp eines Spektroskops oder Spektrographen abgebildet.

Man erhält dann in der Streustrahlung zunächst die unveränderte Wellenlänge (Rayleigh-Streuung), die nach kürzeren und längeren Wellenlängen von neuen Linien der Frequenz $\nu \pm \nu_{j\lambda}$ begleitet ist. Die Bedeutung des Effekts beruht darauf, daß die Frequenzen $\nu_{j\lambda}$, die klein gegen ν sind, Eigenschwingungen des streuenden Systems sind, die vorwiegend im ultraroten Spektrum liegen; da man auf der photographischen Platte die Linien mit den Frequenzen ν und $\nu \pm \nu_{j\lambda}$ nebeneinander findet, kann man aus ihrem Abstande die ultraroten Eigenfrequenzen $\nu_{j\lambda}$ leicht bestimmen, während ihre direkte Ausmessung im ultraroten Spektrum viel mühsamer ist. Dennoch ist das Ergebnis des Raman-Effektes keine Kopie und deshalb kein Ersatz für die Ultrarotspektroskopie. Denn die Intensitäten der „Raman-Linien" $\nu \pm \nu_{j\lambda}$ hängen nicht in einfacher Weise mit denen der ultraroten Frequenzen zusammen. Z. B. ist es häufig der Fall, daß intensive Ultrarotlinien gar nicht im Raman-Effekt erscheinen (z. B. die Reststrahlfrequenzen von NaCl, KCl, LiF usw.), anderseits erscheinen inaktive ultrarote Frequenzen, die deshalb der gewöhnlichen Ultrarotspektroskopie entgehen, sehr stark als Raman-Linien (z. B. die inaktiven Schwingungen der CO_3-Gruppe oder des CCl_4 usw.). Diese auf den ersten Blick auffallenden Ergebnisse kann man durch Berechnung der Intensität der Raman-Linien nach den in diesem Kapitel auseinandergesetzten Grundsätzen auch theoretisch verstehen[1]).

Man kann sich das Auftreten des neuen Effektes leicht in der Sprache der Lichtquantentheorie anschaulich machen: Ein Photon $h\nu$ trifft auf ein Atom im Energiezustande U_j; es kann dann das Atom in einen andern Energiezustand U_λ bringen; mit dem Rest seiner Energie $h\nu'$ strahlt es dann. Die Energiebilanz ist also:

$$h\nu + U_j = h\nu' + U_\lambda$$

oder

$$\nu' = \nu + \frac{U_j - U_\lambda}{h} = \nu + \nu_{j\lambda}. \tag{123}$$

[1]) Historisch sei folgendes bemerkt: Für die CO_3-Gruppe gelang es Schaefer, Bormuth und Matossi 1926, die inaktive Frequenz aus Ultrarotmessungen indirekt zu bestimmen; für Kalkspat fanden sie dieselbe bei 9,1 μ. Da dies der erste Fall war, in dem überhaupt eine inaktive Frequenz bestimmt wurde, wurde dieses Resultat längere Zeit als zweifelhaft betrachtet. Die Untersuchung der Raman-Streuung bei Kalkspat lieferte aber gleich bei den ersten Messungen (1928) eine sehr intensive Raman-Linie, die einer ultraroten Eigenfrequenz von 9,1 μ entsprach — also in vollkommener Übereinstimmung mit den Ergebnissen der oben genannten Autoren.

Dabei kann ganz allgemein $\nu_{j\lambda} \gtreqless 0$ sein; im ersten Falle ($\nu_{j\lambda} < 0$) ist U_λ ein höheres Energieniveau und $\nu' < \nu$; im zweiten Falle ($\nu_{j\lambda} = 0$) ist $\nu' = \nu$, wenn keine Anregung des Atoms erfolgt (Rayleigh-Strahlung); im letzten Falle endlich ($\nu_{j\lambda} > 0$) ist U_j bereits ein „angeregter" Zustand des Atoms, und die Energie $U_j - U_\lambda$ addiert sich zu $h\nu$, so daß $\nu' > \nu$ ist. Man erkennt hier die enge Analogie zur Stokesschen Regel, die wir in Nr. 2 besprachen: Ist U_j der Grundzustand des Atoms, so muß U_λ ein höherer Energiezustand sein, und es ist sicher $\nu' < \nu$: Die Raman-Linien liegen auf der langwelligen Seite der Primärlinien. Das ist der gewöhnliche Fall, in dem die Stokessche Regel gilt, daß die Streustrahlung eine kleinere (höchstens ebenso große) Frequenz wie die Erregende hat. Ist umgekehrt — z. B. bei hohen Temperaturen — U_j ein angeregter Zustand, so kann $U_\lambda < U_j$ sein, d. h. dann können Raman-Linien mit höherer Frequenz ν' als ν auftreten (Anti-Stokessche Fälle). Wegen weiterer Details sei der Leser auf die Monographie: Der Smekal-Raman-Effekt von K. W. F. Kohlrausch verwiesen.

Zehntes Kapitel.

Relativistische Verallgemeinerung der Wellenmechanik: Einführung in die Diracsche Theorie.

69. Schrödingers Versuch einer relativistischen Verallgemeinerung der Wellenmechanik.

Die bisher auseinandergesetzte Wellenmechanik gehorcht nicht dem Relativitätsprinzip, d. h. die (zeitabhängige) Schrödinger-Gleichung ist nicht invariant gegenüber einer Lorentz-Transformation. Daher erhebt sich die gebieterische Forderung, diesem Mangel abzuhelfen. Wie kann man zu einer relativistisch invarianten Wellengleichung gelangen? Zu diesem Zwecke erinnern wir uns, daß wir die gewöhnliche Wellengleichung Schrödingers erhielten, indem wir in der Hamilton-Jacobischen Differentialgleichung der klassischen Mechanik die Impulse p durch die Operatoren $\frac{h}{2\pi i} \frac{\partial}{\partial q}$ und die Energie U durch den Operator $-\frac{h}{2\pi i} \frac{\partial}{\partial t}$ ersetzten; dadurch entstand der sogenannte „Hamiltonsche Operator", der auf eine Funktion Ψ wirkend die Schrödinger-Gleichung lieferte.

Bei dieser Sachlage erscheint es am angemessensten, zur Gewinnung einer relativistisch invarianten Wellengleichung gleichfalls von der Hamilton-Jacobischen Differentialgleichung auszugehen, aber nunmehr von der der Relativitätsmechanik entsprechenden[1]), und mit ihr ebenso zu verfahren: das ist der naheliegende Gedankengang, dem Schrödinger (u. A.) gefolgt sind.

Wir wollen die Wellengleichung sofort für den allgemeinen Fall aufstellen, daß eine beliebige elektrische Ladung ε[2]) sich in einem elektromagnetischen Felde bewegt, das durch sein skalares Potential V und sein Vektorpotential $\mathfrak{A}$ bestimmt ist. Die elektrostatische Energie εV zählt einfach als potentielle Energie Φ; das Vektorpotential $\mathfrak{A}$ wirkt sich insofern aus, als die Impulse geändert werden. In der Tat sahen wir in Nr. 46 Gleichung (90) auf pag. 295, daß zu den gewöhnlichen mechanischen Impulsen $p_x, \ldots$ die Ausdrücke $\frac{e}{c}\mathfrak{A}_x, \ldots$ hinzutreten. Da die gewöhn-

---

[1]) Bezüglich aller Formeln der Relativitätstheorie und speziell der Relativitätsmechanik vgl. man Kp. XIV von Bd. III_1.

[2]) Mit ε bezeichnen wir hier eine beliebige elektrische Ladung, die positiv oder negativ sein kann; die Elektronenladung ist $-e$, wo e der Absolutwert der Ladung ist.

lichen mechanischen Impulse in der Relativitätsmechanik die Werte haben:

$$p'_x = \frac{m_0 \mathfrak{v}_x}{\sqrt{1-\frac{\mathfrak{v}^2}{c^2}}}, \quad p'_y = \frac{m_0 \mathfrak{v}_y}{\sqrt{1-\frac{\mathfrak{v}^2}{c^2}}}, \quad p'_z = \frac{m_0 \mathfrak{v}_z}{\sqrt{1-\frac{\mathfrak{v}^2}{c^2}}}, \tag{1}$$

so haben wir hier die Ausdrücke:

$$\begin{cases} p_x = \dfrac{m_0 \mathfrak{v}_x}{\sqrt{1-\frac{\mathfrak{v}^2}{c^2}}} + \dfrac{\varepsilon}{c}\mathfrak{A}_x; \quad p_y = \dfrac{m_0 \mathfrak{v}_y}{\sqrt{1-\frac{\mathfrak{v}^2}{c^2}}} + \dfrac{\varepsilon}{c}\mathfrak{A}_y; \\ p_z = \dfrac{m_0 \mathfrak{v}_z}{\sqrt{1-\frac{\mathfrak{v}^2}{c^2}}} + \dfrac{\varepsilon}{c}\mathfrak{A}_z \end{cases} \tag{2}$$

als verallgemeinerte Impulse aufzufassen; der gewöhnliche mechanische Impuls drückt sich also folgendermaßen aus:

$$p'_x = p_x - \frac{\varepsilon}{c}\mathfrak{A}_x; \quad p'_y = p_y - \frac{\varepsilon}{c}\mathfrak{A}_y; \quad p'_z = p_z - \frac{\varepsilon}{c}\mathfrak{A}_z. \tag{3}$$

Nach diesen Vorbemerkungen haben wir die Hamiltonsche Funktion zu bilden, d. h. den Energieausdruck, in dem wir dann die Geschwindigkeiten durch die Impulse (2) zu ersetzen haben. Die kinetische Energie, vermehrt um die Ruheenergie $m_0 c^2$, ist bekanntlich $T = \frac{m_0 c^2}{\sqrt{1-\frac{\mathfrak{v}^2}{c^2}}}$, also die Gesamtenergie:

$$U = \frac{m_0 c^2}{\sqrt{1-\frac{\mathfrak{v}^2}{c^2}}} + \varepsilon V; \tag{4}$$

diesen Ausdruck haben wir mit (3) zu kombinieren, um die Hamiltonsche Funktion zu erhalten. Aus (4) ergibt sich zunächst:

$$\frac{1}{c^2}(U - \varepsilon V)^2 = \frac{m_0^2 c^2}{1-\frac{v^2}{c^2}}; \tag{5}$$

aus (3) und (1) folgt:

$$\left(p_x - \frac{\varepsilon}{c}\mathfrak{A}_x\right)^2 + \left(p_y - \frac{\varepsilon}{c}\mathfrak{A}_y\right)^2 + \left(p_z - \frac{\varepsilon}{c}\mathfrak{A}_z\right)^2 = \frac{m_0^2 v^2}{1-\frac{v^2}{c^2}}. \tag{6}$$

Durch Subtraktion von (5) und (6) ergibt sich:

$$\frac{1}{c^2}(U - \varepsilon V)^2 - \sum_{xyz}\left(p_x - \frac{\varepsilon}{c}\mathfrak{A}_x\right)^2 = m_0^2 c^2. \tag{7}$$

Das ist die Energiegleichung der Relativitätsmechanik in der Hamiltonschen Form; würde man U daraus berechnen, so gewänne man die Energie als Funktion der Koordinaten, der Zeit und der Impulse. In dieser Gleichung wollen wir nun die oben erläuterten Substitutionen machen, nämlich statt $p_x, \ldots$ die Operatoren $\frac{h}{2\pi i}\frac{\partial}{\partial x}, \ldots$, statt U den Operator

$-\frac{h}{2\pi i}\frac{\partial}{\partial t}$ einführen, nachdem die Quadrate aufgelöst sind. Man erhält dann folgenden Operator:

$$\frac{1}{c^2}\left(\frac{h}{2\pi i}\frac{\partial}{\partial t}+\varepsilon V\right)^2-\sum_{xyz}\left(\frac{h}{2\pi i}\frac{\partial}{\partial x}-\frac{\varepsilon}{c}\mathfrak{A}_x\right)^2-m_0^2 c^2, \tag{8}$$

den wir auf eine Funktion Ψ wirken lassen; das gibt die Differentialgleichung:

$$\frac{1}{c^2}\left(\frac{h}{2\pi i}\frac{\partial}{\partial t}+\varepsilon V\right)^2\Psi-\sum_{xyz}\left(\frac{h}{2\pi i}\frac{\partial}{\partial x}-\frac{\varepsilon}{c}\mathfrak{A}_x\right)^2\Psi-m_0^2 c^2\Psi=0. \tag{9}$$

Bei der Ausführung der Operationen ist es notwendig, die Reihenfolge der Faktoren beizubehalten, wie wir schon bei einer früheren Gelegenheit betont haben; dann gewinnen wir aus der letzten Gleichung die folgende:

$$\begin{aligned}&\frac{1}{c^2}\left[-\frac{h^2}{4\pi^2}\frac{\partial^2}{\partial t^2}+\varepsilon^2 V^2+\frac{\varepsilon h}{2\pi i}V\frac{\partial}{\partial t}+\frac{\varepsilon h}{2\pi i}\frac{\partial}{\partial t}V\right]\Psi\\&-\left[-\frac{h^2}{4\pi^2}\Delta+\frac{\varepsilon^2}{c^2}\mathfrak{A}^2-\frac{\varepsilon h}{2\pi i c}(\mathfrak{A},\operatorname{grad})-\frac{\varepsilon h}{2\pi i c}\operatorname{div}\mathfrak{A}\right]\Psi-m_0^2 c^2\Psi=0.\end{aligned}$$

Umgeordnet lautet dieselbe:

$$\begin{aligned}&\frac{1}{c^2}\frac{\partial^2\Psi}{\partial t^2}-\Delta\Psi+\frac{4\pi\varepsilon i}{h}\left\{\frac{V}{c^2}\frac{\partial\Psi}{\partial t}+\frac{1}{c}(\mathfrak{A},\operatorname{grad}\Psi)\right\}\\&\qquad+\frac{4\pi^2}{h^2}\left\{m_0^2 c^2+\frac{\varepsilon^2}{c^2}(\mathfrak{A}^2-V^2)\right\}\Psi=-\frac{2\pi\varepsilon i}{ch}\left\{\frac{1}{c}\frac{\partial V}{\partial t}+\operatorname{div}\mathfrak{A}\right\}\Psi.\end{aligned}$$

Die rechte Seite verschwindet aber, da gerade die Beziehung

$$\frac{1}{c}\frac{\partial V}{\partial t}+\operatorname{div}\mathfrak{A}=0$$

nach der Elektrodynamik zwischen den beiden Potentialen besteht[1]). Wir erhalten also schließlich die gesuchte Wellengleichung:

$$\left\{\begin{aligned}&\frac{1}{c^2}\frac{\partial^2\Psi}{\partial t^2}-\Delta\Psi+\frac{4\pi\varepsilon i}{h}\left\{\frac{V}{c^2}\frac{\partial\Psi}{\partial t}+\frac{1}{c}(\mathfrak{A},\operatorname{grad}\Psi)\right\}\\&\qquad+\frac{4\pi^2}{h^2}\left\{m_0^2 c^2+\frac{\varepsilon^2}{c^2}(\mathfrak{A}^2-V^2)\right\}\Psi=0.\end{aligned}\right. \tag{10}$$

In dem Spezialfalle, das kein elektromagnetisches Feld vorhanden ist ($\mathfrak{A}=V=0$), erhalten wir aus (10) die einfachere Wellengleichung:

$$\frac{1}{c^2}\frac{\partial^2\Psi}{\partial t^2}-\Delta\Psi+\frac{4\pi^2}{h^2}m_0^2 c^2\Psi=0, \tag{11}$$

---

[1]) Vgl. z. B. Bd. III_1 pag. 315, Gl. (16). Infolge des Bestehens gerade dieser Gleichung wird man bei Ausführung von Gl. (9) schließlich doch unabhängig von der Reihenfolge der Faktoren, wovon man sich leicht überzeugen kann. Für konstante Felder geht sie über in die schon früher (pag. 296) benutzte Gleichung $\operatorname{div}\mathfrak{A}=0$.

die auch für ungeladene Materieteilchen gelten sollte; für Photonen, die die Ruhemasse $m_0 = 0$ haben, geht sie in die gewöhnliche Wellengleichung der Optik über[1]).

Wir wollen diese Gleichungen (10) und (11) nicht weiter behandeln, da sie unmöglich die richtigen sein können, was wir im folgenden darlegen.

Man sieht zunächst, daß sie zweite Ableitungen nach der Zeit enthalten; das ist eine Forderung der Relativitätstheorie, wenn auch zweite Ableitungen nach den Koordinaten vorkommen, wie es tatsächlich der Fall ist; denn die Relativitätstheorie betrachtet ja die Raum- und Zeitkoordinaten als gleichwertig[2]). Das Auftreten der zweiten Ableitung nach der Zeit hat zur Folge, daß durch Angabe von Ψ zur Zeit $t = 0$ der Zustand für spätere Zeiten noch nicht bestimmt ist; es bedürfte vielmehr dazu noch der Vorgabe von $\frac{\partial \Psi}{\partial t}$. In der nichtrelativistischen Schrödinger-Gleichung war dies anders: dort trat nur die erste Ableitung nach der Zeit auf, deshalb war eben $\Psi(xyzt)$ vollkommen bestimmt durch die Angabe von $\Psi(xyzo)$. Wir betrachteten nun $\Psi\overset{*}{\Psi}$ als die Wahrscheinlichkeitsdichte, das Integral $\int \Psi\overset{*}{\Psi}\, d\tau$ also als die Wahrscheinlichkeit, das Teilchen irgendwo in dem durch die Funktion Ψ charakterisierten Zustande vorzufinden. Dieser letztere Ausdruck war in der nichtrelativistischen Theorie zeitlich unveränderlich, wie sich durch eine einfache Anwendung der Differentialgleichung ergab und was natürlich die Voraussetzung für diese Deutung ist. Denn das genannte Integral, das durch geeignete Normierung der Funktion Ψ den Wert 1 hat, stellt ja die Gewißheit dar. Hier dagegen ist das keineswegs der Fall, wovon man sich gleichfalls leicht überzeugt. Will man also die Gleichung (10) oder (11) beibehalten, so muß man den Ausdruck $\Psi\overset{*}{\Psi}$ für die Wahrscheinlichkeitsdichte durch einen andern ersetzen. Das ließe sich in der Tat formal ausführen; aber der neue Ausdruck, der außer von Ψ auch von $\frac{\partial \Psi}{\partial t}$ abhängt, ist nicht notwendig positiv, was die Wahrscheinlichkeitsdichte natürlich stets sein muß. Bei Benutzung der Wellengleichung (10) würden wir also zu einem unbrauchbaren Ausdruck für die Wahrscheinlichkeitsdichte geführt, und damit würde die ganze statistische Deutung der Wellenmechanik, d. h. die einzige zur Zeit durchführbare Auffassung, zu Fall gebracht.

Zu diesem grundsätzlichen Mangel der Gleichung (10) tritt hinzu, daß sie z. B. eine falsche Formel für die Wasserstoff-Feinstruktur liefert und die anomalen Zeeman-Effekte nicht erklären kann, was übrigens Schrödinger selbst erkannt und hervorgehoben hat. Das ist eine Folge

[1]) Damit wollen wir im übrigen keineswegs behaupten, daß der Fall elektromagnetischer Wellen allgemein durch Nullsetzen von m_0 aus den Differentialgleichungen für die Materiewellen zu erhalten wäre; vgl. hierzu die Anm. pag. 456.

[2]) Genauer: Die Größen x, y, z, $i\,c\,t$ bilden die Komponenten eines Vierervektors.

davon, daß sie die Erscheinungen, die wir in der älteren Quantentheorie unter dem Stichwort „Elektronenspin" zusammenfaßten, nicht enthält. Nur eine Folgerung läßt sich aus diesem Tatbestande ziehen, nämlich die, daß Gleichung (10) nicht die richtige relativistische Wellengleichung sein kann, obwohl der Ausgangspunkt — Umdeutung der relativistischen Hamilton-Jacobischen Differentialgleichung — zunächst als einleuchtend und naheliegend erschien.

70. Grundlagen der Theorie von Dirac im feldlosen Falle.

P. A. M. Dirac[1]) hat diese Folgerung gezogen und zugleich eine neue Theorie gegeben, die die Mängel der Schrödinger-Gleichung (10) vermeidet. Sein Ausgangspunkt ist, daß er an der Deutung von $\Psi \overset{*}{\Psi}$ als der Wahrscheinlichkeitsdichte festhält; dann ist die direkte Konsequenz, daß die zu findende relativistisch invariante Gleichung nur erste Ableitungen nach der Zeit enthalten darf. Daraus folgt wiederum auf Grund der Relativitätstheorie, daß auch nur erste Ableitungen nach den Koordinaten x, y, z in ihr auftreten dürfen.

Wie kann man nun aus der Energiegleichung (7) eine solche Gleichung gewinnen?

Wenn man sie nach U auflöst, so nimmt sie folgende Gestalt an — es ist dann die Hamiltonsche Funktion H im eigentlichen Sinne des Wortes —:

$$H = \varepsilon V + \sqrt{m_0^2 c^4 + c^2 \sum_{xyz} \left(p_x - \frac{\varepsilon}{c} \mathfrak{A}_x\right)^2} = U \text{ }^{2)} . \tag{12}$$

Wenn man hier für U den Operator $-\frac{h}{2\pi i}\frac{\partial}{\partial t}$ einführt, so erhält man allerdings nur eine erste Ableitung nach der Zeit. Aber wenn man das gleiche Verfahren an den Impulsen $p_x, \ldots$ unter der Wurzel ausführen wollte, indem man auch hier die Operatoren einführt, so würde man keineswegs erste Ableitungen nach x, y, z bekommen, weil die Wurzel nicht ausgezogen werden kann.

Dirac hat sich nun gefragt, ob wirklich unter keinen Umständen die Wurzel ausgezogen werden könne. Mit Zahlen, die dem gewöhnlichen Zahlbereiche (reell oder komplex) angehören, ist das offenbar nicht möglich. Aber vielleicht mit Zahlen, die nicht dem gewöhnlichen Zahlbereiche angehören, z. B. Matrizen?

Wir wollen Diracs Verfahren, das sich auf diese Überlegung gründet, zuerst an dem einfachen Falle verschwindenden elektromagnetischen Feldes ($\mathfrak{A} = V = 0$) erläutern, in dem Gleichung (12) die einfachere Gestalt hat:

$$H = c\sqrt{m_0^2 c^2 + \sum_{xyz} p_x^2} = U . \tag{13}$$

[1]) P. A. M. Dirac, Proc. Roy. Soc. **117**, pag. 610ff.; **118**, pag. 351ff. 1928.

[2]) Wir sehen hier vorläufig von dem doppelten Vorzeichen der Wurzel ab; die sich daran anknüpfenden Probleme werden in Nr. 76 erörtert.

Wir führen nun mit Dirac vier Größen $\boldsymbol{a}_1$, $\boldsymbol{a}_2$, $\boldsymbol{a}_3$, $\boldsymbol{a}_4$ ein — es wird sich herausstellen, daß es Matrizen sind; deshalb haben wir sie schon mit fetten lateinischen Buchstaben geschrieben —, die der Forderung genügen sollen:

$$H = -c\,[(\boldsymbol{a}_1 p_x + \boldsymbol{a}_2 p_y + \boldsymbol{a}_3 p_z) + \boldsymbol{a}_4 m_0 c] = U\,, \tag{14}$$

und fragen, ob diese Größen $\boldsymbol{a}_i$ sich so bestimmen lassen, daß (14) mit (13) identisch wird. Dann hätten wir tatsächlich die Wurzel in (13) ausgezogen. Wenn wir die eckige Klammer in (14) quadrieren, so soll sie also dem Radikanden von (13) gleich sein:

$$[-(\boldsymbol{a}_1 p_x + \boldsymbol{a}_2 p_y + \boldsymbol{a}_3 p_z) - \boldsymbol{a}_4 m_0 c]^2 = p_x^2 + p_y^2 + p_z^2 + m_0^2 c^2\,.$$

Bei der Ausführung des Quadrates auf der linken Seite ist wieder darauf zu achten, daß die Reihenfolge der Faktoren ungeändert bleibt, soweit Produkte der Größen $\boldsymbol{a}_i$ auftreten; denn da diese sicher keine gewöhnlichen Zahlen sind, müssen wir von vornherein mit der Möglichkeit rechnen, daß das kommutative Gesetz für sie nicht gilt. Man erhält unter Beachtung dieser Vorsicht:

$$\begin{aligned}\boldsymbol{a}_1^2 p_x^2 + \boldsymbol{a}_2^2 p_y^2 + \boldsymbol{a}_3^2 p_z^2 + \boldsymbol{a}_4^2 m_0^2 c^2 + (\boldsymbol{a}_1 \boldsymbol{a}_2 + \boldsymbol{a}_2 \boldsymbol{a}_1)\, p_x p_y + (\boldsymbol{a}_2 \boldsymbol{a}_3\\ + \boldsymbol{a}_3 \boldsymbol{a}_2)\, p_y p_z + (\boldsymbol{a}_3 \boldsymbol{a}_1 + \boldsymbol{a}_1 \boldsymbol{a}_3)\, p_z p_x + (\boldsymbol{a}_1 \boldsymbol{a}_4 + \boldsymbol{a}_4 \boldsymbol{a}_1)\, m_0 c\, p_x\\ + (\boldsymbol{a}_2 \boldsymbol{a}_4 + \boldsymbol{a}_4 \boldsymbol{a}_2)\, m_0 c\, p_y + (\boldsymbol{a}_3 \boldsymbol{a}_4 + \boldsymbol{a}_4 \boldsymbol{a}_3)\, m_0 c\, p_z\\ = p_x^2 + p_y^2 + p_z^2 + m_0^2 c^2\,.\end{aligned}$$

Damit beide Seiten einander gleich werden, müssen die zu gleichen Potenzen von $p_x, \ldots$ gehörenden Koeffizienten links und rechts gleich sein; das liefert für die $\boldsymbol{a}_i$ die Bedingungen:

$$\left\{\begin{aligned}&\boldsymbol{a}_i^2 = 1; \quad (i = 1, 2, 3, 4)\,,\\ &\boldsymbol{a}_i \boldsymbol{a}_k + \boldsymbol{a}_k \boldsymbol{a}_i = 0; \quad (i, k = 1, 2, 3, 4; \quad i \neq k)\,.\end{aligned}\right. \tag{15}$$

In der Tat zeigt also die zweite Gleichung (15), daß das kommutative Gesetz für die $\boldsymbol{a}_i$ nicht erfüllt ist: Die vier Größen $\boldsymbol{a}_i$ sind Matrizen, von denen wir gleichzeitig noch voraussetzen wollen, daß sie hermitisch sind. Es handelt sich jetzt darum, ihren Rang zu bestimmen, d. h. festzulegen, aus wieviel Reihen und Spalten sie bestehen; man wird natürlich diese Zahl so klein als möglich machen, damit die Bedingungen (15) eben noch erfüllt werden. Dirac hat gezeigt, daß man mindestens vierreihige hermitische Matrizen annehmen muß; mit zwei- oder dreireihigen sind die Bedingungen (15) für vier Größen $\boldsymbol{a}_i$ nicht erfüllbar. Da das Quadrat einer Matrix wieder eine Matrix ist, so sagt die erste Gleichung (15) offenbar aus, daß die Quadrate unserer vierreihigen Matrizen sämtlich Einheitsmatrizen sind. Wir geben gleich die von Dirac angegebenen Matrizen an (bei deren Wahl man im übrigen noch eine ziemliche Freiheit besitzt); man kann an ihnen die Gültigkeit von (15) leicht bestätigen:

$$(16)\quad \left\{\begin{aligned} \boldsymbol{a}_1 &= \begin{pmatrix} 0 & 0 & 0 & 1 \\ 0 & 0 & 1 & 0 \\ 0 & 1 & 0 & 0 \\ 1 & 0 & 0 & 0 \end{pmatrix}; \quad \boldsymbol{a}_2 = \begin{pmatrix} 0 & 0 & 0 & -i \\ 0 & 0 & +i & 0 \\ 0 & -i & 0 & 0 \\ +i & 0 & 0 & 0 \end{pmatrix}; \\ \boldsymbol{a}_3 &= \begin{pmatrix} 0 & 0 & 1 & 0 \\ 0 & 0 & 0 & -1 \\ 1 & 0 & 0 & 0 \\ 0 & -1 & 0 & 0 \end{pmatrix}; \quad \boldsymbol{a}_4 = \begin{pmatrix} 1 & 0 & 0 & 0 \\ 0 & 1 & 0 & 0 \\ 0 & 0 & -1 & 0 \\ 0 & 0 & 0 & -1 \end{pmatrix}. \end{aligned}\right.$$

Indem wir die Multiplikationsregeln der Matrizen, Gleichung (126) des VIII. Kapitels auf pag. 397, anwenden, wollen wir etwa das Quadrat $\boldsymbol{a}_2^2$ ausführen. Das Matrixelement $(a_2^2)_{11} = \sum_k^{1,4} a_2^{k1}\, a_2^{1k} = -\,i^2 = +\,1$; ebenso ergeben sich die Elemente $(a_2^2)_{22}$, $(a_2^2)_{33}$, $(a_2^2)_{44}$ gleich 1, alle übrigen gleich 0, also in der Tat

$$\boldsymbol{a}_2^2 = \begin{pmatrix} 1 & 0 & 0 & 0 \\ 0 & 1 & 0 & 0 \\ 0 & 0 & 1 & 0 \\ 0 & 0 & 0 & 1 \end{pmatrix},$$

d. h. eine Einheitsmatrix. Ebenso zeigt man die Gültigkeit der zweiten Gleichung (15).

Wir können also sagen, daß wir in (14) die „linearisierte" Hamilton-Jacobische Differentialgleichung der Relativitätstheorie vor uns haben. Ersetzen wir in ihr $p_x, \ldots$ durch die Operatoren $\frac{h}{2\pi i}\,\frac{\partial}{\partial x}, \ldots$, ferner U durch $-\,\frac{h}{2\pi i}\,\frac{\partial}{\partial t}$, und lassen wir das Ganze auf eine Funktion Ψ wirken, so erhalten wir:

$$\left[\frac{h}{2\pi i}\left\{\boldsymbol{a}_1\frac{\partial}{\partial x} + \boldsymbol{a}_2\frac{\partial}{\partial y} + \boldsymbol{a}_3\frac{\partial}{\partial z} - \frac{1}{c}\,\frac{\partial}{\partial t}\right\} + \boldsymbol{a}_4\, m_0\, c\right], \Psi = 0\,,$$

oder:

$$(17)\quad \frac{h}{2\pi i}\left\{\boldsymbol{a}_1\frac{\partial\Psi}{\partial x} + \boldsymbol{a}_2\frac{\partial\Psi}{\partial y} + \boldsymbol{a}_3\frac{\partial\Psi}{\partial z} - \frac{1}{c}\,\frac{\partial\Psi}{\partial t}\right\} + m_0\, c\, \boldsymbol{a}_4\, \Psi = 0\,.$$

Dies ist die von Dirac vorgeschlagene Gleichung, oder vielmehr, es sind vier Gleichungen, wie wir jetzt zeigen werden. Wir müssen uns nämlich fragen, was die „Produkte" von der Art $\boldsymbol{a}_4\Psi$ oder $\boldsymbol{a}_1\frac{\partial\Psi}{\partial x}$ bedeuten, da die $\boldsymbol{a}_i$ keine gewöhnlichen Zahlen, sondern Matrizen sind. In Analogie zu Gleichung (119) des VIII. Kapitels auf pag. 396 verstehen wir unter der Operation $\boldsymbol{a}\,\Psi_i$ den Ausdruck:

$$(18)\quad \boldsymbol{a}\,\Psi_i = \sum_k a_{ik}\,\Psi_k\,.$$

Bei uns laufen die Indices i und k von 1 bis 4, da die $\boldsymbol{a}_i$ vom Range 4 sind; es muß also auch vier Funktionen Ψ_i bzw. Ψ_k ($i, k = 1, 2, 3, 4$)

geben, damit die genannten „Produkte“ einen Sinn haben[1]). Ausführlich lautet bei uns die Gleichung (18):

$$\boldsymbol{a}\,\Psi_i = a_{i1}\,\Psi_1 + a_{i2}\,\Psi_2 + a_{i3}\,\Psi_3 + a_{i4}\,\Psi_4; \quad (i = 1,\,2,\,3,\,4)\,. \tag{18a}$$

Wir werden also statt der Gleichung (17) die vier Gleichungen schreiben:

$$\left\{\frac{h}{2\pi i}\left(\boldsymbol{a}_1\frac{\partial}{\partial x}+\boldsymbol{a}_2\frac{\partial}{\partial y}+\boldsymbol{a}_3\frac{\partial}{\partial z}-\frac{1}{c}\,\frac{\partial}{\partial t}\right)+m_0\,c\,\boldsymbol{a}_4\right\},\ \Psi_i=0;\ (i=1,2,3,4)\,. \tag{19}$$

Einige Beispiele der auftretenden „Produkte“ wollen wir zur Einführung des Lesers ausrechnen, z. B. $\boldsymbol{a}_4\,\Psi_1$. Nach (18a) ist dies:

$$\boldsymbol{a}_4\,\Psi_1 = a_4^{11}\,\Psi_1 + a_4^{12}\,\Psi_2 + a_4^{13}\,\Psi_3 + a_4^{14}\,\Psi_4\,,$$

und wenn wir nach (16) die Matrixelemente a_4^{1k} von $\boldsymbol{a}_4$ benutzen:

$$\boldsymbol{a}_4\,\Psi_1 = \Psi_1\,. \tag{20a}$$

Ebenso folgt:

$$\boldsymbol{a}_4\,\Psi_2 = a_4^{21}\,\Psi_1 + a_4^{22}\,\Psi_2 + a_4^{23}\,\Psi_3 + a_4^{24}\,\Psi_4\,,$$

und mit Benutzung von (16):

$$\boldsymbol{a}_4\,\Psi_2 = \Psi_2\,. \tag{20b}$$

Etwas anderes erhalten wir bei Berechnung von $\boldsymbol{a}_4\,\Psi_3$. Das ist:

$$\boldsymbol{a}_4\,\Psi_3 = a_4^{31}\,\Psi_1 + a_4^{32}\,\Psi_2 + a_4^{33}\,\Psi_3 + a_4^{34}\,\Psi_4\,,$$

also nach (16):

$$\boldsymbol{a}_4\,\Psi_3 = -\,\Psi_3\,, \tag{20c}$$

und ebenso folgt:

$$\boldsymbol{a}_4\,\Psi_4 = -\,\Psi_4\,. \tag{20d}$$

Wir wollen als weiteres Beispiel etwa noch $\boldsymbol{a}_1\,\frac{\partial \Psi_i}{\partial x}$ $(i = 1,\,2,\,3,\,4)$ angeben. Dafür findet man auf dieselbe Weise:

$$\boldsymbol{a}_1\frac{\partial \Psi_1}{\partial x}=\frac{\partial \Psi_4}{\partial x};\quad \boldsymbol{a}_1\frac{\partial \Psi_2}{\partial x}=\frac{\partial \Psi_3}{\partial x};\quad \boldsymbol{a}_1\frac{\partial \Psi_3}{\partial x}=\frac{\partial \Psi_2}{\partial x};\quad \boldsymbol{a}_1\frac{\partial \Psi_4}{\partial x}=\frac{\partial \Psi_1}{\partial x}\,. \tag{21}$$

Man erkennt aus den obigen Beispielen, daß „Multiplikation“ einer Wellenfunktion Ψ_i mit einer der Matrizen $\boldsymbol{a}_k$ dieselben untereinander vertauscht; z. B. gehen nach (21) nach „Multiplikation“ mit $\boldsymbol{a}_1$ die Funktionen Ψ_1, Ψ_2, Ψ_3, Ψ_4 über in Ψ_4, Ψ_3, Ψ_2, Ψ_1; entsprechendes zeigt Gleichung (20) für die „Multiplikation“ mit $\boldsymbol{a}_4$. Diesen Sachverhalt kann man auch anders ausdrücken: Statt vier Funktionen Ψ_1 bis Ψ_4 zu nehmen, die von x, y, z, t abhängen, kann man auch eine Funktion Ψ benutzen, die außer von den genannten Variabeln noch von einer weiteren (ζ) abhängt, die nur gewisser (hier vier) diskreter Werte fähig ist; man nennt diese Variable ζ häufig die „Spinvariable“. Es ist ja klar, daß eine Funktion, die von einer solchen nur unstetig veränderlichen Variabeln

[1]) Man nennt daher zuweilen Ψ in übertragenem Sinne einen „Vektor“, die Größen Ψ_1, Ψ_2, Ψ_3, Ψ_4 seine Komponenten, obwohl sie andere Transformationseigenschaften als ein echter Vektor besitzen.

abhängt, die lediglich vier bestimmte Werte annehmen kann, gleichwertig mit vier Funktionen ist, in denen diese Variable je einen der vier möglichen Werte besitzt. Da nun „Multiplikation" mit $\boldsymbol{\alpha}_k$ die Funktionen Ψ_i untereinander vertauscht, kann man sagen, die Operatoren $\boldsymbol{\alpha}_k$ wirkten nicht auf x, y, z, t, sondern lediglich auf ζ ein, indem sie statt eines gerade vorhandenen Wertes einen der anderen möglichen hervorbringen. In diesem Sinne ist die in der Literatur gebräuchliche Ausdrucksweise zu verstehen, die $\boldsymbol{\alpha}_k$ wirkten nur auf die Spinvariable ζ ein. Praktisch hat das Rechnen mit vier Funktionen erhebliche Vorzüge, während die Benutzung einer Funktion $\Psi(x, y, z, \zeta, t)$ an sich das Naheliegende wäre und auch theoretisch manchmal durchsichtiger ist. Man vergleiche hierzu übrigens Anmerkung 2 auf pag. 328. Hat man alle auftretenden „Produkte" bestimmt, so gewinnt man das folgende System von vier simultanen Differentialgleichungen:

$$(22)\quad \left\{\begin{aligned}
&-\frac{h}{2\pi i c}\frac{\partial \Psi_1}{\partial t} + m_0 c\,\Psi_1 + \frac{h}{2\pi i}\left(\frac{\partial \Psi_4}{\partial x} - i\frac{\partial \Psi_4}{\partial y} + \frac{\partial \Psi_3}{\partial z}\right) = 0\,,\\
&-\frac{h}{2\pi i c}\frac{\partial \Psi_2}{\partial t} + m_0 c\,\Psi_2 + \frac{h}{2\pi i}\left(\frac{\partial \Psi_3}{\partial x} + i\frac{\partial \Psi_3}{\partial y} - \frac{\partial \Psi_4}{\partial z}\right) = 0\,,\\
&-\frac{h}{2\pi i c}\frac{\partial \Psi_3}{\partial t} - m_0 c\,\Psi_3 + \frac{h}{2\pi i}\left(\frac{\partial \Psi_2}{\partial x} - i\frac{\partial \Psi_2}{\partial y} + \frac{\partial \Psi_1}{\partial z}\right) = 0\,,\\
&-\frac{h}{2\pi i c}\frac{\partial \Psi_4}{\partial t} - m_0 c\,\Psi_4 + \frac{h}{2\pi i}\left(\frac{\partial \Psi_1}{\partial x} + i\frac{\partial \Psi_1}{\partial y} - \frac{\partial \Psi_2}{\partial z}\right) = 0\,.
\end{aligned}\right.$$

Bequemer lassen sie sich schreiben, wenn wir die folgenden Operatoren benutzen:

$$(23)\quad p_1 = \frac{h}{2\pi i}\frac{\partial}{\partial x};\; p_2 = \frac{h}{2\pi i}\frac{\partial}{\partial y};\; p_3 = \frac{h}{2\pi i}\frac{\partial}{\partial z};\; p_4 = -\frac{h}{2\pi i c}\frac{\partial}{\partial t}\,.$$

Dann wird aus (22):

$$(24)\quad \left\{\begin{aligned}
&(p_4 + m_0 c)\,,\ \Psi_1 + (p_1 - i\,p_2)\,,\ \Psi_4 + p_3\,,\ \Psi_3 = 0\,,\\
&(p_4 + m_0 c)\,,\ \Psi_2 + (p_1 + i\,p_2)\,,\ \Psi_3 - p_3\,,\ \Psi_4 = 0\,,\\
&(p_4 - m_0 c)\,,\ \Psi_3 + (p_1 - i\,p_2)\,,\ \Psi_2 + p_3\,,\ \Psi_1 = 0\,,\\
&(p_4 - m_0 c)\,,\ \Psi_4 + (p_1 + i\,p_2)\,,\ \Psi_1 - p_3\,,\ \Psi_2 = 0\,.
\end{aligned}\right.$$

In diesen Gleichungen (23) und (24) treten die Operatoren $p_1, \ldots p_4$ in verschiedener Weise auf; man sieht, daß p_3 in gewisser Weise hervorgehoben ist, indem es allein auftritt, während p_1 und p_2 miteinander und p_4 mit $m_0 c$ kombiniert erscheinen. Da $p_3 = \frac{h}{2\pi i}\frac{\partial}{\partial z}$ ist, kann man auch sagen, daß die z-Achse in (24) bevorzugt ist. Das liegt ausschließlich an der speziellen Wahl der Matrizen $\boldsymbol{\alpha}_i$ nach (16), die, wie wir schon hervorgehoben, bis zu einem gewissen Grade willkürlich ist[1]); durch geeignete Transformation kann man (16) und (24) auf andere Koordinatensysteme umrechnen, worauf wir aber hier nicht näher eingehen wollen. Physikalisch

[1]) Die Gleichungen (19), die die allgemeinen $\boldsymbol{\alpha}_i$ enthalten, sind daher nicht auf ein bestimmtes Koordinatensystem spezialisiert.

gesprochen heißt die Bevorzugung der z-Achse natürlich, daß der Raum (z. B. durch ein parallel z wirkendes magnetisches oder elektrisches Feld) mit einer Vorzugsrichtung ausgestattet gedacht wird. Wenn wir also etwa (24) zur Untersuchung des Zeeman-Effektes benutzen wollen, müssen wir das wirkende Magnetfeld in die z-Achse legen.

Die Gleichungen (24) sind nun in der Tat invariant gegen eine Lorentz-Transformation; wir verzichten auf den ausführlichen Nachweis, da es nach der Herleitung derselben aus der relativistisch invarianten Hamilton-Jacobischen Differentialgleichung (7) ohnehin wahrscheinlich ist. Jedenfalls betrachtet Dirac sie als die wirklichen Ausgangsgleichungen für ein kräftefreies Masseteilchen ($V = \mathfrak{A} = 0$); von ihnen gelangt man durch einen Eliminationsprozeß zur Wellengleichung (11) zurück. Wir wollen dies direkt verifizieren. Schreibt man die Gleichungen (24) in folgender Form:

$$(25)\quad \left\{\begin{array}{l} (p_4+m_0 c),\Psi_1 + 0,\Psi_2 + p_3,\Psi_3 + (p_1 - i p_2),\Psi_4 = 0, \quad \Big|\; p_3 \\ 0,\Psi_1 + (p_4+m_0 c),\Psi_2 + (p_1+i p_2),\Psi_3 - p_3,\Psi_4 = 0, \quad \Big|\; p_1 - i p_2 \\ p_3,\Psi_1 + (p_1 - i p_2),\Psi_2 + (p_4 - m_0 c),\Psi_3 + 0,\Psi_4 = 0, \\ (p_1 + i p_2),\Psi_1 - p_3,\Psi_2 + 0,\Psi_3 + (p_4 - m_0 c),\Psi_4 = 0, \end{array}\right.$$

so bemerkt man, daß die Operatoren p_1 bis p_4, die ja Differentiationen darstellen, offenbar das kommutative Gesetz befolgen, d. h. $p_i\, p_k = p_k\, p_i$. Man kann daher die Ausdrücke p_i, Ψ_k als gewöhnliche Produkte behandeln und die Gleichungen (25) als ein System linearer algebraischer Gleichungen für die Ψ_i betrachten. Wir wollen etwa Ψ_3 „berechnen", d. h. Ψ_1, Ψ_2, Ψ_4 eliminieren. Zu dem Zwecke erweitern wir, wie in (25) angedeutet, die beiden ersten Gleichungen mit p_3 und $(p_1 - i\,p_2)$. Das liefert

$$(26)\quad \left\{\begin{array}{l} p_3\,(p_4 + m_0\,c)\,\Psi_1 + p_3^2\;\Psi_3 + p_3\,(p_1 - i\,p_2)\,\Psi_4 = 0\,, \\ (p_1 - i\,p_2)\,(p_4 + m_0\,c)\,\Psi_2 + (p_1^2 + p_2^2)\,\Psi_3 - (p_1 - i\,p_2)\,p_3\,\Psi_4 = 0\,. \end{array}\right.$$

Addition ergibt:

$$(27)\quad p_3\,(p_4 + m_0\,c)\,\Psi_1 + (p_1 - i\,p_2)\,(p_4 + m_0\,c)\,\Psi_2 + (p_1^2 + p_2^2 + p_3^2)\,\Psi_3 = 0\,.$$

In dieser Gleichung ist Ψ_4 schon eliminiert; jetzt kombinieren wir sie mit der 3. Gleichung (25), die gleichfalls Ψ_4 nicht enthält, nachdem wir sie mit $(p_4 + m_0\,c)$ erweitert haben:

$$(28)\quad p_3\,(p_4 + m_0\,c)\,\Psi_1 + (p_1 - i\,p_2)\,(p_4 + m_0\,c)\,\Psi_2 + (p_4^2 - m_0^2\,c^2)\,\Psi_3 = 0\,.$$

Subtraktion von (27) und (28) liefert nun sofort:

$$(29)\qquad (p_1^2 + p_2^2 + p_3^2 - p_4^2 + m_0^2\,c^2)\,\Psi_3 = 0\,.$$

Das ist aber nichts anderes als die Wellengleichung (11) für die Funktion Ψ_3[1]); denn durch Ausführung der geforderten Operationen nach (23) folgt:

---

[1]) Man kann dies auch so zeigen: Damit das homogene Gleichungssystem (25) auflösbar sein soll, muß die Determinante verschwinden. Die Ausrechnung ergibt:

$$p_1^2 + p_2^2 + p_3^2 - p_4^2 + m_0^2\,c^2 = 0\,,$$

(29a) $$\frac{1}{c^2}\frac{\partial^2 \Psi_3}{\partial t^2} - \Delta \Psi_3 + \frac{4\pi^2 m_0^2 c^2}{h^2} \Psi_3 = 0;$$

zu der nämlichen Gleichung gelangt man auch für die übrigen Wellenfunktionen Ψ_1, Ψ_2, Ψ_4.

Danach bestimmt sich nun das Verhältnis der Diracschen Gleichungen (24) zur Schrödinger-Gleichung (11): Man gelangt von den ersteren durch einen Eliminationsprozeß, wobei zweite Ableitungen nach der Zeit und den Koordinaten auftreten für sämtliche vier Funktionen Ψ_i zur relativistischen Schrödinger-Gleichung. Daß diese dennoch nicht zu richtigen bzw. ausreichenden Ergebnissen führt, beruht demnach im Falle der kräftefreien Bewegung im wesentlichen darauf, daß Schrödinger nur eine Wellenfunktion benutzt, und das ist nicht umfassend genug; nach Dirac braucht man vier relativistische Schrödinger-Gleichungen für vier Funktionen Ψ_1 bis Ψ_4, die durch die Gleichungen (22) miteinander verknüpft sind.

Die Beziehung der Schrödinger-Gleichung (11) zu den Diracschen (24) ist daher hier analog, wie das der gewöhnlichen Wellengleichung der Optik für die elektrischen und magnetischen Feldstärken zu den primären Maxwellschen Gleichungen. Auch letztere sind von erster Ordnung in bezug auf Raum und Zeit, während die Wellengleichung in beiden von zweiter Ordnung ist; auch in der Elektrodynamik gewinnt man die Wellengleichung durch einen Eliminationsprozeß aus den Maxwellschen Gleichungen, wobei die Ordnung der Differentialgleichung von 1 auf 2 heraufgeht. Die analytische Gestalt der Schrödinger-Gleichung (11) (im feldfreien Falle!) ist also nach Dirac an sich schon richtig; denn auch die Diracschen Gleichungen führen auf sie, aber sie ist nur als abgeleitete Gleichung, nicht als Ausgangsgleichung brauchbar, und außerdem ist sie nicht ausreichend, da es vier Gleichungen sein müssen.

Man kann den Diracschen Gedankengang in gewisser Weise einer Probe unterwerfen, indem man versucht, aus der gewöhnlichen Wellengleichung nach dem Diracschen Verfahren die Maxwellschen Gleichungen herzuleiten. Aus (11) geht die gewöhnliche Wellengleichung formal hervor, wenn wir $m_0 = 0$ setzen. Die zugehörigen Dirac-Gleichungen haben wir in expliziter Schreibweise in (22) vor uns, wenn auch in ihnen $m_0 = 0$ gesetzt wird. Das liefert folgendes System:

(30) $$\left\{\begin{aligned} -\frac{1}{c}\frac{\partial \Psi_1}{\partial t} + \frac{\partial \Psi_4}{\partial x} - i\frac{\partial \Psi_4}{\partial y} + \frac{\partial \Psi_3}{\partial z} &= 0, \\ -\frac{1}{c}\frac{\partial \Psi_2}{\partial t} + \frac{\partial \Psi_3}{\partial x} + i\frac{\partial \Psi_3}{\partial y} - \frac{\partial \Psi_4}{\partial z} &= 0, \\ -\frac{1}{c}\frac{\partial \Psi_3}{\partial t} + \frac{\partial \Psi_2}{\partial x} - i\frac{\partial \Psi_2}{\partial y} + \frac{\partial \Psi_1}{\partial z} &= 0, \\ -\frac{1}{c}\frac{\partial \Psi_4}{\partial t} + \frac{\partial \Psi_1}{\partial x} + i\frac{\partial \Psi_1}{\partial y} - \frac{\partial \Psi_2}{\partial z} &= 0. \end{aligned}\right.$$

d. h. dieser Ausdruck, als Operator auf eine Funktion wirkend, muß Null ergeben; das ist aber wieder die Wellengleichung (11), die somit als Bedingung für die Verträglichkeit der Gleichungen (25) fungiert.

Das sind schon die Maxwellschen Gleichungen, die freilich in einem fremdartigen Gewande auftreten. Um dies einzusehen, setze man:

$$(31) \quad \psi_1 = + i\,\mathfrak{E}_z; \quad \psi_2 = + i\,\mathfrak{E}_x - \mathfrak{E}_y; \quad \psi_3 = \mathfrak{H}_z; \quad \psi_4 = \mathfrak{H}_x + i\,\mathfrak{H}_y .$$

Macht man diese Substitution z. B. in der ersten Gleichung (30), so folgt:

$$-\frac{i}{c}\frac{\partial \mathfrak{E}_z}{\partial t} + \frac{\partial \mathfrak{H}_x}{\partial x} + i\frac{\partial \mathfrak{H}_y}{\partial x} - i\left(\frac{\partial \mathfrak{H}_x}{\partial y} + i\frac{\partial \mathfrak{H}_y}{\partial y}\right) + \frac{\partial \mathfrak{H}_z}{\partial z} = 0,$$

und Trennung des Reellen vom Imaginären gibt dann:

$$\frac{1}{c}\frac{\partial \mathfrak{E}_z}{\partial t} = \frac{\partial \mathfrak{H}_y}{\partial x} - \frac{\partial \mathfrak{H}_x}{\partial y} = \mathrm{rot}_z \mathfrak{H},$$

$$\frac{\partial \mathfrak{H}_x}{\partial x} + \frac{\partial \mathfrak{H}_y}{\partial y} + \frac{\partial \mathfrak{H}_z}{\partial z} = \mathrm{div}\,\mathfrak{H} = 0 .$$

Wir erhalten also eine der Gleichungen des ersten Maxwellschen Tripels und eine der beiden Divergenzgleichungen; die noch fehlenden Gleichungen Maxwells werden durch den Rest des Systems (30) geliefert. Das Diracsche Verfahren führt also wirklich von der gewöhnlichen Wellengleichung der Optik zu den Maxwellschen Gleichungen zurück[1]).

Bei diesem Vergleich tritt auch deutlich zutage, daß das Diracsche Verfahren natürlich nicht eindeutig sein kann. Die Aufgabe ist ja analog der folgenden: Gesetzt, es sei von der Elektrodynamik nur bekannt die Wellengleichung für die elektrischen und magnetischen Vektoren; verlangt wird, daraus die vollständigen Gleichungen der Elektrodynamik zu finden, von denen man im wesentlichen nur den Anhaltspunkt hat, daß sie Differentialgleichungen 1. Ordnung sein müssen. Solche Gleichungen zu finden, ist auf unendlich viele Arten möglich, — nur werden es nicht gerade die Maxwellschen sein, die man auf diese Weise erhält. Daher ist mit den obigen Betrachtungen in keiner Weise gesagt, daß die nun gewonnenen Gleichungen (24) von Dirac brauchbar seien: Sie müssen sich selbstverständlich an der Erfahrung bewähren, wie jede Theorie. Aber der zugrunde liegende Gedanke ist einfach und natürlich,

[1]) Man muß sich aber vor Überschätzung dieses Ergebnisses hüten. Denn die Beziehung zwischen Materiewellen und elektromagnetischen Wellen ist nicht so eng — oder vielleicht besser gesagt, bisher noch nicht so vollkommen durchschaut —, wie man das zu Beginn der Wellenmechanik hoffte (vgl. z. B. die Ausführungen in Nr. 58, pag. 375/76). Wenn man z. B. die Substitution (31) in den später abzuleitenden Diracschen Gleichungen (58) für den Fall wirkender Kräfte, aber auch mit $m_0 = 0$ macht, bekommt man absolut unbrauchbare Ergänzungsglieder zu den Maxwellschen Gleichungen. Die Herleitung der Maxwellschen Gleichungen aus den Diracschen im feldfreien Falle ist daher wohl mehr ein mathematischer Zufall. — Man vergleiche hierzu die Abhandlung von L. de Broglie: Une nouvelle conception de la lumière (Actualités scientifiques et industrielles, No. 181, Paris 1934), in deren Einleitung er eine prägnante Schilderung des augenblicklichen Standes des Problems gibt. De Broglie bekennt sich ausdrücklich zu der Überzeugung von einem engen Zusammenhange zwischen Photonen und Korpuskeln, betont aber anderseits, daß er nicht derart ist, daß man in den Gleichungen, die das Verhalten materieller Teilchen beschreiben, einfach $m_0 = 0$ zu setzen habe, um Aufschluß über das Verhalten von Photonen zu bekommen — vollkommen in Übereinstimmung mit dem hier Gesagten.

so daß man immerhin einige Hoffnung in dieser Richtung haben kann[1]). Tatsächlich ist der in den Diracschen Gleichungen enthaltene Fortschritt gegenüber der relativistischen Schrödinger-Gleichung sehr erheblich, wie im folgenden zu zeigen sein wird. Er zeigt sich übrigens nicht nur dann, wenn man relativistisch rechnet, sondern auch bei Zugrundelegung der Newtonschen Näherung: Auch dann ist natürlich die Schrödinger-Gleichung durch vier Gleichungen erster Ordnung zu ersetzen. Dies ist ein Punkt, der später noch klarer hervortreten wird.

Zunächst wird zu zeigen sein, daß nunmehr die statistische Betrachtung durchführbar ist. Da wir es hier mit vier Wellenfunktionen Ψ_i zu tun haben, so werden wir

$$(\Psi_1 \overset{*}{\Psi}_1 + \Psi_2 \overset{*}{\Psi}_2 + \Psi_3 \overset{*}{\Psi}_3 + \Psi_4 \overset{*}{\Psi}_4)\, d\tau \tag{32}$$

als die Wahrscheinlichkeit dafür zu betrachten haben, daß das Teilchen in dem durch die vier Funktionen Ψ_i charakterisierten Zustande sich im Volumelement $d\tau$ des Konfigurationsraumes befindet. Das setzt voraus, daß das Integral $\int \sum_i^{1,4} \Psi_i \overset{*}{\Psi}_i \, d\tau$ zeitlich konstant ist und auf 1 normiert werden kann. Unter der auch früher gemachten Voraussetzung, daß die Wellenfunktionen im Unendlichen hinreichend stark abfallen, läßt sich dies in der Tat leicht aus den Gleichungen (24) bzw. aus den ausführlicher geschriebenen (22) beweisen. Wir fügen zu jeder von diesen die für die konjugiert komplexe Funktion $\overset{*}{\Psi}_i$ geltende hinzu und erhalten:

$$(33) \left\{ \begin{aligned} & -\frac{1}{c}\frac{\partial \Psi_1}{\partial t} + \frac{\partial \Psi_4}{\partial x} - i\frac{\partial \Psi_4}{\partial y} + \frac{\partial \Psi_3}{\partial z} + \frac{2\pi i m_0 c}{h}\Psi_1 = 0\,, \quad \Big|\ \overset{*}{\Psi}_1 \\ & -\frac{1}{c}\frac{\partial \overset{*}{\Psi}_1}{\partial t} + \frac{\partial \overset{*}{\Psi}_4}{\partial x} + i\frac{\partial \overset{*}{\Psi}_4}{\partial y} + \frac{\partial \overset{*}{\Psi}_3}{\partial z} - \frac{2\pi i m_0 c}{h}\overset{*}{\Psi}_1 = 0 \quad \Big|\ \Psi_1 \\ & \qquad\qquad \text{und sechs entsprechende.} \end{aligned} \right.$$

Erweitern wir diese in der angedeuteten Weise mit $\overset{*}{\Psi}_1, \Psi_1, \ldots \overset{*}{\Psi}_4, \Psi_4$ und addieren sie, so folgt durch geeignete Zusammenfassung:

$$(34) \left\{ \begin{aligned} \frac{\partial}{\partial t}\sum_i^{1,4} \Psi_i \overset{*}{\Psi}_i = {} & c\frac{\partial}{\partial x}(\ \ \Psi_1 \overset{*}{\Psi}_4 + \overset{*}{\Psi}_1 \Psi_4 + \Psi_2 \overset{*}{\Psi}_3 + \overset{*}{\Psi}_2 \Psi_3) \\ & - ic\frac{\partial}{\partial y}(-\Psi_1 \overset{*}{\Psi}_4 + \overset{*}{\Psi}_1 \Psi_4 + \Psi_2 \overset{*}{\Psi}_3 - \overset{*}{\Psi}_2 \Psi_3) \\ & + c\frac{\partial}{\partial z}(\ \ \Psi_1 \overset{*}{\Psi}_3 + \overset{*}{\Psi}_1 \Psi_3 - \Psi_2 \overset{*}{\Psi}_4 - \overset{*}{\Psi}_2 \Psi_4). \end{aligned} \right.$$

---

[1]) Folgende Feststellung verdient der Vergessenheit entrissen zu werden: Bereits G. Jaumann hat als heuristisches Prinzip die Forderung aufgestellt, alle Differentialgleichungen der Physik müßten solche erster Ordnung in bezug auf Raum und Zeit sein. Ich zitiere z. B. aus seiner 1918 erschienenen Arbeit „Physik der kontinuierlichen Medien" (Denkschriften der Wiener Akademie, math. naturw. Kl. Bd. **95**): „. . ., so daß es als eines der vornehmsten heuristischen Mittel der theoretischen Forschung erscheint, phänomenalistisch verifizierte Differentialgesetze höherer Ordnung (z. B. das Fouriersche Wärmeleitungsgesetz) in Differentialgesetze erster Ordnung zu zerlegen, was zur Entdeckung neuer physikalischer Variabeln führt."

Integriert man diese Gleichung über den ganzen Konfigurationenraum, so können durch Anwendung des Greenschen Satzes die drei Volumintegrale rechts in Oberflächenintegrale über die unendlich ferne Oberfläche verwandelt werden; diese verschwinden wegen der Voraussetzung über das Verhalten der Ψ_i im Unendlichen. Folglich bleibt:

$$\frac{\partial}{\partial t}\int \sum_i^{1,4} \Psi_i \overset{*}{\Psi}_i \, d\tau = 0,$$

womit wir die alte Grundlage für die statistische Deutung wieder gewonnen haben. Zur Normierung setzen wir ferner fest:

$$\int \sum_i^{1,4} \Psi_i \overset{*}{\Psi}_i \, d\tau = 1 \text{[1]}. \tag{35}$$

Gleichzeitig liefert uns (34) Ausdrücke für die Wahrscheinlichkeitsdichte ϱ und die Stromdichte $\mathfrak{j}$ des Wahrscheinlichkeitsstromes. Setzen wir nämlich:

$$\varrho = \Psi_1 \overset{*}{\Psi}_1 + \Psi_2 \overset{*}{\Psi}_2 + \Psi_3 \overset{*}{\Psi}_3 + \Psi_4 \overset{*}{\Psi}_4 \,, \tag{36}$$

$$\left\{\begin{aligned} \mathfrak{j}_x &= -c\,\{\ \ \overset{*}{\Psi}_1 \Psi_4 + \overset{*}{\Psi}_2 \Psi_3 + \overset{*}{\Psi}_3 \Psi_2 + \overset{*}{\Psi}_4 \Psi_1\}\,, \\ \mathfrak{j}_y &= -i c\{-\overset{*}{\Psi}_1 \Psi_4 + \overset{*}{\Psi}_2 \Psi_3 - \overset{*}{\Psi}_3 \Psi_2 + \overset{*}{\Psi}_4 \Psi_1\}\,, \\ \mathfrak{j}_z &= -c\,\{\ \ \overset{*}{\Psi}_1 \Psi_3 - \overset{*}{\Psi}_2 \Psi_4 + \overset{*}{\Psi}_3 \Psi_1 - \overset{*}{\Psi}_4 \Psi_2\}\,, \end{aligned}\right. \tag{37}$$

so hat (34) die Form der Kontinuitätsgleichung:

$$\frac{\partial \varrho}{\partial t} + \operatorname{div} \mathfrak{j} = 0\,. \tag{38}$$

Es wird dem Leser auffallen, daß wir in Gleichung (37) die $\Psi_i \overset{*}{\Psi}_k$-Produkte in anderer Reihenfolge geschrieben haben, als sie in (34) stehen. Das hat folgenden Grund: Wenn man die drei Matrizen $\boldsymbol{\alpha}_1$, $\boldsymbol{\alpha}_2$, $\boldsymbol{\alpha}_3$ der Gleichung (16) und die Einheitsmatrix $\mathbf{1}$ verwendet, so kann man die Gleichungen (36) und (37) auch in folgender einfacher Form schreiben:

$$\varrho = \sum_i^{1,4} \Psi_i \mathbf{1} \Psi_i\,, \tag{36a}$$

$$\left\{\begin{aligned} \mathfrak{j}_x &= -c \sum_i^{1,4} \overset{*}{\Psi}_i \boldsymbol{\alpha}_1 \Psi_i\,, \\ \mathfrak{j}_y &= -c \sum_i^{1,4} \overset{*}{\Psi}_i \boldsymbol{\alpha}_2 \Psi_i\,, \\ \mathfrak{j}_z &= -c \sum_i^{1,4} \overset{*}{\Psi}_i \boldsymbol{\alpha}_3 \Psi_i\,. \end{aligned}\right. \tag{37a}$$

[1]) Diese Gleichung — und alle analogen, in denen Integrale über den Konfigurationsraum τ auftreten — zeigt übrigens, daß trotz der Invarianz der Diracschen Gleichungen gegen eine Lorentz-Transformation die Raumkoordinaten eine andere Rolle spielen als die Zeitkoordinate. Daher kann auch die relativistische Theorie Diracs sicher nicht als endgültig betrachtet werden.

Denn nach der Multiplikationsregel (18) ist z. B.:

$$\sum_i^{1,4} \overset{*}{\Psi}_i \alpha_3 \Psi_i = \sum_i \overset{*}{\Psi}_i \sum_k^{1,4} a_3^{ik} \Psi_k = \overset{*}{\Psi}_1 \sum_k a_3^{1k} \Psi_k + \overset{*}{\Psi}_2 \sum_k a_3^{2k} \Psi_k$$

$$+ \overset{*}{\Psi}_3 \sum_k a_3^{3k} \Psi_k + \overset{*}{\Psi}_4 \sum a_3^{4k} \Psi_k = \overset{*}{\Psi}_1 \Psi_3 - \overset{*}{\Psi}_2 \Psi_4 + \overset{*}{\Psi}_3 \Psi_1 - \overset{*}{\Psi}_4 \Psi_2 ,$$

was mit der dritten Gleichung (37) übereinstimmt. Die Ausdrücke (36) und (37) für ϱ, $\mathfrak{j}_x$, $\mathfrak{j}_y$, $\mathfrak{j}_z$ sind reell; denn wenn man sie mit ihren konjugiert komplexen Werten vergleicht, so sieht man, daß sie damit identisch sind. Überdies sind die $\mathfrak{j}_x$, $\mathfrak{j}_y$, $\mathfrak{j}_z$ Komponenten eines gewöhnlichen Vektors, was sich durch Untersuchung ihrer Transformationseigenschaften ergibt[1]).

Multipliziert man auf der rechten Seite von (36) mit der elektrischen Ladung ε des bewegten Teilchens, so bezeichnen ϱ und $\mathfrak{j}_x$, $\mathfrak{j}_y$, $\mathfrak{j}_z$ die (statistischen) Werte für die elektrische Dichte und die elektrische Strömung, die wir ebenfalls durch ϱ und $\mathfrak{j}$ bezeichnen, wenn kein Mißverständnis möglich ist. Setzt man speziell $\varepsilon = -e$, bekommt man die statistische Dichte und Strömung, die durch die Bewegung eines Elektronenschwarmes hervorgerufen wird.

Auch hier wollen wir die gefundenen Ausdrücke für die Wahrscheinlichkeitsdichte und Wahrscheinlichkeitsströmung auf den Fall des Photons ($m_0 = 0$) anwenden[2]). Dazu haben wir die in Gleichung (31) enthaltenen Beziehungen anzuwenden. Man findet so:

$$\Psi_1 \overset{*}{\Psi}_1 = \mathfrak{E}_z^2 ,$$

$$\Psi_2 \overset{*}{\Psi}_2 = \mathfrak{E}_x^2 + \mathfrak{E}_y^2 ,$$

$$\Psi_3 \overset{*}{\Psi}_3 = \mathfrak{H}_z^2 ,$$

$$\Psi_4 \overset{*}{\Psi}_4 = \mathfrak{H}_x^2 + \mathfrak{H}_y^2 .$$

Folglich erhalten wir für die Dichte der Wahrscheinlichkeitsströmung:

(39) $$\varrho = \mathfrak{E}^2 + \mathfrak{H}^2 = 8\pi U ,$$

d. h. die Dichte ϱ ist gleich der 8π-fachen Dichte der elektromagnetischen Energie U. Ebenso folgt für die Strömungskomponenten:

(40) $$\begin{cases} \mathfrak{j}_x = -2c\{\mathfrak{E}_z \mathfrak{H}_y - \mathfrak{E}_y \mathfrak{H}_z\} = 2c[\mathfrak{E}\mathfrak{H}]_x = 8\pi \mathfrak{S}_x ; \\ \mathfrak{j}_y = 8\pi \mathfrak{S}_y ; \quad \mathfrak{j}_z = 8\pi \mathfrak{S}_z , \end{cases}$$

---

1) Die Kontinuitätsgleichung (38) zeigt noch folgendes: Ersetzt man, wie es in der vierdimensionalen Relativitätstheorie üblich ist, t durch $ict = l$, so kann (38) in die Form gebracht werden:

$$ic \frac{\partial \varrho}{\partial l} + \frac{\partial \mathfrak{j}_x}{\partial x} + \frac{\partial \mathfrak{j}_y}{\partial y} + \frac{\partial \mathfrak{j}_z}{\partial z} = 0 ,$$

also, wenn $ic\varrho$ durch $\mathfrak{j}_l$ bezeichnet wird ($\mathfrak{j}_l$ ist die sogenannte „zeitartige" Komponente der Strömung):

(38a) $$\frac{\partial \mathfrak{j}_l}{\partial l} + \frac{\partial \mathfrak{j}_x}{\partial x} + \frac{\partial \mathfrak{j}_y}{\partial y} + \frac{\partial \mathfrak{j}_z}{\partial z} = 0 .$$

Das ist eine vierdimensionale Divergenz, die zeigt, daß die vier Größen $ic\varrho$, $\mathfrak{j}_x$, $\mathfrak{j}_y$, $\mathfrak{j}_z$ die Komponenten eines Vierervektors sind. (Vgl. z. B. Bd. III, 1, pag. 873.)

2) Man beachte indessen die einschränkende Anmerkung auf pag. 456.

d. h. die Komponenten des Wahrscheinlichkeitsstromes sind gleich den 8π-fachen Komponenten des Poyntingschen Vektors $\mathfrak{S}$. Die Kontinuitätsgleichung (38) geht dann über in die Differentialform des Poyntingschen Satzes:

$$\frac{\partial U}{\partial t} + \operatorname{div} \mathfrak{S} = 0 . \tag{41}$$

71. Die ebene Materiewelle: Kräftefreie Bewegung eines Elektrons.

Wir wenden die Gleichungen (24) auf die kräftefreie Translationsbewegung eines Elektrons an und fragen zunächst, ob eine solche, d. h. ein System ebener Materiewellen, eine Lösung derselben ist. Setzen wir also versuchsweise an:

$$\Psi_i = A_i \, e^{\frac{2\pi i}{h}[p_x x + p_y y + p_z z - Ut]}, \tag{42}$$

so findet man bei Einführung in (24) folgendes Gleichungssystem:

$$\left\{\begin{aligned}
&\left(\frac{U}{c}+m_0 c\right) A_1 + 0 \,.\, A_2 + p_3 A_3 + (p_1 - i p_2) A_4 = 0 ,\\
&0 \,.\, A_1 + \left(\frac{U}{c}+m_0 c\right) A_2 + (p_1 + i p_2) A_3 - p_3 A_4 = 0 ,\\
&p_3 A_1 + (p_1 - i p_2) A_2 + \left(\frac{U}{c} - m_0 c\right) A_3 + 0 \,.\, A_4 = 0 ,\\
&(p_1 + i p_2) A_1 - p_3 A_2 + 0 \,.\, A_3 + \left(\frac{U}{c} - m_0 c\right) A_4 = 0 .
\end{aligned}\right. \tag{43}$$

Damit von Null verschiedene Lösungen für die Größen A_i existieren, muß die Determinante verschwinden:

$$\begin{vmatrix}
\frac{U}{c} + m_0 c , & 0 , & p_3 , & p_1 - i p_2 \\
0 , & \frac{U}{c} + m_0 c , & p_1 + i p_2 , & - p_3 \\
p_3 , & p_1 - i p_2 , & \frac{U}{c} - m_0 c , & 0 \\
p_1 + i p_2 , & - p_3 , & 0 , & \frac{U}{c} - m_0 c
\end{vmatrix} = 0 . \tag{44}$$

Die Ausrechnung liefert die Bedingung:

$$\left[\frac{U^2}{c^2} - m_0^2 c^2 - p_1^2 - p_2^2 - p_3^2\right]^2 = 0 . \tag{45}$$

Das ist aber der Energiesatz der Relativitätsmechanik für verschwindende Felder; er stimmt natürlich mit (8) überein, wenn dort $V = \mathfrak{A} = 0$ gesetzt werden; die Bedingung (45) ist demnach als erfüllt anzusehen. Man beachte, daß die linke Seite von (45) ein Quadrat ist; das bedeutet, daß in der Determinante (44) auch alle dreigliedrigen Subdeterminanten erster Ordnung verschwinden; es bleiben also zwei der Koeffizienten A_i unbestimmt und sind beliebig wählbar; die beiden übrigbleibenden sind dann durch diese festgelegt[1]). Nehmen wir etwa A_3 und A_4 als willkürlich gegeben an, so sind A_1 und A_2 etwa durch die beiden ersten Gleichungen (43) vollkommen bestimmt:

$$(46)\qquad \begin{cases} A_1 = -\dfrac{p_3 A_3 + (p_1 - i\,p_2)\,A_4}{\dfrac{U}{c} + m_0 c}\,, \\[2ex] A_2 = -\dfrac{(p_1 + i\,p_2)\,A_3 - p_3 A_4}{\dfrac{U}{c} + m_0 c}\,. \end{cases}$$

U gehorcht natürlich der Bedingung (45):

$$(47)\qquad U = \pm c\sqrt{m_0^2 c^2 + \sum_i^{1,3} p_i^2}\,.$$

Bemerkenswert ist, daß U auch das negative Vorzeichen haben kann; das ist besonders deshalb auffallend, weil U in unserem Falle die kinetische Energie (vermehrt um die Ruheenergie $m_0 c^2$) darstellt. Was das zu bedeuten hat, werden wir später erörtern. Vorläufig wählen wir das Pluszeichen:

$$(47\,a)\qquad U = +c\sqrt{m_0^2 c^2 + \sum_i^{1,3} p_i^2}\,.$$

Dieser Wert ist in (46) zu benutzen. Im ganzen erhalten wir also folgende Lösung unseres Problems:

$$(48)\qquad \left.\begin{cases} \Psi_1 = -\dfrac{p_3 A_3 + (p_1 - i\,p_2) A_4}{\dfrac{U}{c} + m_0 c} \\[2ex] \Psi_2 = -\dfrac{(p_1 + i\,p_2) A_3 - p_3 A_4}{\dfrac{U}{c} + m_0 c} \\[2ex] \Psi_3 = \qquad A_3 \\ \Psi_4 = \qquad A_4 \end{cases}\right\}\; e^{\frac{2\pi i}{h}[p_x x + p_y y + p_z z - U t]}$$

Hier können wir die erste Anwendung einer früher gemachten Bemerkung machen, nämlich daß die Diracschen Gleichungen natürlich auch ihre Bedeutung für den Fall der Newtonschen Näherung haben; diese drückt sich dadurch aus, daß in (47) $\sum_i p_i^2 \ll m_0^2 c^2$ ist; $\frac{U}{c}$ reduziert sich also nahezu auf $m_0 c$; die Nenner von Ψ_1 und Ψ_2 in (48) werden dann gleich $2 m_0 c$. Wegen der Größe dieses Ausdruckes sind daher Ψ_1 und Ψ_2 verschwindend klein gegen ψ_3 und ψ_4, so daß man in Newtonscher Näherung mit zwei Wellenfunktionen auskommt:

$$(49)\qquad \begin{cases} \Psi_1 = \Psi_2 = 0 \\ \left.\begin{aligned} \Psi_3 &= A_3 \\ \Psi_4 &= A_4 \end{aligned}\right\}\; e^{\frac{2\pi i}{h}[p_x x + p_y y + p_z z - U t]}\,. \end{cases}$$

[1]) Es wird sich später (Nr. 76) als sehr wichtig erweisen, daß nicht alle 4 Amplituden willkürlich vorgegeben werden können, sondern nur zwei von ihnen.

Wie wir schon früher (Anmerkung 2 auf pag. 328) erwähnten, ist ein Versuch, zwei Wellenfunktionen einzuführen (zur Berücksichtigung des Elektronenspins) von W. Pauli gemacht worden; wir erkennen jetzt, inwiefern diese vorläufige Theorie ihre Berechtigung hat; wir kommen auf diesen Punkt noch zurück.

Wir stellen Dichte und Strömung nach (36) und (37) für unsere ebene Welle fest. In leichter Rechnung ergibt sich:

$$(50)\quad \begin{cases} \varrho = \left[\dfrac{p_x^2+p_y^2+p_z^2}{\left(\dfrac{U}{c}+m_0 c\right)^2}+1\right]\left(A_3 \overset{*}{A}_3 + A_4 \overset{*}{A}_4\right) \\ \qquad = \dfrac{\dfrac{2U}{c}}{\dfrac{U}{c}+m_0 c}\left(A_3 \overset{*}{A}_3 + A_4 \overset{*}{A}_4\right). \end{cases}$$

Ebenso findet man für $\mathfrak{j}_x, \ldots$:

$$\mathfrak{j}_x = \frac{2 p_x c}{\dfrac{U}{c}+m_0 c}\left(A_3 \overset{*}{A}_3 + A_4 \overset{*}{A}_4\right) \text{ usw.},$$

oder unter Einführung von ϱ nach (50):

$$(51)\quad \begin{cases} \mathfrak{j}_x = \varrho \dfrac{p_x c^2}{U}, \\ \mathfrak{j}_y = \varrho \dfrac{p_y c^2}{U}, \\ \mathfrak{j}_z = \varrho \dfrac{p_z c^2}{U}. \end{cases}$$

Setzt man im Sinne der Hydrodynamik:

$$\mathfrak{j} = \varrho\, \mathfrak{u},$$

wo $\mathfrak{u}$ die Strömungsgeschwindigkeit bedeuten soll, so folgt allgemein:

$$(52)\quad \mathfrak{u} = \mathfrak{p} \frac{c^2}{U}.$$

Dabei ist $\mathfrak{p}$ der vektorielle Gesamtimpuls des Teilchens, der mit dessen korpuskularer Geschwindigkeit $\mathfrak{v}$ folgendermaßen zusammenhängt:

$$(53)\quad \mathfrak{p} = \frac{m_0 \mathfrak{v}}{\sqrt{1-\dfrac{v^2}{c^2}}} = \frac{U}{c^2}\mathfrak{v}.$$

Trägt man $\mathfrak{p}$ aus (53) in (52) ein, so folgt:

$$(54)\quad \mathfrak{u} = \mathfrak{v},$$

d. h. die Strömungsgeschwindigkeit $\mathfrak{u}$ der Wahrscheinlichkeitsströmung ist gerade gleich der Geschwindigkeit $\mathfrak{v}$, die man bei der korpuskularen Betrachtung dem Elektron zuschreibt.

72. Die Diracschen Gleichungen in einem elektromagnetischen Feld.

Bisher haben wir nur den Fall der kräftefreien Bewegung eines Teilchens betrachtet ($V = \mathfrak{A} = 0$), d. h. wir gingen statt von der allgemeinen Hamilton-Jacobischen Gleichung (12) von der spezialisierten (13) aus. Aber den Grundgedanken des einfacheren Falles halten wir auch bei nichtverschwindenden Feldern bei, indem wir mit Hilfe der Matrizen (16) die Gleichung (12) in folgender Weise „linearisieren“:

$$(55)\quad \left\{\begin{aligned} H = -\,c\Big[\boldsymbol{a}_1\Big(p_x - \frac{\varepsilon}{c}\mathfrak{A}_x\Big) + \boldsymbol{a}_2\Big(p_y - \frac{\varepsilon}{c}\mathfrak{A}_y\Big) \\ + \boldsymbol{a}_3\Big(p_z - \frac{\varepsilon}{c}\mathfrak{A}_z\Big) + \boldsymbol{a}_4\, m_0\, c\Big] + \varepsilon V = U; \end{aligned}\right.$$

sie ist die unmittelbare Verallgemeinerung von (14). Wenn wir nun wieder $p_x, \ldots$ durch die Operatoren $\frac{h}{2\pi i}\frac{\partial}{\partial x}, \ldots$ und U durch $-\frac{h}{2\pi i}\frac{\partial}{\partial t}$ ersetzen, so wird aus (55) der hier zuständige Hamiltonsche Operator, den wir auf eine Funktion Ψ wirken lassen:

$$\begin{aligned} \Big\{-c\Big[\boldsymbol{a}_1\Big(\frac{h}{2\pi i}\frac{\partial}{\partial x} - \frac{\varepsilon}{c}\mathfrak{A}_x\Big) + \boldsymbol{a}_2\Big(\frac{h}{2\pi i}\frac{\partial}{\partial y} - \frac{\varepsilon}{c}\mathfrak{A}_y\Big) \\ + \boldsymbol{a}_3\Big(\frac{h}{2\pi i}\frac{\partial}{\partial z} - \frac{\varepsilon}{c}\mathfrak{A}_z\Big) + \boldsymbol{a}_4\, m_0\, c\Big] + \varepsilon V\Big\}\Psi = -\frac{h}{2\pi i}\frac{\partial \Psi}{\partial t}, \end{aligned}$$

oder etwas übersichtlicher:

$$(56)\quad \left\{\begin{aligned} \Big\{-\Big(\frac{h}{2\pi i c}\frac{\partial}{\partial t} + \frac{\varepsilon V}{c}\Big) + \boldsymbol{a}_1\Big(\frac{h}{2\pi i}\frac{\partial}{\partial x} - \frac{\varepsilon}{c}\mathfrak{A}_x\Big) \\ + \boldsymbol{a}_2\Big(\quad\Big) + \boldsymbol{a}_3\Big(\quad\Big) + \boldsymbol{a}_4\, m_0\, c\Big\},\ \Psi = 0. \end{aligned}\right.$$

Nunmehr hat man die „Produkte“ $\boldsymbol{a}_i \frac{\partial \Psi_k}{\partial x}$ usw. ganz wie früher zu berechnen und gewinnt schließlich, wenn man folgende Operatoren einführt:

$$(57)\quad \left\{\begin{aligned} P_1 &= \frac{h}{2\pi i}\frac{\partial}{\partial x} - \frac{\varepsilon}{c}\mathfrak{A}_x, & P_2 &= \frac{h}{2\pi i}\frac{\partial}{\partial y} - \frac{\varepsilon}{c}\mathfrak{A}_y, \\ P_3 &= \frac{h}{2\pi i}\frac{\partial}{\partial z} - \frac{\varepsilon}{c}\mathfrak{A}_z, & P_4 &= -\frac{1}{c}\frac{h}{2\pi i}\frac{\partial}{\partial t} - \frac{\varepsilon}{c}V, \end{aligned}\right.$$

folgendes System von Differentialgleichungen:

$$(58)\quad \left\{\begin{aligned} (P_4 + m_0 c)\,\Psi_1 + (P_1 - i\,P_2)\,\Psi_4 + P_3\,\Psi_3 = 0, \\ (P_4 + m_0 c)\,\Psi_2 + (P_1 + i\,P_2)\,\Psi_3 - P_3\,\Psi_4 = 0, \\ (P_4 - m_0 c)\,\Psi_3 + (P_1 - i\,P_2)\,\Psi_2 + P_3\,\Psi_1 = 0, \\ (P_4 - m_0 c)\,\Psi_4 + (P_1 + i\,P_2)\,\Psi_1 - P_3\,\Psi_2 = 0, \end{aligned}\right.$$

das in seiner Gestalt vollkommen mit (24) übereinstimmt und sich nur durch die andere Bedeutung der P_i bzw. p_i unterscheidet; dieses Gleichungssystem stellt die Diracschen Ausgangsgleichungen im allgemeinen Falle dar. Sie sind, da in ihnen die speziellen Werte

(16) der Matrizen $\boldsymbol{\alpha}_i$ enthalten sind, insofern ebenso spezialisiert wie die Gleichungen (24), als die z-Achse in ihnen eine Vorzugsstellung hat. Im Gegensatz dazu ist die Gleichung (56) noch vollkommen allgemein.

Wenn man nun z. B. durch Elimination von $\Psi_1\,\Psi_2\,\Psi_4$ versuchen wollte, die Wellengleichung für Ψ_3 aufzustellen, wie wir es im kräftelosen Fall gemacht haben, so ginge dies schon aus dem Grunde nicht, weil nunmehr die Operatoren P_i und P_k nicht mehr vertauschbar sind, während p_i und p_k es waren: $P_i\,P_k \neq P_k\,P_i$. Das liegt daran, daß die P noch die Komponenten $\mathfrak{A}_x, \ldots$ und V enthalten. Nehmen wir einen Moment an, auch die P_i und P_k wären vertauchbar, dann würden wir bei der Elimination wieder die zu Gleichung (29) analoge erhalten haben:

$$(P_1^2 + P_2^2 + P_3^2 - P_4^2 + m_0^2\,c^2)\,,\ \Psi_3 = 0\,, \tag{59}$$

und diese wäre mit der ursprünglich von Schrödinger vorgeschlagenen (10) identisch, wie man unter Beachtung von (57) leicht sieht. Da aber die angenommene Vertauschbarkeit nicht zutrifft, kommen wir hier zu etwas vollkommen Neuem, was im kräftefreien Falle noch nicht hervortrat: Wir gelangen jetzt zu anderen Wellengleichungen und außerdem sind die einzelnen Ψ_i nicht voneinander zu trennen. Wegen der erwähnten Nichtvertauschbarkeit der P_i ist die Ausrechnung dieser Wellengleichungen aus (58) unzweckmäßig und unbequem; wir knüpfen daher an (56) an. Mit Benutzung der Operatoren (57) kann man diese Gleichung schreiben:

$$(P_4 + \sum_i^{1,3} \boldsymbol{\alpha}_i\,P_i + \boldsymbol{\alpha}_4\,m_0\,c)\,,\ \Psi = 0\,. \tag{60}$$

Erweitert man diese Gleichung von links mit dem Operator

$$(P_4 - \sum_i^{1,3} \boldsymbol{\alpha}_i\,P_i - \boldsymbol{\alpha}_4\,m_0\,c)\,,$$

so erhält man formal:

$$(P_4 - \sum_i^{1,3} \boldsymbol{\alpha}_i\,P_i - \boldsymbol{\alpha}_4\,m_0\,c)\,(P_4 + \sum_i^{1,3} \boldsymbol{\alpha}_i\,P_i + \boldsymbol{\alpha}_4\,m_0\,c)\,,\ \Psi = 0\,. \tag{61}$$

Wenn man die „Produkte" unter strenger Berücksichtigung der Reihenfolge[1]) und der Gleichungen (15) für die $\boldsymbol{\alpha}_1$ ausrechnet, so findet man folgende Gleichung:

$$\begin{aligned}[P_4^2 - P_1^2 - P_2^2 - P_3^2 - m_0^2\,c^2 + \sum_i^{1,3} \boldsymbol{\alpha}_i\,(P_4\,P_i - P_i\,P_4) \\ - \sum_{\substack{i \\ i \neq k}}^{1,3} \sum_k^{1,3} \boldsymbol{\alpha}_i\,\boldsymbol{\alpha}_k\,(P_i\,P_k - P_k\,P_i)]\,,\ \Psi = 0\,.\end{aligned} \tag{62}$$

---

[1]) Die $\boldsymbol{\alpha}_i$ sind, weil konstant, mit den P_k vertauschbar, wie man leicht sieht. Daher ist z. B.

$$\boldsymbol{\alpha}_i P_i\,\boldsymbol{\alpha}_k P_k = \boldsymbol{\alpha}_i\,\boldsymbol{\alpha}_k P_i P_k \text{ usw.}$$

Diese Gleichung ist als Repräsentant der vier Wellengleichungen zu betrachten, die an Stelle der einen ursprünglichen Schrödinger-Gleichung (10) zu treten haben, die sich also bei Anwesenheit von Kräften auch als unvollständig erweist: Die beiden Summenglieder in (62) sind es, die zum Operator $(P_4^2 - P_1^2 - P_2^2 - P_3^2 - m_0^2 c^2)$ der Schrödinger-Gleichung (10) hinzutreten[1]).

Wir wollen diese Summenglieder berechnen. Man findet z. B. für:

$$P_4 P_1 - P_1 P_4 = \left(-\frac{h}{2\pi i c}\frac{\partial}{\partial t} - \frac{\varepsilon}{c} V\right)\left(\frac{h}{2\pi i}\frac{\partial}{\partial x} - \frac{\varepsilon}{c}\mathfrak{A}_x\right) - \left(\frac{h}{2\pi i}\frac{\partial}{\partial x} - \frac{\varepsilon}{c}\mathfrak{A}_x\right)\left(-\frac{h}{2\pi i c}\frac{\partial}{\partial t} - \frac{\varepsilon}{c} V\right)$$
$$= \left[\frac{h^2}{4\pi^2 c}\frac{\partial^2}{\partial t\,\partial x} - \frac{\varepsilon h}{2\pi i c} V \frac{\partial}{\partial x} + \frac{\varepsilon h}{2\pi i c^2}\frac{\partial}{\partial t}\mathfrak{A}_x + \frac{\varepsilon^2}{c^2} V \mathfrak{A}_x\right] - \left[\frac{h^2}{4\pi^2 c}\frac{\partial^2}{\partial x\,\partial t} - \frac{\varepsilon h}{2\pi i c}\frac{\partial}{\partial x} V + \frac{\varepsilon h}{2\pi i c^2}\mathfrak{A}_x\frac{\partial}{\partial t} + \frac{\varepsilon^2}{c^2} V \mathfrak{A}_x\right].$$

In den beiden eckigen Klammern heben sich je das erste und vierte Glied heraus, so daß bleibt:

$$P_4 P_1 - P_1 P_4 = \frac{\varepsilon h}{2\pi i c}\left\{\frac{\partial}{\partial x} V - V\frac{\partial}{\partial x} + \frac{1}{c}\frac{\partial}{\partial t}\mathfrak{A}_x - \frac{1}{c}\mathfrak{A}_x\frac{\partial}{\partial t}\right\}.$$

Lassen wir beide Seiten auf eine Funktion Ψ wirken, so folgt:

$$(P_4 P_1 - P_1 P_4)\,,\ \Psi = \frac{\varepsilon h}{2\pi i c}\left\{\frac{\partial}{\partial x}(V\Psi) - V\frac{\partial \Psi}{\partial x} + \frac{1}{c}\frac{\partial}{\partial t}(\mathfrak{A}_x\Psi) - \frac{1}{c}\mathfrak{A}_x\frac{\partial\Psi}{\partial t}\right\},$$

oder:

$$(P_4 P_1 - P_1 P_4)\,,\ \Psi = \frac{\varepsilon h}{2\pi i c}\left\{\frac{\partial V}{\partial x}\Psi + \frac{1}{c}\frac{\partial \mathfrak{A}_x}{\partial t}\Psi\right\} = \frac{\varepsilon h}{2\pi i c}\left\{\frac{\partial V}{\partial x} + \frac{1}{c}\frac{\partial \mathfrak{A}_x}{\partial t}\right\}\Psi.$$

Nach der Definition des skalaren und Vektorpotentials ist

$$\frac{\partial V}{\partial x} + \frac{1}{c}\frac{\partial \mathfrak{A}_x}{\partial t} = -\mathfrak{E}_x\,,$$

so daß wir schließlich finden:

$$(P_4 P_1 - P_1 P_4)\,,\ \Psi = -\frac{\varepsilon h}{2\pi i c}\mathfrak{E}_x \Psi\,, \tag{63a}$$

und ebenso

$$(P_4 P_2 - P_2 P_4)\,,\ \Psi = -\frac{\varepsilon h}{2\pi i c}\mathfrak{E}_y \Psi\,, \tag{63b}$$

$$(P_4 P_3 - P_3 P_4)\,,\ \Psi = -\frac{\varepsilon h}{2\pi i c}\mathfrak{E}_z \Psi\,. \tag{63c}$$

[1]) Gleichung (62) ist übrigens so lange ganz allgemein (ohne Bevorzugung der z-Richtung) als nicht die allgemeinen Matrizen $\boldsymbol{\alpha}_i$ nach (16) spezialisiert werden.

Für die erste Summe in (62) ergibt sich also:

$$(64)\qquad \sum_{i}^{1,3} \boldsymbol{a}_i (P_4 P_i - P_i P_4) = -\frac{\varepsilon h}{2\pi i c}(\boldsymbol{a}_1 \mathfrak{E}_x + \boldsymbol{a}_2 \mathfrak{E}_y + \boldsymbol{a}_3 \mathfrak{E}_z)\,.$$

Ebenso folgt für die Doppelsumme in (62):

$$(65)\qquad \left\{\begin{aligned} &\sum_{i}^{1,3}\sum_{k}^{1,3}{}_{i \neq k} \boldsymbol{a}_i \boldsymbol{a}_k (P_i P_k - P_k P_i) \\ &\quad = -\frac{\varepsilon h}{2\pi i c}(\boldsymbol{a}_2 \boldsymbol{a}_3 \mathfrak{H}_x + \boldsymbol{a}_3 \boldsymbol{a}_1 \mathfrak{H}_y + \boldsymbol{a}_1 \boldsymbol{a}_2 \mathfrak{H}_z)\,. \end{aligned}\right.$$

Die Diracschen Wellengleichungen (62) lauten nunmehr:

$$(66)\qquad \left\{\begin{aligned} &\Big\{P_4^2 - \sum_{i}^{1,3} P_i^2 - m_0^2 c^2 - \frac{\varepsilon h}{2\pi i c}(\boldsymbol{a}_1 \mathfrak{E}_x + \boldsymbol{a}_2 \mathfrak{E}_y + \boldsymbol{a}_3 \mathfrak{E}_z) \\ &\quad + \frac{\varepsilon h}{2\pi i c}(\boldsymbol{a}_2 \boldsymbol{a}_3 \mathfrak{H}_x + \boldsymbol{a}_3 \boldsymbol{a}_1 \mathfrak{H}_y + \boldsymbol{a}_1 \boldsymbol{a}_2 \mathfrak{H}_z)\Big\}\,, \ \Psi = 0\,. \end{aligned}\right.$$

Wir schreiben (66) in einer Form, die sich an die relativistische Schrödinger-Gleichung (10) möglichst anlehnt, indem wir zugleich auf Elektronen ($\varepsilon = -e$) spezialisieren:

$$(67)\qquad \left\{\begin{aligned} &\frac{1}{c^2}\frac{\partial^2 \Psi}{\partial t^2} - \Delta \Psi - \frac{4\pi e i}{h}\Big\{\frac{V}{c^2}\frac{\partial \Psi}{\partial t} + \frac{1}{c}(\mathfrak{A}, \operatorname{grad} \Psi)\Big\} \\ &\quad + \frac{4\pi^2}{h^2}\Big\{m_0^2 c^2 + \frac{e^2}{c^2}(\mathfrak{A}^2 - V^2)\Big\}\Psi \\ &\quad + \frac{2\pi e i}{h c}(\boldsymbol{a}_1 \mathfrak{E}_x + \boldsymbol{a}_2 \mathfrak{E}_y + \boldsymbol{a}_3 \mathfrak{E}_z)\Psi \\ &\quad - \frac{2\pi e i}{h c}(\boldsymbol{a}_2 \boldsymbol{a}_3 \mathfrak{H}_x + \boldsymbol{a}_3 \boldsymbol{a}_1 \mathfrak{H}_y + \boldsymbol{a}_1 \boldsymbol{a}_2 \mathfrak{H}_z)\Psi = 0\,, \end{aligned}\right.$$

und vergleichen sie etwa mit der nichtrelativistischen zeitunabhängigen Schrödinger-Gleichung, um einen Anhalt zu bekommen, was die neuen Glieder in (66) bedeuten könnten:

$$(68)\qquad -\Delta\psi - \frac{8 m_0 \pi^2}{h^2} U\psi + \frac{8 m_0 \pi^2}{h^2}\Phi\psi = 0\,.$$

In dieser letzten Gleichung sind die mit ψ multiplizierten Glieder Energien (U und Φ); da auch in (67) die zu deutenden Glieder mit Ψ „multipliziert"[1]) auftreten, wird man zur Vermutung geführt, sie seien — abgesehen von einer Konstante — Formen einer zusätzlichen Energie. Trifft diese Vermutung zu, die natürlich noch besserer Begründung bedarf, so haben wir die Zusatzglieder mit $\frac{h^2}{8 m_0 \pi^2}$ zu dividieren, um sie direkt gleich einer Energie zu machen; wir schreiben also:

[1]) „Multipliziert" im weiteren Sinne des Wortes, da die Größen $\boldsymbol{a}_k$ Matrizen sind.

(69) $$\Phi_e = + \frac{e\,h}{4\pi\, m_0\, e}\, i\,(\boldsymbol{a}_1\, \mathfrak{E}_x + \boldsymbol{a}_2\, \mathfrak{E}_y + \boldsymbol{a}_3\, \mathfrak{E}_z)\,,$$

(70) $$\Phi_m = - \frac{e\,h}{4\pi\, m_0\, c}\, i\,(\boldsymbol{a}_2\, \boldsymbol{a}_3\, \mathfrak{H}_x + \boldsymbol{a}_3\, \boldsymbol{a}_1\, \mathfrak{H}_y + \boldsymbol{a}_1\, \boldsymbol{a}_2\, \mathfrak{H}_z)\,.$$

Darin ist der erste Faktor $\frac{e\,h}{4\pi\, m_0\, c}$ gleich dem Betrage $|\mathfrak{m}_B|$ eines Bohrschen Magnetons; wenn wir also die beiden „Energien" Φ_e und Φ_m dadurch erklären wollen, daß wir dem Elektron sowohl ein magnetisches Moment $\mathfrak{M}$ wie ein elektrisches Moment $\mathfrak{Q}$ zuschreiben, so würden wir bei klassischer Rechnung folgende Energien anzusetzen haben:

(69 a) $$\Phi'_e = -(\mathfrak{Q}\, \mathfrak{E}) = -(\mathfrak{Q}_x\, \mathfrak{E}_x + \mathfrak{Q}_y\, \mathfrak{E}_y + \mathfrak{Q}_z\, \mathfrak{E}_z)\,,$$

(70 a) $$\Phi'_m = -(\mathfrak{M}\, \mathfrak{H}) = -(\mathfrak{M}_x\, \mathfrak{H}_x + \mathfrak{M}_y\, \mathfrak{H}_y + \mathfrak{M}_z\, \mathfrak{H}_z)\,,$$

die in ihrer Form in der Tat den entsprechenden Ausdrücken (69) und (70) sehr ähnlich sind. Führen wir die Analogie durch, so würden wir dem Elektron sowohl ein elektrisches wie ein magnetisches Moment vom Betrage eines Magnetons $\frac{e\,h}{4\pi\, m_0\, c}$ zuzuschreiben haben, und es wäre:

(71) $$\left\{\begin{array}{l} \mathfrak{Q}_x = -\,|\mathfrak{m}_B|\, \boldsymbol{a}_1\, i\,; \quad \mathfrak{Q}_y = -\,|\mathfrak{m}_B|\, \boldsymbol{a}_2\, i\,; \quad \mathfrak{Q}_z = -\,|\mathfrak{m}_B|\, \boldsymbol{a}_3\, i\,; \\ \mathfrak{M}_x = +\,|\mathfrak{m}_B|\, \boldsymbol{a}_2\, \boldsymbol{a}_3\, i\,; \quad \mathfrak{M}_y = +\,|\mathfrak{m}_B|\, \boldsymbol{a}_3\, \boldsymbol{a}_1\, i\,; \\ \qquad\qquad \mathfrak{M}_z = +\,|\mathfrak{m}_B|\, \boldsymbol{a}_1\, \boldsymbol{a}_2\, i\,. \end{array}\right.$$

Daher spielen die Größen $i\,\boldsymbol{a}_i$ bzw. $i\,\boldsymbol{a}_i\,\boldsymbol{a}_k$ in gewissem Sinne die Rolle von Richtungskosinussen.

Natürlich sind die hier angegebenen Größen $\mathfrak{Q}_x, \ldots, \mathfrak{M}_x, \ldots$, wie aus dem Auftreten der Matrizen $\boldsymbol{a}_i$ bzw. $\boldsymbol{a}_i\,\boldsymbol{a}_k$ hervorgeht, Operatoren, die auf die rechts von ihnen stehenden Faktoren einwirken, gemäß der Regel (18). Daher gilt, wenn wir (67) etwa für Ψ_1 bilden, der Reihe nach:

$$\boldsymbol{a}_1\, \mathfrak{E}_x\, \Psi_1 = \mathfrak{E}_x\, \Psi_4\,; \quad \boldsymbol{a}_2\, \mathfrak{E}_y\, \Psi_1 = -\,i\, \mathfrak{E}_y\, \Psi_4\,; \quad \boldsymbol{a}_3\, \mathfrak{E}_z\, \Psi_1 = \mathfrak{E}_z\, \Psi_3\,;$$

$$\boldsymbol{a}_2\, \boldsymbol{a}_3\, \mathfrak{H}_x\, \Psi_1 = +\,i\, \mathfrak{H}_x\, \Psi_2; \quad \boldsymbol{a}_3\, \boldsymbol{a}_1\, \mathfrak{H}_y\, \Psi_1 = \mathfrak{H}_y\, \Psi_2; \quad \boldsymbol{a}_1\, \boldsymbol{a}_2\, \mathfrak{H}_z\, \Psi_1 = +\,i\, \mathfrak{H}_z\, \Psi_1\,.$$

Gleichung (67) auf Ψ_1 angewendet, nimmt daher folgende Gestalt an

(67 a) $$\left\{\begin{array}{l} \frac{1}{c^2}\, \frac{\partial^2 \Psi_1}{\partial t^2} - \Delta\, \Psi_1 - \frac{4\pi\, e\, i}{h} \left\{\frac{V}{c^2}\, \frac{\partial \Psi_1}{\partial t} + \frac{1}{c}\, (\mathfrak{A}, \operatorname{grad})\, \Psi_1\right\} \\ \qquad + \frac{4\pi^2}{h^2} \left\{m_0^2\, c^2 + \frac{e^2}{c^2}\, (\mathfrak{A}^2 - V^2)\right\} \Psi_1 \\ \qquad + \frac{2\pi\, e\, i}{h\, c} \{(\mathfrak{E}_x - i\, \mathfrak{E}_y)\, \Psi_4 + \mathfrak{E}_z\, \Psi_3\} \\ \qquad - \frac{2\pi\, e}{h\, c} \{(\mathfrak{H}_x - i\, \mathfrak{H}_y)\, \Psi_2 - \mathfrak{H}_z\, \Psi_1\} = 0\,. \end{array}\right.$$

Entsprechende Gleichungen erhält man für die übrigen Ψ_i. Man erkennt also, was wir schon vorher sagten, daß durch die neuen Glieder eine Koppelung der Gleichungen für die einzelnen Ψ_i herbeigeführt wird, so daß (67) ein System simultaner partieller Differentialgleichungen darstellt. Darin beruht gleichzeitig die Komplikation und der Fortschritt gegenüber Schrödinger im Falle eines äußeren elektromagnetischen Feldes. [Ist ein solches nicht vorhanden, so lassen sich die einzelnen Ψ_i allerdings trennen, wie wir bereits wissen, siehe z. B. die Gleichungen (29) und (29a).]

Es ist jedenfalls sehr bemerkenswert, daß hier plötzlich — gewissermaßen ungewollt — ein elektrisches und magnetisches Moment des Elektrons von der Größe des Bohrschen Magnetons auftreten, und zwar lediglich als Folge der allgemeinen Überlegung Diracs und der Forderung relativistischer Invarianz. Daß neben dem magnetischen Moment $\mathfrak{M}$ auch ein elektrisches Moment $\mathfrak{Q}$ auftritt, ist wieder durch relativistische Gründe verursacht[1]), und wurde schon vor der Diracschen Theorie von Frenkel als notwendig erkannt. Auf das elektrische Moment werden wir im folgenden nicht näher eingehen, da es uns hauptsächlich darauf ankommt, mit Hilfe des magnetischen Momentes die früheren Resultate wiederzugewinnen.

73. Das Elektron und sein magnetisches Moment.

Um die Betrachtung am Schlusse der vorhergehenden Nummer zu präzisieren, wollen wir uns mit Darwin[2]) ein Bild des Elektrons machen, wie es die Wellenmechanik, insbesondere die Diracsche Wellenmechanik, verlangt.

Schon vom Standpunkt der unrelativistischen Schrödingerschen Wellenmechanik hat Darwin ein Wellenpaket gebildet, das wir als eine geeignete Darstellung des Elektrons betrachten können; wir wollen dies (mit einer Wellenfunktion) zuerst untersuchen, um den Unterschied gegenüber der Diracschen Theorie hervortreten zu lassen.

Darwin setzt folgendes Wellenpaket an:

$$(72)\qquad \Psi(x\,y\,z\,t) = e^{-\frac{(x-\mathfrak{v}_x t)^2 + (y-\mathfrak{v}_y t)^2 + (z-\mathfrak{v}_z t)^2}{2R^2}}\, e^{\frac{2\pi i}{h}[p_x x + p_y y + p_z z - U t]},$$

das sich für $t = 0$ auf das folgende reduziert:

$$(72\text{a})\qquad \Psi(x\,y\,z\,0) = e^{-\frac{x^2+y^2+z^2}{2R^2}}\, e^{\frac{2\pi i}{h}[p_x x + p_y y + p_z z]}.$$

Der zweite Exponentialfaktor stellt eine ebene Welle dar, der erste ihre Amplitude, die Kugelsymmetrie besitzt, da wir das Elektron in der bisherigen Auffassung als eine kleine Kugel betrachteten; die Größe R wollen wir so klein nehmen, daß sie etwa mit dem „Radius" des Elektrons übereinstimmt. Sobald dann der Abstand vom Anfangspunkte ein kleines Vielfaches von R wird, wird Ψ sehr klein; R bestimmt also die „praktische" Ausdehnung des Wellenpaketes. Das durch (72a) dargestellte Paket

---

[1]) Denn ein bewegter magnetischer Dipol erzeugt für einen ruhenden Beobachter ein elektrisches Feld, das dem eines elektrischen Dipols entspricht; man vergleiche hierzu die allgemeinen Transformationsformeln (55) für die Feldstärken auf pag. 833 von Bd. III_1.

[2]) C. G. Darwin, Proc. Roy. Soc. **118**, pag. 665ff., 1918; wir folgen hier der Darstellung von L. de Broglie, L'électron magnétique (Paris 1934), Kap. XIII, der Darwins Resultate ausführlich dargestellt hat.

muß zwar im Laufe der Zeit „zerfließen", wie wir bereits wissen; für hinreichend kleine Werte von t aber wird es durch (72) dargestellt, wo $\mathfrak{v}\,(\mathfrak{v}_x, \mathfrak{v}_y, \mathfrak{v}_z)$ die einheitliche Geschwindigkeit seiner Translationsbewegung ist, d. h. die Gruppengeschwindigkeit des Wellenpaketes. Wir betrachten das Wellenpaket nur für so kleine Zeiten, daß die obige Darstellung ausreichend ist; wir setzen einfach $t = 0$.

Zunächst bestimmen wir die statistische Dichte ϱ und die statistische Strömung $\mathfrak{j} = \varrho\,\mathfrak{u}$ für das obige Paket, wobei die Formeln (3) und (8) des IX. Kapitels auf pag. 412/13 zugrunde zu legen sind.

$$\varrho = -e\,\Psi\,\overset{*}{\Psi}, \quad \mathfrak{j} = -\frac{h\,e}{4\pi\,m_0\,i}\{\overset{*}{\Psi}\operatorname{grad}\Psi - \Psi\operatorname{grad}\overset{*}{\Psi}\} = \varrho\,\mathfrak{u}\,;$$

$\mathfrak{u}$ ist dabei die Geschwindigkeit des Elektrons. Man findet aus (72a) ohne weiteres:

$$\varrho_{t=0} = -[e]\,e^{-\frac{x^2+y^2+z^2}{R^2}}, \quad \mathfrak{j} = \varrho\,\mathfrak{u} = \varrho\,\mathfrak{v}\,. \tag{73}$$

Die letztere Formel[1]) zeigt, daß die Geschwindigkeit $\mathfrak{u}$ des Elektrons mit der Gruppengeschwindigkeit $\mathfrak{v}$ identisch ist.

Diese Verhältnisse komplizieren sich bedeutend, wenn wir nun zur Diracschen Wellenmechanik übergehen, denn wir haben vier Funktionen Ψ_i zu bestimmen. In Nr. 71 wurde gezeigt, daß man die Amplituden zweier Wellenfunktionen, etwa von Ψ_3 und Ψ_4, willkürlich wählen kann; dann sind die Amplituden von Ψ_1 und Ψ_2 durch die Gleichungen (48) bestimmt. Wir haben also für $t = 0$ an Stelle von (72) anzusetzen:

$$\left.\begin{array}{l}\Psi_3\,(x\,y\,z) = A_3\\ \Psi_4\,(x\,y\,z) = A_4\end{array}\right\}\,e^{-\frac{x^2+y^2+z^2}{2R^2}}\,e^{\frac{2\pi i}{h}[p_x x + p_y y + p_z z]}, \tag{74}$$

$$\Psi_1 = -\frac{p_3\Psi_3 + (p_1 - i\,p_2)\,\Psi_4}{\frac{U}{c} + m_0 c}, \quad \Psi_2 = -\frac{(p_1 + i\,p_2)\,\Psi_3 - p_3\Psi_4}{\frac{U}{c} + m_0 c}, \tag{75}$$

und in Newtonscher Näherung ($U \approx m_0 c^2$), folgt für Ψ_1 und Ψ_2 angenähert:

$$\left\{\begin{array}{l}\Psi_1 = -\dfrac{p_3\Psi_3 + (p_1 - i\,p_2)\,\Psi_4}{2\,m_0 c}\,,\\[2ex] \Psi_2 = -\dfrac{(p_1 + i\,p_2)\,\Psi_3 - p_3\Psi_4}{2\,m_0 c}\,.\end{array}\right. \tag{75a}$$

Die Ausrechnung liefert[2]):

$$\left\{\begin{array}{l}\Psi_1 = -\dfrac{\left\{m_0\mathfrak{v}_z - \dfrac{h}{2\pi i}\dfrac{z}{R^2}\right\}A_3 + \left\{m_0(\mathfrak{v}_x - i\,\mathfrak{v}_y) - \dfrac{h}{2\pi i}\left(\dfrac{x-iy}{R^2}\right)\right\}A_4}{2\,m_0 c}\\[3ex] \Psi_2 = -\dfrac{\left\{m_0(\mathfrak{v}_x - i\,\mathfrak{v}_y) - \dfrac{h}{2\pi i}\dfrac{x-iy}{R^2}\right\}A_3 - \left\{m_0\mathfrak{v}_z - \dfrac{h}{2\pi i}\dfrac{z}{R^2}\right\}A_4}{2\,m_0 c}\end{array}\right\}\,e^{-\frac{x^2+y^2+z^2}{2R^2}}\,e^{\frac{2\pi i}{h}(p_x x + p_y y + p_z z)}\,. \tag{76}$$

[1]) Der Deutlichkeit halber — zur Unterscheidung von der Basis der natürlichen Logarithmen — ist hier und an einigen anderen kritischen Stellen die Ladung des Elektrons in [ ] gesetzt.

[2]) $p_x = m_0\,\mathfrak{v}_x$ usw.

In (74) und (76) haben wir die gesuchten Wellenfunktionen in Newtonscher Näherung vor uns, d. h. solange $|\mathfrak{v}|$ klein gegen die Lichtgeschwindigkeit ist. Nunmehr berechnen wir, genau wie vorher, die Dichte ϱ und die Strömung $\mathfrak{j} = \varrho\,\mathfrak{u}$ des durch die Bewegung des Elektrons erzeugten Stromes. Dabei ist zu beachten, daß zwar bei der Berechnung der Dichte $\varrho = -e\sum \Psi_i \overset{*}{\Psi}_i$ die „kleinen" Funktionen Ψ_1 und Ψ_2 vernachlässigt werden dürfen, nicht aber bei Berechnung der Strömungskomponenten, da (37) zeigt, daß hier Produkte von „großen" mit „kleinen" Funktionen auftreten, also alle Summanden von gleicher Größenordnung sind. Für ϱ findet man:

$$(77)\quad \varrho = -[e](\Psi_3 \overset{*}{\Psi}_3 + \Psi_4 \overset{*}{\Psi}_4) = -[e]\left(A_3 \overset{*}{A}_3 + A_4 \overset{*}{A}_4\right) e^{-\frac{x^2+y^2+z^2}{R^2}},$$

während sich z. B. für die Stromkomponente $\mathfrak{j}_x$ ergibt [unter Einführung von (77)]:

$$\mathfrak{j}_x = \varrho\,\mathfrak{u}_x = \varrho\,\mathfrak{v}_x + \frac{e h}{2 m_0 \pi}\left[\left(A_4 \overset{*}{A}_4 - A_3 \overset{*}{A}_3\right)\frac{y}{R^2} - \left(i A_3 \overset{*}{A}_4 - i A_4 \overset{*}{A}_3\right)\frac{z}{R^2}\right] e^{-\frac{x^2+y^2+z^2}{R^2}},$$

Da schließlich

$$e^{-\frac{x^2+y^2+z^2}{R^2}}\frac{y}{R^2} = -\frac{1}{2}\frac{\partial}{\partial y}\left(e^{-\frac{x^2+y^2+z^2}{R^2}}\right),$$

$$e^{-\frac{x^2+y^2+z^2}{R^2}}\frac{z}{R^2} = -\frac{1}{2}\frac{\partial}{\partial z}\left(e^{-\frac{x^2+y^2+z^2}{R^2}}\right)$$

ist, so kann man die Strömungskomponenten folgendermaßen schreiben:

$$(78)\quad \left\{\begin{aligned}
&\mathfrak{j}_x \equiv \varrho\,\mathfrak{u}_x = \varrho\,\mathfrak{v}_x \\
&-\frac{h e}{4\pi m_0}\left[\left(A_4\overset{*}{A}_4 - A_3\overset{*}{A}_3\right)\frac{\partial}{\partial y} - i\left(A_3\overset{*}{A}_4 - \overset{*}{A}_3 A_4\right)\frac{\partial}{\partial z}\right] \\
&\mathfrak{j}_y \equiv \varrho\,\mathfrak{u}_y = \varrho\,\mathfrak{v}_y \\
&-\frac{e h}{4\pi m_0}\left[\left(-\overset{*}{A}_3 A_4 - A_3\overset{*}{A}_4\right)\frac{\partial}{\partial z} - \left(A_4\overset{*}{A}_4 - A_3\overset{*}{A}_3\right)\frac{\partial}{\partial x}\right] \\
&\mathfrak{j}_z \equiv \varrho\,\mathfrak{u}_z = \varrho\,\mathfrak{v}_z \\
&-\frac{e h}{4\pi m_0}\left[i\left(A_3\overset{*}{A}_4 - \overset{*}{A}_3 A_4\right)\frac{\partial}{\partial x} - \left(-\overset{*}{A}_3 A_4 - A_3\overset{*}{A}_4\right)\frac{\partial}{\partial y}\right]
\end{aligned}\right\} e^{-\frac{x^2+y^2+z^2}{R^2}}.$$

Das wesentliche ist nun, daß hier nicht mehr $\mathfrak{j} = \varrho\,\mathfrak{u} = \varrho\,\mathfrak{v}$ ist, wie nach der gewöhnlichen Wellenmechanik, sondern daß noch Zusatzglieder auftreten; sie rühren, wie sich zeigen wird, gerade von dem magnetischen Moment unseres Wellenpakets her. Zunächst können wir (78) in eine durchsichtigere Gestalt bringen, indem wir bemerken, daß die Zusatzglieder offenbar die Rotationskomponenten eines Vektors darstellen. Definieren wir also einen reellen Vektor $\frac{1}{4\pi}\mathfrak{P}$ [1]):

---

[1]) Der lästige Faktor $\frac{1}{4\pi}$ ist dadurch bedingt, daß $\mathfrak{P}$ sich als identisch mit dem Vektor der magnetischen Polarisation erweist und wir in Übereinstimmung mit dessen allgemeiner Definition bleiben wollen.

$$(79)\quad \left.\begin{cases} \frac{1}{4\pi}\mathfrak{P}_x = -\frac{eh}{4\pi m_0 c}\left[-\overset{*}{A}_3 A_4 - A_3 \overset{*}{A}_4\right] \\ \frac{1}{4\pi}\mathfrak{P}_y = -\frac{eh}{4\pi m_0 c}\left[i A_3 \overset{*}{A}_4 - i \overset{*}{A}_3 A_4\right] \\ \frac{1}{4\pi}\mathfrak{P}_z = -\frac{eh}{4\pi m_0 c}\left[A_4 \overset{*}{A}_4 - A_3 \overset{*}{A}_3\right] \end{cases}\right\} e^{-\frac{x^2+y^2+z^2}{R^2}},$$

so können wir die Gleichungen (78) folgendermaßen zusammenfassen:

$$(80)\qquad \mathfrak{j} = \varrho\,\mathfrak{u} = \varrho\,\mathfrak{v} + \frac{1}{4\pi}\operatorname{rot}\mathfrak{P}.$$

Die Frage ist: Woher kommt das Zusatzglied, und was bedeutet es?

Zu einer ganz analogen Formel gelangen wir nun, wenn wir einen bewegten elektrisch geladenen Körper betrachten, der gleichzeitig ein magnetisches Moment besitzt, und zwar pro Volumeinheit $\frac{1}{4\pi}\mathfrak{P}$. ($\mathfrak{P}$ ist die sogenannte magnetische Polarisation.) Betrachten wir zunächst einen einfachen magnetischen Dipol vom Moment $\mathfrak{m}$, so erzeugt er bekanntlich ein Magnetfeld, dessen skalares Potential

$$(81\,\text{a})\qquad \varphi_2 = \left(\mathfrak{m},\ \operatorname{grad}\frac{1}{r}\right)$$

ist. Für das folgende ist es aber bequemer, statt dessen das Vektorpotential zu benutzen, und dieses ist für den genannten Dipol:

$$(81\,\text{b})\qquad \mathfrak{a}_2 = \left[\mathfrak{m},\ \operatorname{grad}\frac{1}{r}\right],$$

wovon man sich durch Ausrechnung und Vergleich mit (81 a) leicht überzeugt: sowohl aus φ_2 wie $\mathfrak{a}_2$ leitet man das gleiche Magnetfeld her[1]). Haben wir nicht einen Dipol, sondern einen ausgedehnten Körper, der pro Volumeinheit das magnetische Moment $\frac{1}{4\pi}\mathfrak{P}$ besitzt, so geht das obige Vektorpotential über in:

$$(82)\qquad \mathfrak{A}_2 = \frac{1}{4\pi}\int\left[\mathfrak{P},\ \operatorname{grad}\frac{1}{r}\right]d\tau.$$

Rechnen wir die x-Komponente desselben aus:

$$\mathfrak{A}_{2x} = \frac{1}{4\pi}\int\left\{\mathfrak{P}_y\frac{\partial}{\partial z}\left(\frac{1}{r}\right) - \mathfrak{P}_z\frac{\partial}{\partial y}\left(\frac{1}{r}\right)\right\}d\tau = \frac{1}{4\pi}\int\left\{\frac{\partial}{\partial z}\left(\frac{\mathfrak{P}_y}{r}\right) - \frac{\partial}{\partial y}\left(\frac{\mathfrak{P}_z}{r}\right)\right\}d\tau$$
$$+\frac{1}{4\pi}\int\frac{\left(\frac{\partial\mathfrak{P}_z}{\partial y} - \frac{\partial\mathfrak{P}_y}{\partial z}\right)}{r}\,d\tau.$$

Das erste der rechts stehenden Integrale läßt sich nach dem Greenschen Satze in ein Oberflächenintegral umwandeln und verschwindet,

---

[1]) Es ist: $\quad -\operatorname{grad}\left(\mathfrak{m},\ \operatorname{grad}\frac{1}{r}\right) = \operatorname{rot}\left[\mathfrak{m},\ \operatorname{grad}\frac{1}{r}\right].$

wenn $\mathfrak{P}$ an der Körperoberfläche gleich Null ist. Dann folgt weiter, indem wir jetzt direkt vektoriell verallgemeinern:

$$(83) \qquad \mathfrak{A}_2 = \frac{1}{4\pi} \int \frac{\operatorname{rot} \mathfrak{P}}{r}\, d\tau\,.$$

Das ist das Vektorpotential, das von dem magnetischen Moment $\mathfrak{M} = \frac{1}{4\pi} \int \mathfrak{P}\, d\tau$ des Körpers herrührt. Da er außerdem aber elektrisch geladen ist und sich mit der Geschwindigkeit $\mathfrak{v}$ bewegen soll, so stellt er auch einen elektrischen Strom dar, und dessen Magnetfeld leitet sich bekanntlich aus dem Vektorpotential $\mathfrak{A}_1$ ab:

$$(84) \qquad \mathfrak{A}_1 = \frac{1}{c} \int \frac{\varrho\, \mathfrak{v}}{r}\, d\tau\,.$$

Das gesamte Vektorpotential $\mathfrak{A}$ des elektrisch geladenen und mit magnetischem Moment behafteten bewegten Körpers finden wir durch Vektoraddition von (83) und (84):

$$(85) \qquad \mathfrak{A} = \frac{1}{c} \int \frac{\varrho\, \mathfrak{v} + \frac{1}{4\pi} \operatorname{rot} \mathfrak{P}}{r}\, d\tau\,;$$

das gleiche Potential würde ein elektrisch geladener Körper ohne magnetisches Moment liefern, wenn er mit einer Geschwindigkeit $\mathfrak{u}$ bewegt würde, so daß

$$\varrho\, \mathfrak{u} = \varrho\, \mathfrak{v} + \frac{1}{4\pi} \operatorname{rot} \mathfrak{P}$$

ist; das ist aber die Gleichung (80), die somit ihre Deutung gefunden hat: Unser einem Elektron entsprechendes Wellenpaket erzeugt ein solches Magnetfeld, als ob es gleichzeitig ein magnetisches Moment pro Volumeinheit $\frac{1}{4\pi}\mathfrak{P}$ besäße.

Das gesamte magnetische Moment $\mathfrak{M}$ ist also:

$$\mathfrak{M} = \frac{1}{4\pi} \int \mathfrak{P}\, d\tau\,.$$

Für seine x-Komponente finden wir nach (79):

$$\mathfrak{M}_x = + \frac{e h}{4\pi m_0 c} \left[\overset{*}{A}_3 A_4 + A_3 \overset{*}{A}_4\right] \int\limits_{-\infty}^{\infty} e^{-\frac{x^2+y^2+z^2}{R^2}}\, d\tau\,,$$

das über das Volumen des Elektrons, d. h. über den ganzen Raum zu erstrecken ist. Das liefert:

$$\mathfrak{M}_x = + \frac{e h}{4\pi m_0 c} \left[\overset{*}{A}_3 A_4 + A_3 \overset{*}{A}_4\right] R^3 \pi^{3/2}\,.$$

Hier haben wir noch zu normieren, nach Gl. (35), wobei die besondere Vereinfachung eintritt, daß $(\Psi_1 \overset{*}{\Psi}_1 + \Psi_2 \overset{*}{\Psi}_2)$ vernachlässigt werden darf. Daher lautet die Normierungsbedingung:

$$\int (\Psi_3 \overset{*}{\Psi}_3 + \Psi_4 \overset{*}{\Psi}_4)\, d\tau = (A_3 \overset{*}{A}_3 + A_4 \overset{*}{A}_4) \int\limits_{-\infty}^{\infty} e^{-\frac{x^2+y^2+z^2}{R^2}}\, d\tau = 1\,,$$

und das liefert

$$A_3 \overset{*}{A}_3 + A_4 \overset{*}{A}_4 = R^{-3} \pi^{-3/2}\,.$$

Damit erhalten wir endlich für die Komponenten des magnetischen Momentes:

$$(86) \quad \begin{cases} \mathfrak{M}_x = + \dfrac{e h}{4 \pi m_0 c} \dfrac{\overset{*}{A}_3 A_4 + A_3 \overset{*}{A}_4}{A_3 \overset{*}{A}_3 + A_4 \overset{*}{A}_4}\,, \\[2ex] \mathfrak{M}_y = + \dfrac{e h}{4 \pi m_0 c}\, i \dfrac{\overset{*}{A}_3 A_4 - A_3 \overset{*}{A}_4}{A_3 \overset{*}{A}_3 + A_4 \overset{*}{A}_4}\,, \\[2ex] \mathfrak{M}_z = - \dfrac{e h}{4 \pi m_0 c} \dfrac{A_4 \overset{*}{A}_4 - A_3 \overset{*}{A}_3}{A_3 \overset{*}{A}_3 + A_4 \overset{*}{A}_4}\,. \end{cases}$$

Für seinen Betrag findet man:

$$(87) \quad \begin{cases} |\mathfrak{M}| = \dfrac{e h}{4 \pi m_0 c} \sqrt{\dfrac{(A_3 \overset{*}{A}_4 + \overset{*}{A}_3 A_4)^2 + (A_3 \overset{*}{A}_4 - \overset{*}{A}_3 A_4)^2 + (A_4 \overset{*}{A}_4 - A_3 \overset{*}{A}_3)^2}{(A_3 \overset{*}{A}_3 + A_4 \overset{*}{A}_4)^2}} \\[2ex] \quad = \dfrac{e h}{4 \pi m_0 c}\,, \end{cases}$$

d. h. das magnetische Moment unseres das Elektron abbildenden Wellenpaketes ist gleich einem Bohrschen Magneton. Das ist die Übertragung der Hypothese von Goudsmit und Uhlenbeck vom Elektronenspin in die Sprache der Diracschen Wellenmechanik.

Wir haben hierzu noch einige Bemerkungen zu machen.

Man kann die Momentkomponenten offensichtlich folgendermaßen schreiben:

$$(88) \qquad \mathfrak{M}_x = + \frac{e h}{4 \pi m_0 c} \int (\overset{*}{\Psi}_3 \Psi_4 + \Psi_3 \overset{*}{\Psi}_4)\, d\tau\,, \quad \text{usw.}$$

Bei dieser Schreibweise wird es klar, daß die Komponenten statistische Mittelwerte sind, genau wie die Dichte ϱ und die Stromdichte $\mathfrak{j}$. Das heißt: Wenn man Versuche anstellt, die x-Komponente $\mathfrak{M}_x$ zu bestimmen, so wird der Mittelwert zahlreicher Versuche durch die Gleichung (88) gegeben usw.

Eine besondere Rolle spielt bei unserer Form der Dirac-Gleichungen die z-Achse. Wenn wir uns parallel dieser ein Magnetfeld denken, so wissen wir, daß wir im Einzelversuch entweder den Wert $+\frac{e h}{4 \pi m_0 c}$ oder den Wert $-\frac{e h}{4 \pi m_0 c}$ für die z-Komponente des magnetischen

Momentes finden müssen, da die Spinachse des Elektrons sich entweder parallel oder antiparallel zum Felde stellt. Es ist nun sehr charakteristisch, daß das mittlere Moment $\overline{\mathfrak{M}_z}$ sich als Differenz darstellt:

$$\overline{\mathfrak{M}_z} = \frac{e h}{4 \pi m_0 c} \left\{ -\int \Psi_4 \overset{*}{\Psi}_4 \, d\tau + \int \Psi_3 \overset{*}{\Psi}_3 \, d\tau \right\}. \tag{89}$$

Es kann daher $\int \Psi_4 \overset{*}{\Psi}_4 \, d\tau$ als die Wahrscheinlichkeit dafür angesehen werden, bei einer Einzelmessung das Elektron (irgendwo im Raume τ) mit dem Moment $-\frac{e h}{4 \pi m_0 c}$ zu finden, $\int \Psi_3 \overset{*}{\Psi}_3 \, d\tau$ desgleichen als die Wahrscheinlichkeit, das Elektron (irgendwo im Raume τ) mit dem Werte $+\frac{e h}{4 \pi m_0 c}$ anzutreffen, d. h. antiparallele bzw. parallele Stellung der Spinachse relativ zum Feld zu finden. Es ist dies eine naturgemäße Erweiterung der allgemeinen statistischen Auffassung der ursprünglichen Wellenmechanik, den Ausdruck $\Psi \overset{*}{\Psi} \, d\tau$ als die Aufenthaltswahrscheinlichkeit des betreffenden Teilchens in $d\tau$ anzusehen. Man versteht hier, warum es mehrerer Wellenfunktionen bedarf, um die Spineigenschaften des Elektrons darzustellen. Gerade diese Erwägung und die Absicht, den Elektronenspin in die Wellenmechanik einzuführen, führte W. Pauli dazu, schon vor Dirac zwei Wellenfunktionen Ψ_+ und Ψ_- einzuführen, derart, daß $\Psi_+ \overset{*}{\Psi}_+ \, d\tau$ die Wahrscheinlichkeit bedeuten solle, das Elektron im Volumelement $d\tau$ mit parallel zum Feld gerichteter Spinachse vorzufinden, während $\Psi_- \overset{*}{\Psi}_- \, d\tau$ entsprechend die Wahrscheinlichkeit bedeuten sollte, es mit antiparalleler Spinachse im gleichen Volumelement (und übrigens gleichen Zustande) anzutreffen. In dem hier betrachteten Spezialfalle Newtonscher Näherung geht also die allgemeine Diracsche Theorie in die Paulische über. Diese gehorcht zwar nicht der Forderung der Relativitätstheorie, aber ihr allgemeiner Gedanke, mehrere Wellenfunktionen einzuführen, hat sich als fruchtbar erwiesen.

Ferner lehrt ein Blick auf die Gleichungen (86) bis (88), daß in ihnen der „Radius“ R des das Elektron abbildenden Wellenpaketes nicht mehr auftritt. Die in diesen Gleichungen enthaltenen Resultate sind also unabhängig von dessen Wahl. Sie gelten also für die ganze Skala der vorhandenen Möglichkeiten: Von dem auf einen Punkt zusammengezogenen Wellenpaket bis zur unendlich ausgedehnten harmonischen Welle. Im ersten Falle ist der „Ort“ des Elektrons absolut genau festgelegt, dafür aber der Impuls vollkommen unbestimmt. Im letzteren Falle haben wir absolut bestimmten Impuls, daher aber völlig unbestimmte Lage des Elektrons — genau, wie es die Heisenbergschen Ungenauigkeitsrelationen vorschreiben.

Schließlich ist noch folgendes hervorzuheben: Nach der Allgemeinheit der Überlegungen Diracs zu urteilen, sollte man erwarten, daß die im vorstehenden gemachten Gleichungen für beliebige geladene materielle Teilchen Gültigkeit besäßen. Dann würde sich z. B. für das Proton (Wasserstoffkern) die Folgerung ergeben, daß dieser ein magnetisches Moment $\frac{e h}{4 \pi M c}$ hätte (M die Masse des H-Kerns). Wir haben aber schon früher darauf hingewiesen[1]), daß das nur größenordnungsmäßig stimmt. Den Grund dafür kann man darin sehen, daß das Proton nicht die fundamentale Rolle spielt, wie das Elektron (und Positron): hier spielen die noch recht ungeklärten Probleme der Kernphysik herein. Zur Zeit ist also die Diracsche Theorie nur für Elektronen (und Positronen; davon später in Nr. 76) anwendbar.

74. Intermediäre Integrale; der mechanische Drehimpuls des Elektrons.

In der klassischen Mechanik bezeichnet man gewisse Aggregate der Koordinaten, Geschwindigkeiten (oder Impulse) und der Zeit dann als „intermediäre" oder „erste" Integrale der Bewegung, wenn das betreffende Aggregat zeitlich konstant ist. Das Energieintegral, das Impuls- und Drehimpulsintegral (bei freien Systemen) sind die geläufigsten Beispiele dafür.

In der Wellenmechanik tritt an Stelle dieser Größen — wie aller mechanischer Größen — ein geeigneter Operator; wir wollen jetzt die Frage untersuchen, im Hinblick auf die mögliche Existenz eines konstanten Drehimpuls-Operators — wann ein Operator ein „intermediäres" Integral der Bewegung darstellt. Bezeichnen wir den Operator wie früher durch O, so ist sein Erwartungswert $\overline{O}$ definiert durch:

$$\overline{O} = \int \overset{*}{\Psi} (O, \Psi)\, d\tau , \tag{90}$$

und da uns die Frage interessiert, wann $\overline{O}$ von der Zeit unabhängig ist, werden wir allgemein $\frac{d\overline{O}}{dt}$ zu untersuchen haben. Wir bilden — aus Zweckmäßigkeitsgründen multiplizieren wir mit $\frac{h}{2\pi i}$ — den Ausdruck:

$$\left\{\begin{aligned} \frac{h}{2\pi i}\frac{d\overline{O}}{dt} &= \frac{h}{2\pi i}\int \frac{\partial \overset{*}{\Psi}}{\partial t}(O, \Psi)\, d\tau + \frac{h}{2\pi i}\int \overset{*}{\Psi}\left(\frac{\partial O}{\partial t}, \Psi\right) d\tau \\ &\quad + \frac{h}{2\pi i}\int \overset{*}{\Psi}\left(O, \frac{\partial \Psi}{\partial t}\right) d\tau. \end{aligned}\right. \tag{91}$$

In den Integralen rechts haben wir statt der vollständigen Ableitungen nach der Zeit $\frac{d}{dt}$ die partiellen $\frac{\partial}{\partial t}$ geschrieben; in der Tat fallen die anderen Glieder, z. B. $\frac{\partial \overset{*}{\Psi}}{\partial x}\dot{x}, \ldots$ fort, da die Größen $x, \ldots$ nicht Funk-

[1]) Vgl. Anm. 1 auf pag. 346. Nach einer Messung von O. Stern ist das magnetische Moment des Protons 2,46 $\frac{e h}{4 \pi M c}$.

tionen der Zeit sind; sie sind ja im Sinne der Wellenmechanik nicht als abhängige, sondern neben der Zeit t als unabhängige Variabeln zu betrachten.

Sowohl nach der Schrödingerschen wie der Diracschen Wellenmechanik ist die Wellengleichung für Ψ und $\overset{*}{\Psi}$ stets gegeben durch die symbolische Gleichung:

$$(92)\qquad \begin{cases} H, \Psi = -\dfrac{h}{2\pi i}\dfrac{\partial \Psi}{\partial t}, \\ H, \overset{*}{\Psi} = +\dfrac{h}{2\pi i}\dfrac{\partial \overset{*}{\Psi}}{\partial t}. \end{cases}$$

Dies können wir benutzen, um in (91) die zeitlichen Ableitungen $\frac{\partial \Psi}{\partial t}$ und $\frac{\partial \overset{*}{\Psi}}{\partial t}$ zu ersetzen, und den Hamiltonschen Operator H einzuführen. Somit entsteht aus (91):

$$(93)\quad \frac{h}{2\pi i}\frac{d\overline{O}}{dt} = \int (H, \overset{*}{\Psi})(O, \Psi)\, d\tau - \int \overset{*}{\Psi}(O, H\Psi)\, d\tau + \frac{h}{2\pi i}\int \overset{*}{\Psi}\left(\frac{\partial O}{\partial t}, \Psi\right) d\tau .$$

Bezeichnen wir vorübergehend

$$(94)\qquad \overset{*}{\Psi} \text{ mit } \varphi, \quad (O, \Psi) \text{ mit } \chi,$$

und betrachten wir das Integral:

$$\int [\varphi (H, \chi) - \chi (H, \varphi)]\, d\tau .$$

In der Schrödingerschen Wellenmechanik[1]) ist nun H gegeben durch:

$$H = \frac{1}{2 m_0}\left(\frac{h}{2\pi i}\right)^2 \Delta + \Phi .$$

Also wird unser Integral:

$$\int [\varphi (H\chi) - \chi (H\varphi)]\, d\tau = \frac{1}{2 m_0}\left(\frac{h}{2\pi i}\right)^2 \int [\varphi \Delta \chi - \chi \Delta \varphi]\, d\tau ,$$

und nach dem Greenschen Satze:

$$\int [\varphi (H\chi) - \chi (H\varphi)]\, d\tau = \frac{1}{2 m_0}\left(\frac{h}{2\pi i}\right)^2 \int \left(\varphi \frac{\partial \chi}{\partial n} - \chi \frac{\partial \varphi}{\partial n}\right) dS ;$$

letzteres Integral erstreckt sich über die Oberfläche S des Raumes τ; läßt man S ins Unendliche rücken, so verschwindet das Oberflächenintegral wegen der bekannten Eigenschaft der Wellenfunktion; also ist:

$$(95)\qquad \int \varphi (H\chi)\, d\tau = \int \chi (H\varphi)\, d\tau .$$

[1]) Wir könnten ebensogut den Hamiltonschen Operator der Diracschen Theorie z. B. nach Gl. (14) nehmen; das später in (97) bzw. (97a) erhaltene Ergebnis bleibt dasselbe; in der Gl. (96) tritt nur an Stelle des einen Integrals eine Summe von 4 Integralen, die mit den 4 Wellenfunktionen Ψ_k in gleicher Weise gebildet sind; das ist analog dem Verfahren, das wir z. B. bei der Definition der Wahrscheinlichkeitsdichte befolgt haben.

Kehren wir nun mittels (94) zu unserer alten Bezeichnung zurück, so lautet diese letzte Gleichung:

$$\int \overset{*}{\Psi} (H\,O\,\Psi)\,d\tau = \int (O,\Psi)\,(H,\overset{*}{\Psi})\,d\tau = \int (H,\overset{*}{\Psi})\,(O\,\Psi)\,d\tau\,,$$

und mit deren Hilfe können wir (93) schreiben:

$$\frac{h}{2\pi i}\,\frac{d\overline{O}}{dt} = \int \overset{*}{\Psi} (H\,O,\Psi)\,d\tau - \int \overset{*}{\Psi} (O\,H,\Psi)\,d\tau + \frac{h}{2\pi i}\int \overset{*}{\Psi}\left(\frac{dO}{dt},\Psi\right)d\tau\,,$$

oder unter Zusammenfassung der drei rechts stehenden Integrale:

(96) $$\frac{h}{2\pi i}\,\frac{d\overline{O}}{dt} = \int \overset{*}{\Psi}\,d\tau\left[H\,O - O\,H + \frac{h}{2\pi i}\,\frac{\partial O}{\partial t}\right],\Psi\text{ [1]}).$$

Wenn also

(97) $$\frac{\partial O}{\partial t} + \frac{2\pi i}{h}\,(H\,O - O\,H) = 0$$

ist, so ist sicher $\overline{O}$ zeitlich konstant, d. h. der Operator O ein intermediäres Integral der durch H charakterisierten Bewegung. Aber es gilt auch das Umgekehrte, wenn auch der Beweis etwas schwieriger zu führen ist, weshalb wir hier darauf verzichten. Wir betrachten also (97) als die notwendige und hinreichende Bedingung dafür, daß der Operator O ein intermediäres Integral ist. Ist insbesondere O von t unabhängig, so ist O dann ein erstes Integral, wenn

(97a) $$H\,O - O\,H = 0\,,$$

d. h. wenn der Hamiltonsche Operator H mit O vertauschbar ist.

Wir wollen eine Anwendung dieses Satzes machen, deren Resultat wir schon von früher her kennen, nämlich etwa auf die z-Komponente $\mathfrak{D}_z$ des Drehimpulses, wenn das Elektron sich in einem äußeren Felde befindet, das Kugelsymmetrie hat, d. h. wenn seine potentielle Energie V nur von r abhängt, und zwar zunächst unter Zugrundelegung der Schrödingerschen „einwelligen“ Theorie. Der Operator, der der z-Komponente des Drehimpulses entspricht, ist definiert durch:

$$O = \frac{h}{2\pi i}\left(x\frac{\partial}{\partial y} - y\frac{\partial}{\partial x}\right),$$

und der Hamiltonsche Operator durch

$$H = -\frac{h^2}{8\,m_0\,\pi^2}\,\Delta - e\,V(r)\,.$$

[1]) Diese Gleichung gestattet eine sehr elegante Berechnung der Zeitabhängigkeit aller in der Wellenmechanik auftretenden Operationen, z. B. der Koordinaten und der Impulse. Man erhält auf diese Weise z. B. eine sehr einfache Herleitung des Ehrenfestschen Schwerpunktstheorems, das wir in Nr. 60 durch direkte spezielle Berechnung bewiesen haben.

Da O nicht explizit von t abhängt, haben wir (97a) zugrunde zu legen, also den Ausdruck zu untersuchen:

$$\frac{h}{2\pi i}\left(-\frac{h^2}{8 m_0 \pi^2}\Delta - eV(r)\right)\left(x\frac{\partial}{\partial y} - y\frac{\partial}{\partial x}\right) - \frac{h}{2\pi i}\left(x\frac{\partial}{\partial y} - y\frac{\partial}{\partial x}\right)\left(-\frac{h^2}{8 m_0 \pi^2}\Delta - eV(\mathfrak{r})\right).$$

Nun ist, da die Reihenfolge der Differentiationen gleichgültig ist, jedenfalls

$$\Delta\left(x\frac{\partial}{\partial y} - y\frac{\partial}{\partial x}\right) = \left(x\frac{\partial}{\partial y} - y\frac{\partial}{\partial x}\right)\Delta.$$

Es bleibt also zu untersuchen

$$V\left(x\frac{\partial}{\partial y} - y\frac{\partial}{\partial x}\right) - \left(x\frac{\partial}{\partial y} - y\frac{\partial}{\partial x}\right)V;$$

diesen Ausdruck muß man auf eine Funktion Ψ wirken lassen und erhält dann dafür:

$$\left(y\frac{\partial V}{\partial x} - x\frac{\partial V}{\partial y}\right)\Psi.$$

Da V nach Voraussetzung aber nur von r abhängen soll, so ist dies auch gleich

$$\left(y\frac{dV}{dr}\frac{x}{r} - x\frac{dV}{dr}\frac{y}{r}\right)\Psi,$$

d. h. es verschwindet. Folglich ist $\mathfrak{D}_z$ für die betrachtete Bewegung nach der Schrödingerschen Wellenmechanik wirklich erstes Integral; das gleiche gilt für die anderen Komponenten von $\mathfrak{D}$.

In der Diracschen Wellenmechanik ist das nicht mehr der Fall. In dieser haben wir nämlich den Hamiltonschen Operator zu verwenden, der aus (55) mit $\mathfrak{A} = O$ und $\varepsilon = -e$ hervorgeht[1]):

$$H = -\frac{ch}{2\pi i}\left[\boldsymbol{a}_1\frac{\partial}{\partial x} + \boldsymbol{a}_2\frac{\partial}{\partial y} + \boldsymbol{a}_3\frac{\partial}{\partial z} + \frac{2\pi i}{h}\boldsymbol{a}_4 m_0 c\right] - eV(\mathfrak{r}).$$

Zu bilden haben wir einmal:

$$(98)\quad \left\{-\frac{ch}{2\pi i}\left[\boldsymbol{a}_1\frac{\partial}{\partial x} + \boldsymbol{a}_2\frac{\partial}{\partial y} + \boldsymbol{a}_3\frac{\partial}{\partial z} + \frac{2\pi i}{h}\boldsymbol{a}_4 m_0 c\right] - eV\right\}\left\{x\frac{\partial}{\partial y} - y\frac{\partial}{\partial x}\right\}\frac{h}{2\pi i},$$

und zweitens damit zu vergleichen den Ausdruck:

$$(99)\quad \left\{x\frac{\partial}{\partial y} - y\frac{\partial}{\partial x}\right\}\left\{-\frac{ch}{2\pi i}\left[\boldsymbol{a}_1\frac{\partial}{\partial x} + \boldsymbol{a}_2\frac{\partial}{\partial y} + \boldsymbol{a}_3\frac{\partial}{\partial z} + \frac{2\pi i}{h}\boldsymbol{a}_4 m_0 c\right] - eV\right\}\frac{h}{2\pi}.$$

Man sieht sofort, daß das Glied mit V sich aus demselben Grunde bei Differenzbildung von (98) und (99) heraushebt wie vorhin; wir werden also darauf keine Rücksicht mehr nehmen; das gleiche gilt für die Glieder mit $\boldsymbol{a}_4$. Es bleibt also die Differenz zu untersuchen:

$$(100)\quad \begin{cases} \left(\boldsymbol{a}_1\frac{\partial}{\partial x} + \boldsymbol{a}_2\frac{\partial}{\partial y} + \boldsymbol{a}_3\frac{\partial}{\partial z}\right)\left(x\frac{\partial}{\partial y} - y\frac{\partial}{\partial x}\right) \\ \quad -\left(x\frac{\partial}{\partial y} - y\frac{\partial}{\partial x}\right)\left(\boldsymbol{a}_1\frac{\partial}{\partial x} + \boldsymbol{a}_2\frac{\partial}{\partial y} + \boldsymbol{a}_3\frac{\partial}{\partial z}\right). \end{cases}$$

[1]) Da hier die $\boldsymbol{a}_i$ noch nicht spezialisiert sind, ist in den folgenden Gleichungen keine Bevorzugung der z-Achse enthalten.

Zu beachten ist dabei, daß die $\boldsymbol{a}_i$ mit den Differentiationen (aber nicht unter sich!) vertauschbar sind, da sie konstant sind. Dann liefert die Ausrechnung von (100):

$$\boldsymbol{a}_1 \frac{\partial}{\partial x}\left(x \frac{\partial}{\partial y}\right) - \boldsymbol{a}_1 \frac{\partial}{\partial x}\left(y \frac{\partial}{\partial x}\right) + \boldsymbol{a}_2 \frac{\partial}{\partial y}\left(x \frac{\partial}{\partial y}\right) - \boldsymbol{a}_2 \frac{\partial}{\partial y}\left(y \frac{\partial}{\partial x}\right)$$
$$+ \boldsymbol{a}_3 \frac{\partial}{\partial z}\left(x \frac{\partial}{\partial y}\right) - \boldsymbol{a}_3 \frac{\partial}{\partial z}\left(y \frac{\partial}{\partial x}\right) - \boldsymbol{a}_1 x \frac{\partial^2}{\partial x \, \partial y} + \boldsymbol{a}_1 y \frac{\partial^2}{\partial x^2} - \boldsymbol{a}_2 x \frac{\partial^2}{\partial y^2}$$
$$+ \boldsymbol{a}_2 y \frac{\partial^2}{\partial x \, \partial y} - \boldsymbol{a}_3 x \frac{\partial^2}{\partial y \, \partial z} + \boldsymbol{a}_3 y \frac{\partial^2}{\partial x \, \partial z} = \boldsymbol{a}_1 \frac{\partial}{\partial y} - \boldsymbol{a}_2 \frac{\partial}{\partial x}\,.$$

Fügen wir den beim Übergang von (98) und (99) zu (100) fortgelassenen Faktor $\frac{c h^2}{4 \pi^2}$ wieder hinzu, so haben wir das Resultat:

$$(101)\quad \begin{cases} -\frac{h}{2\pi i}\left(x \frac{\partial}{\partial y} - y \frac{\partial}{\partial x}\right) H + \frac{h}{2\pi i} H \left(x \frac{\partial}{\partial y} - y \frac{\partial}{\partial x}\right) \\ \qquad = \frac{c h^2}{4\pi^2}\left(\boldsymbol{a}_1 \frac{\partial}{\partial y} - \boldsymbol{a}_2 \frac{\partial}{\partial x}\right), \end{cases}$$

d. h. $\mathfrak{D}_z$ ist keine Konstante der Bewegung, obwohl das System in der klassischen Mechanik und der älteren Quantentheorie die dazu notwendige Bedingung erfüllt.

Wir wollen nun versuchen, ob man nicht an Stelle von $\mathfrak{D}_z$ einen abgeänderten Operator finden kann, der sich seinerseits als intermediäres Integral erweist; der leitende Gedanke ist dabei, daß ja auch in der älteren Quantentheorie durch den Elektronendrall der Bahndrehimpuls nicht mehr der alleinige Drehimpuls ist. Wir untersuchen zunächst den Operator[1])

$$(102)\qquad \mathfrak{S}_z = \frac{h}{4\pi i} \boldsymbol{a}_1 \boldsymbol{a}_2$$

auf seine Vertauschbarkeit mit H, d. h. wir bilden den Ausdruck

$$(103)\quad \begin{cases} H \mathfrak{S}_z - \mathfrak{S}_z H = \\ -\boldsymbol{a}_1 \boldsymbol{a}_2 \left\{\frac{c h^2}{8\pi^2}\left(\boldsymbol{a}_1 \frac{\partial}{\partial x} + \boldsymbol{a}_2 \frac{\partial}{\partial y} + \boldsymbol{a}_3 \frac{\partial}{\partial z} + \frac{2\pi i}{h} \boldsymbol{a}_4 m_0 c\right) - \frac{e h}{4\pi i} V\right\} \\ + \left\{\frac{c h^2}{8\pi^2}\left(\boldsymbol{a}_1 \frac{\partial}{\partial x} + \boldsymbol{a}_2 \frac{\partial}{\partial y} + \boldsymbol{a}_3 \frac{\partial}{\partial z} + \frac{2\pi i}{h} \boldsymbol{a}_4 m_0 c\right) - \frac{e h}{4\pi i} V\right\} \boldsymbol{a}_1 \boldsymbol{a}_2\,. \end{cases}$$

Das Glied mit V hebt sich ohne weiteres heraus; lassen wir auch den Faktor $\frac{c h^2}{8 \pi^2}$ vorläufig beiseite, so handelt es sich um den Ausdruck:

$$-\left[\boldsymbol{a}_1 \boldsymbol{a}_2 \boldsymbol{a}_1 \frac{\partial}{\partial x} + \boldsymbol{a}_1 \boldsymbol{a}_2 \boldsymbol{a}_2 \frac{\partial}{\partial y} + \boldsymbol{a}_1 \boldsymbol{a}_2 \boldsymbol{a}_3 \frac{\partial}{\partial z} + \frac{2\pi i}{h} \boldsymbol{a}_1 \boldsymbol{a}_2 \boldsymbol{a}_4 m_0 c\right]$$
$$+\left[\boldsymbol{a}_1 \boldsymbol{a}_1 \boldsymbol{a}_2 \frac{\partial}{\partial x} + \boldsymbol{a}_2 \boldsymbol{a}_1 \boldsymbol{a}_2 \frac{\partial}{\partial y} + \boldsymbol{a}_3 \boldsymbol{a}_1 \boldsymbol{a}_2 \frac{\partial}{\partial z} + \frac{2\pi i}{h} \boldsymbol{a}_4 \boldsymbol{a}_1 \boldsymbol{a}_2 m_0 c\right].$$

---

[1]) Dieser Ansatz wird einigermaßen nahegelegt durch die aus der älteren Quantentheorie stammenden Kenntnis, daß dort ein Elektronendrall vom Betrage $\frac{h}{4\pi}$ eingeführt werden mußte, in Verbindung mit der Bemerkung am Schlusse der Nr. 72, daß die Größen $i\,\boldsymbol{a}_i\,\boldsymbol{a}_k$ in gewissem Sinne als Richtungskosinusse anzusehen sind.

Nun ist nach den Rechenregeln (15) der Matrizen $\boldsymbol{a}_i$ z. B. für die Glieder mit $\frac{\partial}{\partial x}$:

$$\boldsymbol{a}_1 \boldsymbol{a}_2 \boldsymbol{a}_1 = - \boldsymbol{a}_1 \boldsymbol{a}_1 \boldsymbol{a}_2 = - \boldsymbol{a}_2 ; \qquad + \boldsymbol{a}_1 \boldsymbol{a}_1 \boldsymbol{a}_2 = + \boldsymbol{a}_2 , \quad \text{usw.}$$

So findet man schließlich unter Wiederanfügung des Faktors $\frac{c h^2}{8 \pi^2}$:

$$(104) \quad H \mathfrak{S}_z - \mathfrak{S}_z H = \frac{c h^2}{8 \pi^2} \left(2 \boldsymbol{a}_2 \frac{\partial}{\partial x} - 2 \boldsymbol{a}_1 \frac{\partial}{\partial y} \right) = - \frac{c h^2}{4 \pi^2} \left(\boldsymbol{a}_1 \frac{\partial}{\partial y} - \boldsymbol{a}_2 \frac{\partial}{\partial x} \right).$$

$\mathfrak{S}_z$ ist also gleichfalls mit H nicht vertauschbar; aber ein Blick auf (104) und (101) zeigt, daß in beiden Fällen die Abweichung vom kommutativen Gesetz für $\mathfrak{D}_z$ und $\mathfrak{S}_z$ gerade entgegengesetzt ist. Die Summe also

$$(105) \qquad \mathfrak{R}_z = \mathfrak{D}_z + \mathfrak{S}_z = \frac{h}{2 \pi i} \left(x \frac{\partial}{\partial y} - y \frac{\partial}{\partial x} \right) + \frac{h}{4 \pi i} \boldsymbol{a}_1 \boldsymbol{a}_2$$

muß mit H vertauschbar sein, d. h. der beobachtbare Mittelwert $\mathfrak{R}_z$ ist ein erstes Integral der Bewegung. Das Gleiche gilt für die anderen Koordinatenrichtungen.

Nach Dirac setzt sich also der totale Drehimpuls vektoriell zusammen aus $\mathfrak{D}$ und $\mathfrak{S}$; letzterer ist es, der bisher als Elektronenspin bezeichnet wurde, was wir durch den Buchstaben $\mathfrak{S}$ angedeutet haben. Wie alle Größen der Wellenmechanik ist er ein Operator, der auf eine Funktion Ψ wirkt mit den Komponenten

$$(106) \qquad \mathfrak{S}_x = \frac{h}{4 \pi i} \boldsymbol{a}_2 \boldsymbol{a}_3; \qquad \mathfrak{S}_y = \frac{h}{4 \pi i} \boldsymbol{a}_3 \boldsymbol{a}_1 ; \qquad \mathfrak{S}_z = \frac{h}{4 \pi i} \boldsymbol{a}_1 \boldsymbol{a}_2 .$$

Man sieht übrigens hier die Richtigkeit einer früheren Bemerkung (am Schluß der Nr. 72) bestätigt, daß die Größen $\boldsymbol{a}_2 \boldsymbol{a}_3, \ldots$ einer Art von Richtungskosinussen äquivalent sind. Durch einen Vergleich mit (71) folgt daraus insbesondere, daß der Elektronenspinvektor $\mathfrak{S}$ parallel dem Vektor $\mathfrak{M}$ des magnetischen Momentes ist.

Bisher sind die Resultate allgemein; in dem Augenblick aber, in dem wir die $\boldsymbol{a}_i$ nach (16) wählen und in (106) einführen, stellt sich wieder die Bevorzugung der z-Achse ein und die Komponente $\mathfrak{S}_z$ spielt eine besondere Rolle. Wir wollen daher unter Einführung der speziellen Matrizen (16) $\mathfrak{S}_z$ auf die vier Wellenfunktionen Ψ_i anwenden. Zunächst gewinnt man aus der Multiplikationsregel für Matrizen das Resultat:

$$(107) \qquad \boldsymbol{a}_1 \boldsymbol{a}_2 = \begin{pmatrix} i & 0 & 0 & 0 \\ 0 & -i & 0 & 0 \\ 0 & 0 & i & 0 \\ 0 & 0 & 0 & -i \end{pmatrix},$$

und indem man diese Matrizen nach der Vorschrift (18) der Reihe nach auf $\Psi_1, \Psi_2, \Psi_3, \Psi_4$ wirken läßt, erhält man:

$$(108) \quad \left\{ \begin{array}{c} \boldsymbol{a}_1 \boldsymbol{a}_2 \Psi_1 = i \Psi_1 ; \quad \boldsymbol{a}_1 \boldsymbol{a}_2 \Psi_2 = - i \Psi_2 ; \quad \boldsymbol{a}_1 \boldsymbol{a}_2 \Psi_3 = i \Psi_3 ; \\ \boldsymbol{a}_1 \boldsymbol{a}_2 \Psi_4 = - i \Psi_4 . \end{array} \right.$$

Demgemäß folgt

$$(109) \quad \begin{cases} \mathfrak{S}_z(\Psi_1) = \frac{h}{4\pi}\Psi_1\,; & \mathfrak{S}_z(\Psi_2) = -\frac{h}{4\pi}\Psi_2\,, \\ \mathfrak{S}_z(\Psi_3) = \frac{h}{4\pi}\Psi_3\,; & \mathfrak{S}_z(\Psi_4) = -\frac{h}{4\pi}\Psi_4\,. \end{cases}$$

Wenn wir nun den Erwartungswert $\overline{\mathfrak{S}_z}$ ausrechnen, so finden wir dafür:

$$(110) \quad \overline{\mathfrak{S}_z} = \frac{h}{4\pi}\int(\Psi_1\overset{*}{\Psi}_1 + \Psi_3\overset{*}{\Psi}_3)\,d\tau - \frac{h}{4\pi}\int(\Psi_2\overset{*}{\Psi}_2 + \Psi_4\overset{*}{\Psi}_4)\,d\tau\,.$$

Das bedeutet offenbar, daß man bei einer Messung entweder den Wert $+\frac{h}{4\pi}$ oder $-\frac{h}{4\pi}$ zu erwarten hat; das erste Integral in (110) gibt die Wahrscheinlichkeit für das Eintreten des ersten Falles, das zweite Integral für das des letzteren; das ist genau so, wie es in Nr. 73 mit dem magnetischen Momente $\overline{\mathfrak{M}_z}$ war.

Wir wollen nun noch das magnetische Moment des Elektrons mit seinem Spinmoment vergleichen. Dann erhalten wir:

$$(111) \quad \frac{|\mathfrak{M}|}{|\mathfrak{S}|} = \frac{e\,h}{4\pi m_0 c} : \frac{h}{4\pi} = \frac{e}{m_0 c}\,.$$

Diese Gleichung aber spricht die sogenannte magnetomechanische Anomalie aus, auf die wir zuerst in Gleichung (42) des IV. Kapitels auf pag. 154 stießen, und die sich damals von fundamentaler Bedeutung erwies; sie erst ermöglicht die Erklärung der Versuche von Stern-Gerlach, Einstein-de Haas, der anomalen Zeeman-Effekte usw.

Es ist daher als eine glänzende Leistung der Diracschen Theorie zu bezeichnen, daß sie aus so allgemeinen Ausgangsannahmen die durchs Experiment geforderten Eigenschaften des Elektrons zwangsläufig gewinnt.

75. Die Feinstruktur des Wasserstoffspektrums.

Nach den bisherigen Ergebnissen der Diracschen Theorie ist es zwar schon mehr als wahrscheinlich, daß sie auch imstande sein werde, von der Feinstruktur des Wasserstoffspektrums Rechenschaft zu geben; wir wollen dies Problem aber dennoch in extenso durchführen.

Das Kepler-Problem ist charakterisiert durch die Angaben $\mathfrak{A} = 0$; $\Phi = -eV$; $V = V(r)$. Machen wir ferner die Voraussetzung, daß sämtliche vier Wellenfunktionen den Zeitfaktor $e^{-\frac{2\pi i}{h}Ut}$ besitzen, so können wir die Diracschen Gleichungen (58) schreiben:

$$(112) \quad \begin{cases} \frac{2\pi i}{h}\left[\frac{U+eV}{c} + m_0 c\right]\Psi_1 + \left(\frac{\partial}{\partial x} - i\frac{\partial}{\partial y}\right)\Psi_4 + \frac{\partial}{\partial z}\Psi_3 = 0\,, \\ \frac{2\pi i}{h}\left[\frac{U+eV}{c} + m_0 c\right]\Psi_2 + \left(\frac{\partial}{\partial x} + i\frac{\partial}{\partial y}\right)\Psi_3 - \frac{\partial}{\partial z}\Psi_4 = 0\,, \\ \frac{2\pi i}{h}\left[\frac{U+eV}{c} - m_0 c\right]\Psi_3 + \left(\frac{\partial}{\partial x} - i\frac{\partial}{\partial y}\right)\Psi_2 + \frac{\partial}{\partial z}\Psi_1 = 0\,, \\ \frac{2\pi i}{h}\left[\frac{U+eV}{c} - m_0 c\right]\Psi_4 + \left(\frac{\partial}{\partial x} + i\frac{\partial}{\partial y}\right)\Psi_1 - \frac{\partial}{\partial z}\Psi_2 = 0\,. \end{cases}$$

Diese wollen wir auf die dem Problem angemessenen Polarkoordinaten (r, ϑ, φ) transformieren; die z-Achse muß dabei als Polarachse genommen werden. Man findet durch die bekannten Transformationsformeln:

$$(113)\quad \begin{cases} \dfrac{\partial}{\partial x} = \sin\vartheta\cos\varphi\dfrac{\partial}{\partial r} + \dfrac{\cos\vartheta\cos\varphi}{r}\dfrac{\partial}{\partial\vartheta} - \dfrac{\sin\varphi}{r\sin\vartheta}\dfrac{\partial}{\partial\varphi}, \\ \dfrac{\partial}{\partial y} = \sin\vartheta\sin\varphi\dfrac{\partial}{\partial r} + \dfrac{\cos\vartheta\sin\varphi}{r}\dfrac{\partial}{\partial\vartheta} + \dfrac{\cos\varphi}{r\sin\vartheta}\dfrac{\partial}{\partial\varphi}, \\ \dfrac{\partial}{\partial z} = \cos\vartheta\dfrac{\partial}{\partial r} - \dfrac{\sin\vartheta}{r}\dfrac{\partial}{\partial\vartheta}. \end{cases}$$

Die in den Gleichungen (112) auftretenden Aggregate $\left(\frac{\partial}{\partial x} \pm i\frac{\partial}{\partial y}\right)$ werden danach:

$$(114)\quad \begin{cases} \dfrac{\partial}{\partial x} + i\dfrac{\partial}{\partial y} = \left\{\sin\vartheta\dfrac{\partial}{\partial r} + \dfrac{1}{r}\cos\vartheta\dfrac{\partial}{\partial\vartheta} + \dfrac{i}{r\sin\vartheta}\dfrac{\partial}{\partial\varphi}\right\} e^{i\varphi}, \\ \dfrac{\partial}{\partial x} - i\dfrac{\partial}{\partial y} = \left\{\sin\vartheta\dfrac{\partial}{\partial r} + \dfrac{1}{r}\cos\vartheta\dfrac{\partial}{\partial\vartheta} - \dfrac{i}{r\sin\vartheta}\dfrac{\partial}{\partial\varphi}\right\} e^{-i\varphi}. \end{cases}$$

Mit diesen Ausdrücken ist die Transformation der Dirac-Gleichungen auf Polarkoordinaten sofort auszuführen.

Bei dem Wasserstoffproblem in der Schrödingerschen Wellenmechanik ergab sich die Wellenfunktion Ψ (wenn wir vom Zeitfaktor absehen) als das Produkt einer Kugelflächenfunktion $e^{im\varphi}P_l^m(\cos\vartheta)$[1]) und einer Radialfunktion $R(r)$. Mit einem analogen Ansatz wollen wir auch hier die Variabeln trennen. Allerdings wäre es zu eng und würde nicht zum Ziele führen, wollten wir mit den gleichen Kugelflächenfunktionen (d. h. gleichen Werten von l und m) und den gleichen Radialfunktionen für alle vier Wellenfunktionen auskommen; wir werden im Gegenteil von vornherein für jede Ψ_k-Funktion andere Werte von l, m, R ansetzen müssen.

Als Vorbereitung der Rechnung wollen wir die Operationen (114) auf ein Produkt

$$\Psi = e^{im\varphi}P_l^m(\cos\vartheta)\,R(r)$$

wirken lassen. Es ergibt sich zunächst:

$$(115a)\quad \begin{cases} \left(\dfrac{\partial}{\partial x} + i\dfrac{\partial}{\partial y}\right)\Psi \\ = e^{i(m+1)\varphi}\left\{\left(\dfrac{dR}{dr}\sin\vartheta - \dfrac{m}{r\sin\vartheta}R\right)P_l^m - \dfrac{R}{r}\sin\vartheta\cos\vartheta\dfrac{dP_l^m}{d\cos\vartheta}\right\}. \end{cases}$$

Nun brauchen wir Rekursionsformeln, um dem Zwecke der Separation entsprechend die in den Gleichungen auftretenden zugeordneten Kugelfunktionen P_l^m wegheben zu können; diese Rekursionsformeln hängen in ihren Zahlenfaktoren von der gewählten Normierung der P_l^m ab. Hier ist es nach

---

[1]) Eigentlich müßten wir $|m|$ als oberen Index schreiben, was drucktechnisch unübersichtlich wirkt; wir lassen daher die Striche fort.

Darwin[1]) zweckmäßig, der früher verwendeten Funktion P_l^m — siehe Gleichung (19) des VII. Kapitels auf pag. 276 — noch den Faktor $(l - m)$ zu geben. Dann brauchen wir folgende zwei Rekursionsformeln:

$$\text{(116a)}\quad \begin{cases} (2\,l + 1)\sin\vartheta\, P_l^m = P_{l+1}^{m+1} - (l - m)(l - m - 1)\, P_{l-1}^{m+1}\,, \\ (2\,l + 1)\left\{\sin\vartheta\cos\vartheta \dfrac{d P_l^m}{d\cos\vartheta} + \dfrac{m}{\sin\vartheta} P_l^m\right\} = l\, P_{l+1}^{m+1} \\ \qquad + (l+1)(l - m)(l - m - 1)\, P_{l-1}^{m+1}\,. \end{cases}$$

Mit Hilfe der zweiten von ihnen beseitigen wir in (115) die Ableitung $\frac{d P_l^m}{d\cos\vartheta}$ und mit Hilfe der ersten dann P_l^m, so daß in der endgültigen Gleichung nur noch P_{l+1}^{m+1} und P_{l-1}^{m+1} auftreten. So erhält man schließlich:

$$\text{(117a)}\quad \begin{cases} \left(\dfrac{\partial}{\partial x} + i\dfrac{\partial}{\partial y}\right)\Psi = \dfrac{e^{i(m+1)\varphi}}{2\,l+1}\left[\left(\dfrac{dR}{dr} - \dfrac{l}{r}R\right) P_{l+1}^{m+1} \right. \\ \qquad \left. - (l - m)(l - m - 1)\left(\dfrac{dR}{dr} + (l+1)\dfrac{R}{r}\right) P_{l-1}^{m+1}\right]. \end{cases}$$

Ganz analog verfährt man auch mit $\left(\frac{\partial}{\partial x} - i\frac{\partial}{\partial y}\right)\Psi$. Dafür ergibt sich entsprechend (115a):

$$\text{(115b)}\quad \begin{cases} \left(\dfrac{\partial}{\partial x} - i\dfrac{\partial}{\partial y}\right)\Psi = e^{i(m-1)\varphi}\left\{\left(\dfrac{dR}{dr}\sin\vartheta + \dfrac{m}{r\sin\vartheta}R\right) P_l^m \right. \\ \qquad \left. - \dfrac{R}{r}\sin\vartheta\cos\vartheta\dfrac{d P_l^m}{d\cos\vartheta}\right\}. \end{cases}$$

Hier brauchen wir, da der Faktor $e^{i(m-1)\varphi}$ auftritt, Rekursionsformeln, die $\frac{d P_l^m}{d\cos\vartheta}$ und P_l^m durch Kugelfunktionen mit dem oberen Index $(m - 1)$ ausdrücken:

$$\text{(116b)}\quad \begin{cases} (2\,l + 1)\sin\vartheta\, P_l^m = -\, P_{l+1}^{m-1} + (l + m)(l + m - 1)\, P_{l-1}^{m-1}\,, \\ (2\,l + 1)\left\{\sin\vartheta\cos\vartheta \dfrac{d P_l^m}{d\cos\vartheta} - \dfrac{m}{\sin\vartheta} P_l^m\right\} = -\, l\, P_{l+1}^{m-1} \\ \qquad - (l+1)(l + m)(l + m - 1)\, P_{l-1}^{m-1}\,. \end{cases}$$

Mit ihrer Hilfe erhält man:

$$\text{(117b)}\quad \begin{cases} \left(\dfrac{\partial}{\partial x} - i\dfrac{\partial}{\partial y}\right)\Psi = \dfrac{e^{i(m-1)\varphi}}{2\,l+1}\left[-\left(\dfrac{dR}{dr} - \dfrac{l}{r}R\right) P_{l+1}^{m-1} \right. \\ \qquad \left. + (l + m)(l + m - 1)\left(\dfrac{dR}{dr} + \dfrac{(l+1)}{r}R\right) P_{l-1}^{m-1}\right]. \end{cases}$$

Schließlich bilden wir:

$$\text{(115c)}\qquad \frac{\partial\Psi}{\partial z} = e^{im\varphi}\left\{\cos\vartheta\frac{dR}{dr} P_l^m + R\frac{\sin^2\vartheta}{r}\frac{d P_l^m}{d\cos\vartheta}\right\},$$

[1]) C. G. Darwin, Proc. Roy. Soc. **118**, pag. 654ff., 1928, dessen Darstellung wir hier folgen; vgl. auch de Broglies zitiertes Buch, Kap. XVII.

und diese Gleichung geht mittels der hier zu gebrauchenden Rekursionsformeln

$$(116\text{c})\begin{cases}(2\,l+1)\cos\vartheta\, P_l^m = P_{l+1}^m + (l-m)\,(l+m)\,P_{l-1}^m\,,\\ (2\,l+1)\sin^2\vartheta\dfrac{dP_l^m}{d\cos\vartheta} = -\,l\,P_{l+1}^m + (l+1)\,(l+m)\,(l-m)\,P_{l-1}^m\end{cases}$$

über in:

$$(117\text{c})\begin{cases}\dfrac{\partial\Psi}{\partial z} = \dfrac{e^{im\varphi}}{2l+1}\Big[\Big(\dfrac{dR}{dr}-\dfrac{l}{r}R\Big)\,P_{l+1}^m\\ \qquad\qquad + (l+m)\,(l-m)\Big(\dfrac{dR}{dr}+\dfrac{l+1}{r}R\Big)\,P_{l-1}^m\Big]\Big\}.\end{cases}$$

Sämtliche benutzten Rekursionsformeln (116) lassen sich durch eine etwas mühsame Rechnung aus der folgenden Definition der zugeordneten Kugelfunktionen P_l^m ableiten:

$$(118)\qquad P_l^{(m)}(\xi) = \frac{\sqrt{1-\xi^2}^{\,|m|}}{2^l\,l!}\,\frac{d^{l+|m|}}{d\xi^{l+|m|}}(\xi^2-1)^l\,;$$

man findet sie bequem zusammengestellt und abgeleitet in einem Aufsatz von M. v. Laue[1]).

Nach diesen Vorbereitungen wollen wir nun für die Ψ_k folgenden Ansatz machen — der Zeitfaktor $e^{-\frac{2\pi i}{h}Ut}$ ist bereits abgespalten:

$$(119)\qquad \Psi_k = A_k\,e^{im_k\varphi}\,P_{l_k}^{m_k}(\cos\vartheta)\,R_k(r)\qquad (k=1,2,3,4)$$

und diesen in die Diracschen Gleichungen (112) einführen. Wenn wir etwa die dritte von ihnen herausgreifen, so erhalten wir;

$$(120)\begin{cases}\dfrac{2\pi i}{h}\Big[\dfrac{U+eV}{c}-m_0\,c\Big]\,A_3\,e^{im_3\varphi}\,P_{l_3}^{m_3}\,R_3\\ +\,A_2\,\dfrac{e^{i(m_2-1)\varphi}}{2\,l_2+1}\Big[\Big(\dfrac{dR_2}{dr}-\dfrac{l_2}{r}R_2\Big)\,P_{l_2+1}^{m_2-1}\\ +\,(l_2+m_2)\,(l_2+m_2-1)\Big(\dfrac{dR_2}{dr}+\dfrac{l_2+1}{r}R_2\Big)\,P_{l_2-1}^{m_2-1}\Big]\\ +\,A_1\,\dfrac{e^{im_1\varphi}}{2\,l_1+1}\Big[\Big(\dfrac{dR_1}{dr}-\dfrac{l_1}{r}R_1\Big)\,P_{l_1+1}^{m_1}\\ +\,(l_1+m_1)\,(l_1-m_1)\Big(\dfrac{dR_1}{dr}+\dfrac{l_1+1}{r}R_1\Big)\,P_{l_1-1}^{m_1}\Big] = 0\,.\end{cases}$$

Daraus ergibt sich zuerst folgendes: Damit die Variable φ separiert werden kann, muß die φ enthaltende Exponentialfunktion sich herausheben; das liefert die Bedingung $m_3 = m_2 - 1 = m_1$.

Setzen wir also willkürlich $m_3 = m$, so folgt:

$$(121)\qquad m_1 = m\,;\quad m_2 = m+1\,;\quad m_3 = m\,.$$

Damit vereinfacht sich (120):

---

[1]) Handb. d. Radiolog., Bd. VI, 1; Artikel: Korpuskulartheorie und Wellentheorie, pag. 102ff., Leipzig 1933.

$$(122)\quad \begin{cases} \dfrac{2\pi i}{h}\left[\dfrac{U+eV}{c} - m_0 c\right] A_3 P_{l_3}^m R_3 \\ + \dfrac{A_2}{2l_2+1}\left[-\left(\dfrac{dR_2}{dr} - \dfrac{l_2}{r} R_2\right) P_{l_2+1}^m\right. \\ \left. + (l_2+m+1)(l_2+m)\left(\dfrac{dR_2}{dr} + \dfrac{l_2+1}{r} R_2\right) P_{l_2-1}^m\right] \\ + \dfrac{A_1}{2l_1+1}\left[\left(\dfrac{dR_1}{dr} - \dfrac{l_1}{r} R_1\right) P_{l_1+1}^m\right. \\ \left. + (l_1+m)(l_1-m)\left(\dfrac{dR_1}{dr} + \dfrac{l_1+1}{r} R_1\right) P_{l_1-1}^m\right] = 0\,. \end{cases}$$

Hier kommen nun noch fünf formal verschiedene P^m vor, die sich durch den untern Index unterscheiden. Da aber die Größen l_1, l_2, l_3 noch verfügbar sind, so können wir jedenfalls einige von diesen P^m gleich machen. Und zwar haben wir zwei Möglichkeiten: Wir können erstens (Lösung a) $l_1 - 1 = l_2 - 1 = l_3$ machen, d. h. wenn wir $l_3 = l$ (ohne Index) setzen:

$$(123\text{a})\qquad l_1 = l+1\,; \qquad l_2 = l+1\,; \qquad l_3 = l\,.$$

Damit werden drei der P^m in (122) identisch, nämlich:

$$P_{l_3}^m = P_{l_2-1}^m = P_{l_1-1}^m = P_l^m\,,$$

die beiden übrig bleibenden (nämlich $P_{l_2+1}^m = P_{l+2}^m$ und $P_{l_1+1}^m = P_{l+2}^m$) können aber dann nicht gleich P_l^m gemacht werden. Damit trotzdem die P^m sich aus der Gleichung herausheben (d. h. damit ϑ separiert werden kann), müssen dann die beiden Glieder, die diese P_{l+2}^m enthalten, für sich verschwinden.

Außer der Möglichkeit (123a) gibt es offenbar noch eine zweite (Lösung b), indem wir nämlich

$$(123\text{b})\qquad l_1 + 1 = l_2 + 1 = l_3 = l$$

setzen; dann werden $P_{l_3}^m = P_{l_2+1}^m = P_{l_1+1}^m = P_l^m$, und die beiden übrig bleibenden $P_{l_1-1}^m = P_{l_2-1}^m = P_{l-2}^m$ sind davon verschieden. Auf diesen zweiten Fall werden wir später eingehen und zunächst einmal den Ansatz (123a) durchführen.

Führen wir (123a) in (122) ein, so folgt:

$$(124)\quad \begin{cases} \dfrac{2\pi i}{h}\left[\dfrac{U+eV}{c} - m_0 c\right] A_3 P_l^m R_3 \\ + \dfrac{A_2}{2l+3}\left[-\left(\dfrac{dR_2}{dr} - \dfrac{l+1}{r} R_2\right) P_{l+2}^m\right. \\ \left. + (l+m+2)(l+m+1)\left(\dfrac{dR_2}{dr} + \dfrac{l+2}{r} R_2\right) P_l^m\right] \\ + \dfrac{A_1}{2l+3}\left[\left(\dfrac{dR_1}{dr} - \dfrac{l+1}{r} R_1\right) P_{l+2}^m\right. \\ \left. + (l+m+1)(l-m+1)\left(\dfrac{dR_1}{dr} + \dfrac{l+2}{r} R_1\right) P_l^m\right] = 0\,. \end{cases}$$

Die beiden zugeordneten Kugelfunktionen P_{l+2}^m können nur dann aus der Gleichung verschwinden, wenn

$$-A_2\left(\frac{dR_2}{dr}-\frac{l+1}{r}R_2\right)+A_1\left(\frac{dR_1}{dr}-\frac{l+1}{r}R_1\right)=0$$

ist. Das liefert die Bedingungen:

$$(125)\quad\left\{\begin{aligned}R_1(r)&=R_2(r)\,,\\A_2&=A_1\,.\end{aligned}\right.$$

Setzen wir dies fest, so bleibt von (124) übrig:

$$(126)\quad\left\{\begin{aligned}&\frac{2\pi i}{h}\left[\frac{U+eV}{c}-m_0c\right]A_3R_3\\&+\frac{A_1}{2l+3}(l+m+2)(l+m+1)\left(\frac{dR_1}{dr}+\frac{l+2}{r}R_1\right)\\&+\frac{A_1}{2l+3}(l+m+1)(l-m+1)\left(\frac{dR_1}{dr}+\frac{l+2}{r}R_1\right)=0\,,\end{aligned}\right.$$

und dies ist eine Differentialgleichung lediglich für R_1 und R_3, die nur von r abhängig sind: die Separation der Variabeln ist also vollzogen. Die bisher erlangten Ergebnisse wollen wir nun in die erste Diracsche Gleichung (112) einsetzen, um zu den analogen Aussagen über l_4, m_4, R_4 zu gelangen. Diese Gleichung lautet dann:

$$(127)\quad\left\{\begin{aligned}&\frac{2\pi i}{h}\left[\frac{U+eV}{c}+m_0c\right]A_1e^{im\varphi}P_{l+1}^mR_1\\&+\frac{A_4}{2l_4+1}e^{(m_4-1)\varphi}\left[-\left(\frac{dR_4}{dr}-\frac{l_4}{r}R_4\right)P_{l_4+1}^{m_4-1}\right.\\&\left.+(l_4+m_4)(l_4+m_4-1)\left(\frac{dR_4}{dr}+\frac{l_4+1}{r}R_4\right)P_{l_4-1}^{m_4-1}\right]\\&+\frac{A_3}{2l+1}e^{im\varphi}\left[\left(\frac{dR_3}{dr}-\frac{l}{r}R_3\right)P_{l+1}^m\right.\\&\left.+(l+m)(l-m)\left(\frac{dR_3}{dr}+\frac{l+1}{r}R_3\right)P_{l-1}^m\right]=0\,.\end{aligned}\right.$$

Zur Separation von φ ist notwendig:

$$(128)\quad m_4=m+1\,.$$

Damit vereinfacht sich (127):

$$(129)\quad\left\{\begin{aligned}&\frac{2\pi i}{h}\left[\frac{U+eV}{c}+m_0c\right]A_1P_{l+1}^mR_1\\&+\frac{A_4}{2l_4+1}\left[-\left(\frac{dR_4}{dr}-\frac{l_4}{r}R_4\right)P_{l_4+1}^m\right.\\&\left.+(l_4+m+1)(l_4+m)\left(\frac{dR_4}{dr}+\frac{l_4+1}{r}R_4\right)P_{l_4-1}^m\right]\\&+\frac{A_3}{2l+1}\left[\left(\frac{dR_3}{dr}-\frac{l}{r}R_3\right)P_{l+1}^m\right.\\&\left.+(l+m)(l-m)\left(\frac{dR_3}{dr}+\frac{l+1}{r}R_3\right)P_{l-1}^m\right]=0\,.\end{aligned}\right.$$

Hier müssen wir

$$(130) \qquad l_4 = l$$

setzen, damit drei von den P^m (nämlich P^m_{l+1} und $P^m_{l_4+1}$) einander gleich werden; die beiden andern ($P^m_{l_4-1} = P^m_{l-1}$) sind dann davon verschieden; indem wir aber den Koeffizienten von $P^m_{l-1} = 0$ setzen, bringen wir auch diese P^m aus der Gleichung heraus. Das liefert die neue Beziehung:

$$\frac{A_4}{2l+1}(l+m+1)(l+m)\left(\frac{dR_4}{dr} + \frac{l+1}{r}R_4\right) + \frac{A_3}{2l+1}(l+m)(l-m)\left(\frac{dR_3}{dr} + \frac{l+1}{r}R_3\right) = 0\,,$$

und daraus ergeben sich die beiden noch fehlenden Daten:

$$(131) \quad \begin{cases} R_3(r) = R_4(r)\,, \\ A_4 = -A_3 \dfrac{l-m}{l+m+1}\,. \end{cases}$$

Damit wird dann (129) wieder zu einer Differentialgleichung, die nur R_1 und R_3, und somit nur r als unabhängige Variable enthält:

$$(132) \quad \begin{cases} \dfrac{2\pi i}{h}\left[\dfrac{U+eV}{c} + m_0 c\right] A_1 R_1 + \dfrac{A_3(l-m)}{(2l+1)(l+m+1)}\left(\dfrac{dR_3}{dr} - \dfrac{l}{r}R_3\right) \\ \qquad + \dfrac{A_3}{2l+1}\left(\dfrac{dR_3}{dr} - \dfrac{l}{r}R_3\right) = 0\,. \end{cases}$$

Fassen wir die ganze Überlegung zusammen, so haben wir für die Lösung a:

$$(133\text{a}) \quad \begin{cases} m_1 = m\,; \quad m_2 = m+1\,; \quad m_3 = m\,; \quad m_4 = m+1\,; \\ l_1 = l+1\,; \quad l_2 = l+1\,; \quad l_3 = l\,; \quad l_4 = l\,; \\ R_1(r) = R_2(r)\,; \quad R_3(r) = R_4(r)\,. \end{cases}$$

Dazu tritt:

$$A_2 = +A_1\,; \qquad A_4 = -A_3\frac{l-m}{l+m+1}\,,$$

und diese Beziehung kann erfüllt werden durch den Ansatz:

(134a) $A_1 = -i$; $A_2 = -i$[1]; $A_3 = (l+m+1)$; $A_4 = -(l-m)$.

Unser allgemeiner Lösungsansatz (119) hat sich nunmehr bei Benutzung der Lösung (a) folgendermaßen spezialisiert (wir fügen den Zeitfaktor wieder hinzu):

$$(135\text{a}) \quad \left.\begin{aligned} \Psi_1 &= -i\,e^{im\varphi} P^m_{l+1}(\cos\vartheta) R_1(r) \\ \Psi_2 &= -i\,e^{i(m+1)\varphi} P^{m+1}_{l+1}(\cos\vartheta) R_1(r) \\ \Psi_3 &= (l+m+1)\,e^{im\varphi} P^m_l(\cos\vartheta) R_3(r) \\ \Psi_4 &= -(l-m)\,e^{i(m+1)\varphi} P^{m+1}_l(\cos\vartheta) R_3(r) \end{aligned}\right\} \cdot e^{\frac{2\pi i}{h}Ut}.$$

[1]) Wir wählen A_1 und A_2 imaginär, damit in (136a) nur reelle Größen auftreten, was bequemer ist, aber nur formale Bedeutung hat.

und für R_1 und R_3 haben wir die — etwas übersichtlicher geschriebenen — Differentialgleichungen (126) und (132):

$$(136\text{a})\quad \begin{cases} -\frac{2\pi}{h}\left[\frac{U+eV}{c}-m_0 c\right]R_3+\frac{dR_1}{dr}+\frac{l+2}{r}R_1=0\,,\\ \frac{2\pi}{h}\left[\frac{U+eV}{c}+m_0 c\right]R_1+\frac{dR_3}{dr}-\frac{l}{r}R_3=0\,. \end{cases}$$

In der Lösung a treten nach Ausweis von (135a) die Quantenzahlen l und m auf, wobei wie immer $|m| \leqq l$ sein muß; beachtet man, daß in (135a) bei den P die unteren Indizes l und $(l+1)$ auftreten, und setzen wir formal das arithmetische Mittel von beiden, d. h. $l+\frac{1}{2}$, gleich j, so können wir sagen, daß die Lösung a durch die drei Quantenzahlen $l, m, j = l+\frac{1}{2}$ charakterisiert ist[1]). Durch die Ansätze (135a) und (136a) werden auch die beiden noch nicht benutzten Diracschen Gleichungen [die zweite und die vierte Gleichung (112)] identisch befriedigt.

Neben die Lösung a tritt nun die zweite Lösung b, die sich auf der Festsetzung (123b) aufbaut. Die Schlußweise ist genau die gleiche, so daß wir uns darauf beschränken dürfen, die zu (133a) bis (136a) analogen Gleichungen anzugeben. Für Lösung b gelten danach die Angaben:

$$(133\text{b})\quad \begin{cases} m_1=m\,;\quad m_2=m+1\,;\quad m_3=m\,;\quad m_4=m+1\,;\\ l_1=l-1\,;\quad l_2=l-1\,;\quad l_3=l\,;\quad l_4=l\,;\\ R_1'(r)=R_2'(r)\,;\quad R_3'(r)=R_4'(r)\,. \end{cases}$$

$$(134\text{b})\quad A_1'=-i(l+m)\,;\quad A_2'=i(l-m-1)\,;\quad A_3'=1\,;\quad A_4'=1\,.$$

Demgemäß gewinnt man für die Ψ_k nunmehr den Ansatz:

$$(135\text{b})\quad \left.\begin{cases} \Psi_1=-i(l+m)\,e^{im\varphi}\,P_{l-1}^{m}(\cos\vartheta)\,R_1'(r)\\ \Psi_2=i(l-m-1)\,e^{i(m+1)\varphi}\,P_{l-1}^{m+1}(\cos\vartheta)\,R_1'(r)\\ \Psi_3=e^{im\varphi}\,P_l^{m}(\cos\vartheta)\,R_3'(r)\\ \Psi_4=e^{i(m-1)\varphi}\,P_l^{m+1}(\cos\vartheta)\,R_3'(r) \end{cases}\right\}\cdot e^{-\frac{2\pi i}{h}Ut}\,.$$

$$(136\text{b})\quad \begin{cases} -\frac{2\pi}{h}\left[\frac{U+eV}{c}-m_0 c\right]R_3'+\frac{dR_1'}{dr}-\frac{l-1}{r}R_1'=0\,,\\ +\frac{2\pi}{h}\left[\frac{U+eV}{c}+m_0 c\right]R_1'+\frac{dR_3'}{dr}+\frac{l+1}{r}R_3'=0\,. \end{cases}$$

Hier treten zum Unterschiede von Lösung a als untere Indizes in den P die Werte l und $(l-1)$ auf; setzen wir ihr arithmetisches Mittel $(l-\frac{1}{2})$ wieder gleich j, so können wir Lösung b als durch die drei Quantenzahlen $l, m, j = l-\frac{1}{2}$ bestimmt ansehen. In den Gleichungen (133) bis (136) — a und b — ist die Lösung des Feinstrukturproblems enthalten; es ist für das folgende zu beachten, daß (136b) in (136a) übergeht, indem man l durch $-(l+1)$ ersetzt; man braucht sich daher nur mit einem

[1]) Darwin bezeichnet ganz analog auch das arithmetische Mittel aus den oberen Indizes m und $m+1$, d. h. $m+\frac{1}{2}$ als „magnetische Quantenzahl; dies erscheint im Hinblick auf die historische Entwicklung als unzweckmäßig.

der Lösungssysteme zu befassen; die Integration des anderen ergibt sich dann von selbst.

Wir beschäftigen uns mit dem System (136a). Zur Bestimmung von R_1 und R_3 verwenden wir wieder die Methode, die auch im VII. Kapitel fast ausschließlich angewendet wurde: Darstellung der Funktionen durch Potenzreihen, die mit einer bestimmten Potenz anfangen und abbrechen (Polynommethode). Um den zweckmäßigen Ansatz zu finden, betrachten wir zunächst die asymptotische Lösung von (136a), d. h. die Lösung für sehr große r. Zwei Abkürzungen sind bequem:

$$(137)\qquad \left\{\begin{aligned} \frac{2\pi}{h}\left[\frac{U}{c}+m_0 c\right] &= C^2, \\ -\frac{2\pi}{h}\left[\frac{U}{c}-m_0 c\right] &= D^2. \end{aligned}\right.$$

Erinnert man sich dann noch an die Feinstrukturkonstante Sommerfelds — Gl. (56) des III. Kapitels auf pag. 94 —:

$$\alpha = \frac{2\pi e^2}{hc}$$

und setzt man an Stelle von eV, gleich für ein $(Z-1)$-fach ionisiertes, d. h. wasserstoffähnliches Atom verallgemeinernd, den Wert $\frac{Ze^2}{r}$, so kann man (136a) schreiben:

$$(138)\qquad \left\{\begin{aligned} \left(C^2+\frac{Z\alpha}{r}\right)R_1+\frac{dR_3}{dr}-\frac{l}{r}R_3 &= 0, \\ \left(D^2-\frac{Z\alpha}{r}\right)R_3+\frac{dR_1}{dr}+\frac{l+2}{r}R_1 &= 0. \end{aligned}\right.$$

Da es uns nur auf das diskontinuierliche Spektrum ankommt, ist $U' \equiv U - m_0 c^2 < 0$, d. h. die Energie im gewöhnlichen Sinne ist negativ; daher ist $D^2 > 0$; D ist also reell. Es kann überdies ebenso wie C positiv gewählt werden, ohne daß man an Allgemeinheit verliert. Für sehr große r gehen die Gleichungen (138) über in:

$$(139)\qquad \left\{\begin{aligned} C^2 R_{1\infty}+\frac{dR_{3\infty}}{dr} &= 0, \\ D^2 R_{3\infty}+\frac{dR_{1\infty}}{dr} &= 0, \end{aligned}\right.$$

mit den asymptotischen Lösungen (Konstanten sind fortgelassen!):

$$(140)\qquad \left\{\begin{aligned} R_{1\infty} &= e^{-CDr}, \\ R_{3\infty} &= e^{-CDr}. \end{aligned}\right.$$

Im Exponenten ist nur das negative Zeichen genommen, da die R im Unendlichen verschwinden müssen, was bei den eben getroffenen Festsetzungen über C und D nur bei dem Minuszeichen zutrifft[1]). Wir werden

[1]) Andere Festsetzungen, z. B. $C < 0$, $D > 0$, würden lediglich zur Folge haben, daß das positive Vorzeichen im Exponenten zu wählen wäre.

daher von R_1 und R_3 einen Faktor e^{-CDr} abspalten und den Rest in eine Potenzreihe entwickeln:

$$(141)\quad \begin{cases} R_1(r) = e^{-CDr} \sum_k a_k r^{\beta + k}, \\ R_3(r) = e^{-CDr} \sum_k b_k r^{\beta + k}. \end{cases}$$

Einsetzen in (138) liefert die beiden Rekursionsformeln (Koeffizienten der Potenz $r^{\beta + k}$):

$$(142)\quad \begin{cases} C(C a_k - D b_k) + Z\alpha\, a_{k+1} + (\beta + k - l + 1)\, b_{k+1} = 0, & \Big| D \\ D(D b_k - C a_k) - Z\alpha\, b_{k+1} + (\beta + k + l + 3)\, a_{k+1} = 0. & \Big| C \end{cases}$$

Für den Koeffizienten der niedrigsten in den Differentialgleichungen auftretenden Potenz $r^{\beta - 1}$ folgen die determinierenden Fundamentalgleichungen:

$$(143)\quad \begin{cases} Z\alpha\, a_0 + (\beta - l)\, b_0 = 0, \\ (\beta + l + 2)\, a_0 - Z\alpha\, b_0 = 0. \end{cases}$$

Das Verschwinden der Determinante, das zur Verträglichkeit der beiden Gleichungen erforderlich ist, da a_0 und b_0 nicht verschwinden, liefert eine Gleichung zur Bestimmung des Anfangsexponenten β der Reihen:

$$Z^2\alpha^2 + (\beta - l)(\beta + l + 2) = 0,$$

woraus für β — wir können nur den positiven[1]) Wert brauchen — folgt:

$$(144)\quad \beta = -1 + \sqrt{(l + 1)^2 - Z^2\alpha^2}.$$

Erweitern wir das System (142) in der angedeuteten Weise mit D und C und addieren, so folgt eine Beziehung zwischen a_{k+1} und b_{k+1}:

$$a_{k+1}[DZ\alpha + C(\beta + k + l + 3)] + b_{k+1}[D(\beta + k - l + 1) - CZ\alpha] = 0.$$

Diese kann erfüllt werden durch den Ansatz (c_{k+1} neue Konstanten):

$$(145)\quad \begin{cases} a_{k+1} = c_{k+1}[D(\beta + k - l + 1) - CZ\alpha], \\ b_{k+1} = -c_{k+1}[DZ\alpha + C(\beta + k + l + 3)], \end{cases}$$

die für a_k und b_k lauten:

$$(146)\quad \begin{cases} a_k = c_k[D(\beta + k - l) - CZ\alpha], \\ b_k = -c_k[DZ\alpha + C(\beta + k + l + 2)]. \end{cases}$$

Die Rekursionsformel für die c_k, auf die nun alles zurückgeführt ist, findet man durch Einsetzen von (145) und (146) in (142):

$$(147)\quad \begin{cases} c_k[-Z\alpha(C^2 - D^2) + 2CD(\beta + k + 1)] \\ = c_{k+1}[Z^2\alpha^2 + (\beta + k + l + 3)(\beta + k + l - 1)]. \end{cases}$$

---

[1]) Für $l = 0$ würde auch nach (144) $\beta < 0$, wenn auch nur, wegen der Kleinheit von $Z^2\alpha^2$, sehr schwach negativ. Dennoch ist der Wert $l = 0$ zulässig, obwohl er die Eigenfunktion für $r = 0$ unendlich macht. Wir haben aber schon einmal darauf hingewiesen, daß die Forderung der ausnahmslosen Endlichkeit von Ψ zu eng ist und daß es nur darauf ankommt, daß $\int \Psi \overset{*}{\Psi} d\tau$ endlich ist; das ist aber hier auch für $l = 0$ gewährleistet; vgl. Anm. 3 auf pag. 254.

Damit lassen sich die Koeffizienten der Reihen (141) bestimmen; damit R_1 und R_3 endlich bleiben, müssen die Reihen (141) abbrechen, etwa bei der Potenz $(\beta + p)$, so daß der letzte von Null verschiedene Koeffizient c_p ist. Da (147) auch für diesen Fall erfüllt sein muß, muß der Faktor von c_p verschwinden:

$$\beta + p + 1 = \frac{Z\alpha(C^2 - D^2)}{2CD}, \tag{148}$$

oder mit Einführung der Bedeutung von C^2 und D^2 nach (137):

$$\beta + p + 1 = \frac{Z\alpha U}{\sqrt{m_0^2 c^4 - U^2}}.$$

Wenn man hier noch den Wert (144) für β einführt, folgt:

$$\sqrt{(l+1)^2 - Z^2\alpha^2} + p = \frac{Z\alpha U}{\sqrt{m_0^2 c^4 - U^2}}. \tag{149}$$

Nun ist U die Gesamtenergie im Sinne der Relativitätstheorie, d. h. die gewöhnliche mechanische Energie U' vermehrt um die „Ruheenergie“ $m_0 c^2$; wir können daher, da es uns auf U' ankommt, $U' = U - m_0 c^2$ in (149) einführen:

$$\sqrt{(l+1)^2 - Z^2\alpha^2} + p = \frac{Z\alpha(U' + m_0 c^2)}{\sqrt{-2U'\left(m_0 c^2 + \frac{U'}{2}\right)}} = \frac{Z\alpha\left(1 + \frac{U'}{m_0 c^2}\right)}{\sqrt{\frac{-2U'}{m_0 c^2}\left(1 + \frac{U'}{2m_0 c^2}\right)}}. \tag{150}$$

U' ist kleiner als Null, $-U'$ daher positiv und die Wurzel reell. Nach einigen Umformungen erhält man:

$$1 + \frac{Z^2\alpha^2}{[p + \sqrt{(l+1)^2 - Z^2\alpha^2}]^2} = \frac{1}{\left[1 + \frac{U'}{m_0 c^2}\right]^2}, \tag{151}$$

oder, und damit haben wir endlich den Energieausdruck:

$$1 + \frac{U'}{m_0 c^2} = \left[1 + \frac{Z^2\alpha^2}{[p + \sqrt{(l+1)^2 - Z^2\alpha^2}]^2}\right]^{-1/2}. \tag{152a}$$

Wenn man die rechte Seite nach Potenzen von α^2 entwickelt und bis zum Gliede mit α^4 einschließlich geht, so erhält man:

$$U' = -\frac{1}{2}\frac{m_0 c^2 Z^2\alpha^2}{(p+l+1)^2}\left[1 + \frac{Z^2\alpha^2}{(p+l+1)^2}\left(1 + \frac{p}{l+1} - \frac{3}{4}\right)\right]. \tag{153}$$

Setzen wir in dieser Formel zur Abkürzung $p + l + 1 = n$ (Hauptquantenzahl), ferner der Lösung a entsprechend $l + 1 = j + \frac{1}{2}$, so können wir den obigen Ausdruck für U' schreiben:

$$\frac{U'}{c} = -\frac{RhZ^2}{n^2} - \frac{RhZ^4\alpha^2}{n^3}\left(\frac{1}{j+\frac{1}{2}} - \frac{3}{4n}\right); \quad \left[\begin{aligned} n &= p + l + 1 \\ j &= l + \tfrac{1}{2} \end{aligned}\right]. \tag{154a}$$

Betrachten wir jetzt die Lösung b, die formal aus Lösung a hervorgeht, indem man $l + 1$ durch $-l$ ersetzt. Statt (152a) findet man daher jetzt:

$$1 + \frac{U'}{m_0 c^2} = \left[1 + \frac{Z^2\alpha^2}{[p + \sqrt{l^2 - Z^2\alpha^2}]^2}\right]^{-1/2}. \tag{152b}$$

Hier müssen wir nun für $l - \frac{1}{2}$ die Bezeichnung j einführen. Tun wir dies in (152b) und entwickeln wie vorher, so finden wir als Ergebnis:

$$(154\text{b}) \qquad \frac{U'}{c} = -\frac{RhZ^2}{n^2} - \frac{RhZ^4\alpha^2}{n^3}\left(\frac{1}{j+\frac{1}{2}} - \frac{3}{4n}\right); \begin{bmatrix} n = p + l \\ j = l - \frac{1}{2} \end{bmatrix}.$$

Das ist wieder die Formel (154a), die somit die beiden Fälle $j = l \pm \frac{1}{2}$ umfaßt.

Und nun vergleichen wir die beiden Gleichungen (154) mit der alten Sommerfeldschen Feinstrukturformel (64) des III. Kapitels auf pag. 95. Man stellt fest, daß letztere mit (154) identisch wäre, wenn man $j + \frac{1}{2}$ durch k — im Sinne des Bohrschen Modelles die azimutale Quantenzahl — ersetzte. Daß die Sommerfeldsche Formel den wahren Sachverhalt nicht richtig wiedergibt[1]), haben wir in Nr. 26 ausführlich erörtert und gezeigt, daß sie durch die Gleichung (70) des IV. Kapitels auf pag. 162 ersetzt werden muß. Diese letztere stimmt vollkommen mit (154) überein. Während aber jene Gleichung (70) nur gewonnen werden konnte, indem man im Bohrschen Modell innere Widersprüche mit in den Kauf nahm, liefert die Diracsche Theorie die Feinstrukturformel in einwandfreier Weise. Die Diskussion im einzelnen kann hier unterbleiben[2]), da sie genau so verläuft, wie in Nr. 26.

In gleicher Weise läßt sich zeigen, daß die Theorie auch die Röntgendubletts und die der Alkalien richtig erklärt, wie gleichfalls Darwin nachgewiesen hat; auch die Auswahlregeln für die Quantenzahlen l, m, j ergeben sich vollkommen zwangsläufig.

76. Die Zustände negativer Energie in der Diracschen Theorie und das Positron.

Wir kommen nun zu einem Punkt von grundsätzlicher Bedeutung, der eine — übrigens von Dirac selbst hervorgehobene — große Schwierigkeit für die Theorie gebildet hat. Sie hängt damit zusammen, daß in Gleichung (12), die den Energiesatz der Relativitätstheorie ausspricht, die Wurzel mit dem doppelten Vorzeichen auftreten kann:

$$(155) \qquad U = \varepsilon V \pm c\sqrt{\sum p_x^2 + m_0^2 c^2}\,.$$

Bisher haben wir uns lediglich auf die Betrachtung der Energiewerte beschränkt, die durch das Pluszeichen geliefert werden. Um die Lage ganz klar hervortreten zu lassen, wollen wir von einer potentiellen Energie εV ganz absehen und wollen die kinetische Energie, d. h. im

[1]) Die genauere Darlegung siehe auf pag. 162ff.

[2]) In der genannten Darwinschen Arbeit sind auch die Eigenfunktionen für H angegeben und mit denen der Schrödingerschen Theorie verglichen. Der Leser sei besonders hierauf verwiesen.

wesentlichen $\sum\limits_{x,y,z} p_x^2$, von Null an allmählich anwachsen lassen. Ist auch diese zunächst gleich Null, so haben wir die beiden Energiewerte $U = \pm m_0 c^2$, oder, wenn wir mit U jetzt und in Zukunft stets den Energiewert mit dem Pluszeichen bezeichnen, $\pm U$. Diese beiden Werte sind durch das Intervalls $2 m_0 c^2$ voneinander getrennt; tritt noch kinetische Energie $\sum p_x^2$ hinzu, so entfernen sie sich immer weiter voneinander, da das Intervall zwischen $+U$ und $-U$ dann $2c\sqrt{\sum p_x^2 + m_0^2 c^2}$ beträgt; mit anderen Worten: es sind die Energiewerte von $-\infty$ bis $-m_0 c^2$ möglich (Intervall I), dann kommt ein Intervall II, in dem kein möglicher Energiewert liegt (von $-m_0 c^2$ bis $+m_0 c^2$), und schließlich sind im Intervall III wieder die Werte von $+m_0 c^2$ bis $+\infty$ möglich. Die Intervallgrenzen verschieben sich etwas, wenn man noch die (positive oder negative) potentielle Energie hinzunimmt; es gibt aber immer ein Intervall II, dem keine möglichen Energiewerte entsprechen. Die dem Intervall III angehörenden Werte sind positiv; dem Intervall I gehören negative Energiewerte zu. Nun kann man freilich zur potentiellen Energie immer eine unendlich große positive Konstante hinzuaddieren, so daß alle Energiewerte positiv ausfallen, aber die Lücke des Intervalls II bleibt; auf diese Weise kann man die vielleicht manchem anstößige Bezeichnung der „negativen" Energiewerte ganz vermeiden, ohne übrigens dadurch etwas Wesentliches zu gewinnen. Wir schließen uns daher dem allgemeinen Gebrauche an, die dem Intervall I zukommenden Werte als „negative" zu bezeichnen. Sie sind es, die für die Diracsche Theorie zunächst eine ungeheure Schwierigkeit bildeten.

Freilich sollte man zunächst meinen, das müsse dann auch in der klassischen Relativitätstheorie so sein; denn dort treten diese negativen Energiewerte zuerst in Erscheinung, wie aus Gleichung (155) hervorgeht. Aber dort bilden sie keine Schwierigkeit. Denn da die Energieänderungen in der klassischen Physik stetig vor sich gehen, so kann ein System mit positiver Gesamtenergie niemals in einen Zustand negativer Energie übergehen (und umgekehrt); man kann daher z. B. die negativen Energiewerte ganz aus der Betrachtung ausschalten. In der Quantenrheorie ist dies aus dem Grunde anders, weil in ihr unstetige Energieübergänge, die mit Emission oder Absorption von Strahlung verbunden sind, die Norm bilden. Es kann also in der Quantentheorie ein System, z. B. ein Elektron, von einem Zustand positiver Energie in einen Zustand mit negativer Energie „springen" und Strahlung emittieren. Und wenn man dies zugeben muß, sieht man sich vor äußerst merkwürdige Folgerungen gestellt, die wir im folgenden kurz schildern.

Die kräftefreie Bewegung eines Elektrons mit positiver Energie U wird durch die Wellenfunktionen dargestellt:

$$(156) \qquad \Psi_k = A_k e^{\frac{2\pi i}{h}[p_x x + p_y y + p_z z - Ut]} \qquad (k = 1, 2, 3, 4)\,;$$

zwei der Größen A_k können willkürlich vorgegeben werden; die beiden anderen sind dann bestimmt, wie wir in Nr. 71 dargelegt haben. Umgekehrt haben wir für ein Elektron negativer Energie $-U$ die Darstellung:

$$(157) \qquad \Psi'_k = B_k \, e^{\frac{2\pi i}{h}[p_x x + p_y y + p_z z + U t]} \qquad (k = 1, 2, 3, 4);$$

für die Bestimmung der B_k gilt Analoges wie für die A_k. Beides sind Wellen, deren Richtung durch das Verhältnis $p_x : p_y : p_z$ gegeben ist; aber sie schreiten in gerade entgegengesetztem Sinne fort. Nun muß der Fortschreitungssinn der Welle mit der Richtung der Geschwindigkeit des zugeordneten Elektrons übereinstimmen: das Elektron mit negativer Energie muß sich also gerade umgekehrt bewegen, wie das mit normaler positiver Energie. Und das gilt nicht nur in dem hier betrachteten kräftefreien Falle, sondern auch wenn Felder wirken. Ein elektrisches Feld z. B., das auf ein Elektron mit positiver Energie beschleunigend wirkt, müßte auf das mit negativer Energie verzögernd wirken. Für die Elektronen negativer Energie nimmt die Energie ab, je größer der Absolutbetrag der Geschwindigkeit wird; um seine Geschwindigkeit zu vergrößern, müßte man ihm Energie entziehen, kurz, Elektronen negativer Energie verhalten sich so, als ob sie eine negative Masse m_0[1]) — oder aber eine positive Ladung erhalten hätten. Ein solches Verhalten von Elektronen war aber niemals beobachtet worden; es schlug vielmehr allem ins Gesicht, was die experimentelle Erfahrung gelehrt hatte. Und doch sollte man nach der Theorie erwarten, daß solche Elektronen mit negativer Energie und ihren merkwürdigen Eigenschaften sogar das Normale wären. Denn wenn Zustände negativer Energie überhaupt möglich sind, muß man nach thermodynamischen Grundsätzen folgern, daß sozusagen alle Elektronen in diesen tiefsten Energiezuständen sich befinden: der stabile Zustand ist ja der der geringsten Energie, und die Elektronen müßten spontan in ihn übergehen.

Von den merkwürdigen Folgerungen sei wenigstens noch eine erwähnt. Wir haben in Nr. 57 das Problem erörtert, daß eine ebene Schrödinger-Welle auf die Trennungsfläche zweier Medien fällt, in der ein Gegenfeld wirkt; es tritt dann unter allen Umständen eine Welle, wenn auch nur mit kleiner Amplitude, in das zweite Medium ein. Es besteht also eine endliche, wenn auch kleine Wahrscheinlichkeit, daß das der Welle zugeordnete Teilchen, trotz des Gegenfeldes und bei beliebiger Stärke desselben, in das zweite Medium eindringt. In der Diracschen Theorie läßt sich dasselbe Problem für die vier Wellenfunktionen Ψ_k lösen. O. Klein hat es durchgeführt und gezeigt, daß bei geeignet gewähltem

[1]) Dies sieht man am besten in dem einfachen Falle fehlender potentieller und kinetischer Energie; die Elektronen negativer Energie haben dann die Energie $(-\, m_0)\, c^2$, woraus die Behauptung hervorgeht.

Gegenfeld ein mit positiver Energie auffallendes Elektron mit negativer Energie austritt, oder, wenn wir uns der oben angedeuteten Ausdrucksweise bedienen, daß das negativ geladene einfallende Elektron, wenn es hindurchtritt, wofür wieder eine endliche Wahrscheinlichkeit vorhanden ist, eine positive Ladung erhalten hätte (sogenanntes Kleinsches Paradoxon)!

Es liegt auf der Hand, daß man unter diesen Umständen versucht hat, die Zustände negativer Energie in der Diracschen Theorie um jeden Preis zu beseitigen; z. B. hat Schrödinger eine Modifikation der Theorie vorgeschlagen, die diesen Zweck erreichen soll. Aber es hat sich immer deutlicher gezeigt, daß dies nicht möglich ist. Die Zustände negativer Energie bilden einen integrierenden Bestandteil der Diracschen Theorie, und sie können nicht beseitigt werden, ohne die ganze Theorie zu gefährden. Es ist z. B. nicht möglich, eine willkürlich gegebene Funktion nach Eigenfunktionen zu entwickeln, wenn man sich auf diejenigen beschränkt, die positiven Energiewerten entsprechen. Dies liegt daran, daß die Amplituden A_k in (156) nicht alle vier willkürlich angenommen werden können. Ferner hat sich gezeigt, daß (nach der Diracschen Theorie) bei sämtlichen Streuprozessen (Dispersion, Ramaneffekt usw.) die negativen Energiewerte eine wichtige Rolle spielen. Dirac hat deshalb fast von Anfang an den Standpunkt vertreten, die negativen Energiewerte beizubehalten, und hat versucht, der Schwierigkeiten auf andere Weise Herr zu werden.

Er nimmt an, daß alle in der Materie möglichen Zustände negativer Energie von Elektronen bereits vollbesetzt sind; nach dem Pauli-Prinzip kann sich dann in jedem Zustande nur ein Elektron befinden. Die im Experiment sich zeigenden Elektronen mit positiver Energie sind gewissermaßen „überschüssige" Elektronen, die nur aus dem Grunde nicht in Zustände negativer Energie übergehen können, weil diese nach dem Pauli-Prinzip bereits alle aufgefüllt sind. Warum bemerkt man nun nichts von den ungeheuer zahlreichen Elektronen negativer Energie? Dirac macht hier die Hypothese, daß der Zustand vollkommener Besetzung der negativen Zustände nicht beobachtet werden könne; nur die Abweichungen von diesem „Normalzustande" seien konstatierbar. In erster Linie also — und zwar als negative Elektronen gewöhnlicher Art — die überschüssigen Elektronen mit positiver Energie. Ferner aber: Da durch Energiezufuhr (z. B. in Form von Strahlung) die Elektronen höhere Energiezustände annehmen können, muß man folgern, daß durch Bestrahlung mit einem Photon $h\nu$ hinreichend kurzer Wellenlänge auch ein Elektron vom Zustande negativer Energie in einen Zustand positiver Energie „gehoben" werden kann; dieses gehobene Elektron ist dann ein Elektron im gewöhnlichen Sinne des Wortes. Gleichzeitig aber entsteht in der bisher vollständigen Besetzung der negativen Zustände ein „Loch", und diese Abweichung vom Normalzustande gleichmäßiger Besetzung müßte dann als ein positiv geladenes Elektron positiver Energie, als ein sogenanntes „Positron", betrachtet werden[1]). Durch eine wirksame Bestrahlung mit einem Photon $h\nu$ müßte also gleichzeitig ein Elektron und ein Positron „entstehen", die vorher — für die Beobachtung — nicht da waren: Die Strahlung hat sich „materialisiert". Rein energetisch betrachtet würde dieser — zunächst noch vollkommen hypothetische — Vorgang sich folgendermaßen abspielen: Setzen wir voraus, das durch das Photon „erzeugte" Zwillingspaar Elektron-Positron habe keine Geschwindigkeit; dann ist die Energiebilanz:

$$h\nu = 2\, m_0\, c^2 . \tag{158}$$

Denn es werden zwei Gebilde von der Masse m_0 geschaffen, deren Ruheenergie je $m_0 c^2$ ist. Nehmen wir den Wert von $m_0 = 9{,}035 \cdot 10^{-28}$ g, so werden wir ein Photon von der Energie

$$h\nu = 1{,}62 \cdot 10^{-6} \text{ erg}$$

notwendig haben, um ein ruhendes Zwillingspaar zu erzeugen. Rechnen wir diese Energie wie üblich in Voltgeschwindigkeiten um (1 Elektronenvolt $\text{eV} = \frac{4{,}770 \cdot 10^{-10}}{300} = 1{,}590 \cdot 10^{-12}$ erg), so haben wir die obige Zahl $1{,}62 \cdot 10^{-6}$ mit $1{,}590 \cdot 10^{-12}$ zu dividieren. Das gibt ein Photon von der Energie

$$h\nu = 1{,}02 \cdot 10^{6} \text{ eV}. \tag{159}$$

Das entspricht einer sehr harten γ-Strahlung, wie sie z. B. von ThC'' ($2{,}65 \cdot 10^6$ eV) oder von RaC' ($1{,}0 - 2{,}2 \cdot 10^6$ eV) ausgesendet wird; der Überschuß an Energie über $1{,}02 \cdot 10^6$ eV wird dazu verwendet, dem Elektron und Positron kinetische Energie zu erteilen. Unterhalb einer Photonenenergie von $1{,}02 \cdot 10^6$ eV ist also nach der Theorie Diracs eine Paarerzeugung nicht möglich; je größer die Photonenenergie ist, desto wahrscheinlicher würde sie werden und desto größere Geschwindigkeit würden Elektron und Positron bekommen. Allgemein sollte daher die „Materialisation" eines Photons nach der Gleichung vor sich gehen:

$$h\nu = 2\, m_0\, c^2 + T_1 + T_2 = (1{,}02 \cdot 10^6 + T_1 + T_2)\, \text{eV}, \tag{160}$$

wo T_1 und T_2 die (gleichfalls in Elektronenvolt gemessenen) kinetischen Energien der Zwillinge bedeuten.

---

[1]) Bei flüchtiger Betrachtung könnte es scheinen, als ob man einfach die Elektronen negativer Energie selbst als die „Positronen" betrachten könne, statt erst die „Löcher" im Normalzustande. Das geht aber aus mehreren Gründen nicht (Dirac), von denen wir folgenden besonders hervorheben. Ein Elektron negativer Energie erzeugt selbst ein elektrisches Feld, das seiner negativen Ladung entspricht (denn das Feld ist unabhängig vom Energiezustande); dagegen bewegt es sich in einem anderen äußeren Felde, als ob seine Ladung positiv wäre, wie wir oben gesehen haben. Das hätte folgende Konsequenz: Könnte man ein Elektron negativer Energie mit einem Positron identifizieren, so würde dieses ein gewöhnliches Elektron abstoßen (vermöge seines Eigenfeldes), dagegen von diesem angezogen werden (vermöge des äußeren Elektronenfeldes). Um solche Schwierigkeiten zu vermeiden, hat Dirac gerade die Löchertheorie ersonnen.

Unter welchen Umständen könnte man nun einen derartigen Vorgang erwarten? Es ist dazu zu beachten, daß nicht nur die Energiegleichung (160) [bzw. im einfachsten Falle (158)] erfüllt sein muß, sondern daß auch der Gesamtimpuls erhalten bleiben muß. Nehmen wir wieder den einfachsten Fall, daß die beiden erzeugten Korpuskeln des Paares die gleiche Geschwindigkeit v erhalten, und zwar in der Richtung der Einstrahlung des Photons, so verlangt die Erhaltung des Impulses die Gleichung (bei relativistischer Rechnung):

$$(161) \qquad \frac{h\nu}{c} = \frac{2 m_0 v}{\sqrt{1 - v^2/c^2}} .$$

während die Energiebilanz sich folgendermaßen ausdrückt:

$$(162) \qquad h\nu = \frac{2 m_0 c^2}{\sqrt{1 - v^2/c^2}} .$$

Also müßte die Gleichung bestehen:

$$v = c ,$$

was unmöglich ist. Damit also die Impulsgleichung befriedigt werden kann, muß eine große dritte Masse, z. B. ein Atomkern, vorhanden sein, der den überschüssigen Impuls aufnehmen kann[1]). Ohne Anwesenheit von Materie kann also der gedachte Prozeß überhaupt nicht vor sich gehen.

Der umgekehrte Vorgang, die „Entmaterialisierung" eines Elektrons und Positrons, bei dem sie sich in ein Photon $h\nu$ verwandeln, gehorcht natürlich denselben Gleichungen, die man nur von rechts nach links zu lesen hat. Auch dieser Vorgang ist im allgemeinen nur in Gegenwart von Materie möglich. Sollte daher die Materialisierung eines Photons überhaupt in Wirklichkeit vorkommen, so hätte man eine Chance, Positronen zu beobachten, indem man die Materialisation in einem möglichst materiefreien Raum vor sich gehen läßt: solange das Positron nicht mit einem Materieteilchen zusammentrifft, kann es bestehen und könnte somit grundsätzlich beobachtbar werden.

Das sind etwa die Überlegungen Diracs, der übrigens anfänglich glaubte, als das positive Gegenstück des Elektrons die Protonen annehmen zu müssen; kein Wunder, da kein Experiment bekannt war, in dem positiv geladene Teilchen von Elektronenmasse sich gezeigt hatten. Es läßt sich aber zeigen, daß, wenn die ganze Theorie überhaupt bestehen bleiben soll, man dann auch direkt die Existenz von positiv geladenen Teilchen mit Elektronenmasse fordern muß. Wie sonderbar die ganze Vorstellung noch vor wenigen Jahren erschien, möge durch ein Zitat belegt werden. W. Pauli[2]) hat in einer kritischen Würdigung der Diracschen Theorie 1933 folgende Äußerungen getan: „Ein Versuch, die Diracsche

[1]) Wegen der großen Masse wird von dem Photon auf diesen Kern nur wenig Energie übertragen, wie aus den Stoßgesetzen folgt; vergleiche z. B. die diesbezügliche Darlegung in Nr. 13.

[2]) Handbuch der Physik, Bd. XXIV, 2. Aufl., pag. 246—247.

Theorie in ihrer bisherigen Form zu halten, scheint angesichts dieser Folgerungen von vornherein aussichtslos...; wir glauben nicht, daß dieser Ausweg[1]) ernstlich in Betracht gezogen werden kann."

Dennoch ist kurz darauf (1933) zuerst von Anderson[2]), dann von Blackett und Occhialini[3]) die Existenz von Positronen unter Umständen nachgewiesen worden, die genau den Bedingungen der Theorie zu entsprechen scheinen, und seither sind diese Beobachtungen von vielen Forschern sicher bestätigt worden.

Anderson untersuchte in einer Wilsonschen Nebelkammer die Korpuskularstrahlen, die von der kosmischen Höhenstrahlung in ihr erzeugt wurden; durch ein Magnetfeld wurden die geladenen Teilchen abgelenkt, und er beobachtete neben Bahnen, deren Krümmung einer negativen Ladung von Teilchen mit Elektronenmasse m_0 entsprach, auch solche, deren Krümmung im entgegengesetzten Sinne verlief. Zunächst hielt Anderson diese Teilchen für Protonen großer Energie, lieferte aber bald darauf selbst den Nachweis, daß sie eine viel kleinere Masse als Protonen haben müßten. Spätere Versuche von Thibaud haben dies noch genauer festgestellt: Innerhalb der Fehlergrenze von 10%, die heute noch nicht unterschritten werden kann, ist die Masse der hier beobachteten positiven Teilchen gleich der Elektronenmasse; auch die Ladung der positiven Teilchen ist absolut genommen mit der gleichen Genauigkeit gleich der Elektronenladung. Die von der Diracschen Theorie geforderten Positronen existieren also wirklich. Mehr noch: F. Joliot und I. Curie haben in ähnlichen Versuchen, in denen das Photon im Innern der Nebelkammer „materialisiert" wurde, festgestellt, daß wirklich von einem Punkte zwei entgegengesetzt gekrümmte Nebelbahnen ausgehen, die des Elektrons und die des Positrons. Der gemeinsame Ausgangspunkt ist die Stelle, an der das Photon ein Elektron negativer Energie zu positiver Energie gehoben und damit das Zwillingspaar erzeugt hat[4]). Ferner: Da man das krümmende Magnetfeld kennt, kann man die kinetischen Energien T_1 und T_2 beider Teilchen feststellen; da auch die Energie der eingestrahlten Photonen bekannt ist, kann man die Energiebilanz (160) genau prüfen. Es hat sich zunächst in allen Fällen gezeigt, daß mit Photonenenergien unter 10^6 eV keine Paarerzeugung stattfindet; z. B. zeigten dies L. Meitner und Philipp von der γ-Strahlung des Poloniums ($0{,}8 \cdot 10^6$ eV). Je größer anderseits die Energie des Photons ist, desto größer erweist sich auch die kinetische Energie der Zwillinge. Z. B. zeigten Chadwick, Blackett und Occhia-

[1]) Das heißt die Diracsche „Löchertheorie".

[2]) Anderson, Phys. Rev. **43**, pag. 491, 1933.

[3]) Blackett und Occhialini, Proc. Roy. Soc. **139**, pag. 699; 1933.

[4]) In manchen Versuchen beobachtet man direkt „Garben" oder „Schauer" (zuweilen mehr als 20!) von Bahnen, die teils im einen, teils im anderen Sinne gekrümmt sind (Skobelzyn).

lini, daß man bei Benutzung der γ-Strahlung des ThC'' ($2{,}6 \cdot 10^6$ eV) ein Paar erzeugen kann, dessen kinetische Energie insgesamt $1{,}6 \cdot 10^6$ eV beträgt; der Rest (10^6 eV) war zur Erzeugung des Paares verbraucht worden. Durch Anwendung der künstlichen Radioaktivität von Be (γ-Strahlen von $5 \cdot 10^6$ eV) ließen sich kinetische Energien von $4 \cdot 10^6$ eV erzeugen; wieder wurde der Restbetrag von 10^6 eV zur Erzeugung des Paares verwendet. (Genau ebenso findet die Paarerzeugung durch Bestrahlung mit hinreichend schnellen α- und β-Strahlen statt, was durchaus in den Rahmen dieser Vorstellung paßt.)

Der Materialisationserscheinung entspricht als umgekehrter Vorgang die sogenannte „Vernichtungsstrahlung". Beim Zusammentreffen eines Positrons und eines Elektrons muß eine Strahlung von der Energie $1{,}02 \cdot 10^6$ eV entstehen, und zwar entweder von zwei Photonen von je $^1/_2 \cdot 1{,}02 \cdot 10^6$ eV, die in entgegengesetzter Richtung fliegen und daher auch allein dem Impulssatze Genüge tun, oder von einem Photon von $1{,}02 \cdot 10^6$ eV, letzteres aber nur dann, wenn ein Materieteilchen mitwirkt. Auch hier ist alles in Übereinstimmung mit den Folgerungen der Diracschen Theorie[1]).

Der kurze Überblick über diese jüngsten Erkenntnisse zeigt wohl deutlich, daß in der Diracschen Theorie sicher ein erheblicher Kern von Wahrheit enthalten ist. Freilich bleibt noch vieles zu tun: Die Theorie hat sich bisher weder auf Protonen noch andere Materieteilchen, noch auf Mehrelektronenprobleme ausdehnen lassen.

77. Schlußwort.

Überblickt man zum Schluß noch einmal das im Laufe eines Dezenniums Geleistete, so kann wohl kaum Zweifel darüber bestehen, daß die Wellenmechanik einen sehr erheblichen Fortschritt über die ältere Quantentheorie hinaus darstellt; sie hat zur Entdeckung der Beugungserscheinungen der Materie geführt und die des Positrons veranlaßt, um nur die zwei hervorstechendsten Leistungen zu nennen. Daß die ganze Anschauung der Wellenmechanik dennoch viele Schwierigkeiten bietet, haben wir mehrfach betont. Als die wesentlichste erscheint uns, daß sie einen grundsätzlichen Verzicht auf die Determiniertheit des Einzelprozesses verlangt. Während manche Forscher (z. B. Heisenberg, Bohr, Born, P. Jordan) dieses Resultat für endgültig halten, und es beweisen zu können glauben, stehen andere (v. Laue, Schrödinger) auf entgegengesetztem Standpunkt. Wir möchten uns diesen letzteren anschließen. Denn v. Laue hat gegen die genannten Beweise den unseres Erachtens schwerwiegenden Einwand erhoben, daß sie alle mit Begriffen operieren (z. B. Ort, Impuls, Geschwindigkeit), die auf die Newtonsche Punkt-

[1]) Zusammenfassende Berichte: R. Fleischmann und W. Bothe, Ergebnisse der exakten Naturwissenschaften, Bd. XIII, pag. 1ff., 1934; I. Curie und F. Joliot, L'électron positif, Actualités Scientifiques et Industrielles, No. 182, 1934.

mechanik zugeschnitten sind. Korpuskeln im Newtonschen Sinne gibt es aber nicht, — das beweisen die Beugungserscheinungen der Materie. Im gegenwärtigen Zustande scheint es daher richtiger, unsere Unwissenheit in diesem Punkte zuzugeben und abzuwarten, was die zukünftige Forschung über die physikalische Natur der Wellenfunktion zutage fördern wird, als sich in weitgehende und einschneidende erkenntnistheoretische Erörterungen zu verlieren[1]). Wir sind der Überzeugung, daß der augenblickliche Zustand der Physik alle Kennzeichen eines Durchgangsstadiums an sich trägt. Damit wollen wir keineswegs nur etwas Negatives sagen; die positive Seite ist die, daß wichtige Probleme aufgerollt sind, die es zu lösen gilt. Was könnte man Besseres von einer Wissenschaft sagen?

[1]) Dazu rechnen wir vor allem gewisse radikale Äußerungen über „das Versagen des Kausalitätsprinzips" in der Physik. Man vergleiche hierzu die grundsätzliche Erörterung des Problems durch R. Hönigswald: „Kausalität und Physik", Sitz.-Ber. d. Berl. Akad. d. Wiss. 1933, Heft 17. — Für die allgemeine Frage: M. v. Laue, Naturw. **20**, pag. 915; 1932; **22**, pag. 439; 1934; Z. f. phys. u. chem. Unterricht **50**, pag. 164; 1937. — E. Schrödinger, Naturw. **22**, pag. 518; 1934; **23**, pag. 807, 823, 844; 1935.

Register.

FSC
www.fsc.org
MIX
Papier | Fördert
gute Waldnutzung
FSC® C083411

Kolibri 360 GmbH
Ferdinand-Jühlke-Straße 7
99095 Erfurt, Deutschland
produktsicherheit@kolibri360.de